鸢尾花数学大系

从加减乘除到机器学习

矩阵力量

线性代数全彩图解 + 微课 + Python编程

姜伟生 著

清华大学出版社
北京

内容简介

数据科学和机器学习已经深度融合到我们生活的方方面面，而数学正是开启未来大门的钥匙。不是所有人生来都握有一副好牌，但是掌握“数学 + 编程 + 机器学习”绝对是王牌。这一次，学习数学不再是为了考试、分数、升学，而是投资时间、自我实现、面向未来。为了让大家学数学、用数学，甚至爱上数学，在创作这套书时，作者尽量克服传统数学教材的各种弊端，让大家学习时有兴趣、看得懂、有思考、更自信、用得着。

鸢尾花书有三大板块——编程、数学、实践。数据科学、机器学习的各种算法离不开数学，本册《矩阵力量》是“数学”板块的第 2 本，主要介绍常用线性代数工具。任何数学工具想要从一元推广到多元，比如多元微积分、多元统计，都绕不开线性代数。

本书共 25 章内容，可以归纳为 7 大板块：向量、矩阵、向量空间、矩阵分解、微积分、空间几何、数据。

本书在讲解线性代数工具时，会穿插介绍其在数据科学和机器学习领域的应用场景，让大家学以致用。

本书读者群包括所有在工作中应用数学的朋友，尤其适用于初级程序员进阶，大学本科数学开窍，高级数据分析师，人工智能开发者。

图书在版编目(CIP)数据

矩阵力量：线性代数全彩图解 + 微课 + Python 编程 / 姜伟生著 . —北京：清华大学出版社，2023.6（2024.9重印）
（鸢尾花数学大系：从加减乘除到机器学习）
ISBN 978-7-302-63251-1

Ⅰ . ①矩…　Ⅱ . ①姜…　Ⅲ . ①线性代数－普及读物　Ⅳ . ① O151.2-49

中国国家版本馆 CIP 数据核字 (2023) 第 073466 号

责任编辑：栾大成
封面设计：姜伟生　杨玉兰
责任校对：徐俊伟
责任印制：杨　艳

出版发行：清华大学出版社
网　　址：https://www.tup.com.cn，https://www.wqxuetang.com
地　　址：北京清华大学学研大厦 A 座　　**邮　　编：**100084
社 总 机：010-83470000　　**邮　　购：**010-62786544
投稿与读者服务：010-62776969，c-service@tup.tsinghua.edu.cn
质 量 反 馈：010-62772015，zhiliang@tup.tsinghua.edu.cn
印 装 者：涿州汇美亿浓印刷有限公司
经　　销：全国新华书店
开　　本：188mm×260mm　　**印　　张：**37.75　　**字　　数：**1196 千字
版　　次：2023 年 6 月第 1 版　　**印　　次：**2024 年 9 月第 4 次印刷
定　　价：258.00 元

产品编号：096695-01

Preface

前言

感谢

首先感谢大家的信任。

作者仅仅是在学习应用数据科学和机器学习算法时，多读了几本数学书，多做了一些思考和知识整理而已。知者不言，言者不知。知者不博，博者不知。由于作者水平有限，斗胆把自己所学所思与大家分享，作者权当无知者无畏。希望大家在B站视频下方和Github多提意见，让这套书成为作者和读者共同参与创作的作品。

特别感谢清华大学出版社的栾大成老师。从选题策划、内容创作到装帧设计，栾老师事无巨细、一路陪伴。每次与栾老师交流，都能感受到他对优质作品的追求、对知识分享的热情。

出来混总是要还的

曾经，考试是我们学习数学的唯一动力。考试是头悬梁的绳，是锥刺股的锥。我们中的大多数人从小到大为各种考试埋头题海，数学味同嚼蜡，甚至让人恨之入骨。

数学给我们带来了无尽的“折磨”。我们甚至恐惧数学，憎恨数学，恨不得一走出校门就把数学抛之脑后，老死不相往来。

可悲可笑的是，我们很多人可能会在毕业的五年或十年以后，因为工作需要，不得不重新学习微积分、线性代数、概率统计，悔恨当初没有学好数学，甚至迁怒于教材和老师。

这一切不能都怪数学，值得反思的是我们学习数学的方法和目的。

再给自己一个学数学的理由

为考试而学数学，是被逼无奈的举动。而为数学而数学，则又太过高尚而遥不可及。

相信对于绝大部分的我们来说，数学是工具、是谋生手段，而不是目的。我们主动学数学，是想用数学工具解决具体问题。

现在，这套书给大家一个“学数学、用数学”的全新动力——数据科学、机器学习。

数据科学和机器学习已经深度融合到我们生活的方方面面，而数学正是开启未来大门的钥匙。不是所有人生来都握有一副好牌，但是掌握“数学 + 编程 + 机器学习”的知识绝对是王牌。这次，学习数学不再是为了考试、分数、升学，而是投资时间、自我实现、面向未来。

未来已来，你来不来？

本套鸢尾花书如何帮到你

为了让大家学数学、用数学，甚至爱上数学，作者可谓颇费心机。在创作这套书时，作者尽量克服传统数学教材的各种弊端，让大家学习时有兴趣、看得懂、有思考、更自信、用得着。

为此，丛书在内容创作上突出以下几个特点。

- **数学 + 艺术**——全彩图解，极致可视化，让数学思想跃然纸上、生动有趣、一看就懂，同时提高大家的数据思维、几何想象力、艺术感。
- **零基础**——从零开始学习Python编程，从写第一行代码到搭建数据科学和机器学习应用，尽量将陡峭学习曲线拉平。
- **知识网络**——打破数学板块之间的壁垒，让大家看到数学代数、几何、线性代数、微积分、概率统计等板块之间的联系，编织一张绵密的数学知识网络。
- **动手**——授人以鱼不如授人以渔，和大家一起写代码、创作数学动画、交互App。
- **学习生态**——构造自主探究式学习生态环境“微课视频 + 纸质图书 + 电子图书 + 代码文件 + 可视化工具 + 思维导图”，提供各种优质学习资源。
- **理论 + 实践**——从加减乘除到机器学习，丛书内容安排由浅入深、螺旋上升，兼顾理论和实践；在编程中学习数学，学习数学时解决实际问题。

虽然本书标榜“从加减乘除到机器学习”，但是建议读者朋友们至少具备高中数学知识。如果读者正在学习或曾经学过大学数学 (微积分、线性代数、概率统计)，这套书就更容易读懂了。

聊聊数学

数学是工具。锤子是工具，剪刀是工具，数学也是工具。

数学是思想。数学是人类思想高度抽象的结晶体。在其冷酷的外表之下，数学的内核实际上就是人类朴素的思想。学习数学时，知其然，更要知其所以然。不要死记硬背公式定理，理解背后的数学思想才是关键。如果你能画一幅图、用大白话描述清楚一个公式、一则定理，这就说明你真正理解了它。

数学是语言。就好比世界各地不同种族有自己的语言，数学则是人类共同的语言和逻辑。数学这门语言极其精准、高度抽象，放之四海而皆准。虽然我们中大多数人没有被数学“女神”选中，不能为人类对数学认知开疆扩土；但是，这丝毫不妨碍我们使用数学这门语言。就好比，我们不会成为语言学家，我们完全可以使用母语和外语交流。

数学是体系。代数、几何、线性代数、微积分、概率统计、优化方法等，看似一个个孤岛，实际上都是数学网络的一条条织线。建议大家学习时，特别关注不同数学板块之间的联系，见树，更要见林。

数学是基石。拿破仑曾说“数学的日臻完善和国强民富息息相关。”数学是科学进步的根基，是经济繁荣的支柱，是保家卫国的武器，是探索星辰大海的航船。

数学是艺术。数学和音乐、绘画、建筑一样，都是人类艺术体验。通过可视化工具，我们会在看似枯燥的公式、定理、数据背后，发现数学之美。

数学是历史，是人类共同记忆体。“历史是过去，又属于现在，同时在指引未来。”数学是人类的集体学习思考，它把人的思维符号化、形式化，进而记录、积累、传播、创新、发展。从甲骨、泥板、石板、竹简、木牍、纸草、羊皮卷、活字印刷、纸质书，到数字媒介，这一过程持续了数千年，至今绵延不息。

数学是无穷无尽的**想象力**，是人类的**好奇心**，是自我挑战的**毅力**，是一个接着一个的**问题**，是看似荒诞不经的**猜想**，是一次次胆大包天的**批判性思考**，是敢于站在前人臂膀之上的**勇气**，是孜孜不倦地延展人类认知边界的**不懈努力**。

家园、诗、远方

诺瓦利斯曾说：“哲学就是怀着一种乡愁的冲动到处去寻找家园。”

在纷繁复杂的尘世，数学纯粹得就像精神的世外桃源。数学是，一束光，一条巷，一团不灭的希望，一股磅礴的力量，一个值得寄托的避风港。

打破陈腐的锁链，把功利心暂放一边，我们一道怀揣一份乡愁，心存些许诗意，踩着艺术维度，投入数学张开的臂膀，驶入它色彩斑斓、变幻无穷的深港，感受久违的归属，一睹更美、更好的远方。

Acknowledgement
致谢

To my parents.

谨以此书献给我的母亲父亲。

How to Use the Book

使用本书

丛书资源

鸢尾花书提供的配套资源如下：

- 纸质图书。
- 每章提供思维导图，全书图解海报。
- Python代码文件，直接下载运行，或者复制、粘贴到Jupyter运行。
- Python代码中包含专门用Streamlit开发数学动画和交互App的文件。
- 微课视频，强调重点、讲解难点、聊聊天。

本书约定

书中为了方便阅读以及查找配套资源，特别设计了如下标识。

微课视频

本书配套微课视频均发布在B站——生姜DrGinger。

◀ https://space.bilibili.com/513194466

微课视频是以“聊天”的方式，和大家探讨某个数学话题的重点内容，讲解代码中可能遇到的难点，甚至侃侃历史、说说时事、聊聊生活。

本书配套微课视频的目的是引导大家自主编程实践、探究式学习，并不是“照本宣科”。

纸质图书上已经写得很清楚的内容，视频课程只会强调重点。需要说明的是，图书内容不是视频的“逐字稿”。

App开发

本书配套多个用Streamlit开发的App，用来展示数学动画、数据分析、机器学习算法。

Streamlit是个开源的Python库，能够方便快捷地搭建、部署交互型网页App。Streamlit简单易用，很受欢迎。Streamlit兼容目前主流的Python数据分析库，比如NumPy、Pandas、Scikit-learn、PyTorch、TensorFlow等等。Streamlit还支持Plotly、Bokeh、Altair等交互可视化库。

本书中很多App设计都采用Streamlit + Plotly方案。此外，本书专门配套教学视频手把手和大家一起做App。

大家可以参考如下页面，更多了解Streamlit：

◀ https://streamlit.io/gallery

◀ https://docs.streamlit.io/library/api-reference

实践平台

本书作者编写代码时采用的IDE (Integrated Development Environment) 是Spyder，目的是给大家提供简洁的Python代码文件。

但是，建议大家采用JupyterLab或Jupyter Notebook作为鸢尾花书配套学习工具。

简单来说，Jupyter集合“浏览器 + 编程 + 文档 + 绘图 + 多媒体 + 发布”众多功能于一身，非常适合探究式学习。

运行Jupyter无须IDE，只需要浏览器。Jupyter容易分块执行代码。Jupyter支持inline打印结果，直接将结果图片打印在分块代码下方。Jupyter还支持很多其他语言，如R和Julia。

使用Markdown文档编辑功能，可以编程同时写笔记，不需要额外创建文档。在Jupyter中插入图片和视频链接都很方便，此外还可以插入Latex公式。对于长文档，可以用边栏目录查找特定内容。

Jupyter发布功能很友好，方便打印成HTML、PDF等格式文件。

Jupyter也并不完美，目前尚待解决的问题有几个：Jupyter中代码调试不是特别方便。Jupyter没有variable explorer，可以inline打印数据，也可以将数据写到CSV或Excel文件中再打开。Matplotlib图像结果不具有交互性，如不能查看某个点的值或者旋转3D图形，此时可以考虑安装 (jupyter matplotlib)。注意，利用Altair或Plotly绘制的图像支持交互功能。对于自定义函数，目前没有快捷键直接跳转到其定义。但是，很多开发者针对这些问题正在开发或已经发布相应插件，请大家留意。

大家可以下载安装Anaconda。JupyterLab、Spyder、PyCharm等常用工具，都集成在Anaconda中。下载Anaconda的地址为：

◀ https://www.anaconda.com/

JupyterLab探究式学习视频：

代码文件

鸢尾花书的Python代码文件下载地址为：

同时也在如下GitHub地址备份更新：

◀ https://github.com/Visualize-ML

Python代码文件会不定期修改，请大家注意更新。图书原始创作版本PDF(未经审校和修订，内容和纸质版略有差异，方便移动终端碎片化学习以及对照代码)和纸质版本勘误也会上传到这个GitHub账户。因此，建议大家注册GitHub账户，给书稿文件夹标星 (Star) 或分支克隆 (Fork)。

考虑再三，作者还是决定不把代码全文印在纸质书中，以便减少篇幅，节约用纸。

本书编程实践例子中主要使用“鸢尾花数据集”，数据来源是Scikit-learn库、Seaborn库。要是给鸢尾花数学大系起个昵称的话，作者乐见“**鸢尾花书**”。

学习指南

大家可以根据自己的偏好制定学习步骤，本书推荐如下步骤。

学完每章后，大家可以在社交媒体、技术论坛上发布自己的Jupyter笔记，进一步听取朋友们的意见，共同进步。这样做还可以提高自己学习的动力。

另外，建议大家采用纸质书和电子书配合阅读学习，学习主阵地在纸质书上，学习基础课程最重要的是沉下心来，认真阅读并记录笔记，电子书可以配合查看代码，相关实操性内容可以直接在电脑上开发、运行、感受，Jupyter笔记同步记录起来。

强调一点：**学习过程中遇到困难，要尝试自行研究解决，不要第一时间就去寻求他人帮助。**

意见建议

欢迎大家对鸢尾花书提意见和建议，丛书专属邮箱地址为：

◀ jiang.visualize.ml@gmail.com

也欢迎大家在B站视频下方留言互动。

Contents

目录

Introduction

绪论

图解 + 编程 + 机器学习实践 + 数学板块融合

0.1 本册在全套丛书的定位

鸢尾花书有三大板块——编程、数学、实践(板块布局如图0.1所示)。数据科学、机器学习的各种算法离不开数学，本册《矩阵力量》是“数学”板块的第二册，主要介绍常用线性代数工具。任何数学工具想要从一元推广到多元，如多元微积分、多元统计等，都绕不开线性代数。

大家在学习《矩阵力量》之前，请先完成《数学要素》一册的学习。《数学要素》一册见缝插针地讲解了很多线性代数概念，特别是“鸡兔同笼三部曲”相关内容给本书主要内容埋下了伏笔。《数学要素》还介绍了很多Python编程工具，这些都是《矩阵力量》的基础。

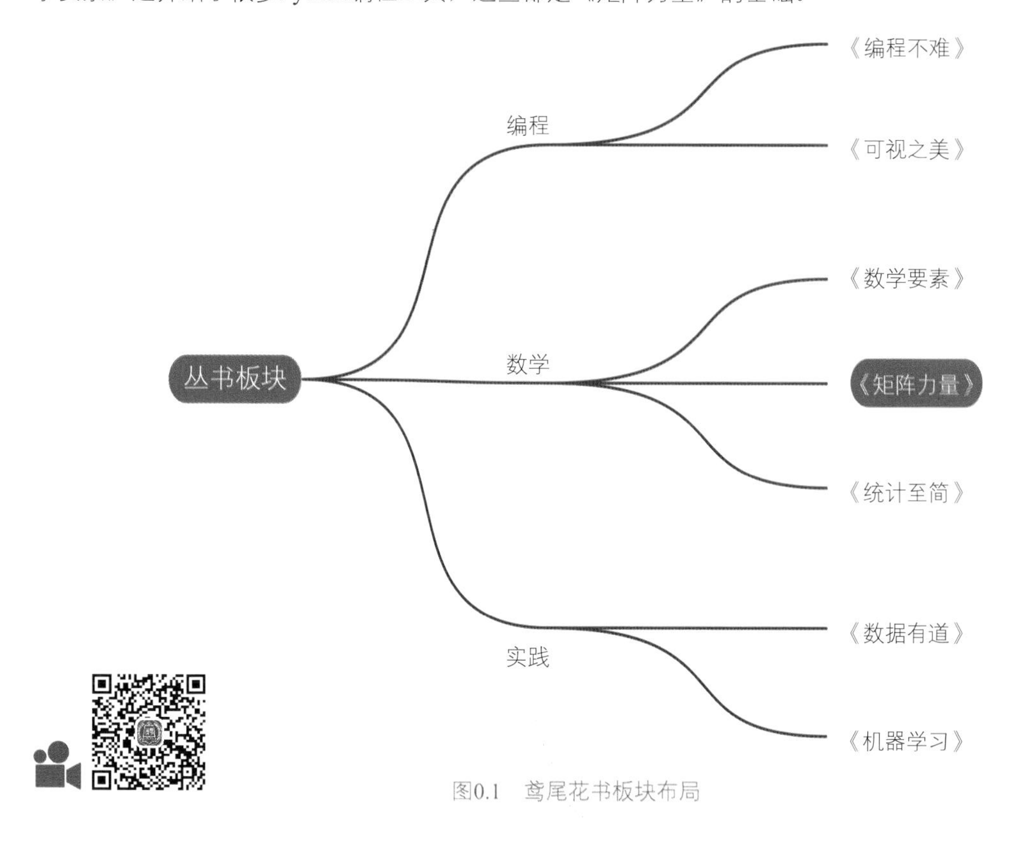

图0.1　鸢尾花书板块布局

0.2 结构：七大板块

本书可以归纳为七大板块——向量、矩阵、向量空间、矩阵分解、微积分、空间几何、数据，如图0.2所示。

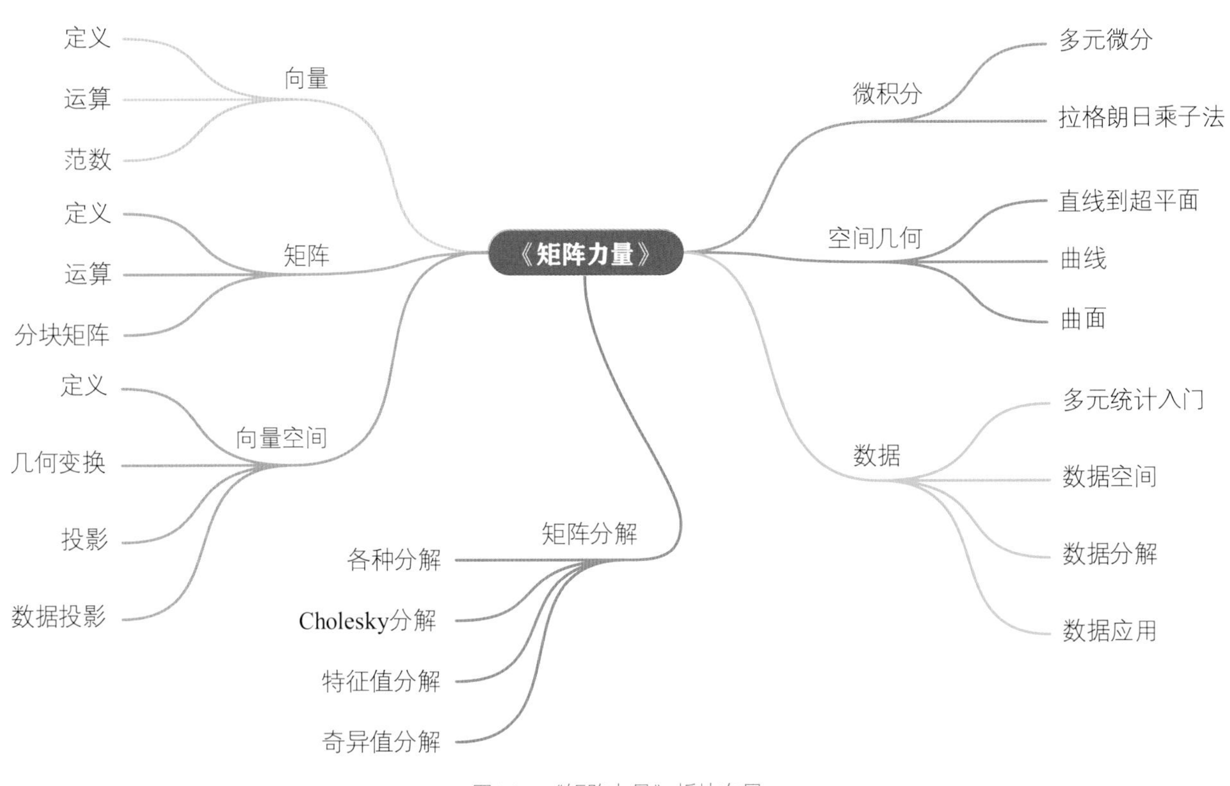

图0.2　《矩阵力量》板块布局

向量

“向量”部分首先介绍向量这个多面手在数据、矩阵、几何、统计、空间等领域中扮演的角色，第2章讲解各种与向量相关的运算法则。

第3章专门讲解向量范数，向量范数无非就是一种描述向量“大小”的尺度。请大家格外注意L^p范数与“距离度量”“超椭圆”等数学概念的联系。

矩阵

矩阵有两大功能：表格、映射。“矩阵”这个版块首先介绍了关于矩阵的各种计算。各种计算中，矩阵乘法居于核心位置。请大家务必掌握矩阵乘法的两个视角。

此外，第5章介绍了大量矩阵乘法形态，以及它们的应用场合。希望大家一边学习本书后续内容，一边回顾第5章的矩阵乘法形态。第6章介绍了分块矩阵，请大家格外留意分块矩阵的乘法规则。

向量空间

“向量空间”这个版块主要有三大主题——空间、几何转换、正交投影。

第7章中我们用RGB给向量空间“涂颜色”，帮助大家理解向量空间的相关概念。第8章讲解以线性变换为主的几何变换，大家务必掌握平移、投影、旋转、缩放这四类几何变换。鉴于其重要性，接下来用两章内容讲解正交投影。第9章主要从几何视角介绍正交投影，第10章从数据角度讲解正交投影。

第10章是本书的一个分水岭，这一章使用了前九章大部分线性代数工具，并开启了“矩阵分解”这个版块。因此，如果大家阅读第10章感到吃力，请务必重温前九章内容。

矩阵分解

“矩阵分解”好比代数中的“因式分解”，矩阵分解也可以理解为特殊的矩阵乘法。矩阵分解是很多数据科学、机器学习算法的基础，因此本书分配了六章的篇幅讲解矩阵分解。大家务必要掌握特征值分解 (第13、14章) 和奇异值分解 (第15、16章) 相关知识。

学习这六章的“诀窍”就是几何视角！大家要从几何视角理解不同矩阵的分解。本书之后还会介绍理解矩阵分解的其他视角，如优化视角、空间视角、数据视角等。

微积分

有了线性代数工具，我们可以轻松地把微积分从一元推广到多元。本书第17章主要讲解多元微分，请大家务必掌握梯度向量、方向性导数、多元泰勒展开这三个工具。

第18章则接力《数学要素》第19章，继续探讨如何用拉格朗日乘子法解决“有约束优化问题”。此外，第18章还介绍了观察特征值分解、奇异值分解、正交投影的“优化视角”等。

空间几何

第19、20、21三章主要介绍如何用线性代数工具解决空间几何问题。第19章将直线扩展到了超平面。第20章用线性代数工具重新分析圆锥曲线，请大家格外注意“缩放 → 旋转 → 平移”这一连串几何操作，以及它们和多元高斯分布概率密度函数的关系。第21章将曲面和正定性联系起来，并介绍正定性在优化问题求解中扮演的角色。

数据

本书最后四章以数据收尾。第22章用线性代数工具再次解释了统计中的重要概念。

第23、24、25三章是“数据三部曲”。第23章从奇异值分解引出四个空间。第24章从数据、几何、空间、优化等视角总结了本书前文介绍的矩阵分解内容。第25章展望了数据及线性代数工具在数据科学和机器学习领域的几个应用场景。

这部分内容既是本册所有核心内容的总结，也为《统计至简》一册做了内容预告和铺垫。

0.3 特点：多重视角

本册《矩阵力量》的最大特点就是，跳出传统线性“代数”的框架，从第1章开始就引入“多重视角”的思维方式。

本书中常用的视角有数据视角、几何视角、空间视角、优化视角、统计视角等。“多重视角”把代数、线性代数、几何、解析几何、概率统计、微积分、优化方法等编织成一张绵密的网络。作者认为“多重视角”是掌握线性代数各种工具的最佳途径，没有之一。

本书在内容安排上会显得“瞻前顾后”“左顾右盼”，因为线性代数虽然是“代数”，但是她的手却紧紧牵着数据、几何、微积分、优化、概率统计。因此，为了让大家看到线性代数的“伟力”，本书不厌其烦地介绍各种应用场景，在内容上读起来可能有点“磨叽”，希望大家理解。

“图解 + 编程 + 机器学习应用”是鸢尾花书的核心特点，《矩阵力量》一册也当然不例外。本书在讲解线性代数工具时，会穿插介绍其在数据科学和机器学习领域的应用场景，让大家学以致用。

希望大家在学习《矩阵力量》一册时，能够体会到下面这几句话的意义。

有数据的地方，必有矩阵！
有矩阵的地方，更有向量！
有向量的地方，就有几何！
有几何的地方，皆有空间！
有数据的地方，定有统计！

下面我们一起开始本册学习吧。

Section 01

向 量

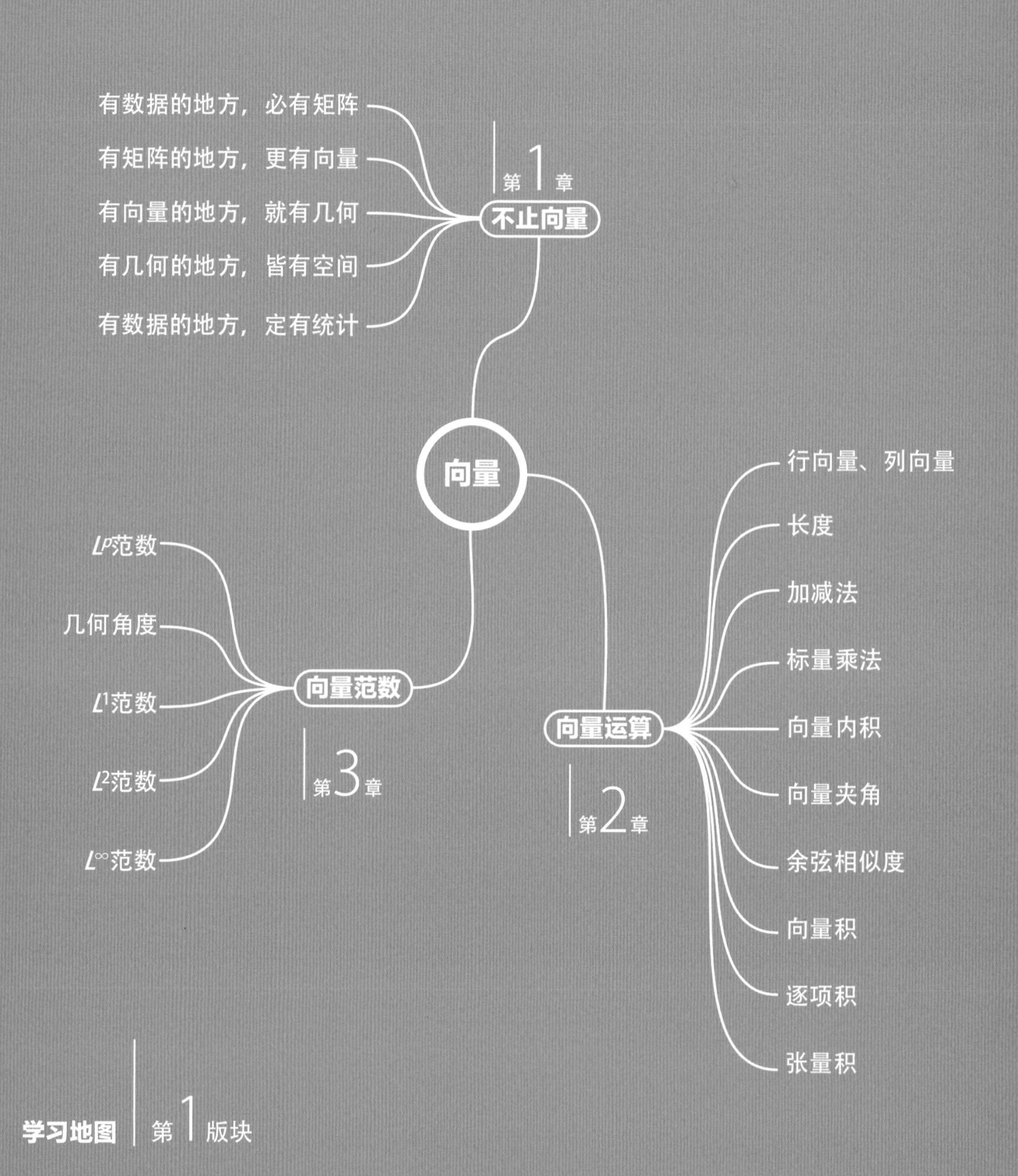
第1章
不止向量
有数据的地方，必有矩阵
有矩阵的地方，更有向量
有向量的地方，就有几何
有几何的地方，皆有空间
有数据的地方，定有统计
向量
向量运算
第2章
行向量、列向量
长度
加减法
标量乘法
向量内积
向量夹角
余弦相似度
向量积
逐项积
张量积
向量范数
第3章
L^p范数
几何角度
L^1范数
L^2范数
L^∞范数

学习地图 | 第1版块

01 Vector and More 不止向量

一个有关向量的故事，从鸢尾花数据讲起

科学的每一次巨大进步，都源于颠覆性的大胆想象。

Every great advance in science has issued from a new audacity of imagination.

—— 约翰·杜威 (John Dewey) | 美国著名哲学家、教育家、心理学家 | 1859 —1952

- ◀ `sklearn.datasets.load_iris()` 加载鸢尾花数据
- ◀ `seaborn.heatmap()` 绘制热图

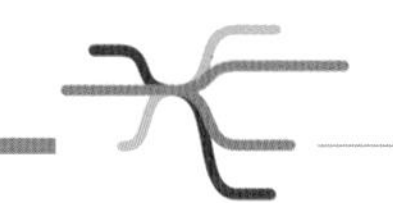

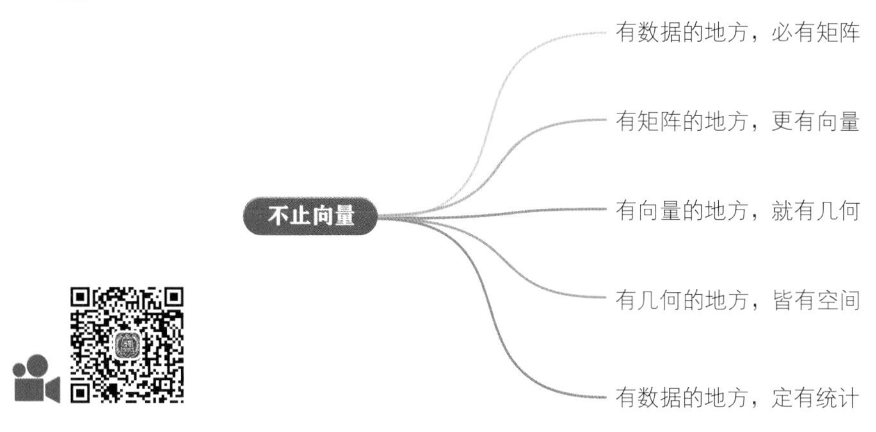

1.1 有数据的地方，必有矩阵

本章主角虽然是**向量** (vector)，但是这个有关向量的故事要先从**矩阵** (matrix) 讲起。

简单来说，矩阵是由若干行或若干列元素排列得到的**数组** (array)。矩阵内的元素可以是实数、虚数、符号，甚至是代数式。

从数据角度来看，矩阵就是表格！

鸢尾花数据集

数据科学、机器学习算法和模型都是“数据驱动”。没有数据，任何的算法都无从谈起，数据是各种算法的绝对核心。优质数据本身就极具价值，甚至不需要借助任何模型；反之，则是**垃圾进，垃圾出** (Garbage in, garbage out, GIGO)。

本书使用频率最高的数据是鸢尾花卉数据集。数据集的全称为**安德森鸢尾花卉数据集** (Anderson's Iris data set)，是植物学家**埃德加·安德森** (Edgar Anderson) 在加拿大魁北克加斯帕半岛上采集的鸢尾花样本数据。图1.1所示为鸢尾花数据集部分数据。

图1.1给出的这些样本都归类于鸢尾属下的三个亚属，分别是**山鸢尾** (setosa)、**变色鸢尾** (versicolor) 和**弗吉尼亚鸢尾** (virginica)。每一类鸢尾花收集了50条样本记录，共计150条。

> 注意：本书用大写、粗体、斜体字母代表矩阵，如$\boldsymbol{X}$、$\boldsymbol{A}$、$\boldsymbol{\Sigma}$、$\boldsymbol{\Lambda}$。特别地，本书用$\boldsymbol{X}$代表样本数据矩阵，用$\boldsymbol{\Sigma}$代表方差协方差矩阵 (variance covariance matrix)。本书用小写、粗体、斜体字母代表向量，如$\boldsymbol{x}$、$\boldsymbol{x}_1$、$\boldsymbol{x}^{(1)}$、$\boldsymbol{v}$。

鸢尾花的四个特征被用作样本的定量分析，它们分别是**花萼长度** (sepal length)、**花萼宽度** (sepal width)、**花瓣长度** (petal length) 和**花瓣宽度** (petal width)。

如图1.2所示，本书常用**热图** (heatmap) 可视化矩阵。不考虑鸢尾花分类标签，鸢尾花数据矩阵$\boldsymbol{X}$有150行、4列，因此$\boldsymbol{X}$也常记作$\boldsymbol{X}_{150\times 4}$。

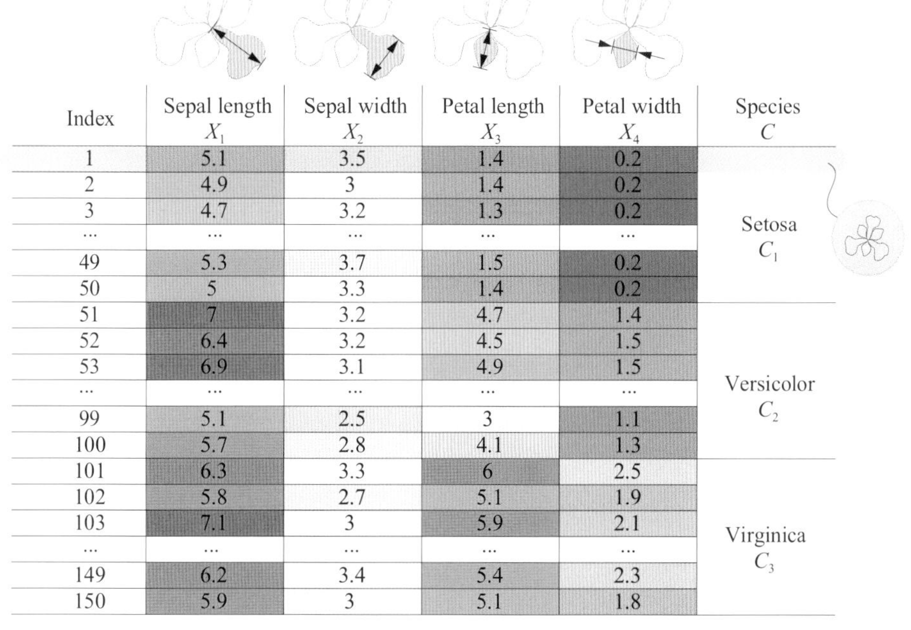

Index	Sepal length X_1	Sepal width X_2	Petal length X_3	Petal width X_4	Species C
1	5.1	3.5	1.4	0.2	Setosa C_1
2	4.9	3	1.4	0.2	
3	4.7	3.2	1.3	0.2	
…	…	…	…	…	
49	5.3	3.7	1.5	0.2	
50	5	3.3	1.4	0.2	
51	7	3.2	4.7	1.4	Versicolor C_2
52	6.4	3.2	4.5	1.5	
53	6.9	3.1	4.9	1.5	
…	…	…	…	…	
99	5.1	2.5	3	1.1	
100	5.7	2.8	4.1	1.3	
101	6.3	3.3	6	2.5	Virginica C_3
102	5.8	2.7	5.1	1.9	
103	7.1	3	5.9	2.1	
…	…	…	…	…	
149	6.2	3.4	5.4	2.3	
150	5.9	3	5.1	1.8	

图1.1　鸢尾花数据，数值数据 (单位：cm)

行向量、列向量

前文提到，矩阵可以视作由一系列行向量、列向量构造而成。

反向来看，矩阵切丝、切片可以得到行向量、列向量。如图1.2所示，$\boldsymbol{X}$任一行向量 ($\boldsymbol{x}^{(1)}$、$\boldsymbol{x}^{(2)}$、…、$\boldsymbol{x}^{(150)}$) 代表一朵鸢尾花样本花萼长度、花萼宽度、花瓣长度和花瓣宽度测量结果；而$\boldsymbol{X}$某一列向量 ($\boldsymbol{x}_1$、$\boldsymbol{x}_2$、$\boldsymbol{x}_3$、$\boldsymbol{x}_4$) 为鸢尾花某个特征的样本数据。注意，图中三维直角坐标系仅仅为示意。

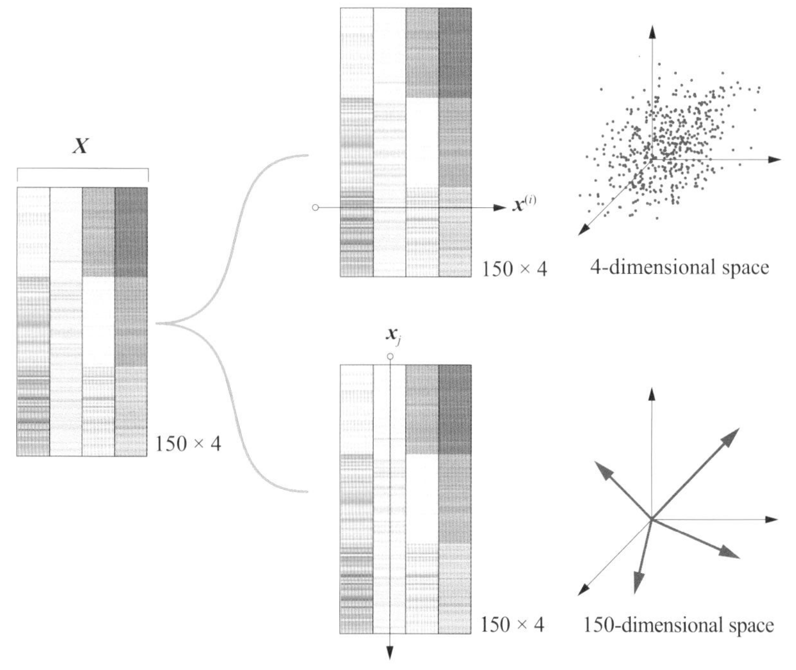

图1.2　矩阵可以分割成一系列行向量或列向量

图片

数据矩阵其实无处不在。

再举个例子，大家日常随手拍摄的照片实际上就是数据矩阵。图1.3所示为作者拍摄的一张鸢尾花照片。把这张照片做黑白处理后，它变成了形状为2990 × 2714的矩阵，即2990行、2714列。

> 鸢尾花书《数据有道》将采用主成分分析 (Principal Component Analysis, PCA) 继续深入分析图1.3这幅鸢尾花黑白照片。

图1.3所示照片显然不是矢量图。不断放大后，我们会发现照片的局部变得越来越模糊。继续放大，我们发现这张照片竟然是由一系列灰度热图构成的。再进一步，提取其中图片的4个像素点，也就是矩阵的4个元素，我们可以得到一个2 × 2实数矩阵。

对于大部分机器学习应用，如识别人脸、判断障碍物等，并不需要输入彩色照片，黑白照片的数据矩阵含有的信息就足够用。

图1.3　照片也是数据矩阵

1.2 有矩阵的地方，更有向量

行向量

首先，矩阵$\boldsymbol{X}$可以看作是由一系列**行向量** (row vector) 上下叠加而成的。

如图1.4所示，矩阵$\boldsymbol{X}$的第i行可以写成行向量$\boldsymbol{x}^{(i)}$。上标圆括号中的i代表序号，对于鸢尾花数据集，$i = 1 \sim 150$。

举个例子，$\boldsymbol{X}$的第1行行向量记作$\boldsymbol{x}^{(1)}$，具体为

$$\boldsymbol{x}^{(1)} = \begin{bmatrix} 5.1 & 3.5 & 1.4 & 0.2 \end{bmatrix}_{1\times 4} \tag{1.1}$$

行向量$\boldsymbol{x}^{(1)}$代表鸢尾花数据集编号为1的样本。行向量$\boldsymbol{x}^{(1)}$的四个元素依次代表**花萼长度** (sepal length)、**花萼宽度** (sepal width)、**花瓣长度** (petal length) 和**花瓣宽度** (petal width)。长、宽的单位均为厘米 (cm)。

行向量$\boldsymbol{x}^{(1)}$也可以看做1行、4列的矩阵，即形状为1 × 4。

虽然Python是**基于0编号** (zero-based indexing)，但是本书对矩阵行、列编号时，还是延续线性代数传统，采用**基于1编号** (one-based indexing)。鸢尾花书《编程不难》专门介绍过两种不同的编号方式。

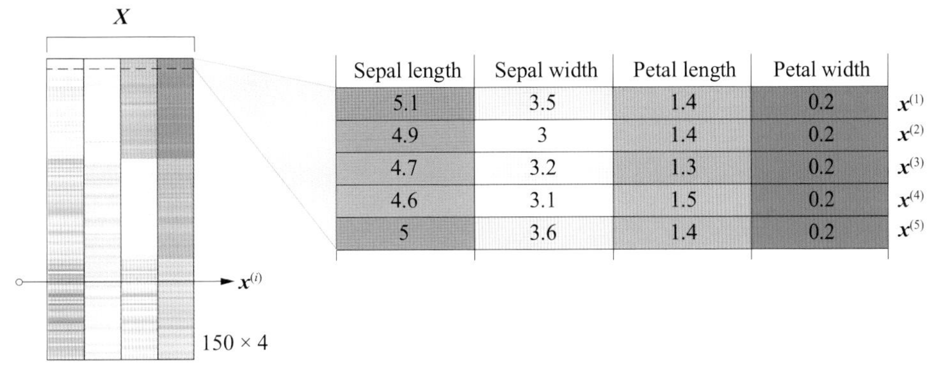

Sepal length	Sepal width	Petal length	Petal width	
5.1	3.5	1.4	0.2	$\boldsymbol{x}^{(1)}$
4.9	3	1.4	0.2	$\boldsymbol{x}^{(2)}$
4.7	3.2	1.3	0.2	$\boldsymbol{x}^{(3)}$
4.6	3.1	1.5	0.2	$\boldsymbol{x}^{(4)}$
5	3.6	1.4	0.2	$\boldsymbol{x}^{(5)}$

图1.4　鸢尾花数据，行向量代表样本数据点

列向量

矩阵$\boldsymbol{X}$也可以看做是由一系列**列向量** (column vector) 左右排列而成的。

如图1.2所示，矩阵$\boldsymbol{X}$的第j列可以写成列向量$\boldsymbol{x}_j$，下标j代表列序号。对于鸢尾花数据集，若不考虑分类标签，则j = 1～4。

比如，$\boldsymbol{X}$的第1列向量记作$\boldsymbol{x}_1$，具体为

$$\boldsymbol{x}_1 = \begin{bmatrix} 5.1 \\ 4.9 \\ \vdots \\ 5.9 \end{bmatrix}_{150\times 1} \tag{1.2}$$

列向量$\boldsymbol{x}_1$代表鸢尾花150个样本数据花萼长度数值。列向量$\boldsymbol{x}_1$可以看做150行、1列的矩阵，即形状为150 × 1。整个数据矩阵$\boldsymbol{X}$可以写成四个列向量，即$\boldsymbol{X} = [\boldsymbol{x}_1, \boldsymbol{x}_2, \boldsymbol{x}_3, \boldsymbol{x}_4]$。

再次强调：为了区分数据矩阵中的行向量和列向量，在编号时，本书中行向量采用上标加圆括号，如$\boldsymbol{x}^{(1)}$；而列向量编号采用下标，如$\boldsymbol{x}_1$。

此外，大家熟悉的**三原色光模式** (RGB color mode) 中的每种颜色实际上也可以写成列向量，如图1.5所示的7种颜色。在本书第7章中，我们将用RGB解释向量空间等概念。

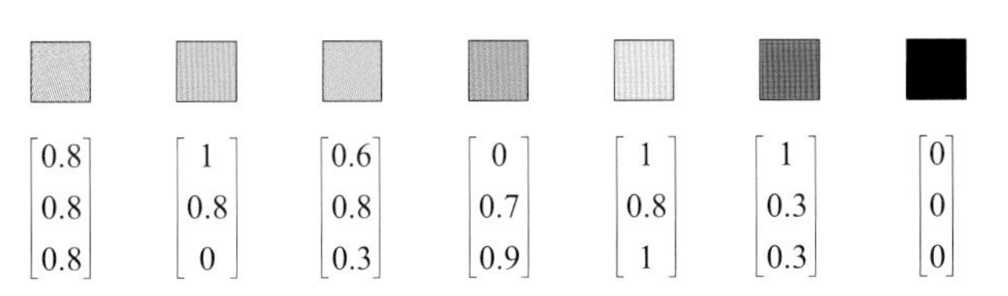

图 1.5　7种颜色对应的RGB颜色向量

大家可能会问，元素数量均为150的$\boldsymbol{x}_1$、$\boldsymbol{x}_2$、$\boldsymbol{x}_3$、$\boldsymbol{x}_4$这四个向量到底意味着什么？有没有什么办法可视化这四个列向量？怎么量化它们之间的关系？答案会在本书第12章揭晓。

当然，我们不要被向量、矩阵这些名词吓到。矩阵就是一个表格，而这个表格可以划分成若干行、若干列，它们分别叫行向量、列向量。

1.3 有向量的地方，就有几何

数据云、投影

取出鸢尾花前两个特征，即花萼长度和花萼宽度所对应的数据，把它们以坐标的形式画在平面直角坐标系（记作$\mathbb{R}^2$）中，我们便得到平面散点图。如图1.6所示。这幅散点图好比样本“数据云”。

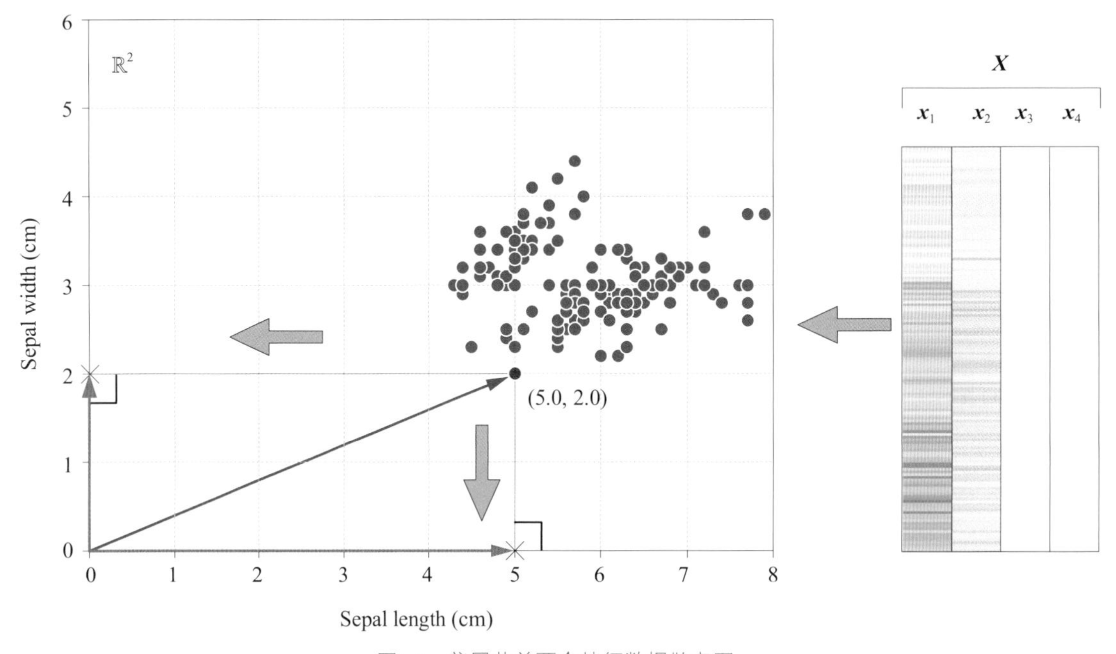

图1.6　鸢尾花前两个特征数据散点图

图1.6中数据点 (5.0, 2.0) 可以写成行向量 [5.0, 2.0]。(5.0, 2.0) 是序号为61的样本点，对应的行向量可以写成$\boldsymbol{x}^{(61)}$。

从几何视角来看，[5.0, 2.0] 在横轴的**正交投影** (orthogonal projection) 结果为5.0，代表该点的横坐标为5.0。[5.0, 2.0] 在纵轴的正交投影结果为2.0，代表其纵坐标为2.0。

正交 (orthogonality) 是线性代数的概念，是垂直的推广。正交投影很好理解，即原数据点和投影点连线垂直于投影点所在直线或平面。打个比方，头顶正上方阳光将物体的影子投影在地面，而阳光光线垂直于地面。如无特别强调，本书的投影均指正交投影。

从集合视角来看，(5.0, 2.0) 属于平面$\mathbb{R}^2$，即$(5.0,\ 2.0) \in \mathbb{R}^2$。图1.6中整团数据云都属于$\mathbb{R}^2$。再者，如图1.6所示，从向量角度来看，行向量 [5.0, 2.0] 在横轴上投影的向量为 [5.0, 0]，在纵轴上投影的向量为 [0, 2.0]。而 [5.0, 0] 和 [0, 2.0] 两个向量合成就是 [5.0, 2.0] = [5.0, 0] + [0, 2.0]。

再进一步，将图1.6整团数据云全部正交投影到横轴，得到图1.7。图1.7中 × 代表的数据实际上就是鸢尾花数据集第一列的花萼长度数据。图1.7中的横轴相当于一个一维空间，即数轴$\mathbb{R}$。

我们也可以把整团数据云全部投影在纵轴，得到图1.8。图中的 × 是鸢尾花数据第二列的花萼宽度数据。

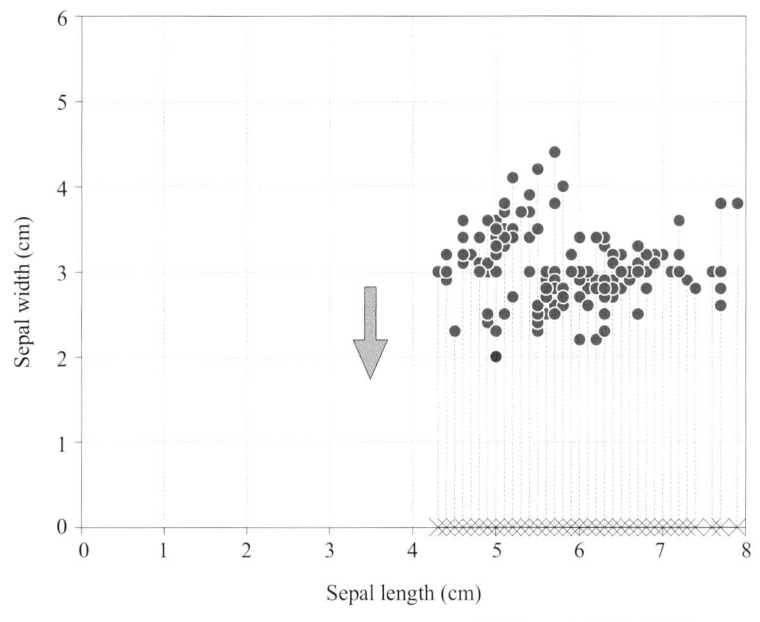

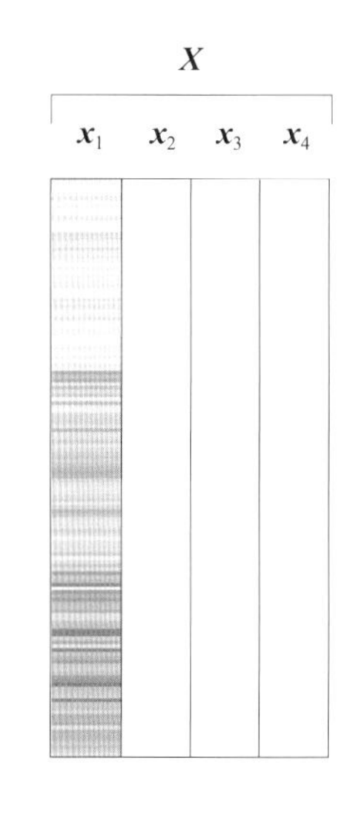

图1.7　二维散点正交投影到横轴

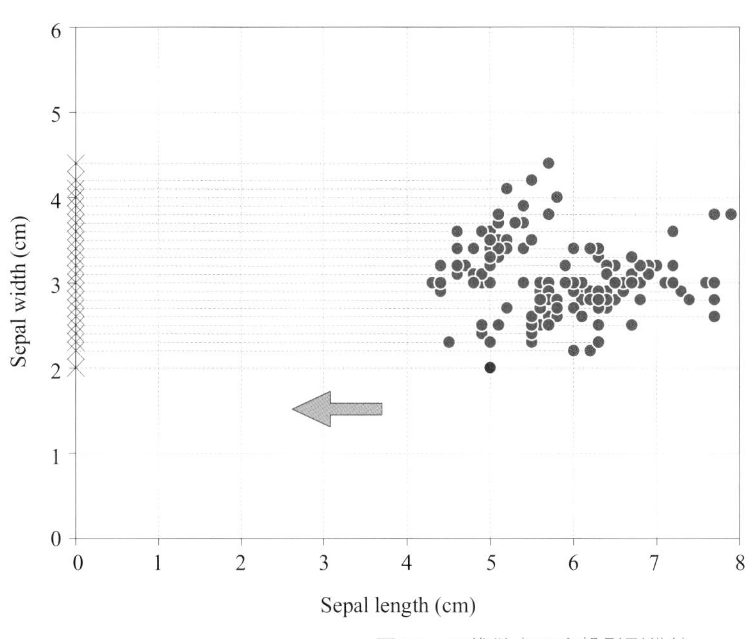

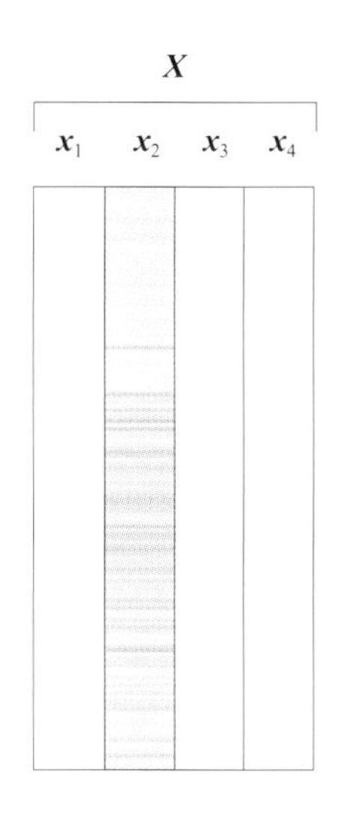

图1.8　二维散点正交投影到纵轴

投影到一条过原点的斜线

你可能会问，是否可以将图1.7中所有点投影在一条斜线上？

答案是肯定的。

如图1.9所示，鸢尾花数据投影到一条斜线上，这条斜线通过原点，与横轴夹角为15°。观察图1.9，我们已经发现投影点似乎是$\boldsymbol{x}_1$与$\boldsymbol{x}_2$的某种组合。也就是说，$\boldsymbol{x}_1$和$\boldsymbol{x}_2$分别贡献$v_1\boldsymbol{x}_1$和$v_2\boldsymbol{x}_2$，两种成分的合成$v_1\boldsymbol{x}_1 + v_2\boldsymbol{x}_2$就是投影点坐标。$v_1\boldsymbol{x}_1 + v_2\boldsymbol{x}_2$也叫**线性组合** (linear combination)。

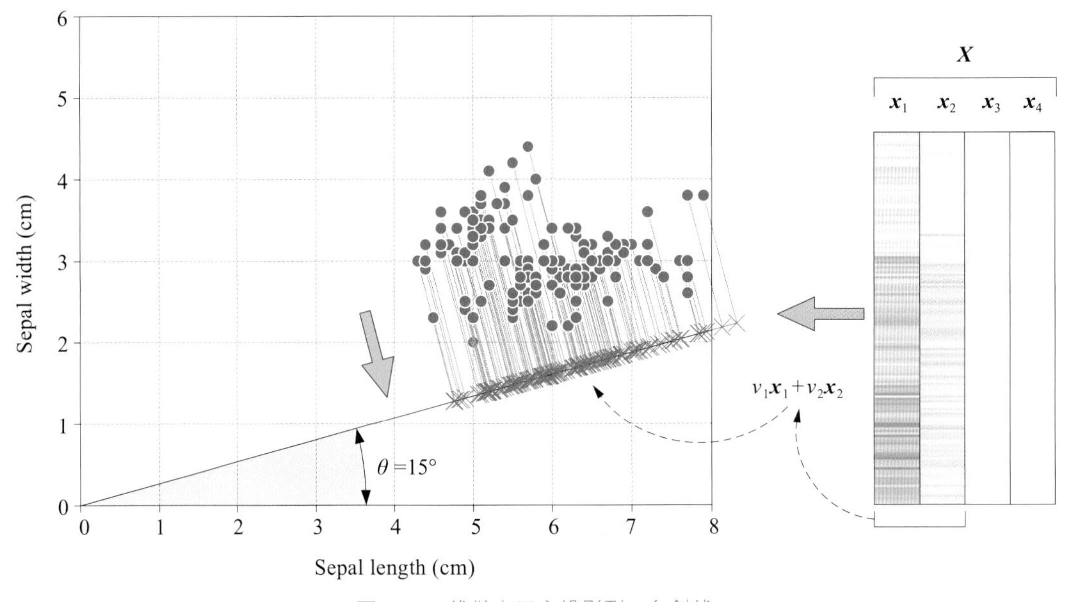

图1.9 二维散点正交投影到一条斜线

大家可能会问，怎么计算图1.9中的投影点坐标呢？这种几何变换有何用途？这是本书第9、10章要探究的问题。

三维散点图、成对特征散点图

取出鸢尾花前三个特征 (花萼长度、花萼宽度、花瓣长度) 对应的数据，并在三维空间 $\mathbb{R}^3$ 绘制散点图，得到图1.10所示的散点图。而图1.6相当于图1.10在水平面 (浅蓝色背景) 的正交投影结果。

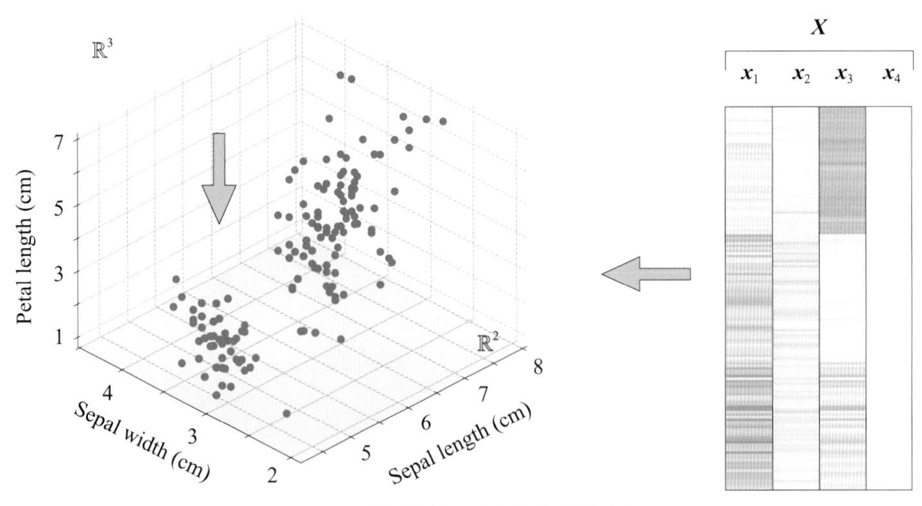

图1.10 鸢尾花前三个特征数据散点图

回顾鸢尾花书《数学要素》一册介绍过的成对特征散点图，具体如图1.11所示。成对特征散点图不仅可视化鸢尾花的四个特征 (花萼长度、花萼宽度、花瓣长度和花瓣宽度)，而且通过散点颜色还可以展示鸢尾花的三个类别 (山鸢尾、变色鸢尾、弗吉尼亚鸢尾)。图1.11中的每一幅散点图相当于四维空间数据在不同平面上的投影结果。

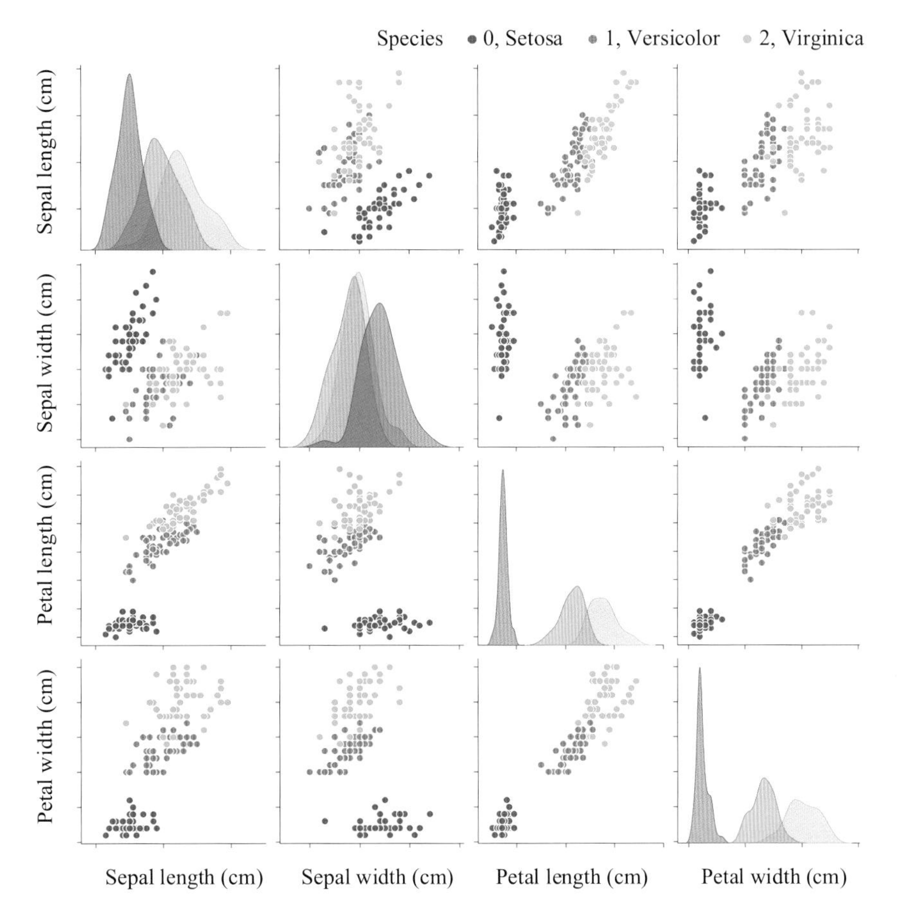

图1.11　鸢尾花数据成对特征散点图 (考虑分类标签，图片来自鸢尾花书《数学要素》一册)

统计视角：移动向量起点

如图1.12所示，本节前文行向量的起点都是原点，即零向量$\boldsymbol{0}$。而平面 $\mathbb{R}^2$ 这个二维空间则“装下”了这150个行向量。

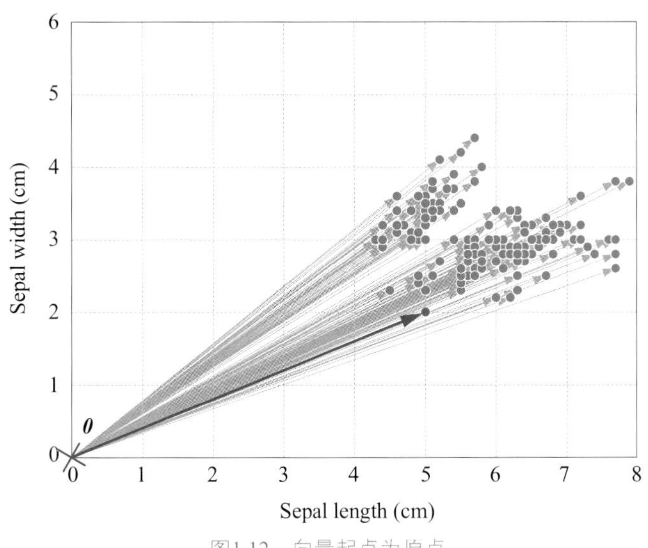

图1.12　向量起点为原点

但是，统计视角下，向量的起点移动到了数据**质心** (centroid)。所谓数据质心就是数据每一特征均值构成的向量。

这一点也不难理解，大家回想一下，我们在计算方差、均方差、协方差、相关性系数等统计度量时，都会去均值。从向量角度来看，这相当于移动了向量起点。

如图1.13所示，将向量的起点移动到质心后，向量的长度、绝对角度 (如与坐标系横轴夹角)、相对角度 (向量两两之间的夹角) 都发生了显著变化。

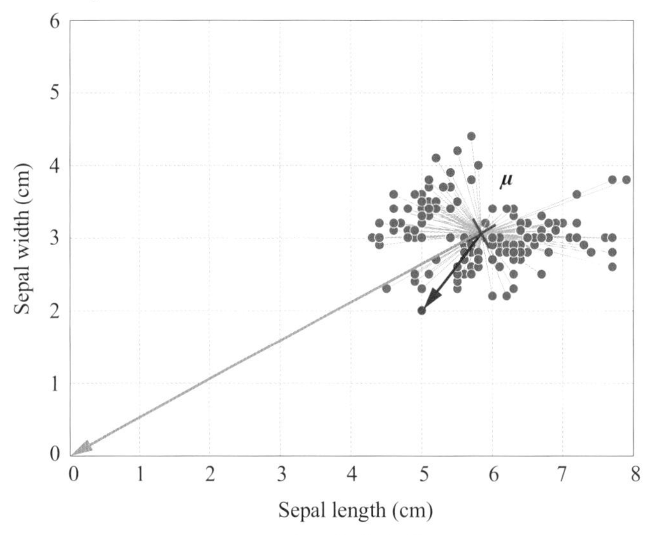

图1.13　向量起点为质心

将图1.13整团数据云质心平移到原点，这个过程就是去均值过程，结果如图1.14所示。数据矩阵$\boldsymbol{X}$去均值化得到的数据矩阵记作$\boldsymbol{X}_c$，显然$\boldsymbol{X}_c$的质心位于原点 (0，0)。去均值并不影响数据的单位，图1.14横轴、纵轴的单位都是厘米。

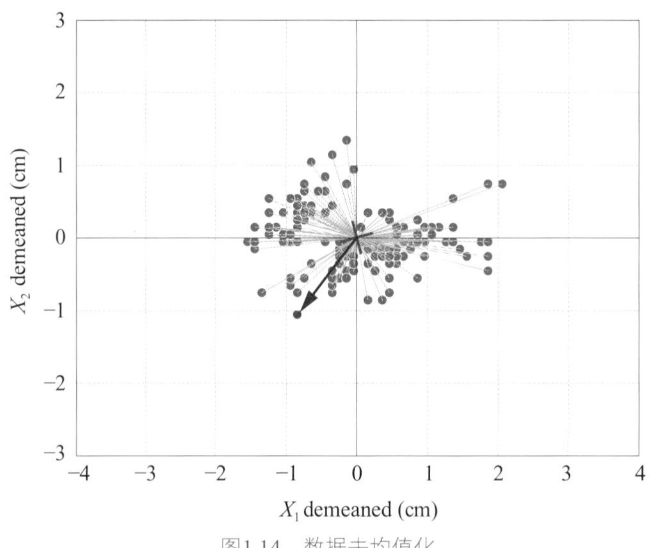

图1.14　数据去均值化

观察图1.11，我们发现，如果考虑数据标签的话，每一类标签样本数据都有自己质心，叫做分类质心，这是本书第22章要讨论的话题。此外，本书最后三章的“数据三部曲”会把数据、矩阵、向量、矩阵分解、空间、优化、统计等板块联结起来。

1.4 有几何的地方，皆有空间

从线性方程组说起

从代数视角来看，**矩阵乘法** (matrix multiplication) 代表**线性映射** (linear mapping)。比如，在 $\boldsymbol{A}_{m\times n}\boldsymbol{x}_{n\times 1}=\boldsymbol{b}_{m\times 1}$中，矩阵$\boldsymbol{A}_{m\times n}$扮演的角色就是完成$\boldsymbol{x}\to\boldsymbol{b}$的线性映射。列向量$\boldsymbol{x}_{n\times 1}$在$\mathbb{R}^n$中，列向量$\boldsymbol{b}_{m\times 1}$在$\mathbb{R}^m$中。

$\boldsymbol{A}_{m\times n}\boldsymbol{x}_{n\times 1}=\boldsymbol{b}_{m\times 1}$也叫做**线性方程组** (system of linear equations)。在鸢尾花书《数学要素》“鸡兔同笼三部曲”中，我们用线性方程组解决过鸡兔同笼问题。下面我们简单回顾一下。

《孙子算经》这样引出鸡兔同笼问题：“今有雉兔同笼，上有三十五头，下有九十四足，问雉兔各几何？”

将这个问题写成线性方程组为

$$\begin{cases}1\cdot x_1+1\cdot x_2=35\\2\cdot x_1+4\cdot x_2=94\end{cases}\Rightarrow\underbrace{\begin{bmatrix}1&1\\2&4\end{bmatrix}}_{A}\underbrace{\begin{bmatrix}x_1\\x_2\end{bmatrix}}_{x}=\underbrace{\begin{bmatrix}35\\94\end{bmatrix}}_{b}\tag{1.3}$$

即

$$\boldsymbol{A}\boldsymbol{x}=\boldsymbol{b}\tag{1.4}$$

未知变量构成的列向量$\boldsymbol{x}$可以利用下式求解，即

$$\boldsymbol{x}=\boldsymbol{A}^{-1}\boldsymbol{b}=\begin{bmatrix}1&1\\2&4\end{bmatrix}^{-1}\begin{bmatrix}35\\94\end{bmatrix}=\begin{bmatrix}2&-0.5\\-1&0.5\end{bmatrix}\begin{bmatrix}35\\94\end{bmatrix}=\begin{bmatrix}23\\12\end{bmatrix}\tag{1.5}$$

式中：逆矩阵$\boldsymbol{A}^{-1}$完成$\boldsymbol{b}\to\boldsymbol{x}$的线性映射。

> 这里用到了矩阵乘法 (matrix multiplication)、矩阵逆 (matrix inverse)相关知识。本书第4、5、6三章将介绍矩阵相关运算，居于核心的运算当然是矩阵乘法。

几何视角

从几何视角来看，式 (1.3) 中矩阵$\boldsymbol{A}$完成的是**线性变换** (linear transformation)。如图1.15所示，矩阵$\boldsymbol{A}$把方方正正的方格变成平行四边形网格，对应的计算为

$$\underbrace{\begin{bmatrix}1&1\\2&4\end{bmatrix}}_{A}\underbrace{\begin{bmatrix}1\\0\end{bmatrix}}_{e_1}=\underbrace{\begin{bmatrix}1\\2\end{bmatrix}}_{a_1},\quad\underbrace{\begin{bmatrix}1&1\\2&4\end{bmatrix}}_{A}\underbrace{\begin{bmatrix}0\\1\end{bmatrix}}_{e_2}=\underbrace{\begin{bmatrix}1\\4\end{bmatrix}}_{a_2}\tag{1.6}$$

而式 (1.6) 的结果恰好是矩阵$\boldsymbol{A}=[\boldsymbol{a}_1,\boldsymbol{a}_2]$的两个列向量$\boldsymbol{a}_1$和$\boldsymbol{a}_2$。

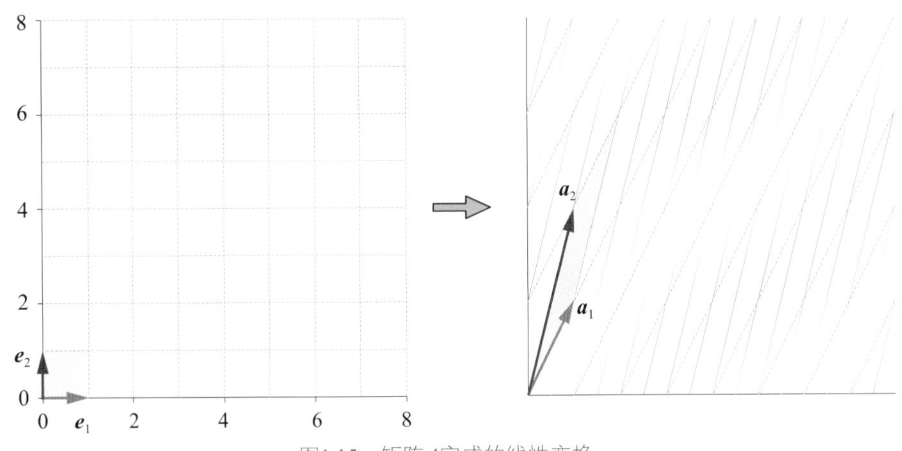

图1.15　矩阵$\boldsymbol{A}$完成的线性变换

观察图1.15中的左图，整个直角坐标系整个方方正正的网格由 $[\boldsymbol{e}_1, \boldsymbol{e}_2]$ 张成，就好比$\boldsymbol{e}_1$和$\boldsymbol{e}_2$是撑起这个二维空间的“骨架”。再看图1.15中的右图，$[\boldsymbol{a}_1, \boldsymbol{a}_2]$ 同样张成了整个直角坐标系，不同的是网格为平行四边形。$[\boldsymbol{e}_1, \boldsymbol{e}_2]$ 和 $[\boldsymbol{a}_1, \boldsymbol{a}_2]$ 都叫做空间 $\mathbb{R}^2$ 的**基底** (base)。

将$\boldsymbol{A}$写成 $[\boldsymbol{a}_1, \boldsymbol{a}_2]$，展开得到

$$\begin{bmatrix} \boldsymbol{a}_1 & \boldsymbol{a}_2 \end{bmatrix} \begin{bmatrix} x_1 \\ x_2 \end{bmatrix} = x_1 \boldsymbol{a}_1 + x_2 \boldsymbol{a}_2 = \boldsymbol{b} \tag{1.7}$$

> 本书将在第7章专门讲解基底、线性组合等向量空间概念。

式 (1.7) 代表基底 $[\boldsymbol{a}_1, \boldsymbol{a}_2]$ 中两个基底向量的线性组合。

从正圆到旋转椭圆

圆锥曲线，特别是椭圆，在鸢尾花书中扮演重要角色，这一切都源于多元高斯分布概率密度函数，而线性变换和椭圆又有着千丝万缕的联系。

如图1.16所示，同样利用矩阵$\boldsymbol{A}$，我们可以把一个单位圆转化为旋转椭圆。图1.16中，任意向量$\boldsymbol{x}$起点为原点，终点落在单位圆上，经过$\boldsymbol{A}$的线性变换变成$\boldsymbol{y} = \boldsymbol{A}\boldsymbol{x}$。

图1.16旋转椭圆的半长轴长度约为4.67，半短轴长度约为0.43，半短轴和横轴夹角约为-16.85°。要获得这些椭圆信息，我们需要一个线性代数利器——**特征值分解** (eigen decomposition)。

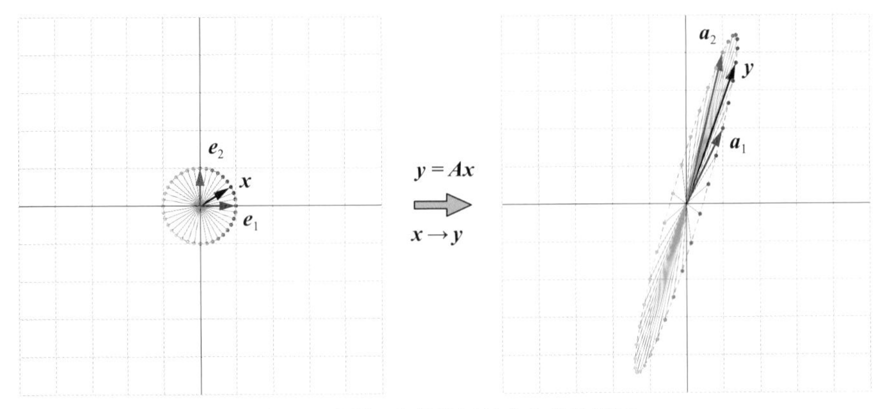

图1.16　矩阵$\boldsymbol{A}$将单位圆转化为旋转椭圆

特征值分解

相信读者对特征值分解并不陌生。如图1.17所示，我们在鸢尾花书《数学要素》鸡兔同笼三部曲的“鸡兔互变”中简单介绍过特征值分解，大家如果忘记了，建议回顾一下。

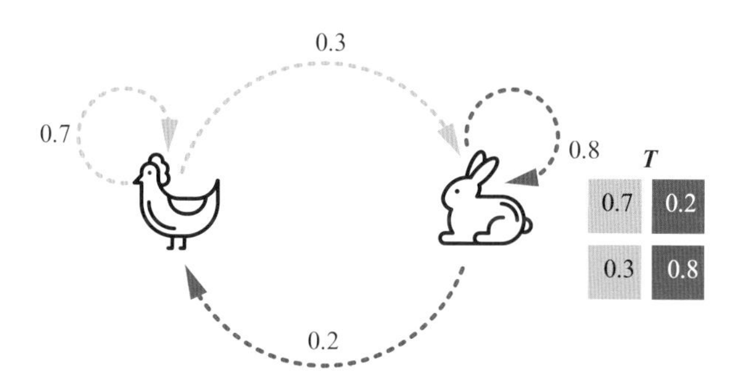

图1.17　鸡兔同笼三部曲中“鸡兔互变”(图片来自鸢尾花书《数学要素》第25章)

剧透一下，鸢尾花数据矩阵$\boldsymbol{X}$本身并不能完成特征值分解。但是图1.18中的格拉姆矩阵$\boldsymbol{G} = \boldsymbol{X}^{\mathrm{T}}\boldsymbol{X}$可以完成特征值分解，分解过程如图1.18所示。请大家特别注意图1.18中的矩阵$\boldsymbol{V}$。正如图1.15右图中的$\boldsymbol{A} = [\boldsymbol{a}_1, \boldsymbol{a}_2]$张成了一个平面，矩阵$\boldsymbol{V} = [\boldsymbol{v}_1, \boldsymbol{v}_2, \boldsymbol{v}_3, \boldsymbol{v}_4]$则张成了一个四维空间$\mathbb{R}^4$！

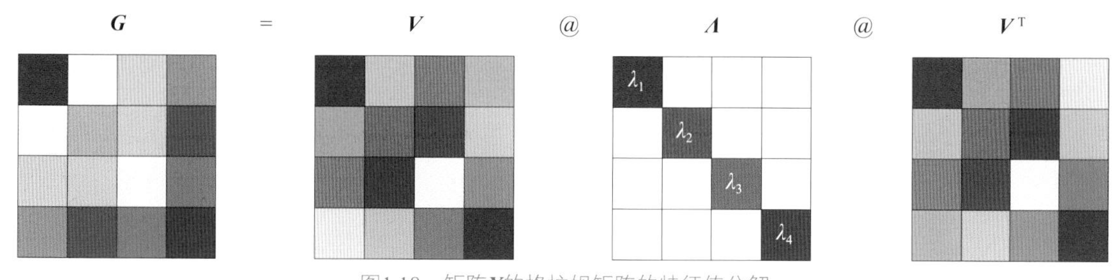

图1.18　矩阵$\boldsymbol{X}$的格拉姆矩阵的特征值分解

本书第13、14章专门探讨特征值分解。此外，本书将在第20、21章利用线性代数工具分析圆锥曲线和二次曲面。

奇异值分解

在**矩阵分解** (matrix decomposition) 这个工具库中，最全能的工具叫**奇异值分解** (Singular Value Decomposition, SVD)。因为不管形状如何，任何实数矩阵都可以完成奇异值分解。

图1.19所示为对鸢尾花数据矩阵的SVD分解，其中的$\boldsymbol{U}$和$\boldsymbol{V}$都各自张成不同的空间。

本书第15、16章专门讲解奇异值分解，第23章则利用SVD分解引出四个空间。

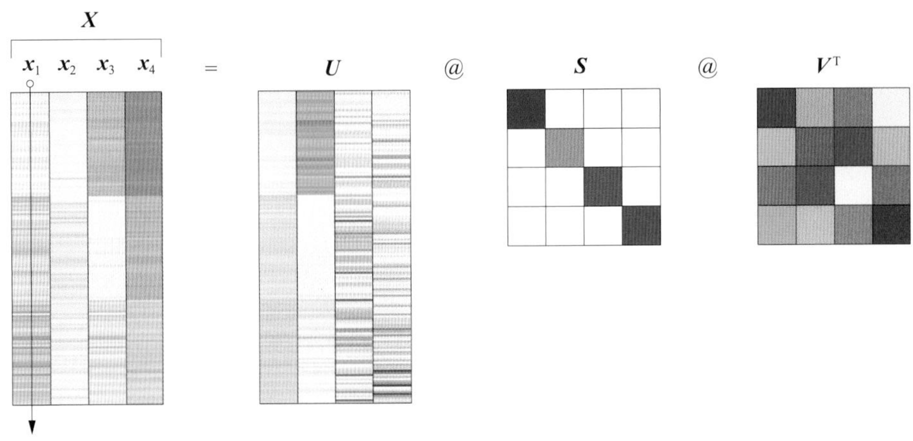

图1.19　对矩阵$\boldsymbol{X}$进行SVD分解

1.5 有数据的地方，定有统计

前文提到，图1.20所示鸢尾花数据每一列代表鸢尾花的一个特征，如花萼长度 (第1列，列向量$\boldsymbol{x}_1$)、花萼宽度 (第2列，列向量$\boldsymbol{x}_2$)、花瓣长度 (第3列，列向量$\boldsymbol{x}_3$) 和花瓣宽度 (第4列，列向量$\boldsymbol{x}_4$)。这些列向量可以看成是X_1、X_2、X_3、X_4四个随机变量的样本值集合。

从统计视角来看，我们可以计算样本数据各个特征的均值 (μ_j)和不同特征上样本数据的均方差 (σ_j)。图1.20中四幅子图中的曲线代表各个特征样本数据的**概率密度估计** (probability density estimation) 曲线。有必要的话，我们还可以在图中标出μ_j、$\mu_j \pm \sigma_j$、$\mu_j \pm 2\sigma_j$对应的位置。

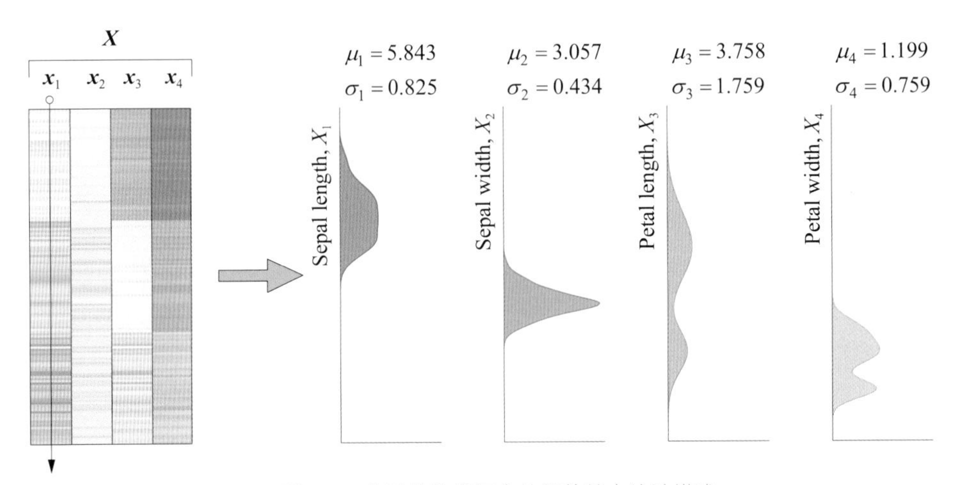

图1.20　鸢尾花数据每个特征的基本统计描述

实际应用时，我们还会对原始数据进行处理，常见的操作有**去均值** (demean)、**标准化** (standardization)等。

多个特征之间的关系，我们可以采用**格拉姆矩阵** (Gram matrix)、**协方差矩阵** (covariance matrix)、

相关性系数矩阵 (correlation matrix) 等矩阵来描述。

图1.21所示为本书后续要用到的鸢尾花数据矩阵$\boldsymbol{X}$衍生得到的几种矩阵。注意，图1.2和图1.21中矩阵$\boldsymbol{X}$的热图采用不同的色谱值。

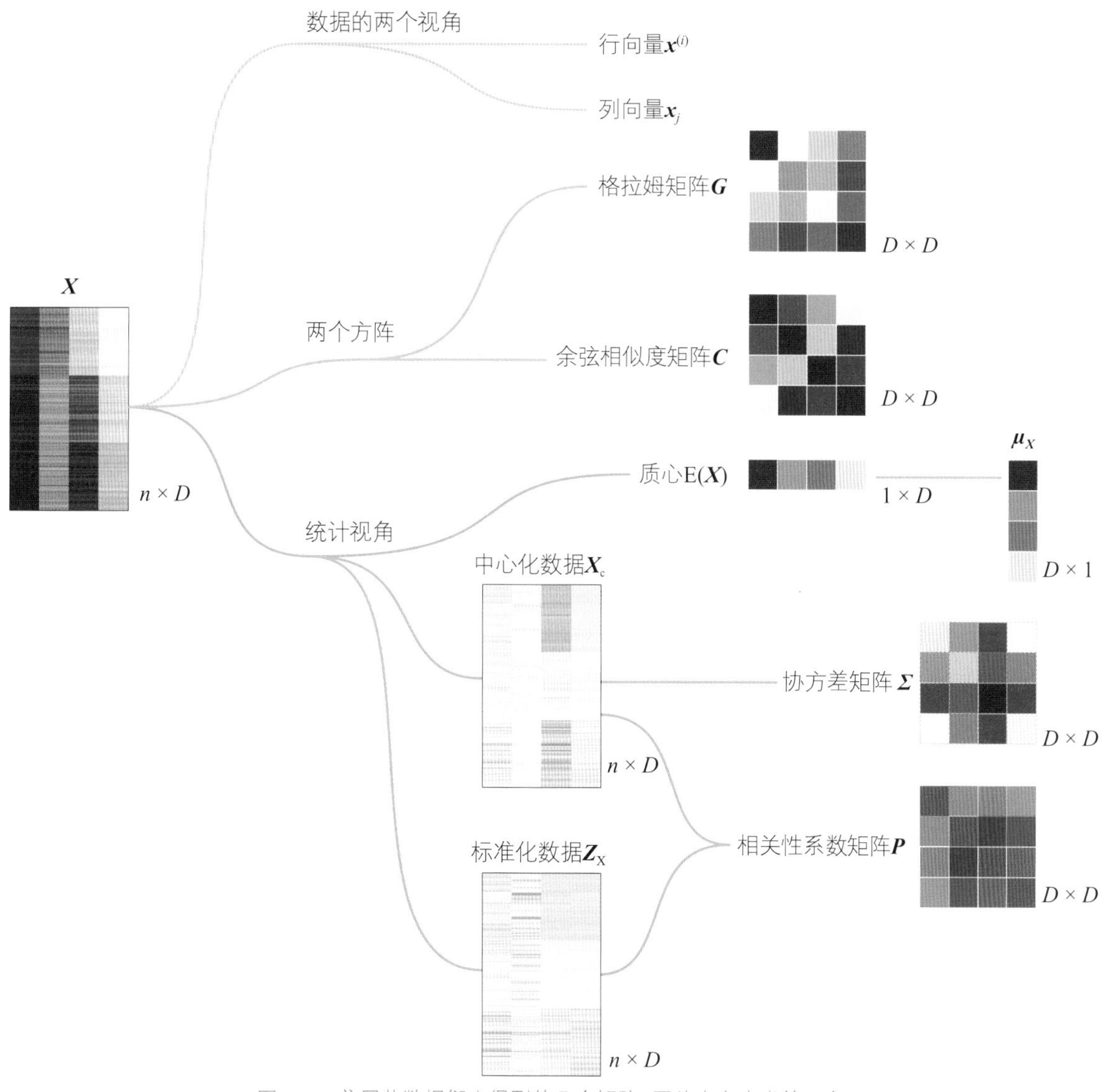

图1.21　鸢尾花数据衍生得到的几个矩阵 (图片来自本书第24章)

本书第22章将介绍如何获得图1.21所示的矩阵，本书第24章将探讨图1.21中主要矩阵和各种矩阵分解 (matrix decomposition) 之间的有趣关系。

本章只配套一个代码文件Streamlit_Bk4_Ch1_01.py。这段代码中，我们用Streamlit和Plotly分别绘制了鸢尾花数据集的热图、平面散点图、三维散点图、成对特征散点图。这四幅图都是可交互图像。

本章以向量为主线，回顾了《数学要素》“鸡兔同笼三部曲”的主要内容，预告了本书的核心内容。目前不需要大家理解本章提到的所有术语，只希望大家记住以下几句话：

有数据的地方，必有矩阵！

有矩阵的地方，更有向量！

有向量的地方，就有几何！

有几何的地方，皆有空间！

有数据的地方，定有统计！

对线性代数概念感到困惑的读者，推荐大家看看3Blue1Brown制作的视频。很多视频网站上都可以找到译制视频。如下为3Blue1Brown线性代数部分网页入口：

◀ https://www.3blue1brown.com/topics/linear-algebra

02 Vector Calculations 向量运算

从几何和数据角度解释

几何—指向真理之乡，创造哲学之魂。

Geometry will draw the soul toward truth and create the spirit of philosophy.

——柏拉图 (Plato) | 古希腊哲学家 | 424/423 B.C. — 348/347 B.C.

- ◀ `matplotlib.pyplot.quiver()` 绘制箭头图
- ◀ `numpy.add()` 向量 / 矩阵加法
- ◀ `numpy.arccos()` 计算反余弦
- ◀ `numpy.array([[4,3]])` 构造行向量，注意双重方括号
- ◀ `numpy.array([[4,3]]).T` 行向量转置得到列向量，注意双重方括号
- ◀ `numpy.array([[4], [3]])` 构造列向量，注意双重方括号
- ◀ `numpy.array([4, 3])[:, None]` 构造列向量
- ◀ `numpy.array([4, 3])[:, numpy.newaxis]` 构造列向量
- ◀ `numpy.array([4, 3])[None, :]` 构造行向量
- ◀ `numpy.array([4, 3])[numpy.newaxis, :]` 构造行向量
- ◀ `numpy.array([4,3])` 构造一维数组，严格来说不是行向量
- ◀ `numpy.array([4,3]).reshape((-1, 1))` 构造列向量
- ◀ `numpy.array([4,3]).reshape((1, -1))` 构造行向量
- ◀ `numpy.array([4,3], ndmin=2)` 构造行向量
- ◀ `numpy.cross()` 计算列向量或行向量的向量积
- ◀ `numpy.dot()` 计算向量内积。值得注意的是，如果输入为一维数组，则`numpy.dot()`输出结果为向量内积；如果输入为矩阵，则`numpy.dot()`输出结果为矩阵乘积，相当于矩阵运算符`@`
- ◀ `numpy.linalg.norm()` 默认计算L^2范数
- ◀ `numpy.multiply()` 计算向量逐项积
- ◀ `numpy.ones()` 生成全1向量 / 矩阵
- ◀ `numpy.r_[]` 将一系列数组合并；`'r'` 设定结果以行向量（默认）展示，如 `numpy.r_[numpy.array([1,2]), 0, 0, numpy.array([4,5])]` 默认产生行向量
- ◀ `numpy.r_['c', [4,3]]` 构造列向量
- ◀ `numpy.subtract()` 向量 / 矩阵减法
- ◀ `numpy.vdot()` 计算两个向量的向量内积。如果输入是矩阵，则矩阵会按照先行、后列的顺序展开成向量之后，再计算向量内积
- ◀ `numpy.zeros()` 生成全0向量 / 矩阵
- ◀ `scipy.spatial.distance.cosine()` 计算余弦距离
- ◀ `zip(*)` 将可迭代的对象作为参数，将对象中对应的元素打包成一个个元组，然后返回由这些元组组成的列表。`*`代表解包，返回的每一个都是元组类型，而并非是原来的数据类型

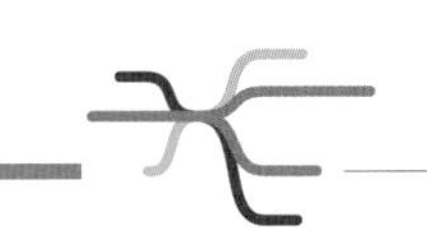

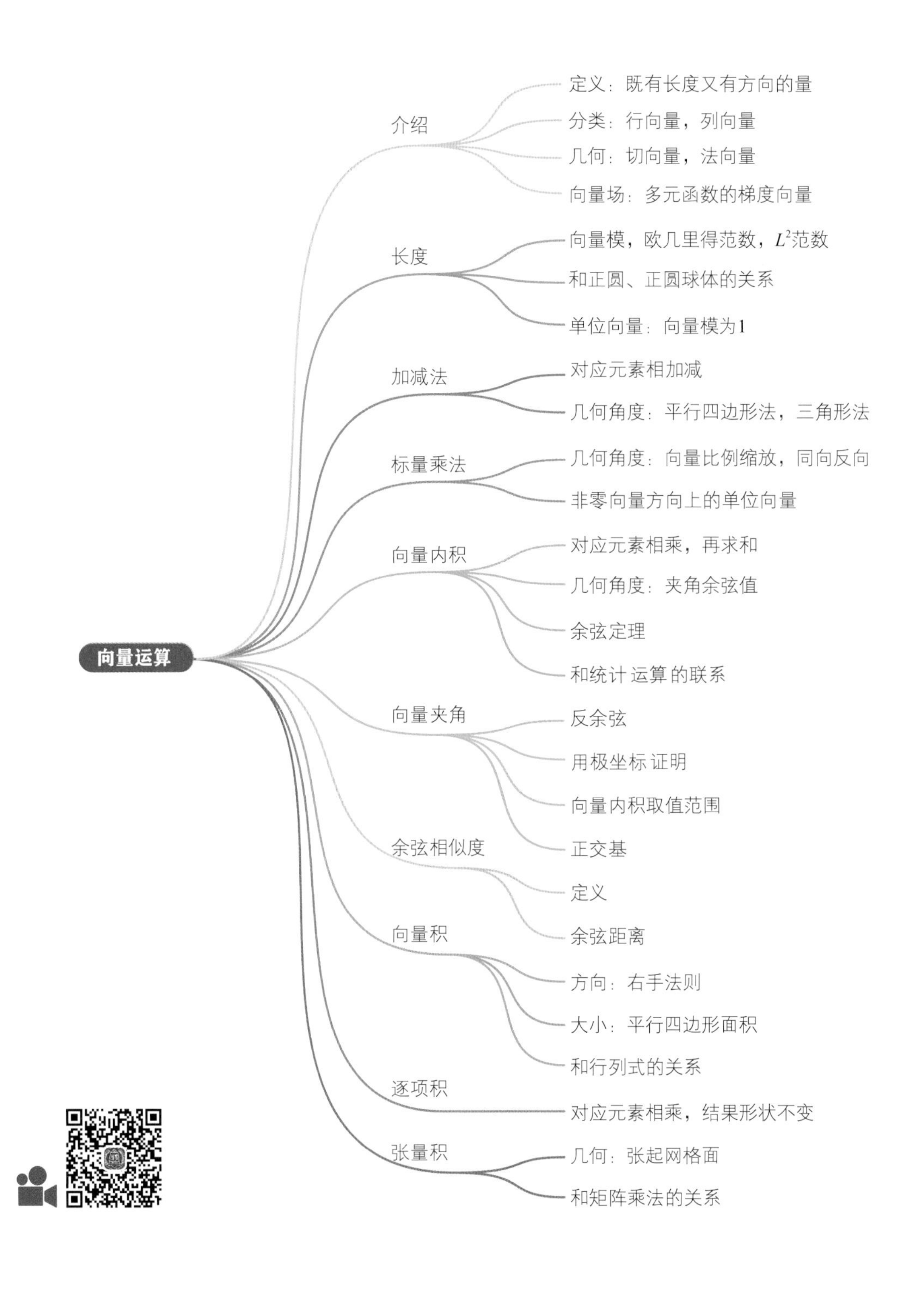
向量运算
介绍
定义：既有长度又有方向的量
分类：行向量，列向量
几何：切向量，法向量
向量场：多元函数的梯度向量
长度
向量模，欧几里得范数，L^2范数
和正圆、正圆球体的关系
单位向量：向量模为1
加减法
对应元素相加减
几何角度：平行四边形法，三角形法
标量乘法
几何角度：向量比例缩放，同向反向
非零向量方向上的单位向量
向量内积
对应元素相乘，再求和
几何角度：夹角余弦值
余弦定理
和统计运算的联系
向量夹角
反余弦
用极坐标证明
向量内积取值范围
正交基
余弦相似度
定义
余弦距离
向量积
方向：右手法则
大小：平行四边形面积
和行列式的关系
逐项积
对应元素相乘，结果形状不变
张量积
几何：张起网格面
和矩阵乘法的关系

2.1 向量：多面手

几何视角

如图2.1所示，平面上，向量是**有方向的线段** (directed line segment)。**线段的长度代表向量的大小** (the length of the line segment represents the magnitude of the vector)。**箭头代表向量的方向** (the direction of the arrowhead indicates the direction of the vector)。

> 再次强调，本书中向量符号采用加粗、斜体、小写字母，比如$\boldsymbol{a}$；矩阵符号则采用加粗、斜体、大写字母，比如$\boldsymbol{A}$。

图2.1中，向量$\boldsymbol{a}$的**起点** (initial point) 是原点O，向量的**终点** (terminal point) 是A。如果向量的起点和终点相同，向量则为**零向量** (zero vector)，可以表示为$\boldsymbol{0}$。

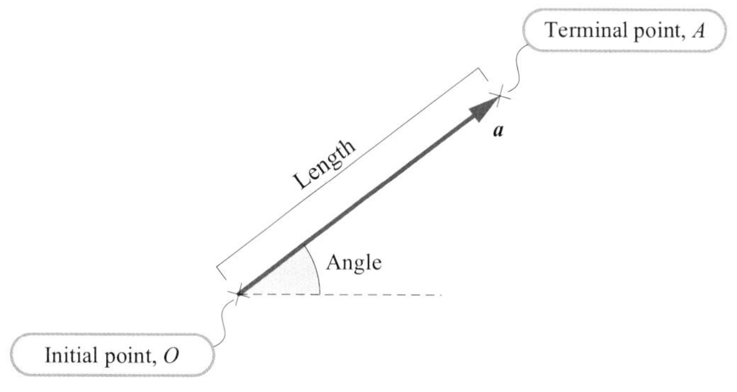

图2.1　向量起点、终点、大小和方向

图2.2给出的是几种向量的类型。

和起点无关的向量叫做**自由向量** (free vector)，如图2.2 (a)。和起点有关的向量被称作**固定向量** (fixed vector)，如图2.2 (b) 和 (c)。方向上沿着某一个特定直线的向量为**滑动向量** (sliding vector)，如图2.2(d)。

> 没有特别说明时，本书的向量一般是固定向量，且起点一般都在原点，除非特别说明。

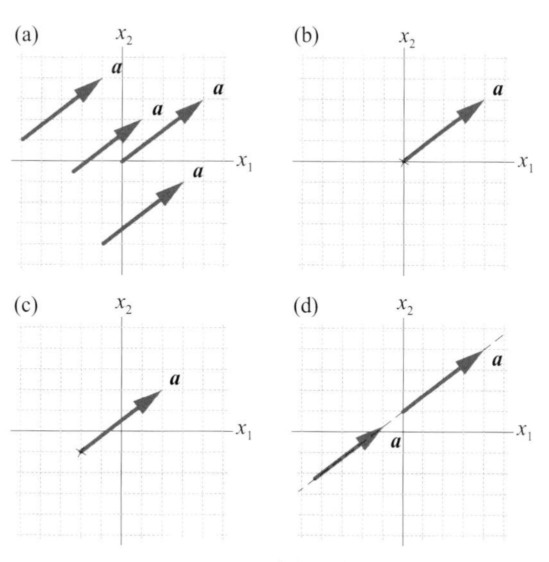

图2.2　几种向量类型

坐标点

从解析几何角度看，向量和坐标存在直接联系。

一般情况下，直角坐标系中任意一点坐标可以通过**多元组** (tuple) 来表达。比如，图2.3 (a) 所示平面直角坐标系上，A点坐标为 (4, 3)，B点坐标为 (−3, 4)。

如图2.3 (b) 所示，以原点O作为向量起点、A为终点的向量 $\overrightarrow{OA}$ 对应向量$\boldsymbol{a}$，而 $\overrightarrow{OB}$ 对应向量$\boldsymbol{b}$。

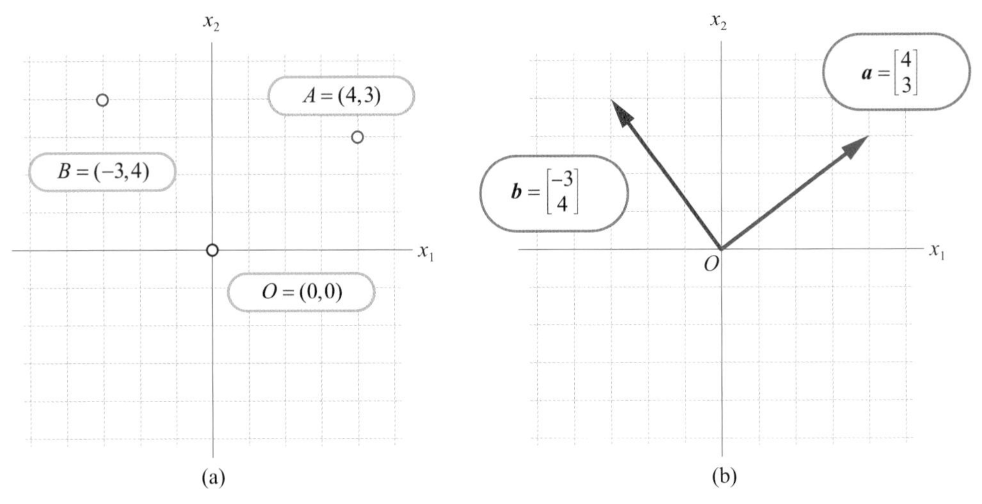

图2.3　平面坐标和向量关系

向量的元素也可以是未知量，如$\boldsymbol{x} = [x_1, x_2]^{\mathrm{T}}$、$\boldsymbol{x} = [x_1, x_2, \cdots, x_D]^{\mathrm{T}}$。

Bk4_Ch2_01.py绘制图2.3 (b) 所示向量。matplotlib.pyplot.quiver() 绘制箭头图。

继续丰富向量几何内涵

在几何上，切线指的是一条刚好触碰到曲线上某一点的直线。曲线的法线则是垂直于曲线上一点的切线的直线。将向量引入切线、法线可以得到**切向量** (tangent vector) 和**法向量** (normal vector)。图2.4所示为直线和曲线某一点处的切向量和法向量，两个向量的起点都是**切点** (point of tangency)。

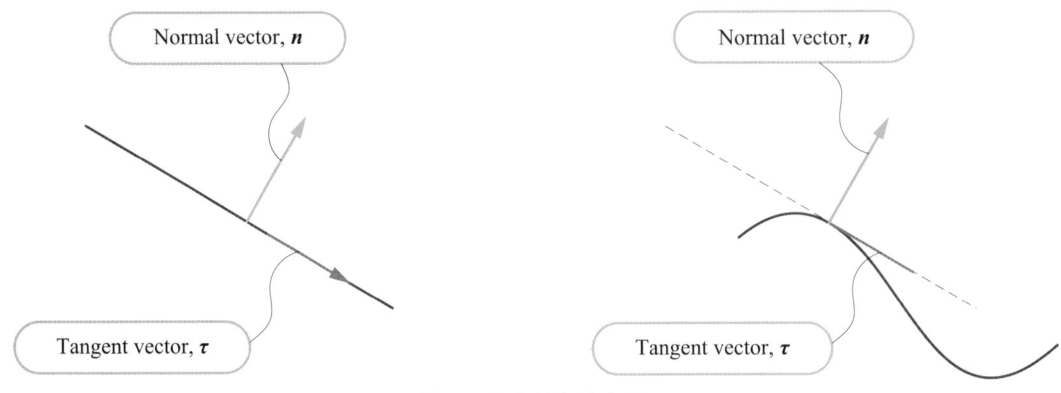

图2.4　切向量和法向量

梯度

自然界的风、水流、电磁场，在各自空间的每一个点上对应的物理量既有强度、也有方向。将这些既有大小又有方向的场抽象出来便可以得到**向量场** (vector field)。本书中，我们会使用向量场来描述函数在一系列排列整齐点的梯度向量。

图2.5 (a) 所示为某个二元函数 $f(x_1, x_2)$ 对应的曲面。把图2.5 (a) 比作一座山峰的话，在坡面上放置一个小球，松手瞬间小球运动的方向在x_1x_2平面上的投影就是梯度下降方向，也叫做下山方向；而它的反方向叫做**梯度向量** (gradient vector) 方向，也叫上山方向。

图2.5 (b) 所示为在x_1x_2平面上，二元函数$f(x_1, x_2)$ 在不同点处的平面等高线和梯度向量。坡面越陡峭，梯度向量长度越大。仔细观察，可以发现任意一点处梯度向量垂直于该点处的等高线。

二元函数 $f(x_1, x_2)$ 梯度向量定义为

$$\operatorname{grad} f\left(x_1, x_2\right) = \nabla f\left(x_1, x_2\right) = \begin{bmatrix} \dfrac{\partial f}{\partial x_1} \\ \dfrac{\partial f}{\partial x_2} \end{bmatrix} \tag{2.1}$$

在$f(x_1, x_2)$ 梯度向量中，我们看到了两个偏导数。

在求解优化问题中，梯度向量扮演着重要角色。本书将在第17章回顾偏导数，并讲解梯度向量。

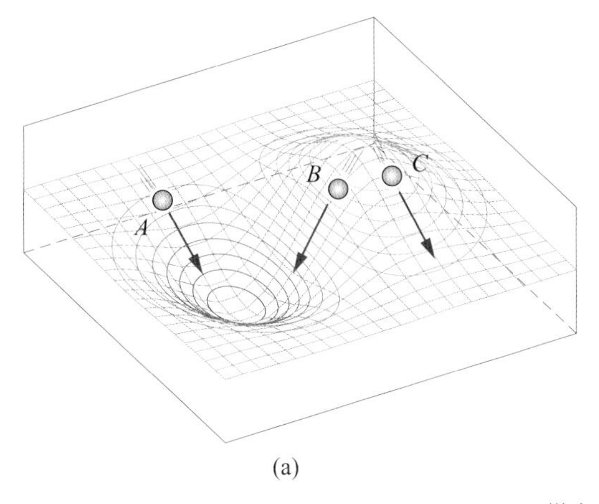

(a)

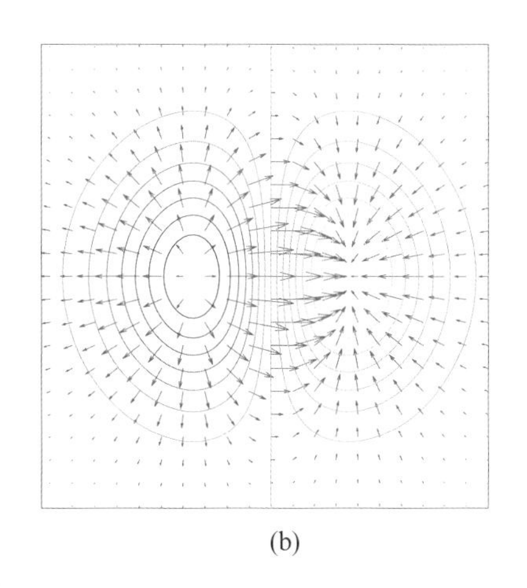

(b)

图2.5　梯度向量

2.2 行向量、列向量

上一章提到，向量要么一行多列，要么一列多行，因此向量可以看作是特殊的矩阵——**一维矩阵** (one-dimensional matrix)。一行多列的向量叫**行向量** (row vector)，一列多行的向量叫**列向量** (column vector)。

一个矩阵可以视作是由若干行向量或列向量整齐排列而成的。如图2.6所示，数据矩阵$\boldsymbol{X}$的每一行是一个行向量，代表一个样本点；$\boldsymbol{X}$的每一列为一个列向量，代表某个特征上的所有样本数据。

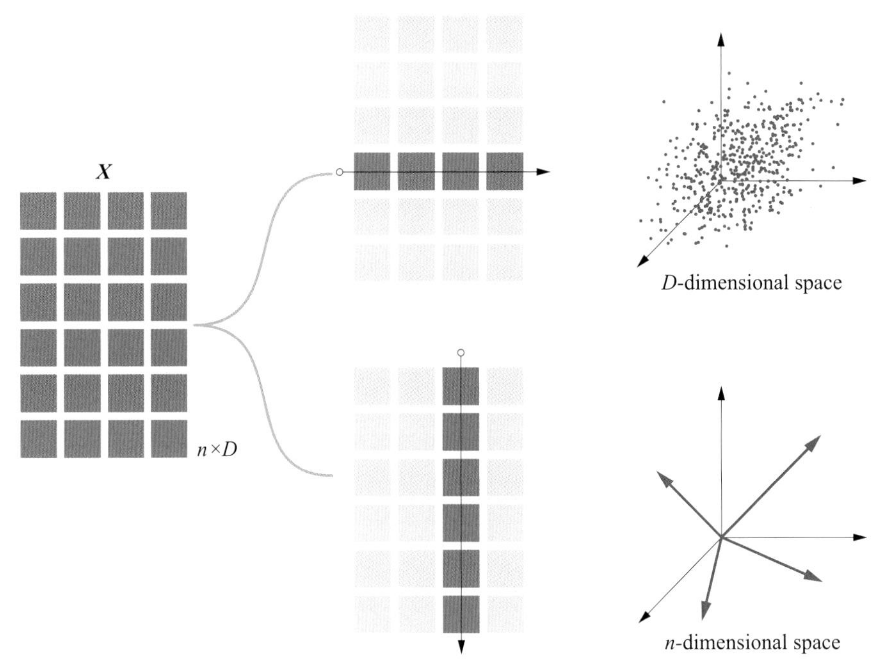

图2.6　观察数据矩阵的两个视角

行向量：一行多列，一个样本数据点

行向量将n个元素排成一行，形状为 $1 \times n$ (代表1行、n列)。下式行向量$\boldsymbol{a}$为1行4列，即

$$\boldsymbol{a} = \begin{bmatrix} 1 & 2 & 3 & 4 \end{bmatrix} \tag{2.2}$$

如图2.7所示，行向量**转置** (transpose)便可以得到列向量，反之亦然。转置运算符号为正体上标 ^{T}。

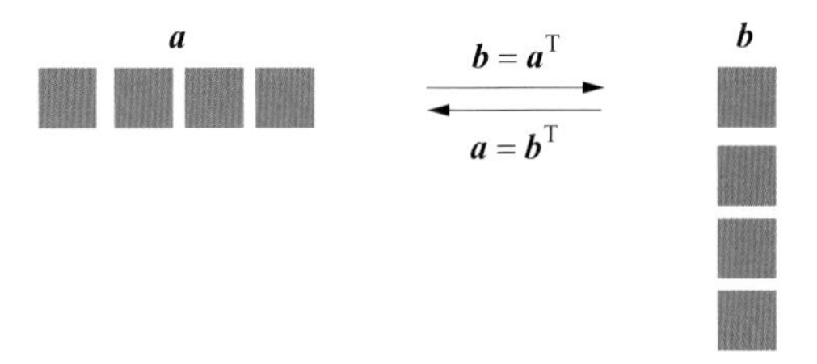

图2.7　行向量的转置是列向量

表2.1所示为利用Numpy构造行向量的几种常见方法。可以用len(a) 计算向量元素个数。

表2.1　用Numpy构造行向量

代码	注意事项
a = numpy.array([4,3])	严格地说，这种方法产生的并不是行向量；运行a.ndim发现a只有一个维度。因此，转置numpy.array([4,3]).T得到的仍然是一维数组，只不过默认展示方式看起来像行向量
a = numpy.array([[4,3]])	运行a.ndim发现a有两个维度，这个行向量转置a.T可以获得列向量。a.T求a转置，等价于a.transpose()。请大家注意双重方括号

续表

代码	注意事项
a = numpy.array([4,3], ndmin=2)	ndmin=2 设定数据有两个维度，转置a.T可以获得列向量
a = numpy.r_['r', [4,3]]	numpy.r_[] 将一系列数组合并；'r' 设定结果以行向量 (默认) 展示，如 numpy.r_[numpy.array([1,2]), 0, 0, numpy.array([4,5])] 默认产生行向量
a = numpy.array([4,3]).reshape((1, -1))	reshape() 按某种形式重新排列数据，-1自动获取数组元素个数n
a = numpy.array([4, 3])[None, :]	按照 [None, :] 形式广播数组，None代表numpy.newaxis，增加新维度
a = numpy.array([4, 3])[numpy.newaxis, :]	等同于上一例

前文提过，$\boldsymbol{X}$的行向量序号采用“上标加括号”方式，如$\boldsymbol{x}^{(1)}$代表$\boldsymbol{X}$的第一行行向量。

如图2.8所示，矩阵$\boldsymbol{X}$可以写成一组行向量上下叠放，即

$$\boldsymbol{X} = \begin{bmatrix} \boldsymbol{x}^{(1)} \\ \boldsymbol{x}^{(2)} \\ \vdots \\ \boldsymbol{x}^{(6)} \end{bmatrix} \tag{2.3}$$

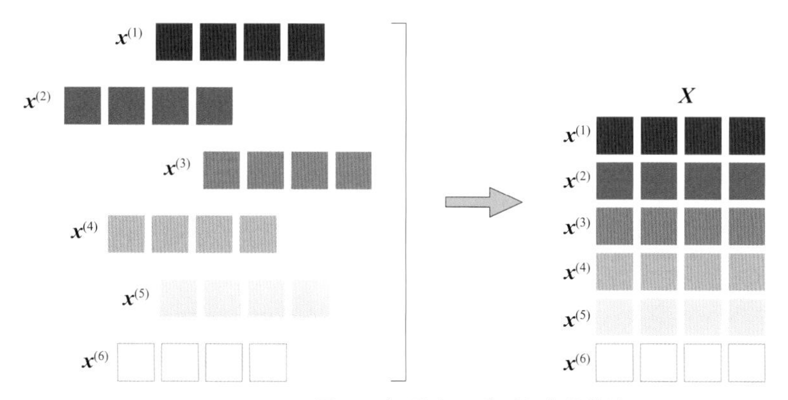

图2.8　矩阵由一系列行向量构造

再次强调：数据分析偏爱用行向量表达样本点。

列向量：一列多行，一个特征样本数据

列向量将n个元素排成一列，形状为 $n \times 1$ (即n行、1列)。举个例子，下式中列向量$\boldsymbol{b}$为4行1列，即

$$\boldsymbol{b} = \begin{bmatrix} 1 \\ 2 \\ 3 \\ 4 \end{bmatrix} \tag{2.4}$$

构造$\boldsymbol{X}$的列向量序号则采用下标表示，如$\boldsymbol{x}_1$。如图2.9所示，矩阵$\boldsymbol{X}$可以看做是4个等行数列向量整齐排列得到的，即

$$\boldsymbol{X} = \begin{bmatrix} \boldsymbol{x}_1 & \boldsymbol{x}_2 & \boldsymbol{x}_3 & \boldsymbol{x}_4 \end{bmatrix} \tag{2.5}$$

注意：不加说明时，本书中向量一般指的是列向量。

注意：此处特征向量不同于特征值分解 (eigen decomposition) 中的**特征向量** (eigenvector)。

数据分析时通常偏爱用列向量表达特征，如$\boldsymbol{x}_j$代表第j个特征上的样本数据构成的列向量。因此，列向量又常称做**特征向量** (feature vector)。$\boldsymbol{x}_j$对应概率统计的随机变量X_j，或者代数中的变量x_j。

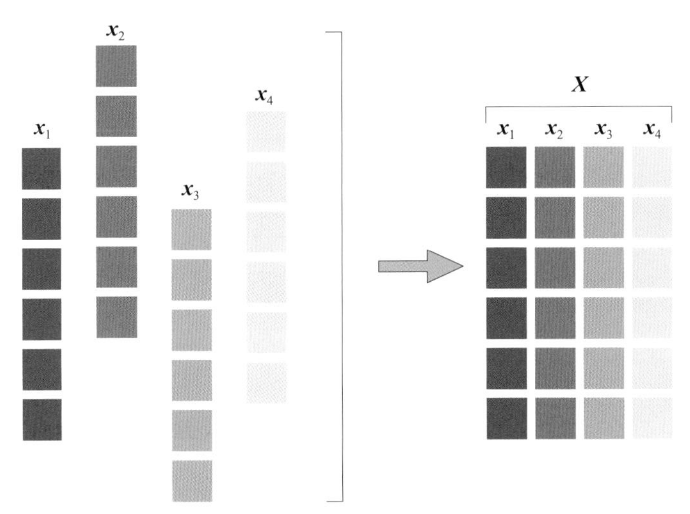

图2.9　矩阵由一排列向量构造

表2.2总结了Numpy构造列向量的几种常见方法。

表2.2　用Numpy构造列向量

代码	注意事项
a = numpy.array([[4], [3]])	运行a.ndim发现a有两个维度。numpy.array([[4], [3]]).T获得行向量。请大家注意两层方括号
a = numpy.r_['c', [4,3]]	numpy.r_[] 将一系列的数组合并。'c' 设定结果以列向量展示
a = numpy.array([4,3]).reshape((-1, 1))	reshape() 按某种形式重新排列数据；-1自动获取数组元素个数n
a = numpy.array([4, 3])[:, None]	按照 [:, None] 形式广播数组；None代表numpy.newaxis，增加新维度
a = numpy.array([4, 3])[:, numpy.newaxis]	等同于上一例

特殊列向量

全零列向量 (zero column vector) $\boldsymbol{0}$，是指每个元素均为0的列向量，即

$$\boldsymbol{0} = \begin{bmatrix} 0 & 0 & \cdots & 0 \end{bmatrix}^{\mathrm{T}} \tag{2.6}$$

代码numpy.zeros((4,1)) 可以生成 4 × 1 全零列向量。多维空间中，原点也常记作零向量$\boldsymbol{0}$。

全1列向量 (all-ones column vector) $\boldsymbol{1}$，是指每个元素均为1的列向量，即

$$\boldsymbol{1} = \begin{bmatrix} 1 & 1 & \cdots & 1 \end{bmatrix}^{\mathrm{T}} \tag{2.7}$$

全1列向量$\boldsymbol{1}$在矩阵乘法中有特殊的地位，本书第5章、第22章将分别从矩阵乘法和统计两个角度进行讲解。

代码numpy.ones((4,1)) 可以生成 4 × 1 全1列向量。

2.3 向量长度：模，欧氏距离，L^2范数

向量长度 (length of a vector) 又叫做**向量模** (vector norm)、**欧几里得距离** (Euclidean distance)、**欧几里得范数** (Euclidean norm) 或**L^2范数** (L2-norm)。

给定向量a为

$$\boldsymbol{a} = \begin{bmatrix} a_1 & a_2 & \cdots & a_n \end{bmatrix}^{\mathrm{T}} \tag{2.8}$$

向量$\boldsymbol{a}$的模为

$$\|\boldsymbol{a}\| = \|\boldsymbol{a}\|_2 = \sqrt{a_1^2 + a_2^2 + \cdots + a_n^2} = \left(\sum_{i=1}^{n} a_i^2\right)^{\frac{1}{2}} \tag{2.9}$$

注意：$\|\boldsymbol{a}\|_2$的下角标2代表L^2范数。没有特殊说明，$\|\boldsymbol{a}\|$默认代表L^2范数。

L^2范数是L^p范数的一种，本书第3章将介绍其他范数。

观察式 (2.9)，容易知道向量模非负，即$\|\boldsymbol{a}\| \geq 0$。

请大家注意如下有关L^2范数的性质，即

$$\begin{aligned} \|-\boldsymbol{a}\| &= \|\boldsymbol{a}\| \\ \|k\boldsymbol{a}\| &= |k|\|\boldsymbol{a}\| \end{aligned} \tag{2.10}$$

其中：k为任意实数。

二维向量的模

特别地，对于如下二维向量$\boldsymbol{a}$，即

$$\boldsymbol{a} = \begin{bmatrix} a_1 & a_2 \end{bmatrix}^{\mathrm{T}} \tag{2.11}$$

二维向量指的是有两个元素的向量。

二维向量$\boldsymbol{a}$的L^2范数为

$$\|\boldsymbol{a}\| = \sqrt{a_1^2 + a_2^2} \tag{2.12}$$

图2.3 (b) 中向量$\boldsymbol{a}$和$\boldsymbol{b}$的模可以通过计算得到，即有

$$\begin{aligned} \|\boldsymbol{a}\| &= \sqrt{4^2 + 3^2} = \sqrt{25} = 5 \\ \|\boldsymbol{b}\| &= \sqrt{(-3)^2 + 4^2} = \sqrt{25} = 5 \end{aligned} \tag{2.13}$$

二维向量$\boldsymbol{a}$和横轴夹角可以通过反正切求解，即

$$\theta_a = \arctan\left(\frac{a_2}{a_1}\right) \tag{2.14}$$

上述角度和直角坐标系直接关联，因此可以看做“绝对角度”。本章后续将介绍如何用向量内积求两个向量之间的“相对角度”。

Bk4_Ch2_02.py计算图2.3 (b) 中向量$\boldsymbol{a}$和$\boldsymbol{b}$的模。函数numpy.linalg.norm() 默认计算L^2范数，也可以用numpy.sqrt(np.sum(a**2)) 计算向量$\boldsymbol{a}$的L^2范数。

等距线

值得一提的是，如果起点重合，与 $\|\boldsymbol{a}\|$ 长度（模）相等的二维向量的终点位于同一个圆上，如图2.10 (a) 所示。看到这里大家是否想到了鸢尾花书《数学要素》第7章讲过的"等距线"？

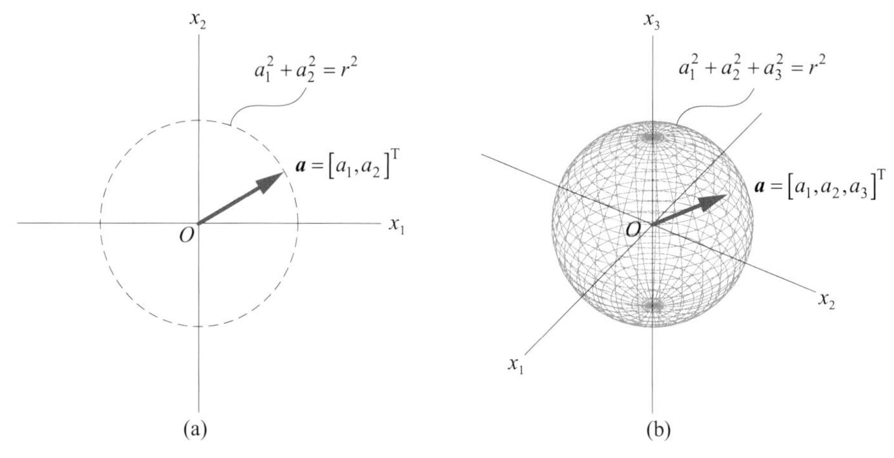

图2.10　等L^2范数向量

如图2.11所示，起点位于原点的二维向量$\boldsymbol{x}$的模 $\|\boldsymbol{x}\|$ 取不同数值c时，我们可以得到一系列同心圆，对应的解析式为

$$
\|\boldsymbol{x}\| = \sqrt{x_1^2 + x_2^2} = c \tag{2.15}
$$

强调一点，$\boldsymbol{x}$是向量，既有大小、又有方向；而 $\|\boldsymbol{x}\|$ 是标量，代表"距离"。$\|\cdot\|$这个运算符是一种"向量 → 标量"的运算规则。

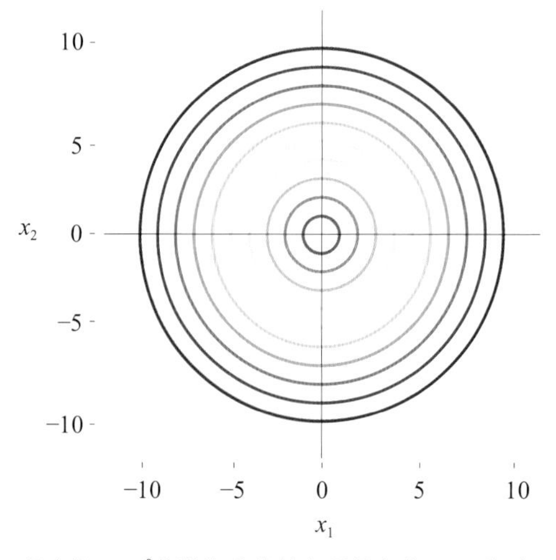

图2.11　起点为$\boldsymbol{0}$、L^2范数为定值的向量终点位于一系列同心圆上

Bk4_Ch2_03.py绘制图2.11。

三维向量的模

类似地，给定三维向量$\boldsymbol{a}$为

$$\boldsymbol{a} = \begin{bmatrix} a_1 & a_2 & a_3 \end{bmatrix}^{\mathrm{T}} \tag{2.16}$$

三维向量$\boldsymbol{a}$的L^2范数为

$$\|\boldsymbol{a}\| = \sqrt{a_1^2 + a_2^2 + a_3^2} \tag{2.17}$$

如图2.10 (b) 所示，起点为原点、长度（模）相等的三维列向量终点落在同一正圆球面上。

单位向量

长度为1的向量叫做**单位向量** (unit vector)。

非$\boldsymbol{0}$向量$\boldsymbol{a}$除以自身的模得到**$\boldsymbol{a}$方向上的单位向量** (unit vector in the direction of vector $\boldsymbol{a}$)，即

$$\hat{\boldsymbol{a}} = \frac{\boldsymbol{a}}{\|\boldsymbol{a}\|} \tag{2.18}$$

$\hat{\boldsymbol{a}}$读作 “vector a hat”。a/numpy.linalg.norm(a) 可以用于计算非$\boldsymbol{0}$向量$\boldsymbol{a}$方向上的单位向量。

图2.12 (a) 所示平面直角坐标系，起点位于原点的单位向量$\boldsymbol{x} = [x_1, x_2]^{\mathrm{T}}$终点位于**单位圆** (unit circle) 上，对应的解析式为

$$\|\boldsymbol{x}\| = \sqrt{x_1^2 + x_2^2} = 1 \quad \Rightarrow \quad x_1^2 + x_2^2 = 1 \tag{2.19}$$

这无数个单位向量$\boldsymbol{x}$中，有两个单位向量最为特殊——$\boldsymbol{e}_1$ ($\boldsymbol{i}$) 和$\boldsymbol{e}_2$ ($\boldsymbol{j}$)。如图2.12 (b) 所示的平面直角坐标系中，$\boldsymbol{e}_1$和$\boldsymbol{e}_2$分别为沿着x_1 (水平) 和x_2 (竖直) 方向的单位向量，即

$$\boldsymbol{e}_1 = \boldsymbol{i} = \begin{bmatrix} 1 \\ 0 \end{bmatrix}, \quad \boldsymbol{e}_2 = \boldsymbol{j} = \begin{bmatrix} 0 \\ 1 \end{bmatrix} \tag{2.20}$$

显然，$\boldsymbol{e}_1$与$\boldsymbol{e}_2$相互垂直。

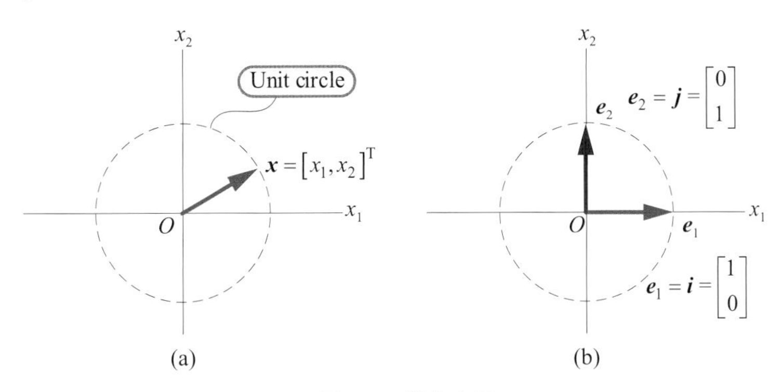

图2.12　单位向量

张成

图2.3 (b) 给出的向量$\boldsymbol{a}$和$\boldsymbol{b}$可以用$\boldsymbol{e}_1$和$\boldsymbol{e}_2$合成得到，有

$$\begin{aligned} \boldsymbol{a} &= 4\boldsymbol{e}_1 + 3\boldsymbol{e}_2 \\ \boldsymbol{b} &= -3\boldsymbol{e}_1 + 4\boldsymbol{e}_2 \end{aligned} \tag{2.21}$$

式 (2.21) 用到的便是向量加减法，这是下一节要介绍的内容。

$\boldsymbol{e}_1$和$\boldsymbol{e}_2$**张成** (span) 图2.3 (b) 整个平面。通俗地讲，$\boldsymbol{e}_1$和$\boldsymbol{e}_2$就好比经纬度，可以定位$\mathbb{R}^2$平面任意一点。比如，$\mathbb{R}^2$平面上的任意一点$\boldsymbol{x}$都可以写成

$$\boldsymbol{x} = x_1\boldsymbol{e}_1 + x_2\boldsymbol{e}_2 \tag{2.22}$$

本书第7章将讲解张成、向量空间等概念。

从集合角度来看，$\boldsymbol{x} \in \mathbb{R}^2$。

三维直角坐标系

三维直角坐标系中，$\boldsymbol{e}_1$ ($\boldsymbol{i}$)、$\boldsymbol{e}_2$ ($\boldsymbol{j}$) 和$\boldsymbol{e}_3$ ($\boldsymbol{k}$) 代表沿着横轴、纵轴、竖轴的单位向量，即

$$\boldsymbol{e}_1 = \boldsymbol{i} = \begin{bmatrix} 1 \\ 0 \\ 0 \end{bmatrix}, \quad \boldsymbol{e}_2 = \boldsymbol{j} = \begin{bmatrix} 0 \\ 1 \\ 0 \end{bmatrix}, \quad \boldsymbol{e}_3 = \boldsymbol{k} = \begin{bmatrix} 0 \\ 0 \\ 1 \end{bmatrix} \tag{2.23}$$

如图2.13所示，$\boldsymbol{e}_1$ ($\boldsymbol{i}$)、$\boldsymbol{e}_2$ ($\boldsymbol{j}$) 和$\boldsymbol{e}_3$ ($\boldsymbol{k}$) 两两相互垂直。

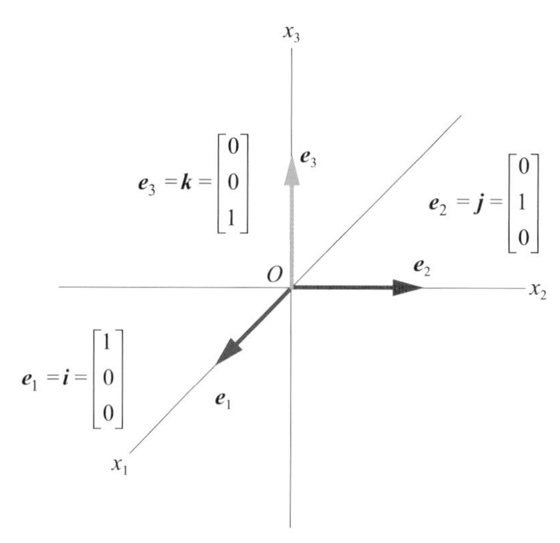

图2.13　三维空间单位向量

同理，图2.13这个三维空间是用$\boldsymbol{e}_1$、$\boldsymbol{e}_2$、$\boldsymbol{e}_3$张成的。通俗地讲，$\boldsymbol{e}_1$、$\boldsymbol{e}_2$、$\boldsymbol{e}_3$相当于经度、维度、海拔，定位能力从地表扩展到整个地球空间。

$\mathbb{R}^3$空间任意一点$\boldsymbol{x}$可以写成

$$\boldsymbol{x} = x_1\boldsymbol{e}_1 + x_2\boldsymbol{e}_2 + x_3\boldsymbol{e}_3 \tag{2.24}$$

此外，大家可能已经注意到，e_1可以用不同的形式表达，比如

$$e_1=\begin{bmatrix}1\\0\end{bmatrix},\quad e_1=\begin{bmatrix}1\\0\\0\end{bmatrix},\quad e_1=\begin{bmatrix}1\\0\\0\\0\end{bmatrix},\quad e_1=\begin{bmatrix}1\\0\\\vdots\\0\end{bmatrix} \tag{2.25}$$

式 (2.25) 中几个e_1虽然维度不同，但是本质上等价，它们代表不同维度空间中的e_1。这些e_1之间的关系是，从低维到高维或从高维到低维投影。

本书将在第8、9、10三章由浅入深地介绍投影这一重要线性代数工具。

2.4 加减法：对应位置元素分别相加减

从数据角度看，两个等行数列向量相加，结果为对应位置的元素分别相加，得到元素个数相同的列向量，比如

$$a+b=\begin{bmatrix}-2\\5\end{bmatrix}+\begin{bmatrix}5\\-1\end{bmatrix}=\begin{bmatrix}-2+5\\5-1\end{bmatrix}=\begin{bmatrix}3\\4\end{bmatrix} \tag{2.26}$$

同理，两个等行数列向量相减，则是对应元素分别相减，得到等行数列向量，比如

$$a-b=\begin{bmatrix}-2\\5\end{bmatrix}-\begin{bmatrix}5\\-1\end{bmatrix}=\begin{bmatrix}-2-5\\5-(-1)\end{bmatrix}=\begin{bmatrix}-7\\6\end{bmatrix} \tag{2.27}$$

以上法则也适用于行向量。

几何视角

从几何角度看，**向量加法** (vector addition) 的结果可以用**平行四边形法则** (parallelogram method) 或**三角形法则** (triangle method) 获得，具体如图2.14所示。

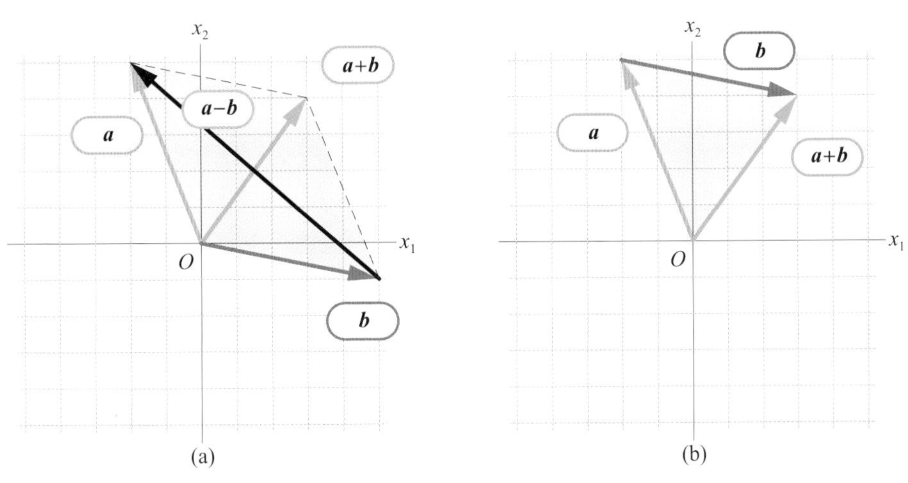

图2.14　几何角度看向量加法

向量减法 (vector subtraction) 可以写成向量加法。比如，向量$\boldsymbol{a}$减去向量$\boldsymbol{b}$，可以将向量$\boldsymbol{b}$换向得到$-\boldsymbol{b}$；然后再计算向量$\boldsymbol{a}$与向量$-\boldsymbol{b}$之和，即

$$\boldsymbol{a}-\boldsymbol{b}=\boldsymbol{a}+(-\boldsymbol{b})=\begin{bmatrix}-2\\5\end{bmatrix}+\underbrace{\begin{bmatrix}-5\\1\end{bmatrix}}_{-\boldsymbol{b}}=\begin{bmatrix}-7\\6\end{bmatrix} \tag{2.28}$$

注意：向量$\boldsymbol{a}$减去向量$\boldsymbol{b}$，结果$\boldsymbol{a}-\boldsymbol{b}$对应向量箭头，起点为$\boldsymbol{b}$的终点，指向$\boldsymbol{a}$的终点；相反，向量$\boldsymbol{b}$减去向量$\boldsymbol{a}$得到$\boldsymbol{b}-\boldsymbol{a}$，起点为$\boldsymbol{a}$的终点，指向$\boldsymbol{b}$的终点。

两个向量相同，即两者大小方向均相同。如果两个向量的模 (长度) 相同但是方向相反，则两者互为反向量。若两个向量方向相同或相反，则称向量平行。

请大家注意以下向量加减法性质：

$$\begin{aligned}&\boldsymbol{a}+\boldsymbol{b}=\boldsymbol{b}+\boldsymbol{a}\\&(\boldsymbol{a}+\boldsymbol{b})+\boldsymbol{c}=\boldsymbol{a}+(\boldsymbol{b}+\boldsymbol{c})\\&\boldsymbol{a}+(-\boldsymbol{a})=\boldsymbol{0}\end{aligned} \tag{2.29}$$

两点距离

向量差$\boldsymbol{a}-\boldsymbol{b}$的模 ($L^2$范数) $\|\boldsymbol{a}-\boldsymbol{b}\|$ 就是图2.14 (a) 中$\boldsymbol{a}$和$\boldsymbol{b}$两点的欧氏距离，即

$$\|\boldsymbol{a}-\boldsymbol{b}\|=\|\boldsymbol{a}-\boldsymbol{b}\|_2=\sqrt{(-7)^2+6^2}=\sqrt{49+36}=\sqrt{85} \tag{2.30}$$

$\boldsymbol{a}$和$\boldsymbol{b}$两点欧氏距离的平方为

$$\|\boldsymbol{a}-\boldsymbol{b}\|^2=\|\boldsymbol{a}-\boldsymbol{b}\|_2^2=(-7)^2+6^2=85 \tag{2.31}$$

Bk4_Ch2_04.py计算本节向量加减法示例。

2.5 标量乘法：向量缩放

向量标量乘法 (scalar multiplication of vectors) 指的是标量和向量每个元素分别相乘，结果仍为向量。从几何角度来看，标量乘法将原向量按标量比例缩放，结果中向量方向为同向或反向，如图2.15所示。

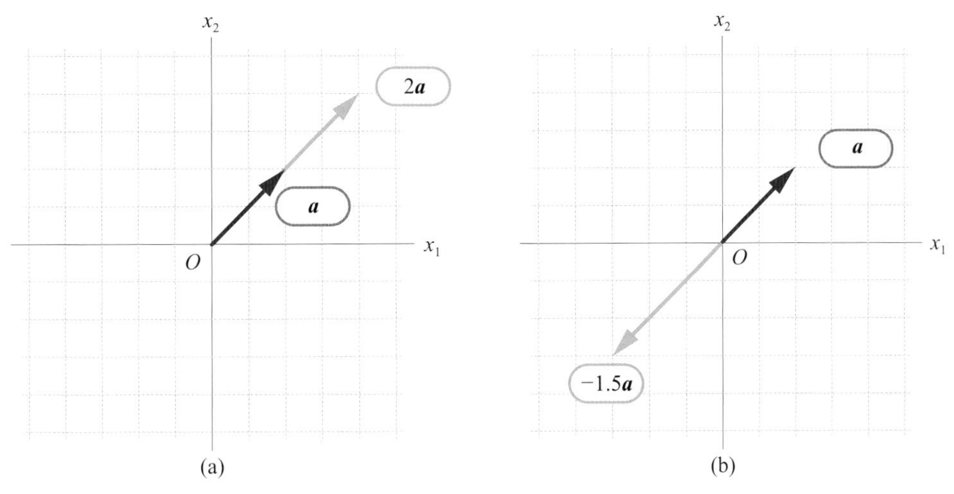

图2.15　向量标量乘法

Bk4_Ch2_05.py完成图2.15中的运算。

请大家注意以下向量标量乘法性质：

$$
\begin{aligned}
&(t+k)\boldsymbol{a}=t\boldsymbol{a}+k\boldsymbol{a}\\
&t(\boldsymbol{a}+\boldsymbol{b})=t\boldsymbol{a}+t\boldsymbol{b}\\
&t(k\boldsymbol{a})=tk\boldsymbol{a}\\
&1\boldsymbol{a}=\boldsymbol{a}\\
&-1\boldsymbol{a}=-\boldsymbol{a}\\
&0\boldsymbol{a}=\boldsymbol{0}
\end{aligned}
\tag{2.32}
$$

其中：t和k为标量。请大家特别注意，0乘向量$\boldsymbol{a}$的结果不是0，而是零向量$\boldsymbol{0}$，这个零向量的形状取决于向量$\boldsymbol{a}$。

2.6 向量内积：结果为标量

向量内积 (inner product)，又叫**标量积** (scalar product)、**点积** (dot product)、点乘。注意，向量内积的运算结果为标量，而非向量。

给定$\boldsymbol{a}$和$\boldsymbol{b}$两个等行数列向量，即

$$
\begin{aligned}
\boldsymbol{a}&=\begin{bmatrix}a_1 & a_2 & \cdots & a_n\end{bmatrix}^{\mathrm{T}}\\
\boldsymbol{b}&=\begin{bmatrix}b_1 & b_2 & \cdots & b_n\end{bmatrix}^{\mathrm{T}}
\end{aligned}
\tag{2.33}
$$

列向量$\boldsymbol{a}$和$\boldsymbol{b}$的内积定义为

$$\boldsymbol{a}\cdot\boldsymbol{b}=\langle\boldsymbol{a},\boldsymbol{b}\rangle=\sum_{i=1}^{n}a_i b_i=a_1 b_1+a_2 b_2+\cdots+a_n b_n \tag{2.34}$$

式 (2.34) 也适用于两个等列数行向量计算内积。注意，向量内积也是一种“向量 → 标量”的运算规则。

图2.16所示的两个列向量$\boldsymbol{a}$和$\boldsymbol{b}$的内积为

$$\boldsymbol{a}\cdot\boldsymbol{b}=\begin{bmatrix}4\\3\end{bmatrix}\cdot\begin{bmatrix}5\\-2\end{bmatrix}=4\times5+3\times(-2)=14 \tag{2.35}$$

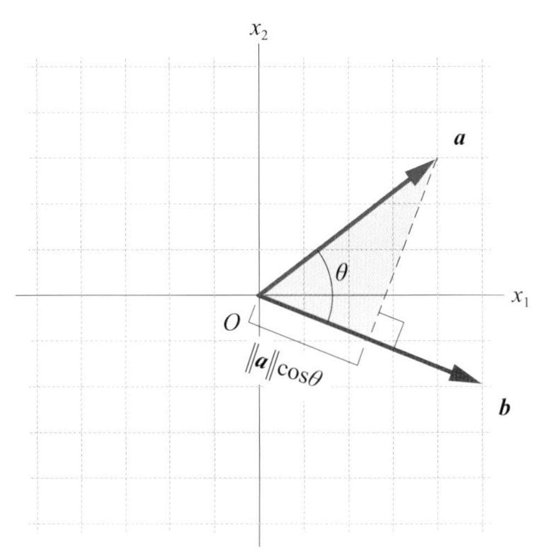

图2.16　$\boldsymbol{a}$和$\boldsymbol{b}$两个平面向量

Bk4_Ch2_06.py计算上述向量内积。此外，还可以用numpy.dot() 计算向量内积。值得注意的是，如果输入为一维数组，则numpy.dot() 输出结果为内积。

如果输入为矩阵，则numpy.dot() 输出结果为矩阵乘积，相当于矩阵运算符@，如Bk4_Ch2_07.py给出的例子。

numpy.vdot() 函数也可以计算两个向量内积。如果输入是矩阵，则矩阵会按照先行后列顺序展开成向量之后，再计算向量内积。Bk4_Ch2_08.py给出相关示例。

常用的向量内积性质如下：

$$\begin{aligned}&\boldsymbol{a}\cdot\boldsymbol{b}=\boldsymbol{b}\cdot\boldsymbol{a}\\&\boldsymbol{a}\cdot(\boldsymbol{b}+\boldsymbol{c})=\boldsymbol{a}\cdot\boldsymbol{b}+\boldsymbol{a}\cdot\boldsymbol{c}\\&(k\boldsymbol{a})\cdot(t\boldsymbol{b})=kt(\boldsymbol{a}\cdot\boldsymbol{b})\end{aligned} \tag{2.36}$$

请读者格外注意以下几个向量内积运算和Σ求和运算的关系：

$$
\begin{aligned}
\boldsymbol{1}\cdot\boldsymbol{x} &= x_1 + x_2 + \cdots + x_n = \sum_{i=1}^{n} x_i \\
\boldsymbol{x}\cdot\boldsymbol{x} &= x_1^2 + x_2^2 + \cdots + x_n^2 = \sum_{i=1}^{n} x_i^2 \\
\boldsymbol{x}\cdot\boldsymbol{y} &= x_1 y_1 + x_2 y_2 + \cdots + x_n y_n = \sum_{i=1}^{n} x_i y_i
\end{aligned}
\tag{2.37}
$$

其中

$$
\boldsymbol{x} = \begin{bmatrix} x_1 & x_2 & \cdots & x_n \end{bmatrix}^{\mathrm{T}},\quad \boldsymbol{1} = \begin{bmatrix} 1 & 1 & \cdots & 1 \end{bmatrix}^{\mathrm{T}},\quad \boldsymbol{y} = \begin{bmatrix} y_1 & y_2 & \cdots & y_n \end{bmatrix}^{\mathrm{T}}
\tag{2.38}
$$

本书第5章还会从矩阵乘法角度介绍更多求和运算。

几何视角

如图2.16所示，从几何角度看，向量内积相当于两个向量的模 (L^2范数) 与它们之间夹角余弦值三者之积，即

$$
\boldsymbol{a}\cdot\boldsymbol{b} = \|\boldsymbol{a}\|\|\boldsymbol{b}\|\cos\theta
\tag{2.39}
$$

注意：式 (2.39) 中θ代表向量$\boldsymbol{a}$和$\boldsymbol{b}$的“相对夹角”。

此外，向量内积还可以从投影 (projection) 角度来解释，这是本书第9章要介绍的内容。

$\boldsymbol{a}$的L^2范数也可以通过向量内积求得，即有

$$
\|\boldsymbol{a}\|_2 = \|\boldsymbol{a}\| = \sqrt{\boldsymbol{a}\cdot\boldsymbol{a}} = \sqrt{\langle \boldsymbol{a}, \boldsymbol{a} \rangle}
\tag{2.40}
$$

上式各项平方得到

$$
\|\boldsymbol{a}\|_2^2 = \|\boldsymbol{a}\|^2 = \boldsymbol{a}\cdot\boldsymbol{a} = \langle \boldsymbol{a}, \boldsymbol{a} \rangle
\tag{2.41}
$$

式 (2.41) 相当于“距离的平方”。

柯西–施瓦茨不等式

观察，我们可以发现$\cos\theta$的取值范围为 $[-1, 1]$，因此$\boldsymbol{a}$和$\boldsymbol{b}$内积的取值范围为

$$
-\|\boldsymbol{a}\|\|\boldsymbol{b}\| \leqslant \boldsymbol{a}\cdot\boldsymbol{b} \leqslant \|\boldsymbol{a}\|\|\boldsymbol{b}\|
\tag{2.42}
$$

图2.17所示为7个不同向量的夹角状态。

$\theta = 0°$ 时，$\cos\theta = 1$，$\boldsymbol{a}$和$\boldsymbol{b}$同向，此时向量内积最大；$\theta = 180°$ 时，$\cos\theta = -1$，$\boldsymbol{a}$和$\boldsymbol{b}$反向，此时向量内积最小。

平面上，非零向量$\boldsymbol{a}$与$\boldsymbol{b}$垂直，$\boldsymbol{a}$与$\boldsymbol{b}$夹角为90°，两者向量内积为0，即

$$
\boldsymbol{a}\cdot\boldsymbol{b} = \|\boldsymbol{a}\|\|\boldsymbol{b}\|\cos 90° = 0
\tag{2.43}
$$

多维向量$\boldsymbol{a}$与$\boldsymbol{b}$向量内积为0，我们称$\boldsymbol{a}$与$\boldsymbol{b}$**正交** (orthogonal)。本书上一章提到，正交是线性代数的概念，是垂直的推广。

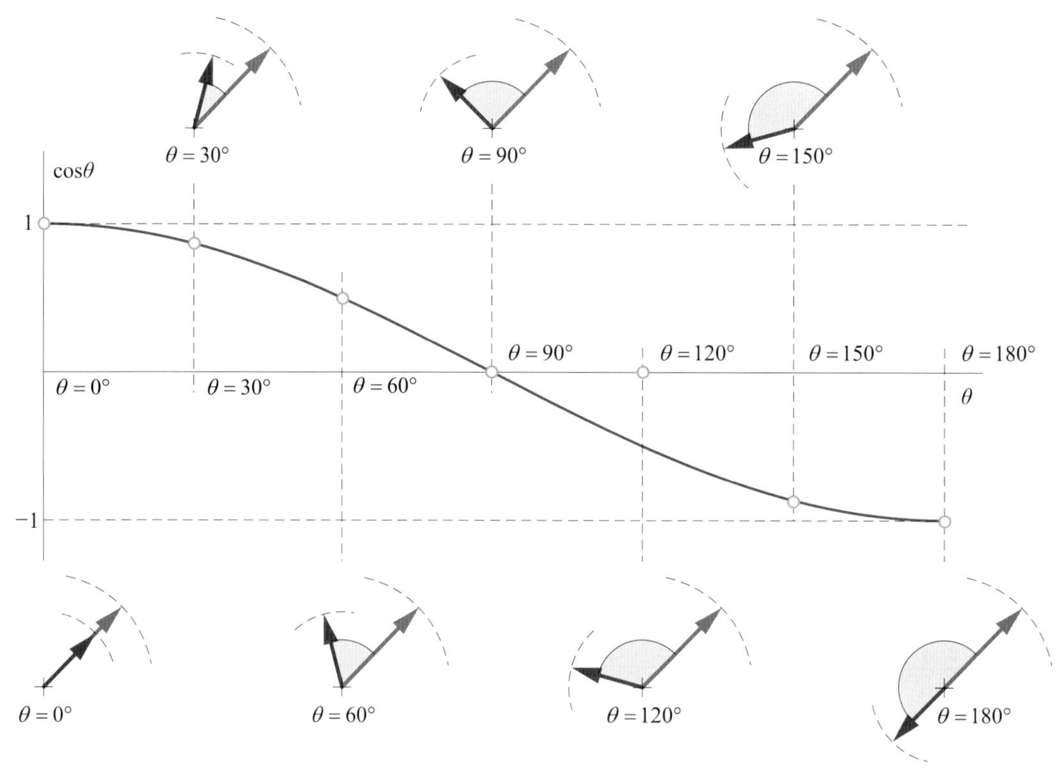

图2.17　向量夹角

有了以上分析，我们就可以引入一个重要的不等式——**柯西-施瓦茨不等式** (Cauchy–Schwarz inequality)

$$(\boldsymbol{a}\cdot\boldsymbol{b})^2 \leqslant \|\boldsymbol{a}\|^2\|\boldsymbol{b}\|^2 \tag{2.44}$$

即

$$|\boldsymbol{a}\cdot\boldsymbol{b}| \leqslant \|\boldsymbol{a}\|\|\boldsymbol{b}\| \tag{2.45}$$

其中：$|\boldsymbol{a}\cdot\boldsymbol{b}|$为$\boldsymbol{a}$与$\boldsymbol{b}$向量内积的绝对值。

用尖括号来表达向量内积， 可以写成

$$\langle\boldsymbol{a},\boldsymbol{b}\rangle^2 \leqslant \langle\boldsymbol{a},\boldsymbol{a}\rangle\langle\boldsymbol{b},\boldsymbol{b}\rangle \tag{2.46}$$

即

$$|\langle\boldsymbol{a},\boldsymbol{b}\rangle| \leqslant \|\boldsymbol{a}\|\|\boldsymbol{b}\| \tag{2.47}$$

在$\mathbb{R}^n$空间中，上述不等式等价于

$$\left(\sum_{i=1}^{n} a_i b_i\right)^2 \leqslant \left(\sum_{i=1}^{n} a_i^2\right)\left(\sum_{i=1}^{n} b_i^2\right) \tag{2.48}$$

余弦定理

回忆丛书第一本书讲解的**余弦定理** (law of cosines)

$$c^2 = a^2 + b^2 - 2ab\cos\theta \tag{2.49}$$

其中：a、b和c分别为图2.18所示三角形的三边的边长。下面，我们用余弦定理来推导式 (2.39)。

如图2.18所示，将三角形三个边视作向量，将三个向量长度代入式 (2.49)，可以得到

$$\|\boldsymbol{c}\|^2 = \|\boldsymbol{a}\|^2 + \|\boldsymbol{b}\|^2 - 2\|\boldsymbol{a}\|\|\boldsymbol{b}\|\cos\theta \tag{2.50}$$

向量$\boldsymbol{a}$和$\boldsymbol{b}$之差为向量$\boldsymbol{c}$，即

$$\boldsymbol{c} = \boldsymbol{a} - \boldsymbol{b} \tag{2.51}$$

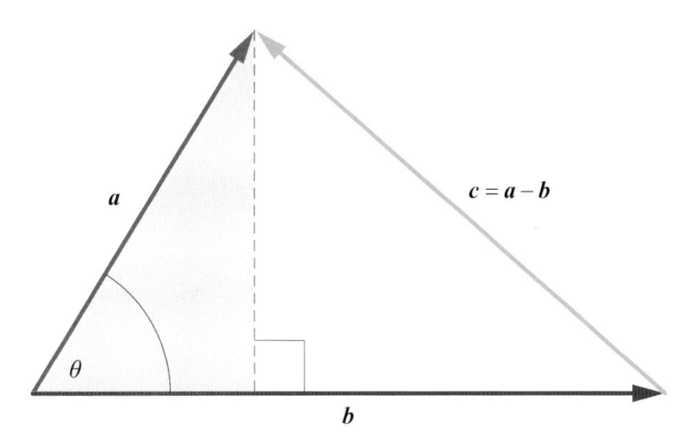

图2.18　余弦定理

式 (2.51) 等式左右分别和自身计算向量内积，得到等式

$$\boldsymbol{c}\cdot\boldsymbol{c} = (\boldsymbol{a}-\boldsymbol{b})\cdot(\boldsymbol{a}-\boldsymbol{b}) \tag{2.52}$$

整理得到

$$\begin{aligned}\boldsymbol{c}\cdot\boldsymbol{c} &= (\boldsymbol{a}-\boldsymbol{b})\cdot(\boldsymbol{a}-\boldsymbol{b}) = \boldsymbol{a}\cdot\boldsymbol{a} + \boldsymbol{b}\cdot\boldsymbol{b} - \boldsymbol{a}\cdot\boldsymbol{b} - \boldsymbol{b}\cdot\boldsymbol{a} \\ &= \boldsymbol{a}\cdot\boldsymbol{a} + \boldsymbol{b}\cdot\boldsymbol{b} - 2\boldsymbol{a}\cdot\boldsymbol{b}\end{aligned} \tag{2.53}$$

利用式 (2.41)，式 (2.53) 可以写作

$$\|\boldsymbol{c}\|^2 = \|\boldsymbol{a}\|^2 + \|\boldsymbol{b}\|^2 - 2\boldsymbol{a}\cdot\boldsymbol{b} \tag{2.54}$$

比较式 (2.50) 和式 (2.54)，可以得到

$$\boldsymbol{a}\cdot\boldsymbol{b} = \|\boldsymbol{a}\|\|\boldsymbol{b}\|\cos\theta \tag{2.55}$$

在概率统计、数据分析、机器学习等领域，向量内积无处不在。下面举几个例子。

在多维空间中，给定A和B坐标为

$$A(a_1, a_2, \ldots, a_n),\ B(b_1, b_2, \ldots, b_n) \tag{2.56}$$

计算A和B两点的距离AB为

$$\begin{aligned} AB &= \sqrt{(a_1 - b_1)^2 + (a_2 - b_2)^2 + \cdots + (a_n - b_n)^2} \\ &= \sqrt{\sum_{i=1}^{n} (a_i - b_i)^2} \end{aligned} \tag{2.57}$$

用起点位于原点的向量$\boldsymbol{a}$和$\boldsymbol{b}$分别代表A和B点，AB距离就是$\boldsymbol{a} - \boldsymbol{b}$的$L^2$范数，也就是欧几里得距离

$$AB = \|\boldsymbol{a} - \boldsymbol{b}\| = \sqrt{(\boldsymbol{a} - \boldsymbol{b}) \cdot (\boldsymbol{a} - \boldsymbol{b})} = \sqrt{\boldsymbol{a} \cdot \boldsymbol{a} + \boldsymbol{b} \cdot \boldsymbol{b} - 2\boldsymbol{a} \cdot \boldsymbol{b}} \tag{2.58}$$

回忆《数学要素》一册中介绍的样本方差公式，具体为

$$\operatorname{var}(X) = \frac{1}{n-1} \sum_{i=1}^{n} (x_i - \mu)^2 \tag{2.59}$$

注意：对于总体方差，式 (2.59) 分母中的$n - 1$应改为n。还默认X为有n个相等概率值的平均分布。

令$\boldsymbol{x}$为

$$\boldsymbol{x} = \begin{bmatrix} x_1 & x_2 & \cdots & x_n \end{bmatrix}^{\mathrm{T}} \tag{2.60}$$

式 (2.59) 可以写成

$$\operatorname{var}(X) = \frac{(\boldsymbol{x} - \mu) \cdot (\boldsymbol{x} - \mu)}{n-1} \tag{2.61}$$

根据广播原则，$\boldsymbol{x} - \mu$相当于向量$\boldsymbol{x}$的每一个元素分别减去μ。

回忆样本协方差公式

$$\operatorname{cov}(X, Y) = \frac{1}{n-1} \sum_{i=1}^{n} (x_i - \mu_X)(y_i - \mu_Y) \tag{2.62}$$

同样，对于总体协方差，式 (2.62) 分母中的$n - 1$改为n即可。

同样利用向量内积运算法则，式 (2.62) 可以写成

$$\operatorname{cov}(X, Y) = \frac{(\boldsymbol{x} - \mu_X) \cdot (\boldsymbol{y} - \mu_Y)}{n-1} \tag{2.63}$$

本书第22章将从线性代数角度再和大家探讨概率统计的相关内容。

2.7 向量夹角：反余弦

根据式(2.39)，可以得到非零向量$\boldsymbol{a}$和$\boldsymbol{b}$夹角的余弦值为

$$\cos\theta = \frac{\boldsymbol{a} \cdot \boldsymbol{b}}{\|\boldsymbol{a}\|\|\boldsymbol{b}\|} \tag{2.64}$$

通过反余弦，可以得到向量$\boldsymbol{a}$和$\boldsymbol{b}$夹角为

$$\theta = \arccos\left(\frac{\boldsymbol{a} \cdot \boldsymbol{b}}{\|\boldsymbol{a}\|\|\boldsymbol{b}\|}\right) \tag{2.65}$$

其中：arccos() 为反余弦函数，即从余弦值获得弧度。需要时，可以进一步将弧度转化为角度。再次强调，这里的θ代表向量$\boldsymbol{a}$和$\boldsymbol{b}$之间的“相对角度”；而$\boldsymbol{a}$和$\boldsymbol{e}_1$、$\boldsymbol{b}$和$\boldsymbol{e}_1$的夹角可以视为“绝对夹角”。

图2.16中向量$\boldsymbol{a}$和$\boldsymbol{b}$夹角弧度值和角度值可以通过Bk4_Ch2_09.py计算。

极坐标

下面，我们将向量放在极坐标中解释向量夹角余弦值。给定向量$\boldsymbol{a}$和$\boldsymbol{b}$坐标为

$$\boldsymbol{a} = \begin{bmatrix} a_1 \\ a_2 \end{bmatrix}, \quad \boldsymbol{b} = \begin{bmatrix} b_1 \\ b_2 \end{bmatrix} \tag{2.66}$$

向量$\boldsymbol{a}$和$\boldsymbol{b}$在极坐标中各自的角度为θ_a和θ_b，角度θ_a和θ_b的正弦和余弦可以通过下式计算得到，即

$$\begin{cases} \cos\theta_a = \dfrac{a_1}{\|\boldsymbol{a}\|}, & \sin\theta_a = \dfrac{a_2}{\|\boldsymbol{a}\|} \\ \cos\theta_b = \dfrac{b_1}{\|\boldsymbol{b}\|}, & \sin\theta_b = \dfrac{b_2}{\|\boldsymbol{b}\|} \end{cases} \tag{2.67}$$

其中：θ_a和θ_b就相当于绝对角度，如图2.19所示。

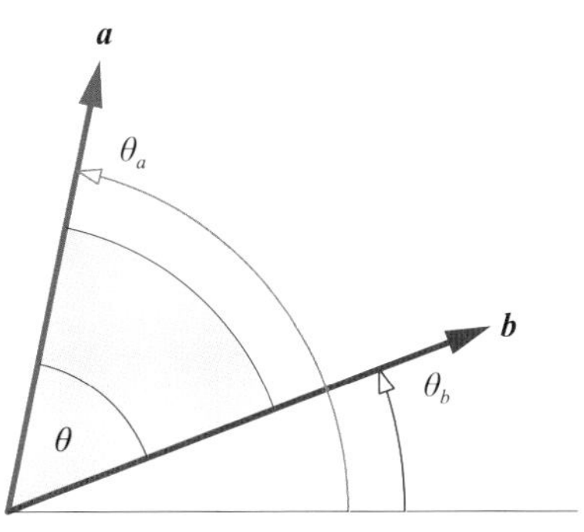

图2.19　极坐标中解释向量夹角

根据角的余弦和差恒等式，$\cos\theta$ 可以由θ_a和θ_b正、余弦构造，有

$$\cos\theta = \cos(\theta_b - \theta_a) = \cos\theta_b \cos\theta_a + \sin\theta_b \sin\theta_a \tag{2.68}$$

将式 (2.67) 代入式 (2.68) 得到

$$\cos\theta = \frac{a_1}{\|\boldsymbol{a}\|}\frac{b_1}{\|\boldsymbol{b}\|} + \frac{a_2}{\|\boldsymbol{a}\|}\frac{b_2}{\|\boldsymbol{b}\|} = \frac{\overbrace{a_1 b_1 + a_2 b_2}^{\boldsymbol{a}\cdot\boldsymbol{b}}}{\|\boldsymbol{a}\|\|\boldsymbol{b}\|} \tag{2.69}$$

相信大家已经在式 (2.69) 分子中看到了向量内积。

单位向量

本章前文介绍过某一向量方向上的单位向量这个概念，单位向量为我们提供了观察向量夹角余弦值的另外一个视角。

给定两个非$\boldsymbol{0}$向量$\boldsymbol{a}$和$\boldsymbol{b}$，首先计算它们各自方向上的单位向量，有

$$\hat{\boldsymbol{a}} = \frac{\boldsymbol{a}}{\|\boldsymbol{a}\|}, \quad \hat{\boldsymbol{b}} = \frac{\boldsymbol{b}}{\|\boldsymbol{b}\|} \tag{2.70}$$

两个单位向量的内积就是夹角的余弦值，即

$$\hat{\boldsymbol{a}} \cdot \hat{\boldsymbol{b}} = \frac{\boldsymbol{a}}{\|\boldsymbol{a}\|} \cdot \frac{\boldsymbol{b}}{\|\boldsymbol{b}\|} = \cos\theta \tag{2.71}$$

正交单位向量

本章前文介绍的平面直角坐标系中$\boldsymbol{e}_1$和$\boldsymbol{e}_2$分别代表沿着横轴和纵轴的单位向量。它们相互正交，也就是向量内积为0，即

$$\boldsymbol{e}_1 \cdot \boldsymbol{e}_2 = \langle \boldsymbol{e}_1, \boldsymbol{e}_2 \rangle = \begin{bmatrix} 1 \\ 0 \end{bmatrix} \cdot \begin{bmatrix} 0 \\ 1 \end{bmatrix} = 0 \tag{2.72}$$

在一个平面上，单位向量$\boldsymbol{e}_1$、$\boldsymbol{e}_2$相互垂直，它们“张起”的方方正正的网格，就是标准直角坐标系，具体如图2.20 (a) 所示。

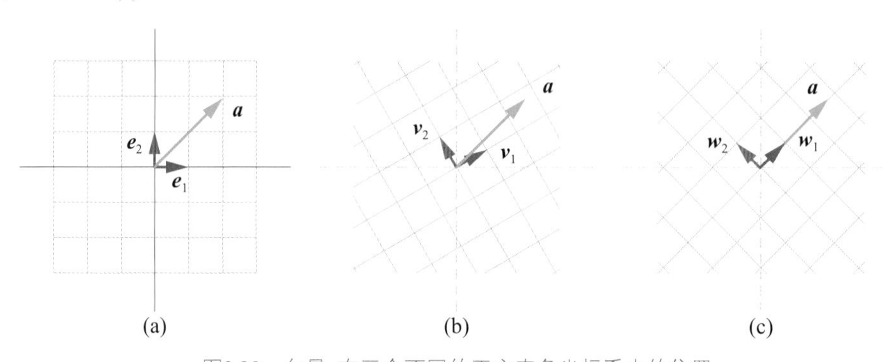

图2.20　向量$\boldsymbol{a}$在三个不同的正交直角坐标系中的位置

而平面上，成对正交单位向量有无数组，比如图2.21所示平面中的两组正交单位向量，有

$$\boldsymbol{v}_1 \cdot \boldsymbol{v}_2 = \begin{bmatrix} \frac{\sqrt{3}}{2} \\ \frac{1}{2} \end{bmatrix} \cdot \begin{bmatrix} -\frac{1}{2} \\ \frac{\sqrt{3}}{2} \end{bmatrix} = 0, \quad \boldsymbol{w}_1 \cdot \boldsymbol{w}_2 = \begin{bmatrix} \frac{\sqrt{2}}{2} \\ \frac{\sqrt{2}}{2} \end{bmatrix} \cdot \begin{bmatrix} -\frac{\sqrt{2}}{2} \\ \frac{\sqrt{2}}{2} \end{bmatrix} = 0 \tag{2.73}$$

$\boldsymbol{v}_1$、$\boldsymbol{v}_2$构造如图2.20 (b) 所示的直角坐标系。类似地，$\boldsymbol{w}_1$、$\boldsymbol{w}_2$也可以构造如图2.20 (c) 所示的直角坐标系。也就是一个$\mathbb{R}^2$平面上可以存在无数个直角坐标系。

比较图2.20的三幅子图，同一个向量$\boldsymbol{a}$在三个直角坐标系中有不同的坐标值。向量$\boldsymbol{a}$在图2.20 (a) 所示直角坐标系的坐标值很容易确定为 (2, 2)。目前我们还没有掌握足够的数学工具来计算向量$\boldsymbol{a}$在图2. 20 (b) 和图2.20 (c) 两个直角坐标系中的坐标值。这个问题要留到本书第7章来解决。

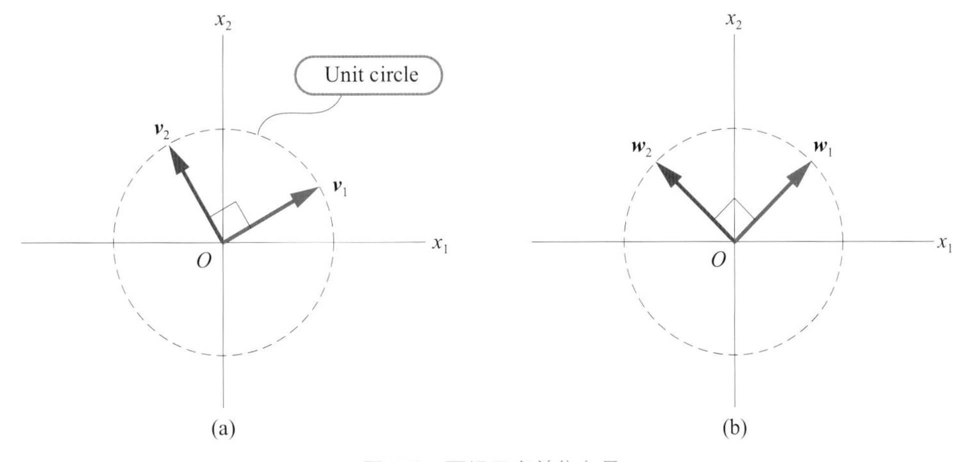

图2.21　两组正交单位向量

$[\boldsymbol{e}_1, \boldsymbol{e}_2]$、$[\boldsymbol{v}_1, \boldsymbol{v}_2]$、$[\boldsymbol{w}_1, \boldsymbol{w}_2]$ 都叫做 $\mathbb{R}^2$ 的规范正交基 (orthonormal basis)，而 $[\boldsymbol{e}_1, \boldsymbol{e}_2]$ 有自己特别的名字——标准正交基 (standard basis)。而且大家很快就会发现 $[\boldsymbol{e}_1, \boldsymbol{e}_2]$ 旋转一定角度可以得到 $[\boldsymbol{v}_1, \boldsymbol{v}_2]$、$[\boldsymbol{w}_1, \boldsymbol{w}_2]$。本书第7章将深入介绍相关概念。

2.8 余弦相似度和余弦距离

余弦相似度

机器学习中有一个重要的概念，叫做**余弦相似度** (cosine similarity)。余弦相似度用向量夹角的余弦值度量样本数据的相似性。

用$k(\boldsymbol{x}, \boldsymbol{q})$ 来表达$\boldsymbol{x}$和$\boldsymbol{q}$两个列向量的余弦相似度，定义为

$$k(\boldsymbol{x},\boldsymbol{q})=\frac{\boldsymbol{x}\cdot\boldsymbol{q}}{\|\boldsymbol{x}\|\|\boldsymbol{q}\|}=\frac{\boldsymbol{x}^{\mathrm{T}}\boldsymbol{q}}{\|\boldsymbol{x}\|\|\boldsymbol{q}\|} \tag{2.74}$$

上一节我们介绍过，如果两个向量方向相同，则夹角 θ 的余弦值 $\cos\theta = 1$。若两个向量方向完全相反，则夹角θ余弦值 $\cos\theta = -1$。

因此，余弦相似度取值范围在区间 $[-1, +1]$ 之间。此外，大家是否在余弦相似度中看到了相关性系数的影子？

余弦距离

下面再介绍**余弦距离** (cosine distance)。余弦距离定义基于余弦的相似度，用$d(\boldsymbol{x}, \boldsymbol{q})$ 来表达$\boldsymbol{x}$和$\boldsymbol{q}$两个列向量的余弦距离，具体定义为

$$d(\boldsymbol{x},\boldsymbol{q})=1-k(\boldsymbol{x},\boldsymbol{q})=1-\frac{\boldsymbol{x}\cdot\boldsymbol{q}}{\|\boldsymbol{x}\|\|\boldsymbol{q}\|} \tag{2.75}$$

本书下一章，以及《统计至简》《机器学习》两册将逐步介绍常见距离度量，“距离”的内涵会不断丰富。

本章前文介绍的欧几里得距离，即L^2范数，是一种最常见的距离度量。本节介绍的余弦距离也是一种常见的距离度量。L^2范数的取值范围为 $[0, +\infty)$，而余弦距离的取值范围为 $[0, 2]$。

鸢尾花例子

图2.22所示给出鸢尾花四个样本数据。$\boldsymbol{x}^{(1)}$ 和 $\boldsymbol{x}^{(2)}$ 两个样本对应的鸢尾花都是setosa这一亚属。$\boldsymbol{x}^{(51)}$ 样本对应的鸢尾花为versicolor这一亚属；$\boldsymbol{x}^{(101)}$ 样本对应的鸢尾花为virginica这一亚属。

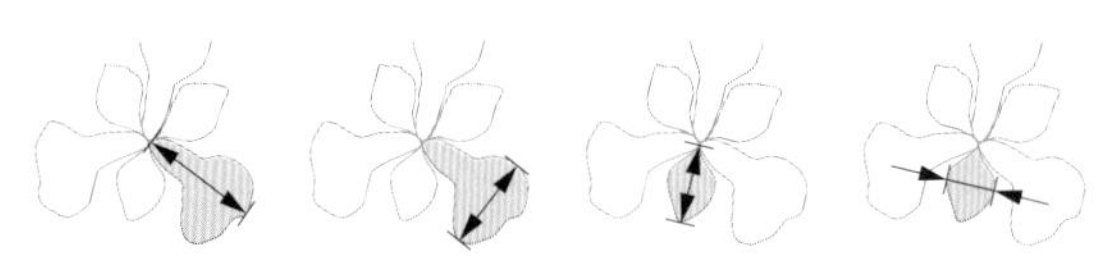

	Sepal length	Sepal width	Petal length	Petal width	
$\boldsymbol{x}^{(1)}$,1	5.1	3.5	1.4	0.2	setosa
$\boldsymbol{x}^{(2)}$,2	4.9	3	1.4	0.2	setosa
$\boldsymbol{x}^{(51)}$,51	7	3.2	4.7	1.4	versicolor
$\boldsymbol{x}^{(101)}$,101	6.3	3.3	6	2.5	virginica

图2.22　鸢尾花的四个样本数据

计算$\boldsymbol{x}^{(1)}$ 和 $\boldsymbol{x}^{(2)}$ 两个向量余弦距离为

$$\begin{aligned}
d\left(\boldsymbol{x}^{(1)},\boldsymbol{x}^{(2)}\right)&=1-k\left(\boldsymbol{x}^{(1)},\boldsymbol{x}^{(2)}\right)\\
&=1-\frac{5.1\times4.9+3.5\times3\ +\ 1.4\times1.4\ +\ 0.2\times0.2}{\sqrt{5.1^2+3.5^2\ +\ 1.4^2\ +\ 0.2^2}\times\sqrt{4.9^2+3^2\ +\ 1.4^2\ +\ 0.2^2}}\\
&=1-\frac{37.49}{6.34507\times5.9169}\\
&=1-0.99857=0.00142
\end{aligned} \tag{2.76}$$

同理，可以计算得到$\boldsymbol{x}^{(1)}$和$\boldsymbol{x}^{(51)}$，$\boldsymbol{x}^{(1)}$和$\boldsymbol{x}^{(101)}$两个余弦距离为

$$
\begin{aligned}
d\left(\boldsymbol{x}^{(1)},\boldsymbol{x}^{(51)}\right)=0.07161\\
d\left(\boldsymbol{x}^{(1)},\boldsymbol{x}^{(101)}\right)=0.13991
\end{aligned}
\tag{2.77}
$$

可以发现，$\boldsymbol{x}^{(1)}$和$\boldsymbol{x}^{(2)}$两朵同属于setosa亚属的鸢尾花，余弦距离较近，也就是较为相似。$\boldsymbol{x}^{(1)}$和$\boldsymbol{x}^{(101)}$分别属于setota和virginica亚属，余弦距离较远，也就是不相似。

大家思考一下下面的问题，鸢尾花数据有150个数据点，任意两个数据点可以计算得到一个余弦相似度。因此成对余弦相似度有11175个，大家想想该怎么便捷计算、存储这些数据呢？

此外，大家可以试着先给数据去均值，如图2.23所示，相当于将向量起点移动到质心，然后再计算余弦距离，并比较结果差异。和之前相比，去均值是否有利于区分不同类别鸢尾花呢？

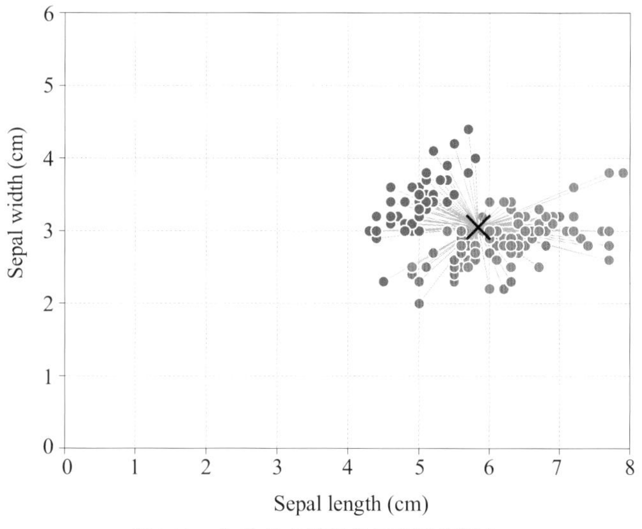

图2.23　向量起点移到鸢尾花数据质心

Bk4_Ch2_10.py可以完成上述计算。感兴趣的读者可以修改代码计算$\boldsymbol{x}^{(51)}$和$\boldsymbol{x}^{(101)}$的余弦距离，并结合样本标签分析结果。

2.9 向量积：结果为向量

向量积 (vector product) 也叫**叉乘** (cross product) 或外积，向量积结果为向量。也就是说，向量积是一种"向量 → 向量"的运算规则。

$\boldsymbol{a}$和$\boldsymbol{b}$向量积，记作$\boldsymbol{a}\times\boldsymbol{b}$。$\boldsymbol{a}\times\boldsymbol{b}$作为一个向量，我们需要了解它的方向和大小两个成分。

方向

如图2.24所示，$\boldsymbol{a}\times\boldsymbol{b}$方向分别垂直于向量$\boldsymbol{a}$和$\boldsymbol{b}$，即$\boldsymbol{a}\times\boldsymbol{b}$垂直于向量$\boldsymbol{a}$和$\boldsymbol{b}$构成的平面。

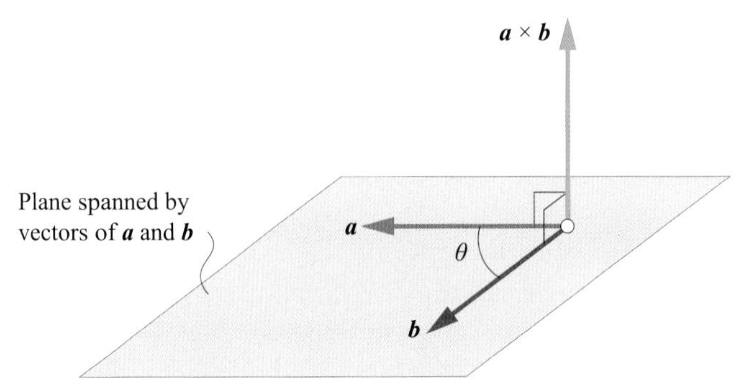

图2.24　$\boldsymbol{a} \times \boldsymbol{b}$垂直于向量$\boldsymbol{a}$和$\boldsymbol{b}$构成平面

向量$\boldsymbol{a}$和$\boldsymbol{b}$以及$\boldsymbol{a} \times \boldsymbol{b}$三者的关系可以用右手法则判断，如图2.25所示。图2.25这幅图中，我们可以看到$\boldsymbol{a} \times \boldsymbol{b}$和$\boldsymbol{b} \times \boldsymbol{a}$方向相反。

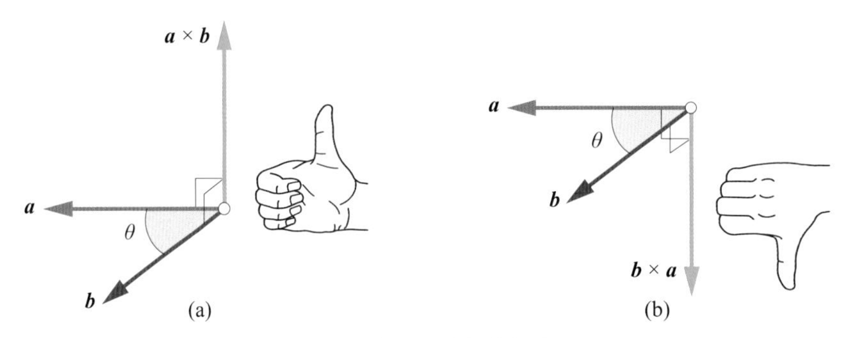

图2.25　向量叉乘右手定则

大小

$\boldsymbol{a} \times \boldsymbol{b}$的模，也就是$\boldsymbol{a} \times \boldsymbol{b}$向量积的大小，通过下式获得，即

$$\|\boldsymbol{a} \times \boldsymbol{b}\| = \|\boldsymbol{a}\|\|\boldsymbol{b}\|\sin\theta \tag{2.78}$$

其中：θ为向量$\boldsymbol{a}$和$\boldsymbol{b}$夹角。如图2.26所示，从几何角度，向量积的模 $\|\boldsymbol{a} \times \boldsymbol{b}\|$ 相当于图中平行四边形的面积。

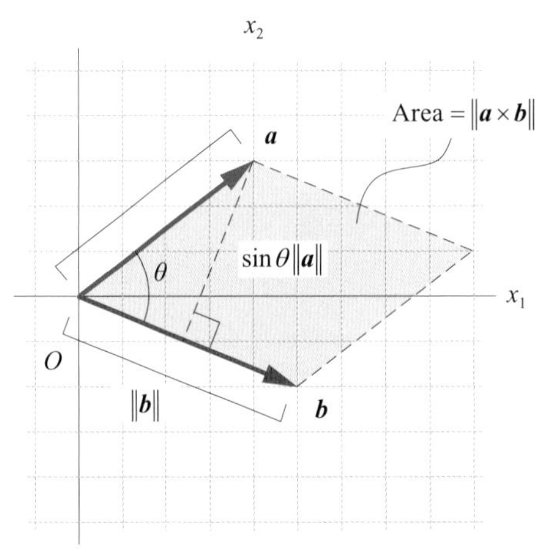

图2.26　$\boldsymbol{a} \times \boldsymbol{b}$向量积模的几何含义

正交向量之间的叉乘

如图2.27 (a) 所示，空间直角坐标系中三个正交向量$\boldsymbol{e}_1$ ($\boldsymbol{i}$) (横轴正方向)、$\boldsymbol{e}_2$ ($\boldsymbol{j}$) (纵轴正方向) 和$\boldsymbol{e}_3$ ($\boldsymbol{k}$) (竖轴正方向) 向量叉乘关系存在关系

$$\boldsymbol{i}\times\boldsymbol{j}=\boldsymbol{k},\quad \boldsymbol{j}\times\boldsymbol{k}=\boldsymbol{i},\quad \boldsymbol{k}\times\boldsymbol{i}=\boldsymbol{j} \tag{2.79}$$

图2.27 (b) 展示了以上三个等式中$\boldsymbol{i}$、$\boldsymbol{j}$和$\boldsymbol{k}$前后顺序关系。若调换叉乘元素顺序，结果反向，对应以下三个运算式，即

$$\boldsymbol{j}\times\boldsymbol{i}=-\boldsymbol{k},\quad \boldsymbol{k}\times\boldsymbol{j}=-\boldsymbol{i},\quad \boldsymbol{i}\times\boldsymbol{k}=-\boldsymbol{j} \tag{2.80}$$

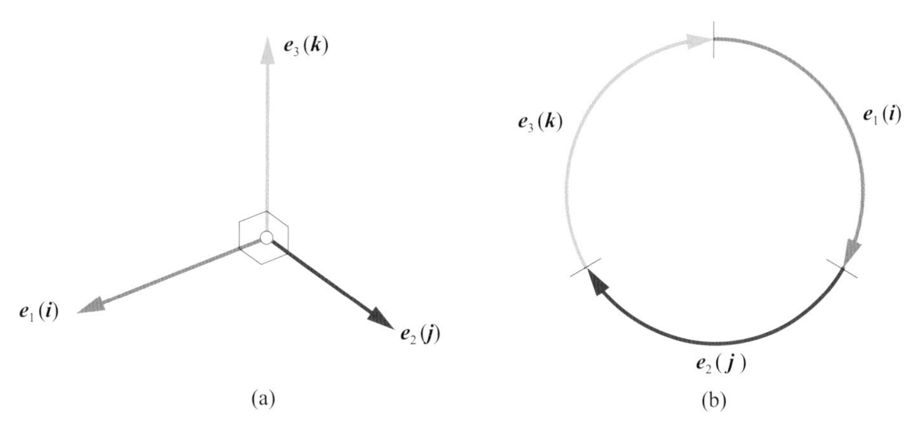

图2.27　三维空间正交单位向量基底之间关系

特别地，向量与自身叉乘等于$\boldsymbol{0}$向量，比如

$$\boldsymbol{i}\times\boldsymbol{i}=\boldsymbol{0},\quad \boldsymbol{j}\times\boldsymbol{j}=\boldsymbol{0},\quad \boldsymbol{k}\times\boldsymbol{k}=\boldsymbol{0} \tag{2.81}$$

下列为叉乘运算常见性质，有

$$\begin{aligned}
&\boldsymbol{a}\times\boldsymbol{a}=\boldsymbol{0}\\
&\boldsymbol{a}\times(\boldsymbol{b}+\boldsymbol{c})=\boldsymbol{a}\times\boldsymbol{b}+\boldsymbol{a}\times\boldsymbol{c}\\
&(\boldsymbol{a}+\boldsymbol{b})\times\boldsymbol{c}=\boldsymbol{a}\times\boldsymbol{c}+\boldsymbol{b}\times\boldsymbol{c}\\
&\boldsymbol{a}\times(\boldsymbol{b}\times\boldsymbol{c})\neq(\boldsymbol{a}\times\boldsymbol{b})\times\boldsymbol{c}\\
&k(\boldsymbol{a}\times\boldsymbol{b})=k(\boldsymbol{a})\times\boldsymbol{b}=\boldsymbol{a}\times(k\boldsymbol{b})\\
&\boldsymbol{a}\cdot(\boldsymbol{b}\times\boldsymbol{c})=(\boldsymbol{a}\times\boldsymbol{b})\cdot\boldsymbol{c}
\end{aligned} \tag{2.82}$$

任意两个向量的叉乘

在三维直角坐标系中，用$\boldsymbol{i}$、$\boldsymbol{j}$和$\boldsymbol{k}$表达向量$\boldsymbol{a}$和$\boldsymbol{b}$，有

$$\begin{aligned}
\boldsymbol{a}&=a_1\boldsymbol{i}+a_2\boldsymbol{j}+a_3\boldsymbol{k}\\
\boldsymbol{b}&=b_1\boldsymbol{i}+b_2\boldsymbol{j}+b_3\boldsymbol{k}
\end{aligned} \tag{2.83}$$

整理向量$\boldsymbol{a}$和$\boldsymbol{b}$叉乘，有

> $\boldsymbol{a}$和$\boldsymbol{b}$叉乘还可以通过行列式求解，我们将在本书第4章进行讲解。

$$
\begin{aligned}
\boldsymbol{a}\times\boldsymbol{b} &= \left(a_1\boldsymbol{i}+a_2\boldsymbol{j}+a_3\boldsymbol{k}\right)\times\left(b_1\boldsymbol{i}+b_2\boldsymbol{j}+b_3\boldsymbol{k}\right)\\
&= a_1b_1\left(\boldsymbol{i}\times\boldsymbol{i}\right)+a_1b_2\left(\boldsymbol{i}\times\boldsymbol{j}\right)+a_1b_3\left(\boldsymbol{i}\times\boldsymbol{k}\right)\\
&\quad +a_2b_1\left(\boldsymbol{j}\times\boldsymbol{i}\right)+a_2b_2\left(\boldsymbol{j}\times\boldsymbol{j}\right)+a_2b_3\left(\boldsymbol{j}\times\boldsymbol{k}\right)\\
&\quad +a_3b_1\left(\boldsymbol{k}\times\boldsymbol{i}\right)+a_3b_2\left(\boldsymbol{k}\times\boldsymbol{j}\right)+a_3b_3\left(\boldsymbol{k}\times\boldsymbol{k}\right)\\
&= \left(a_2b_3-a_3b_2\right)\boldsymbol{i}+\left(a_3b_1-a_1b_3\right)\boldsymbol{j}+\left(a_1b_2-a_2b_1\right)\boldsymbol{k}
\end{aligned}
\tag{2.84}
$$

举个例子

下面结合代码计算$\boldsymbol{a}$和$\boldsymbol{b}$两个向量叉乘，令

$$
\boldsymbol{a}=\begin{bmatrix}-2\\1\\1\end{bmatrix},\quad \boldsymbol{b}=\begin{bmatrix}1\\-2\\-1\end{bmatrix}
\tag{2.85}
$$

$\boldsymbol{a}\times\boldsymbol{b}$结果为

$$
\boldsymbol{a}\times\boldsymbol{b}=\begin{bmatrix}1\\-1\\3\end{bmatrix}
\tag{2.86}
$$

Bk4_Ch2_11.py计算得到 。其中，numpy.cross() 函数可以用于计算列向量和行向量的向量积。

2.10 逐项积：对应元素分别相乘

元素乘积 (element-wise multiplication)，也称为**阿达玛乘积** (Hadamard product) 或**逐项积** (piecewise product)。逐项积指的是两个形状相同的矩阵，对应元素相乘得到同样形状的矩阵。向量是一种特殊矩阵，阿达玛乘积也适用于向量。图2.28所示给出的是从数据角度看向量逐项积运算。

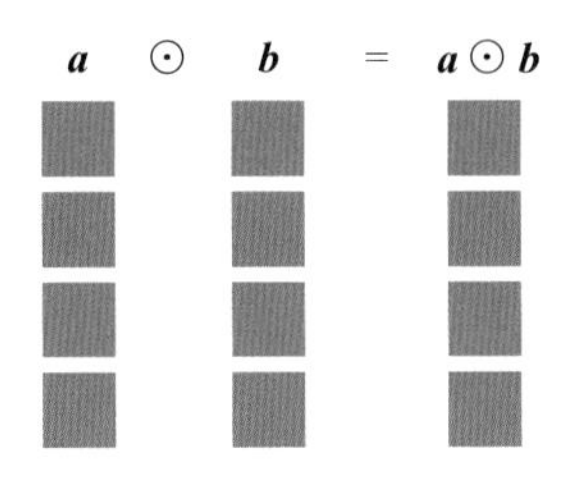

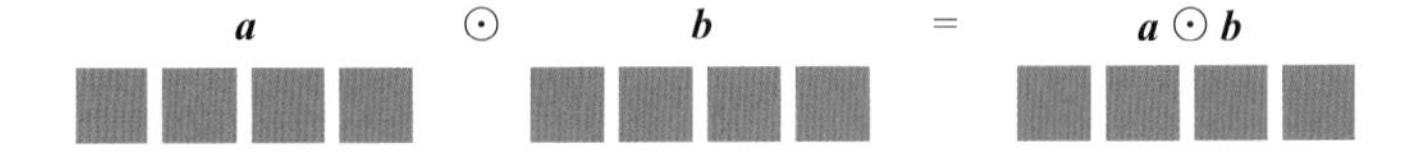

图2.28　向量逐项积运算

给定$\boldsymbol{a}$和$\boldsymbol{b}$两个等行数列向量为

$$
\begin{aligned}
\boldsymbol{a} &= \begin{bmatrix} a_1 & a_2 & \cdots & a_n \end{bmatrix}^{\mathrm{T}} \\
\boldsymbol{b} &= \begin{bmatrix} b_1 & b_2 & \cdots & b_n \end{bmatrix}^{\mathrm{T}}
\end{aligned} \tag{2.87}
$$

列向量$\boldsymbol{a}$和$\boldsymbol{b}$的逐项积定义为

$$
\boldsymbol{a} \odot \boldsymbol{b} = \begin{bmatrix} a_1 b_1 & a_2 b_2 & \cdots & a_n b_n \end{bmatrix}^{\mathrm{T}} \tag{2.88}
$$

逐项积是一种"向量 → 向量"的运算规则。

Bk4_Ch2_12.py计算行向量逐项积。

2.11 张量积：张起网格面

张量积 (tensor product) 又叫**克罗内克积** (Kronecker product)，两个列向量$\boldsymbol{a}$和$\boldsymbol{b}$的张量积$\boldsymbol{a} \otimes \boldsymbol{b}$定义为

$$
\boldsymbol{a} \otimes \boldsymbol{b} = \begin{bmatrix} a_1 \\ a_2 \\ \vdots \\ a_n \end{bmatrix}_{n\times 1} \otimes \begin{bmatrix} b_1 \\ b_2 \\ \vdots \\ b_m \end{bmatrix}_{m\times 1} = \boldsymbol{a}\boldsymbol{b}^{\mathrm{T}} = \begin{bmatrix} a_1 \\ a_2 \\ \vdots \\ a_n \end{bmatrix} \begin{bmatrix} b_1 \\ b_2 \\ \vdots \\ b_m \end{bmatrix}^{\mathrm{T}} = \begin{bmatrix} a_1 b_1 & a_1 b_2 & \cdots & a_1 b_m \\ a_2 b_1 & a_2 b_2 & \cdots & a_2 b_m \\ \vdots & \vdots & \ddots & \vdots \\ a_n b_1 & a_n b_2 & \cdots & a_n b_m \end{bmatrix}_{n\times m} \tag{2.89}
$$

向量张量积是一种"向量 → 矩阵"的运算规则。有些教材也管张量积叫"外积"；而外积也指向量积 (叉乘)。请大家注意区分。

注意：上式中$\boldsymbol{a}\boldsymbol{b}^{\mathrm{T}}$为向量$\boldsymbol{a}$和$\boldsymbol{b}^{\mathrm{T}}$的矩阵乘法。本书第4、5、6三章要从不同角度讲解矩阵乘法。

向量$\boldsymbol{a}$和其自身的张量积$\boldsymbol{a} \otimes \boldsymbol{a}$的结果为方阵，即

$$
\boldsymbol{a} \otimes \boldsymbol{a} = \begin{bmatrix} a_1 \\ a_2 \\ \vdots \\ a_n \end{bmatrix}_{n\times 1} \otimes \begin{bmatrix} a_1 \\ a_2 \\ \vdots \\ a_n \end{bmatrix}_{n\times 1} = \boldsymbol{a}\boldsymbol{a}^{\mathrm{T}} = \begin{bmatrix} a_1 \\ a_2 \\ \vdots \\ a_n \end{bmatrix} \begin{bmatrix} a_1 \\ a_2 \\ \vdots \\ a_n \end{bmatrix}^{\mathrm{T}} = \begin{bmatrix} a_1 a_1 & a_1 a_2 & \cdots & a_1 a_n \\ a_2 a_1 & a_2 a_2 & \cdots & a_2 a_n \\ \vdots & \vdots & \ddots & \vdots \\ a_n a_1 & a_n a_2 & \cdots & a_n a_n \end{bmatrix} \tag{2.90}
$$

请大家注意张量积的一些常见性质，即

$$
\begin{aligned}
&(\boldsymbol{a} \otimes \boldsymbol{a})^{\mathrm{T}} = \boldsymbol{a} \otimes \boldsymbol{a} \\
&(\boldsymbol{a} \otimes \boldsymbol{b})^{\mathrm{T}} = \boldsymbol{b} \otimes \boldsymbol{a} \\
&(\boldsymbol{a} + \boldsymbol{b}) \otimes \boldsymbol{v} = \boldsymbol{a} \otimes \boldsymbol{v} + \boldsymbol{b} \otimes \boldsymbol{v} \\
&\boldsymbol{v} \otimes (\boldsymbol{a} + \boldsymbol{b}) = \boldsymbol{v} \otimes \boldsymbol{a} + \boldsymbol{v} \otimes \boldsymbol{b} \\
&t(\boldsymbol{a} \otimes \boldsymbol{b}) = (t\boldsymbol{a}) \otimes \boldsymbol{b} = \boldsymbol{a} \otimes (t\boldsymbol{b}) \\
&(\boldsymbol{a} \otimes \boldsymbol{b}) \otimes \boldsymbol{v} = \boldsymbol{a} \otimes (\boldsymbol{b} \otimes \boldsymbol{v})
\end{aligned} \tag{2.91}
$$

几何视角

图2.29所示为从几何图像角度解释向量的张量积。向量$\boldsymbol{a}$和$\boldsymbol{b}$相当于两个维度上的支撑框架，两者的张量积则“张起”一个网格面$\boldsymbol{a} \otimes \boldsymbol{b}$。

当我们关注$\boldsymbol{b}$方向时，网格面沿同一方向的每一条曲线都类似于$\boldsymbol{b}$，唯一的差别是高度上存在一定比例的缩放，这个缩放比例就是a_i。a_i是向量$\boldsymbol{a}$中的某一个元素。

同理，观察$\boldsymbol{a}$方向的网格面，每一条曲线都类似于$\boldsymbol{a}$。向量$\boldsymbol{b}$的某一元素b_j提供曲线高度的缩放系数。

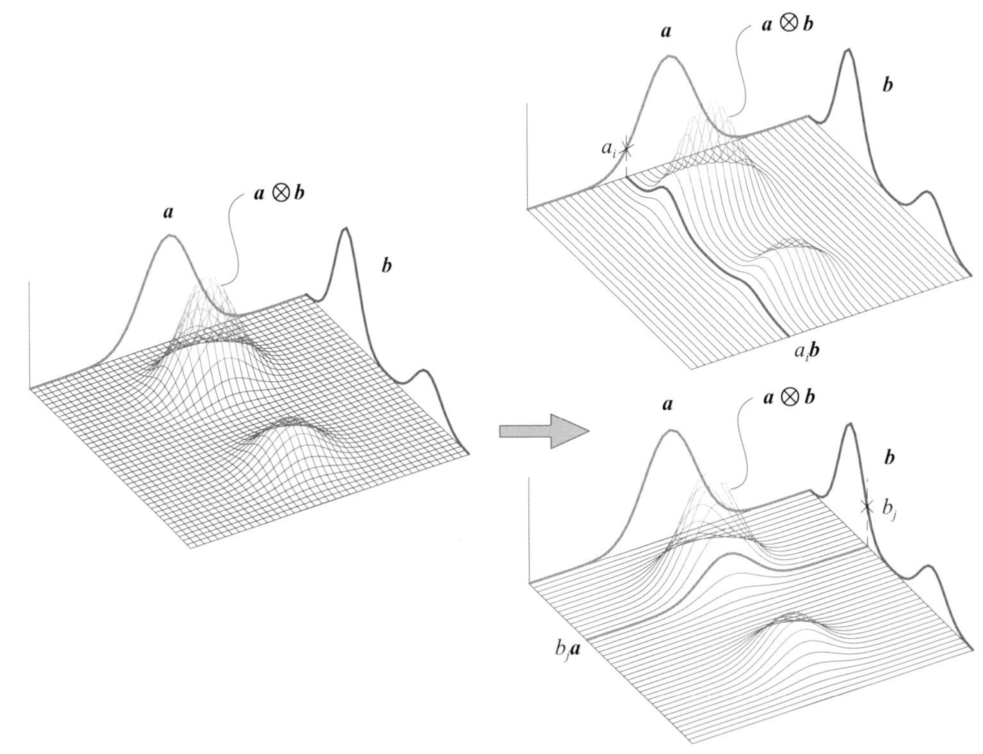

图2.29　从几何角度解释向量张量积

举个例子

给定列向量$\boldsymbol{a}$和$\boldsymbol{b}$分别为

$$
\begin{aligned}
\boldsymbol{a} &= \begin{bmatrix} 0.5 & -0.7 & 1 & 0.25 & -0.6 & -1 \end{bmatrix}^{\mathrm{T}} \\
\boldsymbol{b} &= \begin{bmatrix} -0.8 & 0.5 & -0.6 & 0.9 \end{bmatrix}^{\mathrm{T}}
\end{aligned}
\tag{2.92}
$$

图2.30所示为张量积 $\boldsymbol{a} \otimes \boldsymbol{b}$ 结果热图，形状为 6 × 4矩阵。

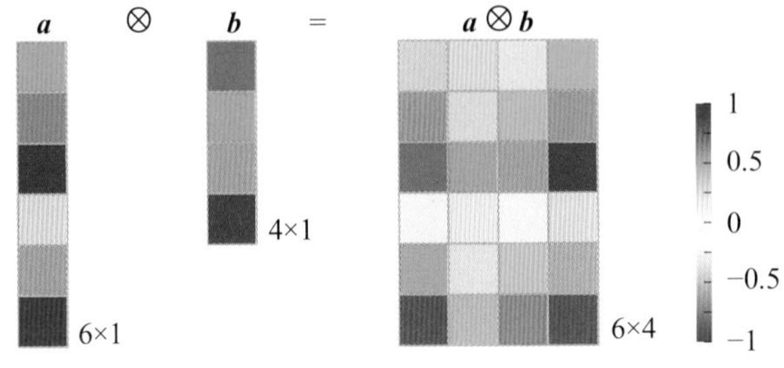

图2.30　张量积$\boldsymbol{a} \otimes \boldsymbol{b}$热图

观察式 (2.89)，利用矩阵乘法展开，发现 $\boldsymbol{a}\otimes\boldsymbol{b}$ 可以写成两种形式，即

$$\boldsymbol{a}\otimes\boldsymbol{b}=\begin{bmatrix}b_1\boldsymbol{a} & b_2\boldsymbol{a} & \cdots & b_m\boldsymbol{a}\end{bmatrix}$$
$$\boldsymbol{a}\otimes\boldsymbol{b}=\begin{bmatrix}a_1\boldsymbol{b}^{\mathrm{T}}\\ a_2\boldsymbol{b}^{\mathrm{T}}\\ \vdots\\ a_n\boldsymbol{b}^{\mathrm{T}}\end{bmatrix}_{n\times 1} \tag{2.93}$$

式 (2.93) 中，第一种形式相当于，$\boldsymbol{a}$先按不同比例 (b_j) 缩放得到$b_j\boldsymbol{a}$，再左右排列。第二种形式相当于，$\boldsymbol{b}^{\mathrm{T}}$先按不同比例 ($a_i$) 缩放得到$a_i\boldsymbol{b}^{\mathrm{T}}$，再上下叠加。如果读者对式 (2.93) 这种矩阵乘法展开方式感到陌生，可以在读完第4 ~ 6章后再回头看这部分内容。

如图2.31 (a) 所示，$\boldsymbol{a}\otimes\boldsymbol{b}$的每一列都与$\boldsymbol{a}$相似，也就是说它们之间呈现倍数关系。类似地，如图 2.31 (b) 所示，$\boldsymbol{a}\otimes\boldsymbol{b}$等价于$\boldsymbol{a}$ @ $\boldsymbol{b}^{\mathrm{T}}$，因此$\boldsymbol{a}\otimes\boldsymbol{b}$的每一行都与$\boldsymbol{b}^{\mathrm{T}}$相似，也呈现倍数关系。

本书第7章会讲到向量的秩 (rank)，大家就会知道$\boldsymbol{a}\otimes\boldsymbol{b}$的秩为1，就是因为行、列的这种“相似”。

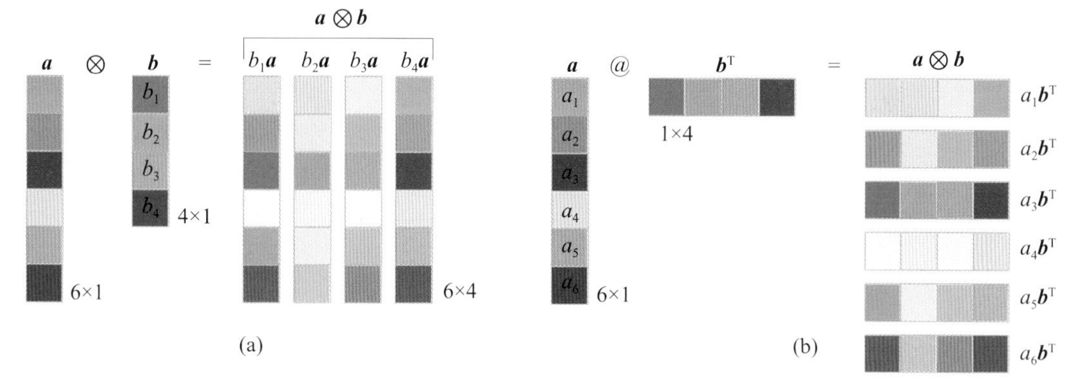

图2.31 $\boldsymbol{a}\otimes\boldsymbol{b}$的列、行存在的相似

图2.32 (a) 所示为张量积 $\boldsymbol{a}\otimes\boldsymbol{a}$ 结果热图，形状为 6 × 6 方阵。图2.32 (b) 所示为张量积 $\boldsymbol{b}\otimes\boldsymbol{b}$结果热图，形状为 4 × 4 对称方阵。显然，$\boldsymbol{a}\otimes\boldsymbol{a}$和$\boldsymbol{b}\otimes\boldsymbol{b}$都是对称矩阵。

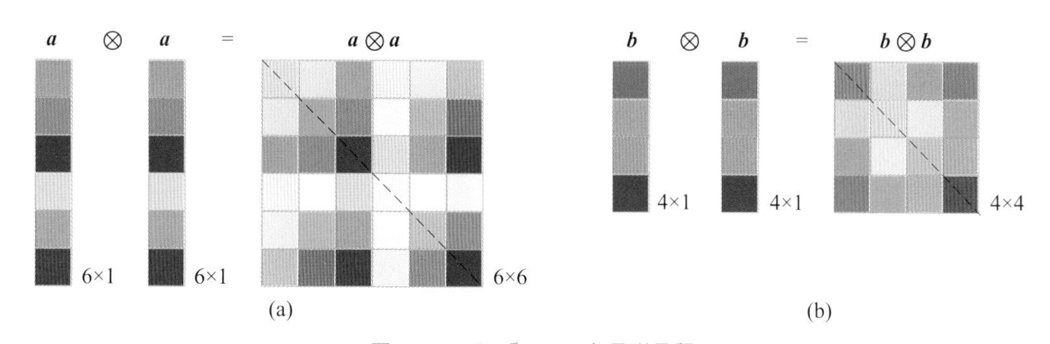

图2.32 $\boldsymbol{a}\otimes\boldsymbol{a}$和$\boldsymbol{b}\otimes\boldsymbol{b}$向量张量积

Bk4_Ch2_13.py绘制图2.30、图2.31、图2.32。

在Bk4_Ch2_13.py的基础上，我们用Streamlit和Plotly制作了一个App，用来展示向量张量积。在App中，大家可以改变向量元素个数。向量是由随机数发生器产生的，保留小数点后一位。请大家参考Streamlit_Bk4_Ch2_13.py。

《统计至简》一册中将会介绍，如果两个离散随机变量X和Y独立，则联合概率 $p_{X,Y}(x,y)$ 等于 $p_X(x)$ 和 $p_Y(y)$ 这两个边缘概率质量函数的PMF乘积，即

$$\underbrace{p_{X,Y}\left(x,y\right)}_{\text{Joint}}=\underbrace{p_X\left(x\right)}_{\text{Marginal}}\cdot\underbrace{p_Y\left(y\right)}_{\text{Marginal}} \tag{2.94}$$

如图2.33所示，$p_X(x)$ 和 $p_Y(y)$ 可以分别用火柴梗图可视化，而$p_{X,Y}(x,y)$ 用二维火柴梗图展示。

从线性代数角度，当x和y分别取不同值时，$p_X(x)$ 和 $p_Y(y)$ 相当于两个向量，而$p_{X,Y}(x,y)$ 相当于矩阵。X和Y独立时，$p_{X,Y}(x,y)$ 值的矩阵就是$p_Y(y)$ 和 $p_X(x)$ 两个向量的张量积。

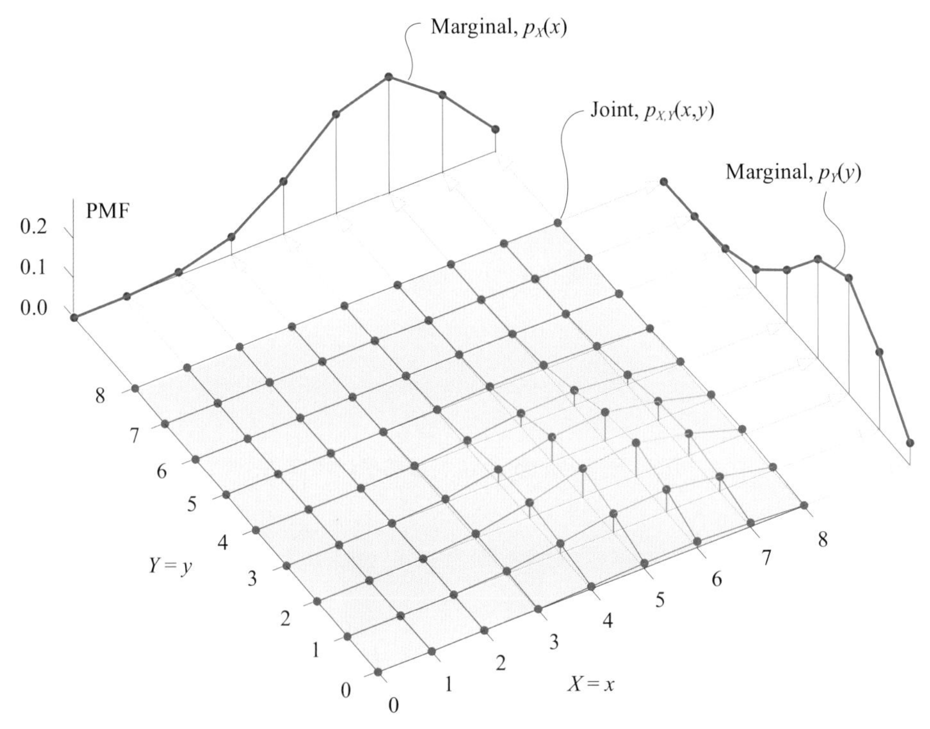

图2.33　离散随机变量独立条件下，联合概率 $p_{X,Y}(x,y)$ 等于 $p_Y(y)$ 和 $p_X(x)$ 的PMF乘积

本章介绍了向量常见的运算。学完本章，希望大家看到任何向量和向量运算，都可以试着从几何、数据两个角度来思考。

从几何角度看，向量是既有大小又有方向的量。从数据角度看，表格数据就是矩阵，而矩阵的每一行向量是一个样本点，每一列向量代表一个特征。

向量有两个元素——长度和方向。向量的长度就是向量的模，向量之间的相对角度可以用向量内积来求解。

提到向量模、L^2范数、欧几里得距离，希望大家能够联想到正圆、正圆球。本书第3章还要介绍更多范数以及它们对应的几何图像。

向量内积的结果是个标量，请大家格外注意向量内积和矩阵乘法的联系，以及向量内积和Σ求和运算之间的关系。

从几何视角看，向量内积特别重要，请大家格外关注向量夹角余弦值、余弦定理、余弦相似度、余弦距离，以及本书后续要讲的标量投影、向量投影、协方差、相关性系数等数学概念之间的关系。

向量的叉乘结果还是个向量，这个向量垂直于原来两个向量构成的平面。

几何视角下，张量积像是张起一个网格面。张量积在机器学习和数据科学算法中的应用特别广泛，有关这个运算的性质我们会慢慢展开讲解。

最后看一下本章最重要的四幅图，如图2.34所示。

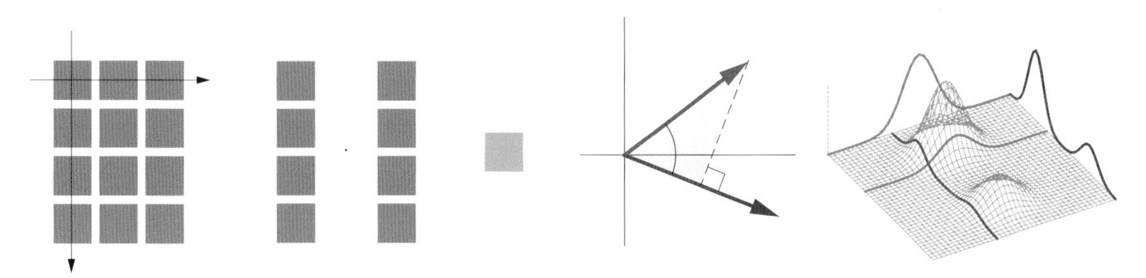

图2.34　总结本章重要内容的四幅图

对于习惯MATLAB或R语言的读者，如果转用Python感到不适应的话，推荐大家参考：

http://mathesaurus.sourceforge.net/

网站整理了常用MATLAB—R—Python命令、函数之间的关系。

03 Vector Norm 向量范数

欧几里得距离的延伸

数学领域，遇到理解不了的概念别怕，用习惯就好了。

In mathematics, you don't understand things. You just get used to them.

—— 约翰·冯·诺伊曼 (Johann von Neumann) | 理论计算机科学与博弈论奠基者 | 1903—1957

- `matplotlib.pyplot.axhline()` 绘制水平线
- `matplotlib.pyplot.axvline()` 绘制竖直线
- `matplotlib.pyplot.contour()` 绘制等高线图
- `matplotlib.pyplot.contourf()` 绘制填充等高线图
- `numpy.abs()` 计算绝对值
- `numpy.linalg.norm()` 计算 L^p 范数，默认计算 L^2 范数
- `numpy.linspace()` 指定的间隔内返回均匀间隔数组
- `numpy.maximum()` 计算最大值
- `numpy.meshgrid()` 生成网格化数据

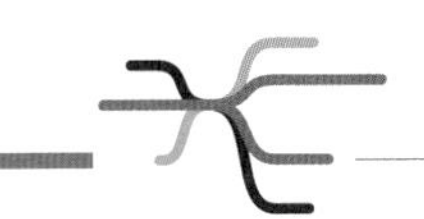

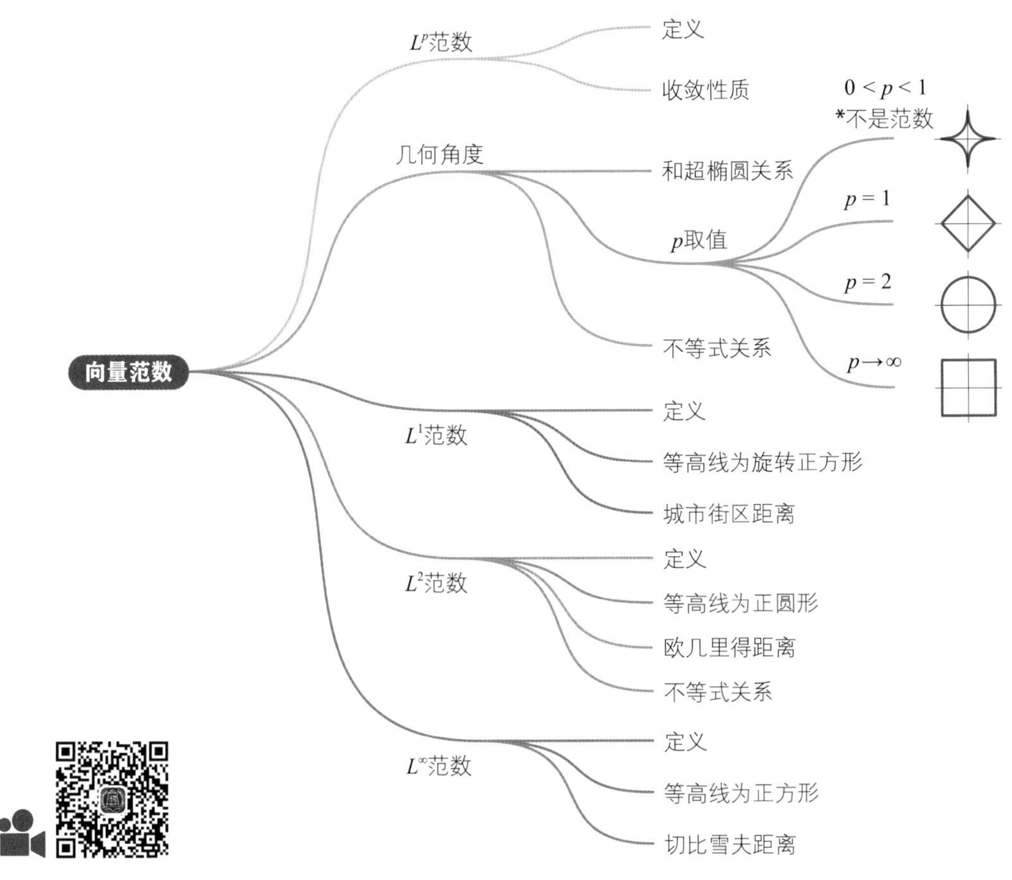

3.1 L^p范数：L^2范数的推广

上一章我们介绍了L^2范数，L^2范数代表向量的长度，也叫向量的模，等价于欧几里得距离。本章我们将L^2范数推广到L^p范数。

给定列向量$\boldsymbol{x}$为

$$\boldsymbol{x} = \begin{bmatrix} x_1 & x_2 & \cdots & x_D \end{bmatrix}^{\mathrm{T}} \tag{3.1}$$

向量$\boldsymbol{x}$的L^p范数定义为

$$\|\boldsymbol{x}\|_p = \left(|x_1|^p + |x_2|^p + \cdots + |x_D|^p\right)^{1/p} = \left(\sum_{j=1}^{D} |x_j|^p\right)^{1/p} \tag{3.2}$$

式 (3.2) 中 $|x_j|$ 计算x_j的绝对值。另外，很多教材将L^p范数写成Lp范数或p-范数。

对于L^p范数，$p\geqslant 1$。$p<1$时，虽然上式有定义，但是不能称之为范数。容易判断出，L^p范数非负，即$\|\boldsymbol{x}\|_p \geq 0$。$L^p$范数代表"距离"，也是一种"向量 → 标量"的运算规则。

两个特殊范数

当$p=2$时，向量$\boldsymbol{x}$的L^p范数便是$\boldsymbol{L^2}$**范数** (L2-norm)，也叫2-范数，具体定义为

$$\|\boldsymbol{x}\|_2 = \sqrt{x_1^2 + x_2^2 + \cdots + x_D^2} = \left(\sum_{j=1}^{D} x_j^2\right)^{\frac{1}{2}} \tag{3.3}$$

式 (3.3) 中 $\|\boldsymbol{x}\|_2$ 的下角标常被省略，也就是说默认 $\|\boldsymbol{x}\|$ 为L^2范数。

特别地，当p趋向于$+\infty$时，对应的范数记成L^∞。L^∞范数定义为

$$\|\boldsymbol{x}\|_\infty = \max\left(|x_1|, |x_2|, \ldots, |x_D|\right) \tag{3.4}$$

即$\|\boldsymbol{x}\|_\infty$为 $|x_j|$ 中的最大值。

大小关系

举个例子，如图3.1所示，给定向量$\boldsymbol{x}$为

$$\boldsymbol{x} = \begin{bmatrix} 1 & 2 & 3 \end{bmatrix}^{\mathrm{T}} \tag{3.5}$$

向量$\boldsymbol{x}$的L^1范数是图3.1中三个坐标值的绝对值之和，也就是图3.1所示长方体三条临边边长之和，即

$$\|\boldsymbol{x}\|_1 = |1| + |2| + |3| = 6 \tag{3.6}$$

L^2范数是图3.1向量$\boldsymbol{x}$的长度，即

$$\|\boldsymbol{x}\|_2 = \left(|1|^2 + |2|^2 + |3|^2\right)^{1/2} = (14)^{1/2} \approx 3.742 \tag{3.7}$$

向量$\boldsymbol{x}$的L^3范数可以通过下式求得，即

$$\|\boldsymbol{x}\|_3 = \left(|1|^3 + |2|^3 + |3|^3\right)^{1/3} = 36^{1/3} \approx 3.302 \tag{3.8}$$

类似地，计算向量$\boldsymbol{x}$的L^4范数为

$$\|\boldsymbol{x}\|_4 = \left(|1|^4 + |2|^4 + |3|^4\right)^{1/4} = 98^{1/4} \approx 3.1463 \tag{3.9}$$

向量$\boldsymbol{x}$的L^∞范数是图3.1中x_1、x_2、x_3三者绝对值中的最大值，即

$$\|\boldsymbol{x}\|_\infty = \max\left(|1|, |2|, |3|\right) = 3 \tag{3.10}$$

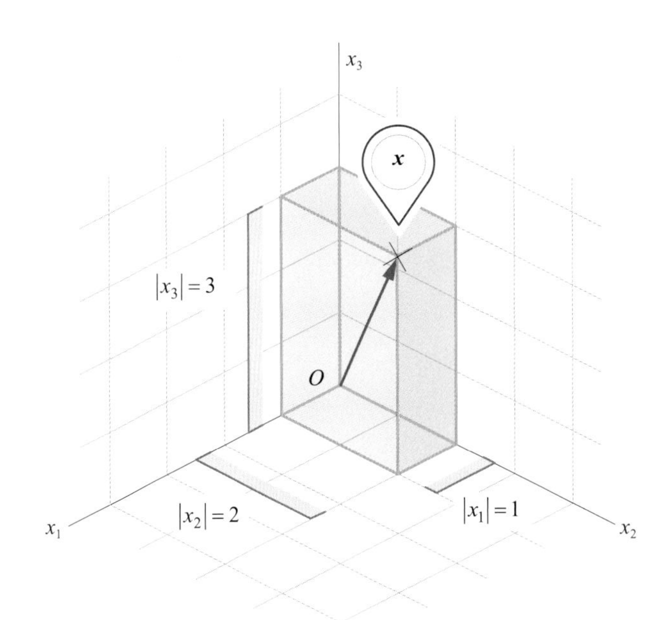

图3.1　向量$\boldsymbol{x}$在三维直角坐标系的位置

图3.2所示图像为 L^p 范数随p的变化。对于$\boldsymbol{x} = [1, 2, 3]^\mathrm{T}$，$L^p$ 范数随p的增大而减小，最后收敛于3。

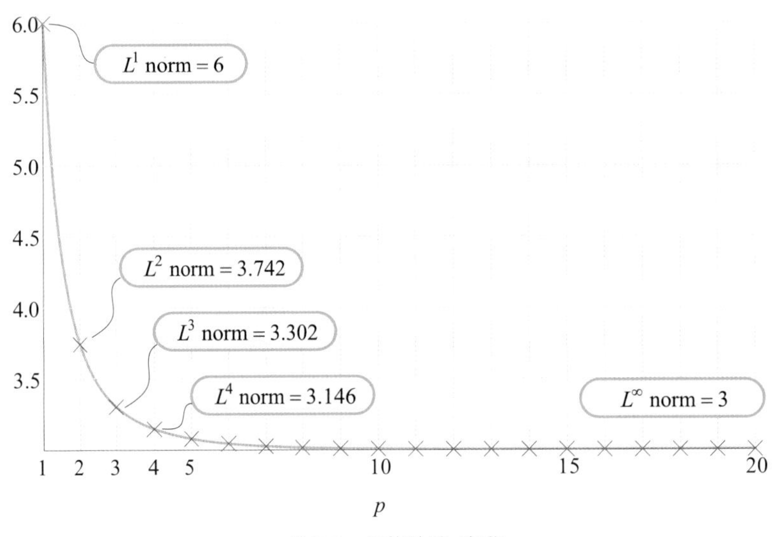

图3.2　L^p范数随p变化

通俗地讲，L^p范数丈量一个向量的“大小”。p取值不同时，丈量的方式略有差别。比如，$p = 1$时，我们用向量各个元素绝对值之和代表向量“大小”。$p = 2$时，我们用欧氏距离代表向量“大小”。当p趋向+∞时，我们仅仅用向量各个元素绝对值中的最大值代表向量“大小”。

在数据科学、机器学习算法中，L^p范数扮演着重要角色，如距离度量、**正则化** (regularization)。下一节开始，我们就从几何图像入手，深入分析L^p范数的性质。

3.2 L^p范数和超椭圆的联系

给定列向量 $\boldsymbol{x} = [x_1, x_2]^{\mathrm{T}}$，$\boldsymbol{x}$的$L^p$范数定义为

$$\|\boldsymbol{x}\|_p = \left(|x_1|^p + |x_2|^p\right)^{1/p} \tag{3.11}$$

再次请大家注意，$0 < p < 1$时，式 (3.11) 不能叫范数，因为不满足次可加。

当p一定时，将式 (3.11) 写成二元函数$f(x_1, x_2)$，有

$$f(x_1, x_2) = \left(|x_1|^p + |x_2|^p\right)^{1/p} \tag{3.12}$$

大家可能早已发现上式和《数学要素》一册讲过的超椭圆有着千丝万缕的联系。图 3.3所示为p取不同值时，$f(x_1, x_2)$ 函数对应曲面的等高线变化。图3.3中，暖色系代表函数 $f(x_1, x_2)$ 的较大数值，冷色系对应$f(x_1, x_2)$ 较小数值。

$p = 1$时，$f(x_1, x_2)$ 函数的等高线为旋转45度正方形，有

$$f(x_1, x_2) = |x_1| + |x_2| \tag{3.13}$$

$p = 2$时，$f(x_1, x_2)$ 函数的等高线为正圆，有

$$f(x_1, x_2) = \sqrt{x_1^2 + x_2^2} \tag{3.14}$$

$p = +\infty$时，$f(x_1, x_2)$ 函数的等高线为正方形，有

$$f(x_1, x_2) = \max\left(|x_1|, |x_2|\right) \tag{3.15}$$

Bk4_Ch3_01.py绘制图3.3所示等高线。

如图3.4所示，L^p范数取定值c，即$L^p = c$时，随着p增大，等高线一层层包裹。

从相反角度，对于同一向量，p增大，L^p范数减小。请大家注意如下不等式关系，即

$$\|\boldsymbol{x}\|_\infty \leq \|\boldsymbol{x}\|_2 \leq \|\boldsymbol{x}\|_1 \tag{3.16}$$

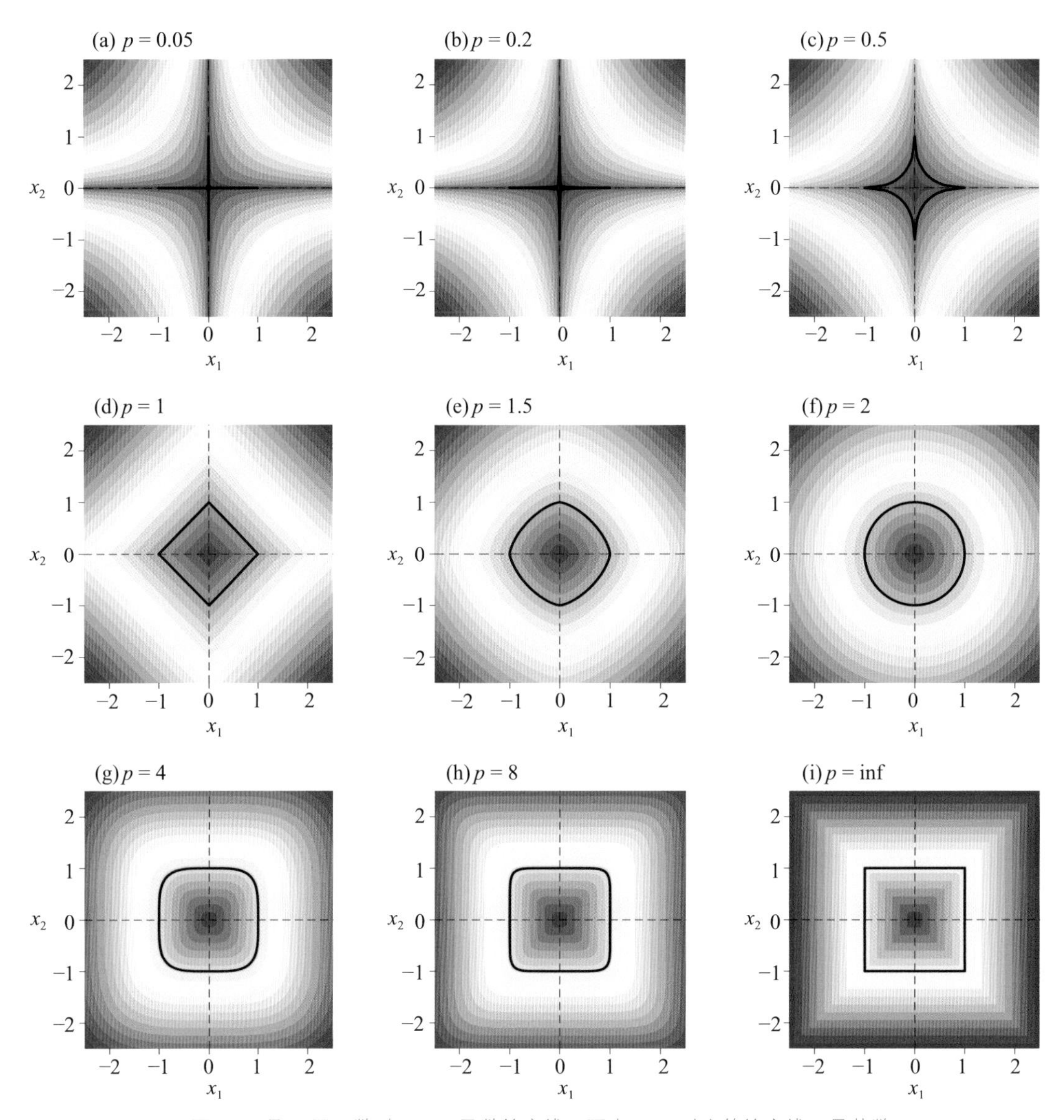

图3.3　p取不同正数时，二元函数等高线。图中 $p < 1$对应的等高线不是范数

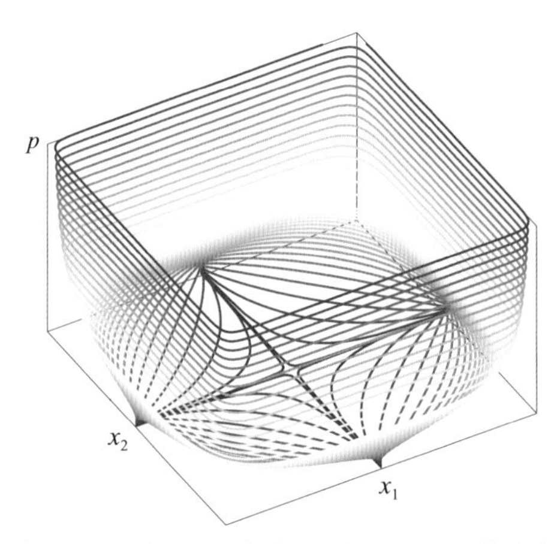

图3.4　随着p增大，等高线一层层包裹 (图中 $p < 1$对应的等高线不是范数)

凸凹性

$p \geq 1$时，L^p范数等高线形状为**凸** (convex)。这是范数的一个重要性质——**次可加性** (subadditivity)，也叫**三角不等式** (triangle inequality)，即

$$\|\boldsymbol{x}+\boldsymbol{y}\|_p \leqslant \|\boldsymbol{x}\|_p + \|\boldsymbol{y}\|_p \tag{3.17}$$

式 (3.17) 又叫做**闵可夫斯基不等式** (Minkowski inequality)。

$0 < p < 1$时，式 (3.12) 对应等高线形状如图3.5所示，它非凸也非凹。严格来说，$0 < p < 1$时，式 (3.12) 虽然有定义，但是不能称之为范数。这是因为，$0 < p < 1$时，式 (3.12) 不满足次可加性，即违反三角不等式规则。

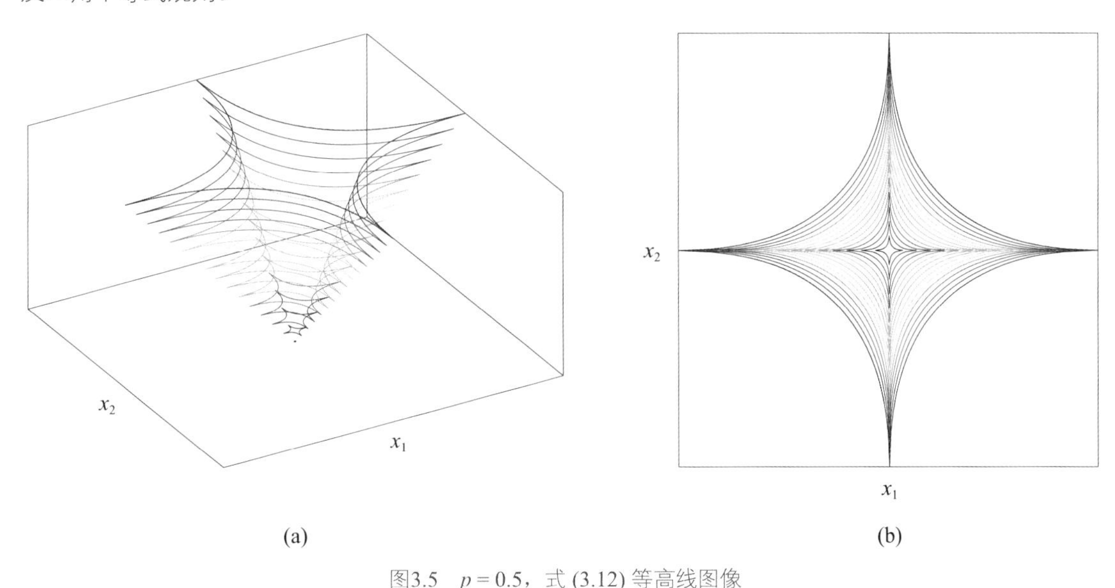

图3.5　$p = 0.5$，式 (3.12) 等高线图像

p为负数

p取负数时，式 (3.12) 也有定义，但是我们不能称之为范数。图3.6所示为p取不同负数时，式 (3.12) 中函数等高线的形状变化。

在Bk4_Ch3_01.py基础上，我们用Streamlit制作了一个应用，用Plotly绘制可交互平面等高线、三维曲面，展示L^p范数对应函数随p的变化。请大家参考Streamlit_Bk4_Ch3_01.py。

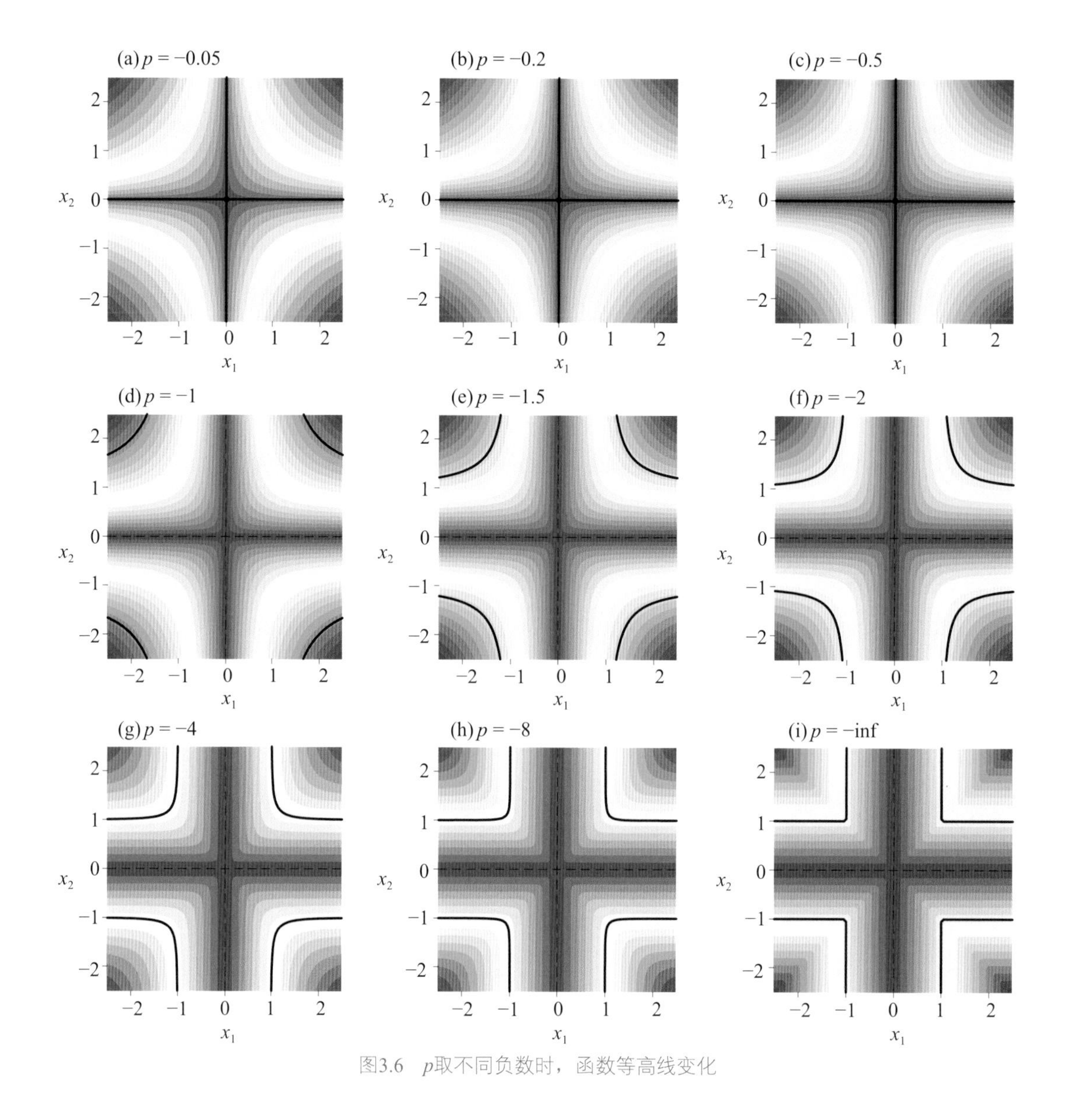

图3.6　p取不同负数时，函数等高线变化

3.3 L^1范数：旋转正方形

本节探讨L^1范数几何特征。向量$\boldsymbol{x}$的L^1范数定义为

$$\|\boldsymbol{x}\|_1 = |x_1| + |x_2| + \cdots + |x_D| = \sum_{j=1}^{D} |x_j| \tag{3.18}$$

当$D = 2$时，向量$\boldsymbol{x}$的L^1范数为

$$\|\boldsymbol{x}\|_1 = |x_1| + |x_2| \tag{3.19}$$

式 (3.19) 中L^1范数等于1时，得到解析式

$$|x_1|+|x_2|=1 \tag{3.20}$$

下面，本节分成几种情况展开式 (3.20)，并绘制图像。

几何图形

观察式 (3.20) 可以发现，x_1和x_2的取值范围均为 [−1, 1]，x_1和x_2符号可正可负。为了去掉绝对值符号，分四种情况考虑，得到展开式

$$\begin{cases} x_1+x_2=1 & 0\leqslant x_1\leqslant 1,\ \ 0\leqslant x_2\leqslant 1 \\ -x_1+x_2=1 & -1\leqslant x_1\leqslant 0,\ \ 0\leqslant x_2\leqslant 1 \\ x_1-x_2=1 & 0\leqslant x_1\leqslant 1,\ \ -1\leqslant x_2\leqslant 0 \\ -x_1-x_2=1 & -1\leqslant x_1\leqslant 0,\ \ -1\leqslant x_2\leqslant 0 \end{cases} \tag{3.21}$$

根据式 (3.21) 定义的四个一次函数解析式，可以得到图3.7所示的图形。

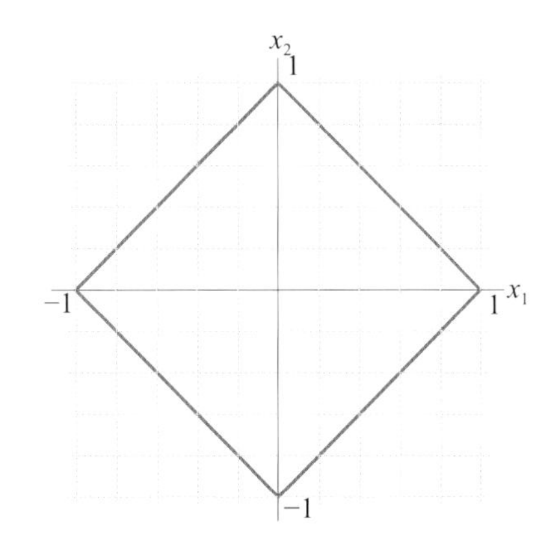

图3.7　$|x_1|+|x_2|=1$ 解析式图像

图3.8所示为如下函数的等高线图像，即

$$f(x_1,x_2)=|x_1|+|x_2| \tag{3.22}$$

图3.8 (b) 中每一条等高线上的点距离原点有相同的L^1范数。

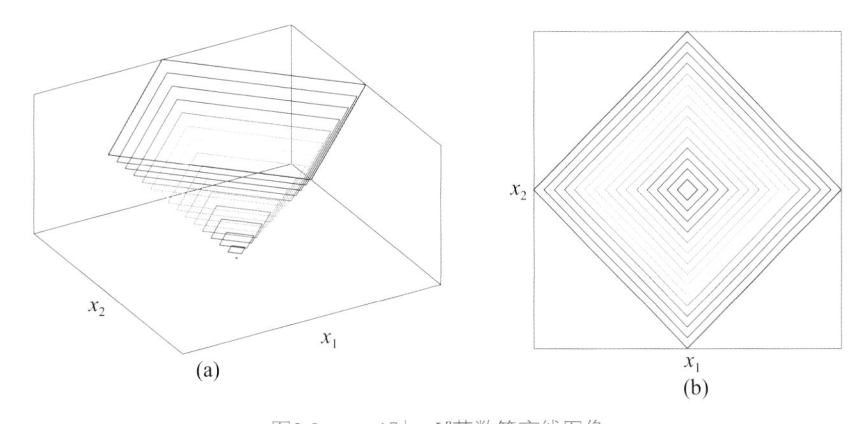

图3.8　$p=1$时，L^p范数等高线图像

L^1范数也叫**城市街区距离** (city block distance)，也称**曼哈顿距离** (Manhattan distance)。

如图3.9所示，一个城市街区布局方方正正，从A点到B点的行走距离不可能是两点的直线距离，即欧氏距离。图3.9中给出的行走路径类似L^1范数。

此外，L^1范数等高线存在“尖点”，这个尖点将会在**套索回归** (LASSO regression) 的L^1正则项中起到重要作用。

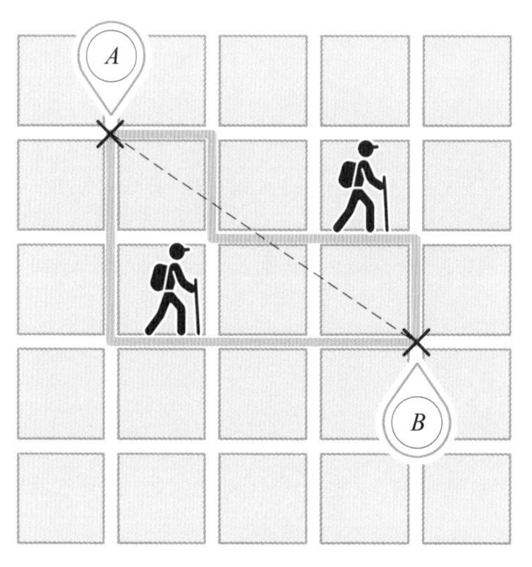

图3.9　城市街区距离

3.4 L^2范数：正圆

本节探讨L^2范数形状。向量$\boldsymbol{x}$的L^2范数定义为

$$\|\boldsymbol{x}\|_2 = \left(x_1^2 + x_2^2 + \cdots + x_D^2\right)^{1/2} = \left(\sum_{j=1}^{D} \left|x_j\right|^2\right)^{1/2} \tag{3.23}$$

特别地，当$D = 2$时，向量$\boldsymbol{x}$的L^2范数为

$$\|\boldsymbol{x}\|_2 = \sqrt{x_1^2 + x_2^2} \tag{3.24}$$

从距离度量角度，L^2范数为欧几里得距离。

几何图形

式 (3.24) 中L^2范数等于1时，对应图像为单位圆，解析式为

$$x_1^2 + x_2^2 = 1 \tag{3.25}$$

图3.10所示为式 (3.25) 对应的图像。

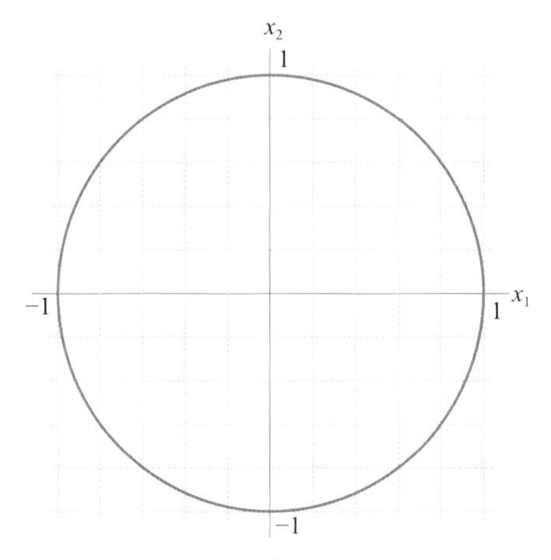

图3.10　$x_1^2+x_2^2=1$ 解析式图像

另外，实践中也经常使用L^2范数的平方，比如

$$\|\boldsymbol{x}\|_2^2=x_1^2+x_2^2 \tag{3.26}$$

再次强调范数、向量内积、矩阵乘法关系，对于列向量$\boldsymbol{x}$，以下运算等价，结果都是标量，即有

$$\|\boldsymbol{x}\|_2^2=\|\boldsymbol{x}\|^2=\langle\boldsymbol{x},\boldsymbol{x}\rangle=\boldsymbol{x}\cdot\boldsymbol{x}=\boldsymbol{x}^{\mathrm{T}}\boldsymbol{x} \tag{3.27}$$

图3.11所示为当$D=3$时，p分别取1和2时，L^p范数对应的几何体。

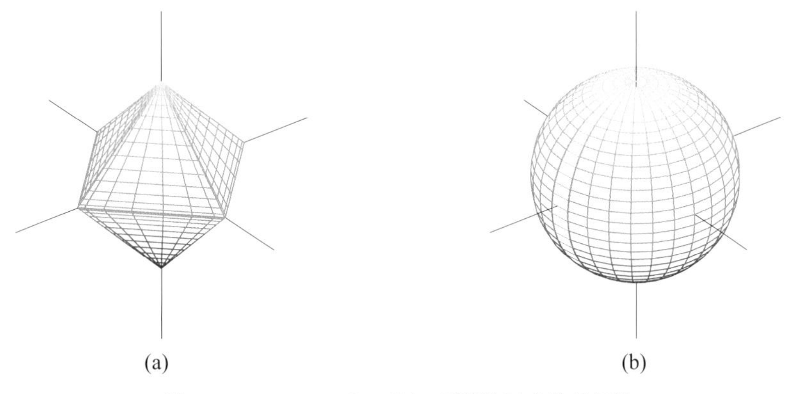

图3.11　$p=1$、2，$D=3$时，L^p范数对应的几何体

(a) $p=1$；(b) $p=2$

鸢尾花书《数学要素》中简单讨论过向量范数在岭回归和套索回归的应用。岭回归引入的是L^2正则项，套索回归引入的是L^1正则项。

我们这里在介绍另外一种正则化回归——**弹性网络回归** (elastic net regression)。弹性网络回归以不同比例同时引入L^1和L^2正则项。如图3.12所示，正则化曲面是L^1和L^2范数曲面按不同比例叠加形成的。图3.12中正则化部分既有L^1的“尖点”，也有L^2的凸曲面。

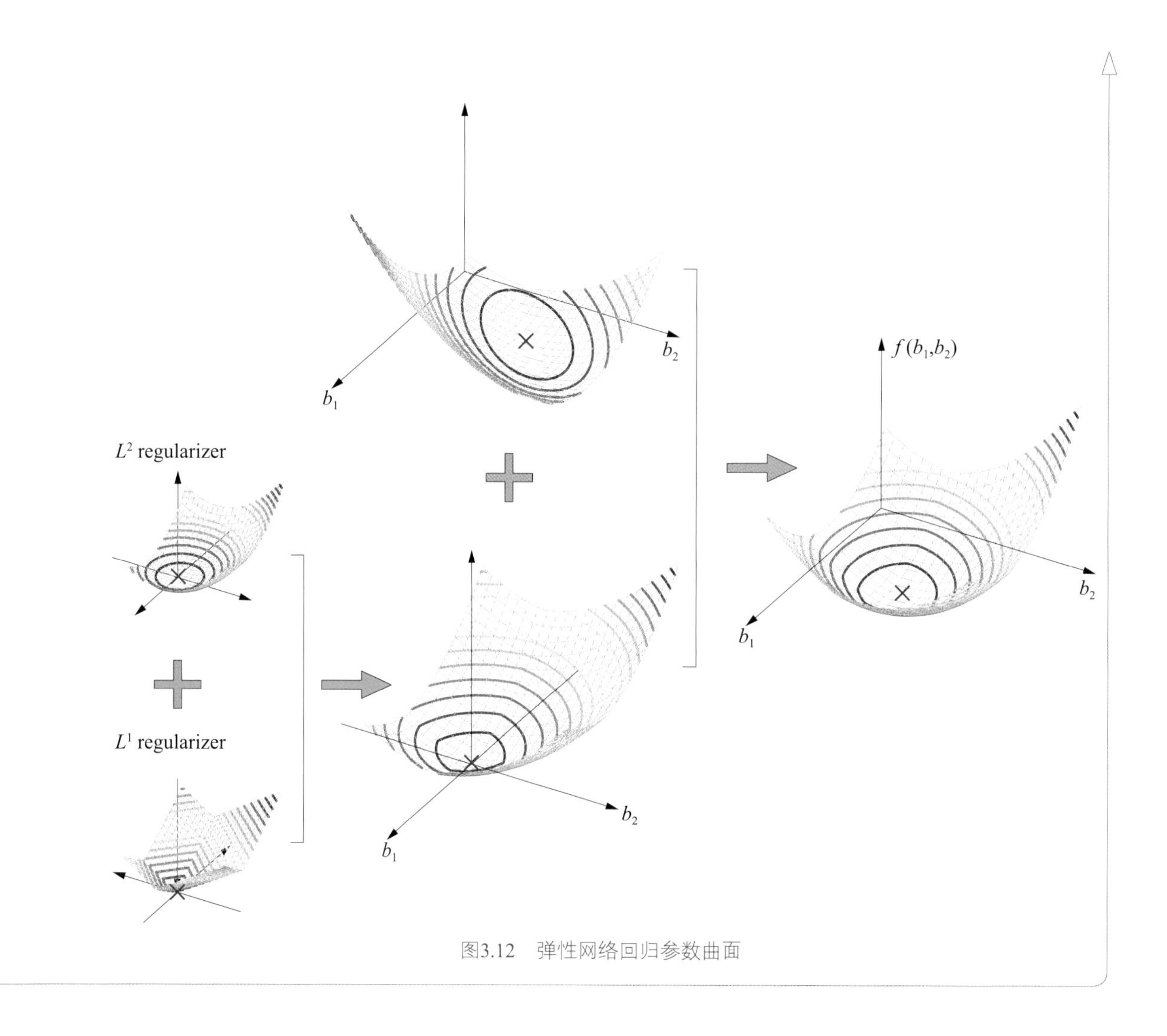

图3.12　弹性网络回归参数曲面

不等式

相信大家都知道，三角形两边之和大于第三边。应用到向量L^2范数，对应不等式为

$$\|\boldsymbol{u}\|_2 + \|\boldsymbol{v}\|_2 \geqslant \|\boldsymbol{u}+\boldsymbol{v}\|_2 \tag{3.28}$$

举个例子，给定向量$\boldsymbol{u}$和$\boldsymbol{v}$为

$$\boldsymbol{u} = [4 \quad 3]^{\mathrm{T}}, \quad \boldsymbol{v} = [-2 \quad 4]^{\mathrm{T}} \tag{3.29}$$

向量$\boldsymbol{u}$和$\boldsymbol{v}$两者之和为

$$\boldsymbol{u}+\boldsymbol{v} = [4 \quad 3]^{\mathrm{T}} + [-2 \quad 4]^{\mathrm{T}} = [2 \quad 7]^{\mathrm{T}} \tag{3.30}$$

图3.13所示为向量$\boldsymbol{u}$和$\boldsymbol{v}$以及$\boldsymbol{u}+\boldsymbol{v}$在平面上的关系。

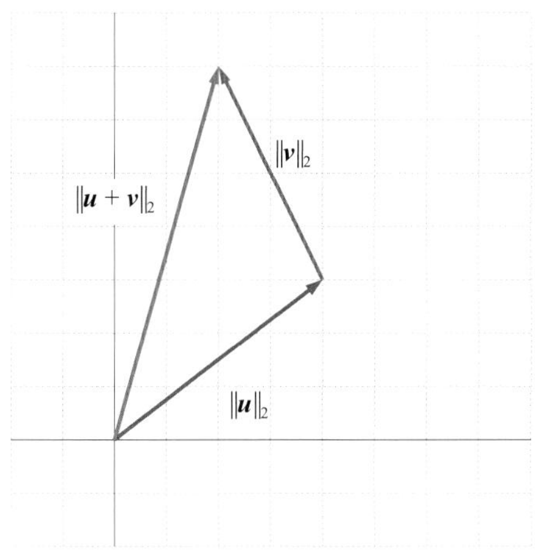

图3.13　向量$\boldsymbol{u}$和$\boldsymbol{v}$以及两者之和

$\boldsymbol{u}$和$\boldsymbol{v}$的L^2范数分别为

$$\|\boldsymbol{u}\|_2 = \sqrt{4^2+3^2} = 5,\quad \|\boldsymbol{v}\|_2 = \sqrt{(-2)^2+4^2} = \sqrt{20} \approx 4.4721 \tag{3.31}$$

$\boldsymbol{u}$和$\boldsymbol{v}$的L^2范数和为

$$\|\boldsymbol{u}\|_2 + \|\boldsymbol{v}\|_2 \approx 9.4721 \tag{3.32}$$

$\boldsymbol{u}+\boldsymbol{v}$的$L^2$范数为

$$\|\boldsymbol{u}+\boldsymbol{v}\|_2 = \sqrt{2^2+7^2} = \sqrt{53} \approx 7.2801 \tag{3.33}$$

显然，式 (3.28) 成立。请大家自行验证，满足$p \geqslant 1$时，当p取不同值时，L^p范数都满足这种三角不等式关系。

Bk4_Ch3_02.py绘制图3.13和图3.11。

3.5 L^∞范数：正方形

向量$\boldsymbol{x}$的L^∞范数定义为

$$\|\boldsymbol{x}\|_\infty = \max\left(|x_1|, |x_2|, \cdots, |x_D|\right) \tag{3.34}$$

式 (3.34) 也叫做**切比雪夫距离** (Chebyshev distance)。

当特征数$D=2$时，向量$\boldsymbol{x}$的L^∞范数定义为

$$\|\boldsymbol{x}\|_\infty = \max\left(|x_1|, |x_2|\right) \tag{3.35}$$

当L^∞范数等于1时，可以得到平面图形解析式

$$\max\{|x_1|,\ |x_2|\}=1 \tag{3.36}$$

借助《数学要素》第8、9章讲解的圆锥曲线知识，我们一起推导解析式对应的图像。

几何图形

观察式 (3.36) 可以发现，x_1和x_2的取值范围均为 [−1, 1]，x_1和x_2符号可正、可负。分情况讨论，得到解析式

$$\begin{cases}|x_1|=1 & |x_1|\geqslant|x_2|\\ |x_2|=1 & |x_2|>|x_1|\end{cases} \tag{3.37}$$

为了进一步展开式 (3.37)，需要分析 $|x_1|$ 和 $|x_2|$ 大小关系。如果$|x_1|>|x_2|$，则不等式两边平方，并整理可以得到

$$x_1^2-x_2^2>0 \tag{3.38}$$

当把大于号换成等号时，得到

$$x_1^2-x_2^2=0 \tag{3.39}$$

可以很容易发现，式 (3.39) 为退化双曲线，图形为图3.14所示蓝色线。式 (3.38) 所示的不等式区域对应的是图3.14所示阴影区域。

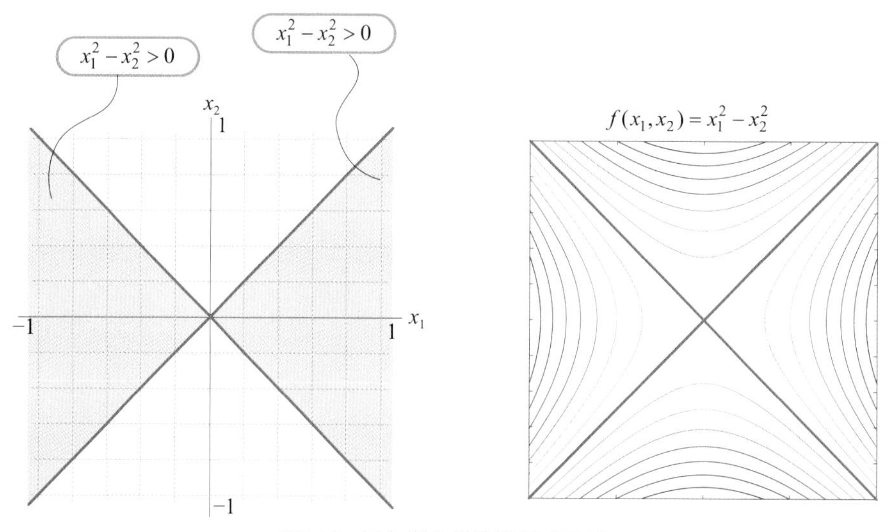

图3.14　退化双曲线及不等式区域

根据以上区域划分，改写式 (3.37) 得到

$$\begin{cases}x_1=\pm1 & x_1^2-x_2^2>0\\ x_2=\pm1 & x_1^2-x_2^2<0\end{cases} \tag{3.40}$$

由于x_1和x_2的取值范围均为 [−1, 1]，所以在图3.14所示的阴影区域中，图像为两条竖直线段 (x_1 =

±1)；类似地，在 $x_1^2 - x_2^2 < 0$ 对应区域中，图像为两条水平线段 ($x_2 = \pm 1$)。

综合以上分析，可以得到式 (3.36) 对应的图像，具体如图3.15所示。

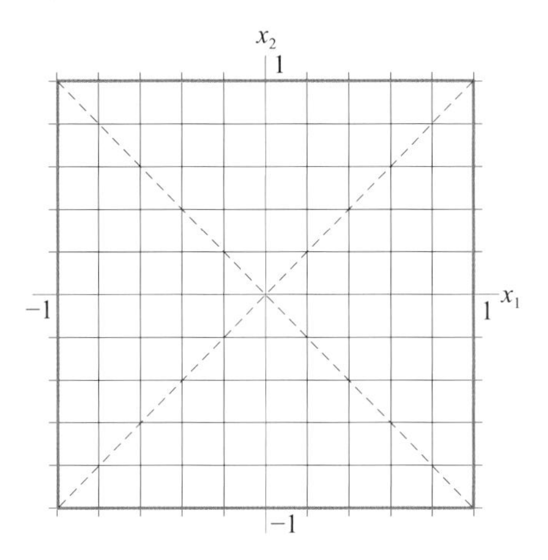

图3.15　$\max\{|x_1|, |x_2|\} = 1$ 解析式图像

3.6 再谈距离度量

把式 (3.2) 写成$\boldsymbol{x}$和$\boldsymbol{q}$两个列向量之差的L^p范数，可以得到

$$\|\boldsymbol{x}-\boldsymbol{q}\|_p = \left(|x_1 - q_1|^p + |x_2 - q_2|^p + \cdots + |x_D - q_D|^p\right)^{1/p} = \left(\sum_{j=1}^{D} |x_j - q_j|^p\right)^{1/p} \tag{3.41}$$

其中：$p \geqslant 1$。列向量$\boldsymbol{x}$和$\boldsymbol{q}$分别为

$$\boldsymbol{x} = \begin{bmatrix} x_1 \\ x_2 \\ \vdots \\ x_D \end{bmatrix}, \quad \boldsymbol{q} = \begin{bmatrix} q_1 \\ q_2 \\ \vdots \\ q_D \end{bmatrix} \tag{3.42}$$

其中：$\boldsymbol{q}$常被称做**查询点** (query point)。

如图3.16所示，式 (3.41) 相当于D维空间中，$\boldsymbol{x}$和$\boldsymbol{q}$两点的“距离”。距离$\|\boldsymbol{x}-\boldsymbol{q}\|_p$的取值为 $[0, +\infty)$。L^p范数的p取不同值时，我们得到不同的距离度量。

通俗地说，L^p范数这个数学工具把向量变成了非负标量，这个标量代表“距离”远近。

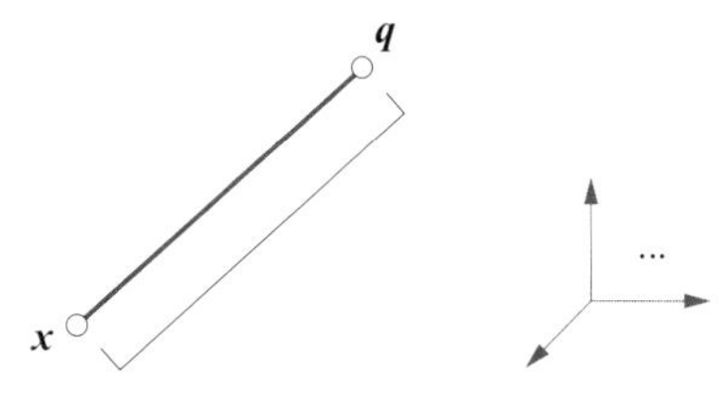

图3.16　D维空间中$\boldsymbol{x}$和$\boldsymbol{q}$之间的“距离”

鸢尾花书《数学要素》一册第7章给出表3.1，表格总结了常见距离能够度量的等距线。我们又在表中加入了不同距离度量的计算式。有了本章L^p范数这个数学工具，大家应该理解欧氏距离、城市街区距离、切比雪夫距离、闵氏距离的背后的数学思想。本书第20章将简要介绍马氏距离，鸢尾花书《统计至简》一册中有一章专门讲解马氏距离及其应用。标准化欧式距离可以看成是特殊的马氏距离。

表3.1 常见距离定义及等距线形状 (改编自《数学要素》)

距离度量	定义	平面直角坐标系中等距线
欧氏距离 (Euclidean distance)	$\sqrt{(\boldsymbol{x}-\boldsymbol{q})^{\mathrm{T}}(\boldsymbol{x}-\boldsymbol{q})}$	
标准化欧氏距离 (standardized Euclidean distance)	$\sqrt{(\boldsymbol{x}-\boldsymbol{q})^{\mathrm{T}}\boldsymbol{D}^{-1}(\boldsymbol{x}-\boldsymbol{q})}$ $\boldsymbol{D}$为对角方阵，对角线上元素为每个特征的方差，即$\boldsymbol{D}=\mathrm{diag}(\mathrm{diag}(\boldsymbol{\Sigma}))$	
马氏距离 (Mahalanobis distance)	$\sqrt{(\boldsymbol{x}-\boldsymbol{q})^{\mathrm{T}}\boldsymbol{\Sigma}^{-1}(\boldsymbol{x}-\boldsymbol{q})}$ ($\boldsymbol{\Sigma}$为协方差矩阵)	
城市街区距离 (city block distance)	$\Vert\boldsymbol{x}-\boldsymbol{q}\Vert_1$	
切比雪夫距离 (Chebyshev distance)	$\Vert\boldsymbol{x}-\boldsymbol{q}\Vert_\infty$	
闵氏距离 (Minkowski distance)	$\Vert\boldsymbol{x}-\boldsymbol{q}\Vert_p$	… … …

我们用Streamlit和Plotly制作了一个App，计算并可视化平面上不同点距离鸢尾花数据质心的距离。App包含表3.1中的各种距离度量。请参考Streamlit_Bk4_Ch3_03.py。大家需要特别注意马氏距离的等高线，本书第20章将介绍马氏距离的原理。

高斯核函数：从距离到亲近度

在很多应用场合，我们需要把“距离”转化为“亲近度”，就好比上一章余弦距离和余弦相似度之间的关系。

为了把距离$\|\boldsymbol{x}-\boldsymbol{q}\|_p$转化成亲近度，我们需要借助复合函数这个工具。鸢尾花书《数学要素》一册介绍过**高斯函数** (Gaussian function)。二元高斯函数的基本形式为

$$f\left(x_1, x_2\right)=\exp\left(-\gamma\left(x_1^2+x_2^2\right)\right) \tag{3.43}$$

图3.17所示为γ对二元高斯核函数形状的影响。γ越大，坡面越陡峭。

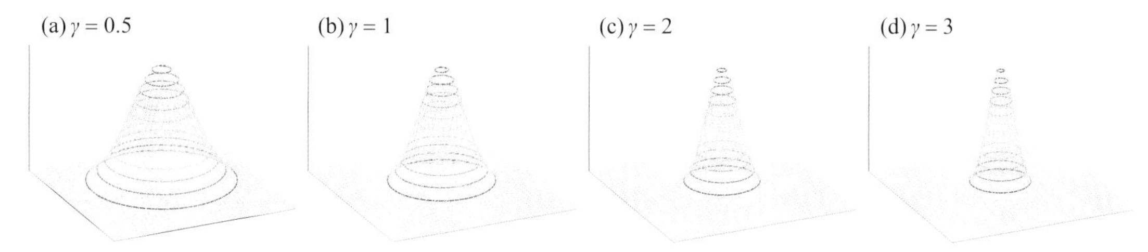

图3.17　高斯核曲面随γ变化

有了L^2范数，我们就可以定义机器学习中一个重要的函数——高斯核函数，即

$$\kappa_{\mathrm{RBF}}(\boldsymbol{x}, \boldsymbol{q})=\exp\left(-\gamma\|\boldsymbol{x}-\boldsymbol{q}\|_2^2\right)=\exp\left(-\gamma\|\boldsymbol{x}-\boldsymbol{q}\|^2\right) \tag{3.44}$$

其中：$\gamma>0$。

式 (3.44) 也可以写成

$$\kappa_{\mathrm{RBF}}(\boldsymbol{x}, \boldsymbol{q})=\exp\left(-\frac{\|\boldsymbol{x}-\boldsymbol{q}\|^2}{2\sigma^2}\right) \tag{3.45}$$

高斯核函数也叫**径向基核函数** (radial basis function kernel或RBF kernel)。不难发现，式 (3.45) 函数的取值范围为 (0, 1]。当$\boldsymbol{x}=\boldsymbol{q}$时函数值为1；函数值无限接近0，却不能取到0。

式 (3.44) 中 $\|\boldsymbol{x}-\boldsymbol{q}\|_2^2$ 是L^2范数平方，即$\boldsymbol{x}$和$\boldsymbol{q}$，当$\boldsymbol{x}$和$\boldsymbol{q}$距离无穷远时，两点欧几里得距离的平方。径向基函数把代表距离的 $\|\boldsymbol{x}-\boldsymbol{q}\|_2^2$ 变成亲近度。也就是说，距离平方值$\|\boldsymbol{x}-\boldsymbol{q}\|_2^2$越大，径向基函数越小，代表$\boldsymbol{x}$和$\boldsymbol{q}$越疏远。相反地，距离平方值$\|\boldsymbol{x}-\boldsymbol{q}\|_2^2$越小，径向基函数越大，代表$\boldsymbol{x}$和$\boldsymbol{q}$越靠近。

从 $(\boldsymbol{x}-\boldsymbol{q})$ 到 $\|\boldsymbol{x}-\boldsymbol{q}\|_2$，再到$\exp\left(-\gamma\|\boldsymbol{x}-\boldsymbol{q}\|_2^2\right)$ 是“向量 → 距离 (标量) → 亲近度 (标量)”的转化过程。大家将会在多元高斯分布概率密度函数中看到类似的转化。

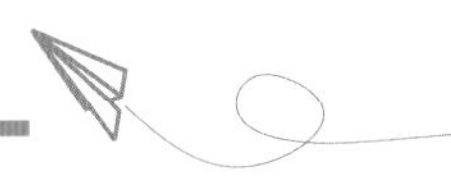

本章从几何视角同大家说明了L^p范数，向量范数从不同角度度量了向量的“大小”。以图3.18所示的四幅图像总结本章的主要内容。L^p范数在鸢尾花书的应用主要有两大方面：① 距离度量；② 正则化。请大家格外注意，只有当$p \geq 1$时，才叫范数。

此外，请大家注意本章内容与鸢尾花书《数学要素》一册第7章的“等距线”和第9章的“超椭圆”这两个数学概念的联系。

矩阵也有范数，这是本书第18章要讨论的话题之一。

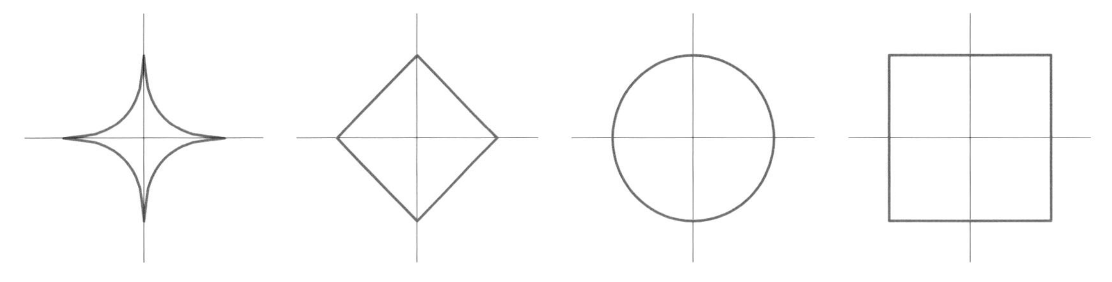

图3.18　总结本章重要内容的四幅图 (第一幅子图并非范数)

02 Section 02

矩　阵

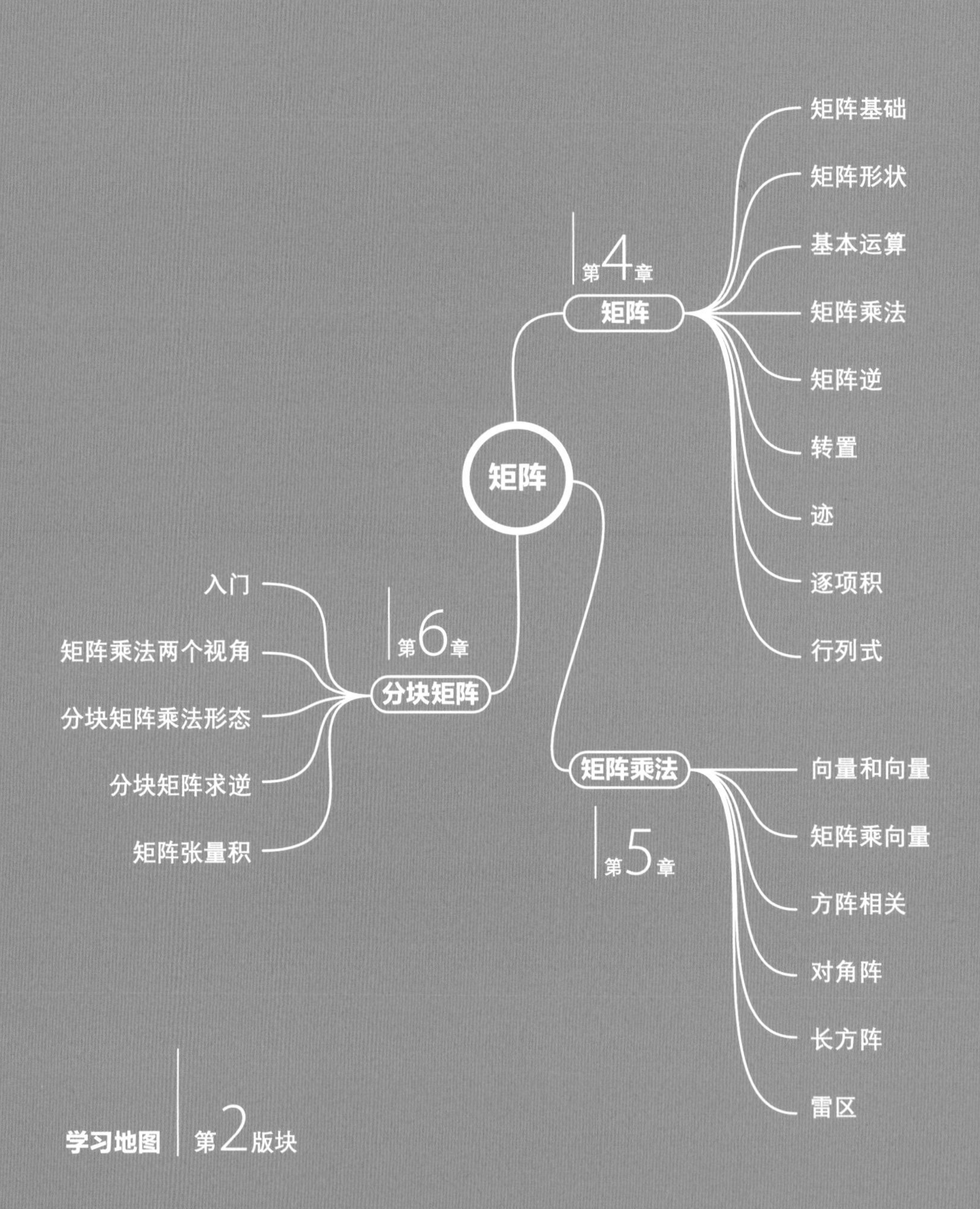

矩阵
第4章
矩阵
矩阵基础
矩阵形状
基本运算
矩阵乘法
矩阵逆
转置
迹
逐项积
行列式
矩阵乘法
第5章
向量和向量
矩阵乘向量
方阵相关
对角阵
长方阵
雷区
第6章
分块矩阵
入门
矩阵乘法两个视角
分块矩阵乘法形态
分块矩阵求逆
矩阵张量积

学习地图 | 第2版块

04 Matrix 矩阵

所有矩阵运算都是重要数学工具，都有应用场景

数字统治万物。

Number rules the universe.

—— 毕达哥拉斯 (Pythagoras) | 古希腊哲学家、数学家 | 570 B.C.— 495 B.C.

- numpy.add() 矩阵加法运算，等同于 +
- numpy.array() 构造多维矩阵 / 数组
- numpy.linalg.det() 计算行列式值
- numpy.linalg.inv() 计算矩阵逆
- numpy.linalg.matrix_power() 计算矩阵幂
- numpy.matrix() 构造二维矩阵，有别于numpy.array()
- numpy.multiply() 矩阵逐项积
- numpy.ones() 生成全 1 矩阵，输入为矩阵形状
- numpy.ones_like() 用来生成和输入矩阵形状相同的全 1 矩阵
- numpy.subtract() 矩阵减法运算，等同于 -
- numpy.trace() 计算矩阵迹
- numpy.zeros() 生成零矩阵，输入为矩阵形状
- numpy.zeros_like() 用来生成和输入矩阵形状相同的零矩阵
- transpose() 矩阵转置，比如A.transpose()，等同于A.T

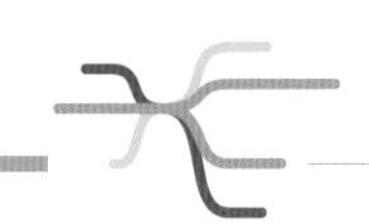

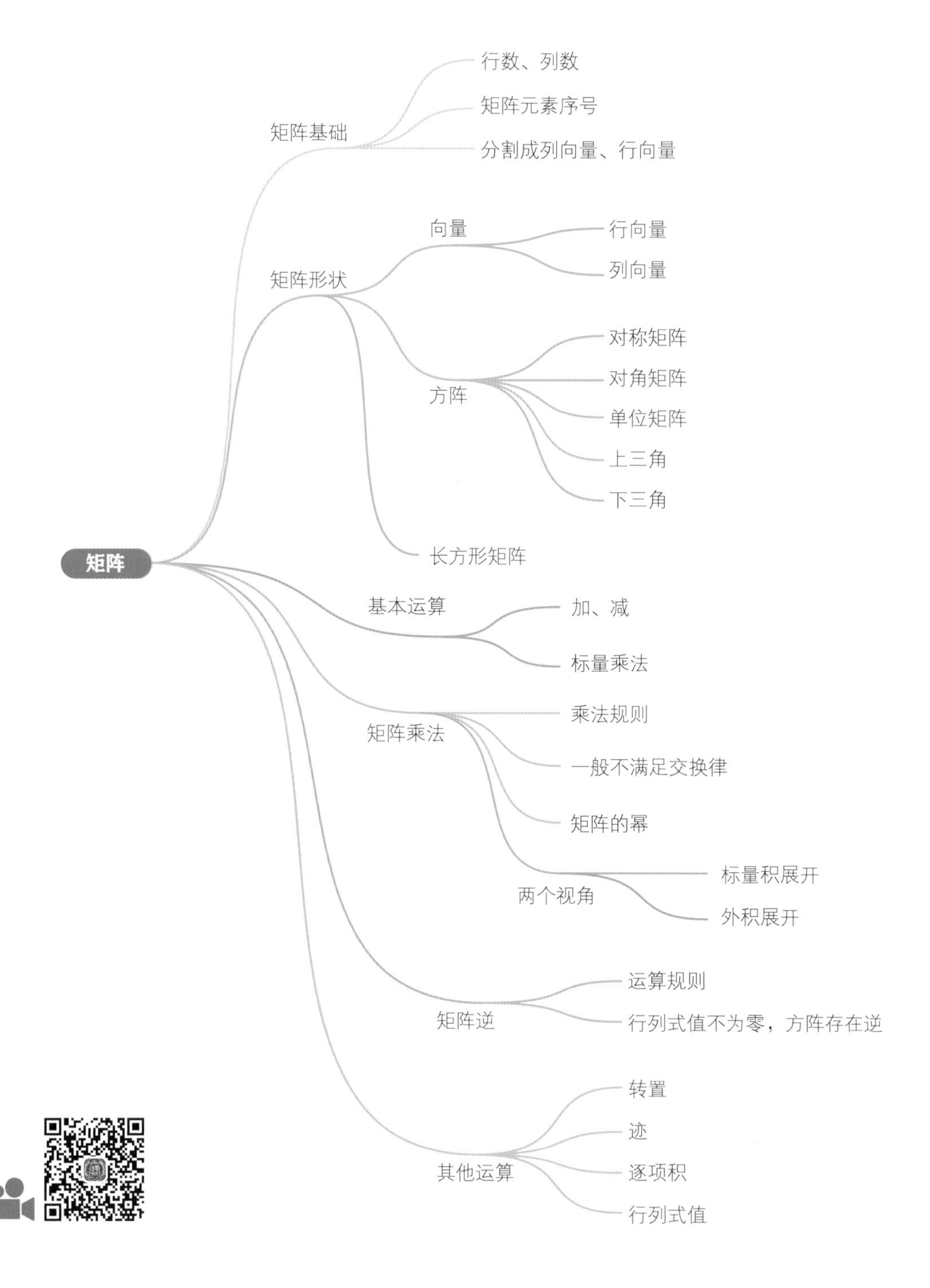
矩阵
矩阵基础
行数、列数
矩阵元素序号
分割成列向量、行向量
矩阵形状
向量
行向量
列向量
方阵
对称矩阵
对角矩阵
单位矩阵
上三角
下三角
长方形矩阵
基本运算
加、减
标量乘法
矩阵乘法
乘法规则
一般不满足交换律
矩阵的幂
两个视角
标量积展开
外积展开
矩阵逆
运算规则
行列式值不为零，方阵存在逆
其他运算
转置
迹
逐项积
行列式值

4.1 矩阵：一个不平凡的表格

别怕，矩阵无非就是一个表格！

一般来说，矩阵是由标量组成的矩形**数组** (array)。但是，矩阵内的元素不局限于标量，也可以是虚数、符号，乃至代数式、偏导数等。

在有些语境下，更高维度的数组叫**张量** (tensor)，因此向量和矩阵可以分别看做是一维和二维的张量。严格来讲，张量是不同参考系间特定的变换法则。从这个角度来看，矩阵完成特定的**线性映射** (linear mapping)，矩阵的不平凡之处就在于此。

本书矩阵通常由粗体、斜体、大写字母表示，如$\boldsymbol{X}$、$\boldsymbol{V}$、$\boldsymbol{A}$、$\boldsymbol{B}$等。特别地，我们用$\boldsymbol{X}$表达样本数据矩阵。

注意：如果是随机变量X_j构成的列向量，鸢尾花书会用希腊字母$\boldsymbol{\chi}$表示，如D维随机变量$\boldsymbol{\chi} = [X_1, X_2, \cdots, X_D]^{\mathrm{T}}$。

如图4.1所示，一个$n \times D$ (n by capital D) 矩阵$\boldsymbol{X}$，具体为

$$\boldsymbol{X}_{n\times D} = \begin{bmatrix} x_{1,1} & x_{1,2} & \cdots & x_{1,D} \\ x_{2,1} & x_{2,2} & \cdots & x_{2,D} \\ \vdots & \vdots & \ddots & \vdots \\ x_{n,1} & x_{n,2} & \cdots & x_{n,D} \end{bmatrix} \tag{4.1}$$

其中：n为**矩阵行数** (number of rows in the matrix)；D为**矩阵列数** (number of columns in the matrix)。

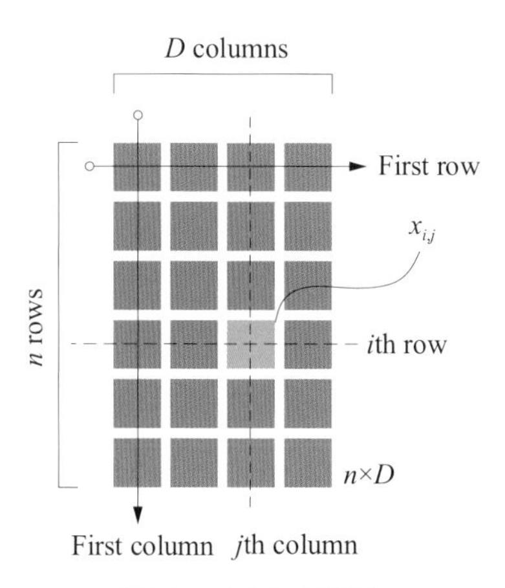

图4.1 $n \times D$ 矩阵$\boldsymbol{X}$

从数据角度，n是样本个数，D是样本数据特征数。比如，鸢尾花数据集，不考虑标签 (即鸢尾花三大类setosa、versicolor、virginica)，数据集本身$n = 150$，$D = 4$。

鸢尾花书《数学要素》第1章专门介绍过为什么会选择n和D这两个字母，这里不再重复。

矩阵构造

矩阵$\boldsymbol{X}$中，**元素** (element) $x_{i,j}$被称做 (i, j) 元素 ($i\ j$ entry 或 $i\ j$ element)。$x_{i,j}$出现在i行、j列 (appears in row i and column j)。

注意：i和j的先后次序，先说行，再说列。

重要的事情说几遍都不嫌多！如图4.2所示，矩阵$\boldsymbol{X}$可以看作是由一组行向量或列向量按照一定规则构造而成的。比如，矩阵$\boldsymbol{X}$可以写成一组上下叠放的行向量，即

$$\boldsymbol{X}_{n\times D}=\begin{bmatrix}\boldsymbol{x}^{(1)}\\\boldsymbol{x}^{(2)}\\\vdots\\\boldsymbol{x}^{(n)}\end{bmatrix}=\begin{bmatrix}x_{1,1}&x_{1,2}&\cdots&x_{1,D}\\x_{2,1}&x_{2,2}&\cdots&x_{2,D}\\\vdots&\vdots&\ddots&\vdots\\x_{n,1}&x_{n,2}&\cdots&x_{n,D}\end{bmatrix}\tag{4.2}$$

其中：行向量$\boldsymbol{x}^{(i)}$为矩阵$\boldsymbol{X}$第i行，具体为

$$\boldsymbol{x}^{(i)}=\begin{bmatrix}x_{i,1}&x_{i,2}&\cdots&x_{i,D}\end{bmatrix}\tag{4.3}$$

以鸢尾花数据集为例，它的每一行代表一朵花。

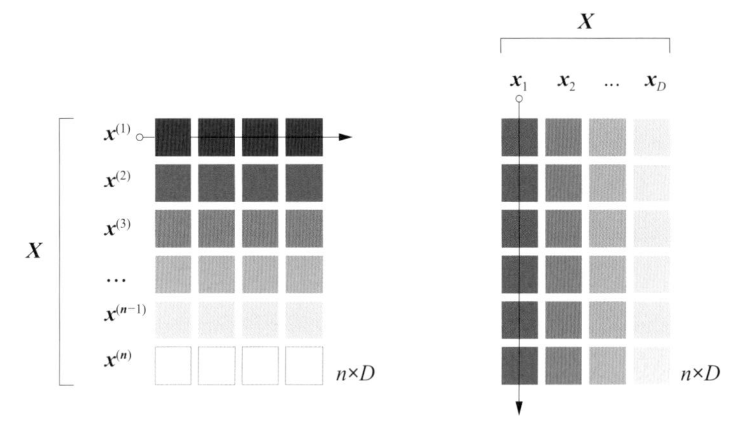

图4.2　矩阵可以看作是由行向量或列向量构造

矩阵$\boldsymbol{X}$也可以写成一组左右放置的列向量，即

$$\boldsymbol{X}_{n\times D}=\begin{bmatrix}\boldsymbol{x}_1&\boldsymbol{x}_2&\cdots&\boldsymbol{x}_D\end{bmatrix}=\begin{bmatrix}x_{1,1}&x_{1,2}&\cdots&x_{1,D}\\x_{2,1}&x_{2,2}&\cdots&x_{2,D}\\\vdots&\vdots&\ddots&\vdots\\x_{n,1}&x_{n,2}&\cdots&x_{n,D}\end{bmatrix}\tag{4.4}$$

其中：列向量$\boldsymbol{x}_j$为矩阵$\boldsymbol{X}$第j列，具体为

$$\boldsymbol{x}_j=\begin{bmatrix}x_{1,j}\\x_{2,j}\\\vdots\\x_{n,j}\end{bmatrix}\tag{4.5}$$

还是以鸢尾花数据集为例，它的每一列代表一个特征，如花萼长度。再次强调，一般情况，本书单独给出一个向量时默认其为列向量，除非具体说明。而在数据矩阵中，每一行行向量代表一个数据点。

实际上，图4.2所示的思路是用纵线或横线将矩阵划分成分块矩阵 (block matrix)。

分块矩阵有助于简化矩阵运算，本书第6章将深入介绍分块矩阵的相关内容。

Bk4_Ch4_01.py介绍如何用不同方式构造矩阵。注意，numpy.matrix() 和numpy.array() 都可以构造矩阵，但是两者结果有显著区别。numpy.matrix() 产生的数据类型是严格的二维<class 'numpy.matrix'>；而numpy.array()产生的数据可以是一维、二维乃至n维，类型统称为<class 'numpy.ndarray'>。此外，在乘法和乘幂运算时，这两种不同方式构造的矩阵也会有明显差别，本章后续将逐步介绍。

4.2 矩阵形状：每种形状都有特殊用途

矩阵形状对于矩阵的运算至关重要。本书之前介绍的**行向量** (row vector) 和**列向量** (column vector) 也是特殊形状的矩阵。稍作回顾，行向量可以看做一行多列的矩阵，列向量可以看做一列多行的矩阵。

图4.3所示总结了几种常见矩阵的形状，本节逐一进行讲解。

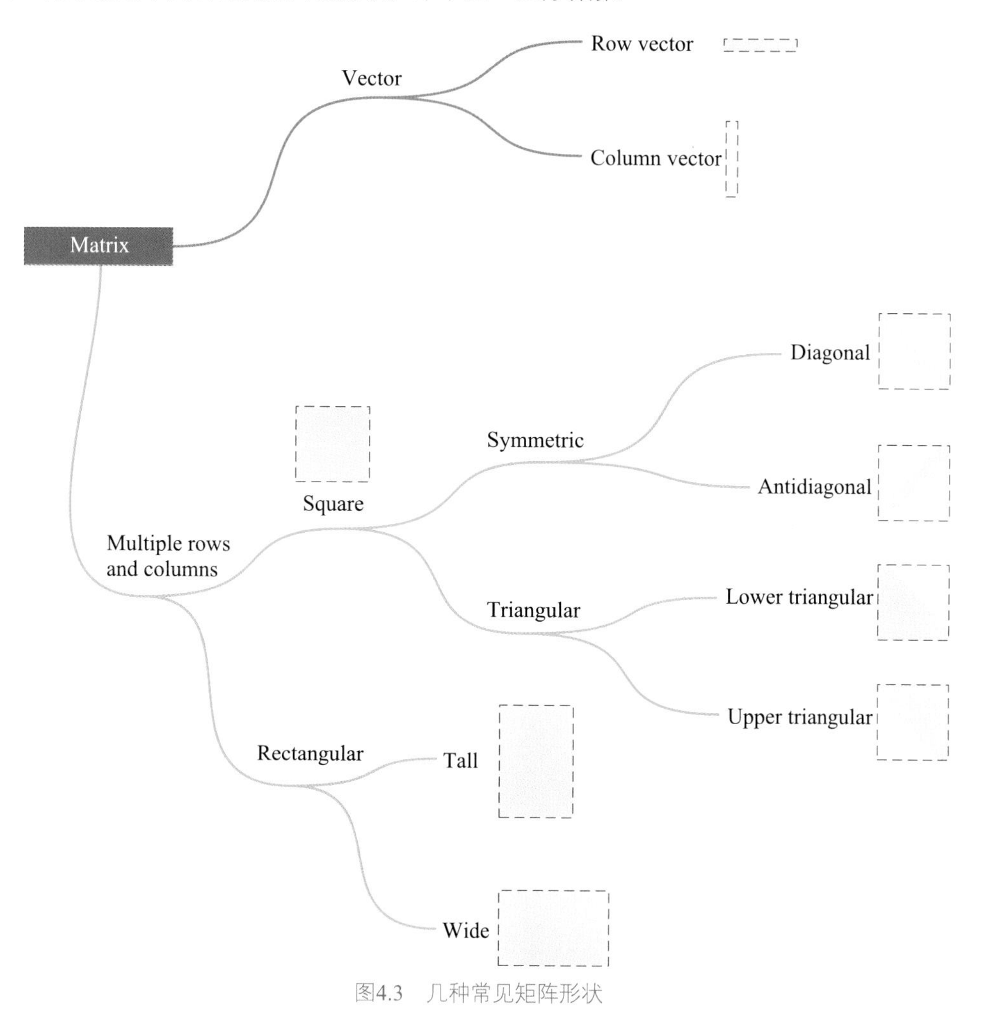

图4.3　几种常见矩阵形状

方阵

方阵 (square matrix) 指的是行、列数相等的矩阵。$n \times n$ 矩阵叫做n**阶方阵** (n-square matrix)。

对称矩阵 (symmetric matrix) 是一种特殊方阵。对称矩阵的右上方和左下方元素以**主对角线** (main diagonal) 镜像对称。主对角线和**副对角线** (antidiagonal, secondary diagonal, minor diagonal) 的位置如图4.4所示。

对称矩阵**转置** (transpose) 的结果为本身。比如，满足下式的矩阵$\boldsymbol{A}$便是对称矩阵，即

$$\boldsymbol{A} = \boldsymbol{A}^{\mathrm{T}} \tag{4.6}$$

本章后续将详细介绍矩阵转置运算。

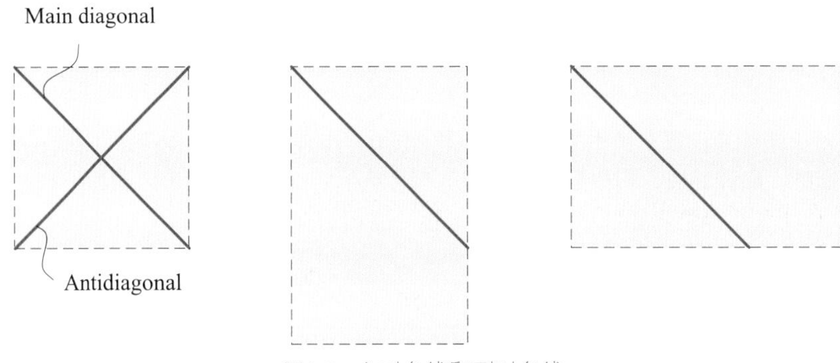

图4.4　主对角线和副对角线

对角矩阵

对角矩阵 (diagonal matrix) 是主对角线之外的元素皆为0 (its non-diagonal entries of a square matrix are all zero) 的矩阵，比如

$$\boldsymbol{\Lambda}_{n\times n} = \begin{bmatrix} \lambda_1 & 0 & \cdots & 0 \\ 0 & \lambda_2 & \cdots & 0 \\ \vdots & \vdots & \ddots & \vdots \\ 0 & 0 & \cdots & \lambda_n \end{bmatrix} \tag{4.7}$$

图4.5所示比较了对称矩阵和对角矩阵。

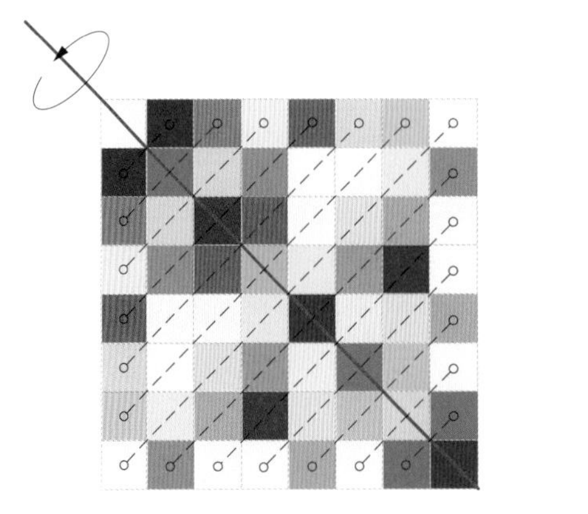

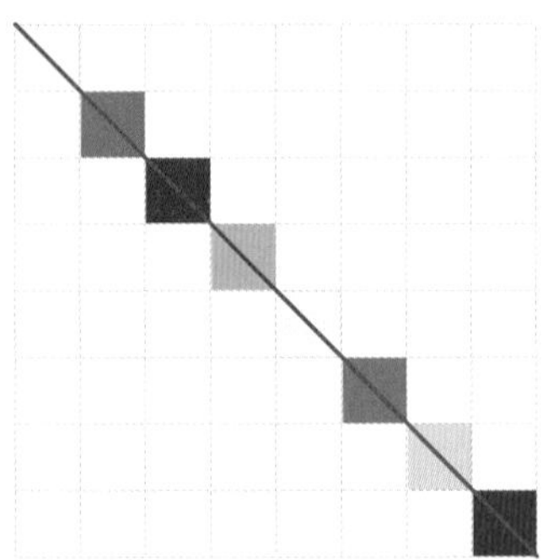

图4.5　对称矩阵和对角矩阵之间关系

但是，对角矩阵也可以是长方形矩阵，如图4.6所示。图4.6右侧两种对角矩阵可以叫作**长方形对角矩阵** (rectangular diagonal matrix)。我们将在**奇异值分解** (Singular Value Decomposition, SVD) 中看到它们的应用。

注意：不加说明时，本书中的对角矩阵都是方阵。但是为了方便区分，本书一般管形状为方阵的对角矩阵叫“对角方阵”。

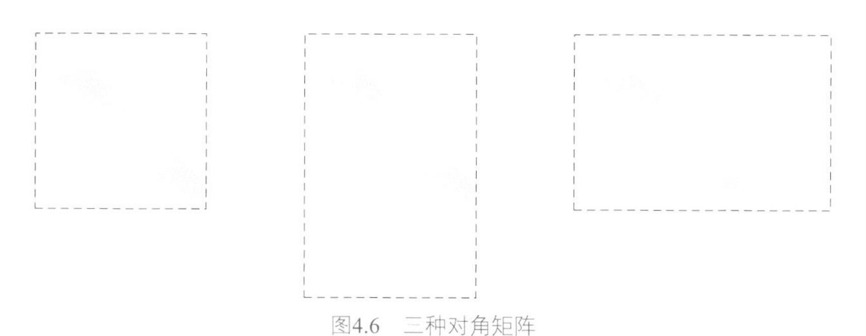

图4.6　三种对角矩阵

副对角矩阵 (anti-diagonal matrix) 是副对角线之外元素皆为0的矩阵。

本书还常用diag() 函数。如图4.7所示，diag($\boldsymbol{A}$) 提取矩阵$\boldsymbol{A}$主对角线元素，结果为列向量。此外，diag($\boldsymbol{a}$) 将向量$\boldsymbol{a}$展成对角方阵$\boldsymbol{D}$，$\boldsymbol{D}$主对角线元素依次为向量$\boldsymbol{a}$的元素。

Python中，完成diag() 的函数为numpy.diag()。注意，numpy.diag($\boldsymbol{A}$) 提取矩阵$\boldsymbol{A}$的对角线元素，结果为一维数组。结果虽然形似行向量，但是严格来说它并不是行向量。

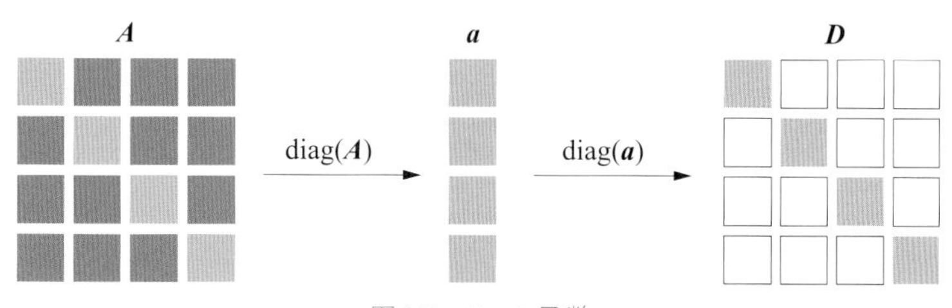

图4.7　diag() 函数

Bk4_Ch4_02.py展示如何使用numpy.diag()。

单位矩阵

单位矩阵 (identity matrix) 是一种特殊的对角矩阵。**n阶单位矩阵** (n-square identity matrix) 的特点是$n \times n$方阵对角线上的元素为1，其他为0。本书中，单位矩阵用$\boldsymbol{I}$来表达，即

$$\boldsymbol{I}_{n\times n} = \begin{bmatrix} 1 & 0 & \cdots & 0 \\ 0 & 1 & \cdots & 0 \\ \vdots & \vdots & \ddots & \vdots \\ 0 & 0 & \cdots & 1 \end{bmatrix} \tag{4.8}$$

也有很多文献中用$\boldsymbol{E}$代表单位矩阵。本书的$\boldsymbol{E}$专门用来代表**标准正交基** (standard orthonormal basis)。本书第7章内容会讲解标准正交基和其他类型基底。

三角矩阵

三角矩阵 (triangular matrix) 也是特殊的方阵。如果方阵对角线以下元素均为零，则这个矩阵叫做**上三角矩阵** (upper triangular matrix)，即

$$\boldsymbol{U}_{n\times n}=\begin{bmatrix} u_{1,1} & u_{1,2} & \cdots & u_{1,n} \\ 0 & u_{2,2} & \cdots & u_{2,n} \\ \vdots & \vdots & \ddots & \vdots \\ 0 & 0 & \cdots & u_{n,n} \end{bmatrix} \tag{4.9}$$

如果方阵对角线以上元素均为零，则这个矩阵叫做**下三角矩阵** (lower triangular matrix)：

$$\boldsymbol{L}_{n\times n}=\begin{bmatrix} l_{1,1} & 0 & \cdots & 0 \\ l_{2,1} & l_{2,2} & \cdots & 0 \\ \vdots & \vdots & \ddots & \vdots \\ l_{n,1} & l_{n,2} & \cdots & l_{n,n} \end{bmatrix} \tag{4.10}$$

特别地，如果矩阵$\boldsymbol{A}$为**可逆矩阵** (invertible matrix, non-singular matrix)，则$\boldsymbol{A}$可以通过LU分解变成一个下三角矩阵$\boldsymbol{L}$与一个上三角矩阵$\boldsymbol{U}$的乘积。

本书第11 ~ 16章将介绍包括LU分解在内的各种常见矩阵分解。

长方形矩阵

长方形矩阵 (rectangular matrix) 是指行数和列数不相等的矩阵，可以是“细高”或“宽矮”。常见的数据矩阵几乎都是“细高”长方形矩阵，形状类似于图4.1。

计算时，长方形矩阵的形状并不“友好”。比如，很多矩阵分解都是针对方阵的。图4.8所示为将细高数据矩阵$\boldsymbol{X}$变成两个不同方阵的矩阵乘法运算过程。图4.8所示的结果叫**格拉姆矩阵** (Gram matrix)，$\boldsymbol{X}^{\mathrm{T}}\boldsymbol{X}$可以理解为$\boldsymbol{X}$的“平方”。$\boldsymbol{X}^{\mathrm{T}}\boldsymbol{X}$还是对称矩阵，即满足$\boldsymbol{X}^{\mathrm{T}}\boldsymbol{X} = (\boldsymbol{X}^{\mathrm{T}}\boldsymbol{X})^{\mathrm{T}}$。本书后文将会在Cholesky分解、特征值分解、空间等话题中见到格拉姆矩阵。

其实，处理长方形矩阵有一个利器，这就是宇宙无敌的**奇异值分解** (Singular Value Decomposition)，即SVD。SVD分解可以说是最重要的矩阵分解，没有之一。请大家格外关注本书第15、16章相关内容。此外，本书最后三章“数据三部曲”，也离不开SVD分解。

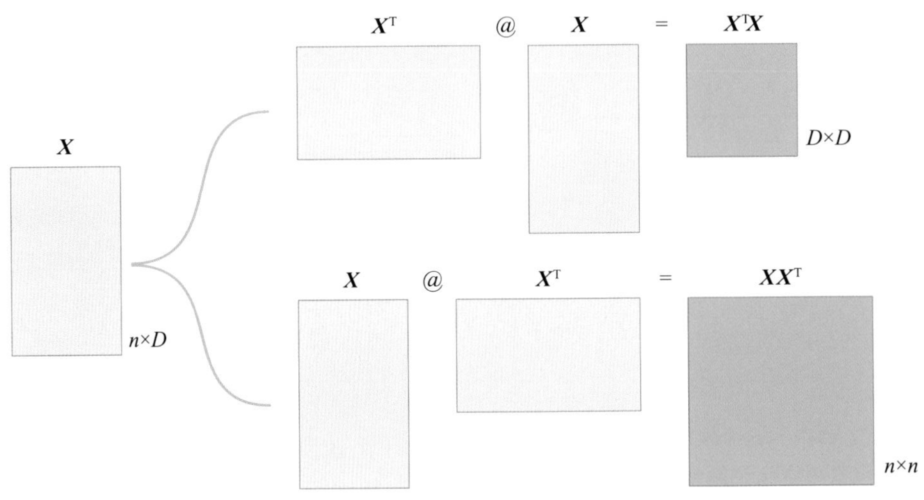

图4.8　将长方形矩阵变成方阵

4.3 基本运算：加减和标量乘法

矩阵加减

两个相同大小的矩阵$\boldsymbol{A}$和$\boldsymbol{B}$相加，指的是把这两个矩阵对应位置的元素分别相加，具体为

$$\boldsymbol{A}_{m\times n}+\boldsymbol{B}_{m\times n}=\begin{bmatrix} a_{1,1}+b_{1,1} & a_{1,2}+b_{1,2} & \cdots & a_{1,n}+b_{1,n} \\ a_{2,1}+b_{2,1} & a_{2,2}+b_{2,2} & \cdots & a_{2,n}+b_{2,n} \\ \vdots & \vdots & \ddots & \vdots \\ a_{m,1}+b_{m,1} & a_{m,2}+b_{m,2} & \cdots & a_{m,n}+b_{m,n} \end{bmatrix}_{m\times n} \tag{4.11}$$

矩阵**加法交换律** (commutative property) 指的是

$$\boldsymbol{A}+\boldsymbol{B}=\boldsymbol{B}+\boldsymbol{A} \tag{4.12}$$

矩阵**加法结合律** (associative property) 指的是

$$\boldsymbol{A}+\boldsymbol{B}+\boldsymbol{C}=\boldsymbol{A}+(\boldsymbol{B}+\boldsymbol{C})=(\boldsymbol{A}+\boldsymbol{B})+\boldsymbol{C} \tag{4.13}$$

矩阵减法的运算规则与加法一致。

零矩阵

丛书用$\boldsymbol{O}$表示元素全为0的矩阵，即**零矩阵** (zero matrix)。

零矩阵具有以下性质，即

$$\begin{aligned} \boldsymbol{A}+\boldsymbol{O}=\boldsymbol{O}+\boldsymbol{A}=\boldsymbol{A} \\ \boldsymbol{A}-\boldsymbol{A}=\boldsymbol{O} \end{aligned} \tag{4.14}$$

其中：$\boldsymbol{A}$和$\boldsymbol{O}$形状相同。

numpy.zeros() 用来生成零矩阵，输入为矩阵形状。numpy.zeros_like() 用于生成和输入矩阵形状相同的零矩阵。

类似地，numpy.ones() 可以生成全1矩阵，输入为矩阵形状。numpy.ones_like() 用于生成和输入矩阵形状相同的全1矩阵。

⚠ 注意：零矩阵$\boldsymbol{O}$参与任何矩阵运算时，请格外考察$\boldsymbol{O}$的形状。

Bk4_Ch4_03.py介绍如何完成矩阵加减法运算。

矩阵标量乘法

当矩阵乘以某一标量时，矩阵的每一个元素均乘以该标量，这种运算叫做**标量乘法** (scalar multiplication)。

标量k和矩阵$\boldsymbol{X}$的乘积 (the product of the matrix $\boldsymbol{X}$ by a scalar k) 记作$k\boldsymbol{X}$，有

$$
k\boldsymbol{X} = \begin{bmatrix} k \cdot x_{1,1} & k \cdot x_{1,2} & \cdots & k \cdot x_{1,D} \\ k \cdot x_{2,1} & k \cdot x_{2,2} & \cdots & k \cdot x_{2,D} \\ \vdots & \vdots & \ddots & \vdots \\ k \cdot x_{n,1} & k \cdot x_{n,2} & \cdots & k \cdot x_{n,D} \end{bmatrix} \tag{4.15}
$$

注意：标量k字母为小写、斜体。当$k = 0$时，上式的结果为零矩阵$\boldsymbol{O}$，形状为$n \times D$。

Bk4_Ch4_04.py展示如何完成矩阵标量乘法。

4.4 广播原则

NumPy中的矩阵加减运算常使用**广播原则** (broadcasting)。当两个数组的形状并不相同的时候，可以通过广播原则扩展数组来实现相加、相减等操作。鸢尾花书《编程不难》一册已经从编程角度详细介绍过广播原则，本节从数学角度回顾广播原则。

矩阵和标量之和

图4.9所示为，一个矩阵$\boldsymbol{A}$和标量k之和，相当于矩阵$\boldsymbol{A}$的每一个元素加k。比如

$$
\begin{bmatrix} 1 & 2 \\ 3 & 4 \\ 5 & 6 \end{bmatrix} + 2 = \begin{bmatrix} 1 & 2 \\ 3 & 4 \\ 5 & 6 \end{bmatrix} + \begin{bmatrix} 2 & 2 \\ 2 & 2 \\ 2 & 2 \end{bmatrix} = \begin{bmatrix} 1+2 & 2+2 \\ 3+2 & 4+2 \\ 5+2 & 6+2 \end{bmatrix} = \begin{bmatrix} 3 & 4 \\ 5 & 6 \\ 7 & 8 \end{bmatrix} \tag{4.16}
$$

上述运算规则也适用于减法。

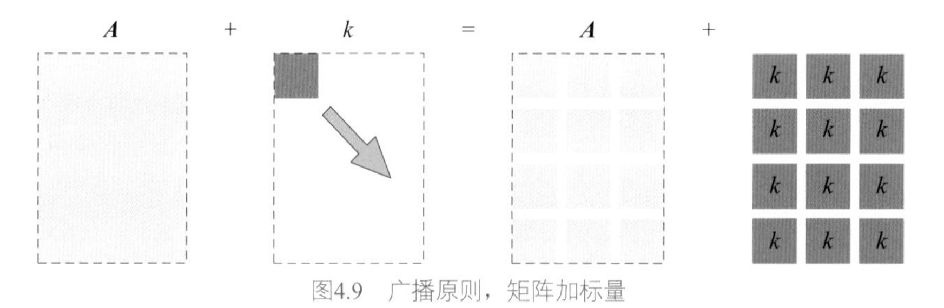

图4.9　广播原则，矩阵加标量

矩阵和列向量之和

当矩阵$\boldsymbol{A}$的行数与列向量$\boldsymbol{c}$行数相同时，$\boldsymbol{A}$和$\boldsymbol{c}$可以相加。

如图4.10所示，矩阵$\boldsymbol{A}$与列向量$\boldsymbol{c}$相加，相当于$\boldsymbol{A}$的每一列与$\boldsymbol{c}$相加。从另外一个视角看，列向量$\boldsymbol{c}$

首先自我复制，左右排列得到与$\boldsymbol{A}$形状相同的矩阵，再和$\boldsymbol{A}$相加。例如

$$\begin{bmatrix}1 & 2\\3 & 4\\5 & 6\end{bmatrix}+\begin{bmatrix}3\\2\\1\end{bmatrix}=\begin{bmatrix}1 & 2\\3 & 4\\5 & 6\end{bmatrix}+\begin{bmatrix}3 & 3\\2 & 2\\1 & 1\end{bmatrix}=\begin{bmatrix}1+3 & 2+3\\3+2 & 4+2\\5+1 & 6+1\end{bmatrix}=\begin{bmatrix}4 & 5\\5 & 6\\6 & 7\end{bmatrix} \tag{4.17}$$

上述规则同样也适用于减法。

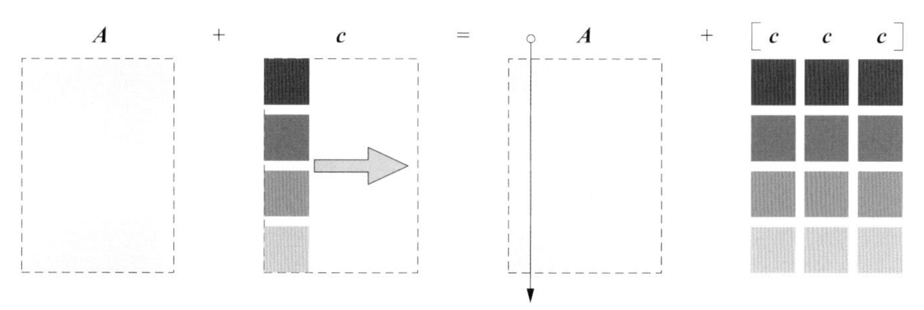

图4.10　广播原则，矩阵加列向量

矩阵和行向量之和

同理，当矩阵$\boldsymbol{A}$的列数与行向量$\boldsymbol{r}$的列数相同时，$\boldsymbol{A}$和$\boldsymbol{r}$可以利用广播原则相加减。如图4.11所示，矩阵$\boldsymbol{A}$与行向量$\boldsymbol{r}$相加，相当于$\boldsymbol{A}$的每一行与$\boldsymbol{r}$分别相加。

从另外一个视角看，行向量$\boldsymbol{r}$首先自我复制，上下叠加得到与$\boldsymbol{A}$形状相同的矩阵，再和$\boldsymbol{A}$相加。例如

$$\begin{bmatrix}1 & 2\\3 & 4\\5 & 6\end{bmatrix}+\begin{bmatrix}2 & 1\end{bmatrix}=\begin{bmatrix}1 & 2\\3 & 4\\5 & 6\end{bmatrix}+\begin{bmatrix}2 & 1\\2 & 1\\2 & 1\end{bmatrix}=\begin{bmatrix}1+2 & 2+1\\3+2 & 4+1\\5+2 & 6+1\end{bmatrix}=\begin{bmatrix}3 & 3\\5 & 5\\7 & 7\end{bmatrix} \tag{4.18}$$

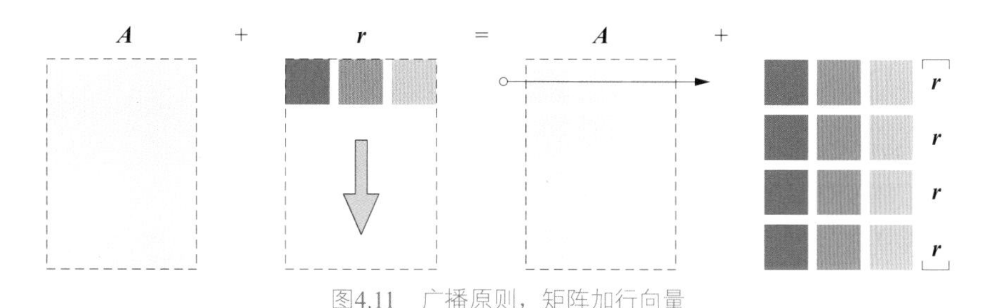

图4.11　广播原则，矩阵加行向量

列向量和行向量之和

利用广播原则，列向量可以与行向量相加。

如图4.12所示，列向量$\boldsymbol{c}$自我复制，左右排列得到矩阵的列数与$\boldsymbol{r}$的列数一致。行向量$\boldsymbol{r}$自我复制，上下叠加得到矩阵与$\boldsymbol{c}$的行数一致。然后完成加法运算，比如

$$\begin{bmatrix}3\\2\\1\end{bmatrix}+\begin{bmatrix}2 & 1\end{bmatrix}=\begin{bmatrix}3 & 3\\2 & 2\\1 & 1\end{bmatrix}+\begin{bmatrix}2 & 1\\2 & 1\\2 & 1\end{bmatrix}=\begin{bmatrix}3+2 & 3+1\\2+2 & 2+1\\1+2 & 1+1\end{bmatrix}=\begin{bmatrix}5 & 4\\4 & 3\\3 & 2\end{bmatrix} \tag{4.19}$$

式 (4.19) 中，调转行、列向量顺序，不影响结果。

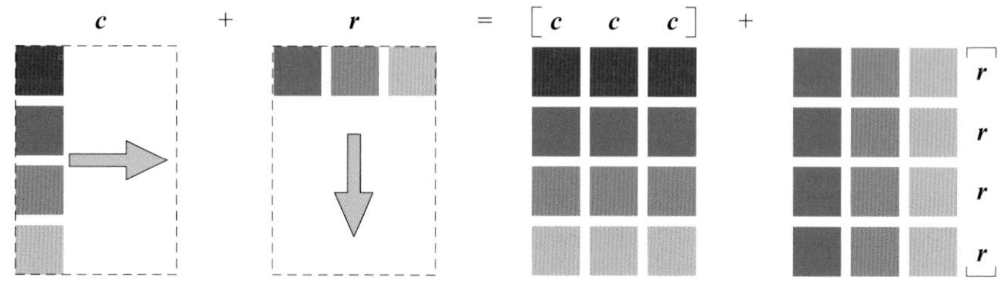

图4.12　广播原则，列向量加行向量

Bk4_Ch4_05.py完成上述所示广播原则计算。此外，请大家把加号改成减号，验证广播原则在减法中的运算。

4.5 矩阵乘法：线性代数的运算核心

法国数学家，**雅克·菲利普·玛丽·比奈** (Jacques Philippe Marie Binet) 在1812年首先提出矩阵乘法运算规则。毫不夸张地说，**矩阵乘法** (matrix multiplication) 在各种矩阵运算中居于核心地位，其规则本身就是人类一项伟大创造！

大家记住，矩阵两大主要功能：① 表格；② 线性映射。

线性映射就体现在矩阵乘法中。比如，$\boldsymbol{A}\boldsymbol{x} = \boldsymbol{b}$完成$\boldsymbol{x} \to \boldsymbol{b}$的线性映射；反之，如果$\boldsymbol{A}$可逆，则$\boldsymbol{A}^{-1}$完成$\boldsymbol{b} \to \boldsymbol{x}$的线性映射，即有

$$\boldsymbol{x} \underset{\boldsymbol{x}=\boldsymbol{A}^{-1}\boldsymbol{b}}{\overset{\boldsymbol{A}\boldsymbol{x}=\boldsymbol{b}}{\rightleftarrows}} \boldsymbol{b} \tag{4.20}$$

规则

当矩阵$\boldsymbol{A}$的列数等于矩阵$\boldsymbol{B}$的行数时，$\boldsymbol{A}$和$\boldsymbol{B}$两个矩阵可以相乘。如果，矩阵$\boldsymbol{A}$的形状是$n \times D$，矩阵$\boldsymbol{B}$的形状是$D \times m$，则两个矩阵的乘积结果$\boldsymbol{C} = \boldsymbol{A}\boldsymbol{B}$的形状是$n \times m$，即

$$\boldsymbol{C}_{n\times m} = \boldsymbol{A}_{n\times D}\boldsymbol{B}_{D\times m} = \boldsymbol{A}_{n\times D} @ \boldsymbol{B}_{D\times m} = \begin{bmatrix} c_{1,1} & c_{1,2} & \cdots & c_{1,m} \\ c_{2,1} & c_{2,2} & \cdots & c_{2,m} \\ \vdots & \vdots & \ddots & \vdots \\ c_{n,1} & c_{n,2} & \cdots & c_{n,m} \end{bmatrix} \tag{4.21}$$

其中

$$\boldsymbol{A}_{n\times D} = \begin{bmatrix} a_{1,1} & a_{1,2} & \cdots & a_{1,D} \\ a_{2,1} & a_{2,2} & \cdots & a_{2,D} \\ \vdots & \vdots & \ddots & \vdots \\ a_{n,1} & a_{n,2} & \cdots & a_{n,D} \end{bmatrix}, \quad \boldsymbol{B}_{D\times m} = \begin{bmatrix} b_{1,1} & b_{1,2} & \cdots & b_{1,m} \\ b_{2,1} & b_{2,2} & \cdots & b_{2,m} \\ \vdots & \vdots & \ddots & \vdots \\ b_{D,1} & b_{D,2} & \cdots & b_{D,m} \end{bmatrix} \tag{4.22}$$

矩阵乘法是一种“矩阵 → 矩阵”的运算规则。注意，向量也是特殊的矩阵。为了配合NumPy计算，鸢尾花书也用 @ 代表矩阵乘法运算符。

矩阵乘法规则

图4.13所示为矩阵乘法规则示意图。$\boldsymbol{A}$的第i行元素分别与$\boldsymbol{B}$的第j列元素相乘，再求和，得到$\boldsymbol{C}$的(i, j)元素，有

$$c_{i,j} = a_{i,1}b_{1,j} + a_{i,2}b_{2,j} + \ldots + a_{i,D}b_{D,j} \tag{4.23}$$

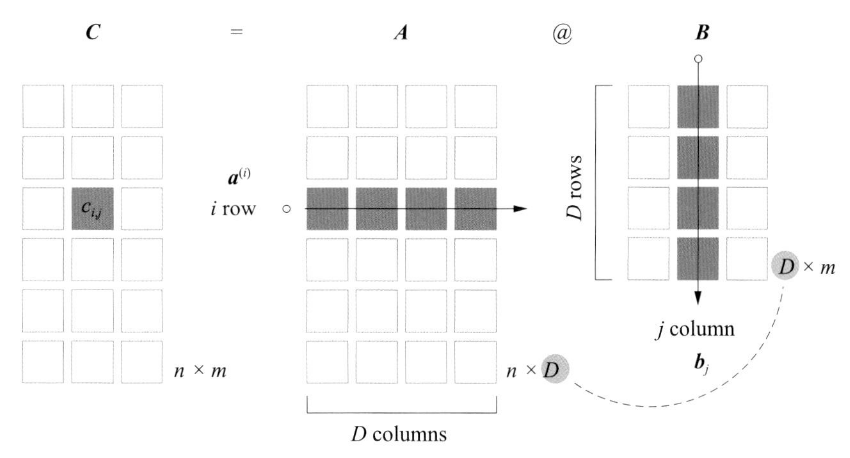

图4.13　矩阵乘法规则

用矩阵乘法来表达式 (4.23)，即

$$c_{i,j} = \boldsymbol{a}^{(i)}\boldsymbol{b}_j \tag{4.24}$$

其中：$\boldsymbol{a}^{(i)}$ 为$\boldsymbol{A}$第i行元素构成的行向量；$\boldsymbol{b}_j$ 为$\boldsymbol{B}$的第j列元素构成的列向量。$\boldsymbol{a}^{(i)}$ 和 $\boldsymbol{b}_j$ 的元素个数都是D。式 (4.24) 也可以写成两个列向量的向量内积，即

$$c_{i,j} = \boldsymbol{a}^{(i)\mathrm{T}} \cdot \boldsymbol{b}_j = \left\langle \boldsymbol{a}^{(i)\mathrm{T}}, \boldsymbol{b}_j \right\rangle \tag{4.25}$$

其中：$\boldsymbol{a}^{(i)}$ 为行向量，转置后$\boldsymbol{a}^{(i)\mathrm{T}}$为列向量。

这是理解矩阵乘法的“第一视角”，下一节我们会从两个不同视角来看矩阵乘法。

此外，本书在第6章讲解分块矩阵时会介绍更多矩阵乘法视角。

Bk4_Ch4_06.py介绍如何借助NumPy完成矩阵乘法运算。值得注意的是，对于两个由numpy.array() 产生的数据，使用*相乘，得到的乘积是对应元素分别相乘，广播法则有效；而两个由numpy.matrix() 产生的二维矩阵，使用*相乘，则得到结果等同于@。如果分别由numpy.array() 和 numpy.matrix() 产生的数据，使用*相乘，则等同于@。请大家运行Bk4_Ch4_07.py给出的三个乘法例子，自行比较结果。

规则

一般情况下，矩阵乘法不满足交换律，即

$$\boldsymbol{AB} \neq \boldsymbol{BA} \tag{4.26}$$

另外，请大家注意以下矩阵乘法规则，即

$$\begin{aligned} \boldsymbol{AO} &= \boldsymbol{O} \\ \boldsymbol{ABC} &= \boldsymbol{A}(\boldsymbol{BC}) = (\boldsymbol{AB})\boldsymbol{C} \\ k(\boldsymbol{AB}) &= (k\boldsymbol{A})\boldsymbol{B} = \boldsymbol{A}(k\boldsymbol{B}) = (\boldsymbol{AB})k \\ \boldsymbol{A}(\boldsymbol{B}+\boldsymbol{C}) &= \boldsymbol{AB} + \boldsymbol{AC} \end{aligned} \tag{4.27}$$

矩阵和单位矩阵的乘法规则为

$$\begin{aligned} \boldsymbol{A}_{m \times n} \boldsymbol{I}_{n \times n} &= \boldsymbol{A}_{m \times n} \\ \boldsymbol{I}_{m \times m} \boldsymbol{A}_{m \times n} &= \boldsymbol{A}_{m \times n} \end{aligned} \tag{4.28}$$

注意：式 (4.28) 中两个单位矩阵的形状不同。

下一章最后部分将探讨矩阵乘法常见的“雷区”，请大家留意。

矩阵的幂

n阶方阵 (n-square matrix) $\boldsymbol{A}$ 的**矩阵的幂** (powers of matrices) 为

$$\begin{aligned} \boldsymbol{A}^0 &= \boldsymbol{I} \\ \boldsymbol{A}^1 &= \boldsymbol{A} \\ \boldsymbol{A}^2 &= \boldsymbol{AA} \\ \boldsymbol{A}^{n+1} &= \boldsymbol{A}^n \boldsymbol{A} \end{aligned} \tag{4.29}$$

Bk4_Ch4_08.py展示如何计算矩阵幂。乘幂运算符**对numpy.array() 和numpy.matrix() 生成的数据有不同的运算规则。numpy.matrix() 生成矩阵$\boldsymbol{A}$，A**2是矩阵乘幂；numpy.array() 生成的矩阵$\boldsymbol{B}$，B**2是对矩阵$\boldsymbol{B}$元素分别平方。请大家比较Bk4_Ch4_09.py给出的两个例子。

4.6 两个视角解剖矩阵乘法

为了更好理解矩阵乘法，我们用两个 2 × 2 矩阵相乘来讲解，具体为

$$
\begin{aligned}
\boldsymbol{AB} &= \boldsymbol{A} @ \boldsymbol{B} \\
&= \begin{bmatrix} a_{1,1} & a_{1,2} \\ a_{2,1} & a_{2,2} \end{bmatrix} \begin{bmatrix} b_{1,1} & b_{1,2} \\ b_{2,1} & b_{2,2} \end{bmatrix} \\
&= \begin{bmatrix} a_{1,1}b_{1,1} + a_{1,2}b_{2,1} & a_{1,1}b_{1,2} + a_{1,2}b_{2,2} \\ a_{2,1}b_{1,1} + a_{2,2}b_{2,1} & a_{2,1}b_{1,2} + a_{2,2}b_{2,2} \end{bmatrix}
\end{aligned} \tag{4.30}
$$

图4.14所示为两个2 × 2矩阵相乘如何得到结果的每一个元素。这部分内容虽然在鸢尾花书《数学要素》一册中已经讲过，但为了加强大家对矩阵乘法的理解，请学习过的读者也耐心把本节内容扫读一遍。

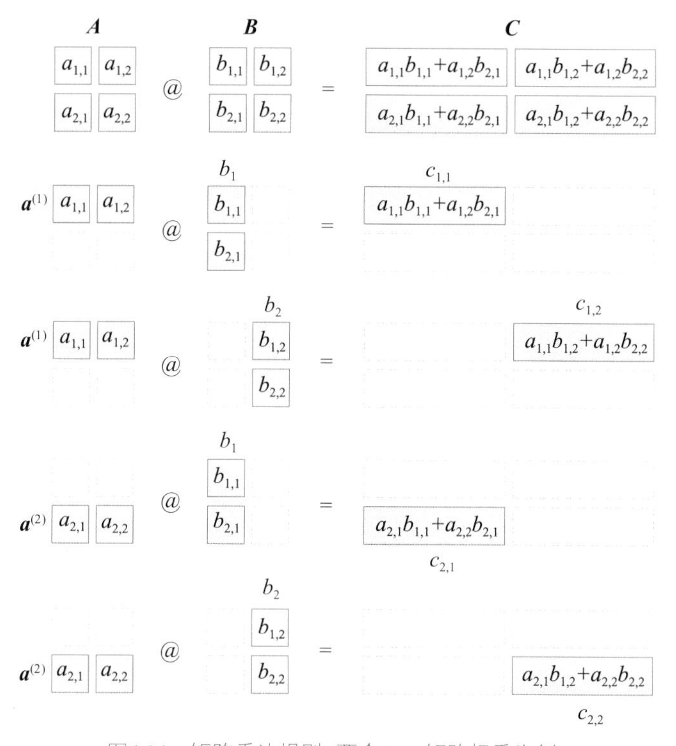

图4.14　矩阵乘法规则 (两个2×2矩阵相乘为例)

下面我们从两个视角来剖析矩阵乘法。

第一视角

第一视角是矩阵运算的常规视角，也叫做标量积展开。

如图4.14所示，矩阵乘法$\boldsymbol{AB}$中，位于左侧的$\boldsymbol{A}$写成一组行向量；位于右侧的$\boldsymbol{B}$写成一组列向量。$\boldsymbol{A}$的第i行$\boldsymbol{a}^{(i)}$乘以$\boldsymbol{B}$的第j列$\boldsymbol{b}_j$，得到乘积$\boldsymbol{C}$的 (i, j) 元素$c_{i,j}$，即

$$
\begin{aligned}
\boldsymbol{AB} = \boldsymbol{A} @ \boldsymbol{B} &= \begin{bmatrix} \begin{bmatrix} a_{1,1} & a_{1,2} \end{bmatrix}_{1\times 2} \\ \begin{bmatrix} a_{2,1} & a_{2,2} \end{bmatrix}_{1\times 2} \end{bmatrix} \begin{bmatrix} \begin{bmatrix} b_{1,1} \\ b_{2,1} \end{bmatrix}_{2\times 1} & \begin{bmatrix} b_{1,2} \\ b_{2,2} \end{bmatrix}_{2\times 1} \end{bmatrix} \\
&= \begin{bmatrix} \boldsymbol{a}^{(1)} \\ \boldsymbol{a}^{(2)} \end{bmatrix}_{2\times 1} \begin{bmatrix} \boldsymbol{b}_1 & \boldsymbol{b}_2 \end{bmatrix}_{1\times 2} = \begin{bmatrix} \boldsymbol{a}^{(1)}\boldsymbol{b}_1 & \boldsymbol{a}^{(1)}\boldsymbol{b}_2 \\ \boldsymbol{a}^{(2)}\boldsymbol{b}_1 & \boldsymbol{a}^{(2)}\boldsymbol{b}_2 \end{bmatrix}_{2\times 2} \\
&= \begin{bmatrix} a_{1,1}b_{1,1} + a_{1,2}b_{2,1} & a_{1,1}b_{1,2} + a_{1,2}b_{2,2} \\ a_{2,1}b_{1,1} + a_{2,2}b_{2,1} & a_{2,1}b_{1,2} + a_{2,2}b_{2,2} \end{bmatrix} = \begin{bmatrix} c_{1,1} & c_{1,2} \\ c_{2,1} & c_{2,2} \end{bmatrix}
\end{aligned} \tag{4.31}
$$

第二视角

矩阵乘法的第二视角叫做外积展开。

将矩阵乘法$\boldsymbol{AB}$中，位于左侧的$\boldsymbol{A}$写成一组列向量；位于右侧的$\boldsymbol{B}$写成一组行向量。我们把$\boldsymbol{AB}$展开写成矩阵加法，即

$$\begin{aligned}\boldsymbol{AB} = \boldsymbol{A} @ \boldsymbol{B} &= \begin{bmatrix}\begin{bmatrix}a_{1,1}\\a_{2,1}\end{bmatrix}_{2\times1} & \begin{bmatrix}a_{1,2}\\a_{2,2}\end{bmatrix}_{2\times1}\end{bmatrix}\begin{bmatrix}\begin{bmatrix}b_{1,1} & b_{1,2}\end{bmatrix}_{1\times2}\\\begin{bmatrix}b_{2,1} & b_{2,2}\end{bmatrix}_{1\times2}\end{bmatrix}\\&= \begin{bmatrix}\boldsymbol{a}_1 & \boldsymbol{a}_2\end{bmatrix}_{1\times2}\begin{bmatrix}\boldsymbol{b}^{(1)}\\\boldsymbol{b}^{(2)}\end{bmatrix}_{2\times1} = \boldsymbol{a}_1\boldsymbol{b}^{(1)} + \boldsymbol{a}_2\boldsymbol{b}^{(2)} = \begin{bmatrix}a_{1,1}\\a_{2,1}\end{bmatrix}_{2\times1} @ \begin{bmatrix}b_{1,1} & b_{1,2}\end{bmatrix}_{1\times2} + \begin{bmatrix}a_{1,2}\\a_{2,2}\end{bmatrix}_{2\times1} @ \begin{bmatrix}b_{2,1} & b_{2,2}\end{bmatrix}_{1\times2}\\&= \begin{bmatrix}a_{1,1}b_{1,1} & a_{1,1}b_{1,2}\\a_{2,1}b_{1,1} & a_{2,1}b_{1,2}\end{bmatrix}_{2\times2} + \begin{bmatrix}a_{1,2}b_{2,1} & a_{1,2}b_{2,2}\\a_{2,2}b_{2,1} & a_{2,2}b_{2,2}\end{bmatrix}_{2\times2}\\&= \begin{bmatrix}a_{1,1}b_{1,1}+a_{1,2}b_{2,1} & a_{1,1}b_{1,2}+a_{1,2}b_{2,2}\\a_{2,1}b_{1,1}+a_{2,2}b_{2,1} & a_{2,1}b_{1,2}+a_{2,2}b_{2,2}\end{bmatrix} = \begin{bmatrix}c_{1,1} & c_{1,2}\\c_{2,1} & c_{2,2}\end{bmatrix}\end{aligned} \tag{4.32}$$

矩阵乘法极其重要，本书第5、6章还将深入探讨矩阵乘法，并介绍更多视角。

4.7 转置：绕主对角线镜像

将矩阵的行列互换，得到新矩阵的操作叫做**矩阵转置** (matrix transpose)。转置是一种“矩阵 → 矩阵”的运算。

如图4.15所示，一个$n \times D$矩阵$\boldsymbol{A}$转置得到$D \times n$矩阵$\boldsymbol{B}$，整个过程相当于矩阵$\boldsymbol{A}$绕主对角线镜像。矩阵$\boldsymbol{A}$的转置 (the transpose of a matrix $\boldsymbol{A}$) 记作$\boldsymbol{A}^{\mathrm{T}}$或$\boldsymbol{A}'$。为了与求导记号区分，本书仅采用$\boldsymbol{A}^{\mathrm{T}}$记法。

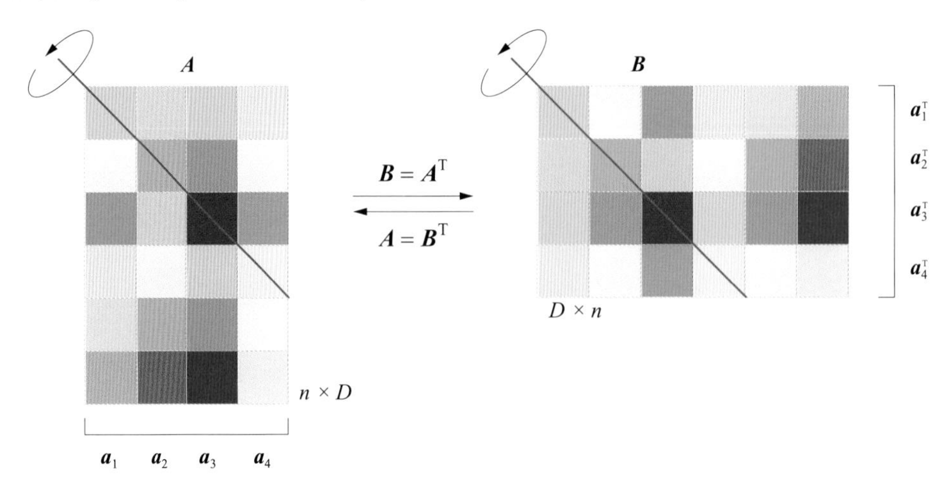

图4.15 矩阵转置

如图4.15所示，将矩阵$\boldsymbol{A}$写成一组列向量，有

$$\boldsymbol{A}=\begin{bmatrix}\boldsymbol{a}_1 & \boldsymbol{a}_2 & \boldsymbol{a}_3 & \boldsymbol{a}_4\end{bmatrix} \tag{4.33}$$

矩阵$\boldsymbol{A}$转置$\boldsymbol{A}^{\mathrm{T}}$可以展开写成

$$\boldsymbol{A}^{\mathrm{T}}=\begin{bmatrix}\boldsymbol{a}_1^{\mathrm{T}}\\ \boldsymbol{a}_2^{\mathrm{T}}\\ \boldsymbol{a}_3^{\mathrm{T}}\\ \boldsymbol{a}_4^{\mathrm{T}}\end{bmatrix} \tag{4.34}$$

反之，将图4.15中的矩阵$\boldsymbol{A}$写成一组行向量，有

$$\boldsymbol{A}=\begin{bmatrix}\boldsymbol{a}^{(1)}\\ \boldsymbol{a}^{(2)}\\ \vdots\\ \boldsymbol{a}^{(6)}\end{bmatrix} \tag{4.35}$$

$\boldsymbol{A}^{\mathrm{T}}$可以写成

$$\boldsymbol{A}^{\mathrm{T}}=\begin{bmatrix}\boldsymbol{a}^{(1)\mathrm{T}} & \boldsymbol{a}^{(2)\mathrm{T}} & \cdots & \boldsymbol{a}^{(6)\mathrm{T}}\end{bmatrix} \tag{4.36}$$

如上文所述，一个$n\times D$矩阵$\boldsymbol{A}$转置的结果为自身，则称矩阵$\boldsymbol{A}$**对称** (symmetric)，即有

$$\boldsymbol{A}=\boldsymbol{A}^{\mathrm{T}} \tag{4.37}$$

列向量和自身的张量积，如$\boldsymbol{a}\otimes\boldsymbol{a}$，就是对称矩阵。

矩阵转置如下几个重要性质值得大家重视，即

$$\begin{aligned}&\left(\boldsymbol{A}^{\mathrm{T}}\right)^{\mathrm{T}}=\boldsymbol{A}\\ &(\boldsymbol{A}+\boldsymbol{B})^{\mathrm{T}}=\boldsymbol{A}^{\mathrm{T}}+\boldsymbol{B}^{\mathrm{T}}\\ &(k\boldsymbol{A})^{\mathrm{T}}=k\boldsymbol{A}^{\mathrm{T}}\\ &(\boldsymbol{A}\boldsymbol{B})^{\mathrm{T}}=\boldsymbol{B}^{\mathrm{T}}\boldsymbol{A}^{\mathrm{T}}\\ &(\boldsymbol{A}\boldsymbol{B}\boldsymbol{C})^{\mathrm{T}}=\boldsymbol{C}^{\mathrm{T}}\boldsymbol{B}^{\mathrm{T}}\boldsymbol{A}^{\mathrm{T}}\\ &\left(\boldsymbol{A}_1\boldsymbol{A}_2\boldsymbol{A}_3\cdots\boldsymbol{A}_k\right)^{\mathrm{T}}=\boldsymbol{A}_k^{\mathrm{T}}\cdots\boldsymbol{A}_3^{\mathrm{T}}\boldsymbol{A}_2^{\mathrm{T}}\boldsymbol{A}_1^{\mathrm{T}}\end{aligned} \tag{4.38}$$

等长列向量$\boldsymbol{a}$和$\boldsymbol{b}$的标量积等价于$\boldsymbol{a}$的转置乘$\boldsymbol{b}$，或$\boldsymbol{b}$的转置乘$\boldsymbol{a}$，即

$$\boldsymbol{a}\cdot\boldsymbol{b}=\boldsymbol{b}\cdot\boldsymbol{a}=\langle\boldsymbol{a},\boldsymbol{b}\rangle=\boldsymbol{a}^{\mathrm{T}}\boldsymbol{b}=\boldsymbol{b}^{\mathrm{T}}\boldsymbol{a}=a_1b_1+a_2b_2+\cdots+a_nb_n \tag{4.39}$$

$\boldsymbol{a}$的模 (L^2范数) 也可以写成$\boldsymbol{a}$的转置先乘自身，再开方，即

$$\|\boldsymbol{a}\|_2^2=\boldsymbol{a}\cdot\boldsymbol{a}=\langle\boldsymbol{a},\boldsymbol{a}\rangle=\boldsymbol{a}^{\mathrm{T}}\boldsymbol{a}\quad\Rightarrow\quad\|\boldsymbol{a}\|=\sqrt{\boldsymbol{a}\cdot\boldsymbol{a}}=\sqrt{\langle\boldsymbol{a},\boldsymbol{a}\rangle}=\sqrt{\boldsymbol{a}^{\mathrm{T}}\boldsymbol{a}} \tag{4.40}$$

如果$\boldsymbol{A}$和$\boldsymbol{B}$不是方阵，但是形状相同，则下面两式“相当于”$\boldsymbol{A}$、$\boldsymbol{B}$和的平方，即

$$\begin{aligned}(\boldsymbol{A}+\boldsymbol{B})^{\mathrm{T}}(\boldsymbol{A}+\boldsymbol{B})=\left(\boldsymbol{A}^{\mathrm{T}}+\boldsymbol{B}^{\mathrm{T}}\right)(\boldsymbol{A}+\boldsymbol{B})=\boldsymbol{A}^{\mathrm{T}}\boldsymbol{A}+\boldsymbol{A}^{\mathrm{T}}\boldsymbol{B}+\boldsymbol{B}^{\mathrm{T}}\boldsymbol{A}+\boldsymbol{B}^{\mathrm{T}}\boldsymbol{B}\\(\boldsymbol{A}+\boldsymbol{B})(\boldsymbol{A}+\boldsymbol{B})^{\mathrm{T}}=(\boldsymbol{A}+\boldsymbol{B})\left(\boldsymbol{A}^{\mathrm{T}}+\boldsymbol{B}^{\mathrm{T}}\right)=\boldsymbol{A}\boldsymbol{A}^{\mathrm{T}}+\boldsymbol{A}\boldsymbol{B}^{\mathrm{T}}+\boldsymbol{B}\boldsymbol{A}^{\mathrm{T}}+\boldsymbol{B}\boldsymbol{B}^{\mathrm{T}}\end{aligned} \tag{4.41}$$

Bk4_Ch4_10.py计算矩阵转置。

4.8 矩阵逆：“相当于”除法运算

如果方阵$\boldsymbol{A}$**可逆** (invertible)，则仅当存在矩阵$\boldsymbol{B}$使得

$$\boldsymbol{AB}=\boldsymbol{BA}=\boldsymbol{I} \tag{4.42}$$

成立时，$\boldsymbol{B}$叫做矩阵$\boldsymbol{A}$的**逆** (inverse)，一般记作$\boldsymbol{A}^{-1}$。

> 本书的8章将从几何视角介绍如何理解矩阵求逆。

矩阵**可逆** (invertible) 也称**非奇异** (non-singular)；否则就称矩阵**不可逆** (non-invertible)，或称**奇异** (singular)。如果$\boldsymbol{A}$的逆存在，则$\boldsymbol{A}$的逆唯一。矩阵求逆是一种“矩阵 → 矩阵”的运算。

强调一下，矩阵求逆“相当于”除法运算，但是两者有本质上的区别。矩阵的逆本质上还是矩阵乘法。

请大家注意以下和矩阵逆有关的运算规则，即

$$\begin{aligned}&\left(\boldsymbol{A}^{\mathrm{T}}\right)^{-1}=\left(\boldsymbol{A}^{-1}\right)^{\mathrm{T}}\\&(\boldsymbol{AB})^{-1}=\boldsymbol{B}^{-1}\boldsymbol{A}^{-1}\\&(\boldsymbol{ABC})^{-1}=\boldsymbol{C}^{-1}\boldsymbol{B}^{-1}\boldsymbol{A}^{-1}\\&(k\boldsymbol{A})^{-1}=\frac{1}{k}\boldsymbol{A}^{-1}\end{aligned} \tag{4.43}$$

其中：假设$\boldsymbol{A}$、$\boldsymbol{B}$、$\boldsymbol{C}$、$\boldsymbol{AB}$和$\boldsymbol{ABC}$的逆存在，且$k \neq 0$。下一章最后我们会介绍几种矩阵乘法的雷区，其中就包括使用矩阵逆这个数学工具时要注意的事项。

如果$\boldsymbol{A}$的逆存在，则下面等式成立，即

$$\begin{aligned}&\left(\boldsymbol{A}^{-1}\right)^{-1}=\boldsymbol{A}\\&\boldsymbol{A}^{-n}=\left(\boldsymbol{A}^{-1}\right)^{n}=\underbrace{\boldsymbol{A}^{-1}\boldsymbol{A}^{-1}\cdots\boldsymbol{A}^{-1}}_{n}\\&\left(\boldsymbol{A}^{n}\right)^{-1}=\boldsymbol{A}^{-n}=\left(\boldsymbol{A}^{-1}\right)^{n}\end{aligned} \tag{4.44}$$

一般情况下

$$(\boldsymbol{A}+\boldsymbol{B})^{-1} \neq \boldsymbol{A}^{-1}+\boldsymbol{B}^{-1} \tag{4.45}$$

特别地，对于给定 2 × 2矩阵$\boldsymbol{A}$，有

$$\boldsymbol{A}=\begin{bmatrix} a & b \\ c & d \end{bmatrix} \tag{4.46}$$

矩阵$\boldsymbol{A}$的逆$\boldsymbol{A}^{-1}$可以通过下式获得，即

$$\boldsymbol{A}^{-1}=\begin{bmatrix} a & b \\ c & d \end{bmatrix}^{-1}=\frac{1}{|\boldsymbol{A}|}\begin{bmatrix} d & -b \\ -c & a \end{bmatrix} \tag{4.47}$$

其中

$$|\boldsymbol{A}|=ad-bc \tag{4.48}$$

其中：$|\boldsymbol{A}|$ 叫做矩阵$\boldsymbol{A}$的**行列式** (determinant)。

注意：观察式 (4.47)，我们容易发现行列式值 $|\boldsymbol{A}|$ 不为0时，矩阵$\boldsymbol{A}$才存在逆。本章后续将详细讲解行列式值的计算。

若下式成立，则方阵$\boldsymbol{A}$是**正交矩阵** (orthogonal matrix)，即

$$\boldsymbol{A}^{\mathrm{T}}=\boldsymbol{A}^{-1} \quad \Rightarrow \quad \boldsymbol{A}^{\mathrm{T}}\boldsymbol{A}=\boldsymbol{A}\boldsymbol{A}^{\mathrm{T}}=\boldsymbol{I} \tag{4.49}$$

正交矩阵在本书有很重的戏份。本书第9、10章将深入探讨正交矩阵的性质和应用，本节不做展开。

Bk4_Ch4_11.py展示了用Numpy库函数numpy.linalg.inv() 计算矩阵逆。注意，对于numpy.matrix() 产生的矩阵$\boldsymbol{A}$，可以通过$\boldsymbol{A}$.I计算矩阵$\boldsymbol{A}$的逆，如Bk4_Ch4_12.py给出的例子。但是，这一方法不能使用在numpy.array() 生成的矩阵。numpy.array() 生成的矩阵求逆，一般用numpy.linalg.inv()。

4.9 迹：主对角元素之和

$n \times n$ 矩阵$\boldsymbol{A}$的**迹** (trace) 为其主对角线元素之和，即

$$\operatorname{tr}(\boldsymbol{A})=\sum_{i=1}^{n} a_{i,i}=a_{1,1}+a_{2,2}+\cdots+a_{n,n} \tag{4.50}$$

注意："迹"这个运算是针对"方阵"定义的。

矩阵迹是一种"矩阵 → 标量"的运算。例如

$$\operatorname{tr}(\boldsymbol{A})=\operatorname{tr}\left(\begin{bmatrix}1 & -1 & 0\\ 3 & 2 & 4\\ -2 & 0 & 3\end{bmatrix}\right)=1+2+3=6 \tag{4.51}$$

Bk4_Ch4_13.py介绍如何计算矩阵的迹。

请大家注意以下有关矩阵迹的性质，即

$$\begin{aligned}&\operatorname{tr}(\boldsymbol{A}+\boldsymbol{B})=\operatorname{tr}(\boldsymbol{A})+\operatorname{tr}(\boldsymbol{B})\\&\operatorname{tr}(k\boldsymbol{A})=k\cdot\operatorname{tr}(\boldsymbol{A})\\&\operatorname{tr}\left(\boldsymbol{A}^{\mathrm{T}}\right)=\operatorname{tr}(\boldsymbol{A})\\&\operatorname{tr}(\boldsymbol{AB})=\operatorname{tr}(\boldsymbol{BA})\end{aligned} \tag{4.52}$$

注意：式 (4.52) 假设$\boldsymbol{AB}$和$\boldsymbol{BA}$两个乘法都存在。如果$\boldsymbol{x}$和$\boldsymbol{y}$这两个列向量行数相同，则以下几个运算等价，即

$$\boldsymbol{x}^{\mathrm{T}}\boldsymbol{y}=\boldsymbol{y}^{\mathrm{T}}\boldsymbol{x}=\boldsymbol{x}\cdot\boldsymbol{y}=\boldsymbol{y}\cdot\boldsymbol{x}=\langle\boldsymbol{x},\boldsymbol{y}\rangle=\operatorname{tr}\left(\boldsymbol{x}\boldsymbol{y}^{\mathrm{T}}\right)=\operatorname{tr}\left(\boldsymbol{y}\boldsymbol{x}^{\mathrm{T}}\right)=\operatorname{tr}(\boldsymbol{x}\otimes\boldsymbol{y}) \tag{4.53}$$

本书后续会介绍，椭圆可以用于表达**协方差矩阵** (covariance matrix)。举个例子，给定一个协方差矩阵为

$$\boldsymbol{\Sigma}=\begin{bmatrix}2.5 & 1.5\\ 1.5 & 2.5\end{bmatrix} \tag{4.54}$$

图4.16中的左图就是代表上述协方差矩阵的旋转椭圆。

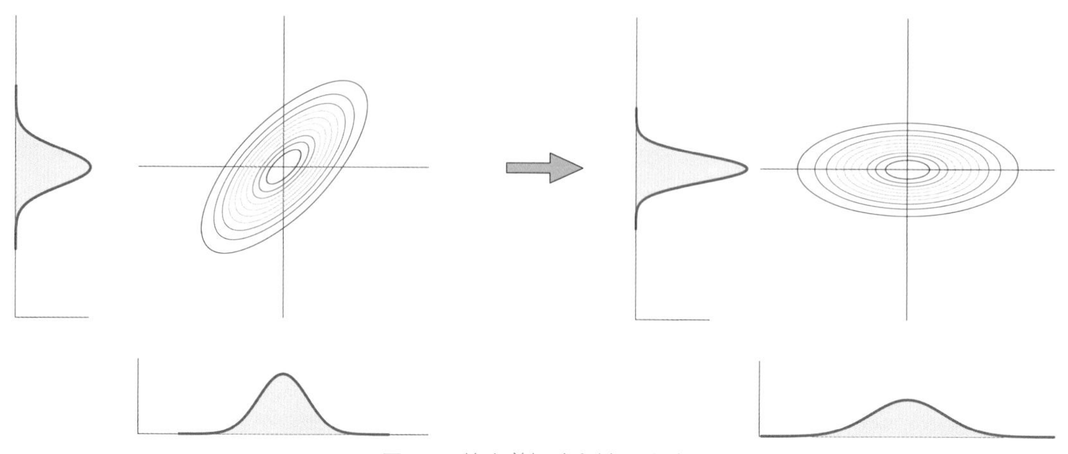

图4.16　协方差矩阵和椭圆关系

经过旋转操作，椭圆的长轴和横轴重合，得到图4.16右图所示的正椭圆，对应的协方差矩阵为

$$\boldsymbol{\Sigma}_{\text{rotated}} = \begin{bmatrix} 4 & 0 \\ 0 & 1 \end{bmatrix} \tag{4.55}$$

相信大家已经注意到，两个协方差矩阵的迹相同，都是5，即

$$\operatorname{tr}(\boldsymbol{\Sigma}) = 2.5 + 2.5 = \operatorname{tr}(\boldsymbol{\Sigma}_{\text{rotated}}) = 4 + 1 = 5 \tag{4.56}$$

这一点非常重要，鸢尾花书后续会在不同板块中进行探讨。

大家可能会问，式 (4.54) 和式 (4.55) 两个协方差矩阵之间有怎样的联系？或者说，如何从式 (4.54) 计算得到式 (4.55)？椭圆之间的旋转角度怎么确定？本书第13、14章介绍的特征值分解将会回答这些疑问。

4.10 逐项积：对应元素相乘

在讲解向量运算时，我们介绍过**元素乘积** (element-wise multiplication)，也称为**阿达玛乘积** (Hadamard product) 或**逐项积** (element-wise product或entry-wise product product)。

逐项积也可以用在矩阵上。两个形状相同的矩阵的逐项积是矩阵对应元素分别相乘，结果形状不变，即

$$\boldsymbol{A}_{n\times D} \odot \boldsymbol{B}_{n\times D} = \begin{bmatrix} a_{1,1}b_{1,1} & a_{1,2}b_{1,2} & \cdots & a_{1,D}b_{1,D} \\ a_{2,1}b_{2,1} & a_{2,2}b_{2,2} & \cdots & a_{2,D}b_{2,D} \\ \vdots & \vdots & \ddots & \vdots \\ a_{n,1}b_{n,1} & a_{n,2}b_{n,2} & \cdots & a_{n,D}b_{n,D} \end{bmatrix}_{n\times D} \tag{4.57}$$

图4.17所示为矩阵逐项积运算法则示意图。逐项积是一种“矩阵 → 矩阵”的运算。

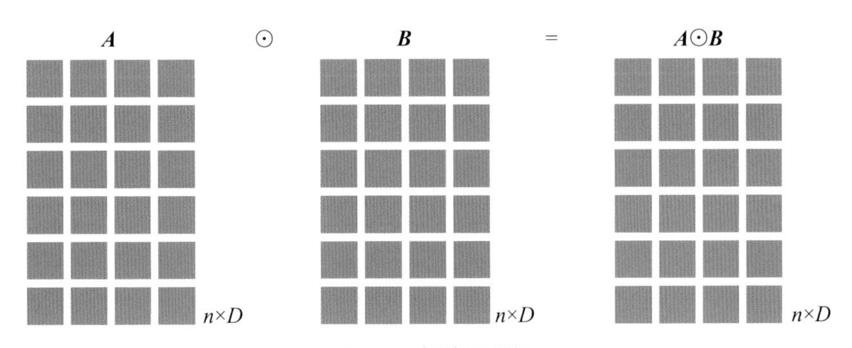

图4.17　矩阵逐项积

Bk4_Ch4_14.py介绍如何计算逐项积。

4.11 行列式：将矩阵映射到标量值

每个“方阵”都有自己的**行列式** (determinant)，方阵$\boldsymbol{A}$的行列式值可以表达为 $|\boldsymbol{A}|$ 或 $\det(\boldsymbol{A})$。如果方阵的行列式值非零，则称方阵可逆或非奇异。

> ⚠ 注意，矩阵的行列式值可正可负，也可以为0。

白话说，行列式是将一个方阵$\boldsymbol{A}$根据一定的规则映射到一个标量。因此，行列式是一种“矩阵 → 标量”的运算。

一阶方阵的行列式值为

$$\left|a_{1,1}\right| = a_{1,1} \tag{4.58}$$

二阶方阵的行列式值为

$$\begin{vmatrix} a_{1,1} & a_{1,2} \\ a_{2,1} & a_{2,2} \end{vmatrix} = a_{1,1}a_{2,2} - a_{1,2}a_{2,1} \tag{4.59}$$

三阶方阵的行列式值为

$$\begin{aligned} \begin{vmatrix} a_{1,1} & a_{1,2} & a_{1,3} \\ a_{2,1} & a_{2,2} & a_{2,3} \\ a_{3,1} & a_{3,2} & a_{3,3} \end{vmatrix} &= \begin{vmatrix} a_{1,1} & 0 & 0 \\ a_{2,1} & a_{2,2} & a_{2,3} \\ a_{3,1} & a_{3,2} & a_{3,3} \end{vmatrix} + \begin{vmatrix} 0 & a_{1,2} & 0 \\ a_{2,1} & a_{2,2} & a_{2,3} \\ a_{3,1} & a_{3,2} & a_{3,3} \end{vmatrix} + \begin{vmatrix} 0 & 0 & a_{1,3} \\ a_{2,1} & a_{2,2} & a_{2,3} \\ a_{3,1} & a_{3,2} & a_{3,3} \end{vmatrix} \\ &= a_{1,1}\begin{vmatrix} a_{2,2} & a_{2,3} \\ a_{3,2} & a_{3,3} \end{vmatrix} - a_{1,2}\begin{vmatrix} a_{2,1} & a_{2,3} \\ a_{3,1} & a_{3,3} \end{vmatrix} + a_{1,3}\begin{vmatrix} a_{2,1} & a_{2,2} \\ a_{3,1} & a_{3,2} \end{vmatrix} \end{aligned} \tag{4.60}$$

根据以上规律可以发现，$n \times n$ 矩阵$\boldsymbol{A}$的行列式值可以通过递归计算得到。

更多性质

特别地，对角阵的行列式值为

$$\begin{vmatrix} a_{1,1} & 0 & 0 \\ 0 & a_{2,2} & 0 \\ 0 & 0 & a_{3,3} \end{vmatrix} = a_{1,1}a_{2,2}a_{3,3} \tag{4.61}$$

三角阵的行列式值为

$$\begin{vmatrix} a_{1,1} & a_{1,2} & a_{1,3} \\ 0 & a_{2,2} & a_{2,3} \\ 0 & 0 & a_{3,3} \end{vmatrix} = a_{1,1}a_{2,2}a_{3,3} \tag{4.62}$$

上述规则也适用于计算下三角矩阵的行列式值。

请大家注意以下行列式性质，即

$$\begin{aligned}\det(\boldsymbol{AB}) &= \det(\boldsymbol{A})\cdot\det(\boldsymbol{B})\\ \det(c\boldsymbol{A}_{n\times n}) &= c^n\det(\boldsymbol{A})\\ \det(\boldsymbol{A}^{\mathrm{T}}) &= \det(\boldsymbol{A})\\ \det(\boldsymbol{A}^n) &= \det(\boldsymbol{A})^n\\ \det(\boldsymbol{A}^{-1}) &= \frac{1}{\det(\boldsymbol{A})}\end{aligned}\tag{4.63}$$

一般情况下

$$\det(\boldsymbol{A}+\boldsymbol{B}) \neq \det(\boldsymbol{A})+\det(\boldsymbol{B})\tag{4.64}$$

向量积

本书前文介绍的向量积也可以通过行列式计算得到，比如

$$\begin{aligned}\boldsymbol{a}\times\boldsymbol{b} &= \begin{vmatrix}\boldsymbol{i} & \boldsymbol{j} & \boldsymbol{k}\\ a_1 & a_2 & a_3\\ b_1 & b_2 & b_3\end{vmatrix}\\ &= \begin{vmatrix}a_2 & a_3\\ b_2 & b_3\end{vmatrix}\boldsymbol{i}-\begin{vmatrix}a_1 & a_3\\ b_1 & b_3\end{vmatrix}\boldsymbol{j}+\begin{vmatrix}a_1 & a_2\\ b_1 & b_2\end{vmatrix}\boldsymbol{k}\\ &= (a_2b_3-a_3b_2)\boldsymbol{i}+(a_3b_1-a_1b_3)\boldsymbol{j}+(a_1b_2-a_2b_1)\boldsymbol{k}\end{aligned}\tag{4.65}$$

还用上一章的例子，给定$\boldsymbol{a}$和$\boldsymbol{b}$向量为

$$\begin{aligned}\boldsymbol{a} &= -2\boldsymbol{i}+\boldsymbol{j}+\boldsymbol{k}\\ \boldsymbol{b} &= \boldsymbol{i}-2\boldsymbol{j}-\boldsymbol{k}\end{aligned}\tag{4.66}$$

$\boldsymbol{a}\times\boldsymbol{b}$结果为

$$\begin{aligned}\boldsymbol{a}\times\boldsymbol{b} &= \begin{vmatrix}\boldsymbol{i} & \boldsymbol{j} & \boldsymbol{k}\\ -2 & 1 & 1\\ 1 & -2 & -1\end{vmatrix}\\ &= \begin{vmatrix}1 & 1\\ -2 & -1\end{vmatrix}\boldsymbol{i}-\begin{vmatrix}-2 & 1\\ 1 & -1\end{vmatrix}\boldsymbol{j}+\begin{vmatrix}-2 & 1\\ 1 & -2\end{vmatrix}\boldsymbol{k}\\ &= \boldsymbol{i}-\boldsymbol{j}+3\boldsymbol{k}\end{aligned}\tag{4.67}$$

几何视角

给定2 × 2方阵$\boldsymbol{A}$，具体为

$$\boldsymbol{A} = \begin{bmatrix}a_{1,1} & a_{1,2}\\ a_{2,1} & a_{2,2}\end{bmatrix}\tag{4.68}$$

图4.18所示给出的是二阶矩阵行列式的几何意义。

将$\boldsymbol{A}$写成左右排列的两个列向量，有

$$\boldsymbol{A} = \begin{bmatrix} \boldsymbol{a}_1 & \boldsymbol{a}_2 \end{bmatrix} \tag{4.69}$$

即

$$\boldsymbol{a}_1 = \begin{bmatrix} a_{1,1} \\ a_{2,1} \end{bmatrix}, \quad \boldsymbol{a}_2 = \begin{bmatrix} a_{1,2} \\ a_{2,2} \end{bmatrix} \tag{4.70}$$

如图4.18所示，以$\boldsymbol{a}_1$和$\boldsymbol{a}_2$为两条边构造得到一个平行四边形。这个平行四边形的面积就是$\boldsymbol{A}$的行列式值。下面我们推导一下。

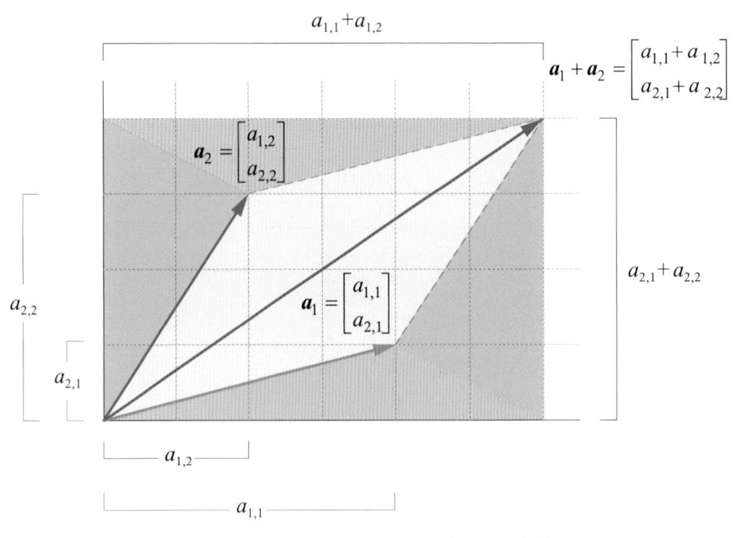

图4.18　二阶矩阵的行列式的几何意义

如图4.19所示，矩形和三角形的面积很容易计算。

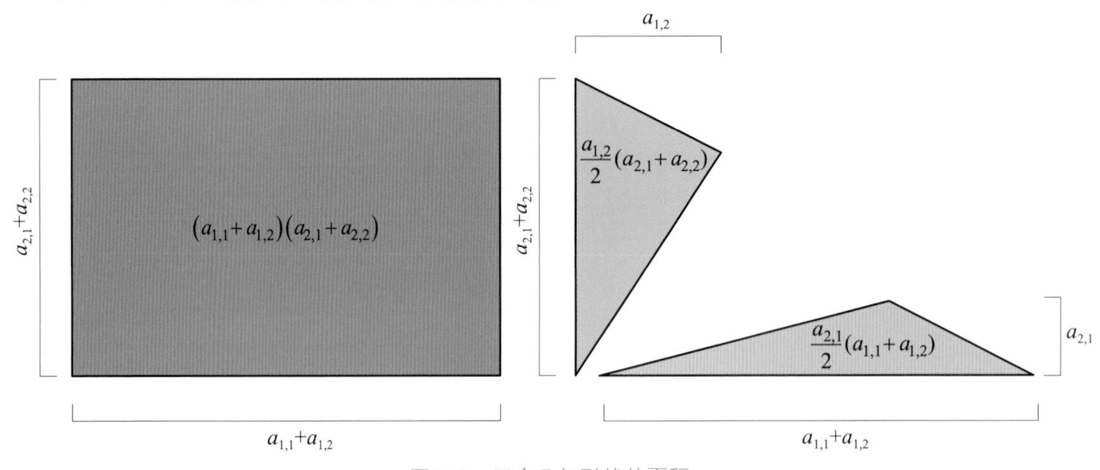

图4.19　三个几何形状的面积

如图4.20所示，平行四边形的面积就是矩形面积减去两倍的绿色三角形面积，再减去两倍的橙色三角形面积，即

$$\begin{aligned} Area &= \left(a_{1,1}+a_{1,2}\right)\left(a_{2,1}+a_{2,2}\right) - a_{1,2}\left(a_{2,1}+a_{2,2}\right) - a_{2,1}\left(a_{1,1}+a_{1,2}\right) \\ &= a_{1,1}a_{2,2} - a_{1,2}a_{2,1} \end{aligned} \tag{4.71}$$

这与式 (4.59) 行列式的结果一致。

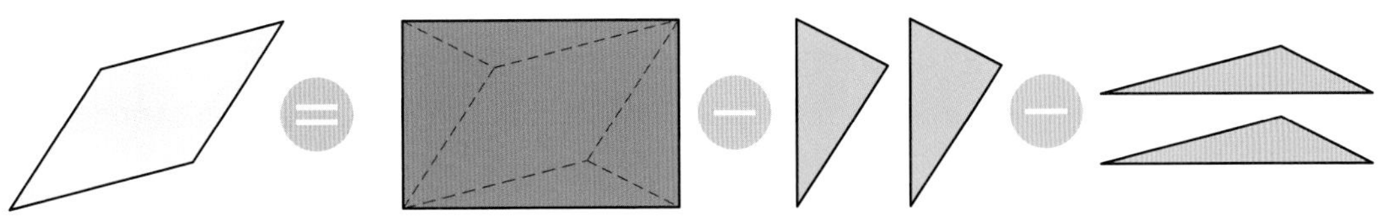

图4.20 求平行四边形面积

Bk4_Ch4_15.py介绍计算行列式值。

表4.1给出了几个特殊2 × 2方阵的行列式值和对应的平面形状。希望大家仔细对比表中几幅图中向量$\boldsymbol{a}_1$和$\boldsymbol{a}_2$逆时针方向的先后次序，很容易发现这种次序与行列式值正、负、零之间的关系。

表4.1 几个特殊2 × 2方阵的行列式值

行列式值	向量	图形
$\begin{vmatrix} 2 & 0 \\ 0 & 3 \end{vmatrix} = 6$	$\boldsymbol{a}_1 = \begin{bmatrix} 2 \\ 0 \end{bmatrix}, \quad \boldsymbol{a}_2 = \begin{bmatrix} 0 \\ 3 \end{bmatrix}$	
$\begin{vmatrix} 0 & 2 \\ 3 & 0 \end{vmatrix} = -6$	$\boldsymbol{a}_1 = \begin{bmatrix} 0 \\ 3 \end{bmatrix}, \quad \boldsymbol{a}_2 = \begin{bmatrix} 2 \\ 0 \end{bmatrix}$	
$\begin{vmatrix} 2 & 0 \\ 1 & 3 \end{vmatrix} = 6$	$\boldsymbol{a}_1 = \begin{bmatrix} 2 \\ 1 \end{bmatrix}, \quad \boldsymbol{a}_2 = \begin{bmatrix} 0 \\ 3 \end{bmatrix}$	
$\begin{vmatrix} 0 & 2 \\ 3 & 1 \end{vmatrix} = -6$	$\boldsymbol{a}_1 = \begin{bmatrix} 0 \\ 3 \end{bmatrix}, \quad \boldsymbol{a}_2 = \begin{bmatrix} 2 \\ 1 \end{bmatrix}$	
$\begin{vmatrix} 2 & 1 \\ 0 & 3 \end{vmatrix} = 6$	$\boldsymbol{a}_1 = \begin{bmatrix} 2 \\ 0 \end{bmatrix}, \quad \boldsymbol{a}_2 = \begin{bmatrix} 1 \\ 3 \end{bmatrix}$	
$\begin{vmatrix} 1 & 2 \\ 3 & 0 \end{vmatrix} = -6$	$\boldsymbol{a}_1 = \begin{bmatrix} 1 \\ 3 \end{bmatrix}, \quad \boldsymbol{a}_2 = \begin{bmatrix} 2 \\ 0 \end{bmatrix}$	
$\begin{vmatrix} 2 & 4 \\ 1 & 2 \end{vmatrix} = 0$	$\boldsymbol{a}_1 = \begin{bmatrix} 2 \\ 1 \end{bmatrix}, \quad \boldsymbol{a}_2 = \begin{bmatrix} 4 \\ 2 \end{bmatrix}$	

我们用Streamlit制作了一个应用，绘制表4.1中不同平行四边形。大家可以改变矩阵$\boldsymbol{A}$的元素值，并让$\boldsymbol{A}$作用于$\boldsymbol{e}_1$、$\boldsymbol{e}_2$，即$\boldsymbol{A}\boldsymbol{e}_1 = \boldsymbol{a}_1$、$\boldsymbol{A}\boldsymbol{e}_2 = \boldsymbol{a}_2$。$\boldsymbol{e}_1$和$\boldsymbol{e}_2$构造的是“方格”，而$\boldsymbol{a}_1$和$\boldsymbol{a}_2$构造的就是“平行且等距网格”。请大家参考Streamlit_Bk4_Ch4_16.py。此外，本书第7、8章会介绍“平行且等距网格”代表的含义。

从面积到体积

本节前文讲解行列式值用的举例中矩阵都是2×2方阵，现在介绍3×3方阵的行列式值的几何意义。

我们先看一个最简单例子，给定如下 3 × 3 对角方阵，即

$$\begin{bmatrix} 1 & & \\ & 2 & \\ & & 3 \end{bmatrix} \tag{4.72}$$

如图4.21所示，式 (4.72) 代表三维空间中边长分别为1、2、3的立方体，而行列式值为6则说明立方体的体积为6。

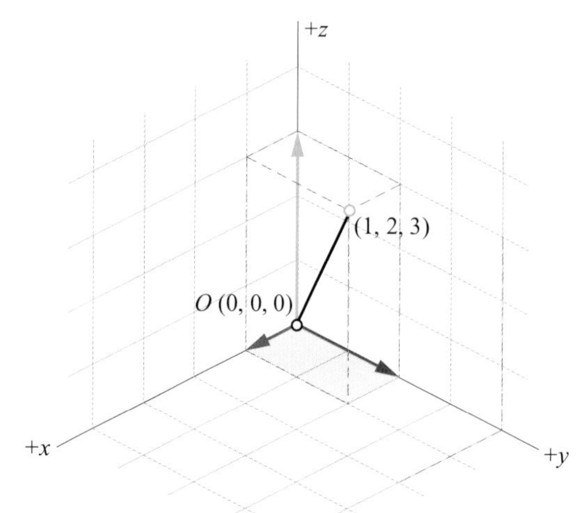

图4.21　立方体的体积为6

对式 (4.72) 稍作修改，将第三个对角元素值改为0，得到矩阵

$$\begin{bmatrix} 1 & & \\ & 2 & \\ & & 0 \end{bmatrix} \tag{4.73}$$

这时，矩阵的行列式值为0。从图4.21上来看，这个立方体“趴”在xy平面上，对应浅蓝色阴影，显然它的体积为0。

如图4.22 (a) 所示，对于任意 3 × 3方阵$\boldsymbol{A}$，它的行列式值的几何含义就是由其三个列向量$\boldsymbol{a}_1$、$\boldsymbol{a}_2$、$\boldsymbol{a}_3$构造的平行六面体的体积。注意，这个体积值也有正负。特别地，如果$\boldsymbol{a}_3$在$\boldsymbol{a}_1$、$\boldsymbol{a}_2$构造的平面中，也就是$\boldsymbol{a}_3$躺在图4.22 (b) 中的浅蓝色平面上，则平行六面体体积为0，即方阵$\boldsymbol{A}$行列式值为0。

行列式中某行或某列全为0，则行列式值为0。从几何角度很容易理解，因为这个平行体的某条边长为0，因此它的体积就是0。再看到单位矩阵$\boldsymbol{I}$，大家就可以把$\boldsymbol{I}$看成单位正方形 (unit square)、单位正方体 (unit cube)、单位超立方体 (unit hypercube)。单位矩阵行列式 $|\boldsymbol{I}| = 1$，可以理解成单位正方形的面积为1，或者单位正方体的体积为1。

图4.22 (b) 这种情况下，$\boldsymbol{a}_1$、$\boldsymbol{a}_2$、$\boldsymbol{a}_3$线性相关，$\boldsymbol{A}$的秩为2，这是本书第7章要介绍的内容。此外，在线性变换中，变换矩阵的行列式值代表面积或体积缩放比例。本书第8章将展开讲解。

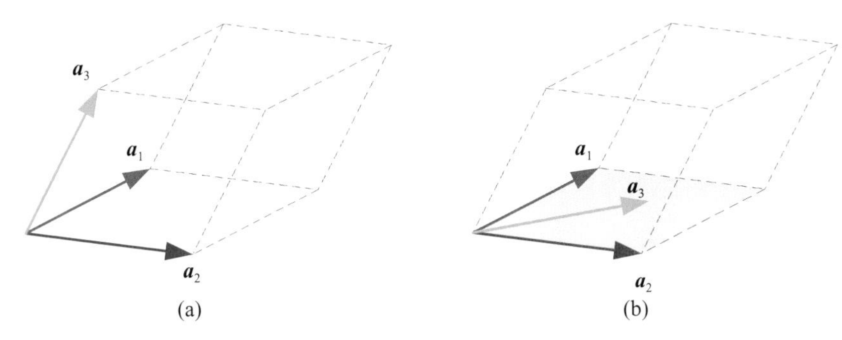

图4.22 3×3方阵$\boldsymbol{A}$行列式值的几何含义

多维

再进一步，给定如下$D \times D$对角方阵，即

$$
\begin{bmatrix} \lambda_1 & & & \\ & \lambda_2 & & \\ & & \ddots & \\ & & & \lambda_D \end{bmatrix}_{D \times D} \tag{4.74}
$$

式 (4.74) 说明，在D维空间中，这个“长方体”的边长分别为λ_1、λ_2、⋯、λ_D。而这个长方体的体积就是这些值连乘。

举个例子，在多元高斯分布的概率密度函数中，我们可以在分母上看到矩阵的行列式值$|\boldsymbol{\Sigma}|^{\frac{1}{2}}$，$|\boldsymbol{\Sigma}|^{\frac{1}{2}}$起到的作用就是体积缩放，即有

$$
f_{\chi}(\boldsymbol{x}) = \frac{\exp\left(-\frac{1}{2}(\boldsymbol{x}-\boldsymbol{\mu})^{\mathrm{T}} \boldsymbol{\Sigma}^{-1}(\boldsymbol{x}-\boldsymbol{\mu})\right)}{(2\pi)^{\frac{D}{2}} |\boldsymbol{\Sigma}|^{\frac{1}{2}}} \tag{4.75}
$$

本书第20章会使用各种线性代数工具解剖多元高斯分布概率密度函数。

几何变换：平行四边形 → 矩形

大家会逐渐发现，我们遇到的方阵大部分都不是对角方阵，计算其面积或体积显然不容易。那么有没有一种办法能够将这些方阵转化成对角方阵呢？也就是说，能否把平行四边形转化成矩形，把平行六面体转化为立方体呢？

答案是肯定的，用到的方法就是本书后续要讲解的**特征值分解** (eigen decomposition)。注意，并不是所有的方阵都可以转化为对角方阵，能够完成对角化的矩阵叫**可对角化矩阵** (diagonalizable matrix)。这实际上说明特征值分解的前提——矩阵可对角化。

举个例子，如图4.23所示，通过“特征值分解”，我们把平行四边形变成了一个长方形。显然两个矩阵的行列式值相同，即两个几何形状具有相同面积。大家很快就会发现，长方形的边长——2和5——叫做**特征值** (eigen value)。2和5是对角方阵的对角线元素。此外，值得大家注意的是图4.23中两个矩阵的迹相同，即3 + 4 = 2 + 5。

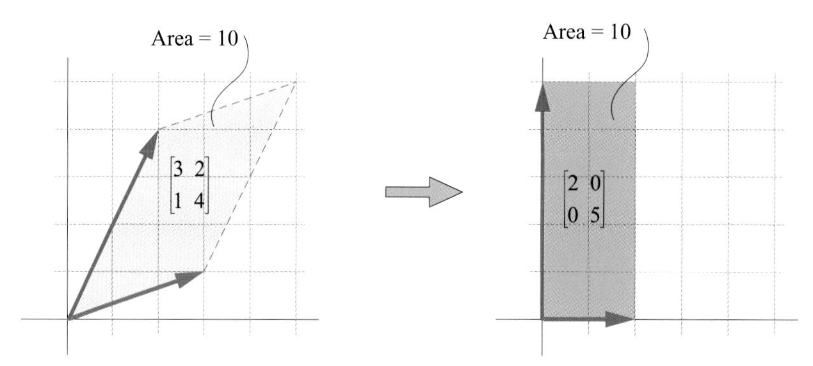

图4.23　把平行四边形变成长方形

类似地，如图4.24所示，通过神奇的“特征值分解”，我们可以把平行六面体变成长方体。特征值的奇妙用途还不止这些，请大家关注本书第13、14章相关内容。

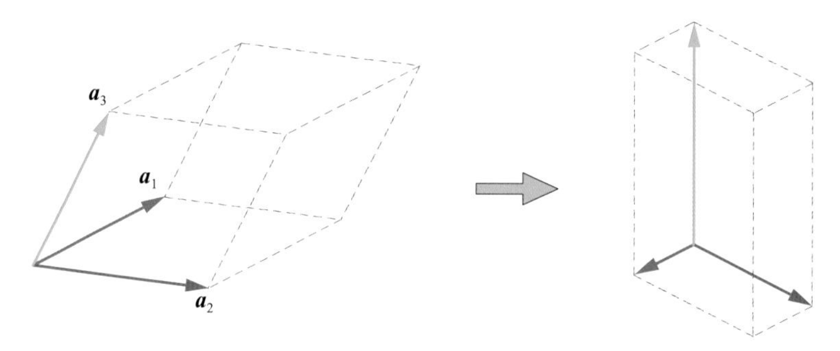

图4.24　把平行六面体变成长方体

本章走马观花地介绍了几种常见矩阵运算。必须强调的是，每一种矩阵运算规则都是重要的数学工具，都有自己的应用场景。而在所有线性代数的运算法则中，矩阵乘法居于核心地位。

就像儿时背诵九九乘法口诀表一样，矩阵乘法规则就是我们的“成人乘法表”——必须要熟练掌握！随着本书对线性代数知识抽丝剥茧，大家会由浅入深地认识到矩阵乘法的伟力。

强烈推荐大家参考*Immersive Linear Algebra*。这本书配套了大量可交互动画展示线性代数概念。全册免费阅读，网址如下：

http://immersivemath.com/ila/index.html

05 Dive into Matrix Multiplication 矩阵乘法

代数、几何、统计、数据交融的盛宴

只要持续进步，千万别泼冷水，哪怕蜗行牛步。

Never discourage anyone who continually makes progress, no matter how slow.

—— 柏拉图 (Plato) | 古希腊哲学家 | 424/423 B.C.—348/347 B.C.

- `numpy.array()` 构造多维矩阵 / 数组
- `numpy.einsum()` 爱因斯坦求和约定
- `numpy.linalg.inv()` 求矩阵逆
- `numpy.matrix()` 构造二维矩阵
- `numpy.multiply()` 矩阵逐项积
- `numpy.random.random_integers()` 生成随机整数
- `seaborn.heatmap()` 绘制数据热图

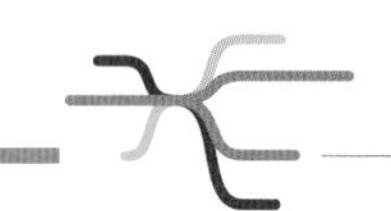

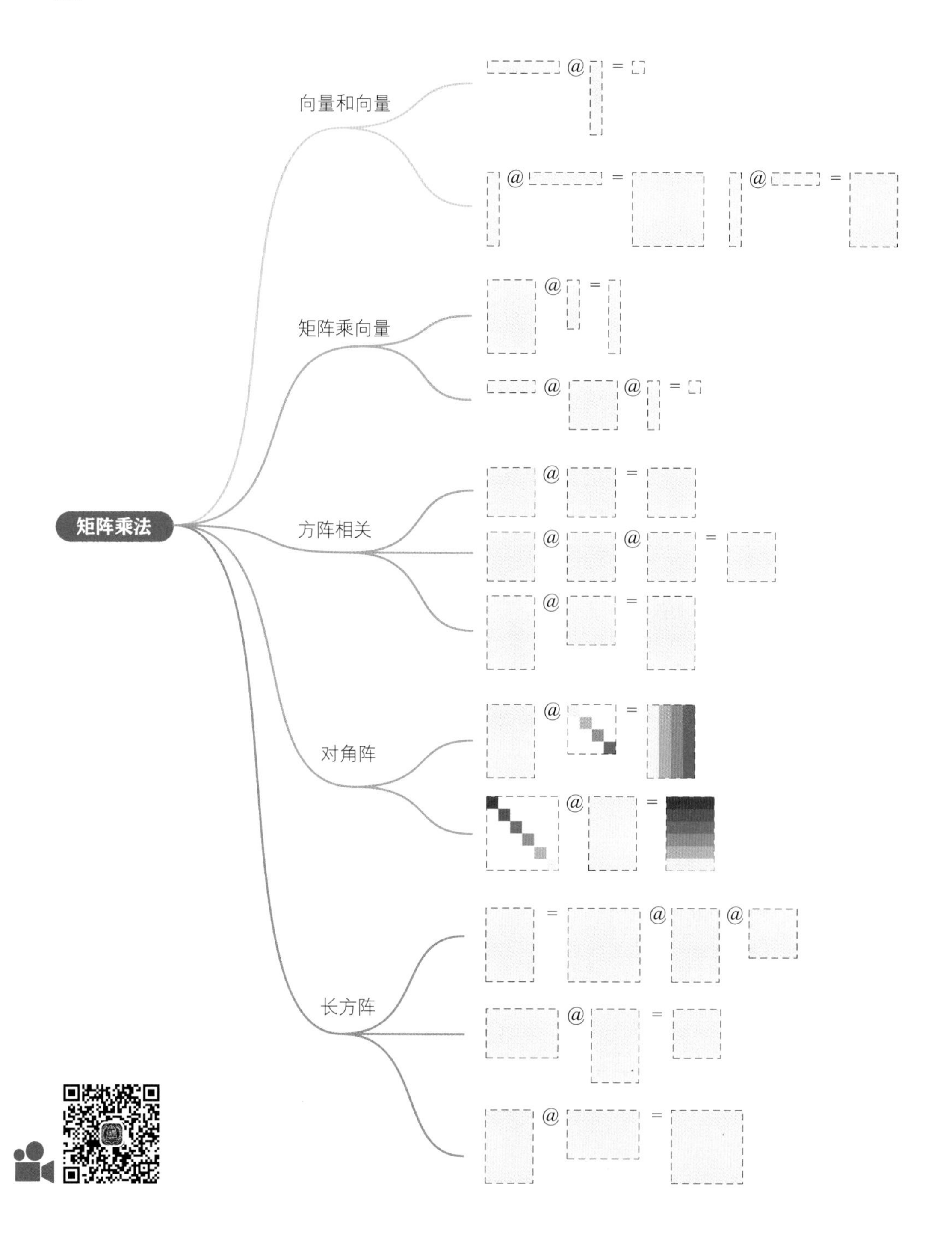

矩阵乘法
向量和向量
矩阵乘向量
方阵相关
对角阵
长方阵

5.1 矩阵乘法：形态丰富多样

矩阵乘法是线性映射的灵魂。因此，矩阵乘法是矩阵运算中最重要的规则，没有之一！

矩阵乘法的规则本身并不难理解；但是，摆在我们面前最大的困难是——矩阵乘法的灵活性。这种灵活性主要体现在矩阵乘法的不同视角、矩阵乘法形态的多样性这两方面。

本书前文和大家讨论了矩阵乘法的两个视角，本书后续还将在分块矩阵中继续探讨矩阵乘法的更多视角。而本章将介绍常见的矩阵乘法形态。

本章的作用就是鸟瞰全景，让大家开开眼界，不需要大家关注运算细节。如果你之前曾经系统学过线性代数，这一章会让你有寻他千百度、蓦然回首的感觉！作者在学习线性代数的时候，就特别希望能找到一本书，能够把常见的矩阵乘法形态和应用场景都娓娓道来。

如果你刚刚接触线性代数的相关内容，千万不要被本章大量术语吓到，大家现在不需要记住它们。本章可以看做全书重要知识点的总结。希望大家在本书不同学习阶段时，能够不断回头翻阅本章，让自己对矩阵乘法的认识一步步加深。

下面，我们就开始"鸟瞰"各种形态的矩阵乘法。

注意：学习本章时，请大家多从代数、几何、数据、统计几个角度理解不同矩阵乘法形态，特别是几何和数据这两个角度。

5.2 向量和向量

给定两个等行数列向量$\boldsymbol{x}$和$\boldsymbol{y}$，令

$$\boldsymbol{x}=\begin{bmatrix}x_1\\x_2\\\vdots\\x_n\end{bmatrix},\quad \boldsymbol{y}=\begin{bmatrix}y_1\\y_2\\\vdots\\y_n\end{bmatrix} \tag{5.1}$$

$\boldsymbol{x}$和$\boldsymbol{y}$向量内积可以写成$\boldsymbol{x}$转置乘$\boldsymbol{y}$，或者$\boldsymbol{y}$转置乘$\boldsymbol{x}$，即

$$\boldsymbol{x}\cdot\boldsymbol{y}=\boldsymbol{y}\cdot\boldsymbol{x}=\langle\boldsymbol{x},\boldsymbol{y}\rangle=\boldsymbol{x}^{\mathrm{T}}\boldsymbol{y}=\left(\boldsymbol{x}^{\mathrm{T}}\boldsymbol{y}\right)^{\mathrm{T}}=\boldsymbol{y}^{\mathrm{T}}\boldsymbol{x}=x_1y_1+x_2y_2+\cdots+x_ny_n=\sum_{i=1}^{n}x_iy_i \tag{5.2}$$

式 (5.2) 告诉我们，$\boldsymbol{x}^{\mathrm{T}}\boldsymbol{y}$和$\boldsymbol{y}^{\mathrm{T}}\boldsymbol{x}$ 相当于向量元素分别相乘再求和，结果为标量。这与向量内积的运算结果完全一致，因此我们常用矩阵乘法替代向量内积运算。

观察图5.1，$\boldsymbol{x}^{\mathrm{T}}\boldsymbol{y}$和$\boldsymbol{y}^{\mathrm{T}}\boldsymbol{x}$的结果均为标量，相当于1 × 1矩阵，这就是$\boldsymbol{x}^{\mathrm{T}}\boldsymbol{y}=(\boldsymbol{x}^{\mathrm{T}}\boldsymbol{y})^{\mathrm{T}}$的原因。

如果$\boldsymbol{x}$和$\boldsymbol{y}$**正交** (orthogonal)，则两者向量内积为0，即

$$\boldsymbol{x}\cdot\boldsymbol{y}=\boldsymbol{y}\cdot\boldsymbol{x}=\langle\boldsymbol{x},\boldsymbol{y}\rangle=\boldsymbol{x}^{\mathrm{T}}\boldsymbol{y}=\left(\boldsymbol{x}^{\mathrm{T}}\boldsymbol{y}\right)^{\mathrm{T}}=\boldsymbol{y}^{\mathrm{T}}\boldsymbol{x}=0 \tag{5.3}$$

正交相当于"垂直"的推广。本书中出现"正交"最多的场合就是"正交投影 (orthogonal projection)"。本书第9、10章两章专门讲解"正交投影"。

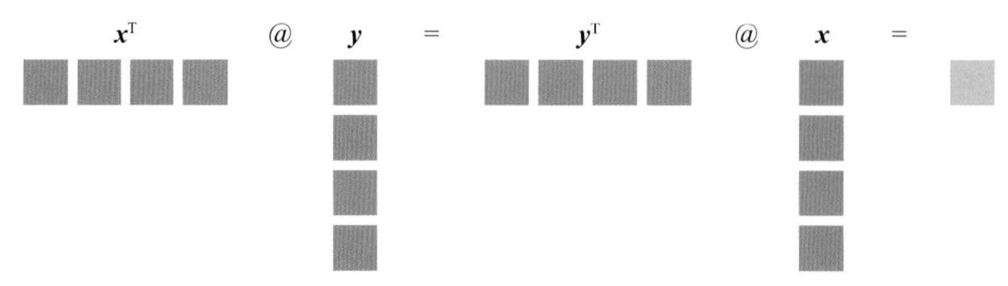

图5.1　标量积

全1列向量

全1列向量$\boldsymbol{1}$是非常神奇的存在，多元统计离不开全1列向量。下面举几个例子。

如图5.2所示，全1列向量$\boldsymbol{1}$乘行向量$\boldsymbol{a}$，相当于对行向量$\boldsymbol{a}$进行复制、向下叠放。$\boldsymbol{1}@\boldsymbol{a}$结果为

$$\boldsymbol{1}@\boldsymbol{a}=\begin{bmatrix}1\\1\\\vdots\\1\end{bmatrix}_{n\times 1}@\boldsymbol{a}_{1\times m}=\begin{bmatrix}\boldsymbol{a}\\\boldsymbol{a}\\\vdots\\\boldsymbol{a}\end{bmatrix}_{n\times m} \tag{5.4}$$

式 (5.4) 的结果为矩阵。复制的份数取决于全1列向量$\boldsymbol{1}$中的元素个数。再次强调，式 (5.4) 中$\boldsymbol{a}$为行向量。

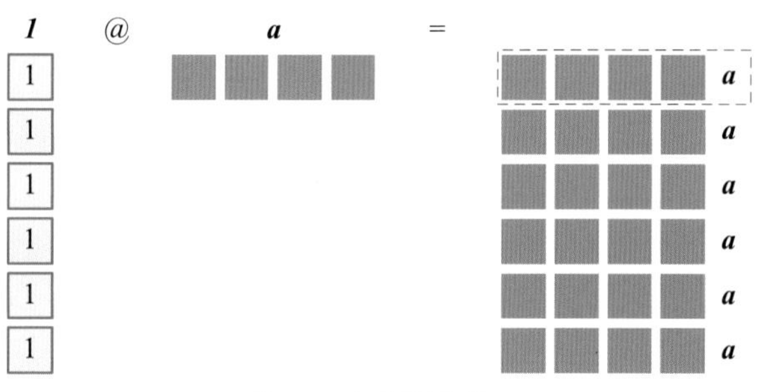

图5.2　复制行向量$\boldsymbol{a}$

类似地，如图5.3所示，列向量$\boldsymbol{b}$乘全1列向量$\boldsymbol{1}$转置，相当于对列向量$\boldsymbol{b}$复制、左右排列，即

$$\boldsymbol{b}@\boldsymbol{1}^{\mathrm{T}}=\boldsymbol{b}@\begin{bmatrix}1\\1\\\vdots\\1\end{bmatrix}^{\mathrm{T}}=\begin{bmatrix}\boldsymbol{b} & \boldsymbol{b} & \cdots & \boldsymbol{b}\end{bmatrix} \tag{5.5}$$

式 (5.5) 的结果为矩阵。

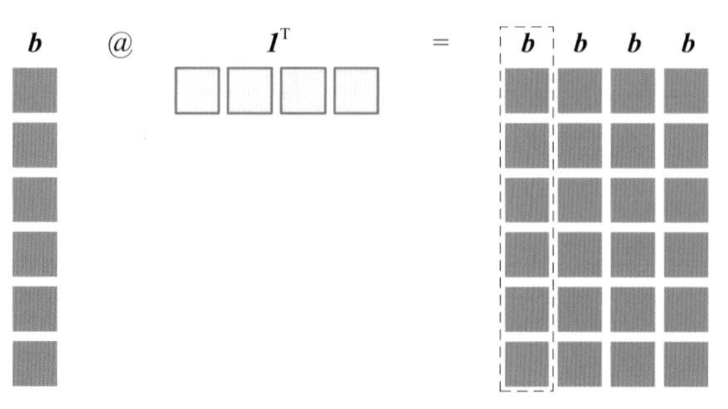

图5.3　复制列向量$\boldsymbol{b}$

统计视角

利用$\boldsymbol{1}$对列向量$\boldsymbol{x}$的元素求和的计算方法为

$$\boldsymbol{1}\cdot\boldsymbol{x}=\boldsymbol{1}^{\mathrm{T}}\boldsymbol{x}=\boldsymbol{x}^{\mathrm{T}}\boldsymbol{1}=x_1+x_2+\cdots+x_n=\sum_{i=1}^{n}x_i \tag{5.6}$$

式 (5.6) 的结果为标量。如图5.4所示。

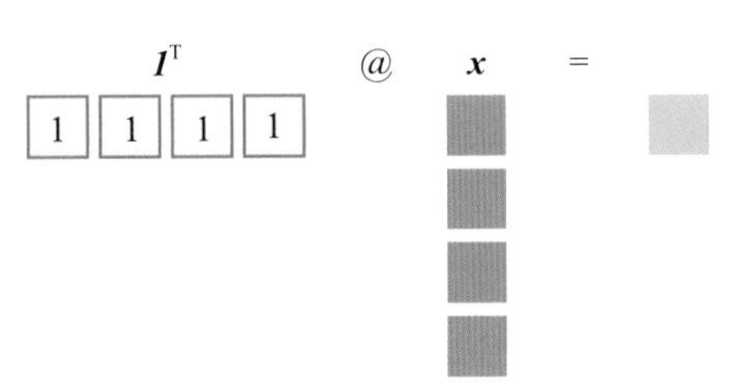

图5.4　求和运算

式 (5.6) 除以n便是向量$\boldsymbol{x}$元素的平均值，即

$$E(\boldsymbol{x})=\frac{x_1+x_2+\cdots+x_n}{n}=\frac{1}{n}\sum_{i=1}^{n}x_i=\frac{\boldsymbol{1}\cdot\boldsymbol{x}}{n}=\frac{\boldsymbol{1}^{\mathrm{T}}\boldsymbol{x}}{n}=\frac{\boldsymbol{x}^{\mathrm{T}}\boldsymbol{1}}{n} \tag{5.7}$$

式 (5.7) 的假设前提是，X为有n个等概率值$1/n$的平均分布。否则，我们要把$1/n$替换成具体的概率值p_i。不做特殊说明时，本章默认总体或样本都为等概率。

向量$\boldsymbol{x}$元素各自平方后再求和的计算方法为

$$\boldsymbol{x}\cdot\boldsymbol{x}=\boldsymbol{x}^{\mathrm{T}}\boldsymbol{x}=x_1^2+x_2^2+\cdots+x_n^2=\sum_{i=1}^{n}x_i^2 \tag{5.8}$$

式 (5.8) 的结果为标量。如图5.5所示。

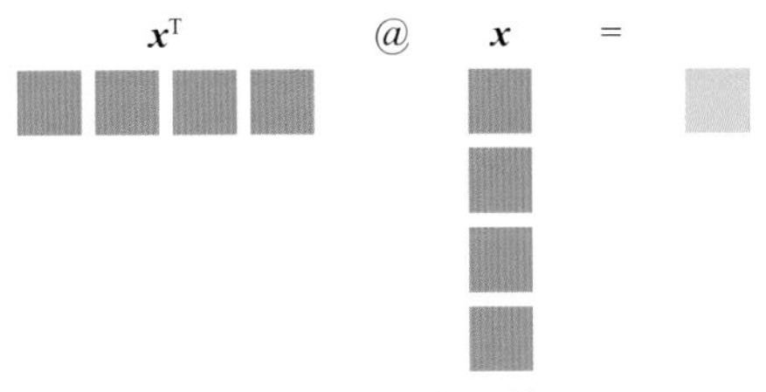

图5.5　平方和运算

计算样本方差时也用到类似于式 (5.8) 的计算，即

$$\operatorname{var}(X)=\frac{1}{n-1}\sum_{i=1}^{n}(x_i-\mu)^2 \tag{5.9}$$

式 (5.9) 中，随机数X的样本点构成列向量$\boldsymbol{x}$，$\boldsymbol{x}$方差则为

$$\operatorname{var}(\boldsymbol{x})=\frac{1}{n-1}\left(\boldsymbol{x}-\frac{\boldsymbol{1}^{\mathrm{T}}\boldsymbol{x}}{n}\right)\cdot\left(\boldsymbol{x}-\frac{\boldsymbol{1}^{\mathrm{T}}\boldsymbol{x}}{n}\right)=\frac{1}{n-1}\left(\boldsymbol{x}-\frac{\boldsymbol{1}^{\mathrm{T}}\boldsymbol{x}}{n}\right)^{\mathrm{T}}\left(\boldsymbol{x}-\frac{\boldsymbol{1}^{\mathrm{T}}\boldsymbol{x}}{n}\right) \tag{5.10}$$

本书第22章将讲解如何展开式(5.10)。

前文介绍过，在计算样本协方差时，我们用过类似于(5.2)运算，即

$$\operatorname{cov}(X,Y)=\frac{1}{n-1}\sum_{i=1}^{n}\left(x_i-\mathrm{E}(X)\right)\left(y_i-\mathrm{E}(Y)\right) \tag{5.11}$$

注意：如果计算总体方差、协方差的话，式(5.9)和式(5.11)分母的$n-1$则应该改为n。当n足够大时，可以不区分$n-1$或n。

上式中，随机数X和Y的样本点写成列向量$\boldsymbol{x}$和$\boldsymbol{y}$，也就是说，式(5.11)可以写成

$$\operatorname{cov}(\boldsymbol{x},\boldsymbol{y})=\frac{1}{n-1}\left(\boldsymbol{x}-\frac{\boldsymbol{I}^{\mathrm{T}}\boldsymbol{x}}{n}\right)\cdot\left(\boldsymbol{y}-\frac{\boldsymbol{I}^{\mathrm{T}}\boldsymbol{y}}{n}\right)=\frac{1}{n-1}\left(\boldsymbol{x}-\frac{\boldsymbol{I}^{\mathrm{T}}\boldsymbol{x}}{n}\right)^{\mathrm{T}}\left(\boldsymbol{y}-\frac{\boldsymbol{I}^{\mathrm{T}}\boldsymbol{y}}{n}\right) \tag{5.12}$$

统计和线性代数之间有着千丝万缕的联系，本书第22章还会继续这一话题。

几何视角

如果$\boldsymbol{x}$为n维单位列向量，则下列两式成立，即

$$\boldsymbol{x}\cdot\boldsymbol{x}=\langle\boldsymbol{x},\boldsymbol{x}\rangle=\boldsymbol{x}^{\mathrm{T}}\boldsymbol{x}=\|\boldsymbol{x}\|_2^2=1,\quad \sqrt{\boldsymbol{x}\cdot\boldsymbol{x}}=\sqrt{\langle\boldsymbol{x},\boldsymbol{x}\rangle}=\sqrt{\boldsymbol{x}^{\mathrm{T}}\boldsymbol{x}}=\|\boldsymbol{x}\|_2=1 \tag{5.13}$$

整理以上不同等式都得到同一等式

$$x_1^2+x_2^2+\cdots+x_n^2=1 \tag{5.14}$$

提醒大家注意，但凡遇到矩阵乘积结果为标量的情况，请考虑是否能从“距离”角度理解这个矩阵乘积。

几何角度，如图5.6 (a) 所示，若$n=2$，则式(5.13)代表平面上的**单位圆** (unit circle)。如图5.6 (b) 所示，若$n=3$，则式(5.13)代表三维空间的**单位球体** (unit sphere)。当$n>3$时，在多维空间中，式(5.13)代表**n维单位球面** (unit n-sphere) 或**单位超球面** (unit hyper-sphere)。

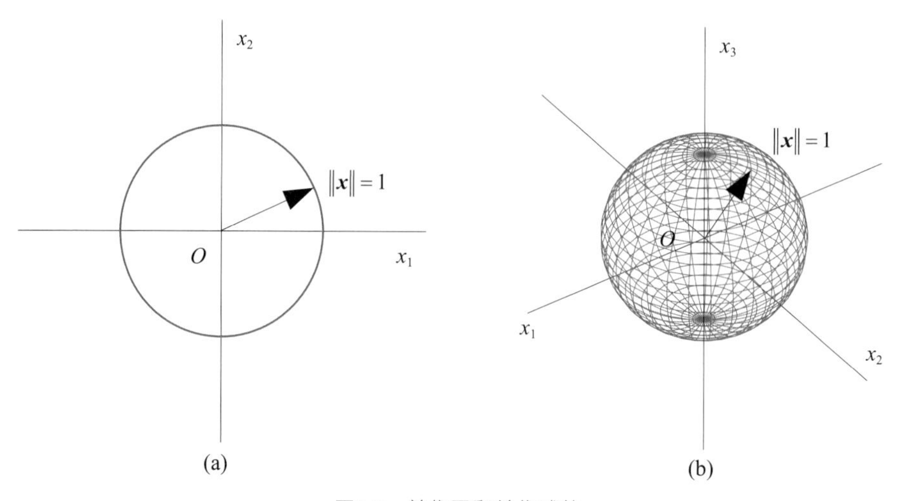

图5.6　单位圆和单位球体

单位圆、单位球、单位超球面内部的点满足

$$\boldsymbol{x}\cdot\boldsymbol{x}=\langle\boldsymbol{x},\boldsymbol{x}\rangle=\boldsymbol{x}^{\mathrm{T}}\boldsymbol{x}=\|\boldsymbol{x}\|_2^2<1,\quad \sqrt{\boldsymbol{x}\cdot\boldsymbol{x}}=\sqrt{\langle\boldsymbol{x},\boldsymbol{x}\rangle}=\sqrt{\boldsymbol{x}^{\mathrm{T}}\boldsymbol{x}}=\|\boldsymbol{x}\|_2<1 \tag{5.15}$$

即

$$x_1^2+x_2^2+\cdots+x_n^2<1 \tag{5.16}$$

单位圆、单位球、单位超球面外部的点满足

$$\boldsymbol{x}\cdot\boldsymbol{x}=\langle\boldsymbol{x},\boldsymbol{x}\rangle=\boldsymbol{x}^{\mathrm{T}}\boldsymbol{x}=\|\boldsymbol{x}\|_2^2>1,\quad \sqrt{\boldsymbol{x}\cdot\boldsymbol{x}}=\sqrt{\langle\boldsymbol{x},\boldsymbol{x}\rangle}=\sqrt{\boldsymbol{x}^{\mathrm{T}}\boldsymbol{x}}=\|\boldsymbol{x}\|_2>1 \tag{5.17}$$

即，

$$x_1^2+x_2^2+\cdots+x_n^2>1 \tag{5.18}$$

张量积

列向量$\boldsymbol{x}$和自身张量积的结果为方阵，相当于$\boldsymbol{x}$和$\boldsymbol{x}^{\mathrm{T}}$的乘积，即

$$\boldsymbol{x}\otimes\boldsymbol{x}=\boldsymbol{x}@\boldsymbol{x}^{\mathrm{T}}=\begin{bmatrix} x_1x_1 & x_1x_2 & \cdots & x_1x_n \\ x_2x_1 & x_2x_2 & \cdots & x_2x_n \\ \vdots & \vdots & \ddots & \vdots \\ x_nx_1 & x_nx_2 & \cdots & x_nx_n \end{bmatrix} \tag{5.19}$$

图5.7所示为式 (5.19) 的计算过程。

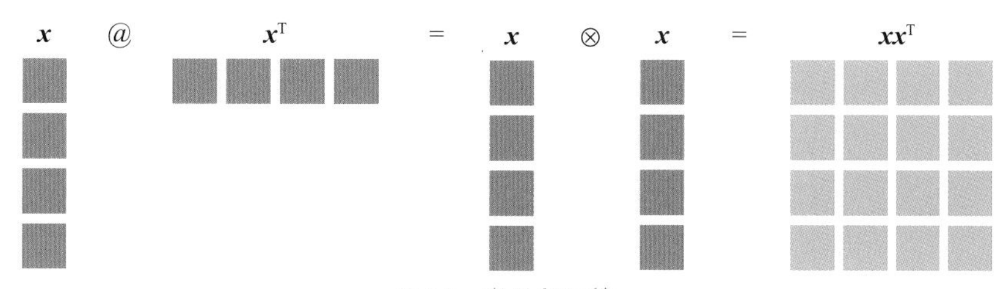

图5.7　张量积运算

用两种方式展开式 (5.19)，可以得到

$$\begin{aligned}\boldsymbol{x}\otimes\boldsymbol{x}=\boldsymbol{x}\boldsymbol{x}^{\mathrm{T}}&=\begin{bmatrix} x_1 \\ x_2 \\ \vdots \\ x_n \end{bmatrix}\boldsymbol{x}^{\mathrm{T}}=\begin{bmatrix} x_1\boldsymbol{x}^{\mathrm{T}} \\ x_2\boldsymbol{x}^{\mathrm{T}} \\ \vdots \\ x_n\boldsymbol{x}^{\mathrm{T}} \end{bmatrix} \\ &=\boldsymbol{x}\begin{bmatrix} x_1 & x_2 & \cdots & x_n \end{bmatrix}=\begin{bmatrix} x_1\boldsymbol{x} & x_2\boldsymbol{x} & \cdots & x_n\boldsymbol{x} \end{bmatrix}\end{aligned} \tag{5.20}$$

本书前文提过，向量张量积的行向量、列向量都存在“倍数关系”。这实际上解释了为什么非$\boldsymbol{0}$向量张量积的**秩** (rank) 为1。本书第7章将介绍“秩”这个概念。另外，请大家注意如图5.8所示的两种形状的张量积与矩阵乘法的关系，并注意区分结果的形状。

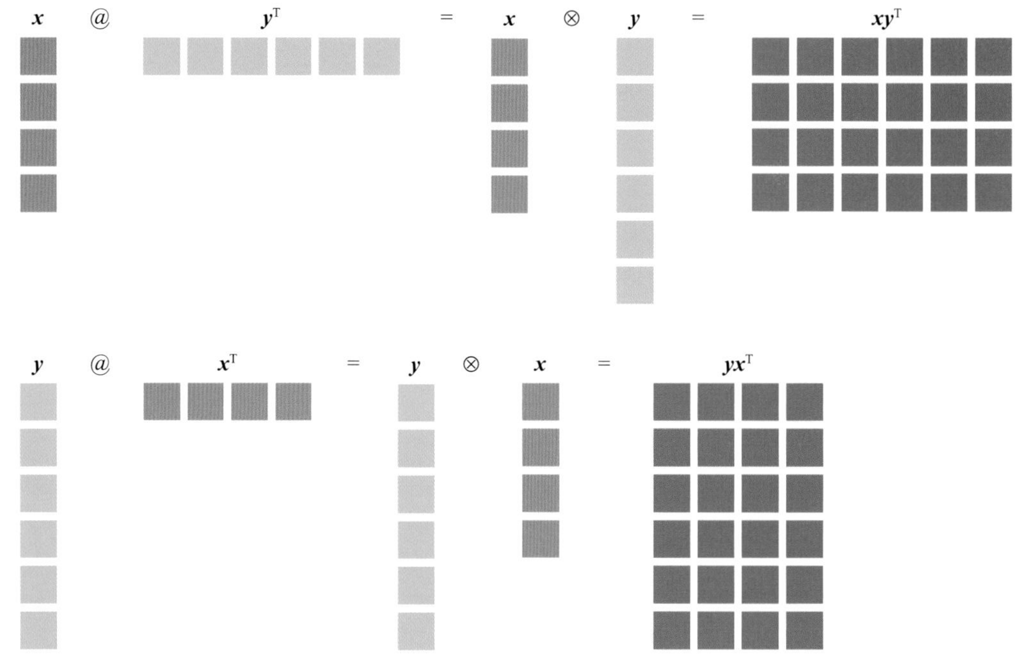

图5.8　另外两种形状的张量积

5.3 再聊全1列向量

本节主要介绍全1列向量$\boldsymbol{I}$在求和方面的用途。

有关Σ求和，鸢尾花书《数学要素》第14章中讲过。本节主要从矩阵乘法的角度再进行深入探讨。

每列元素求和

如图5.9所示，全1列向量$\boldsymbol{I}$转置左乘数据矩阵$\boldsymbol{X}$，相当于对$\boldsymbol{X}$的每一列元素求和，计算结果为行向量，行向量的每个元素是$\boldsymbol{X}$对应列元素之和，即

$$\left(\boldsymbol{I}_{n\times 1}\right)^{\mathrm{T}}\boldsymbol{X}=\begin{bmatrix}1 & 1 & \cdots & 1\end{bmatrix}_{1\times n}\begin{bmatrix}x_{1,1} & x_{1,2} & \cdots & x_{1,D}\\ x_{2,1} & x_{2,2} & \cdots & x_{2,D}\\ \vdots & \vdots & \ddots & \vdots\\ x_{n,1} & x_{n,2} & \cdots & x_{n,D}\end{bmatrix}_{n\times D}=\begin{bmatrix}\sum_{i=1}^{n}x_{i,1} & \sum_{i=1}^{n}x_{i,2} & \cdots & \sum_{i=1}^{n}x_{i,D}\end{bmatrix}_{1\times D} \tag{5.21}$$

请大家格外注意矩阵形状。全1列向量$\boldsymbol{I}$的形状为$n\times 1$，转置之后$\boldsymbol{I}^{\mathrm{T}}$的形状为$1\times n$。数据矩阵$\boldsymbol{X}$的形状为$n\times D$。矩阵乘积$\boldsymbol{I}^{\mathrm{T}}\boldsymbol{X}$的结果形状为$1\times D$。式 (5.21) 就是我们在《数学要素》第14章中介绍的“偏求和”的一种。

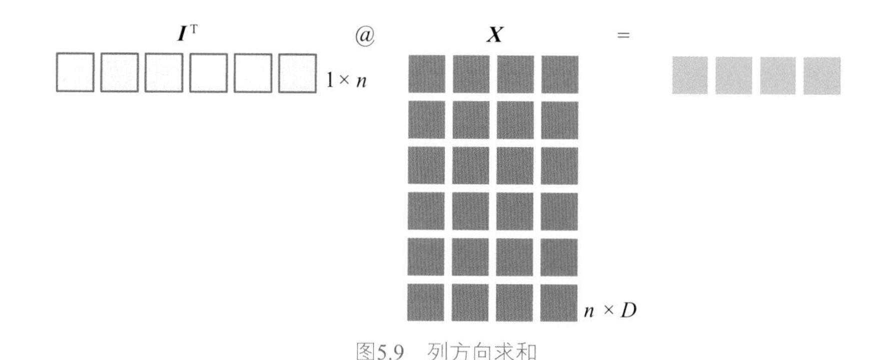

图5.9　列方向求和

式 (5.21) 左右除以n，便得到每一列元素均值构成的行向量E($\boldsymbol{X}$)，有

$$\mathrm{E}\left(\boldsymbol{X}\right)=\frac{\boldsymbol{I}^{\mathrm{T}}\boldsymbol{X}}{n}=\left[\begin{matrix}\frac{\sum_{i=1}^{n}x_{i,1}}{n} & \frac{\sum_{i=1}^{n}x_{i,2}}{n} & \cdots & \frac{\sum_{i=1}^{n}x_{i,D}}{n}\end{matrix}\right]=\left[\begin{matrix}\mu_1 & \mu_2 & \cdots & \mu_D\end{matrix}\right] \tag{5.22}$$

E($\boldsymbol{X}$) 常被称做数据矩阵$\boldsymbol{X}$的**质心** (centroid)。我们也常用$\boldsymbol{\mu}_X$表达质心。$\boldsymbol{\mu}_X$为列向量，是行向量E($\boldsymbol{X}$)的转置，有

$$\boldsymbol{\mu}_X=\mathrm{E}\left(\boldsymbol{X}\right)^{\mathrm{T}}=\left[\begin{matrix}\mu_1\\ \mu_2\\ \vdots\\ \mu_D\end{matrix}\right]=\frac{\boldsymbol{X}^{\mathrm{T}}\boldsymbol{I}}{n} \tag{5.23}$$

注意：鸢尾花书定义 E($\boldsymbol{X}$) 为行向量。而$\boldsymbol{\mu}_X$为列向量，$\boldsymbol{\mu}_X$和E($\boldsymbol{X}$) 就差在转置上。E($\boldsymbol{X}$) 一般常配合原始数据矩阵$\boldsymbol{X}$一起出现，如利用广播原则去均值；而$\boldsymbol{\mu}_X$多用在分布相关的运算中，如多元高斯分布。

去均值

上一节提到，全1列向量有复制的功能。很多应用场合需要将式 (5.22) 复制n份，得到一个与原矩阵形状相同的矩阵。下式可以完成这个计算，即

$$\boldsymbol{I}_{n\times1}@\mathrm{E}\left(\boldsymbol{X}\right)_{1\times D}=\frac{\boldsymbol{I}_{n\times1}\boldsymbol{I}_{n\times1}^{\mathrm{T}}\boldsymbol{X}}{n}=\left[\begin{matrix}\mu_1 & \mu_2 & \cdots & \mu_D\\ \mu_1 & \mu_2 & \cdots & \mu_D\\ \vdots & \vdots & \ddots & \vdots\\ \mu_1 & \mu_2 & \cdots & \mu_D\end{matrix}\right]_{n\times D} \tag{5.24}$$

式 (5.24) 的结果和数据矩阵$\boldsymbol{X}$形状一致，都是$n\times D$。其中：$\boldsymbol{I}_{n\times1}\boldsymbol{I}_{n\times1}^{\mathrm{T}}$相当于向量张量积$\boldsymbol{I}_{n\times1}\otimes\boldsymbol{I}_{n\times1}$，结果为$n\times n$全1方阵。利用向量张量积，式 (5.24) 可以写成

$$\boldsymbol{I}_{n\times1}@\mathrm{E}\left(\boldsymbol{X}\right)_{1\times D}=\frac{\boldsymbol{I}_{n\times1}\otimes\boldsymbol{I}_{n\times1}}{n}\boldsymbol{X} \tag{5.25}$$

式 (5.25) 相当于是$\boldsymbol{X}$向$\boldsymbol{I}$正交投影，这是本书第10章要探讨的内容。

对$\boldsymbol{X}$**去均值** (demean或centralize) 就是$\boldsymbol{X}$的每个元素减去$\boldsymbol{X}$对应列方向数据均值，即$\boldsymbol{X}$减去式 (5.24) 得到去均值数据矩阵$\boldsymbol{X}_c$，有

$$\boldsymbol{X}_c = \boldsymbol{X} - \frac{\boldsymbol{1}\boldsymbol{1}^T\boldsymbol{X}}{n} = \begin{bmatrix} x_{1,1}-\mu_1 & x_{1,2}-\mu_2 & \cdots & x_{1,D}-\mu_D \\ x_{2,1}-\mu_1 & x_{2,2}-\mu_2 & \cdots & x_{2,D}-\mu_D \\ \vdots & \vdots & \ddots & \vdots \\ x_{n,1}-\mu_1 & x_{n,2}-\mu_2 & \cdots & x_{n,D}-\mu_D \end{bmatrix}_{n\times D} \tag{5.26}$$

式 (5.26) 可以整理为

$$\boldsymbol{X} - \frac{\boldsymbol{1}\boldsymbol{1}^T\boldsymbol{X}}{n} = \boldsymbol{I}\boldsymbol{X} - \frac{\boldsymbol{1}\boldsymbol{1}^T\boldsymbol{X}}{n} = \left(\boldsymbol{I} - \frac{\boldsymbol{1}\boldsymbol{1}^T}{n}\right)\boldsymbol{X} \tag{5.27}$$

其中：$\boldsymbol{I}$为单位矩阵，对角线元素都是1，其余为0。式 (5.27) 中$\boldsymbol{I}$的形状为$n \times n$。

有关去均值运算，本书第22章还要深入讲解这一话题。

如图5.10所示，从几何视角来看，去均值相当于将数据的质心平移到原点。为了方便，我们一般利用广播原则计算去均值矩阵$\boldsymbol{X}_c$，即$\boldsymbol{X}_c = \boldsymbol{X} - \mathrm{E}(\boldsymbol{X})$。

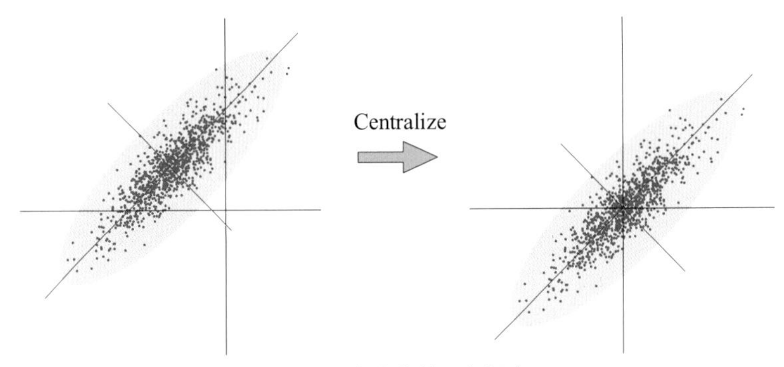

图5.10　去均值的几何视角

用张量积$\boldsymbol{1} \otimes \boldsymbol{1}$，式 (5.26) 可以写成

$$\boldsymbol{X}_c = \boldsymbol{X} - \frac{\boldsymbol{1} \otimes \boldsymbol{1}}{n}\boldsymbol{X} \tag{5.28}$$

前文提到，张量积$\boldsymbol{1} \otimes \boldsymbol{1}$是个$n \times n$方阵，矩阵的元素都是1。张量积$\boldsymbol{1} \otimes \boldsymbol{1}$再除以$n$得到的方阵中每个元素都是$1/n$。

每行元素求和

如图5.11所示，矩阵$\boldsymbol{X}$乘全1列向量$\boldsymbol{1}$，相当于对$\boldsymbol{X}$每一行元素求和，结果为列向量，即

注意：式 (5.21) 和式 (5.29) 两式中的全$\boldsymbol{1}$向量长度不同。式 (5.29) 中全1列向量$\boldsymbol{1}$的形状为$D \times 1$。

$$\boldsymbol{X}_{n\times D}\boldsymbol{1}_{D\times 1} = \begin{bmatrix} x_{1,1} & x_{1,2} & \cdots & x_{1,D} \\ x_{2,1} & x_{2,2} & \cdots & x_{2,D} \\ \vdots & \vdots & \ddots & \vdots \\ x_{n,1} & x_{n,2} & \cdots & x_{n,D} \end{bmatrix}_{n\times D} \begin{bmatrix} 1 \\ 1 \\ \vdots \\ 1 \end{bmatrix}_{D\times 1} = \begin{bmatrix} \sum_{j=1}^{D} x_{1,j} \\ \sum_{j=1}^{D} x_{2,j} \\ \vdots \\ \sum_{j=1}^{D} x_{n,j} \end{bmatrix}_{n\times 1} \tag{5.29}$$

而式 (5.29) 除以D结果是$\boldsymbol{X}$每行元素平均值，即

$$\frac{\boldsymbol{X}_{n\times D}\boldsymbol{I}_{D\times 1}}{D}=\begin{bmatrix}\sum_{j=1}^{D}x_{1,j}\Big/D\\ \sum_{j=1}^{D}x_{2,j}\Big/D\\ \vdots\\ \sum_{j=1}^{D}x_{n,j}\Big/D\end{bmatrix}_{n\times 1} \tag{5.30}$$

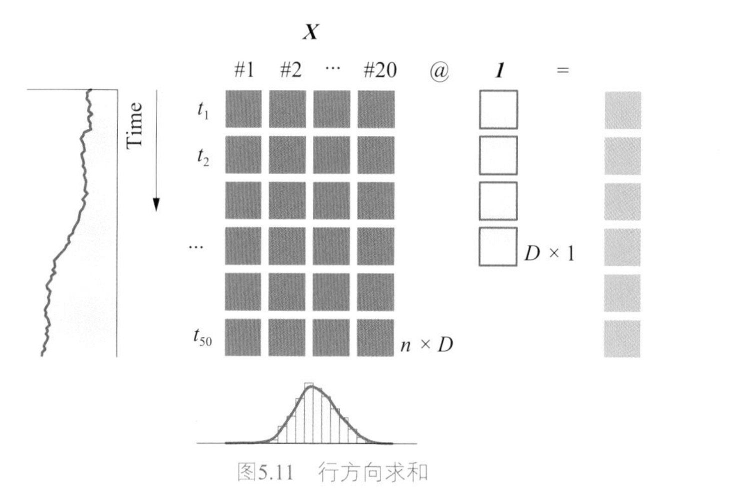

图5.11　行方向求和

大家可能会好奇，数据矩阵的列均值、行均值有怎样的应用场景呢？

举个例子，假设图5.11中数据矩阵$\boldsymbol{X}$为某个班级20名学生一个学期不同时间t的连续50次数学测验的成绩。每一列的均值代表的是某个学生的平均成绩，每一行的均值则代表一个班级在某次数学测验的整体表现。采用直方图分析列均值，我们可以得到该学期学生平均成绩的分布。采用线图分析行均值，我们可以得到班级学生平均成绩随时间变化的趋势。

所有元素的和

如图5.12所示，数据矩阵$\boldsymbol{X}$分别左乘$\boldsymbol{I}^{\mathrm{T}}$、右乘全1向量，结果为对$\boldsymbol{X}$的所有元素求和，即

$$\boldsymbol{I}^{\mathrm{T}}\boldsymbol{X}\boldsymbol{I}=\begin{bmatrix}\sum_{i=1}^{n}x_{i,1} & \sum_{i=1}^{n}x_{i,2} & \cdots & \sum_{i=1}^{n}x_{i,D}\end{bmatrix}\begin{bmatrix}1\\1\\ \vdots\\1\end{bmatrix}=\sum_{j=1}^{D}\sum_{i=1}^{n}x_{i,j} \tag{5.31}$$

式 (5.31) 的结果除以nD，得到的便是整个数据矩阵$\boldsymbol{X}$所有元素的均值。

注意：式 (5.31) 中两个全$\boldsymbol{I}$列向量长度也不同，具体形状如图5.12所示。再强调一点，希望大家在看到代数式时，要联想可能的线性代数运算式。本章后续还会继续给出更多示例，以便强化代数和线性代数的联系。

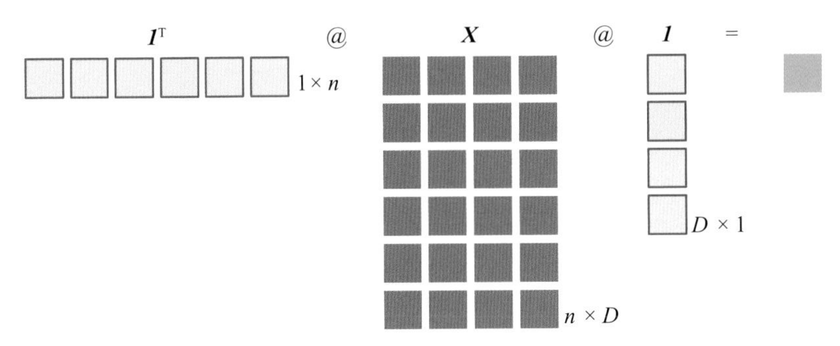

图5.12　矩阵所有元素求和

5.4 矩阵乘向量：线性方程组

设矩阵$\boldsymbol{A}$为n行、D列，即有

$$\boldsymbol{A}_{n\times D}=\begin{bmatrix} a_{1,1} & a_{1,2} & \cdots & a_{1,D} \\ a_{2,1} & a_{2,2} & \cdots & a_{2,D} \\ \vdots & \vdots & \ddots & \vdots \\ a_{n,1} & a_{n,2} & \cdots & a_{n,D} \end{bmatrix} \tag{5.32}$$

$\boldsymbol{x}$为D个未知量x_1、x_2、…、x_D构成的列向量，$\boldsymbol{b}$为n个常数b_1、b_2、…、b_n构成的列向量，即

$$\boldsymbol{x}_{D\times 1}=\begin{bmatrix} x_1 \\ x_2 \\ \vdots \\ x_D \end{bmatrix},\quad \boldsymbol{b}_{n\times 1}=\begin{bmatrix} b_1 \\ b_2 \\ \vdots \\ b_n \end{bmatrix} \tag{5.33}$$

如图5.13所示，$\boldsymbol{A}\boldsymbol{x}=\boldsymbol{b}$可以写成

$$\underbrace{\begin{bmatrix} a_{1,1} & a_{1,2} & \cdots & a_{1,D} \\ a_{2,1} & a_{2,2} & \cdots & a_{2,D} \\ \vdots & \vdots & \ddots & \vdots \\ a_{n,1} & a_{n,2} & \cdots & a_{n,D} \end{bmatrix}}_{\boldsymbol{A}_{n\times D}}\underbrace{\begin{bmatrix} x_1 \\ x_2 \\ \vdots \\ x_D \end{bmatrix}}_{\boldsymbol{x}_{D\times 1}}=\underbrace{\begin{bmatrix} b_1 \\ b_2 \\ \vdots \\ b_n \end{bmatrix}}_{\boldsymbol{b}_{n\times 1}} \tag{5.34}$$

式 (5.34) 展开得到**线性方程组** (system of linear equations)

$$\begin{cases} a_{1,1}x_1+a_{1,2}x_2+\cdots+a_{1,D}x_D=b_1 \\ a_{2,1}x_1+a_{2,2}x_2+\cdots+a_{2,D}x_D=b_2 \\ \qquad\qquad\qquad\vdots \\ a_{n,1}x_1+a_{n,2}x_2+\cdots+a_{n,D}x_D=b_n \end{cases} \tag{5.35}$$

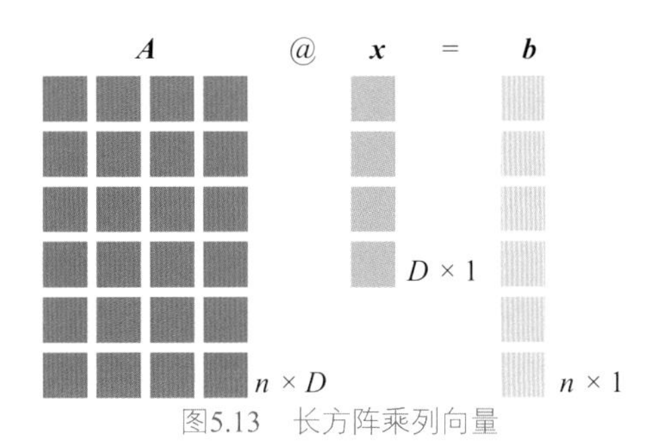

图5.13　长方阵乘列向量

解的个数

若式 (5.34) 有唯一一组解，矩阵$\boldsymbol{A}$可逆，即

$$\boldsymbol{A}\boldsymbol{x}=\boldsymbol{b} \quad \Rightarrow \quad \boldsymbol{x}=\boldsymbol{A}^{-1}\boldsymbol{b} \tag{5.36}$$

此时称$\boldsymbol{A}\boldsymbol{x}=\boldsymbol{b}$为恰定方程组。

有无穷多解的方程组叫做**欠定方程组** (underdetermined system)。

解不存在的方程组叫做**超定方程组** (overdetermined system)。

特别地，如果$\boldsymbol{A}^{\mathrm{T}}\boldsymbol{A}$可逆，则$\boldsymbol{x}$可以通过下式求解，即

$$\boldsymbol{A}\boldsymbol{x}=\boldsymbol{b} \quad \Rightarrow \quad \boldsymbol{A}^{\mathrm{T}}\boldsymbol{A}\boldsymbol{x}=\boldsymbol{A}^{\mathrm{T}}\boldsymbol{b} \quad \Rightarrow \quad \boldsymbol{x}=\underbrace{\left(\boldsymbol{A}^{\mathrm{T}}\boldsymbol{A}\right)^{-1}\boldsymbol{A}^{\mathrm{T}}}_{\boldsymbol{A}^{+}}\boldsymbol{b} \tag{5.37}$$

$\left(\boldsymbol{A}^{\mathrm{T}}\boldsymbol{A}\right)^{-1}\boldsymbol{A}^{\mathrm{T}}$常被称为**广义逆** (generalized inverse)，或**伪逆** (pseudoinverse)。如果$\boldsymbol{A}^{\mathrm{T}}\boldsymbol{A}$非满秩，则$\boldsymbol{A}^{\mathrm{T}}\boldsymbol{A}$不可逆。这种情况，我们就需要摩尔-彭若斯广义逆 (Moore-Penrose inverse)。函数numpy.linalg.pinv( ) 计算摩尔-彭若斯广义逆。这个函数用的实际上是奇异值分解获得的摩尔-彭若斯广义逆。

鸢尾花书《数学要素》一册介绍过最小二乘法 (ordinary least squares, OLS) 和广义逆之间的关系。鸢尾花书《统计至简》和《数据有道》两册还会深入讲解最小二乘法回归。

线性代数本身具有“代数”属性，这也就是为什么很多教材以求解$\boldsymbol{A}\boldsymbol{x}=\boldsymbol{b}$为起点讲解线性代数。而本书则试图跳出“代数”的桎梏，从向量、几何、空间、数据等视角理解$\boldsymbol{A}\boldsymbol{x}=\boldsymbol{b}$。

线性组合视角

下面用另外一个视角看$\boldsymbol{A}\boldsymbol{x}=\boldsymbol{b}$。

本书前文反复提到，矩阵$\boldsymbol{A}$可以看做由一组列向量构造而成，即

$$\boldsymbol{A}_{n\times D}=\left[\boldsymbol{a}_1 \quad \boldsymbol{a}_2 \quad \cdots \quad \boldsymbol{a}_D\right] \tag{5.38}$$

如图5.14所示，式 (5.34) 可以写成

$$\left[\boldsymbol{a}_1 \quad \boldsymbol{a}_2 \quad \cdots \quad \boldsymbol{a}_D\right]_{1\times D}\begin{bmatrix} x_1 \\ x_2 \\ \vdots \\ x_D \end{bmatrix}_{D\times 1}=\boldsymbol{b}_{n\times 1} \tag{5.39}$$

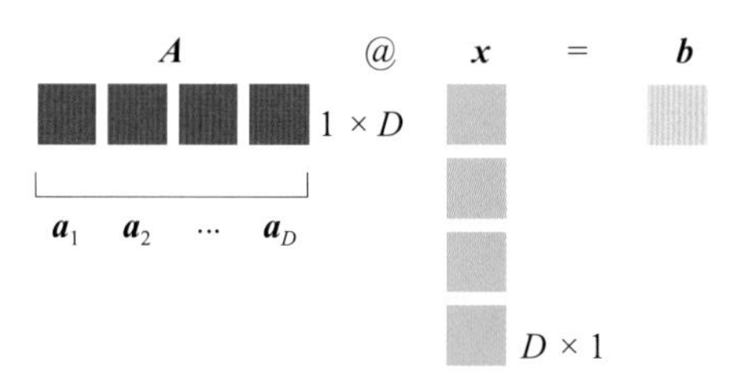

图5.14　线性组合视角看线性方程组

展开式 (5.39) 得到

$$x_1\boldsymbol{a}_1 + x_2\boldsymbol{a}_2 + \cdots + x_D\boldsymbol{a}_D = \boldsymbol{b}_{n\times 1} \tag{5.40}$$

即

$$x_1\underbrace{\begin{bmatrix} a_{1,1} \\ a_{2,1} \\ \vdots \\ a_{n,1} \end{bmatrix}}_{\boldsymbol{a}_1} + x_2\underbrace{\begin{bmatrix} a_{1,2} \\ a_{2,2} \\ \vdots \\ a_{n,2} \end{bmatrix}}_{\boldsymbol{a}_2} + \cdots + x_D\underbrace{\begin{bmatrix} a_{1,D} \\ a_{2,D} \\ \vdots \\ a_{n,D} \end{bmatrix}}_{\boldsymbol{a}_D} = \begin{bmatrix} b_1 \\ b_2 \\ \vdots \\ b_n \end{bmatrix} \tag{5.41}$$

线性组合这个概念非常重要，本书第7章将专门进行介绍。

当x_1、x_2、···、x_D取具体值时，上式代表**线性组合** (linear combination)。用腊八粥举个例子，上式相当于不同比例的原料混合，x_i就是比例，$\boldsymbol{a}_i$就是不同的原料，而$\boldsymbol{b}$就是混合得到的八宝粥。

映射视角

如图5.15所示，从**线性映射** (linear mapping) 角度来看，式 (5.34) 代表从$\mathbb{R}^D$空间到$\mathbb{R}^n$空间的某种特定映射。列向量$\boldsymbol{x}_{D\times 1}$在$\mathbb{R}^D$中，而列向量$\boldsymbol{b}_{n\times 1}$在$\mathbb{R}^n$中。当且仅当矩阵$\boldsymbol{A}$可逆时，可以完成从$\mathbb{R}^n$空间到$\mathbb{R}^D$空间的映射。这种情况下，$n = D$且$\boldsymbol{A}$满秩，也就是两个空间相同，我们管这种线性映射叫**线性变换** (linear transformation)。

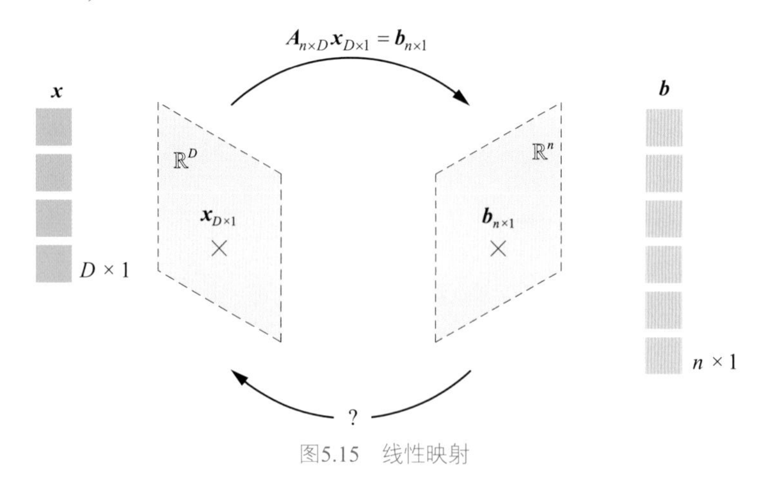

图5.15　线性映射

几何视角

如果二维向量$\boldsymbol{x} = [x_1, x_2]^{\mathrm{T}}$的模为1，$\boldsymbol{x}$的起点位于原点，则终点位于单位圆上。给定如下矩阵$\boldsymbol{S}$和

$\boldsymbol{R}$，即

$$\boldsymbol{S}=\begin{bmatrix}2 & \\ & 1\end{bmatrix},\quad \boldsymbol{R}=\begin{bmatrix}\sqrt{2}/2 & -\sqrt{2}/2 \\ \sqrt{2}/2 & \sqrt{2}/2\end{bmatrix} \tag{5.42}$$

利用矩阵乘法，$\boldsymbol{x}$分别经过$\boldsymbol{S}$和$\boldsymbol{R}$ ($\boldsymbol{A}=\boldsymbol{RS}$) 映射得到$\boldsymbol{y}$，有

$$\boldsymbol{y}=\boldsymbol{Ax}=\boldsymbol{RSx}=\underbrace{\begin{bmatrix}\sqrt{2}/2 & -\sqrt{2}/2 \\ \sqrt{2}/2 & \sqrt{2}/2\end{bmatrix}}_{\boldsymbol{R}}\underbrace{\begin{bmatrix}2 & \\ & 1\end{bmatrix}}_{\boldsymbol{S}}\boldsymbol{x} \tag{5.43}$$

如图5.16所示，式 (5.43) 代表“缩放 → 旋转”。请大家注意几何变换的先后顺序，缩放 ($\boldsymbol{S}$) 先作用于$\boldsymbol{x}$，对应矩阵乘法$\boldsymbol{Sx}$；然后，旋转 ($\boldsymbol{R}$)再作用于$\boldsymbol{Sx}$，得到$\boldsymbol{RSx}$。准确来说，图5.16中的这两种几何变换叫做线性变换，这是本书第8章要探讨的问题。

也就是说，矩阵连乘代表一系列有先后顺序的几何变换。此外，以上分析还告诉我们矩阵$\boldsymbol{A}$可以分解为$\boldsymbol{S}$和$\boldsymbol{R}$ 相乘，用到的数学工具就是第11章要讲的矩阵分解。

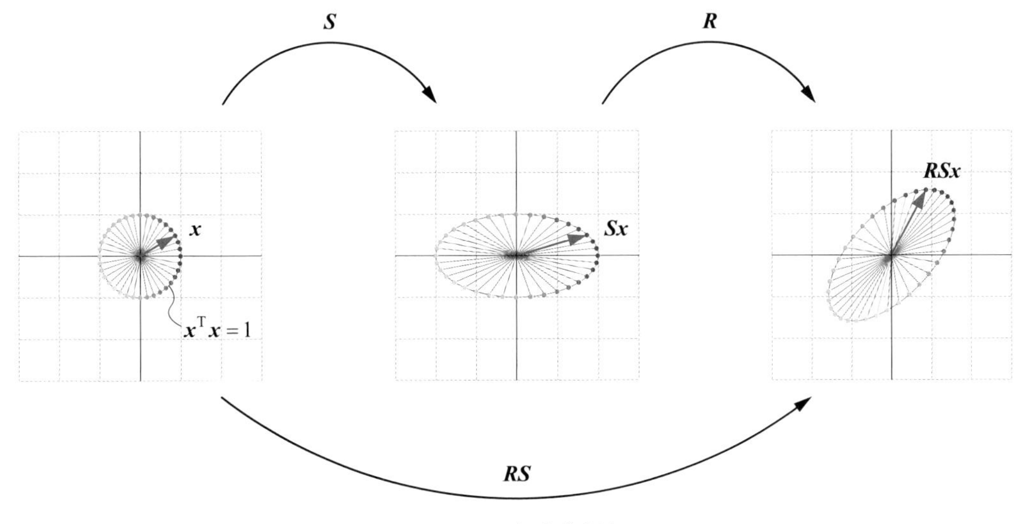

图5.16　几何变换视角

向量模

凡是向量就有自己的长度，即向量模、L^2范数。$\boldsymbol{b}_{n\times 1}$的向量模、$L^2$范数为

$$\|\boldsymbol{b}\|=\|\boldsymbol{Ax}\| \tag{5.44}$$

注意：$\boldsymbol{b}$的模是标量。

利用矩阵乘法，式 (5.44) 可以写成

$$\|\boldsymbol{b}\|=\sqrt{\boldsymbol{b}^{\mathrm{T}}\boldsymbol{b}}=\sqrt{\boldsymbol{x}^{\mathrm{T}}\boldsymbol{A}^{\mathrm{T}}\boldsymbol{Ax}} \tag{5.45}$$

$\boldsymbol{b}$的模的平方则为

$$\|\boldsymbol{b}\|_2^2=\boldsymbol{b}^{\mathrm{T}}\boldsymbol{b}=\boldsymbol{x}^{\mathrm{T}}\boldsymbol{A}^{\mathrm{T}}\boldsymbol{Ax} \tag{5.46}$$

$\boldsymbol{x}^{\mathrm{T}}\boldsymbol{A}^{\mathrm{T}}\boldsymbol{A}\boldsymbol{x}$这种矩阵乘法的结果为非负标量，其中$\boldsymbol{A}^{\mathrm{T}}\boldsymbol{A}$叫做$\boldsymbol{A}$的格拉姆矩阵。$\boldsymbol{x}^{\mathrm{T}}\boldsymbol{A}^{\mathrm{T}}\boldsymbol{A}\boldsymbol{x}$就是下一节要介绍的二次型。

举个例子，如果向量$\boldsymbol{x}$的模为1，则平面上向量$\boldsymbol{x}$的终点在单位圆上。如图5.17所示，经过$\boldsymbol{A}\boldsymbol{x} = \boldsymbol{b}$的线性映射得到的向量$\boldsymbol{b}$终点在旋转椭圆上，即

$$\boldsymbol{b} = \boldsymbol{A}\boldsymbol{x} = \underbrace{\begin{bmatrix} 1.25 & -0.75 \\ -0.75 & 1.25 \end{bmatrix}}_{\boldsymbol{A}}\boldsymbol{x} \tag{5.47}$$

而矩阵$\boldsymbol{A}$恰好可逆，通过如下运算，我们把旋转椭圆变换成单位圆，即

$$\boldsymbol{x} = \boldsymbol{A}^{-1}\boldsymbol{b} = \underbrace{\begin{bmatrix} 1.25 & 0.75 \\ 0.75 & 1.25 \end{bmatrix}}_{\boldsymbol{A}^{-1}}\boldsymbol{b} \tag{5.48}$$

大家可能会好奇，我们应该如何计算旋转椭圆的半长轴、半短轴的长度，以及长轴旋转角度等信息呢？本书第14章将给出答案。

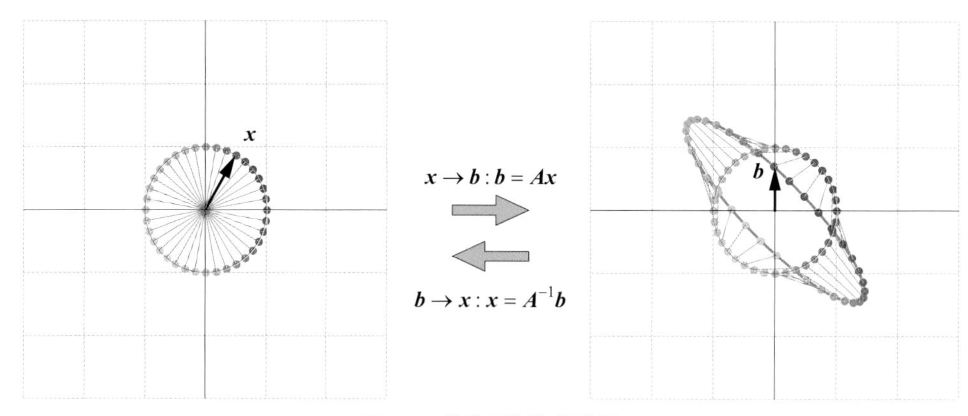

图5.17　单位圆到旋转椭圆

5.5 向量乘矩阵乘向量：二次型

二次型 (quadratic form) 的矩阵算式为

$$\boldsymbol{x}^{\mathrm{T}}\boldsymbol{Q}\boldsymbol{x} = q \tag{5.49}$$

其中：$\boldsymbol{Q}$为对称阵，q为实数。$\boldsymbol{Q}$和$\boldsymbol{x}$分别为

$$\boldsymbol{x} = \begin{bmatrix} x_1 \\ x_2 \\ \vdots \\ x_D \end{bmatrix}, \quad \boldsymbol{Q} = \begin{bmatrix} q_{1,1} & q_{1,2} & \cdots & q_{1,D} \\ q_{2,1} & q_{2,2} & \cdots & q_{2,D} \\ \vdots & \vdots & \ddots & \vdots \\ q_{D,1} & q_{D,2} & \cdots & q_{D,D} \end{bmatrix} \tag{5.50}$$

式 (5.49) 对应的矩阵运算过程如图5.18所示。

$\boldsymbol{x}^{\mathrm{T}}\boldsymbol{Q}\boldsymbol{x}$像极了$\boldsymbol{x}^{\mathrm{T}}\boldsymbol{x}$，也就是说$\boldsymbol{x}^{\mathrm{T}}\boldsymbol{Q}\boldsymbol{x}$类似于 $\|\boldsymbol{x}\|_2^2$，结果都是“标量”。从几何角度看，$\|\boldsymbol{x}\|_2^2$代表向量$\boldsymbol{x}$长度的平方，$\boldsymbol{x}^{\mathrm{T}}\boldsymbol{Q}\boldsymbol{x}$似乎也代表着某种“距离的平方”，本书后续将会专门介绍。

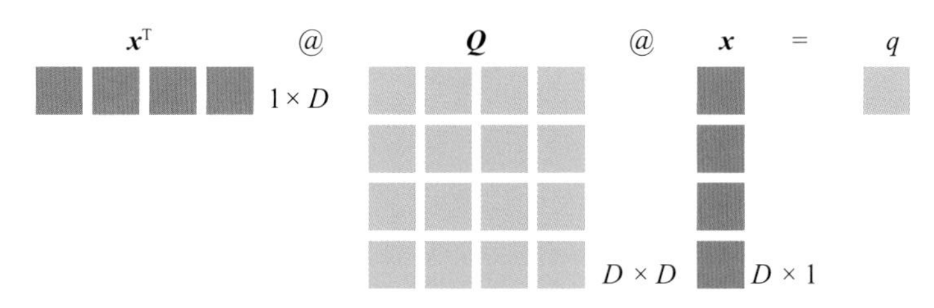

图5.18　$\boldsymbol{x}^{\mathrm{T}}\boldsymbol{Q}\boldsymbol{x} = q$矩阵运算

将式 (5.50) 代入式 (5.49)，展开得到

$$\boldsymbol{x}^{\mathrm{T}}\boldsymbol{Q}\boldsymbol{x} = \sum_{i=1}^{D} q_{i,i} x_i^2 + \sum_{i=1}^{D}\sum_{j=1}^{D} q_{i,j} x_i x_j = q \tag{5.51}$$

其中，i不等于j。观察式 (5.51)，发现单项式变量的最高次数为2，这就是称$\boldsymbol{x}^{\mathrm{T}}\boldsymbol{Q}\boldsymbol{x}$为二次型的原因。

举个例子

比如$\boldsymbol{x}$和$\boldsymbol{Q}$分别为

$$\boldsymbol{x} = \begin{bmatrix} x_1 \\ x_2 \end{bmatrix},\quad \boldsymbol{Q} = \begin{bmatrix} a & b \\ c & d \end{bmatrix} \tag{5.52}$$

代入式 (5.49) 得到

$$\begin{bmatrix} x_1 & x_2 \end{bmatrix} \begin{bmatrix} a & b \\ c & d \end{bmatrix} \begin{bmatrix} x_1 \\ x_2 \end{bmatrix} = a x_1^2 + (b + c) x_1 x_2 + d x_2^2 = q \tag{5.53}$$

可以发现，式 (5.53) 对应鸢尾花书中《数学要素》一册中介绍过的各种二次曲线，如正圆、椭圆、抛物线或双曲线等，具体如图5.19所示。

本书第20章还要用线性代数工具深入探讨这些圆锥曲线。

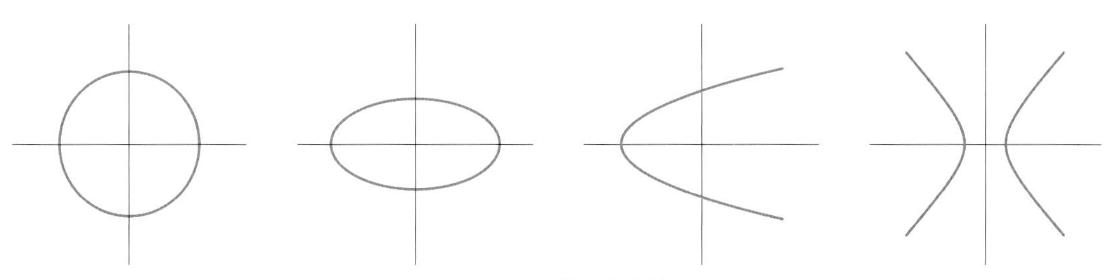

图5.19　四种二次曲线

将式 (5.53) 写成二元函数形式 $f(x_1, x_2)$，有

$$f(x_1, x_2) = \begin{bmatrix} x_1 & x_2 \end{bmatrix} \begin{bmatrix} a & b \\ c & d \end{bmatrix} \begin{bmatrix} x_1 \\ x_2 \end{bmatrix} = a x_1^2 + (b + c) x_1 x_2 + d x_2^2 \tag{5.54}$$

式 (5.54) 对应着如图5.20所示的几种曲面。而$f(x_1, x_2) = q$，相当于曲面某个高度的等高线。

本书第21章将探讨图5.20这些曲面和正定性、极值之间的联系。

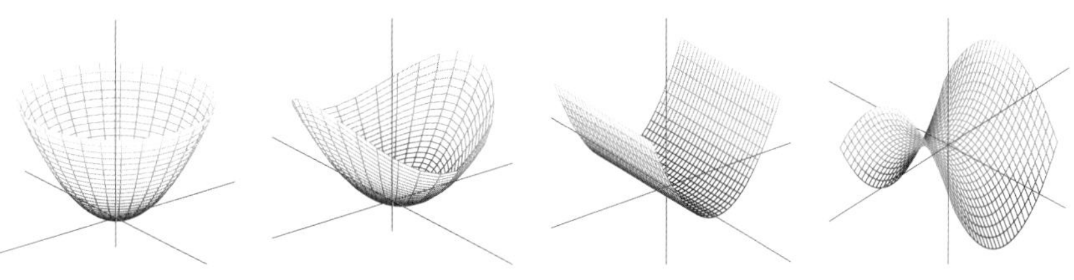

图5.20　常见二次型曲面

高斯分布

二次型的应用无处不在。举个例子，二元正态分布的概率密度函数解析式为

$$f_{X1,X2}(x_1, x_2) = \frac{1}{2\pi\sigma_1\sigma_2\sqrt{1-\rho_{1,2}^2}} \times \exp\left(\frac{-1}{2}\left(\overbrace{\frac{1}{\left(1-\rho_{1,2}^2\right)}\left(\left(\frac{x_1-\mu_1}{\sigma_1}\right)^2 - 2\rho_{1,2}\left(\frac{x_1-\mu_1}{\sigma_1}\right)\left(\frac{x_2-\mu_2}{\sigma_2}\right) + \left(\frac{x_2-\mu_2}{\sigma_2}\right)^2\right)}^{\text{Ellipse}}\right)\right) \tag{5.55}$$

大家应该记得，我们在鸢尾花书《数学要素》一册第9章介绍过这种形式椭圆。

而多元正态分布的概率密度函数为

$$f_{\chi}(\boldsymbol{x}) = \frac{\exp\left(-\frac{1}{2}\overbrace{(\boldsymbol{x}-\boldsymbol{\mu})^{\mathrm{T}}\boldsymbol{\Sigma}^{-1}(\boldsymbol{x}-\boldsymbol{\mu})}^{\text{Ellipse}}\right)}{(2\pi)^{\frac{D}{2}}|\boldsymbol{\Sigma}|^{\frac{1}{2}}} \tag{5.56}$$

式 (5.56) 分子中已经明显看到类似于式 (5.49) 的矩阵乘法。本书第20章会继续这一话题。

比较上式 (5.55) 和式 (5.56)，大家也应该清楚，为什么进入多元领域，如多元微积分、多元概率统计，我们便离不开线性代数。二元正态分布的概率密度函数的解析式已经如此复杂，更不用说三元、四元，乃至D元。

三个方阵连乘

我们再看另外矩阵乘法一种形式，具体为

$$\boldsymbol{V}^{\mathrm{T}}\boldsymbol{\Sigma}\boldsymbol{V} \tag{5.57}$$

其中：$\boldsymbol{V}$和$\boldsymbol{\Sigma}$都是 $D \times D$方阵，得到的结果也是$D \times D$方阵。特别地，实际应用中$\boldsymbol{V}$多为正交矩阵，即$\boldsymbol{V}$为方阵且满足 $\boldsymbol{V}\boldsymbol{V}^{\mathrm{T}} = \boldsymbol{I}$。

将$\boldsymbol{V}$写成 $\boldsymbol{V} = [\boldsymbol{v}_1, \boldsymbol{v}_2, \cdots, \boldsymbol{v}_D]$，展开式 (5.57) 得到

$$\begin{bmatrix} \boldsymbol{v}_1^{\mathrm{T}} \\ \boldsymbol{v}_2^{\mathrm{T}} \\ \vdots \\ \boldsymbol{v}_D^{\mathrm{T}} \end{bmatrix} \boldsymbol{\Sigma} \begin{bmatrix} \boldsymbol{v}_1 & \boldsymbol{v}_2 & \cdots & \boldsymbol{v}_D \end{bmatrix} = \begin{bmatrix} \boldsymbol{v}_1^{\mathrm{T}}\boldsymbol{\Sigma}\boldsymbol{v}_1 & \boldsymbol{v}_1^{\mathrm{T}}\boldsymbol{\Sigma}\boldsymbol{v}_2 & \cdots & \boldsymbol{v}_1^{\mathrm{T}}\boldsymbol{\Sigma}\boldsymbol{v}_D \\ \boldsymbol{v}_2^{\mathrm{T}}\boldsymbol{\Sigma}\boldsymbol{v}_1 & \boldsymbol{v}_2^{\mathrm{T}}\boldsymbol{\Sigma}\boldsymbol{v}_2 & \cdots & \boldsymbol{v}_2^{\mathrm{T}}\boldsymbol{\Sigma}\boldsymbol{v}_D \\ \vdots & \vdots & \ddots & \vdots \\ \boldsymbol{v}_D^{\mathrm{T}}\boldsymbol{\Sigma}\boldsymbol{v}_1 & \boldsymbol{v}_D^{\mathrm{T}}\boldsymbol{\Sigma}\boldsymbol{v}_2 & \cdots & \boldsymbol{v}_D^{\mathrm{T}}\boldsymbol{\Sigma}\boldsymbol{v}_D \end{bmatrix} \tag{5.58}$$

结果中，矩阵 (i, j) 元素$\boldsymbol{v}_i^{\mathrm{T}}\boldsymbol{\Sigma}\boldsymbol{v}_j$便是一个二次型，$\boldsymbol{v}_i^{\mathrm{T}}\boldsymbol{\Sigma}\boldsymbol{v}_j$对应的运算示意图如图5.21所示。这说明，式 (5.58) 包含了$D \times D$个二次型。

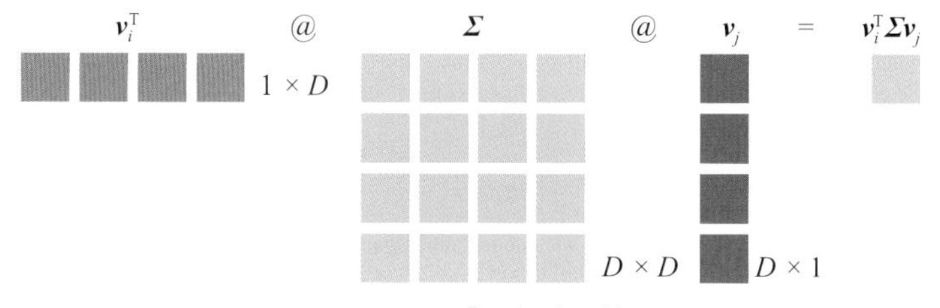

图5.21 $\boldsymbol{v}_i^{\mathrm{T}}\boldsymbol{\Sigma}\boldsymbol{v}_j$矩阵运算

二次型在多元微积分、正定性、多元正态分布、协方差矩阵、数据映射和优化方法中都有举足轻重的分量。本书后续将会深入探讨。

5.6 方阵乘方阵：矩阵分解

和方阵有关的矩阵乘法中，方阵乘方阵最为简单。图5.22所示的两种方阵乘法常见于LU分解、Cholesky分解、特征值分解等场合。

本节不展开讲解矩阵分解，本书第11～16章将专门介绍不同类别矩阵分解。

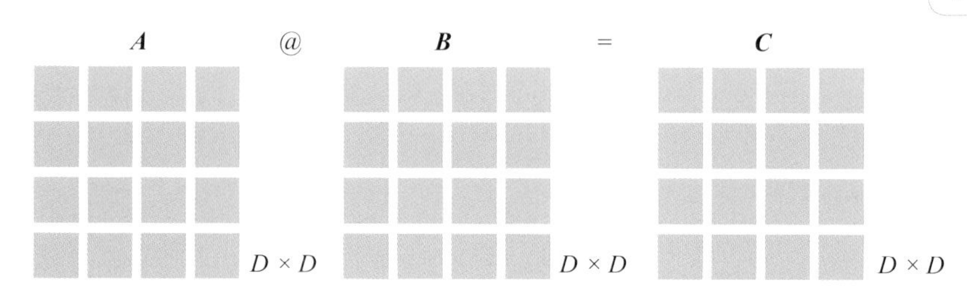

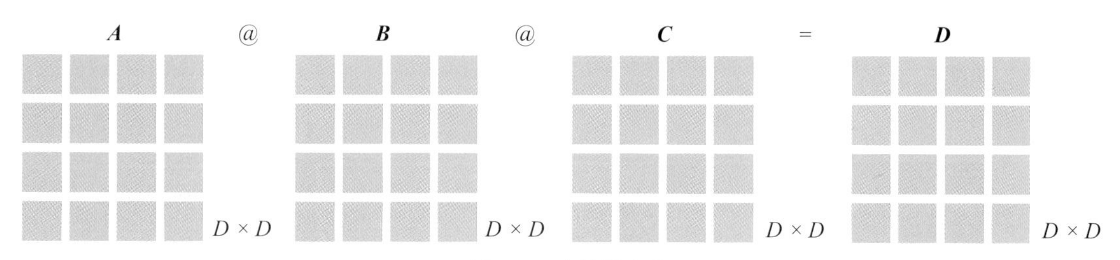

图5.22 方阵乘方阵

特别地，方阵$\boldsymbol{A}$如果满足

$$\boldsymbol{A}^2 = \boldsymbol{A} \tag{5.59}$$

则称$\boldsymbol{A}$为**幂等矩阵** (idempotent matrix)。

我们会在本书统计部分和最小二乘法线性回归中再次提及幂等矩阵。此外，丛书每册均有涉及线性回归这个话题，本书采用的是线性代数和向量几何视角，《统计至简》则利用统计视角理解线性回归，而《数据有道》则是从数据分析视角介绍如何应用这个模型。

5.7 对角阵：批量缩放

如果形状相同的方阵$\boldsymbol{A}$和$\boldsymbol{B}$都为对角阵，则两者乘积还是一个对角阵，即

$$\boldsymbol{A}_{D\times D}\boldsymbol{B}_{D\times D}=\begin{bmatrix}a_1 & & & \\ & a_2 & & \\ & & \ddots & \\ & & & a_D\end{bmatrix}\begin{bmatrix}b_1 & & & \\ & b_2 & & \\ & & \ddots & \\ & & & b_D\end{bmatrix}=\begin{bmatrix}a_1b_1 & & & \\ & a_2b_2 & & \\ & & \ddots & \\ & & & a_Db_D\end{bmatrix} \tag{5.60}$$

对角阵$\boldsymbol{\Lambda}$的逆也是一个对角阵，即

$$\boldsymbol{\Lambda}_{D\times D}\left(\boldsymbol{\Lambda}_{D\times D}\right)^{-1}=\begin{bmatrix}\lambda_1 & & & \\ & \lambda_2 & & \\ & & \ddots & \\ & & & \lambda_D\end{bmatrix}\begin{bmatrix}1/\lambda_1 & & & \\ & 1/\lambda_2 & & \\ & & \ddots & \\ & & & 1/\lambda_D\end{bmatrix}=\begin{bmatrix}1 & & & \\ & 1 & & \\ & & \ddots & \\ & & & 1\end{bmatrix}=\boldsymbol{I}_{D\times D} \tag{5.61}$$

其中：$\lambda_j \neq 0$。注意，本书中经常采用$\boldsymbol{\Lambda}$ (capital lambda) 和$\boldsymbol{S}$代表对角阵。

右乘

矩阵$\boldsymbol{X}$乘$D\times D$对角方阵$\boldsymbol{\Lambda}$，有

$$\begin{aligned}\boldsymbol{X}_{n\times D}\boldsymbol{\Lambda}_{D\times D}&=\begin{bmatrix}\boldsymbol{x}_1 & \boldsymbol{x}_2 & \cdots & \boldsymbol{x}_D\end{bmatrix}\begin{bmatrix}\lambda_1 & 0 & \cdots & 0\\ 0 & \lambda_2 & \cdots & 0\\ \vdots & \vdots & \ddots & \vdots\\ 0 & 0 & \cdots & \lambda_D\end{bmatrix}\\&=\begin{bmatrix}\lambda_1\boldsymbol{x}_1 & \lambda_2\boldsymbol{x}_2 & \cdots & \lambda_D\boldsymbol{x}_D\end{bmatrix}\end{aligned} \tag{5.62}$$

观察式 (5.62) 发现，$\boldsymbol{\Lambda}$的对角线元素相当于缩放系数，分别对矩阵$\boldsymbol{X}$的每一列数值进行不同比例的缩放。如图5.23所示。

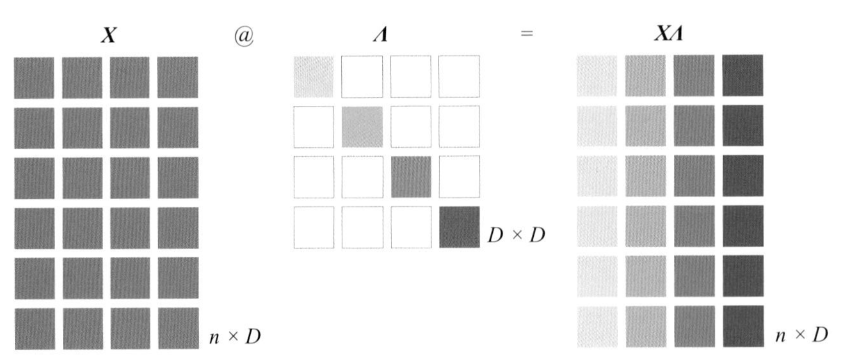

图5.23　$\boldsymbol{X}$乘对角方阵$\boldsymbol{\Lambda}$

左乘

$n \times n$对角阵$\boldsymbol{\Lambda}$左乘矩阵$\boldsymbol{X}$，有

$$\boldsymbol{\Lambda}_{n\times n}\boldsymbol{X}_{n\times D}=\begin{bmatrix}\lambda_1 & 0 & \cdots & 0\\ 0 & \lambda_2 & \cdots & 0\\ \vdots & \vdots & \ddots & \vdots\\ 0 & 0 & \cdots & \lambda_n\end{bmatrix}_{n\times n}\begin{bmatrix}\boldsymbol{x}^{(1)}\\ \boldsymbol{x}^{(2)}\\ \vdots\\ \boldsymbol{x}^{(n)}\end{bmatrix}_{n\times 1}=\begin{bmatrix}\lambda_1\boldsymbol{x}^{(1)}\\ \lambda_2\boldsymbol{x}^{(2)}\\ \vdots\\ \lambda_n\boldsymbol{x}^{(n)}\end{bmatrix}_{n\times 1} \tag{5.63}$$

观察式 (5.63)，可以发现$\boldsymbol{\Lambda}$的对角线元素分别对矩阵$\boldsymbol{X}$的每一行数值进行批量缩放。如图5.24所示。

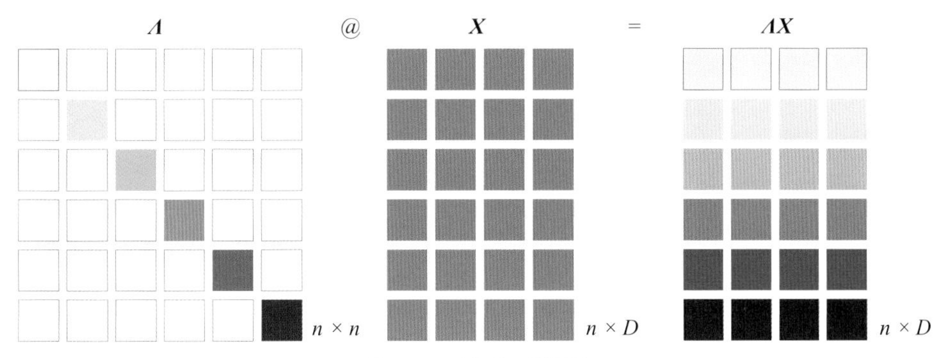

图5.24　对角阵$\boldsymbol{\Lambda}$乘矩阵$\boldsymbol{X}$

乘行向量

特别地，行向量$\boldsymbol{x}^{(1)}$乘$D \times D$对角阵$\boldsymbol{\Lambda}$，相当于对行向量每个元素以不同比例分别进行缩放，即

$$\boldsymbol{x}^{(1)}\boldsymbol{\Lambda}_{D\times D}=\begin{bmatrix}x_{1,1} & x_{1,2} & \cdots & x_{1,D}\end{bmatrix}\begin{bmatrix}\lambda_1 & 0 & \cdots & 0\\ 0 & \lambda_2 & \cdots & 0\\ \vdots & \vdots & \ddots & \vdots\\ 0 & 0 & \cdots & \lambda_D\end{bmatrix}_{D\times D}=\begin{bmatrix}\lambda_1 x_{1,1} & \lambda_2 x_{1,2} & \cdots & \lambda_D x_{1,D}\end{bmatrix} \tag{5.64}$$

乘列向量

类似地，$n \times n$对角阵$\boldsymbol{\Lambda}$乘列向量$\boldsymbol{x}$，相当于对列向量每个元素以不同比例分别缩放，即

$$\boldsymbol{\Lambda}_{n\times n}\boldsymbol{x}_{n\times 1}=\begin{bmatrix}\lambda_1 & 0 & \cdots & 0\\ 0 & \lambda_2 & \cdots & 0\\ \vdots & \vdots & \ddots & \vdots\\ 0 & 0 & \cdots & \lambda_n\end{bmatrix}_{n\times n}\begin{bmatrix}x_1\\ x_2\\ \vdots\\ x_n\end{bmatrix}_{n\times 1}=\begin{bmatrix}\lambda_1 x_1\\ \lambda_2 x_2\\ \vdots\\ \lambda_n x_n\end{bmatrix}_{n\times 1} \tag{5.65}$$

左右都乘

再看下例，$D \times D$对角方阵$\boldsymbol{\Lambda}$分别左乘、右乘$D \times D$方阵$\boldsymbol{B}$，有

$$
\boldsymbol{\Lambda B \Lambda}=\begin{bmatrix}\lambda_1 & 0 & \cdots & 0\\ 0 & \lambda_2 & \cdots & 0\\ \vdots & \vdots & \ddots & \vdots\\ 0 & 0 & \cdots & \lambda_D\end{bmatrix}\begin{bmatrix}b_{1,1} & b_{1,2} & \cdots & b_{1,D}\\ b_{2,1} & b_{2,2} & \cdots & b_{2,D}\\ \vdots & \vdots & \ddots & \vdots\\ b_{D,1} & b_{D,2} & \cdots & b_{D,D}\end{bmatrix}\begin{bmatrix}\lambda_1 & 0 & \cdots & 0\\ 0 & \lambda_2 & \cdots & 0\\ \vdots & \vdots & \ddots & \vdots\\ 0 & 0 & \cdots & \lambda_D\end{bmatrix}
=\begin{bmatrix}\lambda_1\lambda_1 b_{1,1} & \lambda_1\lambda_2 b_{1,2} & \cdots & \lambda_1\lambda_D b_{1,D}\\ \lambda_2\lambda_1 b_{2,1} & \lambda_2\lambda_2 b_{2,2} & \cdots & \lambda_2\lambda_D b_{2,D}\\ \vdots & \vdots & \ddots & \vdots\\ \lambda_D\lambda_1 b_{D,1} & \lambda_D\lambda_2 b_{D,2} & \cdots & \lambda_D\lambda_D b_{D,D}\end{bmatrix} \tag{5.66}
$$

看到式 (5.66) 结果的形式，大家是否想到了协方差矩阵。λ_i相当于均方差，$b_{i,j}$相当于相关性系数。如图5.25所示。

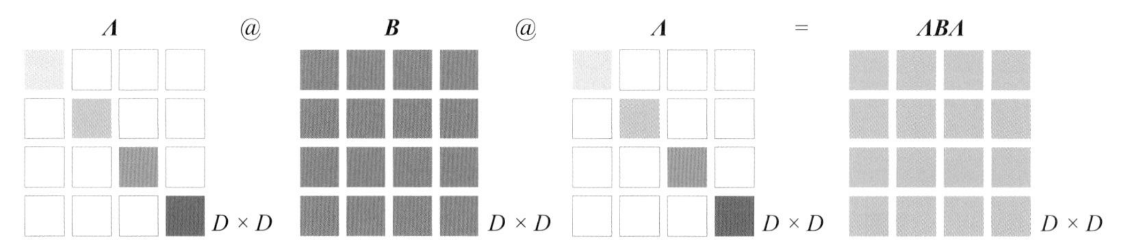

图5.25　对角阵$\boldsymbol{\Lambda}$分别左乘、右乘方阵$\boldsymbol{B}$

二次型特例

我们再看一个二次型的特例，即

$$
\boldsymbol{x}^{\mathrm{T}}\boldsymbol{\Lambda}_{D\times D}\boldsymbol{x}=\begin{bmatrix}x_1\\ x_2\\ \vdots\\ x_D\end{bmatrix}^{\mathrm{T}}\begin{bmatrix}\lambda_1 & 0 & \cdots & 0\\ 0 & \lambda_2 & \cdots & 0\\ \vdots & \vdots & \ddots & \vdots\\ 0 & 0 & \cdots & \lambda_D\end{bmatrix}\begin{bmatrix}x_1\\ x_2\\ \vdots\\ x_D\end{bmatrix}=\lambda_1 x_1^2+\lambda_2 x_2^2+\cdots+\lambda_D x_D^2=\sum_{j=1}^{D}\lambda_j x_j^2 \tag{5.67}
$$

图5.26所示为上述运算的示意图。

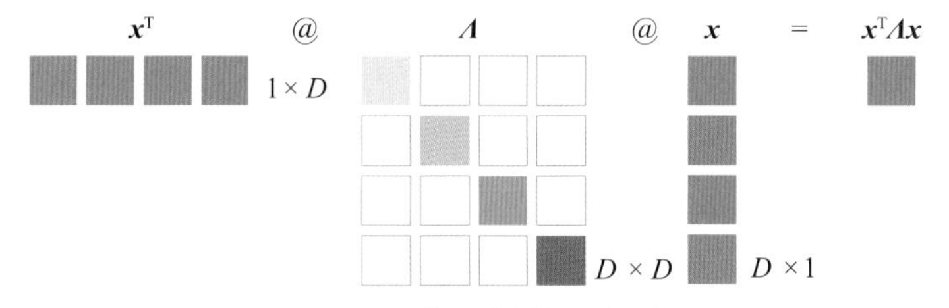

图5.26　$\boldsymbol{x}^{\mathrm{T}}\boldsymbol{\Lambda x}$对应的矩阵运算

几何视角

看到类似式 (5.67) 形式的运算，希望大家能联想到正椭圆、正椭球、正椭圆抛物面。比如，如果$\lambda_1>\lambda_2>0$，且$k>0$，则下式对应正椭圆，即

$$
\begin{bmatrix}x_1 & x_2\end{bmatrix}\begin{bmatrix}\lambda_1 & 0\\ 0 & \lambda_2\end{bmatrix}\begin{bmatrix}x_1\\ x_2\end{bmatrix}=k \tag{5.68}
$$

这个椭圆的半长轴长度为 $\sqrt{k/\lambda_2}$ ，半短轴长度为 $\sqrt{k/\lambda_1}$ 。

举个例子，下式对应的正椭圆半长轴长度为2，半短轴长度为1，即

$$\begin{bmatrix} x_1 \\ x_2 \end{bmatrix}^{\mathrm{T}} \begin{bmatrix} 1/4 & \\ & 1 \end{bmatrix} \begin{bmatrix} x_1 \\ x_2 \end{bmatrix} = \frac{1}{4} x_1^2 + x_2^2 = 1 \tag{5.69}$$

再次强调，如果在矩阵运算时遇到对角阵，请试着从几何体缩放角度来看待。

5.8 置换矩阵：调换元素顺序

行向量$\boldsymbol{a}$乘副对角矩阵，如果副对角线上元素都为1，则可以得到左右翻转的行向量，即

$$\begin{bmatrix} a_1 & a_2 & \cdots & a_D \end{bmatrix}_{1\times D} \begin{bmatrix} & & & 1 \\ & & 1 & \\ & \ddots & & \\ 1 & & & \end{bmatrix}_{D\times D} = \begin{bmatrix} a_D & a_{D-1} & \cdots & a_1 \end{bmatrix} \tag{5.70}$$

实际上，式 (5.70) 中完成左右翻转的方阵是**置换矩阵** (permutation matrix) 的一种特殊形式。

置换矩阵是由0和1组成的方阵。置换矩阵的每一行、每一列都恰好只有一个1，其余元素均为0。置换矩阵的作用是调换元素顺序。

举个例子：

$$\begin{bmatrix} a_1 & a_2 & a_3 & a_4 \end{bmatrix} \begin{bmatrix} & 1 & & \\ & & & 1 \\ 1 & & & \\ & & 1 & \end{bmatrix} = \begin{bmatrix} a_3 & a_1 & a_4 & a_2 \end{bmatrix} \tag{5.71}$$

调整列向量顺序

置换矩阵同样可以作用于矩阵，将式 (5.71) 中的行向量元素替换成列向量，即

$$\boldsymbol{a}_1 = \begin{bmatrix} a_{1,1} \\ a_{2,1} \\ a_{3,1} \\ a_{4,1} \end{bmatrix}, \quad \boldsymbol{a}_2 = \begin{bmatrix} a_{1,2} \\ a_{2,2} \\ a_{3,2} \\ a_{4,2} \end{bmatrix}, \quad \boldsymbol{a}_3 = \begin{bmatrix} a_{1,3} \\ a_{2,3} \\ a_{3,3} \\ a_{4,3} \end{bmatrix}, \quad \boldsymbol{a}_4 = \begin{bmatrix} a_{1,4} \\ a_{2,4} \\ a_{3,4} \\ a_{4,4} \end{bmatrix} \tag{5.72}$$

可以得到

$$\begin{bmatrix} a_{1,1} & a_{1,2} & a_{1,3} & a_{1,4} \\ a_{2,1} & a_{2,2} & a_{2,3} & a_{2,4} \\ a_{3,1} & a_{3,2} & a_{3,3} & a_{3,4} \\ a_{4,1} & a_{4,2} & a_{4,3} & a_{4,4} \end{bmatrix} \begin{bmatrix} & 1 & & \\ & & & 1 \\ 1 & & & \\ & & 1 & \end{bmatrix} = \begin{bmatrix} a_{1,3} & a_{1,1} & a_{1,4} & a_{1,2} \\ a_{2,3} & a_{2,1} & a_{2,4} & a_{2,2} \\ a_{3,3} & a_{3,1} & a_{3,4} & a_{3,2} \\ a_{4,3} & a_{4,1} & a_{4,4} & a_{4,2} \end{bmatrix} \tag{5.73}$$

大家看到置换矩阵右乘矩阵$\boldsymbol{A}$，让$\boldsymbol{A}$的列向量顺序发生了改变。

调整行向量顺序

这个置换矩阵左乘矩阵$\boldsymbol{A}$，可以改变$\boldsymbol{A}$的行向量的排序，即

$$\begin{bmatrix} & 1 & & \\ & & & 1 \\ 1 & & & \\ & & 1 & \end{bmatrix}\begin{bmatrix} \boldsymbol{a}^{(1)} \\ \boldsymbol{a}^{(2)} \\ \boldsymbol{a}^{(3)} \\ \boldsymbol{a}^{(4)} \end{bmatrix}=\begin{bmatrix} \boldsymbol{a}^{(2)} \\ \boldsymbol{a}^{(4)} \\ \boldsymbol{a}^{(1)} \\ \boldsymbol{a}^{(3)} \end{bmatrix} \tag{5.74}$$

置换矩阵可以用于简化一些矩阵运算。

5.9 矩阵乘向量：映射到一维

前文提到过，任何矩阵乘法都可以从**线性映射** (linear mapping) 的角度进行理解。本节和下一节专门从几何角度聊聊线性映射。

形状为$n \times D$的矩阵$\boldsymbol{X}$乘$D \times 1$列向量$\boldsymbol{v}$得到$n \times 1$列向量$\boldsymbol{z}$，即

$$\boldsymbol{X}_{n\times D}\boldsymbol{v}_{D\times 1}=\boldsymbol{z}_{n\times 1} \tag{5.75}$$

如图5.27所示，矩阵$\boldsymbol{X}$有D列，对应D个特征。而结果$\boldsymbol{z}$只有一列，也就是一个特征。类似式(5.41)，式 (5.75) 也可以写成“线性组合”，有

$$\underbrace{\begin{bmatrix} \boldsymbol{x}_1 & \boldsymbol{x}_2 & \cdots & \boldsymbol{x}_D \end{bmatrix}}_{\boldsymbol{X}}\underbrace{\begin{bmatrix} v_1 \\ v_2 \\ \vdots \\ v_D \end{bmatrix}}_{\boldsymbol{v}}=v_1\boldsymbol{x}_1+v_2\boldsymbol{x}_2+\cdots+v_D\boldsymbol{x}_D=\boldsymbol{z} \tag{5.76}$$

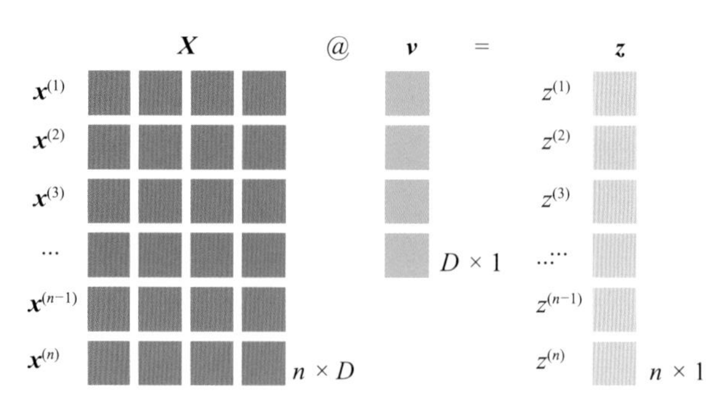

图5.27　矩阵乘法$\boldsymbol{X}\boldsymbol{v}=\boldsymbol{z}$

此外，$\boldsymbol{X}\boldsymbol{v}=\boldsymbol{z}$可以展开写成

$$
\boldsymbol{X}\boldsymbol{v}=\begin{bmatrix}\boldsymbol{x}^{(1)}\\ \boldsymbol{x}^{(2)}\\ \vdots\\ \boldsymbol{x}^{(n)}\end{bmatrix}\boldsymbol{v}=\begin{bmatrix}\boldsymbol{x}^{(1)}\boldsymbol{v}\\ \boldsymbol{x}^{(2)}\boldsymbol{v}\\ \vdots\\ \boldsymbol{x}^{(n)}\boldsymbol{v}\end{bmatrix}=\begin{bmatrix}z^{(1)}\\ z^{(2)}\\ \vdots\\ z^{(n)}\end{bmatrix} \tag{5.77}
$$

从几何视角来看，矩阵$\boldsymbol{X}$中任意一行$\boldsymbol{x}^{(i)}$可以看作是多维坐标系的一个点，运算$\boldsymbol{x}^{(i)}\boldsymbol{v}$则是点$\boldsymbol{x}^{(i)}$在单位列向量$\boldsymbol{v}$方向上的映射，$z^{(i)}$则是结果在$\boldsymbol{v}$上的坐标。如图5.28所示，式 (5.75) 这个矩阵乘法运算过程相当于降维。如图5.28所示。

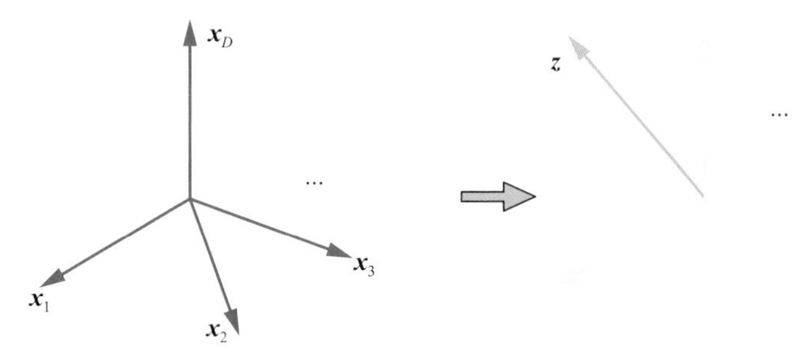

图5.28　多维到一维映射

以鸢尾花数据为例

为了方便理解，下面我们将给$\boldsymbol{v}$赋予具体数值来进行讲解。

以鸢尾花数据为例，矩阵$\boldsymbol{X}$的4列分别对应4个特征——花萼长度、花萼宽度、花瓣长度、花瓣宽度。$\boldsymbol{X}\boldsymbol{v}=\boldsymbol{z}$的结果只有1列，相当于只有1个特征。

举个例子，如果单位列向量$\boldsymbol{v}$中的第三个元素为1，其余元素均为0，如图5.29所示。向量乘积$\boldsymbol{X}\boldsymbol{v}$的结果是从$\boldsymbol{X}$中提取第三列$\boldsymbol{x}_3$，即

$$
\boldsymbol{X}\boldsymbol{v}=\begin{bmatrix}\boldsymbol{x}_1 & \boldsymbol{x}_2 & \boldsymbol{x}_3 & \boldsymbol{x}_4\end{bmatrix}\begin{bmatrix}0\\0\\1\\0\end{bmatrix}=\boldsymbol{x}_3 \tag{5.78}
$$

也就是说，运算结果只保留第三列花瓣长度的相关数据。

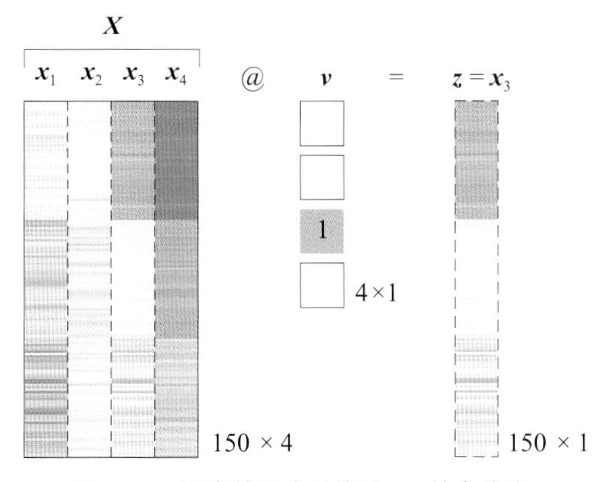

图5.29　$\boldsymbol{v}$只有第三个元素为1，其余均为0

再举个例子，若我们想要计算每个样本花萼长度 ($\boldsymbol{x}_1$)、花萼宽度 ($\boldsymbol{x}_2$) 的平均值，可以通过如下运算得到，即

$$\boldsymbol{X}\boldsymbol{v}=\begin{bmatrix}\boldsymbol{x}_1 & \boldsymbol{x}_2 & \boldsymbol{x}_3 & \boldsymbol{x}_4\end{bmatrix}\begin{bmatrix}1/2\\1/2\\0\\0\end{bmatrix}=\frac{\boldsymbol{x}_1+\boldsymbol{x}_2}{2} \tag{5.79}$$

同理，每个样本花萼长度 ($\boldsymbol{x}_1$)、花萼宽度 ($\boldsymbol{x}_2$)、花瓣长度 ($\boldsymbol{x}_3$)、花瓣宽度 ($\boldsymbol{x}_4$) 四个特征平均值的计算方法为

$$\boldsymbol{X}\boldsymbol{v}=\begin{bmatrix}\boldsymbol{x}_1 & \boldsymbol{x}_2 & \boldsymbol{x}_3 & \boldsymbol{x}_4\end{bmatrix}\begin{bmatrix}1/4\\1/4\\1/4\\1/4\end{bmatrix}=\frac{\boldsymbol{x}_1+\boldsymbol{x}_2+\boldsymbol{x}_3+\boldsymbol{x}_4}{4} \tag{5.80}$$

几何角度来看式 (5.80)，式 (5.80) 相当于四维空间的散点，被压缩到了一条轴上，具体如图5.30所示。图5.30中四维空间的散点仅仅是示意图而已。

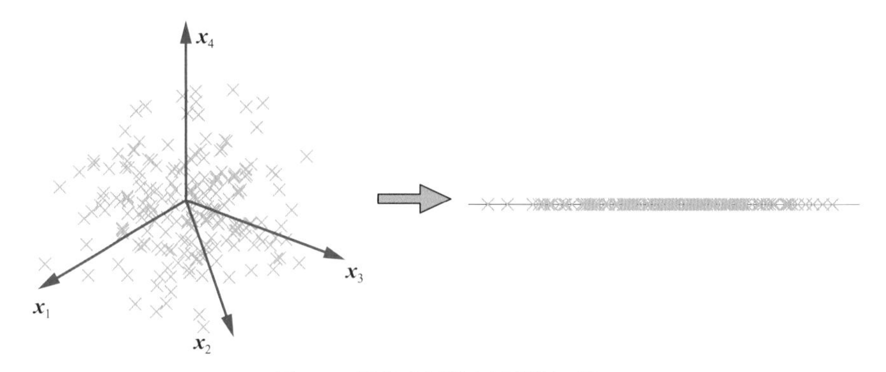

图5.30　四维空间散点压缩到一维

5.10 矩阵乘矩阵：映射到多维

有了上一节内容做基础，这一节我们介绍矩阵乘法在多维映射中扮演的角色。

两个方向映射

还是以鸢尾花数据矩阵$\boldsymbol{X}$为例，矩阵乘法$\boldsymbol{X}[\boldsymbol{v}_1, \boldsymbol{v}_2]$ 代表$\boldsymbol{X}$将朝着 $[\boldsymbol{v}_1, \boldsymbol{v}_2]$ 两个方向映射。如果 $[\boldsymbol{v}_1, \boldsymbol{v}_2]$ 的取值如图5.31所示，矩阵乘法$\boldsymbol{X}[\boldsymbol{v}_1, \boldsymbol{v}_2]$ 提取$\boldsymbol{X}$的第1、3两列，并将两者顺序调换。

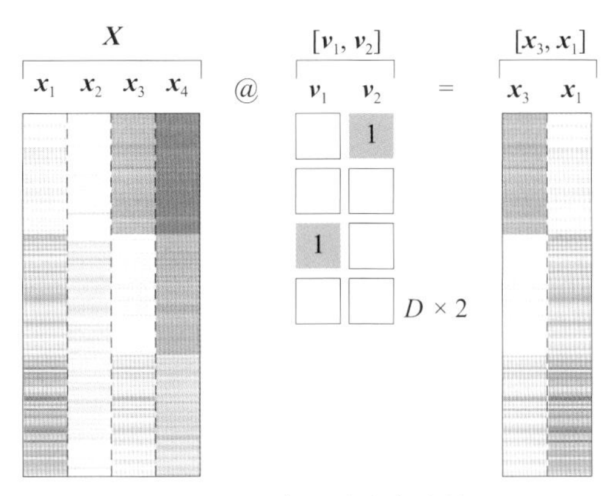

图5.31　$\boldsymbol{X}$朝两个方向映射

想象一个由鸢尾花四个维度构造的空间 $\mathbb{R}^4$，图5.31相当于将鸢尾花数据映射在一个平面 $\mathbb{R}^2$ 上，得到的是平面散点图，过程如图5.32所示。

看到这里，大家是否想到了本书第1章的成对散点图？每幅散点图的背后实际上都有类似于图5.31的矩阵乘法运算。

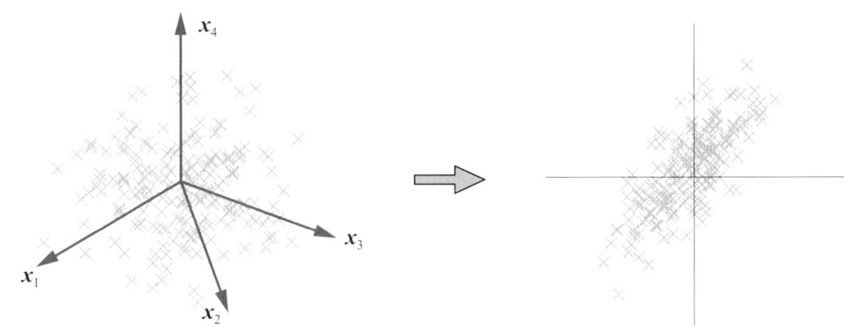

图5.32　四维空间散点压缩到平面上

多个方向映射

矩阵$\boldsymbol{X}$有D个维度，可以通过矩阵乘法，将$\boldsymbol{X}$映射到另外一个D维度的空间中。

下例中，$\boldsymbol{V}=[\boldsymbol{v}_1, \boldsymbol{v}_2, \cdots, \boldsymbol{v}_D]$，$\boldsymbol{Z}$对应的每一行元素则是新坐标系的坐标值，即

$$\boldsymbol{X}\boldsymbol{V}=\begin{bmatrix}\boldsymbol{x}^{(1)}\\ \boldsymbol{x}^{(2)}\\ \vdots\\ \boldsymbol{x}^{(n)}\end{bmatrix}\begin{bmatrix}\boldsymbol{v}_1 & \boldsymbol{v}_2 & \cdots & \boldsymbol{v}_D\end{bmatrix}=\begin{bmatrix}\begin{bmatrix}\boldsymbol{x}^{(1)}\boldsymbol{v}_1\\ \boldsymbol{x}^{(2)}\boldsymbol{v}_1\\ \vdots\\ \boldsymbol{x}^{(n)}\boldsymbol{v}_1\end{bmatrix} & \begin{bmatrix}\boldsymbol{x}^{(1)}\boldsymbol{v}_2\\ \boldsymbol{x}^{(2)}\boldsymbol{v}_2\\ \vdots\\ \boldsymbol{x}^{(n)}\boldsymbol{v}_2\end{bmatrix} & \cdots & \begin{bmatrix}\boldsymbol{x}^{(1)}\boldsymbol{v}_D\\ \boldsymbol{x}^{(2)}\boldsymbol{v}_D\\ \vdots\\ \boldsymbol{x}^{(n)}\boldsymbol{v}_D\end{bmatrix}\end{bmatrix}=\boldsymbol{Z}=\begin{bmatrix}\boldsymbol{z}^{(1)}\\ \boldsymbol{z}^{(2)}\\ \vdots\\ \boldsymbol{z}^{(n)}\end{bmatrix} \tag{5.81}$$

其中：矩阵$\boldsymbol{V}$为方阵。

如果$\boldsymbol{V}$可逆，则$\boldsymbol{V}$就是$\boldsymbol{X}$和$\boldsymbol{Z}$相互转化的桥梁，有

$$\boldsymbol{X}=\begin{bmatrix}\boldsymbol{x}^{(1)}\\ \boldsymbol{x}^{(2)}\\ \vdots\\ \boldsymbol{x}^{(n)}\end{bmatrix}\underset{V^{-1}}{\overset{V}{\rightleftarrows}}\boldsymbol{Z}=\begin{bmatrix}\boldsymbol{z}^{(1)}\\ \boldsymbol{z}^{(2)}\\ \vdots\\ \boldsymbol{z}^{(n)}\end{bmatrix} \tag{5.82}$$

如图5.33所示。本书第10章还会深入讨论式 (5.82)。

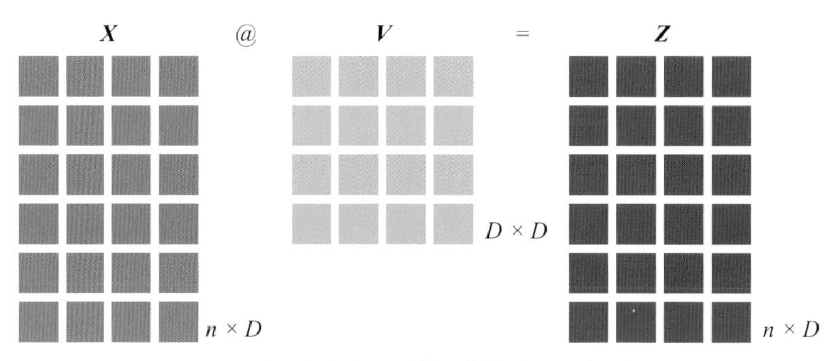

图5.33　一个D维度空间$\boldsymbol{X}$数据映射到另一个D维度空间

列向量形式

大家见到下面的形式时，也不用慌张。如图5.34所示，这也是上文介绍的映射，只不过$\boldsymbol{x}$为列向量，即

$$\boldsymbol{V}^{\mathrm{T}}\boldsymbol{x}=\boldsymbol{z} \tag{5.83}$$

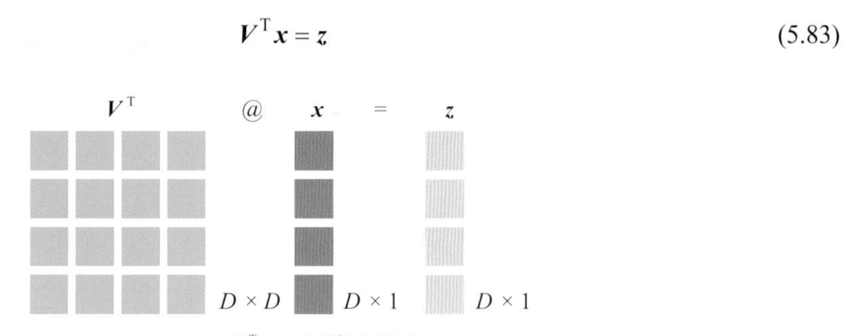

图5.34　$\boldsymbol{V}^{\mathrm{T}}\boldsymbol{x}=\boldsymbol{z}$运算示意图

如图5.35所示，式 (5.83) 左右转置，便得到类似式 (5.81) 的结构，即

$$\boldsymbol{x}^{\mathrm{T}}\boldsymbol{V}=\boldsymbol{z}^{\mathrm{T}} \tag{5.84}$$

约定俗成，各种线性代数工具定义偏好列向量；但是，在实际应用中，更常用行向量代表数据点。两者之间的桥梁就是——转置。

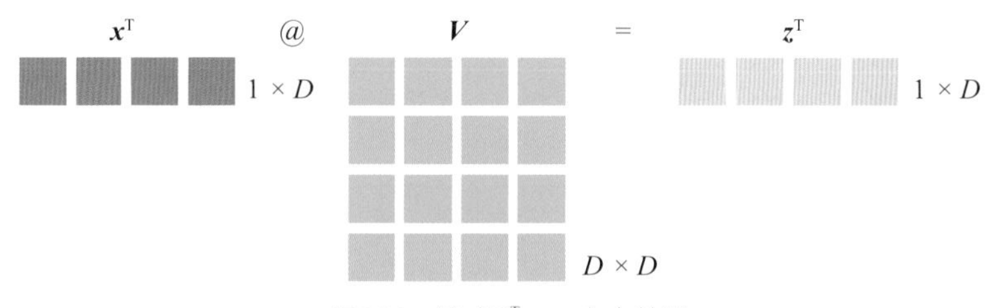

图5.35　等式$\boldsymbol{V}^{\mathrm{T}}\boldsymbol{x}=\boldsymbol{z}$左右转置

可以说，本书后续介绍的内容几乎都离不开映射，如几何变换、正交投影、特征值分解、奇异值分解等。

5.11 长方阵：奇异值分解、格拉姆矩阵、张量积

本节介绍与长方形矩阵有关的重要矩阵乘法。

奇异值分解

请读者格外注意图5.36所示的矩阵乘法结构。这两种形式经常出现在**奇异值分解** (singular vector decomposition, SVD) 和**主成分分析** (principal component analysis, PCA)中。

请大家注意图5.36中，D和p的大小关系；不同大小关系对应着不同类型的奇异值分解。本书第16章将深入讲解。

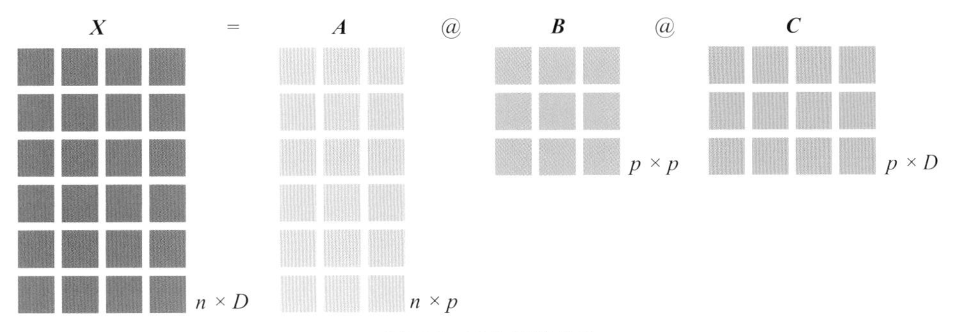

图5.36　三个矩阵相乘

格拉姆矩阵

将矩阵$\boldsymbol{X}$写成一组列向量，有

$$\boldsymbol{X}_{n\times D}=\begin{bmatrix} x_{1,1} & x_{1,2} & \cdots & x_{1,D} \\ x_{2,1} & x_{2,2} & \cdots & x_{2,D} \\ \vdots & \vdots & \ddots & \vdots \\ x_{n,1} & x_{n,2} & \cdots & x_{n,D} \end{bmatrix}=\begin{bmatrix} \boldsymbol{x}_1 & \boldsymbol{x}_2 & \cdots & \boldsymbol{x}_D \end{bmatrix} \tag{5.85}$$

如图5.37所示，利用式 (5.85)，转置$\boldsymbol{X}^{\mathrm{T}}$ ($D \times n$) 乘矩阵$\boldsymbol{X}$ ($n \times D$)，得到一个 $D \times D$的方阵$\boldsymbol{X}^{\mathrm{T}}\boldsymbol{X}$，可以写成

$$\boldsymbol{G}=\boldsymbol{X}^{\mathrm{T}}\boldsymbol{X}=\begin{bmatrix} \boldsymbol{x}_1^{\mathrm{T}} \\ \boldsymbol{x}_2^{\mathrm{T}} \\ \vdots \\ \boldsymbol{x}_D^{\mathrm{T}} \end{bmatrix}\begin{bmatrix} \boldsymbol{x}_1 & \boldsymbol{x}_2 & \cdots & \boldsymbol{x}_D \end{bmatrix}=\begin{bmatrix} \boldsymbol{x}_1^{\mathrm{T}}\boldsymbol{x}_1 & \boldsymbol{x}_1^{\mathrm{T}}\boldsymbol{x}_2 & \cdots & \boldsymbol{x}_1^{\mathrm{T}}\boldsymbol{x}_D \\ \boldsymbol{x}_2^{\mathrm{T}}\boldsymbol{x}_1 & \boldsymbol{x}_2^{\mathrm{T}}\boldsymbol{x}_2 & \cdots & \boldsymbol{x}_2^{\mathrm{T}}\boldsymbol{x}_D \\ \vdots & \vdots & \ddots & \vdots \\ \boldsymbol{x}_D^{\mathrm{T}}\boldsymbol{x}_1 & \boldsymbol{x}_D^{\mathrm{T}}\boldsymbol{x}_2 & \cdots & \boldsymbol{x}_D^{\mathrm{T}}\boldsymbol{x}_D \end{bmatrix} \tag{5.86}$$

式 (5.86) 是矩阵乘法的第一视角。

式 (5.86) 中的$\boldsymbol{G}$有自己的名字——**格拉姆矩阵** (Gram matrix)。格拉姆矩阵在数据分析、机器学习算法中有着重要作用。

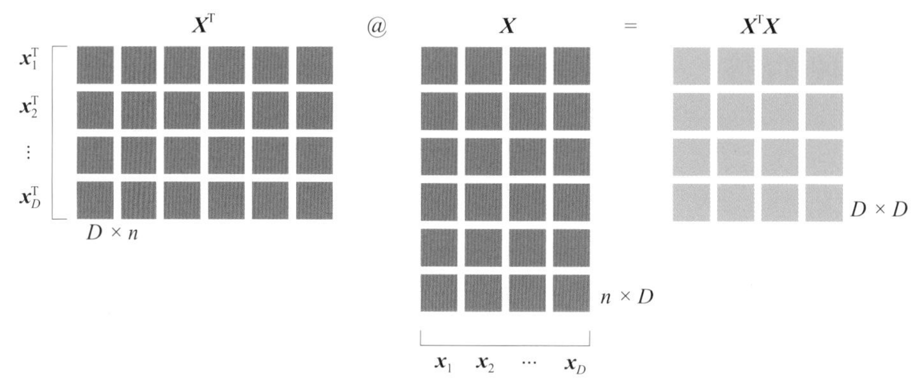

图5.37　X^TX运算过程

如图5.38所示，X^TX的 (i,j) 元素是X中第i列向量转置乘以X的第j列向量，即

$$\left(X^{\mathrm{T}}X\right)_{i,j}=x_i^{\mathrm{T}}x_j \tag{5.87}$$

当$i=j$时，$x_i^{\mathrm{T}}x_i$对应的是格拉姆矩阵G的对角线元素，也可以写成L^2范数形式$\|x_i\|_2^2$。

再次强调，凡是看到矩阵乘积为标量的情况，要停下来思考一下，能否将矩阵乘积写成L^2范数的形式。原因很简单，L^2范数代表欧氏距离，这会给我们提供了一个几何视角。

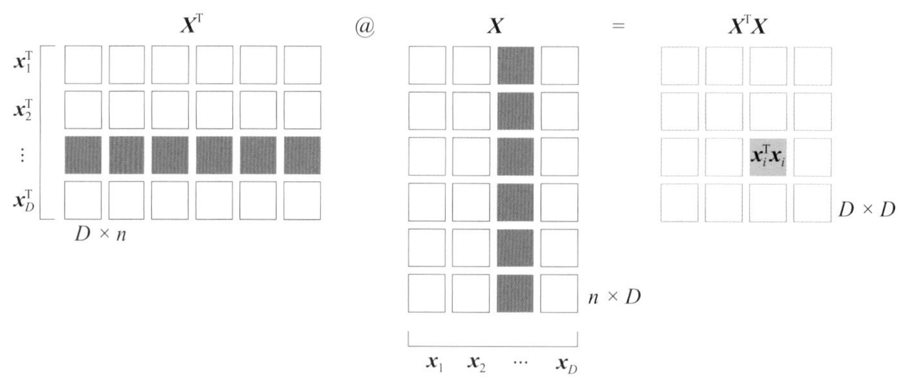

图5.38　X^TX的 (i,i) 元素

标量积

G还可以写成标量积，即

$$G=\begin{bmatrix} x_1\cdot x_1 & x_1\cdot x_2 & \cdots & x_1\cdot x_D \\ x_2\cdot x_1 & x_2\cdot x_2 & \cdots & x_2\cdot x_D \\ \vdots & \vdots & \ddots & \vdots \\ x_D\cdot x_1 & x_D\cdot x_2 & \cdots & x_D\cdot x_D \end{bmatrix}=\begin{bmatrix} \langle x_1,x_1\rangle & \langle x_1,x_2\rangle & \cdots & \langle x_1,x_D\rangle \\ \langle x_2,x_1\rangle & \langle x_2,x_2\rangle & \cdots & \langle x_2,x_D\rangle \\ \vdots & \vdots & \ddots & \vdots \\ \langle x_D,x_1\rangle & \langle x_D,x_2\rangle & \cdots & \langle x_D,x_D\rangle \end{bmatrix} \tag{5.88}$$

任何一个单独向量，它的L^p范数，特别是L^2范数，代表它的“长度”；而几个向量之间的相对关系，则可以通过向量内积来呈现。再进一步，为了方便比较，我们可以用向量夹角的余弦值作为度量向量之间相对夹角的数学工具。

格拉姆矩阵之所以重要，一方面是因为它集成了向量长度 (L^2范数) 和相对夹角 (夹角余弦值) 两

部分重要信息。另一方面，格拉姆矩阵$\boldsymbol{G}$为对称矩阵，即有

$$\boldsymbol{G}^{\mathrm{T}}=\left(\boldsymbol{X}^{\mathrm{T}}\boldsymbol{X}\right)^{\mathrm{T}}=\boldsymbol{X}^{\mathrm{T}}\boldsymbol{X}=\boldsymbol{G} \tag{5.89}$$

一般情况，数据矩阵$\boldsymbol{X}$都是“细高”的长方形矩阵，矩阵运算时这种形状不够友好。比如，细高的$\boldsymbol{X}$显然不存在逆矩阵，也不能进行特征值分解。而把$\boldsymbol{X}$转化为方阵$\boldsymbol{G}$ ($=\boldsymbol{X}^{\mathrm{T}}\boldsymbol{X}$) 之后，很多运算都能变得更加容易。

此外，$\boldsymbol{X}^{\mathrm{T}}\boldsymbol{X}$相当于$\boldsymbol{X}$的“平方”。大家需要注意$\boldsymbol{X}^{\mathrm{T}}\boldsymbol{X}$的单位。比如，鸢尾花数据$\boldsymbol{X}$的单位为厘米，$\boldsymbol{X}^{\mathrm{T}}\boldsymbol{X}$中每个元素的单位就变成了平方厘米。实践中，碰到矩阵乘法运算，要留意每个矩阵的单位。

本书第22章介绍协方差矩阵 (covariance matrix) 时，也将采用类似于(5.86)的计算思路。

张量积

将矩阵$\boldsymbol{X}$写成一系列行向量，有

$$\boldsymbol{X}_{n\times D}=\begin{bmatrix} x_{1,1} & x_{1,2} & \cdots & x_{1,D} \\ x_{2,1} & x_{2,2} & \cdots & x_{2,D} \\ \vdots & \vdots & \ddots & \vdots \\ x_{n,1} & x_{n,2} & \cdots & x_{n,D} \end{bmatrix}=\begin{bmatrix} \boldsymbol{x}^{(1)} \\ \boldsymbol{x}^{(2)} \\ \vdots \\ \boldsymbol{x}^{(n)} \end{bmatrix} \tag{5.90}$$

利用式 (5.90)，格拉姆矩阵$\boldsymbol{X}^{\mathrm{T}}\boldsymbol{X}$可以写成一系列张量积的和，即

$$\boldsymbol{G}=\boldsymbol{X}^{\mathrm{T}}\boldsymbol{X}=\begin{bmatrix} \boldsymbol{x}^{(1)\mathrm{T}} & \boldsymbol{x}^{(2)\mathrm{T}} & \cdots & \boldsymbol{x}^{(n)\mathrm{T}} \end{bmatrix}\begin{bmatrix} \boldsymbol{x}^{(1)} \\ \boldsymbol{x}^{(2)} \\ \vdots \\ \boldsymbol{x}^{(n)} \end{bmatrix}=\sum_{i=1}^{n}\boldsymbol{x}^{(i)\mathrm{T}}\boldsymbol{x}^{(i)} \tag{5.91}$$

式 (5.91) 是矩阵乘法的第二视角。

另一个格拉姆矩阵

本节前文的数据矩阵$\boldsymbol{X}$是细高的，它转置之后得到宽矮的矩阵$\boldsymbol{X}^{\mathrm{T}}$。而$\boldsymbol{X}^{\mathrm{T}}$也有自己的格拉姆矩阵，即矩阵$\boldsymbol{X}$ ($n\times D$) 乘以其转置矩阵$\boldsymbol{X}^{\mathrm{T}}$ ($D\times n$)，得到一个 $n\times n$ 格拉姆矩阵，即

$$\begin{aligned}\boldsymbol{X}\boldsymbol{X}^{\mathrm{T}}&=\begin{bmatrix} \boldsymbol{x}_1 & \boldsymbol{x}_2 & \cdots & \boldsymbol{x}_D \end{bmatrix}\begin{bmatrix} \boldsymbol{x}_1^{\mathrm{T}} \\ \boldsymbol{x}_2^{\mathrm{T}} \\ \vdots \\ \boldsymbol{x}_D^{\mathrm{T}} \end{bmatrix} \\ &=\boldsymbol{x}_1\boldsymbol{x}_1^{\mathrm{T}}+\boldsymbol{x}_2\boldsymbol{x}_2^{\mathrm{T}}+\cdots+\boldsymbol{x}_D\boldsymbol{x}_D^{\mathrm{T}} \\ &=\sum_{i=1}^{D}\boldsymbol{x}_i\boldsymbol{x}_i^{\mathrm{T}}\end{aligned} \tag{5.92}$$

观察式 (5.92)，大家是否也发现了张量积的影子？如图5.39所示。

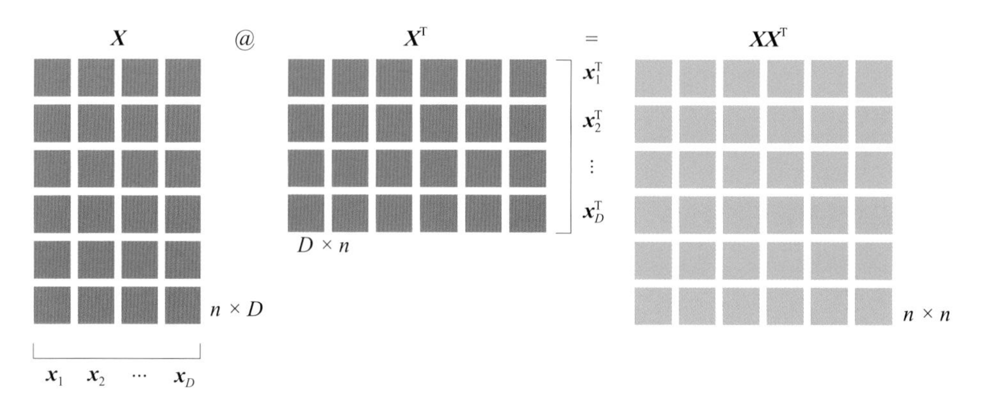

图5.39　XX^T运算过程

元素平方和

此外，下式可以计算得到矩阵$\boldsymbol{X}$的所有元素的平方和，即

$$
\begin{aligned}
\operatorname{trace}\left(\boldsymbol{X}^{\mathrm{T}}\boldsymbol{X}\right) &= \operatorname{trace}\begin{bmatrix} \boldsymbol{x}_1\cdot\boldsymbol{x}_1 & \boldsymbol{x}_1\cdot\boldsymbol{x}_2 & \cdots & \boldsymbol{x}_1\cdot\boldsymbol{x}_D \\ \boldsymbol{x}_2\cdot\boldsymbol{x}_1 & \boldsymbol{x}_2\cdot\boldsymbol{x}_2 & \cdots & \boldsymbol{x}_2\cdot\boldsymbol{x}_D \\ \vdots & \vdots & \ddots & \vdots \\ \boldsymbol{x}_D\cdot\boldsymbol{x}_1 & \boldsymbol{x}_D\cdot\boldsymbol{x}_2 & \cdots & \boldsymbol{x}_D\cdot\boldsymbol{x}_D \end{bmatrix} \\
&= \boldsymbol{x}_1\cdot\boldsymbol{x}_1 + \boldsymbol{x}_2\cdot\boldsymbol{x}_2 + \cdots + \boldsymbol{x}_D\cdot\boldsymbol{x}_D \\
&= \sum_{i=1}^{n} x_{i,1}^2 + \sum_{i=1}^{n} x_{i,2}^2 + \cdots + \sum_{i=1}^{n} x_{i,D}^2 = \sum_{j=1}^{D}\sum_{i=1}^{n} x_{i,j}^2
\end{aligned}
\tag{5.93}
$$

上一章讲解矩阵**迹** (trace) 时提到，如果$\boldsymbol{AB}$和$\boldsymbol{BA}$都存在，则$\operatorname{tr}(\boldsymbol{AB}) = \operatorname{tr}(\boldsymbol{BA})$。也就是说，对于式(5.93)，有

$$
\operatorname{trace}\left(\boldsymbol{X}^{\mathrm{T}}\boldsymbol{X}\right) = \operatorname{trace}\left(\boldsymbol{X}\boldsymbol{X}^{\mathrm{T}}\right) = \sum_{j=1}^{D}\sum_{i=1}^{n} x_{i,j}^2 \tag{5.94}
$$

本书后文还会在不同位置用到$\operatorname{tr}(\boldsymbol{AB}) = \operatorname{tr}(\boldsymbol{BA})$，请大家格外注意。

此外，向量的范数度量了向量的大小。任意向量L^2范数的平方值，就是向量每个元素平方之和。而矩阵$\boldsymbol{X}$的所有元素的平方和实际上也度量了某种矩阵“大小”。一个矩阵的所有元素平方和再开方叫做矩阵F-范数。本书第18章将介绍常见的矩阵范数。

5.12 爱因斯坦求和约定

本书之前的所有矩阵运算都适用于二阶情况，比如$n \times D$的这种n行、D列形式。在数据科学和机器学习的很多实践中，我们不可避免地要处理高阶矩阵，比如图5.40所示的三阶矩阵。Python中Xarray专门用于存储和运算高阶矩阵。

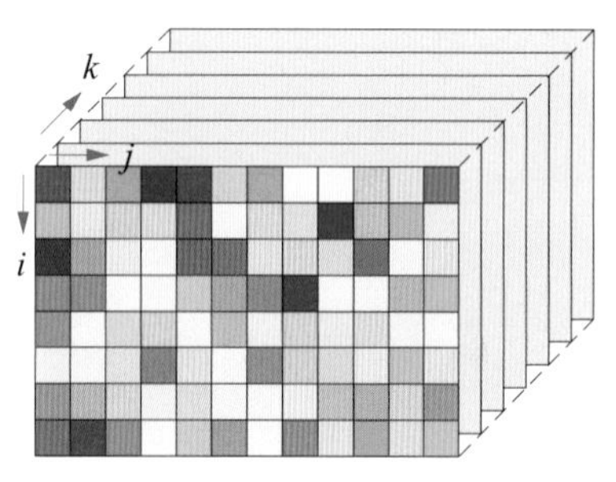

图5.40　三维数组，三阶矩阵

本节则要引出一种可以简洁表达高阶矩阵运算的数学工具——**爱因斯坦求和约定** (Einstein summation convention或Einstein notation)。《编程不难》专门介绍过爱因斯坦求和约定，本节仅仅总结如何用numpy.einsum() 函数完成本书前文介绍的主要线性代数运算。此外，PyTorch中torch.einsum()的函数原理与numpy.einsum() 基本相同，本书不特别介绍。

使用numpy.einsum()时，大家记住一个要点——对于绝大部分线性代数相关运算，输入中重复的索引代表元素相乘，输出中消去的索引意味着相加。鸢尾花书《编程不难》给出过几个特例。

举个例子，矩阵***A***和***B***相乘用numpy.einsum()函数可以写成

```
np.einsum('ij,jk->ik', A, B)
```

"->" 之前分别为矩阵***A***和***B***的索引，它们用逗号隔开。矩阵***A***行索引为i，列索引为j。矩阵***B***行索引为j，列索引为k。j为重复索引，因此在这个方向上元素相乘。

"->" 之后为输出结果的索引。输出结果索引为ik，没有j，因此在j索引方向上存在求和运算。

使用numpy.einsum() 完成常见线性代数运算的方法详见表5.1。现在不需要大家掌握numpy.einsum()。希望大家在日后用到爱因斯坦求和约定时，再回过头来深入学习。

表5.1　使用numpy.einsum()完成常见线性代数运算

运算	使用numpy.einsum()完成运算
向量***a***所有元素求和 (结果为标量)	np.einsum('ij->',a) np.einsum('i->',a_1D)
等行数列向量***a***和***b***的逐项积	np.einsum('ij,ij->ij',a,b) np.einsum('i,i->i',a_1D,b_1D)
等行数列向量***a***和***b***的向量内积 (结果为标量)	np.einsum('ij,ij->',a,b) np.einsum('i,i->',a_1D,b_1D)
向量***a***和自身的张量积	np.einsum('ij,ji->ij',a,a) np.einsum('i,j->ij',a_1D,a_1D)
向量***a***和***b***的张量积	np.einsum('ij,ji->ij',a,b) np.einsum('i,j->ij',a_1D,b_1D)
矩阵***A***的转置	np.einsum('ji',A) np.einsum('ij->ji',A)
矩阵***A***所有元素求和 (结果为标量)	np.einsum('ij->',A)
矩阵***A***对每一列元素求和	np.einsum('ij->j',A)
矩阵***A***对每一行元素求和	np.einsum('ij->i',A)
提取方阵***A***的对角元素 (结果为向量)	np.einsum('ii->i',A)
计算方阵***A***的迹trace(***A***) (结果为标量)	np.einsum('ii->',A)
计算矩阵***A***和***B***乘积	np.einsum('ij,jk->ik', A, B)
乘积***AB***结果所有元素求和 (结果为标量)	np.einsum('ij,jk->', A, B)
矩阵***A***和***B***相乘后再转置，即$(\boldsymbol{AB})^{\mathrm{T}}$	np.einsum('ij,jk->ki', A, B)
形状相同矩阵***A***和***B***逐项积	np.einsum('ij,ij->ij', A, B)

表5.1中的变量定义和运算都在Bk4_Ch5_01.py中。

5.13 矩阵乘法的几个雷区

本章最后介绍运用矩阵乘法时几个潜伏的雷区。

不满足交换律

本书在第8章将通过几何变换角度解释为什么矩阵乘法一般不满足交换律。

代数中，乘法满足交换律，比如$ab = ba$。但是，一般情况，矩阵乘法不满足交换律，即

$$\boldsymbol{AB} \neq \boldsymbol{BA} \tag{5.95}$$

平方

如果方阵$\boldsymbol{A}$和$\boldsymbol{B}$满足

$$\boldsymbol{A}^2 = \boldsymbol{B}^2 \tag{5.96}$$

不能得到

$$\boldsymbol{A} = \pm\boldsymbol{B} \tag{5.97}$$

对于非方阵$\boldsymbol{A}$，$\boldsymbol{A}^{\mathrm{T}}\boldsymbol{A}$或$\boldsymbol{A}\boldsymbol{A}^{\mathrm{T}}$相当于$\boldsymbol{A}$的“平方”。

如果$\boldsymbol{A}$和$\boldsymbol{B}$为非方阵，且满足

$$\boldsymbol{A}^{\mathrm{T}}\boldsymbol{A} = \boldsymbol{B}^{\mathrm{T}}\boldsymbol{B} \tag{5.98}$$

则式 (5.98) 也无法推导得到式 (5.97)。

同理，下式也无法推导得到式 (5.97)

$$\boldsymbol{A}\boldsymbol{A}^{\mathrm{T}} = \boldsymbol{B}\boldsymbol{B}^{\mathrm{T}} \tag{5.99}$$

和的平方

代数中，$(a + b)^2 = a^2 + 2ab + b^2$。

如果$\boldsymbol{A}$和$\boldsymbol{B}$为形状相同的方阵，则两者和的平方展开得到

$$(\boldsymbol{A}+\boldsymbol{B})^2 = (\boldsymbol{A}+\boldsymbol{B})(\boldsymbol{A}+\boldsymbol{B}) = \boldsymbol{A}^2 + \boldsymbol{AB} + \boldsymbol{BA} + \boldsymbol{B}^2 \tag{5.100}$$

其中：$\boldsymbol{AB}$和$\boldsymbol{BA}$不能随意合并。

如果$\boldsymbol{A}$和$\boldsymbol{B}$为形状相同的非方阵，则下式相当于两者和的平方，即

$$(\boldsymbol{A}+\boldsymbol{B})^{\mathrm{T}}(\boldsymbol{A}+\boldsymbol{B}) = (\boldsymbol{A}^{\mathrm{T}}+\boldsymbol{B}^{\mathrm{T}})(\boldsymbol{A}+\boldsymbol{B}) = \boldsymbol{A}^{\mathrm{T}}\boldsymbol{A} + \boldsymbol{A}^{\mathrm{T}}\boldsymbol{B} + \boldsymbol{B}^{\mathrm{T}}\boldsymbol{A} + \boldsymbol{B}^{\mathrm{T}}\boldsymbol{B} \tag{5.101}$$

式 (5.101) 显然不同于

$$(\boldsymbol{A}+\boldsymbol{B})(\boldsymbol{A}+\boldsymbol{B})^{\mathrm{T}} = (\boldsymbol{A}+\boldsymbol{B})(\boldsymbol{A}^{\mathrm{T}}+\boldsymbol{B}^{\mathrm{T}}) = \boldsymbol{A}\boldsymbol{A}^{\mathrm{T}} + \boldsymbol{A}\boldsymbol{B}^{\mathrm{T}} + \boldsymbol{B}\boldsymbol{A}^{\mathrm{T}} + \boldsymbol{B}\boldsymbol{B}^{\mathrm{T}} \tag{5.102}$$

矩阵相等

代数运算中，如果$a \neq 0$，$ab = ac$可以推导出$a(b-c) = 0$，继而得到$b = c$。但是矩阵乘法中，如果$\boldsymbol{A}$不是零矩阵，即$\boldsymbol{A} \neq \boldsymbol{O}$，并且

$$\boldsymbol{AB} = \boldsymbol{AC} \tag{5.103}$$

可以推导得到

$$\boldsymbol{A}\left(\boldsymbol{B}-\boldsymbol{C}\right)=\boldsymbol{O} \tag{5.104}$$

但是，不能直接得出$\boldsymbol{B} = \boldsymbol{C}$。

举个例子，给定

$$\boldsymbol{A} = \begin{bmatrix} 1 & 2 \\ 2 & 4 \end{bmatrix},\quad \boldsymbol{B} = \begin{bmatrix} 2 & 2 \\ 0 & 1 \end{bmatrix},\quad \boldsymbol{C} = \begin{bmatrix} 4 & 2 \\ -1 & 1 \end{bmatrix} \tag{5.105}$$

如下等式成立，即

$$\underbrace{\begin{bmatrix} 1 & 2 \\ 2 & 4 \end{bmatrix}}_{\boldsymbol{A}} @ \underbrace{\begin{bmatrix} 2 & 2 \\ 0 & 1 \end{bmatrix}}_{\boldsymbol{B}} = \underbrace{\begin{bmatrix} 1 & 2 \\ 2 & 4 \end{bmatrix}}_{\boldsymbol{A}} @ \underbrace{\begin{bmatrix} 4 & 2 \\ -1 & 1 \end{bmatrix}}_{\boldsymbol{C}} = \begin{bmatrix} 2 & 4 \\ 4 & 8 \end{bmatrix} \tag{5.106}$$

显然$\boldsymbol{B} \neq \boldsymbol{C}$。这是因为式 (5.105) 给出的矩阵$\boldsymbol{A}$不可逆。

如果$\boldsymbol{A}$可逆，我们需要“老老实实”地在等式 (5.103) 左右分别左乘$\boldsymbol{A}^{-1}$，一步步推导得到

$$\boldsymbol{A}^{-1}\left(\boldsymbol{AB}\right) = \boldsymbol{A}^{-1}\left(\boldsymbol{AC}\right) \quad \Rightarrow \quad \left(\boldsymbol{A}^{-1}\boldsymbol{A}\right)\boldsymbol{B} = \left(\boldsymbol{A}^{-1}\boldsymbol{A}\right)\boldsymbol{C} \quad \Rightarrow \quad \boldsymbol{IB} = \boldsymbol{IC} \quad \Rightarrow \quad \boldsymbol{B} = \boldsymbol{C} \tag{5.107}$$

如果下式对于$\mathbb{R}^n$中任意$\boldsymbol{x}$都成立，则$\boldsymbol{A} = \boldsymbol{B}$，即

$$\boldsymbol{A}_{m\times n}\boldsymbol{x}_{n\times 1} = \boldsymbol{B}_{m\times n}\boldsymbol{x}_{n\times 1} \tag{5.108}$$

零矩阵

代数运算中，如果 $ab = 0$，可以得知$a = 0$或$b = 0$。但是，矩阵运算中如果$\boldsymbol{AB} = \boldsymbol{O}$，则无法得到$\boldsymbol{A} = \boldsymbol{O}$或$\boldsymbol{B} = \boldsymbol{O}$。

举个例子，下面矩阵$\boldsymbol{A}$和$\boldsymbol{B}$的乘积为零矩阵，但是显然它们都不是零矩阵。

$$\underbrace{\begin{bmatrix} 0 & 1 \\ 0 & 2 \end{bmatrix}}_{\boldsymbol{A}} @ \underbrace{\begin{bmatrix} 3 & 4 \\ 0 & 0 \end{bmatrix}}_{\boldsymbol{B}} = \underbrace{\begin{bmatrix} 0 & 0 \\ 0 & 0 \end{bmatrix}}_{\boldsymbol{O}} \tag{5.109}$$

如果$k\boldsymbol{A} = \boldsymbol{O}$，则标量$k = 0$或矩阵$\boldsymbol{A} = \boldsymbol{O}$。

注意：$\boldsymbol{AO} = \boldsymbol{O}$中，两个零矩阵的形状很可能不一致。

注意顺序

在多个矩阵连乘展开遇到求逆或置换时，大家需要格外注意调换顺序，比如

$$
\begin{aligned}
&(\boldsymbol{ABC})^{-1} = \boldsymbol{C}^{-1}\boldsymbol{B}^{-1}\boldsymbol{A}^{-1} \\
&(\boldsymbol{ABC})^{\mathrm{T}} = \boldsymbol{C}^{\mathrm{T}}\boldsymbol{B}^{\mathrm{T}}\boldsymbol{A}^{\mathrm{T}} \\
&\left((\boldsymbol{ABC})^{-1}\right)^{\mathrm{T}} = \left(\boldsymbol{C}^{-1}\boldsymbol{B}^{-1}\boldsymbol{A}^{-1}\right)^{\mathrm{T}} = \left(\boldsymbol{A}^{-1}\right)^{\mathrm{T}}\left(\boldsymbol{B}^{-1}\right)^{\mathrm{T}}\left(\boldsymbol{C}^{-1}\right)^{\mathrm{T}} = \left(\boldsymbol{A}^{\mathrm{T}}\right)^{-1}\left(\boldsymbol{B}^{\mathrm{T}}\right)^{-1}\left(\boldsymbol{C}^{\mathrm{T}}\right)^{-1}
\end{aligned}
\tag{5.110}
$$

其中：$\boldsymbol{A}$、$\boldsymbol{B}$、$\boldsymbol{C}$均可逆。需要注意的是，$\left(\boldsymbol{A}^{\mathrm{T}}\right)^{-1} = \left(\boldsymbol{A}^{-1}\right)^{\mathrm{T}}$。

标量乘法

遇到标量乘法时应注意

$$
\begin{aligned}
&(k\boldsymbol{A})^{-1} = \frac{1}{k}\boldsymbol{A}^{-1} \\
&(k\boldsymbol{A})^{\mathrm{T}} = k\boldsymbol{A}^{\mathrm{T}}
\end{aligned}
\tag{5.111}
$$

其中：k非零。此外，$\boldsymbol{A}^{-1}$代表矩阵的逆，不能类比成代数中的“倒数”。因此，$\boldsymbol{A}^{-1}$不能写成$1/\boldsymbol{A}$或$\dfrac{1}{\boldsymbol{A}}$，它们在线性代数中没有定义。几何角度来看，矩阵的逆运算相当于几何变换 (旋转、缩放等) 逆操作，这是本书后续要介绍的内容。

结果可能是标量

矩阵的乘积结果可能是个标量。本章前文给出过几个例子，总结为

$$
\begin{aligned}
&\boldsymbol{x}\cdot\boldsymbol{y} = \boldsymbol{y}\cdot\boldsymbol{x} = \langle\boldsymbol{x},\boldsymbol{y}\rangle = \boldsymbol{x}^{\mathrm{T}}\boldsymbol{y} = \left(\boldsymbol{x}^{\mathrm{T}}\boldsymbol{y}\right)^{\mathrm{T}} = \boldsymbol{y}^{\mathrm{T}}\boldsymbol{x} \\
&\boldsymbol{1}\cdot\boldsymbol{x} = \boldsymbol{1}^{\mathrm{T}}\boldsymbol{x} = \boldsymbol{x}^{\mathrm{T}}\boldsymbol{1} \\
&\boldsymbol{x}\cdot\boldsymbol{x} = \langle\boldsymbol{x},\boldsymbol{x}\rangle = \boldsymbol{x}^{\mathrm{T}}\boldsymbol{x} = \|\boldsymbol{x}\|_2^2 \\
&\sqrt{\boldsymbol{x}\cdot\boldsymbol{x}} = \sqrt{\langle\boldsymbol{x},\boldsymbol{x}\rangle} = \sqrt{\boldsymbol{x}^{\mathrm{T}}\boldsymbol{x}} = \|\boldsymbol{x}\|_2 \\
&\boldsymbol{1}^{\mathrm{T}}\boldsymbol{X}\boldsymbol{1},\quad \boldsymbol{x}^{\mathrm{T}}\boldsymbol{Q}\boldsymbol{x},\quad \boldsymbol{v}_i^{\mathrm{T}}\boldsymbol{\Sigma}\boldsymbol{v}_j
\end{aligned}
\tag{5.112}
$$

上述结果相当于是1×1矩阵。1×1矩阵的转置为其本身。反复强调，遇到矩阵乘积为标量的情况，请大家考虑矩阵乘积能否看作是某种“距离”。

不能消去

当矩阵乘积为标量时，写在算式分母上就不足为奇了，比如

$$
\frac{\boldsymbol{x}^{\mathrm{T}}\boldsymbol{y}}{\boldsymbol{x}^{\mathrm{T}}\boldsymbol{x}},\quad \frac{\boldsymbol{x}^{\mathrm{T}}\boldsymbol{A}\boldsymbol{x}}{\boldsymbol{x}^{\mathrm{T}}\boldsymbol{x}},\quad \frac{\boldsymbol{x}^{\mathrm{T}}\boldsymbol{A}\boldsymbol{x}}{\boldsymbol{x}^{\mathrm{T}}\boldsymbol{B}\boldsymbol{x}},\quad \frac{\boldsymbol{x}^{\mathrm{T}}\boldsymbol{A}^{\mathrm{T}}\boldsymbol{Q}\boldsymbol{A}\boldsymbol{x}}{\boldsymbol{x}^{\mathrm{T}}\boldsymbol{A}^{\mathrm{T}}\boldsymbol{A}\boldsymbol{x}}
\tag{5.113}
$$

如果分子、分母上都出现同一个矩阵，则绝不能消去。显然，式 (5.113) 中$\boldsymbol{x}^{\mathrm{T}}$和$\boldsymbol{x}$都不能消去！最后一个分式中$\boldsymbol{A}^{\mathrm{T}}$和$\boldsymbol{A}$也不能消去。

本章全景展示了常见的矩阵乘法形态。每种形态的矩阵乘法都很重要，因此也不能用四幅图来总结本章主要内容。

大家想要活用线性代数这个宝库中的各种数学工具，那么熟练掌握矩阵乘法规则是绕不过去的一道门槛。再强调一次，大家在学习不同的矩阵运算时，要试图从几何和数据这两个视角去理解。这也是本书要特别强化的一点。

此外，本章针对矩阵乘法运算也没有给出任何代码，因为在NumPy中矩阵乘法常用运算符就是@。本章还介绍了爱因斯坦求和约定，不要求大家掌握。本章最后介绍矩阵乘法运算的常见雷区，希望大家格外小心。

矩阵乘法规则像是枷锁，它条条框框、冷酷无情、不容妥协；但是，在枷锁下，我们看到了矩阵乘法的另一面——无拘无束、血脉偾张、海纳百川。

希望大家一边学习本书的剩余内容，一边不断回头看这一章内容，相信大家一定会和我一样，叹服于矩阵乘法展现出来的自由、包容，以及纯粹的美。

06 Block Matrix
分块矩阵
将大矩阵切成小块，简化运算

数学的精髓在于自由。

The essence of mathematics is in its freedom.

—— 格奥尔格·康托尔 (Georg Cantor) | 德国数学家 | 1845—1918

- `numpy.kron()` 计算矩阵张量积
- `numpy.random.randint()` 生成随机整数
- `numpy.zeros_like()` 用于生成和输入矩阵形状相同的零矩阵
- `seaborn.heatmap()` 绘制热图

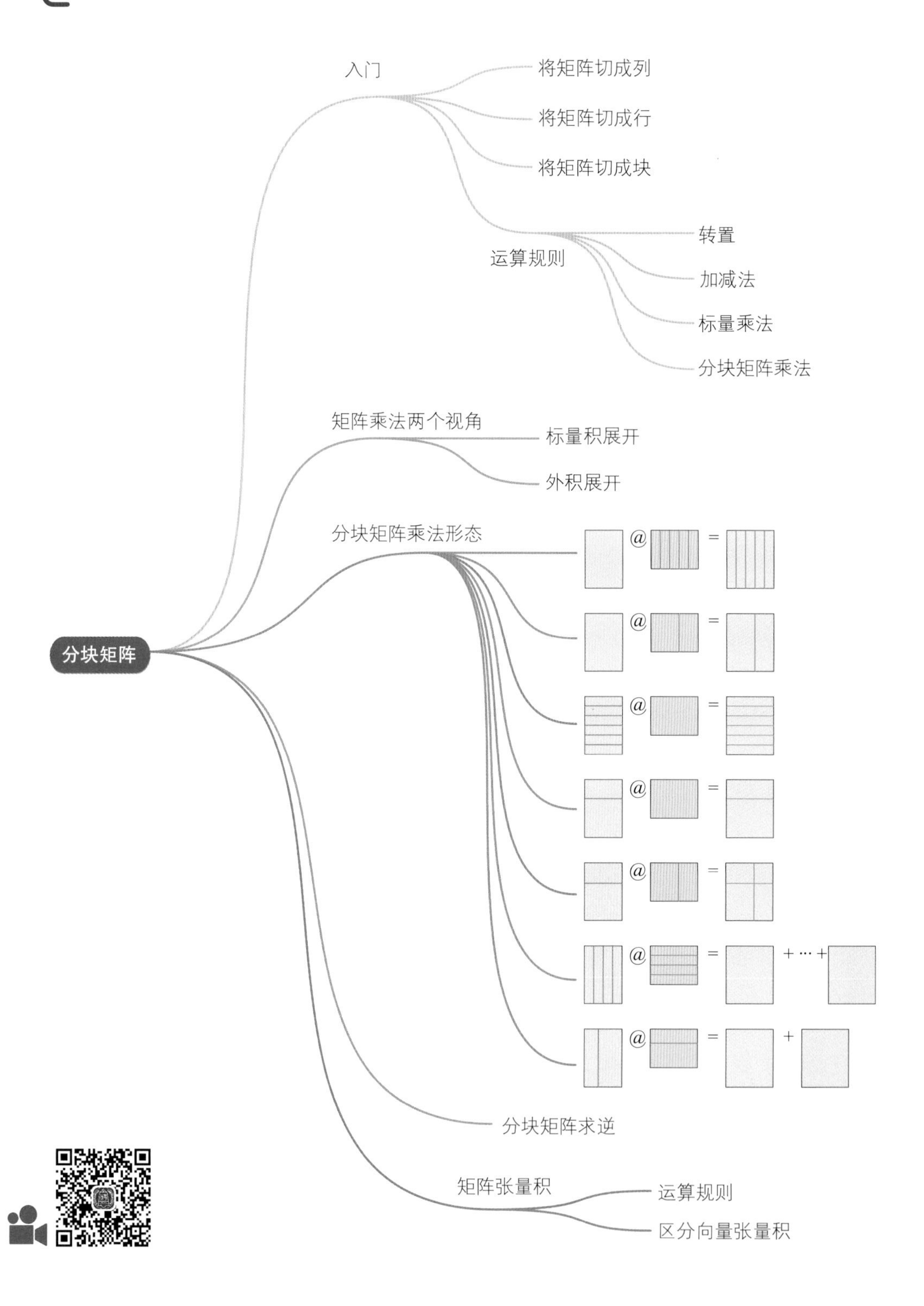

分块矩阵
入门
将矩阵切成列
将矩阵切成行
将矩阵切成块
运算规则
转置
加减法
标量乘法
分块矩阵乘法
矩阵乘法两个视角
标量积展开
外积展开
分块矩阵乘法形态
@
=
+ ··· +
+
分块矩阵求逆
矩阵张量积
运算规则
区分向量张量积

6.1 分块矩阵：横平竖直切豆腐

分块矩阵 (block matrix或partitioned matrix) 是指将一个矩阵用若干条横线和竖线分割成多个**子块矩阵** (submatrices)。矩阵分块后可以简化运算，同时让运算过程变得更加清晰。

通俗地讲，矩阵分块好比横平竖直切豆腐；但是下刀的手法很有讲究，这是本章后文要着重探讨的内容。

切丝、切条

实际上，本书一开始就已经不知不觉地使用了分块矩阵这一重要工具。

大家已经清楚知道，如图6.1所示，矩阵$\boldsymbol{X}$可以看作是由一系列行向量或列向量按照一定规则构造而成的。这实际上体现的就是分块矩阵的思想。

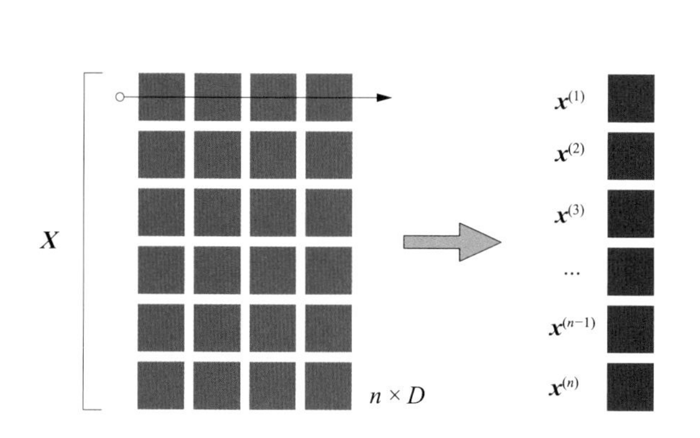

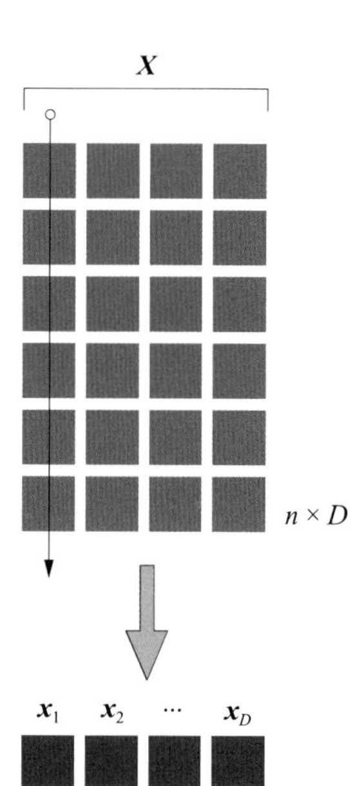

图6.1　矩阵可以写成一系列行向量或列向量

矩阵$\boldsymbol{X}$每行之间切一刀，便得到一组行向量，如

$$\boldsymbol{X}_{n\times D}=\begin{bmatrix}\boldsymbol{x}^{(1)}\\\boldsymbol{x}^{(2)}\\\vdots\\\boldsymbol{x}^{(n)}\end{bmatrix}=\begin{bmatrix}x_{1,1}&x_{1,2}&\cdots&x_{1,D}\\x_{2,1}&x_{2,2}&\cdots&x_{2,D}\\\vdots&\vdots&\ddots&\vdots\\x_{n,1}&x_{n,2}&\cdots&x_{n,D}\end{bmatrix}\tag{6.1}$$

矩阵$\boldsymbol{X}$在每列之间切一刀，可将$\boldsymbol{X}$切成一组列向量，如

$$\boldsymbol{X}_{n\times D}=\begin{bmatrix}\boldsymbol{x}_1&\boldsymbol{x}_2&\cdots&\boldsymbol{x}_D\end{bmatrix}=\begin{bmatrix}x_{1,1}&x_{1,2}&\cdots&x_{1,D}\\x_{2,1}&x_{2,2}&\cdots&x_{2,D}\\\vdots&\vdots&\ddots&\vdots\\x_{n,1}&x_{n,2}&\cdots&x_{n,D}\end{bmatrix}\tag{6.2}$$

切块

下面介绍分块矩阵的其他切法。给出如下矩阵$\boldsymbol{A}$，即

$$\boldsymbol{A}=\begin{bmatrix}1&2&3&0&0\\4&5&6&0&0\\0&0&0&-1&0\\0&0&0&0&1\end{bmatrix}\tag{6.3}$$

我们把矩阵$\boldsymbol{A}$横竖各切一刀，得到四个子矩阵，有

$$\boldsymbol{A}=\left[\begin{array}{ccc|cc}1&2&3&0&0\\4&5&6&0&0\\\hline 0&0&0&-1&0\\0&0&0&0&1\end{array}\right]\tag{6.4}$$

分别给每个子矩阵起个“名字”，矩阵$\boldsymbol{A}$记作

$$\boldsymbol{A}=\begin{bmatrix}\boldsymbol{A}_{1,1}&\boldsymbol{A}_{1,2}\\\boldsymbol{A}_{2,1}&\boldsymbol{A}_{2,2}\end{bmatrix}\tag{6.5}$$

也就是

$$\begin{aligned}&\boldsymbol{A}_{1,1}=\begin{bmatrix}1&2&3\\4&5&6\end{bmatrix},\quad \boldsymbol{A}_{1,2}=\begin{bmatrix}0&0\\0&0\end{bmatrix}\\&\boldsymbol{A}_{2,1}=\begin{bmatrix}0&0&0\\0&0&0\end{bmatrix},\quad \boldsymbol{A}_{2,2}=\begin{bmatrix}-1&0\\0&1\end{bmatrix}\end{aligned}\tag{6.6}$$

本书后文也会用行、列数来命名分块矩阵，比如

$$\boldsymbol{X}_{n\times D}=\begin{bmatrix}\boldsymbol{X}_{r\times q}&\boldsymbol{X}_{r\times(D-q)}\\\boldsymbol{X}_{(n-r)\times q}&\boldsymbol{X}_{(n-r)\times(D-q)}\end{bmatrix}\tag{6.7}$$

Numpy中矩阵分块可以用指定行、列序数做到。numpy.block() 函数可以用于将子块矩阵结合得到原矩阵。请大家参考Bk4_Ch6_01.py。

鸢尾花数据为例

如图6.2所示，将鸢尾花数据矩阵$\boldsymbol{X}$上下切两刀，均匀分成三块。这三个分块矩阵的大小都是 50 × 4。本书第1章提到，鸢尾花数据有三个亚属，即三类标签——**山鸢尾** (setosa)、**变色鸢尾** (versicolor) 和**弗吉尼亚鸢尾** (virginica)。图6.2右侧的每个分块代表一类鸢尾花的样本数据子集，每个子集各有50条记录。利用图6.2右侧的分块矩阵，我们可以分析某一类鸢尾花样本子集的均值、质心 (列均值构成的向量)、方差、均方差、协方差、协方差矩阵、相关性系数、相关性系数矩阵等。

大家将会在本书第22章，以及鸢尾花书《统计至简》和《数据有道》两册中看到图6.2这种分块方式的用途。

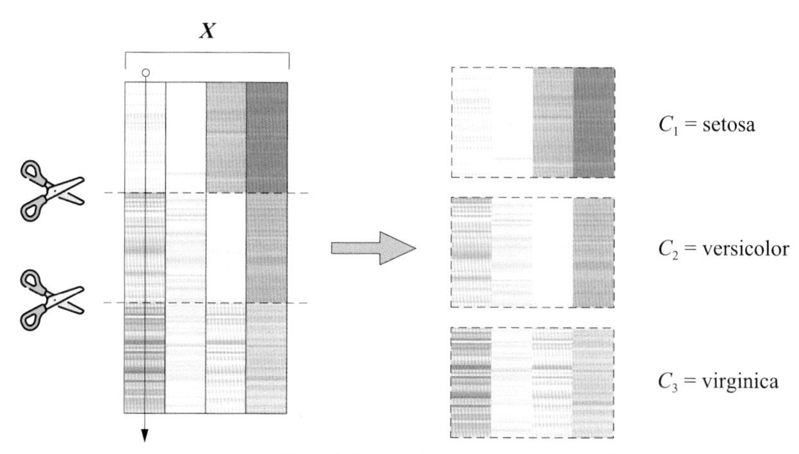

图6.2　鸢尾花数据矩阵上下切两刀分成3块

如图6.3所示，将鸢尾花数据矩阵$\boldsymbol{X}$左右切三刀，得到4个分块矩阵，即4个列向量，形状都为150 ×1。这4个分块矩阵分别代表**花萼长度** (sepal length)、**花萼宽度** (sepal width)、**花瓣长度** (petal length) 和**花瓣宽度** (petal width) 四个特征的样本数据。

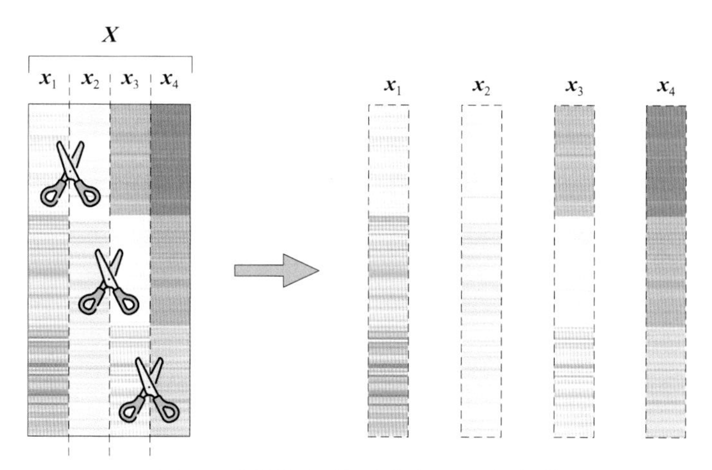

图6.3　鸢尾花数据矩阵左右切3刀分成4块

转置

一般情况下，$\boldsymbol{A}_{i,j}$的行数记作n_i，列数为D_j；如果矩阵$\boldsymbol{A}$的形状为$n \times D$，按式 (6.5) 分割得到的子块矩阵的行、列数满足

$$n_1 + n_2 = n, \quad D_1 + D_2 = D \tag{6.8}$$

对式 (6.5) 中的$\boldsymbol{A}$求转置，得到

$$\boldsymbol{A}^{\mathrm{T}} = \begin{bmatrix} \boldsymbol{A}_{1,1}{}^{\mathrm{T}} & \boldsymbol{A}_{2,1}{}^{\mathrm{T}} \\ \boldsymbol{A}_{1,2}{}^{\mathrm{T}} & \boldsymbol{A}_{2,2}{}^{\mathrm{T}} \end{bmatrix} \tag{6.9}$$

式 (6.9) 相当于由两层转置运算构成。第一层把子块当成元素，进行转置；第二层是子块矩阵的转置运算。代入具体值，得到

$$A^{\mathrm{T}} = \left[\begin{array}{ccc|cc} 1 & 4 & & 0 & 0 \\ 2 & 5 & & 0 & 0 \\ 3 & 6 & & 0 & 0 \\ \hline 0 & 0 & & -1 & 0 \\ 0 & 0 & & 0 & 1 \end{array}\right] \tag{6.10}$$

请大家仔细对比式 (6.4) 和式 (6.10)，分析转置前后子块矩阵的变化。

标量乘法

式 (6.5) 中分块矩阵标量乘法的规则为

$$k\boldsymbol{A} = \begin{bmatrix} k\boldsymbol{A}_{1,1} & k\boldsymbol{A}_{1,2} \\ k\boldsymbol{A}_{2,1} & k\boldsymbol{A}_{2,2} \end{bmatrix} \tag{6.11}$$

加减法

给定矩阵$\boldsymbol{B}$，它的形状和式 (6.5) 中的$\boldsymbol{A}$相同，采用相同的分块法分割$\boldsymbol{B}$，得到

$$\boldsymbol{B} = \begin{bmatrix} \boldsymbol{B}_{1,1} & \boldsymbol{B}_{1,2} \\ \boldsymbol{B}_{2,1} & \boldsymbol{B}_{2,2} \end{bmatrix} \tag{6.12}$$

矩阵$\boldsymbol{A}$和$\boldsymbol{B}$的相同位置的子块矩阵形状相同，$\boldsymbol{A}$和$\boldsymbol{B}$相加为对应位置的子块分别相加，有

$$\boldsymbol{A} + \boldsymbol{B} = \begin{bmatrix} \boldsymbol{A}_{1,1} & \boldsymbol{A}_{1,2} \\ \boldsymbol{A}_{2,1} & \boldsymbol{A}_{2,2} \end{bmatrix} + \begin{bmatrix} \boldsymbol{B}_{1,1} & \boldsymbol{B}_{1,2} \\ \boldsymbol{B}_{2,1} & \boldsymbol{B}_{2,2} \end{bmatrix} = \begin{bmatrix} \boldsymbol{A}_{1,1} + \boldsymbol{B}_{1,1} & \boldsymbol{A}_{1,2} + \boldsymbol{B}_{1,2} \\ \boldsymbol{A}_{2,1} + \boldsymbol{B}_{2,1} & \boldsymbol{A}_{2,2} + \boldsymbol{B}_{2,2} \end{bmatrix} \tag{6.13}$$

上述规则也适用于减法。

矩阵乘法

分块矩阵乘法也基于矩阵乘法规则。$\boldsymbol{A}$和$\boldsymbol{B}$相乘时，首先保证$\boldsymbol{A}$的列数等于$\boldsymbol{B}$的行数。$\boldsymbol{A}$和$\boldsymbol{B}$分块时，保证$\boldsymbol{A}$的每一个子块矩阵的列数分别等于对应位置$\boldsymbol{B}$的每个子块的行数。这样$\boldsymbol{A}$和$\boldsymbol{B}$相乘可以展开写成

$$\boldsymbol{AB} = \begin{bmatrix} \boldsymbol{A}_{1,1} & \boldsymbol{A}_{1,2} \\ \boldsymbol{A}_{2,1} & \boldsymbol{A}_{2,2} \end{bmatrix} \begin{bmatrix} \boldsymbol{B}_{1,1} & \boldsymbol{B}_{1,2} \\ \boldsymbol{B}_{2,1} & \boldsymbol{B}_{2,2} \end{bmatrix} = \begin{bmatrix} \boldsymbol{A}_{1,1}\boldsymbol{B}_{1,1} + \boldsymbol{A}_{1,2}\boldsymbol{B}_{2,1} & \boldsymbol{A}_{1,1}\boldsymbol{B}_{1,2} + \boldsymbol{A}_{1,2}\boldsymbol{B}_{2,2} \\ \boldsymbol{A}_{2,1}\boldsymbol{B}_{1,1} + \boldsymbol{A}_{2,2}\boldsymbol{B}_{2,1} & \boldsymbol{A}_{2,1}\boldsymbol{B}_{1,2} + \boldsymbol{A}_{2,2}\boldsymbol{B}_{2,2} \end{bmatrix} \tag{6.14}$$

式 (6.14) 中分块矩阵的乘法有两层运算。第一层矩阵乘法将子块视为元素来完成矩阵乘法，第二层是子块矩阵之间的矩阵乘法。本章后文会深入讲解不同形态的分块矩阵乘法。

6.2 矩阵乘法第一视角：标量积展开

本书前文以两个 2 × 2矩阵相乘为例讲解过观察矩阵乘法的两个视角。本节和下一节内容在回顾这两个视角的同时，进一步从分块矩阵视角理解矩阵乘法规则。

本节讨论矩阵乘法的常规视角——**标量积展开** (scalar product expansion)。

首先回顾矩阵乘法规则。

当矩阵$\boldsymbol{A}$的列数等于矩阵$\boldsymbol{B}$的行数时，$\boldsymbol{A}$与$\boldsymbol{B}$可以相乘。比如下例中，矩阵$\boldsymbol{A}$的形状为n行D列，矩阵$\boldsymbol{B}$的形状为D行m列。$\boldsymbol{A}$与$\boldsymbol{B}$相乘时，相当于D被消去。

再次强调，一般情况，矩阵乘法不满足交换律，即$\boldsymbol{AB} \neq \boldsymbol{BA}$。

$\boldsymbol{A}$与$\boldsymbol{B}$相乘得到的矩阵$\boldsymbol{C}$的行数等于矩阵$\boldsymbol{A}$的行数，矩阵$\boldsymbol{C}$的列数等于矩阵$\boldsymbol{B}$的列数，即$\boldsymbol{AB}$结果的形状为n行m列，即

$$\boldsymbol{C}_{n\times m} = \boldsymbol{A}_{n\times D}\boldsymbol{B}_{D\times m} = \boldsymbol{A}_{n\times D} @ \boldsymbol{B}_{D\times m} = \begin{bmatrix} c_{1,1} & c_{1,2} & \cdots & c_{1,m} \\ c_{2,1} & c_{2,2} & \cdots & c_{2,m} \\ \vdots & \vdots & \ddots & \vdots \\ c_{n,1} & c_{n,2} & \cdots & c_{n,m} \end{bmatrix} \tag{6.15}$$

其中

$$\boldsymbol{A}_{n\times D} = \begin{bmatrix} a_{1,1} & a_{1,2} & \cdots & a_{1,D} \\ a_{2,1} & a_{2,2} & \cdots & a_{2,D} \\ \vdots & \vdots & \ddots & \vdots \\ a_{n,1} & a_{n,2} & \cdots & a_{n,D} \end{bmatrix}, \quad \boldsymbol{B}_{D\times m} = \begin{bmatrix} b_{1,1} & b_{1,2} & \cdots & b_{1,m} \\ b_{2,1} & b_{2,2} & \cdots & b_{2,m} \\ \vdots & \vdots & \ddots & \vdots \\ b_{D,1} & b_{D,2} & \cdots & b_{D,m} \end{bmatrix} \tag{6.16}$$

将矩阵$\boldsymbol{A}$写成一组行向量，有

$$\boldsymbol{A}_{n\times D} = \begin{bmatrix} a_{1,1} & a_{1,2} & \cdots & a_{1,D} \\ a_{2,1} & a_{2,2} & \cdots & a_{2,D} \\ \vdots & \vdots & \ddots & \vdots \\ a_{n,1} & a_{n,2} & \cdots & a_{n,D} \end{bmatrix}_{n\times D} = \begin{bmatrix} \boldsymbol{a}^{(1)} \\ \boldsymbol{a}^{(2)} \\ \vdots \\ \boldsymbol{a}^{(n)} \end{bmatrix}_{n\times 1} \tag{6.17}$$

将矩阵$\boldsymbol{B}$写成一组列向量，有

$$\boldsymbol{B}_{D\times m} = \begin{bmatrix} b_{1,1} & b_{1,2} & \cdots & b_{1,m} \\ b_{2,1} & b_{2,2} & \cdots & b_{2,m} \\ \vdots & \vdots & \ddots & \vdots \\ b_{D,1} & b_{D,2} & \cdots & b_{D,m} \end{bmatrix}_{D\times m} = \begin{bmatrix} \boldsymbol{b}_1 & \boldsymbol{b}_2 & \cdots & \boldsymbol{b}_m \end{bmatrix}_{1\times m} \tag{6.18}$$

利用式 (6.17) 和式 (6.18)，矩阵乘积$\boldsymbol{AB}$可以写作

$$\boldsymbol{C} = \boldsymbol{AB} = \begin{bmatrix} \boldsymbol{a}^{(1)} \\ \boldsymbol{a}^{(2)} \\ \vdots \\ \boldsymbol{a}^{(n)} \end{bmatrix}_{n\times 1} \begin{bmatrix} \boldsymbol{b}_1 & \boldsymbol{b}_2 & \cdots & \boldsymbol{b}_m \end{bmatrix}_{1\times m} = \begin{bmatrix} \boldsymbol{a}^{(1)}\boldsymbol{b}_1 & \boldsymbol{a}^{(1)}\boldsymbol{b}_2 & \cdots & \boldsymbol{a}^{(1)}\boldsymbol{b}_m \\ \boldsymbol{a}^{(2)}\boldsymbol{b}_1 & \boldsymbol{a}^{(2)}\boldsymbol{b}_2 & \cdots & \boldsymbol{a}^{(2)}\boldsymbol{b}_m \\ \vdots & \vdots & \ddots & \vdots \\ \boldsymbol{a}^{(n)}\boldsymbol{b}_1 & \boldsymbol{a}^{(n)}\boldsymbol{b}_2 & \cdots & \boldsymbol{a}^{(n)}\boldsymbol{b}_m \end{bmatrix}_{n\times m} \tag{6.19}$$

式 (6.19) 便是矩阵乘法的常规视角，即第一视角，规则如图6.4所示。

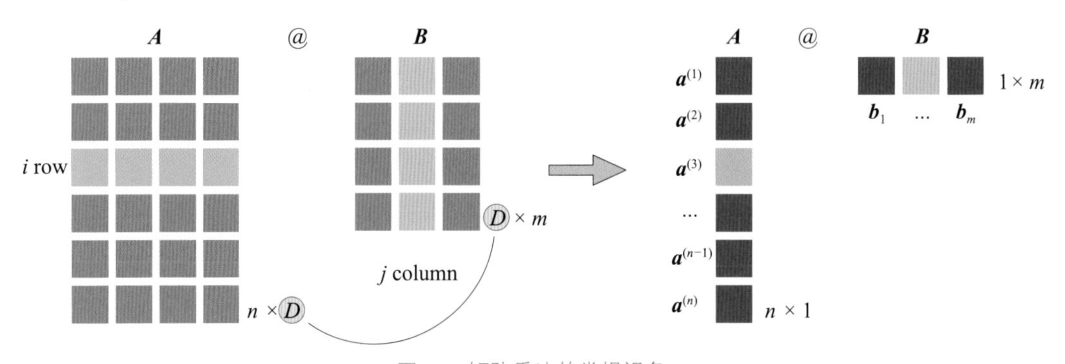

图6.4　矩阵乘法的常规视角

如图6.5所示，矩阵乘积$\boldsymbol{C}$的 (i,j) 元素$c_{i,j}$为矩阵$\boldsymbol{A}$的第$\boldsymbol{i}$行行向量$\boldsymbol{a}^{(i)}$和矩阵$\boldsymbol{B}$的第$\boldsymbol{j}$列列向量$\boldsymbol{b}_j$的乘积，即

$$c_{i,j} = \boldsymbol{a}^{(i)} \boldsymbol{b}_j \tag{6.20}$$

通俗地说，矩阵乘法的常规视角是：左侧矩阵的每个行向量，按规则分别乘右侧矩阵每个列向量。

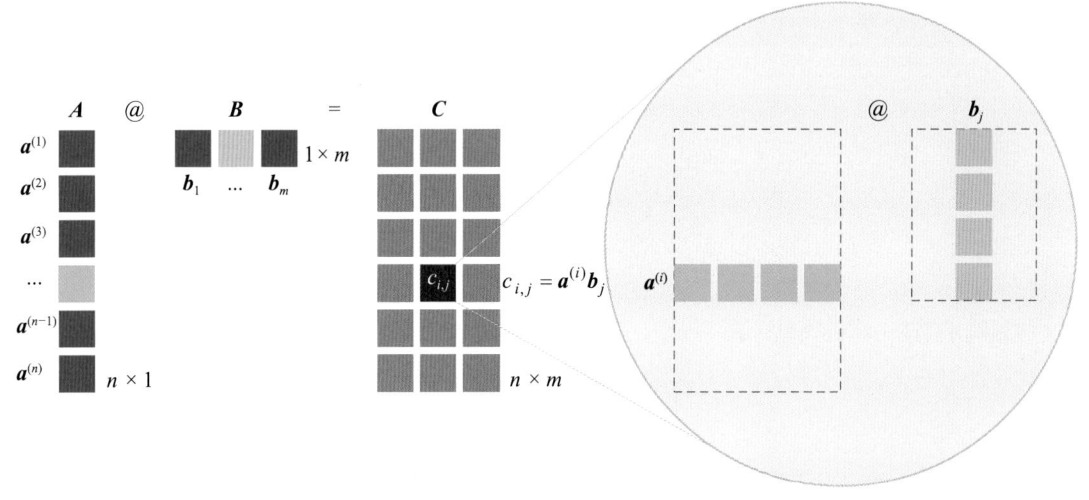

图6.5　矩阵乘法的常规视角中，矩阵乘积$\boldsymbol{C}$的 (i,j) 元素

6.3 矩阵乘法第二视角：外积展开

本节回顾矩阵乘法规则的第二视角——**外积展开** (outer product expansion)。

与上一节介绍的矩阵乘法常规视角不同，我们将矩阵$\boldsymbol{A}$写成一组列向量，有

$$\boldsymbol{A} = \begin{bmatrix} a_{1,1} & a_{1,2} & \cdots & a_{1,D} \\ a_{2,1} & a_{2,2} & \cdots & a_{2,D} \\ \vdots & \vdots & \ddots & \vdots \\ a_{n,1} & a_{n,2} & \cdots & a_{n,D} \end{bmatrix} = \begin{bmatrix} \boldsymbol{a}_1 & \boldsymbol{a}_2 & \cdots & \boldsymbol{a}_D \end{bmatrix} \tag{6.21}$$

矩阵$\boldsymbol{B}$则写成一组行向量，有

$$\boldsymbol{B}=\begin{bmatrix} b_{1,1} & b_{1,2} & \cdots & b_{1,m} \\ b_{2,1} & b_{2,2} & \cdots & b_{2,m} \\ \vdots & \vdots & \ddots & \vdots \\ b_{D,1} & b_{D,2} & \cdots & b_{D,m} \end{bmatrix}=\begin{bmatrix} \boldsymbol{b}^{(1)} \\ \boldsymbol{b}^{(2)} \\ \vdots \\ \boldsymbol{b}^{(D)} \end{bmatrix} \tag{6.22}$$

这样，在计算矩阵乘积$\boldsymbol{AB}$时，我们便得到如图6.6所示的全新视角。

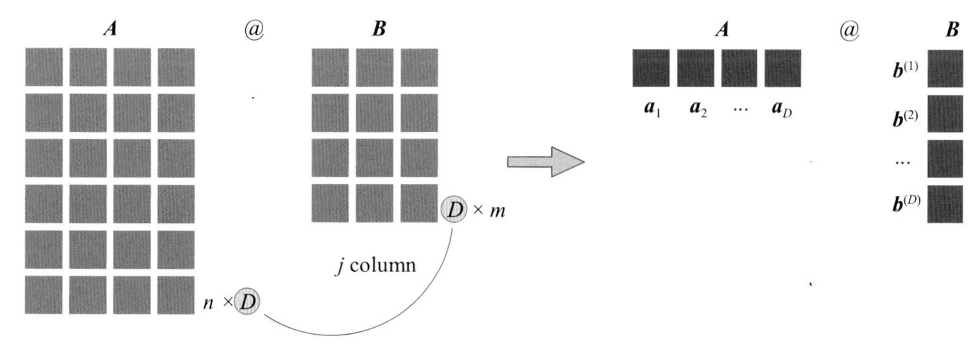

图6.6　矩阵乘法的第二视角

利用式 (6.21) 和式 (6.22)，矩阵乘积$\boldsymbol{AB}$展开写成

$$\boldsymbol{C}=\boldsymbol{AB}=\begin{bmatrix} \boldsymbol{a}_1 & \boldsymbol{a}_2 & \cdots & \boldsymbol{a}_D \end{bmatrix}_{1\times D}\begin{bmatrix} \boldsymbol{b}^{(1)} \\ \boldsymbol{b}^{(2)} \\ \vdots \\ \boldsymbol{b}^{(D)} \end{bmatrix}_{D\times 1}=\boldsymbol{a}_1\boldsymbol{b}^{(1)}+\boldsymbol{a}_2\boldsymbol{b}^{(2)}+\cdots+\boldsymbol{a}_D\boldsymbol{b}^{(D)}=\sum_{i=1}^{D}\boldsymbol{a}_i\boldsymbol{b}^{(i)} \tag{6.23}$$

利用第二视角，矩阵乘法运算转化成求和运算。如图6.7所示，列向量$\boldsymbol{a}_i$和行向量$\boldsymbol{b}^{(i)}$ 乘积结果的形状为$n \times m$，即乘积$\boldsymbol{C}$矩阵的形状。

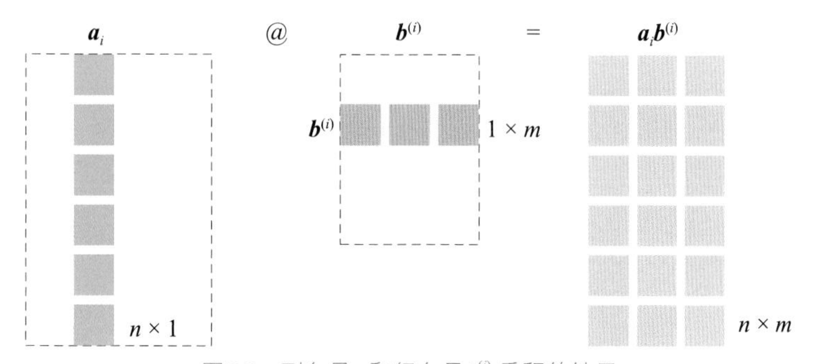

图6.7　列向量$\boldsymbol{a}_i$和行向量$\boldsymbol{b}^{(i)}$ 乘积的结果

令，

$$\boldsymbol{C}_i=\boldsymbol{a}_i\boldsymbol{b}^{(i)} \tag{6.24}$$

通过观察式 (6.23)，可以发现乘积$\boldsymbol{C}$矩阵相当于D个矩阵$\boldsymbol{C}_i$叠加之和，即

$$\boldsymbol{C}=\boldsymbol{C}_1+\boldsymbol{C}_2+\cdots+\boldsymbol{C}_D=\sum_{i=1}^{D}\boldsymbol{C}_i \tag{6.25}$$

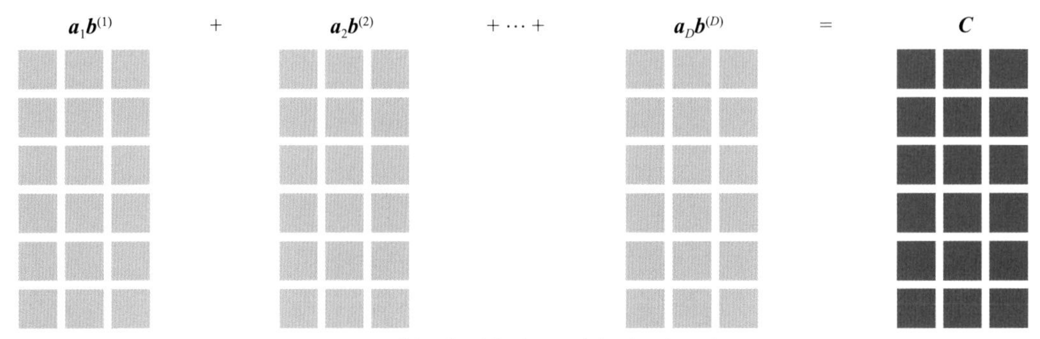

图6.8　乘积$\boldsymbol{C}$矩阵相当于D个矩阵叠加之和

张量积

用向量张量积运算规则，把式 (6.23) 中的矩阵$\boldsymbol{C}$写成一组向量张量积之和，有

$$\begin{aligned}\boldsymbol{C} &= \boldsymbol{a}_1 \otimes \left(\boldsymbol{b}^{(1)}\right)^{\mathrm{T}} + \boldsymbol{a}_2 \otimes \left(\boldsymbol{b}^{(2)}\right)^{\mathrm{T}} + \cdots + \boldsymbol{a}_D \otimes \left(\boldsymbol{b}^{(D)}\right)^{\mathrm{T}} \\ &= \sum_{i=1}^{D} \boldsymbol{a}_i \otimes \left(\boldsymbol{b}^{(i)}\right)^{\mathrm{T}}\end{aligned} \tag{6.26}$$

请大家格外注意式 (6.26) 中的转置运算。

矩阵乘法的第二视角不仅仅是常规视角的补充。在很多数据科学和机器学习算法中，矩阵乘法的第二视角扮演至关重要的角色。

热图示例

下面我们用具体数字和热图可视化矩阵乘法外积展开。

图6.9所示为$\boldsymbol{A}$和$\boldsymbol{B}$的矩阵乘法热图。将矩阵$\boldsymbol{A}$拆解为一组列向量，矩阵$\boldsymbol{B}$拆解为一组行向量。按照式 (6.23)，得到如图6.10所示的四幅热图。

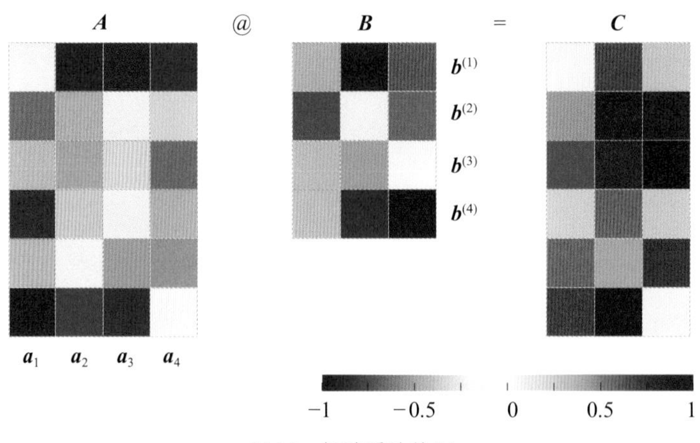

图6.9　矩阵乘法热图

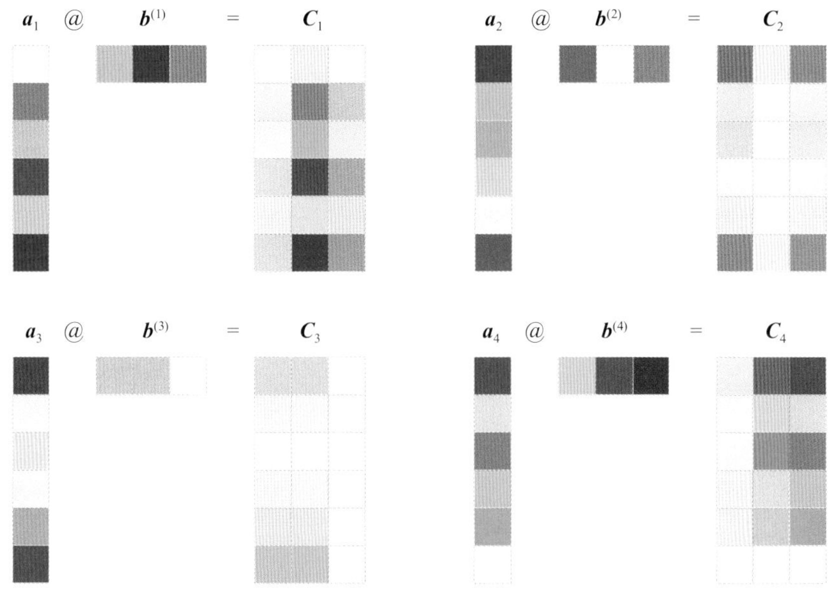

图6.10　四幅列向量乘行向量结果热图

同样，也可以用张量积来计算得到这四幅热图，如图6.11所示。

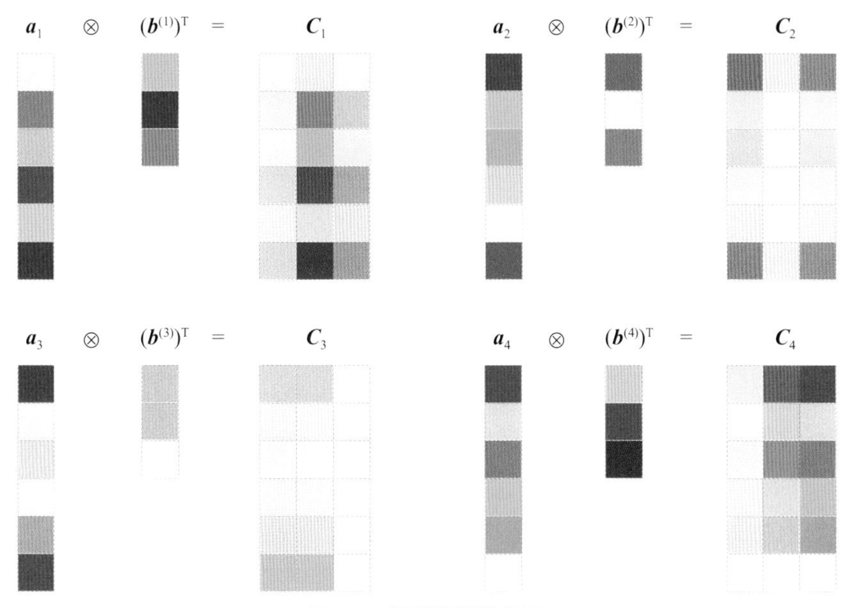

图6.11　四幅张量积热图

如图6.12所示，将这四幅热图叠加，我们可以得到乘积结果矩阵$\boldsymbol{C}$。

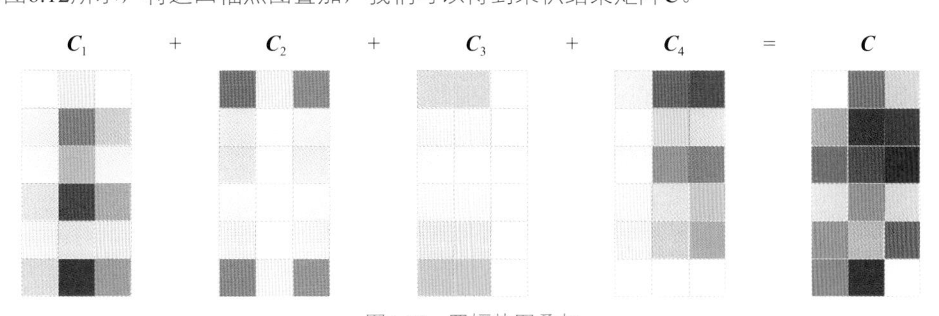

图6.12　四幅热图叠加

图6.12这个思路对于**特征值分解** (Eigen Decomposition)、**奇异值分解** (Singular Value Decomposition, SVD)、**主成分分析** (Principal Component Analysis, PCA) 非常重要。本书第13、14章将专门讲解特征值分解的原理和应用，第15、16章专门介绍奇异值分解的原理和应用。学好特征值分解、奇异值分解的关键就是“多视角”——数据视角、向量视角、几何视角、空间视角、统计视角等。本书第18章专门介绍理解特征值分解、奇异值分解的优化视角。本书第23章则用奇异值分解介绍“四个空间”。

Bk4_Ch6_02.py绘制图6.12的每幅热图。

6.4 矩阵乘法更多视角：分块多样化

本节介绍常见几种分块矩阵乘法形态，它们都可以看做观察矩阵乘法的不同视角。

*B*切成列向量

A和***B***矩阵相乘时，将***B***分割成列向量，这样***AB***的结果为

$$C = AB = A\begin{bmatrix} b_1 & b_2 & \cdots & b_m \end{bmatrix} = \begin{bmatrix} Ab_1 & Ab_2 & \cdots & Ab_m \end{bmatrix} \tag{6.27}$$

图6.13所示为上述运算的示意图。

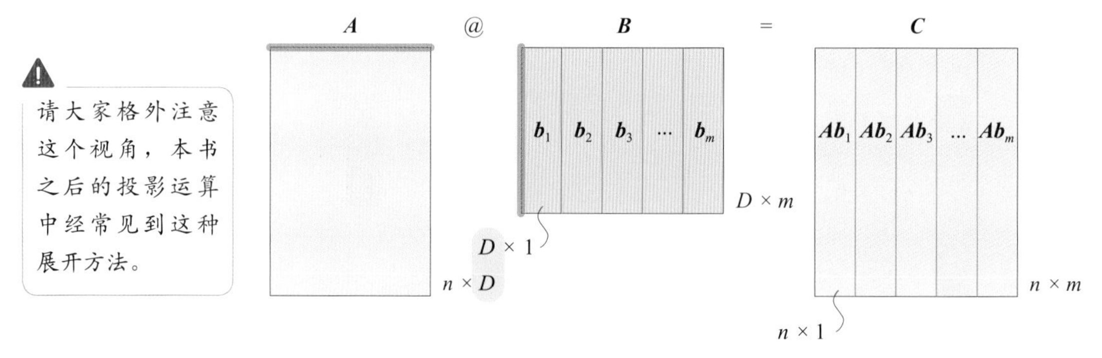

图6.13　***A***和***B***矩阵相乘时，将***B***写成一组列向量

反向来看，如果存在以下一组矩阵乘法运算，即

$$Ab_1 = c_1, \quad Ab_2 = c_2, \quad \cdots, \quad Ab_m = c_m \tag{6.28}$$

其中：列向量b_1、b_2、…、b_m的形状相同。式 (6.28) 中m个等式可以合成得到

$$A\underbrace{\begin{bmatrix} b_1 & b_2 & \cdots & b_m \end{bmatrix}}_{B} = \underbrace{\begin{bmatrix} c_1 & c_2 & \cdots & c_m \end{bmatrix}}_{C} \tag{6.29}$$

B左右切一刀

B先左右切一刀后，矩阵**A**再左乘**B**，乘积**AB**展开写成

$$\boldsymbol{AB} = \boldsymbol{A}\begin{bmatrix} \boldsymbol{B}_1 & \boldsymbol{B}_2 \end{bmatrix} = \begin{bmatrix} \boldsymbol{AB}_1 & \boldsymbol{AB}_2 \end{bmatrix} \tag{6.30}$$

图6.14所示为上述运算的示意图。

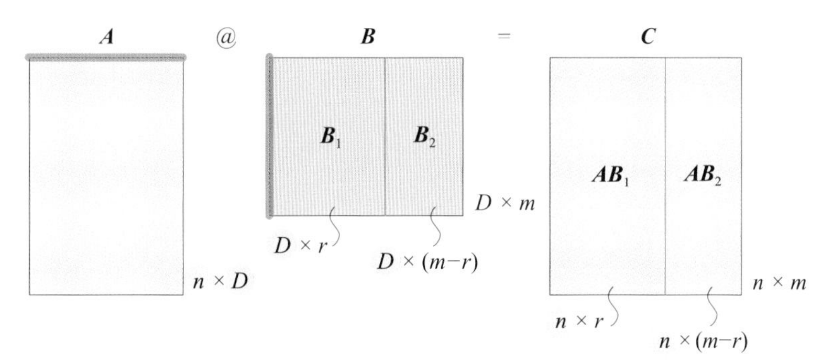

图6.14 将**B**左右切一刀再右乘**A**

A切成一组行向量

A和**B**矩阵相乘，将**A**分割成一组行向量，乘积**AB**的结果为

$$\boldsymbol{C} = \boldsymbol{AB} = \begin{bmatrix} \boldsymbol{a}^{(1)} \\ \boldsymbol{a}^{(2)} \\ \vdots \\ \boldsymbol{a}^{(n)} \end{bmatrix}_{n\times 1} @\,\boldsymbol{B} = \begin{bmatrix} \boldsymbol{a}^{(1)}\boldsymbol{B} \\ \boldsymbol{a}^{(2)}\boldsymbol{B} \\ \vdots \\ \boldsymbol{a}^{(n)}\boldsymbol{B} \end{bmatrix}_{n\times 1} \tag{6.31}$$

图6.15所示为上述运算的示意图。此外，请大家也试着从“合成”角度，逆向来看待上述运算。

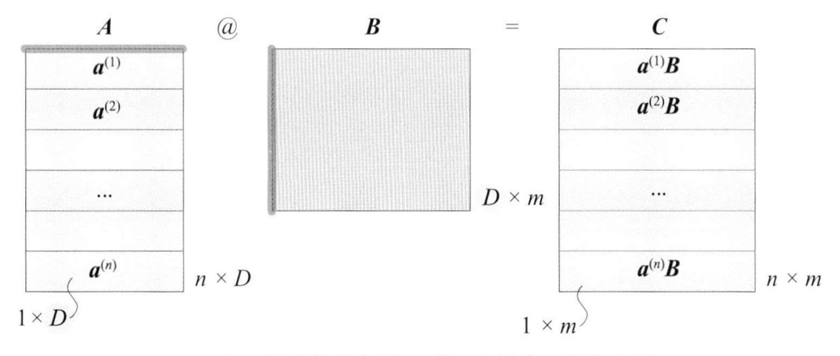

图6.15 **A**和**B**矩阵相乘，将**A**分割成一组行向量

A上下切一刀

将**A**先上下切一刀，**A**再左乘**B**，乘积**AB**的结果为

$$\boldsymbol{AB} = \begin{bmatrix} \boldsymbol{A}_1 \\ \boldsymbol{A}_2 \end{bmatrix} \boldsymbol{B} = \begin{bmatrix} \boldsymbol{A}_1\boldsymbol{B} \\ \boldsymbol{A}_2\boldsymbol{B} \end{bmatrix} \tag{6.32}$$

图6.16所示为上述运算的示意图。

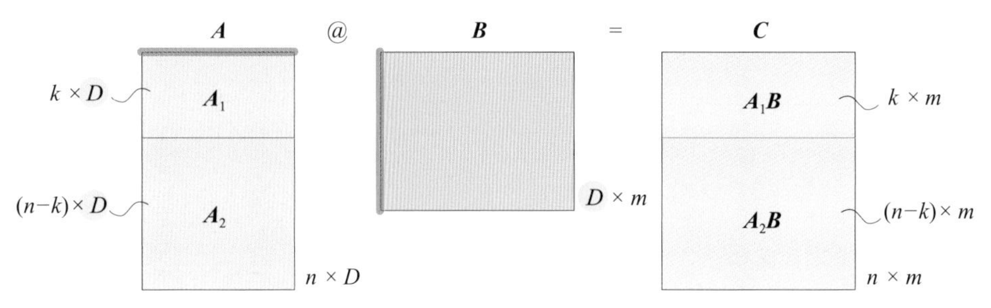

图6.16　$\boldsymbol{A}$上下切一刀，再左乘$\boldsymbol{B}$

$\boldsymbol{A}$上下切，$\boldsymbol{B}$左右切

上下分块的$\boldsymbol{A}$乘左右分块的$\boldsymbol{B}$，乘积$\boldsymbol{AB}$的结果展开为

$$\boldsymbol{AB}=\begin{bmatrix}\boldsymbol{A}_1\\\boldsymbol{A}_2\end{bmatrix}\begin{bmatrix}\boldsymbol{B}_1 & \boldsymbol{B}_2\end{bmatrix}=\begin{bmatrix}\boldsymbol{A}_1\boldsymbol{B}_1 & \boldsymbol{A}_1\boldsymbol{B}_2\\\boldsymbol{A}_2\boldsymbol{B}_1 & \boldsymbol{A}_2\boldsymbol{B}_2\end{bmatrix} \tag{6.33}$$

如图6.17所示，$\boldsymbol{A}_1$和$\boldsymbol{A}_2$的列数还是D，$\boldsymbol{B}_1$和$\boldsymbol{B}_2$的行数也是D。我们可以把$\boldsymbol{A}_1$和$\boldsymbol{A}_2$看做矩阵$\boldsymbol{A}$的两个元素，$\boldsymbol{B}_1$和$\boldsymbol{B}_2$看成矩阵$\boldsymbol{B}$的两个元素。这个视角类似于矩阵乘法的第一视角。

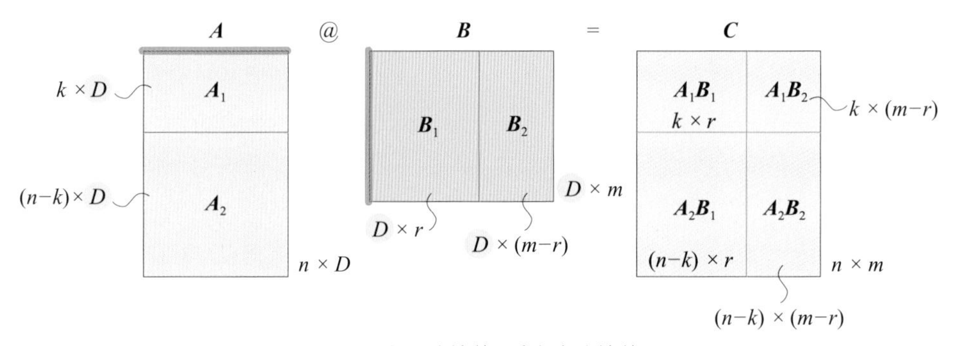

图6.17　上下分块的$\boldsymbol{A}$乘左右分块的$\boldsymbol{B}$

$\boldsymbol{A}$左右切，$\boldsymbol{B}$上下切

左右分块的$\boldsymbol{A}$乘上下分块的$\boldsymbol{B}$，乘积$\boldsymbol{AB}$的结果展开为

$$\boldsymbol{AB}=\begin{bmatrix}\boldsymbol{A}_1 & \boldsymbol{A}_2\end{bmatrix}\begin{bmatrix}\boldsymbol{B}_1\\\boldsymbol{B}_2\end{bmatrix}=\boldsymbol{A}_1\boldsymbol{B}_1+\boldsymbol{A}_2\boldsymbol{B}_2 \tag{6.34}$$

如图6.18所示，$\boldsymbol{A}_1$的列数等于$\boldsymbol{B}_1$的行数，$\boldsymbol{A}_2$的列数等于$\boldsymbol{B}_2$的行数。这类似于前面讲到的矩阵乘法的第二视角。

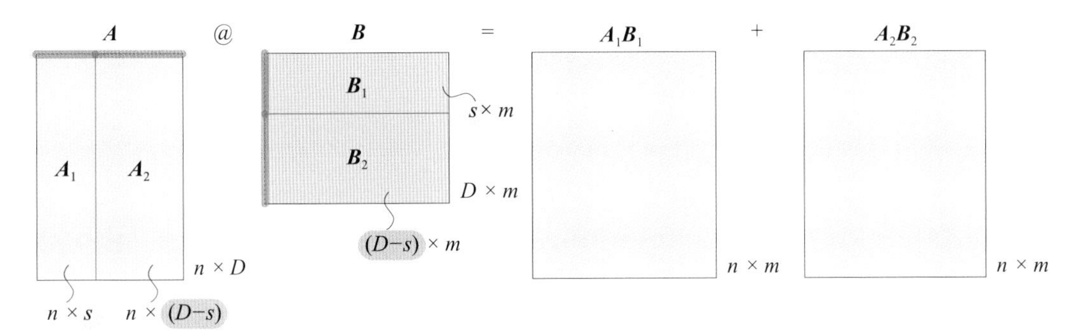

图6.18　左右分块的A乘以上下分块的B

A和B都“大卸四块”

A和B都上下左右分块，乘积AB的结果为

$$AB = \begin{bmatrix} A_{1,1} & A_{1,2} \\ A_{2,1} & A_{2,2} \end{bmatrix} \begin{bmatrix} B_{1,1} & B_{1,2} \\ B_{2,1} & B_{2,2} \end{bmatrix} = \begin{bmatrix} A_{1,1}B_{1,1} + A_{1,2}B_{2,1} & A_{1,1}B_{1,2} + A_{1,2}B_{2,2} \\ A_{2,1}B_{1,1} + A_{2,2}B_{2,1} & A_{2,1}B_{1,2} + A_{2,2}B_{2,2} \end{bmatrix} \tag{6.35}$$

如图6.19所示，$A_{1,1}$、$A_{1,2}$、$A_{2,1}$、$A_{2,2}$的列数分别等于$B_{1,1}$、$B_{2,1}$、$B_{1,2}$、$B_{2,2}$的行数。图6.19中给出的分块矩阵乘法相当于两个2 × 2矩阵相乘，结果C还是2 × 2矩阵。这也相当于矩阵乘法的第一视角。

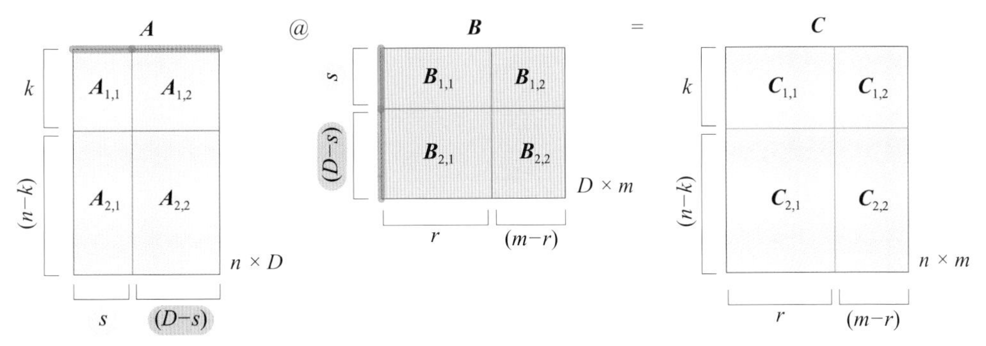

图6.19　A和B都上下左右分块

矩阵C的四个元素分别为$C_{1,1}$、$C_{1,2}$、$C_{2,1}$、$C_{2,2}$。图6.20～图6.23分别展示了如何计算$C_{1,1}$、$C_{1,2}$、$C_{2,1}$、$C_{2,2}$。以$C_{1,1}$为例，$C_{1,1}$的行数等于$A_{1,1}$的行数，$C_{1,1}$的列数等于$B_{1,1}$的列数。

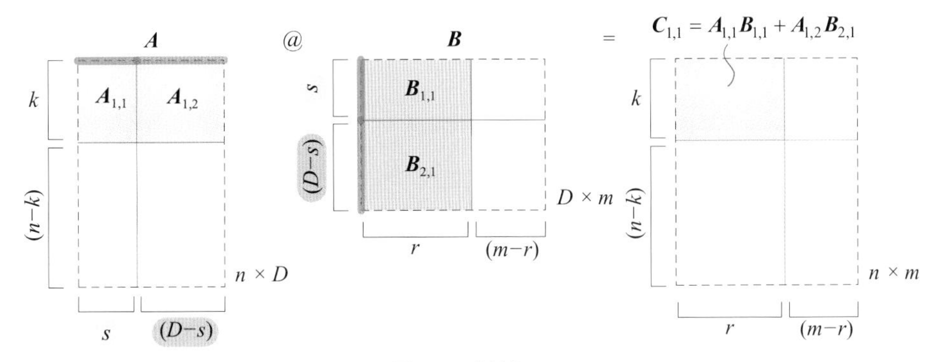

图6.20　计算$C_{1,1}$

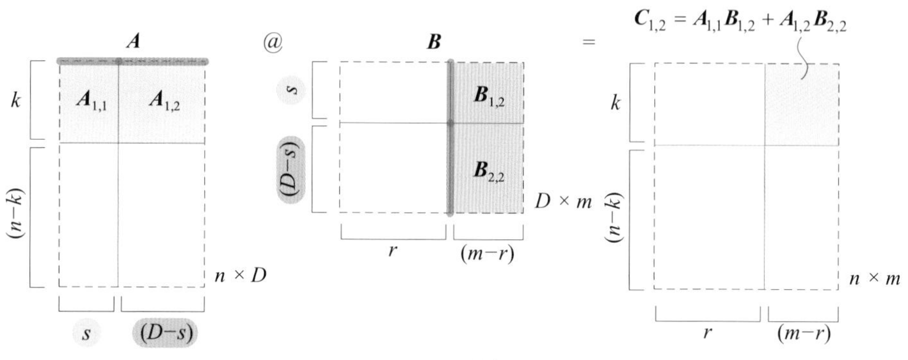

图6.21 计算$C_{1,2}$

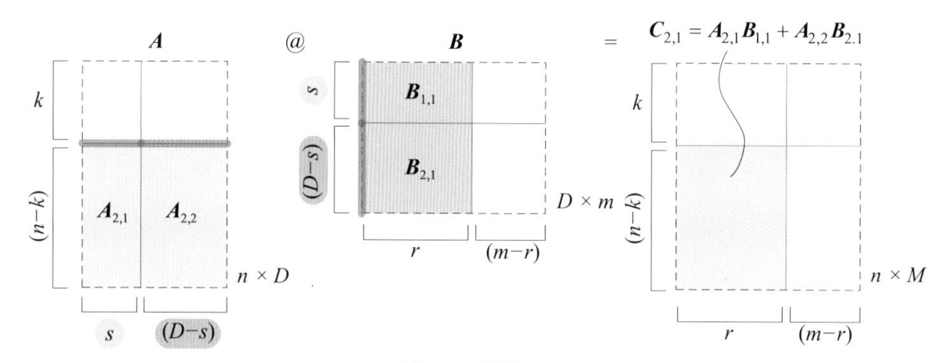

图6.22 计算$C_{2,1}$

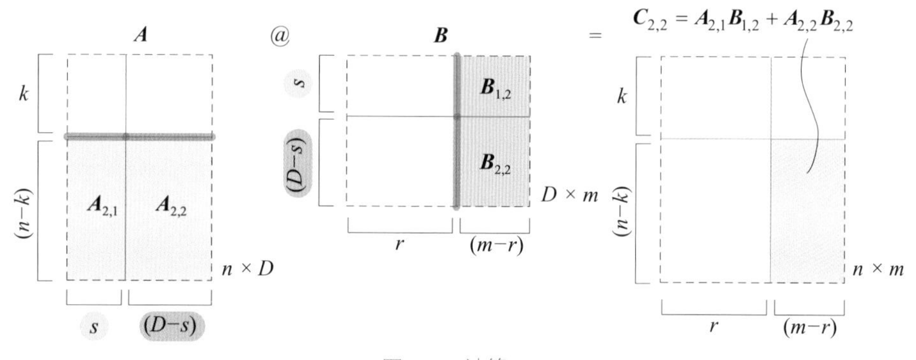

图6.23 计算$C_{2,2}$

逐步分块

还有一个办法解释图6.19所示的分块矩阵乘法——逐步分块。

首先将$\boldsymbol{A}$左右分块，$\boldsymbol{B}$上下分块，$\boldsymbol{AB}$乘积的结果如式 (6.34)，乘积$\boldsymbol{AB}$的结果写成$\boldsymbol{A}_1\boldsymbol{B}_1$和$\boldsymbol{A}_2\boldsymbol{B}_2$相加，具体如图6.24所示。

然后再对$\boldsymbol{A}_1$和$\boldsymbol{A}_2$上下分块，$\boldsymbol{B}_1$和$\boldsymbol{B}_2$左右分块，有

$$\boldsymbol{A}_1 = \begin{bmatrix} \boldsymbol{A}_{1,1} \\ \boldsymbol{A}_{2,1} \end{bmatrix}, \quad \boldsymbol{A}_2 = \begin{bmatrix} \boldsymbol{A}_{1,2} \\ \boldsymbol{A}_{2,2} \end{bmatrix}, \quad \boldsymbol{B}_1 = \begin{bmatrix} \boldsymbol{B}_{1,1} & \boldsymbol{B}_{1,2} \end{bmatrix}, \quad \boldsymbol{B}_2 = \begin{bmatrix} \boldsymbol{B}_{2,1} & \boldsymbol{B}_{2,2} \end{bmatrix} \tag{6.36}$$

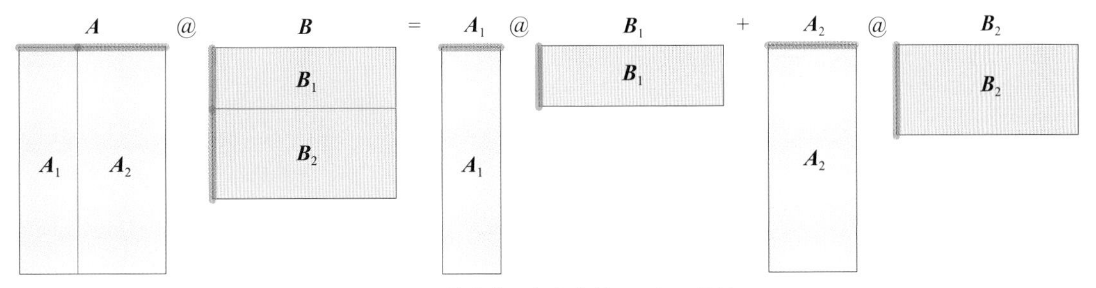

图6.24　首先将$\boldsymbol{A}$左右分块，$\boldsymbol{B}$上下分块

如图6.25所示，$\boldsymbol{A}_1\boldsymbol{B}_1$按如下方式计算得到，即

$$\boldsymbol{A}_1\boldsymbol{B}_1=\begin{bmatrix}\boldsymbol{A}_{1,1}\\\boldsymbol{A}_{2,1}\end{bmatrix}\begin{bmatrix}\boldsymbol{B}_{1,1} & \boldsymbol{B}_{1,2}\end{bmatrix}=\begin{bmatrix}\boldsymbol{A}_{1,1}\boldsymbol{B}_{1,1} & \boldsymbol{A}_{1,1}\boldsymbol{B}_{1,2}\\\boldsymbol{A}_{2,1}\boldsymbol{B}_{1,1} & \boldsymbol{A}_{2,1}\boldsymbol{B}_{1,2}\end{bmatrix} \tag{6.37}$$

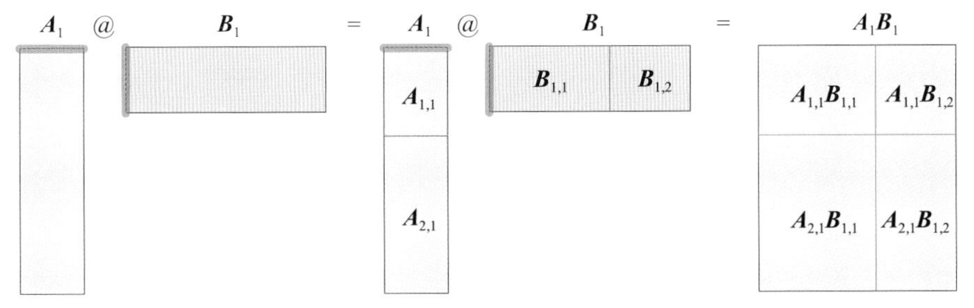

图6.25　计算$\boldsymbol{A}_1\boldsymbol{B}_1$

同理，如图6.26所示，计算$\boldsymbol{A}_2\boldsymbol{B}_2$得

$$\boldsymbol{A}_2\boldsymbol{B}_2=\begin{bmatrix}\boldsymbol{A}_{1,2}\\\boldsymbol{A}_{2,2}\end{bmatrix}\begin{bmatrix}\boldsymbol{B}_{2,1} & \boldsymbol{B}_{2,2}\end{bmatrix}=\begin{bmatrix}\boldsymbol{A}_{1,2}\boldsymbol{B}_{2,1} & \boldsymbol{A}_{1,2}\boldsymbol{B}_{2,2}\\\boldsymbol{A}_{2,2}\boldsymbol{B}_{2,1} & \boldsymbol{A}_{2,2}\boldsymbol{B}_{2,2}\end{bmatrix} \tag{6.38}$$

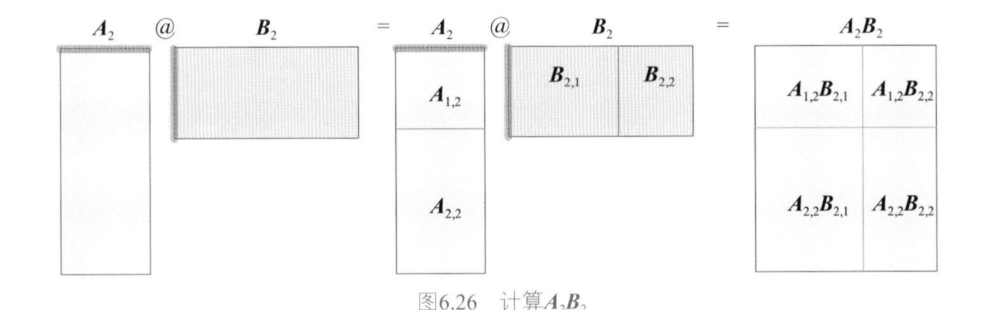

图6.26　计算$\boldsymbol{A}_2\boldsymbol{B}_2$

式 (6.37) 和式 (6.38) 相加就可以获得式 (6.35) 的结果，即

$$\begin{bmatrix}\boldsymbol{A}_{1,1}\boldsymbol{B}_{1,1} & \boldsymbol{A}_{1,1}\boldsymbol{B}_{1,2}\\\boldsymbol{A}_{2,1}\boldsymbol{B}_{1,1} & \boldsymbol{A}_{2,1}\boldsymbol{B}_{1,2}\end{bmatrix}+\begin{bmatrix}\boldsymbol{A}_{1,2}\boldsymbol{B}_{2,1} & \boldsymbol{A}_{1,2}\boldsymbol{B}_{2,2}\\\boldsymbol{A}_{2,2}\boldsymbol{B}_{2,1} & \boldsymbol{A}_{2,2}\boldsymbol{B}_{2,2}\end{bmatrix}=\begin{bmatrix}\boldsymbol{A}_{1,1}\boldsymbol{B}_{1,1}+\boldsymbol{A}_{1,2}\boldsymbol{B}_{2,1} & \boldsymbol{A}_{1,1}\boldsymbol{B}_{1,2}+\boldsymbol{A}_{1,2}\boldsymbol{B}_{2,2}\\\boldsymbol{A}_{2,1}\boldsymbol{B}_{1,1}+\boldsymbol{A}_{2,2}\boldsymbol{B}_{2,1} & \boldsymbol{A}_{2,1}\boldsymbol{B}_{1,2}+\boldsymbol{A}_{2,2}\boldsymbol{B}_{2,2}\end{bmatrix} \tag{6.39}$$

实际上，这个思路便是矩阵乘法第二视角。

本节内容足见矩阵乘法的灵活性，以及矩阵乘法两个视角的重要性。本书第11章讲解QR分解、第16章讲解四种奇异值分解类型时都会用到分块矩阵乘法。

6.5 分块矩阵的逆

如图6.27所示，将一个方阵分割成四个子块矩阵$\boldsymbol{A}$、$\boldsymbol{B}$、$\boldsymbol{C}$和$\boldsymbol{D}$，其中$\boldsymbol{A}$和$\boldsymbol{D}$为方阵。当原矩阵可逆时，原矩阵的逆可以通过子块矩阵运算得到，即

$$\begin{bmatrix} \boldsymbol{A} & \boldsymbol{B} \\ \boldsymbol{C} & \boldsymbol{D} \end{bmatrix}^{-1} = \begin{bmatrix} \left(\boldsymbol{A}-\boldsymbol{B}\boldsymbol{D}^{-1}\boldsymbol{C}\right)^{-1} & -\left(\boldsymbol{A}-\boldsymbol{B}\boldsymbol{D}^{-1}\boldsymbol{C}\right)^{-1}\boldsymbol{B}\boldsymbol{D}^{-1} \\ -\boldsymbol{D}^{-1}\boldsymbol{C}\left(\boldsymbol{A}-\boldsymbol{B}\boldsymbol{D}^{-1}\boldsymbol{C}\right)^{-1} & \boldsymbol{D}^{-1}+\boldsymbol{D}^{-1}\boldsymbol{C}\left(\boldsymbol{A}-\boldsymbol{B}\boldsymbol{D}^{-1}\boldsymbol{C}\right)^{-1}\boldsymbol{B}\boldsymbol{D}^{-1} \end{bmatrix} \tag{6.40}$$

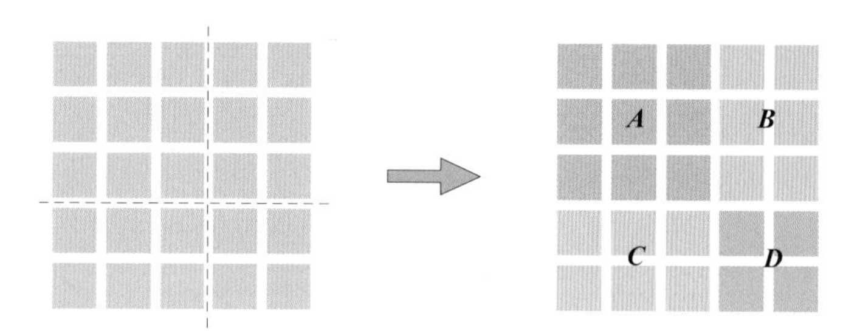

图6.27　分块矩阵求逆

令

$$\boldsymbol{H} = \left(\boldsymbol{A}-\boldsymbol{B}\boldsymbol{D}^{-1}\boldsymbol{C}\right)^{-1} \tag{6.41}$$

式 (6.40) 分块矩阵的逆可以写成

$$\begin{bmatrix} \boldsymbol{A} & \boldsymbol{B} \\ \boldsymbol{C} & \boldsymbol{D} \end{bmatrix}^{-1} = \begin{bmatrix} \boldsymbol{H} & -\boldsymbol{H}\boldsymbol{B}\boldsymbol{D}^{-1} \\ -\boldsymbol{D}^{-1}\boldsymbol{C}\boldsymbol{H} & \boldsymbol{D}^{-1}+\boldsymbol{D}^{-1}\boldsymbol{C}\boldsymbol{H}\boldsymbol{B}\boldsymbol{D}^{-1} \end{bmatrix} \tag{6.42}$$

当然，这个分块矩阵的逆还有其他表达方式，本节不一一赘述。

分块矩阵的逆将会用在协方差矩阵上，特别是在求解条件概率、多元线性回归时。鸢尾花书《统计至简》一册会深入探讨这一话题。

6.6 克罗内克积：矩阵张量积

克罗内克积 (Kronecker product)，也叫矩阵张量积，是两个任意大小矩阵之间的运算，运算符为 ⊗。

矩阵$\boldsymbol{A}$的形状为$n \times D$，矩阵$\boldsymbol{B}$的形状为$p \times q$，那么$\boldsymbol{A}\otimes\boldsymbol{B}$的形状为$np \times Dq$，结果为

$$\boldsymbol{A}\otimes\boldsymbol{B}=\begin{bmatrix} a_{1,1} & a_{1,2} & \cdots & a_{1,D} \\ a_{2,1} & a_{2,2} & \cdots & a_{2,D} \\ \vdots & \vdots & \ddots & \vdots \\ a_{n,1} & a_{n,2} & \cdots & a_{n,D} \end{bmatrix}\otimes\boldsymbol{B}=\begin{bmatrix} a_{1,1}\boldsymbol{B} & a_{1,2}\boldsymbol{B} & \cdots & a_{1,D}\boldsymbol{B} \\ a_{2,1}\boldsymbol{B} & a_{2,2}\boldsymbol{B} & \cdots & a_{2,D}\boldsymbol{B} \\ \vdots & \vdots & \ddots & \vdots \\ a_{n,1}\boldsymbol{B} & a_{n,2}\boldsymbol{B} & \cdots & a_{n,D}\boldsymbol{B} \end{bmatrix} \tag{6.43}$$

其中：每个$a_{i,j}$可以看成缩放系数。

比如，两个 2 × 2 矩阵$\boldsymbol{A}$和$\boldsymbol{B}$的张量积为4 × 4 矩阵，即

$$\begin{aligned}\boldsymbol{A}\otimes\boldsymbol{B}&=\begin{bmatrix} a_{1,1} & a_{1,2} \\ a_{2,1} & a_{2,2} \end{bmatrix}\otimes\begin{bmatrix} b_{1,1} & b_{1,2} \\ b_{2,1} & b_{2,2} \end{bmatrix}=\begin{bmatrix} a_{1,1}\boldsymbol{B} & a_{1,2}\boldsymbol{B} \\ a_{2,1}\boldsymbol{B} & a_{2,2}\boldsymbol{B} \end{bmatrix} \\ &=\begin{bmatrix} a_{1,1}\begin{bmatrix} b_{1,1} & b_{1,2} \\ b_{2,1} & b_{2,2} \end{bmatrix} & a_{1,2}\begin{bmatrix} b_{1,1} & b_{1,2} \\ b_{2,1} & b_{2,2} \end{bmatrix} \\ a_{2,1}\begin{bmatrix} b_{1,1} & b_{1,2} \\ b_{2,1} & b_{2,2} \end{bmatrix} & a_{2,2}\begin{bmatrix} b_{1,1} & b_{1,2} \\ b_{2,1} & b_{2,2} \end{bmatrix} \end{bmatrix}=\begin{bmatrix} a_{1,1}b_{1,1} & a_{1,1}b_{1,2} & a_{1,2}b_{1,1} & a_{1,2}b_{1,2} \\ a_{1,1}b_{2,1} & a_{1,1}b_{2,2} & a_{1,2}b_{2,1} & a_{1,2}b_{2,2} \\ a_{2,1}b_{1,1} & a_{2,1}b_{1,2} & a_{2,2}b_{1,1} & a_{2,2}b_{1,2} \\ a_{2,1}b_{2,1} & a_{2,1}b_{2,2} & a_{2,2}b_{2,1} & a_{2,2}b_{2,2} \end{bmatrix}\end{aligned} \tag{6.44}$$

numpy.kron() 可以用于计算矩阵张量积。

克罗内克积讲究顺序，一般情况下$\boldsymbol{A}\otimes\boldsymbol{B}\neq\boldsymbol{B}\otimes\boldsymbol{A}$。

请大家注意以下有关克罗内克积性质，即

$$\begin{aligned} \boldsymbol{A}\otimes(\boldsymbol{B}+\boldsymbol{C})&=\boldsymbol{A}\otimes\boldsymbol{B}+\boldsymbol{A}\otimes\boldsymbol{C} \\ (\boldsymbol{B}+\boldsymbol{C})\otimes\boldsymbol{A}&=\boldsymbol{B}\otimes\boldsymbol{A}+\boldsymbol{C}\otimes\boldsymbol{A} \\ (k\boldsymbol{A})\otimes\boldsymbol{B}&=\boldsymbol{A}\otimes(k\boldsymbol{B})=k(\boldsymbol{A}\otimes\boldsymbol{B}) \\ (\boldsymbol{A}\otimes\boldsymbol{B})\otimes\boldsymbol{C}&=\boldsymbol{A}\otimes(\boldsymbol{B}\otimes\boldsymbol{C}) \\ \boldsymbol{A}\otimes\boldsymbol{0}&=\boldsymbol{0}\otimes\boldsymbol{A}=\boldsymbol{0} \end{aligned} \tag{6.45}$$

与向量张量积的关系

克罗内克积相当于向量张量积的推广；反过来，向量张量积也可以看做克罗内克积的特例。

但两者稍有不同，为了方便计算，两个2 × 1列向量的张量积定义为 $\boldsymbol{a}\otimes\boldsymbol{b}=\boldsymbol{a}\boldsymbol{b}^{\mathrm{T}}$，也就是

$$\boldsymbol{a}\otimes\boldsymbol{b}=\begin{bmatrix} a_1 \\ a_2 \end{bmatrix}\otimes\boldsymbol{b}=\begin{bmatrix} a_1\boldsymbol{b}^{\mathrm{T}} \\ a_2\boldsymbol{b}^{\mathrm{T}} \end{bmatrix} \tag{6.46}$$

请大家注意式 (6.46) 中的转置运算。而式 (6.43) 中不存在转置。

举个例子

矩阵$\boldsymbol{A}$和$\boldsymbol{B}$分别为

$$\boldsymbol{A}=\begin{bmatrix} -1 & 1 \\ 0.7 & -0.4 \end{bmatrix},\quad \boldsymbol{B}=\begin{bmatrix} 0.5 & -0.6 \\ -0.8 & 0.3 \end{bmatrix} \tag{6.47}$$

$\boldsymbol{A}$和$\boldsymbol{B}$的张量积$\boldsymbol{A}\otimes\boldsymbol{B}$为

$$
\boldsymbol{A} \otimes \boldsymbol{B} = \begin{bmatrix} -1 & 1 \\ 0.7 & -0.4 \end{bmatrix} \otimes \begin{bmatrix} 0.5 & -0.6 \\ -0.8 & 0.3 \end{bmatrix}
= \begin{bmatrix} -1\times\begin{bmatrix} 0.5 & -0.6 \\ -0.8 & 0.3 \end{bmatrix} & 1\times\begin{bmatrix} 0.5 & -0.6 \\ -0.8 & 0.3 \end{bmatrix} \\ 0.7\times\begin{bmatrix} 0.5 & -0.6 \\ -0.8 & 0.3 \end{bmatrix} & -0.4\times\begin{bmatrix} 0.5 & -0.6 \\ -0.8 & 0.3 \end{bmatrix} \end{bmatrix} \tag{6.48}
$$

图6.28所示为上述计算的热图。

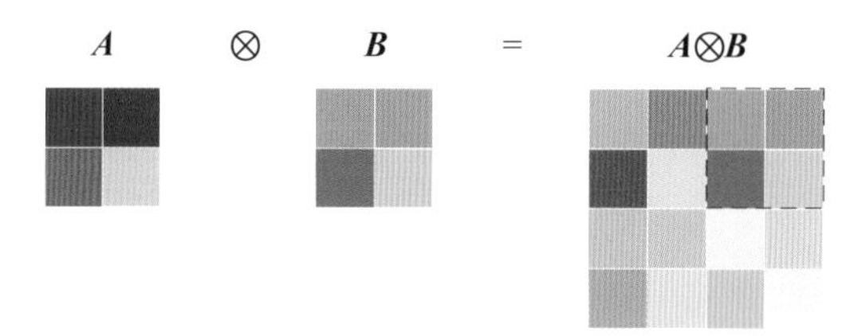

图6.28 ***A***和***B***的张量积***A***⊗***B***

再给出第三个2 × 2 矩阵***C***为

$$
\boldsymbol{C} = \begin{bmatrix} 0.9 & 0.5 \\ 0.2 & -0.3 \end{bmatrix} \tag{6.49}
$$

A⊗***B***⊗***C***的张量积的运算如图6.29所示。也请大家尝试先计算***B***⊗***C***，再计算***A***⊗***B***⊗***C***。

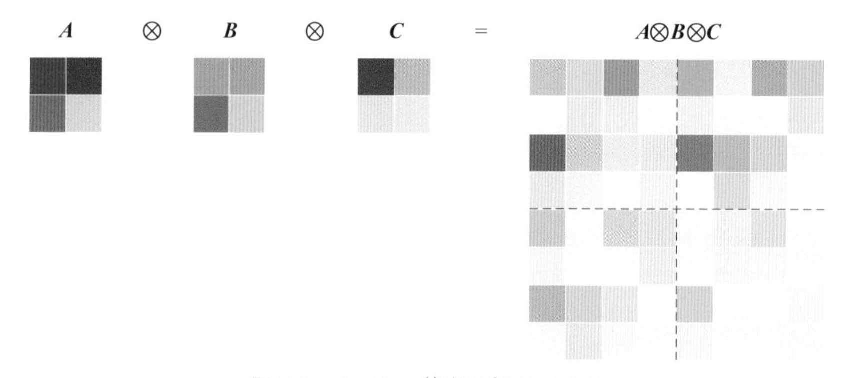

图6.29 ***A***、***B***、***C***的张量积***A***⊗***B***⊗***C***

Bk4_Ch6_03.py计算张量积并绘制图6.28。请大家自行绘制图6.29。

虽然分块矩阵乘法运算让人看得眼花缭乱；但是，万变不离其宗，大家关键要把握的是矩阵乘法规则，这是根本。其次，同等重要的就是，我们在本书中反复强调的——矩阵乘法的两个视角。

此外，大家注意矩阵乘法的“合成”，也就是分块矩阵乘法的逆向运算。掌握这个逆向思维方式有助于理解和简化很多运算，大家将会在本书后文数据投影中看到大量实例。

03 Section 03 向量空间

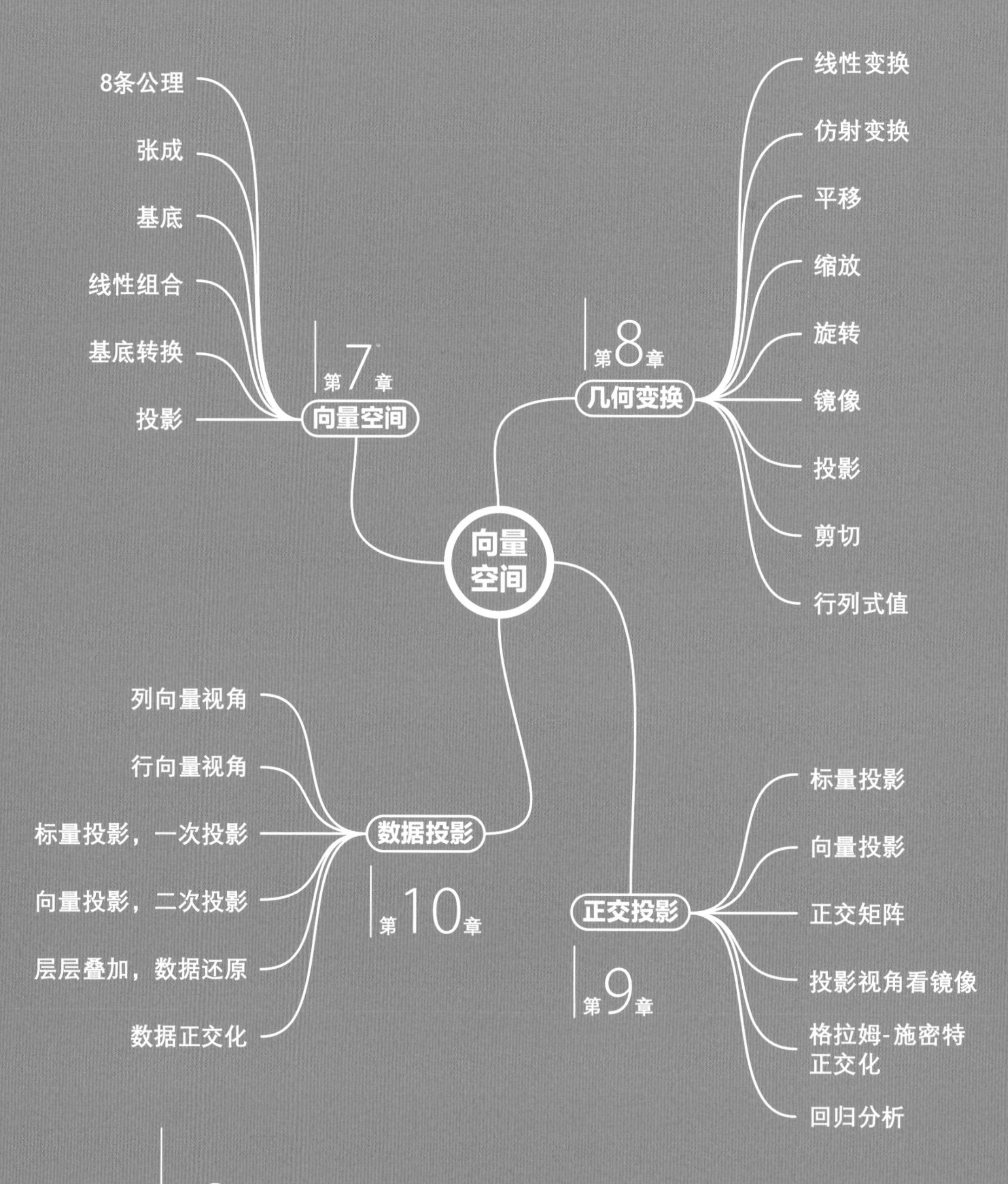

8条公理
张成
基底
线性组合
基底转换
投影
第7章
向量空间
线性变换
仿射变换
平移
缩放
旋转
镜像
投影
剪切
行列式值
第8章
几何变换
向量空间
列向量视角
行向量视角
标量投影，一次投影
向量投影，二次投影
层层叠加，数据还原
数据正交化
数据投影
第10章
标量投影
向量投影
正交矩阵
投影视角看镜像
格拉姆-施密特正交化
回归分析
正交投影
第9章

学习地图 | 第3版块

07 Vector Space 向量空间

用三原色给向量空间涂颜色

数学，是神灵创造宇宙的语言。

Mathematics is the language in which God has written the universese.

—— 伽利略 · 伽利莱 (Galileo Galilei) | 意大利物理学家、数学家及哲学家 | 1564—1642

◀ numpy.linalg.matrix_rank() 计算矩阵的秩

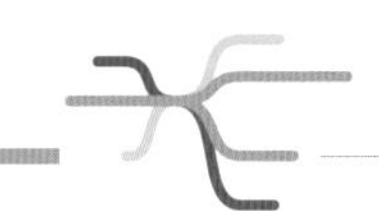

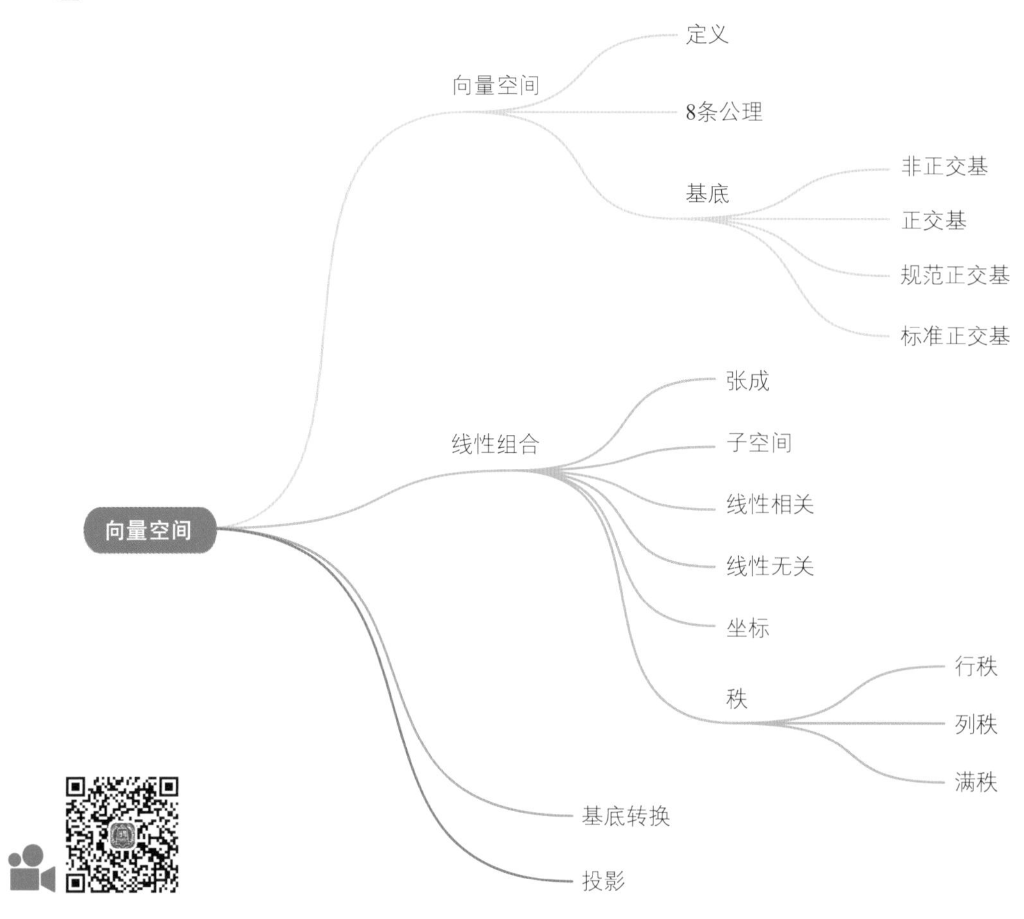

7.1 向量空间：从直角坐标系说起

从笛卡尔坐标系说起

注意：本节很长，可能有点枯燥！但是，请坚持看完这一节，色彩斑斓的内容在本节之后。

向量空间 (vector space) 是笛卡尔坐标系的自然延伸。图7.1所示给出了二维和三维直角坐标系，在向量空间中，它们就是最基本的欧几里得向量空间 $\mathbb{R}^n$ $(n = 2, 3)$。

在这两个向量空间中，我们可以完成向量加减、标量乘法等一系列运算。

在平面 $\mathbb{R}^2$ 上，坐标点 (x_1, x_2) 无死角全面覆盖平面上的所有点。这就是说，从向量角度来讲，$x_1\boldsymbol{e}_1 + x_2\boldsymbol{e}_2$代表平面 $\mathbb{R}^2$ 上所有的向量。

类似地，在三维空间 $\mathbb{R}^3$ 中，$x_1\boldsymbol{e}_1 + x_2\boldsymbol{e}_2 + x_3\boldsymbol{e}_3$代表三维空间中所有的向量。

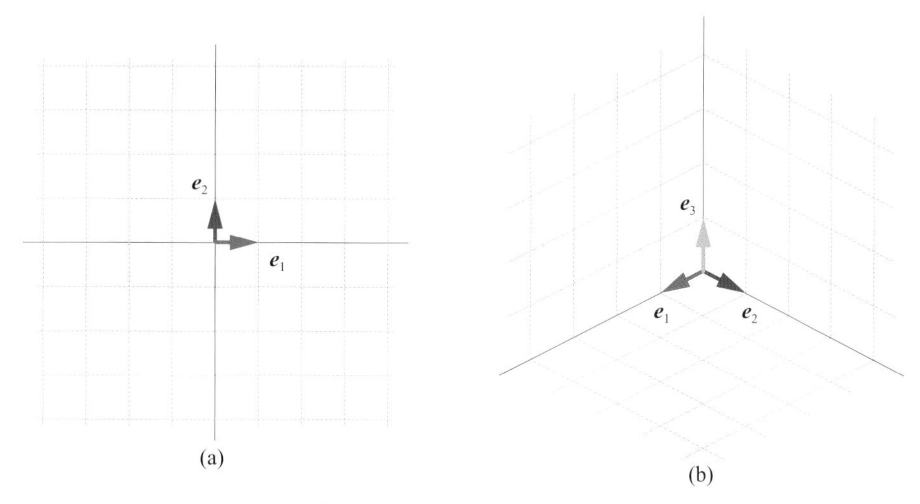

图7.1　二维和三维直角坐标系

向量空间

我们下面看一下向量空间的确切定义。

给定域F，F上的向量空间V是一个集合。集合V非空，且对于加法和标量乘法运算封闭。这意味着，对于V中的每一对元素$\boldsymbol{u}$和$\boldsymbol{v}$，可以唯一对应V中的一个元素$\boldsymbol{u} + \boldsymbol{v}$；而且，对于$V$中的每一个元素$\boldsymbol{v}$和任意一个标量$k$，可以唯一对应$V$中的元素$k\boldsymbol{v}$。

如果V连同上述加法运算和标量乘法运算满足以下公理，则称V为向量空间。

公理1：**向量加法交换律** (commutativity of vector addition)。对于V中任何$\boldsymbol{u}$和$\boldsymbol{v}$，满足

$$\boldsymbol{u}+\boldsymbol{v}=\boldsymbol{v}+\boldsymbol{u} \tag{7.1}$$

公理2：**向量加法结合律** (associativity of vector addition)。对于V中任何$\boldsymbol{u}$、$\boldsymbol{v}$和$\boldsymbol{w}$，满足

$$(\boldsymbol{u}+\boldsymbol{v})+\boldsymbol{w}=\boldsymbol{u}+(\boldsymbol{v}+\boldsymbol{w}) \tag{7.2}$$

公理3：**向量加法恒等元** (additive identity)。V中存在零向量$\boldsymbol{0}$，使得对于任意V中元素$\boldsymbol{v}$，下式成立，即

$$\boldsymbol{v}+\boldsymbol{0}=\boldsymbol{v} \tag{7.3}$$

公理4：**存在向量加法逆元素** (existence of additive inverse)。对于每一个V中元素$\boldsymbol{v}$，选在V中的另外一个元素$-\boldsymbol{v}$，满足

$$\boldsymbol{v}+(-\boldsymbol{v})=\boldsymbol{0} \tag{7.4}$$

公理5：**标量乘法对向量加法的分配率** (distributivity of vector sums)。对于任意标量k，V中元素$\boldsymbol{u}$和$\boldsymbol{v}$满足

$$k(\boldsymbol{u}+\boldsymbol{v})=k\boldsymbol{u}+k\boldsymbol{v} \tag{7.5}$$

公理6：**标量乘法对域加法的分配律** (distributivity of scalar sum)。对于任意标量k和t，以及V中任意元素$\boldsymbol{v}$，满足

$$(k+t)\boldsymbol{v} = k\boldsymbol{v} + t\boldsymbol{v} \tag{7.6}$$

公理7：**标量乘法与标量的域乘法相容** (associativity of scalar multiplication)。对于任意标量k和t，以及V中任意元素$\boldsymbol{v}$，满足

$$(kt)\boldsymbol{v} = k(t\boldsymbol{v}) \tag{7.7}$$

公理8：**标量乘法的单位元** (scalar multiplication identity)。V中任意元素$\boldsymbol{v}$，满足

$$1 \cdot \boldsymbol{v} = \boldsymbol{v} \tag{7.8}$$

注意：以上公理不需要大家格外记忆！

线性组合

令$\boldsymbol{v}_1$、$\boldsymbol{v}_2$、…、$\boldsymbol{v}_D$为向量空间V中的向量。向量$\boldsymbol{v}_1$、$\boldsymbol{v}_2$、…、$\boldsymbol{v}_D$的**线性组合** (linear combination)为

$$\alpha_1 \boldsymbol{v}_1 + \alpha_2 \boldsymbol{v}_2 + \cdots + \alpha_D \boldsymbol{v}_D \tag{7.9}$$

其中：α_1、α_2、…、α_D均为实数。图7.2所示为可视化(7.9)对应线性组合的过程。

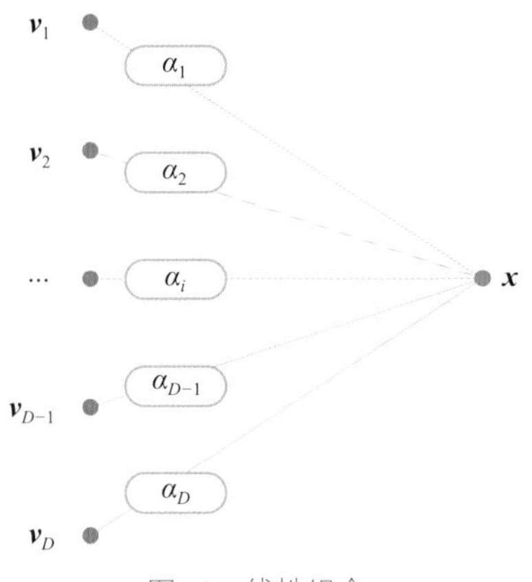

图7.2　线性组合

张成

$\boldsymbol{v}_1$、$\boldsymbol{v}_2$ … $\boldsymbol{v}_D$所有线性组合的集合叫做$\boldsymbol{v}_1$、$\boldsymbol{v}_2$、…、$\boldsymbol{v}_D$的**张成** (span)，记作 span($\boldsymbol{v}_1$, $\boldsymbol{v}_2$、…、$\boldsymbol{v}_D$)。

线性相关和线性无关

给定向量组$\boldsymbol{V} = [\boldsymbol{v}_1, \boldsymbol{v}_2, \cdots, \boldsymbol{v}_D]$，如果存在不全为零的$\alpha_1$、$\alpha_2$、…、$\alpha_D$使得下式成立

$$\alpha_1 \boldsymbol{v}_1 + \alpha_2 \boldsymbol{v}_2 + \alpha_3 \boldsymbol{v}_3 + \cdots + \alpha_D \boldsymbol{v}_D = \boldsymbol{0} \tag{7.10}$$

则称向量组$\boldsymbol{V}$**线性相关** (linear dependence，形容词组为linearly dependent)；否则，称$\boldsymbol{V}$**线性无关** (linear independence，形容词为linearly independent)。

图7.3所示在平面上解释了线性相关和线性无关。

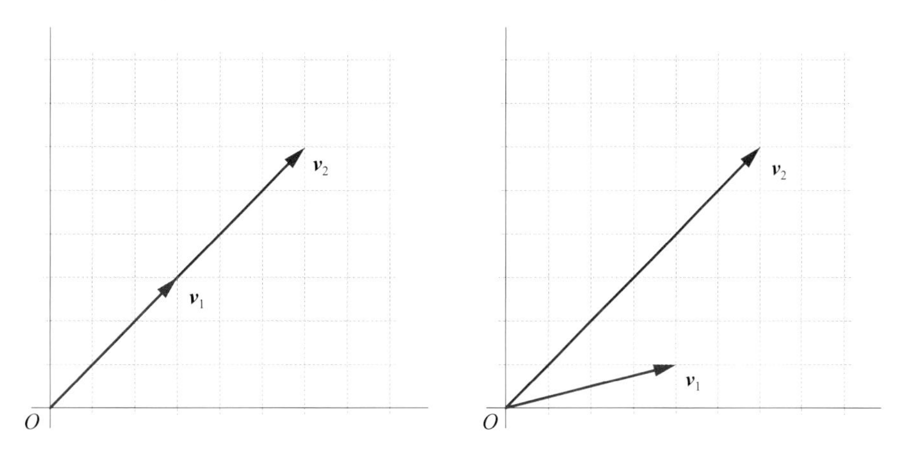

图7.3　平面上解释线性相关与线性无关

极大无关组、秩

一个矩阵X的**列秩** (column rank) 是X的线性无关的列向量数量最大值。类似地，**行秩** (row rank) 是X的线性无关的行向量数量最大值。

以列秩为例，矩阵X可以写成一组列向量，如

$$X_{n\times D}=\begin{bmatrix}x_1 & x_2 & \cdots & x_D\end{bmatrix} \tag{7.11}$$

对于 $V=\{x_1, x_2, \cdots, x_D\}$，如果这些列向量线性相关，总可以找出一个冗余向量，把它剔除。如此往复，不断剔除冗余向量，直到不再有冗余向量为止，得到 $S=\{x_1, x_2, \cdots, x_r\}$ 线性无关。则称 $S=\{x_1, x_2, \cdots, x_r\}$ 为 $V=\{x_1, x_2, \cdots, x_D\}$ 的**极大线性无关组** (maximal linearly independent subset)。

> 注意：极大线性无关组不唯一。

极大线性无关组的元素数量r为 $V=\{x_1, x_2, \cdots, x_D\}$ 的秩，也称为V的维数或维度。

矩阵的列秩和行秩总是相等的，因此就称它们为矩阵X的秩 (rank)，记作rank(X)。rank(X) 小于等于min(D, n)，即rank(X)≤min(D, n)；对于“细高型”数据矩阵，rank(X)≤D。

图7.4所示为当rank(X) 的秩取不同值时，span(X) 所代表的空间。当然，向量空间沿着子图中给定的直线、平面、空间无限延伸。

特别地，若矩阵X的列数为D，当rank(X) = D时，矩阵X列满秩，列向量$x_1, x_2, \cdots, x_D$线性无关。

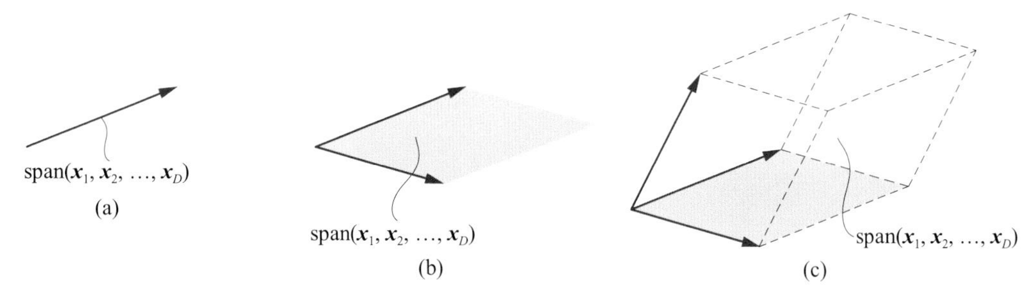

图7.4　rank(X) 的秩和span(X) 的空间

(a) rank(X) = 1；(b) rank(X) = 2；(c) rank(X) = 3

此外，不要被矩阵的形状迷惑，以下四个矩阵的秩都是1，即

$$\begin{bmatrix}1\\1\\1\end{bmatrix}, \begin{bmatrix}1\\1\\\vdots\\1\end{bmatrix}_{10\times1}, \begin{bmatrix}1&2&3&4\\1&2&3&4\\\vdots&\vdots&\vdots&\vdots\\1&2&3&4\end{bmatrix}_{10\times4}, \begin{bmatrix}1&2&3&4\end{bmatrix} \tag{7.12}$$

numpy.linalg.matrix_rank() 用于计算矩阵的秩。

如果乘积$\boldsymbol{AB}$存在，则$\boldsymbol{AB}$的秩满足

$$\operatorname{rank}(\boldsymbol{AB}) \leqslant \min(\operatorname{rank}(\boldsymbol{A}), \operatorname{rank}(\boldsymbol{B})) \tag{7.13}$$

请大家注意：仅当方阵$\boldsymbol{A}_{D\times D}$满秩，即$\operatorname{rank}(\boldsymbol{A}) = D$，$\boldsymbol{A}$可逆。

对于实数矩阵$\boldsymbol{X}$，以下几个矩阵的秩相等，即有

$$\operatorname{rank}(\boldsymbol{X}^T\boldsymbol{X}) = \operatorname{rank}(\boldsymbol{X}\boldsymbol{X}^T) = \operatorname{rank}(\boldsymbol{X}) = \operatorname{rank}(\boldsymbol{X}^T) \tag{7.14}$$

基底、基底向量

一个向量空间V的**基底向量** (basis vector) 指V中线性无关的$\boldsymbol{v}_1$、$\boldsymbol{v}_2$、…、$\boldsymbol{v}_D$，它们**张成** (span) 向量空间V，即$V = \operatorname{span}(\boldsymbol{v}_1, \boldsymbol{v}_2, \cdots, \boldsymbol{v}_D)$。

而 $[\boldsymbol{v}_1, \boldsymbol{v}_2, \cdots, \boldsymbol{v}_D]$ 叫做V的**基底** (vector basis或basis)。向量空间V中的每一个向量都可以唯一地表示成基底 $[\boldsymbol{v}_1, \boldsymbol{v}_2, \cdots, \boldsymbol{v}_D]$ 中基底向量的线性组合。

通俗地说，基底就像是地图上的经度和纬度，起到定位作用。有了经纬度之后，地面上的任意一点都有唯一坐标。

这就是本节最开始说的，$\{\boldsymbol{e}_1, \boldsymbol{e}_2\}$ 就是平面 $\mathbb{R}^2$ 的一组基底，平面 $\mathbb{R}^2$ 上每一个向量都可以唯一地表达成$x_1\boldsymbol{e}_1 + x_2\boldsymbol{e}_2$。而 (x_1, x_2) 就是在基底 $[\boldsymbol{e}_1, \boldsymbol{e}_2]$ 下的坐标。

注意区别$\{\boldsymbol{e}_1, \boldsymbol{e}_2\}$ 和 $[\boldsymbol{e}_1, \boldsymbol{e}_2]$。本书会用 $[\boldsymbol{e}_1, \boldsymbol{e}_2]$ 表达有序基，也就是向量基底元素按“先$\boldsymbol{e}_1$后$\boldsymbol{e}_2$”的顺序排列。而 $\{\boldsymbol{e}_1, \boldsymbol{e}_2\}$ 代表集合，集合中基底向量不存在顺序。此外，有序基 $[\boldsymbol{e}_1, \boldsymbol{e}_2]$ 构造得到矩阵$\boldsymbol{E}$。除非特殊说明，否则本书中基底都默认是有序基。

维数

向量空间的**维数** (dimension) 是基底中基底向量的个数，本书采用的维数记号为dim()。

显然，零向量$\boldsymbol{0}$的张成空间span($\boldsymbol{0}$) 维数为0。

图7.1 (a) 中 $\mathbb{R}^2 = \operatorname{span}(\boldsymbol{e}_1, \boldsymbol{e}_2)$，即 $\mathbb{R}^2$ 维数$\dim(\mathbb{R}^2) = 2$，而 $[\boldsymbol{e}_1, \boldsymbol{e}_2]$ 的秩也是2。

图7.1 (b) 中 $\mathbb{R}^3 = \operatorname{span}(\boldsymbol{e}_1, \boldsymbol{e}_2, \boldsymbol{e}_3)$，即 $\mathbb{R}^3$ 维数$\dim(\mathbb{R}^3) = 3$，$[\boldsymbol{e}_1, \boldsymbol{e}_2, \boldsymbol{e}_3]$ 的秩为3。

下面，为了理解维数这个概念，我们多看几组例子。

图7.5所示为6个维数为1的向量空间。从几何角度来看，这些向量空间都是直线。请大家特别注意，这些直线都经过原点$\boldsymbol{0}$。也就是说$\boldsymbol{0}$分别在这些向量空间中。

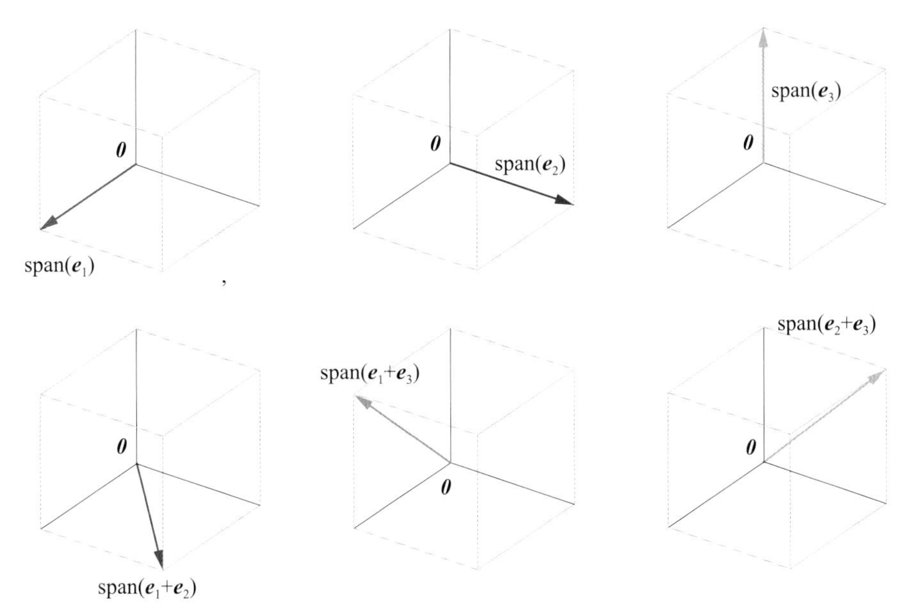

图7.5　维数为1的向量空间

图7.6所示为线性无关的向量张起的维数为2的向量空间。也就是说，图7.6所示每幅子图中的两个向量分别是该空间的基底向量。再次强调，基底中的基底向量必须线性无关。

从集合角度来看，$\text{span}(\boldsymbol{e}_1) \subset \text{span}(\boldsymbol{e}_1, \boldsymbol{e}_2)$，$\text{span}(\boldsymbol{e}_2) \subset \text{span}(\boldsymbol{e}_1, \boldsymbol{e}_2)$。

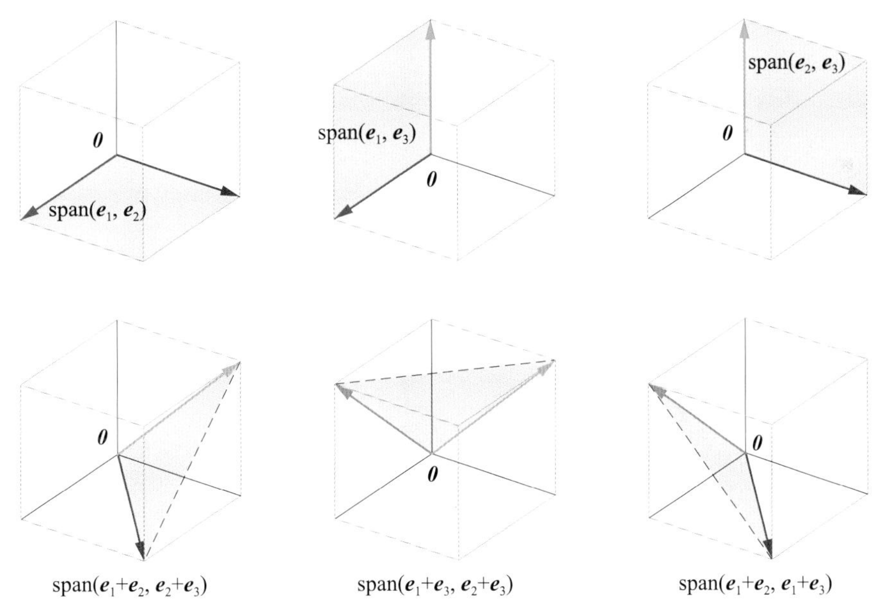

图7.6　维数为2的向量空间，张成空间的基底向量线性无关

图7.7所示为线性相关的向量张起的维数为2的空间。

举个例子，$\text{span}(\boldsymbol{e}_1, \boldsymbol{e}_2, \boldsymbol{e}_1 + \boldsymbol{e}_2)$ 张起的空间维数为2，显然 $[\boldsymbol{e}_1, \boldsymbol{e}_2, \boldsymbol{e}_1 + \boldsymbol{e}_2]$ 中向量线性相关，因此 $[\boldsymbol{e}_1, \boldsymbol{e}_2, \boldsymbol{e}_1 + \boldsymbol{e}_2]$ 不能叫做基底。进一步分析可以知道 $[\boldsymbol{e}_1, \boldsymbol{e}_2, \boldsymbol{e}_1 + \boldsymbol{e}_2]$ 的秩为2。

基底中的基底向量必须线性无关。剔除掉冗余向量后，$[\boldsymbol{e}_1, \boldsymbol{e}_2]$、$[\boldsymbol{e}_1, \boldsymbol{e}_1 + \boldsymbol{e}_2]$、$[\boldsymbol{e}_2, \boldsymbol{e}_1 + \boldsymbol{e}_2]$ 三组中的任意一组向量都线性无关，因此它们三者都可以选做 $\text{span}(\boldsymbol{e}_1, \boldsymbol{e}_2, \boldsymbol{e}_1 + \boldsymbol{e}_2)$ 空间的基底。

不同的是，$[\boldsymbol{e}_1, \boldsymbol{e}_2]$ 中基底向量正交，但是 $[\boldsymbol{e}_1, \boldsymbol{e}_1 + \boldsymbol{e}_2]$、$[\boldsymbol{e}_2, \boldsymbol{e}_1 + \boldsymbol{e}_2]$ 这两个基底中的向量并非正交。

也就是构成向量空间的基底向量可以正交，也可以非正交，这是下文马上要探讨的内容。

相信大家已经很清楚，基底中的向量之间必须线性无关，而用span() 张成空间的向量可以线性相关，如span($\boldsymbol{e}_1$, $\boldsymbol{e}_2$) = span($\boldsymbol{e}_1$, $\boldsymbol{e}_2$, $\boldsymbol{e}_1 + \boldsymbol{e}_2$) = span($\boldsymbol{e}_1$, $\boldsymbol{e}_2$, $\boldsymbol{e}_1 + 2\boldsymbol{e}_2$, $2\boldsymbol{e}_1 + \boldsymbol{e}_2$)。在基底 [$\boldsymbol{e}_1$, $\boldsymbol{e}_2$] 中，任意一点的坐标唯一。但是，在span($\boldsymbol{e}_1$, $\boldsymbol{e}_2$, $\boldsymbol{e}_1 + \boldsymbol{e}_2$) 中，任意一点的坐标不定。

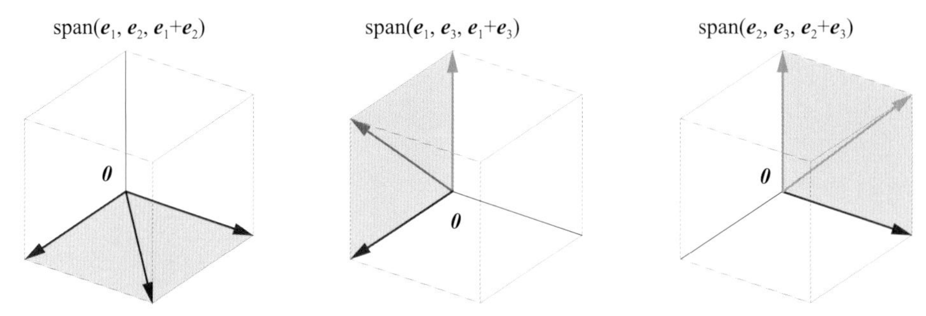

图7.7　维数为2的向量空间，张成空间的向量线性相关

图7.8所示为线性无关的向量张起维数为3的空间。注意这些空间都与 $\mathbb{R}^3$ 等价。

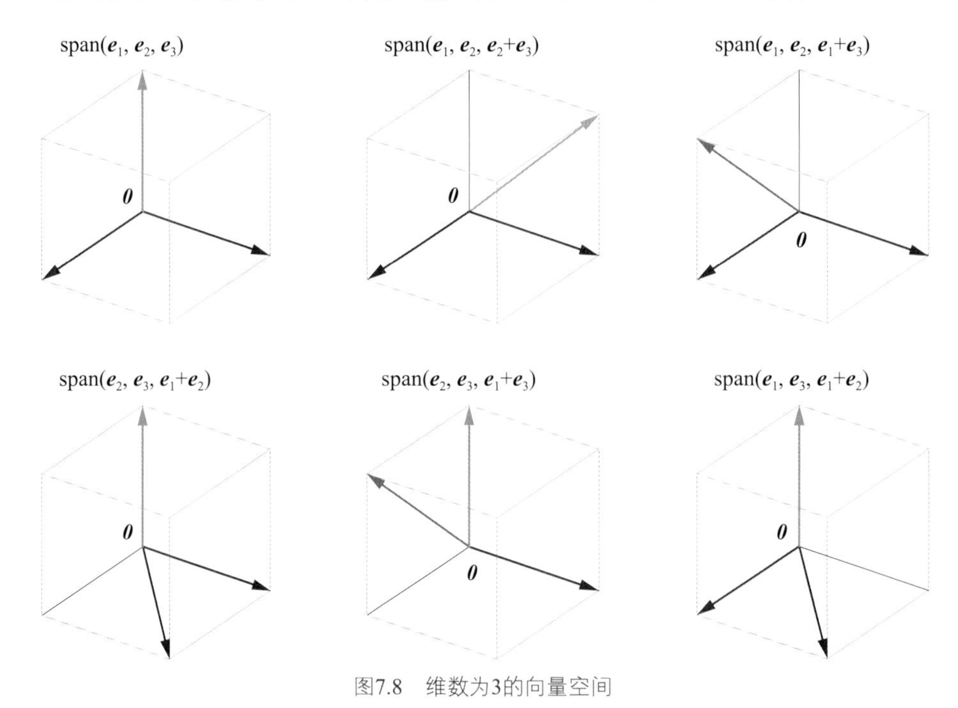

图7.8　维数为3的向量空间

过原点、仿射空间

“过原点”这一点对于向量空间极为重要。图7.5所示的几个一维空间 (直线) 显然过原点；也就是说，原点在向量空间中。从几何角度来看，图7.6、图7.7所示的维数为2的空间是平面，这些平面都过原点。原点也在图7.8所示的维数为3的空间中。

读过鸢尾花书《可视之美》的读者对仿射变换应该不陌生。向量空间平移后得到的空间叫做**仿射空间** (affine space)，如图7.9所示的三个例子。图7.9所示的三个仿射空间显然都不过原点。下一章，我们将介绍几何变换，大家会接触到**仿射变换** (affine transformation) 的相关内容。

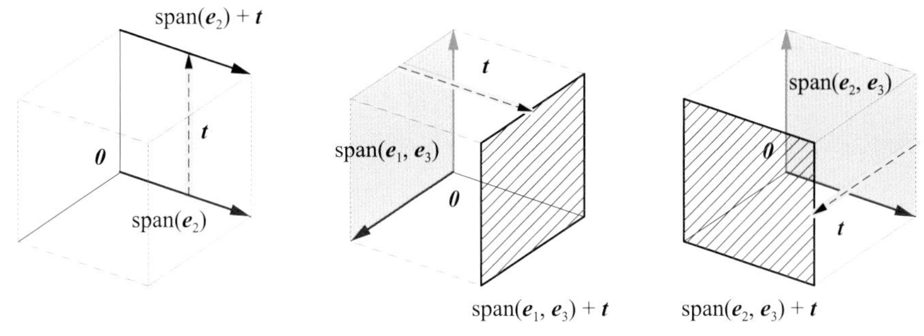

图7.9　向量空间平移得到仿射空间

基底选择并不唯一

$[e_1, e_2]$ 只是平面 $\mathbb{R}^2$ 无数基底中的一个。大家还记得本书前文给出图7.10所示的这幅图吗？

$[e_1, e_2]$、$[v_1, v_2]$、$[w_1, w_2]$ 都是平面 $\mathbb{R}^2$ 的基底！也就是说 $\mathbb{R}^2 = \text{span}(e_1, e_2) = \text{span}(v_1, v_2) = \text{span}(w_1, w_2)$。

如图7.10所示，平面 $\mathbb{R}^2$ 上的向量x在 $[e_1, e_2]$、$[v_1, v_2]$、$[w_1, w_2]$ 这三组基底中都有各自的唯一坐标。

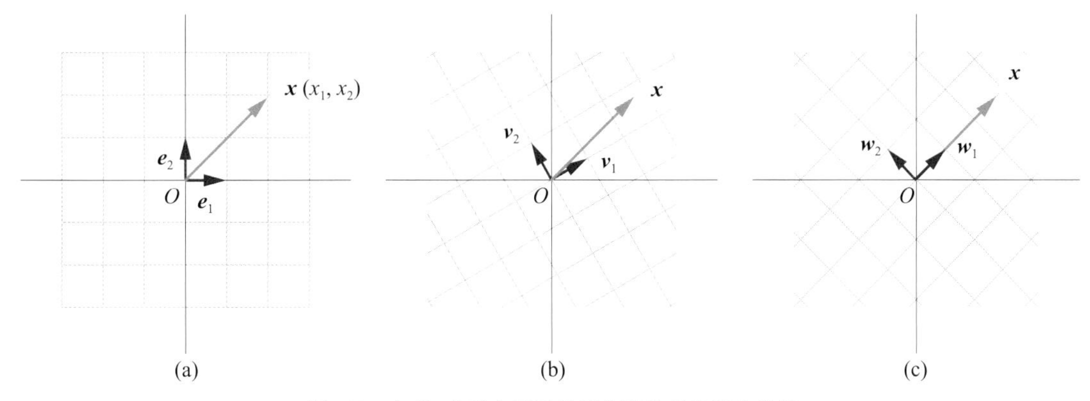

图7.10　向量x在三个不同的正交直角坐标系中位置

正交基、规范正交基、标准正交基

大家可能早已注意到图7.10中，$[e_1, e_2]$、$[v_1, v_2]$、$[w_1, w_2]$ 的每个基底向量都是单位向量，即 $\| e_1 \| = \| e_2 \| = \| v_1 \| = \| v_2 \| = \| w_1 \| = \| w_2 \| = 1$，且每组基底内基底向量相互正交，即$e_1$垂直于$e_2$，$v_1$垂直于$v_2$，$w_1$垂直于$w_2$。本书中，基底中若基底向量两两正交，则该基底叫**正交基** (orthogonal basis)。

如果正交基中每个基底向量的模都为1，则称该基底为**规范正交基** (orthonormal basis)。图7.10中 $[e_1, e_2]$、$[v_1, v_2]$、$[w_1, w_2]$ 三组基底都是规范正交基。

张成平面 $\mathbb{R}^2$ 的规范正交基有无数组。它们之间存在旋转关系，也就是说 $[e_1, e_2]$ 绕原点旋转一定角度就可以得到 $[v_1, v_2]$ 或 $[w_1, w_2]$。

更特殊的是，$[e_1, e_2]$ 叫做平面 $\mathbb{R}^2$ 的**标准正交基** (standard orthonormal basis)，或称**标准基** (standard basis)。“标准”这个字眼给了 $[e_1, e_2]$，是因为用这个基底表示平面 $\mathbb{R}^2$ 最为自然。$[e_1, e_2]$ 也是平面直角坐标系最普遍的参考系。

显然，$[e_1, e_2, e_3]$ 是 $\mathbb{R}^3$ 的标准正交基，$[e_1, e_2, \cdots, e_D]$ 是 $\mathbb{R}^D$ 的标准正交基。

非正交基

平面 $\mathbb{R}^2$ 上，任何两个不平行的非零向量都可以构成平面上的一个基底。如果基底中的基底向量之间并非两两都正交，则这样的基底叫做**非正交基** (non-orthogonal basis)。

图7.11所示为两组非正交基底，它们也都张起 $\mathbb{R}^2$ 平面，即 $\mathbb{R}^2 = \text{span}(\boldsymbol{a}_1, \boldsymbol{a}_2) = \text{span}(\boldsymbol{b}_1, \boldsymbol{b}_2)$。

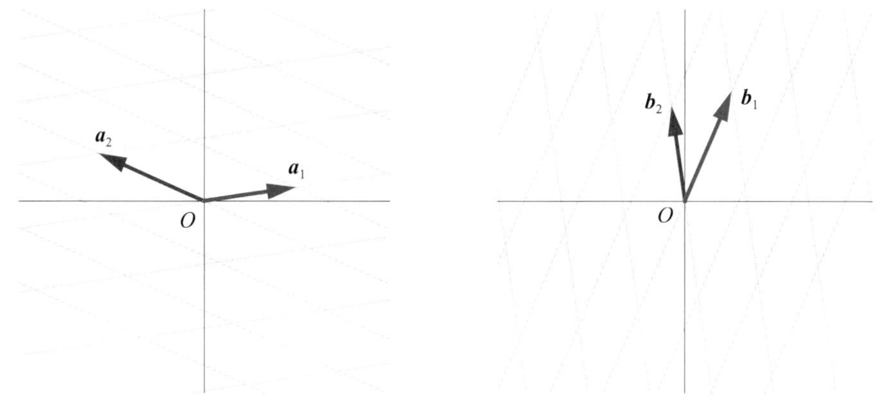

图7.11　二维平面的两个基底(非正交)

图7.12所示总结了几种基底之间的关系。

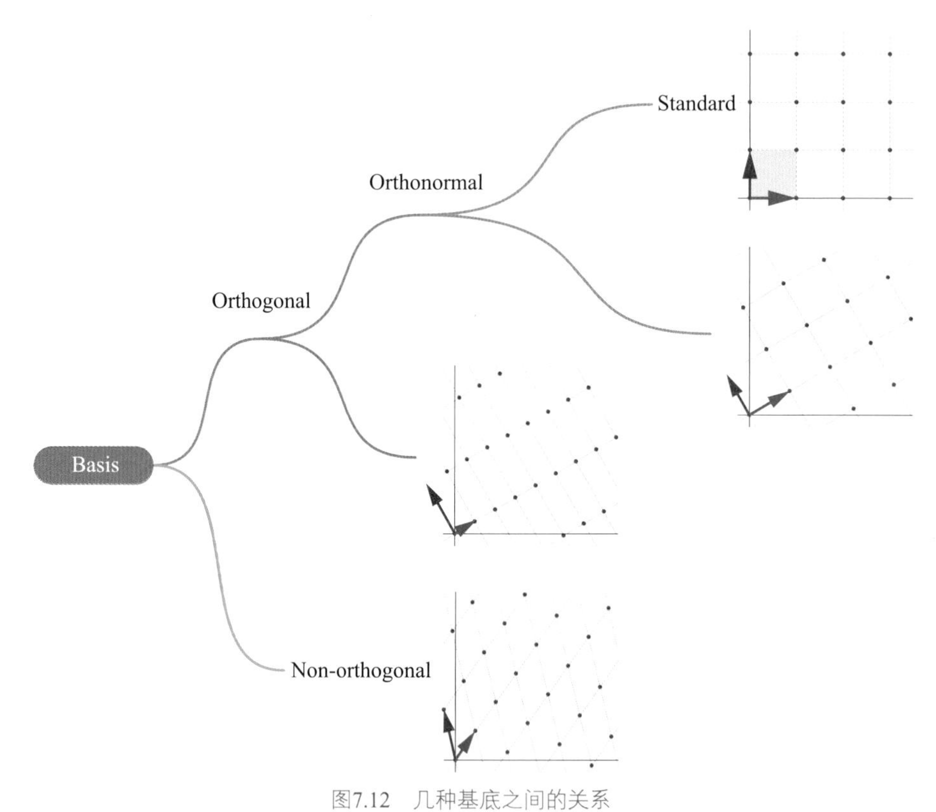

图7.12　几种基底之间的关系

基底转换

基底转换 (change of basis) 完成不同基底之间的变换，而标准正交基是常用的桥梁。

举个例子，如图7.13所示，给定平面直角坐标系中的一个向量$\boldsymbol{a}$，将其写成$\boldsymbol{e}_1$和$\boldsymbol{e}_2$的线性组合，有

$$\boldsymbol{a}=\begin{bmatrix}2\\2\end{bmatrix}=2\boldsymbol{e}_1+2\boldsymbol{e}_2 \tag{7.15}$$

(2, 2) 就是向量$\boldsymbol{a}$在基底 $[\boldsymbol{e}_1, \boldsymbol{e}_2]$ 中的坐标。

图7.14所示给出的是不同基底中表达的同一个向量$\boldsymbol{a}$。

换句话说，在平面上向量$\boldsymbol{a}$是固定的，但是由于“定位”方式不同，在不同坐标系中描述$\boldsymbol{a}$的坐标可以完全不同。而且，通过合适的线性代数工具这些坐标之间可以相互转化。

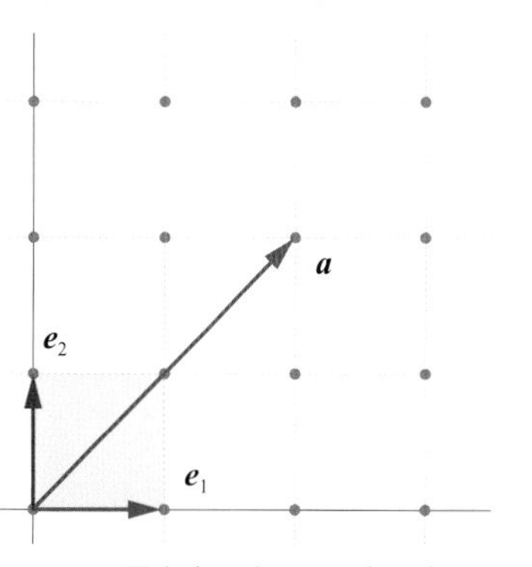

图7.13　平面直角坐标系中的一个向量$\boldsymbol{a}$

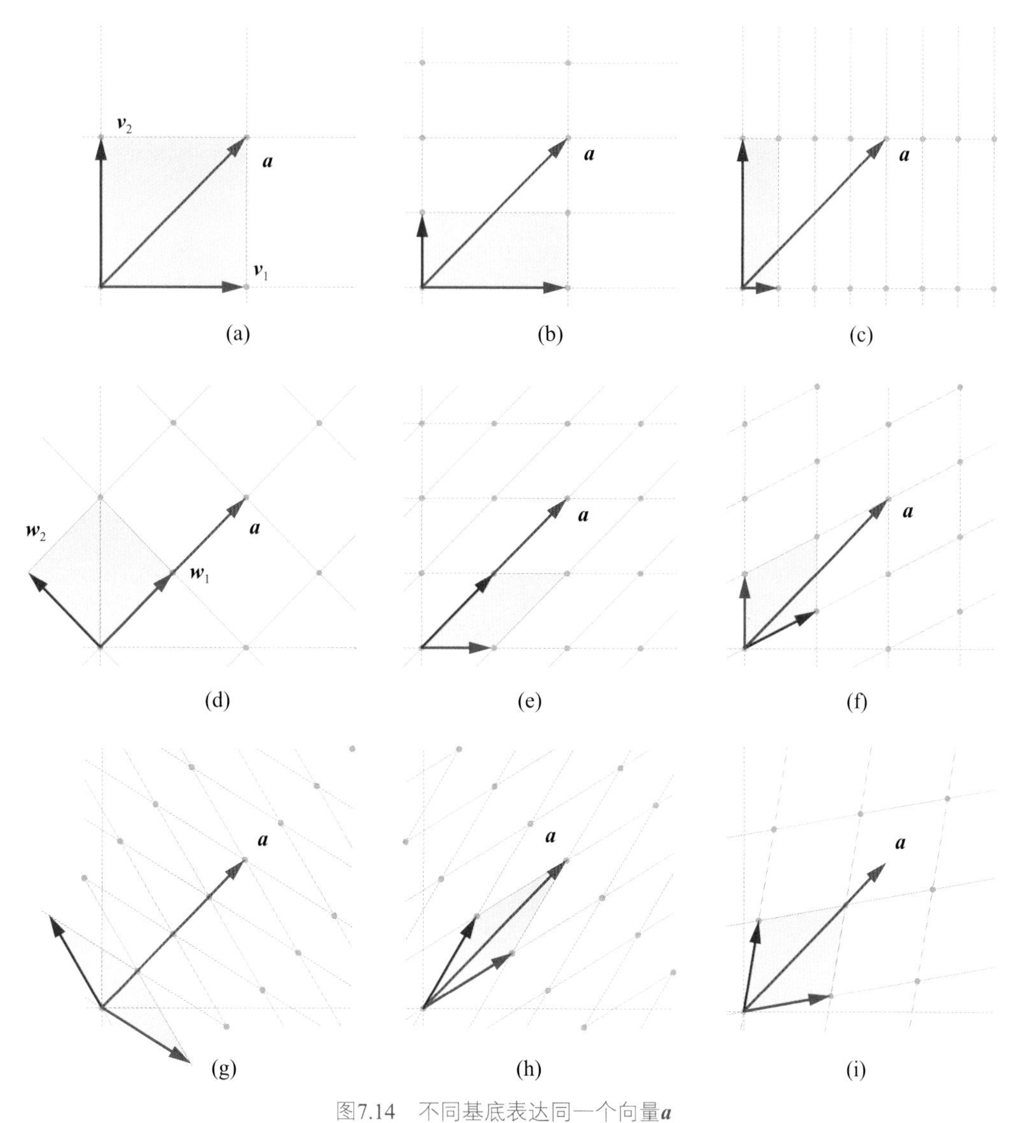

图7.14　不同基底表达同一个向量$\boldsymbol{a}$

在图7.13这个正交标准坐标系中，任意一个向量$\boldsymbol{x}$可以写成

$$\boldsymbol{x}=\begin{bmatrix}\boldsymbol{e}_1 & \boldsymbol{e}_2\end{bmatrix}\underbrace{\begin{bmatrix}x_1\\ x_2\end{bmatrix}}_{\boldsymbol{x}}=\boldsymbol{E}\boldsymbol{x} \tag{7.16}$$

其中：(x_1, x_2) 代表向量$\boldsymbol{x}$在基底 $[\boldsymbol{e}_1, \boldsymbol{e}_2]$ 中的坐标值。

假设在平面上，另外一组基底为 $[\boldsymbol{v}_1, \boldsymbol{v}_2]$，而在这个基底中向量$\boldsymbol{x}$的坐标为 (z_1, z_2)，则$\boldsymbol{x}$可以写成$\boldsymbol{v}_1$和$\boldsymbol{v}_2$的线性组合，有

$$\boldsymbol{x}=z_1\boldsymbol{v}_1+z_2\boldsymbol{v}_2=\begin{bmatrix}\boldsymbol{v}_1 & \boldsymbol{v}_2\end{bmatrix}\begin{bmatrix}z_1\\ z_2\end{bmatrix} \tag{7.17}$$

令

$$\boldsymbol{V}=\begin{bmatrix}\boldsymbol{v}_1 & \boldsymbol{v}_2\end{bmatrix},\quad \boldsymbol{z}=\begin{bmatrix}z_1\\ z_2\end{bmatrix} \tag{7.18}$$

式 (7.17) 可以写成

$$\boldsymbol{x}=\boldsymbol{V}\boldsymbol{z} \tag{7.19}$$

$\boldsymbol{z}=[z_1, z_2]^{\mathrm{T}}$可以写成

$$\boldsymbol{z}=\boldsymbol{V}^{-1}\boldsymbol{x} \tag{7.20}$$

上式中，2 × 2矩阵$\boldsymbol{V}$满秩，因此$\boldsymbol{V}$可逆。

以图7.14 (a) 为例，$\boldsymbol{V}$为

$$\boldsymbol{V}=\begin{bmatrix}\boldsymbol{v}_1 & \boldsymbol{v}_2\end{bmatrix}=\begin{bmatrix}2 & 0\\ 0 & 2\end{bmatrix} \tag{7.21}$$

向量$\boldsymbol{a}$在图7.14 (a)中 $[\boldsymbol{v}_1, \boldsymbol{v}_2]$ 这个基底下的坐标为

$$\boldsymbol{z}=\boldsymbol{V}^{-1}\boldsymbol{x}=\begin{bmatrix}2 & 0\\ 0 & 2\end{bmatrix}^{-1}\begin{bmatrix}2\\ 2\end{bmatrix}=\begin{bmatrix}1\\ 1\end{bmatrix} \tag{7.22}$$

再举个例子，图7.14 (d) 中$\boldsymbol{W}=[\boldsymbol{w}_1, \boldsymbol{w}_2]$ 的具体数值为

$$\boldsymbol{W}=\begin{bmatrix}\boldsymbol{w}_1 & \boldsymbol{w}_2\end{bmatrix}=\begin{bmatrix}1 & -1\\ 1 & 1\end{bmatrix} \tag{7.23}$$

向量$\boldsymbol{x}$在基底 $[\boldsymbol{w}_1, \boldsymbol{w}_2]$ 可以写成

$$\boldsymbol{x}=\boldsymbol{W}\boldsymbol{y} \tag{7.24}$$

其中：$\boldsymbol{y}$为向量$\boldsymbol{x}$在 $[\boldsymbol{w}_1, \boldsymbol{w}_2]$ 中坐标。

矩阵$\boldsymbol{W}$也可逆，通过下式计算得到向量$\boldsymbol{x}$在图7.14 (d) $[\boldsymbol{w}_1, \boldsymbol{w}_2]$ 基底中的坐标，即

$$\boldsymbol{y}=\boldsymbol{W}^{-1}\boldsymbol{x}=\begin{bmatrix}1 & -1\\ 1 & 1\end{bmatrix}^{-1}\begin{bmatrix}2\\ 2\end{bmatrix}=\begin{bmatrix}2\\ 0\end{bmatrix} \tag{7.25}$$

联立式 (7.19) 和式 (7.24)，得到

$$Vz = Wy \tag{7.26}$$

因此，从坐标z到坐标y的转换，可以通过下式完成，即

$$y = W^{-1}Vz \tag{7.27}$$

代入具体值，得到

$$\begin{bmatrix} 1 & -1 \\ 1 & 1 \end{bmatrix}^{-1} \begin{bmatrix} 2 & 0 \\ 0 & 2 \end{bmatrix} \underbrace{\begin{bmatrix} 1 \\ 1 \end{bmatrix}}_{z} = \begin{bmatrix} 0.5 & 0.5 \\ -0.5 & 0.5 \end{bmatrix} \begin{bmatrix} 2 & 0 \\ 0 & 2 \end{bmatrix} \begin{bmatrix} 1 \\ 1 \end{bmatrix} = \underbrace{\begin{bmatrix} 2 \\ 0 \end{bmatrix}}_{y} \tag{7.28}$$

我们用Streamlit制作了一个应用，绘制图7.14中的不同“平行且等距网格”。大家可以改变矩阵A的元素值，并让A作用于e_1、e_2，即$Ae_1 = a_1$、$Ae_2 = a_2$。e_1和e_2构造的是“方格”，而a_1和a_2构造的就是“平行且等距网格”。请大家参考Streamlit_Bk4_Ch7_01.py。

回顾“猪引发的投影问题”

鸢尾花书《数学要素》鸡兔同笼三部曲的相关内容讲过向量向一个平面投影的例子。

如图7.15所示，农夫的需求y是10只兔、10只鸡、5头猪。w_1代表套餐A —— 3鸡1兔；w_2代表套餐B —— 1鸡2兔。w_1和w_2张起“A-B套餐”平面为H = span(w_1, w_2)。而 [w_1, w_2] 便是H的基底。请大家自行验证基底 [w_1, w_2] 为非正交基。

图7.15中，y向H投影的结果为向量a。

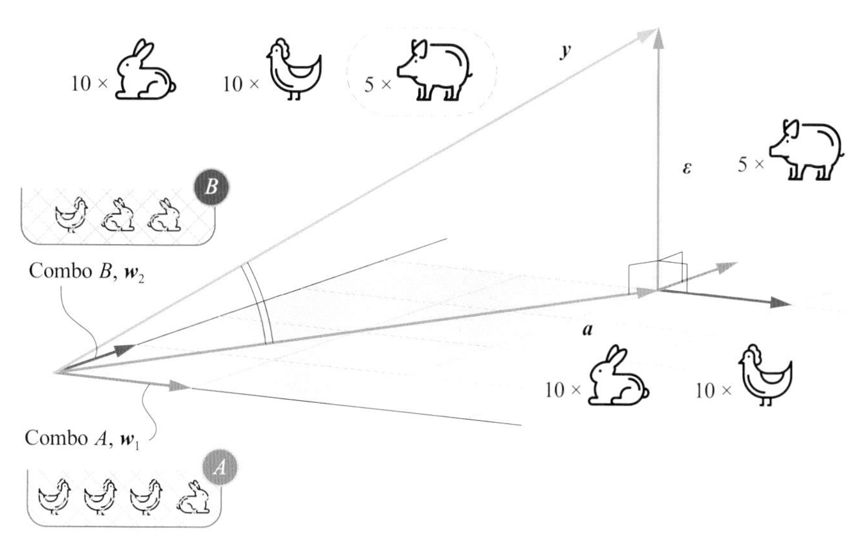

图7.15　农夫的需求和小贩提供的“A-B套餐”平面存在5头猪的距离 (来自鸢尾花书《数学要素》一册)

在二维平面H内，a可以写成w_1和w_2的线性组合，即

$$a = \alpha_1 w_1 + \alpha_2 w_2 \tag{7.29}$$

其中：(α_1, α_2) 则是$\boldsymbol{a}$在基底 $[\boldsymbol{w}_1, \boldsymbol{w}_2]$ 中的坐标。显然，$\boldsymbol{a}$、$\boldsymbol{w}_1$、$\boldsymbol{w}_2$线性相关。

$\boldsymbol{y}$明显在平面H之外，不能用$\boldsymbol{w}_1$、$\boldsymbol{w}_2$的线性组合表达，从而$\boldsymbol{y}$、$\boldsymbol{w}_1$、$\boldsymbol{w}_2$线性无关。

$\boldsymbol{y}$中不能被$\boldsymbol{w}_1$和$\boldsymbol{w}_2$表达的成分为$\boldsymbol{y}-\boldsymbol{a}$，$\boldsymbol{y}-\boldsymbol{a}$垂直于$H$平面。这一思路可以用于解释线性回归**最小二乘法** (ordinary least square, OLS)。

读完这个“巨长无比”的一节后，如果大家对于向量空间的相关概念还是云里雾里。不要怕，下面我们给这个空间涂个颜色，来进一步帮助大家理解！

7.2 给向量空间涂颜色：RGB色卡

向量空间的“空间”二字赋予了这个线性代数概念更多的可视化潜力。本节开始就试图给向量空间涂“颜色”，让大家从色彩角度来理解向量空间。

如图7.16所示，**三原色光模式** (RGB color mode) 将**红** (Red)、**绿** (Green)、**蓝** (Blue) 三原色的色光以不同的比例叠加合成产生各种色彩光。“鸢尾花书”《可视之美》一册给出更多可视化方案展示RGB，请大家参考。

强调一下，红、绿、蓝不是调色盘的涂料。RGB中，红、绿、蓝均匀调色得到白色；而在调色盘中，红、绿、蓝三色颜料均匀调色得到的是黑色。

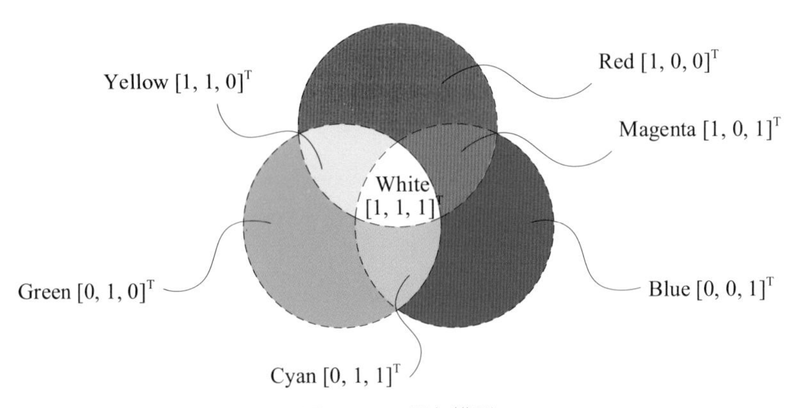

图7.16　三原色模型

如图7.17所示，在三原色模型这个空间中，任意一个颜色可以视作基底 $[\boldsymbol{e}_1, \boldsymbol{e}_2, \boldsymbol{e}_3]$ 中三个基底向量构成的线性组合

$$\alpha_1\boldsymbol{e}_1 + \alpha_2\boldsymbol{e}_2 + \alpha_3\boldsymbol{e}_3 \tag{7.30}$$

其中：α_1、α_2、α_3取值范围都是 [0, 1]；$\boldsymbol{e}_1$为红色；$\boldsymbol{e}_2$为绿色；$\boldsymbol{e}_3$为蓝色。则有

$$\boldsymbol{e}_1 = \begin{bmatrix} 1 \\ 0 \\ 0 \end{bmatrix}, \quad \boldsymbol{e}_2 = \begin{bmatrix} 0 \\ 1 \\ 0 \end{bmatrix}, \quad \boldsymbol{e}_3 = \begin{bmatrix} 0 \\ 0 \\ 1 \end{bmatrix} \tag{7.31}$$

注意：RGB三原色可以用八进制表示，每个颜色分量为0～255的整数。此外，RGB也可以以十六进制数来表达。比如，如上公式背景色用的浅蓝色对应的十六进制数为#DEEAF6。有关色号，请大家参考《可视之美》一册。

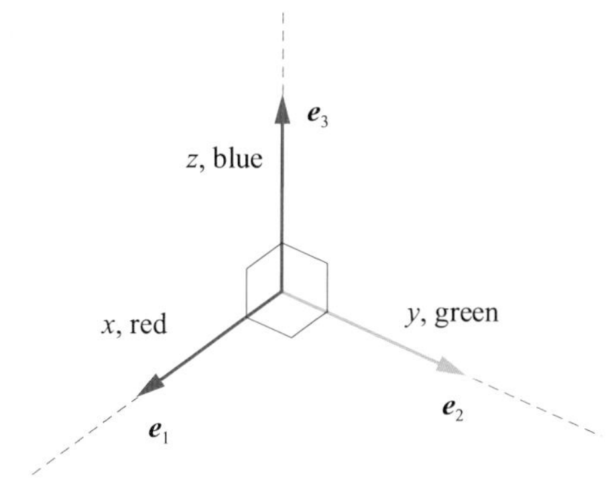

图7.17　三原色空间

$\boldsymbol{e}_1$、$\boldsymbol{e}_2$和$\boldsymbol{e}_3$这三个基底向量两两正交，因此它们两两内积为0，即

$$\boldsymbol{e}_1\cdot\boldsymbol{e}_2=\begin{bmatrix}1\\0\\0\end{bmatrix}\cdot\begin{bmatrix}0\\1\\0\end{bmatrix}=0,\quad \boldsymbol{e}_1\cdot\boldsymbol{e}_3=\begin{bmatrix}1\\0\\0\end{bmatrix}\cdot\begin{bmatrix}0\\0\\1\end{bmatrix}=0,\quad \boldsymbol{e}_2\cdot\boldsymbol{e}_3=\begin{bmatrix}0\\1\\0\end{bmatrix}\cdot\begin{bmatrix}0\\0\\1\end{bmatrix}=0 \tag{7.32}$$

而且，$\boldsymbol{e}_1$、$\boldsymbol{e}_2$和$\boldsymbol{e}_3$均为单位向量，有

$$\|\boldsymbol{e}_1\|_2=1,\quad \|\boldsymbol{e}_2\|_2=1,\quad \|\boldsymbol{e}_3\|_2=1 \tag{7.33}$$

因此，在三原色模型这个向量空间V中，$[\boldsymbol{e}_1, \boldsymbol{e}_2, \boldsymbol{e}_3]$是$V$的标准正交基。

特别强调一点，准确来说，RGB三原色空间并不是本书前文所述的向量空间，原因就是α_1、α_2、α_3有取值范围限制。而向量空间不存在这样的取值限制。除了零向量$\boldsymbol{0}$以外，真正的向量空间都是无限延伸。

利用$\boldsymbol{e}_1$ ($[1, 0, 0]^{\mathrm{T}}$ red)、$\boldsymbol{e}_2$ ($[0, 1, 0]^{\mathrm{T}}$ green) 和$\boldsymbol{e}_3$ ($[0, 0, 1]^{\mathrm{T}}$ blue) 这三个基底向量，我们可以张成一个色彩斑斓的空间。下面我们就带大家揭秘这个彩色空间。

7.3 张成空间：线性组合红、绿、蓝三原色

本节把“张成”这个概念用到RGB三原色上。

单色

首先，对$\boldsymbol{e}_1$、$\boldsymbol{e}_2$和$\boldsymbol{e}_3$对逐个研究。实数α_1取值范围为 [0, 1]，α_1乘$\boldsymbol{e}_1$得到向量$\boldsymbol{a}$，有

$$\boldsymbol{a}=\alpha_1\boldsymbol{e}_1 \tag{7.34}$$

大家试想，在这个RGB三原色空间中， 这意味着什么？

图7.18所示已经给出了答案。标量α_1乘向量$\boldsymbol{e}_1$，得到不同深度的红色。$\boldsymbol{e}_1$张成的空间span($\boldsymbol{e}_1$) 的维数为1。向量空间span($\boldsymbol{e}_1$) 是RGB三原色空间V的一个子空间。

类似地，标量α_2乘向量$\boldsymbol{e}_2$，得到不同深浅的绿色；标量α_3乘向量$\boldsymbol{e}_3$，得到不同深浅的蓝色。图7.18所示三个空间的维数都是1。

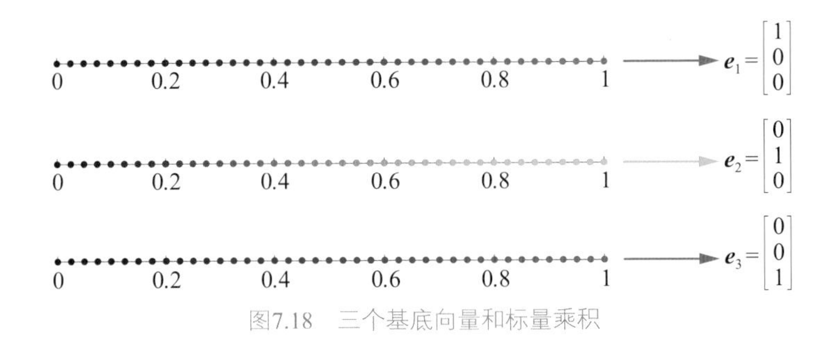

图7.18　三个基底向量和标量乘积

双色合成

再进一步，图7.19所示为$\boldsymbol{e}_1$和$\boldsymbol{e}_2$的张成空间span($\boldsymbol{e}_1, \boldsymbol{e}_2$)。图7.19平面上的颜色可以写成如下线性组合，即

$$\boldsymbol{a} = \alpha_1 \boldsymbol{e}_1 + \alpha_2 \boldsymbol{e}_2 \tag{7.35}$$

span($\boldsymbol{e}_1, \boldsymbol{e}_2$) 的维数为2。基底 [$\boldsymbol{e}_1, \boldsymbol{e}_2$] 的秩为2。

如图7.19所示，这个span($\boldsymbol{e}_1, \boldsymbol{e}_2$) 平面上，颜色在绿色与红色之间渐变。特别地，$\boldsymbol{e}_1 + \boldsymbol{e}_2$为黄色，$\boldsymbol{e}_1 + \boldsymbol{e}_2$ 在空间span($\boldsymbol{e}_1, \boldsymbol{e}_2$) 中。span($\boldsymbol{e}_1, \boldsymbol{e}_2$) 也是RGB三原色空间$V$的子空间。

虽然$\boldsymbol{e}_1$、$\boldsymbol{e}_2$、$\boldsymbol{e}_1 + \boldsymbol{e}_2$这三个线性相关，但这三个向量也可张成图7.19所示的这个二维空间。也就是说，span($\boldsymbol{e}_1, \boldsymbol{e}_2$) = span($\boldsymbol{e}_1, \boldsymbol{e}_2, \boldsymbol{e}_1 + \boldsymbol{e}_2$)。

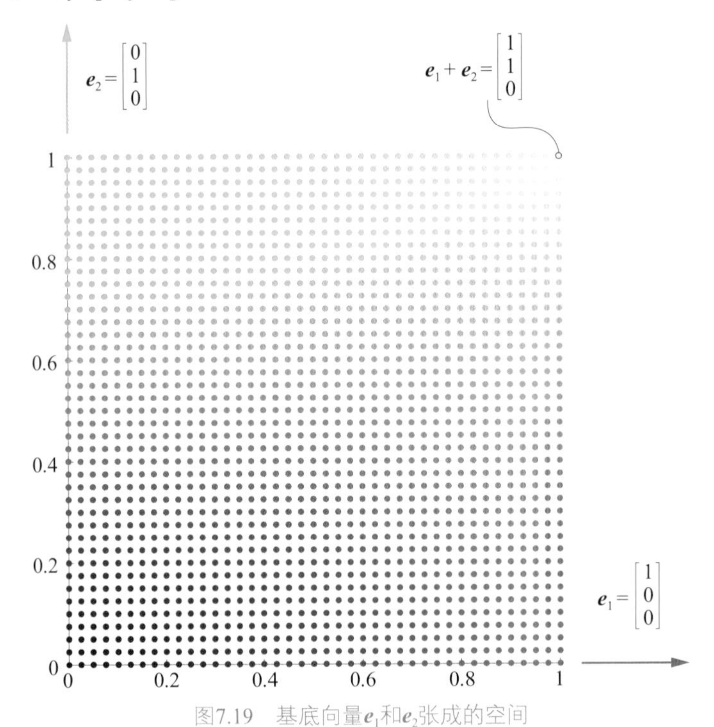

图7.19　基底向量$\boldsymbol{e}_1$和$\boldsymbol{e}_2$张成的空间

集合 {$\boldsymbol{e}_1, \boldsymbol{e}_2, \boldsymbol{e}_1 + \boldsymbol{e}_2$} 中剔除$\boldsymbol{e}_2$后，[$\boldsymbol{e}_1, \boldsymbol{e}_1 + \boldsymbol{e}_2$] 线性无关。因此，[$\boldsymbol{e}_1, \boldsymbol{e}_1 + \boldsymbol{e}_2$] 也可以选做图7.19这个空间的基底。也就是说，图7.19中任意颜色可以写成绿色 ($\boldsymbol{e}_1$) 和黄色 ($\boldsymbol{e}_1 + \boldsymbol{e}_2$) 唯一的线性组合。

图7.20所示为$\boldsymbol{e}_1$和$\boldsymbol{e}_3$的张成span($\boldsymbol{e}_1, \boldsymbol{e}_3$)，颜色在蓝色与红色之间渐变。[$\boldsymbol{e}_1, \boldsymbol{e}_3$] 是span($\boldsymbol{e}_1, \boldsymbol{e}_3$) 这个“红蓝”空间的基底。特别地，$\boldsymbol{e}_1 + \boldsymbol{e}_3$为品红。

图7.21所示为$\boldsymbol{e}_2$和$\boldsymbol{e}_3$的张成span($\boldsymbol{e}_2, \boldsymbol{e}_3$)，颜色在绿色与蓝色之间渐变。[$\boldsymbol{e}_2, \boldsymbol{e}_3$] 是span($\boldsymbol{e}_2, \boldsymbol{e}_3$) 这个“蓝绿”空间的基底。注意$\boldsymbol{e}_2 + \boldsymbol{e}_3$为青色。

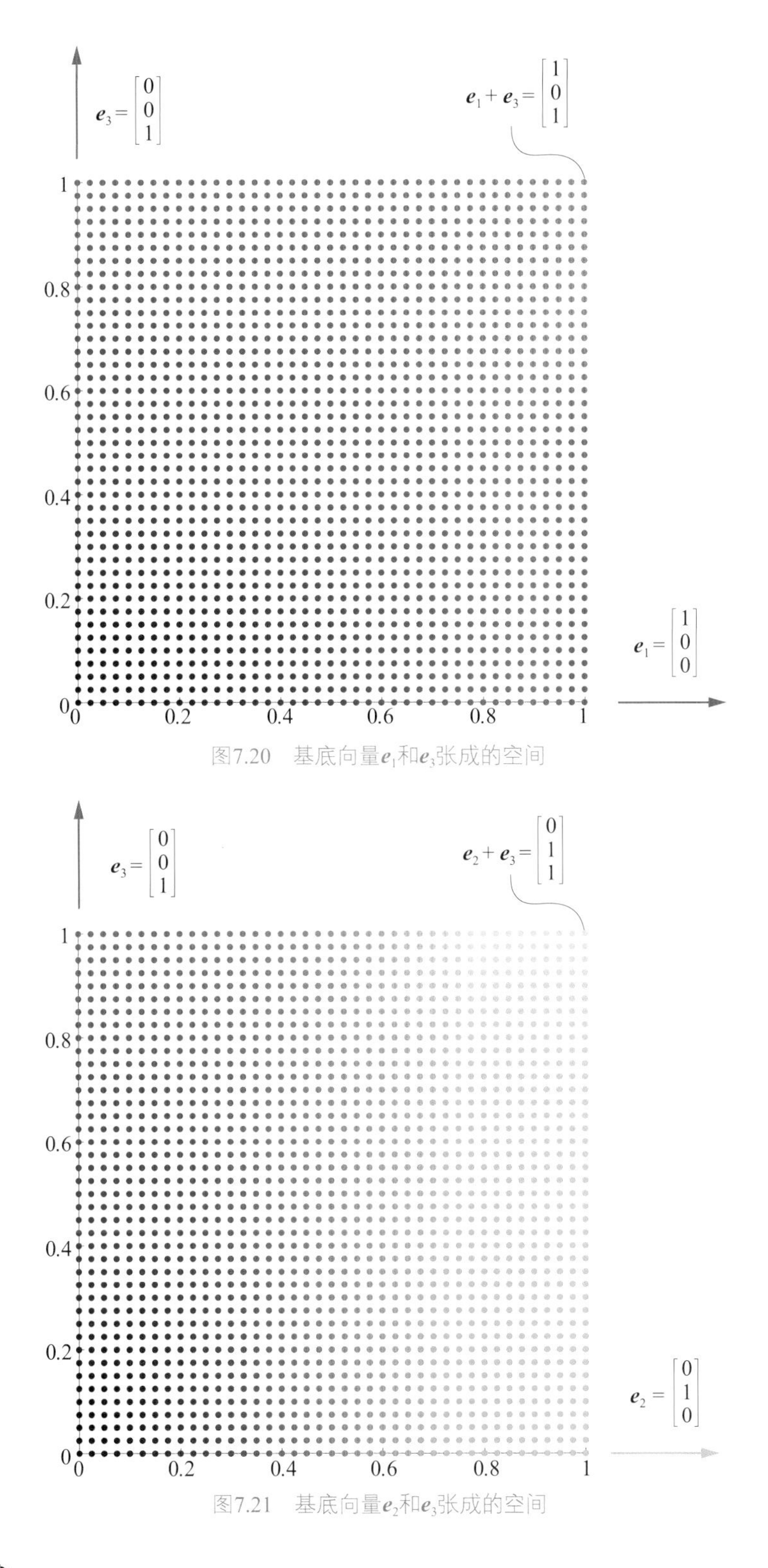

图7.20　基底向量e_1和e_3张成的空间

图7.21　基底向量e_2和e_3张成的空间

三色合成

e_1 ($[1, 0, 0]^T$ red)、e_2 ($[0, 1, 0]^T$ green) 和e_3 ($[0, 0, 1]^T$ blue) 这三个基底向量张成的空间span(e_1, e_2, e_3)如图7.22所示。span(e_1, e_2, e_3) 这个空间的维数为3。基底 [e_1, e_2, e_3] 中每个向量都是单位向量，且两两

注意：为了方便可视化，图7.22仅仅绘制了空间边缘上色彩最鲜艳的散点。实际上，空间内部还有无数散点，代表相对较深的颜色。

正交，因此基底 $[\boldsymbol{e}_1, \boldsymbol{e}_2, \boldsymbol{e}_3]$ 是标准正交基。

一种特殊情况，$\boldsymbol{e}_1$、$\boldsymbol{e}_2$和$\boldsymbol{e}_3$这三个基底向量以均匀方式混合，得到的便是灰度，即有

$$\alpha\left(\boldsymbol{e}_1+\boldsymbol{e}_2+\boldsymbol{e}_3\right) \tag{7.36}$$

在图7.22中，这些灰度颜色在原点 (0, 0, 0) 和 (1, 1, 1) 两点构成的线段上。

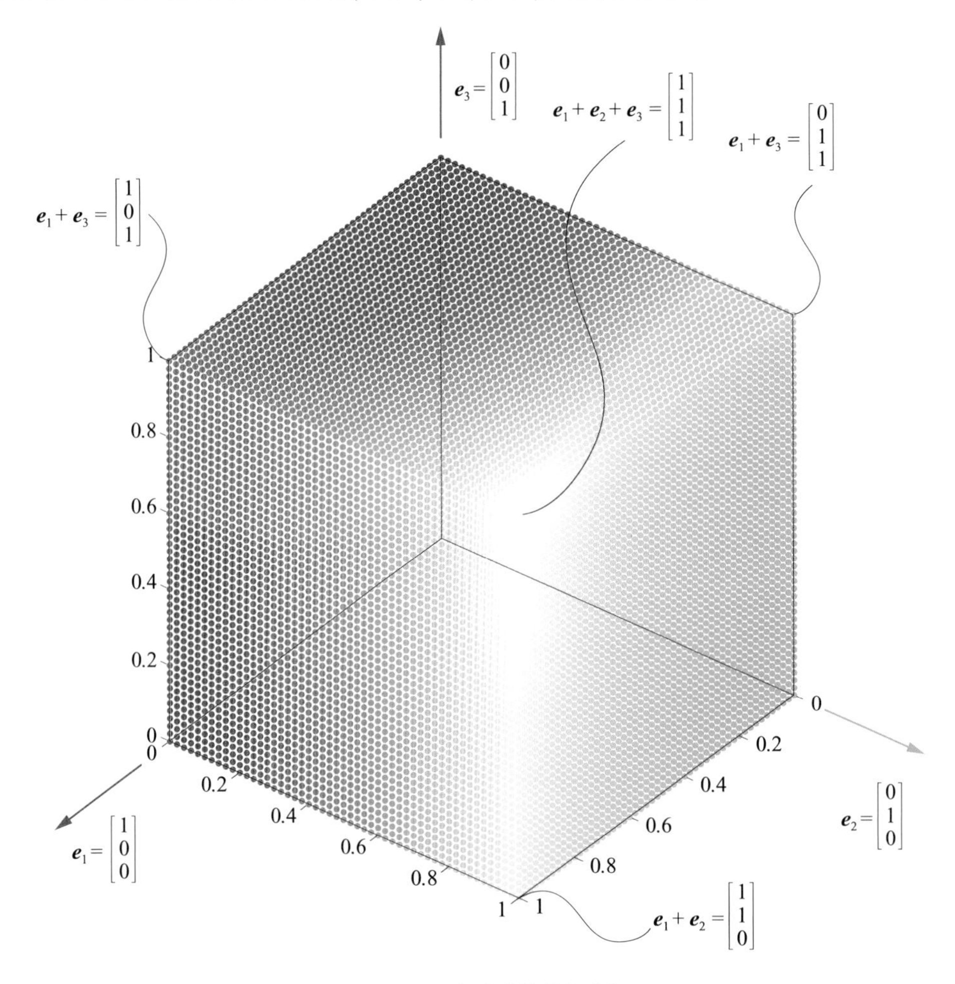

图7.22　三原色张成的彩色空间

如图7.23所示，白色和黑色分别对应向量

$$1\times\left(\boldsymbol{e}_1+\boldsymbol{e}_2+\boldsymbol{e}_3\right)=\begin{bmatrix}1\\1\\1\end{bmatrix},\quad 0\times\left(\boldsymbol{e}_1+\boldsymbol{e}_2+\boldsymbol{e}_3\right)=\begin{bmatrix}0\\0\\0\end{bmatrix} \tag{7.37}$$

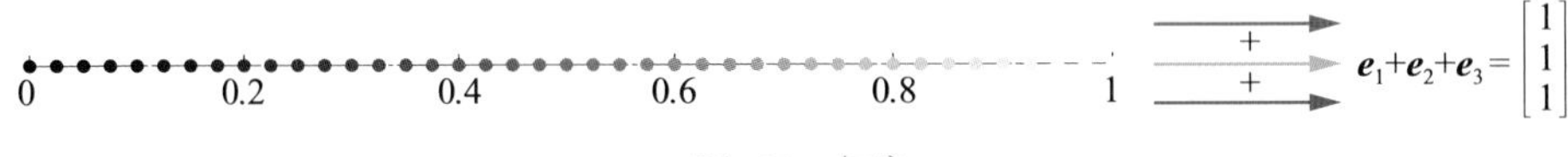

图7.23　灰度

我们用Streamlit制作了一个应用，其中用Plotly绘制类似图7.22的可交互三维散点图。请大家参考Streamlit_Bk4_Ch7_02.py。

7.4 线性无关：红色和绿色，调不出青色

下面，我们还是用三原色做例子来谈一下线性相关和线性无关。

如图7.24所示，$\boldsymbol{e}_1$ (红色) 和$\boldsymbol{e}_2$ (绿色) 张成平面$H_1 = \text{span}(\boldsymbol{e}_1, \boldsymbol{e}_2)$。在$H_1$中，向量$\hat{\boldsymbol{a}}$与$\boldsymbol{e}_1$和$\boldsymbol{e}_2$线性相关；因为，$\hat{\boldsymbol{a}}$可以用$\boldsymbol{e}_1$和$\boldsymbol{e}_2$的线性组合来表达，即

$$\hat{\boldsymbol{a}} = \alpha_1 \boldsymbol{e}_1 + \alpha_2 \boldsymbol{e}_2 \tag{7.38}$$

显然$\boldsymbol{e}_3$垂直于H_1，因此$\boldsymbol{e}_3$和H_1互为**正交补** (orthogonal complement)。本书第9章还会深入介绍正交补这个概念。

图7.24中有一个不速之客——向量$\boldsymbol{a}$。向量$\boldsymbol{a}$跳出平面H_1。向量$\boldsymbol{a}$与$\boldsymbol{e}_1$和$\boldsymbol{e}_2$线性无关，因为$\boldsymbol{a}$不能用$\boldsymbol{e}_1$和$\boldsymbol{e}_2$线性组合构造。从色彩角度来看，红光和绿光，调不出青色光。

代表青色的向量$\boldsymbol{a}$在红绿色构成的平面H_1内的投影为$\hat{\boldsymbol{a}}$。$\boldsymbol{a} - \hat{\boldsymbol{a}}$垂直于$H_1$。向量$\boldsymbol{a}$和$\hat{\boldsymbol{a}}$差在一束蓝光$\boldsymbol{a} - \hat{\boldsymbol{a}}$上。也就是，从光线合成角度来看，$\boldsymbol{a}$比$\hat{\boldsymbol{a}}$多了一束蓝光。

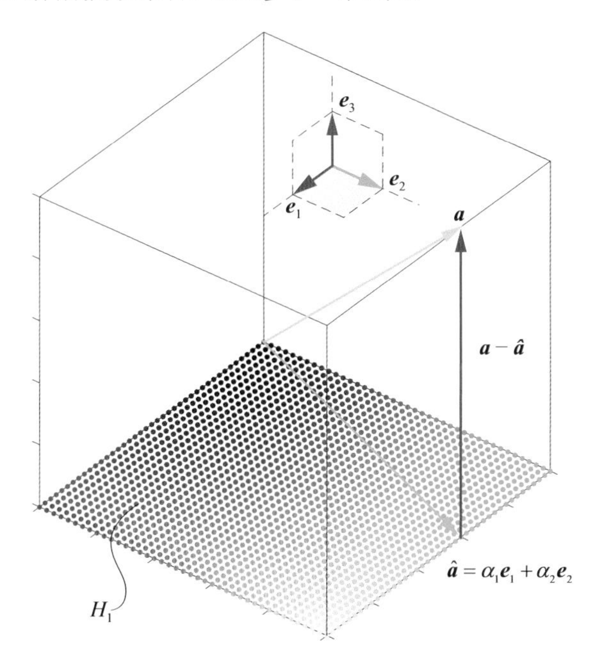

图7.24 基底向量$\boldsymbol{e}_1$和$\boldsymbol{e}_2$张成平面H_1，向量$\boldsymbol{a}$向H_1投影

图7.25所示为基底向量$\boldsymbol{e}_1$和$\boldsymbol{e}_3$张成平面H_2，向量$\boldsymbol{b}$向H_2投影得到$\hat{\boldsymbol{b}}$。图7.26所示为基底向量$\boldsymbol{e}_2$和$\boldsymbol{e}_3$张成平面H_3，向量$\boldsymbol{c}$向H_3投影结果为$\hat{\boldsymbol{c}}$。请大家自行分析这两幅图。

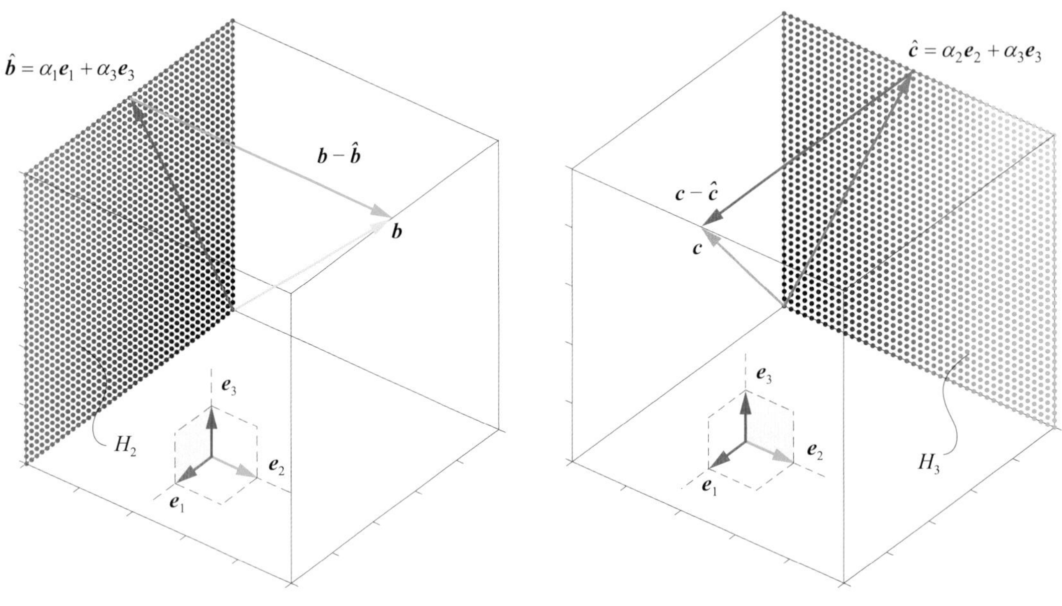

图7.25 基底向量e_1和e_3张成平面H_2

图7.26 基底向量e_2和e_3张成平面H_3

7.5 非正交基底：青色、品红、黄色

e_1 ([1, 0, 0]^T red)、e_2 ([0, 1, 0]^T green) 和e_3 ([0, 0, 1]^T blue) 这三个基底向量任意两两组合，可以构造三个向量v_1 ([0, 1, 1]^T cyan)、v_2 ([1, 0, 1]^T magenta) 和v_3 ([1, 1, 0]^T yellow)，即

$$v_1 = e_2 + e_3 = \begin{bmatrix} 0 \\ 1 \\ 0 \end{bmatrix} + \begin{bmatrix} 0 \\ 0 \\ 1 \end{bmatrix} = \begin{bmatrix} 0 \\ 1 \\ 1 \end{bmatrix}, \quad v_2 = e_1 + e_3 = \begin{bmatrix} 1 \\ 0 \\ 0 \end{bmatrix} + \begin{bmatrix} 0 \\ 0 \\ 1 \end{bmatrix} = \begin{bmatrix} 1 \\ 0 \\ 1 \end{bmatrix}, \quad v_3 = e_1 + e_2 = \begin{bmatrix} 1 \\ 0 \\ 0 \end{bmatrix} + \begin{bmatrix} 0 \\ 1 \\ 0 \end{bmatrix} = \begin{bmatrix} 1 \\ 1 \\ 0 \end{bmatrix} \tag{7.39}$$

如图7. 27所示，v_1相当于e_2与e_3的线性组合，v_2相当于e_1与e_3的线性组合，v_3相当于e_1与e_2的线性组合。v_1、v_2和v_3线性无关，因此 $[v_1, v_2, v_3]$ 也可以是构造三维彩色空间的基底！

印刷四分色模式 (CMYK color model) 就是基于基底 $[v_1, v_2, v_3]$。CMYK四个字母分别指的是**青色** (cyan)、**品红** (magenta)、**黄色** (yellow) 和**黑色** (black)。本节，我们只考虑三个彩色，即青色、品红和黄色。

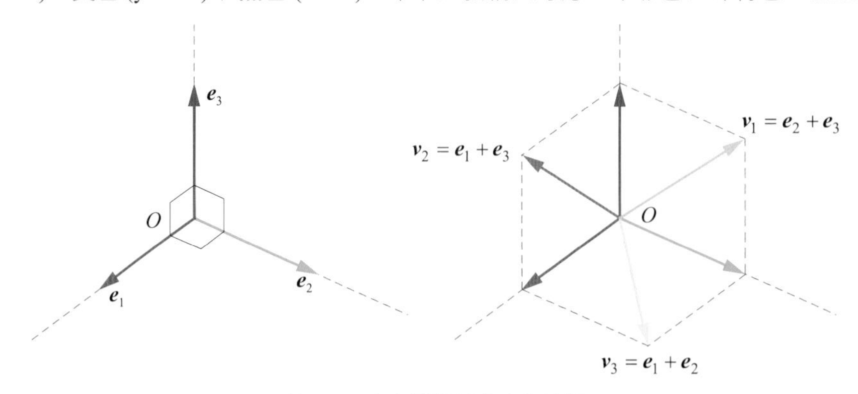

图7.27 正交基底到非正交基底

非正交基底

$\boldsymbol{v}_1$、$\boldsymbol{v}_2$和$\boldsymbol{v}_3$并非两两正交。经过计算可以发现$\boldsymbol{v}_1$、$\boldsymbol{v}_2$和$\boldsymbol{v}_3$两两夹角均为60°，即

$$\begin{aligned}
\cos\theta_{\boldsymbol{v}_1,\boldsymbol{v}_2} &= \frac{\boldsymbol{v}_1\cdot\boldsymbol{v}_2}{\|\boldsymbol{v}_1\|\|\boldsymbol{v}_2\|} = \frac{1}{\sqrt{2}\times\sqrt{2}} = \frac{1}{2}\\
\cos\theta_{\boldsymbol{v}_1,\boldsymbol{v}_3} &= \frac{\boldsymbol{v}_1\cdot\boldsymbol{v}_3}{\|\boldsymbol{v}_1\|\|\boldsymbol{v}_3\|} = \frac{1}{\sqrt{2}\times\sqrt{2}} = \frac{1}{2}\\
\cos\theta_{\boldsymbol{v}_2,\boldsymbol{v}_3} &= \frac{\boldsymbol{v}_2\cdot\boldsymbol{v}_3}{\|\boldsymbol{v}_2\|\|\boldsymbol{v}_3\|} = \frac{1}{\sqrt{2}\times\sqrt{2}} = \frac{1}{2}
\end{aligned} \tag{7.40}$$

也就是说，$[\boldsymbol{v}_1, \boldsymbol{v}_2, \boldsymbol{v}_3]$ 为非正交基底。

单色

图7.28所示为$\boldsymbol{v}_1$、$\boldsymbol{v}_2$和$\boldsymbol{v}_3$各自张成的空间span($\boldsymbol{v}_1$)、span($\boldsymbol{v}_2$)、span($\boldsymbol{v}_3$)。这三个空间的维数均为1。

观察图7.28所示的颜色变化，可以发现span($\boldsymbol{v}_1$)、span($\boldsymbol{v}_2$)、span($\boldsymbol{v}_3$) 分别代表着青色、品红和黄色的颜色深浅变化。

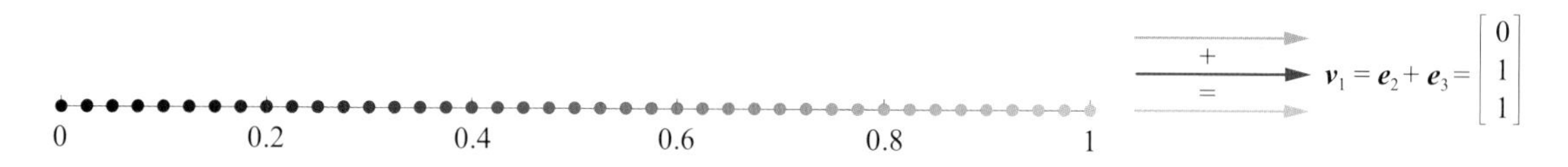

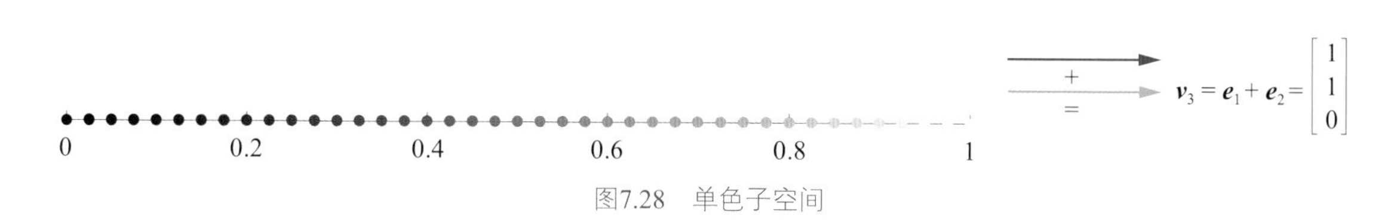

图7.28　单色子空间

双色合成

图7.29～图7.31所示分别为$\boldsymbol{v}_1$、$\boldsymbol{v}_2$和$\boldsymbol{v}_3$两两张成的三个空间span($\boldsymbol{v}_1$, $\boldsymbol{v}_2$)、span($\boldsymbol{v}_1$, $\boldsymbol{v}_3$)、span($\boldsymbol{v}_2$, $\boldsymbol{v}_3$)。这三个空间的维数都是2，它们也都是三色空间的子空间。

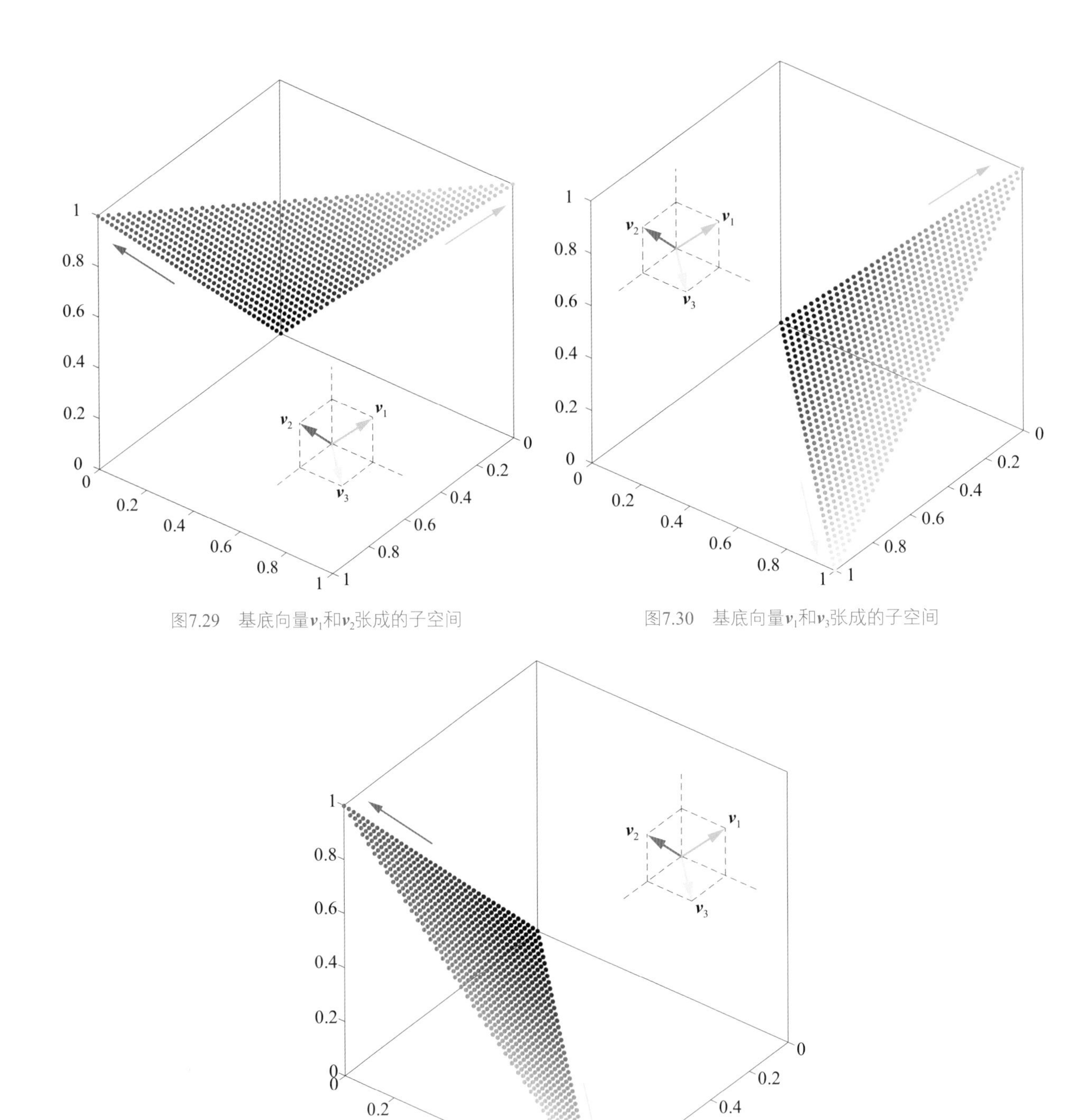

图7.29　基底向量$\boldsymbol{v}_1$和$\boldsymbol{v}_2$张成的子空间

图7.30　基底向量$\boldsymbol{v}_1$和$\boldsymbol{v}_3$张成的子空间

图7.31　基底向量$\boldsymbol{v}_2$和$\boldsymbol{v}_3$张成的子空间

7.6 基底转换：从红、绿、蓝，到青色、品红、黄色

RGB色卡中，$[\boldsymbol{e}_1, \boldsymbol{e}_2, \boldsymbol{e}_3]$ 是色彩空间的标准正交基。CMY色卡中，$[\boldsymbol{v}_1, \boldsymbol{v}_2, \boldsymbol{v}_3]$ 是色彩空间的非正交基。我们可以用**基底转换** (change of basis) 完成RGB模式向CMY模式的转换。

下式中，通过矩阵$\boldsymbol{A}$，基底向量 $[\boldsymbol{e}_1, \boldsymbol{e}_2, \boldsymbol{e}_3]$可转化为基底向量 $[\boldsymbol{v}_1, \boldsymbol{v}_2, \boldsymbol{v}_3]$，即

$$\begin{bmatrix} \boldsymbol{v}_1 & \boldsymbol{v}_2 & \boldsymbol{v}_3 \end{bmatrix} = \begin{bmatrix} \boldsymbol{e}_1 & \boldsymbol{e}_2 & \boldsymbol{e}_3 \end{bmatrix} \boldsymbol{A} \tag{7.41}$$

其中：$\boldsymbol{A}$叫做过渡矩阵或**转移矩阵** (transition matrix)。

将具体数值代入式 (7.41)，得到

$$\begin{bmatrix} 0 & 1 & 1 \\ 1 & 0 & 1 \\ 1 & 1 & 0 \end{bmatrix} = \begin{bmatrix} 1 & 0 & 0 \\ 0 & 1 & 0 \\ 0 & 0 & 1 \end{bmatrix} \boldsymbol{A} \tag{7.42}$$

即矩阵$\boldsymbol{A}$为

$$\boldsymbol{A} = \begin{bmatrix} 0 & 1 & 1 \\ 1 & 0 & 1 \\ 1 & 1 & 0 \end{bmatrix} \tag{7.43}$$

从基底 $[\boldsymbol{v}_1, \boldsymbol{v}_2, \boldsymbol{v}_3]$ 向基底 $[\boldsymbol{e}_1, \boldsymbol{e}_2, \boldsymbol{e}_3]$ 转换，可以通过$\boldsymbol{A}^{-1}$完成，即

$$\begin{bmatrix} \boldsymbol{v}_1 & \boldsymbol{v}_2 & \boldsymbol{v}_3 \end{bmatrix} \boldsymbol{A}^{-1} = \begin{bmatrix} \boldsymbol{e}_1 & \boldsymbol{e}_2 & \boldsymbol{e}_3 \end{bmatrix} \tag{7.44}$$

通过计算可得到$\boldsymbol{A}^{-1}$，有

$$\boldsymbol{A}^{-1} = \begin{bmatrix} -0.5 & 0.5 & 0.5 \\ 0.5 & -0.5 & 0.5 \\ 0.5 & 0.5 & -0.5 \end{bmatrix} \tag{7.45}$$

图7.32所示为基底 $[\boldsymbol{e}_1, \boldsymbol{e}_2, \boldsymbol{e}_3]$ 和基底 $[\boldsymbol{v}_1, \boldsymbol{v}_2, \boldsymbol{v}_3]$ 之间的相互转换关系。在印刷上，RGB和CMYK之间转换更为复杂。

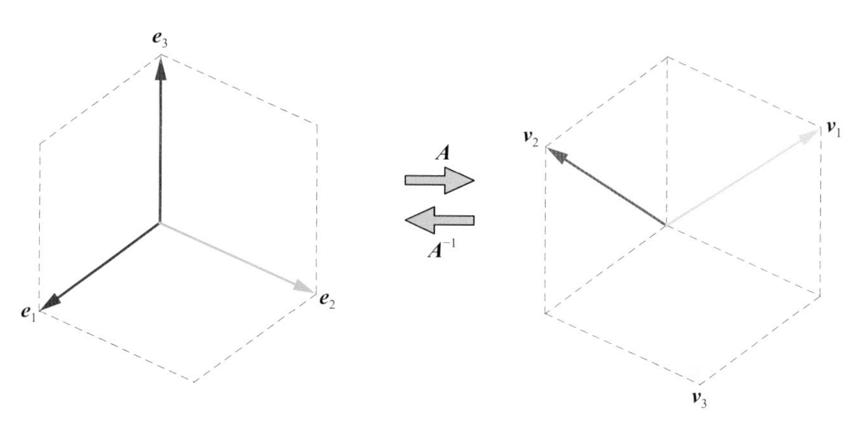

图7.32　基底 $[\boldsymbol{e}_1, \boldsymbol{e}_2, \boldsymbol{e}_3]$ 和基底 $[\boldsymbol{v}_1, \boldsymbol{v}_2, \boldsymbol{v}_3]$ 的相互转换

“纯红色”在基底 $[\boldsymbol{v}_1, \boldsymbol{v}_2, \boldsymbol{v}_3]$ 的坐标可以通过求解下列线性方程组得到，即

$$\boldsymbol{A}\boldsymbol{x} = \boldsymbol{b} \quad \Rightarrow \quad \begin{bmatrix} 0 & 1 & 1 \\ 1 & 0 & 1 \\ 1 & 1 & 0 \end{bmatrix} \begin{bmatrix} x_1 \\ x_2 \\ x_3 \end{bmatrix} = \begin{bmatrix} 1 \\ 0 \\ 0 \end{bmatrix} \tag{7.46}$$

而这个线性方程组本身就是一个线性组合，即

$$\begin{bmatrix} \boldsymbol{v}_1 & \boldsymbol{v}_2 & \boldsymbol{v}_3 \end{bmatrix} \begin{bmatrix} x_1 \\ x_2 \\ x_3 \end{bmatrix} = x_1\boldsymbol{v}_1 + x_2\boldsymbol{v}_2 + x_3\boldsymbol{v}_3 = \boldsymbol{b} \tag{7.47}$$

请大家自己计算“纯绿色”“纯蓝色”在基底 $[\boldsymbol{v}_1, \boldsymbol{v}_2, \boldsymbol{v}_3]$ 中的坐标。

本章讲解的线性代数概念有很多，必须承认它们都很难理解。为了帮助大家理清思路，我们用RGB三原色作例子，给向量空间涂颜色！

选出图7.33所示的四幅图片总结本章主要内容。所有的基底向量中，标准正交基和规范正交基这两个概念最常用。在后续章节学习时，请大家注意规范正交基、正交矩阵、旋转这三个概念的联系。平面上，线性相关和线性无关就是看向量是否重合。此外，正交投影是本书非常重要的几何概念，我们会在本书后续内容中反复用到。

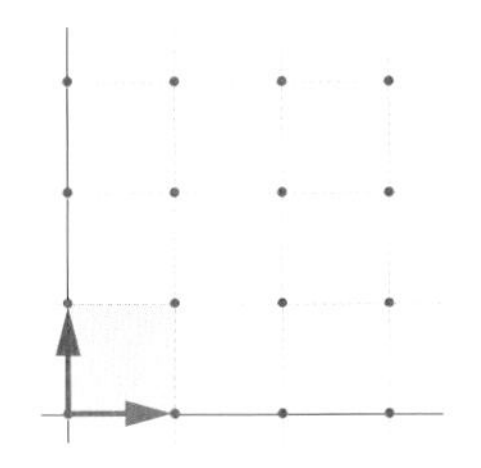
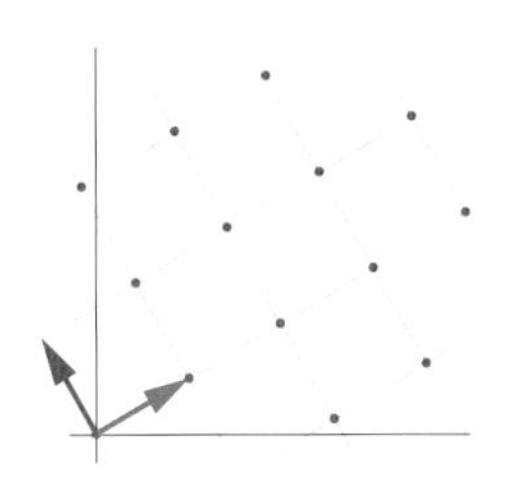
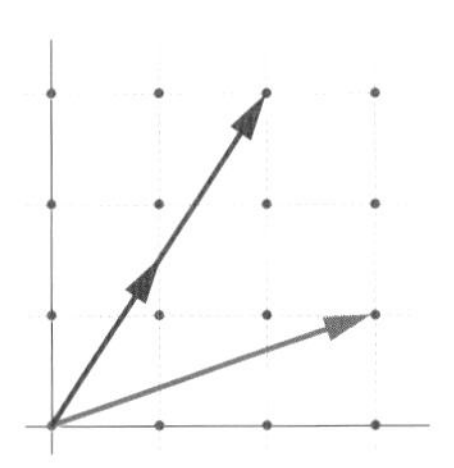
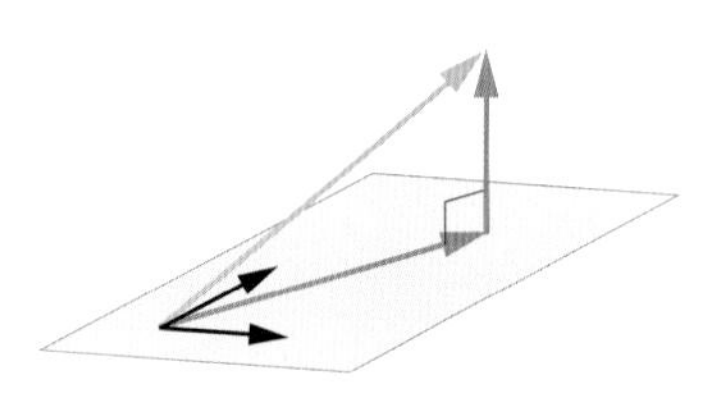

图7.33　总结本章重要内容的四幅图

08 Geometric Transformations
几何变换

线性变换的特征是原点不变、平行且等距的网格

矩阵向来大有所为，它们从不游手好闲。

Matrices act. They don't just sit there.

—— 吉尔伯特·斯特朗 (Gilbert Strang) | MIT数学教授 | 1934—

◀ numpy.array() 构造多维矩阵 / 数组
◀ numpy.linalg.inv() 矩阵逆运算
◀ numpy.matrix() 构造二维矩阵
◀ numpy.multiply() 矩阵逐项积
◀ transpose() 矩阵转置，比如A.transpose()，等同于A.T

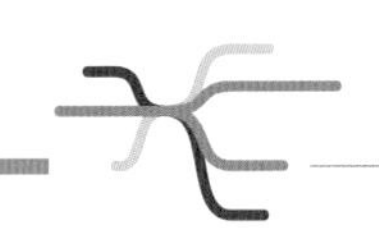

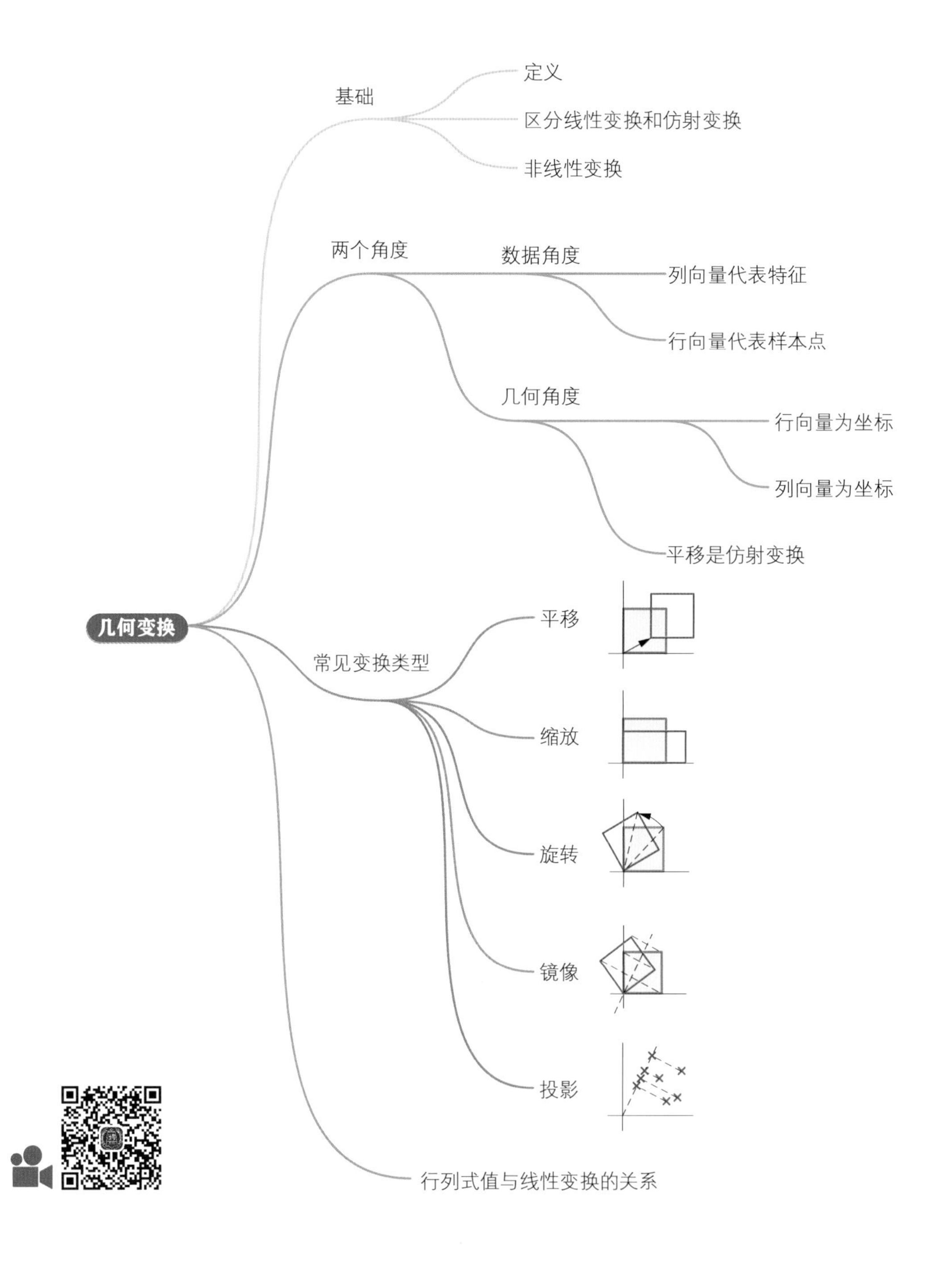
几何变换
基础
定义
区分线性变换和仿射变换
非线性变换
两个角度
数据角度
列向量代表特征
行向量代表样本点
几何角度
行向量为坐标
列向量为坐标
平移是仿射变换
常见变换类型
平移
缩放
旋转
镜像
投影
行列式值与线性变换的关系

8.1 线性变换：线性空间到自身的线性映射

本章开始之前，我们先区分两个概念：**线性映射** (linear mapping) 和**线性变换** (linear transformation)。

线性映射是指从一个空间到另外一个空间的映射，且保持加法和数量乘法运算。比如，映射L将向量空间V映射到向量空间W，对于所有的$\boldsymbol{v}_1$、$\boldsymbol{v}_2 \in V$及所有的标量α和β，满足

$$L(\alpha \boldsymbol{v}_1 + \beta \boldsymbol{v}_2) = \alpha L(\boldsymbol{v}_1) + \beta L(\boldsymbol{v}_2) \tag{8.1}$$

通俗地讲，线性映射把一个空间的点或几何形体映射到另外一个空间。比如，图8.1所示的三维物体投影到一个平面上，得到这个杯子在平面上的映像。

图8.1所示的“降维”过程显然不可逆，降维过程中信息被压缩了。也就是说，不能通过杯子在平面的“映像”获得杯子在三维空间形状的所有信息。

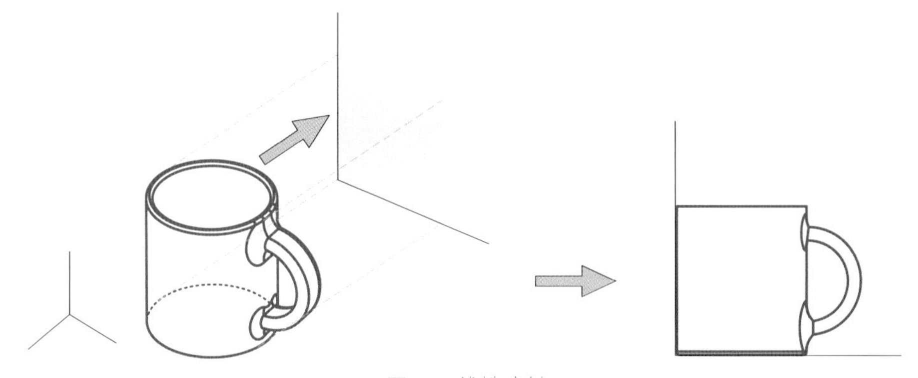

图8.1　线性映射

线性变换是线性空间到自身的线性映射，是一种特殊的线性映射。也就是说，线性变换是在同一个坐标系中完成的图形变换。从几何角度来看，线性变换产生“平行且等距”的网格，并且原点保持固定，如图8.2所示。原点保持固定，这一性质很重要，因为大家马上就会看到“平移”不属于线性变换。

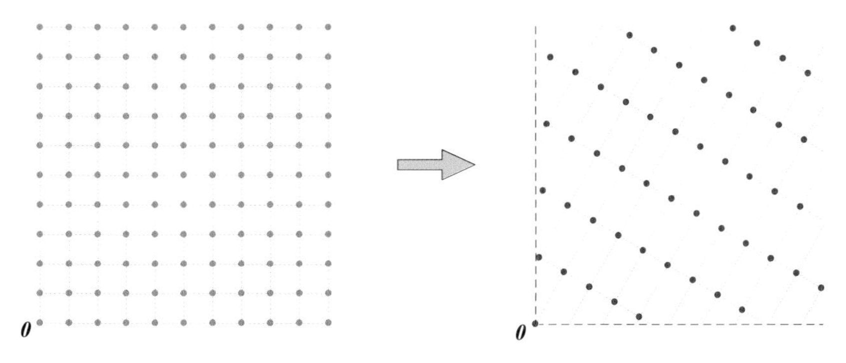

图8.2　线性变换产生平行且等距的网格

请大家注意：很多参考资料混用线性映射和线性变换。此外，本书把正交投影也算作线性变换，虽然正交投影后维度降低，但空间发生了“压缩”。

非线性变换

与线性变换相对的是**非线性变换** (nonlinear transformation)。

图8.3和图8.4给出了两个非线性变换的例子。图8.3所示为通过非线性变换产生平行但不等距的网格。图8.4所示产生的网格甚至出现了“扭曲”。

有了这两幅图做对比，相信读者能够更好地理解图8.2所展示的“平行且等距、原点保持固定”的网格所代表的线性变换。鸢尾花书《可视之美》一册展示丰富的非线性变换，请大家参考。

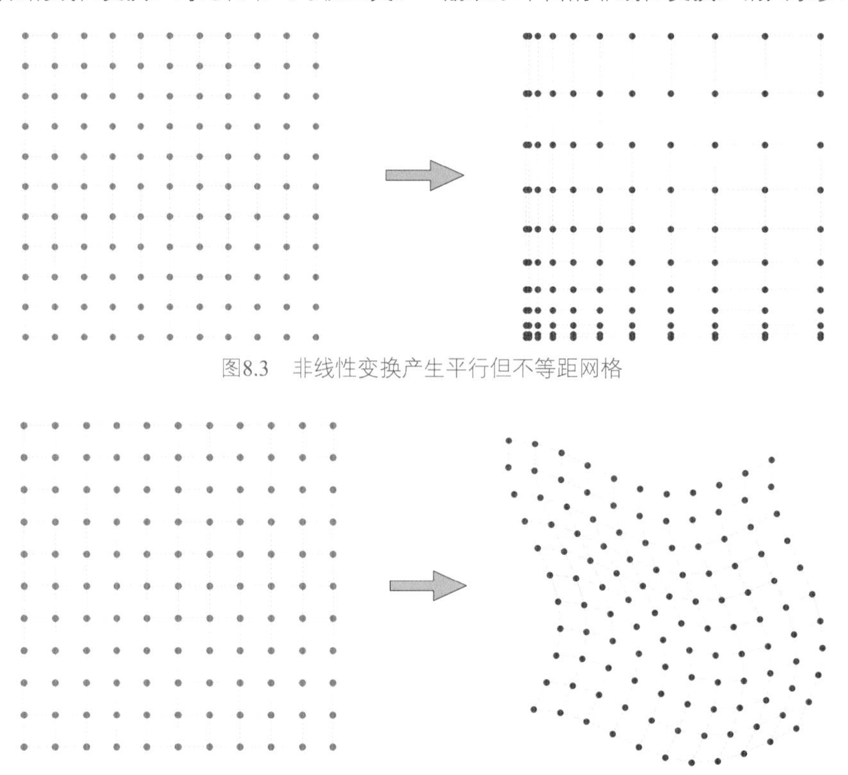

图8.3　非线性变换产生平行但不等距网格

图8.4　非线性变换产生“扭曲”网格

常见平面几何变换

本章下一节开始就是要从线性代数运算视角讨论几何变换。表8.1总结了本章将要介绍的常用二维几何变换。表8.1中第二列以列向量形式表达坐标点，第三列以行向量形式表达坐标点。表8.1的第二列和第三列矩阵乘法互为转置关系。

除了平移以外，表8.1中的几何变换都是从 $\mathbb{R}^2$ 到自身。准确来说，正交投影相当于降维，结果在 $\mathbb{R}^2$ 的子空间中。本章后续将展开讲解这些几何变换。

表8.1中所有操作统称几何变换，以便于将这些线性代数概念与鸢尾花书《数学要素》中介绍的几何变换联系起来。这也正是本章题目叫“几何变换”的原因。鸢尾花书《可视之美》一册还专门介绍常见三维空间几何变换，请大家对照学习。

请大家注意：平移并不是线性变换，平移是一种仿射变换 (affine transformation)，对应的运算为 $\boldsymbol{y} = \boldsymbol{A}\boldsymbol{x} + \boldsymbol{b}$。从几何角度来看，仿射变换是一个向量空间的线性映射 ($\boldsymbol{A}\boldsymbol{x}$) 叠加平移 ($\boldsymbol{b}$)，变换结果在另外一个仿射空间。$\boldsymbol{b} \neq \boldsymbol{0}$，平移导致原点位置发生变化。因此，线性变换可以看作是特殊的仿射变换。

表8.1　常用几何变换总结

几何变换	列向量坐标	行向量坐标
平移 (translation) 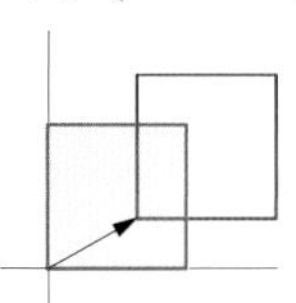	$\begin{bmatrix} z_1 \\ z_2 \end{bmatrix} = \begin{bmatrix} x_1 \\ x_2 \end{bmatrix} + \begin{bmatrix} t_1 \\ t_2 \end{bmatrix}$	$\begin{bmatrix} z_1 & z_2 \end{bmatrix} = \begin{bmatrix} x_1 & x_2 \end{bmatrix} + \begin{bmatrix} t_1 & t_2 \end{bmatrix}$ $\boldsymbol{Z}_{n\times 2} = \boldsymbol{X}_{n\times 2} + \begin{bmatrix} t_1 & t_2 \end{bmatrix}$
等比例缩放s倍 (scaling) 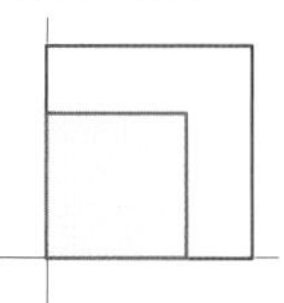	$\begin{bmatrix} z_1 \\ z_2 \end{bmatrix} = s\begin{bmatrix} x_1 \\ x_2 \end{bmatrix} = \begin{bmatrix} s & 0 \\ 0 & s \end{bmatrix}\begin{bmatrix} x_1 \\ x_2 \end{bmatrix}$	$\begin{bmatrix} z_1 & z_2 \end{bmatrix} = s\begin{bmatrix} x_1 & x_2 \end{bmatrix} = \begin{bmatrix} x_1 & x_2 \end{bmatrix}\begin{bmatrix} s & 0 \\ 0 & s \end{bmatrix}$ $\boldsymbol{Z}_{n\times 2} = \boldsymbol{X}_{n\times 2}\begin{bmatrix} s & 0 \\ 0 & s \end{bmatrix}$
非等比例缩放 (unequal scaling) 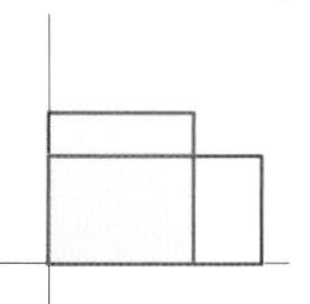	$\begin{bmatrix} z_1 \\ z_2 \end{bmatrix} = \begin{bmatrix} s_1 & 0 \\ 0 & s_2 \end{bmatrix}\begin{bmatrix} x_1 \\ x_2 \end{bmatrix}$	$\begin{bmatrix} z_1 & z_2 \end{bmatrix} = \begin{bmatrix} x_1 & x_2 \end{bmatrix}\begin{bmatrix} s_1 & 0 \\ 0 & s_2 \end{bmatrix}$ $\boldsymbol{Z}_{n\times 2} = \boldsymbol{X}_{n\times 2}\begin{bmatrix} s_1 & 0 \\ 0 & s_2 \end{bmatrix}$
挤压s倍 (squeeze) 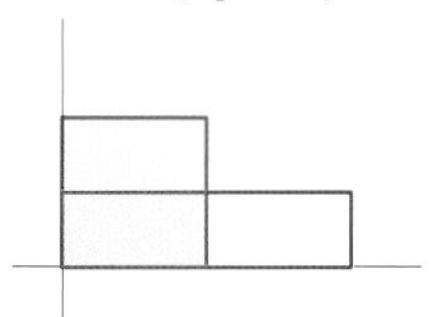	$\begin{bmatrix} z_1 \\ z_2 \end{bmatrix} = \begin{bmatrix} s & 0 \\ 0 & 1/s \end{bmatrix}\begin{bmatrix} x_1 \\ x_2 \end{bmatrix}$	$\begin{bmatrix} z_1 & z_2 \end{bmatrix} = \begin{bmatrix} x_1 & x_2 \end{bmatrix}\begin{bmatrix} s & 0 \\ 0 & 1/s \end{bmatrix}$ $\boldsymbol{Z}_{n\times 2} = \boldsymbol{X}_{n\times 2}\begin{bmatrix} s & 0 \\ 0 & 1/s \end{bmatrix}$
逆时针旋转θ (counterclockwise rotation) 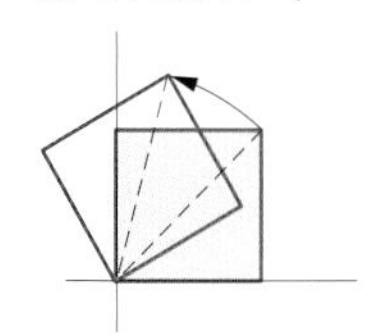	$\begin{bmatrix} z_1 \\ z_2 \end{bmatrix} = \begin{bmatrix} \cos(\theta) & -\sin(\theta) \\ \sin(\theta) & \cos(\theta) \end{bmatrix}\begin{bmatrix} x_1 \\ x_2 \end{bmatrix}$	$\begin{bmatrix} z_1 & z_2 \end{bmatrix} = \begin{bmatrix} x_1 & x_2 \end{bmatrix}\begin{bmatrix} \cos(\theta) & \sin(\theta) \\ -\sin(\theta) & \cos(\theta) \end{bmatrix}$ $\boldsymbol{Z}_{n\times 2} = \boldsymbol{X}_{n\times 2}\begin{bmatrix} \cos(\theta) & \sin(\theta) \\ -\sin(\theta) & \cos(\theta) \end{bmatrix}$
顺时针旋转θ (clockwise rotation) 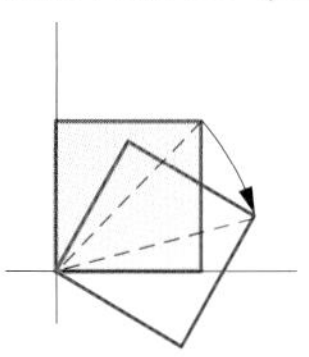	$\begin{bmatrix} z_1 \\ z_2 \end{bmatrix} = \begin{bmatrix} \cos(\theta) & \sin(\theta) \\ -\sin(\theta) & \cos(\theta) \end{bmatrix}\begin{bmatrix} x_1 \\ x_2 \end{bmatrix}$	$\begin{bmatrix} z_1 & z_2 \end{bmatrix} = \begin{bmatrix} x_1 & x_2 \end{bmatrix}\begin{bmatrix} \cos(\theta) & -\sin(\theta) \\ \sin(\theta) & \cos(\theta) \end{bmatrix}$ $\boldsymbol{Z}_{n\times 2} = \boldsymbol{X}_{n\times 2}\begin{bmatrix} \cos(\theta) & -\sin(\theta) \\ \sin(\theta) & \cos(\theta) \end{bmatrix}$
关于通过原点、切向量为$\boldsymbol{\tau}\ [\tau_1, \tau_2]^{\mathrm{T}}$直线镜像 (reflection) 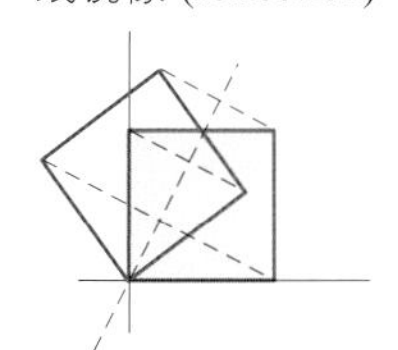	$\begin{bmatrix} z_1 \\ z_2 \end{bmatrix} = \frac{1}{\lVert\boldsymbol{\tau}\rVert^2}\begin{bmatrix} \tau_1^2-\tau_2^2 & 2\tau_1\tau_2 \\ 2\tau_1\tau_2 & \tau_2^2-\tau_1^2 \end{bmatrix}\begin{bmatrix} x_1 \\ x_2 \end{bmatrix}$	$\begin{bmatrix} z_1 & z_2 \end{bmatrix} = \begin{bmatrix} x_1 & x_2 \end{bmatrix}\frac{1}{\lVert\boldsymbol{\tau}\rVert^2}\begin{bmatrix} \tau_1^2-\tau_2^2 & 2\tau_1\tau_2 \\ 2\tau_1\tau_2 & \tau_2^2-\tau_1^2 \end{bmatrix}$ $\boldsymbol{Z}_{n\times 2} = \boldsymbol{X}_{n\times 2}\frac{1}{\lVert\boldsymbol{\tau}\rVert^2}\begin{bmatrix} \tau_1^2-\tau_2^2 & 2\tau_1\tau_2 \\ 2\tau_1\tau_2 & \tau_2^2-\tau_1^2 \end{bmatrix}$

几何变换	列向量坐标	行向量坐标
关于通过原点、方向和水平轴夹角为θ直线镜像；等同于上例，切向量相当于 $(\cos\theta, \sin\theta)$ 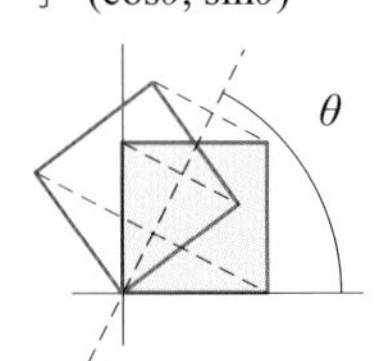	$\begin{bmatrix} z_1 \\ z_2 \end{bmatrix} = \begin{bmatrix} \cos 2\theta & \sin 2\theta \\ \sin 2\theta & -\cos 2\theta \end{bmatrix} \begin{bmatrix} x_1 \\ x_2 \end{bmatrix}$	$\begin{bmatrix} z_1 & z_2 \end{bmatrix} = \begin{bmatrix} x_1 & x_2 \end{bmatrix} \begin{bmatrix} \cos 2\theta & \sin 2\theta \\ \sin 2\theta & -\cos 2\theta \end{bmatrix}$ $\boldsymbol{Z}_{n\times 2} = \boldsymbol{X}_{n\times 2} \begin{bmatrix} \cos 2\theta & \sin 2\theta \\ \sin 2\theta & -\cos 2\theta \end{bmatrix}$
关于横轴镜像对称 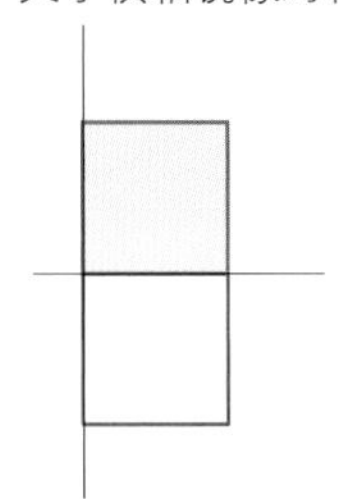	$\begin{bmatrix} z_1 \\ z_2 \end{bmatrix} = \begin{bmatrix} 1 & 0 \\ 0 & -1 \end{bmatrix} \begin{bmatrix} x_1 \\ x_2 \end{bmatrix}$	$\begin{bmatrix} z_1 & z_2 \end{bmatrix} = \begin{bmatrix} x_1 & x_2 \end{bmatrix} \begin{bmatrix} 1 & 0 \\ 0 & -1 \end{bmatrix}$ $\boldsymbol{Z}_{n\times 2} = \boldsymbol{X}_{n\times 2} \begin{bmatrix} 1 & 0 \\ 0 & -1 \end{bmatrix}$
关于纵轴镜像对称 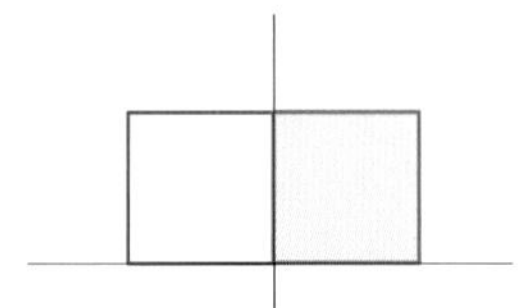	$\begin{bmatrix} z_1 \\ z_2 \end{bmatrix} = \begin{bmatrix} -1 & 0 \\ 0 & 1 \end{bmatrix} \begin{bmatrix} x_1 \\ x_2 \end{bmatrix}$	$\begin{bmatrix} z_1 & z_2 \end{bmatrix} = \begin{bmatrix} x_1 & x_2 \end{bmatrix} \begin{bmatrix} -1 & 0 \\ 0 & 1 \end{bmatrix}$ $\boldsymbol{Z}_{n\times 2} = \boldsymbol{X}_{n\times 2} \begin{bmatrix} -1 & 0 \\ 0 & 1 \end{bmatrix}$
向通过原点、切向量为$\boldsymbol{\tau}\ [\tau_1, \tau_2]^{\mathrm{T}}$直线投影 (projection) 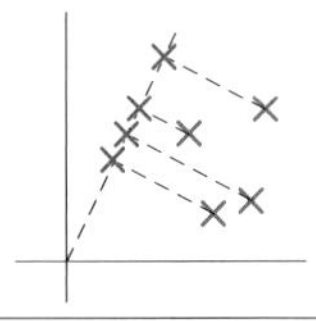	$\begin{bmatrix} z_1 \\ z_2 \end{bmatrix} = \frac{1}{\Vert\boldsymbol{\tau}\Vert^2} \begin{bmatrix} \tau_1^2 & \tau_1\tau_2 \\ \tau_1\tau_2 & \tau_2^2 \end{bmatrix} \begin{bmatrix} x_1 \\ x_2 \end{bmatrix}$	$\begin{bmatrix} z_1 & z_2 \end{bmatrix} = \begin{bmatrix} x_1 & x_2 \end{bmatrix} \frac{1}{\Vert\boldsymbol{\tau}\Vert^2} \begin{bmatrix} \tau_1^2 & \tau_1\tau_2 \\ \tau_1\tau_2 & \tau_2^2 \end{bmatrix}$ $\boldsymbol{Z}_{n\times 2} = \boldsymbol{X}_{n\times 2} \frac{1}{\Vert\boldsymbol{\tau}\Vert^2} \begin{bmatrix} \tau_1^2 & \tau_1\tau_2 \\ \tau_1\tau_2 & \tau_2^2 \end{bmatrix}$
向横轴投影 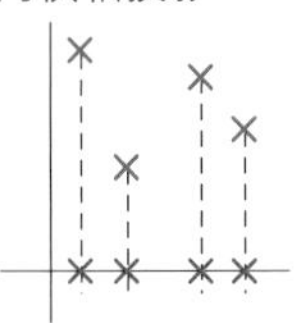	$\begin{bmatrix} z_1 \\ z_2 \end{bmatrix} = \begin{bmatrix} 1 & 0 \\ 0 & 0 \end{bmatrix} \begin{bmatrix} x_1 \\ x_2 \end{bmatrix}$	$\begin{bmatrix} z_1 & z_2 \end{bmatrix} = \begin{bmatrix} x_1 & x_2 \end{bmatrix} \begin{bmatrix} 1 & 0 \\ 0 & 0 \end{bmatrix}$ $\boldsymbol{Z}_{n\times 2} = \boldsymbol{X}_{n\times 2} \begin{bmatrix} 1 & 0 \\ 0 & 0 \end{bmatrix}$
向纵轴投影 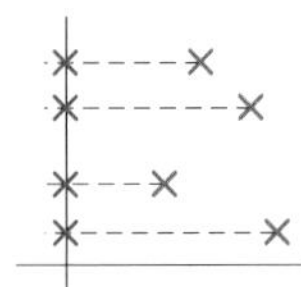	$\begin{bmatrix} z_1 \\ z_2 \end{bmatrix} = \begin{bmatrix} 0 & 0 \\ 0 & 1 \end{bmatrix} \begin{bmatrix} x_1 \\ x_2 \end{bmatrix}$	$\begin{bmatrix} z_1 & z_2 \end{bmatrix} = \begin{bmatrix} x_1 & x_2 \end{bmatrix} \begin{bmatrix} 0 & 0 \\ 0 & 1 \end{bmatrix}$ $\boldsymbol{Z}_{n\times 2} = \boldsymbol{X}_{n\times 2} \begin{bmatrix} 0 & 0 \\ 0 & 1 \end{bmatrix}$
沿水平方向剪切 (shear), θ为剪切角 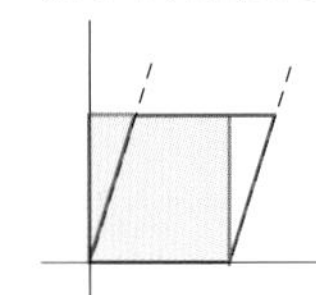	$\begin{bmatrix} z_1 \\ z_2 \end{bmatrix} = \begin{bmatrix} 1 & \cot\theta \\ 0 & 1 \end{bmatrix} \begin{bmatrix} x_1 \\ x_2 \end{bmatrix}$	$\begin{bmatrix} z_1 & z_2 \end{bmatrix} = \begin{bmatrix} x_1 & x_2 \end{bmatrix} \begin{bmatrix} 1 & 0 \\ \cot\theta & 1 \end{bmatrix}$ $\boldsymbol{Z}_{n\times 2} = \boldsymbol{X}_{n\times 2} \begin{bmatrix} 1 & 0 \\ \cot\theta & 1 \end{bmatrix}$

续表

几何变换	列向量坐标	行向量坐标
沿竖直方向剪切, θ为剪切角 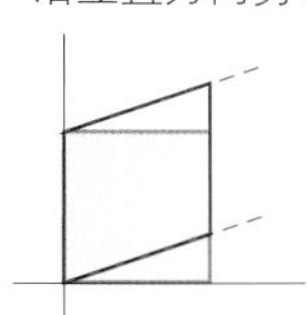	$\begin{bmatrix} z_1 \\ z_2 \end{bmatrix} = \begin{bmatrix} 1 & 0 \\ \cot\theta & 1 \end{bmatrix} \begin{bmatrix} x_1 \\ x_2 \end{bmatrix}$	$\begin{bmatrix} z_1 & z_2 \end{bmatrix} = \begin{bmatrix} x_1 & x_2 \end{bmatrix} \begin{bmatrix} 1 & \cot\theta \\ 0 & 1 \end{bmatrix}$ $\boldsymbol{Z}_{n\times 2} = \boldsymbol{X}_{n\times 2} \begin{bmatrix} 1 & \cot\theta \\ 0 & 1 \end{bmatrix}$

8.2 平移：仿射变换，原点变动

用列向量表达坐标时，平移可以写成

$$\begin{bmatrix} z_1 \\ z_2 \end{bmatrix} = \begin{bmatrix} x_1 \\ x_2 \end{bmatrix} + \boldsymbol{t} \tag{8.2}$$

其中：$\boldsymbol{t}$为平移向量，且

$$\boldsymbol{t} = \begin{bmatrix} t_1 \\ t_2 \end{bmatrix} \tag{8.3}$$

将式 (8.3) 代入式 (8.2) 得到

$$\begin{bmatrix} z_1 \\ z_2 \end{bmatrix} = \begin{bmatrix} x_1 \\ x_2 \end{bmatrix} + \begin{bmatrix} t_1 \\ t_2 \end{bmatrix} = \begin{bmatrix} x_1 + t_1 \\ x_2 + t_2 \end{bmatrix} \tag{8.4}$$

再次强调：平移并不是线性变换，平移是一种仿射变换，因为原点发生了改变。

图8.5所示为几个平移的例子。

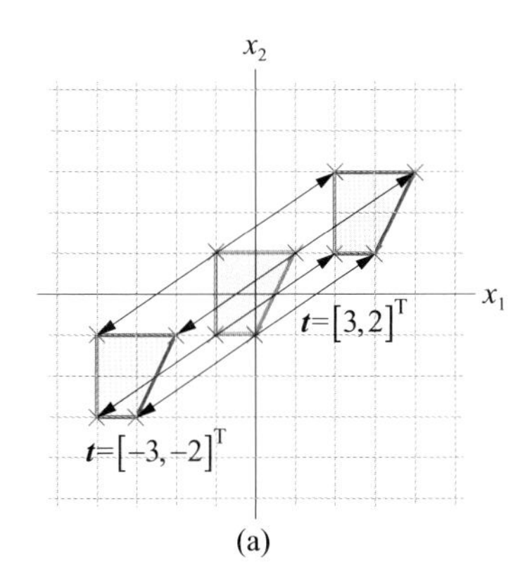

(a)

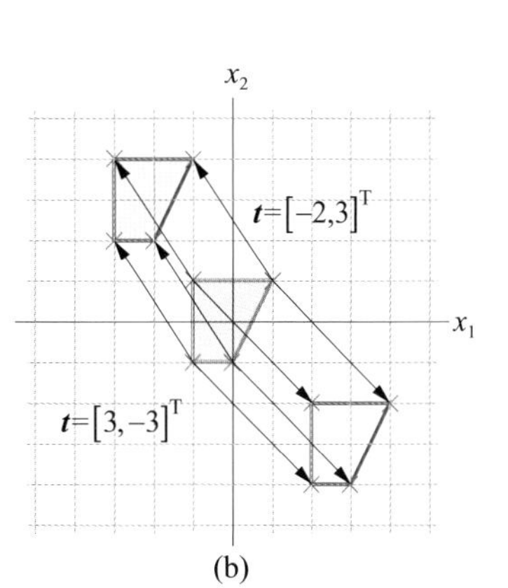

(b)

图8.5　平移

Bk4_Ch8_01.py绘制图8.5。

如图8.6所示，数据**中心化** (centralize)，也叫**去均值** (demean)，实际上就是一种平移。

对数据矩阵$\boldsymbol{X}$去均值处理得到$\boldsymbol{Y}$，有

$$\boldsymbol{Y}_{n\times 2} = \boldsymbol{X}_{n\times 2} - \mathrm{E}\left(\boldsymbol{X}_{n\times 2}\right) \tag{8.5}$$

数据矩阵中一般用行向量表达坐标点，上式用到了广播原则。行向量 $\mathrm{E}(\boldsymbol{X})$ 叫做$\boldsymbol{X}$的**质心** (centroid)，它的每个元素是数据矩阵$\boldsymbol{X}$每一列数据的均值。去均值后，$\boldsymbol{Y}$的质心位于原点，也就是说 $\mathrm{E}(\boldsymbol{Y}) = [0, 0]$。

将$\boldsymbol{Y}$写成 $[\boldsymbol{y}_1, \boldsymbol{y}_2]$，展开式 (8.5) 得到

$$\begin{bmatrix} \boldsymbol{y}_1 & \boldsymbol{y}_2 \end{bmatrix} = \begin{bmatrix} \boldsymbol{x}_1 & \boldsymbol{x}_2 \end{bmatrix} - \begin{bmatrix} \mathrm{E}\left(\boldsymbol{x}_1\right) & \mathrm{E}\left(\boldsymbol{x}_2\right) \end{bmatrix} \tag{8.6}$$

式 (8.6) 对应的统计运算表达为

$$\begin{cases} Y_1 = X_1 - \mathrm{E}\left(X_1\right) \\ Y_2 = X_2 - \mathrm{E}\left(X_2\right) \end{cases} \tag{8.7}$$

其中：X_1、X_2、Y_1、Y_2为随机变量。注意，随机变量字母大写、斜体。从几何角度来看，平移运算将数据质心移动到原点，如图8.6所示。

大家应该已经注意到了图8.6中的椭圆，通过高斯二元分布可以建立随机数与椭圆的联系。从几何视角来看，椭圆/椭球可以用来代表服从多元高斯分布的随机数。这是鸢尾花书《统计至简》一册要重点讲解的内容。

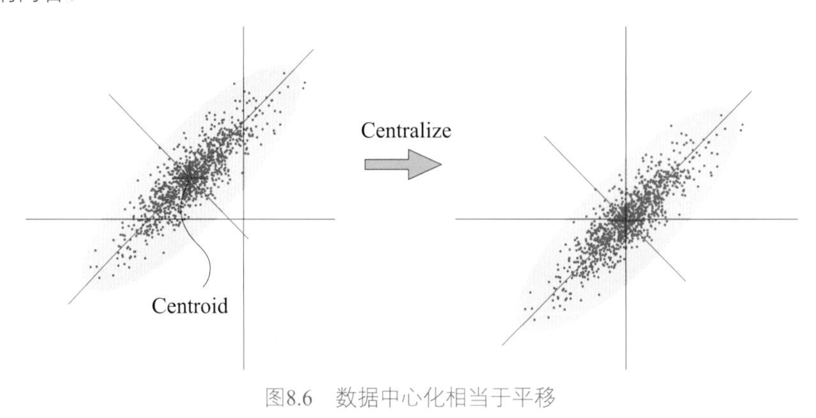

图8.6　数据中心化相当于平移

8.3 缩放：对角阵

等比例缩放 (equal scaling) 是指在缩放时各个维度采用相同的缩放比例。举个例子，如图8.7所示，横、纵坐标等比例放大2倍，等比例缩放得到的图形与原图形相似。

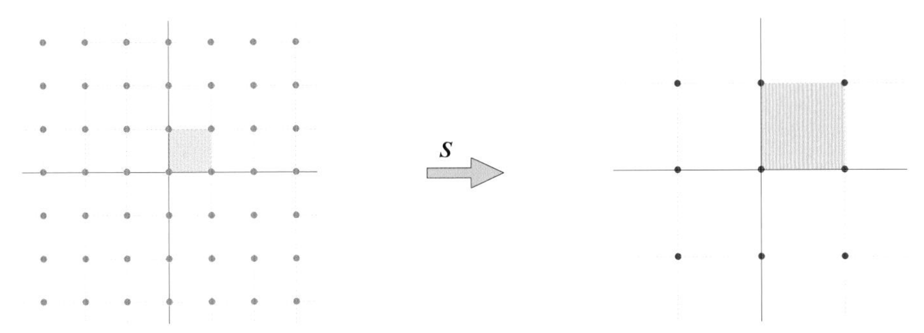

图8.7　等比例扩大2倍网格变化

等比例缩放对应的矩阵运算为

$$\begin{bmatrix} z_1 \\ z_2 \end{bmatrix} = \underbrace{\begin{bmatrix} s & 0 \\ 0 & s \end{bmatrix}}_{S} \begin{bmatrix} x_1 \\ x_2 \end{bmatrix} \tag{8.8}$$

式 (8.8) 中，等比例缩放矩阵$\boldsymbol{S}$为对角方阵，对角线元素相同。式 (8.8) 整理得到

$$\begin{bmatrix} z_1 \\ z_2 \end{bmatrix} = \begin{bmatrix} sx_1 \\ sx_2 \end{bmatrix} = s \begin{bmatrix} x_1 \\ x_2 \end{bmatrix} \tag{8.9}$$

行列式值

计算式 (8.8) 中转化矩阵$\boldsymbol{S}$的行列式值为

$$\det \begin{bmatrix} s & 0 \\ 0 & s \end{bmatrix} = s^2 \tag{8.10}$$

可以发现对于二维空间，等比例缩放对应图形的面积变化了s^2倍。

非等比例缩放

图8.8所示为**非等比例缩放** (unequal scaling) 的例子。

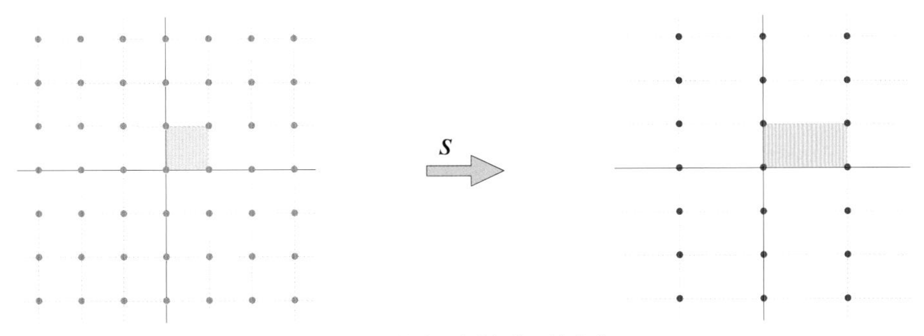

图8.8　非等比例缩放网格变化

非等比例缩放矩阵为

$$\boldsymbol{S} = \boldsymbol{S}^{\mathrm{T}} = \begin{bmatrix} s_1 & 0 \\ 0 & s_2 \end{bmatrix} \tag{8.11}$$

数据点为列向量时，非等比例缩放运算为

$$\begin{bmatrix} z_1 \\ z_2 \end{bmatrix} = \boldsymbol{S} \begin{bmatrix} x_1 \\ x_2 \end{bmatrix} = \begin{bmatrix} s_1 & 0 \\ 0 & s_2 \end{bmatrix} \begin{bmatrix} x_1 \\ x_2 \end{bmatrix} \tag{8.12}$$

数据点为行向量时，对式 (8.12) 等式左右转置得到

$$\begin{bmatrix} z_1 & z_2 \end{bmatrix} = \begin{bmatrix} x_1 & x_2 \end{bmatrix} \boldsymbol{S} = \begin{bmatrix} x_1 & x_2 \end{bmatrix} \begin{bmatrix} s_1 & 0 \\ 0 & s_2 \end{bmatrix} \tag{8.13}$$

请大家根据图8.9所示两幅子图中图形缩放前后横、纵轴坐标比例变化，来推断矩阵$\boldsymbol{S}$的各个元素值分别是多少。

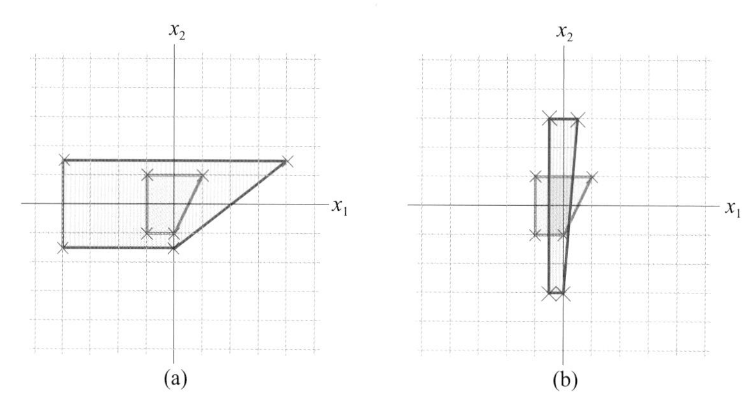

图8.9　非等比例缩放

逆矩阵

现在回过头来从几何变换角度再思考什么是矩阵的逆。

从线性变换角度，缩放矩阵$\boldsymbol{S}$的逆$\boldsymbol{S}^{-1}$无非就是$\boldsymbol{S}$对应的几何变换“逆操作”。如图8.10所示，缩放操作的逆运算就是将缩放后图形再还原成原图形。

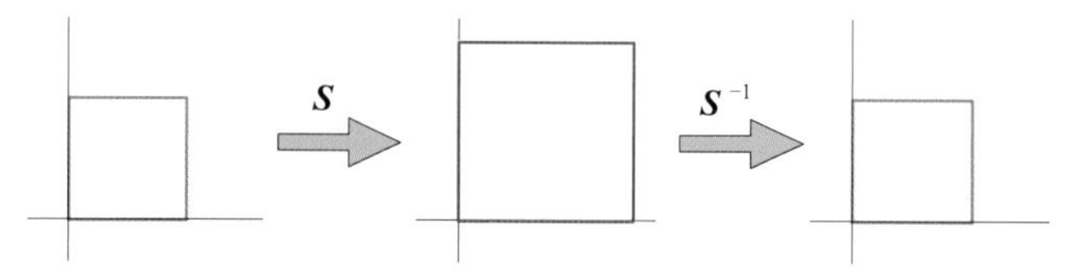

图8.10　缩放的逆运算

特别地，如果缩放时将图形“完全压扁”，如

$$\begin{bmatrix} z_1 \\ z_2 \end{bmatrix} = \underbrace{\begin{bmatrix} 2 & 0 \\ 0 & 0 \end{bmatrix}}_{S} \begin{bmatrix} x_1 \\ x_2 \end{bmatrix} \tag{8.14}$$

式 (8.14) 中矩阵$\boldsymbol{S}$的行列式值为0，也就是说变换矩阵不可逆。如图8.11所示，式 (8.14) 造成的形变也是不可逆的。

这样，我们从几何图形变换角度，解释为什么只有行列式值不为0的方阵才存在逆矩阵。本章后文还会继续介绍哪些几何操作“可逆”。

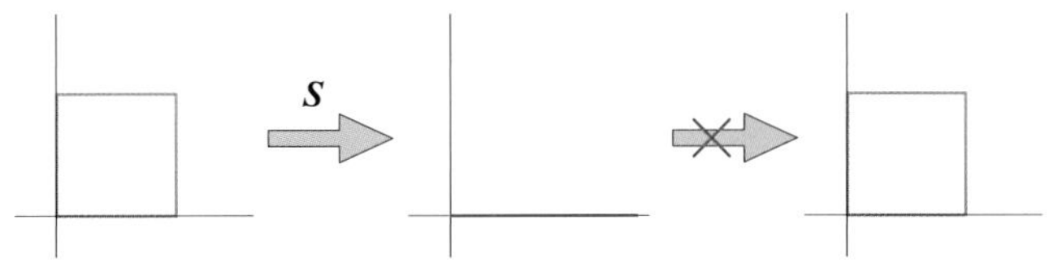

图8.11 不可逆地“压扁”

本节内容让我们联想到数据**标准化** (standardization) 这一概念。数据矩阵$\boldsymbol{X}$标准化得到数据矩阵$\boldsymbol{Z}$，对应运算为

$$\boldsymbol{Z}_{n\times 2}=\left(\boldsymbol{X}_{n\times 2}-\mathrm{E}\left(\boldsymbol{X}_{n\times 2}\right)\right)\begin{bmatrix}1/\sigma_1 & 0\\ 0 & 1/\sigma_2\end{bmatrix} \tag{8.15}$$

实际上，数据标准化就相当于先平移，然后再用标准差进行比例缩放。每个特征采用的缩放系数为标准差的倒数。

将$\boldsymbol{Z}$写成 $[\boldsymbol{z}_1, \boldsymbol{z}_2]$，展开式 (8.15) 得到

$$\begin{bmatrix}\boldsymbol{z}_1 & \boldsymbol{z}_2\end{bmatrix}=\begin{bmatrix}\dfrac{\boldsymbol{x}_1-\mathrm{E}\left(\boldsymbol{x}_1\right)}{\sigma_1} & \dfrac{\boldsymbol{x}_2-\mathrm{E}\left(\boldsymbol{x}_2\right)}{\sigma_2}\end{bmatrix} \tag{8.16}$$

上式对应的统计运算则是

$$\begin{cases}Z_1=\dfrac{X_1-\mathrm{E}\left(X_1\right)}{\sigma_1}\\ Z_2=\dfrac{X_2-\mathrm{E}\left(X_2\right)}{\sigma_2}\end{cases} \tag{8.17}$$

图8.12所示为数据标准化过程。数据标准化并不改变相关性系数的大小。

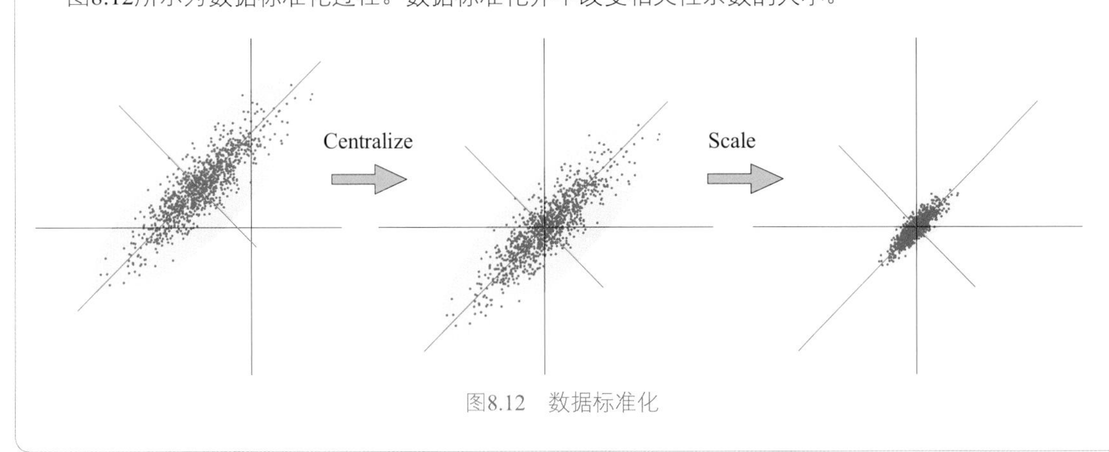

图8.12 数据标准化

挤压

还有一种特殊的缩放叫做**挤压** (squeeze)，如竖直方向或水平方向压扁，但是面积保持不变。图 8.13 所示为挤压对应的网格变化。

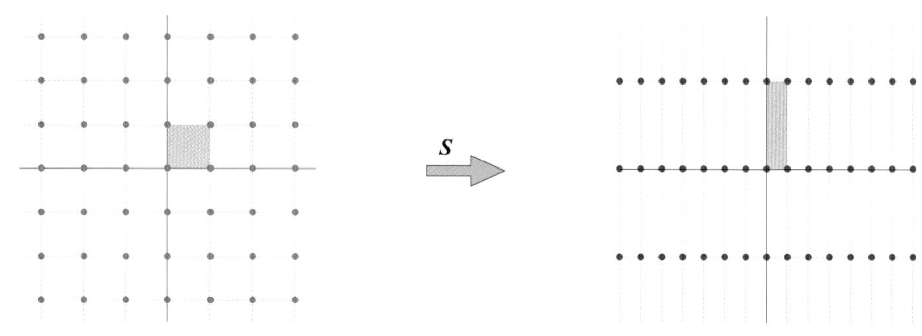

图8.13　挤压所对应的网格图变化

坐标为列向量时，挤压对应的矩阵运算为

$$\begin{bmatrix} z_1 \\ z_2 \end{bmatrix} = \underbrace{\begin{bmatrix} s & 0 \\ 0 & 1/s \end{bmatrix}}_{S} \begin{bmatrix} x_1 \\ x_2 \end{bmatrix} \tag{8.18}$$

其中：s不为0。计算上式方阵$\boldsymbol{S}$行列式值，发现结果为1，这说明挤压前后面积没有变化，即有

$$\det \begin{bmatrix} s & 0 \\ 0 & 1/s \end{bmatrix} = 1 \tag{8.19}$$

8.4 旋转：行列式值为1

本节介绍旋转相关内容，如图8.14所示。旋转是非常重要的几何变换，我们会在本书后续特征值分解、奇异值分解等内容中看到旋转。

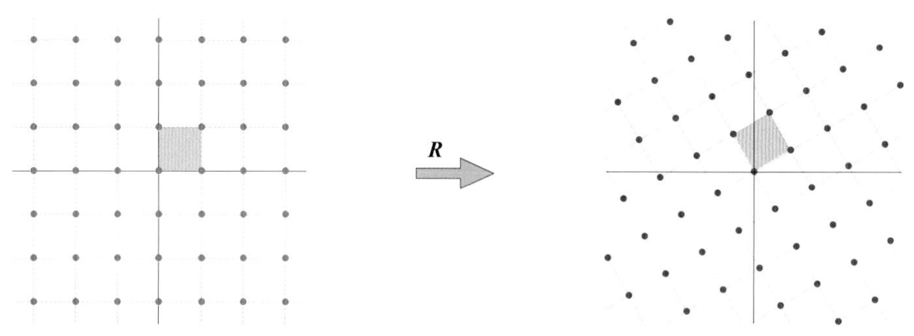

图8.14　旋转变换的网格

列向量坐标$\boldsymbol{x}$逆时针旋转θ得到$\boldsymbol{z}$，有

$$\begin{bmatrix} z_1 \\ z_2 \end{bmatrix} = \boldsymbol{R} \begin{bmatrix} x_1 \\ x_2 \end{bmatrix} \tag{8.20}$$

其中$\boldsymbol{R}$为

$$\boldsymbol{R}=\begin{bmatrix}\cos\theta & -\sin\theta \\ \sin\theta & \cos\theta\end{bmatrix} \tag{8.21}$$

将式 (8.21) 代入式 (8.20)，得到

$$\begin{bmatrix} z_1 \\ z_2 \end{bmatrix}=\begin{bmatrix}\cos\theta & -\sin\theta \\ \sin\theta & \cos\theta\end{bmatrix}\begin{bmatrix} x_1 \\ x_2 \end{bmatrix} \tag{8.22}$$

记住上式并不难，下面介绍一个小技巧。用$\boldsymbol{R}=[\boldsymbol{r}_1, \boldsymbol{r}_2]$ 分别乘$\boldsymbol{e}_1$和$\boldsymbol{e}_2$得到$\boldsymbol{r}_1$和$\boldsymbol{r}_2$，有

$$\begin{aligned}\boldsymbol{r}_1=\boldsymbol{R}\boldsymbol{e}_1=\begin{bmatrix}\cos\theta & -\sin\theta \\ \sin\theta & \cos\theta\end{bmatrix}\begin{bmatrix} 1 \\ 0 \end{bmatrix}=\begin{bmatrix}\cos\theta \\ \sin\theta\end{bmatrix}\\ \boldsymbol{r}_2=\boldsymbol{R}\boldsymbol{e}_2=\begin{bmatrix}\cos\theta & -\sin\theta \\ \sin\theta & \cos\theta\end{bmatrix}\begin{bmatrix} 0 \\ 1 \end{bmatrix}=\begin{bmatrix}-\sin\theta \\ \cos\theta\end{bmatrix}\end{aligned} \tag{8.23}$$

几何变换过程如图8.15所示，$\boldsymbol{e}_1$和$\boldsymbol{e}_2$逆时针旋转θ分别得到$\boldsymbol{r}_1$和$\boldsymbol{r}_2$。图8.15告诉了我们$\boldsymbol{R}$中哪些元素是$\cos\theta$、还是$\sin\theta$。此外，$\boldsymbol{R}$中唯一一个带负号的元素就是$\boldsymbol{r}_2$的第一个元素，对应$\boldsymbol{r}_2$横轴坐标。

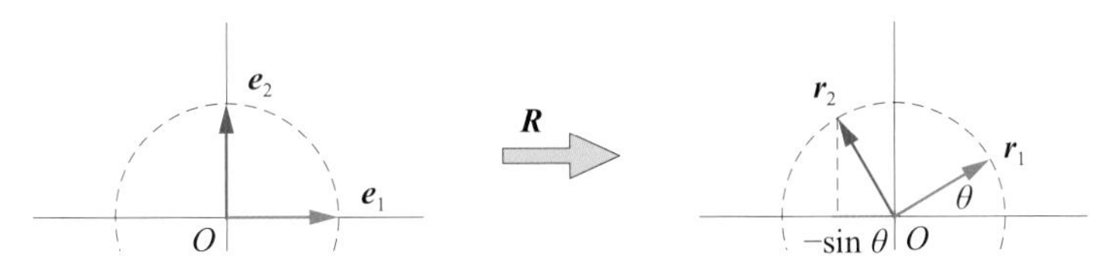

图8.15　$\boldsymbol{R}$作用于$\boldsymbol{e}_1$和$\boldsymbol{e}_2$

$\boldsymbol{R}$的行列式值为1，也就是说旋转前后面积不变，即

$$\det\begin{bmatrix}\cos\theta & -\sin\theta \\ \sin\theta & \cos\theta\end{bmatrix}=\cos^2\theta+\sin^2\theta=1 \tag{8.24}$$

对于数据矩阵情况，逆时针旋转θ的矩阵乘法为

$$\boldsymbol{Z}_{n\times 2}=\boldsymbol{X}_{n\times 2}\boldsymbol{R}^{\mathrm{T}}=\boldsymbol{X}_{n\times 2}\begin{bmatrix}\cos\theta & \sin\theta \\ -\sin\theta & \cos\theta\end{bmatrix} \tag{8.25}$$

式 (8.22) 和式 (8.25) 两个等式的联系就是转置运算。图8.16所示为几何形状旋转操作的几个例子。

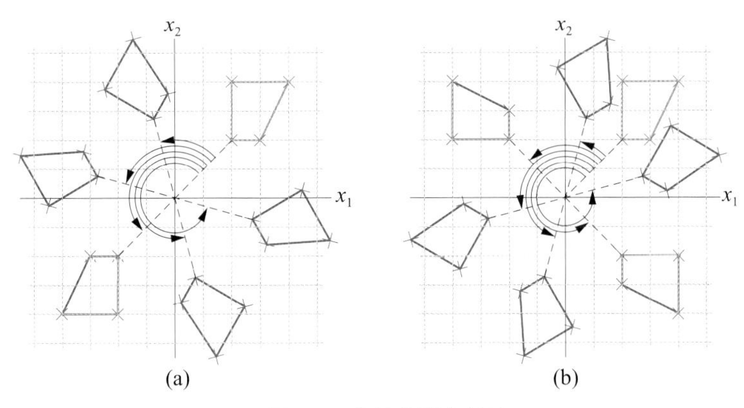

图8.16　旋转的两个例子

Bk4_Ch8_02.py绘制图8.16。

在Bk4_Ch8_02.py的基础上，我们用Streamlit做了一个App，大家可以输入不同角度，将代表标准正交基的“方方正正网格”旋转得到不同规范正交基。请大家参考Streamlit_Bk4_Ch8_02.py。

下面采用《数学要素》一册介绍的极坐标推导本节给出的旋转变换矩阵$\boldsymbol{R}$。

图8.17给出的是向量$\boldsymbol{a}$在极坐标系下的坐标为 (r, α)，在正交系中向量$\boldsymbol{a}$的横纵坐标为

$$\boldsymbol{a} = \begin{bmatrix} x_1 \\ x_2 \end{bmatrix} = \begin{bmatrix} r\cos\alpha \\ r\sin\alpha \end{bmatrix} \tag{8.26}$$

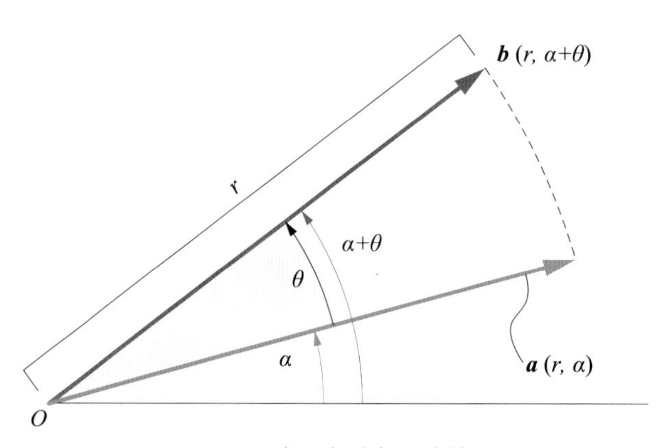

图8.17　极坐标中解释旋转

向量$\boldsymbol{a}$逆时针旋转θ后，得到向量$\boldsymbol{b}$。$\boldsymbol{b}$对应的极坐标为 $(r, \alpha+\theta)$。向量$\boldsymbol{b}$对应的横纵坐标为

$$\boldsymbol{b} = \begin{bmatrix} z_1 \\ z_2 \end{bmatrix} = \begin{bmatrix} r\cos(\alpha+\theta) \\ r\sin(\alpha+\theta) \end{bmatrix} \tag{8.27}$$

式 (8.27) 展开得到

$$\boldsymbol{b} = \begin{bmatrix} z_1 \\ z_2 \end{bmatrix} = \begin{bmatrix} r\cos(\alpha+\theta) \\ r\sin(\alpha+\theta) \end{bmatrix} = \begin{bmatrix} \underbrace{r\cos\alpha}_{x_1}\cos\theta - \underbrace{r\sin\alpha}_{x_2}\sin\theta \\ \underbrace{r\sin\alpha}_{x_2}\cos\theta + \underbrace{r\cos\alpha}_{x_1}\sin\theta \end{bmatrix} \tag{8.28}$$

将式 (8.26) 中的x_1和x_2代入式 (8.28)，得到

$$\boldsymbol{b} = \begin{bmatrix} z_1 \\ z_2 \end{bmatrix} = \begin{bmatrix} x_1\cos\theta - x_2\sin\theta \\ x_1\sin\theta + x_2\cos\theta \end{bmatrix} = \begin{bmatrix} \cos\theta & -\sin\theta \\ \sin\theta & \cos\theta \end{bmatrix} \begin{bmatrix} x_1 \\ x_2 \end{bmatrix} \tag{8.29}$$

逆矩阵

旋转矩阵$\boldsymbol{R}$求逆得到$\boldsymbol{R}^{-1}$，有

$$\boldsymbol{R}^{-1}=\begin{bmatrix}\cos\theta & -\sin\theta\\ \sin\theta & \cos\theta\end{bmatrix}^{-1}=\frac{1}{\cos^2\theta+\sin^2\theta}\begin{bmatrix}\cos\theta & \sin\theta\\ -\sin\theta & \cos\theta\end{bmatrix}=\begin{bmatrix}\cos(-\theta) & -\sin(-\theta)\\ \sin(-\theta) & \cos(-\theta)\end{bmatrix} \tag{8.30}$$

如图8.18所示，从几何角度来看，$\boldsymbol{R}^{-1}$代表朝着相反方向旋转。

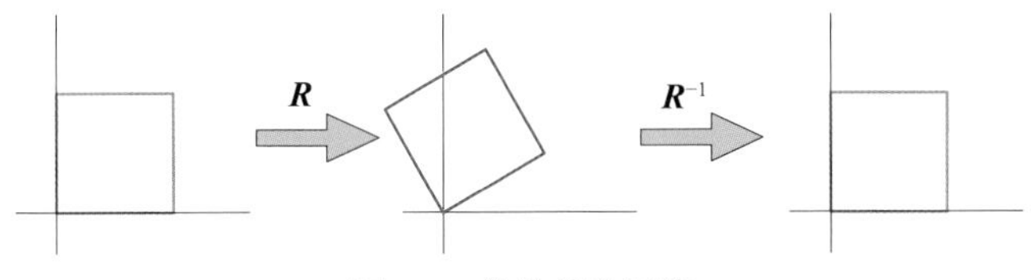

图8.18　旋转的逆运算

图8.19所示为从数据角度看旋转操作。数据完成中心化 (平移) 后，质心位于原点，即椭圆中心位于原点。然后，中心化数据按照特定的角度绕原点旋转后，让椭圆的长轴位于横轴。也就是说，旋转椭圆变成正椭圆。图8.19中正椭圆经过缩放后可以得到单位圆。单位圆意味着随机变量满足二元高斯分布$N(\boldsymbol{0}, \boldsymbol{I}_{2\times 2})$。

图8.19中，“旋转 → 缩放”的过程是**主成分分析** (principal component analysis, PCA) 的思路。反向来看，“缩放 → 旋转”将单位圆变成旋转椭圆的过程，代表利用满足IID $N(\boldsymbol{0}, \boldsymbol{I}_{2\times 2})$ 二元随机数产生具有指定相关性系数、指定均方差的随机数。IID指的是**独立同分布** (Independent and Identically Distributed)。简单来说，IID是指一组随机变量相互独立且具有相同的概率分布。

这些内容，我们会在《统计至简》和《数据有道》两册书中深入讲解。

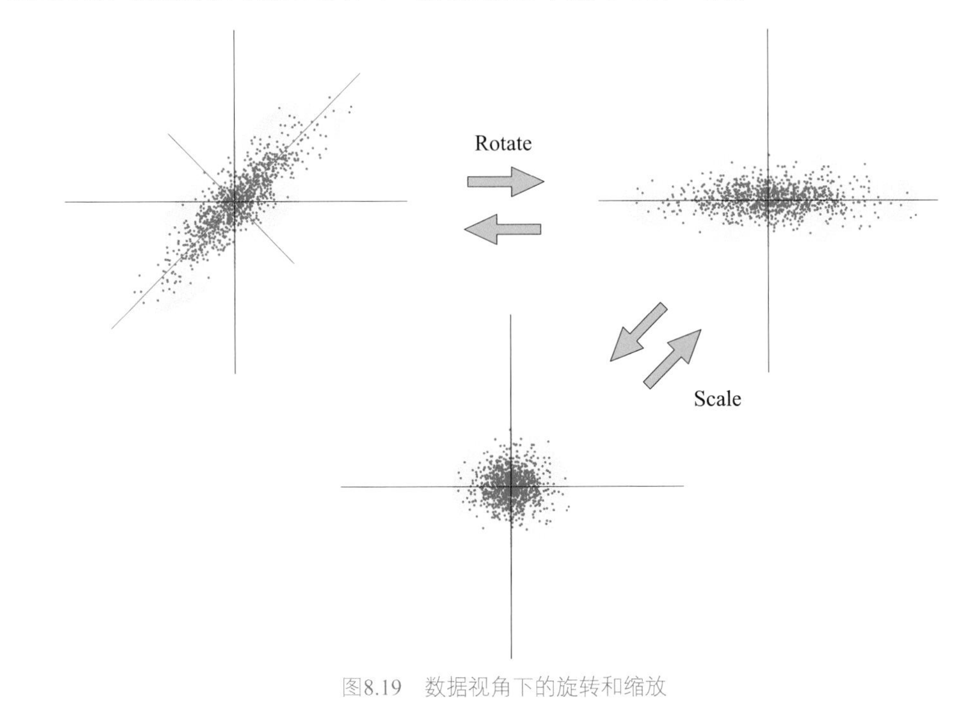

图8.19　数据视角下的旋转和缩放

矩阵乘法不满足交换律

本书第4章讲过，一般来说，矩阵乘法不满足交换律，即

$$\boldsymbol{AB} \neq \boldsymbol{BA} \tag{8.31}$$

现在我们用图形的几何变换来说明这一点。

图8.20所示左侧方格，先经过$\boldsymbol{S}$缩放，再通过$\boldsymbol{R}$旋转得到右侧红色网格。图8.20中红色网格显然不同于图8.21。因为图8.21中红色网格是先通过$\boldsymbol{R}$旋转、再经过$\boldsymbol{S}$缩放得到的。

再次强调，如果用列向量$\boldsymbol{x} = [x_1, x_2]^{\mathrm{T}}$代表坐标点时，矩阵乘法$\boldsymbol{RSx}$代表先缩放 ($\boldsymbol{S}$)、后旋转 ($\boldsymbol{R}$)；而矩阵乘法$\boldsymbol{SRx}$代表先旋转 ($\boldsymbol{R}$)、后缩放 ($\boldsymbol{S}$)。

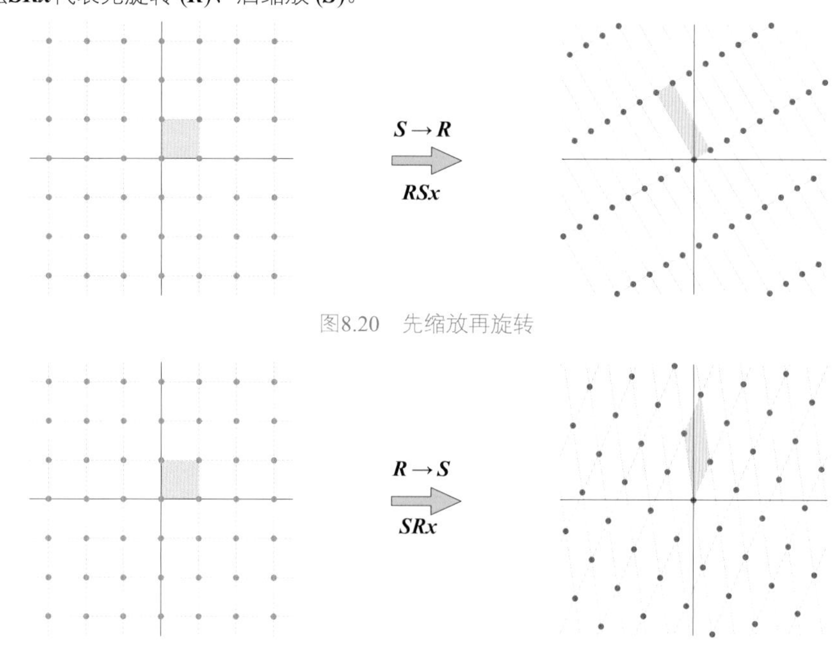

图8.20　先缩放再旋转

图8.21　先旋转再缩放

两个2 × 2缩放矩阵相乘满足交换律，因为它们都是对角阵。下式的$\boldsymbol{S}_1$和$\boldsymbol{S}_2$均为缩放矩阵，相乘时交换顺序不影响结果，即

$$\boldsymbol{S}_1\boldsymbol{S}_2 = \boldsymbol{S}_2\boldsymbol{S}_1 \tag{8.32}$$

其中：缩放比例都不为0。图8.22所示为按不同顺序先后缩放，最终结果相同。

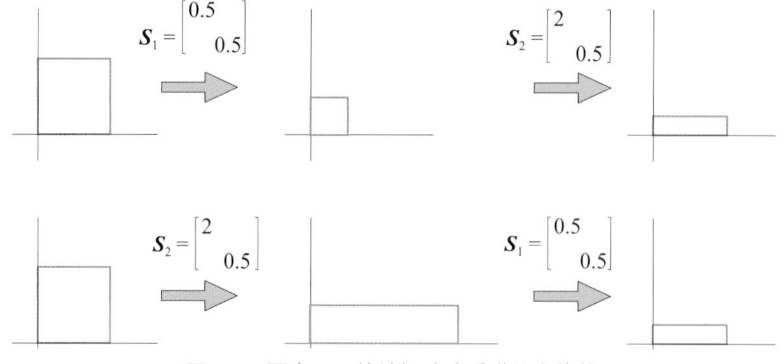

图8.22　两个2×2缩放矩阵连乘满足交换律

此外，两个形状相同的旋转矩阵相乘也满足交换律。令$\boldsymbol{R}_1$和$\boldsymbol{R}_2$分别为

$$\boldsymbol{R}_1=\begin{bmatrix}\cos\theta_1 & -\sin\theta_1\\ \sin\theta_1 & \cos\theta_1\end{bmatrix},\quad \boldsymbol{R}_2=\begin{bmatrix}\cos\theta_2 & -\sin\theta_2\\ \sin\theta_2 & \cos\theta_2\end{bmatrix} \tag{8.33}$$

根据三角恒等式，$\boldsymbol{R}_1$和$\boldsymbol{R}_2$的乘积可以整理为

$$\begin{aligned}\boldsymbol{R}_1\boldsymbol{R}_2&=\begin{bmatrix}\cos\theta_1 & -\sin\theta_1\\ \sin\theta_1 & \cos\theta_1\end{bmatrix}\begin{bmatrix}\cos\theta_2 & -\sin\theta_2\\ \sin\theta_2 & \cos\theta_2\end{bmatrix}\\&=\begin{bmatrix}\cos\theta_1\cos\theta_2-\sin\theta_1\sin\theta_2 & -\cos\theta_1\sin\theta_2-\sin\theta_1\cos\theta_2\\ \sin\theta_1\cos\theta_2+\cos\theta_1\sin\theta_2 & -\sin\theta_1\sin\theta_2+\cos\theta_1\cos\theta_2\end{bmatrix}\\&=\begin{bmatrix}\cos(\theta_1+\theta_2) & -\sin(\theta_1+\theta_2)\\ \sin(\theta_1+\theta_2) & \cos(\theta_1+\theta_2)\end{bmatrix}\end{aligned} \tag{8.34}$$

同理，$\boldsymbol{R}_2$和$\boldsymbol{R}_1$的乘积也可以整理为

$$\boldsymbol{R}_2\boldsymbol{R}_1=\begin{bmatrix}\cos(\theta_1+\theta_2) & -\sin(\theta_1+\theta_2)\\ \sin(\theta_1+\theta_2) & \cos(\theta_1+\theta_2)\end{bmatrix} \tag{8.35}$$

图8.23给出的例子从几何角度说明了上述规律。此外，请大家注意图中原点位置不变。

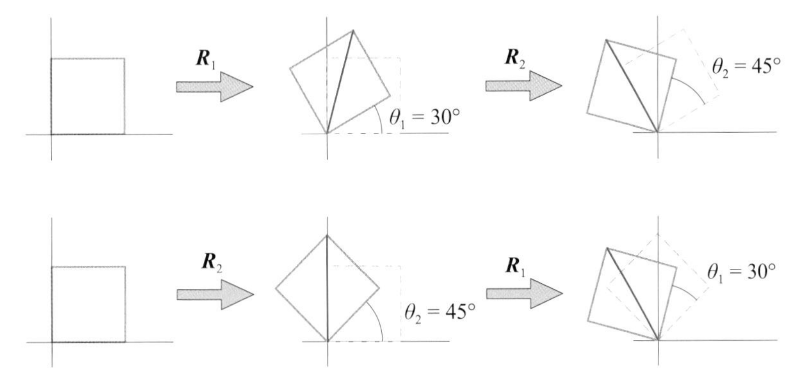

图8.23　两个2×2旋转矩阵连乘满足交换律

8.5 镜像：行列式值为负

本节介绍两种方式完成镜像计算的方法。

切向量

第一种镜像用切向量来完成。切向量$\boldsymbol{\tau}$具体为

$$\boldsymbol{\tau}=\begin{bmatrix}\tau_1\\ \tau_2\end{bmatrix} \tag{8.36}$$

关于通过原点、切向量为$\boldsymbol{\tau}$直线**镜像** (reflection) 的线性变换操作为

$$\begin{bmatrix} z_1 \\ z_2 \end{bmatrix} = \underbrace{\frac{1}{\|\boldsymbol{\tau}\|^2}\begin{bmatrix} \tau_1^2 - \tau_2^2 & 2\tau_1\tau_2 \\ 2\tau_1\tau_2 & \tau_2^2 - \tau_1^2 \end{bmatrix}}_{\boldsymbol{T}}\begin{bmatrix} x_1 \\ x_2 \end{bmatrix} \tag{8.37}$$

对$\boldsymbol{T}$求行列式值，有

$$\det\left(\frac{1}{\|\boldsymbol{\tau}\|^2}\begin{bmatrix} \tau_1^2 - \tau_2^2 & 2\tau_1\tau_2 \\ 2\tau_1\tau_2 & \tau_2^2 - \tau_1^2 \end{bmatrix}\right) = \frac{-\left(\tau_1^2 - \tau_2^2\right)^2 - 4\tau_1^2\tau_2^2}{\|\boldsymbol{\tau}\|^4} = \frac{-\left(\tau_1^2 + \tau_2^2\right)^2}{\left(\tau_1^2 + \tau_2^2\right)^2} = -1 \tag{8.38}$$

$\boldsymbol{T}$的行列式值为负数，这说明线性变换前后图形发生了翻转。图8.24所示给出两个镜像的例子。

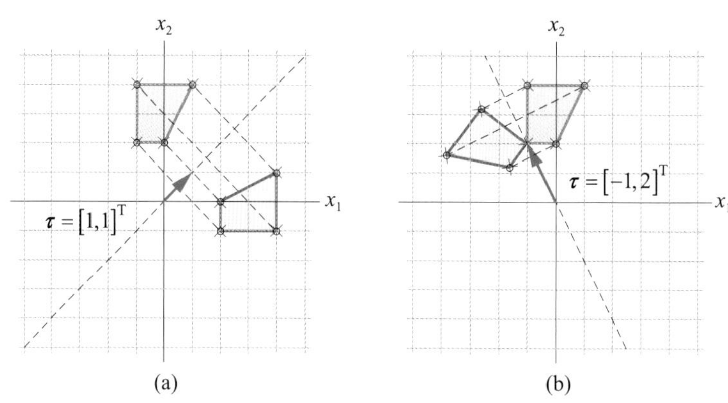

图8.24　两个镜像变换的例子

角度

第二种镜像通过角度定义。关于通过原点、方向与水平轴夹角为θ的直线镜像，类比式 (8.36)，直线的切向量相当于 $[\cos\theta, \sin\theta]^{\mathrm{T}}$，完成镜像的运算为

实质上，式 (8.38) 和式 (8.39) 完全等价。下一章将利用正交投影这个工具进行推导。

$$\begin{bmatrix} z_1 \\ z_2 \end{bmatrix} = \underbrace{\begin{bmatrix} \cos 2\theta & \sin 2\theta \\ \sin 2\theta & -\cos 2\theta \end{bmatrix}}_{\boldsymbol{T}}\begin{bmatrix} x_1 \\ x_2 \end{bmatrix} \tag{8.39}$$

关于横纵轴镜像

关于横轴镜像对称的矩阵运算为

$$\begin{bmatrix} z_1 \\ z_2 \end{bmatrix} = \begin{bmatrix} 1 & 0 \\ 0 & -1 \end{bmatrix}\begin{bmatrix} x_1 \\ x_2 \end{bmatrix} \tag{8.40}$$

关于纵轴镜像对称的矩阵运算为

$$\begin{bmatrix} z_1 \\ z_2 \end{bmatrix} = \begin{bmatrix} -1 & 0 \\ 0 & 1 \end{bmatrix}\begin{bmatrix} x_1 \\ x_2 \end{bmatrix} \tag{8.41}$$

请大家自行计算以上两个转化矩阵$\boldsymbol{T}$的行列式值。

8.6 投影：降维操作

本节从几何角度简单介绍投影。不做特殊说明的话，本书中提到的投影都是**正交投影** (orthogonal projection)。

切向量

给定某点的坐标为 (x_1, x_2)，向通过原点、切向量为$\boldsymbol{\tau}$ $[\tau_1, \tau_2]^{\mathrm{T}}$ 的直线方向**投影** (projection)，投影点坐标 (z_1, z_2) 为

$$\begin{bmatrix} z_1 \\ z_2 \end{bmatrix} = \underbrace{\frac{1}{\|\boldsymbol{\tau}\|^2}\begin{bmatrix} \tau_1^2 & \tau_1\tau_2 \\ \tau_1\tau_2 & \tau_2^2 \end{bmatrix}}_{\boldsymbol{P}}\begin{bmatrix} x_1 \\ x_2 \end{bmatrix} \tag{8.42}$$

正交投影的特点是，(x_1, x_2) 和 (z_1, z_2) 两点的连线垂直于$\boldsymbol{\tau}$。如图8.25所示，投影是一个降维的过程，使平面网格“坍塌”成一条直线。

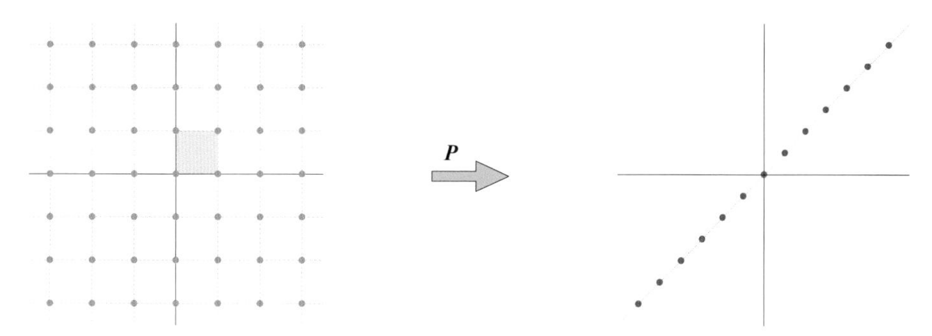

图8.25　投影网格

式 (8.42) 中矩阵$\boldsymbol{P}$的行列式值为0，有

$$\det\left(\frac{1}{\|\boldsymbol{\tau}\|^2}\begin{bmatrix} \tau_1^2 & \tau_1\tau_2 \\ \tau_1\tau_2 & \tau_2^2 \end{bmatrix}\right) = 0 \tag{8.43}$$

横、纵轴

向横轴投影，相当于将图形压扁到横轴，有

$$\begin{bmatrix} z_1 \\ z_2 \end{bmatrix} = \underbrace{\begin{bmatrix} 1 & 0 \\ 0 & 0 \end{bmatrix}}_{\boldsymbol{P}}\begin{bmatrix} x_1 \\ x_2 \end{bmatrix} \tag{8.44}$$

向纵轴投影对应的矩阵运算为

$$\begin{bmatrix} z_1 \\ z_2 \end{bmatrix} = \underbrace{\begin{bmatrix} 0 & 0 \\ 0 & 1 \end{bmatrix}}_{\boldsymbol{P}}\begin{bmatrix} x_1 \\ x_2 \end{bmatrix} \tag{8.45}$$

显然式 (8.44) 和式 (8.45) 中两个不同矩阵$\boldsymbol{P}$的行列式值都为0。

秩

简单整理$\boldsymbol{P}$得到

$$\boldsymbol{P}=\frac{1}{\|\boldsymbol{\tau}\|^2}\begin{bmatrix}\tau_1\begin{bmatrix}\tau_1\\\tau_2\end{bmatrix} & \tau_2\begin{bmatrix}\tau_1\\\tau_2\end{bmatrix}\end{bmatrix} \tag{8.46}$$

我们发现，$\boldsymbol{P}$的列向量之间存在倍数关系，即$\boldsymbol{P}$的列向量线性相关。也就是说，$\boldsymbol{P}$的秩为1，即 $\text{rank}(\boldsymbol{P})=1$。也请大家自行计算式 (8.44) 和式 (8.45) 中矩阵$\boldsymbol{P}$的秩。

张量积

再进一步，我们发现式 (8.46) 可以写成

$$\boldsymbol{P}=\frac{1}{\|\boldsymbol{\tau}\|^2}\begin{bmatrix}\tau_1\begin{bmatrix}\tau_1\\\tau_2\end{bmatrix} & \tau_2\begin{bmatrix}\tau_1\\\tau_2\end{bmatrix}\end{bmatrix}=\frac{1}{\|\boldsymbol{\tau}\|^2}\begin{bmatrix}\tau_1\\\tau_2\end{bmatrix}@\begin{bmatrix}\tau_1 & \tau_2\end{bmatrix}=\left(\frac{1}{\|\boldsymbol{\tau}\|}\begin{bmatrix}\tau_1\\\tau_2\end{bmatrix}\right)@\left(\frac{1}{\|\boldsymbol{\tau}\|}\begin{bmatrix}\tau_1\\\tau_2\end{bmatrix}\right)^{\mathrm{T}} \tag{8.47}$$

容易发现，上式中存在本书第2章讲过的向量**单位化** (vector normalization)。$\boldsymbol{\tau}$单位化得到**单位向量** (unit vector) $\hat{\boldsymbol{\tau}}$，有

$$\hat{\boldsymbol{\tau}}=\frac{1}{\|\boldsymbol{\tau}\|}\begin{bmatrix}\tau_1\\\tau_2\end{bmatrix} \tag{8.48}$$

式 (8.47) 可以进一步写成张量积的形式，具体为

$$\boldsymbol{P}=\hat{\boldsymbol{\tau}}\hat{\boldsymbol{\tau}}^{\mathrm{T}}=\hat{\boldsymbol{\tau}}\otimes\hat{\boldsymbol{\tau}} \tag{8.49}$$

大家可能已经疑惑了，正交投影怎么与张量积联系起来了？卖个关子，我们把这个问题留给下面两章回答。

8.7 再谈行列式值：几何视角

有了本章之前的内容，本节总结行列式值的几何意义。

对于一个2 × 2矩阵$\boldsymbol{A}$，$\boldsymbol{Ax}=\boldsymbol{b}$代表某种几何变换，而$\boldsymbol{A}$的行列式值决定了变换前后的面积缩放比例。

2 × 2矩阵$\boldsymbol{A}$写成 $[\boldsymbol{a}_1, \boldsymbol{a}_2]$。在$\boldsymbol{A}$的作用下，单位向量$\boldsymbol{e}_1$和$\boldsymbol{e}_2$变成$\boldsymbol{a}_1$和$\boldsymbol{a}_2$，有

$$\underbrace{\begin{bmatrix}\boldsymbol{a}_1 & \boldsymbol{a}_2\end{bmatrix}}_{\boldsymbol{A}}\underbrace{\begin{bmatrix}1\\0\end{bmatrix}}_{\boldsymbol{e}_1}=\boldsymbol{a}_1,\quad \underbrace{\begin{bmatrix}\boldsymbol{a}_1 & \boldsymbol{a}_2\end{bmatrix}}_{\boldsymbol{A}}\underbrace{\begin{bmatrix}0\\1\end{bmatrix}}_{\boldsymbol{e}_2}=\boldsymbol{a}_2 \tag{8.50}$$

本节前文提过以$\boldsymbol{e}_1$和$\boldsymbol{e}_2$为边构成的平行四边形为正方形，对应的面积为1。以$\boldsymbol{a}_1$和$\boldsymbol{a}_2$为边构成的一个平行四边形对应的面积就是矩阵$\boldsymbol{A}$的行列式值。

行列值为正

举个例子，给定矩阵$\boldsymbol{A}$为

$$\boldsymbol{A}=\begin{bmatrix} 3 & 1 \\ 1 & 4 \end{bmatrix} \tag{8.51}$$

把$\boldsymbol{A}$写成 $[\boldsymbol{a}_1, \boldsymbol{a}_2]$，其中

$$\boldsymbol{a}_1=\begin{bmatrix} 3 \\ 1 \end{bmatrix},\quad \boldsymbol{a}_2=\begin{bmatrix} 1 \\ 4 \end{bmatrix} \tag{8.52}$$

$\boldsymbol{e}_1$和$\boldsymbol{e}_2$向量经过矩阵$\boldsymbol{A}$线性变换分别得到$\boldsymbol{a}_1$和$\boldsymbol{a}_2$，有

$$\begin{bmatrix} 3 & 1 \\ 1 & 4 \end{bmatrix}\underbrace{\begin{bmatrix} 1 \\ 0 \end{bmatrix}}_{\boldsymbol{e}_1}=\underbrace{\begin{bmatrix} 3 \\ 1 \end{bmatrix}}_{\boldsymbol{a}_1},\quad \begin{bmatrix} 3 & 1 \\ 1 & 4 \end{bmatrix}\underbrace{\begin{bmatrix} 0 \\ 1 \end{bmatrix}}_{\boldsymbol{e}_2}=\underbrace{\begin{bmatrix} 1 \\ 4 \end{bmatrix}}_{\boldsymbol{a}_2} \tag{8.53}$$

如图8.26所示，$\boldsymbol{e}_1$和$\boldsymbol{e}_2$向量构成的正方形面积为1。而$\boldsymbol{a}_1$和$\boldsymbol{a}_2$向量构成的平行四边形面积为11，即对应 $|\boldsymbol{A}| = 11$，平面几何形状放大11倍。

反之，如果$0 < |\boldsymbol{A}| < 1$，则变换之后平面几何形状面积缩小。当然，行列式值可以为0，也可以为负数。

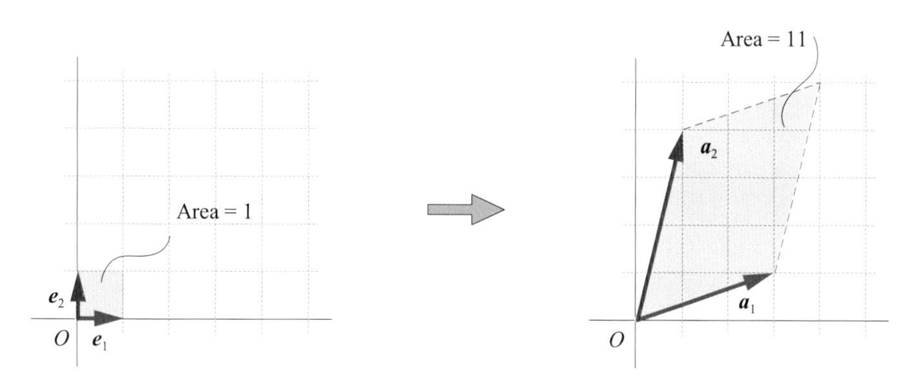

图8.26　行列式值为正

行列式值为0

如果矩阵$\boldsymbol{A}$的行列式值为0，从几何上来讲，$\boldsymbol{A}$中肯定含有“降维”变换成分。我们看下面这个例子，$\boldsymbol{e}_1$和$\boldsymbol{e}_2$向量经过矩阵线性变换得到$\boldsymbol{a}_1$和$\boldsymbol{a}_2$，有

$$\begin{bmatrix} 2 & 4 \\ 2 & 4 \end{bmatrix}\underbrace{\begin{bmatrix} 1 \\ 0 \end{bmatrix}}_{\boldsymbol{e}_1}=\underbrace{\begin{bmatrix} 2 \\ 2 \end{bmatrix}}_{\boldsymbol{a}_1},\quad \begin{bmatrix} 2 & 4 \\ 2 & 4 \end{bmatrix}\underbrace{\begin{bmatrix} 0 \\ 1 \end{bmatrix}}_{\boldsymbol{e}_2}=\underbrace{\begin{bmatrix} 4 \\ 4 \end{bmatrix}}_{\boldsymbol{a}_2} \tag{8.54}$$

如图8.27所示，$\boldsymbol{a}_1$和$\boldsymbol{a}_2$向量共线，夹角为0°。$\boldsymbol{a}_1$和$\boldsymbol{a}_2$构成图形的面积为0，对应 $|\boldsymbol{A}| = 0$。

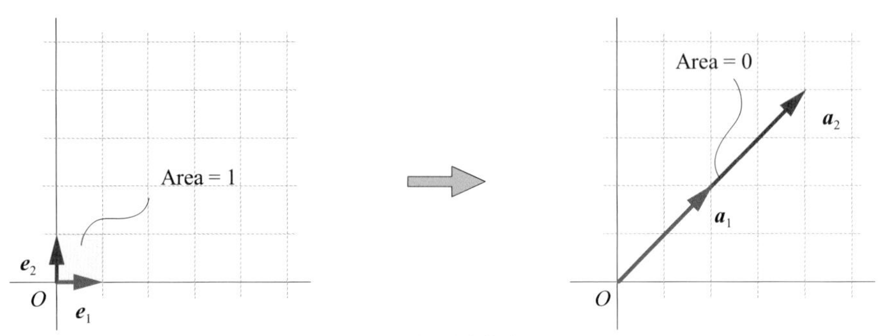

图8.27　行列式值为零

行列式值为负

如果矩阵$\boldsymbol{A}$的行列式值为负，从几何上来看，图形翻转。如图8.28所示，几何变换前后，逆时针来看，蓝色箭头和红色箭头的“先后次序”发生了调转。

图8.28中图形几何变换后面积放大了10倍 (行列式值的绝对值为10)。请大家根据图8.28中$\boldsymbol{a}_1$和$\boldsymbol{a}_2$两个向量确定$\boldsymbol{A}$的具体值。

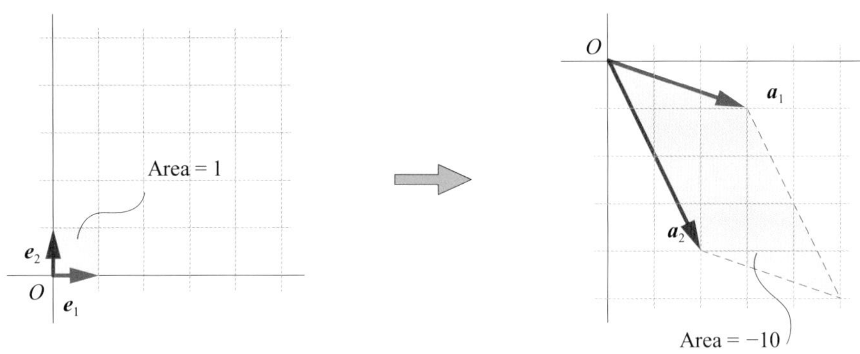

图8.28　行列式值为负

本章主要几何变换详见表8.2。表8.2中还给出了具体示例、行列式值、秩，并比较几何变换前后的图形变化。

表8.2　本章主要几何变换示例

几何变换	示例、行列式值、秩	图形变化
等比例缩放	$\boldsymbol{A}=\begin{bmatrix}2&0\\0&2\end{bmatrix}$ $\boldsymbol{a}_1=\boldsymbol{A}\boldsymbol{e}_1=\begin{bmatrix}2\\0\end{bmatrix}$ $\boldsymbol{a}_2=\boldsymbol{A}\boldsymbol{e}_2=\begin{bmatrix}0\\2\end{bmatrix}$ $\lvert\boldsymbol{A}\rvert=4,\quad \text{rank}(\boldsymbol{A})=2$	
非等比例缩放	$\boldsymbol{A}=\begin{bmatrix}3&0\\0&2\end{bmatrix}$ $\boldsymbol{a}_1=\boldsymbol{A}\boldsymbol{e}_1=\begin{bmatrix}3\\0\end{bmatrix}$ $\boldsymbol{a}_2=\boldsymbol{A}\boldsymbol{e}_2=\begin{bmatrix}0\\2\end{bmatrix}$ $\lvert\boldsymbol{A}\rvert=6,\quad \text{rank}(\boldsymbol{A})=2$	

续表

几何变换	示例、行列式值、秩	图形变化
挤压s倍 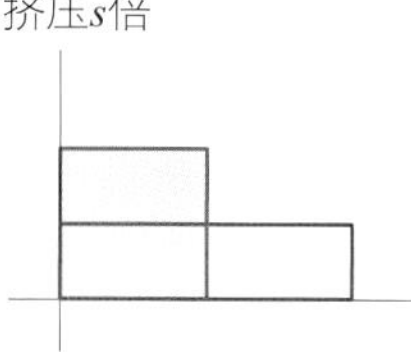	$A=\begin{bmatrix}2 & 0\\ 0 & 0.5\end{bmatrix}$ $a_1=Ae_1=\begin{bmatrix}2\\ 0\end{bmatrix}$ $a_2=Ae_2=\begin{bmatrix}0\\ 0.5\end{bmatrix}$ $\lvert A\rvert=1,\quad \operatorname{rank}(A)=2$	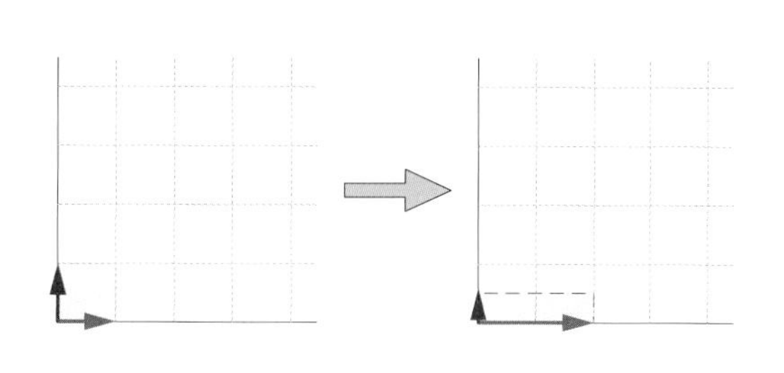
逆时针旋转θ 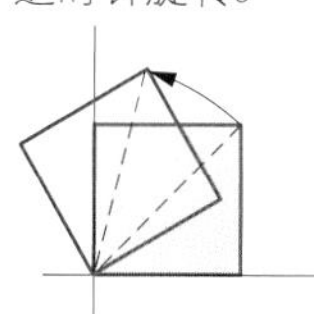	$A=\begin{bmatrix}1/2 & -\sqrt{3}/2\\ \sqrt{3}/2 & 1/2\end{bmatrix}$ $a_1=Ae_1=\begin{bmatrix}1/2\\ \sqrt{3}/2\end{bmatrix}$ $a_2=Ae_2=\begin{bmatrix}-\sqrt{3}/2\\ 1/2\end{bmatrix}$ $\lvert A\rvert=1,\quad \operatorname{rank}(A)=2$ 逆时针旋转60°	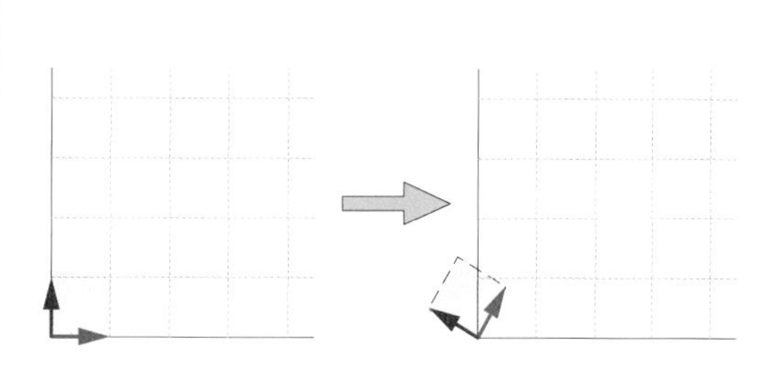
关于通过原点、方向与水平轴夹角为θ的直线镜像 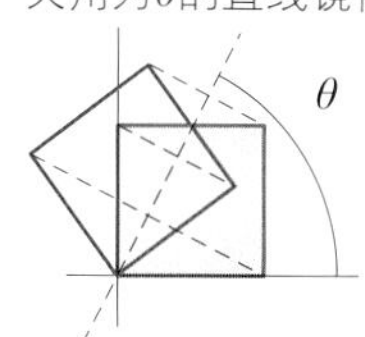	$A=\begin{bmatrix}0 & 1\\ 1 & 0\end{bmatrix}$ $a_1=Ae_1=\begin{bmatrix}0\\ 1\end{bmatrix}$ $a_2=Ae_2=\begin{bmatrix}1\\ 0\end{bmatrix}$ $\lvert A\rvert=-1,\quad \operatorname{rank}(A)=2$ 夹角为45°	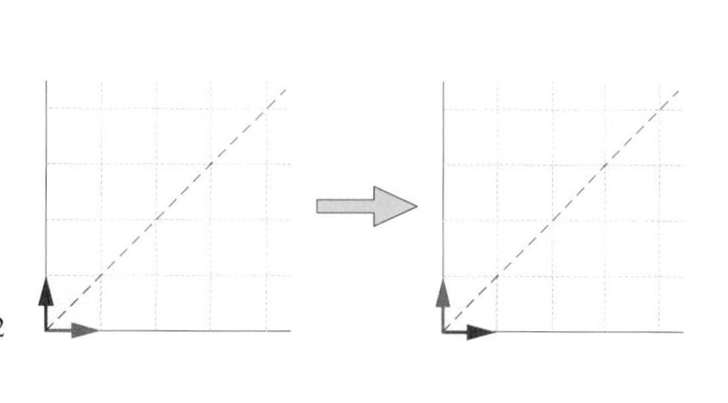
关于横轴镜像对称 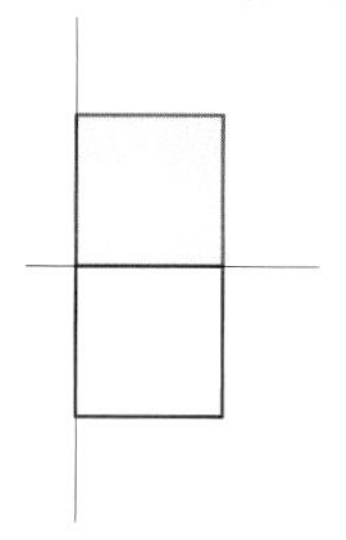	$A=\begin{bmatrix}1 & 0\\ 0 & -1\end{bmatrix}$ $a_1=Ae_1=\begin{bmatrix}1\\ 0\end{bmatrix}$ $a_2=Ae_2=\begin{bmatrix}0\\ -1\end{bmatrix}$ $\lvert A\rvert=-1,\quad \operatorname{rank}(A)=2$	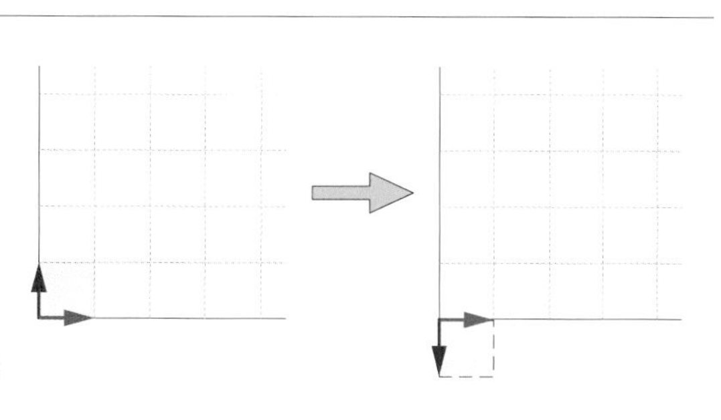
关于纵轴镜像对称 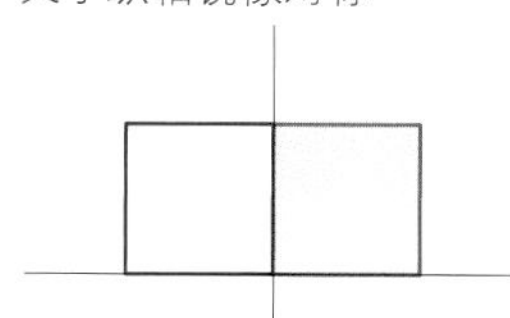	$A=\begin{bmatrix}-1 & 0\\ 0 & 1\end{bmatrix}$ $a_1=Ae_1=\begin{bmatrix}-1\\ 0\end{bmatrix}$ $a_2=Ae_2=\begin{bmatrix}0\\ 1\end{bmatrix}$ $\lvert A\rvert=-1,\quad \operatorname{rank}(A)=2$	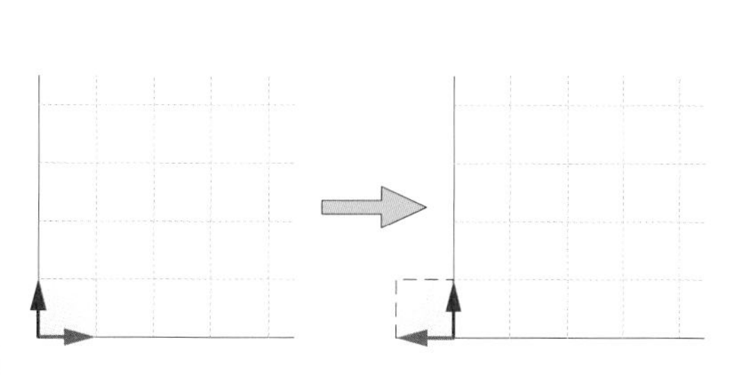

几何变换	示例、行列式值、秩	图形变化
关于原点对称 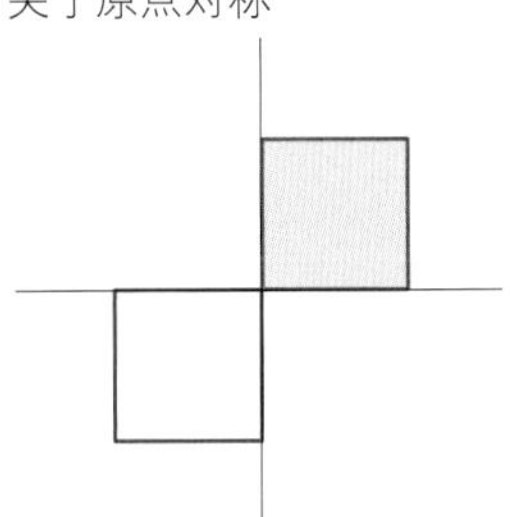	$A=\begin{bmatrix}-1 & 0\\ 0 & -1\end{bmatrix}$ $A=\begin{bmatrix}1 & 0\\ 0 & -1\end{bmatrix}\begin{bmatrix}-1 & 0\\ 0 & 1\end{bmatrix}$ $a_1=Ae_1=\begin{bmatrix}-1\\ 0\end{bmatrix}$ $a_2=Ae_2=\begin{bmatrix}0\\ -1\end{bmatrix}$ $\lvert A\rvert=1,\quad \operatorname{rank}(A)=2$	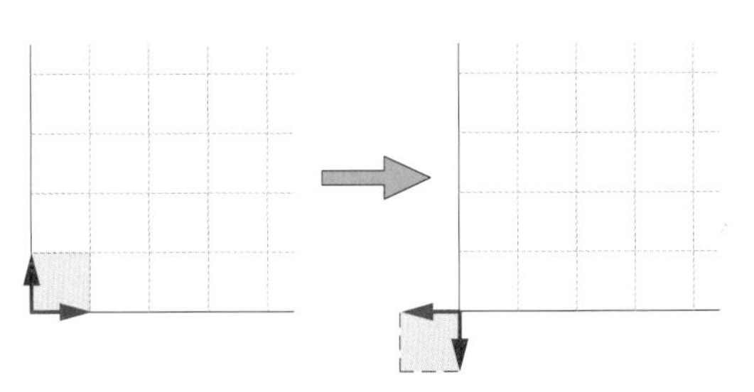
向通过原点、切向量为$\boldsymbol{\tau}\,[\tau_1, \tau_2]^{\mathrm{T}}$直线投影 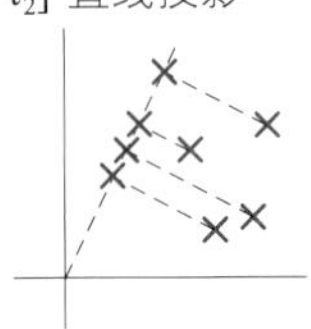	$A=\frac{1}{\sqrt{2}}\begin{bmatrix}1 & 1\\ 1 & 1\end{bmatrix}$ $a_1=Ae_1=\frac{1}{\sqrt{2}}\begin{bmatrix}1\\ 1\end{bmatrix}$ $a_2=Ae_2=\frac{1}{\sqrt{2}}\begin{bmatrix}1\\ 1\end{bmatrix}$ $\lvert A\rvert=0,\quad \operatorname{rank}(A)=1$	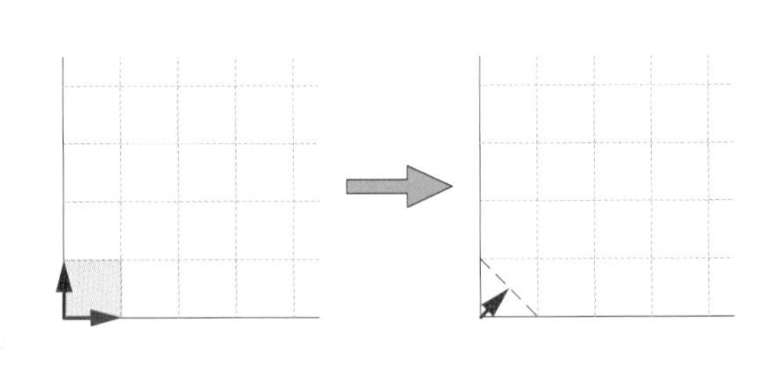
向横轴投影 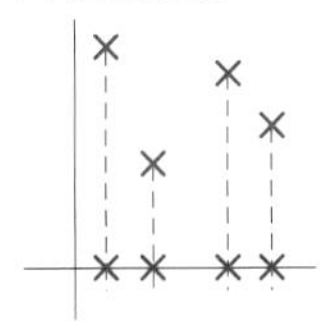	$A=\begin{bmatrix}1 & 0\\ 0 & 0\end{bmatrix}$ $a_1=Ae_1=\begin{bmatrix}1\\ 0\end{bmatrix}$ $a_2=Ae_2=\begin{bmatrix}0\\ 0\end{bmatrix}$ $\lvert A\rvert=0,\quad \operatorname{rank}(A)=1$	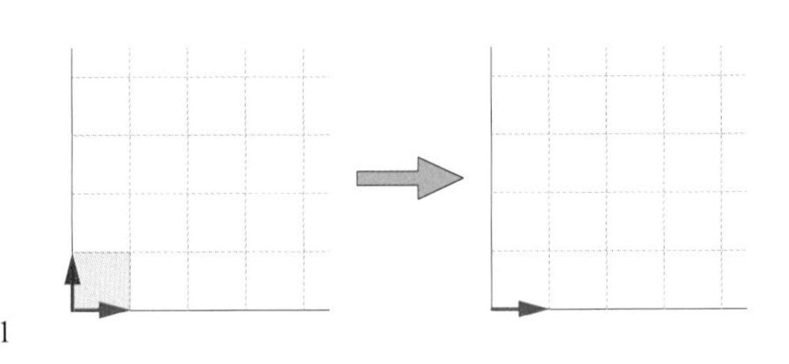
向纵轴投影 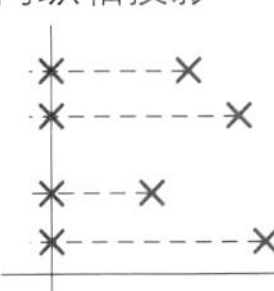	$A=\begin{bmatrix}0 & 0\\ 0 & 1\end{bmatrix}$ $a_1=Ae_1=\begin{bmatrix}0\\ 0\end{bmatrix}$ $a_2=Ae_2=\begin{bmatrix}0\\ 1\end{bmatrix}$ $\lvert A\rvert=0,\quad \operatorname{rank}(A)=1$	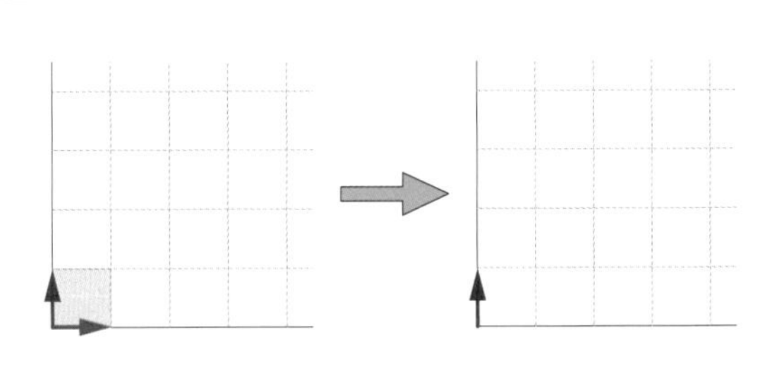
沿水平方向剪切 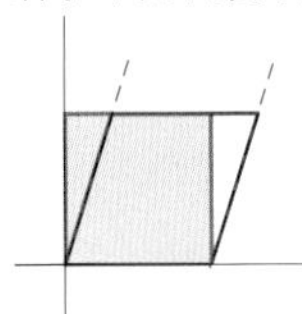	$A=\begin{bmatrix}1 & 1\\ 0 & 1\end{bmatrix}$ $a_1=Ae_1=\begin{bmatrix}1\\ 0\end{bmatrix}$ $a_2=Ae_2=\begin{bmatrix}1\\ 1\end{bmatrix}$ $\lvert A\rvert=1,\quad \operatorname{rank}(A)=2$	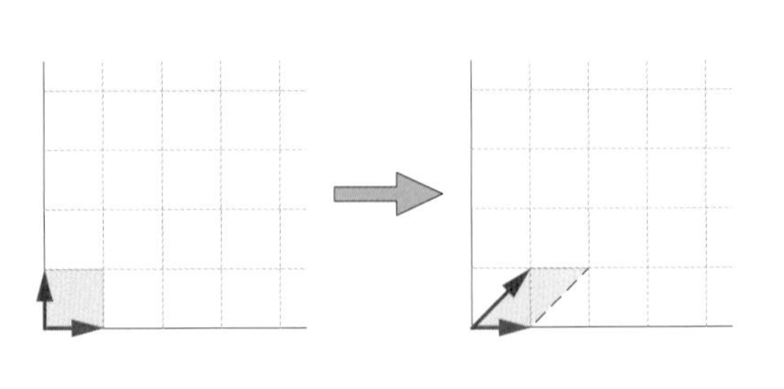

续表

几何变换	示例、行列式值、秩	图形变化
沿竖直方向剪切	$A=\begin{bmatrix}1 & 0\\1 & 1\end{bmatrix}$ $a_1=Ae_1=\begin{bmatrix}1\\1\end{bmatrix}$ $a_2=Ae_2=\begin{bmatrix}0\\1\end{bmatrix}$ $\lvert A\rvert=1,\quad \text{rank}(A)=2$	

在上一章第一个Streamlit应用中，我们看到如何产生不同“平行且等距网格”。在此基础上，本章Streamlit应用增加了矩阵A对单位圆的线性变换。请大家参考Streamlit_Bk4_Ch8_03.py。

本章讲了很多种几何变换，请大家格外关注平移、缩放、旋转和投影。我们将会在接下来的内容中反复使用这四种几何变换。

此外，本章在讲解几何变换的同时，还从几何角度和大家回顾并探讨了矩阵可逆性、矩阵乘法不满足交换律、秩、行列式值等线性代数概念。请大家特别注意行列式值的几何视角，我们将在特征值分解中再进一步探讨。

用几何视角理解线性代数概念，是学习线性代数的唯一“捷径”。此外，数据视角会让大家看到线性代数的实用性，并直接与编程联结起来。特别建议大家学习本章内容时，翻看《可视之美》一册中介绍的三维空间几何变换。

希望大家记住：

有矩阵的地方，更有向量！

有向量的地方，就有几何！

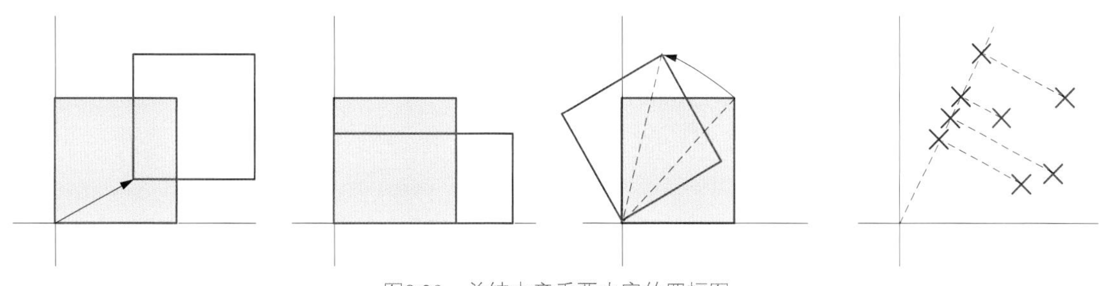

图8.29　总结本章重要内容的四幅图

09 Orthogonal Projection 正交投影

应用几乎无处不在

数学好比给了人类第六感。

Mathematics seems to endow one with something like a new sense.

—— 查尔斯·达尔文 (Charles Darwin) | 进化论之父 | 1809—1882

- `numpy.random.randn()` 生成满足正态分布的随机数
- `numpy.linalg.qr()` QR分解
- `seaborn.heatmap()` 绘制热图

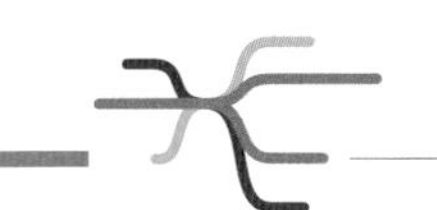

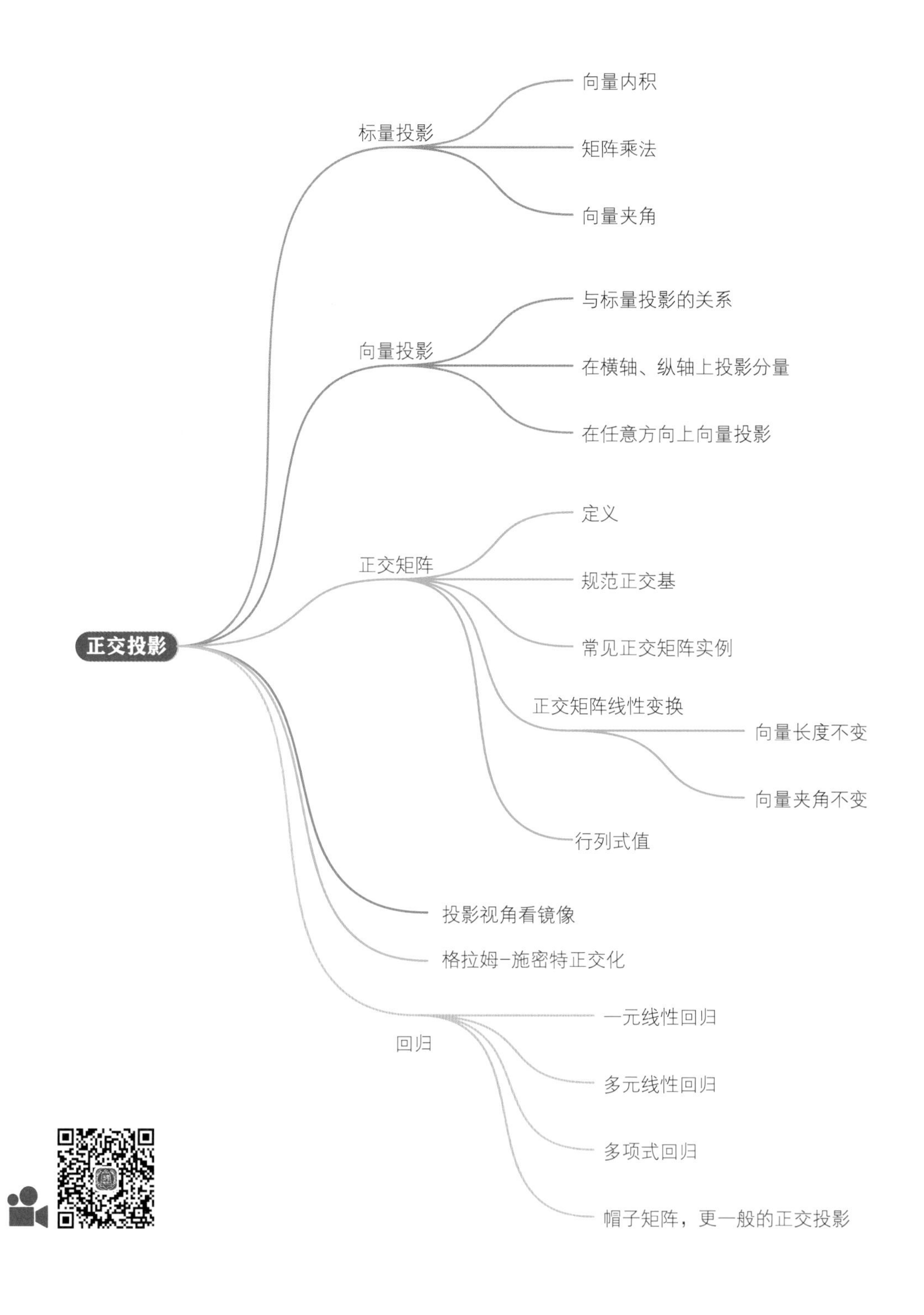
正交投影
标量投影
向量内积
矩阵乘法
向量夹角
向量投影
与标量投影的关系
在横轴、纵轴上投影分量
在任意方向上向量投影
正交矩阵
定义
规范正交基
常见正交矩阵实例
正交矩阵线性变换
向量长度不变
向量夹角不变
行列式值
投影视角看镜像
格拉姆-施密特正交化
回归
一元线性回归
多元线性回归
多项式回归
帽子矩阵，更一般的正交投影

9.1 标量投影：结果为标量

正交

打个比方，**正交投影** (orthogonal projection) 类似于正午头顶阳光将物体投影到地面上，如图9.1所示。此时，假设光线之间相互平行并与地面垂直。

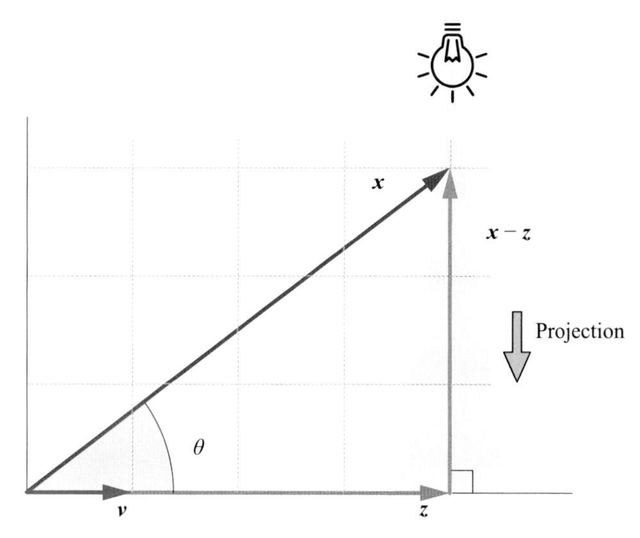

图9.1　正交投影的意义

把列向量$\boldsymbol{x}$看成是一根木杆，而列向量$\boldsymbol{v}$方向代表地面水平方向。$\boldsymbol{x}$在$\boldsymbol{v}$方向上的投影结果为$\boldsymbol{z}$。向量$\boldsymbol{z}$的长度 (向量模) 就是$\boldsymbol{x}$在$\boldsymbol{v}$方向上的**标量投影** (scalar projection)。

令标量s为向量$\boldsymbol{z}$的模。由于$\boldsymbol{z}$和非零向量$\boldsymbol{v}$共线，因此$\boldsymbol{z}$与$\boldsymbol{v}$的单位向量共线，它们之间的关系为

$$\boldsymbol{z} = s\frac{\boldsymbol{v}}{\|\boldsymbol{v}\|} \tag{9.1}$$

很明显，如图9.1所示，$\boldsymbol{x}-\boldsymbol{z}$垂直于$\boldsymbol{v}$，因此两者向量内积为0，即

$$(\boldsymbol{x}-\boldsymbol{z})\cdot\boldsymbol{v} = 0 \tag{9.2}$$

用矩阵乘法，式 (9.2) 可以写成

$$(\boldsymbol{x}-\boldsymbol{z})^{\mathrm{T}}\boldsymbol{v} = 0 \tag{9.3}$$

将式 (9.1) 代入式 (9.3) 得到

$$\left(\boldsymbol{x}-s\frac{\boldsymbol{v}}{\|\boldsymbol{v}\|}\right)^{\mathrm{T}}\boldsymbol{v} = 0 \tag{9.4}$$

式 (9.4) 经过整理，得到s的解析式，也就是$\boldsymbol{x}$在$\boldsymbol{v}$方向上的标量投影为

$$s = \frac{\boldsymbol{x}^{\mathrm{T}}\boldsymbol{v}}{\|\boldsymbol{v}\|} \tag{9.5}$$

式 (9.5) 可以写成如下几种形式，即

$$s = \frac{\boldsymbol{x}^{\mathrm{T}}\boldsymbol{v}}{\|\boldsymbol{v}\|} = \frac{\boldsymbol{v}^{\mathrm{T}}\boldsymbol{x}}{\|\boldsymbol{v}\|} = \frac{\boldsymbol{x}\cdot\boldsymbol{v}}{\|\boldsymbol{v}\|} = \frac{\boldsymbol{v}\cdot\boldsymbol{x}}{\|\boldsymbol{v}\|} = \frac{\langle \boldsymbol{x},\boldsymbol{v}\rangle}{\|\boldsymbol{v}\|} \tag{9.6}$$

注意：$\boldsymbol{x}$和$\boldsymbol{v}$为等行数列向量。

特别地，如果$\boldsymbol{v}$本身就是单位向量，则(9.6)可以写作

$$s = \boldsymbol{x}^{\mathrm{T}}\boldsymbol{v} = \boldsymbol{v}^{\mathrm{T}}\boldsymbol{x} = \boldsymbol{x}\cdot\boldsymbol{v} = \boldsymbol{v}\cdot\boldsymbol{x} = \langle \boldsymbol{x},\boldsymbol{v}\rangle \tag{9.7}$$

鸢尾花书中，一般会用$\boldsymbol{e}$、$\boldsymbol{v}$、$\boldsymbol{u}$等表示单位向量。

向量夹角

下面介绍如何从向量夹角入手推导标量投影。

如图9.1所示，向量$\boldsymbol{x}$和$\boldsymbol{v}$的相对夹角为θ，这个夹角的余弦值$\cos\theta$可以通过下式求解，即

$$\cos\theta = \frac{\boldsymbol{x}^{\mathrm{T}}\boldsymbol{v}}{\|\boldsymbol{x}\|\|\boldsymbol{v}\|} = \frac{\boldsymbol{v}^{\mathrm{T}}\boldsymbol{x}}{\|\boldsymbol{x}\|\|\boldsymbol{v}\|} = \frac{\boldsymbol{x}\cdot\boldsymbol{v}}{\|\boldsymbol{x}\|\|\boldsymbol{v}\|} = \frac{\boldsymbol{v}\cdot\boldsymbol{x}}{\|\boldsymbol{x}\|\|\boldsymbol{v}\|} = \frac{\langle \boldsymbol{x},\boldsymbol{v}\rangle}{\|\boldsymbol{x}\|\|\boldsymbol{v}\|} \tag{9.8}$$

而$\boldsymbol{x}$在$\boldsymbol{v}$方向上的标量投影s便是向量$\boldsymbol{x}$的模乘以$\cos\theta$，即有

$$s = \|\boldsymbol{x}\|\cos\theta = \frac{\boldsymbol{x}^{\mathrm{T}}\boldsymbol{v}}{\|\boldsymbol{v}\|} = \frac{\boldsymbol{v}^{\mathrm{T}}\boldsymbol{x}}{\|\boldsymbol{v}\|} = \frac{\boldsymbol{x}\cdot\boldsymbol{v}}{\|\boldsymbol{v}\|} = \frac{\boldsymbol{v}\cdot\boldsymbol{x}}{\|\boldsymbol{v}\|} = \frac{\langle \boldsymbol{x},\boldsymbol{v}\rangle}{\|\boldsymbol{v}\|} \tag{9.9}$$

这样，我们便得到与式 (9.6) 一致的结果。

9.2 向量投影：结果为向量

相对于标量投影，我们更经常使用**向量投影** (vector projection)。

顾名思义，向量投影就是标量投影结果再乘上$\boldsymbol{v}$的方向，即s乘以$\boldsymbol{v}$的单位向量。因此，$\boldsymbol{x}$在$\boldsymbol{v}$方向上的向量投影实际上就是式 (9.1)，即

$$\operatorname{proj}_{\boldsymbol{v}}(\boldsymbol{x}) = s\frac{\boldsymbol{v}}{\|\boldsymbol{v}\|} = \frac{\boldsymbol{x}\cdot\boldsymbol{v}}{\boldsymbol{v}\cdot\boldsymbol{v}}\boldsymbol{v} = \frac{\boldsymbol{v}\cdot\boldsymbol{x}}{\boldsymbol{v}\cdot\boldsymbol{v}}\boldsymbol{v} = \frac{\boldsymbol{x}\cdot\boldsymbol{v}}{\|\boldsymbol{v}\|^2}\boldsymbol{v} = \frac{\boldsymbol{x}^{\mathrm{T}}\boldsymbol{v}}{\boldsymbol{v}^{\mathrm{T}}\boldsymbol{v}}\boldsymbol{v} = \frac{\boldsymbol{v}^{\mathrm{T}}\boldsymbol{x}}{\boldsymbol{v}^{\mathrm{T}}\boldsymbol{v}}\boldsymbol{v} \tag{9.10}$$

用尖括号<>表达标量积，$\boldsymbol{x}$在$\boldsymbol{v}$方向上的向量投影可以记作

$$\operatorname{proj}_{\boldsymbol{v}}(\boldsymbol{x}) = \frac{\langle \boldsymbol{x},\boldsymbol{v}\rangle}{\langle \boldsymbol{v},\boldsymbol{v}\rangle}\boldsymbol{v} \tag{9.11}$$

特别地，如果$\boldsymbol{v}$为单位向量，$\boldsymbol{x}$在$\boldsymbol{v}$方向上的向量投影则可以写成

$$\text{proj}_{\boldsymbol{v}}\left(\boldsymbol{x}\right)=\langle\boldsymbol{x},\boldsymbol{v}\rangle\boldsymbol{v}=\left(\boldsymbol{x}\cdot\boldsymbol{v}\right)\boldsymbol{v}=\left(\boldsymbol{v}\cdot\boldsymbol{x}\right)\boldsymbol{v}=\left(\boldsymbol{x}^{\mathrm{T}}\boldsymbol{v}\right)\boldsymbol{v}=\left(\boldsymbol{v}^{\mathrm{T}}\boldsymbol{x}\right)\boldsymbol{v} \tag{9.12}$$

举个例子

实际上，获得平面上某一个向量的横、纵轴坐标，或者计算横、纵轴的向量分量，也是一个投影过程。

下面看一个实例。给定列向量$\boldsymbol{x}$为

$$\boldsymbol{x}=\begin{bmatrix}4\\3\end{bmatrix} \tag{9.13}$$

如图9.2所示，列向量$\boldsymbol{x}$既可以代表平面直角坐标系上的一点，也可以代表一个起点为原点 (0, 0)、终点为 (4, 3) 的向量。

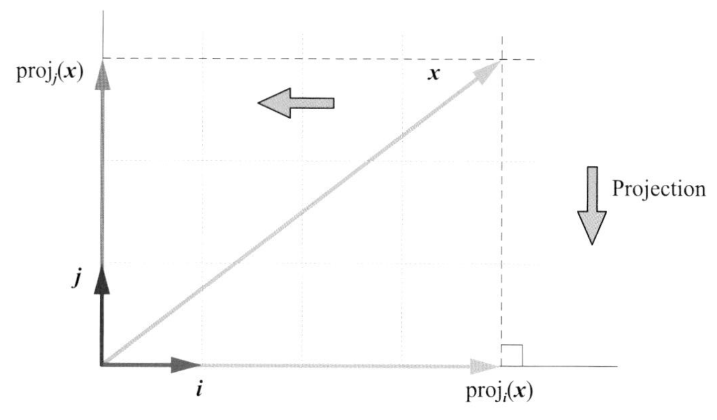

图9.2　$\boldsymbol{x}$向$\boldsymbol{i}$和$\boldsymbol{j}$投影

$\boldsymbol{x}$向单位向量 $\boldsymbol{i}=[1, 0]^{\mathrm{T}}$方向上投影得到的标量投影为$\boldsymbol{x}$横轴坐标，有

$$\boldsymbol{i}^{\mathrm{T}}\boldsymbol{x}=\boldsymbol{x}^{\mathrm{T}}\boldsymbol{i}=\begin{bmatrix}4\\3\end{bmatrix}^{\mathrm{T}}\begin{bmatrix}1\\0\end{bmatrix}=4 \tag{9.14}$$

$\boldsymbol{x}$向单位向量 $\boldsymbol{j}=[0, 1]^{\mathrm{T}}$方向上投影得到的标量投影就是$\boldsymbol{x}$纵轴坐标，有

$$\boldsymbol{j}^{\mathrm{T}}\boldsymbol{x}=\boldsymbol{x}^{\mathrm{T}}\boldsymbol{j}=\begin{bmatrix}4\\3\end{bmatrix}^{\mathrm{T}}\begin{bmatrix}0\\1\end{bmatrix}=3 \tag{9.15}$$

$\boldsymbol{x}$在单位向量 $\boldsymbol{i}=[1, 0]^{\mathrm{T}}$方向上的向量投影就是$\boldsymbol{x}$在横轴上的分量，有

$$\text{proj}_{\boldsymbol{i}}\left(\boldsymbol{x}\right)=\left(\boldsymbol{x}^{\mathrm{T}}\boldsymbol{i}\right)\boldsymbol{i}=\begin{bmatrix}4\\3\end{bmatrix}^{\mathrm{T}}\begin{bmatrix}1\\0\end{bmatrix}\boldsymbol{i}=4\boldsymbol{i} \tag{9.16}$$

$\boldsymbol{x}$在单位向量 $\boldsymbol{j}=[0, 1]^{\mathrm{T}}$方向上向量投影就是$\boldsymbol{x}$在纵轴上的分量，有

$$\text{proj}_{\boldsymbol{j}}\left(\boldsymbol{x}\right)=\left(\boldsymbol{x}^{\mathrm{T}}\boldsymbol{j}\right)\boldsymbol{j}=\begin{bmatrix}4\\3\end{bmatrix}^{\mathrm{T}}\begin{bmatrix}0\\1\end{bmatrix}\boldsymbol{j}=3\boldsymbol{j} \tag{9.17}$$

如果单位向量$\boldsymbol{v}$为

$$\boldsymbol{v} = \begin{bmatrix} 4/5 \\ 3/5 \end{bmatrix} \tag{9.18}$$

$\boldsymbol{x}$在$\boldsymbol{v}$方向上投影得到的标量投影为

$$\boldsymbol{x}^{\mathrm{T}} \boldsymbol{v} = \begin{bmatrix} 4 \\ 3 \end{bmatrix}^{\mathrm{T}} \begin{bmatrix} 4/5 \\ 3/5 \end{bmatrix} = 5 = \|\boldsymbol{x}\| \tag{9.19}$$

如图9.3所示，可以发现，实际上$\boldsymbol{x}$和$\boldsymbol{v}$共线，也就是夹角为0°。这显然是个特例。

从向量空间角度来看，向量$\boldsymbol{v}$张起的空间为span($\boldsymbol{v}$)，这个向量空间维度为1。由于$\boldsymbol{x} = 5\boldsymbol{v}$，因此$\boldsymbol{x}$在span($\boldsymbol{v}$) 坐标为5。

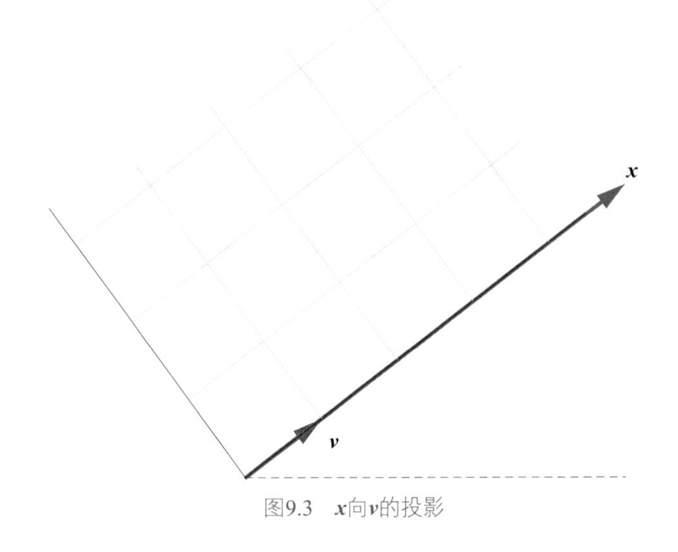

图9.3　$\boldsymbol{x}$向$\boldsymbol{v}$的投影

推导投影坐标

上一章在讲解线性变换时介绍过，点 (x_1, x_2) 在通过原点、切向量为$\boldsymbol{\tau}$ $[\tau_1, \tau_2]^{\mathrm{T}}$ 的直线方向上正交投影，得到点的坐标 (z_1, z_2) 为

$$\begin{bmatrix} z_1 \\ z_2 \end{bmatrix} = \frac{1}{\|\boldsymbol{\tau}\|^2} \begin{bmatrix} \tau_1^2 & \tau_1\tau_2 \\ \tau_1\tau_2 & \tau_2^2 \end{bmatrix} \begin{bmatrix} x_1 \\ x_2 \end{bmatrix} \tag{9.20}$$

注意：不做特殊说明的话，本书中“投影”都是正交投影。

下面利用本节知识简单推导。$\boldsymbol{x}$在$\boldsymbol{\tau}$方向上的向量投影为

$$\begin{aligned} \boldsymbol{z} &= \frac{\boldsymbol{x} \cdot \boldsymbol{\tau}}{\|\boldsymbol{\tau}\|^2} \boldsymbol{\tau} = \frac{x_1\tau_1 + x_2\tau_2}{\|\boldsymbol{\tau}\|^2} \begin{bmatrix} \tau_1 \\ \tau_2 \end{bmatrix} \\ &= \frac{1}{\|\boldsymbol{\tau}\|^2} \begin{bmatrix} (x_1\tau_1 + x_2\tau_2)\tau_1 \\ (x_1\tau_1 + x_2\tau_2)\tau_2 \end{bmatrix} = \frac{1}{\|\boldsymbol{\tau}\|^2} \begin{bmatrix} \tau_1^2 x_1 + \tau_1\tau_2 x_2 \\ \tau_1\tau_2 x_1 + \tau_2^2 x_2 \end{bmatrix} = \frac{1}{\|\boldsymbol{\tau}\|^2} \begin{bmatrix} \tau_1^2 & \tau_1\tau_2 \\ \tau_1\tau_2 & \tau_2^2 \end{bmatrix} \begin{bmatrix} x_1 \\ x_2 \end{bmatrix} \end{aligned} \tag{9.21}$$

图9.4所示为点A向一系列通过原点、方向不同的直线的投影坐标。

本书第7章强调过，向量空间一定都通过原点。大家可能会问，空间某点朝任意直线或超平面投影时，如果直线或超平面不通过原点，那么该如何计算投影点的坐标呢？这个问题将在本书第19章揭晓答案。

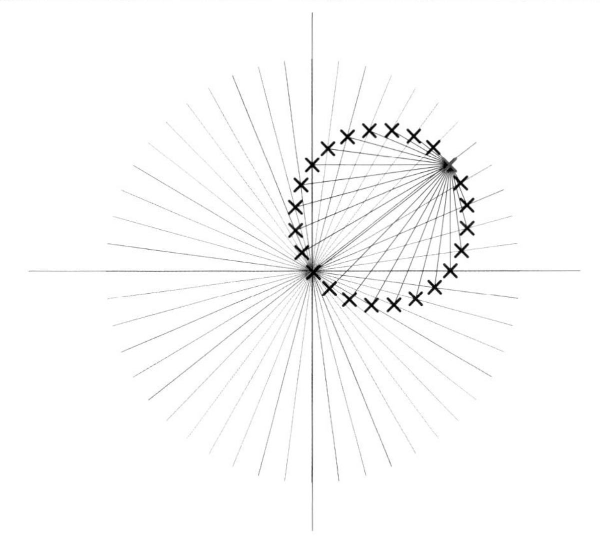

图9.4　点A向一系列通过原点的直线投影

Bk4_Ch9_01.py绘制图9.4。

向量张量积：无处不在

回过头再看式 (9.12)，假设$\boldsymbol{v}$为单位列向量，式 (9.12) 可以写成如下含有向量张量积的形式，即

$$\operatorname{proj}_{\boldsymbol{v}}(\boldsymbol{x})=\underbrace{\left(\boldsymbol{v}^{\mathrm{T}}\boldsymbol{x}\right)}_{\text{Scalar}}\boldsymbol{v}=\boldsymbol{v}\underbrace{\left(\boldsymbol{v}^{\mathrm{T}}\boldsymbol{x}\right)}_{\text{Scalar}}=\boldsymbol{v}\boldsymbol{v}^{\mathrm{T}}\boldsymbol{x}=(\boldsymbol{v}\otimes\boldsymbol{v})_{2\times 2}\,\boldsymbol{x} \tag{9.22}$$

我们称 $\boldsymbol{v}\otimes\boldsymbol{v}$ 为**投影矩阵** (projection matrix)。

利用向量张量积，式 (9.21) 可以写成

$$\boldsymbol{z}=\frac{1}{\|\boldsymbol{\tau}\|^{2}}(\boldsymbol{\tau}\otimes\boldsymbol{\tau})_{2\times 2}\,\boldsymbol{x}=\left(\frac{\boldsymbol{\tau}}{\|\boldsymbol{\tau}\|}\otimes\frac{\boldsymbol{\tau}}{\|\boldsymbol{\tau}\|}\right)_{2\times 2}\boldsymbol{x}=(\hat{\boldsymbol{\tau}}\otimes\hat{\boldsymbol{\tau}})_{2\times 2}\,\boldsymbol{x} \tag{9.23}$$

其中：$\hat{\boldsymbol{\tau}}$ 为 $\boldsymbol{\tau}$ 的单位向量。

一般情况，数据矩阵$\boldsymbol{X}$中样本点的坐标值以行向量表达，$\boldsymbol{X}$向单位向量$\boldsymbol{v}$方向投影得到的标量投影，即$\boldsymbol{X}$在span($\boldsymbol{v}$) 的坐标，即

$$\boldsymbol{Z}=\boldsymbol{X}\boldsymbol{v} \tag{9.24}$$

$\boldsymbol{X}$向单位向量$\boldsymbol{v}$方向投影得到的向量投影坐标则为

$$\boldsymbol{Z}=\boldsymbol{X}\boldsymbol{v}\boldsymbol{v}^{\mathrm{T}}=\boldsymbol{X}(\boldsymbol{v}\otimes\boldsymbol{v}) \tag{9.25}$$

请大家格外注意，我们下一章还要继续这个话题。此外，这也是下一章要讨论的核心运算。

9.3 正交矩阵：一个规范正交基

本章前文介绍的是朝一个向量方向投影，如向量$\boldsymbol{x}$向$\boldsymbol{v}$方向投影，这可以看做$\boldsymbol{x}$向$\boldsymbol{v}$张起的向量空间span($\boldsymbol{v}$) 投影。同理，向量$\boldsymbol{x}$也可以向一个有序基构造的平面/超平面投影。这个有序基可以是正交基，可以是非正交基。

数据科学和机器学习实践中，最常用的基底是规范正交基。正交矩阵的本身就是规范正交基。本节主要介绍正交矩阵的性质。

正交矩阵

满足下式的方阵$\boldsymbol{V}$为**正交矩阵** (orthogonal matrix)，即

$$\boldsymbol{V}^{\mathrm{T}}\boldsymbol{V} = \boldsymbol{I} \tag{9.26}$$

强调一下，$\boldsymbol{V}$为方阵是其为正交矩阵的前提；否则即便满足式 (9.26) 也不能称之为正交矩阵。比如，如下长方形矩阵$\boldsymbol{A}$也满足上式，但$\boldsymbol{A}$不是正交矩阵，即

$$\underbrace{\begin{bmatrix} \sqrt{2}/2 & \sqrt{2}/2 & 0 \\ -\sqrt{2}/2 & \sqrt{2}/2 & 0 \end{bmatrix}}_{\boldsymbol{A}^{\mathrm{T}}} \underbrace{\begin{bmatrix} \sqrt{2}/2 & -\sqrt{2}/2 \\ \sqrt{2}/2 & \sqrt{2}/2 \\ 0 & 0 \end{bmatrix}}_{\boldsymbol{A}} = \underbrace{\begin{bmatrix} 1 & \\ & 1 \end{bmatrix}}_{\boldsymbol{I}} \tag{9.27}$$

但是，$\boldsymbol{A}$的列向量为单位向量且两两正交，所以$\boldsymbol{A} = [\boldsymbol{a}_1, \boldsymbol{a}_2]$ 是规范正交基。

正交矩阵基本性质有

$$\begin{aligned} \boldsymbol{V}\boldsymbol{V}^{\mathrm{T}} &= \boldsymbol{V}^{\mathrm{T}}\boldsymbol{V} = \boldsymbol{I} \\ \boldsymbol{V}^{\mathrm{T}} &= \boldsymbol{V}^{-1} \end{aligned} \tag{9.28}$$

> 式 (9.28) 中的两式经常使用，必须烂熟于心。

举个实例，图9.5所示热图为一个4 × 4正交矩阵$\boldsymbol{V}$与自己转置矩阵$\boldsymbol{V}^{\mathrm{T}}$的乘积为单位阵$\boldsymbol{I}$。

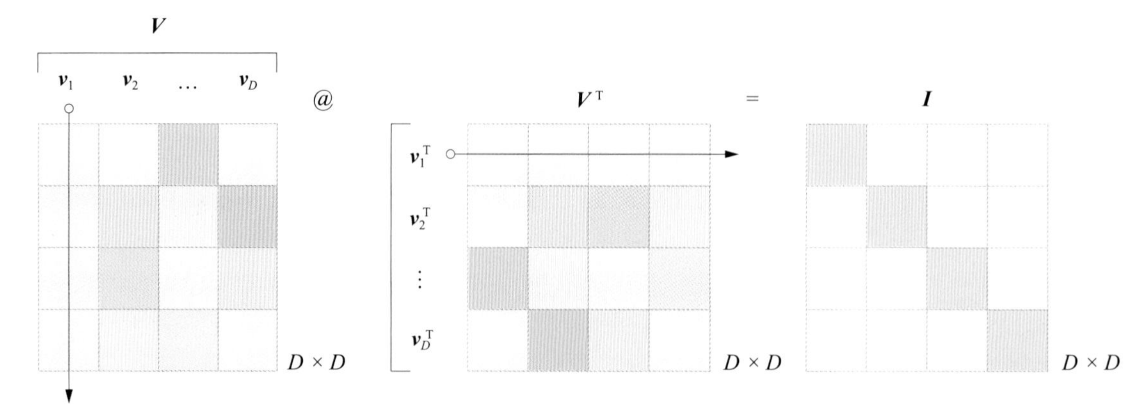

图9.5　正交阵$\boldsymbol{V}$与自己转置矩阵$\boldsymbol{V}^{\mathrm{T}}$的乘积为单位阵$\boldsymbol{I}$

前文的例子

其实我们已经接触过几种正交矩阵。本书前文提到的以下两个矩阵都是正交矩阵，即

$$
\boldsymbol{V}=\begin{bmatrix}\boldsymbol{v}_1 & \boldsymbol{v}_2\end{bmatrix}=\begin{bmatrix}\frac{\sqrt{3}}{2} & -\frac{1}{2}\\ \frac{1}{2} & \frac{\sqrt{3}}{2}\end{bmatrix},\quad \boldsymbol{W}=\begin{bmatrix}\boldsymbol{w}_1 & \boldsymbol{w}_2\end{bmatrix}=\begin{bmatrix}\frac{\sqrt{2}}{2} & -\frac{\sqrt{2}}{2}\\ \frac{\sqrt{2}}{2} & \frac{\sqrt{2}}{2}\end{bmatrix} \tag{9.29}
$$

式 (9.29) 中$\boldsymbol{V}$和$\boldsymbol{W}$都满足方阵与自身转置矩阵的乘积为单位阵，即

$$
\begin{aligned}
\boldsymbol{V}^{\mathrm{T}}\boldsymbol{V}&=\begin{bmatrix}\frac{\sqrt{3}}{2} & \frac{1}{2}\\ -\frac{1}{2} & \frac{\sqrt{3}}{2}\end{bmatrix}\begin{bmatrix}\frac{\sqrt{3}}{2} & -\frac{1}{2}\\ \frac{1}{2} & \frac{\sqrt{3}}{2}\end{bmatrix}=\begin{bmatrix}1 & 0\\ 0 & 1\end{bmatrix}\\
\boldsymbol{W}^{\mathrm{T}}\boldsymbol{W}&=\begin{bmatrix}\frac{\sqrt{2}}{2} & \frac{\sqrt{2}}{2}\\ -\frac{\sqrt{2}}{2} & \frac{\sqrt{2}}{2}\end{bmatrix}\begin{bmatrix}\frac{\sqrt{2}}{2} & -\frac{\sqrt{2}}{2}\\ \frac{\sqrt{2}}{2} & \frac{\sqrt{2}}{2}\end{bmatrix}=\begin{bmatrix}1 & 0\\ 0 & 1\end{bmatrix}
\end{aligned} \tag{9.30}
$$

本书上一章讲过的矩阵$\boldsymbol{R}$、$\boldsymbol{T}$和$\boldsymbol{P}$都是正交矩阵，即

$$
\boldsymbol{R}=\begin{bmatrix}\cos\theta & -\sin\theta\\ \sin\theta & \cos\theta\end{bmatrix},\quad \boldsymbol{T}=\begin{bmatrix}\cos 2\theta & \sin 2\theta\\ \sin 2\theta & -\cos 2\theta\end{bmatrix},\quad \boldsymbol{P}=\begin{bmatrix} & & & 1\\ 1 & & & \\ & & 1 & \\ & 1 & & \end{bmatrix} \tag{9.31}
$$

其中：$\boldsymbol{R}$代表旋转；$\boldsymbol{T}$代表镜像；$\boldsymbol{P}$是置换矩阵。也就是说，正交矩阵的几何操作可能对应“旋转”“镜像”“置换”，或者它们的组合，比如“旋转 + 镜像”。

矩阵乘法第一视角展开

将式 (9.26) 中的矩阵$\boldsymbol{V}$写成一排列向量，有

$$
\boldsymbol{V}_{D\times D}=\begin{bmatrix}v_{1,1} & v_{1,2} & \cdots & v_{1,D}\\ v_{2,1} & v_{2,2} & \cdots & v_{2,D}\\ \vdots & \vdots & \ddots & \vdots\\ v_{D,1} & v_{D,2} & \cdots & v_{D,D}\end{bmatrix}=\begin{bmatrix}\boldsymbol{v}_1 & \boldsymbol{v}_2 & \cdots & \boldsymbol{v}_D\end{bmatrix} \tag{9.32}
$$

式 (9.26) 左侧可以写成

$$
\boldsymbol{V}^{\mathrm{T}}\boldsymbol{V}=\begin{bmatrix}\boldsymbol{v}_1^{\mathrm{T}}\\ \boldsymbol{v}_2^{\mathrm{T}}\\ \vdots\\ \boldsymbol{v}_D^{\mathrm{T}}\end{bmatrix}\begin{bmatrix}\boldsymbol{v}_1 & \boldsymbol{v}_2 & \cdots & \boldsymbol{v}_D\end{bmatrix} \tag{9.33}
$$

式 (9.33) 展开得到

$$V^{\mathrm{T}}V=\begin{bmatrix}\boldsymbol{v}_1^{\mathrm{T}}\boldsymbol{v}_1 & \boldsymbol{v}_1^{\mathrm{T}}\boldsymbol{v}_2 & \cdots & \boldsymbol{v}_1^{\mathrm{T}}\boldsymbol{v}_D\\ \boldsymbol{v}_2^{\mathrm{T}}\boldsymbol{v}_1 & \boldsymbol{v}_2^{\mathrm{T}}\boldsymbol{v}_2 & \cdots & \boldsymbol{v}_2^{\mathrm{T}}\boldsymbol{v}_D\\ \vdots & \vdots & \ddots & \vdots\\ \boldsymbol{v}_D^{\mathrm{T}}\boldsymbol{v}_1 & \boldsymbol{v}_D^{\mathrm{T}}\boldsymbol{v}_2 & \cdots & \boldsymbol{v}_D^{\mathrm{T}}\boldsymbol{v}_D\end{bmatrix}=\begin{bmatrix}1 & 0 & \cdots & 0\\ 0 & 1 & \cdots & 0\\ \vdots & \vdots & \ddots & \vdots\\ 0 & 0 & \cdots & 1\end{bmatrix} \tag{9.34}$$

大家应该已经意识到，式 (9.34) 就是$V^{\mathrm{T}}V$矩阵乘法的第一视角。

$V^{\mathrm{T}}V$主对角线结果为1，即

$$\boldsymbol{v}_j^{\mathrm{T}}\boldsymbol{v}_j=\boldsymbol{v}_j\cdot\boldsymbol{v}_j=\left\|\boldsymbol{v}_j\right\|^2=1\quad j=1,2,\ldots,D \tag{9.35}$$

也就是说，矩阵V的每个列向量$\boldsymbol{v}_j$为单位向量。

式 (9.34) 主对角线以外的元素均为0，即

$$\boldsymbol{v}_i^{\mathrm{T}}\boldsymbol{v}_j=0,\quad i\neq j \tag{9.36}$$

即V中任意两个列向量两两正交，亦即垂直。

至此，可以判定 $\{\boldsymbol{v}_1, \boldsymbol{v}_2, \cdots, \boldsymbol{v}_D\}$ 为规范正交基。写成有序基形式，就是矩阵$V=[\boldsymbol{v}_1, \boldsymbol{v}_2, \cdots, \boldsymbol{v}_D]$。$V$张起一个$D$维向量空间$\mathrm{span}(\boldsymbol{v}_1, \boldsymbol{v}_2, \cdots, \boldsymbol{v}_D)$，$\mathbb{R}^D=\mathrm{span}(\boldsymbol{v}_1, \boldsymbol{v}_2, \cdots, \boldsymbol{v}_D)$。也就是说，$[\boldsymbol{v}_1, \boldsymbol{v}_2, \cdots, \boldsymbol{v}_D]$ 是张起$\mathbb{R}^D$无数规范正交基的一组。

顺便一提，由于$V^{\mathrm{T}}V=VV^{\mathrm{T}}=I$，因此$V^{\mathrm{T}}$本身也是一个规范正交基。$V^{\mathrm{T}}$可以展开写成 $V^{\mathrm{T}}=[\boldsymbol{v}^{(1)\mathrm{T}}, \boldsymbol{v}^{(2)\mathrm{T}}, \cdots, \boldsymbol{v}^{(D)\mathrm{T}}]$。

批量化计算向量模和夹角

此外，式 (9.34) 告诉我们“批量”计算一系列向量模和两两夹角的方式——**格拉姆矩阵** (Gram matrix)！

$V^{\mathrm{T}}V$相当于V的格拉姆矩阵，通过对式 (9.34) 的分析，我们知道格拉姆矩阵包含原矩阵的所有向量模、向量两两夹角这两类信息。

再举个例子，给定矩阵X，将其写成一组列向量$X=[\boldsymbol{x}_1, \boldsymbol{x}_2, \cdots, \boldsymbol{x}_D]$。$X$的格拉姆矩阵为

$$G=\begin{bmatrix}\boldsymbol{x}_1\cdot\boldsymbol{x}_1 & \boldsymbol{x}_1\cdot\boldsymbol{x}_2 & \cdots & \boldsymbol{x}_1\cdot\boldsymbol{x}_D\\ \boldsymbol{x}_2\cdot\boldsymbol{x}_1 & \boldsymbol{x}_2\cdot\boldsymbol{x}_2 & \cdots & \boldsymbol{x}_2\cdot\boldsymbol{x}_D\\ \vdots & \vdots & \ddots & \vdots\\ \boldsymbol{x}_D\cdot\boldsymbol{x}_1 & \boldsymbol{x}_D\cdot\boldsymbol{x}_2 & \cdots & \boldsymbol{x}_D\cdot\boldsymbol{x}_D\end{bmatrix}=\begin{bmatrix}\langle\boldsymbol{x}_1,\boldsymbol{x}_1\rangle & \langle\boldsymbol{x}_1,\boldsymbol{x}_2\rangle & \cdots & \langle\boldsymbol{x}_1,\boldsymbol{x}_D\rangle\\ \langle\boldsymbol{x}_2,\boldsymbol{x}_1\rangle & \langle\boldsymbol{x}_2,\boldsymbol{x}_2\rangle & \cdots & \langle\boldsymbol{x}_2,\boldsymbol{x}_D\rangle\\ \vdots & \vdots & \ddots & \vdots\\ \langle\boldsymbol{x}_D,\boldsymbol{x}_1\rangle & \langle\boldsymbol{x}_D,\boldsymbol{x}_2\rangle & \cdots & \langle\boldsymbol{x}_D,\boldsymbol{x}_D\rangle\end{bmatrix} \tag{9.37}$$

借助向量夹角余弦展开G中的向量积，有

$$G=\begin{bmatrix}\|\boldsymbol{x}_1\|\|\boldsymbol{x}_1\|\cos\theta_{1,1} & \|\boldsymbol{x}_1\|\|\boldsymbol{x}_2\|\cos\theta_{1,2} & \cdots & \|\boldsymbol{x}_1\|\|\boldsymbol{x}_D\|\cos\theta_{1,D}\\ \|\boldsymbol{x}_2\|\|\boldsymbol{x}_1\|\cos\theta_{2,1} & \|\boldsymbol{x}_2\|\|\boldsymbol{x}_2\|\cos\theta_{2,2} & \cdots & \|\boldsymbol{x}_2\|\|\boldsymbol{x}_D\|\cos\theta_{2,D}\\ \vdots & \vdots & \ddots & \vdots\\ \|\boldsymbol{x}_D\|\|\boldsymbol{x}_1\|\cos\theta_{D,1} & \|\boldsymbol{x}_D\|\|\boldsymbol{x}_2\|\cos\theta_{D,2} & \cdots & \|\boldsymbol{x}_D\|\|\boldsymbol{x}_D\|\cos\theta_{D,D}\end{bmatrix} \tag{9.38}$$

我们将会在本书第12章讲解Cholesky分解时继续深入探讨这一话题。

观察矩阵G，它包含了数据矩阵X中列向量的两个重要信息——模 $\|\boldsymbol{x}_i\|$、方向 (向量两两夹角$\cos\theta_{i,j}$)。再次强调，$\theta_{i,j}$为相对角度。

矩阵乘法第二视角展开

有了第一视角，大家自然会想到矩阵乘法的第二视角。

还是将$\boldsymbol{V}$写成 $[\boldsymbol{v}_1, \boldsymbol{v}_2, \cdots, \boldsymbol{v}_D]$，$\boldsymbol{V}\boldsymbol{V}^{\mathrm{T}}$则可以按如下方式展开，即

$$\boldsymbol{V}\boldsymbol{V}^{\mathrm{T}} = \begin{bmatrix} \boldsymbol{v}_1 & \boldsymbol{v}_2 & \cdots & \boldsymbol{v}_D \end{bmatrix} \begin{bmatrix} \boldsymbol{v}_1^{\mathrm{T}} \\ \boldsymbol{v}_2^{\mathrm{T}} \\ \vdots \\ \boldsymbol{v}_D^{\mathrm{T}} \end{bmatrix} = \boldsymbol{v}_1\boldsymbol{v}_1^{\mathrm{T}} + \boldsymbol{v}_2\boldsymbol{v}_2^{\mathrm{T}} + \cdots + \boldsymbol{v}_D\boldsymbol{v}_D^{\mathrm{T}} = \boldsymbol{I}_{D\times D} \tag{9.39}$$

式 (9.39) 可以写成一系列张量积之和，即

$$\boldsymbol{V}\boldsymbol{V}^{\mathrm{T}} = \boldsymbol{v}_1 \otimes \boldsymbol{v}_1 + \boldsymbol{v}_2 \otimes \boldsymbol{v}_2 + \cdots + \boldsymbol{v}_D \otimes \boldsymbol{v}_D = \boldsymbol{I}_{D\times D} \tag{9.40}$$

上一节式 (9.25) 对应数据矩阵$\boldsymbol{X}$向单位向量$\boldsymbol{v}$进行向量投影。如果$\boldsymbol{X}$向规范正交基 $\boldsymbol{V} = [\boldsymbol{v}_1, \boldsymbol{v}_2, \cdots, \boldsymbol{v}_D]$ 张起的D维空间投影，得到的标量投影就是$\boldsymbol{Z} = \boldsymbol{X}\boldsymbol{V}$，而向量投影结果为

$$\begin{aligned} \boldsymbol{X}_{n\times D}\boldsymbol{V}\boldsymbol{V}^{\mathrm{T}} &= \boldsymbol{X}\left(\boldsymbol{v}_1 \otimes \boldsymbol{v}_1 + \boldsymbol{v}_2 \otimes \boldsymbol{v}_2 + \cdots + \boldsymbol{v}_D \otimes \boldsymbol{v}_D\right) \\ &= \underbrace{\boldsymbol{X}\boldsymbol{v}_1}_{\boldsymbol{z}_1} \otimes \boldsymbol{v}_1 + \underbrace{\boldsymbol{X}\boldsymbol{v}_2}_{\boldsymbol{z}_2} \otimes \boldsymbol{v}_2 + \cdots + \underbrace{\boldsymbol{X}\boldsymbol{v}_D}_{\boldsymbol{z}_D} \otimes \boldsymbol{v}_D \\ &= \boldsymbol{X}_{n\times D}\boldsymbol{I}_{D\times D} \\ &= \boldsymbol{X}_{n\times D} \end{aligned} \tag{9.41}$$

大家可能已经糊涂了，式 (9.41) 折腾了半天，最后得到的还是原数据矩阵$\boldsymbol{X}$本身！

式 (9.41) 已经非常接近本书第15、16章要讲解的奇异值分解的思路。下一章我们一起搞清楚式 (9.41) 背后的数学思想。

再进一步，如图9.6所示，式 (9.42) 代表一个规范正交基对单位矩阵的分解，即

$$\boldsymbol{I}_{D\times D} = \boldsymbol{v}_1 \otimes \boldsymbol{v}_1 + \boldsymbol{v}_2 \otimes \boldsymbol{v}_2 + \cdots + \boldsymbol{v}_D \otimes \boldsymbol{v}_D = \sum_{j=1}^{D} \boldsymbol{v}_j \otimes \boldsymbol{v}_j \tag{9.42}$$

其中：每个 $\boldsymbol{v}_j \otimes \boldsymbol{v}_j$ 都是一个特定方向的**投影矩阵** (projection matrix)。这个视角同样重要，本章和下一章还将继续深入讨论。

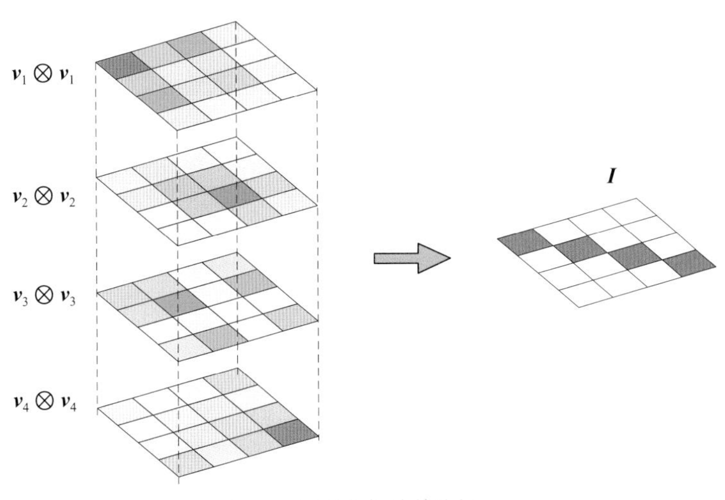

图9.6 对单位矩阵的分解

9.4 规范正交基性质

本节以式 (9.29) 中的矩阵$\boldsymbol{V}$为例介绍更多规范正交基的性质。

坐标

将$\boldsymbol{V}$分解成两个列向量，有

$$\boldsymbol{v}_1=\begin{bmatrix}\dfrac{\sqrt{3}}{2}\\\dfrac{1}{2}\end{bmatrix},\quad \boldsymbol{v}_2=\begin{bmatrix}-\dfrac{1}{2}\\\dfrac{\sqrt{3}}{2}\end{bmatrix} \tag{9.43}$$

这两个向量长度为1，都是单位向量。

显然，$\boldsymbol{V}$的转置与$\boldsymbol{V}$本身的乘积是一个 2 × 2 单位矩阵。用矩阵乘法第一视角展开$\boldsymbol{V}^{\mathrm{T}}\boldsymbol{V}$得到

$$\boldsymbol{V}^{\mathrm{T}}\boldsymbol{V}=\begin{bmatrix}\boldsymbol{v}_1^{\mathrm{T}}\\\boldsymbol{v}_2^{\mathrm{T}}\end{bmatrix}\begin{bmatrix}\boldsymbol{v}_1 & \boldsymbol{v}_2\end{bmatrix}=\begin{bmatrix}\boldsymbol{v}_1^{\mathrm{T}}\boldsymbol{v}_1 & \boldsymbol{v}_1^{\mathrm{T}}\boldsymbol{v}_2\\\boldsymbol{v}_2^{\mathrm{T}}\boldsymbol{v}_1 & \boldsymbol{v}_2^{\mathrm{T}}\boldsymbol{v}_2\end{bmatrix}=\begin{bmatrix}1 & 0\\0 & 1\end{bmatrix}=\boldsymbol{I} \tag{9.44}$$

给定列向量$\boldsymbol{x}=[4,3]^{\mathrm{T}}$。如图9.7 (a) 所示，$\boldsymbol{x}$在标准正交基 $[\boldsymbol{e}_1,\boldsymbol{e}_2]$ 中的坐标为 (4, 3)。

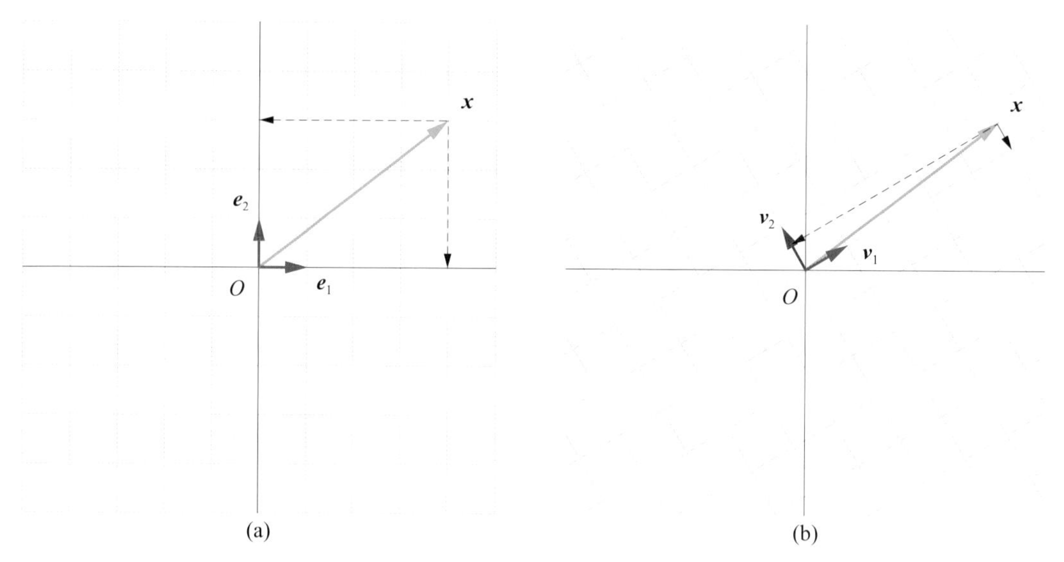

图9.7　$\boldsymbol{x}$在不同规范正交系中的坐标

如图9.7 (b) 所示，将$\boldsymbol{x}$投影到$\boldsymbol{V}$这个规范正交系中，得到的结果就是在 $[\boldsymbol{v}_1,\boldsymbol{v}_2]$ 这个规范正交系的坐标，有

$$\boldsymbol{V}^{\mathrm{T}}\boldsymbol{x}=\begin{bmatrix}\boldsymbol{v}_1^{\mathrm{T}}\\\boldsymbol{v}_2^{\mathrm{T}}\end{bmatrix}\boldsymbol{x}=\begin{bmatrix}\boldsymbol{v}_1^{\mathrm{T}}\boldsymbol{x}\\\boldsymbol{v}_2^{\mathrm{T}}\boldsymbol{x}\end{bmatrix}=\begin{bmatrix}\dfrac{\sqrt{3}}{2} & \dfrac{1}{2}\\-\dfrac{1}{2} & \dfrac{\sqrt{3}}{2}\end{bmatrix}\begin{bmatrix}4\\3\end{bmatrix}=\begin{bmatrix}4.964\\0.598\end{bmatrix} \tag{9.45}$$

这说明，向量$\boldsymbol{x}$在规范正交系 $[\boldsymbol{v}_1, \boldsymbol{v}_2]$ 中的坐标为 (4.964, 0.598)。

向量长度不变

经过正交矩阵$\boldsymbol{V}$线性变换后，向量$\boldsymbol{x}$的L^2范数，即向量模没有变化，有

$$\begin{aligned}\left\|\boldsymbol{V}^{\mathrm{T}}\boldsymbol{x}\right\|_2^2 &= \boldsymbol{V}^{\mathrm{T}}\boldsymbol{x}\cdot\boldsymbol{V}^{\mathrm{T}}\boldsymbol{x} = \left(\boldsymbol{V}^{\mathrm{T}}\boldsymbol{x}\right)^{\mathrm{T}}\left(\boldsymbol{V}^{\mathrm{T}}\boldsymbol{x}\right) = \boldsymbol{x}^{\mathrm{T}}\boldsymbol{V}^{\mathrm{T}}\boldsymbol{V}\boldsymbol{x} \\ &= \boldsymbol{x}^{\mathrm{T}}\boldsymbol{I}\boldsymbol{x} = \boldsymbol{x}^{\mathrm{T}}\boldsymbol{x} = \boldsymbol{x}\cdot\boldsymbol{x} = \left\|\boldsymbol{x}\right\|_2^2\end{aligned} \tag{9.46}$$

比较图9.7 (a) 和9.7(b) 可以发现，不同规范正交系中$\boldsymbol{x}$的长度确实没有变化。向量$\boldsymbol{x}$在 $[\boldsymbol{v}_1, \boldsymbol{v}_2]$ 中的坐标为 (4.964, 0.598)，计算其向量模为

$$\sqrt{4.964^2 + 0.598^2} = \sqrt{4^2 + 3^2} = 5 \tag{9.47}$$

图9.8所示为平面上给定向量在不同规范正交基中的投影结果。

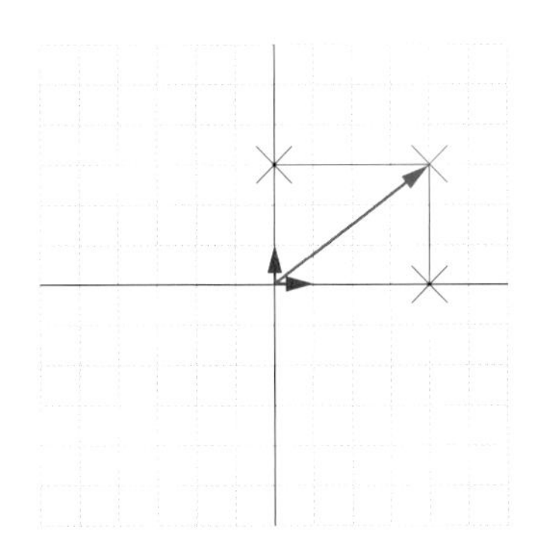
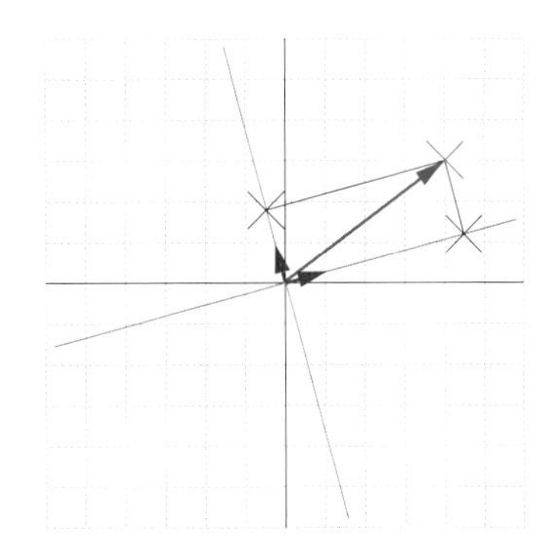
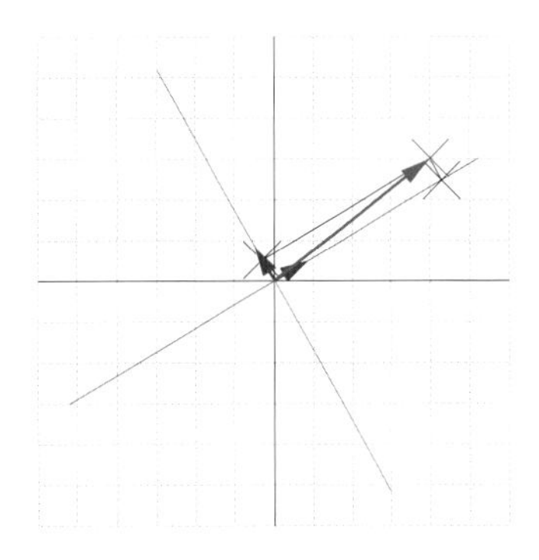
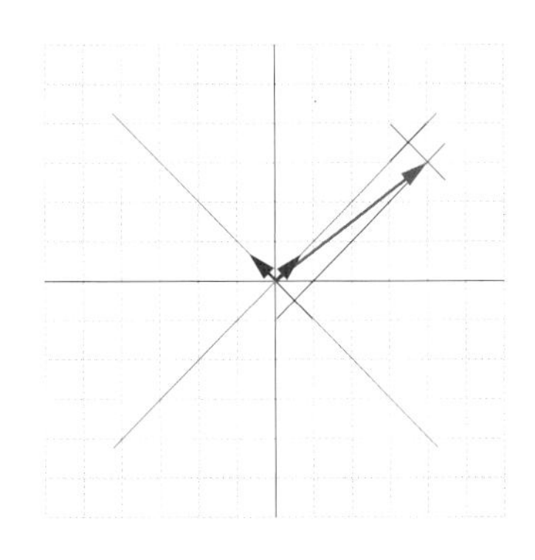
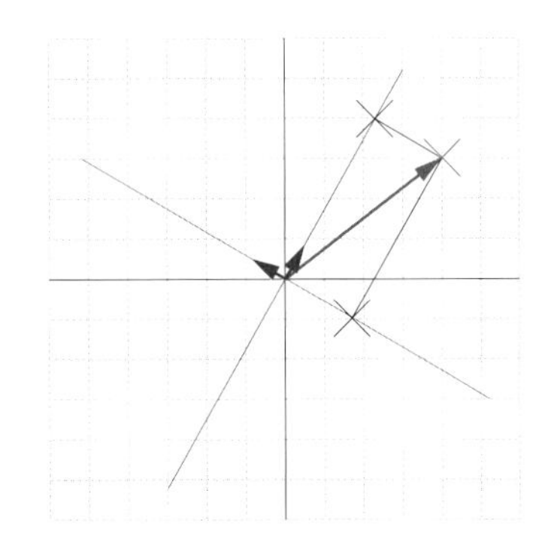
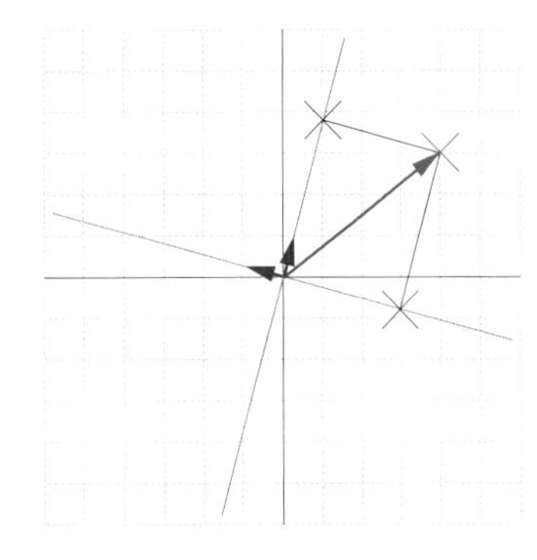
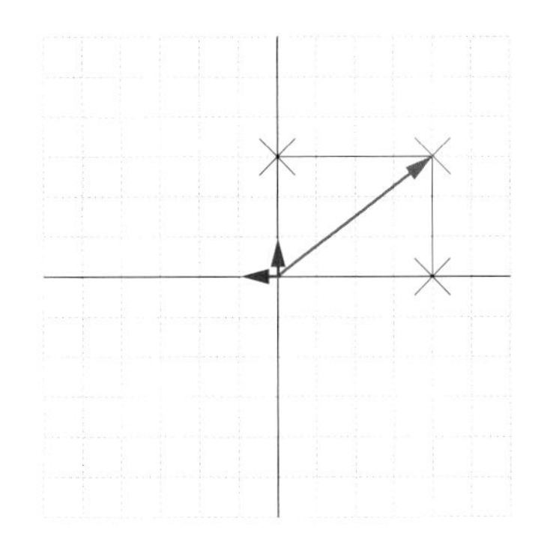
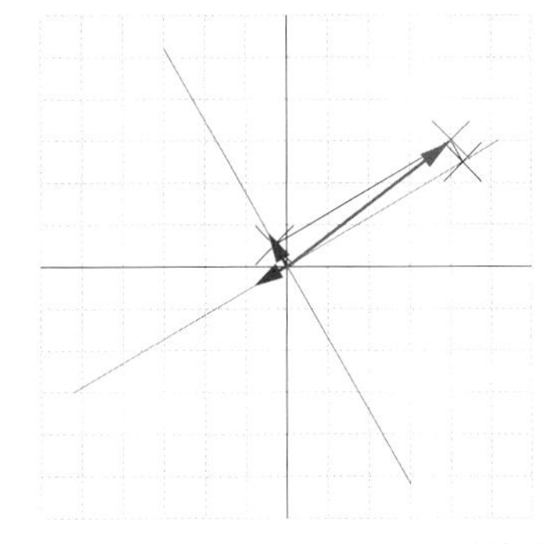
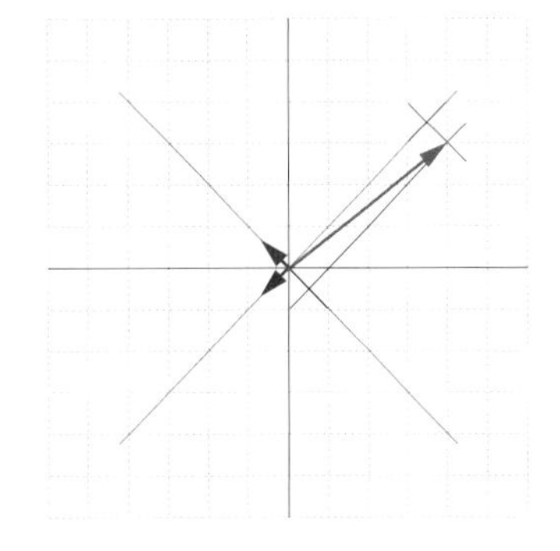

图9.8　平面中向量在不同坐标系的投影

Bk4_Ch9_02.py绘制图9.8。

夹角不变

$\boldsymbol{x}_i$和$\boldsymbol{x}_j$经过正交矩阵$\boldsymbol{V}$线性转化得到$\boldsymbol{z}_i$和$\boldsymbol{z}_j$。$\boldsymbol{z}_i$和$\boldsymbol{z}_j$的夹角等同于$\boldsymbol{x}_i$和$\boldsymbol{x}_j$夹角，有

$$\frac{\boldsymbol{z}_i \cdot \boldsymbol{z}_j}{\|\boldsymbol{z}_i\|\|\boldsymbol{z}_j\|} = \frac{\boldsymbol{z}_i \cdot \boldsymbol{z}_j}{\|\boldsymbol{x}_i\|\|\boldsymbol{x}_j\|} = \frac{\boldsymbol{V}^{\mathrm{T}}\boldsymbol{x}_i \cdot \boldsymbol{V}^{\mathrm{T}}\boldsymbol{x}_j}{\|\boldsymbol{x}_i\|\|\boldsymbol{x}_j\|} = \frac{\left(\boldsymbol{V}^{\mathrm{T}}\boldsymbol{x}_i\right)^{\mathrm{T}}\boldsymbol{V}^{\mathrm{T}}\boldsymbol{x}_j}{\|\boldsymbol{x}_i\|\|\boldsymbol{x}_j\|} = \frac{\boldsymbol{x}_i^{\mathrm{T}}\boldsymbol{x}_j}{\|\boldsymbol{x}_i\|\|\boldsymbol{x}_j\|} = \frac{\boldsymbol{x}_i \cdot \boldsymbol{x}_j}{\|\boldsymbol{x}_i\|\|\boldsymbol{x}_j\|} \tag{9.48}$$

如图9.9所示，经过正交矩阵$\boldsymbol{V}$线性变换后，$\boldsymbol{x}_i$和$\boldsymbol{x}_j$两者的相对角度等同于$\boldsymbol{z}_i$和$\boldsymbol{z}_j$的相对角度。这也不难理解，变化前后，向量都还在$\mathbb{R}^2$中，只不过是坐标参考系发生了旋转，而$\boldsymbol{x}_i$和$\boldsymbol{x}_j$之间的“相对角度”完全没有发生改变。

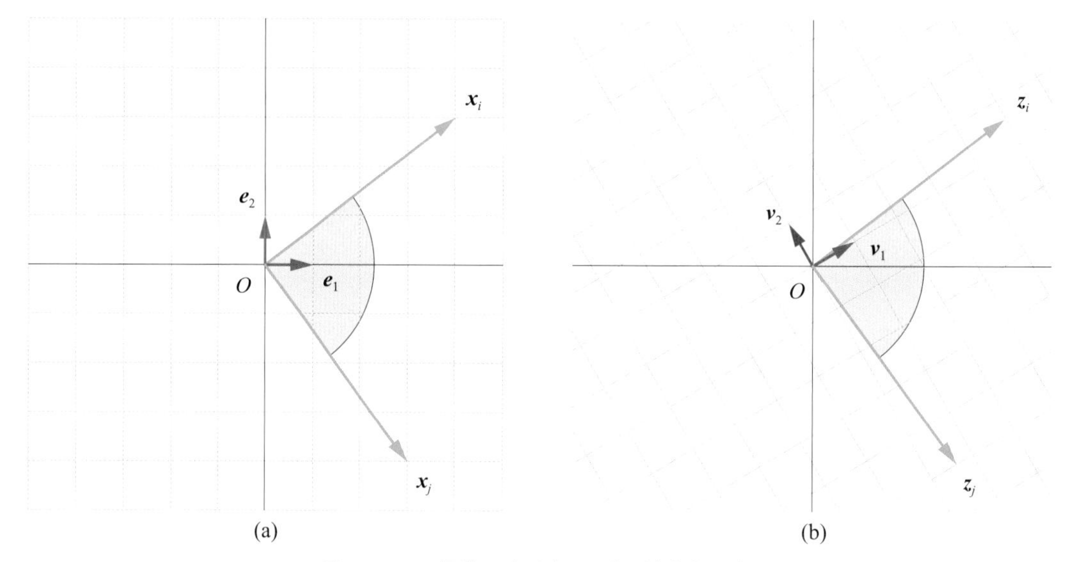

图9.9　不同规范正交系中，$\boldsymbol{x}_i$和$\boldsymbol{x}_j$的夹角不变

行列式值

正交矩阵$\boldsymbol{V}$还有一个有趣的性质，即$\boldsymbol{V}$的行列式值为1或−1，即有

$$\left(\det(\boldsymbol{V})\right)^2 = \det\left(\boldsymbol{V}^{\mathrm{T}}\right)\det(\boldsymbol{V}) = \det\left(\boldsymbol{V}^{\mathrm{T}}\boldsymbol{V}\right) = \det(\boldsymbol{I}) = 1 \tag{9.49}$$

也就是说，经过2 × 2方阵$\boldsymbol{V}$线性变换后，图形面积不变。当$\det(\boldsymbol{V}) = -1$时，图形会发生翻转。

9.5 再谈镜像：从投影视角

上一章介绍几何变换时，我们介绍了镜像，并且直接给出了完成镜像操作的转换矩阵$\boldsymbol{T}$的一种形式，具体为

$$\boldsymbol{T}=\begin{bmatrix}\cos 2\theta & \sin 2\theta \\ \sin 2\theta & -\cos 2\theta\end{bmatrix} \tag{9.50}$$

本节用正交投影推导式 (9.50)。

如图9.10所示，镜像对称轴l这条直线通过原点，直线切向量$\boldsymbol{\tau}$为

$$\boldsymbol{\tau}=\begin{bmatrix}\cos\theta \\ \sin\theta\end{bmatrix} \tag{9.51}$$

向量$\boldsymbol{x}$关于对称轴l镜像得到$\boldsymbol{z}$。

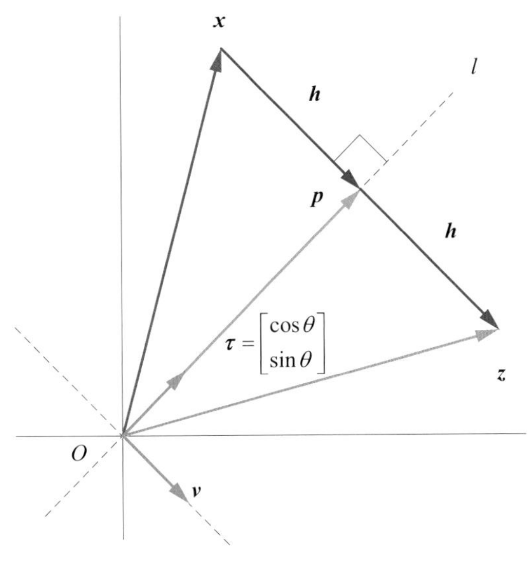

图9.10　投影视角看镜像

从投影角度来看，向量$\boldsymbol{x}$在$\boldsymbol{\tau}$方向投影为向量$\boldsymbol{p}$。利用张量积 (投影矩阵) 形式，向量$\boldsymbol{p}$可以写成

$$\boldsymbol{p}=(\boldsymbol{\tau}\otimes\boldsymbol{\tau})\boldsymbol{x} \tag{9.52}$$

将式 (9.51) 代入式 (9.52)，整理得到

$$\boldsymbol{p}=(\boldsymbol{\tau}\otimes\boldsymbol{\tau})\boldsymbol{x}=\begin{bmatrix}\cos\theta\cos\theta & \cos\theta\sin\theta \\ \cos\theta\sin\theta & \sin\theta\sin\theta\end{bmatrix}\boldsymbol{x} \tag{9.53}$$

利用三角恒等式，上式可以整理为

$$\boldsymbol{p}=\begin{bmatrix}(\cos 2\theta+1)/2 & \sin 2\theta/2 \\ \sin 2\theta/2 & (1-\cos 2\theta)/2\end{bmatrix}\boldsymbol{x} \tag{9.54}$$

令向量$\boldsymbol{h}$为$\boldsymbol{p}$、$\boldsymbol{x}$之差，即

$$\boldsymbol{h} = \boldsymbol{p} - \boldsymbol{x} \tag{9.55}$$

根据正交投影，显然$\boldsymbol{h}$垂直于$\boldsymbol{p}$。观察图9.10，由于$\boldsymbol{z}$和$\boldsymbol{x}$为镜像关系，因此两者之差为$2\boldsymbol{h}$，也就是下式成立，即

$$\boldsymbol{z} = \boldsymbol{x} + 2\boldsymbol{h} \tag{9.56}$$

将式 (9.55) 代入式 (9.56) 整理得到

$$\boldsymbol{z} = 2\boldsymbol{p} - \boldsymbol{x} \tag{9.57}$$

从另外一个角度来看，$\boldsymbol{x} + \boldsymbol{z} = 2\boldsymbol{p}$。

将式 (9.54) 代入式 (9.57) 得到

$$\begin{aligned}
\boldsymbol{z} &= 2\begin{bmatrix} (\cos 2\theta + 1)/2 & \sin 2\theta/2 \\ \sin 2\theta/2 & (1 - \cos 2\theta)/2 \end{bmatrix}\boldsymbol{x} - \boldsymbol{I}\boldsymbol{x} \\
&= \begin{bmatrix} 2\times(\cos 2\theta + 1)/2 - 1 & 2\times\sin 2\theta/2 \\ 2\times\sin 2\theta/2 & 2\times(1 - \cos 2\theta)/2 - 1 \end{bmatrix}\boldsymbol{x} \\
&= \begin{bmatrix} \cos 2\theta & \sin 2\theta \\ \sin 2\theta & -\cos 2\theta \end{bmatrix}\boldsymbol{x}
\end{aligned} \tag{9.58}$$

这样，我们便用投影视角推导得到式 (9.50) 的结果。

豪斯霍尔德矩阵

此外，将式 (9.52) 代入式 (9.57)，整理得到

$$\boldsymbol{z} = 2(\boldsymbol{\tau} \otimes \boldsymbol{\tau})\boldsymbol{x} - \boldsymbol{x} = (2\boldsymbol{\tau} \otimes \boldsymbol{\tau} - \boldsymbol{I})\boldsymbol{x} \tag{9.59}$$

在图9.10中，定义单位向量$\boldsymbol{v}$垂直于切向量$\boldsymbol{\tau}$，$[\boldsymbol{\tau}, \boldsymbol{v}]$ 为规范正交基，满足

$$\boldsymbol{\tau} \otimes \boldsymbol{\tau} + \boldsymbol{v} \otimes \boldsymbol{v} = \boldsymbol{I} \tag{9.60}$$

$\boldsymbol{\tau} \otimes \boldsymbol{\tau}$可以写成

$$\boldsymbol{\tau} \otimes \boldsymbol{\tau} = \boldsymbol{I} - \boldsymbol{v} \otimes \boldsymbol{v} \tag{9.61}$$

将式 (9.61) 代入式 (9.59) 得到

$$\boldsymbol{z} = \underbrace{(\boldsymbol{I} - 2\boldsymbol{v} \otimes \boldsymbol{v})}_{\boldsymbol{H}}\boldsymbol{x} \tag{9.62}$$

令$\boldsymbol{H}$为

$$\boldsymbol{H} = \boldsymbol{I} - 2\boldsymbol{v} \otimes \boldsymbol{v} \tag{9.63}$$

矩阵$\boldsymbol{H}$有自己的名字——**豪斯霍尔德矩阵** (Householder matrix)。矩阵$\boldsymbol{H}$完成的转换叫做**豪斯霍尔德反射** (Householder reflection)，也叫初等反射。图9.10中向量$\boldsymbol{v}$的方向就是反射面所在方向。

9.6 格拉姆–施密特正交化

格拉姆-施密特正交化 (Gram-Schmidt orthogonalization) 是求解规范正交基的一种方法。整个过程用到的核心数学工具就是正交投影。

给定非正交的D个线性不相关的向量 $[\boldsymbol{x}_1, \boldsymbol{x}_2, \boldsymbol{x}_3, \cdots, \boldsymbol{x}_D]$，通过格拉姆-施密特正交化，可以得到$D$个单位正交向量 $\{\boldsymbol{q}_1, \boldsymbol{q}_2, \boldsymbol{q}_3, \cdots, \boldsymbol{q}_D\}$，它们可以构造一个规范正交基 $[\boldsymbol{q}_1, \boldsymbol{q}_2, \boldsymbol{q}_3, \cdots, \boldsymbol{q}_D]$。

正交化过程

格拉姆-施密特正交化过程如下，即

$$\begin{aligned}
&\boldsymbol{\eta}_1 = \boldsymbol{x}_1 \\
&\boldsymbol{\eta}_2 = \boldsymbol{x}_2 - \operatorname{proj}_{\boldsymbol{\eta}_1}(\boldsymbol{x}_2) \\
&\boldsymbol{\eta}_3 = \boldsymbol{x}_3 - \operatorname{proj}_{\boldsymbol{\eta}_1}(\boldsymbol{x}_3) - \operatorname{proj}_{\boldsymbol{\eta}_2}(\boldsymbol{x}_3) \\
&\cdots \\
&\boldsymbol{\eta}_D = \boldsymbol{x}_D - \sum_{j=1}^{D-1} \operatorname{proj}_{\boldsymbol{\eta}_j}(\boldsymbol{x}_D)
\end{aligned} \tag{9.64}$$

前两步

图9.11所示为格拉姆-施密特正交化前两步。

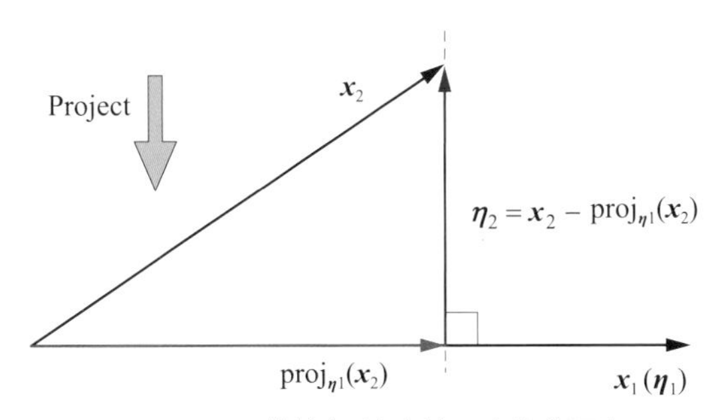

图9.11　格拉姆-施密特正交化前两步

获得$\boldsymbol{\eta}_1$很容易，只需要$\boldsymbol{\eta}_1 = \boldsymbol{x}_1$。

求解$\boldsymbol{\eta}_2$需要利用$\boldsymbol{\eta}_2$垂直于$\boldsymbol{\eta}_1$这一条件，即

$$(\boldsymbol{\eta}_1)^{\mathrm{T}} \boldsymbol{\eta}_2 = 0 \tag{9.65}$$

如图9.11所示，$\boldsymbol{x}_2$在$\boldsymbol{\eta}_1$方向上的向量投影为 $\operatorname{proj}_{\boldsymbol{\eta}_1}(\boldsymbol{x}_2)$，剩余的向量分量垂直于$\boldsymbol{x}_1$ ($\boldsymbol{\eta}_1$)，这个分量就是$\boldsymbol{\eta}_2$，则有

$$\boldsymbol{\eta}_2 = \boldsymbol{x}_2 - \operatorname{proj}_{\boldsymbol{\eta}_1}(\boldsymbol{x}_2) = \boldsymbol{x}_2 - \frac{\boldsymbol{x}_2^{\mathrm{T}} \boldsymbol{\eta}_1}{\boldsymbol{\eta}_1^{\mathrm{T}} \boldsymbol{\eta}_1} \boldsymbol{\eta}_1 \tag{9.66}$$

$\boldsymbol{\eta}_2$也有自己的名称，叫做$\boldsymbol{\eta}_1$的**正交补** (orthogonal complement)。也可以说，$\boldsymbol{\eta}_1$和$\boldsymbol{\eta}_2$互为正交补。下面验证$\boldsymbol{\eta}_1$和$\boldsymbol{\eta}_2$相互垂直，有

$$\left(\boldsymbol{\eta}_1\right)^{\mathrm{T}} \boldsymbol{\eta}_2 = \left(\boldsymbol{x}_1\right)^{\mathrm{T}} \left(\boldsymbol{x}_2 - \frac{\boldsymbol{x}_2^{\mathrm{T}} \boldsymbol{\eta}_1}{\boldsymbol{\eta}_1^{\mathrm{T}} \boldsymbol{\eta}_1} \boldsymbol{\eta}_1 \right)$$

$$= \boldsymbol{x}_1^{\mathrm{T}} \boldsymbol{x}_2 - \frac{\overbrace{\boldsymbol{x}_1^{\mathrm{T}} \boldsymbol{x}_1}^{\text{Scalar}} \boldsymbol{x}_2^{\mathrm{T}} \boldsymbol{x}_1}{\underbrace{\boldsymbol{x}_1^{\mathrm{T}} \boldsymbol{x}_1}_{\text{Scalar}}} = \boldsymbol{x}_1^{\mathrm{T}} \boldsymbol{x}_2 - \boldsymbol{x}_2^{\mathrm{T}} \boldsymbol{x}_1 = 0 \tag{9.67}$$

第三步

如图9.12所示，第三步是$\boldsymbol{x}_3$向 $[\boldsymbol{\eta}_1, \boldsymbol{\eta}_2]$ 张成的平面投影。令$\boldsymbol{\eta}_3$为$\boldsymbol{x}_3$中不在 $[\boldsymbol{\eta}_1, \boldsymbol{\eta}_2]$ 平面上的向量分量，即

$$\boldsymbol{\eta}_3 = \boldsymbol{x}_3 - \operatorname{proj}_{\boldsymbol{\eta}_1}\left(\boldsymbol{x}_3\right) - \operatorname{proj}_{\boldsymbol{\eta}_2}\left(\boldsymbol{x}_3\right) \tag{9.68}$$

显然，$\boldsymbol{\eta}_3$垂直于$\operatorname{span}(\boldsymbol{\eta}_1, \boldsymbol{\eta}_2)$，也就是说$\boldsymbol{\eta}_3$分别垂直于$\boldsymbol{\eta}_1$和$\boldsymbol{\eta}_2$。$\boldsymbol{\eta}_3$与$\operatorname{span}(\boldsymbol{\eta}_1, \boldsymbol{\eta}_2)$ 互为正交补。

按此思路，不断反复投影直至得到所有正交向量 $\{\boldsymbol{\eta}_1, \boldsymbol{\eta}_2, \boldsymbol{\eta}_3, \cdots, \boldsymbol{\eta}_D\}$。

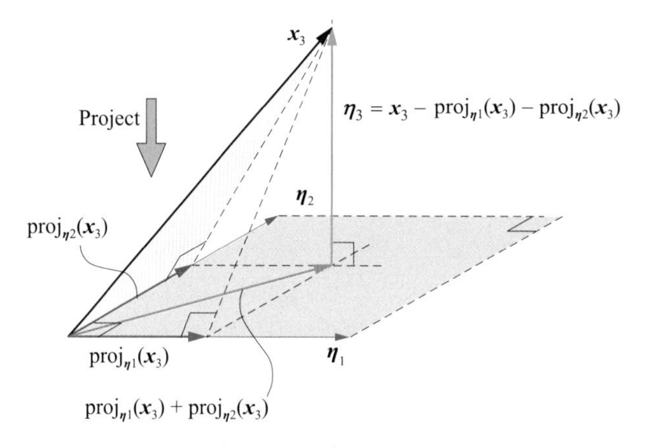

图9.12　格拉姆-施密特正交化第三步

单位化

最后单位化，获得单位正交向量 $\{\boldsymbol{q}_1, \boldsymbol{q}_2, \boldsymbol{q}_3, \cdots, \boldsymbol{q}_D\}$，有

$$\boldsymbol{q}_1 = \frac{\boldsymbol{\eta}_1}{\left\|\boldsymbol{\eta}_1\right\|}, \quad \boldsymbol{q}_2 = \frac{\boldsymbol{\eta}_2}{\left\|\boldsymbol{\eta}_2\right\|}, \quad \boldsymbol{q}_3 = \frac{\boldsymbol{\eta}_3}{\left\|\boldsymbol{\eta}_3\right\|}, \quad \cdots, \quad \boldsymbol{q}_D = \frac{\boldsymbol{\eta}_D}{\left\|\boldsymbol{\eta}_D\right\|} \tag{9.69}$$

值得强调的是，规范正交基 $[\boldsymbol{q}_1, \boldsymbol{q}_2, \boldsymbol{q}_3, \cdots, \boldsymbol{q}_D]$ 的特别之处在于$\boldsymbol{q}_1$平行于$\boldsymbol{x}_1$。本书后续还会介绍其他获得规范正交基的算法，请大家注意比对。

举个实例

给定$\boldsymbol{x}_1$和$\boldsymbol{x}_2$两个向量如下，利用格拉姆-施密特正交化获得两个正交向量。$\boldsymbol{x}_1$和$\boldsymbol{x}_2$分别为

$$\boldsymbol{x}_1 = \begin{bmatrix} 4 \\ 1 \end{bmatrix}, \quad \boldsymbol{x}_2 = \begin{bmatrix} 1 \\ 3 \end{bmatrix} \tag{9.70}$$

$\boldsymbol{\eta}_1$就是$\boldsymbol{x}_1$，即

$$\boldsymbol{\eta}_1 = \boldsymbol{x}_1 = \begin{bmatrix} 4 \\ 1 \end{bmatrix} \tag{9.71}$$

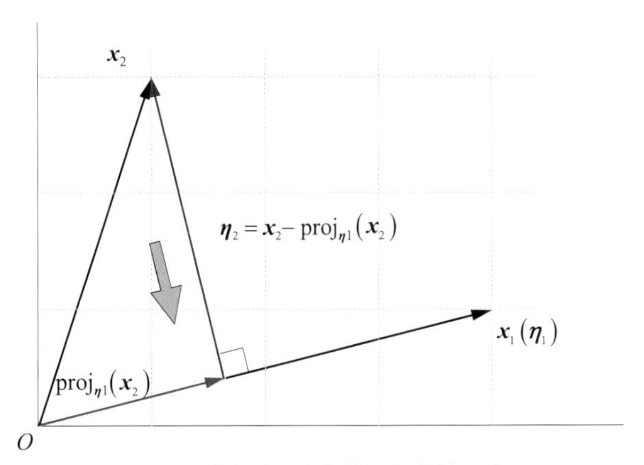

图9.13　格拉姆-施密特正交化第二步

$\boldsymbol{x}_2$在$\boldsymbol{\eta}_1$ ($\boldsymbol{x}_1$) 方向上投影，得到向量投影为

$$\text{proj}_{\eta_1}(\boldsymbol{x}_2) = \frac{\boldsymbol{x}_2 \cdot \boldsymbol{\eta}_1}{\boldsymbol{\eta}_1 \cdot \boldsymbol{\eta}_1}\boldsymbol{\eta}_1 = \frac{4\times1+1\times3}{4\times4+1\times1} \times \begin{bmatrix} 4 \\ 1 \end{bmatrix} = \frac{7}{17} \times \begin{bmatrix} 4 \\ 1 \end{bmatrix} \tag{9.72}$$

计算$\boldsymbol{\eta}_2$为

$$\begin{aligned} \boldsymbol{\eta}_2 &= \boldsymbol{x}_2 - \text{proj}_{\eta_1}(\boldsymbol{x}_2) \\ &= \begin{bmatrix} 1 \\ 3 \end{bmatrix} - \frac{7}{17} \times \begin{bmatrix} 4 \\ 1 \end{bmatrix} = \frac{1}{17} \times \begin{bmatrix} -11 \\ 44 \end{bmatrix} \end{aligned} \tag{9.73}$$

最后对$\boldsymbol{\eta}_1$和$\boldsymbol{\eta}_2$单位化，得到$\boldsymbol{q}_1$和$\boldsymbol{q}_2$为

$$\begin{cases} \boldsymbol{q}_1 = \dfrac{\boldsymbol{\eta}_1}{\|\boldsymbol{\eta}_1\|} = \dfrac{1}{\sqrt{17}}\begin{bmatrix} 4 \\ 1 \end{bmatrix} \\ \boldsymbol{q}_2 = \dfrac{\boldsymbol{\eta}_2}{\|\boldsymbol{\eta}_2\|} = \dfrac{1}{\sqrt{17}}\begin{bmatrix} -1 \\ 4 \end{bmatrix} \end{cases} \tag{9.74}$$

格拉姆-施密特正交化可以通过QR分解完成，这是第11章矩阵分解要讲解的内容之一。

9.7 投影视角看回归

鸢尾花书《数学要素》鸡兔同笼三部曲中简单介绍过如何通过投影视角理解线性回归。本节在此基础上展开讲解。

一元线性回归

如图9.14所示，列向量$\boldsymbol{y}$在$\boldsymbol{x}$方向上正交投影得到向量$\hat{\boldsymbol{y}}$。向量差$\boldsymbol{y}-\hat{\boldsymbol{y}}$垂直于$\boldsymbol{x}$。据此构造等式

$$\boldsymbol{x}^{\mathrm{T}}\left(\boldsymbol{y}-\hat{\boldsymbol{y}}\right)=0 \tag{9.75}$$

显然$\hat{\boldsymbol{y}}$和$\boldsymbol{x}$共线，因此下式成立，即

$$\hat{\boldsymbol{y}}=b\boldsymbol{x} \tag{9.76}$$

其中：b为实数系数。大家在式 (9.76) 中是否已经看到了线性回归的影子？

从向量空间角度来看，span($\boldsymbol{x}$) 张起的向量空间维度为1。$\hat{\boldsymbol{y}}$在span($\boldsymbol{x}$) 中，$\hat{\boldsymbol{y}}$和$\boldsymbol{x}$线性相关。

从数据角度思考，$\boldsymbol{x}$为自变量，$\boldsymbol{y}$为因变量。数据$\boldsymbol{x}$方向能够解释$\boldsymbol{y}$的一部分，即$\hat{\boldsymbol{y}}$。不能解释的部分就是**残差** (residuals)，即$\boldsymbol{\varepsilon}=\boldsymbol{y}-\hat{\boldsymbol{y}}$。$\boldsymbol{\varepsilon}$和$\boldsymbol{x}$互为正交补。

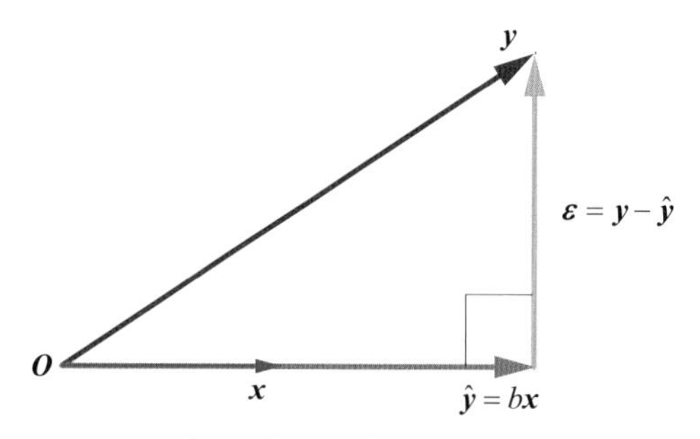

图9.14　向量$\boldsymbol{y}$向$\boldsymbol{x}$正交投影得到向量投影$\hat{\boldsymbol{y}}$

将式 (9.76) 代入式 (9.75)，得到

$$\boldsymbol{x}^{\mathrm{T}}\left(\boldsymbol{y}-b\boldsymbol{x}\right)=0 \tag{9.77}$$

容易求得系数b为

$$b=\left(\boldsymbol{x}^{\mathrm{T}}\boldsymbol{x}\right)^{-1}\boldsymbol{x}^{\mathrm{T}}\boldsymbol{y} \tag{9.78}$$

从而，$\hat{\boldsymbol{y}}$为

$$\hat{\boldsymbol{y}}=\boldsymbol{x}\left(\boldsymbol{x}^{\mathrm{T}}\boldsymbol{x}\right)^{-1}\boldsymbol{x}^{\mathrm{T}}\boldsymbol{y} \tag{9.79}$$

这样，利用向量投影这个数学工具，我们解释了一元线性回归。

注意：在上述分析中，我们没有考虑常数项。也就是说，上述线性回归模型为比例函数，截距为0。从图像上来看，比例函数过原点。

二元线性回归

下面我们介绍一下二元线性回归。

如图9.15 所示，两个线性无关向量$\boldsymbol{x}_1$和$\boldsymbol{x}_2$张成一个平面span($\boldsymbol{x}_1$, $\boldsymbol{x}_2$)。向量$\boldsymbol{y}$向该平面投影得到向量$\hat{\boldsymbol{y}}$。向量$\hat{\boldsymbol{y}}$是$\boldsymbol{x}_1$与$\boldsymbol{x}_2$的线性组合，即

$$\hat{\boldsymbol{y}} = b_1\boldsymbol{x}_1 + b_2\boldsymbol{x}_2 = \underbrace{\begin{bmatrix}\boldsymbol{x}_1 & \boldsymbol{x}_2\end{bmatrix}}_{\boldsymbol{X}}\underbrace{\begin{bmatrix}b_1\\b_2\end{bmatrix}}_{\boldsymbol{b}} = \boldsymbol{X}\boldsymbol{b} \tag{9.80}$$

其中：b_1和b_2为系数。$\mathrm{span}(\boldsymbol{x}_1, \boldsymbol{x}_2)$ 与 $\boldsymbol{\varepsilon} = \boldsymbol{y} - \hat{\boldsymbol{y}}$ 互为正交补。

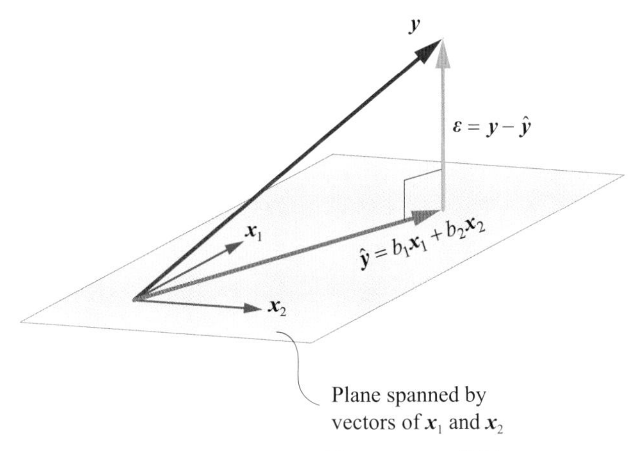

图9.15　向量$\boldsymbol{y}$向平面$\mathrm{span}(\boldsymbol{x}_1, \boldsymbol{x}_2)$ 投影

$\boldsymbol{y} - \hat{\boldsymbol{y}}$垂直于$\boldsymbol{X} = [\boldsymbol{x}_1, \boldsymbol{x}_2]$，也就是说$\boldsymbol{y} - \hat{\boldsymbol{y}}$分别垂直于$\boldsymbol{x}_1$和$\boldsymbol{x}_2$，据此构造如下两个等式，即

$$\begin{cases}\boldsymbol{x}_1^{\mathrm{T}}\left(\boldsymbol{y} - \hat{\boldsymbol{y}}\right) = 0\\ \boldsymbol{x}_2^{\mathrm{T}}\left(\boldsymbol{y} - \hat{\boldsymbol{y}}\right) = 0\end{cases} \Rightarrow \begin{bmatrix}\boldsymbol{x}_1^{\mathrm{T}}\\ \boldsymbol{x}_2^{\mathrm{T}}\end{bmatrix}\left(\boldsymbol{y} - \hat{\boldsymbol{y}}\right) = \begin{bmatrix}0\\0\end{bmatrix} \tag{9.81}$$

注意：并不要求$\boldsymbol{x}_1$和$\boldsymbol{x}_2$相互正交。

整理式 (9.81) 得到

$$\boldsymbol{X}^{\mathrm{T}}\left(\boldsymbol{y} - \hat{\boldsymbol{y}}\right) = \boldsymbol{0} \tag{9.82}$$

将式 (9.80) 代入式 (9.82) 得到

$$\boldsymbol{X}^{\mathrm{T}}\left(\boldsymbol{y} - \boldsymbol{X}\boldsymbol{b}\right) = \boldsymbol{0} \tag{9.83}$$

从而推导得到$\boldsymbol{b}$的解析式为

$$\boldsymbol{b} = \left(\boldsymbol{X}^{\mathrm{T}}\boldsymbol{X}\right)^{-1}\boldsymbol{X}^{\mathrm{T}}\boldsymbol{y} \tag{9.84}$$

将式 (9.84) 代入式 (9.80)，可以得到

$$\hat{\boldsymbol{y}} = \boldsymbol{X}\left(\boldsymbol{X}^{\mathrm{T}}\boldsymbol{X}\right)^{-1}\boldsymbol{X}^{\mathrm{T}}\boldsymbol{y} \tag{9.85}$$

式 (9.85) 中，$\boldsymbol{X}(\boldsymbol{X}^{\mathrm{T}}\boldsymbol{X})^{-1}\boldsymbol{X}^{\mathrm{T}}$常被称为**帽子矩阵** (hat matrix)。必须强调一点，只有$\boldsymbol{X}$为列满秩时，$\boldsymbol{X}^{\mathrm{T}}\boldsymbol{X}$才存在逆。

$\boldsymbol{X}(\boldsymbol{X}^{\mathrm{T}}\boldsymbol{X})^{-1}\boldsymbol{X}^{\mathrm{T}}$是我们在本书第5章提到的**幂等矩阵** (idempotent matrix)，即下式成立，有

$$\left(\boldsymbol{X}\left(\boldsymbol{X}^{\mathrm{T}}\boldsymbol{X}\right)^{-1}\boldsymbol{X}^{\mathrm{T}}\right)^2 = \boldsymbol{X}\underbrace{\left(\boldsymbol{X}^{\mathrm{T}}\boldsymbol{X}\right)^{-1}\boldsymbol{X}^{\mathrm{T}}\boldsymbol{X}}_{\boldsymbol{I}}\left(\boldsymbol{X}^{\mathrm{T}}\boldsymbol{X}\right)^{-1}\boldsymbol{X}^{\mathrm{T}} = \boldsymbol{X}\left(\boldsymbol{X}^{\mathrm{T}}\boldsymbol{X}\right)^{-1}\boldsymbol{X}^{\mathrm{T}} \tag{9.86}$$

多元线性回归

以上结论也可以推广到如图9.16所示的多元线性回归情形中。D个向量$\boldsymbol{x}_1$、$\boldsymbol{x}_2$、⋯、$\boldsymbol{x}_D$张成超平面$H = \text{span}(\boldsymbol{x}_1, \boldsymbol{x}_2, \cdots, \boldsymbol{x}_D)$，向量$\boldsymbol{y}$在超平面$H$上投影结果为$\hat{\boldsymbol{y}}$，即

$$\hat{\boldsymbol{y}} = b_1\boldsymbol{x}_1 + b_2\boldsymbol{x}_2 + \cdots + b_D\boldsymbol{x}_D \tag{9.87}$$

误差$\boldsymbol{y} - \hat{\boldsymbol{y}}$垂直于$H = \text{span}(\boldsymbol{x}_1, \boldsymbol{x}_2, \cdots, \boldsymbol{x}_D)$，也就是说$\boldsymbol{y} - \hat{\boldsymbol{y}}$分别垂直于$\boldsymbol{x}_1, \boldsymbol{x}_2, \cdots, \boldsymbol{x}_D$，即

$$\begin{cases} \boldsymbol{x}_1^{\text{T}}(\boldsymbol{y} - \hat{\boldsymbol{y}}) = 0 \\ \boldsymbol{x}_2^{\text{T}}(\boldsymbol{y} - \hat{\boldsymbol{y}}) = 0 \\ \qquad \vdots \\ \boldsymbol{x}_D^{\text{T}}(\boldsymbol{y} - \hat{\boldsymbol{y}}) = 0 \end{cases} \Rightarrow \underbrace{\begin{bmatrix} \boldsymbol{x}_1^{\text{T}} \\ \boldsymbol{x}_2^{\text{T}} \\ \vdots \\ \boldsymbol{x}_D^{\text{T}} \end{bmatrix}}_{\boldsymbol{X}^{\text{T}}} (\boldsymbol{y} - \hat{\boldsymbol{y}}) = \begin{bmatrix} 0 \\ 0 \\ \vdots \\ 0 \end{bmatrix} \tag{9.88}$$

$\text{span}(\boldsymbol{x}_1, \boldsymbol{x}_2, \cdots, \boldsymbol{x}_D)$与$\boldsymbol{\varepsilon} = \boldsymbol{y} - \hat{\boldsymbol{y}}$互为正交补。

用之前的推导思路，我们也可以得到式 (9.85)。

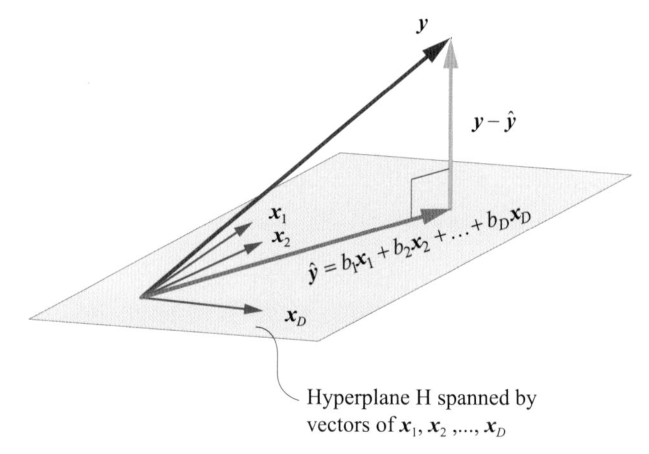

图9.16　向量$\boldsymbol{y}$向超平面$\text{span}(\boldsymbol{x}_1, \boldsymbol{x}_2, \cdots, \boldsymbol{x}_D)$投影

考虑常数项

而考虑常数项b_0，无非就是在式 (9.87) 中加入一个全1列向量$\boldsymbol{1}$，即

$$\hat{\boldsymbol{y}} = b_0\boldsymbol{1} + b_1\boldsymbol{x}_1 + b_2\boldsymbol{x}_2 + \cdots + b_D\boldsymbol{x}_D \tag{9.89}$$

而$D + 1$个向量$\boldsymbol{1}$、$\boldsymbol{x}_1$、$\boldsymbol{x}_2$、⋯、$\boldsymbol{x}_D$张成一个全新超平面$\text{span}(\boldsymbol{1}, \boldsymbol{x}_1, \boldsymbol{x}_2, \cdots, \boldsymbol{x}_D)$。而$\boldsymbol{1}$经常写成$\boldsymbol{x}_0$，新的$\boldsymbol{X}$则为$[\boldsymbol{x}_0, \boldsymbol{x}_1, \boldsymbol{x}_2, \cdots, \boldsymbol{x}_D]$。按照本节前文思路，我们同样可以得到式 (9.85)。

在多元线性回归中，$\boldsymbol{X}$也叫**设计矩阵** (design matrix)。

数据角度来看，$\boldsymbol{x}_0, \boldsymbol{x}_1, \boldsymbol{x}_2, \cdots, \boldsymbol{x}_D$是一列列数值，但是几何视角下它们又是什么？本书第12章就试图回答这个问题。

多项式回归

有些应用场合，自变量和因变量之间存在明显的非线性关系，线性回归不足以描述这种关系。这种情况下，我们需要借助非线性回归模型，如**多项式回归** (polynomial regression)。

举个例子，一元三次多项式回归模型可以写成

$$\hat{y} = b_0 + b_1 x + b_2 x^2 + b_3 x^3 \tag{9.90}$$

这时，设计矩阵$\boldsymbol{X}$为

$$\boldsymbol{X} = \begin{bmatrix} 1 & x_1 & x_1^2 & x_1^3 \\ 1 & x_2 & x_2^2 & x_2^3 \\ \vdots & \vdots & \vdots & \vdots \\ 1 & x_n & x_n^2 & x_n^3 \end{bmatrix}_{n\times 4} \tag{9.91}$$

举个例子，$\boldsymbol{x}$和$\boldsymbol{y}$取值如图9.17所示。

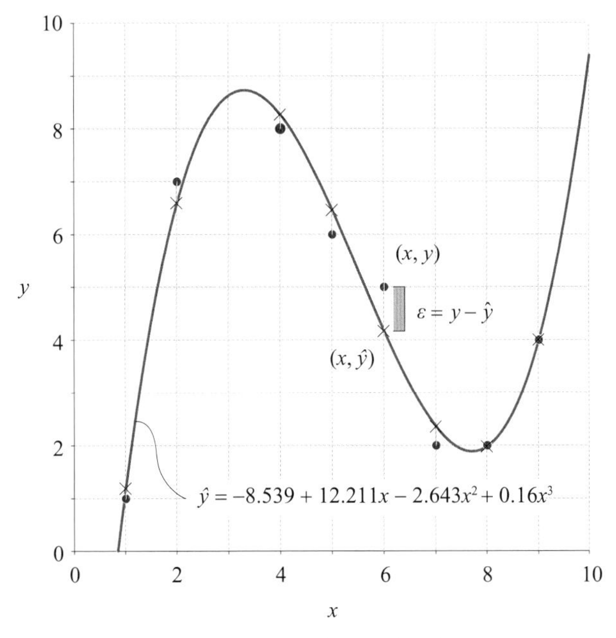

图9.17 一元三次多项式回归

一元三次多项式回归模型的自变量$\boldsymbol{x}$、因变量$\boldsymbol{y}$、设计矩阵$\boldsymbol{X}$分别为

$$\boldsymbol{x} = \begin{bmatrix} 1 \\ 2 \\ 4 \\ 5 \\ 6 \\ 7 \\ 8 \\ 9 \end{bmatrix}_{8\times 1}, \quad \boldsymbol{y} = \begin{bmatrix} 1 \\ 7 \\ 8 \\ 6 \\ 5 \\ 2 \\ 2 \\ 4 \end{bmatrix}_{8\times 1}, \quad \boldsymbol{X} = \begin{bmatrix} 1 & 1 & 1 & 1 \\ 1 & 2 & 4 & 8 \\ 1 & 4 & 16 & 64 \\ 1 & 5 & 25 & 125 \\ 1 & 6 & 36 & 216 \\ 1 & 7 & 49 & 343 \\ 1 & 8 & 64 & 512 \\ 1 & 9 & 81 & 729 \end{bmatrix}_{8\times 4} \tag{9.92}$$

利用式 (9.84) 计算得到系数向量$\boldsymbol{b}$，有

$$\boldsymbol{b}=\begin{bmatrix} b_0 \\ b_1 \\ b_2 \\ b_3 \end{bmatrix}=\Bigg(\underbrace{\begin{bmatrix} 8 & 42 & 276 & 1998 \\ 42 & 276 & 1998 & 15252 \\ 276 & 1998 & 15252 & 120582 \\ 1998 & 15252 & 120582 & 977676 \end{bmatrix}}_{X^{\mathrm{T}}X}\Bigg)^{-1}\boldsymbol{X}^{\mathrm{T}}\boldsymbol{y}\approx\begin{bmatrix} -8.539 \\ 12.211 \\ -2.643 \\ 0.160 \end{bmatrix} \tag{9.93}$$

三次一元多项式回归模型可以写成：

$$\hat{y}=-8.539+12.211x-2.643x^2+0.16x^3 \tag{9.94}$$

对于给定的因变量$\boldsymbol{y}$，因变量预测值为$\hat{\boldsymbol{y}}$，误差为$\boldsymbol{\varepsilon}$，它们的具体值为

$$\boldsymbol{y}=\begin{bmatrix} 1 \\ 7 \\ 8 \\ 6 \\ 5 \\ 2 \\ 2 \\ 4 \end{bmatrix}_{8\times 1},\quad \hat{\boldsymbol{y}}=\begin{bmatrix} 1.189 \\ 6.592 \\ 8.266 \\ 6.457 \\ 4.165 \\ 2.351 \\ 1.976 \\ 4.001 \end{bmatrix}_{8\times 1},\quad \boldsymbol{\varepsilon}=\boldsymbol{y}-\hat{\boldsymbol{y}}=\begin{bmatrix} -0.189 \\ 0.408 \\ -0.266 \\ -0.457 \\ 0.835 \\ -0.351 \\ 0.024 \\ -0.001 \end{bmatrix}_{8\times 1} \tag{9.95}$$

更具一般性的正交投影

最后再回过头来看式 (9.85)，我们可以发现这个式子实际上代表了更具一般性的正交投影。

数据矩阵$\boldsymbol{X}_{n\times D}$的列向量 $[\boldsymbol{x}_1, \boldsymbol{x}_2, \cdots, \boldsymbol{x}_D]$ 张成超平面$H = \mathrm{span}(\boldsymbol{x}_1, \boldsymbol{x}_2, \cdots, \boldsymbol{x}_D)$。即便 $[\boldsymbol{x}_1, \boldsymbol{x}_2, \cdots, \boldsymbol{x}_D]$ 之间并非两两正交，向量$\boldsymbol{y}$依然可以在超平面H上正交投影，得到$\hat{\boldsymbol{y}}$。

特殊地，如果假设$\boldsymbol{X}$的列向量 $[\boldsymbol{x}_1, \boldsymbol{x}_2, \cdots, \boldsymbol{x}_D]$ 两两正交，且列向量本身都是单位向量，则可以得到

$$\underbrace{\begin{bmatrix} \boldsymbol{x}_1^{\mathrm{T}} \\ \boldsymbol{x}_2^{\mathrm{T}} \\ \vdots \\ \boldsymbol{x}_D^{\mathrm{T}} \end{bmatrix}}_{X^{\mathrm{T}}}\underbrace{\begin{bmatrix} \boldsymbol{x}_1 & \boldsymbol{x}_2 & \cdots & \boldsymbol{x}_D \end{bmatrix}}_{X}=\begin{bmatrix} \boldsymbol{x}_1^{\mathrm{T}}\boldsymbol{x}_1 & \boldsymbol{x}_1^{\mathrm{T}}\boldsymbol{x}_2 & \cdots & \boldsymbol{x}_1^{\mathrm{T}}\boldsymbol{x}_D \\ \boldsymbol{x}_2^{\mathrm{T}}\boldsymbol{x}_1 & \boldsymbol{x}_2^{\mathrm{T}}\boldsymbol{x}_2 & \cdots & \boldsymbol{x}_2^{\mathrm{T}}\boldsymbol{x}_D \\ \vdots & \vdots & \ddots & \vdots \\ \boldsymbol{x}_D^{\mathrm{T}}\boldsymbol{x}_1 & \boldsymbol{x}_D^{\mathrm{T}}\boldsymbol{x}_2 & \cdots & \boldsymbol{x}_D^{\mathrm{T}}\boldsymbol{x}_D \end{bmatrix}=\begin{bmatrix} 1 & 0 & \cdots & 0 \\ 0 & 1 & \cdots & 0 \\ \vdots & \vdots & \ddots & \vdots \\ 0 & 0 & \cdots & 1 \end{bmatrix} \tag{9.96}$$

即

$$\boldsymbol{X}^{\mathrm{T}}\boldsymbol{X}=\boldsymbol{I} \tag{9.97}$$

显然，$\boldsymbol{X}_{n\times D}$不能叫做正交矩阵，这是因为$\boldsymbol{X}_{n\times D}$的形状为$n \times D$，不是方阵。

将式 (9.97) 代入式 (9.85) 得到

$$\hat{\boldsymbol{y}}=\boldsymbol{X}\boldsymbol{X}^{\mathrm{T}}\boldsymbol{y} \tag{9.98}$$

将$\boldsymbol{X}$写成 $[\boldsymbol{x}_1, \boldsymbol{x}_2, \cdots, \boldsymbol{x}_D]$，并展开式 (9.98) 得到

$$\hat{\boldsymbol{y}} = \underbrace{\begin{bmatrix} \boldsymbol{x}_1 & \boldsymbol{x}_2 & \cdots & \boldsymbol{x}_D \end{bmatrix}}_{X} \underbrace{\begin{bmatrix} \boldsymbol{x}_1^{\mathrm{T}} \\ \boldsymbol{x}_2^{\mathrm{T}} \\ \vdots \\ \boldsymbol{x}_D^{\mathrm{T}} \end{bmatrix}}_{X^{\mathrm{T}}} \boldsymbol{y} = \left(\boldsymbol{x}_1 \boldsymbol{x}_1^{\mathrm{T}} + \boldsymbol{x}_2 \boldsymbol{x}_2^{\mathrm{T}} + \cdots \boldsymbol{x}_D \boldsymbol{x}_D^{\mathrm{T}} \right) \boldsymbol{y} \tag{9.99}$$

进一步，使用向量张量积将式 (9.99) 写成

$$\hat{\boldsymbol{y}} = \left(\boldsymbol{x}_1 \otimes \boldsymbol{x}_1 + \boldsymbol{x}_2 \otimes \boldsymbol{x}_2 + \cdots \boldsymbol{x}_D \otimes \boldsymbol{x}_D \right) \boldsymbol{y} \tag{9.100}$$

再次强调：式 (9.100) 成立的前提是——$\boldsymbol{X}$的列向量 $[\boldsymbol{x}_1, \boldsymbol{x}_2, ..., \boldsymbol{x}_D]$ 两两正交，且列向量本身都是单位向量。

这从另外一个侧面解释了我们为什么需要格拉姆-施密特正交化！也就是说，通过格拉姆-施密特正交化，$\boldsymbol{X} = [\boldsymbol{x}_1, \boldsymbol{x}_2, \cdots, \boldsymbol{x}_D]$ 变成了 $\boldsymbol{Q} = [\boldsymbol{q}_1, \boldsymbol{q}_2, \cdots, \boldsymbol{q}_D]$。而 $[\boldsymbol{q}_1, \boldsymbol{q}_2, \cdots, \boldsymbol{q}_D]$ 两两正交，且列向量都是单位向量，即满足

$$\boldsymbol{Q}^{\mathrm{T}} \boldsymbol{Q} = \underbrace{\begin{bmatrix} \boldsymbol{q}_1^{\mathrm{T}} \\ \boldsymbol{q}_2^{\mathrm{T}} \\ \vdots \\ \boldsymbol{q}_D^{\mathrm{T}} \end{bmatrix}}_{Q^{\mathrm{T}}} \underbrace{\begin{bmatrix} \boldsymbol{q}_1 & \boldsymbol{q}_2 & \cdots & \boldsymbol{q}_D \end{bmatrix}}_{Q} = \begin{bmatrix} 1 & 0 & \cdots & 0 \\ 0 & 1 & \cdots & 0 \\ \vdots & \vdots & \ddots & \vdots \\ 0 & 0 & \cdots & 1 \end{bmatrix} \tag{9.101}$$

从$\boldsymbol{X}$到$\boldsymbol{Q}$，本章利用的是格拉姆-施密特正交化，而本书第11章将用QR分解。此外，本书最后一章将介绍如何用矩阵分解的结果计算线性回归系数。

到目前为止，相信大家已经领略到了矩阵乘法的伟力所在！本章前前后后用的无非就是矩阵乘法的各种变形、各种视角。强烈建议大家回过头来再读一遍本书第5章，相信你会有一番新的收获。

本章从几何角度讲解了正交投影及其应用，图9.18所示的四幅图总结了本章的重要内容。

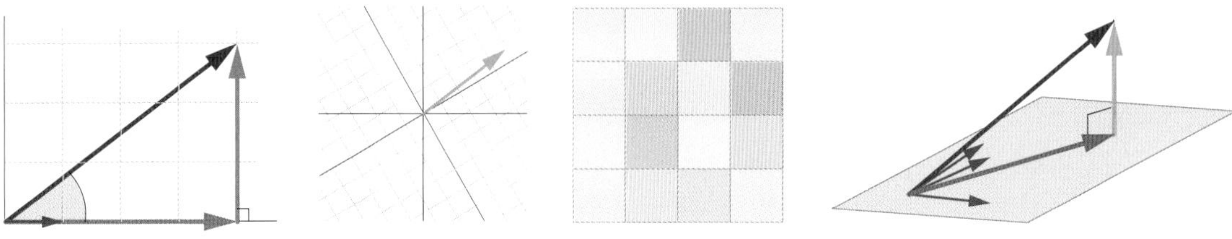

图9.18　总结本章重要内容的四幅图

本书后续内容离不开投影这个线性代数工具！大家务必熟练掌握标量/向量投影，不管是用向量内积、矩阵乘法，还是张量积。

正交矩阵本身就是规范正交基。我们将会在数据投影、矩阵分解、数据空间等一系列话题中，反复用到正交矩阵。请大家务必注意正交矩阵的性质，以及两个展开视角。

手算格拉姆-施密特正交化没有意义，大家理解这个正交化思想就好。本书后续还会介绍其他正交化方法，重要的是大家能从几何、空间、数据视角区分不同正交化方法得到结果的差异。

重要的事情，强调多少遍都不为过。有向量的地方，就有几何！几何视角是理解线性回归的最佳途径，鸢尾花书《统计至简》《数据有道》还会从不同角度展开讲解线性回归。

下一章以数据为视角，与大家聊聊正交投影如何帮助我们解密数据。

10 Data Projection 数据投影

以鸢尾花数据集为例，二次投影 + 层层叠加

人生就像骑自行车。为了保持平衡，你必须不断移动。

Life is like riding a bicycle. To keep your balance, you must keep moving .

—— 阿尔伯特·爱因斯坦 (Albert Einstein) | 理论物理学家 | 1879—1955

- numpy.linalg.eig() 特征值分解
- seaborn.heatmap() 绘制热图

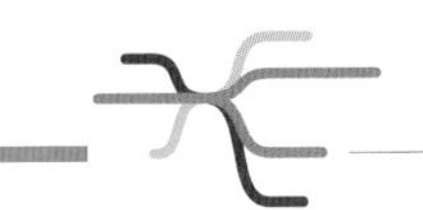

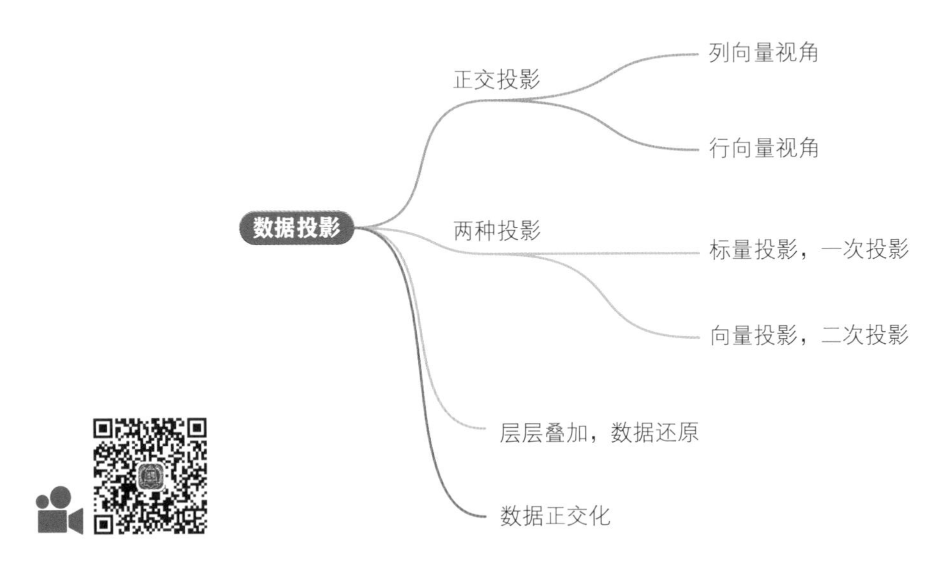

10.1 从一个矩阵乘法运算说起

有数据的地方，必有矩阵！
有矩阵的地方，更有向量！
有向量的地方，就有几何！

本章承前启后，结合数据、矩阵、向量、几何四个元素总结本书前九章主要内容，并开启本书下一个重要板块——矩阵分解。

本节和下一节内容会稍微枯燥，请大家耐心读完。之后，本章会用鸢尾花数据集作为例子，给大家展开讲解这两节内容。

正交投影

本章从一个矩阵乘法运算说起，即

$$\boldsymbol{Z} = \boldsymbol{X}\boldsymbol{V} \tag{10.1}$$

其中：$\boldsymbol{X}$为数据矩阵，形状为$n \times D$，即n行、D列。大家很清楚，以鸢尾花数据集为例，$\boldsymbol{X}$每一行代表一个数据点，每一列代表一个特征。

$\boldsymbol{V}$是正交矩阵，即满足$\boldsymbol{V}^{\mathrm{T}}\boldsymbol{V} = \boldsymbol{V}\boldsymbol{V}^{\mathrm{T}} = \boldsymbol{I}$。这意味着$\boldsymbol{V} = [\boldsymbol{v}_1, \boldsymbol{v}_2, \cdots, \boldsymbol{v}_D]$是$\mathbb{R}^D$空间的一组规范正交基。

如图10.1所示，几何视角下，矩阵乘积$\boldsymbol{X}\boldsymbol{V}$完成的是$\boldsymbol{X}$向规范正交基$\boldsymbol{V} = [\boldsymbol{v}_1, \boldsymbol{v}_2, \cdots, \boldsymbol{v}_D]$的投影，乘积$\boldsymbol{Z} = \boldsymbol{X}\boldsymbol{V}$代表$\boldsymbol{X}$在新的规范正交基下的坐标。矩阵乘法$\boldsymbol{Z} = \boldsymbol{X}\boldsymbol{V}$也是一个线性映射过程。

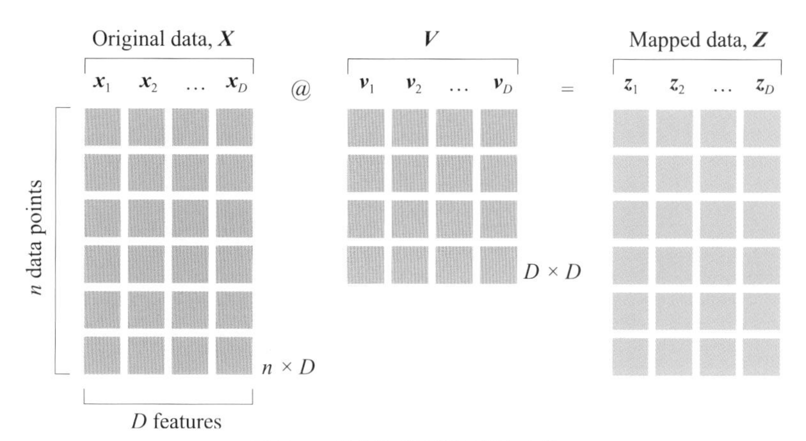

图10.1　数据矩阵$\boldsymbol{X}$到$\boldsymbol{Z}$线性变换

本书前文反复提到，一个矩阵可以看成由一系列行向量或列向量构造得到的。下面，我们分别从这两个视角来分析式 (10.1)。

列向量

将$\boldsymbol{Z}$和$\boldsymbol{V}$分别写成各自的列向量，式 (10.1) 可以展开写成

$$\begin{aligned}\begin{bmatrix}\boldsymbol{z}_1 & \boldsymbol{z}_2 & \cdots & \boldsymbol{z}_D\end{bmatrix} &= \boldsymbol{X}\begin{bmatrix}\boldsymbol{v}_1 & \boldsymbol{v}_2 & \cdots & \boldsymbol{v}_D\end{bmatrix} \\ &= \begin{bmatrix}\boldsymbol{X}\boldsymbol{v}_1 & \boldsymbol{X}\boldsymbol{v}_2 & \cdots & \boldsymbol{X}\boldsymbol{v}_D\end{bmatrix}\end{aligned} \tag{10.2}$$

式 (10.2) 这个视角是数据列向量 (即特征) 之间的转换。式 (10.2) 采用的工具是本书第6章介绍的分块矩阵乘法。

提取式 (10.2) 等式左右第j列，得到$\boldsymbol{Z}$矩阵的第j列向量$\boldsymbol{z}_j$的计算式为

$$\boldsymbol{z}_j = \boldsymbol{X}\boldsymbol{v}_j \tag{10.3}$$

如图10.2所示，式 (10.3) 相当于$\boldsymbol{x}_1$、$\boldsymbol{x}_2$、$\cdots$、$\boldsymbol{x}_D$通过线性组合得到$\boldsymbol{z}_j$，即

$$\boldsymbol{z}_j = \underbrace{\begin{bmatrix}\boldsymbol{x}_1 & \boldsymbol{x}_2 & \cdots & \boldsymbol{x}_D\end{bmatrix}}_{\boldsymbol{X}}\underbrace{\begin{bmatrix}v_{1,j} \\ v_{2,j} \\ \vdots \\ v_{D,j}\end{bmatrix}}_{\boldsymbol{v}_j} = v_{1,j}\boldsymbol{x}_1 + v_{2,j}\boldsymbol{x}_2 + \cdots + v_{D,j}\boldsymbol{x}_D \tag{10.4}$$

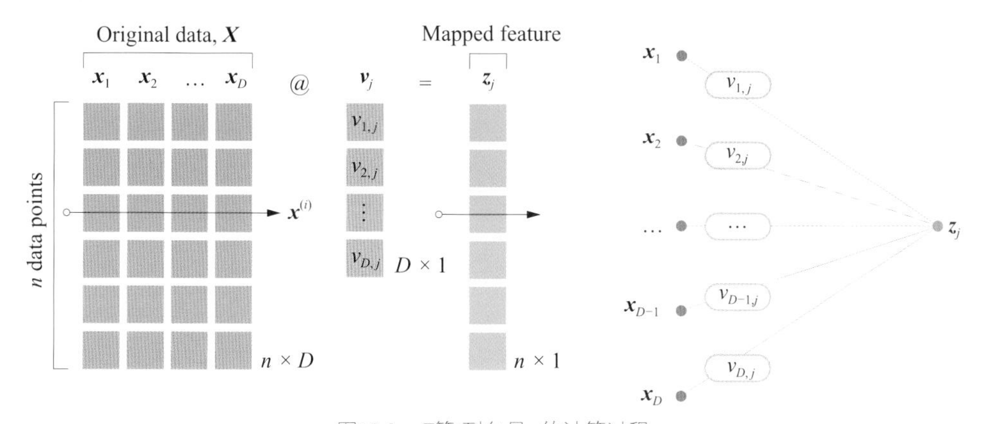

图10.2　$\boldsymbol{Z}$第j列向量$\boldsymbol{z}_j$的计算过程

行向量：点坐标

数据矩阵$\boldsymbol{X}$的任意行向量$\boldsymbol{x}^{(i)}$代表一个样本点在$\mathbb{R}^D$标准正交基中的坐标。将$\boldsymbol{X}$和$\boldsymbol{Z}$写成行向量形式，式 (10.1) 可以写作

$$\begin{bmatrix} \boldsymbol{z}^{(1)} \\ \boldsymbol{z}^{(2)} \\ \vdots \\ \boldsymbol{z}^{(n)} \end{bmatrix} = \begin{bmatrix} \boldsymbol{x}^{(1)}\boldsymbol{V} \\ \boldsymbol{x}^{(2)}\boldsymbol{V} \\ \vdots \\ \boldsymbol{x}^{(n)}\boldsymbol{V} \end{bmatrix} \tag{10.5}$$

如图10.3所示，式 (10.5) 代表每一行样本点之间的转换关系，即$\boldsymbol{x}^{(i)}$投影得到$\boldsymbol{Z}$的第i行向量$\boldsymbol{z}^{(i)}$，有

$$\boldsymbol{z}^{(i)} = \boldsymbol{x}^{(i)}\boldsymbol{V} \tag{10.6}$$

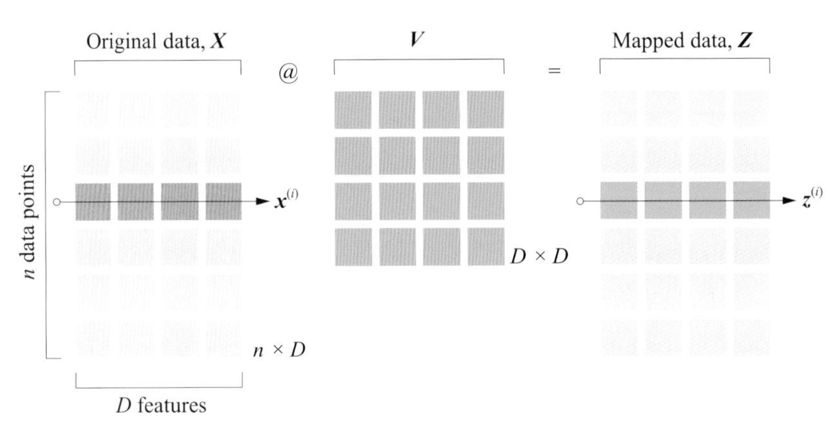

图10.3　每一行数据点之间的转换关系

进一步将式 (10.6) 中的$\boldsymbol{V}$写成$[\boldsymbol{v}_1, \boldsymbol{v}_2, \cdots, \boldsymbol{v}_D]$，式 (10.6) 可以展开得到

$$\begin{aligned} \begin{bmatrix} z_{i,1} & z_{i,2} & \cdots & z_{i,D} \end{bmatrix} &= \boldsymbol{x}^{(i)} \begin{bmatrix} \boldsymbol{v}_1 & \boldsymbol{v}_2 & \cdots & \boldsymbol{v}_D \end{bmatrix} \\ &= \begin{bmatrix} \boldsymbol{x}^{(i)}\boldsymbol{v}_1 & \boldsymbol{x}^{(i)}\boldsymbol{v}_2 & \cdots & \boldsymbol{x}^{(i)}\boldsymbol{v}_D \end{bmatrix} \end{aligned} \tag{10.7}$$

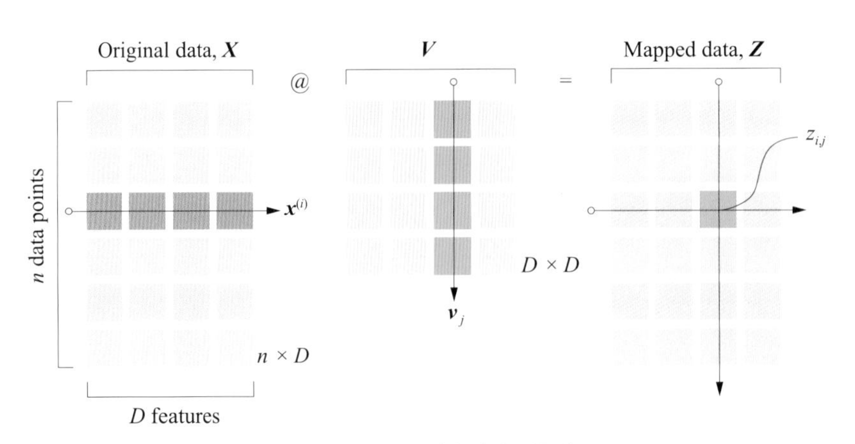

图10.4　每一行数据点向$\boldsymbol{v}_j$投影

取出式 (10.7) 中向量$\boldsymbol{z}^{(i)}$的第j列元素$z_{i,j}$，对应的运算为

$$z_{i,j} = \boldsymbol{x}^{(i)}\boldsymbol{v}_j \tag{10.8}$$

图10.4对应式 (10.8) 的运算。

从空间视角来看，如图10.5所示，行向量$\boldsymbol{x}^{(i)}$位于$\mathbb{R}^D$空间，而$\boldsymbol{x}^{(i)}$正交投影到$\mathbb{R}^D$**子空间** (subspace) span($\boldsymbol{v}_j$) 对应的坐标点就是$z_{i,j}$。换句话说，$z_{i,j}$是$\boldsymbol{x}^{(i)}$在 span($\boldsymbol{v}_j$) 的**像** (image)。$\boldsymbol{x}^{(i)}$在$\mathbb{R}^D$空间是D维，在 span($\boldsymbol{v}_j$) 仅是一维。图10.5中，从左边$\mathbb{R}^D$空间到右侧span($\boldsymbol{v}_j$) 投影是个降维过程，数据发生了压缩。

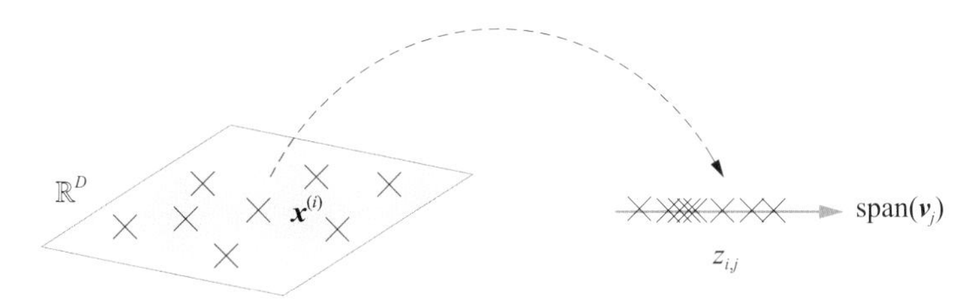

图10.5　$\mathbb{R}^D$空间数据点投影到span($\boldsymbol{v}_j$)

10.2 二次投影 + 层层叠加

本书上一章给出了下面这个看似莫名其妙的矩阵乘法，即

$$\boldsymbol{X} = \boldsymbol{X}\boldsymbol{I} = \boldsymbol{X}\underbrace{\boldsymbol{V}\boldsymbol{V}^{\mathrm{T}}}_{\boldsymbol{I}} = \boldsymbol{X} \tag{10.9}$$

数据矩阵$\boldsymbol{X}$乘以单位阵$\boldsymbol{I}$，结果为$\boldsymbol{X}$其本身！这个显而易见的等式，有何意义？

其实，这个看起来再简单不过的矩阵运算背后实际藏着“二次投影”和“层层叠加”这两个几何操作！下面，我们就解密这两个几何操作。

层层叠加

将$\boldsymbol{V}$写成$[\boldsymbol{v}_1, \boldsymbol{v}_2, \cdots, \boldsymbol{v}_D]$，代入(10.9)得到

$$\boldsymbol{X} = \boldsymbol{X}\boldsymbol{V}\boldsymbol{V}^{\mathrm{T}} = \boldsymbol{X}\begin{bmatrix}\boldsymbol{v}_1 & \boldsymbol{v}_2 & \cdots & \boldsymbol{v}_D\end{bmatrix}\begin{bmatrix}\boldsymbol{v}_1^{\mathrm{T}} \\ \boldsymbol{v}_2^{\mathrm{T}} \\ \vdots \\ \boldsymbol{v}_D^{\mathrm{T}}\end{bmatrix} = \underbrace{\boldsymbol{X}\boldsymbol{v}_1\boldsymbol{v}_1^{\mathrm{T}}}_{\boldsymbol{X}_1} + \underbrace{\boldsymbol{X}\boldsymbol{v}_2\boldsymbol{v}_2^{\mathrm{T}}}_{\boldsymbol{X}_2} + \cdots + \underbrace{\boldsymbol{X}\boldsymbol{v}_D\boldsymbol{v}_D^{\mathrm{T}}}_{\boldsymbol{X}_D} \tag{10.10}$$

令

$$\boldsymbol{X}_j = \boldsymbol{X}\boldsymbol{v}_j\boldsymbol{v}_j^{\mathrm{T}} \tag{10.11}$$

图10.6所示为上述运算的过程，$\boldsymbol{X}_j$的形状与原数据矩阵$\boldsymbol{X}$完全相同。我们称图10.6为二次投影，稍后我们再解释原因。

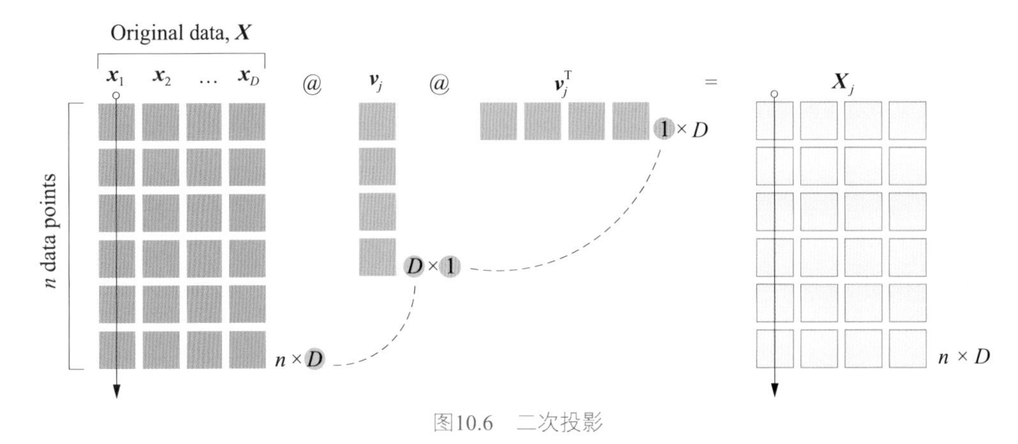

图10.6　二次投影

式 (10.10) 可以写成

$$\boldsymbol{X} = \boldsymbol{X}_1 + \boldsymbol{X}_2 + \cdots + \boldsymbol{X}_D \tag{10.12}$$

式 (10.12) 就是“层层叠加”。如图10.7所示，D个形状完全相同的数据，层层叠加还原原始数据$\boldsymbol{X}$。这本质上是矩阵乘法的第二视角。

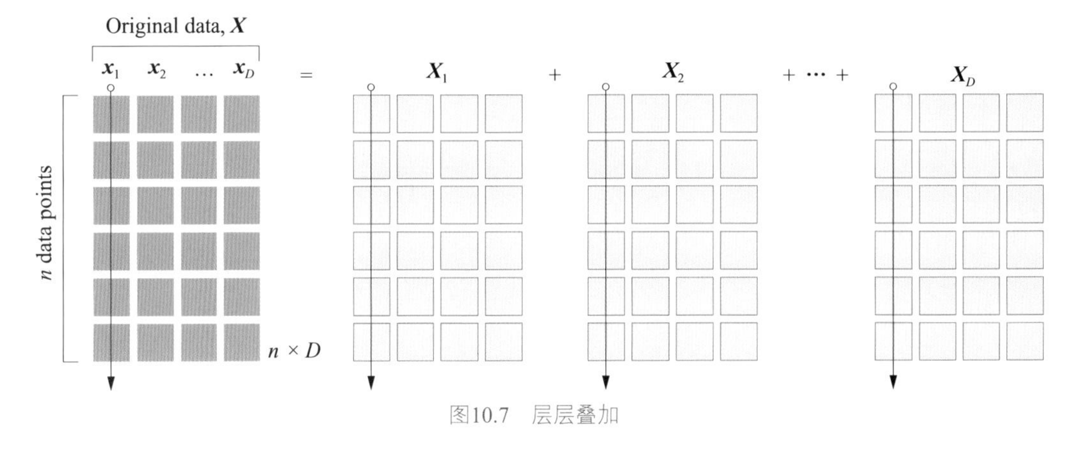

图10.7　层层叠加

二次投影

下面，我们专门聊聊“二次投影”。

取出式 (10.11) $\boldsymbol{X}_j$中第i行行向量$\boldsymbol{x}_j^{(i)}$，$\boldsymbol{x}_j^{(i)}$对应的运算为

$$\boldsymbol{x}_j^{(i)} = \underbrace{\boldsymbol{x}^{(i)}\boldsymbol{v}_j}_{z_{i,j}}\boldsymbol{v}_j^{\mathrm{T}} = z_{i,j}\boldsymbol{v}_j^{\mathrm{T}} \tag{10.13}$$

如式 (10.8) 所示，式 (10.13) 中 $z_{i,j}$就是$\boldsymbol{x}^{(i)}$正交投影到子空间 span($\boldsymbol{v}_j$) 对应的坐标点，这是第一次投影，具体过程如图10.5所示。

而$z_{i,j}\boldsymbol{v}_j^{\mathrm{T}}$得到的是$z_{i,j}$在$\mathbb{R}^D$的坐标点，这便是第二次投影。

上述两次投影合并，得到所谓“二次投影”。整个二次投影的过程如图10.8所示。可以这样理解，$\boldsymbol{x}^{(i)} \rightarrow z_{i,j}$代表“标量投影”；$\boldsymbol{x}^{(i)} \rightarrow \boldsymbol{x}^{(i)}\boldsymbol{v}_j\boldsymbol{v}_j^{\mathrm{T}}$则是“向量投影”。图10.8这个过程显然不可逆，由于方阵$\boldsymbol{v}_j\boldsymbol{v}_j^{\mathrm{T}}$的秩为1，因此不可逆。

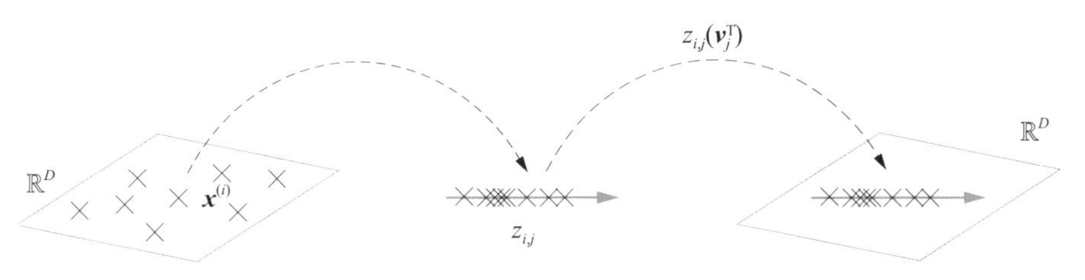

图10.8　$\mathbb{R}^D$ 空间数据点先投影到span($\boldsymbol{v}_j$)，再投影回到 $\mathbb{R}^D$

注意：图10.8中$\boldsymbol{x}^{(i)}$和$z_{i,j}\boldsymbol{v}_j^{\mathrm{T}}$都用行向量表达坐标点。这和本书第23章要介绍的行空间有直接联系。

向量投影：张量积

将式 (10.11) 写成张量积的形式，有

$$\boldsymbol{X}_j = \boldsymbol{X}\boldsymbol{v}_j \otimes \boldsymbol{v}_j \tag{10.14}$$

$\boldsymbol{X}_j$就是$\boldsymbol{X}$经过“降维”到子空间span($\boldsymbol{v}_j$) 后，再投影到 $\mathbb{R}^D$ 中得到的“像”。$\boldsymbol{X}_j$也是$\boldsymbol{X}$在$\boldsymbol{v}_j$上的向量投影。张量积 $\boldsymbol{v}_j \otimes \boldsymbol{v}_j$ 就是我们上一章提到的**投影矩阵** (projection matrix)。

张量积 $\boldsymbol{v}_j \otimes \boldsymbol{v}_j$ 本身完成“多维 → 一维”+“一维 → 多维”这两步映射。很显然，对于非零矩阵$\boldsymbol{X}$来说，有

$$\operatorname{rank}\left(\boldsymbol{v}_j \otimes \boldsymbol{v}_j\right) = 1 \quad \Rightarrow \quad \operatorname{rank}\left(\boldsymbol{X}_j\right) = 1 \tag{10.15}$$

$\boldsymbol{X}_j$就是秩一矩阵 (trank-one matrix)。所以，在$\mathbb{R}^D$空间中，$\boldsymbol{X}_j$所有数据点在一条通过原点的直线上，直线与$\boldsymbol{v}_j$平行。也就是说，虽然$\boldsymbol{X}_j$表面上来看在D维空间$\mathbb{R}^D$中，但$\boldsymbol{X}_j$实际上只有一个维度，rank($\boldsymbol{X}_j$) = 1。

利用张量积，式 (10.10) 可以写成

$$\boldsymbol{X} = \underbrace{\boldsymbol{X}\boldsymbol{v}_1 \otimes \boldsymbol{v}_1}_{\boldsymbol{X}_1} + \underbrace{\boldsymbol{X}\boldsymbol{v}_2 \otimes \boldsymbol{v}_2}_{\boldsymbol{X}_2} + \cdots + \underbrace{\boldsymbol{X}\boldsymbol{v}_D \otimes \boldsymbol{v}_D}_{\boldsymbol{X}_D} \tag{10.16}$$

可以这样理解式 (10.16)，$\boldsymbol{X}$分别二次投影 (向量投影) 到规范正交基 [$\boldsymbol{v}_1$, $\boldsymbol{v}_2$, ⋯, $\boldsymbol{v}_D$] 每个列向量$\boldsymbol{v}_j$所代表的子空间span($\boldsymbol{v}_j$) 中，获得$\boldsymbol{X}_1$、$\boldsymbol{X}_2$、⋯、$\boldsymbol{X}_D$。而$\boldsymbol{X}_1$、$\boldsymbol{X}_2$、⋯、$\boldsymbol{X}_D$层层叠加还原原始数据$\boldsymbol{X}$。

再进一步，根据$\boldsymbol{V}^{\mathrm{T}}\boldsymbol{V} = \boldsymbol{I}$，我们知道

$$\boldsymbol{I} = \boldsymbol{v}_1 \otimes \boldsymbol{v}_1 + \boldsymbol{v}_2 \otimes \boldsymbol{v}_2 + \cdots + \boldsymbol{v}_D \otimes \boldsymbol{v}_D \tag{10.17}$$

也就是说，$\boldsymbol{v}_j \otimes \boldsymbol{v}_j$层层叠加得到单位阵$\boldsymbol{I}$。

此外，$i \neq j$时，$\boldsymbol{v}_i \otimes \boldsymbol{v}_i$和$\boldsymbol{v}_j \otimes \boldsymbol{v}_j$这两个张量积的矩阵乘积为零矩阵$\boldsymbol{O}$，即

$$\left(\boldsymbol{v}_i \otimes \boldsymbol{v}_i\right) @ \left(\boldsymbol{v}_j \otimes \boldsymbol{v}_j\right) = \boldsymbol{v}_i \underbrace{\boldsymbol{v}_i^{\mathrm{T}} \boldsymbol{v}_j}_{0} \boldsymbol{v}_j^{\mathrm{T}} = 0 \boldsymbol{v}_i \boldsymbol{v}_j^{\mathrm{T}} = \boldsymbol{O} \tag{10.18}$$

标准正交基：便于理解

标准正交基是特殊的规范正交基。为了方便理解，我们用标准正交基 [$\boldsymbol{e}_1$, $\boldsymbol{e}_2$, ⋯, $\boldsymbol{e}_D$] 替换式 (10.16) 中的 [$\boldsymbol{v}_1$, $\boldsymbol{v}_2$, ⋯, $\boldsymbol{v}_D$]，得到

$$\boldsymbol{X} = \boldsymbol{X}\boldsymbol{e}_1 \otimes \boldsymbol{e}_1 + \boldsymbol{X}\boldsymbol{e}_2 \otimes \boldsymbol{e}_2 + \cdots + \boldsymbol{X}\boldsymbol{e}_D \otimes \boldsymbol{e}_D \tag{10.19}$$

展开式 (10.19) 中等式右侧第一项得到

$$X_1 = Xe_1 \otimes e_1 = X\begin{bmatrix}1\\0\\ \vdots\\0\end{bmatrix}\otimes\begin{bmatrix}1\\0\\ \vdots\\0\end{bmatrix} = \underbrace{\begin{bmatrix}x_1 & x_2 & \cdots & x_D\end{bmatrix}}_{X}\begin{bmatrix}1 & & & \\ & 0 & & \\ & & 0 & \\ & & & 0\end{bmatrix} = \begin{bmatrix}x_1 & 0 & \cdots & 0\end{bmatrix} \tag{10.20}$$

Xe_1 得到的是X的每一行在 span(e_1) 这个子空间的坐标，即x_1。而 $Xe_1 \otimes e_1$ 告诉我们的是 Xe_1 在D维空间 $\mathbb{R}^D$ 中的坐标值。

因此式 (10.19) 右侧每一项X_j可以写成

$$\begin{aligned} X_1 &= Xe_1 \otimes e_1 = \begin{bmatrix}x_1 & 0 & \cdots & 0\end{bmatrix} \\ X_2 &= Xe_2 \otimes e_2 = \begin{bmatrix}0 & x_2 & \cdots & 0\end{bmatrix} \\ &\vdots \\ X_D &= Xe_D \otimes e_D = \begin{bmatrix}0 & 0 & \cdots & x_D\end{bmatrix} \end{aligned} \tag{10.21}$$

也就是说，$Xe_j \otimes e_j$ 仅保留X的第j列x_j，其他位置元素置0。

因此，式 (10.19) 可以写成

$$X = \underbrace{\begin{bmatrix}x_1 & 0 & \cdots & 0\end{bmatrix}}_{X_1} + \underbrace{\begin{bmatrix}0 & x_2 & \cdots & 0\end{bmatrix}}_{X_2} + \cdots + \underbrace{\begin{bmatrix}0 & 0 & \cdots & x_D\end{bmatrix}}_{X_D} \tag{10.22}$$

图10.9所示为式 (10.22) 所示的“二次投影”与“层层叠加”过程。

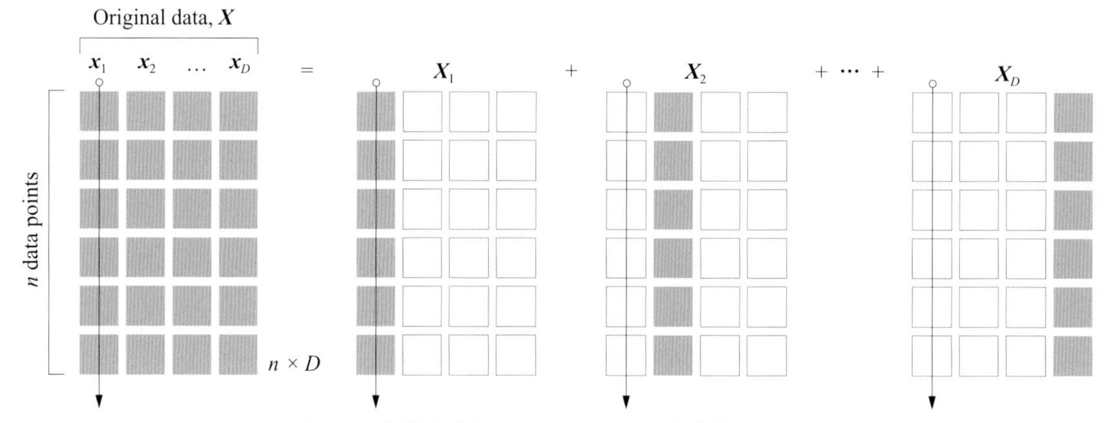

图10.9 标准正交基 $[e_1, e_2, \cdots, e_D]$ 中二次投影与叠加

回过头再看式 (10.9)，我们知道这个运算过程代表先从标准正交基 $[e_1, e_2, \cdots, e_D]$ 到规范正交基 $[v_1, v_2, \cdots, v_D]$ 的投影，然后再投影回到标准正交基 $[e_1, e_2, \cdots, e_D]$，即

$$X \underset{V}{\rightarrow} \underbrace{Z}_{XV} \underset{V^{\mathrm{T}}}{\rightarrow} \underbrace{X}_{XVV^{\mathrm{T}}} \tag{10.23}$$

其中：V为正交矩阵，因此$V^{\mathrm{T}} = V^{-1}$。式 (10.23) 还告诉我们，V是个规范正交基，V^{T}也是个规范正交基。从几何角度来看，V代表在D维空间的旋转。通过V，X旋转得到Z；利用V^{T}，Z逆向旋转得到X。

看到这里，有些读者估计已经晕头转向。下面利用鸢尾花数据集做例子，帮大家更直观地理解本节内容。

10.3 二特征数据投影：标准正交基

本节以二特征矩阵为例讲解何谓“二次投影”和“层层叠加”。数据矩阵$\boldsymbol{X}_{150\times 2}$选取鸢尾花数据集前两列——花萼长度、花萼宽度，这样数据矩阵$\boldsymbol{X}_{150\times 2}$的形状为150 × 2。投影的方向为标准正交基$[\boldsymbol{e}_1, \boldsymbol{e}_2]$。

朝水平方向投影

如图10.10所示，$\boldsymbol{X}_{150\times 2}$向水平方向标量投影，即$\boldsymbol{X}_{150\times 2}$向$\boldsymbol{e}_1$投影。以图10.10中的红点$A$为例，$A$的坐标为(5, 2)，它在$\boldsymbol{e}_1$方向上的标量投影对应$A$在横轴的坐标

$$\begin{bmatrix} 5 & 2 \end{bmatrix} \underbrace{\begin{bmatrix} 1 \\ 0 \end{bmatrix}}_{\boldsymbol{e}_1} = 5 \tag{10.24}$$

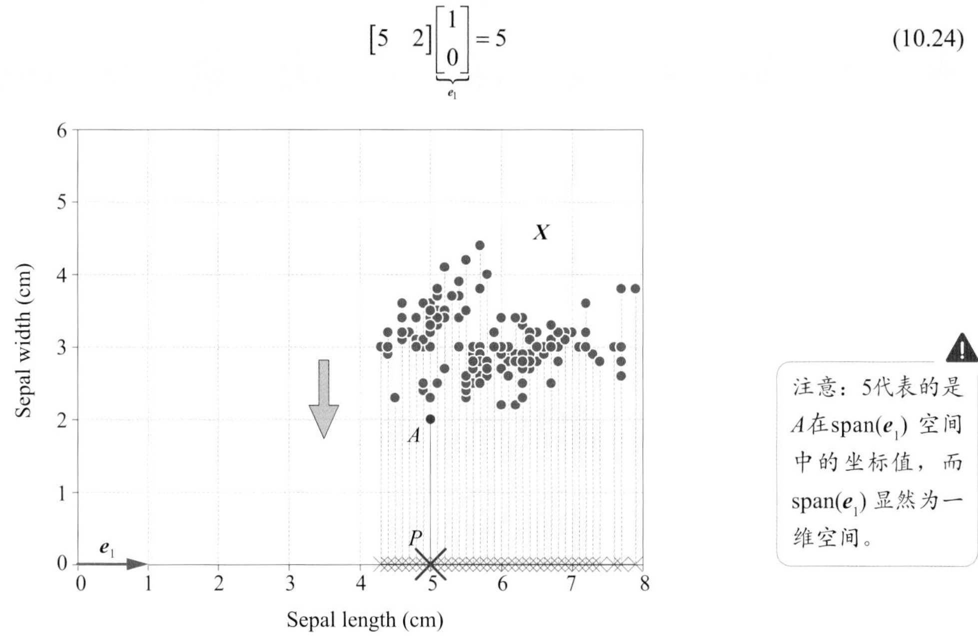

图10.10　二特征数据矩阵$\boldsymbol{X}_{150\times 2}$向$\boldsymbol{e}_1$投影，一次投影

如图10.11热图所示，$\boldsymbol{X}_{150\times 2}$向$\boldsymbol{e}_1$投影结果为列向量$\boldsymbol{x}_1$，相当于保留了$\boldsymbol{X}_{150\times 2}$的第一列数据，即

$$\boldsymbol{z}_1 = \boldsymbol{X}\boldsymbol{e}_1 = \boldsymbol{x}_1 \tag{10.25}$$

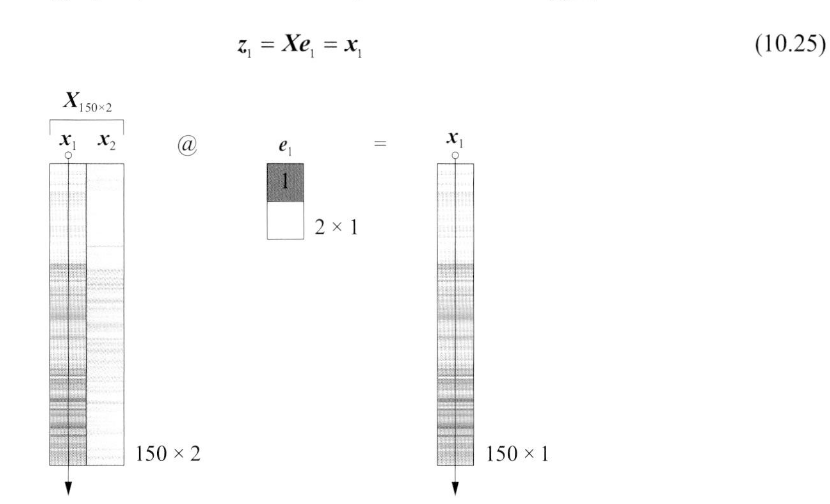

图10.11　数据热图，二特征数据矩阵$\boldsymbol{X}_{150\times 2}$向$\boldsymbol{e}_1$投影，一次投影(标量投影)

大家可能会好奇，既然图10.10中$\boldsymbol{X}_{150\times 2}$向水平方向的投影结果都可以画在图10.10的直角坐标系中，那么在二维空间$\mathbb{R}^2=\text{span}(\boldsymbol{e}_1,\boldsymbol{e}_2)$中，这些投影点一定有其二维坐标值。

很明显，以A为例，A在横轴投影点P在$\mathbb{R}^2=\text{span}(\boldsymbol{e}_1,\boldsymbol{e}_2)$的坐标值为(5, 0)。这个结果是怎么得到的？

这就用到了本章前文讲到的“二次投影”，相当于在标量投影的基础上再次投影。第二次投影相当于“升维”，从一维升到二维。

以点A为例，“二次投影”对应的计算为

$$\begin{bmatrix}5 & 2\end{bmatrix}\boldsymbol{e}_1\otimes\boldsymbol{e}_1=\begin{bmatrix}5 & 2\end{bmatrix}\boldsymbol{e}_1\boldsymbol{e}_1^{\mathrm{T}}=\begin{bmatrix}5 & 2\end{bmatrix}\begin{bmatrix}1 & 0\\0 & 0\end{bmatrix}=\begin{bmatrix}5 & 0\end{bmatrix} \tag{10.26}$$

上式对应的计算如图10.12所示。

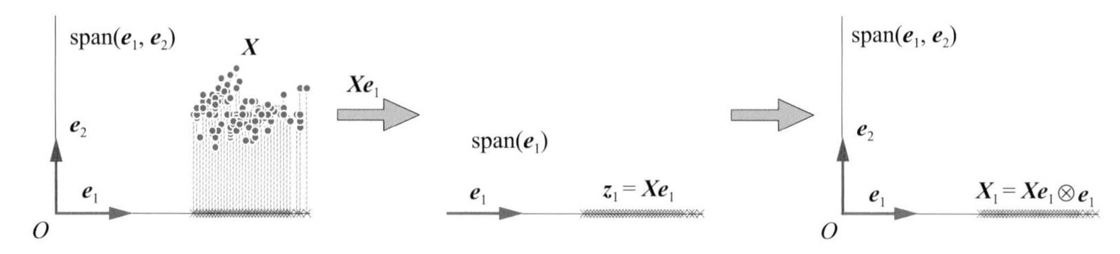

图10.12　二特征数据矩阵$\boldsymbol{X}$向$\boldsymbol{e}_1$投影，二次投影

$\boldsymbol{X}$在$\boldsymbol{e}_1$二次投影对应$\mathbb{R}^2=\text{span}(\boldsymbol{e}_1,\boldsymbol{e}_2)$坐标值为$\boldsymbol{X}_1$，有

$$\boldsymbol{X}_1=\boldsymbol{X}\boldsymbol{e}_1\otimes\boldsymbol{e}_1=\boldsymbol{X}\boldsymbol{e}_1\boldsymbol{e}_1^{\mathrm{T}}=\boldsymbol{X}\begin{bmatrix}1 & 0\\0 & 0\end{bmatrix}=\begin{bmatrix}\boldsymbol{x}_1 & \boldsymbol{0}\end{bmatrix} \tag{10.27}$$

图10.13所示为上述运算对应的热图。

很容易判断，式(10.27)中$\boldsymbol{e}_1\otimes\boldsymbol{e}_1$的行列式值为0，即$\det(\boldsymbol{e}_1\otimes\boldsymbol{e}_1)=0$。也就是说这个映射过程存在降维，映射矩阵$\boldsymbol{e}_1\otimes\boldsymbol{e}_1$不存在逆，即几何操作不可逆。

值得注意的是：从$\boldsymbol{x}_1$到$\boldsymbol{X}_1=[\boldsymbol{x}_1,\boldsymbol{0}]$这种“升维”只是名义上的维度提高，不代表数据信息增多。显然，上式中$\boldsymbol{X}_1$的秩仍为1，即rank($\boldsymbol{X}_1$)=1。举个形象点的例子，我们给桌面上马克杯拍了张照片，再把照片平放在桌面上。马克杯本身就是$\boldsymbol{X}$，桌面上的照片就是$\boldsymbol{X}_1$。桌面上马克杯的照片显然不能还原真实世界中马克杯的所有信息。

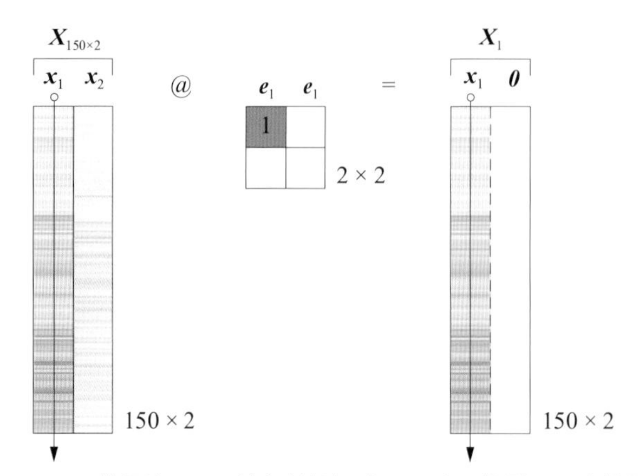

图10.13　数据热图，二特征数据矩阵$\boldsymbol{X}_{150\times 2}$向$\boldsymbol{e}_1$投影，二次投影

朝竖直方向投影

如图10.14所示，$\boldsymbol{X}_{150\times 2}$向竖直方向投影，即$\boldsymbol{X}_{150\times 2}$向$\boldsymbol{e}_2$投影。还是以$A$点为例，$A$ (5, 2) 在$\boldsymbol{e}_2$方向上的标量投影为

$$\begin{bmatrix}5 & 2\end{bmatrix}\underbrace{\begin{bmatrix}0\\1\end{bmatrix}}_{e_2}=2 \tag{10.28}$$

“2”代表的是A在span($\boldsymbol{e}_2$) 空间中的坐标值，span($\boldsymbol{e}_2$) 同样为一维空间。图10.15所示为上述运算的热图。

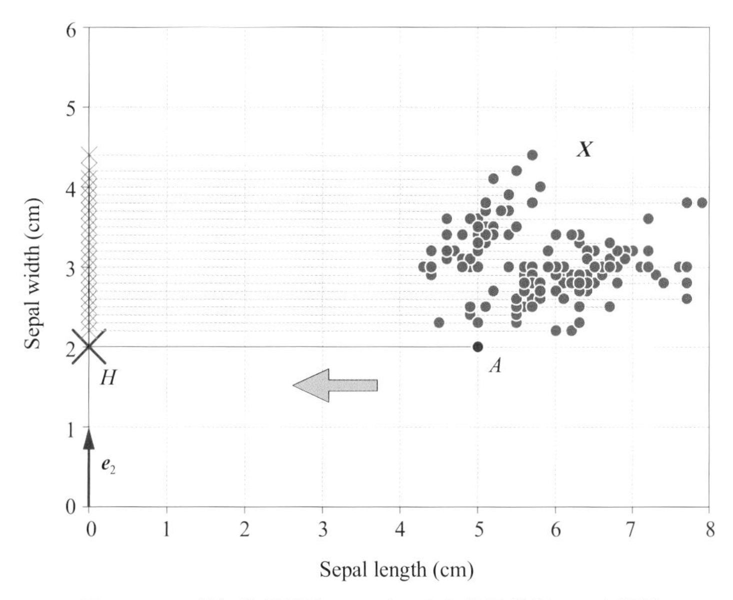

图10.14　二特征数据矩阵$\boldsymbol{X}_{150\times 2}$向$\boldsymbol{e}_2$方向标量投影，一次投影

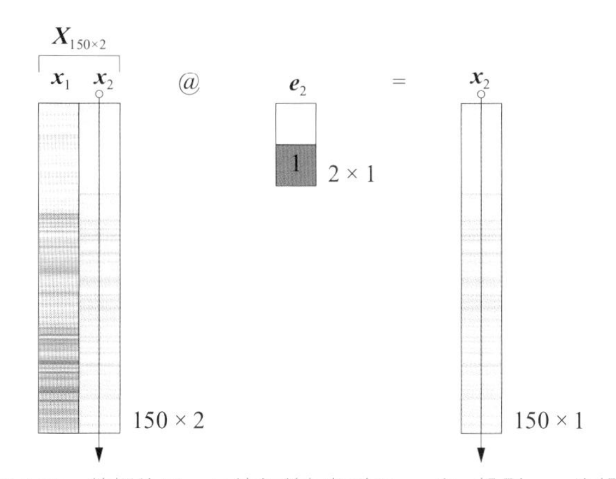

图10.15　数据热图，二特征数据矩阵$\boldsymbol{X}_{150\times 2}$向$\boldsymbol{e}_2$投影，一次投影

同样利用“二次投影”，得到A在竖直方向投影点H在span($\boldsymbol{e}_1$, $\boldsymbol{e}_2$) 的坐标值为 (0, 2)，即

$$\begin{bmatrix}5 & 2\end{bmatrix}\boldsymbol{e}_2\otimes\boldsymbol{e}_2=\begin{bmatrix}5 & 2\end{bmatrix}\boldsymbol{e}_2\boldsymbol{e}_2^{\mathrm{T}}=\begin{bmatrix}5 & 2\end{bmatrix}\begin{bmatrix}0 & 0\\0 & 1\end{bmatrix}=\begin{bmatrix}0 & 2\end{bmatrix} \tag{10.29}$$

上式对应的计算如图10.16所示。

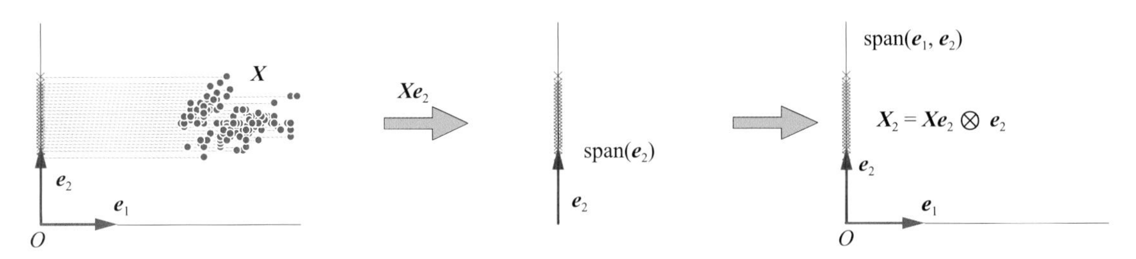

图10.16　二特征数据矩阵$\boldsymbol{X}_{150\times2}$向$\boldsymbol{e}_2$方向标量投影，二次投影

$\boldsymbol{X}_{150\times2}$在$\boldsymbol{e}_2$二次投影得到矩阵$\boldsymbol{X}_2$，有

$$\boldsymbol{X}_2 = \boldsymbol{X}\boldsymbol{e}_2 \otimes \boldsymbol{e}_2 = \boldsymbol{X}\boldsymbol{e}_2\boldsymbol{e}_2^{\mathrm{T}} = \boldsymbol{X}\begin{bmatrix} 0 & 0 \\ 0 & 1 \end{bmatrix} \tag{10.30}$$

式 (10.30) 对应的热图运算如图10.17所示。$\boldsymbol{X}_2$第一列向量为$\boldsymbol{0}$，第二列向量为$\boldsymbol{x}_2$。

式 (10.30) 中 $\boldsymbol{e}_2 \otimes \boldsymbol{e}_2$ 的行列式值为0，即 $\det\left(\boldsymbol{e}_2 \otimes \boldsymbol{e}_2\right) = 0$。

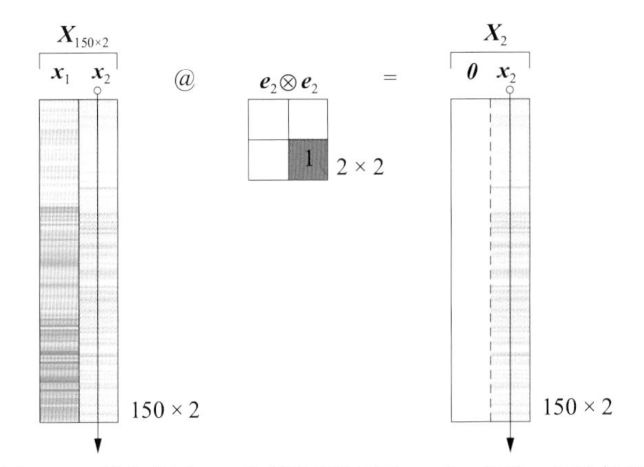

图10.17　数据热图，二特征数据矩阵$\boldsymbol{X}_{150\times2}$向$\boldsymbol{e}_2$投影，二次投影

叠加

如图10.18所示，以A为例，P (5, 0) 和 H (0, 2) 叠加得到点A的坐标 (5, 2)。这相当于两个向量合成，即

$$\begin{bmatrix} 5 \\ 0 \end{bmatrix} + \begin{bmatrix} 0 \\ 2 \end{bmatrix} = \begin{bmatrix} 5 \\ 2 \end{bmatrix} \tag{10.31}$$

或者以行向量来表示，有

$$\begin{bmatrix} 5 & 0 \end{bmatrix} + \begin{bmatrix} 0 & 2 \end{bmatrix} = \begin{bmatrix} 5 & 2 \end{bmatrix} \tag{10.32}$$

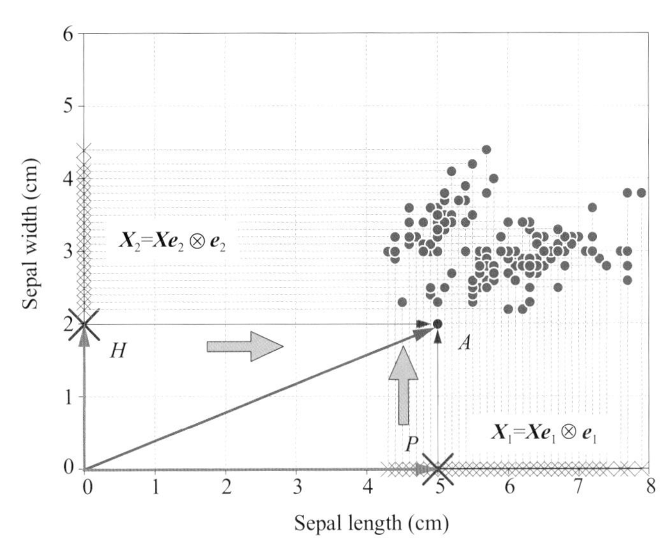

图10.18　数据叠加还原散点图

如图10.19所示，X_1和X_2叠加还原$X_{150\times2}$，有

$$
\begin{aligned}
X_{150\times2} &= X_1 + X_2 \\
&= X\left(e_1 \otimes e_1 + e_2 \otimes e_2\right) \\
&= X\left(e_1 e_1^{\mathrm{T}} + e_2 e_2^{\mathrm{T}}\right) \\
&= X\left(\begin{bmatrix} 1 & 0 \\ 0 & 0 \end{bmatrix} + \begin{bmatrix} 0 & 0 \\ 0 & 1 \end{bmatrix}\right) = XI
\end{aligned}
\tag{10.33}
$$

图10.20所示为上述运算对应的热图。

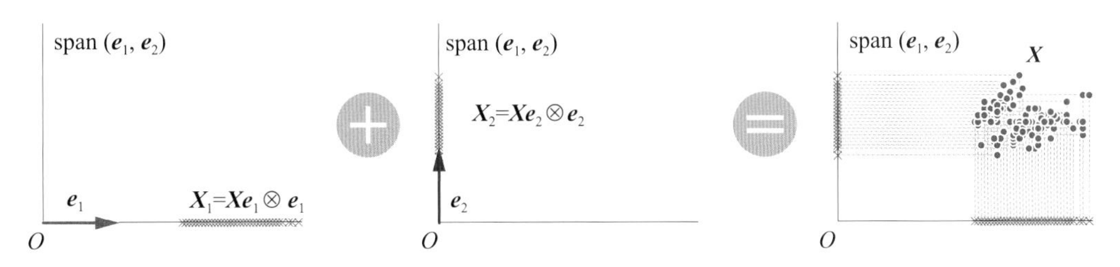

图10.19　数据叠加还原$X_{150\times2}$

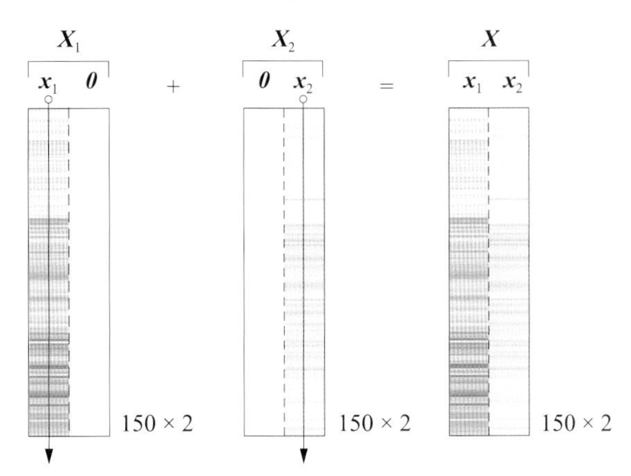

图10.20　数据热图，叠加还原$X_{150\times2}$

10.4 二特征数据投影：规范正交基

本节分析$X_{150\times 2}$在三个不同规范正交基的投影情况。

第一个规范正交基

给定如下规范正交基$V = [v_1, v_2]$，即

$$V = \begin{bmatrix} v_1 & v_2 \end{bmatrix} = \begin{bmatrix} \sqrt{3}/2 & -1/2 \\ 1/2 & \sqrt{3}/2 \end{bmatrix} \tag{10.34}$$

从几何变换角度来看，V可以视作一个旋转矩阵。请大家自行验证$V^{\mathrm{T}}V = I$。此外，很容易计算得到V的行列式值为1，即$\det(V) = 1$。也就是说，旋转不改变面积。

v_1和v_2也相当于是e_1和e_2的线性组合，即

$$\begin{aligned} v_1 &= \sqrt{3}/2\, e_1 + 1/2\, e_2 \\ v_2 &= -1/2\, e_1 + \sqrt{3}/2\, e_2 \end{aligned} \tag{10.35}$$

如图10.21所示，同样以点A (5, 2) 为例，A在v_1方向的标量投影为

$$\begin{bmatrix} 5 & 2 \end{bmatrix} \underbrace{\begin{bmatrix} \sqrt{3}/2 \\ 1/2 \end{bmatrix}}_{v_1} \approx 5.33 \tag{10.36}$$

也就是说，A在span(v_1) 投影点H的坐标值为5.33，对应向量可以写成5.33v_1。

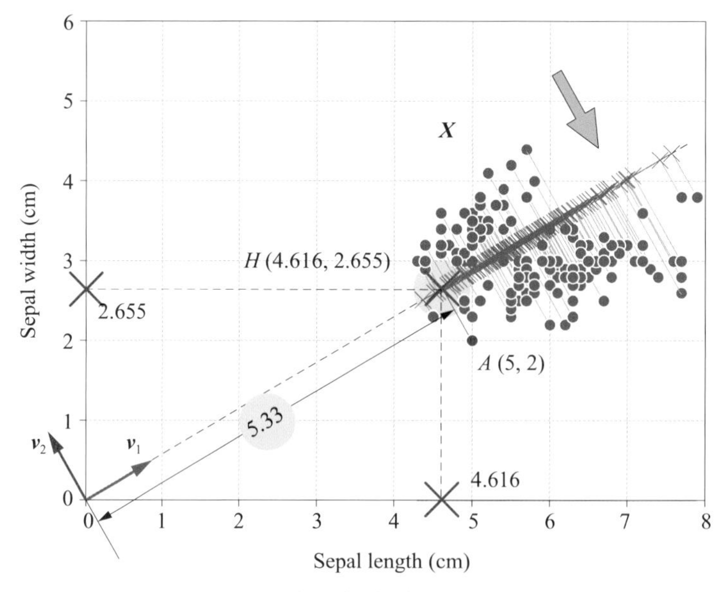

图10.21　二特征数据矩阵$X_{150\times 2}$向v_1投影

通过二次投影获得H在span($\boldsymbol{e}_1, \boldsymbol{e}_2$) 的坐标值，有

$$\begin{bmatrix}5 & 2\end{bmatrix}\boldsymbol{v}_1 \otimes \boldsymbol{v}_1 = \begin{bmatrix}5 & 2\end{bmatrix}\boldsymbol{v}_1\boldsymbol{v}_1^{\mathrm{T}} = \begin{bmatrix}5 & 2\end{bmatrix}\begin{bmatrix}3/4 & \sqrt{3}/4 \\ \sqrt{3}/4 & 1/4\end{bmatrix} \approx \begin{bmatrix}4.616 & 2.665\end{bmatrix} \tag{10.37}$$

这就是H在图10.21中的坐标值。很容易计算，式 (10.37) 中 $\boldsymbol{v}_1 \otimes \boldsymbol{v}_1$ 的行列式值为0，即 $\det\left(\boldsymbol{v}_1 \otimes \boldsymbol{v}_1\right) = 0$。

数据矩阵$\boldsymbol{X}_{150\times 2}$在$\boldsymbol{v}_1$方向的投影$\boldsymbol{z}_1$为

$$\boldsymbol{z}_1 = \boldsymbol{X}\boldsymbol{v}_1 = \underbrace{\begin{bmatrix}\boldsymbol{x}_1 & \boldsymbol{x}_2\end{bmatrix}}_{X}\underbrace{\begin{bmatrix}\sqrt{3}/2 \\ 1/2\end{bmatrix}}_{v_1} \approx 0.866\boldsymbol{x}_1 + 0.5\boldsymbol{x}_2 \tag{10.38}$$

观察式 (10.38) 发现，$\boldsymbol{z}_1$相当于$\boldsymbol{x}_1$和$\boldsymbol{x}_2$的线性组合。请大家关注一下单位，$\boldsymbol{x}_1$和$\boldsymbol{x}_2$的单位均为厘米，因此上式线性组合结果的单位还是厘米。

如果，$\boldsymbol{x}_1$和$\boldsymbol{x}_2$分别代表身高、体重数据，单位为米、公斤。这种情况下，$\boldsymbol{x}_1$和$\boldsymbol{x}_2$线性组合结果的单位就显得“尴尬”。因此，对于单位不统一的矩阵，可以考虑先通过标准化“去单位”。

$\boldsymbol{X}_{150\times 2}$在$\boldsymbol{v}_1$方向二次投影的结果$\boldsymbol{X}_1$为

$$\boldsymbol{X}_1 = \boldsymbol{X}\boldsymbol{v}_1 \otimes \boldsymbol{v}_1 = \boldsymbol{X}\boldsymbol{v}_1\boldsymbol{v}_1^{\mathrm{T}} \approx \underbrace{\begin{bmatrix}\boldsymbol{x}_1 & \boldsymbol{x}_2\end{bmatrix}}_{X}\begin{bmatrix}0.750 & 0.433 \\ 0.433 & 0.250\end{bmatrix} = \begin{bmatrix}0.750\boldsymbol{x}_1 + 0.433\boldsymbol{x}_2 & 0.433\boldsymbol{x}_1 + 0.250\boldsymbol{x}_2\end{bmatrix} \tag{10.39}$$

而$\boldsymbol{X}_1$的两个列向量都存在如下倍数关系，因此$\boldsymbol{X}_1$的秩为1，即

$$\boldsymbol{X}_1 \approx \begin{bmatrix}0.866\times\left(0.866\boldsymbol{x}_1 + 0.5\boldsymbol{x}_2\right) & 0.5\times\left(0.866\boldsymbol{x}_1 + 0.5\boldsymbol{x}_2\right)\end{bmatrix} \tag{10.40}$$

如图10.21所示，$\boldsymbol{X}_1$所有点在一条通过原点的直线上。这条直线等价于span($\boldsymbol{v}_1$)。

如图10.22所示，同样以点A (5, 2) 为例，A在$\boldsymbol{v}_2$方向标量投影的结果为

$$\begin{bmatrix}5 & 2\end{bmatrix}\underbrace{\begin{bmatrix}-1/2 \\ \sqrt{3}/2\end{bmatrix}}_{v_2} \approx -0.7679 \tag{10.41}$$

即A在span($\boldsymbol{v}_2$) 投影点的坐标值为−0.7679，对应向量可以写成$-0.7679\boldsymbol{v}_2$。通过二次投影获得投影点坐标值 (图10.22中 ×)，有

$$\begin{bmatrix}5 & 2\end{bmatrix}\boldsymbol{v}_2 \otimes \boldsymbol{v}_2 = \begin{bmatrix}5 & 2\end{bmatrix}\boldsymbol{v}_2\boldsymbol{v}_2^{\mathrm{T}} = \begin{bmatrix}5 & 2\end{bmatrix}\begin{bmatrix}1/4 & -\sqrt{3}/4 \\ -\sqrt{3}/4 & 3/4\end{bmatrix} \approx \begin{bmatrix}0.384 & -0.665\end{bmatrix} \tag{10.42}$$

式 (10.42) 中 $\boldsymbol{v}_2 \otimes \boldsymbol{v}_2$ 的行列式值为0，即 $\det\left(\boldsymbol{v}_2 \otimes \boldsymbol{v}_2\right) = 0$。

式 (10.37) 和式 (10.42) 之和还原A坐标值 (5, 2)，有

$$\begin{bmatrix}5 & 2\end{bmatrix}\left(\boldsymbol{v}_1 \otimes \boldsymbol{v}_1 + \boldsymbol{v}_2 \otimes \boldsymbol{v}_2\right) = \begin{bmatrix}5 & 2\end{bmatrix}\left\{\begin{bmatrix}3/4 & \sqrt{3}/4 \\ \sqrt{3}/4 & 1/4\end{bmatrix} + \begin{bmatrix}1/4 & -\sqrt{3}/4 \\ -\sqrt{3}/4 & 3/4\end{bmatrix}\right\} = \begin{bmatrix}5 & 2\end{bmatrix} \tag{10.43}$$

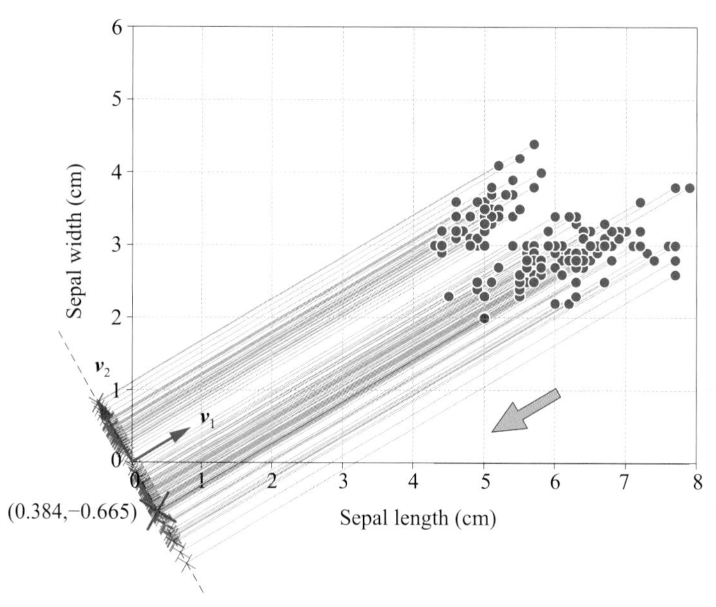

图10.22　二特征数据矩阵$\boldsymbol{X}_{150\times 2}$向$\boldsymbol{v}_2$投影

$\boldsymbol{X}_{150\times 2}$在$\boldsymbol{v}_2$方向的投影$\boldsymbol{z}_2$为

$$\boldsymbol{z}_2 = \boldsymbol{X}\boldsymbol{v}_2 = \underbrace{\begin{bmatrix} \boldsymbol{x}_1 & \boldsymbol{x}_2 \end{bmatrix}}_{\boldsymbol{X}} \underbrace{\begin{bmatrix} -1/2 \\ \sqrt{3}/2 \end{bmatrix}}_{\boldsymbol{v}_2} \approx -0.5\boldsymbol{x}_1 + 0.866\boldsymbol{x}_2 \tag{10.44}$$

$\boldsymbol{z}_2$也是$\boldsymbol{x}_1$和$\boldsymbol{x}_2$的线性组合。

$\boldsymbol{X}_{150\times 2}$在$\boldsymbol{v}_2$二次投影$\boldsymbol{X}_2$为

$$\boldsymbol{X}_2 = \boldsymbol{X}\boldsymbol{v}_2 \otimes \boldsymbol{v}_2 = \boldsymbol{X}\boldsymbol{v}_2\boldsymbol{v}_2^{\mathrm{T}} \approx \underbrace{\begin{bmatrix} \boldsymbol{x}_1 & \boldsymbol{x}_2 \end{bmatrix}}_{\boldsymbol{X}} \begin{bmatrix} 0.250 & -0.433 \\ -0.433 & 0.750 \end{bmatrix} = \begin{bmatrix} 0.250\boldsymbol{x}_1 - 0.433\boldsymbol{x}_2 & -0.433\boldsymbol{x}_1 + 0.750\boldsymbol{x}_2 \end{bmatrix} \tag{10.45}$$

$\boldsymbol{X}_2$的秩也为1。如图10.22所示，$\boldsymbol{X}_2$对应的坐标也在一条通过原点的直线上。

式 (10.39) 和式 (10.45) 叠加还原$\boldsymbol{X}$，有

$$\boldsymbol{X}_1 + \boldsymbol{X}_2 = \boldsymbol{X}\boldsymbol{v}_1 \otimes \boldsymbol{v}_1 + \boldsymbol{X}\boldsymbol{v}_2 \otimes \boldsymbol{v}_2 = \boldsymbol{X}\left\{\begin{bmatrix} 0.750 & 0.433 \\ 0.433 & 0.250 \end{bmatrix} + \begin{bmatrix} 0.250 & -0.433 \\ -0.433 & 0.750 \end{bmatrix}\right\} = \boldsymbol{X}\boldsymbol{I} = \boldsymbol{X} \tag{10.46}$$

顺便一提，对于2 × 2方阵$\boldsymbol{A}$和$\boldsymbol{B}$，$\boldsymbol{A}+\boldsymbol{B}$行列式值存在如下关系，即

$$\det(\boldsymbol{A}+\boldsymbol{B}) = \det(\boldsymbol{A}) + \det(\boldsymbol{B}) + \operatorname{tr}(\boldsymbol{A})\operatorname{tr}(\boldsymbol{B}) - \operatorname{tr}(\boldsymbol{A}\boldsymbol{B}) \tag{10.47}$$

请大家将$\boldsymbol{v}_1 \otimes \boldsymbol{v}_1$和$\boldsymbol{v}_2 \otimes \boldsymbol{v}_2$代入上式进行验证。

第二个规范正交基

给定如下规范正交基$\boldsymbol{W} = [\boldsymbol{w}_1, \boldsymbol{w}_2]$为

$$\boldsymbol{W} = \begin{bmatrix} \boldsymbol{w}_1 & \boldsymbol{w}_2 \end{bmatrix} = \begin{bmatrix} \sqrt{2}/2 & -\sqrt{2}/2 \\ \sqrt{2}/2 & \sqrt{2}/2 \end{bmatrix} \tag{10.48}$$

图10.23和图10.24所示为二特征数据矩阵$\boldsymbol{X}_{150\times2}$向$\boldsymbol{w}_1$和$\boldsymbol{w}_2$投影的结果。请按照本节之前分析$\boldsymbol{V}$的逻辑，自行分析数据在$\boldsymbol{W}$中的投影，并计算$\boldsymbol{W}$的行列式值。

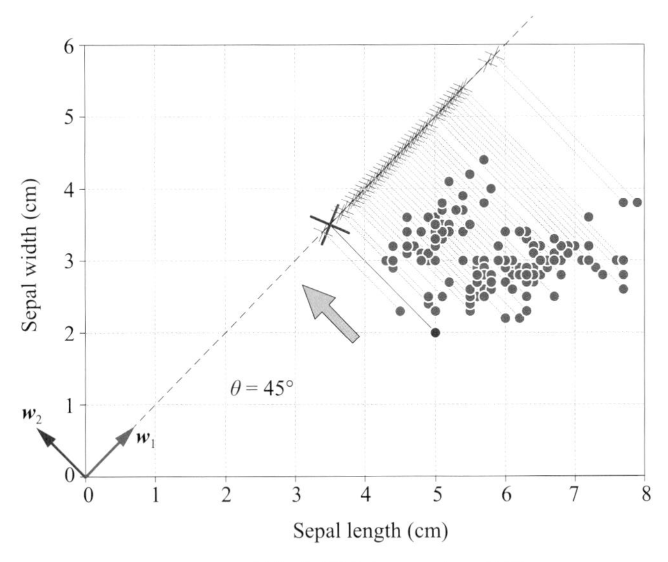

图10.23　二特征数据矩阵$\boldsymbol{X}_{150\times2}$向$\boldsymbol{w}_1$投影

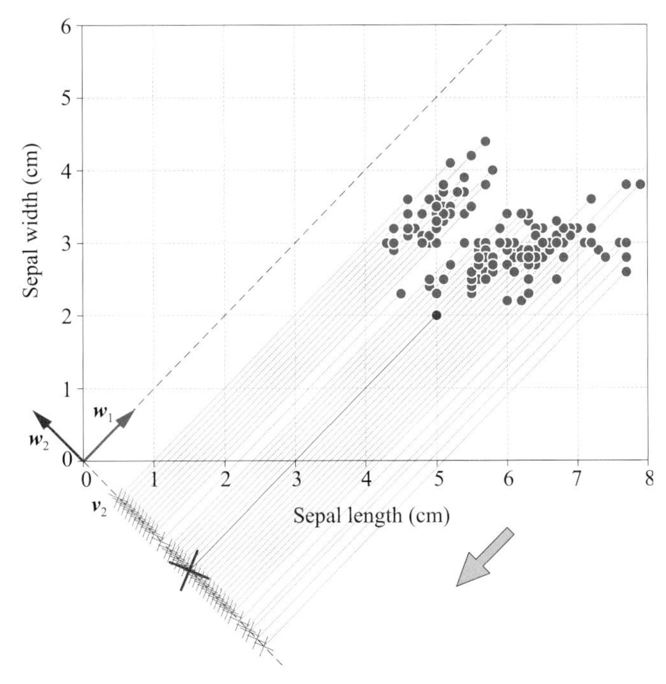

图10.24　二特征数据矩阵$\boldsymbol{X}_{150\times2}$向$\boldsymbol{w}_2$投影

第三个规范正交基

给定如下规范正交基$\boldsymbol{U} = [\boldsymbol{u}_1, \boldsymbol{u}_2]$为

$$\boldsymbol{U} = \begin{bmatrix} \boldsymbol{u}_1 & \boldsymbol{u}_2 \end{bmatrix} = \begin{bmatrix} 1/2 & -\sqrt{3}/2 \\ \sqrt{3}/2 & 1/2 \end{bmatrix} \tag{10.49}$$

图10.25和图10.26所示为二特征数据矩阵$\boldsymbol{X}_{150\times2}$向$\boldsymbol{u}_1$和$\boldsymbol{u}_2$投影的结果。请大家分析数据在$\boldsymbol{U}$中的投影，并计算$\boldsymbol{U}$的行列式值。

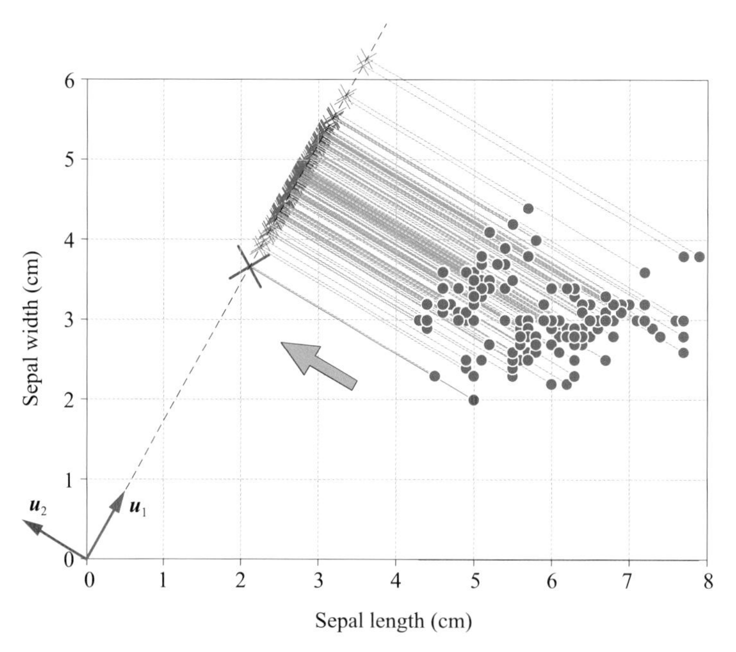

图10.25　二特征数据矩阵$\boldsymbol{X}_{150\times2}$向$\boldsymbol{u}_1$投影

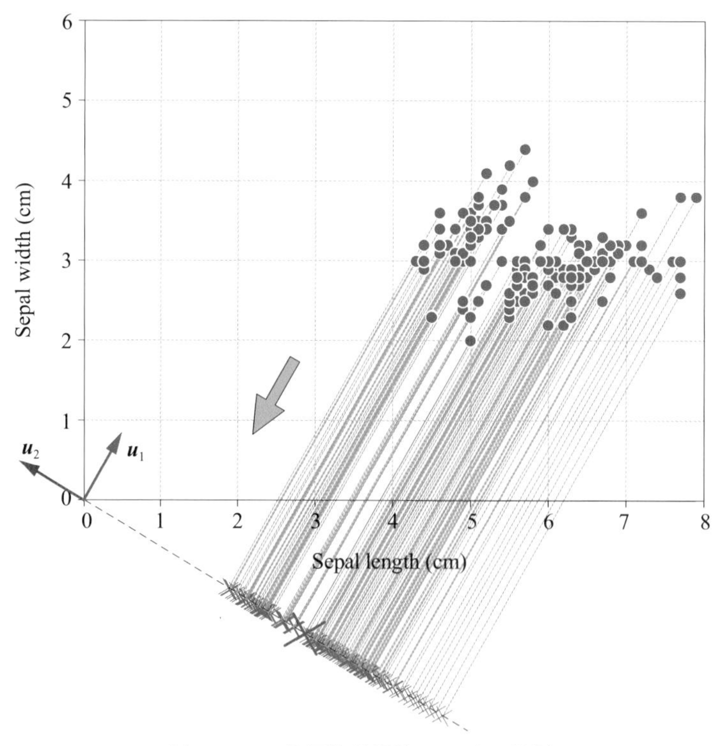

图10.26　二特征数据矩阵$\boldsymbol{X}_{150\times2}$向$\boldsymbol{u}_2$投影

旋转角度连续变化

前文提过，在 $\mathbb{R}^2$ 中不同规范正交基之间仅差在旋转角度上。比较图10.21 ~ 图10.26这六幅图，当旋转角度连续变化时，投影结果$\boldsymbol{z}_1$和$\boldsymbol{z}_2$也会连续变化。给出如下更具一般性的矩阵$\boldsymbol{V}$为

$$\boldsymbol{V}=\begin{bmatrix}\cos\theta & \sin\theta\\ -\sin\theta & \cos\theta\end{bmatrix} \tag{10.50}$$

其中：θ为逆时针旋转角度。$\boldsymbol{Z}=\boldsymbol{X}\boldsymbol{V}$可以展开写成

$$\underbrace{\begin{bmatrix}\boldsymbol{z}_1 & \boldsymbol{z}_2\end{bmatrix}}_{\boldsymbol{Z}}=\underbrace{\begin{bmatrix}\boldsymbol{x}_1 & \boldsymbol{x}_2\end{bmatrix}}_{\boldsymbol{X}}\underbrace{\begin{bmatrix}\cos\theta & \sin\theta\\ -\sin\theta & \cos\theta\end{bmatrix}}_{\boldsymbol{V}}=\begin{bmatrix}\cos\theta\boldsymbol{x}_1-\sin\theta\boldsymbol{x}_2 & \sin\theta\boldsymbol{x}_1+\cos\theta\boldsymbol{x}_2\end{bmatrix} \tag{10.51}$$

对于式 (10.51) 中的$\boldsymbol{z}_1$和$\boldsymbol{z}_2$，我们可以分析它们各自的向量模，也可以计算$\boldsymbol{z}_1$和$\boldsymbol{z}_2$之间的向量夹角余弦值、夹角弧度、角度等。

从统计视角来看，$\boldsymbol{z}_1$和$\boldsymbol{z}_2$代表两列数值，我们可以分析它们各自的均值、方差、标准差，也可以计算$\boldsymbol{z}_1$和$\boldsymbol{z}_2$的协方差、相关性系数。

而上述这些量值都随着θ的变化而连续变化。有变化就有最大值、最小值，就有优化问题。本书后续介绍的特征值分解和奇异值分解背后都离不开优化视角。这是本书第18章要讨论的话题。

10.5 四特征数据投影：标准正交基

本章最后两节以四特征数据矩阵为例，扩展前文分析案例。本节先从最简单的标准正交基 $[\boldsymbol{e}_1, \boldsymbol{e}_2, \cdots, \boldsymbol{e}_D]$ 入手。

一次投影：标量投影

前文提到过，一次投影实际上就是“标量投影”。图10.27 (a) 所示为鸢尾花数据集矩阵$\boldsymbol{X}$在$\boldsymbol{e}_1$方向上标量投影的运算热图。

从行向量角度来看，$\boldsymbol{x}^{(i)}\boldsymbol{e}_1 \rightarrow x_{i,1}$代表 $\mathbb{R}^D$ 空间坐标值$\boldsymbol{x}^{(i)}$ 投影到span($\boldsymbol{e}_1$) 这个子空间后，坐标值为$x_{i,1}$。

> 再次强调：向量空间span($\boldsymbol{e}_1$) 维度为1。$x_{i,1}$是$\boldsymbol{x}^{(i)}$在 span($\boldsymbol{e}_1$) 的坐标值。

从列向量角度来看，$[\boldsymbol{x}_1, \boldsymbol{x}_2, \boldsymbol{x}_3, \boldsymbol{x}_4]\boldsymbol{e}_1 \rightarrow \boldsymbol{x}_1$是一个线性组合过程。而$\boldsymbol{e}_1 = [1, 0, 0, 0]^{\mathrm{T}}$，线性组合结果只保留了鸢尾花数据集的第一列$\boldsymbol{x}_1$，即花萼长度。

请大家按照这个思路分析图10.27 (b)～图10.27(d)三幅热图运算。请大家思考，要是想计算鸢尾花花萼长度和花萼宽度之和，用矩阵乘法怎样完成呢？

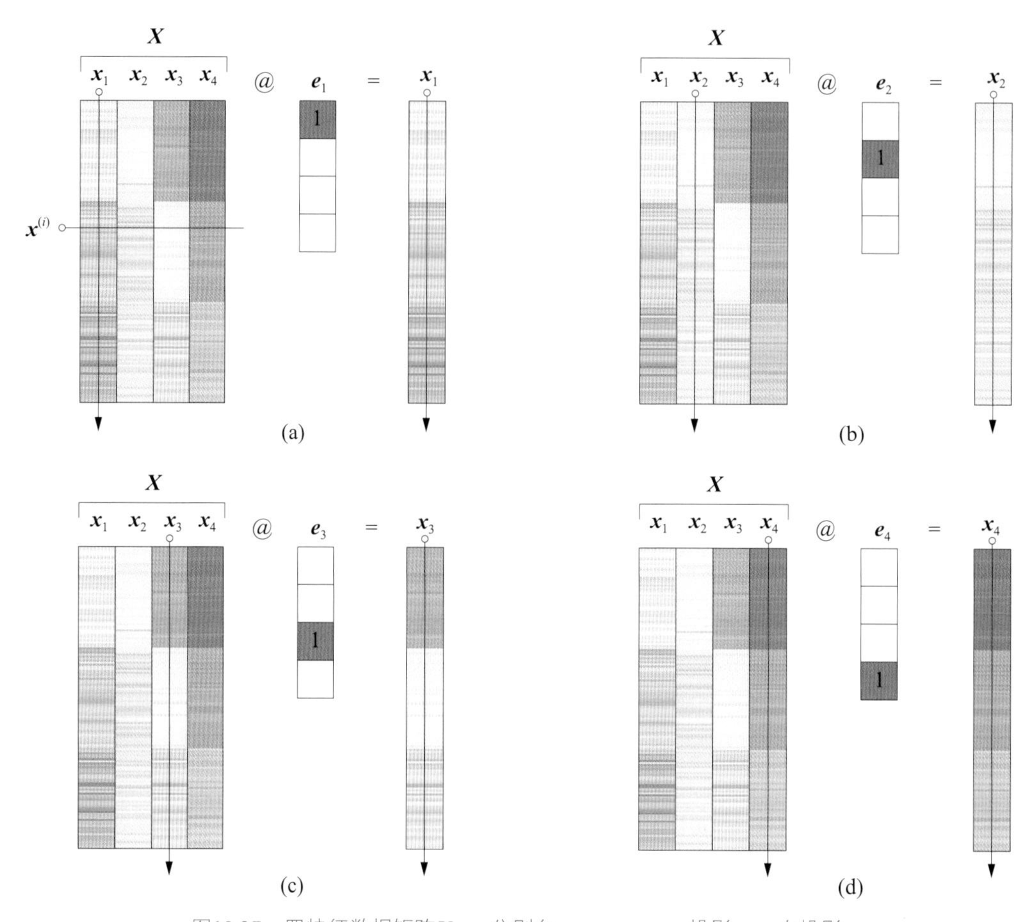

图10.27　四特征数据矩阵$\boldsymbol{X}_{150\times4}$分别向$\boldsymbol{e}_1$、$\boldsymbol{e}_2$、$\boldsymbol{e}_3$、$\boldsymbol{e}_4$投影，一次投影

二次投影

如前文所述，本章所谓的“二次投影”实际上就是向量投影。如图10.28所示，$\boldsymbol{X}$向$\boldsymbol{e}_1$方向向量投影的结果就是$\boldsymbol{X}$与$\boldsymbol{e}_1\otimes\boldsymbol{e}_1$的矩阵乘积。乘积结果是，只保留鸢尾花数据集第一列——花萼长度，其他数据均置0。请大家按照这个思路自行分析图10.29～图10.31。此外，容易计算得到$\boldsymbol{e}_1\otimes\boldsymbol{e}_1$、$\boldsymbol{e}_2\otimes\boldsymbol{e}_2$、$\boldsymbol{e}_3\otimes\boldsymbol{e}_3$、$\boldsymbol{e}_4\otimes\boldsymbol{e}_4$的行列式值都为0。

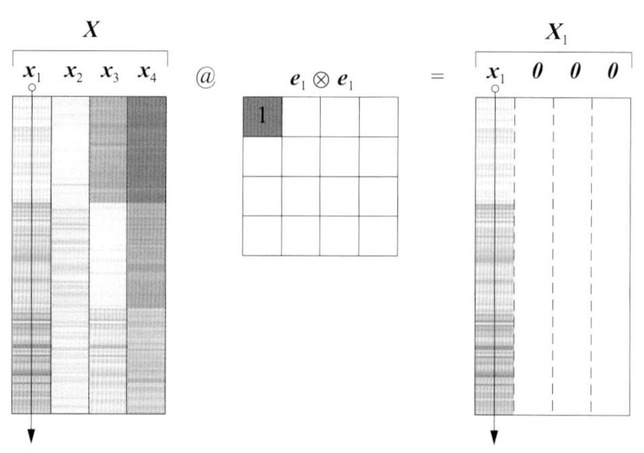

图10.28　四特征数据矩阵$\boldsymbol{X}_{150\times4}$向$\boldsymbol{e}_1$方向向量投影，二次投影

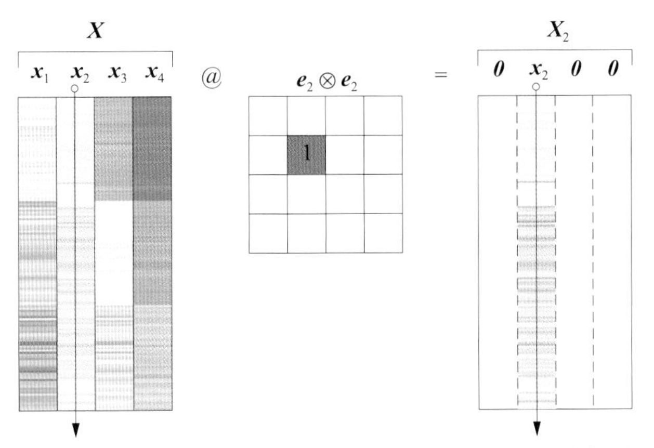

图10.29　四特征数据矩阵$X_{150\times4}$向e_2方向向量投影，二次投影

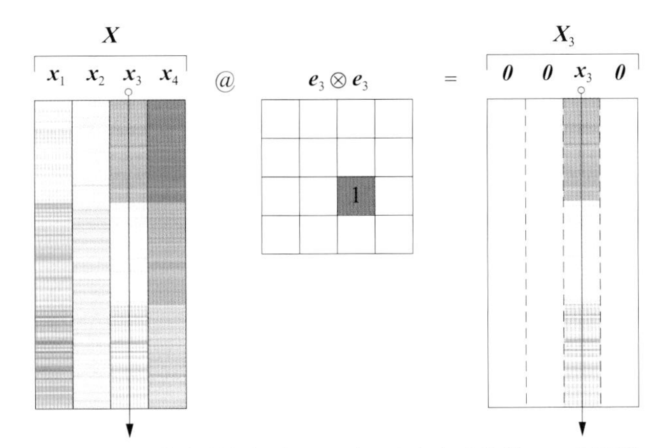

图10.30　四特征数据矩阵$X_{150\times4}$向e_3方向向量投影，二次投影

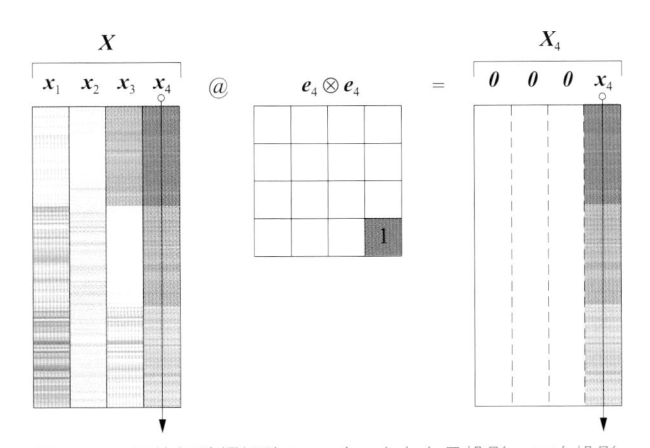

图10.31　四特征数据矩阵$X_{150\times4}$向e_4方向向量投影，二次投影

朝平面投影

本节之前提到的都是向单一方向的投影。下面，我们用一个例子说明向某个二维向量空间的投影。

如图10.32所示，X向 $[e_1, e_2]$ 基底张成的向量空间标量投影，这个过程也相当于降维，从四维降到二维，只保留了鸢尾花花萼长度、花萼宽度两个特征。

本书第1章介绍过成对特征散点图，请大家思考如何用矩阵乘法运算获得每幅散点图的数据矩阵。

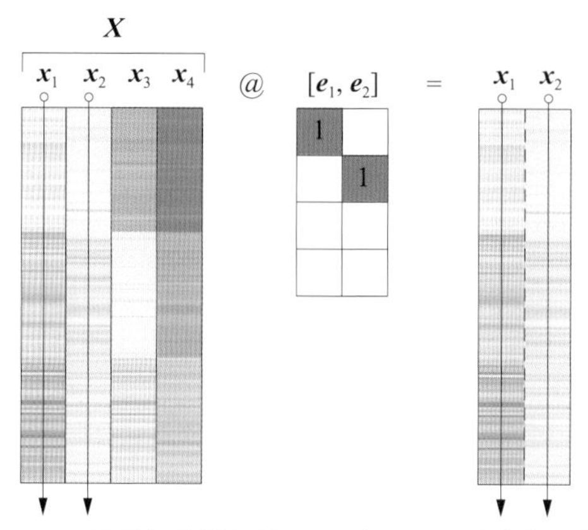

图10.32　四特征数据矩阵$\boldsymbol{X}_{150\times4}$向 $[\boldsymbol{e}_1, \boldsymbol{e}_2]$ 方向标量投影

图10.33所示为$\boldsymbol{X}$向 $[\boldsymbol{e}_1, \boldsymbol{e}_2]$ 基底张成的向量空间向量投影，结果相当于将图10.28和图10.29的结果“叠加”，即$\boldsymbol{X}_1+\boldsymbol{X}_2$。很明显，$\boldsymbol{X}_1+\boldsymbol{X}_2$并没有还原$\boldsymbol{X}$。

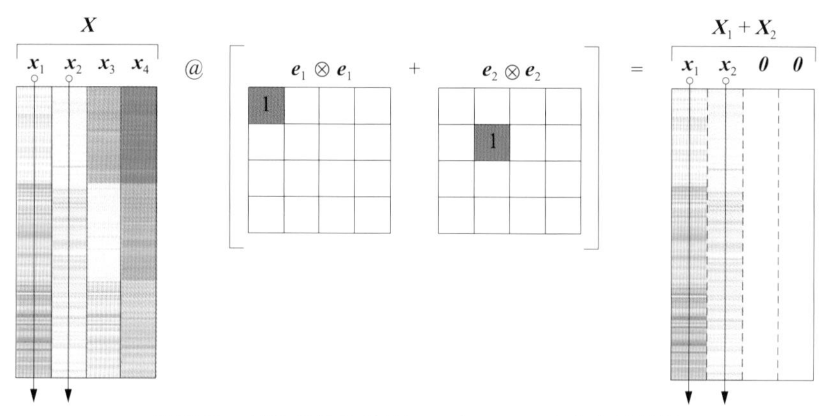

图10.33　四特征数据矩阵$\boldsymbol{X}_{150\times4}$向 $[\boldsymbol{e}_1, \boldsymbol{e}_2]$ 方向向量投影

层层叠加：还原原始矩阵

本章前文式 (10.12) 告诉我们，数据矩阵$\boldsymbol{X}$在规范正交基 $[\boldsymbol{v}_1, \boldsymbol{v}_2, \cdots, \boldsymbol{v}_D]$ 中每个方向上的向量投影层层叠加可以完全还原原始数据。而标准正交基 $[\boldsymbol{e}_1, \boldsymbol{e}_2, \cdots, \boldsymbol{e}_D]$ 可以视作特殊的规范正交基。

观察图10.34得知，要想完整还原$\boldsymbol{X}$，需要图10.28、图10.29、图10.30、图10.31四幅热图叠加，即$\boldsymbol{X}=\boldsymbol{X}_1+\boldsymbol{X}_2+\boldsymbol{X}_3+\boldsymbol{X}_4$。显然，$\boldsymbol{X}_1$、$\boldsymbol{X}_2$、$\boldsymbol{X}_3$、$\boldsymbol{X}_4$这四个矩阵的秩都是1。

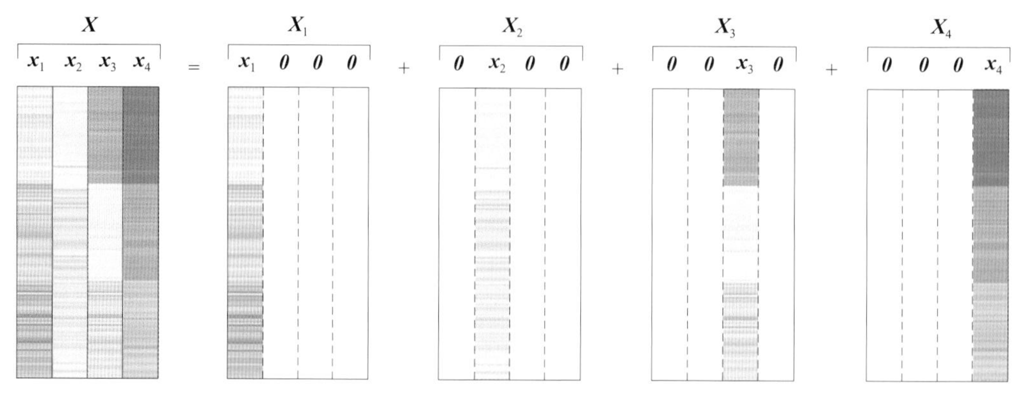

图10.34　投影数据矩阵的层层叠加还原数据矩阵$\boldsymbol{X}_{150\times4}$

图10.35所示是张量积层层叠加得到单位矩阵$\boldsymbol{I}$，它是数据还原的另外一个视角，即

$$\boldsymbol{e}_1 \otimes \boldsymbol{e}_1 + \boldsymbol{e}_2 \otimes \boldsymbol{e}_2 + \boldsymbol{e}_3 \otimes \boldsymbol{e}_3 + \boldsymbol{e}_4 \otimes \boldsymbol{e}_4 = \boldsymbol{I} \tag{10.52}$$

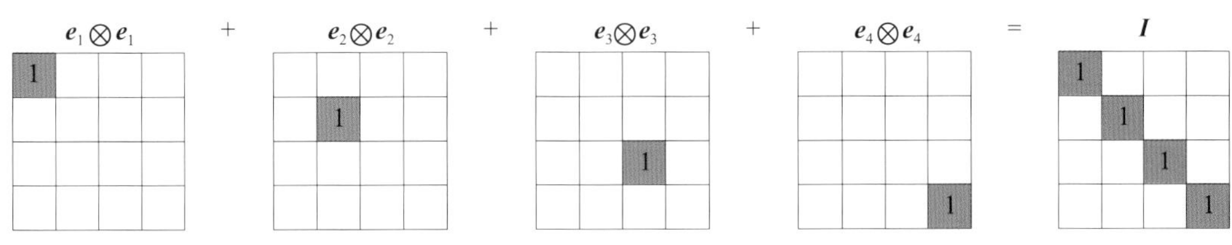

图10.35　张量积的层层叠加还原4×4单位矩阵

10.6 四特征数据投影：规范正交基

有了上一节内容作为基础，这一节提高难度，我们用一个规范正交基重复上一节的所有计算。大家阅读这一节时，请对比上一节内容。

某个“无数里挑一”的规范正交基

我们恰好找到了一个4 × 4规范正交基$\boldsymbol{V}$，具体为

$$\boldsymbol{V} = \begin{bmatrix} \boldsymbol{v}_1 & \boldsymbol{v}_2 & \boldsymbol{v}_3 & \boldsymbol{v}_4 \end{bmatrix} = \begin{bmatrix} 0.751 & 0.284 & 0.502 & 0.321 \\ 0.380 & 0.547 & -0.675 & -0.317 \\ 0.513 & -0.709 & -0.059 & -0.481 \\ 0.168 & -0.344 & -0.537 & 0.752 \end{bmatrix} \tag{10.53}$$

大家可能好奇我们怎么找到这个$\boldsymbol{V}$，本章后面会揭晓答案。

图10.36所示为规范正交基$\boldsymbol{V}$乘其转置$\boldsymbol{V}^{\mathrm{T}}$得到单位矩阵。大家可以自己试着验算上式是否满足$\boldsymbol{V}\boldsymbol{V}^{\mathrm{T}} = \boldsymbol{I}$，即方阵$\boldsymbol{V}$每一列列向量都是单位向量，且$\boldsymbol{V}$的列向量两两正交。式 (10.53) 中，$\boldsymbol{V}$的数据仅保留小数点后3位，$\boldsymbol{V}\boldsymbol{V}^{\mathrm{T}}$的结果非常接近单位矩阵$\boldsymbol{I}$。

从几何角度来看，规范正交基$\boldsymbol{V}$对应的几何操作是四维空间旋转。

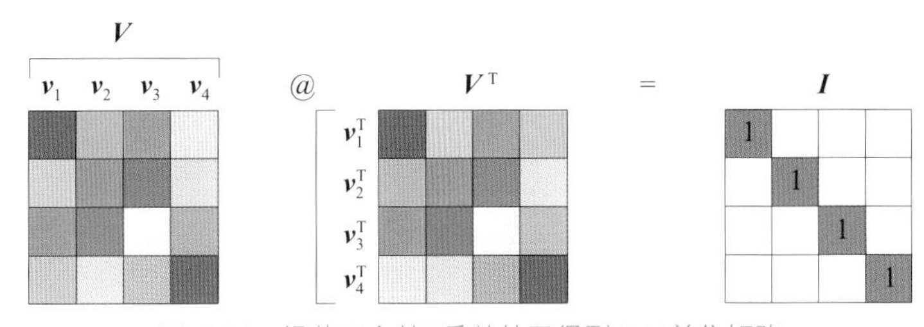

图10.36　规范正交基$\boldsymbol{V}$乘其转置得到4×4单位矩阵

V中的像

如图10.37所示，以规范正交基V为桥梁，矩阵乘法$Z = XV$完成X到Z的映射。Z就是X在V中的像，根据$Xv_j = z_j$，下面逐一分析矩阵Z的列向量。

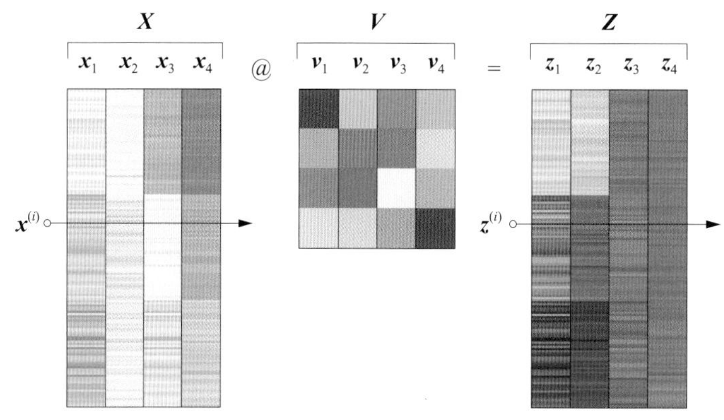

图10.37　四特征数据矩阵$X_{150\times4}$投影到规范正交基V得到Z

第1列向量v_1

图10.38所示为鸢尾花数据集矩阵X在v_1方向上标量投影的运算热图。

从行向量角度来看，$x^{(i)}v_1 \to z_{i,1}$代表$\mathbb{R}^D$空间坐标值$x^{(i)}$投影到$\text{span}(v_1)$这个子空间后坐标值变成$z_{i,1}$。从列向量角度来看，$[x_1, x_2, x_3, x_4]v_1 \to z_1$是一个线性组合过程，即

$$z_1 = Xv_1 = \begin{bmatrix} x_1 & x_2 & x_3 & x_4 \end{bmatrix} \begin{bmatrix} 0.751 \\ 0.380 \\ 0.513 \\ 0.168 \end{bmatrix} = 0.751x_1 + 0.380x_2 + 0.513x_3 + 0.168x_4 \tag{10.54}$$

式 (10.54) 说明，0.751倍x_1、0.380倍x_2、0.513倍x_3、0.168倍x_4合成得到了向量z_1。

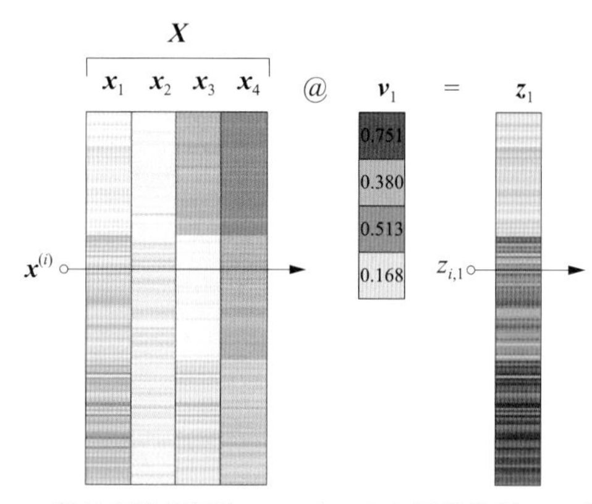

图10.38　四特征数据矩阵$X_{150\times4}$向v_1方向标量投影，一次投影

如图10.39所示，z_1再乘v_1^{T}，便得到X_1。不难理解，X_1的每一列都是z_1乘一个标量系数。也就是说，X_1的四个列向量之间存在倍数关系，即

$$X_1 = z_1 v_1^{\mathrm{T}} = z_1 \begin{bmatrix} 0.751 & 0.380 & 0.513 & 0.168 \end{bmatrix} = \begin{bmatrix} 0.751z_1 & 0.380z_1 & 0.513z_1 & 0.168z_1 \end{bmatrix} \tag{10.55}$$

显然，$\boldsymbol{X}_1$的秩为1，即rank($\boldsymbol{X}_1$) = 1。

总结来说，图10.38和图10.39用了两步完成了“二次投影”，即向量投影。

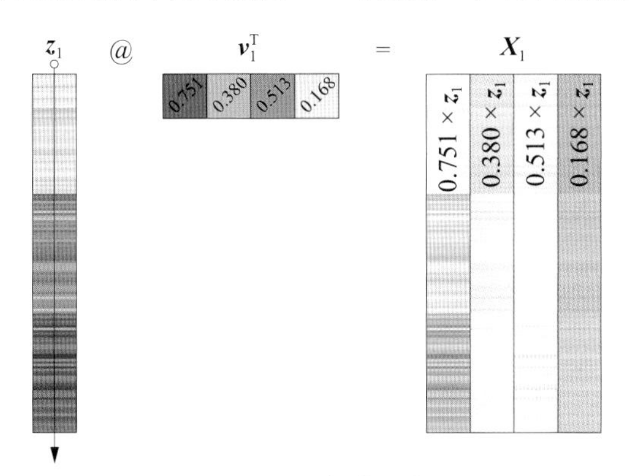

图10.39　$\boldsymbol{z}_1$乘$\boldsymbol{v}_1^{\mathrm{T}}$得到$\boldsymbol{X}_1$

下面，我们用向量张量积方法完成同样的计算。

首先计算张量积$\boldsymbol{v}_1 \otimes \boldsymbol{v}_1$，有

$$\boldsymbol{v}_1 \otimes \boldsymbol{v}_1 = \boldsymbol{v}_1 \boldsymbol{v}_1^{\mathrm{T}} = \begin{bmatrix} 0.751 \\ 0.380 \\ 0.513 \\ 0.168 \end{bmatrix} @ \begin{bmatrix} 0.751 \\ 0.380 \\ 0.513 \\ 0.168 \end{bmatrix}^{\mathrm{T}} = \begin{bmatrix} 0.564 & 0.285 & 0.385 & 0.126 \\ 0.285 & 0.144 & 0.194 & 0.063 \\ 0.385 & 0.194 & 0.263 & 0.086 \\ 0.126 & 0.063 & 0.086 & 0.028 \end{bmatrix} \tag{10.56}$$

图10.40所示为上述运算热图。很容易发现，张量积为对称矩阵。请大家自行计算张量积的秩是否为1。

图10.41所示为$\boldsymbol{X}$与张量积$\boldsymbol{v}_1 \otimes \boldsymbol{v}_1$的乘积。从几何视角来看，$\boldsymbol{X}$朝$\boldsymbol{v}_1$向量二次投影得到$\boldsymbol{X}_1$，即所谓“二次投影”。

请大家特别注意一点，$\boldsymbol{X}$和$\boldsymbol{X}_1$在热图上已经非常接近。我们在选取$\boldsymbol{v}_1$时，有特殊的“讲究”，这就是为什么在本节开头说$\boldsymbol{V}$是“无数里挑一”的原因。我们将会在本书下一个板块——矩阵分解中，和大家深入探讨如何获得这个特殊的$\boldsymbol{V}$。

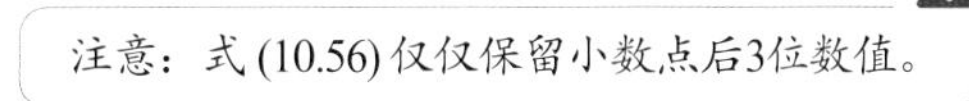

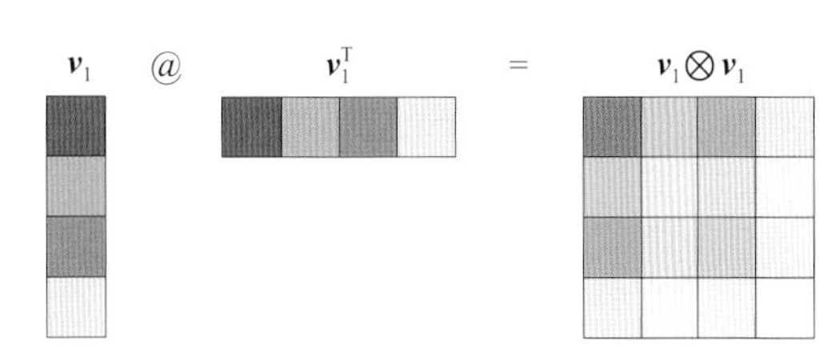

图10.40　计算张量积$\boldsymbol{v}_1 \otimes \boldsymbol{v}_1$

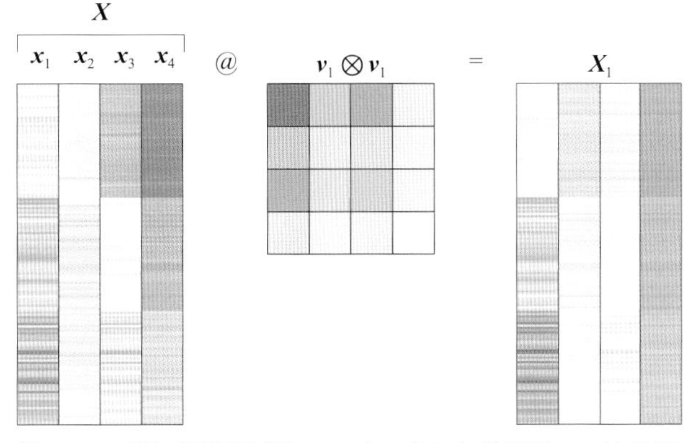

图10.41　四特征数据矩阵$\boldsymbol{X}_{150\times 4}$向$\boldsymbol{v}_1$方向向量投影，二次投影

第2列向量v_2

图10.42所示展示了获得z_2和X_2的过程。请大家根据之前分析v_1的思路自行分析这两图。

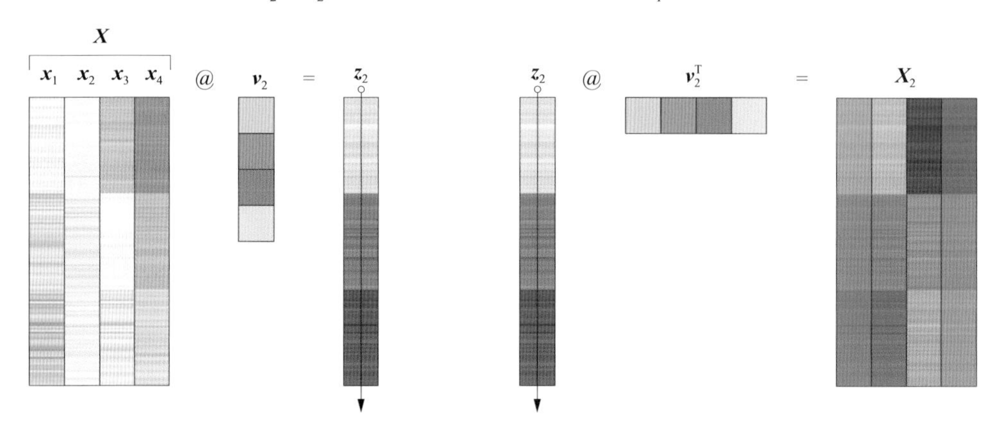

图10.42　四特征数据矩阵$X_{150\times4}$向v_2投影，一次投影，二次投影

同样，利用张量积完成$X_{150\times4}$向v_2的二次投影。大家自行计算张量积$v_2 \otimes v_2$具体值，按照前文思路分析图10.43。有必要指出一点，对比X_1，X_2的热图与X相差很大。

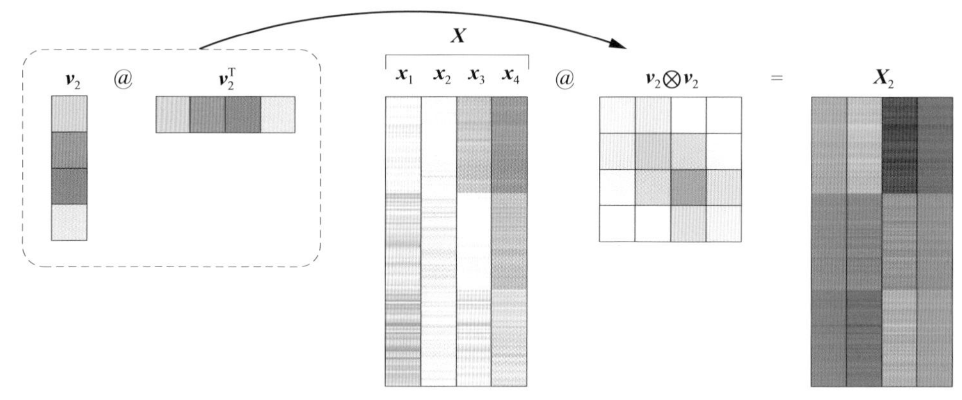

图10.43　四特征数据矩阵$X_{150\times4}$向v_2投影，二次投影

第3列向量v_3

大家自行分析图10.44和图10.45。再次强调，一次投影就是标量投影；二次投影相当于向量投影。

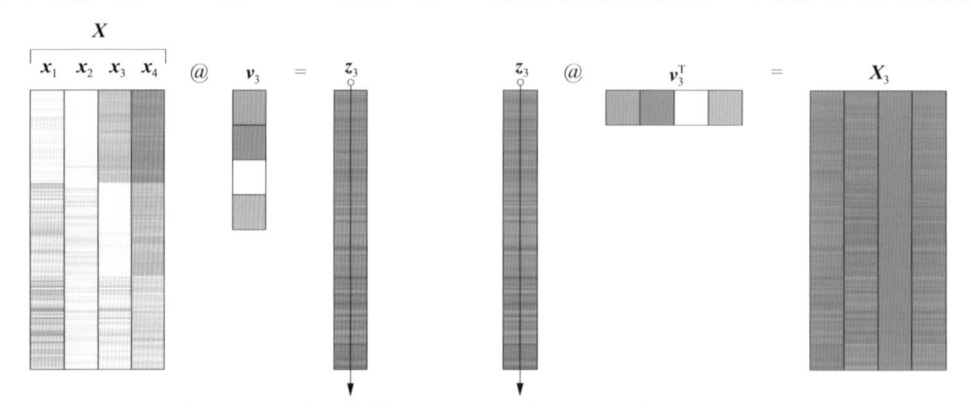

图10.44　四特征数据矩阵$X_{150\times4}$向v_3投影，一次投影，二次投影

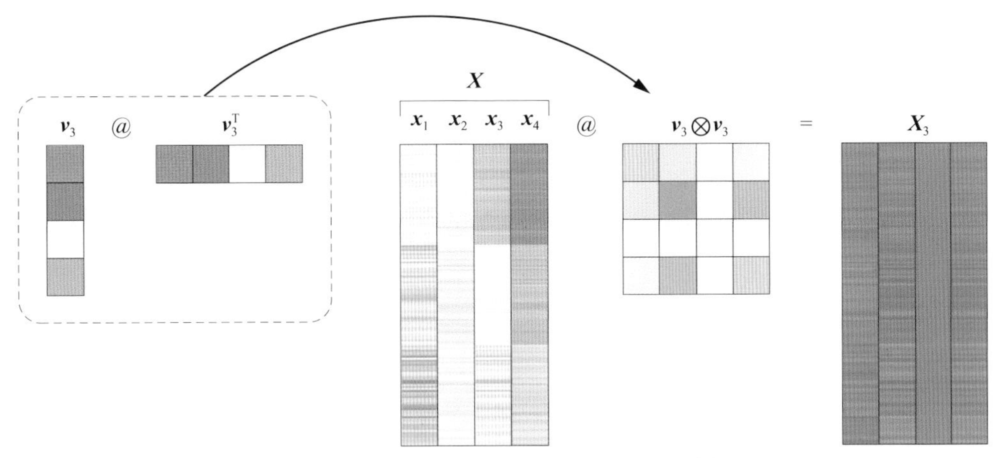

图10.45　四特征数据矩阵$X_{150\times 4}$向v_3投影，二次投影

第4列向量v_4

大家自行分析图10.46和图10.47。特别注意比较X_1、X_2、X_3、X_4的四幅热图的差异。

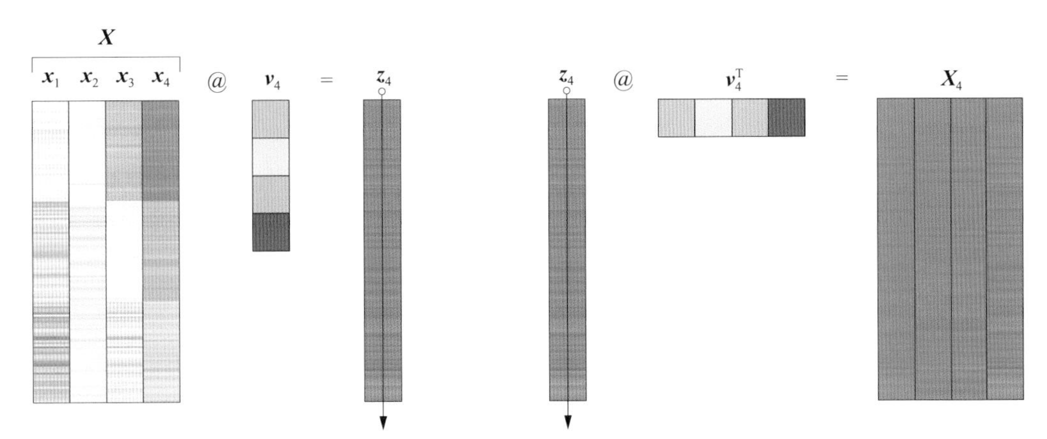

图10.46　四特征数据矩阵$X_{150\times 4}$向v_4投影，一次投影和二次投影

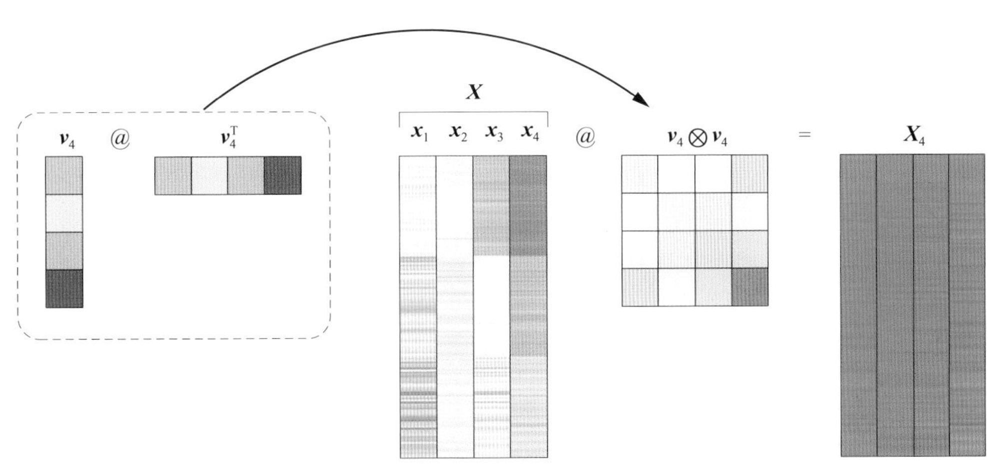

图10.47　四特征数据矩阵$X_{150\times 4}$向v_4投影，二次投影

层层叠加

类似前文所述，我们也从两个视角讨论层层叠加还原原矩阵。

如图10.48所示，数据矩阵$\boldsymbol{X}$在规范正交基 $[\boldsymbol{v}_1, \boldsymbol{v}_2, \cdots, \boldsymbol{v}_D]$ 中每个方向上的向量投影层层叠加可以完全还原原始数据。

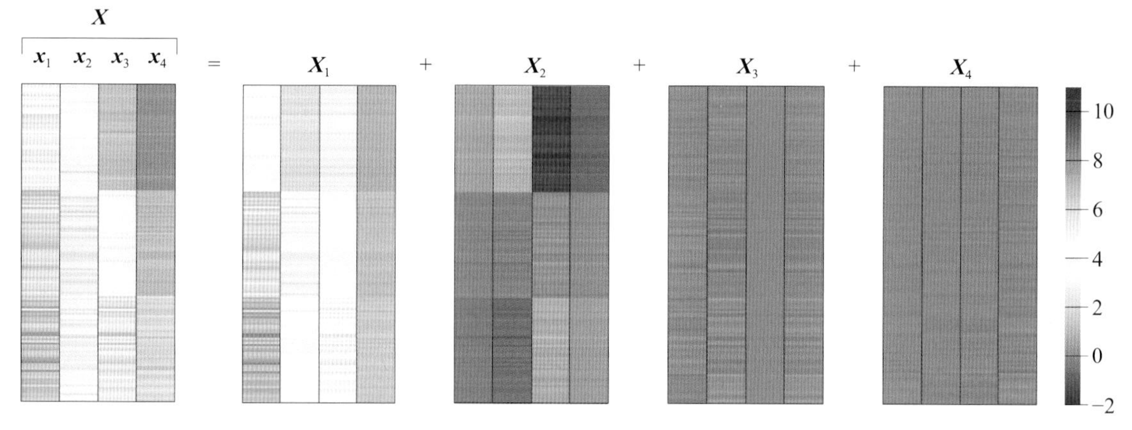

图10.48　层层叠加还原四特征数据矩阵$\boldsymbol{X}_{150\times4}$

图10.48告诉我们，要想完整还原$\boldsymbol{X}$，需要四幅热图叠加，即$\boldsymbol{X} = \boldsymbol{X}_1 + \boldsymbol{X}_2 + \boldsymbol{X}_3 + \boldsymbol{X}_4$。我们已经很清楚$\boldsymbol{X}_1$、$\boldsymbol{X}_2$、$\boldsymbol{X}_3$、$\boldsymbol{X}_4$这四个矩阵的秩都是1。而$\boldsymbol{X}$本身的秩为4，即$\text{rank}(\boldsymbol{X}) = 4$。

建议大家仔细对比图10.48中$\boldsymbol{X}$、$\boldsymbol{X}_1$、$\boldsymbol{X}_2$、$\boldsymbol{X}_3$、$\boldsymbol{X}_4$这五幅热图的色差，它们采用完全相同的色谱。前文已经提到$\boldsymbol{X}_1$已经非常接近$\boldsymbol{X}$。也就是说，我们可以用秩为1的$\boldsymbol{X}_1$近似秩为4的$\boldsymbol{X}$。

如图10.49所示，这四个张量积层层叠加得到单位矩阵，即

$$\boldsymbol{v}_1 \otimes \boldsymbol{v}_1 + \boldsymbol{v}_2 \otimes \boldsymbol{v}_2 + \boldsymbol{v}_3 \otimes \boldsymbol{v}_3 + \boldsymbol{v}_4 \otimes \boldsymbol{v}_4 = \boldsymbol{I} \tag{10.57}$$

如前文所述，式 (10.57) 是数据还原的另外一个视角。本章前文提到式 (10.9)，矩阵乘单位矩阵的结果为其本身，即$\boldsymbol{XI} = \boldsymbol{X}$。而单位矩阵$\boldsymbol{I}$可以按式 (10.57) 分解。这也就是说，张量积层层叠加得到了单位矩阵$\boldsymbol{I}$，等价于还原原始数据。

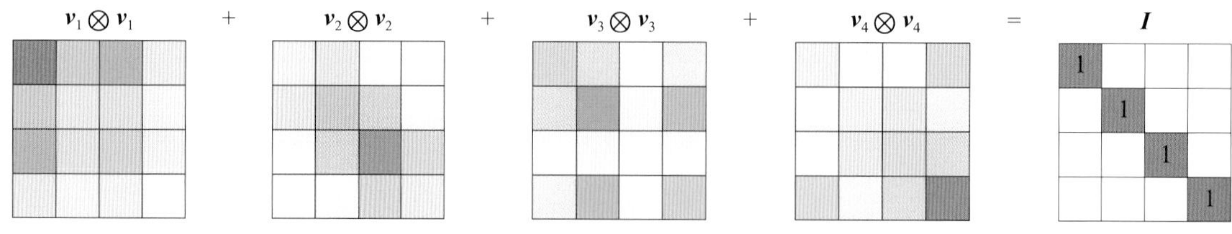

图10.49　张量积层层累加获得4×4单位矩阵

Bk4_Ch10_01.py绘制本章前文大部分热图。

10.7 数据正交化

成对特征散点图

本节再回过头来分析图10.37中的数据矩阵$\boldsymbol{Z}$。本书第1章提到，对于多特征 ($D > 3$) 数据矩阵，成对特征散点图可以帮助我们可视化数据分布。图10.50所示为矩阵$\boldsymbol{Z}$的成对特征散点图。这幅图中，对角线上的四幅图是每个特征数据分布的直方图，左下角六幅图是二元概率密度估计等高线图。

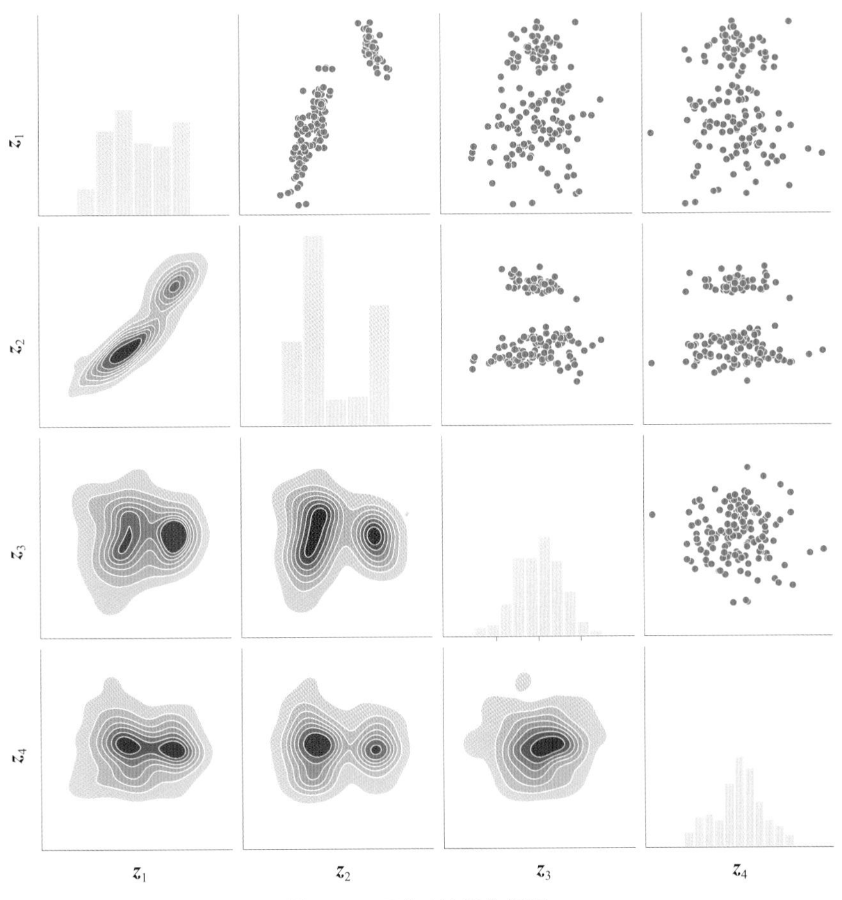

图10.50　$\boldsymbol{Z}$成对特征分析图

两个格拉姆矩阵

如图10.51所示，$\boldsymbol{Z}^{\mathrm{T}}$乘$\boldsymbol{Z}$得到$\boldsymbol{Z}$的格拉姆矩阵为

$$\boldsymbol{Z}^{\mathrm{T}}\boldsymbol{Z}=\begin{bmatrix} \boldsymbol{z}_1^{\mathrm{T}} \\ \boldsymbol{z}_2^{\mathrm{T}} \\ \vdots \\ \boldsymbol{z}_D^{\mathrm{T}} \end{bmatrix}\begin{bmatrix} \boldsymbol{z}_1 & \boldsymbol{z}_2 & \cdots & \boldsymbol{z}_D \end{bmatrix}=\begin{bmatrix} \boldsymbol{z}_1^{\mathrm{T}}\boldsymbol{z}_1 & \boldsymbol{z}_1^{\mathrm{T}}\boldsymbol{z}_2 & \cdots & \boldsymbol{z}_1^{\mathrm{T}}\boldsymbol{z}_D \\ \boldsymbol{z}_2^{\mathrm{T}}\boldsymbol{z}_1 & \boldsymbol{z}_2^{\mathrm{T}}\boldsymbol{z}_2 & \cdots & \boldsymbol{z}_2^{\mathrm{T}}\boldsymbol{z}_D \\ \vdots & \vdots & \ddots & \vdots \\ \boldsymbol{z}_D^{\mathrm{T}}\boldsymbol{z}_1 & \boldsymbol{z}_D^{\mathrm{T}}\boldsymbol{z}_2 & \cdots & \boldsymbol{z}_D^{\mathrm{T}}\boldsymbol{z}_D \end{bmatrix} \tag{10.58}$$

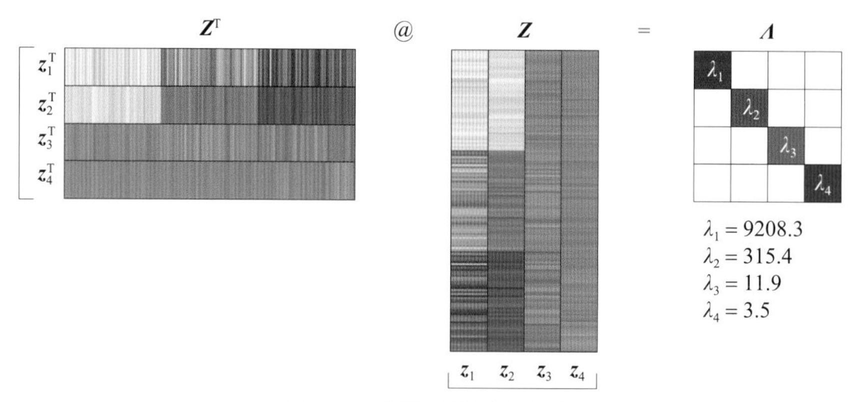

图10.51　矩阵$\boldsymbol{Z}$的格拉姆矩阵

式 (10.58) 写成向量内积形式为

$$\boldsymbol{Z}^{\mathrm{T}}\boldsymbol{Z}=\begin{bmatrix} \boldsymbol{z}_1\cdot\boldsymbol{z}_1 & \boldsymbol{z}_1\cdot\boldsymbol{z}_2 & \cdots & \boldsymbol{z}_1\cdot\boldsymbol{z}_D \\ \boldsymbol{z}_2\cdot\boldsymbol{z}_1 & \boldsymbol{z}_2\cdot\boldsymbol{z}_2 & \cdots & \boldsymbol{z}_2\cdot\boldsymbol{z}_D \\ \vdots & \vdots & \ddots & \vdots \\ \boldsymbol{z}_D\cdot\boldsymbol{z}_1 & \boldsymbol{z}_D\cdot\boldsymbol{z}_2 & \cdots & \boldsymbol{z}_D\cdot\boldsymbol{z}_D \end{bmatrix}=\begin{bmatrix} \langle\boldsymbol{z}_1,\boldsymbol{z}_1\rangle & \langle\boldsymbol{z}_1,\boldsymbol{z}_2\rangle & \cdots & \langle\boldsymbol{z}_1,\boldsymbol{z}_D\rangle \\ \langle\boldsymbol{z}_2,\boldsymbol{z}_1\rangle & \langle\boldsymbol{z}_2,\boldsymbol{z}_2\rangle & \cdots & \langle\boldsymbol{z}_2,\boldsymbol{z}_D\rangle \\ \vdots & \vdots & \ddots & \vdots \\ \langle\boldsymbol{z}_D,\boldsymbol{z}_1\rangle & \langle\boldsymbol{z}_D,\boldsymbol{z}_2\rangle & \cdots & \langle\boldsymbol{z}_D,\boldsymbol{z}_D\rangle \end{bmatrix} \tag{10.59}$$

观察图10.51，发现$\boldsymbol{Z}^{\mathrm{T}}\boldsymbol{Z}$恰好是对角方阵，即

$$\boldsymbol{Z}^{\mathrm{T}}\boldsymbol{Z}=\begin{bmatrix} \lambda_1 & 0 & \cdots & 0 \\ 0 & \lambda_2 & \cdots & 0 \\ \vdots & \vdots & \ddots & \vdots \\ 0 & 0 & \cdots & \lambda_D \end{bmatrix}=\boldsymbol{\Lambda} \tag{10.60}$$

这说明，$\boldsymbol{Z}$的列向量两两正交，即

$$\boldsymbol{z}_i^{\mathrm{T}}\boldsymbol{z}_j=\boldsymbol{z}_j^{\mathrm{T}}\boldsymbol{z}_i=\boldsymbol{z}_i\cdot\boldsymbol{z}_j=\boldsymbol{z}_j\cdot\boldsymbol{z}_i=\langle\boldsymbol{z}_i,\boldsymbol{z}_j\rangle=\langle\boldsymbol{z}_j,\boldsymbol{z}_i\rangle=0,\quad i\neq j \tag{10.61}$$

对比$\boldsymbol{X}$的格拉姆矩阵，有

$$\begin{aligned} \boldsymbol{G}=\boldsymbol{X}^{\mathrm{T}}\boldsymbol{X}&=\begin{bmatrix} \boldsymbol{x}_1^{\mathrm{T}} \\ \boldsymbol{x}_2^{\mathrm{T}} \\ \vdots \\ \boldsymbol{x}_D^{\mathrm{T}} \end{bmatrix}\begin{bmatrix} \boldsymbol{x}_1 & \boldsymbol{x}_2 & \cdots & \boldsymbol{x}_D \end{bmatrix}=\begin{bmatrix} \boldsymbol{x}_1^{\mathrm{T}}\boldsymbol{x}_1 & \boldsymbol{x}_1^{\mathrm{T}}\boldsymbol{x}_2 & \cdots & \boldsymbol{x}_1^{\mathrm{T}}\boldsymbol{x}_D \\ \boldsymbol{x}_2^{\mathrm{T}}\boldsymbol{x}_1 & \boldsymbol{x}_2^{\mathrm{T}}\boldsymbol{x}_2 & \cdots & \boldsymbol{x}_2^{\mathrm{T}}\boldsymbol{x}_D \\ \vdots & \vdots & \ddots & \vdots \\ \boldsymbol{x}_D^{\mathrm{T}}\boldsymbol{x}_1 & \boldsymbol{x}_D^{\mathrm{T}}\boldsymbol{x}_2 & \cdots & \boldsymbol{x}_D^{\mathrm{T}}\boldsymbol{x}_D \end{bmatrix} \\ &=\begin{bmatrix} \boldsymbol{x}_1\cdot\boldsymbol{x}_1 & \boldsymbol{x}_1\cdot\boldsymbol{x}_2 & \cdots & \boldsymbol{x}_1\cdot\boldsymbol{x}_D \\ \boldsymbol{x}_2\cdot\boldsymbol{x}_1 & \boldsymbol{x}_2\cdot\boldsymbol{x}_2 & \cdots & \boldsymbol{x}_2\cdot\boldsymbol{x}_D \\ \vdots & \vdots & \ddots & \vdots \\ \boldsymbol{x}_D\cdot\boldsymbol{x}_1 & \boldsymbol{x}_D\cdot\boldsymbol{x}_2 & \cdots & \boldsymbol{x}_D\cdot\boldsymbol{x}_D \end{bmatrix}=\begin{bmatrix} \langle\boldsymbol{x}_1,\boldsymbol{x}_1\rangle & \langle\boldsymbol{x}_1,\boldsymbol{x}_2\rangle & \cdots & \langle\boldsymbol{x}_1,\boldsymbol{x}_D\rangle \\ \langle\boldsymbol{x}_2,\boldsymbol{x}_1\rangle & \langle\boldsymbol{x}_2,\boldsymbol{x}_2\rangle & \cdots & \langle\boldsymbol{x}_2,\boldsymbol{x}_D\rangle \\ \vdots & \vdots & \ddots & \vdots \\ \langle\boldsymbol{x}_D,\boldsymbol{x}_1\rangle & \langle\boldsymbol{x}_D,\boldsymbol{x}_2\rangle & \cdots & \langle\boldsymbol{x}_D,\boldsymbol{x}_D\rangle \end{bmatrix} \end{aligned} \tag{10.62}$$

图10.52所示为计算矩阵$\boldsymbol{X}$的格拉姆矩阵的热图。请大家格外注意一点，图10.52中矩阵$\boldsymbol{G}$的迹，即对角线元素之和，$\mathrm{tr}(\boldsymbol{G}) = 9539.29$。而图10.51中矩阵$\boldsymbol{\Lambda}$的迹和$\boldsymbol{G}$的迹相同，$\mathrm{tr}(\boldsymbol{G}) = \mathrm{tr}(\boldsymbol{\Lambda}) = 9539.29$。本书后面还会反复提到这一点。

V因X而生

细细想来，上一节介绍的$Z = XV$的数据转换很神奇！

还是以鸢尾花数据为例，如图10.52所示，G中没有一个元素为0！G主对角线元素代表X的列向量模的平方，G主对角线以外的元素代表X两个特定列向量的内积。

如图10.51所示，经过数据转换$Z = XV$，矩阵Z的格拉姆矩阵为对角方阵Λ。Λ主对角线以外的元素都为0。也就是说，$i \neq j$时，z_i和z_j都是行数为150的列向量，z_i和z_j的向量内积竟然为0。也就是说150个成对元素乘积之和为0！这种情况在图10.51中竟然发生了12次，本质上发生了6次。

对于鸢尾花数据矩阵X来说，式 (10.53) 中给出的这个V真可谓“无数里挑一”！

换句话说，V因X而生！

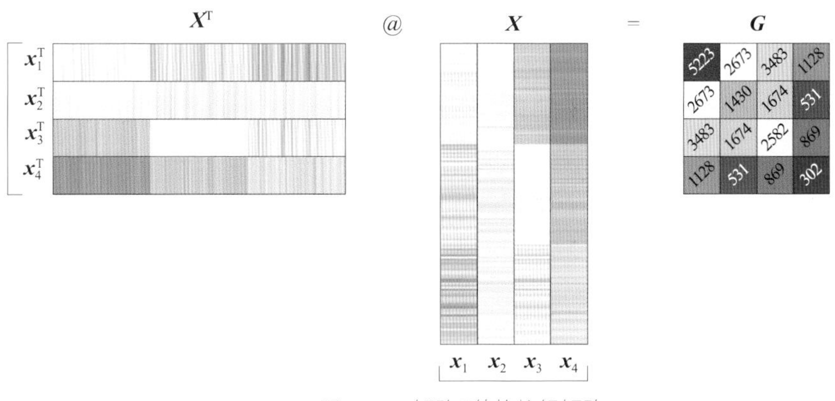

图10.52　矩阵X的格拉姆矩阵

注意：统计视角下，矩阵Z的列向量两两内积为0，不代表两两相关性系数为0。鸢尾花书《统计至简》一册将介绍如何通过正交投影获得两两相关性系数为0的数据矩阵。

对角化

将$Z = XV$其代入式 (10.60) 得到

$$Z^{\mathrm{T}} Z = (XV)^{\mathrm{T}} XV = V^{\mathrm{T}} \underbrace{X^{\mathrm{T}} X}_{G} V = V^{\mathrm{T}} G V = \Lambda \tag{10.63}$$

再进一步，由于V为规范正交基，因此$V^{\mathrm{T}} V = I$，根据式 (10.63) 的等式关系，G可以写成

$$G = V \Lambda V^{\mathrm{T}} \tag{10.64}$$

这就是说，如图10.53所示，X的格拉姆矩阵G可以通过某种矩阵分解得到三个矩阵的乘积。其中，V为正交矩阵，Λ为对角方阵。从G到Λ也是一个方阵**对角化** (diagonalization) 的过程。

为了获得拉格姆矩阵，就需要本书下一个板块要介绍的重要线性代数工具——特征值分解 (eigen decomposition)。

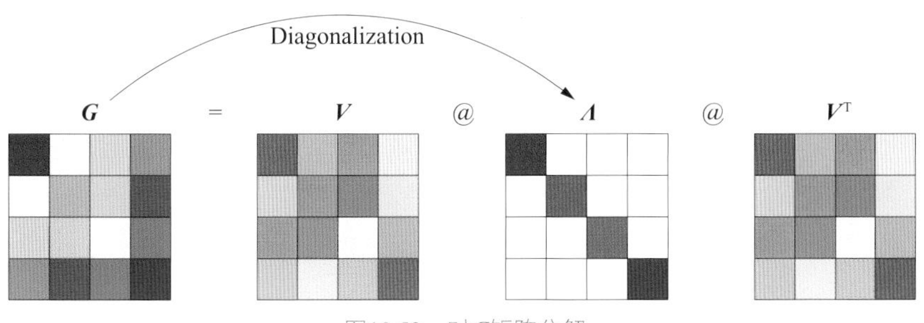

图10.53　对G矩阵分解

回看规范正交基V：双标图

像$\boldsymbol{Z}$这样具有这种**正交性** (orthogonality) 的数据应用场合有很多，因此我们再深究一步。

类似式 (10.54)，我们可以把$\boldsymbol{z}_1$、$\boldsymbol{z}_2$、$\boldsymbol{z}_3$、$\boldsymbol{z}_4$写成如下线性组合，即

$$
\begin{aligned}
\boldsymbol{z}_1 = \boldsymbol{X}\boldsymbol{v}_1 = 0.751\boldsymbol{x}_1 + 0.380\boldsymbol{x}_2 + 0.513\boldsymbol{x}_3 + 0.168\boldsymbol{x}_4 \\
\boldsymbol{z}_2 = \boldsymbol{X}\boldsymbol{v}_2 = 0.284\boldsymbol{x}_1 + 0.547\boldsymbol{x}_2 - 0.709\boldsymbol{x}_3 - 0.344\boldsymbol{x}_4 \\
\boldsymbol{z}_3 = \boldsymbol{X}\boldsymbol{v}_3 = 0.502\boldsymbol{x}_1 - 0.675\boldsymbol{x}_2 - 0.059\boldsymbol{x}_3 - 0.537\boldsymbol{x}_4 \\
\boldsymbol{z}_4 = \boldsymbol{X}\boldsymbol{v}_4 = 0.321\boldsymbol{x}_1 - 0.317\boldsymbol{x}_2 - 0.481\boldsymbol{x}_3 + 0.752\boldsymbol{x}_4 \\
\boldsymbol{V} = \begin{bmatrix} 0.751 & 0.284 & 0.502 & 0.321 \\ 0.380 & 0.547 & -0.675 & -0.317 \\ 0.513 & -0.709 & -0.059 & -0.481 \\ 0.168 & -0.344 & -0.537 & 0.752 \end{bmatrix}
\end{aligned}
\tag{10.65}
$$

请大家格外注意式 (10.65) 各个元素颜色的对应关系。

我们给$\boldsymbol{z}_1$、$\boldsymbol{z}_2$、$\boldsymbol{z}_3$、$\boldsymbol{z}_4$取一个新的名字——**主成分** (Principal Component, PC)。$\boldsymbol{z}_1$、$\boldsymbol{z}_2$、$\boldsymbol{z}_3$、$\boldsymbol{z}_4$分别对应PC_1、PC_2、PC_3、PC_4。显然PC_1、PC_2、PC_3、PC_4相互垂直。

有了PC_1、PC_2、PC_3、PC_4，我们可以绘制图10.54这幅图，图中有六幅子图，每幅子图都是一个**双标图** (biplot)。

我们以图10.54中浅蓝色阴影背景子图为例介绍如何理解双标图。

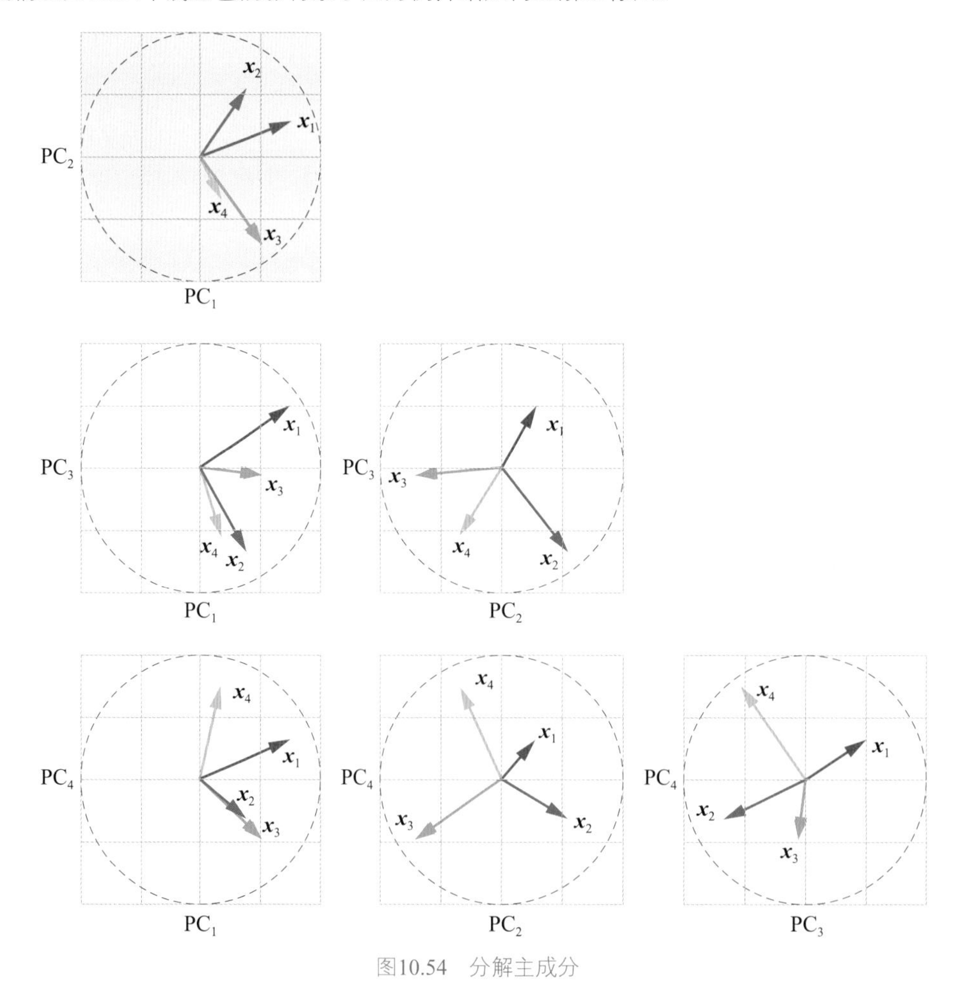

图10.54　分解主成分

在PC_1-PC_2平面上，$\boldsymbol{x}_1$对应的坐标点为 (0.751, 0.284)，这意味着$\boldsymbol{x}_1$分别给$\boldsymbol{z}_1$和$\boldsymbol{z}_2$贡献了$0.751\boldsymbol{x}_1$和$0.284\boldsymbol{x}_1$。同理，我们可以发现$\boldsymbol{x}_2$分别给$\boldsymbol{z}_1$和$\boldsymbol{z}_2$贡献了$0.380\boldsymbol{x}_2$和$0.547\boldsymbol{x}_2$。以此类推。

反向来看，$\boldsymbol{x}_1$在PC_1、PC_2、PC_3、PC_4方向上的分量分别为$0.751\boldsymbol{x}_1$、$0.284\boldsymbol{x}_1$、$0.502\boldsymbol{x}_1$、$0.321\boldsymbol{x}_1$，这四个成分满足

$$0.751^2 + 0.284^2 + 0.502^2 + 0.321^2 = 1 \tag{10.66}$$

反向正交投影

由于$\boldsymbol{Z} = \boldsymbol{X}\boldsymbol{V}$，且正交矩阵$\boldsymbol{V}$可逆，因此$\boldsymbol{X}$可以通过$\boldsymbol{Z}$反推得到，即

$$\boldsymbol{X} = \boldsymbol{Z}\boldsymbol{V}^{-1} = \boldsymbol{Z}\boldsymbol{V}^{\mathrm{T}} \tag{10.67}$$

图10.55所示为$\boldsymbol{X}$和$\boldsymbol{Z}$相互转化的关系。这幅图告诉我们另外一个重要性质——$\boldsymbol{V}$和$\boldsymbol{V}^{\mathrm{T}}$都是规范正交基！

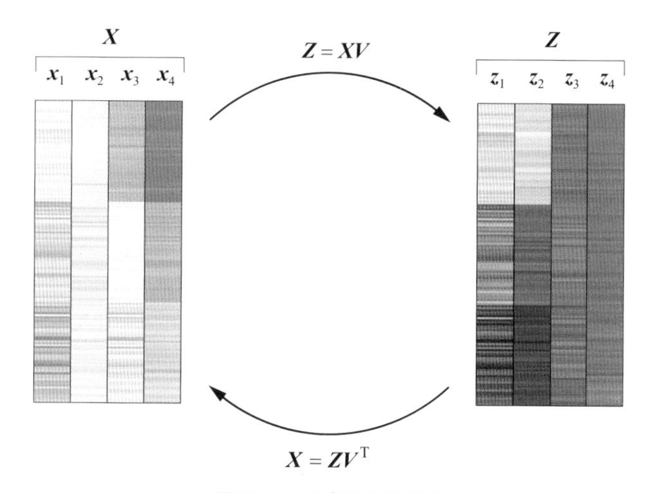

图10.55　$\boldsymbol{X}$和$\boldsymbol{Z}$之间关系

将式 (10.67) 展开写成

$$\boldsymbol{X} = \boldsymbol{Z}\boldsymbol{V}^{\mathrm{T}} = \boldsymbol{Z}\begin{bmatrix} \boldsymbol{v}^{(1)} \\ \boldsymbol{v}^{(2)} \\ \vdots \\ \boldsymbol{v}^{(D)} \end{bmatrix}^{\mathrm{T}} = \boldsymbol{Z}\begin{bmatrix} \boldsymbol{v}^{(1)\mathrm{T}} & \boldsymbol{v}^{(2)\mathrm{T}} & \cdots & \boldsymbol{v}^{(D)\mathrm{T}} \end{bmatrix} = \begin{bmatrix} \boldsymbol{Z}\boldsymbol{v}^{(1)\mathrm{T}} & \boldsymbol{Z}\boldsymbol{v}^{(2)\mathrm{T}} & \cdots & \boldsymbol{Z}\boldsymbol{v}^{(D)\mathrm{T}} \end{bmatrix} \tag{10.68}$$

$\boldsymbol{V}^{\mathrm{T}} = [\boldsymbol{v}^{(1)\mathrm{T}}, \boldsymbol{v}^{(2)\mathrm{T}}, \cdots, \boldsymbol{v}^{(j)\mathrm{T}}]$ 也是一个规范正交基。式 (10.68) 代表“反向”正交投影的过程。

取出式 (10.68) 矩阵$\boldsymbol{X}$第j列对应的等式

$$\boldsymbol{x}_j = \boldsymbol{Z}\boldsymbol{v}^{(j)\mathrm{T}} = \begin{bmatrix} \boldsymbol{z}_1 & \boldsymbol{z}_2 & \cdots & \boldsymbol{z}_D \end{bmatrix}\begin{bmatrix} v_{j,1} \\ v_{j,2} \\ \vdots \\ v_{j,D} \end{bmatrix} = v_{j,1}\boldsymbol{z}_1 + v_{j,2}\boldsymbol{z}_2 + \cdots + v_{j,D}\boldsymbol{z}_D \tag{10.69}$$

式 (10.69) 这一视角在主成分分析中非常重要，我们将会在鸢尾花书《数据有道》一册中进行深入探讨。

本书第1章用Streamlit制作了一个App，我们利用Plotly可视化鸢尾花数据集的热图、平面散点图、三维散点图、成对特征散点图。本章“照葫芦画瓢”照搬这个App，采用完全一致的图像可视化转换得到数据矩阵$\boldsymbol{Z}$。请大家参考Streamlit_Bk4_Ch10_01.py。

本章是个分水岭。如果本章前两节内容，你读起来毫无压力，恭喜你，你可以顺利进入本书下一个板块——矩阵分解的学习。阅读本章时，如果感觉很吃力，请回头重读前9章内容。

大家可能会好奇，本章中神奇的$\boldsymbol{V}$是怎么算出来的？其实本章代码文件已经给出了答案——特征值分解。这是本书下一个板块要讲的重要内容之一。

有数据的地方，必有矩阵！有矩阵的地方，更有向量！有向量的地方，就有几何！

再加一句，**有几何的地方，皆有空间！**

请大家带着这四句话，进入本书下一阶段的学习。

04

Section 04

矩阵分解

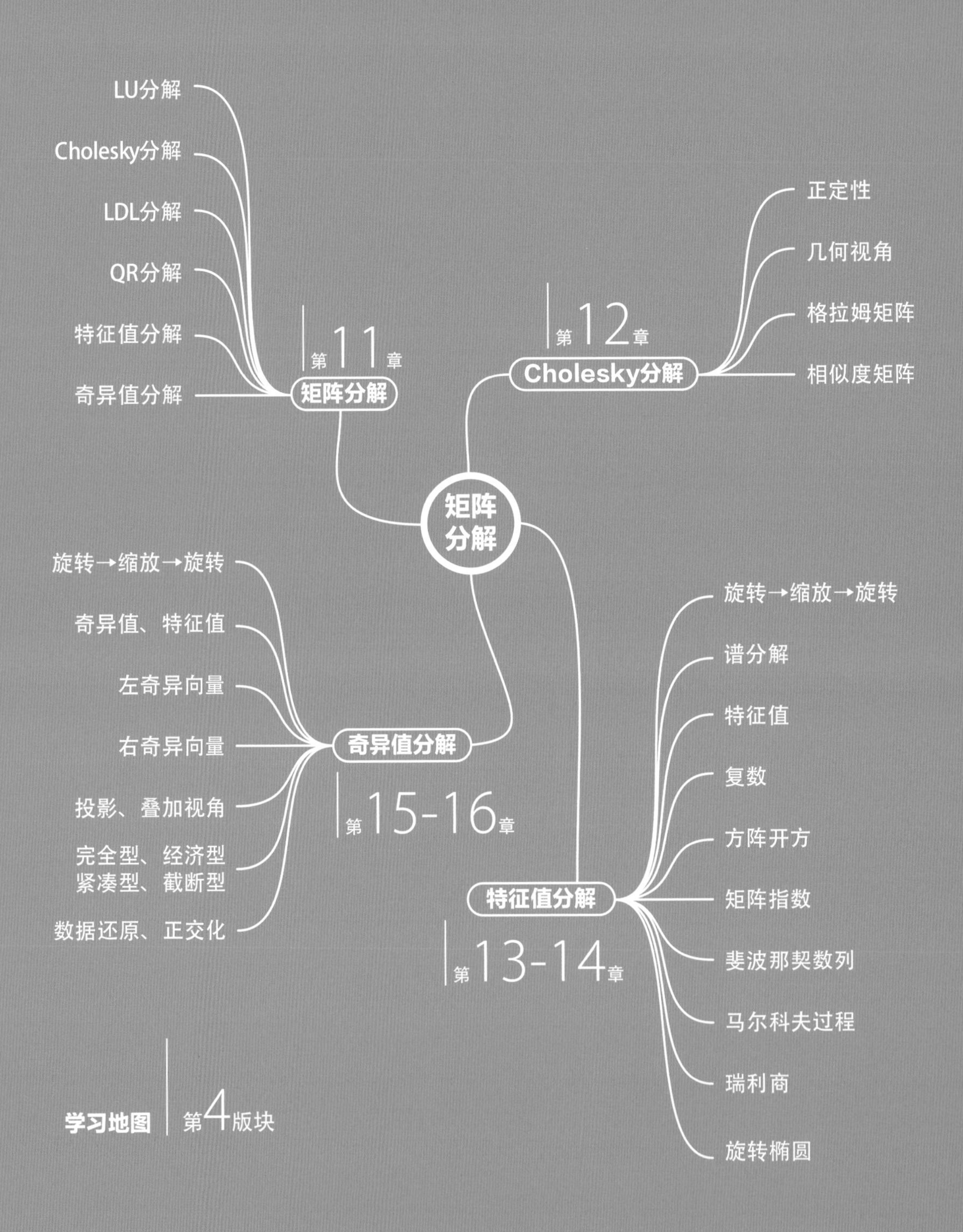

矩阵分解
第11章
矩阵分解
LU分解
Cholesky分解
LDL分解
QR分解
特征值分解
奇异值分解
第12章
Cholesky分解
正定性
几何视角
格拉姆矩阵
相似度矩阵
第15-16章
奇异值分解
旋转→缩放→旋转
奇异值、特征值
左奇异向量
右奇异向量
投影、叠加视角
完全型、经济型
紧凑型、截断型
数据还原、正交化
第13-14章
特征值分解
旋转→缩放→旋转
谱分解
特征值
复数
方阵开方
矩阵指数
斐波那契数列
马尔科夫过程
瑞利商
旋转椭圆

学习地图 | 第4版块

11 Matrix Decompositions 矩阵分解

类似代数中的因式分解

宇宙是一部鸿篇巨制，只有掌握它的文字和语言的人才能读懂宇宙；而数学便是解密宇宙的语言。

The universe is a grand book which cannot be read until one first learns to comprehend the language and become familiar with the characters in which it is composed. It is written in the language of mathematics.

—— 伽利略·伽利莱 (Galileo Galilei) | 意大利物理学家、数学家及哲学家 | 1564—1642

- `matplotlib.pyplot.contour()` 绘制等高线图
- `matplotlib.pyplot.contourf()` 绘制填充等高线图
- `numpy.linalg.cholesky()` Cholesky分解
- `numpy.linalg.eig()` 特征值分解
- `numpy.linalg.qr()` QR分解
- `numpy.linalg.svd()` 奇异值分解
- `numpy.meshgrid()` 生成网格化数据
- `scipy.linalg.ldl()` LDL分解
- `scipy.linalg.lu()` LU分解
- `seaborn.heatmap()` 绘制热图

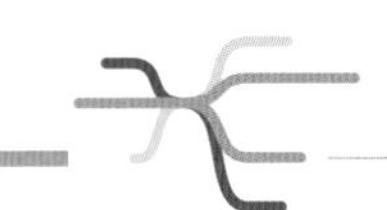

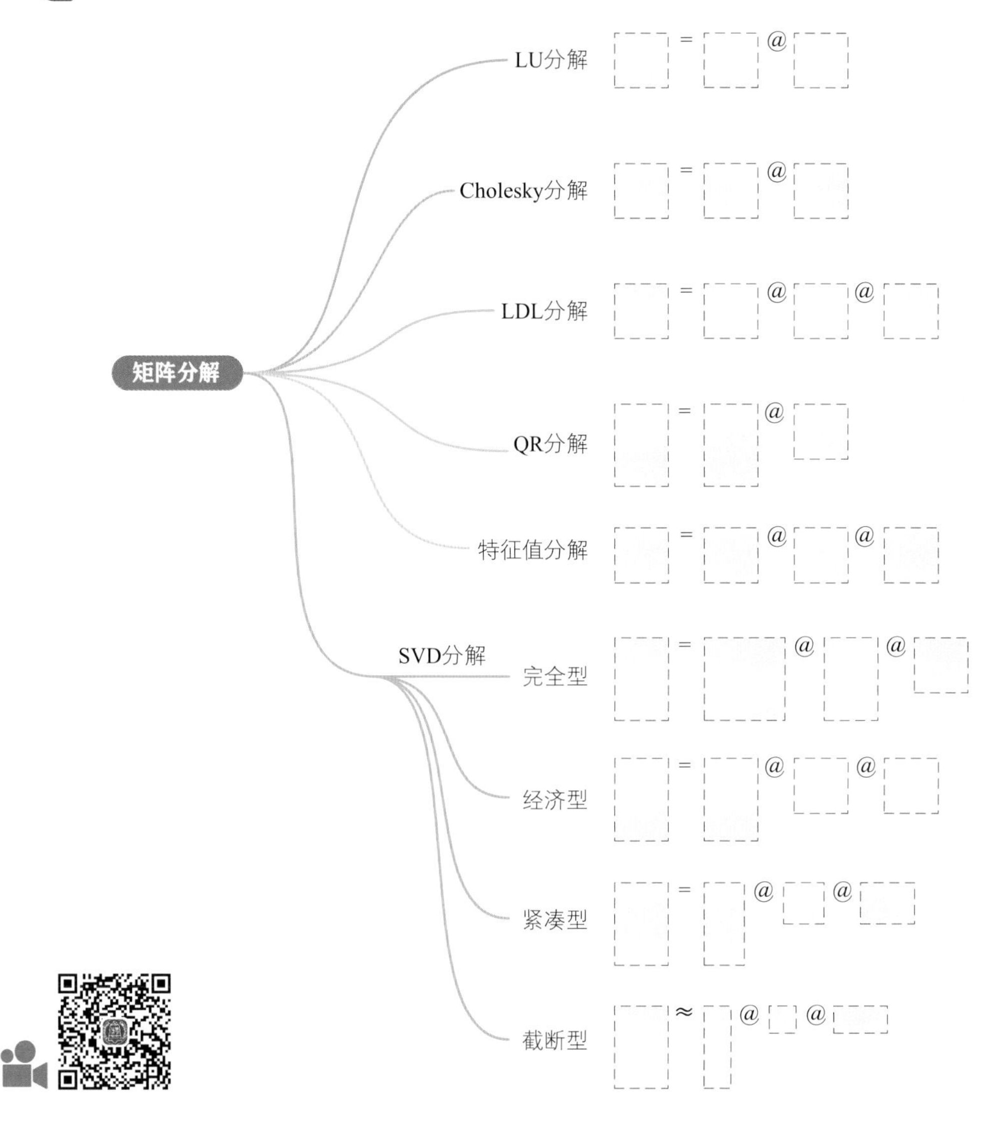

11.1 矩阵分解：类似因式分解

矩阵分解 (matrix decomposition)是指将矩阵解构得到其组成部分，类似代数中的因式分解。

从矩阵乘法角度看，矩阵分解将矩阵拆解为若干矩阵的乘积。

从几何角度看，矩阵分解的结果可能对应缩放、旋转、投影、剪切等各种几何变换，而原矩阵的映射作用就是这些几何变换按特定次序的叠加。

数据科学和机器学习中的很多算法都直接依赖矩阵分解。本章全景介绍以下几种矩阵分解。

◀ **LU分解** (lower–upper decomposition, LU decomposition)；
◀ **Cholesky分解** (Cholesky decomposition, Cholesky factorization)；
◀ **LDL分解** (lower-diagonal-lower transposed decomposition, LDL/LDLT decomposition)；
◀ **QR分解** (QR decomposition) 本质上就是本书前文介绍的Gram-Schmidt正交化；
◀ **特征值分解** (eigendecomposition eigenvalue decomposition)；
◀ **SVD分解** (singular value decomposition)。

本章偶尔会出现“手算”矩阵分解的情况，这仅仅是为了演示在没有计算机辅助的情况下如何进行特定矩阵的分解。注意，本书完全不要求大家掌握矩阵分解的“手算”技巧！

此外，仅仅会调用Numpy库中的函数完成矩阵分解也是远远不够的。

我们需要掌握的是各种不同分解背后的数学思想，更要掌握如何从数据、空间、几何、优化、统计等角度理解这些矩阵分解，并且清楚它们之间的关系、局限性和应用场合。

在数据分析和机器学习很多算法中，Cholesky分解、特征值分解和SVD分解的应用较多，本书此后第12～16章将专门讲解这三种矩阵分解。

11.2 LU分解：上下三角

一说，**LU分解** (lower–upper decomposition, LU decomposition) 由图灵 (Alan Turing) 于1948年发明；另一种说法是，波兰数学家Tadeusz Banachiewicz于1938年发明了LU分解。

LU分解将一个方阵$\boldsymbol{A}$，分解为一个**下三角矩阵** (lower triangular matrix) $\boldsymbol{L}$和一个**上三角矩阵** (upper triangular matrix) $\boldsymbol{U}$的乘积，即

$$\boldsymbol{A} = \boldsymbol{L}\boldsymbol{U} \tag{11.1}$$

式 (11.1) 展开可以写成

$$\begin{bmatrix} a_{1,1} & a_{1,2} & \dots & a_{1,m} \\ a_{2,1} & a_{2,2} & \dots & a_{2,m} \\ \vdots & \vdots & \ddots & \vdots \\ a_{m,1} & a_{m,2} & \dots & a_{m,m} \end{bmatrix}_{m\times m} = \begin{bmatrix} l_{1,1} & 0 & \cdots & 0 \\ l_{2,1} & l_{2,2} & \cdots & 0 \\ \vdots & \vdots & \ddots & \vdots \\ l_{m,1} & l_{m,2} & \cdots & l_{m,m} \end{bmatrix}_{m\times m} \begin{bmatrix} u_{1,1} & u_{1,2} & \cdots & u_{1,m} \\ 0 & u_{2,2} & \cdots & u_{2,m} \\ \vdots & \vdots & \ddots & \vdots \\ 0 & 0 & \cdots & u_{m,m} \end{bmatrix}_{m\times m} \tag{11.2}$$

图11.1所示为LU分解对应的矩阵运算示意图。LU分解可以视为**高斯消元法** (Gaussian elimination) 的矩阵乘法形式。

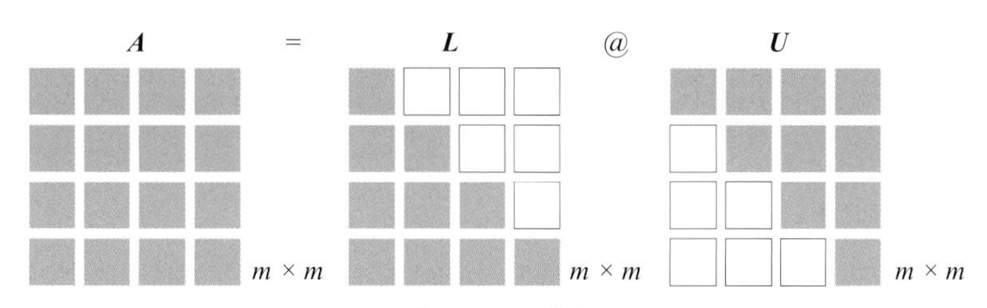

图11.1　LU分解

本书常用scipy.linalg.lu() 函数进行LU分解。注意，scipy.linalg.lu() 默认进行PLU分解，即

$$\boldsymbol{A} = \boldsymbol{PLU} \tag{11.3}$$

其中：$\boldsymbol{P}$为**置换矩阵** (permutation matrix)。scipy.linalg.lu() 函数得到矩阵$\boldsymbol{L}$的主对角线均为1。

注意：本书中默认置换矩阵为方阵。置换矩阵的逆还是置换矩阵，置换矩阵必定是正交矩阵。

前文介绍过，置换矩阵的任意一行或列只有一个1，剩余均为0。置换矩阵的作用是交换矩阵的行、列。

图11.2所示为对方阵$\boldsymbol{A}$进行PLU分解的运算热图。注意，所有的方阵都可以进行PLU分解。

$\boldsymbol{A}$ = $\boldsymbol{P}$ @ $\boldsymbol{L}$ @ $\boldsymbol{U}$

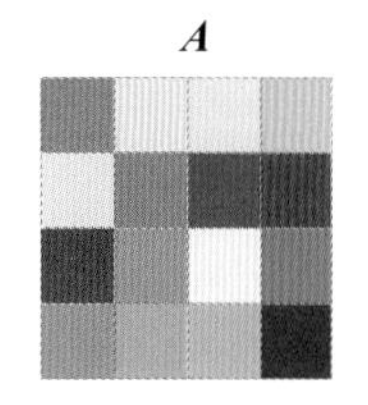
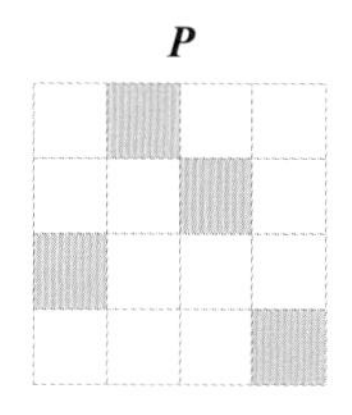
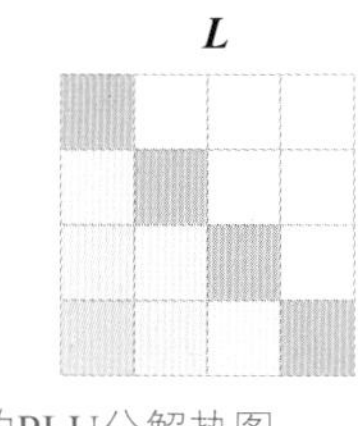
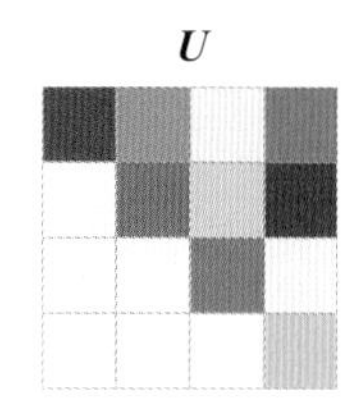

图11.2 对矩阵$\boldsymbol{A}$的PLU分解热图

PLU分解有很高的数值稳定性。举个例子，如果式 (11.1) 中矩阵$\boldsymbol{A}$中有一个元素的数值特别小，则LU分解后，得到的矩阵$\boldsymbol{L}$和$\boldsymbol{U}$会出现数值很大的数。为了避免这种情况，如式 (11.3) 所示，通过一个置换矩阵$\boldsymbol{P}$，先对矩阵$\boldsymbol{A}$进行变换，然后再进行LU分解。

Bk4_Ch11_01.py绘制图11.2。

11.3 Cholesky分解：适用于正定矩阵

Cholesky分解 (Cholesky decomposition) 是LU分解的特例。鸢尾花书在讲解**协方差矩阵** (covariance matrix)、数据转换、蒙特卡洛模拟等内容时都会使用Cholesky分解。

Cholesky分解把矩阵分解为一个下三角矩阵以及它的转置矩阵的乘积，即有

$$\boldsymbol{A} = \boldsymbol{L}\boldsymbol{L}^{\mathrm{T}} \tag{11.4}$$

也就是说

$$\begin{bmatrix} a_{1,1} & a_{1,2} & \cdots & a_{1,m} \\ a_{2,1} & a_{2,2} & \cdots & a_{2,m} \\ \vdots & \vdots & \ddots & \vdots \\ a_{m,1} & a_{m,2} & \cdots & a_{m,m} \end{bmatrix}_{m\times m} = \begin{bmatrix} l_{1,1} & 0 & \cdots & 0 \\ l_{2,1} & l_{2,2} & \cdots & 0 \\ \vdots & \vdots & \ddots & \vdots \\ l_{m,1} & l_{m,2} & \cdots & l_{m,m} \end{bmatrix}_{m\times m} \begin{bmatrix} l_{1,1} & l_{2,1} & \cdots & l_{m,1} \\ 0 & l_{2,2} & \cdots & l_{m,2} \\ \vdots & \vdots & \ddots & \vdots \\ 0 & 0 & \cdots & l_{m,m} \end{bmatrix}_{m\times m} \tag{11.5}$$

当然，利用上三角矩阵$\boldsymbol{R}$，Cholesky分解也可以写成

$$\boldsymbol{A} = \boldsymbol{R}^{\mathrm{T}}\boldsymbol{R} \tag{11.6}$$

其中：$\boldsymbol{R}=\boldsymbol{L}^{\mathrm{T}}$。

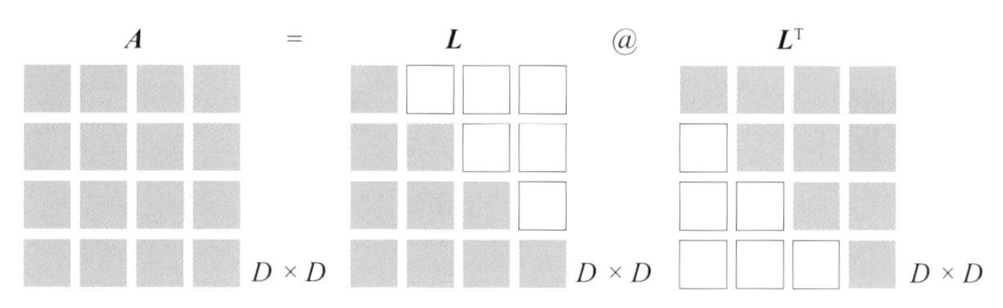

图11.3　Cholesky分解矩阵运算

NumPy中进行Cholesky分解的函数为numpy.linalg.cholesky()。请读者自行编写代码并绘制图11.4。

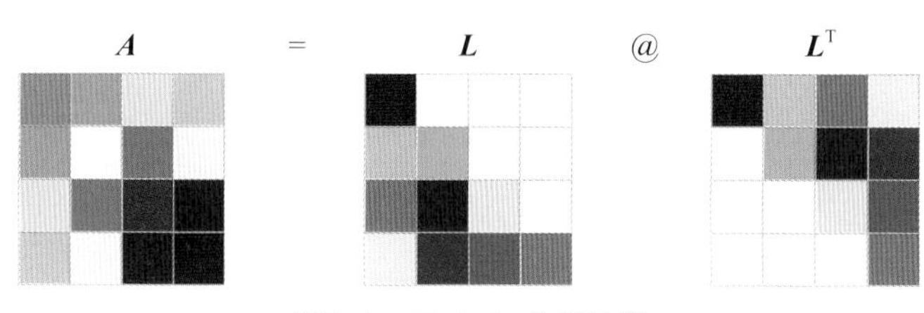

图11.4　Cholesky分解示例

注意：只有正定矩阵 (positive definite matrix) 才能Cholesky分解。下一章将简单地介绍正定性及其几何内涵。本书第21章将专门讲解正定性。

LDL分解：Cholesky分解的扩展

Cholesky分解可以进一步扩展为**LDL分解** (LDL decomposition)，即有

$$\boldsymbol{A}=\boldsymbol{L}\boldsymbol{D}\boldsymbol{L}^{\mathrm{T}}=\boldsymbol{L}\boldsymbol{D}^{1/2}\left(\boldsymbol{D}^{1/2}\right)^{\mathrm{T}}\boldsymbol{L}^{\mathrm{T}}=\boldsymbol{L}\boldsymbol{D}^{1/2}\left(\boldsymbol{L}\boldsymbol{D}^{1/2}\right)^{\mathrm{T}} \tag{11.7}$$

其中：$\boldsymbol{L}$为下三角矩阵，但是对角线元素均为1；$\boldsymbol{D}$为对角矩阵，起到缩放作用；从几何角度来看，$\boldsymbol{L}$的作用就是“剪切”。也就是说，矩阵$\boldsymbol{A}$被分解成“剪切 → 缩放 → 剪切”。

式 (11.7) 展开可以写成

$$\begin{bmatrix} a_{1,1} & a_{1,2} & \cdots & a_{1,m} \\ a_{2,1} & a_{2,2} & \cdots & a_{2,m} \\ \vdots & \vdots & \ddots & \vdots \\ a_{m,1} & a_{m,2} & \cdots & a_{m,m} \end{bmatrix}_{m\times m}=\begin{bmatrix} 1 & 0 & \cdots & 0 \\ l_{2,1} & 1 & \cdots & 0 \\ \vdots & \vdots & \ddots & \vdots \\ l_{m,1} & l_{m,2} & \cdots & 1 \end{bmatrix}_{m\times m}\begin{bmatrix} d_{1,1} & 0 & \cdots & 0 \\ 0 & d_{2,2} & \cdots & 0 \\ \vdots & \vdots & \ddots & \vdots \\ 0 & 0 & \cdots & d_{m,m} \end{bmatrix}_{m\times m}\begin{bmatrix} 1 & l_{2,1} & \cdots & l_{m,1} \\ 0 & 1 & \cdots & l_{m,2} \\ \vdots & \vdots & \ddots & \vdots \\ 0 & 0 & \cdots & 1 \end{bmatrix}_{m\times m} \tag{11.8}$$

图11.5所示为LDL分解矩阵运算示意图。

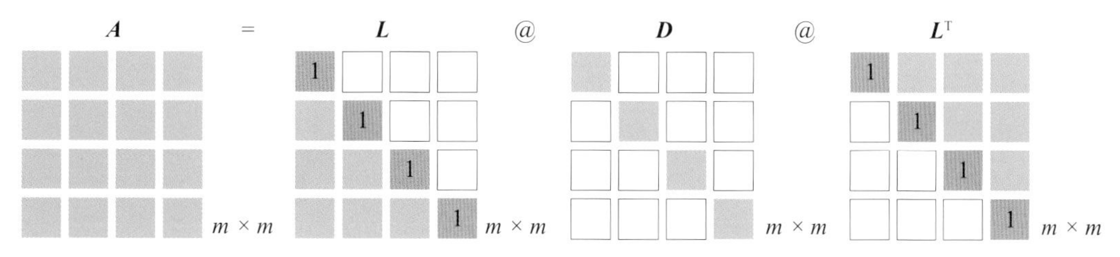

图11.5　LDL分解矩阵运算示意图

LDL分解的函数为scipy.linalg.ldl()，注意这个函数的返回结果也包括置换矩阵。图11.6所示为LDL分解运算热图。请读者根据前文代码自行绘制图11.6。

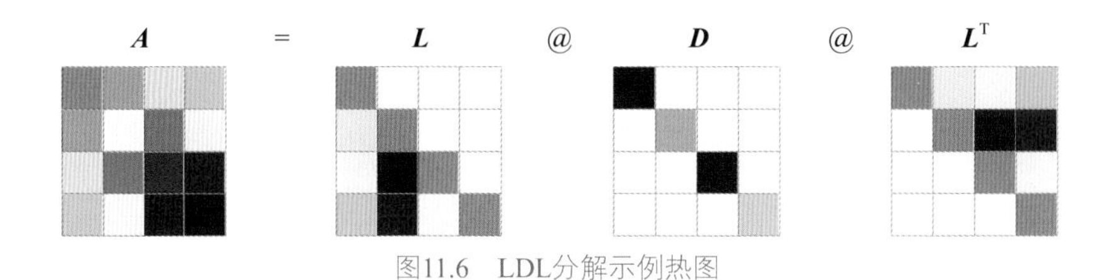

图11.6　LDL分解示例热图

11.4 QR分解：正交化

QR分解 (QR decomposition, QR factorization) 和本书第9章介绍的格拉姆-斯密特正交化联系紧密。QR分解有以下两种常见形式：

◀ **完全型** (complete)，$\boldsymbol{Q}$为方阵；
◀ **缩略型** (reduced)，$\boldsymbol{Q}$和原矩阵形状相同。

图11.7所示为对$n \times D$数据矩阵$\boldsymbol{X}$进行完全型QR分解的示意图，对应的等式为

$$\boldsymbol{X}_{n\times D} = \boldsymbol{Q}_{n\times n}\boldsymbol{R}_{n\times D} \tag{11.9}$$

其中：$\boldsymbol{Q}$为方阵，形状为$n \times n$；$\boldsymbol{R}$和$\boldsymbol{X}$形状一致，形状为$n \times D$。

注意：任何实数矩阵都可以进行QR分解。

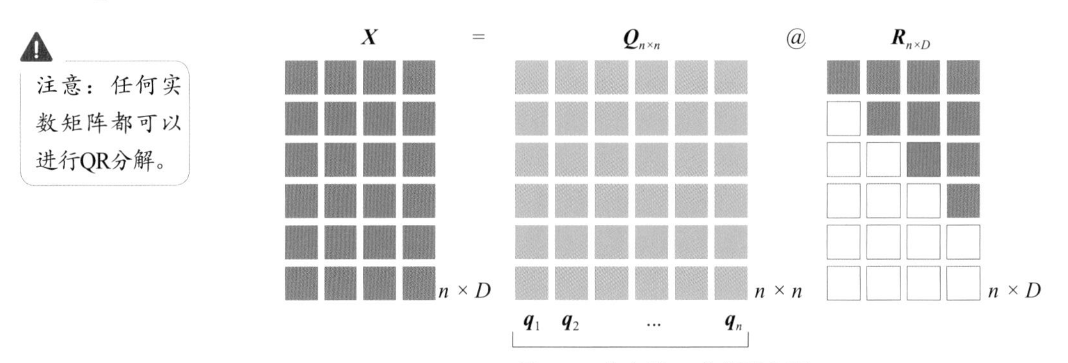

图11.7　完全型QR分解示意图

图11.8所示为对某个细高数据矩阵$\boldsymbol{X}$进行完全型QR分解的运算热图。

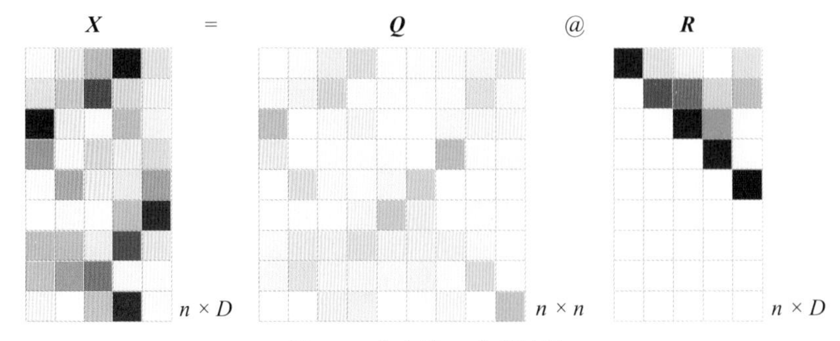

图11.8　完全型QR分解热图

方阵$\boldsymbol{Q}$为正交矩阵，也就是说

$$\boldsymbol{Q}_{n\times n}\boldsymbol{Q}_{n\times n}^{\mathrm{T}}=\boldsymbol{Q}_{n\times n}^{\mathrm{T}}\boldsymbol{Q}_{n\times n}=\boldsymbol{I}_{n\times n} \tag{11.10}$$

图11.9所示为式 (11.10) 运算对应的热图。根据本书前文介绍的有关正交矩阵的性质，$\boldsymbol{Q}=[\boldsymbol{q}_1, \boldsymbol{q}_2, \cdots, \boldsymbol{q}_n]$ 是一个规范正交基，张起的向量空间为 $\mathbb{R}^n$。

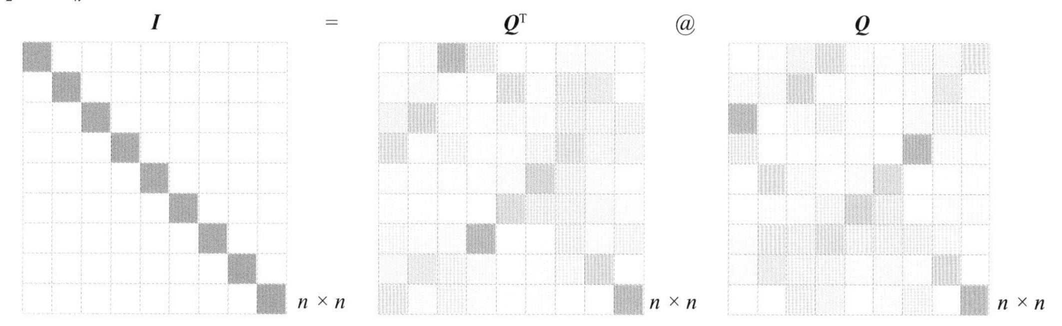

图11.9　$\boldsymbol{Q}$为正交矩阵

把$\boldsymbol{Q}$展开写成 $[\boldsymbol{q}_1, \boldsymbol{q}_2, \cdots, \boldsymbol{q}_n]$，$\boldsymbol{X}$的第一列向量$\boldsymbol{x}_1$可以通过下式得到，即

$$\boldsymbol{x}_1=\begin{bmatrix}\boldsymbol{q}_1 & \boldsymbol{q}_2 & \cdots & \boldsymbol{q}_n\end{bmatrix}\begin{bmatrix}r_{1,1}\\ r_{2,1}\\ \vdots \\ r_{n,1}\end{bmatrix}=r_{1,1}\boldsymbol{q}_1+\underbrace{r_{2,1}}_{=0}\boldsymbol{q}_2+\cdots+\underbrace{r_{n,1}}_{=0}\boldsymbol{q}_n=r_{1,1}\boldsymbol{q}_1 \tag{11.11}$$

式 (11.11) 相当于$\boldsymbol{x}_1$在规范正交基 $[\boldsymbol{q}_1, \boldsymbol{q}_2, \cdots, \boldsymbol{q}_n]$ 张成的空间坐标为 $(r_{1,1}, r_{2,1}, \cdots, r_{n,1})$，即 $(r_{1,1}, 0, \cdots, 0)$。也就是说，$\boldsymbol{x}_1$与$\boldsymbol{q}_1$平行，方向同向或反向。这与本书第9章介绍的格拉姆-施密特正交化第一步一致。

$\boldsymbol{q}_1$是单位向量，也就是说

$$r_{1,1}=\pm\left\|\boldsymbol{x}_1\right\| \tag{11.12}$$

这一点已经说明QR分解的结果不唯一。但是，如果$\boldsymbol{X}$列满秩，且$\boldsymbol{R}$的对角元素为正实数的情况下QR分解唯一。

类似地，$\boldsymbol{X}$的第二列向量$\boldsymbol{x}_2$写成

$$\boldsymbol{x}_2=\begin{bmatrix}\boldsymbol{q}_1 & \boldsymbol{q}_2 & \cdots & \boldsymbol{q}_n\end{bmatrix}\begin{bmatrix}r_{1,2}\\ r_{2,2}\\ \vdots \\ r_{n,2}\end{bmatrix}=r_{1,2}\boldsymbol{q}_1+r_{2,2}\boldsymbol{q}_2+\underbrace{r_{3,2}}_{=0}\boldsymbol{q}_3+\cdots+\underbrace{r_{n,2}}_{=0}\boldsymbol{q}_n=r_{1,2}\boldsymbol{q}_1+r_{2,2}\boldsymbol{q}_2 \tag{11.13}$$

$\boldsymbol{x}_2$在规范正交基 $[\boldsymbol{q}_1, \boldsymbol{q}_2, \cdots, \boldsymbol{q}_n]$ 张成的空间坐标为 $(r_{1,2}, r_{2,2}, r_{3,2}, \cdots, r_{n,2})$，即 $(r_{1,2}, r_{2,2}, 0, \cdots, 0)$。

缩略型

图11.7对应的完全型QR分解可以进一步简化。将式 (11.9) 中的$\boldsymbol{R}$上下切一刀，让上方子块为方阵，下方子块为零矩阵$\boldsymbol{O}$。这样式 (11.9) 可以写成分块矩阵乘法，有

$$\boldsymbol{X}=\begin{bmatrix}\boldsymbol{Q}_{n\times D} & \boldsymbol{Q}_{n\times(n-D)}\end{bmatrix}\begin{bmatrix}\boldsymbol{R}_{D\times D}\\ \boldsymbol{O}_{(n-D)\times D}\end{bmatrix}=\boldsymbol{Q}_{n\times D}\boldsymbol{R}_{D\times D}+\boldsymbol{Q}_{n\times(n-D)}\boldsymbol{O}_{(n-D)\times D}=\boldsymbol{Q}_{n\times D}\boldsymbol{R}_{D\times D} \tag{11.14}$$

其中：$\boldsymbol{Q}_{n\times D}$与矩阵$\boldsymbol{X}$形状相同；$\boldsymbol{R}_{D\times D}$为上三角方阵。注意，式 (11.14) 中零矩阵$\boldsymbol{O}$的形状为$(n-D)\times D$，其所有元素均为0。

图11.10所示为QR分解从完全型到缩略型的简化过程。

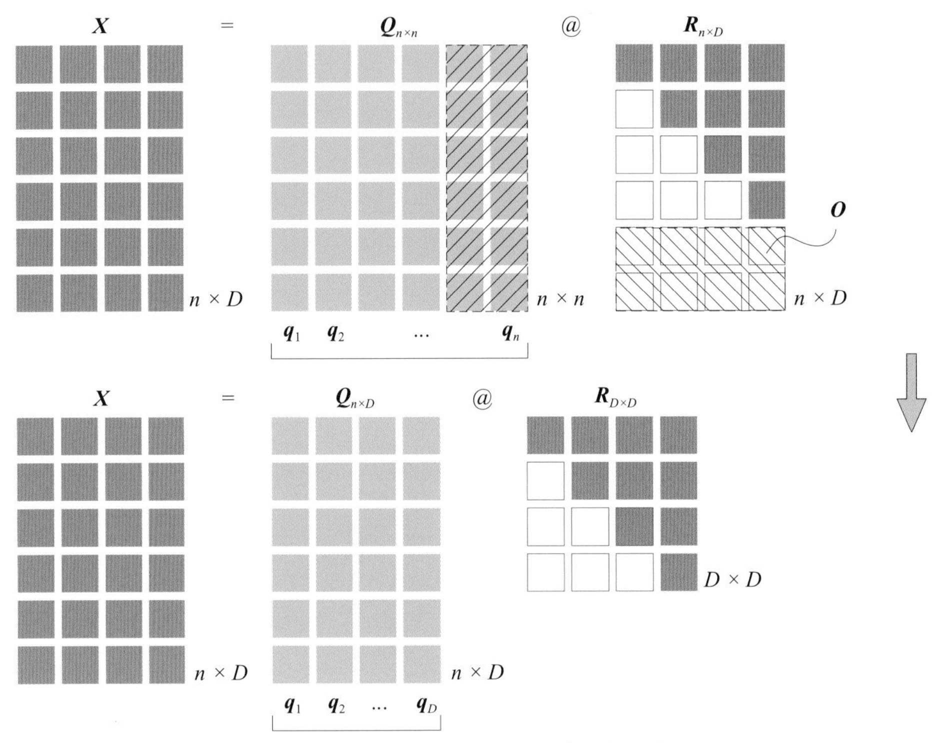

图11.10　QR分解从完全型到缩略型简化过程

图11.11所示为对矩阵$\boldsymbol{X}$进行缩略型QR分解的运算热图。

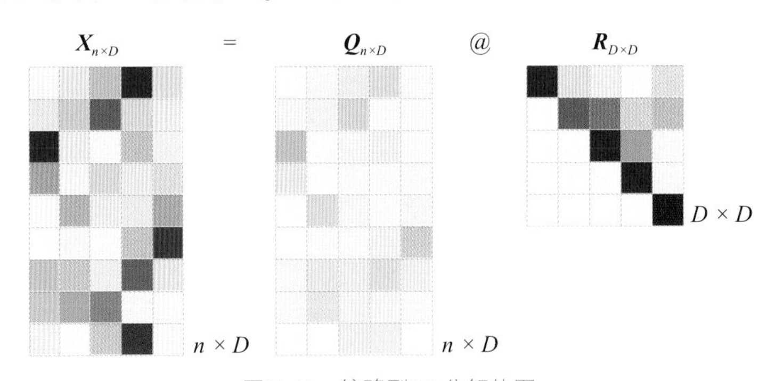

图11.11　缩略型QR分解热图

列向量两两正交

虽然式 (11.14) 中矩阵$\boldsymbol{Q}_{n\times D}$不是一个方阵，但列向量也两两正交，因为

$$\left(\boldsymbol{Q}_{n\times D}\right)^{\mathrm{T}}\boldsymbol{Q}_{n\times D}=\boldsymbol{I}_{D\times D}\tag{11.15}$$

注意：$\boldsymbol{Q}_{n\times D}$不再是正交矩阵。正交矩阵的前提是矩阵为方阵。

把$\boldsymbol{Q}$展开写成 $[\boldsymbol{q}_1, \boldsymbol{q}_2, \cdots, \boldsymbol{q}_D]$，代入式 (11.15) 得到

$$\boldsymbol{Q}^{\mathrm{T}}\boldsymbol{Q}=\begin{bmatrix}\boldsymbol{q}_1^{\mathrm{T}}\\ \boldsymbol{q}_2^{\mathrm{T}}\\ \vdots\\ \boldsymbol{q}_D^{\mathrm{T}}\end{bmatrix}\begin{bmatrix}\boldsymbol{q}_1 & \boldsymbol{q}_2 & \cdots & \boldsymbol{q}_D\end{bmatrix}=\begin{bmatrix}\boldsymbol{q}_1^{\mathrm{T}}\boldsymbol{q}_1 & \boldsymbol{q}_1^{\mathrm{T}}\boldsymbol{q}_2 & \cdots & \boldsymbol{q}_1^{\mathrm{T}}\boldsymbol{q}_D\\ \boldsymbol{q}_2^{\mathrm{T}}\boldsymbol{q}_1 & \boldsymbol{q}_2^{\mathrm{T}}\boldsymbol{q}_2 & \cdots & \boldsymbol{q}_2^{\mathrm{T}}\boldsymbol{q}_D\\ \vdots & \vdots & \ddots & \vdots\\ \boldsymbol{q}_D^{\mathrm{T}}\boldsymbol{q}_1 & \boldsymbol{q}_D^{\mathrm{T}}\boldsymbol{q}_2 & \cdots & \boldsymbol{q}_D^{\mathrm{T}}\boldsymbol{q}_D\end{bmatrix}=\begin{bmatrix}1 & 0 & \cdots & 0\\ 0 & 1 & \cdots & 0\\ \vdots & \vdots & \ddots & \vdots\\ 0 & 0 & \cdots & 1\end{bmatrix}_{D\times D} \tag{11.16}$$

其中：$\boldsymbol{q}_j$向量为n行。图11.12所示为$\boldsymbol{Q}^{\mathrm{T}}\boldsymbol{Q}$运算对应的热图。

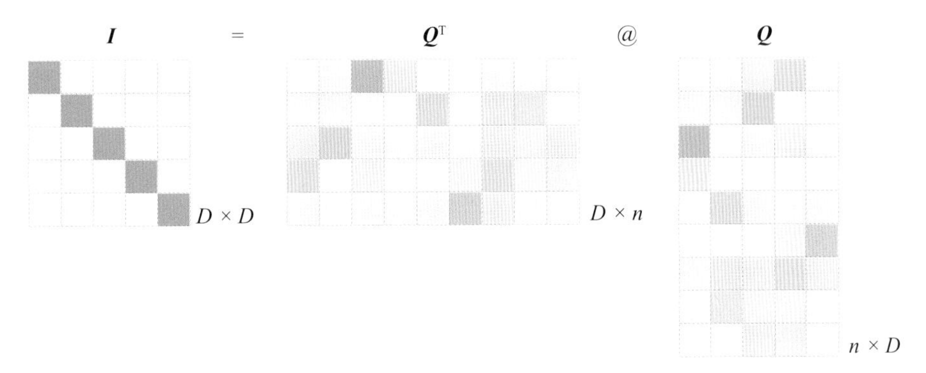

图11.12　$\boldsymbol{Q}^{\mathrm{T}}\boldsymbol{Q}$运算对应的热图

几何视角

从几何角度来看，如图11.13所示，QR分解完成对数据矩阵$\boldsymbol{X}$的正交化。$\boldsymbol{X}$的列向量$[\boldsymbol{x}_1, \boldsymbol{x}_2, \cdots, \boldsymbol{x}_D]$可能并非两两正交，经过QR分解得到的$[\boldsymbol{q}_1, \boldsymbol{q}_2, \cdots, \boldsymbol{q}_D]$两两正交，且每个向量为单位向量。

$[\boldsymbol{q}_1, \boldsymbol{q}_2, \cdots, \boldsymbol{q}_D]$是一个规范正交基。$[\boldsymbol{q}_1, \boldsymbol{q}_2, \cdots, \boldsymbol{q}_D]$的重要特点是$\boldsymbol{q}_1$平行于$\boldsymbol{x}_1$，通过逐步正交投影得到$\boldsymbol{q}_j$ $(j = 2, 3, \cdots, D)$。

当然，对数据矩阵$\boldsymbol{X}$的正交化方法并不唯一，不同正交化方法得到的规范正交基也不同。本书后面还会介绍其他正交化方法，请大家注意区分结果的差异以及应用场合。

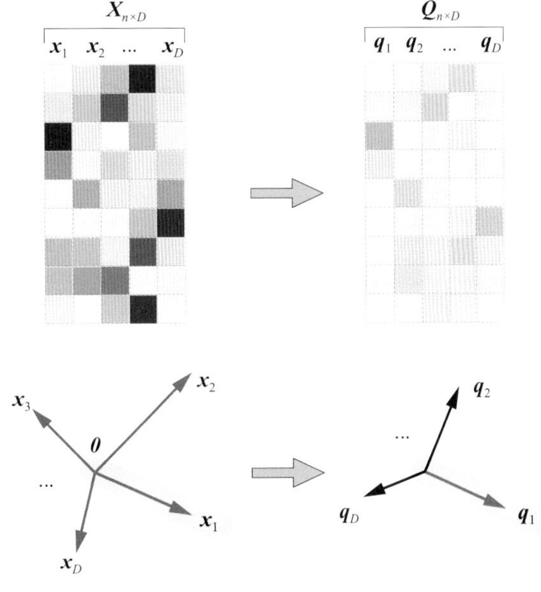

图11.13　QR分解背后的几何意义

Bk4_Ch11_02.py绘制本节热图。

11.5 特征值分解：刻画矩阵映射的特征

枯燥的定义

对于方阵$\boldsymbol{A}$，如果存在**非零向量** (non-zero vector) $\boldsymbol{v}$使得

$$\boldsymbol{A}\boldsymbol{v} = \lambda \boldsymbol{v} \tag{11.17}$$

其中：$\boldsymbol{v}$为$\boldsymbol{A}$的**特征向量** (eigen vector)；标量λ为**特征值** (eigen value)。特征向量$\boldsymbol{v}$代表方向，通常是列向量；特征值λ是在这个方向上的比例，特征值是标量。

式 (11.17) 可以写作

$$(\boldsymbol{A} - \lambda \boldsymbol{I})\boldsymbol{v} = 0 \tag{11.18}$$

其中：$\boldsymbol{I}$为**单位矩阵** (identity matrix)。

并不是所有方阵都可以特征值分解，只有**可对角化矩阵** (diagonalizable matrix) 才能进行特征值分解。如果一个方阵$\boldsymbol{A}$相似于对角矩阵，也就是说，如果存在一个可逆矩阵$\boldsymbol{V}$，使得矩阵乘积$\boldsymbol{V}^{-1}\boldsymbol{A}\boldsymbol{V}$的结果为对角矩阵，则$\boldsymbol{A}$就称为**可对角化** (diagonalizable)。大家是否还记得，本书前文讲解几何变换时提到，我们更喜欢看到对角阵，因为从几何角度来看，对角阵代表“立方体”。

二维方阵

假设某个二维方阵$\boldsymbol{A}$，有两个特征值和特征向量

$$\begin{aligned} \boldsymbol{A}\boldsymbol{v}_1 &= \lambda_1 \boldsymbol{v}_1 \\ \boldsymbol{A}\boldsymbol{v}_2 &= \lambda_2 \boldsymbol{v}_2 \end{aligned} \tag{11.19}$$

两个特征向量可以构成矩阵$\boldsymbol{V}$，用两个特征值构造对角阵$\boldsymbol{\Lambda}$，式 (11.19) 可以写成

$$\boldsymbol{A}\underbrace{\begin{bmatrix} \boldsymbol{v}_1 & \boldsymbol{v}_2 \end{bmatrix}}_{\boldsymbol{V}} = \underbrace{\begin{bmatrix} \boldsymbol{v}_1 & \boldsymbol{v}_2 \end{bmatrix}}_{\boldsymbol{V}} \underbrace{\begin{bmatrix} \lambda_1 & 0 \\ 0 & \lambda_2 \end{bmatrix}}_{\boldsymbol{\Lambda}} \tag{11.20}$$

即

$$\boldsymbol{A}\boldsymbol{V} = \boldsymbol{V}\boldsymbol{\Lambda} \tag{11.21}$$

式 (11.21) 可以进一步写成

$$\boldsymbol{A} = \boldsymbol{V}\boldsymbol{\Lambda}\boldsymbol{V}^{-1} \tag{11.22}$$

式 (11.22) 就叫做矩阵$\boldsymbol{A}$的**特征分解** (eigen-decomposition或eigenvalue decomposition)。$\boldsymbol{\Lambda}$叫做特征值矩阵，$\boldsymbol{V}$叫做特征向量矩阵。

多维方阵

对于$D \times D$方阵$\boldsymbol{A}$，如果存在如下一系列等式，即

$$\begin{cases} \boldsymbol{A}\boldsymbol{v}_1 = \lambda_1 \boldsymbol{v}_1 \\ \boldsymbol{A}\boldsymbol{v}_2 = \lambda_2 \boldsymbol{v}_2 \\ \quad \vdots \\ \boldsymbol{A}\boldsymbol{v}_D = \lambda_D \boldsymbol{v}_D \end{cases} \tag{11.23}$$

整理式 (11.23) 得到

$$\begin{bmatrix} \boldsymbol{A}\boldsymbol{v}_1 & \boldsymbol{A}\boldsymbol{v}_2 & \cdots & \boldsymbol{A}\boldsymbol{v}_D \end{bmatrix} = \begin{bmatrix} \lambda_1 \boldsymbol{v}_1 & \lambda_2 \boldsymbol{v}_2 & \cdots & \lambda_D \boldsymbol{v}_D \end{bmatrix} \tag{11.24}$$

即

$$\boldsymbol{A}\underbrace{\begin{bmatrix} \boldsymbol{v}_1 & \boldsymbol{v}_2 & \cdots & \boldsymbol{v}_D \end{bmatrix}}_{V} = \underbrace{\begin{bmatrix} \boldsymbol{v}_1 & \boldsymbol{v}_2 & \cdots & \boldsymbol{v}_D \end{bmatrix}}_{V} \underbrace{\begin{bmatrix} \lambda_1 & & & \\ & \lambda_2 & & \\ & & \ddots & \\ & & & \lambda_D \end{bmatrix}}_{\Lambda} \tag{11.25}$$

特征多项式

方阵$\boldsymbol{A}$的**特征多项式** (characteristic polynomial) 可以这样获得，即

$$p(\lambda) = |\boldsymbol{A} - \lambda \boldsymbol{I}| \tag{11.26}$$

$\boldsymbol{A}$的**特征方程** (characteristic equation) 为

$$|\boldsymbol{A} - \lambda \boldsymbol{I}| = 0 \tag{11.27}$$

特征方程可以用于求解矩阵的特征值，从而进一步求解对应的特征向量。

手算特征值分解

给定矩阵$\boldsymbol{A}$为

$$\boldsymbol{A} = \begin{bmatrix} 1.25 & -0.75 \\ -0.75 & 1.25 \end{bmatrix} \tag{11.28}$$

方阵$\boldsymbol{A}$的特征方程为

$$\begin{aligned} p(\lambda) = |\boldsymbol{A} - \lambda \boldsymbol{I}| &= \begin{vmatrix} 1.25 - \lambda & -0.75 \\ -0.75 & 1.25 - \lambda \end{vmatrix} \\ &= \lambda^2 - 2.5\lambda + 1 = (\lambda - 2)(\lambda - 0.5) = 0 \end{aligned} \tag{11.29}$$

求解式 (11.29) 所示的一元二次方程，得到$p(\lambda)$ 的两个根分别为

$$\lambda_1 = 0.5, \quad \lambda_2 = 2 \tag{11.30}$$

对于 $\lambda_1 = 0.5$，有

$$(\boldsymbol{A} - \lambda_1 \boldsymbol{I})\boldsymbol{v}_1 = \left\{ \begin{bmatrix} 1.25 & -0.75 \\ -0.75 & 1.25 \end{bmatrix} - \begin{bmatrix} 0.5 & 0 \\ 0 & 0.5 \end{bmatrix} \right\} \begin{bmatrix} v_{1,1} \\ v_{2,1} \end{bmatrix} = \begin{bmatrix} 0 \\ 0 \end{bmatrix} \tag{11.31}$$

得到等式

$$v_{1,1} - v_{2,1} = 0 \tag{11.32}$$

满足式 (11.32) 的向量都是特征向量，选择第一象限的单位向量为特征向量$\boldsymbol{v}_1$，即

$$\boldsymbol{v}_1 = \begin{bmatrix} \sqrt{2}/2 \\ \sqrt{2}/2 \end{bmatrix} \tag{11.33}$$

注意：本书中，特征向量一般都是单位向量，除非特殊说明。

这一步可以看出特征向量不唯一。

对于 $\lambda_2 = 2$，有

$$(\boldsymbol{A} - \lambda_2 \boldsymbol{I})\boldsymbol{v}_2 = \left\{ \begin{bmatrix} 1.25 & -0.75 \\ -0.75 & 1.25 \end{bmatrix} - \begin{bmatrix} 2 & 0 \\ 0 & 2 \end{bmatrix} \right\} \begin{bmatrix} v_{1,2} \\ v_{2,2} \end{bmatrix} = \begin{bmatrix} 0 \\ 0 \end{bmatrix} \tag{11.34}$$

得到等式

$$v_{1,2} + v_{2,2} = 0 \tag{11.35}$$

同样，满足式 (11.35) 的向量都是特征向量，选择第二象限的单位向量为特征向量$\boldsymbol{v}_2$，即

$$\boldsymbol{v}_2 = \begin{bmatrix} -\sqrt{2}/2 \\ \sqrt{2}/2 \end{bmatrix} \tag{11.36}$$

图11.14所示为候选特征向量之间的关系。

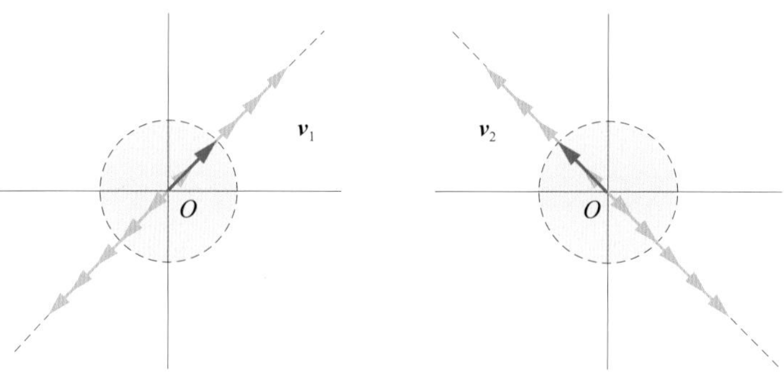

图11.14　候选特征向量

这样我们可以得到特征向量矩阵$\boldsymbol{V}$为

$$\boldsymbol{V} = \begin{bmatrix} \sqrt{2}/2 & -\sqrt{2}/2 \\ \sqrt{2}/2 & \sqrt{2}/2 \end{bmatrix} \tag{11.37}$$

$\boldsymbol{V}$的逆为

$$\boldsymbol{V}^{-1} = \begin{bmatrix} \sqrt{2}/2 & \sqrt{2}/2 \\ -\sqrt{2}/2 & \sqrt{2}/2 \end{bmatrix} \tag{11.38}$$

大家可能已经发现

$$\boldsymbol{V}^{\mathrm{T}} = \boldsymbol{V}^{-1} \tag{11.39}$$

这是因为式 (11.28) 中的$\boldsymbol{A}$为对称矩阵。

对称矩阵

对称矩阵的特征值分解又叫**谱分解** (spectral decomposition)。如果$\boldsymbol{A}$为对称矩阵，则可以写作

$$\boldsymbol{A}=\boldsymbol{V}\boldsymbol{\Lambda}\boldsymbol{V}^{\mathrm{T}} \tag{11.40}$$

$\boldsymbol{V}$为正交矩阵，即满足

$$\boldsymbol{V}\boldsymbol{V}^{\mathrm{T}}=\boldsymbol{I} \tag{11.41}$$

谱分解是特征值分解的一种特殊情况，本书第13章会进行专门介绍。

几何视角

对于一个细高的长方形实数矩阵$\boldsymbol{X}$来说，它本身肯定不能进行特征值分解。但是，它的两个格拉姆矩阵$\boldsymbol{X}^{\mathrm{T}}\boldsymbol{X}$和$\boldsymbol{X}\boldsymbol{X}^{\mathrm{T}}$都是对称矩阵。如图11.15所示，$\boldsymbol{X}^{\mathrm{T}}\boldsymbol{X}$和$\boldsymbol{X}\boldsymbol{X}^{\mathrm{T}}$都可以进行特征值分解，而且分解得到的特征向量矩阵$\boldsymbol{V}$和$\boldsymbol{U}$都是正交矩阵。

$\boldsymbol{V}=[\boldsymbol{v}_1,\boldsymbol{v}_2,\cdots,\boldsymbol{v}_D]$ 张起的向量空间为 $\mathbb{R}^D$。$\boldsymbol{U}=[\boldsymbol{u}_1,\boldsymbol{u}_2,\cdots,\boldsymbol{u}_n]$ 张起的向量空间为 $\mathbb{R}^n$。之所以用$\boldsymbol{V}$和$\boldsymbol{U}$分别表达特征向量矩阵，是为了与下一节奇异值分解进行呼应。

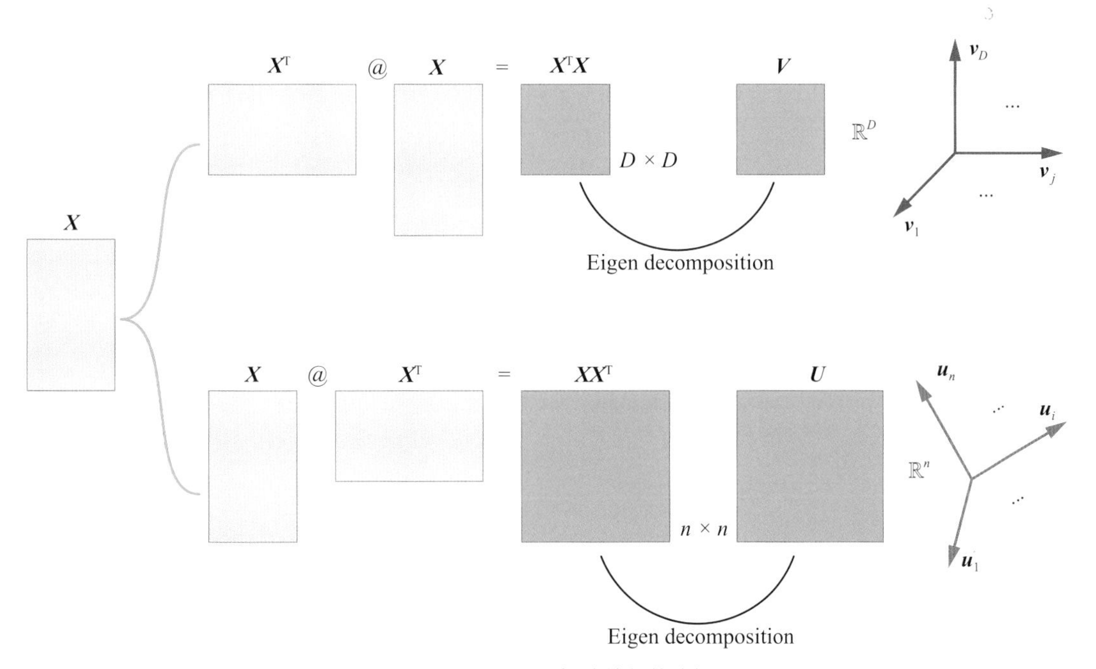

图11.15　对Gram矩阵特征值分解

> 如果本书有关特征值分解内容就此结束，相信会有读者感到失望，说好的“图解”呢？多视角呢？空间、几何、数据、优化、统计视角又在哪？特征值分解是矩阵分解中的一道“大菜”，它在数据科学和机器学习领域中的应用非常广泛，本节仅仅介绍其皮毛。本书第13、14章专门讲解特征值分解及其应用。

11.6 奇异值分解：适用于任何实数矩阵

如果特征值分解是“大菜”，则奇异值分解绝对是矩阵分解中的“头牌”！本节将蜻蜓点水地介绍一些奇异值分解中最基本的概念，并让大家尝尝手算奇异值分解的滋味！

本书第15、16两章专门讲解奇异值分解和应用。本书最后三章还会梳理特征值分解和奇异值分解之间的关系，以及它们和数据、空间、统计等概念的关系，把大家对矩阵分解的认识提到一个全新的高度。

定义

对矩阵$\boldsymbol{X}_{n\times D}$进行**奇异值分解** (Singular Value Decomposition, SVD)，得到

$$\boldsymbol{X}_{n\times D} = \boldsymbol{U}\boldsymbol{S}\boldsymbol{V}^{\mathrm{T}} \tag{11.42}$$

$\boldsymbol{S}$主对角线的元素s_i为**奇异值** (singular value)。一些教材用$\boldsymbol{\Sigma}$代表奇异值矩阵，而鸢尾花书专门用$\boldsymbol{\Sigma}$作为协方差矩阵的记号。本书也会用$\boldsymbol{S}$代表“缩放”矩阵，这与奇异值分解中的$\boldsymbol{S}$在功能上完全一致。

$\boldsymbol{U}$的列向量叫做**左奇异值向量** (left singular vector)。

$\boldsymbol{V}$的列向量叫做**右奇异值向量** (right singular vector)。

常用的SVD分解有四种类型。完全型SVD分解中，$\boldsymbol{U}$和$\boldsymbol{V}$为方阵，$\boldsymbol{S}$和$\boldsymbol{X}$的形状相同，具体如图11.16所示。本书第15、16章会介绍SVD的四种分解类型。

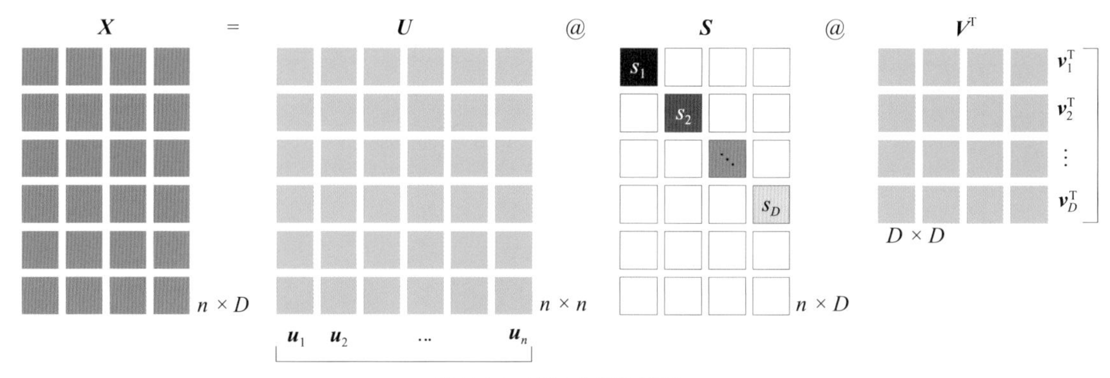

图11.16　SVD分解示意图

任何实数矩阵都可以SVD分解。“任何”二字奠定了奇异值分解在矩阵分解中宇宙第一的地位！不管是方阵，还是细高、宽矮矩阵，SVD分解都能处理，可谓兵来将挡、水来土掩。

两个规范正交基

在完全SVD分解中，$\boldsymbol{U}$和$\boldsymbol{V}$都是正交矩阵。也就是说，向量空间视角下，$\boldsymbol{U}$和$\boldsymbol{V}$都是规范正交基！如图11.17所示，这相当于一个SVD完成了图11.15中两个特征值的分解。

SVD分解也是对原始数据矩阵进行正交化的工具，本章前文提到QR分解和特征值分解都可以得

到规范正交基，这些矩阵分解之间的区别和联系是什么？得到的规范正交基有什么不同？它们和向量空间又有怎样关系？这是本书最后三章“数据三部曲”要回答的问题。

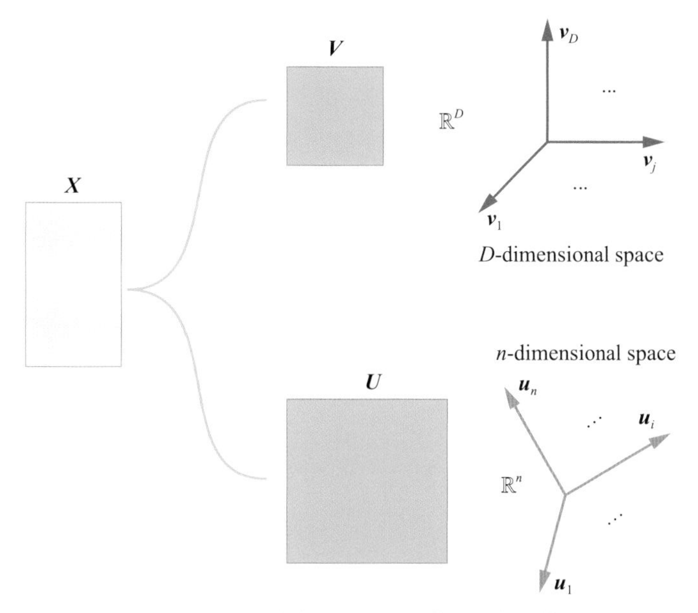

图11.17　对X矩阵完全SVD分解获得两个规范正交基

手算奇异值分解

给定矩阵X为

$$X=\begin{bmatrix}0&1\\1&1\\1&0\end{bmatrix} \tag{11.43}$$

前文提过，细高或宽矮的长方形矩阵在进行矩阵运算时并不友好，我们通常需要将它们“平方”，写成格拉姆矩阵$X^{\mathrm{T}}X$这种形式。为求解V，我们先计算第一个格拉姆矩阵——$X^{\mathrm{T}}X$，有

$$X^{\mathrm{T}}X=\begin{bmatrix}0&1\\1&1\\1&0\end{bmatrix}^{\mathrm{T}}\begin{bmatrix}0&1\\1&1\\1&0\end{bmatrix}=\begin{bmatrix}2&1\\1&2\end{bmatrix} \tag{11.44}$$

进一步计算得到$X^{\mathrm{T}}X$的特征值和特征向量为

$$\begin{cases}\lambda_1=3\\ v_1=\begin{bmatrix}\dfrac{\sqrt{2}}{2}\\ \dfrac{\sqrt{2}}{2}\end{bmatrix}\end{cases}\quad\begin{cases}\lambda_2=1\\ v_2=\begin{bmatrix}-\dfrac{\sqrt{2}}{2}\\ \dfrac{\sqrt{2}}{2}\end{bmatrix}\end{cases} \tag{11.45}$$

然后，计算第二个格拉姆矩阵——XX^{T}，有

$$
\boldsymbol{X}\boldsymbol{X}^{\mathrm{T}}=\begin{bmatrix}0 & 1\\ 1 & 1\\ 1 & 0\end{bmatrix}\begin{bmatrix}0 & 1\\ 1 & 1\\ 1 & 0\end{bmatrix}^{\mathrm{T}}=\begin{bmatrix}1 & 1 & 0\\ 1 & 2 & 1\\ 0 & 1 & 1\end{bmatrix} \tag{11.46}
$$

注意区分，$\boldsymbol{X}^{\mathrm{T}}\boldsymbol{X}$形状为2 × 2，$\boldsymbol{X}\boldsymbol{X}^{\mathrm{T}}$形状为3 × 3。

计算$\boldsymbol{X}\boldsymbol{X}^{\mathrm{T}}$的特征值和特征向量为

$$
\begin{cases}\lambda_1=3\\ \boldsymbol{u}_1=\begin{bmatrix}\dfrac{1}{\sqrt{6}}\\ \dfrac{2}{\sqrt{6}}\\ \dfrac{1}{\sqrt{6}}\end{bmatrix}\end{cases}\quad
\begin{cases}\lambda_2=1\\ \boldsymbol{u}_2=\begin{bmatrix}\dfrac{\sqrt{2}}{2}\\ 0\\ -\dfrac{\sqrt{2}}{2}\end{bmatrix}\end{cases}\quad
\begin{cases}\lambda_3=0\\ \boldsymbol{u}_3=\begin{bmatrix}\dfrac{\sqrt{3}}{3}\\ -\dfrac{\sqrt{3}}{3}\\ \dfrac{\sqrt{3}}{3}\end{bmatrix}\end{cases} \tag{11.47}
$$

奇异值矩阵$\boldsymbol{S}$为

$$
\boldsymbol{S}=\begin{bmatrix}s_1 & 0\\ 0 & s_2\\ 0 & 0\end{bmatrix}=\begin{bmatrix}\sqrt{\lambda_1} & 0\\ 0 & \sqrt{\lambda_2}\\ 0 & 0\end{bmatrix}=\begin{bmatrix}\sqrt{3} & 0\\ 0 & 1\\ 0 & 0\end{bmatrix} \tag{11.48}
$$

式 (11.45) 和式 (11.47) 中都得到了λ_1和λ_2这两个特征值。奇异值矩阵$\boldsymbol{S}$对角线元素为λ_1与λ_2的平方根。这一点是特征值分解和SVD分解的一个重要的区别，也是一个重要的联系。

因此，$\boldsymbol{X}$的完全型SVD分解为

$$
\boldsymbol{X}=\boldsymbol{U}\boldsymbol{S}\boldsymbol{V}^{\mathrm{T}}=\begin{bmatrix}\dfrac{1}{\sqrt{6}} & \dfrac{\sqrt{2}}{2} & \dfrac{\sqrt{3}}{3}\\ \dfrac{2}{\sqrt{6}} & 0 & -\dfrac{\sqrt{3}}{3}\\ \dfrac{1}{\sqrt{6}} & -\dfrac{\sqrt{2}}{2} & \dfrac{\sqrt{3}}{3}\end{bmatrix}\begin{bmatrix}\sqrt{3} & 0\\ 0 & 1\\ 0 & 0\end{bmatrix}\begin{bmatrix}\dfrac{\sqrt{2}}{2} & -\dfrac{\sqrt{2}}{2}\\ \dfrac{\sqrt{2}}{2} & \dfrac{\sqrt{2}}{2}\end{bmatrix}^{\mathrm{T}} \tag{11.49}
$$

再次强调，本书绝不要求大家掌握如何徒手进行SVD分解。大家需要掌握的是SVD背后的数学思想，以及如何利用不同视角理解SVD分解。

请大家回顾《可视之美》介绍的理解不同形状矩阵奇异值分解的几何视角。

本章开启了本书一个全新的板块——矩阵分解。图11.18所示的四幅图总结出本章的主要内容。请大家将不同矩阵分解对号入座。

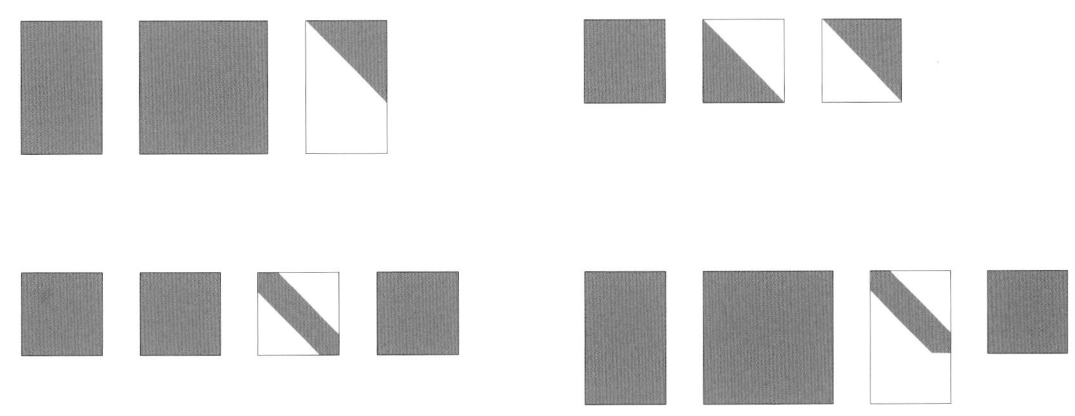

图11.18　总结本章重要内容的四幅图

矩阵分解看着让人眼花缭乱，但是万变不离其宗——矩阵乘法！大家很快就会看到，我们会反复使用矩阵乘法的两个视角来进行各种矩阵分解。矩阵分解让我们从一个全新的高度领略到了矩阵乘法的魅力。

数据视角、几何视角，这两点绝对是学好矩阵分解的利器，怎么强调都不为过。**有数据的地方，必有矩阵！有矩阵的地方，更有向量！有向量的地方，就有几何！**

下面五章将展开讲解Cholesky分解、特征值分解和奇异值分解。本书最后三章会结合几何、数据、空间、应用等概念，再次升华矩阵分解！

习惯通过做题学习数学的读者，给大家强烈推荐Nathaniel Johnston编写的*Introduction to Linear and Matrix Algebra*和*Advanced Linear and Matrix Algebra*两本线性代数教材。该书作者并非“大家”，但是依据个人观点，这两本书远好于绝大多数线性代数教材。

12 Cholesky Decomposition Cholesky分解

适用于正定矩阵

每个人都是天才。但是，如果你以爬树的能力来评判一条鱼，那么那条鱼终其一生都会认为自己愚蠢无能。

Everybody is a genius. But if you judge a fish by its ability to climb a tree, it will live its whole life believing that it is stupid.

—— 阿尔伯特·爱因斯坦 (Albert Einstein) | 理论物理学家 | 1879—1955

- `ax.contour3D()` 绘制三维曲面等高线
- `ax.plot_wireframe()` 绘制线框图
- `math.radians()` 将角度转换成弧度
- `matplotlib.pyplot.contour()` 绘制平面等高线
- `matplotlib.pyplot.contourf ()` 绘制平面填充等高线
- `matplotlib.pyplot.plot()` 绘制线图
- `matplotlib.pyplot.quiver()` 绘制箭头图
- `matplotlib.pyplot.scatter()` 绘制散点图
- `numpy.arccos()` 计算反余弦
- `numpy.cos()` 计算余弦值
- `numpy.deg2rad()` 将角度转化为弧度
- `numpy.linalg.cholesky()` Cholesky分解
- `numpy.linalg.eig()` 特征值分解

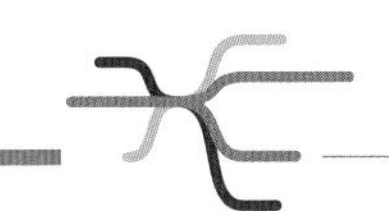

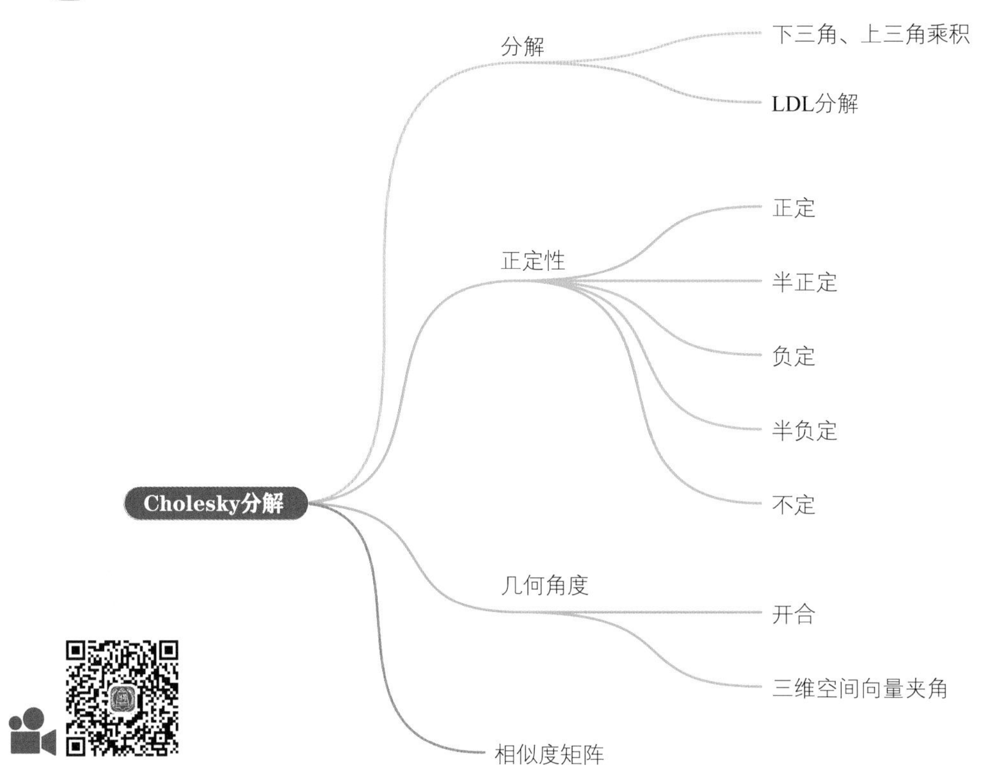

12.1 Cholesky分解

实数矩阵的Cholesky分解由法国军官、数学家**安德烈·路易·科列斯基** (André-Louis Cholesky) 最先发明。科列斯基本人在一战结束前夕战死沙场，Cholesky分解是由科列斯基的同事在他去世后发表的，并以科列斯基的名字命名。

通过上一章学习，大家知道Cholesky分解将方阵$\boldsymbol{A}$分解为一个下三角矩阵$\boldsymbol{L}$以及它的转置矩阵$\boldsymbol{L}^{\mathrm{T}}$的乘积，即

$$\boldsymbol{A}=\boldsymbol{L}\boldsymbol{L}^{\mathrm{T}} \tag{12.1}$$

利用上三角矩阵$\boldsymbol{R}\ (=\boldsymbol{L}^{\mathrm{T}})$，$\boldsymbol{A}$可以写成

$$\boldsymbol{A}=\boldsymbol{R}^{\mathrm{T}}\boldsymbol{R} \tag{12.2}$$

LDL分解

在Cholesky分解的基础上，上一章又介绍了LDL分解。LDL分解将上述矩阵$\boldsymbol{A}$分解成下三角矩阵$\boldsymbol{L}$、对角阵方阵$\boldsymbol{D}$、$\boldsymbol{L}^{\mathrm{T}}$三者的乘积，即

$$A = LDL^{\mathrm{T}} \tag{12.3}$$

式 (12.3) 中下三角矩阵L的对角线元素均为1。从几何视角来看，L相当于我们在本书第8章中提到的剪切。

假设对角方阵D的对角线元素非负，LDL分解可以进一步写成

$$A = LD^{1/2}\left(D^{1/2}\right)^{\mathrm{T}} L^{\mathrm{T}} = LD^{1/2}\left(LD^{1/2}\right)^{\mathrm{T}} \tag{12.4}$$

其中：$D^{1/2}$为对角方阵，且$D^{1/2}$对角线上的元素是D的对角线元素的非负平方根。

令

$$B = D^{1/2} \tag{12.5}$$

式 (12.4) 可以写成

$$A = LB\left(LB\right)^{\mathrm{T}} \tag{12.6}$$

其中：LB相当于A的平方根。

用上三角矩阵R替换L^{T}，式 (12.6) 可以写成

$$A = R^{\mathrm{T}} BBR = \left(BR\right)^{\mathrm{T}} BR \tag{12.7}$$

12.2 正定矩阵才可以进行Cholesky分解

上一章提到，并非所有矩阵都可以进行Cholesky分解，只有**正定矩阵** (positive-definite matrix) 才能进行Cholesky分解。

在x为非零列向量 ($x \neq 0$) 的条件下，如果方阵A满足

$$x^{\mathrm{T}} A x > 0 \tag{12.8}$$

则称方阵A为**正定矩阵** (positive definite matrix)。式 (12.8) 中列向量x的行数与矩阵A的行数一致。二次型$x^{\mathrm{T}}Ax$的结果是标量。此外，正定矩阵的特征值均为正。

几何视角

从几何角度更容易理解正定矩阵，给定2 × 2矩阵A

$$A = \begin{bmatrix} a & b \\ b & c \end{bmatrix} \tag{12.9}$$

注意：正定矩阵都是对称方阵。

定义二元函数$y = f(x_1, x_2)$为

$$y=f(x_1,x_2)=\boldsymbol{x}^{\mathrm{T}}\boldsymbol{A}\boldsymbol{x}=\begin{bmatrix}x_1 & x_2\end{bmatrix}\begin{bmatrix}a & b\\ b & c\end{bmatrix}\begin{bmatrix}x_1\\ x_2\end{bmatrix}=ax_1^2+2bx_1x_2+cx_2^2 \tag{12.10}$$

函数 $y=f(x_1, x_2)$ 就是本书第5章提到的二次型。更重要的是，上式把正定性与鸢尾花书《数学要素》一册中讲过的二次曲面联系起来。

本书第21章将专门讨论矩阵的正定性。

除了正定矩阵，还有半正定、负定、半负定、不定这几种正定性。表12.1总结几种正定性、曲面、等高线特征。希望读者能够通过表中的几何图形建立正定性的直观印象。此外，请大家自行分析表中曲面的极值特征。

表12.1 几种正定性

正定性	例子	三维曲面	平面等高线
正定 (positive definite)	开口向上正圆抛物面 $\boldsymbol{A}=\begin{bmatrix}1 & 0\\ 0 & 1\end{bmatrix}$	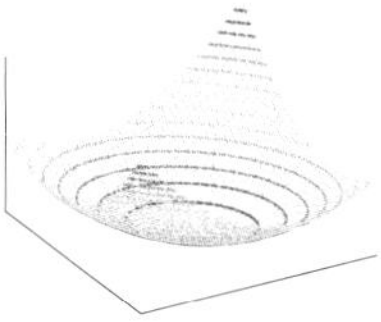	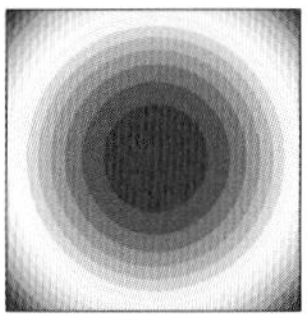
	开口向上正椭圆抛物面 $\boldsymbol{A}=\begin{bmatrix}2 & 0\\ 0 & 0.5\end{bmatrix}$	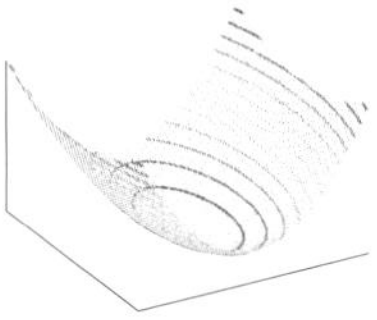	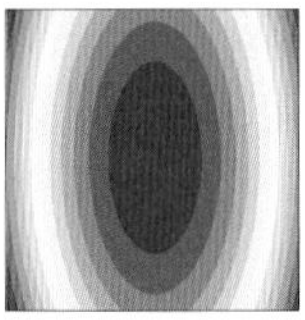
	开口向上旋转椭圆抛物面 $\boldsymbol{A}=\begin{bmatrix}1.5 & 0.5\\ 0.5 & 1.5\end{bmatrix}$	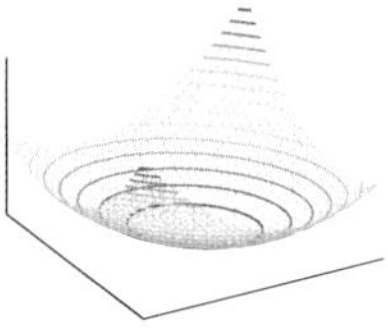	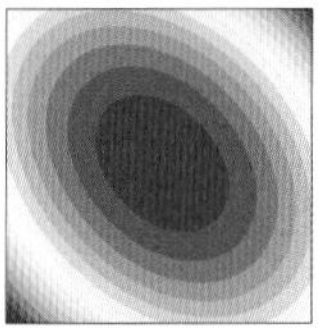
半正定 (positive semi-definite)	山谷面 $\boldsymbol{A}=\begin{bmatrix}1 & 0\\ 0 & 0\end{bmatrix}$	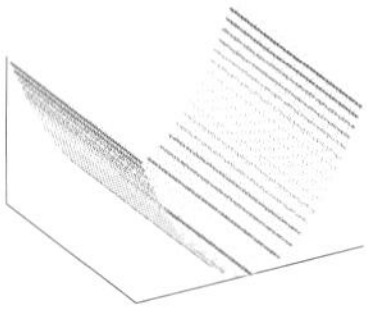	
	旋转山谷面 $\boldsymbol{A}=\begin{bmatrix}0.5 & -0.5\\ -0.5 & 0.5\end{bmatrix}$	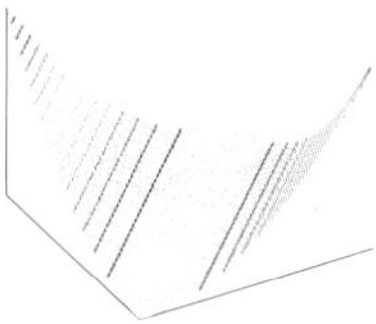	
负定 (negative definite)	开口向下正椭圆抛物面 $\boldsymbol{A}=\begin{bmatrix}-0.5 & 0\\ 0 & -2\end{bmatrix}$	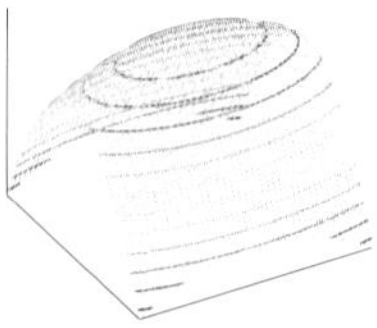	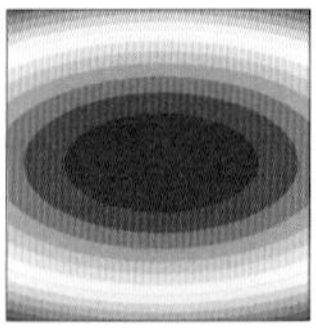
	开口向下旋转椭圆抛物面 $\boldsymbol{A}=\begin{bmatrix}-1.5 & 0.5\\ 0.5 & -1.5\end{bmatrix}$	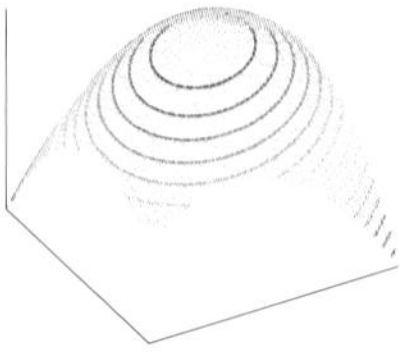	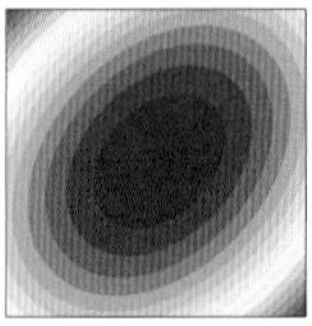

续表

正定性	例子	三维曲面	平面等高线
半负定 (negative semi-definite)	山脊面 $\boldsymbol{A}=\begin{bmatrix}0 & 0\\ 0 & -1\end{bmatrix}$		
	旋转山脊面 $\boldsymbol{A}=\begin{bmatrix}-0.5 & 0.5\\ 0.5 & -0.5\end{bmatrix}$		
不定 (indefinite)	马鞍面 $\boldsymbol{A}=\begin{bmatrix}1 & 0\\ 0 & -1\end{bmatrix}$		
	旋转马鞍面 $\boldsymbol{A}=\begin{bmatrix}0 & -1\\ -1 & 0\end{bmatrix}$		

Bk4_Ch12_01.py绘制表12.1列出的三维曲面和等高线。请注意改变a、b、c三个系数的取值。

12.3 几何角度：开合

本节内容我们从一个有趣的几何视角分析一种特殊矩阵的Cholesky分解。

以2 × 2矩阵为例

给定如2 × 2矩阵$\boldsymbol{P}$，它的主对角元素为1，非主对角线元素为余弦值$\cos\theta_{1,2}$，有

$$\boldsymbol{P}=\begin{bmatrix}1 & \cos\theta_{1,2}\\ \cos\theta_{1,2} & 1\end{bmatrix} \tag{12.11}$$

对矩阵$\boldsymbol{P}$进行Cholesky分解可以得到

$$P = LL^{\mathrm{T}} = \underbrace{\begin{bmatrix} 1 & 0 \\ \cos\theta_{1,2} & \sin\theta_{1,2} \end{bmatrix}}_{L} \underbrace{\begin{bmatrix} 1 & \cos\theta_{1,2} \\ 0 & \sin\theta_{1,2} \end{bmatrix}}_{L^{\mathrm{T}}} = \begin{bmatrix} 1 & \cos\theta_{1,2} \\ \cos\theta_{1,2} & 1 \end{bmatrix} \tag{12.12}$$

利用上三角矩阵$\boldsymbol{R}$，矩阵$\boldsymbol{P}$的Cholesky分解还可以写成

$$P = R^{\mathrm{T}} R = \underbrace{\begin{bmatrix} 1 & 0 \\ \cos\theta_{1,2} & \sin\theta_{1,2} \end{bmatrix}}_{R^{\mathrm{T}}} \underbrace{\begin{bmatrix} 1 & \cos\theta_{1,2} \\ 0 & \sin\theta_{1,2} \end{bmatrix}}_{R} \tag{12.13}$$

将$\boldsymbol{R}$写成

$$R = \begin{bmatrix} 1 & \cos\theta_{1,2} \\ 0 & \sin\theta_{1,2} \end{bmatrix} = \begin{bmatrix} r_1 & r_2 \end{bmatrix} \tag{12.14}$$

在平面直角坐标系中，$\boldsymbol{e}_1$和$\boldsymbol{e}_2$分别代表水平和竖直正方向的单位向量，$[\boldsymbol{e}_1, \boldsymbol{e}_2]$ 是$\mathbb{R}^2$空间的标准正交基。$\boldsymbol{R}$分别乘$\boldsymbol{e}_1$和$\boldsymbol{e}_2$，得到$\boldsymbol{r}_1$和$\boldsymbol{r}_2$分别为

$$\begin{aligned} r_1 = Re_1 = \begin{bmatrix} 1 & \cos\theta_{1,2} \\ 0 & \sin\theta_{1,2} \end{bmatrix} \begin{bmatrix} 1 \\ 0 \end{bmatrix} = \begin{bmatrix} 1 \\ 0 \end{bmatrix} \\ r_2 = Re_2 = \begin{bmatrix} 1 & \cos\theta_{1,2} \\ 0 & \sin\theta_{1,2} \end{bmatrix} \begin{bmatrix} 0 \\ 1 \end{bmatrix} = \begin{bmatrix} \cos\theta_{1,2} \\ \sin\theta_{1,2} \end{bmatrix} \end{aligned} \tag{12.15}$$

很容易判断$\boldsymbol{r}_1$和$\boldsymbol{r}_2$均为单位向量。

而向量$\boldsymbol{r}_1$和$\boldsymbol{r}_2$夹角的余弦值正是$\cos\theta_{1,2}$，即

$$\cos\theta = \frac{r_1 \cdot r_2}{\|r_1\| \|r_2\|} = \cos\theta_{1,2} \tag{12.16}$$

几何视角

再次强调：虽然 $[\boldsymbol{r}_1, \boldsymbol{r}_2]$ 中每个列向量为单位向量，但是并不正交，因此 $[\boldsymbol{r}_1, \boldsymbol{r}_2]$ 为非正交基。

如图12.1所示，从几何角度来讲，$\boldsymbol{R}$ ($\boldsymbol{L}^{\mathrm{T}}$) 相当于把原本正交的 $[\boldsymbol{e}_1, \boldsymbol{e}_2]$ 标准正交基转化成具有一定夹角的 $[\boldsymbol{r}_1, \boldsymbol{r}_2]$ 非正交基，且$\boldsymbol{e}_1 = \boldsymbol{r}_1$，相当于“锚定”。

如图12.1所示，$[\boldsymbol{e}_1, \boldsymbol{e}_2]$ 的夹角为90°，经过$\boldsymbol{R}$变换后，$[\boldsymbol{r}_1, \boldsymbol{r}_2]$ 的夹角变成$\theta_{1,2}$。这种几何变换像是“门合页”的开合。我们给这种几何变换取个名字，就叫做“开合”。

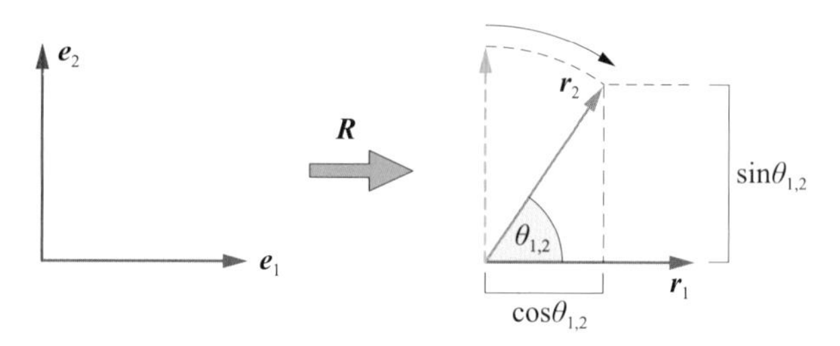

图12.1　开合

图12.2所示为四种不同开合角度。$0 < \cos\theta_{1,2} < 1$，即 $0° < \theta_{1,2} < 90°$ 时，“门合页”从直角90°关闭至$\theta_{1,2}$，具体如图12.2 (a)、(b) 所示。

当$-1 < \cos\theta_{1,2} < 0$，即 $90° < \theta_{1,2} < 180°$ 时，“合页”从直角90°打开至$\theta_{1,2}$，具体如图12.2 (c)、(d) 所示。

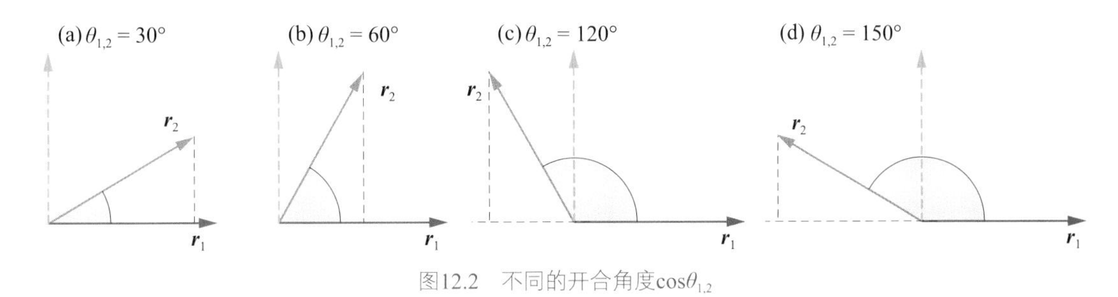

图12.2　不同的开合角度$\cos\theta_{1,2}$

行列式值

计算式 (12.14) 中$\boldsymbol{R}$的行列式值为

$$|\boldsymbol{R}| = \begin{vmatrix} 1 & \cos\theta_{1,2} \\ 0 & \sin\theta_{1,2} \end{vmatrix} = \sin\theta_{1,2} \tag{12.17}$$

这个行列式值结果表明“开合”前后，图形的面积缩放比例为$\sin\theta_{1,2}$。这和我们在图12.3中看到的一致。$[\boldsymbol{e}_1, \boldsymbol{e}_2]$ 构造正方形面积为1，而 $[\boldsymbol{r}_1, \boldsymbol{r}_2]$ 构造的平行四边形面积为$\sin\theta_{1,2}$。

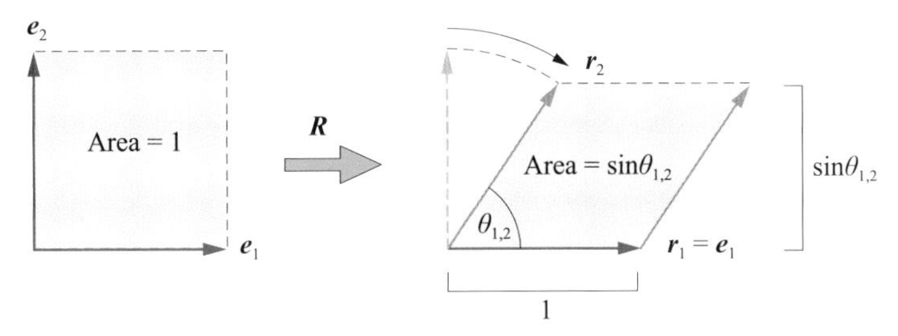

图12.3　开合对应的面积变化

举个例子

给定$\boldsymbol{P}$为

$$\boldsymbol{P} = \begin{bmatrix} 1 & \cos 60° \\ \cos 60° & 1 \end{bmatrix} = \begin{bmatrix} 1 & 0.5 \\ 0.5 & 1 \end{bmatrix} \tag{12.18}$$

对$\boldsymbol{P}$进行Cholesky分解得到

$$\boldsymbol{P} = \boldsymbol{R}^{\mathrm{T}}\boldsymbol{R} = \underbrace{\begin{bmatrix} 1 & 0 \\ 0.5 & \sqrt{3}/2 \end{bmatrix}}_{\boldsymbol{R}^{\mathrm{T}}} \underbrace{\begin{bmatrix} 1 & 0.5 \\ 0 & \sqrt{3}/2 \end{bmatrix}}_{\boldsymbol{R}} \tag{12.19}$$

图12.4所示为$\boldsymbol{e}_1$和$\boldsymbol{e}_2$经过式 (12.19) 中的$\boldsymbol{R}$转换得到向量$\boldsymbol{r}_1$和$\boldsymbol{r}_2$，而正圆经过$\boldsymbol{R}$转换变成旋转椭圆。大家可能会问，这个旋转椭圆的半长轴和半短轴长度分别为多少？这就需要借助特征值分解来计算。

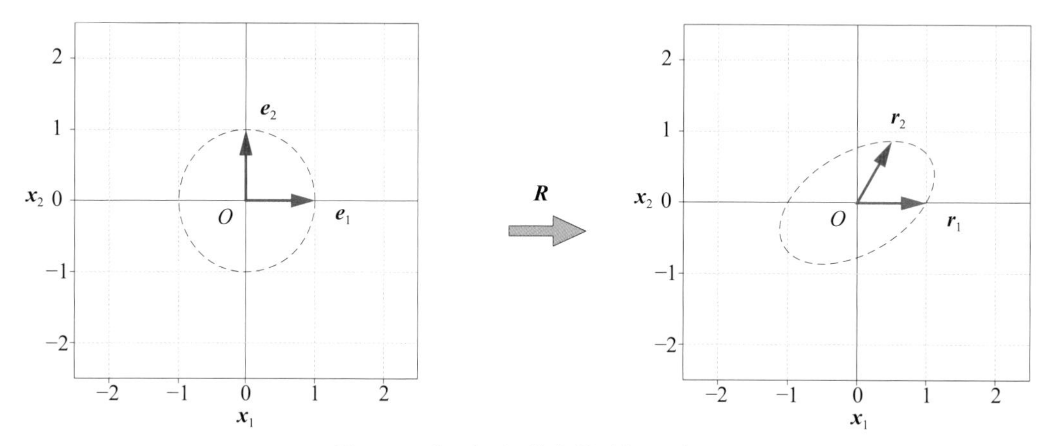

图12.4　e_1和e_2经过R转换得到向量r_1和r_2

12.4 几何变换：缩放 → 开合

给定$\boldsymbol{\Sigma}$的具体形式为

$$\boldsymbol{\Sigma}=\begin{bmatrix} a^2 & a\cdot b\cdot\cos\theta_{1,2} \\ a\cdot b\cdot\cos\theta_{1,2} & b^2 \end{bmatrix} \tag{12.20}$$

其中：a和b都为正数。

先把$\boldsymbol{\Sigma}$写成

$$\boldsymbol{\Sigma}=\underbrace{\begin{bmatrix} a & \\ & b \end{bmatrix}}_{\boldsymbol{S}}\underbrace{\begin{bmatrix} 1 & \cos\theta_{1,2} \\ \cos\theta_{1,2} & 1 \end{bmatrix}}_{\boldsymbol{P}}\underbrace{\begin{bmatrix} a & \\ & b \end{bmatrix}}_{\boldsymbol{S}} \tag{12.21}$$

将式 (12.13) 代入式 (12.21)，得到

$$\boldsymbol{\Sigma}=(\boldsymbol{RS})^{\mathrm{T}}(\boldsymbol{RS})=\underbrace{\begin{bmatrix} a & 0 \\ 0 & b \end{bmatrix}}_{\boldsymbol{S}}\underbrace{\begin{bmatrix} 1 & 0 \\ \cos\theta_{1,2} & \sin\theta_{1,2} \end{bmatrix}}_{\boldsymbol{R}^{\mathrm{T}}}\underbrace{\begin{bmatrix} 1 & \cos\theta_{1,2} \\ 0 & \sin\theta_{1,2} \end{bmatrix}}_{\boldsymbol{R}}\underbrace{\begin{bmatrix} a & 0 \\ 0 & b \end{bmatrix}}_{\boldsymbol{S}} \tag{12.22}$$

式 (12.22) 相当于对$\boldsymbol{\Sigma}$直接进行Cholesky分解的结果。

将$\boldsymbol{RS}$ ($\boldsymbol{S}$先、$\boldsymbol{R}$后) 作用在$\boldsymbol{e}_1$和$\boldsymbol{e}_2$上，得到$\boldsymbol{x}_1$和$\boldsymbol{x}_2$分别为

$$\begin{aligned} \boldsymbol{x}_1=\boldsymbol{RS}\boldsymbol{e}_1&=\begin{bmatrix} 1 & \cos\theta_{1,2} \\ 0 & \sin\theta_{1,2} \end{bmatrix}\begin{bmatrix} a & 0 \\ 0 & b \end{bmatrix}\begin{bmatrix} 1 \\ 0 \end{bmatrix}=a\begin{bmatrix} 1 \\ 0 \end{bmatrix} \\ \boldsymbol{x}_2=\boldsymbol{RS}\boldsymbol{e}_2&=\begin{bmatrix} 1 & \cos\theta_{1,2} \\ 0 & \sin\theta_{1,2} \end{bmatrix}\begin{bmatrix} a & 0 \\ 0 & b \end{bmatrix}\begin{bmatrix} 0 \\ 1 \end{bmatrix}=b\begin{bmatrix} \cos\theta_{1,2} \\ \sin\theta_{1,2} \end{bmatrix} \end{aligned} \tag{12.23}$$

这相当于，对$\boldsymbol{e}_1$和$\boldsymbol{e}_2$先缩放 ($\boldsymbol{S}$)，再开合 ($\boldsymbol{R}$)，如图12.5所示。

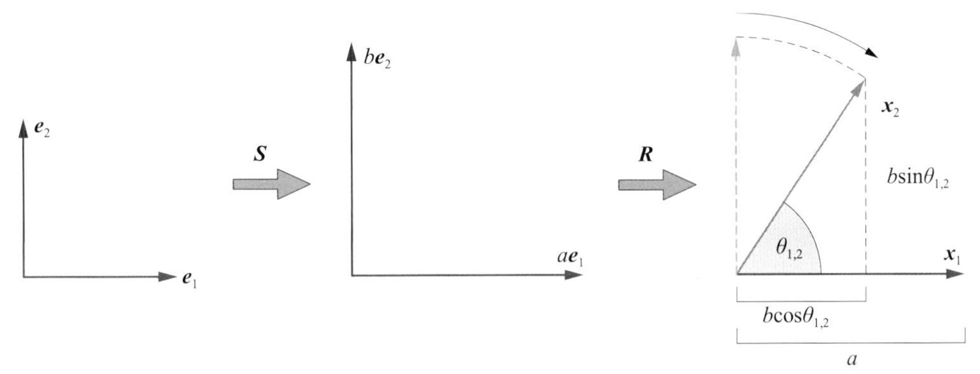

图12.5　先缩放再开合

计算式 (12.23) 中，向量$\boldsymbol{x}_1$和$\boldsymbol{x}_2$夹角余弦值为

$$\cos\theta = \frac{\boldsymbol{x}_1 \cdot \boldsymbol{x}_2}{\|\boldsymbol{x}_1\|\|\boldsymbol{x}_2\|} = \frac{a \cdot b \cdot \cos\theta_{1,2}}{a \cdot b} = \cos\theta_{1,2} \tag{12.24}$$

容易发现，向量$\boldsymbol{x}_1$和$\boldsymbol{x}_2$的夹角等同于向量$\boldsymbol{r}_1$和$\boldsymbol{r}_2$的夹角。

举个例子

给定$\boldsymbol{\Sigma}$具体值为

$$\boldsymbol{\Sigma} = \begin{bmatrix} 1.5^2 & 1.5\times2\times\cos 60^\circ \\ 1.5\times2\times\cos 60^\circ & 2^2 \end{bmatrix} = \begin{bmatrix} 2.25 & 1.5 \\ 1.5 & 4 \end{bmatrix} \tag{12.25}$$

对$\boldsymbol{\Sigma}$进行Cholesky分解得到

$$\boldsymbol{\Sigma} = \left(\boldsymbol{R}_{\Sigma}\right)^{\mathrm{T}}\left(\boldsymbol{R}_{\Sigma}\right) = \begin{bmatrix} 1.5 & 0 \\ 1 & 1.732 \end{bmatrix}\begin{bmatrix} 1.5 & 1 \\ 0 & 1.732 \end{bmatrix} \tag{12.26}$$

图12.6所示为$\boldsymbol{e}_1$和$\boldsymbol{e}_2$经过$\boldsymbol{R}_{\Sigma}$转换得到向量$\boldsymbol{x}_1$和$\boldsymbol{x}_2$。

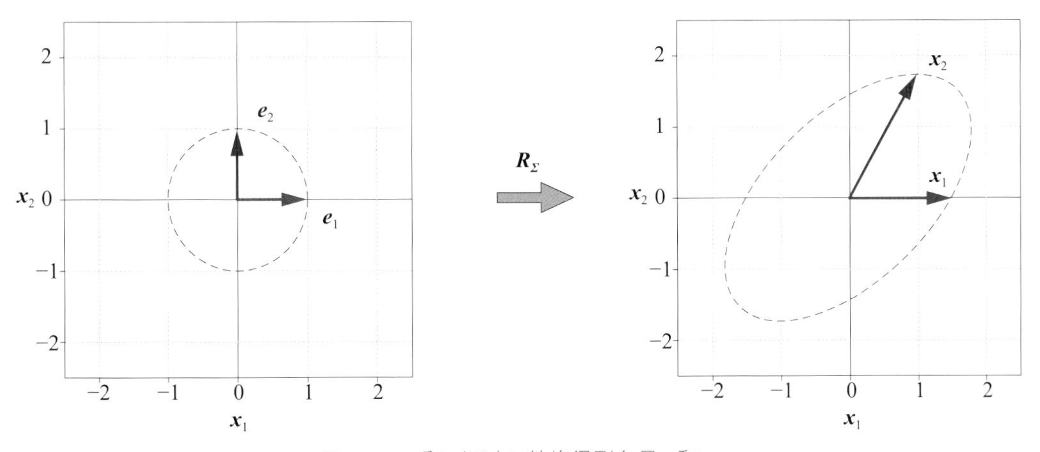

图12.6　$\boldsymbol{e}_1$和$\boldsymbol{e}_2$经过$\boldsymbol{R}_{\Sigma}$转换得到向量$\boldsymbol{x}_1$和$\boldsymbol{x}_2$

按照式 (12.22)，$\boldsymbol{\Sigma}$可以分解成

$$\boldsymbol{\Sigma}=\underbrace{\begin{bmatrix}1.5 & 0\\ 0 & 2\end{bmatrix}}_{\boldsymbol{S}}\underbrace{\begin{bmatrix}1 & 0\\ 0.5 & \sqrt{3}/2\end{bmatrix}}_{\boldsymbol{R}^{\mathrm{T}}}\underbrace{\begin{bmatrix}1 & 0.5\\ 0 & \sqrt{3}/2\end{bmatrix}}_{\boldsymbol{R}}\underbrace{\begin{bmatrix}1.5 & 0\\ 0 & 2\end{bmatrix}}_{\boldsymbol{S}} \tag{12.27}$$

图12.7所示为$\boldsymbol{e}_1$和$\boldsymbol{e}_2$分别经过$\boldsymbol{S}$和$\boldsymbol{R}$转换，得到向量$\boldsymbol{x}_1$和$\boldsymbol{x}_2$。

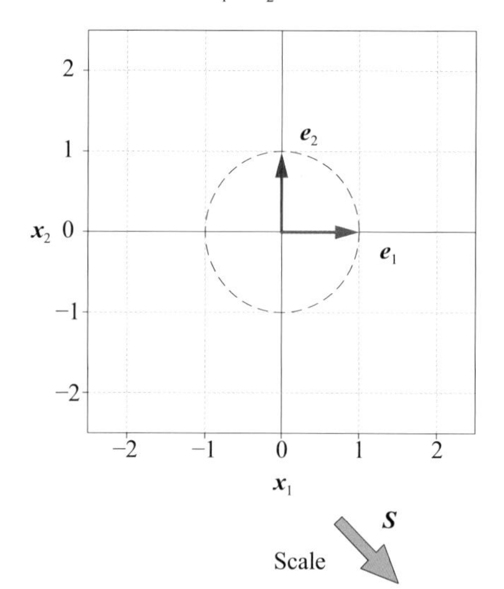

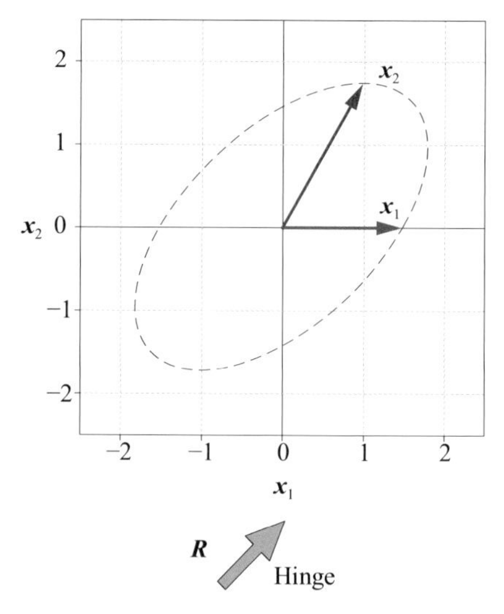

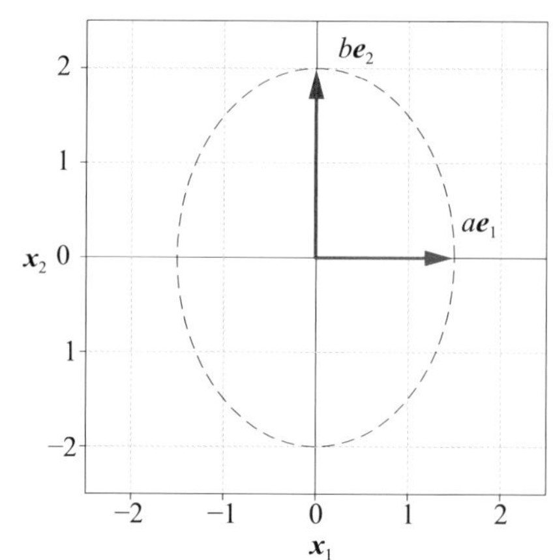

图12.7　$\boldsymbol{e}_1$和$\boldsymbol{e}_2$分别经过$\boldsymbol{S}$和$\boldsymbol{R}$转换

对式 (12.25) 中的$\boldsymbol{\Sigma}$进行LDL分解，有

$$\boldsymbol{\Sigma}=\begin{bmatrix}2.25 & 1.5\\ 1.5 & 4\end{bmatrix}=\underbrace{\begin{bmatrix}1 & 0\\ 2/3 & 1\end{bmatrix}}_{\boldsymbol{L}}\underbrace{\begin{bmatrix}2.25 & 0\\ 0 & 3\end{bmatrix}}_{\boldsymbol{D}}\underbrace{\begin{bmatrix}1 & 2/3\\ 0 & 1\end{bmatrix}}_{\boldsymbol{L}^{\mathrm{T}}} \tag{12.28}$$

将对角矩阵$\boldsymbol{D}$写成$\boldsymbol{BB}$，有

$$\boldsymbol{\Sigma}=\begin{bmatrix}2.25 & 1.5\\ 1.5 & 4\end{bmatrix}=\underbrace{\begin{bmatrix}1 & 0\\ 2/3 & 1\end{bmatrix}}_{\boldsymbol{L}}\underbrace{\begin{bmatrix}1.5 & 0\\ 0 & \sqrt{3}\end{bmatrix}}_{\boldsymbol{B}}\underbrace{\begin{bmatrix}1.5 & 0\\ 0 & \sqrt{3}\end{bmatrix}}_{\boldsymbol{B}}\underbrace{\begin{bmatrix}1 & 2/3\\ 0 & 1\end{bmatrix}}_{\boldsymbol{L}^{\mathrm{T}}} \tag{12.29}$$

式 (12.29) 中的$\boldsymbol{L}$对应的几何变换为剪切，$\boldsymbol{B}$对应缩放。这一点，大家会在《统计至简》第15章看到它的用途。请大家自行绘制分步几何变换图像。

鸢尾花书一般用$\boldsymbol{\Sigma}$来代表协方差矩阵。本节之所以用矩阵$\boldsymbol{\Sigma}$，这是因为大家很快会发现Cholesky分解与协方差矩阵之间的紧密联系。而本章前文中提到的矩阵$\boldsymbol{P}$，就是本书之后要讲的相关性系数矩阵。类比的话，矩阵$\boldsymbol{P}$中的余弦值就是相关性系数。对于这个话题，请大家特别关注《统计至简》第13、14、15三章。

12.5 推广到三维空间

本节利用立体几何视角探讨Cholesky分解。

给定3 × 3矩阵$\boldsymbol{P}$为

$$\boldsymbol{P}=\begin{bmatrix}1 & \cos\theta_{1,2} & \cos\theta_{1,3}\\ \cos\theta_{1,2} & 1 & \cos\theta_{2,3}\\ \cos\theta_{1,3} & \cos\theta_{2,3} & 1\end{bmatrix} \tag{12.30}$$

其中：$\theta_{1,2}$、$\theta_{1,3}$、$\theta_{2,3}$三个角度均大于等于0°。

对$\boldsymbol{P}$进行Cholesky分解，有

$$\boldsymbol{P}=\boldsymbol{R}^{\mathrm{T}}\boldsymbol{R} \tag{12.31}$$

其中

$$\boldsymbol{R}=\begin{bmatrix}1 & \cos\theta_{1,2} & \cos\theta_{1,3}\\ 0 & \sqrt{1-\cos\theta_{1,2}^{2}} & \dfrac{\cos\theta_{2,3}-\cos\theta_{1,3}\cos\theta_{1,2}}{\sqrt{1-\cos\theta_{1,2}^{2}}}\\ 0 & 0 & \sqrt{1-\cos\theta_{1,3}^{2}-\dfrac{\left(\cos\theta_{2,3}-\cos\theta_{1,3}\cos\theta_{1,2}\right)^{2}}{1-\cos\theta_{1,2}^{2}}}\end{bmatrix} \tag{12.32}$$

相当于

$$\boldsymbol{r}_1=\begin{bmatrix}1\\0\\0\end{bmatrix},\quad \boldsymbol{r}_2=\begin{bmatrix}\cos\theta_{1,2}\\ \sqrt{1-\cos\theta_{1,2}^{2}}\\ 0\end{bmatrix},\quad \boldsymbol{r}_3=\begin{bmatrix}\cos\theta_{1,3}\\ \dfrac{\cos\theta_{2,3}-\cos\theta_{1,3}\cos\theta_{1,2}}{\sqrt{1-\cos\theta_{1,2}^{2}}}\\ \sqrt{1-\cos\theta_{1,3}^{2}-\dfrac{\left(\cos\theta_{2,3}-\cos\theta_{1,3}\cos\theta_{1,2}\right)^{2}}{1-\cos\theta_{1,2}^{2}}}\end{bmatrix} \tag{12.33}$$

将 $\boldsymbol{R} = [\boldsymbol{r}_1, \boldsymbol{r}_2, \boldsymbol{r}_3]$ 代入式 (12.31) 得到

$$\boldsymbol{P} = \begin{bmatrix} 1 & \cos\theta_{1,2} & \cos\theta_{1,3} \\ \cos\theta_{1,2} & 1 & \cos\theta_{2,3} \\ \cos\theta_{1,3} & \cos\theta_{2,3} & 1 \end{bmatrix} = \begin{bmatrix} \boldsymbol{r}_1^{\mathrm{T}} \\ \boldsymbol{r}_2^{\mathrm{T}} \\ \boldsymbol{r}_3^{\mathrm{T}} \end{bmatrix} \begin{bmatrix} \boldsymbol{r}_1 & \boldsymbol{r}_2 & \boldsymbol{r}_3 \end{bmatrix} = \begin{bmatrix} \boldsymbol{r}_1^{\mathrm{T}}\boldsymbol{r}_1 & \boldsymbol{r}_1^{\mathrm{T}}\boldsymbol{r}_2 & \boldsymbol{r}_1^{\mathrm{T}}\boldsymbol{r}_3 \\ \boldsymbol{r}_2^{\mathrm{T}}\boldsymbol{r}_1 & \boldsymbol{r}_2^{\mathrm{T}}\boldsymbol{r}_2 & \boldsymbol{r}_2^{\mathrm{T}}\boldsymbol{r}_3 \\ \boldsymbol{r}_3^{\mathrm{T}}\boldsymbol{r}_1 & \boldsymbol{r}_3^{\mathrm{T}}\boldsymbol{r}_2 & \boldsymbol{r}_3^{\mathrm{T}}\boldsymbol{r}_3 \end{bmatrix} = \begin{bmatrix} \boldsymbol{r}_1 \cdot \boldsymbol{r}_1 & \boldsymbol{r}_1 \cdot \boldsymbol{r}_2 & \boldsymbol{r}_1 \cdot \boldsymbol{r}_3 \\ \boldsymbol{r}_2 \cdot \boldsymbol{r}_1 & \boldsymbol{r}_2 \cdot \boldsymbol{r}_2 & \boldsymbol{r}_2 \cdot \boldsymbol{r}_3 \\ \boldsymbol{r}_3 \cdot \boldsymbol{r}_1 & \boldsymbol{r}_3 \cdot \boldsymbol{r}_2 & \boldsymbol{r}_3 \cdot \boldsymbol{r}_3 \end{bmatrix} \tag{12.34}$$

观察式 (12.34) 的对角线，可以容易判断出$\boldsymbol{r}_1$、$\boldsymbol{r}_2$、$\boldsymbol{r}_3$均为单位向量，但是 $[\boldsymbol{r}_1, \boldsymbol{r}_2, \boldsymbol{r}_3]$ 为非正交基。而$\boldsymbol{P}$中非对角线元素$\cos\theta_{i,j}$就是$\boldsymbol{r}_i$与$\boldsymbol{r}_j$向量夹角的余弦值。下面我们验证一下。

计算向量$\boldsymbol{r}_1$与$\boldsymbol{r}_2$夹角的余弦值为

$$\cos\theta_{1,2} = \frac{\boldsymbol{r}_1 \cdot \boldsymbol{r}_2}{\|\boldsymbol{r}_1\|\|\boldsymbol{r}_2\|} \tag{12.35}$$

$\boldsymbol{r}_1$与$\boldsymbol{r}_3$夹角的余弦值为

$$\cos\theta_{1,3} = \frac{\boldsymbol{r}_1 \cdot \boldsymbol{r}_3}{\|\boldsymbol{r}_1\|\|\boldsymbol{r}_3\|} \tag{12.36}$$

$\boldsymbol{r}_2$与$\boldsymbol{r}_3$夹角的余弦值为

$$\cos\theta_{2,3} = \frac{\boldsymbol{r}_2 \cdot \boldsymbol{r}_3}{\|\boldsymbol{r}_2\|\|\boldsymbol{r}_3\|} \tag{12.37}$$

几何视角

如图12.8所示，利用$\boldsymbol{R}$，我们完成了标准正交基 $[\boldsymbol{e}_1, \boldsymbol{e}_2, \boldsymbol{e}_3]$ 向非正交基 $[\boldsymbol{r}_1, \boldsymbol{r}_2, \boldsymbol{r}_3]$ 的转换。

换个角度，式 (12.30) 中矩阵$\boldsymbol{P}$指定了目标向量两两“相对夹角”的余弦值$\cos\theta_{1,2}$、$\cos\theta_{1,3}$、$\cos\theta_{2,3}$，即$\boldsymbol{r}_1$与$\boldsymbol{r}_2$的相对夹角余弦值为$\cos\theta_{1,2}$，$\boldsymbol{r}_1$与$\boldsymbol{r}_3$的相对夹角余弦值为$\cos\theta_{1,3}$，$\boldsymbol{r}_2$与$\boldsymbol{r}_3$的相对夹角余弦值为$\cos\theta_{2,3}$。我们想要找到空间中满足这个条件的三个单位向量。

对$\boldsymbol{P}$进行Cholesky分解得到矩阵$\boldsymbol{R}$，它的列向量$\boldsymbol{r}_1$、$\boldsymbol{r}_2$、$\boldsymbol{r}_3$就是我们想要找的三个向量的空间坐标点。特别地，$\boldsymbol{r}_1$和$\boldsymbol{e}_1$相同。这就好比，在构造 $[\boldsymbol{r}_1, \boldsymbol{r}_2, \boldsymbol{r}_3]$ 这个非正交基时，$\boldsymbol{r}_1$锚定在$\boldsymbol{e}_1$。

再次强调一下：$\cos\theta_{1,2}$、$\cos\theta_{1,3}$、$\cos\theta_{2,3}$确定的角度是向量之间的“相对夹角”；而 $[\boldsymbol{r}_1, \boldsymbol{r}_2, \boldsymbol{r}_3]$ 两两列向量确定的角度则是参考标准正交基的“绝对夹角”，这是因为$\boldsymbol{r}_1 = \boldsymbol{e}_1$。

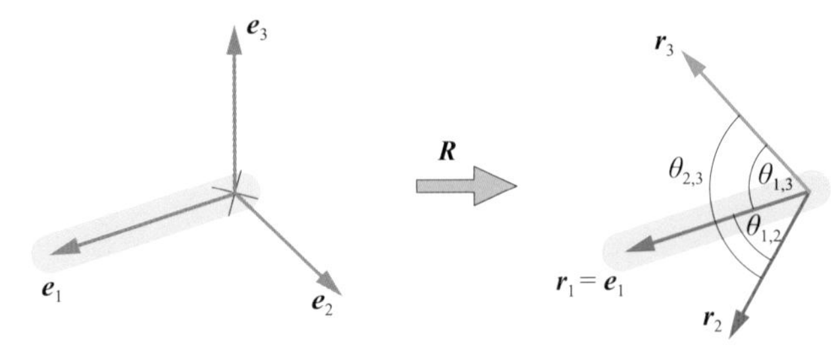

图12.8　三维系转化成满足指定两两夹角的坐标系

两个例子

图12.9所示给出两个例子，在给定$\cos\theta_{1,2}$、$\cos\theta_{1,3}$、$\cos\theta_{2,3}$三个角度的条件下，我们可以利用Cholesky分解矩阵$\boldsymbol{P}$计算得到满足夹角条件的三个单位向量$\boldsymbol{r}_1$、$\boldsymbol{r}_2$、$\boldsymbol{r}_3$。

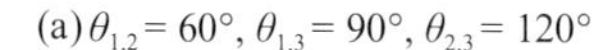

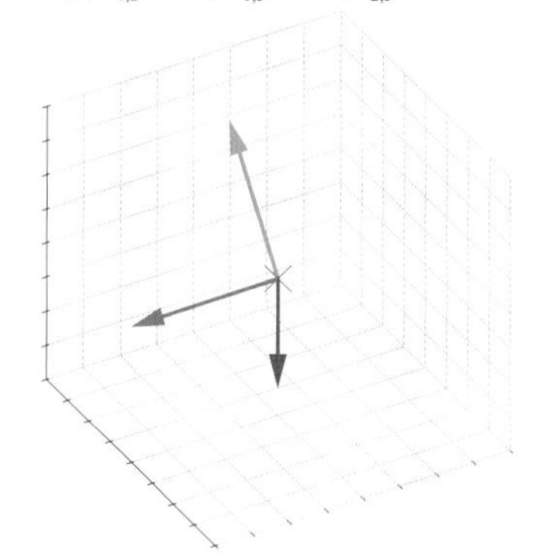

(b) $\theta_{1,2} = 135°, \theta_{1,3} = 60°, \theta_{2,3} = 120°$

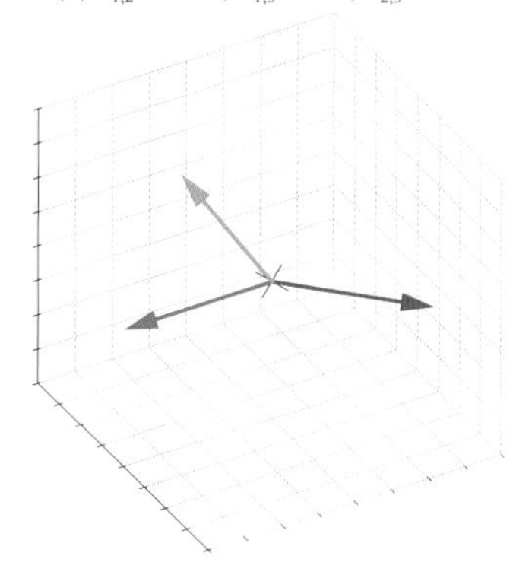

图12.9　给定三个夹角，确定向量三维空间位置

前提条件

在图12.8中，任意两个夹角之和必须大于等于第三个夹角，且任意角度不能为 0°，也就是必须满足如下三个不等式，即

$$\begin{aligned} &\theta_{1,2} + \theta_{1,3} \geqslant \theta_{2,3} > 0° \\ &\theta_{1,2} + \theta_{2,3} \geqslant \theta_{1,3} > 0° \\ &\theta_{1,3} + \theta_{2,3} \geqslant \theta_{1,2} > 0° \end{aligned} \tag{12.38}$$

另外，三个角度的夹角之和必须小于等于360°，即

$$\theta_{1,2} + \theta_{1,3} + \theta_{2,3} \leqslant 360° \tag{12.39}$$

试想一个有趣的现象，在图12.8中，如果$\theta_{1,2} = \theta_{1,3} + \theta_{2,3}$，这意味着$\boldsymbol{r}_1$、$\boldsymbol{r}_2$、$\boldsymbol{r}_3$三个向量在一个平面上，$\boldsymbol{r}_1$、$\boldsymbol{r}_2$、$\boldsymbol{r}_3$线性相关。这种情况下，矩阵$\boldsymbol{R}$不满秩，也就是说$\boldsymbol{P}$也不满秩，因此$\boldsymbol{P}$不可以Cholesky分解。而三个夹角之和等于360°，即$\theta_{1,2} + \theta_{1,3} + \theta_{2,3} = 360°$ 时，$\boldsymbol{r}_1$、$\boldsymbol{r}_2$、$\boldsymbol{r}_3$三个向量也在一个平面上，$\boldsymbol{P}$也不可以进行Cholesky分解。

最后，如果$\theta_{1,2}$、$\theta_{1,3}$、$\theta_{2,3}$任一角度为 0°，这意味着存在两个向量共线，这种情况下$\boldsymbol{P}$也不可以进行Cholesky分解。也就是为了保证式 (12.30) 中$\boldsymbol{P}$可以进行Cholesky分解，即正定，需要满足以下条件，即

$$\begin{aligned} &\theta_{1,2} > 0°, \quad \theta_{1,3} > 0°, \quad \theta_{2,3} > 0° \\ &\theta_{1,2} + \theta_{1,3} > \theta_{2,3}, \quad \theta_{1,2} + \theta_{2,3} > \theta_{1,3}, \quad \theta_{1,3} + \theta_{2,3} > \theta_{1,2} \\ &\theta_{1,2} + \theta_{1,3} + \theta_{2,3} < 360° \end{aligned} \tag{12.40}$$

夹角相同

再看一组特殊情况，式 (12.30) 中$\boldsymbol{P}$两两夹角相同，即

$$\theta_{1,2} = \theta_{1,3} = \theta_{2,3} = \theta \tag{12.41}$$

此时，$\boldsymbol{P}$可以写成

$$\boldsymbol{P} = \begin{bmatrix} 1 & \cos\theta & \cos\theta \\ \cos\theta & 1 & \cos\theta \\ \cos\theta & \cos\theta & 1 \end{bmatrix} \tag{12.42}$$

打个比方，这个例子像是一把雨伞的开合。假设雨伞只有三个伞骨，雨伞开合时，伞骨之间的两两夹角相等。雨伞合起来时，三个伞骨并拢，相当于三个向量之间夹角为 0°，即共线。三个向量必然线性相关。如果雨伞最大开度可以让伞面为平面，这时三个伞骨之间的夹角为 120°，三个向量在一个平面上，也线性相关。

有了这两个极限情况，我们知道向量之间夹角θ的取值范围为 [0°，120°]，而$\cos\theta$的取值范围为 $[-0.5, 1]$ ($\cos 120° = -0.5, \cos 0° = 1$)。这也就是说，这种情况下，$\boldsymbol{P}$的两个极端取值为

$$\boldsymbol{P} = \begin{bmatrix} 1 & -0.5 & -0.5 \\ -0.5 & 1 & -0.5 \\ -0.5 & -0.5 & 1 \end{bmatrix}, \quad \boldsymbol{P} = \begin{bmatrix} 1 & 1 & 1 \\ 1 & 1 & 1 \\ 1 & 1 & 1 \end{bmatrix} \tag{12.43}$$

式 (12.43) 中两个$\boldsymbol{P}$都不能进行Cholesky分解，因为$\boldsymbol{P}$都不满秩。

图12.10所示给出四个不同开合角度。图12.10 (d) 对应的式 (12.43) 第一个矩阵$\boldsymbol{P}$，$\theta_{1,2}$、$\theta_{1,3}$、$\theta_{2,3}$三个角度都是120° ，因此$\boldsymbol{r}_1$、$\boldsymbol{r}_2$、$\boldsymbol{r}_3$在一个平面上，线性相关。

从统计角度来看，$\boldsymbol{P}$代表相关性系数矩阵。如果其中任意两个随机变量的相关性系数都相等，则满足式 (12.42) 相关性系数的取值范围为 $[-0.5, 1]$。

至此，我们利用空间几何视角，探讨了Cholesky分解以及满足Cholesky分解的条件。

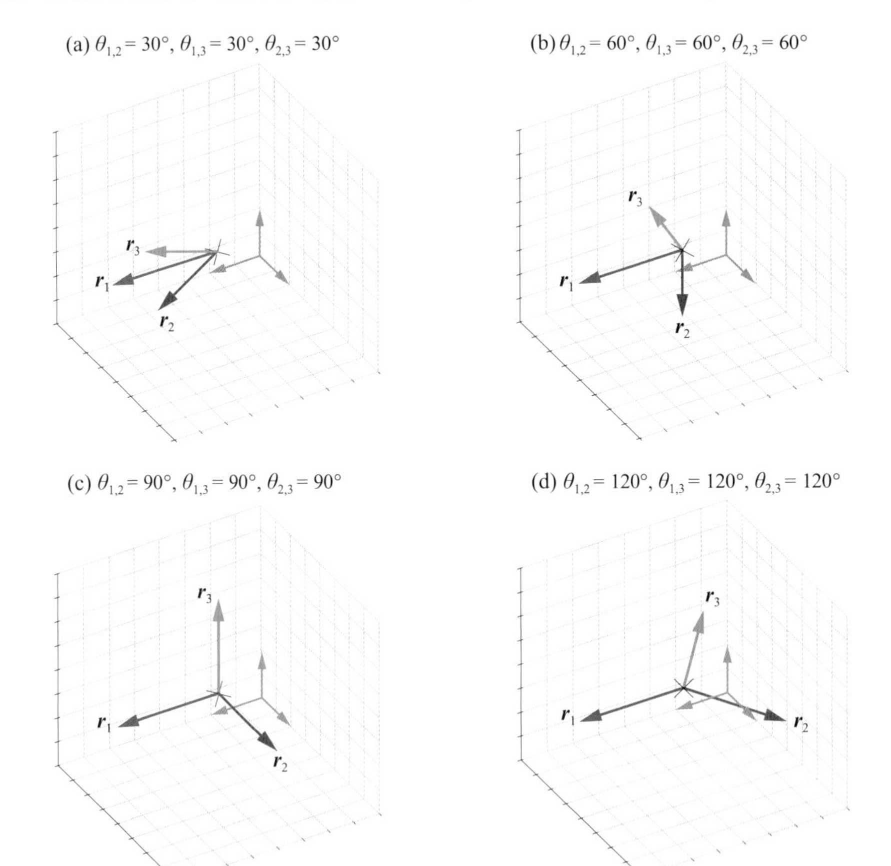

图12.10 相等角度条件下，确定向量三维空间位置

Bk4_Ch12_02.py绘制图12.9和图12.10。请读者自行设定夹角条件，看看哪些角度组合能够进行Cholesky分解，哪些不能。

12.6 从格拉姆矩阵到相似度矩阵

有了本章前文内容铺垫，下面我们回头来看一下格拉姆矩阵。

如图12.11所示，数据矩阵$\boldsymbol{X}$的格拉姆矩阵$\boldsymbol{G}$可以写成标量积形式，即

$$
\boldsymbol{G}=\begin{bmatrix} \boldsymbol{x}_1\cdot\boldsymbol{x}_1 & \boldsymbol{x}_1\cdot\boldsymbol{x}_2 & \cdots & \boldsymbol{x}_1\cdot\boldsymbol{x}_D \\ \boldsymbol{x}_2\cdot\boldsymbol{x}_1 & \boldsymbol{x}_2\cdot\boldsymbol{x}_2 & \cdots & \boldsymbol{x}_2\cdot\boldsymbol{x}_D \\ \vdots & \vdots & \ddots & \vdots \\ \boldsymbol{x}_D\cdot\boldsymbol{x}_1 & \boldsymbol{x}_D\cdot\boldsymbol{x}_2 & \cdots & \boldsymbol{x}_D\cdot\boldsymbol{x}_D \end{bmatrix}=\begin{bmatrix} \langle\boldsymbol{x}_1,\boldsymbol{x}_1\rangle & \langle\boldsymbol{x}_1,\boldsymbol{x}_2\rangle & \cdots & \langle\boldsymbol{x}_1,\boldsymbol{x}_D\rangle \\ \langle\boldsymbol{x}_2,\boldsymbol{x}_1\rangle & \langle\boldsymbol{x}_2,\boldsymbol{x}_2\rangle & \cdots & \langle\boldsymbol{x}_2,\boldsymbol{x}_D\rangle \\ \vdots & \vdots & \ddots & \vdots \\ \langle\boldsymbol{x}_D,\boldsymbol{x}_1\rangle & \langle\boldsymbol{x}_D,\boldsymbol{x}_2\rangle & \cdots & \langle\boldsymbol{x}_D,\boldsymbol{x}_D\rangle \end{bmatrix} \tag{12.44}
$$

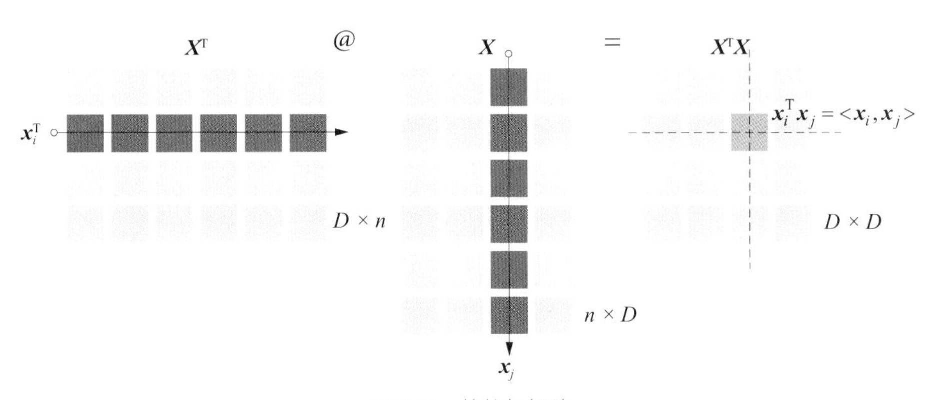

图12.11　格拉姆矩阵

确定列向量坐标

对$\boldsymbol{G}$进行Cholesky分解得到

$$
\boldsymbol{G}=\boldsymbol{R}_G^{\mathrm{T}}\boldsymbol{R}_G \tag{12.45}
$$

将$\boldsymbol{R}_G$写成一排列向量，有

$$
\boldsymbol{R}_G=\begin{bmatrix} \boldsymbol{r}_{G,1} & \boldsymbol{r}_{G,2} & \cdots & \boldsymbol{r}_{G,D} \end{bmatrix} \tag{12.46}
$$

将式 (12.46) 代入式 (12.45) 得到

$$
\boldsymbol{G}=\begin{bmatrix} \boldsymbol{r}_{G,1}^{\mathrm{T}} \\ \boldsymbol{r}_{G,2}^{\mathrm{T}} \\ \vdots \\ \boldsymbol{r}_{G,D}^{\mathrm{T}} \end{bmatrix}\begin{bmatrix} \boldsymbol{r}_{G,1} & \boldsymbol{r}_{G,2} & \cdots & \boldsymbol{r}_{G,D} \end{bmatrix}=\begin{bmatrix} \langle\boldsymbol{r}_{G,1},\boldsymbol{r}_{G,1}\rangle & \langle\boldsymbol{r}_{G,1},\boldsymbol{r}_{G,2}\rangle & \cdots & \langle\boldsymbol{r}_{G,1},\boldsymbol{r}_{G,D}\rangle \\ \langle\boldsymbol{r}_{G,2},\boldsymbol{r}_{G,1}\rangle & \langle\boldsymbol{r}_{G,2},\boldsymbol{r}_{G,2}\rangle & \cdots & \langle\boldsymbol{r}_{G,1},\boldsymbol{r}_{G,D}\rangle \\ \vdots & \vdots & \ddots & \vdots \\ \langle\boldsymbol{r}_{G,D},\boldsymbol{r}_{G,1}\rangle & \langle\boldsymbol{r}_{G,D},\boldsymbol{r}_{G,2}\rangle & \cdots & \langle\boldsymbol{r}_{G,D},\boldsymbol{r}_{G,D}\rangle \end{bmatrix} \tag{12.47}
$$

式 (12.44) 等价于式 (12.47)，向量模和向量夹角之间完全等价。这“相当于”在 $\mathbb{R}^D$ 中找到了$\boldsymbol{X}$每个列向量的具体坐标。

以鸢尾花数据矩阵$\boldsymbol{X}$为例，$\boldsymbol{X}$可以写成四个列向量左右排列，即 $\boldsymbol{X} = [\boldsymbol{x}_1, \boldsymbol{x}_2, \boldsymbol{x}_3, \boldsymbol{x}_4]$。这些列向量都有150个元素，显然不能直接在 $\mathbb{R}^4$ 空间中展示。

图12.12所示为计算$\boldsymbol{X}$的Gram矩阵$\boldsymbol{G}$的过程热图。如前文所述，矩阵$\boldsymbol{G}$中包含了 $[\boldsymbol{x}_1, \boldsymbol{x}_2, \boldsymbol{x}_3, \boldsymbol{x}_4]$ 各个列向量的模，以及它们之间两两夹角余弦值。

一个向量只有两个元素——大小和方向，$\boldsymbol{G}$相当于集成了 $[\boldsymbol{x}_1, \boldsymbol{x}_2, \boldsymbol{x}_3, \boldsymbol{x}_4]$ 每个向量的关键信息。

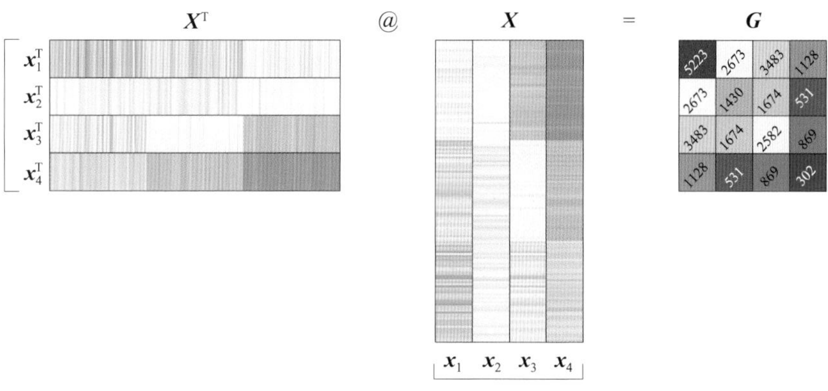

图12.12　鸢尾花数据矩阵$\boldsymbol{X}$格拉姆矩阵 (图片来自本书第10章)

如图12.13所示，对Gram矩阵$\boldsymbol{G}$进行Cholesky分解得到上三角矩阵$\boldsymbol{R}_G$，$\boldsymbol{R}_G$的列向量长度为4，它们在 $\mathbb{R}^4$ 空间中，“等价于” $[\boldsymbol{x}_1, \boldsymbol{x}_2, \boldsymbol{x}_3, \boldsymbol{x}_4]$。

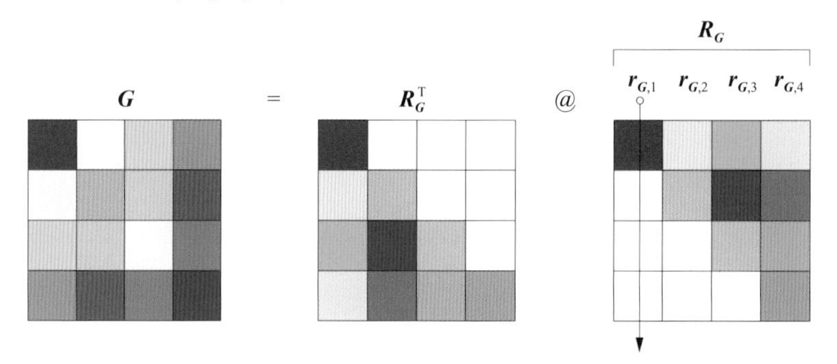

图12.13　对格拉姆矩阵$\boldsymbol{G}$进行Cholesky分解

向量夹角

以向量夹角余弦形式展开$\boldsymbol{G}$中的向量积，有

$$\boldsymbol{G} = \begin{bmatrix} \|\boldsymbol{x}_1\|\|\boldsymbol{x}_1\|\cos\theta_{1,1} & \|\boldsymbol{x}_1\|\|\boldsymbol{x}_2\|\cos\theta_{1,2} & \cdots & \|\boldsymbol{x}_1\|\|\boldsymbol{x}_D\|\cos\theta_{1,D} \\ \|\boldsymbol{x}_2\|\|\boldsymbol{x}_1\|\cos\theta_{2,1} & \|\boldsymbol{x}_2\|\|\boldsymbol{x}_2\|\cos\theta_{2,2} & \cdots & \|\boldsymbol{x}_2\|\|\boldsymbol{x}_D\|\cos\theta_{2,D} \\ \vdots & \vdots & \ddots & \vdots \\ \|\boldsymbol{x}_D\|\|\boldsymbol{x}_1\|\cos\theta_{D,1} & \|\boldsymbol{x}_D\|\|\boldsymbol{x}_2\|\cos\theta_{D,2} & \cdots & \|\boldsymbol{x}_D\|\|\boldsymbol{x}_D\|\cos\theta_{D,D} \end{bmatrix} \tag{12.48}$$

观察矩阵$\boldsymbol{G}$，它包含了数据矩阵$\boldsymbol{X}$中列向量的两个重要信息——模 $\|\boldsymbol{x}_i\|$、方向 (向量两两夹角余弦值$\cos\theta_{i,j}$)。

定义缩放矩阵$\boldsymbol{S}$，具体形式为

$$\boldsymbol{S}=\begin{bmatrix} \|\boldsymbol{x}_1\| & & & \\ & \|\boldsymbol{x}_2\| & & \\ & & \ddots & \\ & & & \|\boldsymbol{x}_D\| \end{bmatrix} \tag{12.49}$$

对$\boldsymbol{G}$左右分别乘上$\boldsymbol{S}$的逆，得到$\boldsymbol{C}$，有

$$\boldsymbol{C}=\boldsymbol{S}^{-1}\boldsymbol{G}\boldsymbol{S}^{-1}=\begin{bmatrix} \dfrac{\boldsymbol{x}_1\cdot\boldsymbol{x}_1}{\|\boldsymbol{x}_1\|\|\boldsymbol{x}_1\|} & \dfrac{\boldsymbol{x}_1\cdot\boldsymbol{x}_2}{\|\boldsymbol{x}_1\|\|\boldsymbol{x}_2\|} & \cdots & \dfrac{\boldsymbol{x}_1\cdot\boldsymbol{x}_D}{\|\boldsymbol{x}_1\|\|\boldsymbol{x}_D\|} \\ \dfrac{\boldsymbol{x}_2\cdot\boldsymbol{x}_1}{\|\boldsymbol{x}_2\|\|\boldsymbol{x}_1\|} & \dfrac{\boldsymbol{x}_2\cdot\boldsymbol{x}_2}{\|\boldsymbol{x}_2\|\|\boldsymbol{x}_2\|} & \cdots & \dfrac{\boldsymbol{x}_2\cdot\boldsymbol{x}_D}{\|\boldsymbol{x}_2\|\|\boldsymbol{x}_D\|} \\ \vdots & \vdots & \ddots & \vdots \\ \dfrac{\boldsymbol{x}_D\cdot\boldsymbol{x}_1}{\|\boldsymbol{x}_D\|\|\boldsymbol{x}_1\|} & \dfrac{\boldsymbol{x}_D\cdot\boldsymbol{x}_2}{\|\boldsymbol{x}_D\|\|\boldsymbol{x}_2\|} & \cdots & \dfrac{\boldsymbol{x}_D\cdot\boldsymbol{x}_D}{\|\boldsymbol{x}_D\|\|\boldsymbol{x}_D\|} \end{bmatrix} \tag{12.50}$$

矩阵$\boldsymbol{C}$中的元素就是向量两两夹角的余弦值。

余弦相似度矩阵

矩阵$\boldsymbol{C}$有自己的名字——**余弦相似度矩阵** (cosine similarity matrix)。这是因为$\boldsymbol{C}$的每个元素实际上计算的是$\boldsymbol{x}_i$和$\boldsymbol{x}_j$向量的相对夹角$\theta_{i,j}$的余弦值$\cos\theta_{i,j}$，即

$$\boldsymbol{C}=\begin{bmatrix} 1 & \cos\theta_{1,2} & \cdots & \cos\theta_{1,D} \\ \cos\theta_{2,1} & 1 & \cdots & \cos\theta_{2,D} \\ \vdots & \vdots & \ddots & \vdots \\ \cos\theta_{D,1} & \cos\theta_{D,2} & \cdots & 1 \end{bmatrix} \tag{12.51}$$

相比格拉姆矩阵$\boldsymbol{G}$，余弦相似度矩阵$\boldsymbol{C}$中只包含了$\boldsymbol{X}$列向量两两夹角$\cos\theta_{i,j}$这个单一信息。

对$\boldsymbol{C}$进行Cholesky分解得到

$$\boldsymbol{C}=\boldsymbol{L}\boldsymbol{L}^{\mathrm{T}}=\boldsymbol{R}^{\mathrm{T}}\boldsymbol{R} \tag{12.52}$$

将 $\boldsymbol{R}$写成 $[\boldsymbol{r}_1,\boldsymbol{r}_2,\cdots,\boldsymbol{r}_D]$，$\boldsymbol{C}$可以写成

$$\boldsymbol{C}=\boldsymbol{R}^{\mathrm{T}}\boldsymbol{R}=\begin{bmatrix} \boldsymbol{r}_1^{\mathrm{T}} \\ \boldsymbol{r}_2^{\mathrm{T}} \\ \vdots \\ \boldsymbol{r}_D^{\mathrm{T}} \end{bmatrix}\begin{bmatrix} \boldsymbol{r}_1 & \boldsymbol{r}_2 & \cdots & \boldsymbol{r}_D \end{bmatrix}=\begin{bmatrix} \boldsymbol{r}_1^{\mathrm{T}}\boldsymbol{r}_1 & \boldsymbol{r}_1^{\mathrm{T}}\boldsymbol{r}_2 & \cdots & \boldsymbol{r}_1^{\mathrm{T}}\boldsymbol{r}_D \\ \boldsymbol{r}_2^{\mathrm{T}}\boldsymbol{r}_1 & \boldsymbol{r}_2^{\mathrm{T}}\boldsymbol{r}_2 & \cdots & \boldsymbol{r}_2^{\mathrm{T}}\boldsymbol{r}_D \\ \vdots & \vdots & \ddots & \vdots \\ \boldsymbol{r}_D^{\mathrm{T}}\boldsymbol{r}_1 & \boldsymbol{r}_D^{\mathrm{T}}\boldsymbol{r}_2 & \cdots & \boldsymbol{r}_D^{\mathrm{T}}\boldsymbol{r}_D \end{bmatrix}=\begin{bmatrix} 1 & \cos\theta_{1,2} & \cdots & \cos\theta_{1,D} \\ \cos\theta_{2,1} & 1 & \cdots & \cos\theta_{2,D} \\ \vdots & \vdots & \ddots & \vdots \\ \cos\theta_{D,1} & \cos\theta_{D,2} & \cdots & 1 \end{bmatrix} \tag{12.53}$$

根据本章前文分析，我们知道$\boldsymbol{r}_1,\boldsymbol{r}_2,\cdots,\boldsymbol{r}_D$都是单位向量。

图12.14所示为鸢尾花数据矩阵的格拉姆矩阵$\boldsymbol{G}$，先转化成相似度矩阵$\boldsymbol{C}$，再转化成角度矩阵。角度越小说明特征越相似。

当然，我们也可以对鸢尾花数据先中心化，得到矩阵$\boldsymbol{X}_c$。再计算$\boldsymbol{X}_c$的格拉姆矩阵，然后再计算其相似度矩阵，最后计算角度矩阵。请大家自行完成上述运算，并与图12.14的结果进行比较。

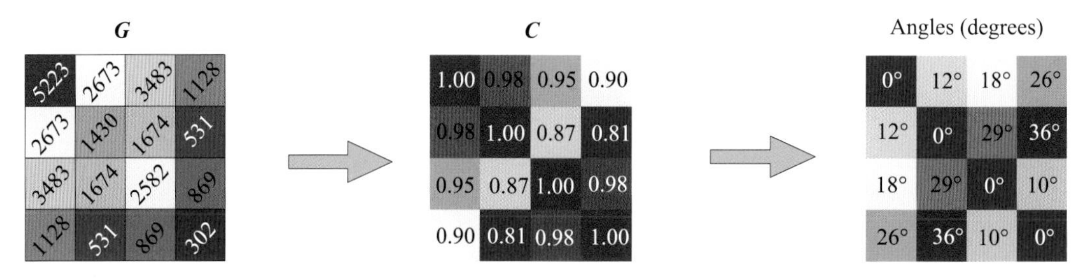

图12.14　格拉姆矩阵$\boldsymbol{G}$转化成相似度矩阵$\boldsymbol{C}$，再转化成角度

本节介绍的内容在**蒙特卡洛模拟** (Monte Carlo simulation) 中有重要应用。如图12.15所示，本章介绍的Cholesky分解结果可以用于产生满足指定相关性系数的随机数。

鸢尾花书《统计至简》和《数据有道》两册会从理论、应用两个角度讲解蒙特卡洛模拟。

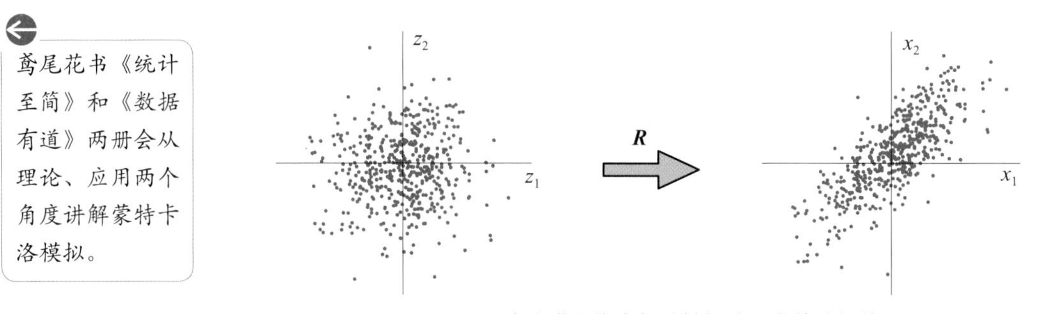

图12.15　产生满足指定相关性矩阵要求的随机数

本章从几何视角讲解了Cholesky分解。只有正定矩阵才可以进行Cholesky分解，这一点可以用于判断矩阵是否为正定。我们创造了“开合”这个词来描述Cholesky分解得到的上三角矩阵对应的几何变换。

对Gram矩阵进行Cholesky分解可以帮我们确定原数据矩阵的列向量空间等价坐标。此外，我们将在鸢尾花书《统计至简》中有关协方差矩阵和蒙特卡罗模拟的相关内容中再讲解Cholesky分解。重点四幅图如12.16所示。

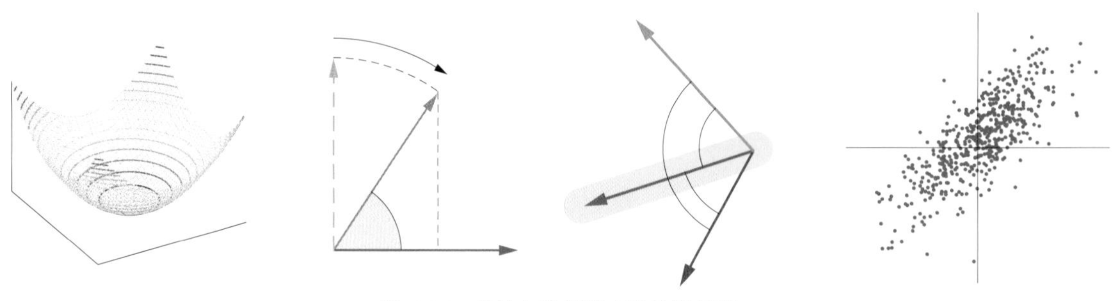

图12.16　总结本章重要内容的四幅图

13 Eigen Decomposition 特征值分解

谱分解：旋转 → 缩放 → 旋转

如果不能用数学表达，人类任何探索都不能被称为真正的科学。

No human investigation can be called real science if it cannot be demonstrated mathematically.

—— 列奥纳多·达·芬奇 (Leonardo da Vinci) | 文艺复兴三杰之一 | 1452—1519

- `numpy.meshgrid()` 产生网格化数据
- `numpy.prod()` 指定轴的元素乘积
- `numpy.linalg.inv()` 矩阵求逆
- `numpy.linalg.eig()` 特征值分解
- `numpy.cos()` 计算余弦值
- `numpy.sin()` 计算正弦值
- `numpy.tan()` 计算正切值
- `numpy.flip()` 指定轴翻转数组
- `numpy.fliplr()` 左右翻转数组
- `numpy.flipud()` 上下翻转数组

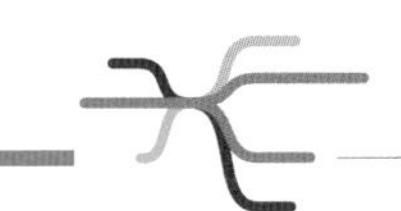

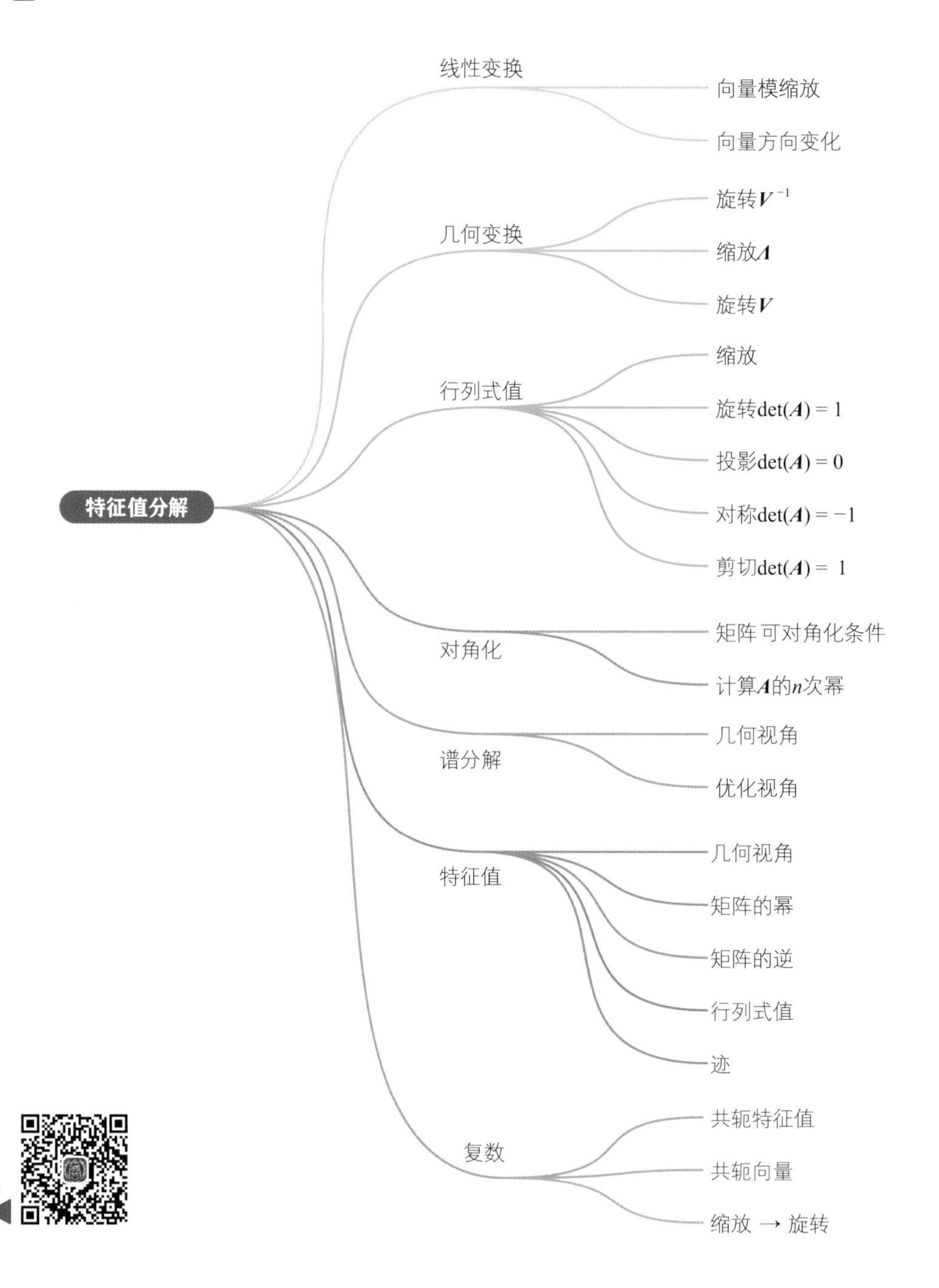
特征值分解
线性变换
向量模缩放
向量方向变化
几何变换
旋转V^{-1}
缩放Λ
旋转V
行列式值
缩放
旋转det(A) = 1
投影det(A) = 0
对称det(A) = −1
剪切det(A) = 1
对角化
矩阵 可对角化条件
计算A的n次幂
谱分解
几何视角
优化视角
特征值
几何视角
矩阵的幂
矩阵的逆
行列式值
迹
复数
共轭特征值
共轭向量
缩放 → 旋转

13.1 几何角度看特征值分解

本书第8章在讲解线性变换时提到，几何视角下，方阵对应缩放、旋转、投影、剪切等几何变换中一种甚至多种的组合，而矩阵分解可以帮我们找到这些几何变换的具体成分。本章要讲的特征值分解能帮我们找到某些特定方阵中“缩放”和“旋转”这两个成分。请注意，只有实数对称矩阵的特征值分解结果才对应“旋转”、“缩放”和“旋转”几何变化。

举个例子

给定矩阵$\boldsymbol{A}$为

$$\boldsymbol{A}=\begin{bmatrix}1.25 & -0.75\\ -0.75 & 1.25\end{bmatrix} \tag{13.1}$$

矩阵$\boldsymbol{A}$乘向量$\boldsymbol{w}_1$得到一个新向量$\boldsymbol{A}\boldsymbol{w}_1$，有

$$\boldsymbol{w}_1=\begin{bmatrix}1\\ 0\end{bmatrix},\quad \boldsymbol{A}\boldsymbol{w}_1=\begin{bmatrix}1.25 & -0.75\\ -0.75 & 1.25\end{bmatrix}\begin{bmatrix}1\\ 0\end{bmatrix}=\begin{bmatrix}1.25\\ -0.75\end{bmatrix} \tag{13.2}$$

如图13.1所示，从几何角度看，对比原向量$\boldsymbol{w}_1$，经过$\boldsymbol{A}$的映射，$\boldsymbol{A}\boldsymbol{w}_1$的方向和模都发生了变化。也就是说，$\boldsymbol{A}$起到了缩放、旋转两方面作用。

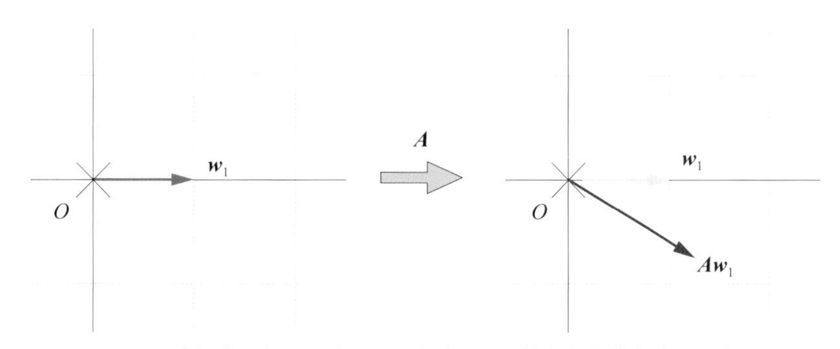

图13.1　我们发现相比原向量$\boldsymbol{w}_1$，新向量$\boldsymbol{A}\boldsymbol{w}_1$的方向和模都发生了变化

图13.2所示给出了81个不同朝向的向量$\boldsymbol{w}$，它们都是单位向量，即向量模均为1。

经过$\boldsymbol{A}$的映射得到图13.3所示的81个不同$\boldsymbol{A}\boldsymbol{w}$结果。图13.3中，多数情况，$\boldsymbol{w}$ (蓝色箭头) 到$\boldsymbol{A}\boldsymbol{w}$ (红色箭头) 同时发生旋转、缩放。

请大家特别注意图13.3中如下四个向量 (背景为浅蓝色)，即

$$\boldsymbol{w}_{11}=\begin{bmatrix}\sqrt{2}/2\\ \sqrt{2}/2\end{bmatrix},\quad \boldsymbol{w}_{31}=\begin{bmatrix}-\sqrt{2}/2\\ \sqrt{2}/2\end{bmatrix},\quad \boldsymbol{w}_{51}=\begin{bmatrix}-\sqrt{2}/2\\ -\sqrt{2}/2\end{bmatrix},\quad \boldsymbol{w}_{71}=\begin{bmatrix}\sqrt{2}/2\\ -\sqrt{2}/2\end{bmatrix} \tag{13.3}$$

矩阵$\boldsymbol{A}$和这四个向量相乘得到的结果与原向量相比，仅仅发生缩放，也就是向量模变化，但是方向没有变化。$\boldsymbol{A}$对这些向量只产生缩放变换，不产生旋转效果，那么这些向量就称为$\boldsymbol{A}$特征向量，伸缩的比例就是特征值。注意，图中每个w的方向各不相同，均为人为指定

注意：准确来说，如果$\boldsymbol{w}$是$\boldsymbol{A}$的特征向量，$\boldsymbol{w}$与$\boldsymbol{A}\boldsymbol{w}$方向平行，同向或反向。

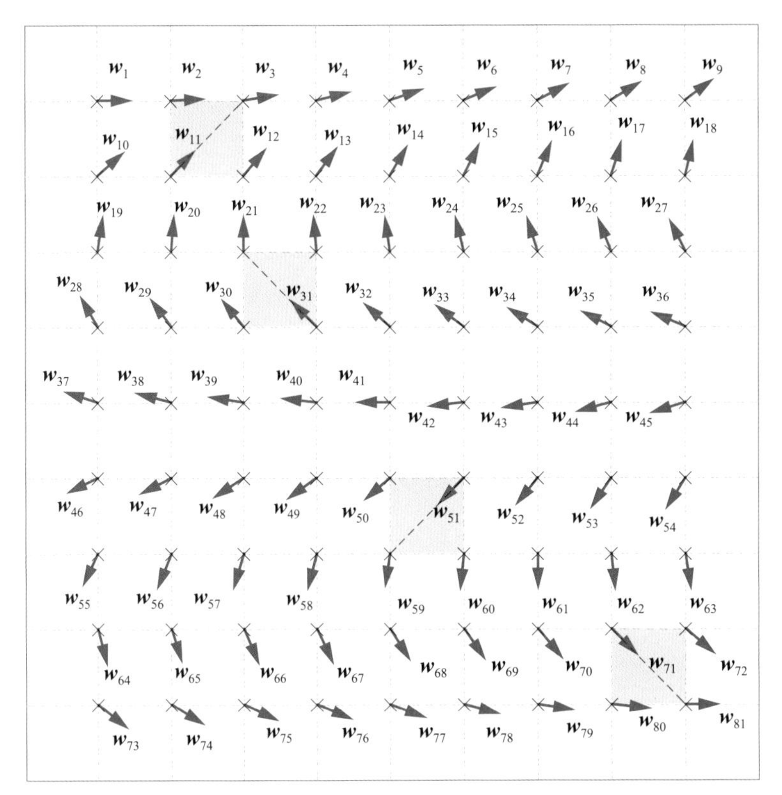

图13.2　81个朝向不同方向的单位向量

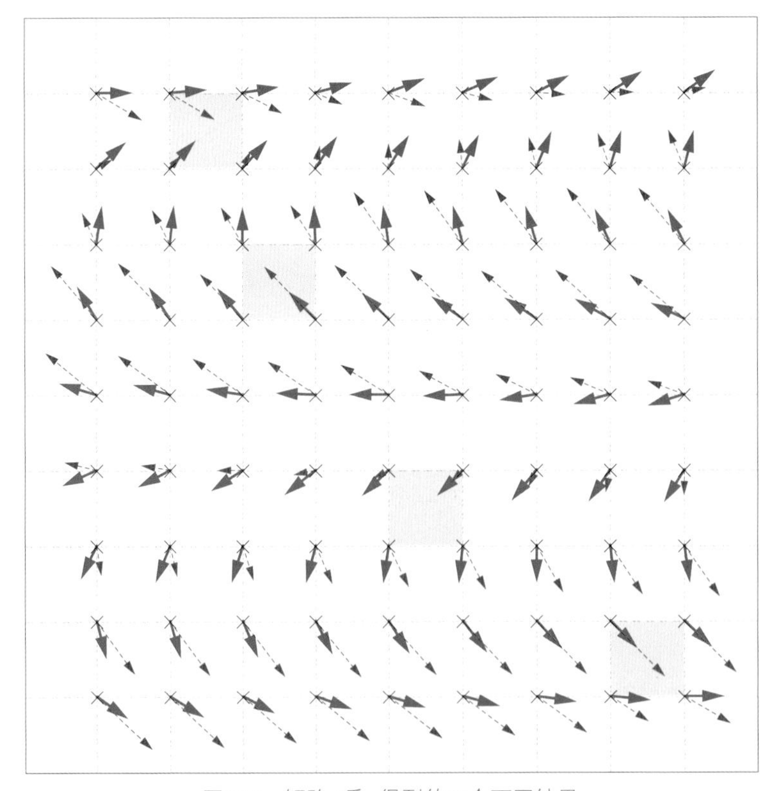

图13.3　矩阵$\boldsymbol{A}$乘$\boldsymbol{w}$得到的81个不同结果

单位圆

为了更好看清矩阵$\boldsymbol{A}$的作用，我们将不同朝向的向量都放在一个单位圆中，如图13.4左图所示。

图13.4左图中，向量的终点落在单位圆上。为了方便可视化，图13.4左图只展示了四个蓝色箭头的线段，它们都是特征向量。图13.4右图为经过$\boldsymbol{A}$映射后得到的向量，终点落在旋转椭圆上。对比图13.4椭圆和正圆的缩放比例，大家可以试着估算特征值大小。

不禁感叹，椭圆真是无处不在。本书后文椭圆还将出现在不同场合，特别是与协方差矩阵相关的内容中。

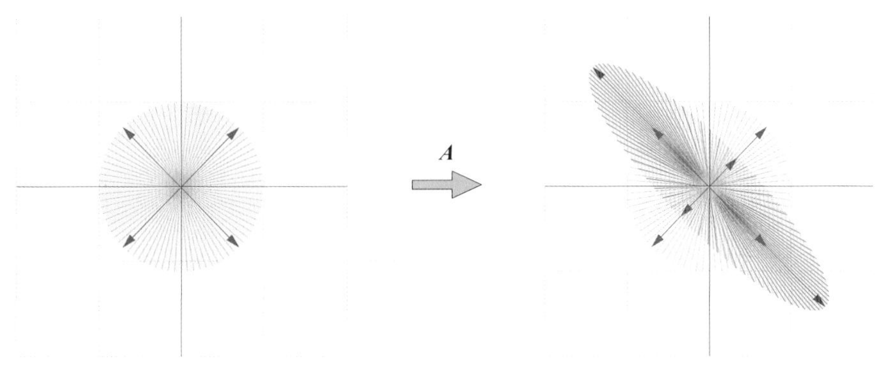

图13.4　矩阵$\boldsymbol{A}$对一系列向量的映射结果

Bk4_Ch13_01.py绘制图13.2、图13.3、图13.4。需要说明的是，为了方便大家理解以及保证图形的矢量化，丛书不会直接使用Python出图。所有图片后期都经过多道美化工序。因此，大家使用代码获得的图片和书中图片存在一定差异，但是图片美化中绝不会篡改数据。

13.2 旋转 → 缩放 → 旋转

根据本书第11章所述，矩阵$\boldsymbol{A}$的特征值分解可以写成

$$\boldsymbol{A} = \overbrace{\boldsymbol{V}}^{\text{Rotate}} \overbrace{\boldsymbol{\Lambda}}^{\text{Scale}} \overbrace{\boldsymbol{V}^{-1}}^{\text{Rotate}} \tag{13.4}$$

几何视角，$\boldsymbol{A}$乘任意向量$\boldsymbol{w}$代表“旋转 → 缩放 →旋转”，即

$$\boldsymbol{A}\boldsymbol{w} = \overbrace{\boldsymbol{V}}^{\text{Rotate}} \overbrace{\boldsymbol{\Lambda}}^{\text{Scale}} \overbrace{\boldsymbol{V}^{-1}}^{\text{Rotate}} \boldsymbol{w} \tag{13.5}$$

注意：几何变换顺序是从右向左，即旋转 ($\boldsymbol{V}^{-1}$) → 缩放 ($\boldsymbol{\Lambda}$) →旋转 ($\boldsymbol{V}$)。准确来说，只有$\boldsymbol{V}$是正交矩阵且满足$\det(\boldsymbol{V}) = 1$时，$\boldsymbol{V}$才叫旋转矩阵 (rotation matrix)，对应的几何操作才是纯粹的旋转。当$\det(\boldsymbol{V}) = -1$，正交矩阵的作用除了旋转，还有镜像。简而言之，所有的旋转矩阵都是正交矩阵，但不是所有的正交矩阵都是旋转矩阵。集合角度来看，旋转矩阵是正交矩阵的子集。

举个2×2矩阵的例子

式 (13.4) 等式右乘$\boldsymbol{V}$得到

$$\boldsymbol{A}\boldsymbol{V}=\boldsymbol{V}\boldsymbol{\Lambda} \tag{13.6}$$

将$\boldsymbol{V}$展开写成 $[\boldsymbol{v}_1, \boldsymbol{v}_2]$ 并代入式 (13.6) 得到

$$\boldsymbol{A}\begin{bmatrix}\boldsymbol{v}_1 & \boldsymbol{v}_2\end{bmatrix}=\begin{bmatrix}\boldsymbol{v}_1 & \boldsymbol{v}_2\end{bmatrix}\begin{bmatrix}\lambda_1 & \\ & \lambda_2\end{bmatrix} \tag{13.7}$$

展开式 (13.7) 得到

$$\begin{bmatrix}\boldsymbol{A}\boldsymbol{v}_1 & \boldsymbol{A}\boldsymbol{v}_2\end{bmatrix}=\begin{bmatrix}\lambda_1\boldsymbol{v}_1 & \lambda_2\boldsymbol{v}_2\end{bmatrix} \tag{13.8}$$

对于上一节给出的例子，将具体数值代入式 (13.4)，得到

$$\underbrace{\begin{bmatrix}1.25 & -0.75\\ -0.75 & 1.25\end{bmatrix}}_{\boldsymbol{A}}=\underbrace{\begin{bmatrix}\sqrt{2}/2 & -\sqrt{2}/2\\ \sqrt{2}/2 & \sqrt{2}/2\end{bmatrix}}_{\boldsymbol{V}}\underbrace{\begin{bmatrix}0.5 & 0\\ 0 & 2\end{bmatrix}}_{\boldsymbol{\Lambda}}\underbrace{\begin{bmatrix}\sqrt{2}/2 & \sqrt{2}/2\\ -\sqrt{2}/2 & \sqrt{2}/2\end{bmatrix}}_{\boldsymbol{V}^{-1}} \tag{13.9}$$

下面，我们分别讨论$\boldsymbol{v}_1$和$\boldsymbol{v}_2$的几何特征。

第一特征向量

$\boldsymbol{v}_1$为

$$\boldsymbol{v}_1=\begin{bmatrix}\sqrt{2}/2\\ \sqrt{2}/2\end{bmatrix} \tag{13.10}$$

$\boldsymbol{A}$乘$\boldsymbol{v}_1$得到$\boldsymbol{A}\boldsymbol{v}_1$，有

$$\boldsymbol{A}\boldsymbol{v}_1=\begin{bmatrix}1.25 & -0.75\\ -0.75 & 1.25\end{bmatrix}\begin{bmatrix}\sqrt{2}/2\\ \sqrt{2}/2\end{bmatrix}=\begin{bmatrix}\sqrt{2}/4\\ \sqrt{2}/4\end{bmatrix}=\underbrace{\frac{1}{2}}_{\lambda_1}\times\begin{bmatrix}\sqrt{2}/2\\ \sqrt{2}/2\end{bmatrix} \tag{13.11}$$

可以发现，相比$\boldsymbol{v}_1$，$\boldsymbol{A}\boldsymbol{v}_1$方向没有发生变化，$\boldsymbol{A}$仅仅产生缩放作用，缩放比例为$\lambda_1 = 1/2$。

图13.5中蓝色箭头代表$\boldsymbol{v}_1$，将式 (13.4) 代入式 (13.11)，将$\boldsymbol{A}$拆解为“旋转→缩放→旋转”三步几何操作，即

$$\boldsymbol{A}\boldsymbol{v}_1=\overbrace{\boldsymbol{V}}^{\text{Rotate}}\ \overbrace{\boldsymbol{\Lambda}}^{\text{Scale}}\ \overbrace{\boldsymbol{V}^{-1}}^{\text{Rotate}}\boldsymbol{v}_1 \tag{13.12}$$

$\boldsymbol{V}^{-1}\boldsymbol{v}_1$相对$\boldsymbol{v}_1$顺时针旋转45°，有

$$\boldsymbol{V}^{-1}\boldsymbol{v}_1=\begin{bmatrix}\sqrt{2}/2 & \sqrt{2}/2\\ -\sqrt{2}/2 & \sqrt{2}/2\end{bmatrix}\begin{bmatrix}\sqrt{2}/2\\ \sqrt{2}/2\end{bmatrix}=\begin{bmatrix}1\\ 0\end{bmatrix}=\boldsymbol{e}_1 \tag{13.13}$$

然后再利用$\boldsymbol{\Lambda}$完成缩放操作，得到$\boldsymbol{\Lambda}\boldsymbol{V}^{-1}\boldsymbol{v}_1$为

$$\boldsymbol{\Lambda}\boldsymbol{V}^{-1}\boldsymbol{v}_1=\begin{bmatrix}0.5 & 0\\ 0 & 2\end{bmatrix}\begin{bmatrix}1\\ 0\end{bmatrix}=\begin{bmatrix}0.5\\ 0\end{bmatrix}=\underbrace{0.5}_{\lambda_1}\boldsymbol{e}_1 \tag{13.14}$$

最后利用$\boldsymbol{V}$完成逆时针旋转45°，得到$\boldsymbol{V\Lambda V}^{-1}\boldsymbol{v}_1$为

$$
\begin{aligned}
\underbrace{\boldsymbol{V\Lambda V}^{-1}}_{\boldsymbol{A}}\boldsymbol{v}_1 &= \begin{bmatrix} \sqrt{2}/2 & -\sqrt{2}/2 \\ \sqrt{2}/2 & \sqrt{2}/2 \end{bmatrix} \underbrace{0.5}_{\lambda_1}\boldsymbol{e}_1 \\
&= \begin{bmatrix} \sqrt{2}/2 & -\sqrt{2}/2 \\ \sqrt{2}/2 & \sqrt{2}/2 \end{bmatrix} \begin{bmatrix} 0.5 \\ 0 \end{bmatrix} = \begin{bmatrix} \sqrt{2}/4 \\ \sqrt{2}/4 \end{bmatrix} = \underbrace{0.5}_{\lambda_1} \begin{bmatrix} \sqrt{2}/2 \\ \sqrt{2}/2 \end{bmatrix} \\
&= \lambda_1 \boldsymbol{v}_1
\end{aligned}
\tag{13.15}
$$

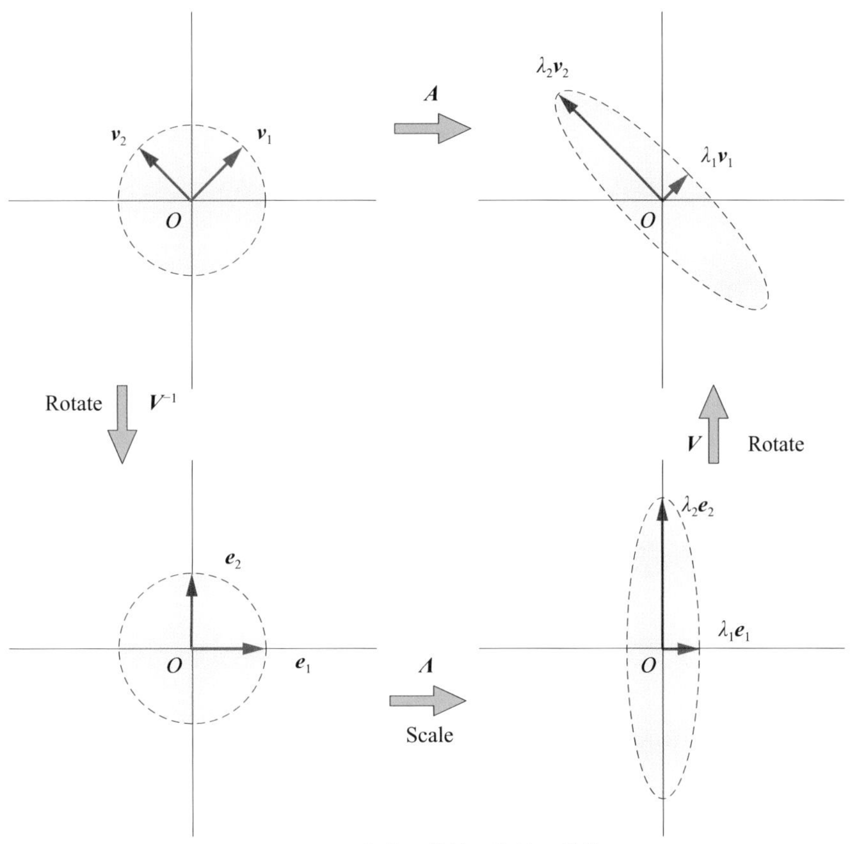

图13.5 “旋转→缩放→旋转”操作

第二特征向量

类似地，下面讨论$\boldsymbol{A}$乘$\boldsymbol{v}_2$对应的“旋转→缩放→旋转”操作。

$\boldsymbol{v}_2$为

$$
\boldsymbol{v}_2 = \begin{bmatrix} -\sqrt{2}/2 \\ \sqrt{2}/2 \end{bmatrix} \tag{13.16}
$$

$\boldsymbol{A}$乘$\boldsymbol{v}_2$得到$\boldsymbol{A}\boldsymbol{v}_2$，有

$$
\boldsymbol{A}\boldsymbol{v}_2 = \begin{bmatrix} 1.25 & -0.75 \\ -0.75 & 1.25 \end{bmatrix} \begin{bmatrix} -\sqrt{2}/2 \\ \sqrt{2}/2 \end{bmatrix} = \begin{bmatrix} -\sqrt{2} \\ \sqrt{2} \end{bmatrix} = \underbrace{2}_{\lambda_2} \times \begin{bmatrix} -\sqrt{2}/2 \\ \sqrt{2}/2 \end{bmatrix} \tag{13.17}
$$

相比$\boldsymbol{v}_2$，$\boldsymbol{A}\boldsymbol{v}_2$方向没有发生变化，$\boldsymbol{A}$产生缩放作用，缩放比例为$\lambda_2 = 2$。

$\boldsymbol{V}^{-1}\boldsymbol{v}_2$将$\boldsymbol{v}_2$顺时针旋转45°，有

$$\underbrace{\boldsymbol{V}^{-1}}_{\text{Rotate}}\boldsymbol{v}_2 = \begin{bmatrix} \sqrt{2}/2 & \sqrt{2}/2 \\ -\sqrt{2}/2 & \sqrt{2}/2 \end{bmatrix}\begin{bmatrix} -\sqrt{2}/2 \\ \sqrt{2}/2 \end{bmatrix} = \begin{bmatrix} 0 \\ 1 \end{bmatrix} = \boldsymbol{e}_2 \tag{13.18}$$

再缩放得到$\boldsymbol{\Lambda}\boldsymbol{V}^{-1}\boldsymbol{v}_2$，有

$$\underbrace{\boldsymbol{\Lambda}}_{\text{Scale}}\boldsymbol{V}^{-1}\boldsymbol{v}_2 = \begin{bmatrix} 0.5 & 0 \\ 0 & 2 \end{bmatrix}\begin{bmatrix} 0 \\ 1 \end{bmatrix} = \begin{bmatrix} 0 \\ 2 \end{bmatrix} = \underbrace{2}_{\lambda_2}\boldsymbol{e}_2 \tag{13.19}$$

最后旋转得到$\boldsymbol{V}\boldsymbol{\Lambda}\boldsymbol{V}^{-1}\boldsymbol{v}_2$，有

$$\begin{aligned} \underbrace{\boldsymbol{V}}_{\text{Rotate}}\boldsymbol{\Lambda}\boldsymbol{V}^{-1}\boldsymbol{v}_2 &= \begin{bmatrix} \sqrt{2}/2 & -\sqrt{2}/2 \\ \sqrt{2}/2 & \sqrt{2}/2 \end{bmatrix}\underbrace{2}_{\lambda_2}\boldsymbol{e}_2 \\ &= \begin{bmatrix} \sqrt{2}/2 & -\sqrt{2}/2 \\ \sqrt{2}/2 & \sqrt{2}/2 \end{bmatrix}\begin{bmatrix} 0 \\ 2 \end{bmatrix} = \begin{bmatrix} -\sqrt{2} \\ \sqrt{2} \end{bmatrix} = \underbrace{2}_{\lambda_2}\begin{bmatrix} -\sqrt{2}/2 \\ \sqrt{2}/2 \end{bmatrix} \\ &= \lambda_2\boldsymbol{v}_2 \end{aligned} \tag{13.20}$$

整个几何变换过程如图13.5中红色箭头所示。必须强调的是，只有对称方阵的特征值分解才能用图13.5来解释。对称方阵的特征值分解叫谱分解。谱分解是特征值分解的特殊情况，后文将展开讲解。

Bk4_Ch13_02.py绘制图13.5。

13.3 再谈行列式值和线性变换

计算本章第一节给出矩阵$\boldsymbol{A}$的行列式值 det($\boldsymbol{A}$)，有

$$\det(\boldsymbol{A}) = \det\left(\begin{bmatrix} 1.25 & -0.75 \\ -0.75 & 1.25 \end{bmatrix}\right) = 1 \tag{13.21}$$

本书第4章提到过，2 × 2矩阵行列式值相当于几何变换前后的“面积缩放系数”。式 (13.21) 中$\boldsymbol{A}$的行列式值为1，因此几何变换前后面积没有任何缩放。

这一点也可以通过$\boldsymbol{\Lambda}$的行列式值加以验证，即有

$$\begin{aligned} \det(\boldsymbol{A}) &= \det\left(\boldsymbol{V}\boldsymbol{\Lambda}\boldsymbol{V}^{-1}\right) = \det(\boldsymbol{V})\det(\boldsymbol{\Lambda})\det\left(\boldsymbol{V}^{-1}\right) \\ &= \det(\boldsymbol{\Lambda})\det\left(\boldsymbol{V}\boldsymbol{V}^{-1}\right) = \det(\boldsymbol{\Lambda}) \\ &= \lambda_1\lambda_2 = \frac{1}{2}\times 2 = 1 \end{aligned} \tag{13.22}$$

式 (13.22) 说明，如果A可以进行特征值分解，则矩阵A的行列式值等于A的所有特征值之积。

图13.6所示给出一个正方形，内部和边缘整齐排列散点。在A的作用下，正方形完成“旋转→缩放→旋转”三步几何操作。不难发现，得到的菱形与原始正方形的面积一致，这一点印证了 $|A| = 1$。

回过头来看图13.4右图所示的旋转椭圆，它的半长轴长度为2，而半短轴长度为1/2。但是，得到的椭圆面积与原来单位圆面积一样。

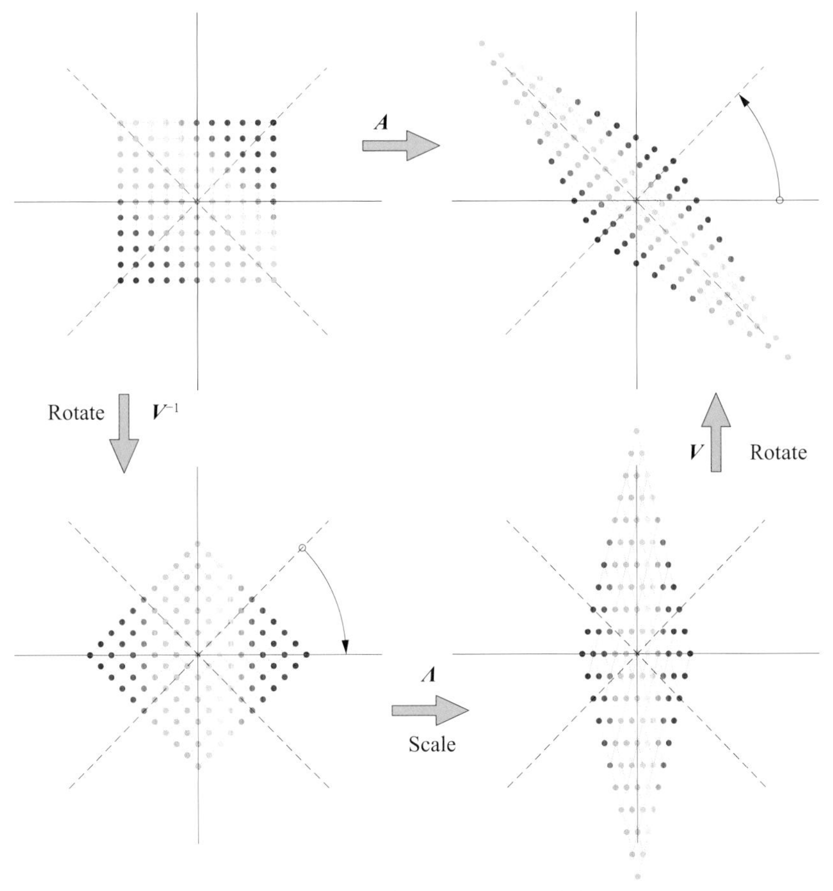

图13.6　正方形经过矩阵A线性变换

线性变换、特征值、行列式值

表13.1总结了常见2 × 2矩阵对应的线性变换、特征值、行列式值。表13.1告诉我们特征值可以为正数、负数、0，甚至是复数。复数特征值都是成对出现，且共轭。本章最后专门讲解特征值分解中出现复数的现象。

此外，请大家自行判断表13.1中哪些矩阵可逆，也就是判断表13.1中哪些几何变换可逆。

本章用Streamlit制作了一个App，大家可以自行输入矩阵A的值，然后绘制表13.1中的不同散点图。请参考Streamlit_Bk4_Ch13_04.py。

表13.1　常见2 × 2矩阵对应的线性变换、特征值、行列式值

矩阵$\boldsymbol{A}$	几何特征
等比例缩放 $\boldsymbol{A}=\begin{bmatrix}2 & 0\\0 & 2\end{bmatrix}$ $\begin{cases}\lambda_1=2\\\lambda_2=2\end{cases}$ $\det(\boldsymbol{A})=4$	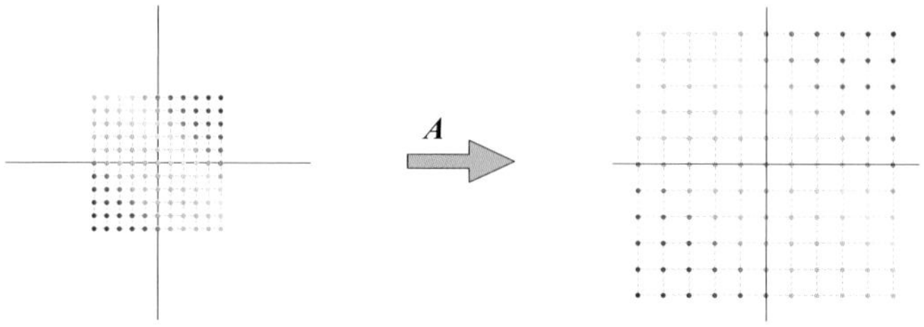 $\boldsymbol{A}$
不等比例缩放 $\boldsymbol{A}=\begin{bmatrix}2 & 0\\0 & 1\end{bmatrix}$ $\begin{cases}\lambda_1=2\\\lambda_2=1\end{cases}$ $\det(\boldsymbol{A})=2$	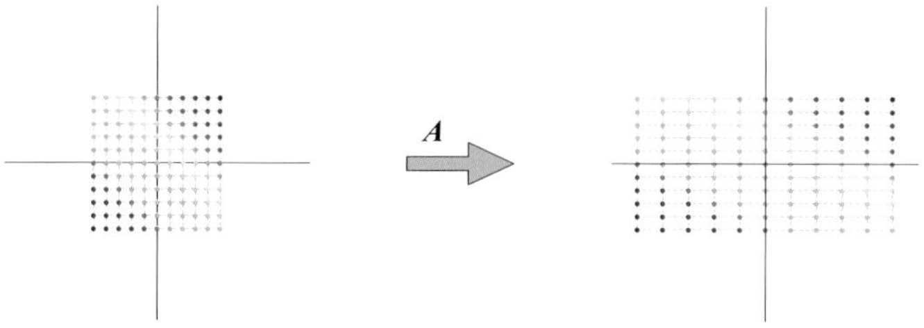 $\boldsymbol{A}$
不等比例缩放 $\boldsymbol{A}=\begin{bmatrix}0.5 & 0\\0 & 2\end{bmatrix}$ $\begin{cases}\lambda_1=2\\\lambda_2=0.5\end{cases}$ $\det(\boldsymbol{A})=1$	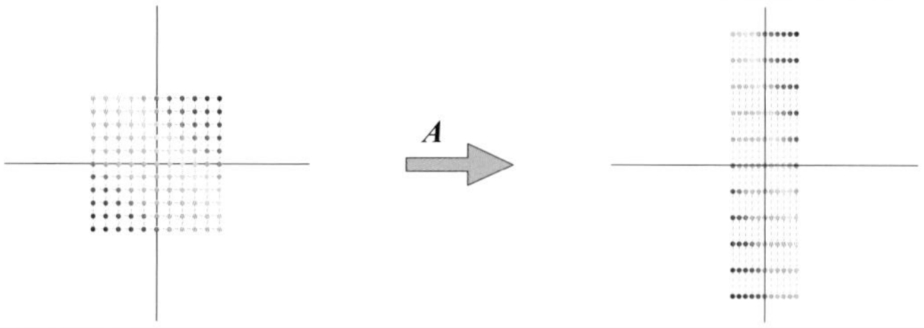 $\boldsymbol{A}$
旋转 $\boldsymbol{A}=\begin{bmatrix}\sqrt{3}/2 & -0.5\\0.5 & \sqrt{3}/2\end{bmatrix}$ $\begin{cases}\lambda_1=\sqrt{3}/2+0.5i\\\lambda_2=\sqrt{3}/2-0.5i\end{cases}$ $\det(\boldsymbol{A})=1$	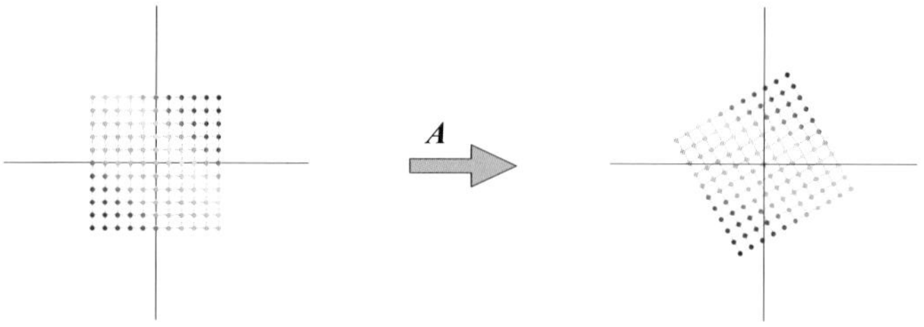 $\boldsymbol{A}$
投影 $\boldsymbol{A}=\begin{bmatrix}0.5 & 0.5\\0.5 & 0.5\end{bmatrix}$ $\begin{cases}\lambda_1=1\\\lambda_2=0\end{cases}$ $\det(\boldsymbol{A})=0$	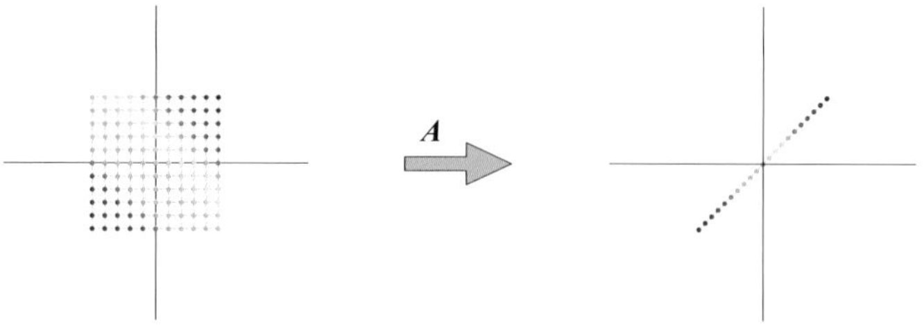 $\boldsymbol{A}$
非正交映射 $\boldsymbol{A}=\begin{bmatrix}1 & -1\\-1 & 1\end{bmatrix}$ $\begin{cases}\lambda_1=2\\\lambda_2=0\end{cases}$ $\det(\boldsymbol{A})=0$	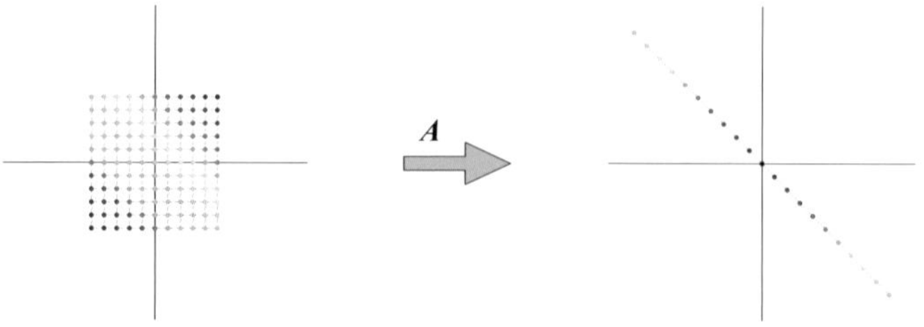 $\boldsymbol{A}$

续表

矩阵A	几何特征
横轴投影 $A=\begin{bmatrix}1 & 0\\0 & 0\end{bmatrix}$ $\begin{cases}\lambda_1=1\\\lambda_2=0\end{cases}$ $\det(A)=0$	A
纵轴镜像 $A=\begin{bmatrix}-1 & 0\\0 & 1\end{bmatrix}$ $\begin{cases}\lambda_1=1\\\lambda_2=-1\end{cases}$ $\det(A)=-1$	A
剪切 $A=\begin{bmatrix}1 & 1\\0 & 1\end{bmatrix}$ $\begin{cases}\lambda_1=1\\\lambda_2=1\end{cases}$ $\det(A)=1$	A
剪切 $A=\begin{bmatrix}1 & 0\\0.5 & 1\end{bmatrix}$ $\begin{cases}\lambda_1=1\\\lambda_2=1\end{cases}$ $\det(A)=1$	A

13.4 对角化、谱分解

可对角化

如果存在一个非奇异矩阵$\boldsymbol{V}$和一个对角矩阵$\boldsymbol{D}$，使得方阵$\boldsymbol{A}$满足

$$\boldsymbol{V}^{-1}\boldsymbol{A}\boldsymbol{V}=\boldsymbol{D} \tag{13.23}$$

则称$\boldsymbol{A}$**可对角化** (diagonalizable)。

只有可对角化的矩阵才能进行特征值分解，即

$$A = VDV^{-1} \tag{13.24}$$

其中：矩阵$\boldsymbol{D}$为特征值矩阵。

如果$\boldsymbol{A}$可以对角化，则矩阵$\boldsymbol{A}$的平方可以写成

$$A^2 = VDV^{-1}VDV^{-1} = VD^2V^{-1} = V\begin{bmatrix} (\lambda_1)^2 & & & \\ & (\lambda_2)^2 & & \\ & & \ddots & \\ & & & (\lambda_D)^2 \end{bmatrix}V^{-1} \tag{13.25}$$

类似地，$\boldsymbol{A}$的n次幂可以写成

$$A^n = VD^nV^{-1} = V\begin{bmatrix} (\lambda_1)^n & & & \\ & (\lambda_2)^n & & \\ & & \ddots & \\ & & & (\lambda_D)^n \end{bmatrix}V^{-1} \tag{13.26}$$

谱分解

特别地，如果$\boldsymbol{A}$为对称矩阵，则$\boldsymbol{A}$的特征值分解可以写成

$$\begin{aligned} A = V\Lambda V^{\mathrm{T}} &= \begin{bmatrix} v_1 & v_2 & \cdots & v_D \end{bmatrix}\begin{bmatrix} \lambda_1 & & & \\ & \lambda_2 & & \\ & & \ddots & \\ & & & \lambda_D \end{bmatrix}\begin{bmatrix} v_1^{\mathrm{T}} \\ v_2^{\mathrm{T}} \\ \vdots \\ v_D^{\mathrm{T}} \end{bmatrix} \\ &= \lambda_1 v_1 v_1^{\mathrm{T}} + \lambda_2 v_2 v_2^{\mathrm{T}} + \cdots + \lambda_D v_D v_D^{\mathrm{T}} = \sum_{j=1}^{D} \lambda_j v_j v_j^{\mathrm{T}} \\ &= \lambda_1 v_1 \otimes v_1 + \lambda_2 v_2 \otimes v_2 + \cdots + \lambda_D v_D \otimes v_D = \sum_{j=1}^{D} \lambda_j v_j \otimes v_j \end{aligned} \tag{13.27}$$

其中：$\boldsymbol{V}$为正交矩阵，满足$V^{\mathrm{T}}V = VV^{\mathrm{T}} = I$。

式 (13.27) 告诉我们为什么对称矩阵的特征分解又叫**谱分解** (spectral decomposition)，因为特征值分解将矩阵拆解成一系列特征值和特征向量张量积之和，就好比将白光分解成光谱中各色光一样。

再进一步，将$\boldsymbol{V}$整理到式 (13.27) 等式的左边，有

$$V^{\mathrm{T}}AV = \Lambda \tag{13.28}$$

同样将$\boldsymbol{V}$写成其列向量并展开式 (13.28)，有

$$\underbrace{\begin{bmatrix} v_1^{\mathrm{T}} \\ v_2^{\mathrm{T}} \\ \vdots \\ v_D^{\mathrm{T}} \end{bmatrix}}_{V^{\mathrm{T}}} A \underbrace{\begin{bmatrix} v_1 & v_2 & \cdots & v_D \end{bmatrix}}_{V} = \underbrace{\begin{bmatrix} v_1^{\mathrm{T}}Av_1 & v_1^{\mathrm{T}}Av_2 & \cdots & v_1^{\mathrm{T}}Av_D \\ v_2^{\mathrm{T}}Av_1 & v_2^{\mathrm{T}}Av_2 & \cdots & v_2^{\mathrm{T}}Av_D \\ \vdots & \vdots & \ddots & \vdots \\ v_D^{\mathrm{T}}Av_1 & v_D^{\mathrm{T}}Av_2 & \cdots & v_D^{\mathrm{T}}Av_D \end{bmatrix}}_{V^{\mathrm{T}}AV} = \underbrace{\begin{bmatrix} \lambda_1 & & & \\ & \lambda_2 & & \\ & & \ddots & \\ & & & \lambda_D \end{bmatrix}}_{\Lambda} \tag{13.29}$$

观察式 (13.29)，我们发现，当$i = j$时，方阵对角线元素满足

$$\boldsymbol{v}_j^{\mathrm{T}} \boldsymbol{A} \boldsymbol{v}_j = \lambda_j \tag{13.30}$$

当$i \neq j$时，方阵非对角线元素满足

$$\boldsymbol{v}_i^{\mathrm{T}} \boldsymbol{A} \boldsymbol{v}_j = 0 \tag{13.31}$$

谱分解格拉姆矩阵

本书中见到的对称矩阵多数是格拉姆矩阵。对于数据矩阵$\boldsymbol{X}$，它的格拉姆矩阵$\boldsymbol{G}$为$\boldsymbol{G} = \boldsymbol{X}^{\mathrm{T}}\boldsymbol{X}$。$\boldsymbol{G}$就是式 (13.29) 中的矩阵$\boldsymbol{A}$，代入得到

$$\underbrace{\begin{bmatrix} \boldsymbol{v}_1^{\mathrm{T}}\boldsymbol{X}^{\mathrm{T}}\boldsymbol{X}\boldsymbol{v}_1 & \boldsymbol{v}_1^{\mathrm{T}}\boldsymbol{X}^{\mathrm{T}}\boldsymbol{X}\boldsymbol{v}_2 & \cdots & \boldsymbol{v}_1^{\mathrm{T}}\boldsymbol{X}^{\mathrm{T}}\boldsymbol{X}\boldsymbol{v}_D \\ \boldsymbol{v}_2^{\mathrm{T}}\boldsymbol{X}^{\mathrm{T}}\boldsymbol{X}\boldsymbol{v}_1 & \boldsymbol{v}_2^{\mathrm{T}}\boldsymbol{X}^{\mathrm{T}}\boldsymbol{X}\boldsymbol{v}_2 & \cdots & \boldsymbol{v}_2^{\mathrm{T}}\boldsymbol{X}^{\mathrm{T}}\boldsymbol{X}\boldsymbol{v}_D \\ \vdots & \vdots & \ddots & \vdots \\ \boldsymbol{v}_D^{\mathrm{T}}\boldsymbol{X}^{\mathrm{T}}\boldsymbol{X}\boldsymbol{v}_1 & \boldsymbol{v}_D^{\mathrm{T}}\boldsymbol{X}^{\mathrm{T}}\boldsymbol{X}\boldsymbol{v}_2 & \cdots & \boldsymbol{v}_D^{\mathrm{T}}\boldsymbol{X}^{\mathrm{T}}\boldsymbol{X}\boldsymbol{v}_D \end{bmatrix}}_{\boldsymbol{V}^{\mathrm{T}}\boldsymbol{G}\boldsymbol{V}} = \underbrace{\begin{bmatrix} \lambda_1 & & & \\ & \lambda_2 & & \\ & & \ddots & \\ & & & \lambda_D \end{bmatrix}}_{\boldsymbol{\Lambda}} \tag{13.32}$$

特别地，如果$\boldsymbol{X}$列满秩，$\boldsymbol{G}$可逆，则$\boldsymbol{G}$逆矩阵的特征值分解为

$$\boldsymbol{G}^{-1} = \boldsymbol{V} \underbrace{\begin{bmatrix} 1/\lambda_1 & & & \\ & 1/\lambda_2 & & \\ & & \ddots & \\ & & & 1/\lambda_D \end{bmatrix}}_{\boldsymbol{\Lambda}^{-1}} \boldsymbol{V}^{\mathrm{T}} \tag{13.33}$$

令$\boldsymbol{y}_j = \boldsymbol{X}\boldsymbol{v}_j$，如图13.7所示，由于$\boldsymbol{v}_j$是单位矩阵，矩阵乘积$\boldsymbol{X}\boldsymbol{v}_j$相当于数据矩阵$\boldsymbol{X}$向span($\boldsymbol{v}_j$) 投影的结果为$\boldsymbol{y}_j$。

式 (13.32) 可以写成

$$\underbrace{\begin{bmatrix} \boldsymbol{y}_1^{\mathrm{T}}\boldsymbol{y}_1 & \boldsymbol{y}_1^{\mathrm{T}}\boldsymbol{y}_2 & \cdots & \boldsymbol{y}_1^{\mathrm{T}}\boldsymbol{y}_D \\ \boldsymbol{y}_2^{\mathrm{T}}\boldsymbol{y}_1 & \boldsymbol{y}_2^{\mathrm{T}}\boldsymbol{y}_2 & \cdots & \boldsymbol{y}_2^{\mathrm{T}}\boldsymbol{y}_D \\ \vdots & \vdots & \ddots & \vdots \\ \boldsymbol{y}_D^{\mathrm{T}}\boldsymbol{y}_1 & \boldsymbol{y}_D^{\mathrm{T}}\boldsymbol{y}_2 & \cdots & \boldsymbol{y}_D^{\mathrm{T}}\boldsymbol{y}_D \end{bmatrix}}_{\boldsymbol{V}^{\mathrm{T}}\boldsymbol{G}\boldsymbol{V}} = \underbrace{\begin{bmatrix} \lambda_1 & & & \\ & \lambda_2 & & \\ & & \ddots & \\ & & & \lambda_D \end{bmatrix}}_{\boldsymbol{\Lambda}} \tag{13.34}$$

观察式 (13.34)，我们发现当$i \neq j$时，$\boldsymbol{y}_i$和$\boldsymbol{y}_j$正交。我们在本书第10章介绍过这一结论，上述推导让我们“知其所以然”。

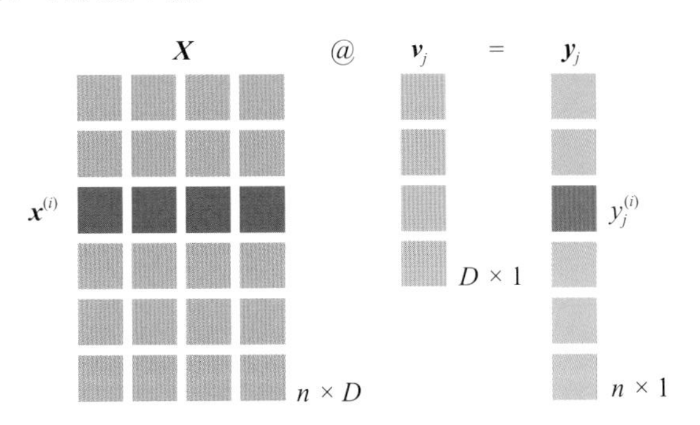

图13.7　数据矩阵$\boldsymbol{X}$向span($\boldsymbol{v}_j$) 投影结果为$\boldsymbol{y}_j$

> 注意：式 (13.32) 中矩阵的每个元素显然都是标量。本书之前一直强调，看到矩阵乘积结果为标量时，一定要想一想矩阵乘积能否写成L^2范数。

式 (13.34) 对角线元素显然可以写成L^2范数，即

$$\|\boldsymbol{y}_j\|_2^2 = \|\boldsymbol{X}\boldsymbol{v}_j\|_2^2 = \lambda_j \tag{13.35}$$

几何视角

该怎么理解式 (13.35)？我们还是要拿出看家本领——几何视角。

如图13.8所示，用散点 ● 代表数据矩阵$\boldsymbol{X}$，散点 ● 向span($\boldsymbol{v}_j$) 投影的结果为$\boldsymbol{y}_j$，即图13.8中 ×。$\boldsymbol{y}_j$中的每个值就是 × 到原点的距离。

图13.8中红点 ● 代表矩阵$\boldsymbol{X}$的第i行行向量为$\boldsymbol{x}^{(i)}$。$\boldsymbol{x}^{(i)}$向$\boldsymbol{v}_j$的投影结果$y_j^{(i)}$就是$\boldsymbol{x}^{(i)}$在span($\boldsymbol{v}_j$) 的坐标，即有

$$y_j^{(i)} = \boldsymbol{x}^{(i)}\boldsymbol{v}_j \tag{13.36}$$

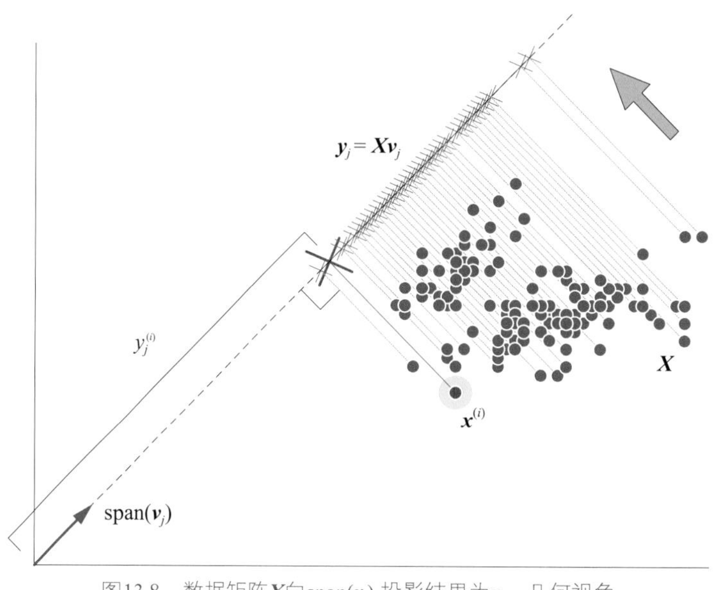

图13.8　数据矩阵$\boldsymbol{X}$向span($\boldsymbol{v}_j$) 投影结果为$\boldsymbol{y}_j$，几何视角

有了这个视角，我们知道式 (13.35) 中 $\|\boldsymbol{y}_j\|_2^2$ 代表$y_j^{(i)}$到原点距离 (有正负) 的平方和，即

$$\|\boldsymbol{y}_j\|_2^2 = \left(y_j^{(1)}\right)^2 + \left(y_j^{(2)}\right)^2 + \cdots + \left(y_j^{(n)}\right)^2 = \lambda_j \tag{13.37}$$

注意：这些距离的平方和恰好等于特征值λ_j。

若式 (13.34) 中特征值λ_j按大小排列，即$\lambda_1 \geqslant \lambda_2 \geqslant \cdots \geqslant \lambda_D$。这说明特征向量$\boldsymbol{v}_j$也有主次之分。数据矩阵$\boldsymbol{X}$朝不同特征向量$\boldsymbol{v}$投影，得到的$\|\boldsymbol{y}\|_2^2 = \|\boldsymbol{X}\boldsymbol{v}\|_2^2$有大有小。

如果某个特征值为0，则说明在它之前的特征向量已经“解释了”矩阵$\boldsymbol{X}$的所有成分。轮到之后的特征向量，投影分量必然为0。

有大小之分，就意味存在优化问题。我们先给结论，在 $\mathbb{R}^D$ 的无数个$\boldsymbol{v}$中，$\boldsymbol{X}$朝第一特征向量$\boldsymbol{v}_1$投影对应的$\|\boldsymbol{y}_1\|_2^2 = \|\boldsymbol{X}\boldsymbol{v}_1\|_2^2$最大，最大值为$\lambda_1$。本书第18章将提供优化视角，告诉我们“为什么”。

以鸢尾花为例

本书第10章计算了鸢尾花数据矩阵$\boldsymbol{X}$的格拉姆矩阵$\boldsymbol{G}$，如图13.9所示。图13.9中$\boldsymbol{G}$中元素没有保留任何小数位。

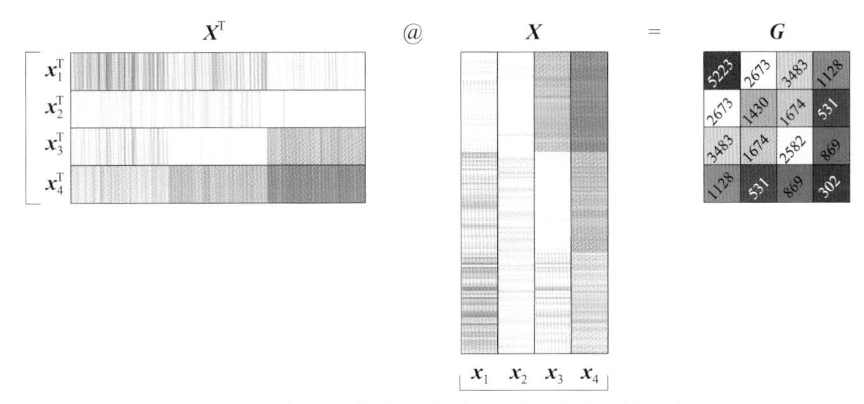

图13.9 矩阵$\boldsymbol{X}$的格拉姆矩阵（图片来自本书第10章）

格拉姆矩阵$\boldsymbol{G}$为对称矩阵，对$\boldsymbol{G}$谱分解得到

$$
\boldsymbol{G}=\boldsymbol{V}\boldsymbol{\Lambda}\boldsymbol{V}^{\mathrm{T}}=\begin{bmatrix} 0.75 & 0.28 & 0.50 & 0.32 \\ 0.38 & 0.54 & -0.67 & -0.31 \\ 0.51 & -0.70 & -0.05 & -0.48 \\ 0.16 & -0.34 & -0.53 & 0.75 \end{bmatrix}\begin{bmatrix} 9208.3 & & & \\ & 315.4 & & \\ & & 11.9 & \\ & & & 3.5 \end{bmatrix}\begin{bmatrix} 0.75 & 0.28 & 0.50 & 0.32 \\ 0.38 & 0.54 & -0.67 & -0.31 \\ 0.51 & -0.70 & -0.05 & -0.48 \\ 0.16 & -0.34 & -0.53 & 0.75 \end{bmatrix}^{\mathrm{T}} \tag{13.38}
$$

其中：$\boldsymbol{V}$仅保留两位小数位，特征值仅保留一位小数位。

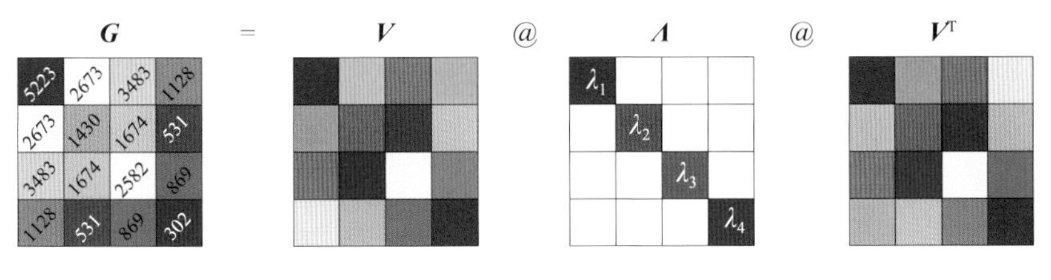

图13.10 矩阵$\boldsymbol{X}$的格拉姆矩阵的特征值分解

> 式(13.38)也回答了本书第10章矩阵$\boldsymbol{V}$从哪里来的问题。除了特征值分解，本书第15、16章介绍的奇异值分解也可以帮助我们获得矩阵$\boldsymbol{V}$。

利用谱分解方式展开式(13.38)得到

$$
\begin{aligned} \boldsymbol{G} &= \lambda_1\boldsymbol{v}_1\otimes\boldsymbol{v}_1+\lambda_2\boldsymbol{v}_2\otimes\boldsymbol{v}_2+\lambda_3\boldsymbol{v}_3\otimes\boldsymbol{v}_3+\lambda_4\boldsymbol{v}_4\otimes\boldsymbol{v}_4 \\ &= 9208.3\boldsymbol{v}_1\otimes\boldsymbol{v}_1+315.4\boldsymbol{v}_2\otimes\boldsymbol{v}_2+11.9\boldsymbol{v}_3\otimes\boldsymbol{v}_3+3.5\boldsymbol{v}_4\otimes\boldsymbol{v}_4 \end{aligned} \tag{13.39}
$$

由于$\boldsymbol{V}$是规范正交基，因此在$\mathbb{R}^4$空间中，$\boldsymbol{V}$的作用仅仅是旋转。

而真正决定具体哪个$\boldsymbol{v}_j$“更重要”的是特征值λ_j的大小。

观察式(13.39)容易发现，随着特征值λ_j不断减小，对应$\boldsymbol{v}_j\otimes\boldsymbol{v}_j$的影响力也在衰减。图13.11所示的五幅热图采用相同色谱，$\lambda_1\boldsymbol{v}_1\otimes\boldsymbol{v}_1$影响力最大，剩下三个成分的影响几乎可以忽略不计。根据本书第10章代码，请大家自行编写代码绘制本节热图。

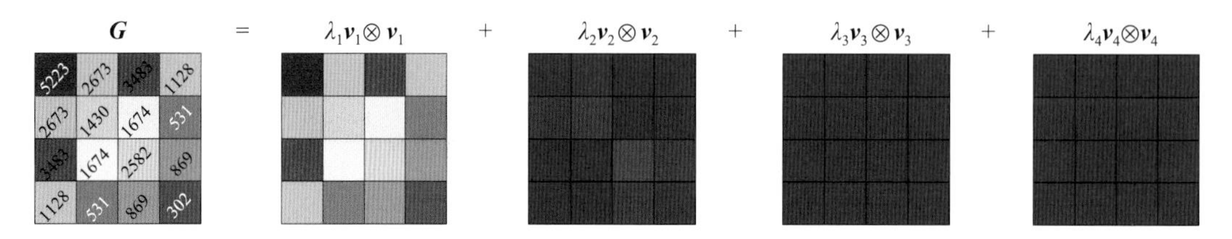

图13.11 矩阵$\boldsymbol{X}$的格拉姆矩阵的谱分解

13.5 聊聊特征值

几何视角

本书第4章在讲解行列式值时，简单介绍过特征值。从几何角度来看，如图13.12 (a) 所示，当矩阵$\boldsymbol{A}$的形状为2 × 2时，以它的两个列向量$\boldsymbol{a}_1$和$\boldsymbol{a}_2$为边的平行四边形的面积就是$\boldsymbol{A}$的行列式值。如图13.12 (b) 所示，当$\boldsymbol{A}$的形状为3 × 3时，以$\boldsymbol{a}_1$、$\boldsymbol{a}_2$、$\boldsymbol{a}_3$为边的平行六面体体积便是$\boldsymbol{A}$的行列式值。

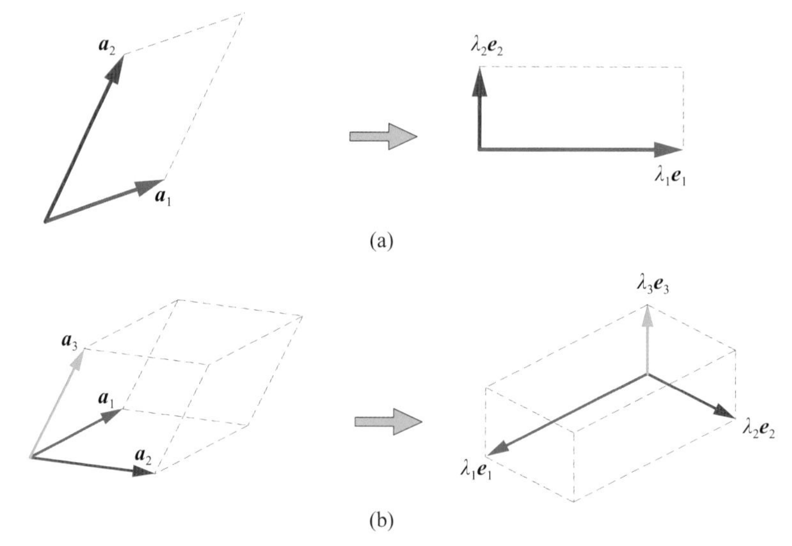

图13.12 特征值的几何性质

比如，给定矩阵$\boldsymbol{A}$为

$$\boldsymbol{A}=\begin{bmatrix}3 & 2\\1 & 4\end{bmatrix},\quad \boldsymbol{a}_1=\begin{bmatrix}3\\1\end{bmatrix},\quad \boldsymbol{a}_2=\begin{bmatrix}2\\4\end{bmatrix} \tag{13.40}$$

$\boldsymbol{a}_1$和$\boldsymbol{a}_2$为边的平行四边形面积为10，即 $|\boldsymbol{A}| = 10$。

将矩阵$\boldsymbol{A}$进行特征值分解后得到的特征值写成矩阵形式，并分别作用于$\boldsymbol{e}_1$和$\boldsymbol{e}_2$，有

$$\Lambda=\begin{bmatrix}5 & 0\\0 & 2\end{bmatrix} \Rightarrow \begin{cases}\boldsymbol{\lambda}_1=\lambda_1\boldsymbol{e}_1=5\boldsymbol{e}_1\\ \boldsymbol{\lambda}_2=\lambda_2\boldsymbol{e}_2=2\boldsymbol{e}_2\end{cases} \tag{13.41}$$

如图13.12 (a) 所示，以$\lambda_1 \boldsymbol{e}_1$和$\lambda_2 \boldsymbol{e}_2$为边的平行四边形为矩形。容易计算出矩形的面积为$\lambda_1\lambda_2 = 10$，即 $|\boldsymbol{\Lambda}| = \lambda_1\lambda_2$。图13.12 (a) 左右两个图形的面积相同，即$|\boldsymbol{A}| = |\boldsymbol{\Lambda}| = 10$。

从几何角度来看，对角化实际上就是，平行四边形转化为矩形，或者，平行六面体转化为立方体的过程，如图13.12 (b) 所示。

如图13.13所示，当矩阵$\boldsymbol{A}$非满秩时，也就是说$\boldsymbol{A}$的列向量线性相关。如果$\boldsymbol{A}$可以对角化，则特征值分解后至少一个特征值为0。这样一来，得到的立方体的体积为0。也就是说，原来的平行六面体体积也为0，即 $|\boldsymbol{A}| = 0$。从线性映射角度来看，$\boldsymbol{A}$起到了降维作用。

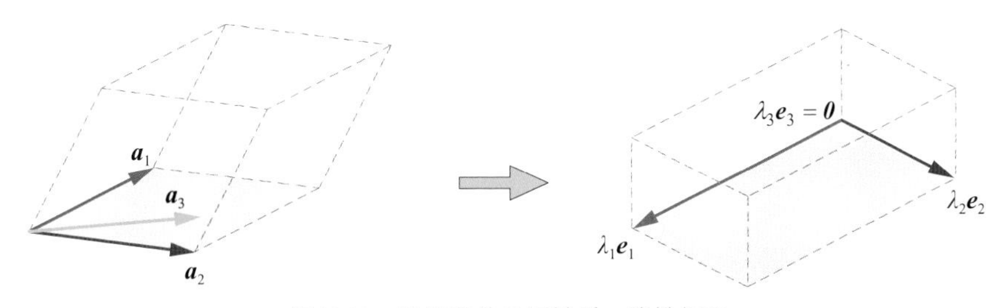

图13.13　特征值的几何性质，线性相关

重要性质

下面介绍特征值的重要性质。建议大家试着从几何 (面积、体积) 角度理解这些概念。

前文几次提到，给定矩阵$\boldsymbol{A}$，其特征值λ和特征向量$\boldsymbol{v}$的关系为

$$\boldsymbol{A}\boldsymbol{v} = \lambda \boldsymbol{v} \tag{13.42}$$

$\boldsymbol{A}$标量积$k\boldsymbol{A}$对应的特征值为λk，即

$$(k\boldsymbol{A})\boldsymbol{v} = (k\lambda)\boldsymbol{v} \tag{13.43}$$

矩阵$\boldsymbol{A}^2$的特征向量仍然为$\boldsymbol{v}$，特征值为λ^2，有

$$\boldsymbol{A}^2\boldsymbol{v} = \boldsymbol{A}(\boldsymbol{A}\boldsymbol{v}) = \boldsymbol{A}(\lambda\boldsymbol{v}) = \lambda(\boldsymbol{A}\boldsymbol{v}) = \lambda^2\boldsymbol{v} \tag{13.44}$$

推广式 (13.44)，n为任意整数，$\boldsymbol{A}^n$的特征值为λ^n，有

$$\boldsymbol{A}^n\boldsymbol{v} = \lambda^n\boldsymbol{v} \tag{13.45}$$

式 (13.45) 也可以推广得到

$$\boldsymbol{A}^n\boldsymbol{V} = \boldsymbol{V}\boldsymbol{\Lambda}^n \tag{13.46}$$

如果逆矩阵$\boldsymbol{A}^{-1}$存在，$\boldsymbol{A}^{-1}$的特征向量仍为$\boldsymbol{v}$，特征值为$1/\lambda$，则有

$$\boldsymbol{A}^{-1}\boldsymbol{v} = \frac{1}{\lambda}\boldsymbol{v} \tag{13.47}$$

前文提到，矩阵$\boldsymbol{A}$的行列式值为其特征值的乘积，即

$$\det(\boldsymbol{A}) = \prod_{j=1}^{D}\lambda_j \tag{13.48}$$

A标量积***kA***的行列式值为

$$\det(k\boldsymbol{A}) = k^D \prod_{j=1}^{D} \lambda_j \tag{13.49}$$

这相当于“平行体”和“正立方体”每个维度上边长都等比例缩放，缩放系数为k。而体积的缩放比例为k^D。

如果方阵***A***的形状为$D \times D$，且***A***的秩 (rank) 为r，则***A***有$D-r$个特征值为0。

矩阵***A***的迹等于其特征值之和，即

$$\mathrm{tr}(\boldsymbol{A}) = \sum_{i=1}^{D} \lambda_i \tag{13.50}$$

我们将会在**主成分分析** (Principal Component Analysis, PCA) 中用到式 (13.50) 的结论。

13.6 特征值分解中的复数现象

本章前文在对实数矩阵进行特征值分解时，我们偶尔发现特征值、特征向量存在虚数。这一节讨论这个现象。

举个例子

给定 2 × 2 实数矩阵***A***为

$$\boldsymbol{A} = \begin{bmatrix} 1 & -1 \\ 1 & 1 \end{bmatrix} \tag{13.51}$$

对***A***进行特征值分解，得到两个特征值分别为

$$\lambda_1 = 1 + \mathrm{i}, \quad \lambda_2 = 1 - \mathrm{i} \tag{13.52}$$

共轭特征值、共轭特征向量

这对共轭特征值出现的原因是，方阵***A***的特征方程有一对复数解，即

$$|\boldsymbol{A} - \lambda \boldsymbol{I}| = 0 \tag{13.53}$$

求解出的非实数的特征值会以共轭复数形式成对出现，因此它们也常被叫做**共轭特征值** (conjugate eigenvalues)。所谓**共轭复数** (complex conjugate)，是指两个实部相等，虚部互为相反数的复数。

式 (13.51) 中***A***的特征值λ_1和λ_2对应的特征向量分别为

$$\boldsymbol{v}_1 = \begin{bmatrix} \mathrm{i} \\ 1 \end{bmatrix}, \quad \boldsymbol{v}_2 = \begin{bmatrix} -\mathrm{i} \\ 1 \end{bmatrix} \tag{13.54}$$

这样的特征向量叫做**共轭特征向量** (conjugate eigenvector)。

展开来说，本书前文讲述的向量矩阵等概念都是建立在 $\mathbb{R}^n$ 上，我们可以把同样的数学工具推广到复数空间 $\mathbb{C}^n$ 上。

$\mathbb{C}^n$ 中的任意复向量$\boldsymbol{x}$的共轭向量 $\bar{\boldsymbol{x}}$，也是 $\mathbb{C}^n$ 中的向量。$\bar{\boldsymbol{x}}$ 中每个元素是$\boldsymbol{x}$对应元素的共轭复数。比如，给定复数向量$\boldsymbol{x}$和对应的共轭向量 $\bar{\boldsymbol{x}}$ 为

$$\boldsymbol{x}=\begin{bmatrix}1+\mathrm{i}\\3-2\mathrm{i}\end{bmatrix},\quad \bar{\boldsymbol{x}}=\begin{bmatrix}1-\mathrm{i}\\3+2\mathrm{i}\end{bmatrix} \tag{13.55}$$

一个特殊的2×2矩阵

给定矩阵$\boldsymbol{A}$为

$$\boldsymbol{A}=\begin{bmatrix}a & -b\\ b & a\end{bmatrix} \tag{13.56}$$

其中：a和b均为实数，且不同时等于0。

容易求得$\boldsymbol{A}$的复数特征值为一对共轭复数

$$\lambda=a\pm b\mathrm{i} \tag{13.57}$$

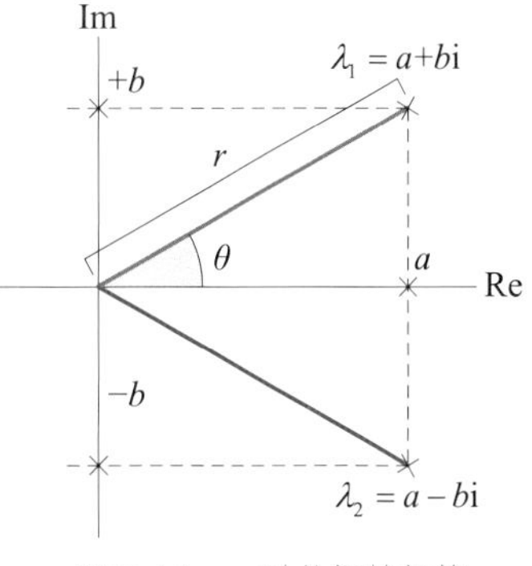

图13.14 一对共轭特征值

两者的关系如图13.14所示。图13.14横轴为实部，纵轴为虚部。

图13.14中，两个共轭特征值的模相等，令r为复数特征值的模，容易发现，r是矩阵$\boldsymbol{A}$行列式值的平方根，即

$$r=|\lambda|=\sqrt{a^2+b^2}=\sqrt{|\boldsymbol{A}|} \tag{13.58}$$

因此，$\boldsymbol{A}$可以写成

$$\boldsymbol{A}=\sqrt{a^2+b^2}\begin{bmatrix}\dfrac{a}{\sqrt{a^2+b^2}} & \dfrac{-b}{\sqrt{a^2+b^2}}\\ \dfrac{b}{\sqrt{a^2+b^2}} & \dfrac{a}{\sqrt{a^2+b^2}}\end{bmatrix}=r\begin{bmatrix}\cos\theta & -\sin\theta\\ \sin\theta & \cos\theta\end{bmatrix}=\underbrace{\begin{bmatrix}\cos\theta & -\sin\theta\\ \sin\theta & \cos\theta\end{bmatrix}}_{\boldsymbol{R}}\underbrace{\begin{bmatrix}r & 0\\ 0 & r\end{bmatrix}}_{\boldsymbol{S}} \tag{13.59}$$

图13.14所示的复平面上，θ为 (0, 0) 到 (a, b) 线段和水平轴正方向夹角，θ也叫做复数$\lambda_1=a+b\mathrm{i}$的辐角。鸢尾花书《可视之美》专门提供复数、复数函数的可视化方案，请大家参考。

几何视角

有了上述分析，矩阵$\boldsymbol{A}$的几何变换就变得很清楚，$\boldsymbol{A}$是缩放 ($\boldsymbol{S}$) 和旋转 ($\boldsymbol{R}$) 的复合。给出平面上某个$\boldsymbol{x}_0$，将矩阵$\boldsymbol{A}$不断作用在$\boldsymbol{x}_0$上，有

$$\boldsymbol{x}_n=\boldsymbol{A}^n\boldsymbol{x}_0 \tag{13.60}$$

如图13.15 (a) 所示，当缩放系数$r=1.2>1$时，我们可以看到，随着n增大，向量$\boldsymbol{x}_n$不断旋转向外发散。

如图13.15 (b) 所示，当缩放系数$r=0.8<1$时，随着n增大，向量$\boldsymbol{x}_n$不断旋转向内收缩。

注意：图13.14中平面是复平面，横轴是实数轴，纵轴是虚数轴。而图13.15则是实数x_1x_2平面。

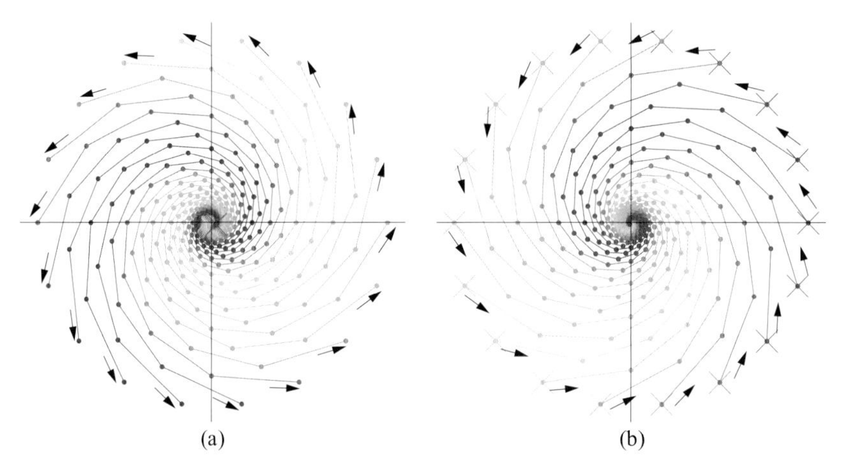

图13.15　在矩阵$\boldsymbol{A}$几何变换重复下，向量的$\boldsymbol{x}$位置变化

Bk4_Ch13_03.py绘制图13.15。

图13.16所示的四幅子图其实是一张图，它代表着特征值分解的几何视角——“旋转 → 缩放 → 旋转”。这一点对于理解分解尤其重要。

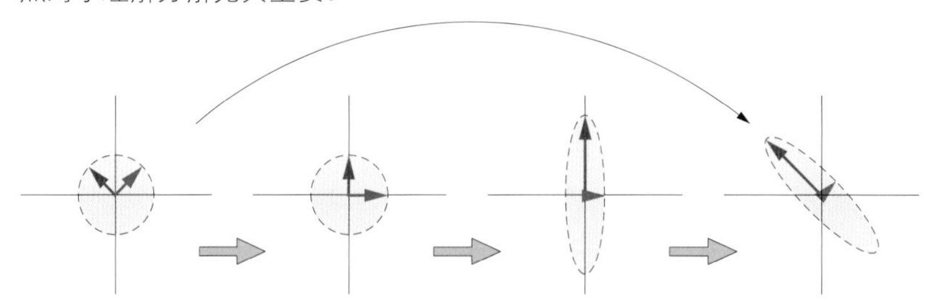

图13.16　总结本章重要内容的四幅图

此外，请大家特别注意对称矩阵的特征值分解叫谱分解，结果中$\boldsymbol{V}$为正交矩阵，即规范正交基。再次强调，谱分解得到的正交矩阵$\boldsymbol{V}$，只有$\det(\boldsymbol{V}) = 1$时，$\boldsymbol{V}$才叫旋转矩阵；当$\det(\boldsymbol{V}) = -1$，$\boldsymbol{V}$对应的操作为“旋转 + 镜像”。此外，为了方便理解，本书很多场合将特征值分解对应的几何操作“简单粗暴”地写成“旋转 → 缩放 → 旋转”。

本章最后以我们在对实数矩阵分解中遇到的复数现象为例，介绍了共轭特征值和共轭特征向量。注意，复数矩阵自有一套运算体系，如复数矩阵的转置叫做**埃尔米特转置** (Hermitian transpose)，记号一般用上标^{H}。复数矩阵中的“正交矩阵”叫做**酉矩阵**、**幺正矩阵** (unitary matrix)。再比如，复数矩阵中的“对称矩阵”叫做**正规矩阵** (normal matrix)。复数矩阵相关内容不在本书范围内，感兴趣的读者可以自行学习。

14 Dive into Eigen Decomposition
深入特征值分解
无处不在的特征值分解

生命之哀，并非求其上，却得其中；而是求其下，必得其下。

The greater danger for most of us lies not in setting our aim too high and falling short; but in setting our aim too low, and achieving our mark.

—— 米开朗琪罗 (Michelangelo) | 文艺复兴三杰之一 | 1475—1564

- numpy.meshgrid() 产生网格化数据
- numpy.prod() 指定轴的元素乘积
- numpy.linalg.inv() 矩阵求逆
- numpy.linalg.eig() 特征值分解
- numpy.diag() 以一维数组的形式返回方阵的对角线元素，或将一维数组转换成对角阵
- seaborn.heatmap() 绘制热图

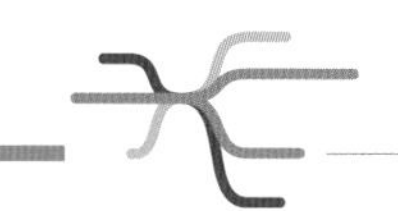

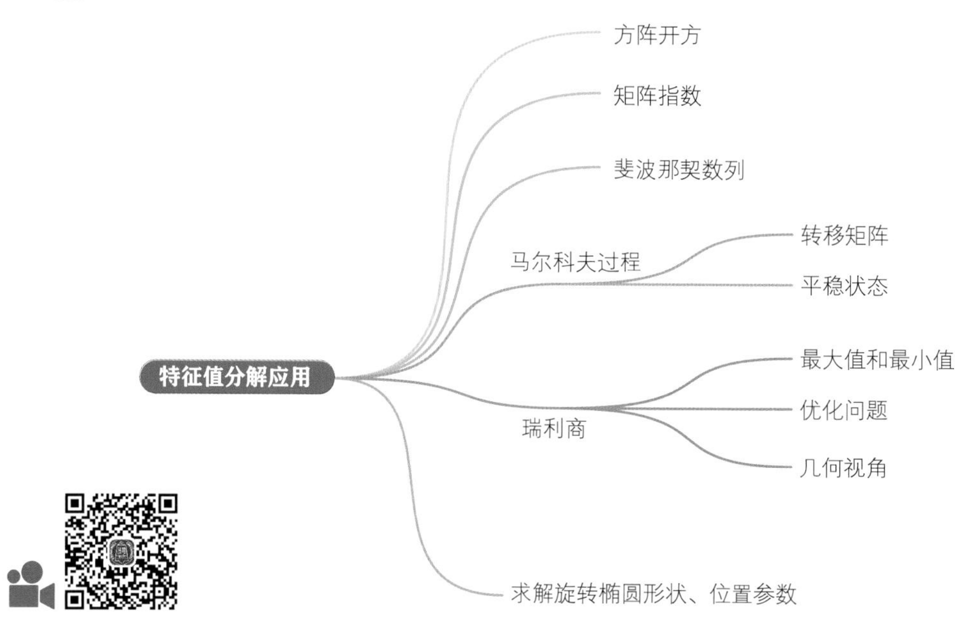

14.1 方阵开方

本章是上一章的延续，本章继续探讨特征值分解及其应用。这一节介绍利用特征值分解完成方阵开方。

如果方阵$\boldsymbol{A}$可以写作

$$\boldsymbol{A} = \boldsymbol{B}\boldsymbol{B} \tag{14.1}$$

其中：$\boldsymbol{B}$为$\boldsymbol{A}$的平方根。利用特征值分解，可以求得$\boldsymbol{A}$的平方根。

首先对矩阵$\boldsymbol{A}$进行特征值分解，有

$$\boldsymbol{A} = \boldsymbol{V}\boldsymbol{\Lambda}\boldsymbol{V}^{-1} \tag{14.2}$$

令

$$\boldsymbol{B} = \boldsymbol{V}\boldsymbol{\Lambda}^{\frac{1}{2}}\boldsymbol{V}^{-1} \tag{14.3}$$

$\boldsymbol{B}^2$可以写成

$$\boldsymbol{B}^2 = \left(\boldsymbol{V}\boldsymbol{\Lambda}^{\frac{1}{2}}\boldsymbol{V}^{-1}\right)^2 = \boldsymbol{V}\boldsymbol{\Lambda}^{\frac{1}{2}}\underbrace{\boldsymbol{V}^{-1}\boldsymbol{V}}_{\boldsymbol{I}}\boldsymbol{\Lambda}^{\frac{1}{2}}\boldsymbol{V}^{-1} = \boldsymbol{V}\boldsymbol{\Lambda}\boldsymbol{V}^{-1} = \boldsymbol{A} \tag{14.4}$$

即

$$A^{\frac{1}{2}} = V\Lambda^{\frac{1}{2}}V^{-1} \tag{14.5}$$

类似地，方阵A的立方根可以写成

$$A^{\frac{1}{3}} = V\Lambda^{\frac{1}{3}}V^{-1} \tag{14.6}$$

继续推广，可以得到

$$A^{p} = V\Lambda^{p}V^{-1} \tag{14.7}$$

其中：p为任意实数。

举个例子

求解矩阵的平方根。给定方阵A为

$$A = \begin{bmatrix} 1.25 & -0.75 \\ -0.75 & 1.25 \end{bmatrix} \tag{14.8}$$

对A进行特征值分解得到

$$A = \begin{bmatrix} 1.25 & -0.75 \\ -0.75 & 1.25 \end{bmatrix} = V\Lambda V^{-1} = \begin{bmatrix} \sqrt{2}/2 & \sqrt{2}/2 \\ -\sqrt{2}/2 & \sqrt{2}/2 \end{bmatrix}\begin{bmatrix} 2 & 0 \\ 0 & 1/2 \end{bmatrix}\begin{bmatrix} \sqrt{2}/2 & -\sqrt{2}/2 \\ \sqrt{2}/2 & \sqrt{2}/2 \end{bmatrix} \tag{14.9}$$

矩阵B为

$$\begin{aligned} B = V\Lambda^{\frac{1}{2}}V^{-1} &= \begin{bmatrix} \sqrt{2}/2 & \sqrt{2}/2 \\ -\sqrt{2}/2 & \sqrt{2}/2 \end{bmatrix}\begin{bmatrix} \sqrt{2} & 0 \\ 0 & \sqrt{2}/2 \end{bmatrix}\begin{bmatrix} \sqrt{2}/2 & -\sqrt{2}/2 \\ \sqrt{2}/2 & \sqrt{2}/2 \end{bmatrix} \\ &= \begin{bmatrix} 1 & 1/2 \\ -1 & 1/2 \end{bmatrix}\begin{bmatrix} \sqrt{2}/2 & -\sqrt{2}/2 \\ \sqrt{2}/2 & \sqrt{2}/2 \end{bmatrix} = \begin{bmatrix} 3\sqrt{2}/4 & -\sqrt{2}/4 \\ -\sqrt{2}/4 & 3\sqrt{2}/4 \end{bmatrix} \end{aligned} \tag{14.10}$$

Bk4_Ch14_01.py求解上述例子中A的平方根。

14.2 矩阵指数：幂级数的推广

给定一个标量a，指数e^a可以用幂级数展开表达为

$$e^{a} = \exp(a) = 1 + a + \frac{1}{2!}a^{2} + \frac{1}{3!}a^{3} + \cdots \tag{14.11}$$

对于式 (14.11) 这个式子感到生疏的读者，可以回顾《数学要素》一册第17章有关泰勒展开的相关内容。

类似地，对于方阵$\boldsymbol{A}$，可以定义**矩阵指数** (matrix exponential) $\mathrm{e}^{\boldsymbol{A}}$为一个收敛幂级数，有

$$\mathrm{e}^{\boldsymbol{A}}=\exp(\boldsymbol{A})=\boldsymbol{I}+\boldsymbol{A}+\frac{1}{2!}\boldsymbol{A}^2+\frac{1}{3!}\boldsymbol{A}^3+\cdots \tag{14.12}$$

如果$\boldsymbol{A}$可以进行特征值分解得到如下等式，计算式 (14.12) 则会容易很多，即

$$\boldsymbol{A}=\boldsymbol{V\Lambda V}^{-1} \tag{14.13}$$

其中

$$\boldsymbol{\Lambda}=\begin{bmatrix}\lambda_1 & & & \\ & \lambda_2 & & \\ & & \ddots & \\ & & & \lambda_D\end{bmatrix} \tag{14.14}$$

利用特征值分解，$\boldsymbol{A}^k$可以写作

$$\boldsymbol{A}^k=\boldsymbol{V\Lambda}^k\boldsymbol{V}^{-1} \tag{14.15}$$

其中：k为非负整数。

将式 (14.15) 代入式 (14.12)，得到

$$\mathrm{e}^{\boldsymbol{A}}=\exp(\boldsymbol{A})=\boldsymbol{VV}^{-1}+\boldsymbol{V\Lambda V}^{-1}+\frac{1}{2!}\boldsymbol{V\Lambda}^2\boldsymbol{V}^{-1}+\frac{1}{3!}\boldsymbol{V\Lambda}^3\boldsymbol{V}^{-1}+\cdots \tag{14.16}$$

特别地，对角方阵$\boldsymbol{\Lambda}$的矩阵指数为

$$\mathrm{e}^{\boldsymbol{\Lambda}}=\exp(\boldsymbol{\Lambda})=\boldsymbol{I}+\boldsymbol{\Lambda}+\frac{1}{2!}\boldsymbol{\Lambda}^2+\frac{1}{3!}\boldsymbol{\Lambda}^3+\cdots \tag{14.17}$$

容易计算对角阵$\boldsymbol{\Lambda}$的矩阵指数$\mathrm{e}^{\boldsymbol{\Lambda}}$为

$$\begin{aligned}\mathrm{e}^{\boldsymbol{\Lambda}}&=\exp(\boldsymbol{\Lambda})=\boldsymbol{I}+\boldsymbol{\Lambda}+\frac{1}{2!}\boldsymbol{\Lambda}^2+\frac{1}{3!}\boldsymbol{\Lambda}^3+\cdots\\ &=\begin{bmatrix}1 & & & \\ & 1 & & \\ & & \ddots & \\ & & & 1\end{bmatrix}+\begin{bmatrix}\lambda_1 & & & \\ & \lambda_2 & & \\ & & \ddots & \\ & & & \lambda_D\end{bmatrix}+\frac{1}{2!}\begin{bmatrix}\lambda_1^2 & & & \\ & \lambda_2^2 & & \\ & & \ddots & \\ & & & \lambda_D^2\end{bmatrix}+\cdots\\ &=\lim_{n\to\infty}\begin{bmatrix}\sum_{k=0}^{n}\frac{1}{k!}\lambda_1^k & & & \\ & \sum_{k=0}^{n}\frac{1}{k!}\lambda_2^k & & \\ & & \ddots & \\ & & & \sum_{k=0}^{n}\frac{1}{k!}\lambda_D^k\end{bmatrix}=\begin{bmatrix}\mathrm{e}^{\lambda_1} & & & \\ & \mathrm{e}^{\lambda_2} & & \\ & & \ddots & \\ & & & \mathrm{e}^{\lambda_D}\end{bmatrix}\end{aligned} \tag{14.18}$$

将式 (14.17) 代入式 (14.16)，得到

$$\exp(\boldsymbol{A}) = \boldsymbol{V} \exp(\boldsymbol{\Lambda}) \boldsymbol{V}^{-1} \tag{14.19}$$

将式 (14.18) 代入式 (14.19)，得到

$$\exp(\boldsymbol{A}) = \boldsymbol{V} \begin{bmatrix} e^{\lambda_1} & & & \\ & e^{\lambda_2} & & \\ & & \ddots & \\ & & & e^{\lambda_D} \end{bmatrix} \boldsymbol{V}^{-1} \tag{14.20}$$

Python中可以用scipy.linalg.expm() 计算矩阵指数。

14.3 斐波那契数列：求通项式

鸢尾花书《数学要素》一册第14章介绍过**斐波那契数列** (Fibonacci number)，本节介绍如何使用特征值分解推导得到斐波那契数列的通项式。

斐波那契数列可以通过如下**递归** (recursion) 方法获得，即

$$\begin{cases} F_0 = 0 \\ F_1 = 1 \\ F_n = F_{n-1} + F_{n-2}, \quad n \geqslant 2 \end{cases} \tag{14.21}$$

包括第0项，斐波那契数列的前11项为

$$0, 1, 1, 2, 3, 5, 8, 13, 21, 34, 55 \tag{14.22}$$

构造列向量

将斐波那契数列连续每两项写成列向量形式，有

$$\boldsymbol{x}_0 = \begin{bmatrix} F_0 \\ F_1 \end{bmatrix} = \begin{bmatrix} 0 \\ 1 \end{bmatrix}, \ \boldsymbol{x}_1 = \begin{bmatrix} F_1 \\ F_2 \end{bmatrix} = \begin{bmatrix} 1 \\ 1 \end{bmatrix}, \ \boldsymbol{x}_2 = \begin{bmatrix} F_2 \\ F_3 \end{bmatrix} = \begin{bmatrix} 1 \\ 2 \end{bmatrix}, \ \boldsymbol{x}_3 = \begin{bmatrix} F_3 \\ F_4 \end{bmatrix} = \begin{bmatrix} 2 \\ 3 \end{bmatrix}, \ \boldsymbol{x}_4 = \begin{bmatrix} F_4 \\ F_5 \end{bmatrix} = \begin{bmatrix} 3 \\ 5 \end{bmatrix}, \cdots \tag{14.23}$$

图14.1所示为列向量连续变化的过程，能够看到它们逐渐收敛到一条直线上。这条直线通过原点，斜率实际上是**黄金分割** (golden ratio)，即

$$\varphi = \frac{\sqrt{5}+1}{2} \approx 1.61803 \tag{14.24}$$

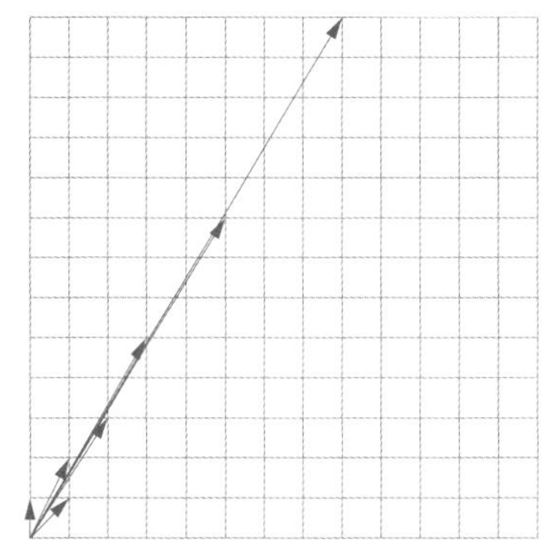

图14.1 斐波那契数列列向量连续变化过程

连续列向量间关系

数列的第$k+1$项$\boldsymbol{x}_{k+1}$和第k项$\boldsymbol{x}_k$之间的关系可以写成矩阵运算

$$\boldsymbol{x}_{k+1} = \begin{bmatrix} F_{k+1} \\ F_{k+2} \end{bmatrix} = \boldsymbol{A}\boldsymbol{x}_k = \boldsymbol{A}\begin{bmatrix} F_k \\ F_{k+1} \end{bmatrix} \tag{14.25}$$

其中

$$\boldsymbol{A} = \begin{bmatrix} 0 & 1 \\ 1 & 1 \end{bmatrix} \tag{14.26}$$

观察式 (14.26) 中的$\boldsymbol{A}$，发现$\boldsymbol{A}$对应的几何操作是“剪切 + 镜像”的合成。

有了式 (14.25)，$\boldsymbol{x}_k$可以写成

$$\boldsymbol{x}_k = \boldsymbol{A}\boldsymbol{x}_{k-1} = \boldsymbol{A}^2\boldsymbol{x}_{k-2} = \boldsymbol{A}^3\boldsymbol{x}_{k-3} = \cdots = \boldsymbol{A}^k\boldsymbol{x}_0 \tag{14.27}$$

特征值分解

$\boldsymbol{A}$的特征方程为

$$\lambda^2 - \lambda - 1 = 0 \tag{14.28}$$

求解式 (14.28)，可以得到两个特征值

$$\lambda_1 = \frac{1-\sqrt{5}}{2}, \quad \lambda_2 = \frac{1+\sqrt{5}}{2} \tag{14.29}$$

然后求得两个特征向量，并建立它们与特征值的关系为

$$\boldsymbol{v}_1 = \begin{bmatrix} 1 \\ \dfrac{1-\sqrt{5}}{2} \end{bmatrix} = \begin{bmatrix} 1 \\ \lambda_1 \end{bmatrix}, \quad \boldsymbol{v}_2 = \begin{bmatrix} 1 \\ \dfrac{1+\sqrt{5}}{2} \end{bmatrix} = \begin{bmatrix} 1 \\ \lambda_2 \end{bmatrix} \tag{14.30}$$

这样，$\boldsymbol{A}$的特征值分解可以写成

$$\boldsymbol{A} = \boldsymbol{V}\boldsymbol{\Lambda}\boldsymbol{V}^{-1} \tag{14.31}$$

其中

$$\boldsymbol{\Lambda}=\begin{bmatrix}\lambda_1 & \\ & \lambda_2\end{bmatrix},\quad \boldsymbol{V}=\begin{bmatrix}1 & 1\\ \lambda_1 & \lambda_2\end{bmatrix},\quad \boldsymbol{V}^{-1}=\frac{1}{\lambda_2-\lambda_1}\begin{bmatrix}\lambda_2 & -1\\ -\lambda_1 & 1\end{bmatrix} \tag{14.32}$$

$\boldsymbol{x}_k$可以写成

$$\boldsymbol{x}_k=\boldsymbol{V}\boldsymbol{\Lambda}^k\boldsymbol{V}^{-1}\boldsymbol{x}_0 \tag{14.33}$$

将式 (14.32) 代入式 (14.33)，得到

$$\begin{aligned}\boldsymbol{x}_k&=\frac{1}{\lambda_2-\lambda_1}\begin{bmatrix}1 & 1\\ \lambda_1 & \lambda_2\end{bmatrix}\begin{bmatrix}\lambda_1^k & \\ & \lambda_2^k\end{bmatrix}\begin{bmatrix}\lambda_2 & -1\\ -\lambda_1 & 1\end{bmatrix}\begin{bmatrix}0\\ 1\end{bmatrix}\\ &=\frac{1}{\lambda_2-\lambda_1}\begin{bmatrix}\lambda_2^k-\lambda_1^k\\ \lambda_2^{k+1}-\lambda_1^{k+1}\end{bmatrix}\end{aligned} \tag{14.34}$$

即

$$\begin{bmatrix}F_k\\ F_{k+1}\end{bmatrix}=\frac{1}{\lambda_2-\lambda_1}\begin{bmatrix}\lambda_2^k-\lambda_1^k\\ \lambda_2^{k+1}-\lambda_1^{k+1}\end{bmatrix} \tag{14.35}$$

确定通项式

F_k可以写成

$$F_k=\frac{\lambda_2^k-\lambda_1^k}{\lambda_2-\lambda_1} \tag{14.36}$$

将式 (14.29) 代入式 (14.36) 得到F_k的解析式为

$$F_k=\frac{\left(\dfrac{1+\sqrt{5}}{2}\right)^k-\left(\dfrac{1-\sqrt{5}}{2}\right)^k}{\sqrt{5}} \tag{14.37}$$

至此，我们通过特征值分解得到斐波那契数列通项式的解析式。

14.4 马尔科夫过程的平稳状态

鸢尾花书在《数学要素》一册鸡兔同笼三部曲中虚构了“鸡兔互变”的故事。本节回顾这个故事，并介绍如何用特征值分解求解其平稳状态。

图14.2所示描述鸡兔互变的比例，每晚有30%的小鸡变成小兔，其他小鸡不变；同时，每晚有20%小兔变成小鸡，其余小兔不变。这个转化的过程叫做**马尔科夫过程** (Markov process)。

马尔科夫过程满足下列三个性质：① 可能输出状态有限；② 下一步输出的概率仅仅依赖于上一步的输出状态；③ 概率值相对于时间为常数。

“鸡兔互变”这个例子中，第k天，鸡兔的比例用列向量 $\boldsymbol{\pi}(k)$ 表示；其中，$\boldsymbol{\pi}(k)$ 第一行元素代表小鸡的比例，第二行元素代表小兔的比例。第$k+1$天，鸡兔的比例用列向量 $\boldsymbol{\pi}(k+1)$ 表示。

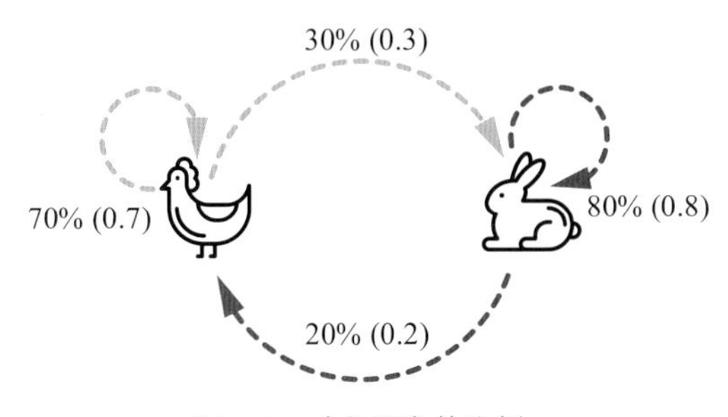

图14.2　鸡兔互变的比例

图14.2中变化的比例写成方阵$\boldsymbol{T}$，$\boldsymbol{T}$通常叫做**转移矩阵** (transition matrix)。

这样$k \to k+1$变化过程可以写成

$$k \to k+1: \quad \boldsymbol{T\pi}(k) = \boldsymbol{\pi}(k+1) \tag{14.38}$$

对于鸡兔互变，$\boldsymbol{T}$为

$$\boldsymbol{T} = \begin{bmatrix} 0.7 & 0.2 \\ 0.3 & 0.8 \end{bmatrix} \tag{14.39}$$

求平稳状态

观察图14.3，我们初步得出结论，不管初始状态向量 ($k = 0$) 如何，鸡兔比例最后都达到了一定的平衡，也就是

$$\boldsymbol{T\pi} = \boldsymbol{\pi} \tag{14.40}$$

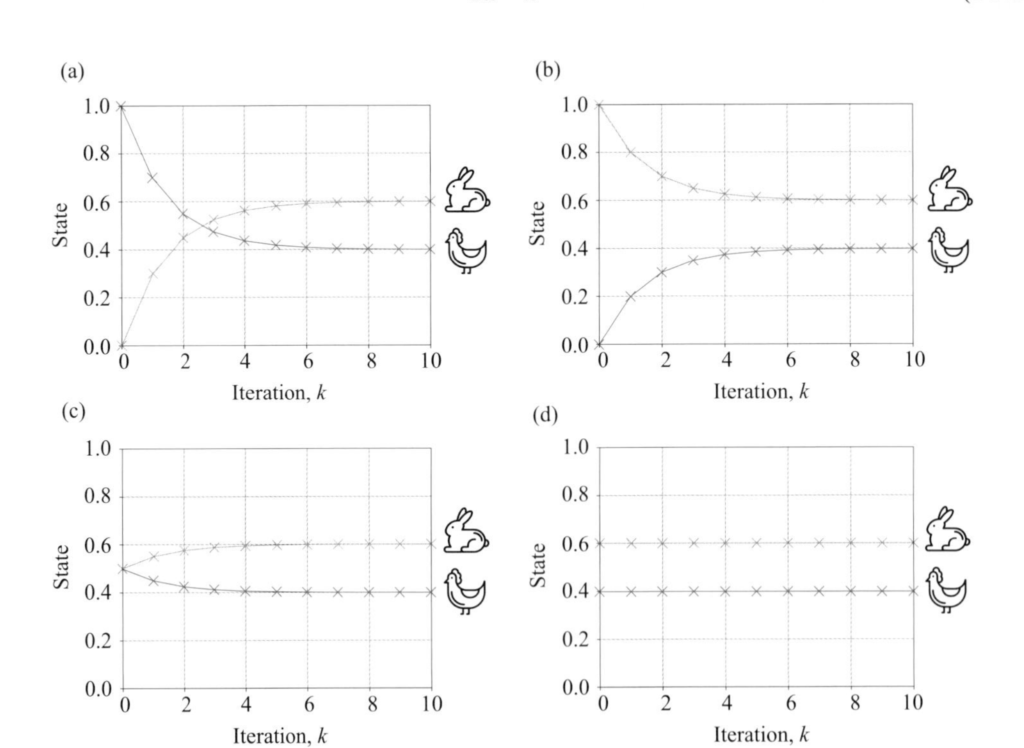

图14.3　不同初始状态条件下平稳状态

有了本书特征值分解的相关知识，相信大家一眼就看出来，式 (14.40) 告诉我们$\boldsymbol{\pi}$是$\boldsymbol{T}$的特征向量。对$\boldsymbol{T}$进行特征值分解得到两个单位特征向量为

$$\boldsymbol{v}_1 = \begin{bmatrix} -0.707 \\ 0.707 \end{bmatrix}, \quad \boldsymbol{v}_2 = \begin{bmatrix} 0.5547 \\ 0.8321 \end{bmatrix} \tag{14.41}$$

鸡、兔比例非负，且两者之和为1。因此选择$\boldsymbol{v}_2$来计算$\boldsymbol{\pi}$，有

$$\boldsymbol{\pi} = \frac{1}{0.5547 + 0.8321} \boldsymbol{v}_2 = \frac{1}{0.5547 + 0.8321} \begin{bmatrix} 0.5547 \\ 0.8321 \end{bmatrix} = \begin{bmatrix} 0.4 \\ 0.6 \end{bmatrix} \tag{14.42}$$

这个$\boldsymbol{\pi}$叫做**平稳状态** (steady state)。

Bk4_Ch14_02.py绘制图14.3。

看过鸢尾花书《数学要素》一册的读者应该还记得图14.4这幅图，它从几何视角描述了不同初始状态向量条件下，经过连续12次变化，向量都收敛于同一方向。

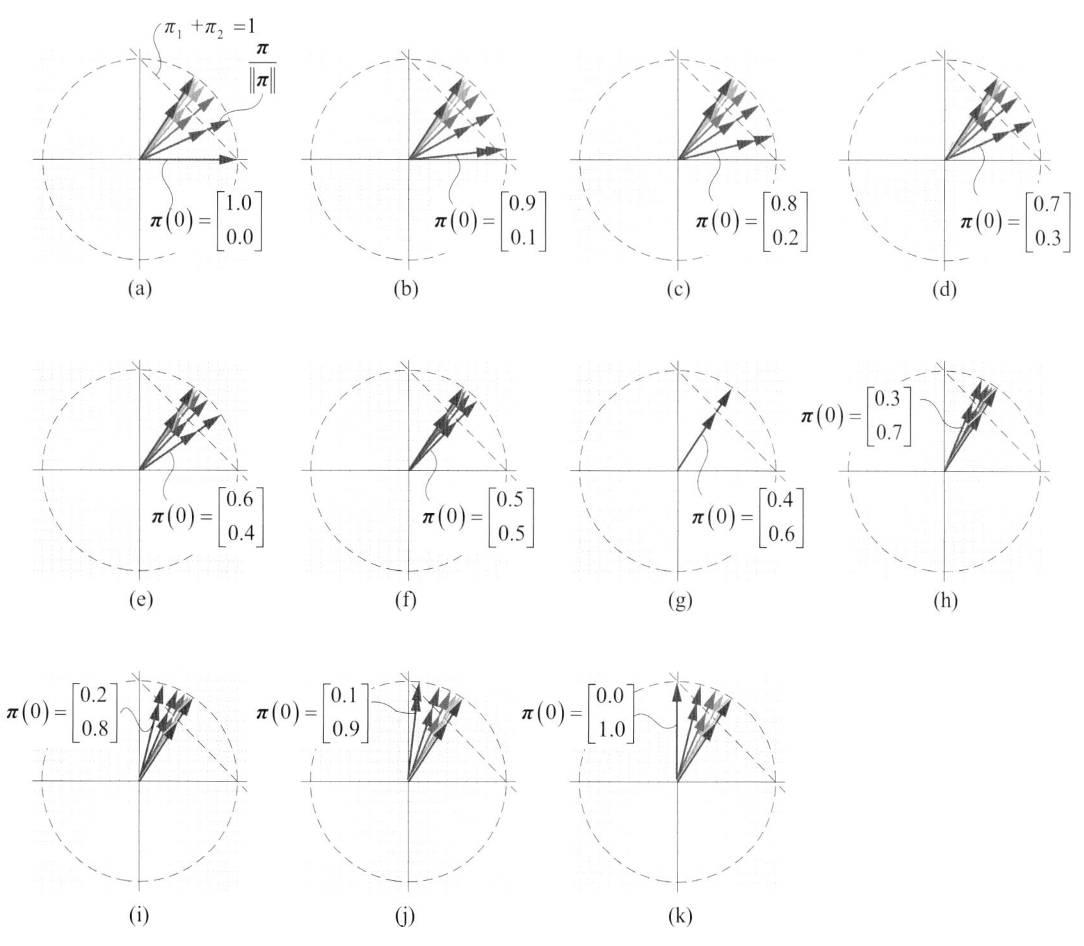

图14.4　连续12夜鸡兔互变比例，几何视角 (图片来自《数学要素》)

在Bk4_Ch14_02.py的基础上，我们用Streamlit做了一个App，模拟不同鸡兔比例条件下，达到平衡过程的动画。大家可以输入鸡兔比例，也可以改变模拟“夜数”。请大家参考Streamlit_Bk4_Ch14_02.py。

14.5 瑞利商

瑞利商 (Rayleigh quotient) 在很多机器学习算法中扮演着重要角色，瑞利商和特征值分解有着密切关系。本节利用几何视角可视化瑞利商，让大家深入理解瑞利商这个概念。此外，请大家回顾《可视之美》介绍的各种瑞利商可视化方案。

定义

给定实数对称矩阵$\boldsymbol{A}$，它的瑞利商定义为

$$R(\boldsymbol{x})=\frac{\boldsymbol{x}^{\mathrm{T}}\boldsymbol{A}\boldsymbol{x}}{\boldsymbol{x}^{\mathrm{T}}\boldsymbol{x}} \tag{14.43}$$

其中：$\boldsymbol{x}=[x_1,x_2,\cdots,x_D]^{\mathrm{T}}$。式 (14.43) 中$\boldsymbol{x}$不能为零向量$\boldsymbol{0}$，也就是说，$x_1,x_2,\cdots,x_D$不能同时为0。

此外，请大家格外注意，式 (14.43) 的分子和分母都是标量。

先给出结论，瑞利商$R(\boldsymbol{x})$ 的取值范围为

$$\lambda_{\min}\leqslant R(\boldsymbol{x})\leqslant\lambda_{\max} \tag{14.44}$$

其中：$\lambda_{\min}$和$\lambda_{\max}$分别为矩阵$\boldsymbol{A}$的最小特征值和最大特征值。

最大值和最小值

求解式 (14.43) 中 $R(\boldsymbol{x})$ 的最大值、最小值，等价于$R(\boldsymbol{x})$ 分母为定值条件下，求解分子的最大值和最小值。

令$\boldsymbol{x}$为单位向量，即

$$\boldsymbol{x}^{\mathrm{T}}\boldsymbol{x}=\|\boldsymbol{x}\|_2^2=1 \quad\Leftrightarrow\quad \|\boldsymbol{x}\|_2=1 \tag{14.45}$$

$\boldsymbol{A}$为对称矩阵，对其特征值分解得到

$$\boldsymbol{A}=\boldsymbol{V}\boldsymbol{\Lambda}\boldsymbol{V}^{\mathrm{T}} \tag{14.46}$$

$R(\boldsymbol{x})$ 的分子可以写成

$$\left(\boldsymbol{V}^{\mathrm{T}}\boldsymbol{x}\right)^{\mathrm{T}}\boldsymbol{\Lambda}\left(\boldsymbol{V}^{\mathrm{T}}\boldsymbol{x}\right)=\left(\boldsymbol{V}^{\mathrm{T}}\boldsymbol{x}\right)^{\mathrm{T}}\begin{bmatrix}\lambda_1 & & & \\ & \lambda_2 & & \\ & & \ddots & \\ & & & \lambda_D\end{bmatrix}\left(\boldsymbol{V}^{\mathrm{T}}\boldsymbol{x}\right) \tag{14.47}$$

令

$$\boldsymbol{y}=\boldsymbol{V}^{\mathrm{T}}\boldsymbol{x} \tag{14.48}$$

这样，式 (14.47) 可以写成

$$\boldsymbol{y}^{\mathrm{T}}\begin{bmatrix}\lambda_1 & & & \\ & \lambda_2 & & \\ & & \ddots & \\ & & & \lambda_D\end{bmatrix}\boldsymbol{y}=\begin{bmatrix}y_1\\ y_2\\ \vdots\\ y_D\end{bmatrix}^{\mathrm{T}}\begin{bmatrix}\lambda_1 & & & \\ & \lambda_2 & & \\ & & \ddots & \\ & & & \lambda_D\end{bmatrix}\begin{bmatrix}y_1\\ y_2\\ \vdots\\ y_D\end{bmatrix}=\lambda_1 y_1^2+\lambda_2 y_2^2+\cdots+\lambda_D y_D^2 \tag{14.49}$$

类似地，$R(\boldsymbol{x})$ 的分母可以写成

$$\boldsymbol{x}^{\mathrm{T}}\boldsymbol{x}=\left(\boldsymbol{V}^{\mathrm{T}}\boldsymbol{x}\right)^{\mathrm{T}}\left(\boldsymbol{V}^{\mathrm{T}}\boldsymbol{x}\right)=\boldsymbol{y}^{\mathrm{T}}\boldsymbol{y}=y_1^2+y_2^2+\cdots+y_D^2=1 \tag{14.50}$$

这样，瑞利商就可以简洁地写成以$\boldsymbol{y}$为自变量的函数 $R(\boldsymbol{y})$，有

$$R(\boldsymbol{y})=\frac{\lambda_1 y_1^2+\lambda_2 y_2^2+\cdots+\lambda_D y_D^2}{y_1^2+y_2^2+\cdots+y_D^2} \tag{14.51}$$

举个例子

下面，我们以2 × 2矩阵为例，讲解如何求解瑞利商。给定$\boldsymbol{A}$为

$$\boldsymbol{A}=\begin{bmatrix}1.5 & 0.5\\ 0.5 & 1.5\end{bmatrix} \tag{14.52}$$

$R(\boldsymbol{x})$ 为

$$R(\boldsymbol{x})=\frac{\begin{bmatrix}x_1\\ x_2\end{bmatrix}^{\mathrm{T}}\begin{bmatrix}1.5 & 0.5\\ 0.5 & 1.5\end{bmatrix}\begin{bmatrix}x_1\\ x_2\end{bmatrix}}{\begin{bmatrix}x_1\\ x_2\end{bmatrix}^{\mathrm{T}}\begin{bmatrix}x_1\\ x_2\end{bmatrix}}=\frac{1.5x_1^2+x_1x_2+1.5x_2^2}{x_1^2+x_2^2} \tag{14.53}$$

$\boldsymbol{A}$的两个特征值分别为$\lambda_1=2$，$\lambda_2=1$。$R(\boldsymbol{x})$ 等价于$R(\boldsymbol{y})$，根据式 (14.51)，$R(\boldsymbol{y})$ 可以写成

$$R(\boldsymbol{y})=\frac{2y_1^2+y_2^2}{y_1^2+y_2^2} \tag{14.54}$$

推导最值

求解 $R(\boldsymbol{y})$ 的最大值、最小值，等价于$R(\boldsymbol{y})$ 分母为1条件下，分子的最大值和最小值。简单推导$R(\boldsymbol{y})$ 最大值为

$$R(\boldsymbol{y})=2y_1^2+y_2^2\leqslant 2\underbrace{\left(y_1^2+y_2^2\right)}_{1}=2 \tag{14.55}$$

$R(\boldsymbol{y})$的最小值为

$$R(\boldsymbol{y}) = 2y_1^2 + y_2^2 \geqslant \underbrace{\left(y_1^2 + y_2^2\right)}_{1} = 1 \tag{14.56}$$

几何视角

下面我们用几何方法来解释瑞利商。

式 (14.53) 的分母为1，意味着分母代表的几何图形是个单位圆，即

$$x_1^2 + x_2^2 = 1 \tag{14.57}$$

式 (14.53) 分子对应二次函数

$$f(x_1, x_2) = 1.5x_1^2 + x_1x_2 + 1.5x_2^2 \tag{14.58}$$

这个二次函数的等高线图如图14.5 (a) 所示。$f(x_1, x_2)$ 等高线与单位圆相交的交点中找到 $f(x_1, x_2)$ 在非线性等式约束条件下取得最大值和最小值点。最大特征值λ_1对应的特征向量$\boldsymbol{v}_1$，在$\boldsymbol{v}_1$这个方向上作一条直线，直线与单位圆交点 (x_1, x_2) 对应的就是瑞利商的最大值点；此时，瑞利商的最大值为λ_1。

从优化视角来看，上述问题实际上是个含约束优化问题，本书第18章将介绍如何利用拉格朗日乘子法将含约束优化问题转化为无约束优化问题。

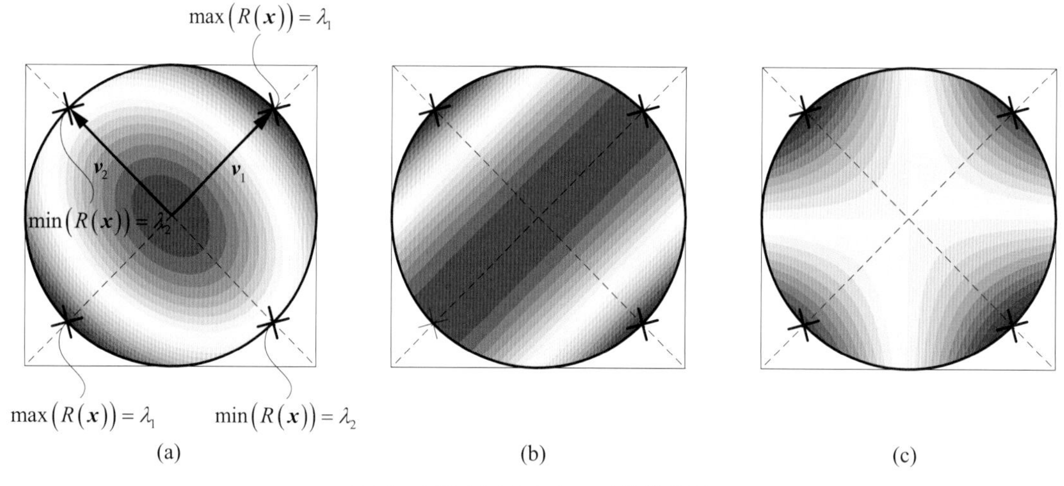

图14.5　平面上可视化$f(x_1, x_2)$和单位圆

图14.6 (a) 所示为$f(x_1, x_2)$ 曲面，以及单位圆在曲面上的映射得到的曲线。

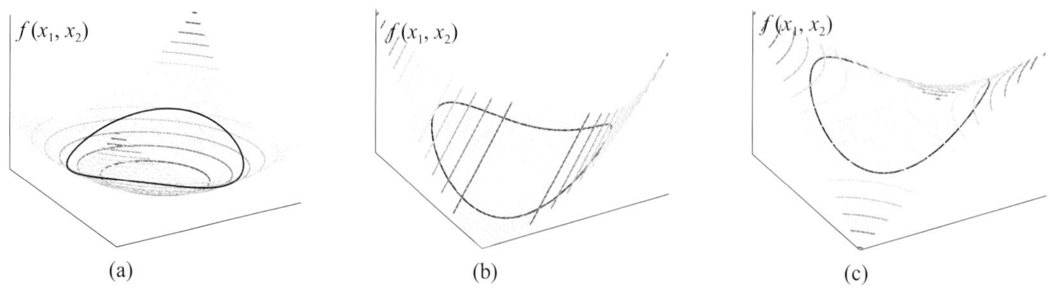

图14.6　三维空间中可视化$f(x_1, x_2)$和单位圆

从代数视角来看，上述问题实际上是个含约束优化问题，本书第18章将介绍如何利用拉格朗日乘子法将含约束优化问题转化为无约束优化问题。

Bk4_Ch14_03.py绘制图14.5和图14.6。

注意：瑞利商$R(x_1, x_2)$在(0, 0)没有定义。

采用单位圆作为限制条件是为了简化瑞利商对应的优化问题，而且单位圆正好是单位向量终点的落点。实际上满足瑞利商最大值的点(x_1, x_2)有无数个，它们都位于特征向量$\boldsymbol{v}_1$所在直线上。我们能从图14.7中一睹瑞利商$R(x_1, x_2)$曲面形状的真容，以及瑞利商最大值和最小值对应的(x_1, x_2)坐标值。

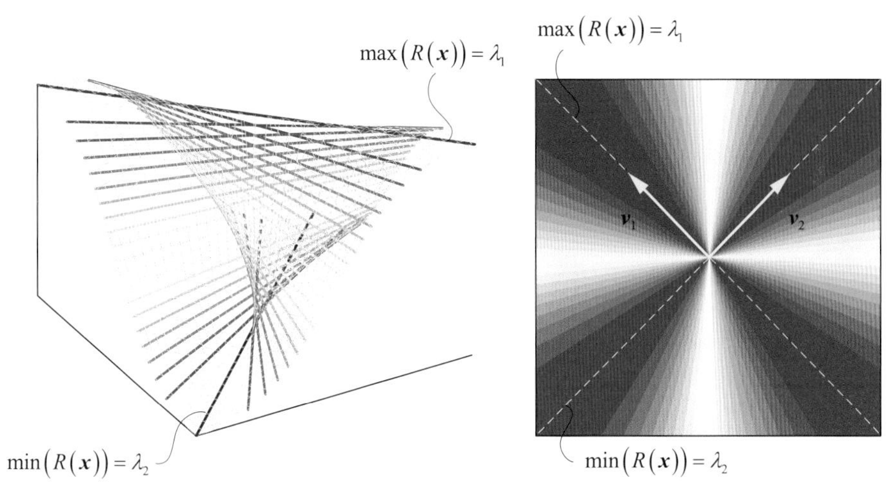

图14.7　三维空间中可视化瑞利商

再举两个例子

给定矩阵$\boldsymbol{A}$为

$$\boldsymbol{A} = \begin{bmatrix} 0.5 & -0.5 \\ -0.5 & 0.5 \end{bmatrix} \tag{14.59}$$

它的特征值分别为$\lambda_1 = 1$，$\lambda_2 = 0$。$f(x_1, x_2)$等高线和曲面如图14.5 (b)和图14.6 (b)所示。

图14.5 (c)所示等高线对应的矩阵$\boldsymbol{A}$为

$$\boldsymbol{A} = \begin{bmatrix} 0 & -1 \\ -1 & 0 \end{bmatrix} \tag{14.60}$$

它的特征值分别为$\lambda_1 = 1$，$\lambda_2 = -1$。图14.6 (c)所示为$f(x_1, x_2)$曲面的形状。

三维空间

以上探讨的三种情况都是以2 × 2矩阵为例。在三维空间中，$D = 3$这种情况下，式(14.45)对应的是一个单位圆球体，将$f(x_1, x_2, x_3)$三元函数的数值以等高线的形式映射到单位圆球体，得到图14.8。《可视之美》专门介绍过三维单位球体表面瑞利商的可视化方案。

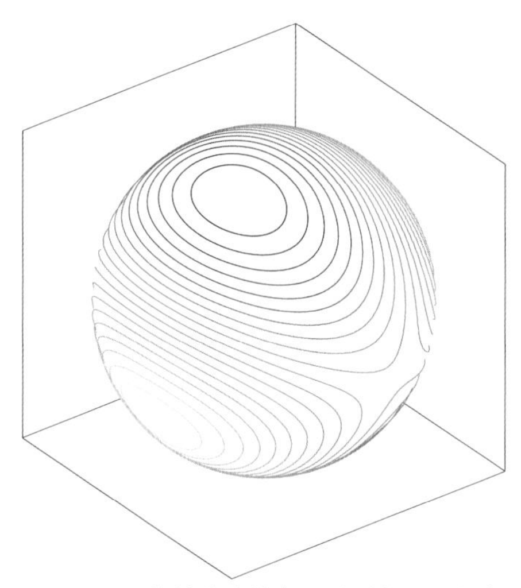

图14.8　三维单位球体表面瑞利商值等高线

14.6 再谈椭圆：特征值分解

从《数学要素》一册开始，鸢尾花书几次三番谈及椭圆。这是因为圆锥曲线，特别是椭圆，在机器学习中扮演着重要角色。本章最后将结合线性变换、特征值分解、LDL分解再聊聊椭圆。

平面上，圆心位于原点且半径为1的正圆叫做**单位圆** (unit circle)，解析式可以写成

$$z^{\mathrm{T}} z - 1 = 0 \tag{14.61}$$

其中，z为

$$z = \begin{bmatrix} z_1 \\ z_2 \end{bmatrix} \tag{14.62}$$

利用L^2范数，式 (14.61) 可以写成

$$\|z\| = 1 \tag{14.63}$$

经过A映射，向量z变成x，有

$$x = \begin{bmatrix} x_1 \\ x_2 \end{bmatrix} = Az \tag{14.64}$$

假设A可逆，也就是说A对应的几何操作可逆，则z可以写成

$$z = A^{-1} x \tag{14.65}$$

将式 (14.65) 代入式 (14.61) 得到

$$\left(A^{-1} x\right)^{\mathrm{T}} A^{-1} x - 1 = 0 \tag{14.66}$$

利用L^2范数，式 (14.66) 还可以写成

$$\left\| \boldsymbol{A}^{-1}\boldsymbol{x} \right\| = 1 \tag{14.67}$$

整理式 (14.66) 得到二次型

$$\boldsymbol{x}^{\mathrm{T}} \underbrace{\left(\boldsymbol{A}\boldsymbol{A}^{\mathrm{T}}\right)^{-1}}_{\boldsymbol{Q}} \boldsymbol{x} - 1 = 0 \tag{14.68}$$

举个例子

以本章开头式 (14.8) 给出的矩阵$\boldsymbol{A}$为例，在$\boldsymbol{A}$的映射下$\boldsymbol{z} \to \boldsymbol{x} = \boldsymbol{A}\boldsymbol{z}$，即

$$\boldsymbol{x} = \underbrace{\begin{bmatrix} 1.25 & -0.75 \\ -0.75 & 1.25 \end{bmatrix}}_{\boldsymbol{A}} \boldsymbol{z} \tag{14.69}$$

如图14.9所示，满足式 (14.61) 的向量$\boldsymbol{z}$终点落在单位圆上。经过$\boldsymbol{x} = \boldsymbol{A}\boldsymbol{z}$映射后，向量$\boldsymbol{x}$的终点落在旋转椭圆上。

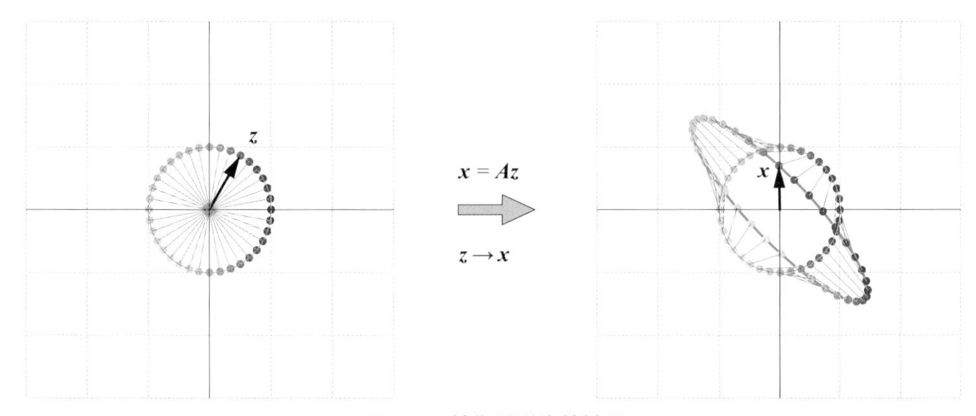

图14.9　单位圆到旋转椭圆

将式 (14.8) 给定$\boldsymbol{A}$代入式 (14.68)，得到图14.9右侧旋转椭圆的解析式为

$$2.125x_1^2 + 3.75x_1x_2 + 2.125x_2^2 - 1 = 0 \tag{14.70}$$

如果有人问，图14.9右侧旋转椭圆的半长轴、半短轴为多长？椭圆长轴旋转角度有多大？为了解决这些问题，我们需要借助特征值分解。

特征值分解

令$\boldsymbol{Q}$为

$$\boldsymbol{Q} = \left(\boldsymbol{A}\boldsymbol{A}^{\mathrm{T}}\right)^{-1} = \begin{bmatrix} 2.125 & 1.875 \\ 1.875 & 2.125 \end{bmatrix} \tag{14.71}$$

其中：$\boldsymbol{A}\boldsymbol{A}^{\mathrm{T}}$显然是个对称矩阵，对称矩阵的逆还是对称矩阵，因此$\boldsymbol{Q}$是对称矩阵。对$\boldsymbol{Q}$进行特征值分解得到

$$\boldsymbol{Q} = \left(\boldsymbol{A}\boldsymbol{A}^{\mathrm{T}}\right)^{-1} = \boldsymbol{V}\boldsymbol{\Lambda}\boldsymbol{V}^{\mathrm{T}} \tag{14.72}$$

强调一下，本节特征值分解的对象为$\left(\boldsymbol{A}\boldsymbol{A}^{\mathrm{T}}\right)^{-1}$，而不是$\boldsymbol{A}$。

利用式 (14.8) 给定的$\boldsymbol{A}$计算$\boldsymbol{Q}$的具体值，并进行特征值分解得到

$$\underbrace{\begin{bmatrix} 2.125 & 1.875 \\ 1.875 & 2.125 \end{bmatrix}}_{\boldsymbol{Q}} = \underbrace{\begin{bmatrix} \sqrt{2}/2 & -\sqrt{2}/2 \\ \sqrt{2}/2 & \sqrt{2}/2 \end{bmatrix}}_{\boldsymbol{V}} \underbrace{\begin{bmatrix} 4 & 0 \\ 0 & 0.25 \end{bmatrix}}_{\boldsymbol{\Lambda}} \underbrace{\begin{bmatrix} \sqrt{2}/2 & \sqrt{2}/2 \\ -\sqrt{2}/2 & \sqrt{2}/2 \end{bmatrix}}_{\boldsymbol{V}^{\mathrm{T}}} \tag{14.73}$$

大家已经清楚式 (14.73) 中的$\boldsymbol{V}$、$\boldsymbol{\Lambda}$对应的几何操作分别是“旋转”“缩放”。请大家注意，$\boldsymbol{\Lambda}$并不是单位圆到椭圆的缩放比例。我们还需对$\boldsymbol{\Lambda}$再多一步处理。

几何视角：缩放 → 旋转

整理式(14.72) 得到$\boldsymbol{A}\boldsymbol{A}^{\mathrm{T}}$对应的特征值分解为

$$\begin{aligned} \boldsymbol{A}\boldsymbol{A}^{\mathrm{T}} &= \left(\boldsymbol{V}\boldsymbol{\Lambda}\boldsymbol{V}^{\mathrm{T}}\right)^{-1} = \left(\boldsymbol{V}^{\mathrm{T}}\right)^{-1}\boldsymbol{\Lambda}^{-1}\boldsymbol{V}^{-1} = \boldsymbol{V}\boldsymbol{\Lambda}^{-1}\boldsymbol{V}^{\mathrm{T}} \\ &= \boldsymbol{V}\boldsymbol{\Lambda}^{\frac{-1}{2}}\boldsymbol{\Lambda}^{\frac{-1}{2}}\boldsymbol{V}^{\mathrm{T}} = \boldsymbol{V}\boldsymbol{\Lambda}^{\frac{-1}{2}}\left(\boldsymbol{V}\boldsymbol{\Lambda}^{\frac{-1}{2}}\right)^{\mathrm{T}} \end{aligned} \tag{14.74}$$

由于$\boldsymbol{Q}$为对称矩阵，特征值分解得到的$\boldsymbol{V}$为正交矩阵，因此存在$\boldsymbol{V}^{\mathrm{T}}\boldsymbol{V} = \boldsymbol{V}\boldsymbol{V}^{\mathrm{T}} = \boldsymbol{I}$。上面的推导用到了这个关系。

$\boldsymbol{z}$先经过缩放 ($\boldsymbol{\Lambda}^{\frac{-1}{2}}$) 得到$\boldsymbol{y}$，$\boldsymbol{y}$经过旋转 ($\boldsymbol{V}$) 得到$\boldsymbol{x}$，有

$$\begin{aligned} \boldsymbol{y} &= \boldsymbol{\Lambda}^{\frac{-1}{2}}\boldsymbol{z} \\ \boldsymbol{x} &= \boldsymbol{V}\boldsymbol{y} = \boldsymbol{V}\boldsymbol{\Lambda}^{\frac{-1}{2}}\boldsymbol{z} \end{aligned} \tag{14.75}$$

式 (14.75) 告诉我们$\boldsymbol{A}$相当于

$$\boldsymbol{A} \sim \boldsymbol{V}\boldsymbol{\Lambda}^{\frac{-1}{2}} \tag{14.76}$$

注意：$\boldsymbol{A} \neq \boldsymbol{V}\boldsymbol{\Lambda}^{\frac{-1}{2}}$。这是因为，$\boldsymbol{A}\boldsymbol{A}^{\mathrm{T}} = \boldsymbol{B}\boldsymbol{B}^{\mathrm{T}}$，不能推导得到$\boldsymbol{A} = \boldsymbol{B}$。本书第5章强调过这一点。

将具体值代入式 (14.74)，得到

$$\boldsymbol{A}\boldsymbol{A}^{\mathrm{T}} = \begin{bmatrix} 2.125 & -1.875 \\ -1.875 & 2.125 \end{bmatrix} = \underbrace{\begin{bmatrix} \sqrt{2}/2 & -\sqrt{2}/2 \\ \sqrt{2}/2 & \sqrt{2}/2 \end{bmatrix}\begin{bmatrix} 0.5 & 0 \\ 0 & 2 \end{bmatrix}}_{\boldsymbol{V}\boldsymbol{\Lambda}^{\frac{-1}{2}}} \left\{\underbrace{\begin{bmatrix} \sqrt{2}/2 & -\sqrt{2}/2 \\ \sqrt{2}/2 & \sqrt{2}/2 \end{bmatrix}\begin{bmatrix} 0.5 & 0 \\ 0 & 2 \end{bmatrix}}_{\boldsymbol{V}\boldsymbol{\Lambda}^{\frac{-1}{2}}}\right\}^{\mathrm{T}} \tag{14.77}$$

从几何角度来看，$\boldsymbol{A}$这个映射相当于被分解成“先缩放 ($\boldsymbol{\Lambda}^{\frac{-1}{2}}$) + 再旋转 ($\boldsymbol{V}$)”。将式 (14.76) 代入式(14.64)，得到

$$\boldsymbol{x} = \boldsymbol{V}\underbrace{\boldsymbol{\Lambda}^{\frac{-1}{2}}\boldsymbol{z}}_{\boldsymbol{y}} \tag{14.78}$$

总结来说，$\boldsymbol{z}$先经过缩放 ($\boldsymbol{\Lambda}^{\frac{-1}{2}}$) 得到$\boldsymbol{y}$，$\boldsymbol{y}$再经过旋转 ($\boldsymbol{V}$) 得到$\boldsymbol{x}$，即

$$\begin{aligned}\boldsymbol{y} &= \boldsymbol{\Lambda}^{\frac{-1}{2}}\boldsymbol{z} \\ \boldsymbol{x} &= \boldsymbol{V}\boldsymbol{y} = \boldsymbol{V}\boldsymbol{\Lambda}^{\frac{-1}{2}}\boldsymbol{z}\end{aligned} \tag{14.79}$$

图14.10所示为上述“单位圆 → 正椭圆 → 旋转椭圆”的几何变换过程。比较图14.9和图14.10，容易发现形状上旋转椭圆完全相同。但是大家如果仔细比较图14.9和图14.10，可以发现“彩灯”位置并不相同。这个差异是由于$\boldsymbol{A}\boldsymbol{A}^{\mathrm{T}} = \boldsymbol{B}\boldsymbol{B}^{\mathrm{T}}$不能推导得到$\boldsymbol{A} = \boldsymbol{B}$。

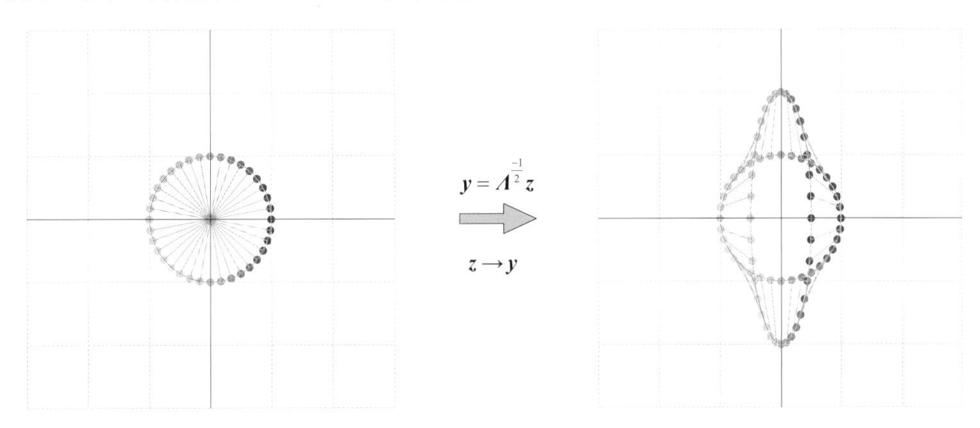

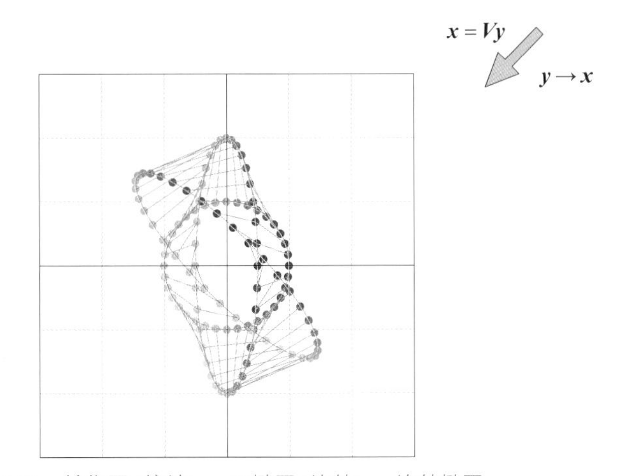

图14.10　单位圆 (缩放) → 正椭圆 (旋转) → 旋转椭圆

椭圆长、短轴

利用$\boldsymbol{y}$和$\boldsymbol{z}$的关系，式 (14.61) 可以写成

$$\boldsymbol{y}^{\mathrm{T}}\boldsymbol{\Lambda}^{\frac{1}{2}}\boldsymbol{\Lambda}^{\frac{1}{2}}\boldsymbol{y} - 1 = 0 \tag{14.80}$$

即

$$\begin{bmatrix} y_1 \\ y_2 \end{bmatrix}^{\mathrm{T}} \begin{bmatrix} \lambda_1 & \\ & \lambda_2 \end{bmatrix} \begin{bmatrix} y_1 \\ y_2 \end{bmatrix} - 1 = 0 \quad \Rightarrow \quad \lambda_1 y_1^2 + \lambda_2 y_2^2 = 1 \tag{14.81}$$

将式 (14.81) 写成大家熟悉的椭圆形式为

$$\frac{y_1^2}{\left(1/\sqrt{\lambda_1}\right)^2}+\frac{y_2^2}{\left(1/\sqrt{\lambda_2}\right)^2}=1 \tag{14.82}$$

如果$\lambda_1 > \lambda_2 > 0$，则式 (14.82) 中这个正椭圆的半长轴长度为$\sqrt{1/\lambda_2}$，半短轴长度为$\sqrt{1/\lambda_1}$。实际上，我们在本书第5章接触过这个结论。

代入具体值，得到正椭圆的解析式为

$$\frac{y_1^2}{0.5^2}+\frac{y_2^2}{2^2}=1 \tag{14.83}$$

图14.11所示为旋转椭圆的长轴、短轴位置，以及半长轴、半短轴长度。

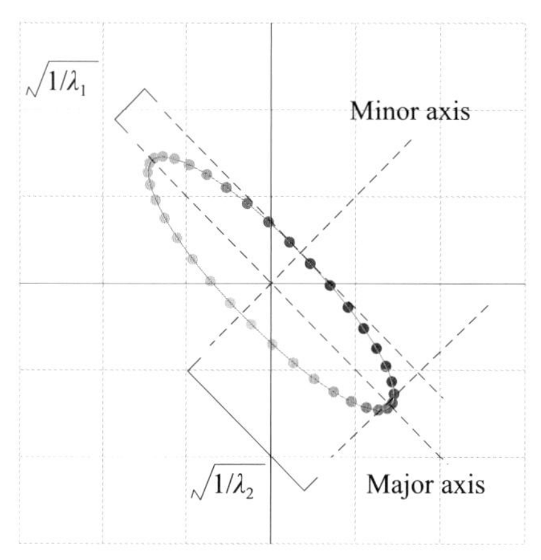

图14.11　旋转椭圆长轴、短轴

本章用Streamlit制作了一个App，大家可以输入矩阵$\boldsymbol{A}$的元素值，并绘制类似于图14.11中的椭圆。请大家参考Streamlit_Bk4_Ch14_04.py。

LDL分解：缩放 → 剪切

看到式 (14.74) 这种 “方阵 @ 对角方阵 @ 方阵转置” 矩阵分解形式，大家是否想到第11、12章介绍的LDL分解？

LDL分解也是“方阵 @ 对角方阵 @ 方阵转置”，对$\boldsymbol{A}\boldsymbol{A}^{\mathrm{T}}$进行LDL分解得到

$$\begin{aligned}\boldsymbol{A}\boldsymbol{A}^{\mathrm{T}}=\boldsymbol{L}\boldsymbol{D}\boldsymbol{L}^{\mathrm{T}}&=\begin{bmatrix}1 & \\ -0.882 & 1\end{bmatrix}\begin{bmatrix}2.125 & \\ & 0.471\end{bmatrix}\begin{bmatrix}1 & -0.882\\ & 1\end{bmatrix}\\ &=\boldsymbol{L}\boldsymbol{D}^{\frac{1}{2}}\boldsymbol{D}^{\frac{1}{2}}\boldsymbol{L}^{\mathrm{T}}=\left(\boldsymbol{L}\boldsymbol{D}^{\frac{1}{2}}\right)\left(\boldsymbol{L}\boldsymbol{D}^{\frac{1}{2}}\right)^{\mathrm{T}}\end{aligned} \tag{14.84}$$

其中：$\boldsymbol{L}$为下三角方阵；$\boldsymbol{D}$为对角方阵。

类似于式 (14.76)，$\boldsymbol{A}$相当于

$$\boldsymbol{A} \sim \boldsymbol{L}\boldsymbol{D}^{\frac{1}{2}} = \begin{bmatrix} 1 & \\ -0.882 & 1 \end{bmatrix} \begin{bmatrix} 1.458 & \\ & 0.686 \end{bmatrix} \tag{14.85}$$

从几何角度来看，如图14.12所示，$\boldsymbol{A}$这个映射相当于“先缩放 ($\boldsymbol{D}^{\frac{1}{2}}$) + 再剪切 ($\boldsymbol{L}$)”，即

$$\boldsymbol{x} = \underbrace{\boldsymbol{L}}_{\text{Shear}} \underbrace{\boldsymbol{D}^{\frac{1}{2}}}_{\text{Scaling}} \boldsymbol{z} \tag{14.86}$$

比较图14.10和图14.12，虽然几何变换过程完全不同，但是最后获得的旋转椭圆的形状一致。这两条不同的几何变换路线也是获得具有一定相关性系数随机数的两种不同方法。鸢尾花书《统计至简》一册会展开进行讲解。

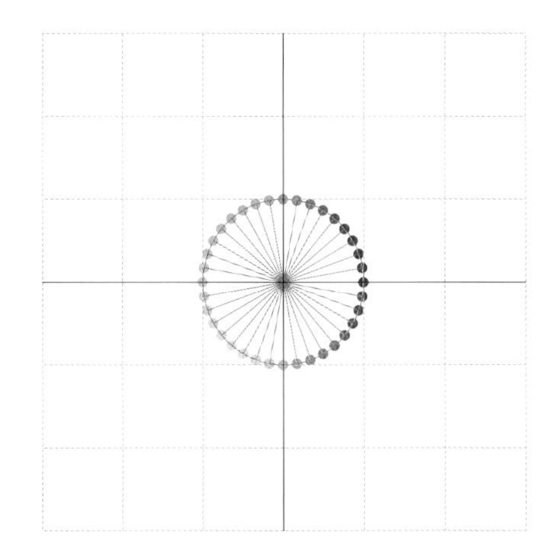

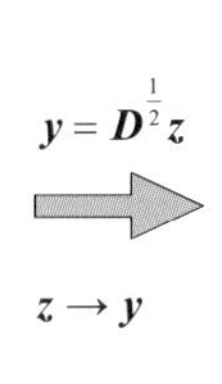

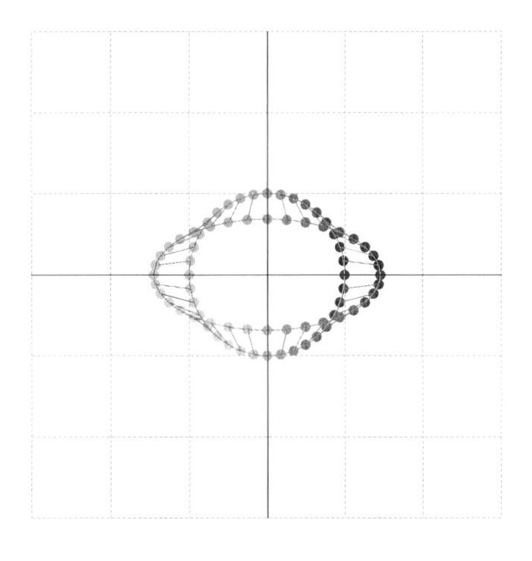

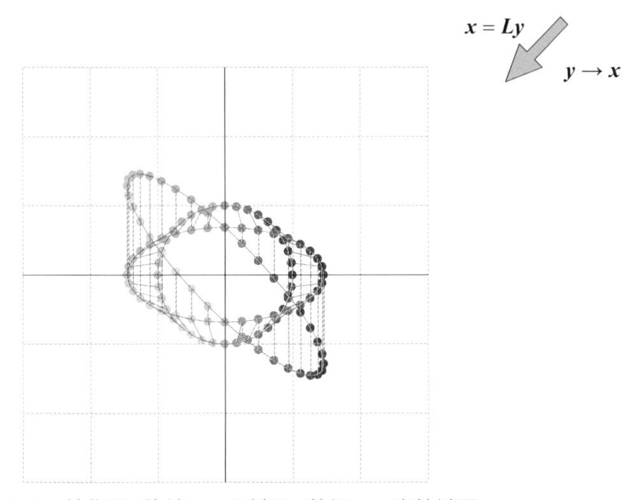

图14.12　单位圆 (缩放) → 正椭圆 (剪切) → 旋转椭圆

本章主要着墨在特征值分解的应用，如方阵开方、矩阵指数、斐波那契数列、马尔科夫过程平衡状态等。

本章特别值得注意的一个知识点是瑞利商，数据科学和机器学习很多算法中都离不开瑞利商。希望大家能从几何视角理解瑞利商的最值。本书还将在拉格朗日乘子法中继续探讨瑞利商。

本章最后讨论了如何用特征值分解获得旋转椭圆的半长轴、半短轴长度，以及旋转角度等位置信息。这部分内容与《统计至简》一册中多元高斯分布关系密切。照例四幅图，如14.13所示。

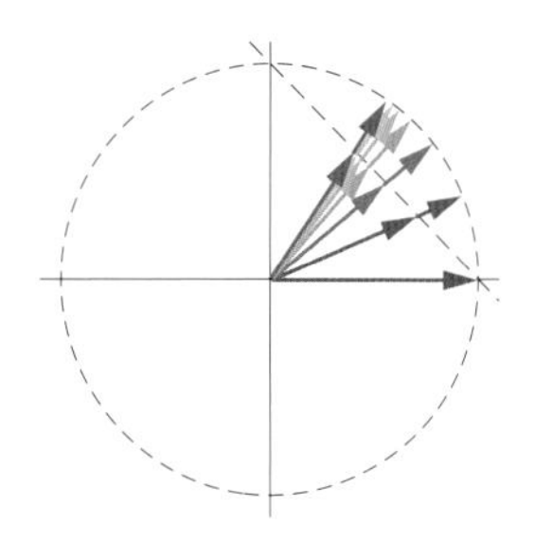
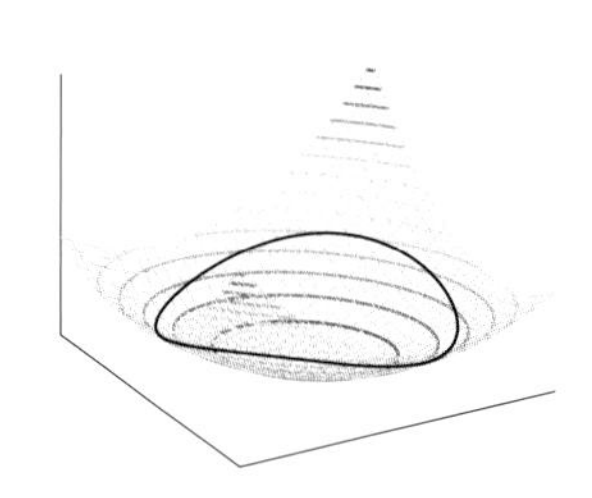
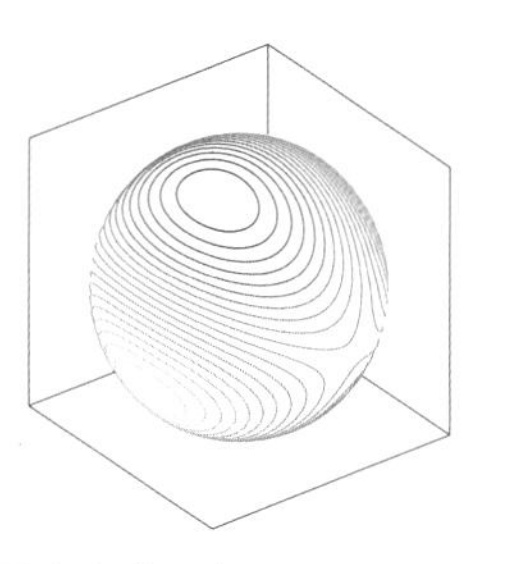
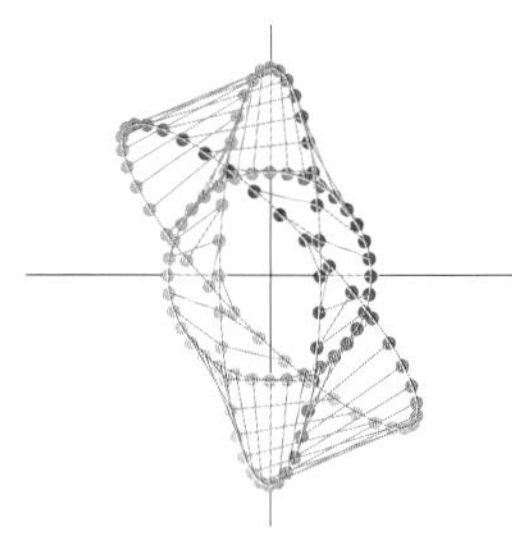

图14.13　总结本章重要内容的四幅图

想系统学习线性代数的读者，可以参考这本书——*Interactive Linear Algebra*。该书作者系统性地讲解了线性代数的核心概念，提供了大量可视化方案和例题。电子图书地址如下：

https://textbooks.math.gatech.edu/ila/

本书PDF文件的下载地址如下：

https://personal.math.ubc.ca/~tbjw/ila/ila.pdf

15 Singular Value Decomposition
奇异值分解

最重要的矩阵分解，没有之一

就我而言，我一无所知，但满眼的繁星让我入梦。

For my part I know nothing with any certainty, but the sight of the stars makes me dream.

—— 文森特·梵高 (Vincent van Gogh) | 荷兰后印象派画家 | 1853—1890

- `matplotlib.pyplot.quiver()` 绘制箭头图
- `numpy.linspace()` 在指定的间隔内，返回固定步长的数据
- `numpy.linalg.svd()` 进行SVD分解
- `numpy.diag()` 以一维数组的形式返回方阵的对角线元素，或将一维数组转换成对角阵

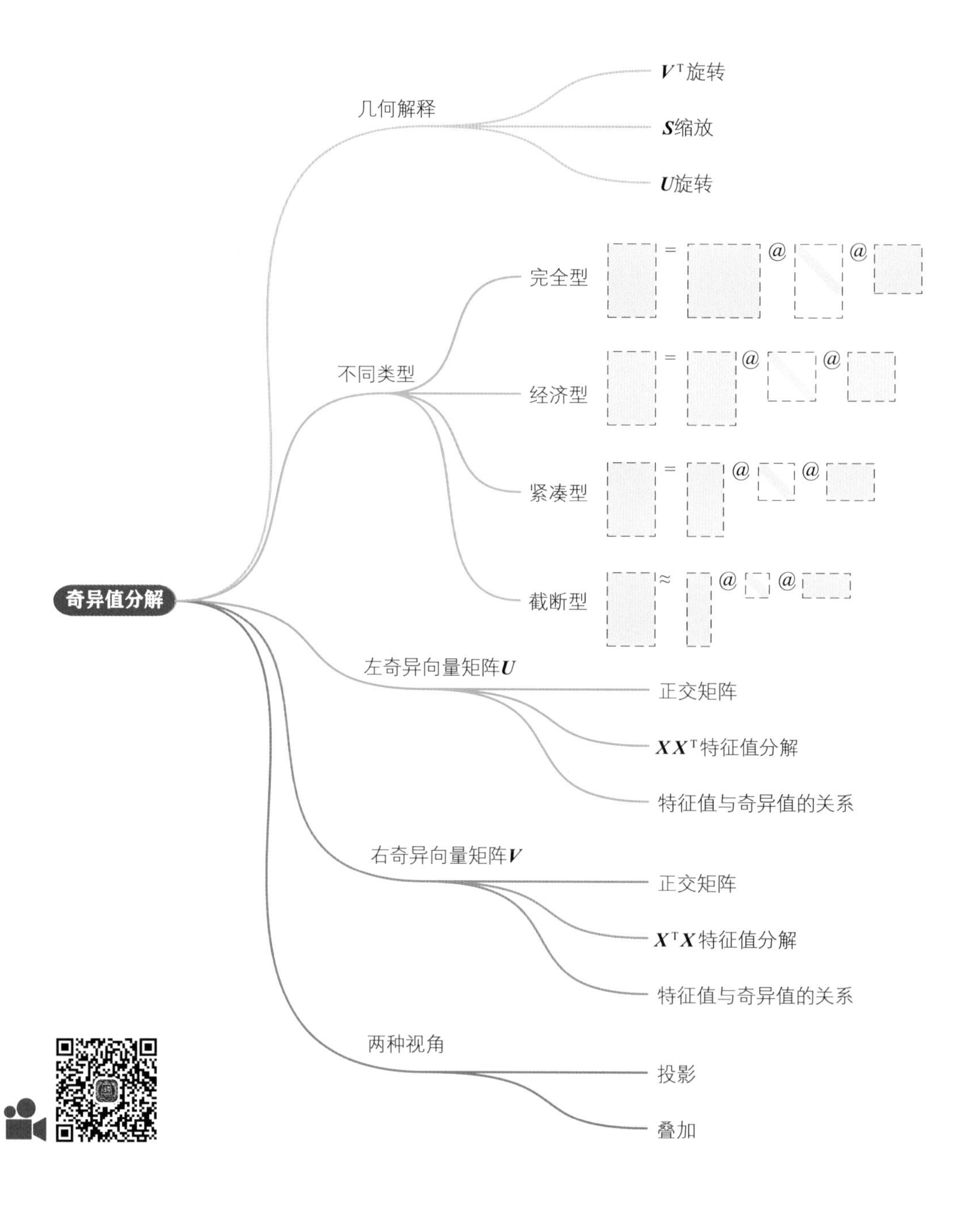

奇异值分解
几何解释
V^T旋转
S缩放
U旋转
不同类型
完全型
经济型
紧凑型
截断型
=
@
≈
左奇异向量矩阵U
正交矩阵
XX^T特征值分解
特征值与奇异值的关系
右奇异向量矩阵V
正交矩阵
X^TX特征值分解
特征值与奇异值的关系
两种视角
投影
叠加

15.1 几何视角：旋转 → 缩放 → 旋转

本书第11章简要介绍过**奇异值分解** (Singular Value Decomposition, SVD) —— 宇宙中最重要的矩阵分解。本节将从几何视角解剖奇异值分解过程。

对数据矩阵$\boldsymbol{X}_{n\times D}$进行奇异值分解得到

$$\boldsymbol{X}_{n\times D} = \boldsymbol{U}\boldsymbol{S}\boldsymbol{V}^{\mathrm{T}} \tag{15.1}$$

其中，$\boldsymbol{S}$为对角阵，其主对角线元素s_j ($j = 1, 2, \cdots, D$) 为**奇异值** (singular value)。

注意：SVD分解得到的奇异值非负，即$s_j \geq 0$。此外注意，式(15.1)中为矩阵$\boldsymbol{V}$的转置运算。

$\boldsymbol{U}$的列向量叫做**左奇异向量** (left singular vector)。

$\boldsymbol{V}$的列向量叫做**右奇异向量** (right singular vector)。

SVD分解有四种主要形式，完全型是其中一种。在完全型SVD分解中，$\boldsymbol{U}$和$\boldsymbol{V}$为正交矩阵，即$\boldsymbol{U}$和自己转置$\boldsymbol{U}^{\mathrm{T}}$的乘积为单位矩阵；$\boldsymbol{V}$和自己转置$\boldsymbol{V}^{\mathrm{T}}$的乘积也是单位矩阵。

从向量空间角度来看，$\boldsymbol{U} = [\boldsymbol{u}_1, \boldsymbol{u}_2, \cdots, \boldsymbol{u}_n]$ 为 $\mathbb{R}^n$ 的规范正交基，$\boldsymbol{V} = [\boldsymbol{v}_1, \boldsymbol{v}_2, \cdots, \boldsymbol{v}_D]$ 为 $\mathbb{R}^D$ 的规范正交基。

根据这三个矩阵的形态，我们知道，从几何视角来看，正交矩阵$\boldsymbol{U}$和$\boldsymbol{V}$的作用是旋转，而对角矩阵$\boldsymbol{S}$的作用是缩放。

大家可能会问，这与特征值分解对应的“旋转 → 缩放 →旋转”有何不同？

特征值分解中，三步几何变换是旋转 ($\boldsymbol{V}^{-1}$) → 缩放 ($\boldsymbol{\Lambda}$) →旋转 ($\boldsymbol{V}$)。

奇异值分解中，三步几何变换是旋转 ($\boldsymbol{V}^{\mathrm{T}}$) → 缩放 ($\boldsymbol{S}$) →旋转 ($\boldsymbol{U}$)。一个明显的区别是，$\boldsymbol{V}^{\mathrm{T}}$的旋转发生在 $\mathbb{R}^D$ 空间，$\boldsymbol{U}$的旋转则发生在 $\mathbb{R}^n$ 空间。值得强调的是，这要求奇异分解为“完全型”。本书后续会介绍包括“完全型”在内的四种SVD分解。

几何视角

为了方便解释，我们用2 × 2矩阵$\boldsymbol{A}$做例子进行说明。

利用矩阵$\boldsymbol{A}$完成$\boldsymbol{z} \to \boldsymbol{x}$的线性映射，即$\boldsymbol{x} = \boldsymbol{A}\boldsymbol{z}$。利用SVD分解，将$\boldsymbol{A} = \boldsymbol{U}\boldsymbol{S}\boldsymbol{V}^{\mathrm{T}}$代入映射运算得到

$$\boldsymbol{A}\boldsymbol{z} = \underbrace{\boldsymbol{U}}_{\text{Rotate}}\underbrace{\boldsymbol{S}}_{\text{Scale}}\underbrace{\boldsymbol{V}^{\mathrm{T}}}_{\text{Rotate}}\begin{bmatrix} z_1 \\ z_2 \end{bmatrix} = \boldsymbol{x} = \begin{bmatrix} x_1 \\ x_2 \end{bmatrix} \tag{15.2}$$

图15.1所示为从几何变换角度解释奇异值分解，$\boldsymbol{A}$乘$\boldsymbol{z}$，相当于先用$\boldsymbol{V}^{\mathrm{T}}$旋转，再用$\boldsymbol{S}$缩放，最后用$\boldsymbol{U}$旋转。请大家回顾《可视之美》介绍的4种矩阵形状的奇异值分解对应的几何变换。

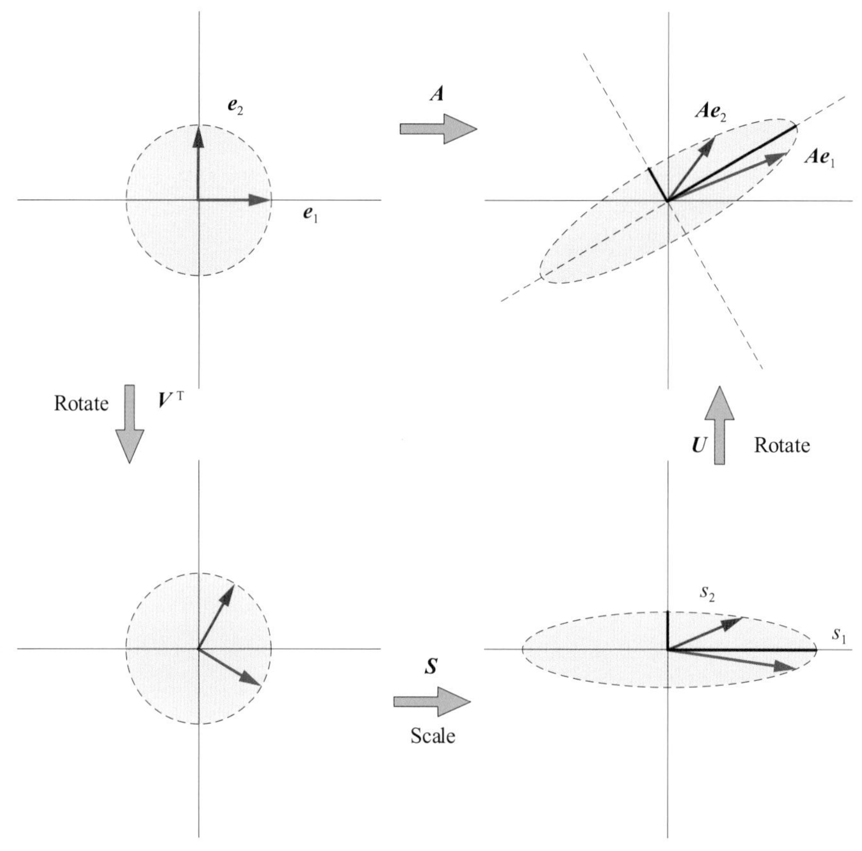

图15.1　几何角度解释奇异值分解

举个实例

下面用具体实例解释图15.1。给定2 × 2矩阵A为

$$A=\begin{bmatrix}1.625 & 0.6495\\0.6495 & 0.875\end{bmatrix} \tag{15.3}$$

对矩阵A进行SVD分解，有

$$A=USV^{\mathrm{T}}=\underbrace{\begin{bmatrix}0.866 & -0.5\\0.5 & 0.866\end{bmatrix}}_{U}\underbrace{\begin{bmatrix}2 & 0\\0 & 0.5\end{bmatrix}}_{S}\underbrace{\begin{bmatrix}0.866 & 0.5\\-0.5 & 0.866\end{bmatrix}}_{V^{\mathrm{T}}} \tag{15.4}$$

即

$$U=\begin{bmatrix}0.866 & -0.5\\0.5 & 0.866\end{bmatrix},\quad S=\begin{bmatrix}2 & 0\\0 & 0.5\end{bmatrix},\quad V=\begin{bmatrix}0.866 & -0.5\\0.5 & 0.866\end{bmatrix} \tag{15.5}$$

注意：如果特征值分解和奇异值分解的对象都是可对角化矩阵，则两个分解得到的结果等价。但是，奇异值分解的强大之处在于，任何实数矩阵都可以进行奇异值分解。

给定$\boldsymbol{e}_1$和$\boldsymbol{e}_2$两个单位向量为

$$\boldsymbol{e}_1 = \begin{bmatrix} 1 \\ 0 \end{bmatrix}, \quad \boldsymbol{e}_2 = \begin{bmatrix} 0 \\ 1 \end{bmatrix} \tag{15.6}$$

$\boldsymbol{e}_1$和$\boldsymbol{e}_2$经过$\boldsymbol{A}$转换分别得到

$$\begin{aligned} \boldsymbol{A}\boldsymbol{e}_1 &= \begin{bmatrix} 1.625 & 0.6495 \\ 0.6495 & 0.875 \end{bmatrix} \begin{bmatrix} 1 \\ 0 \end{bmatrix} = \begin{bmatrix} 1.625 \\ 0.6495 \end{bmatrix} \\ \boldsymbol{A}\boldsymbol{e}_2 &= \begin{bmatrix} 1.625 & 0.6495 \\ 0.6495 & 0.875 \end{bmatrix} \begin{bmatrix} 0 \\ 1 \end{bmatrix} = \begin{bmatrix} 0.6495 \\ 0.875 \end{bmatrix} \end{aligned} \tag{15.7}$$

图15.2所示为转换前后的结果对比。请大家注意转换前后向量方向和长度 (模) 的变化。

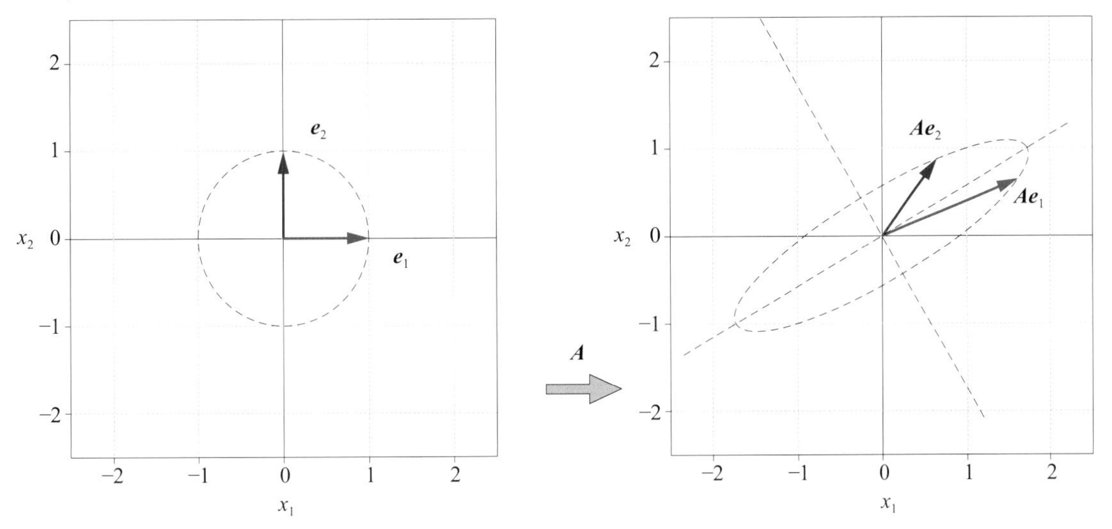

图15.2 $\boldsymbol{e}_1$和$\boldsymbol{e}_2$经过$\boldsymbol{A}$线性转换

分步几何变换

式 (15.7) 等价于“旋转 ($\boldsymbol{V}^{\mathrm{T}}$) → 缩放 ($\boldsymbol{S}$) → 旋转 ($\boldsymbol{U}$)”，具体如图15.3所示。

$\boldsymbol{e}_1$和$\boldsymbol{e}_2$两个向量先通过$\boldsymbol{V}^{\mathrm{T}}$进行旋转，得到

$$\begin{aligned} \boldsymbol{V}^{\mathrm{T}}\boldsymbol{e}_1 &= \begin{bmatrix} 0.866 & 0.5 \\ -0.5 & 0.866 \end{bmatrix} \begin{bmatrix} 1 \\ 0 \end{bmatrix} = \begin{bmatrix} 0.866 \\ -0.5 \end{bmatrix} \\ \boldsymbol{V}^{\mathrm{T}}\boldsymbol{e}_2 &= \begin{bmatrix} 0.866 & 0.5 \\ -0.5 & 0.866 \end{bmatrix} \begin{bmatrix} 0 \\ 1 \end{bmatrix} = \begin{bmatrix} 0.5 \\ 0.866 \end{bmatrix} \end{aligned} \tag{15.8}$$

在式 (15.8) 的基础上，再用对角矩阵$\boldsymbol{S}$进行缩放，得到

$$\begin{aligned} \boldsymbol{S}\boldsymbol{V}^{\mathrm{T}}\boldsymbol{e}_1 &= \begin{bmatrix} 2 & 0 \\ 0 & 0.5 \end{bmatrix} \begin{bmatrix} 0.866 \\ -0.5 \end{bmatrix} = \begin{bmatrix} 1.732 \\ -0.25 \end{bmatrix} \\ \boldsymbol{S}\boldsymbol{V}^{\mathrm{T}}\boldsymbol{e}_2 &= \begin{bmatrix} 2 & 0 \\ 0 & 0.5 \end{bmatrix} \begin{bmatrix} 0.5 \\ 0.866 \end{bmatrix} = \begin{bmatrix} 1 \\ 0.433 \end{bmatrix} \end{aligned} \tag{15.9}$$

在之前“旋转 (V^T)”和“缩放 (S)”两步的基础上，最后再利用U进行旋转，得到

$$\begin{aligned} USV^{\mathrm{T}}e_1 &= \begin{bmatrix} 0.866 & -0.5 \\ 0.5 & 0.866 \end{bmatrix} \begin{bmatrix} 1.732 \\ -0.25 \end{bmatrix} = \begin{bmatrix} 1.625 \\ 0.6495 \end{bmatrix} \\ USV^{\mathrm{T}}e_2 &= \begin{bmatrix} 0.866 & -0.5 \\ 0.5 & 0.866 \end{bmatrix} \begin{bmatrix} 1 \\ 0.433 \end{bmatrix} = \begin{bmatrix} 0.6495 \\ 0.875 \end{bmatrix} \end{aligned} \tag{15.10}$$

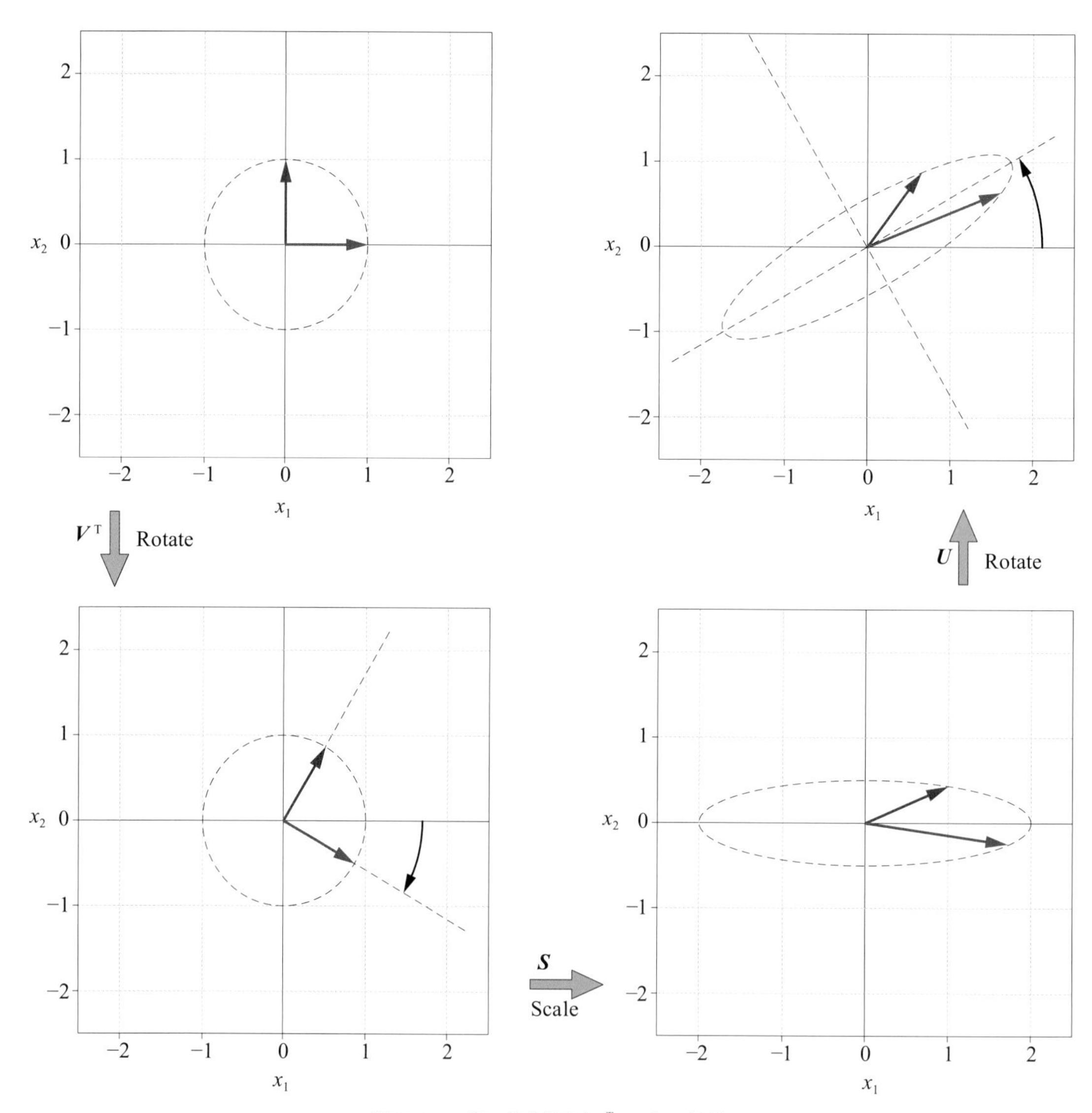

图15.3　e_1和e_2分别经过V^T、S和U转换

Bk4_Ch15_01.py绘制图15.3所有子图。

15.2 不同类型SVD分解

SVD分解分为**完全型** (full)、**经济型** (economy-size, thin)、**紧凑型** (compact) 和**截断型** (truncated) 四大类。

本节将简要介绍完全型和经济型两种奇异值分解之间的关系。下一章将深入讲解这四种SVD分解。

完全型

图15.4所示为完全型SVD分解热图。其中左奇异值矩阵$\boldsymbol{U}$为方阵，形状为$n \times n$。$\boldsymbol{S}$的形状与$\boldsymbol{X}$相同，为$n \times D$。$\boldsymbol{S}$主对角线的元素s_j为奇异值，具体形式为

$$\boldsymbol{S} = \begin{bmatrix} s_1 & & & \\ & s_2 & & \\ & & \ddots & \\ & & & s_D \\ & & & \\ & & & \end{bmatrix} \tag{15.11}$$

约定俗成，这D个奇异值的大小关系为$s_1 \geqslant s_2 \geqslant \cdots \geqslant s_D$。

如图15.4所示，$\boldsymbol{S}$可以分块为上下两个子块——对角方阵、全0矩阵$\boldsymbol{O}$。

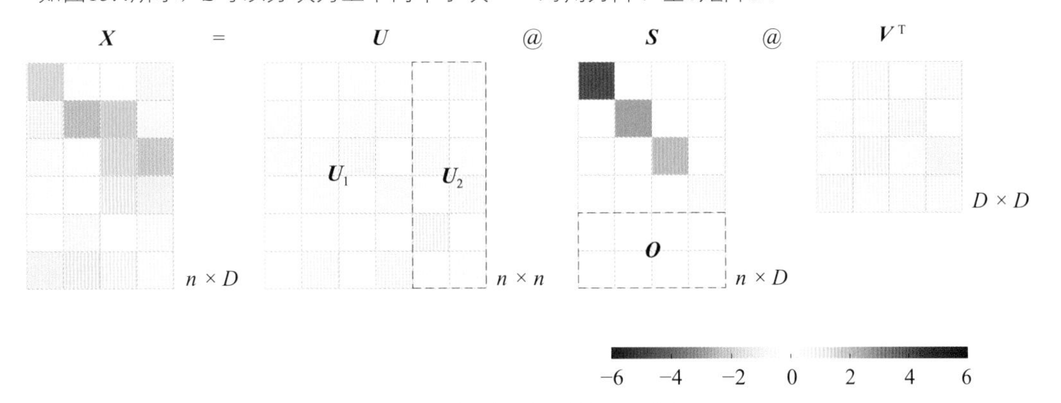

图15.4　矩阵$\boldsymbol{X}$的完全型SVD分解

注意：一般情况下，数据矩阵为"细高"长方形，偶尔大家也会见到"宽矮"长方形的数据矩阵。式 (15.1) 中$\boldsymbol{X}$为细高长方形，对$\boldsymbol{X}$转置便得到宽矮长方形矩阵$\boldsymbol{X}^{\mathrm{T}}$。如图15.5所示，相应地，$\boldsymbol{X}^{\mathrm{T}}$的SVD分解为

$$\boldsymbol{X}^{\mathrm{T}} = \boldsymbol{V}\boldsymbol{S}^{\mathrm{T}}\boldsymbol{U}^{\mathrm{T}} \tag{15.12}$$

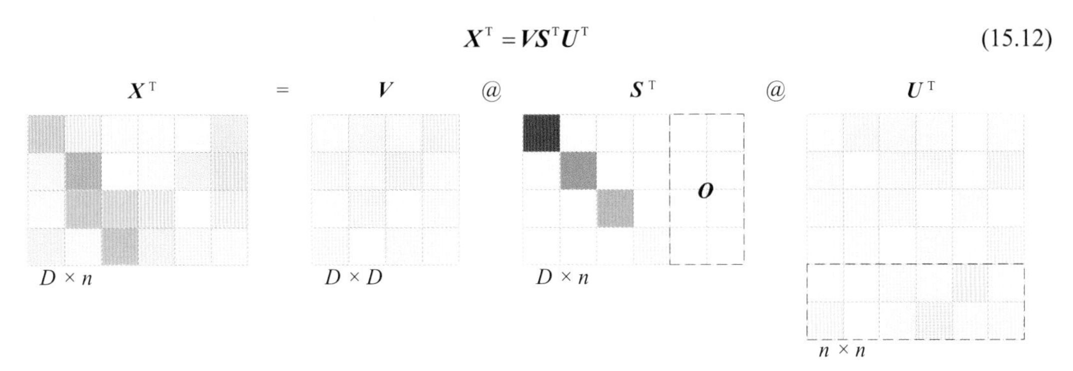

图15.5　矩阵$\boldsymbol{X}^{\mathrm{T}}$的完全型SVD分解

经济型

图15.6所示为经济型SVD分解结果热图。可以发现，左奇异值矩阵$\boldsymbol{U}$形状与$\boldsymbol{X}$相同，均为$n \times D$。而$\boldsymbol{S}$为方阵，形状为$D \times D$。从图15.4到图15.6，利用的是分块矩阵乘法，这个话题留到下一章进行讨论。

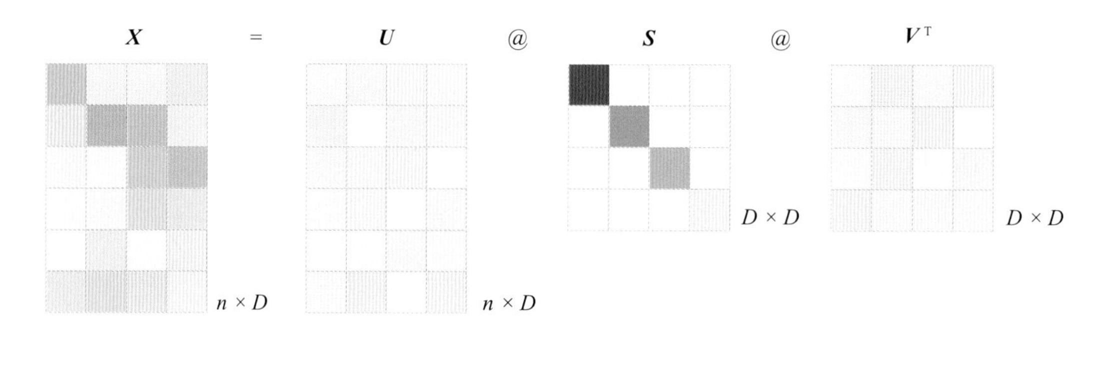

图15.6　经济型SVD分解

在经济型SVD分解中，$\boldsymbol{S}$为对角方阵，即

$$
\boldsymbol{S} = \begin{bmatrix} s_1 & & & \\ & s_2 & & \\ & & \ddots & \\ & & & s_D \end{bmatrix} \tag{15.13}
$$

当$\boldsymbol{S}$为对角方阵时，式 (15.12) 可以写成

$$
\boldsymbol{X}^{\mathrm{T}} = \boldsymbol{V}\boldsymbol{S}\boldsymbol{U}^{\mathrm{T}} \tag{15.14}
$$

Bk4_Ch15_02.py中Bk4_Ch15_02_A部分绘制图15.4和图15.6。

15.3 左奇异向量矩阵$\boldsymbol{U}$

$\boldsymbol{U}$的列向量叫做**左奇异向量** (left singular vector)，$\boldsymbol{U}$与自己转置$\boldsymbol{U}^{\mathrm{T}}$的乘积为单位矩阵，即

$$
\boldsymbol{U}^{\mathrm{T}}\boldsymbol{U} = \boldsymbol{I} \tag{15.15}
$$

如图15.7所示，对于完全型SVD分解，$\boldsymbol{U}$为方阵。

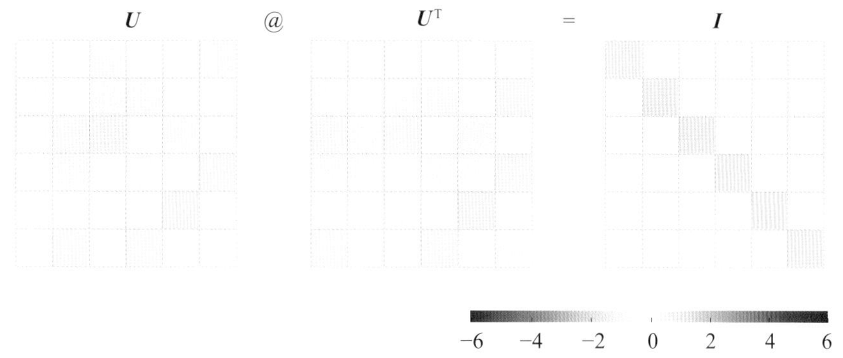

图15.7　$\boldsymbol{U}$与自己转置$\boldsymbol{U}^{\mathrm{T}}$的乘积为单位矩阵

特征值分解

本书前文提到过两次，细高的长方形矩阵$\boldsymbol{X}$不能进行特征值分解。但是，它的格拉姆矩阵$\boldsymbol{X}^{\mathrm{T}}\boldsymbol{X}$和$\boldsymbol{X}\boldsymbol{X}^{\mathrm{T}}$都是对称矩阵，可以进行特征值分解。下面，我们先分析$\boldsymbol{X}\boldsymbol{X}^{\mathrm{T}}$。

图15.8所示为$\boldsymbol{X}$与自己转置$\boldsymbol{X}^{\mathrm{T}}$相乘得到第一个格拉姆矩阵$\boldsymbol{X}\boldsymbol{X}^{\mathrm{T}}$的热图，$\boldsymbol{X}\boldsymbol{X}^{\mathrm{T}}$为$n \times n$方阵。

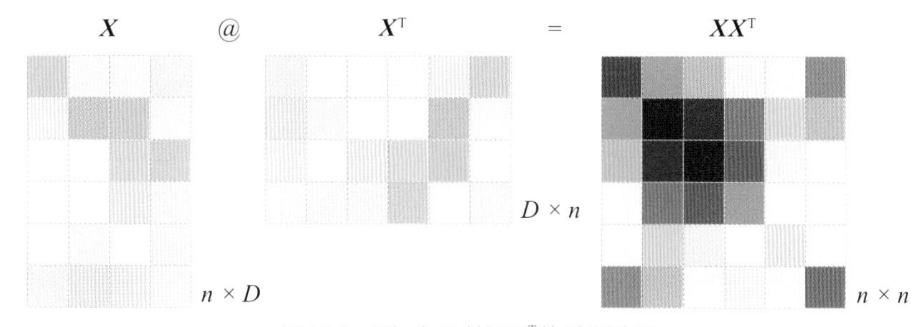

图15.8　$\boldsymbol{X}$与自己转置$\boldsymbol{X}^{\mathrm{T}}$的乘积热图

对方阵$\boldsymbol{X}\boldsymbol{X}^{\mathrm{T}}$进行特征值分解，可以发现$\boldsymbol{U}$的列向量是特征向量，而$\boldsymbol{S}\boldsymbol{S}^{\mathrm{T}}$是$\boldsymbol{X}\boldsymbol{X}^{\mathrm{T}}$的特征值矩阵，有

$$\begin{aligned}\boldsymbol{X}\boldsymbol{X}^{\mathrm{T}} &= \left(\boldsymbol{U}\boldsymbol{S}\boldsymbol{V}^{\mathrm{T}}\right)\left(\boldsymbol{U}\boldsymbol{S}\boldsymbol{V}^{\mathrm{T}}\right)^{\mathrm{T}} \\ &= \boldsymbol{U}\boldsymbol{S}\left(\boldsymbol{V}^{\mathrm{T}}\boldsymbol{V}\right)\boldsymbol{S}^{\mathrm{T}}\boldsymbol{U}^{\mathrm{T}} \\ &= \boldsymbol{U}\boldsymbol{S}\boldsymbol{S}^{\mathrm{T}}\boldsymbol{U}^{\mathrm{T}}\end{aligned} \tag{15.16}$$

图15.9所示为$\boldsymbol{X}\boldsymbol{X}^{\mathrm{T}}$的特征值分解热图。

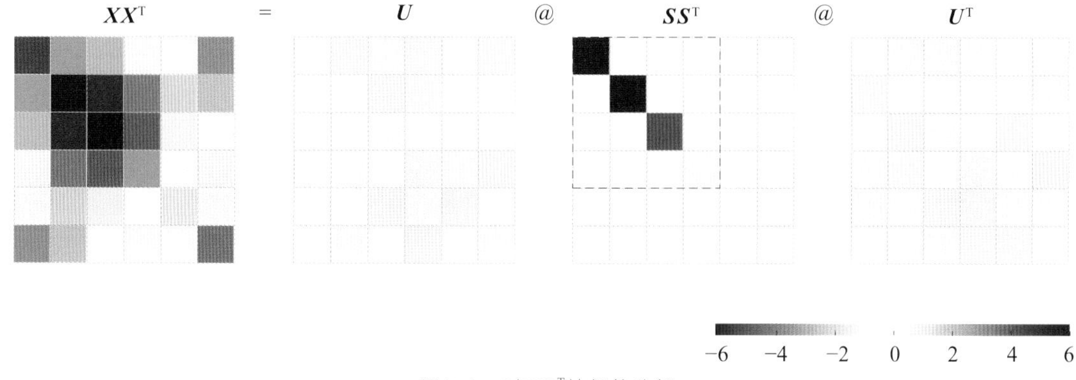

图15.9　对$\boldsymbol{X}\boldsymbol{X}^{\mathrm{T}}$特征值分解

$\boldsymbol{S}\boldsymbol{S}^{\mathrm{T}}$主对角线为特征值，对$\boldsymbol{S}\boldsymbol{S}^{\mathrm{T}}$展开得到

$$SS^{\mathrm{T}} = \begin{bmatrix} s_1 & & & \\ & s_2 & & \\ & & \ddots & \\ & & & s_D \\ & & & \\ & & & \end{bmatrix} \begin{bmatrix} s_1 & & & & & \\ & s_2 & & & & \\ & & \ddots & & & \\ & & & s_D & & \end{bmatrix} = \begin{bmatrix} s_1^2 & & & & & \\ & s_2^2 & & & & \\ & & \ddots & & & \\ & & & s_D^2 & & \\ & & & & 0 & \\ & & & & & 0 \end{bmatrix} = \begin{bmatrix} \lambda_1 & & & & & \\ & \lambda_2 & & & & \\ & & \ddots & & & \\ & & & \lambda_D & & \\ & & & & \ddots & \\ & & & & & \lambda_n \end{bmatrix} \tag{15.17}$$

观察式 (15.17)，发现当$j = 1 \sim D$时，特征值λ_j和奇异值s_j存在的关系为

$$\lambda_j = s_j^2 \tag{15.18}$$

剩余的特征值均为0。

向量空间

如图15.10所示，XX^{T}进行特征值分解得到的正交矩阵$U = [u_1, u_2, \cdots, u_n]$ 是个规范正交基，张起的空间为 $\mathbb{R}^n$ 。

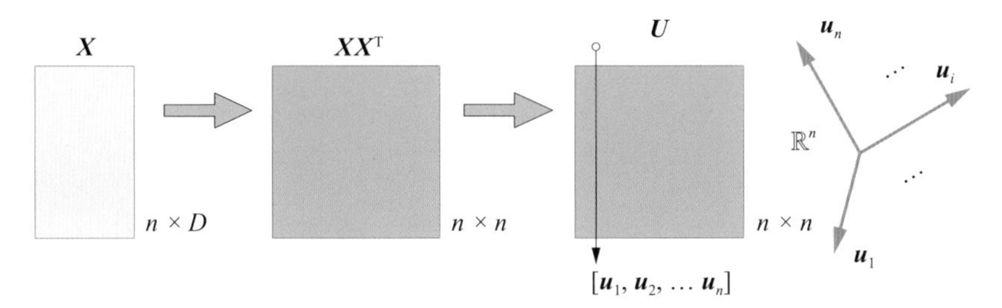

图15.10　对Gram矩阵XX^{T}特征值分解得到规范正交基U

类比QR分解

数据矩阵X进行QR分解得到

$$X = QR \tag{15.19}$$

对于完全型QR分解，Q为正交矩阵，也是一个规范正交基 $[q_1, q_2, \cdots, q_D]$。

对X进行完全型SVD分解，把结果写成

$$X = U\left(SV^{\mathrm{T}}\right) \tag{15.20}$$

对比式 (15.19) 和式 (15.20)，Q和U都是正交矩阵，虽然形状相同，但是两者显然是不同的规范正交基。对于QR分解，x_1与q_1平行。打个比方，x_1像是一个锚，确定了 $[q_1, q_2, \cdots, q_D]$ 的空间位置。而SVD分解则引入了一个优化视角——逐个最大化奇异值。本书第18章将深入介绍这个优化视角。对比式 (15.19) 和式 (15.20)，R则对应SV^{T}。特别地，SV^{T}结果正交，从而$SV^{\mathrm{T}}(SV^{\mathrm{T}})^{\mathrm{T}} = SV^{\mathrm{T}}VS^{\mathrm{T}} = SS^{\mathrm{T}}$。

Bk4_Ch15_02.py中Bk4_Ch15_02_B部分绘制图15.7。请读者自行编写代码绘制图15.8和图15.9。

15.4 右奇异向量矩阵V

V的列向量叫做**右奇异向量** (right singular vector)，V和其转置V^T的乘积也是单位矩阵，即

$$V^T V = I \tag{15.21}$$

图15.11所示为上式运算对应的热图。值得强调的是，凡是满足$V^T V = VV^T = I$的方阵V都是**正交矩阵** (orthogonal matrix)，对应规范正交基。前文提过，并不是所有正交矩阵都是**旋转矩阵** (rotation matrix)。只有$\det(V) = 1$的正交矩阵才叫旋转矩阵，这种矩阵也叫**特殊正交矩阵** (special orthogonal matrix)。

而一般正交矩阵的行列式值为±1，即$\det(V) = \pm 1$。当$\det(V) = -1$时，V对应的几何操作为“旋转 + 镜像”。这也告诉我们，SVD分解中V和U并不唯一，V和U的列向量都可以取负。当$\det(V) = \det(U) = -1$时，V和U都是“旋转 + 镜像”。但是为了方便，完全型SVD结果中的V和U，我们还是管它们的几何操作叫“旋转”。

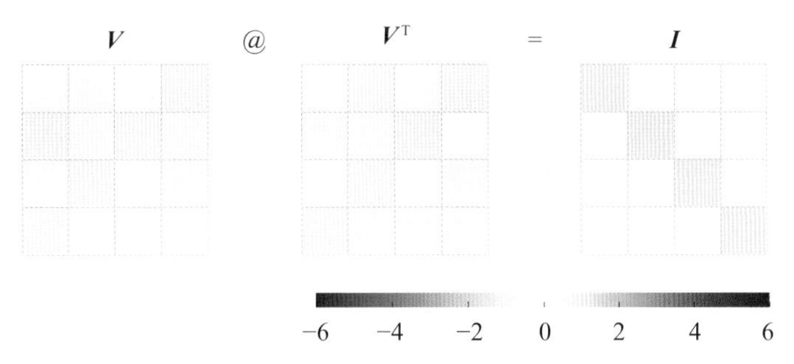

图15.11　V和其转置V^T的乘积也是单位矩阵

特征值分解

图15.12所示为转置X^T与X相乘得到第二个格拉姆矩阵$X^T X$的热图，$X^T X$为$D \times D$方阵。

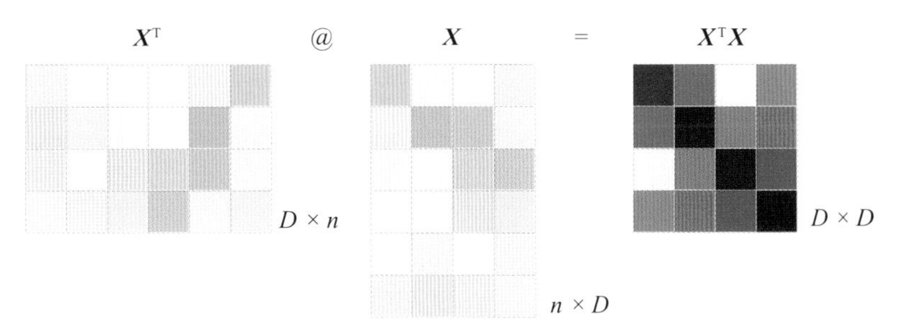

图15.12　转置X^T和X乘积热图

对$X^T X$特征值分解得到

$$\begin{aligned} X^T X &= \left(USV^T\right)^T \left(USV^T\right) \\ &= VS^T \left(U^T U\right) SV^T \\ &= VS^T SV^T \end{aligned} \tag{15.22}$$

其中：V为$X^T X$的特征向量矩阵；$S^T S$为特征值矩阵。图15.13所示为对$X^T X$进行特征值分解的热图。

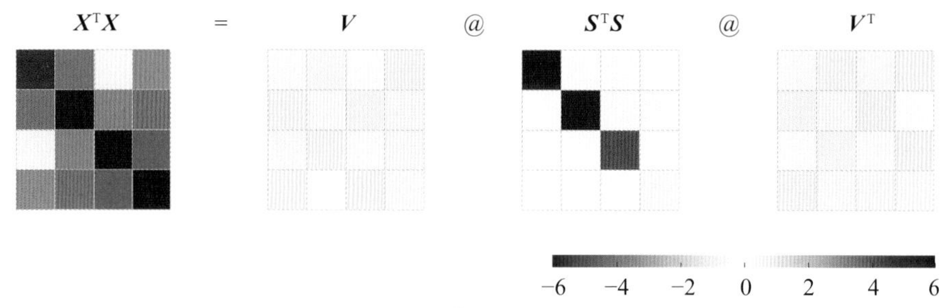

图15.13　对X^TX进行特征值分解

如图15.14所示，对X^TX进行特征值分解，S^TS为特征值矩阵，奇异值和特征值也存在如下平方关系，即

$$S^TS=\begin{bmatrix}s_1^2 & & & \\ & s_2^2 & & \\ & & \ddots & \\ & & & s_D^2\end{bmatrix}=\begin{bmatrix}\lambda_1 & & & \\ & \lambda_2 & & \\ & & \ddots & \\ & & & \lambda_D\end{bmatrix} \tag{15.23}$$

比较式 (15.17) 和式 (15.23)，我们容易发现两个不同格拉姆矩阵特征值之间的关系。

本书第24章将总结分解对象不同时，奇异值和特征值之间的联系和差异。

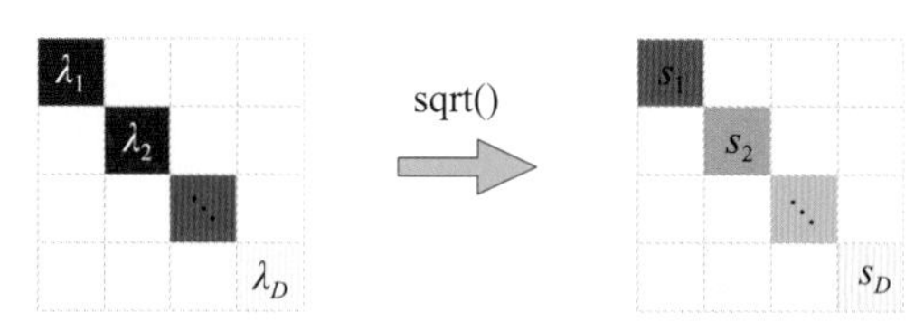

图15.14　奇异值和特征值之间关系

向量空间

如图15.15所示，X^TX进行特征值分解得到正交矩阵$V=[v_1, v_2, \cdots, v_D]$，它也是个规范正交基，张起的空间为 $\mathbb{R}^D$。

奇异值分解不仅可以分解各种形状实数矩阵，并且可以一次性获得$U=[u_1, u_2, \cdots, u_n]$ 和 $V=[v_1, v_2, \cdots, v_D]$ 两个规范正交基。

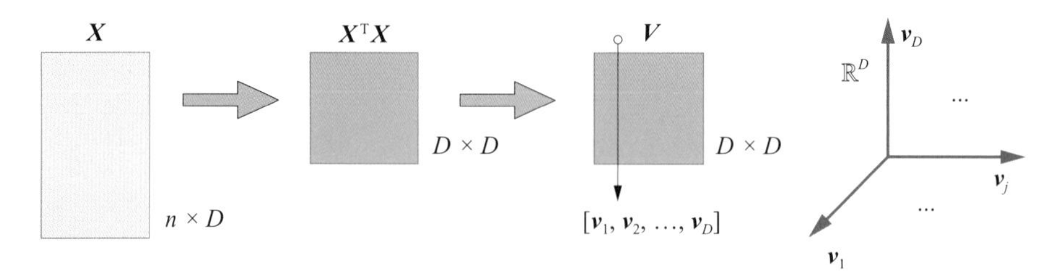

图15.15　对Gram矩阵X^TX特征值分解得到规范正交基V

Bk4_Ch15_02.py中Bk4_Ch15_02_C部分绘制图15.11。请读者自行编写代码绘制图15.12和图15.13。

15.5 两个视角：投影和数据叠加

本节用两个视角观察SVD分解。这两个视角对应两种不同的矩阵乘法展开方式。

投影

对于经济型SVD分解，将$\boldsymbol{X}$等式左右两侧右乘$\boldsymbol{V}$，可以得到

$$\boldsymbol{X}_{n\times D}\boldsymbol{V} = \boldsymbol{U}\boldsymbol{S} \tag{15.24}$$

将$\boldsymbol{V}$和$\boldsymbol{U}$本身分别写成左右排列的列向量，有

$$\boldsymbol{X}_{n\times D}\begin{bmatrix}\boldsymbol{v}_1 & \boldsymbol{v}_2 & \cdots & \boldsymbol{v}_D\end{bmatrix} = \begin{bmatrix}\boldsymbol{u}_1 & \boldsymbol{u}_2 & \cdots & \boldsymbol{u}_D\end{bmatrix}\begin{bmatrix}s_1 & & & \\ & s_2 & & \\ & & \ddots & \\ & & & s_D\end{bmatrix} \tag{15.25}$$

将式 (15.25) 进一步展开得到

$$\begin{bmatrix}\boldsymbol{X}\boldsymbol{v}_1 & \boldsymbol{X}\boldsymbol{v}_2 & \cdots & \boldsymbol{X}\boldsymbol{v}_D\end{bmatrix} = \begin{bmatrix}s_1\boldsymbol{u}_1 & s_2\boldsymbol{u}_2 & \cdots & s_D\boldsymbol{u}_D\end{bmatrix} \tag{15.26}$$

因此

$$\boldsymbol{X}\boldsymbol{v}_j = s_j\boldsymbol{u}_j \tag{15.27}$$

式 (15.27) 可以理解为$\boldsymbol{X}$向$\boldsymbol{v}_j$投影，结果为$s_j\boldsymbol{u}_j$。对应运算热图如图15.16所示。注意，$\boldsymbol{v}_j$和$\boldsymbol{u}_j$都是单位向量，即两者的模都是1。从另外一个角度来看，$\boldsymbol{v}_j$和$\boldsymbol{u}_j$都不含单位，而$\boldsymbol{X}$和s_j含有单位。

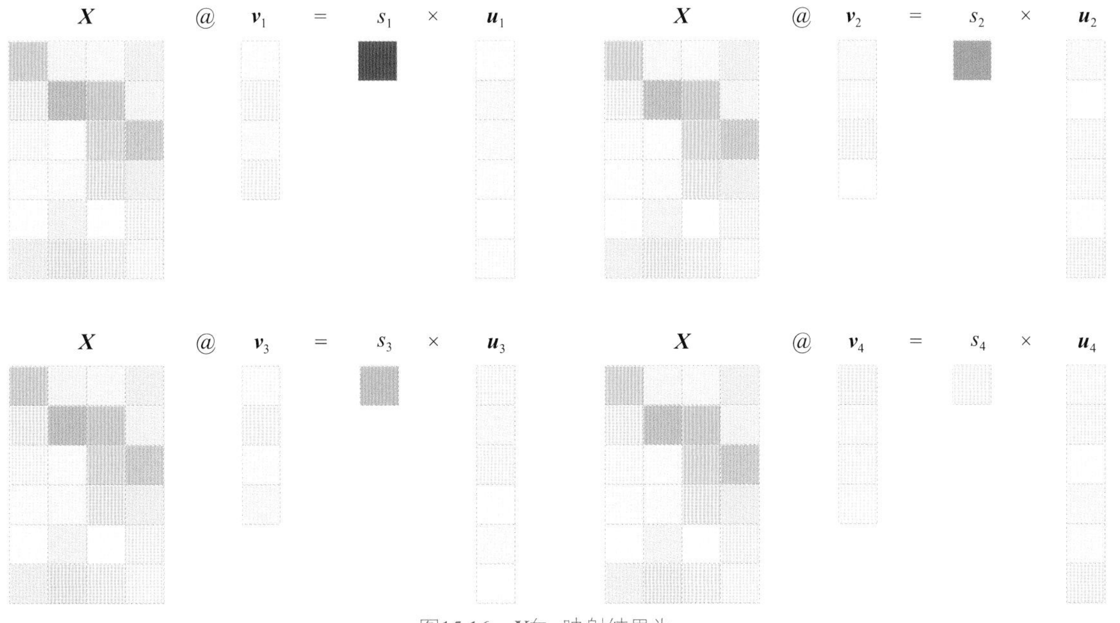

图15.16　$\boldsymbol{X}$向$\boldsymbol{v}_j$映射结果为$s_j\boldsymbol{u}_j$

式 (15.27) 左右都是向量，等式两侧分别求模，即L^2范数，得到

$$\left\| X v_j \right\| = \left\| s_j u_j \right\| = s_j \underbrace{\left\| u_j \right\|}_{1} = s_j \tag{15.28}$$

也就是说Xv_j的模为对应奇异值s_j。由于奇异值$s_1 \sim s_4$从大到小排列，也就是说Xv_1的模最大。这个角度对于理解**主成分分析** (principal component analysis, PCA) 极为重要。

叠加

第二种展开方式为

$$\begin{aligned} X_{n\times D} &= \begin{bmatrix} u_1 & u_2 & \cdots & u_D \end{bmatrix} \begin{bmatrix} s_1 & & & \\ & s_2 & & \\ & & \ddots & \\ & & & s_D \end{bmatrix} \begin{bmatrix} v_1^{\mathrm{T}} \\ v_2^{\mathrm{T}} \\ \vdots \\ v_D^{\mathrm{T}} \end{bmatrix} \\ &= \begin{bmatrix} s_1 u_1 & s_2 u_2 & \cdots & s_D u_D \end{bmatrix} \begin{bmatrix} v_1^{\mathrm{T}} \\ v_2^{\mathrm{T}} \\ \vdots \\ v_D^{\mathrm{T}} \end{bmatrix} = s_1 u_1 v_1^{\mathrm{T}} + s_2 u_2 v_2^{\mathrm{T}} + \cdots + s_D u_D v_D^{\mathrm{T}} \end{aligned} \tag{15.29}$$

举个例子，当$D = 4$时，有

$$X = s_1 u_1 v_1^{\mathrm{T}} + s_2 u_2 v_2^{\mathrm{T}} + s_3 u_3 v_3^{\mathrm{T}} + s_4 u_4 v_4^{\mathrm{T}} \tag{15.30}$$

注意：$s_j u_j v_j^{\mathrm{T}}$ 的秩为1。

式 (15.30) 中奇异值$s_1 \sim s_4$从大到小排列，即$s_1 \geqslant s_2 \geqslant s_3 \geqslant s_4$。

如图15.17所示，可以发现对应式 (15.30) 等式右侧从左到右的四项相当于逐步还原X。特别地，请大家注意图15.17左侧四幅热图由上到下的颜色逐渐变浅。下一章会深入介绍通过叠加还原原始数据矩阵。

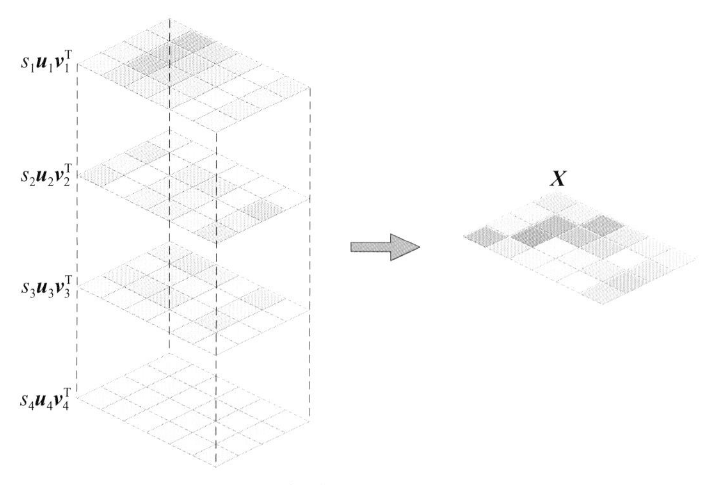

图15.17　四幅热图叠加还原原始图像

张量积

再进一步，利用式 (15.27) 给出的关系，我们将式 (15.30) 写成张量积之和的形式，有

$$
\begin{aligned}
X &= s_1 u_1 v_1^{\mathrm{T}} + s_2 u_2 v_2^{\mathrm{T}} + s_3 u_3 v_3^{\mathrm{T}} + s_4 u_4 v_4^{\mathrm{T}} \\
&= X v_1 v_1^{\mathrm{T}} + X v_2 v_2^{\mathrm{T}} + X v_3 v_3^{\mathrm{T}} + X v_4 v_4^{\mathrm{T}} \\
&= X\left(v_1 v_1^{\mathrm{T}} + v_2 v_2^{\mathrm{T}} + v_3 v_3^{\mathrm{T}} + v_4 v_4^{\mathrm{T}}\right) \\
&= X\left(v_1 \otimes v_1 + v_2 \otimes v_2 + v_3 \otimes v_3 + v_4 \otimes v_4\right)
\end{aligned} \tag{15.31}
$$

这就是本书第10章讲解的“二次投影”再“层层叠加”。

能完成类似式 (15.31) 投影的规范正交基有无数组，为什么 $V = [v_1, v_2, \cdots, v_D]$ 脱颖而出？V的特殊性体现在哪？回答这个问题需要优化方面的知识，这是本书第18章要探讨的话题。

Bk4_Ch15_02.py中Bk4_Ch15_02_D部分绘制本节图像。

图15.18所示的四幅子图总结本章主要内容。请大家特别注意，奇异值分解对应“旋转 → 缩放 → 旋转”，不同于特征值分解的“旋转 → 缩放 → 旋转”。

任何实数矩阵都可以进行奇异值分解，但是只有可对角矩阵才能进行特征值分解。此外，奇异值分解得到的两个正交矩阵U和V一般形状不同。

请大家注意特征值和奇异值之间的关系。格拉姆矩阵是奇异值分解和特征值分解的桥梁，这一点本书后续还要反复提到。

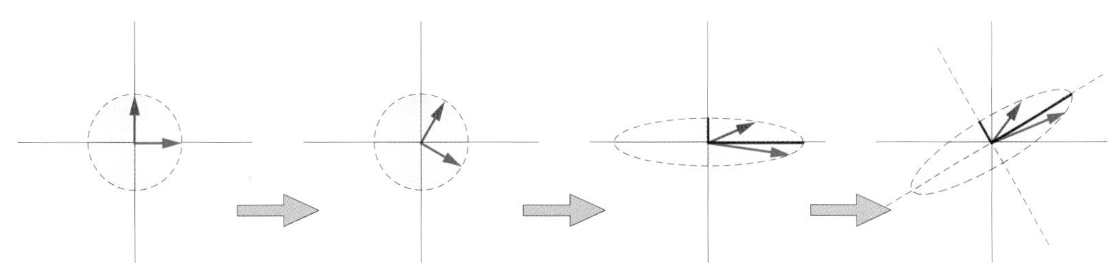

图15.18　总结本章重要内容的四幅图

数值线性代数是本书完全没有涉及的板块。

本书有关矩阵分解这个板块介绍了LU分解、Cholesky分解、QR分解、特征值分解、奇异值分解等的原理和应用，也介绍了如何利用Python函数完成矩阵分解。但是本书没有提到计算机如何完成这些矩阵分解，也就是Python库中这些函数的底层算法实现，这就是数值线性代数研究的问题。

如果大家对这个话题感兴趣的话，可以参考Holger Wendland的*Numerical Linear Algebra: An Introduction*一书。

16 Dive into Singular Value Decomposition
深入奇异值分解
四种类型、数据还原、正交化

人不过是一根芦苇，世界最脆弱的生灵；但是，人是会思考的芦苇。

Man is but a reed, the most feeble thing in nature, but he is a thinking reed.

—— 布莱兹·帕斯卡 (Blaise Pascal) | 法国哲学家、科学家 | 1623—1662

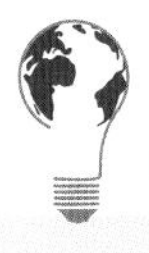

- `matplotlib.pyplot.quiver()` 绘制箭头图
- `numpy.linspace()` 在指定的间隔内，返回固定步长的数据
- `numpy.linalg.svd()` 进行SVD分解
- `numpy.diag()` 以一维数组的形式返回方阵的对角线元素，或将一维数组转换成对角阵

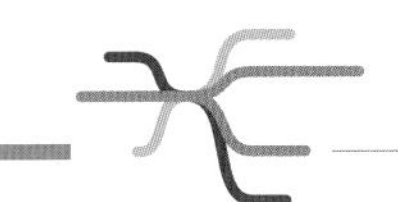

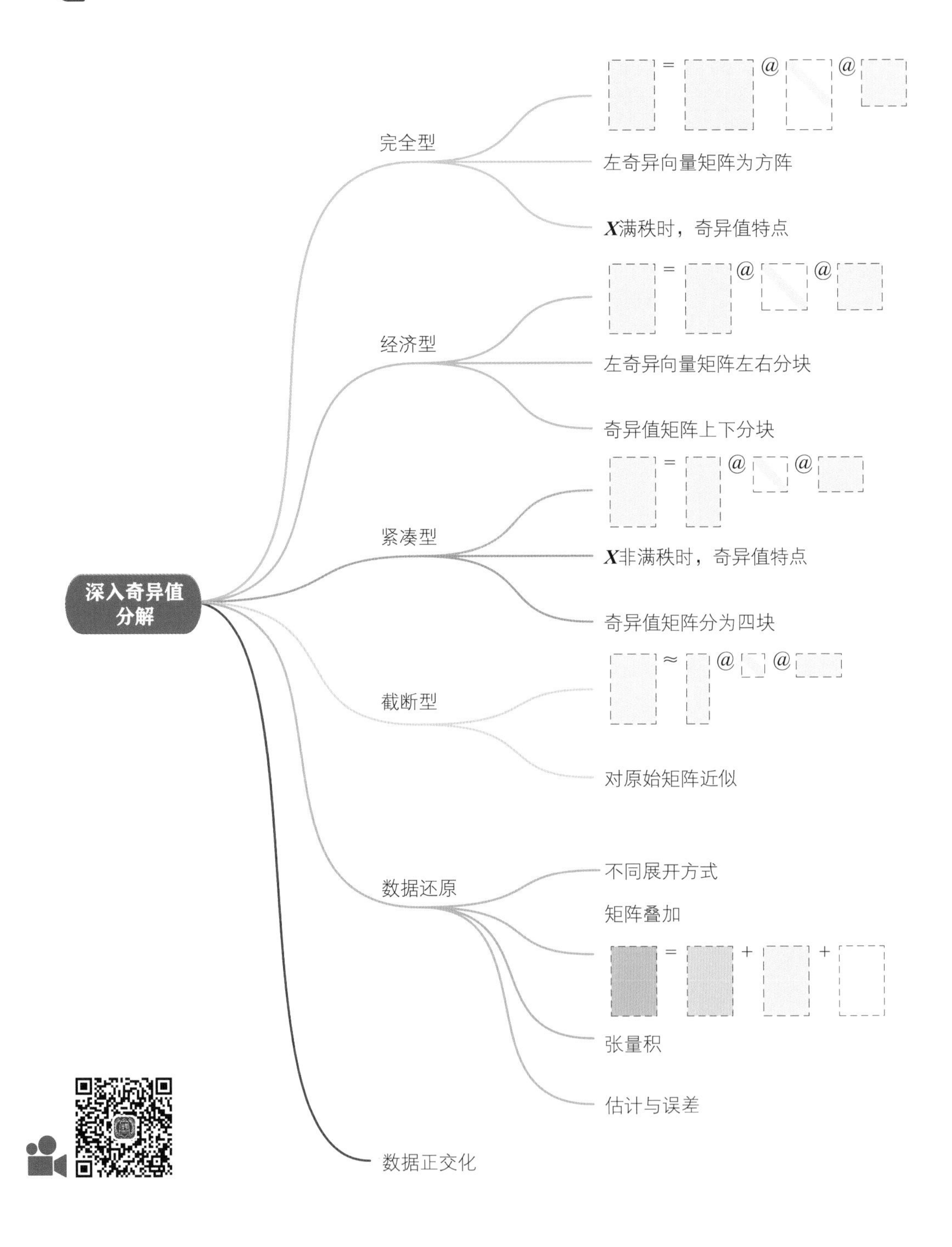
深入奇异值分解
完全型
左奇异向量矩阵为方阵
X满秩时，奇异值特点
经济型
左奇异向量矩阵左右分块
奇异值矩阵上下分块
紧凑型
X非满秩时，奇异值特点
奇异值矩阵分为四块
截断型
对原始矩阵近似
数据还原
不同展开方式
矩阵叠加
张量积
估计与误差
数据正交化

16.1 完全型：U为方阵

上一章介绍过奇异值分解有以下四种类型。

◀**完全型** (full)；
◀**经济型** (economy-size, thin)；
◀**紧凑型** (compact)；
◀**截断型** (truncated)。

本章将深入介绍这四种奇异值分解。

首先回顾完全型SVD分解。图16.1所示为矩阵$\boldsymbol{X}_{6\times4}$进行完全SVD分解的结果热图。一般情况下，丛书常见的数据矩阵$\boldsymbol{X}$形状为$n > D$，即细高型。

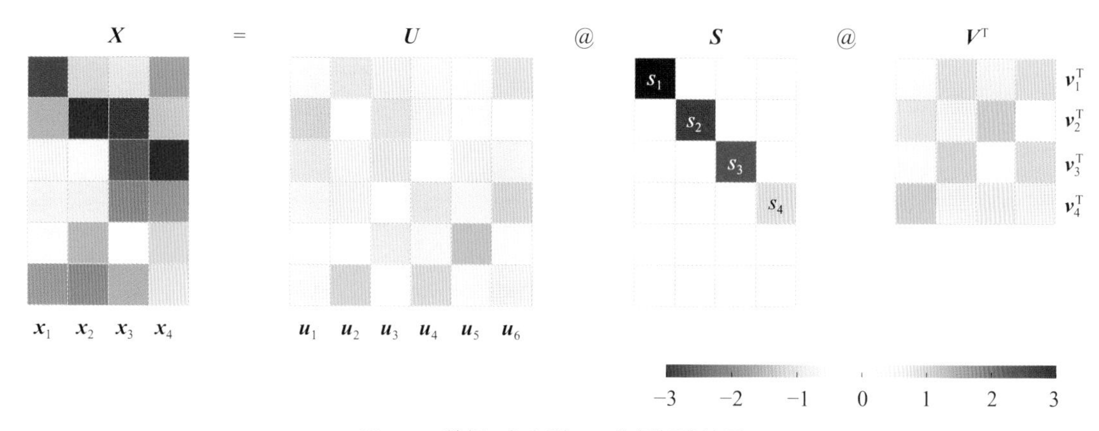

图16.1　数据$\boldsymbol{X}$完全型SVD分解矩阵热图

完全型SVD分解中，左奇异向量矩阵$\boldsymbol{U}$为方阵，形状为$n \times n$。$\boldsymbol{U} = [\boldsymbol{u}_1, \boldsymbol{u}_2, \cdots, \boldsymbol{u}_n]$ 是张成$\mathbb{R}^n$空间的规范正交基。

$\boldsymbol{S}_{n\times D}$的形状与$\boldsymbol{X}$相同，为$n \times D$。虽然$\boldsymbol{S}_{n\times D}$也是对角阵，但是它不是方阵。

如果$\boldsymbol{X}$满秩，则rank($\boldsymbol{X}$) = D，$\boldsymbol{S}$主对角线元素 (奇异值s_j)的一般大小关系为

$$s_1 \geqslant s_2 \geqslant \cdots \geqslant s_D > 0 \tag{16.1}$$

右奇异向量矩阵$\boldsymbol{V}$的形状为$D \times D$。$\boldsymbol{V} = [\boldsymbol{v}_1, \boldsymbol{v}_2, \cdots, \boldsymbol{v}_D]$ 是张成$\mathbb{R}^D$空间的规范正交基。

本章大量使用分块矩阵乘法法则，大家如果感到吃力，请回顾本书第6章相关内容。

Bk4_Ch16_01.py中Bk4_Ch16_01_A部分绘制图16.1。

16.2 经济型：S去掉零矩阵，变方阵

在完全型SVD分解的基础上，长方对角阵$\boldsymbol{S}_{n\times D}$上下分块为一个对角方阵和一个零矩阵$\boldsymbol{O}$，即

$$\boldsymbol{S}_{n\times D}=\begin{bmatrix} s_1 & & & \\ & s_2 & & \\ & & \ddots & \\ & & & s_D \\ 0 & 0 & \cdots & 0 \\ \vdots & \vdots & \ddots & \vdots \\ 0 & 0 & \cdots & 0 \end{bmatrix}=\begin{bmatrix} \boldsymbol{S}_{D\times D} \\ \boldsymbol{O}_{(n-D)\times D} \end{bmatrix} \tag{16.2}$$

将$\boldsymbol{U}_{n\times n}$写成左右分块矩阵$[\boldsymbol{U}_{n\times D}, \boldsymbol{U}_{n\times(n-D)}]$，其中$\boldsymbol{U}_{n\times D}$与$\boldsymbol{X}$形状相同。

利用分块矩阵乘法，完全型SVD分解可以简化成经济型SVD分解，即

$$\begin{aligned} \boldsymbol{X}_{n\times D} &= \begin{bmatrix} \boldsymbol{U}_{n\times D} & \boldsymbol{U}_{n\times(n-D)} \end{bmatrix} \begin{bmatrix} \boldsymbol{S}_{D\times D} \\ \boldsymbol{O}_{(n-D)\times D} \end{bmatrix} \boldsymbol{V}^{\mathrm{T}} \\ &= \left(\boldsymbol{U}_{n\times D}\boldsymbol{S}_{D\times D}+\boldsymbol{U}_{n\times(n-D)}\boldsymbol{O}_{(n-D)\times D}\right)\boldsymbol{V}^{\mathrm{T}} \\ &= \boldsymbol{U}_{n\times D}\boldsymbol{S}_{D\times D}\boldsymbol{V}^{\mathrm{T}} \end{aligned} \tag{16.3}$$

图16.2和图16.3比较了完全型和经济型SVD分解结果热图。图16.2中阴影部分为消去的矩阵子块。比较完全型和经济型SVD，分解结果中唯一不变的就是矩阵$\boldsymbol{V}$，它一直保持方阵形态。

从向量空间角度来讲，$\boldsymbol{U}_{n\times D}$和$\boldsymbol{U}_{n\times(n-D)}$有怎样的差异和联系？这是本书第23章要回答的问题。

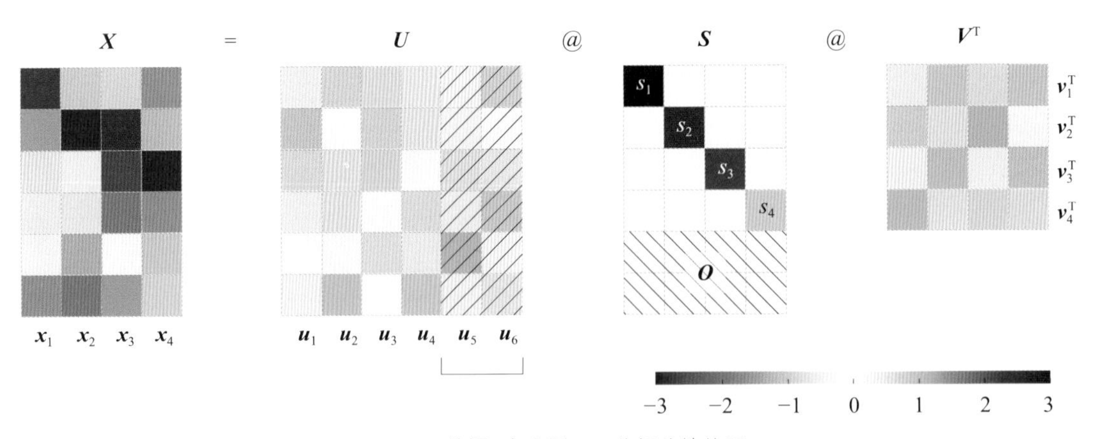

图16.2　数据$\boldsymbol{X}$完全型SVD分解分块热图

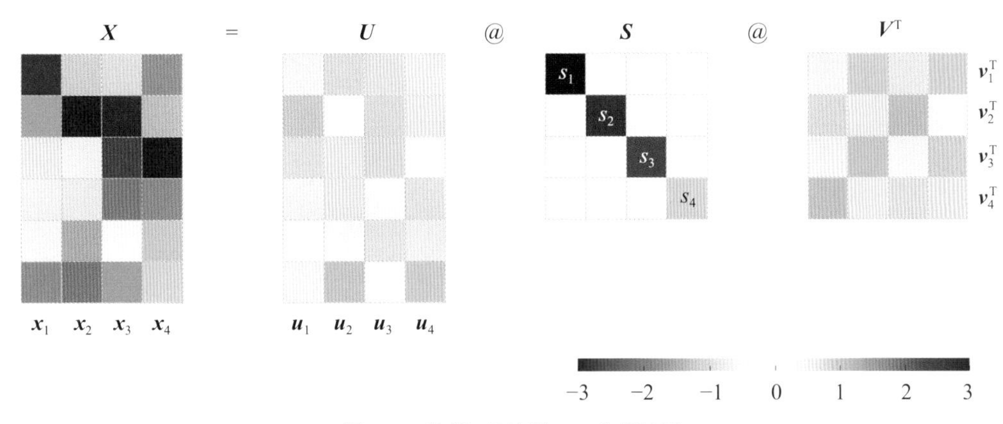

图16.3　数据$\boldsymbol{X}$经济型SVD分解热图

Bk4_Ch16_01.py中Bk4_Ch16_01_B部分绘制图16.3。

16.3 紧凑型：非满秩

本节介绍在经济型SVD分解基础上获得的紧凑型SVD分解。

特别地，如果rank($\boldsymbol{X}$) = $r < D$，则奇异值s_j满足

$$s_1 \geqslant s_2 \geqslant \cdots \geqslant s_r > 0, \quad s_{r+1} = s_{r+2} = \cdots = s_D = 0 \tag{16.4}$$

这种条件下，经济型SVD分解得到的奇异值方阵$\boldsymbol{S}$可以分成四个子块，即

$$\boldsymbol{S} = \begin{bmatrix} \boldsymbol{S}_{r\times r} & \boldsymbol{O}_{r\times(D-r)} \\ \boldsymbol{O}_{(D-r)\times r} & \boldsymbol{O}_{(D-r)\times(D-r)} \end{bmatrix} \tag{16.5}$$

式 (16.5) 中，矩阵$\boldsymbol{S}_{r\times r}$对角线元素的奇异值均大于0。

将式 (16.5) 代入经济型SVD分解式 (16.3)，整理得到

$$\begin{aligned} \boldsymbol{X}_{n\times D} &= \begin{bmatrix} \boldsymbol{U}_{n\times r} & \boldsymbol{U}_{n\times(D-r)} \end{bmatrix} \begin{bmatrix} \boldsymbol{S}_{r\times r} & \boldsymbol{O}_{r\times(D-r)} \\ \boldsymbol{O}_{(D-r)\times r} & \boldsymbol{O}_{(D-r)\times(D-r)} \end{bmatrix} \begin{bmatrix} \boldsymbol{V}_{D\times r} & \boldsymbol{V}_{D\times(D-r)} \end{bmatrix}^{\mathrm{T}} \\ &= \begin{bmatrix} \boldsymbol{U}_{n\times r}\boldsymbol{S}_{r\times r} & \boldsymbol{O}_{n\times(D-r)} \end{bmatrix} \begin{bmatrix} \left(\boldsymbol{V}_{D\times r}\right)^{\mathrm{T}} \\ \left(\boldsymbol{V}_{D\times(D-r)}\right)^{\mathrm{T}} \end{bmatrix} \\ &= \boldsymbol{U}_{n\times r}\boldsymbol{S}_{r\times r}\left(\boldsymbol{V}_{D\times r}\right)^{\mathrm{T}} \end{aligned} \tag{16.6}$$

大家特别注意式 (16.6) 中，矩阵$\boldsymbol{V}$先分块后再转置。

图16.4和图16.5比较了经济型和紧凑型SVD分解，图16.4阴影部分为消去子块。为了展示紧凑型SVD分解，我们用$\boldsymbol{X}$第一、二列数据之和替代$\boldsymbol{X}$矩阵第四列，即$\boldsymbol{x}_4 = \boldsymbol{x}_1 + \boldsymbol{x}_2$。这样$\boldsymbol{X}$矩阵列向量线性相关，$\text{rank}(\boldsymbol{X}) = 3$，而$s_4 = 0$。再次强调，只有$\boldsymbol{X}$为非满秩的情况下，才存在紧缩型SVD分解。紧缩型SVD分解中，$\boldsymbol{U}$和$\boldsymbol{V}$都不是方阵。

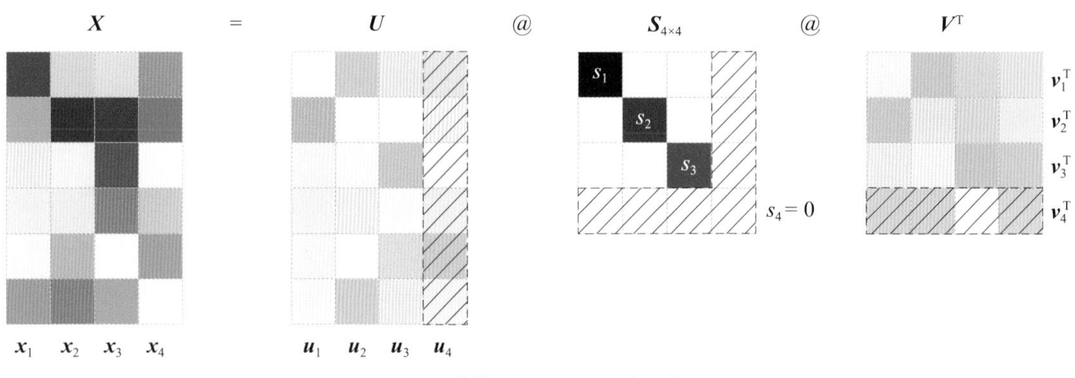

图16.4　数据$\boldsymbol{X}$经济型SVD分解热图

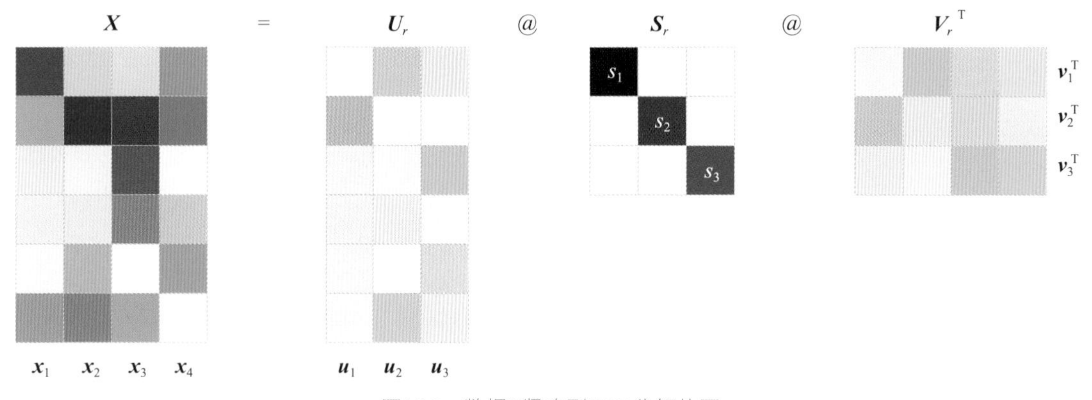

图16.5　数据$\boldsymbol{X}$紧凑型SVD分解热图

Bk4_Ch16_01.py中Bk4_Ch16_01_C部分绘制图16.4。

16.4 截断型：近似

如果$\text{rank}(\boldsymbol{X}) = r \leqslant D$，取经济型奇异值分解中前$p$个奇异值 $(p < r)$ 对应的$\boldsymbol{U}$、$\boldsymbol{S}$、$\boldsymbol{V}$矩阵成分，用它们还原原始数据，得到就是截断型奇异值分解，即

$$\boldsymbol{X}_{n\times D} \approx \hat{\boldsymbol{X}}_{n\times D} = \boldsymbol{U}_{n\times p}\boldsymbol{S}_{p\times p}\left(\boldsymbol{V}_{D\times p}\right)^{\text{T}} \tag{16.7}$$

请大家自行补足式 (16.7) 中矩阵分块和对应的乘法运算。

式 (16.7) 不是等号，也就是截断型奇异值分解不能完全还原原始数据。换句话说，截断型奇异值分解是对原矩阵$\boldsymbol{X}$的一种近似。图16.6所示为SVD截断型分解热图，可以发现 $\boldsymbol{X}_{n\times D}$ 和 $\hat{\boldsymbol{X}}_{n\times D}$ 两幅热图存在一定“色差”。

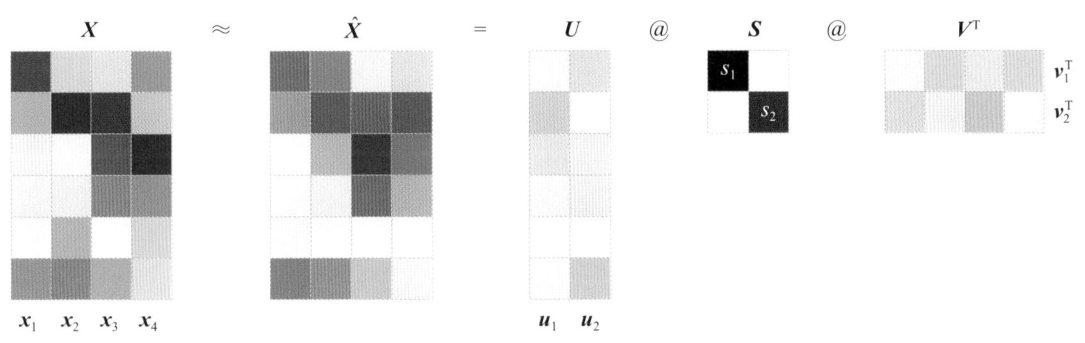

图16.6 采用截断型SVD分解还原数据运算热图

0Bk4_Ch16_01.py中Bk4_Ch16_01_D绘制图16.6。

16.5 数据还原：层层叠加

上一章介绍过，经济型SVD分解可以展开写作

$$\boldsymbol{X}_{n\times D}=\begin{bmatrix}\boldsymbol{u}_1 & \boldsymbol{u}_2 & \cdots & \boldsymbol{u}_D\end{bmatrix}\begin{bmatrix}s_1 & & & \\ & s_2 & & \\ & & \ddots & \\ & & & s_D\end{bmatrix}\begin{bmatrix}\boldsymbol{v}_1^{\mathrm{T}} \\ \boldsymbol{v}_2^{\mathrm{T}} \\ \vdots \\ \boldsymbol{v}_D^{\mathrm{T}}\end{bmatrix}$$
$$=\underbrace{s_1\boldsymbol{u}_1\boldsymbol{v}_1^{\mathrm{T}}}_{\boldsymbol{X}_1}+\underbrace{s_2\boldsymbol{u}_2\boldsymbol{v}_2^{\mathrm{T}}}_{\boldsymbol{X}_2}+\cdots+\underbrace{s_D\boldsymbol{u}_D\boldsymbol{v}_D^{\mathrm{T}}}_{\boldsymbol{X}_D} \tag{16.8}$$

上式中奇异值从大到小排列，即$s_1\geqslant s_2\geqslant\cdots\geqslant s_D$。图16.7所示为上述运算的热图，此处$D=4$。

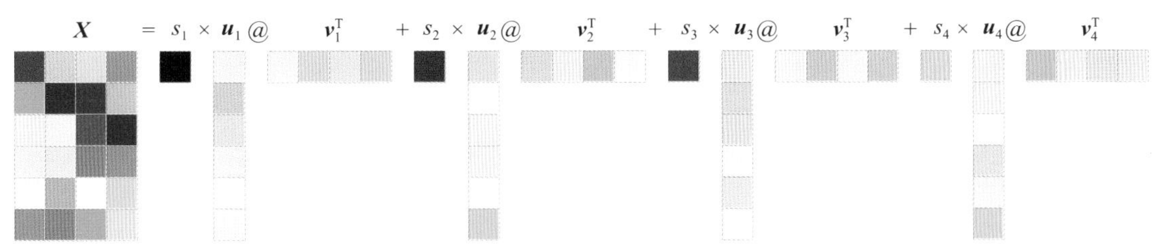

图16.7 SVD分解展开计算热图

组成部分

定义矩阵$\boldsymbol{X}_j$为

$$\boldsymbol{X}_j = s_j \boldsymbol{u}_j \boldsymbol{v}_j^{\mathrm{T}} \tag{16.9}$$

矩阵$\boldsymbol{X}_j$的形状与$\boldsymbol{X}$相同。图16.8所示为矩阵 $\boldsymbol{X}_j$ ($j = 1, 2, 3, 4$) 计算过程的热图。

观察图16.8每幅矩阵$\boldsymbol{X}_j$热图不难发现，矩阵$\boldsymbol{X}_j$自身列向量之间存在倍数关系。也就是说，矩阵 $\boldsymbol{X}_j$的秩为1，即$\mathrm{rank}(\boldsymbol{X}_j) = 1$。

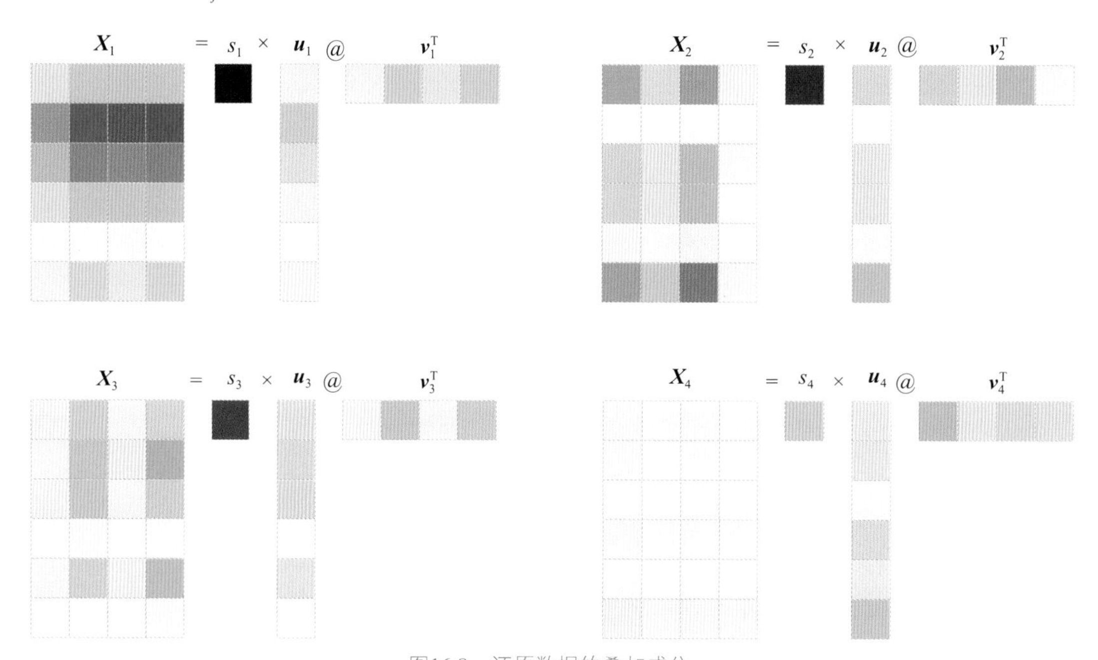

图16.8　还原数据的叠加成分

还原

将式 (16.9) 代入式 (16.8) 得到

$$\boldsymbol{X}_{n \times D} = \boldsymbol{X}_1 + \boldsymbol{X}_2 + \cdots + \boldsymbol{X}_D \tag{16.10}$$

当$j = 1$～D时，将 $\boldsymbol{X}_j$ 一层层叠加，最后还原原始数据矩阵$\boldsymbol{X}$，如图16.9所示。

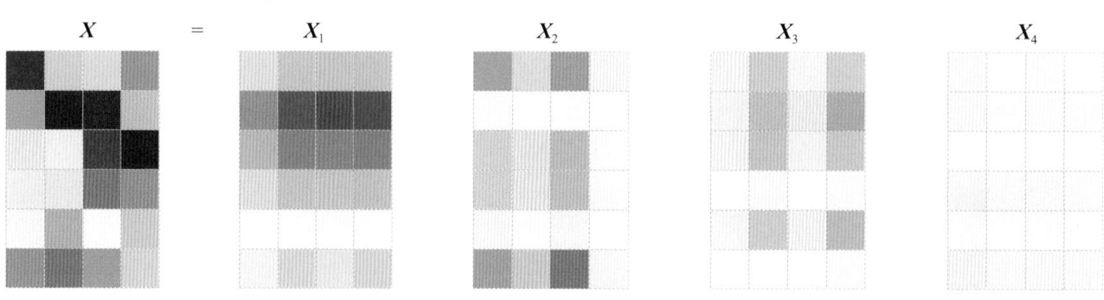

图16.9　还原原始数据

张量积

利用向量张量积，式 (16.8) 可以写成

$$X = \underbrace{s_1 \boldsymbol{u}_1 \otimes \boldsymbol{v}_1}_{X_1} + \underbrace{s_2 \boldsymbol{u}_2 \otimes \boldsymbol{v}_2}_{X_2} + \cdots + \underbrace{s_D \boldsymbol{u}_D \otimes \boldsymbol{v}_D}_{X_D} = \sum_{j=1}^{D} s_j \boldsymbol{u}_j \otimes \boldsymbol{v}_j \tag{16.11}$$

图16.10所示为张量积 $\boldsymbol{u}_j \otimes \boldsymbol{v}_j$ 的计算热图，可以发现热图色差并不明显。这说明 $\boldsymbol{u}_j \otimes \boldsymbol{v}_j$ 本身并不能区分$\boldsymbol{X}_j$，这是因为$\boldsymbol{u}_j$和$\boldsymbol{v}_j$都是单位向量。本书前文提过，$\boldsymbol{u}_j$和$\boldsymbol{v}_j$都不含单位。

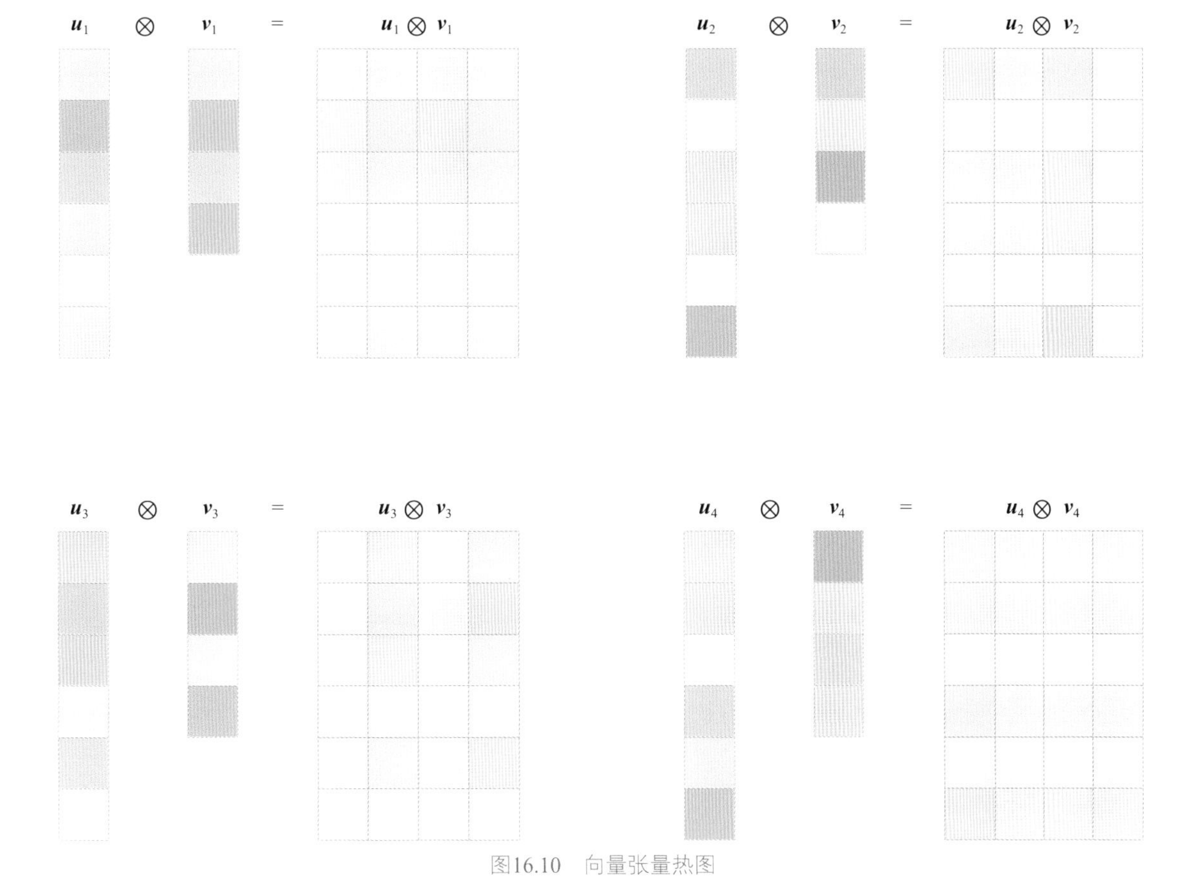

图16.10　向量张量热图

然后再用奇异值s_j乘以对应张量积 $\boldsymbol{u}_j \otimes \boldsymbol{v}_j$ 得到$\boldsymbol{X}_j$，具体如图16.11所示。可以发现，$\boldsymbol{X}_1$热图色差最明显。也就是说，奇异值s_j的大小决定了成分的重要性，而$\boldsymbol{u}_j$和$\boldsymbol{v}_j$决定了投影方向。

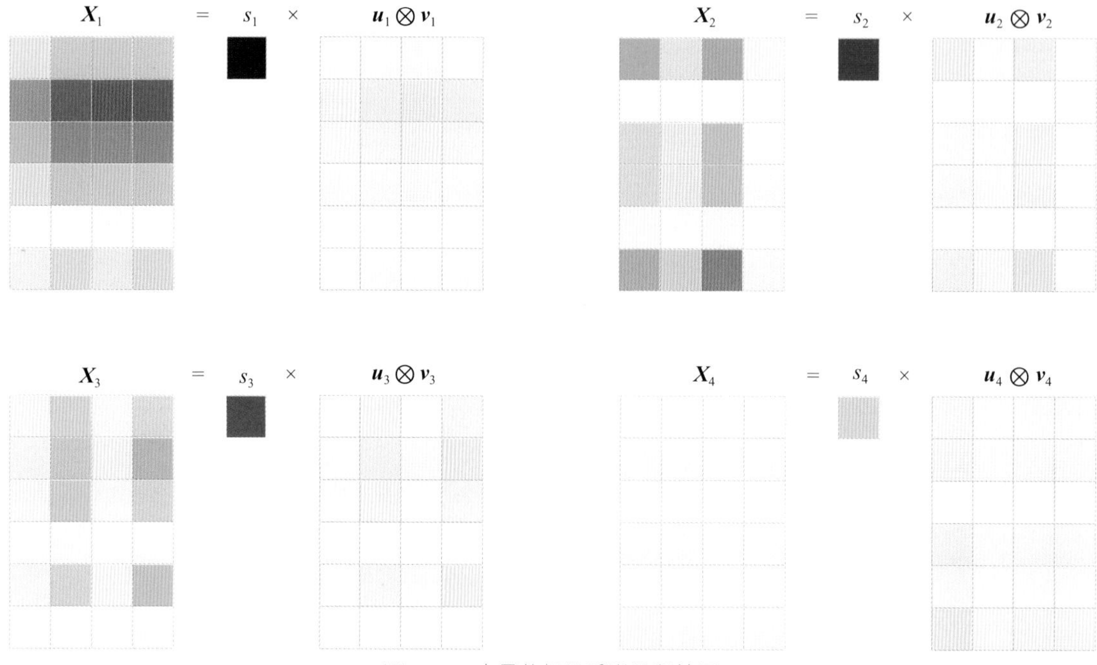

图16.11 奇异值标量乘张量积结果

正交投影

上一章指出$\boldsymbol{v}_j$和$\boldsymbol{u}_j$存在如下关系，即

$$\boldsymbol{X}\boldsymbol{v}_j = s_j \boldsymbol{u}_j \tag{16.12}$$

将式 (16.12) 代入式 (16.11)，就得到

$$\begin{aligned}\boldsymbol{X} &= \underbrace{\boldsymbol{X}\boldsymbol{v}_1 \otimes \boldsymbol{v}_1}_{X_1} + \underbrace{\boldsymbol{X}\boldsymbol{v}_2 \otimes \boldsymbol{v}_2}_{X_2} + \cdots + \underbrace{\boldsymbol{X}\boldsymbol{v}_D \otimes \boldsymbol{v}_D}_{X_D} \\ &= \boldsymbol{X}\left(\boldsymbol{v}_1 \otimes \boldsymbol{v}_1 + \boldsymbol{v}_2 \otimes \boldsymbol{v}_2 + \cdots + \boldsymbol{v}_D \otimes \boldsymbol{v}_D\right)\end{aligned} \tag{16.13}$$

这就是本书第9、10章反复提到的“二次投影 + 层层叠加”。以$\boldsymbol{v}_1$为例，数据$\boldsymbol{X}$在span($\boldsymbol{v}_1$) 中投影在 $\mathbb{R}^D$ 中的像就是$\boldsymbol{X}\boldsymbol{v}_1 \otimes \boldsymbol{v}_1$。span($\boldsymbol{v}_1$) 是 $\mathbb{R}^D$ 的子空间，维度为1。这就意味着 $\boldsymbol{X}\boldsymbol{v}_1 \otimes \boldsymbol{v}_1$ 的秩为1，即 $\operatorname{rank}\left(\boldsymbol{X}\boldsymbol{v}_1 \otimes \boldsymbol{v}_1\right) = 1$。

之所以选择$\boldsymbol{v}_1$作第一投影方向，就是因为在所有的一维方向中，$\boldsymbol{v}_1$方向对应的奇异值s_1最大。大家可能又会好奇，几何视角下，奇异值s_1到底是什么？卖个关子，这个问题将在本书第18章进行回答。

Bk4_Ch16_01.py中Bk4_Ch16_01_E计算张量积并绘制热图。

16.6 估计与误差：截断型SVD

把数据矩阵$\boldsymbol{X}$对应的热图看做一幅图像，本节介绍如何采用较少数据尽可能还原原始图像，并准确地知道误差是多少。

两层叠加

奇异值按大小排列，选取s_1和s_2还原原始数据，其中s_1最大，s_2其次。

根据上一节讨论，从图像还原角度，s_1对应$\boldsymbol{X}_1$，$\boldsymbol{X}_1$还原了$\boldsymbol{X}$图像的大部分特征；s_2对应$\boldsymbol{X}_2$，$\boldsymbol{X}_2$在$\boldsymbol{X}_1$的基础上进一步还原$\boldsymbol{X}$。

$\boldsymbol{X}_1$和$\boldsymbol{X}_2$叠加得到$\hat{\boldsymbol{X}}$。如图16.12所示，$\boldsymbol{X}$和$\hat{\boldsymbol{X}}$热图的相似度已经很高，有

$$\boldsymbol{X}_{n\times D} \approx \hat{\boldsymbol{X}}_{n\times D} = \boldsymbol{X}_1 + \boldsymbol{X}_2 \tag{16.14}$$

$\boldsymbol{X}$和$\hat{\boldsymbol{X}}$热图误差矩阵为

$$\boldsymbol{E}_\varepsilon = \boldsymbol{X}_{n\times D} - \hat{\boldsymbol{X}}_{n\times D} \tag{16.15}$$

我们给$\boldsymbol{E}_\varepsilon$加了个下角标，以便与标准正交基$\boldsymbol{E}$进行区分。

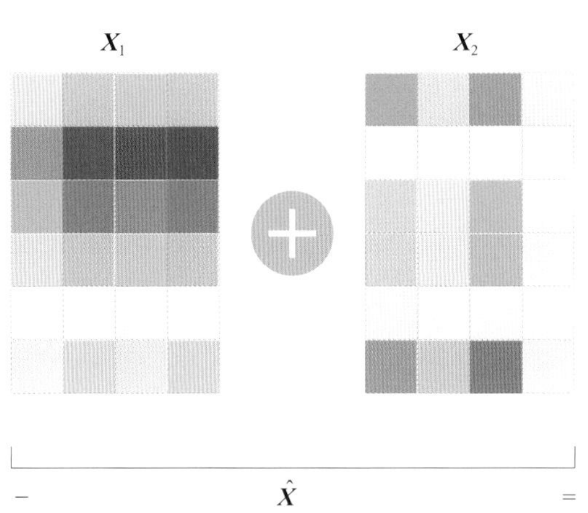

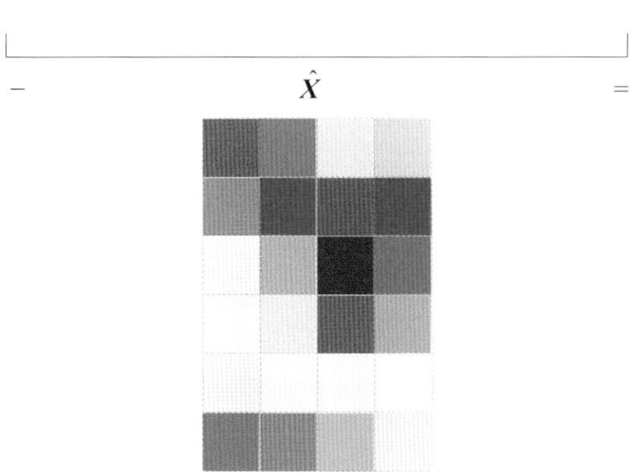

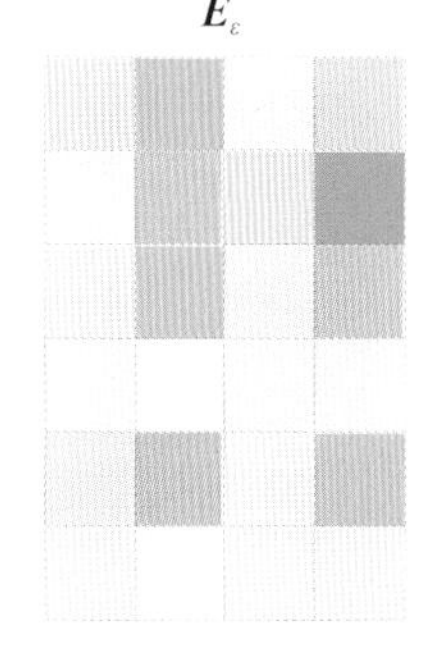

图16.12　利用前两个奇异值对应的矩阵还原数据

将式 (16.14) 展开写成

$$\boldsymbol{X} \approx \hat{\boldsymbol{X}} = s_1\boldsymbol{u}_1\boldsymbol{v}_1^{\mathrm{T}} + s_2\boldsymbol{u}_2\boldsymbol{v}_2^{\mathrm{T}} = \begin{bmatrix}\boldsymbol{u}_1 & \boldsymbol{u}_2\end{bmatrix}\begin{bmatrix}s_1 & \\ & s_2\end{bmatrix}\begin{bmatrix}\boldsymbol{v}_1^{\mathrm{T}} \\ \boldsymbol{v}_2^{\mathrm{T}}\end{bmatrix} \tag{16.16}$$

式 (16.16) 就是主成分分析中，用前两个主元还原原始数据对应的计算，如图16.13所示。

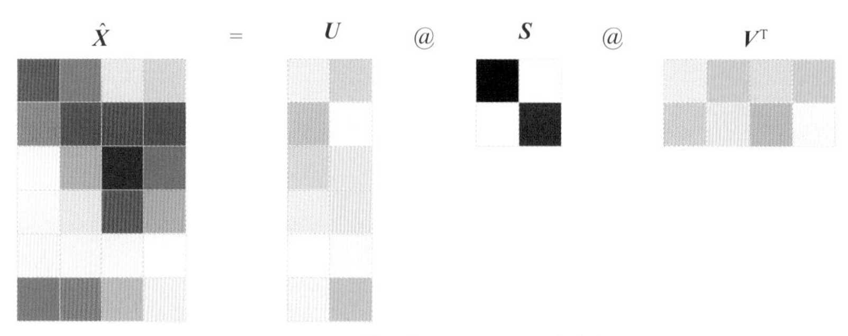

图16.13　用前两个主元还原原始数据

鸢尾花书《统计至简》一册将从中心化数据、Z分数、协方差矩阵、相关性系数矩阵等角度讲解主成分分析的不同技术途径，而《数据有道》一册将从数据应用角度再谈主成分分析。

三层叠加

图16.14所示为利用前三个奇异值对应矩阵还原数据，可以发现X和$\hat{X}$热图的误差进一步缩小。

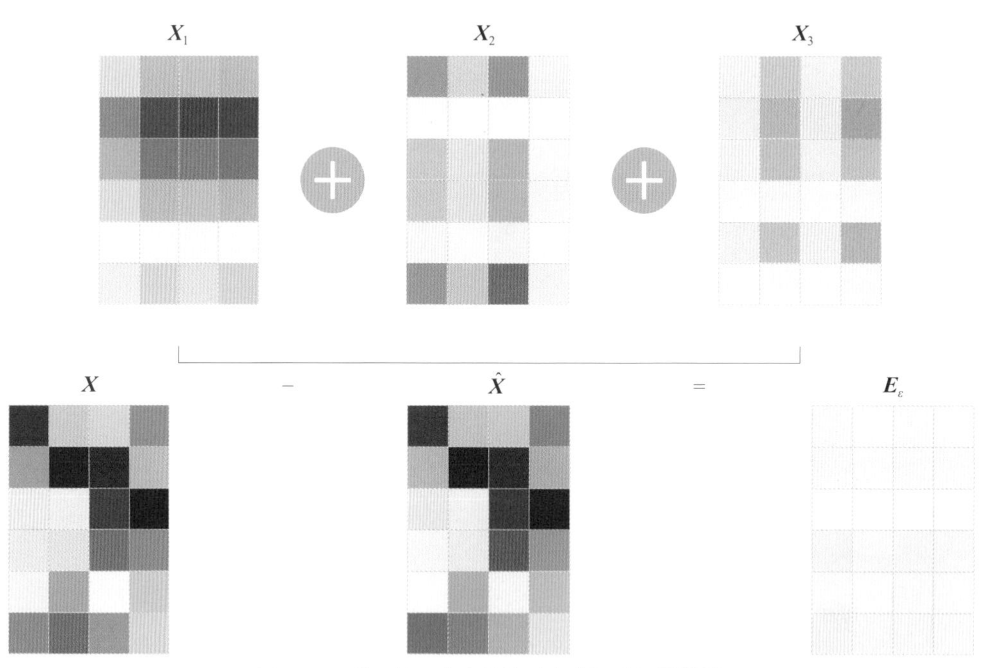

图16.14　利用前三个奇异值对应的矩阵还原数据

当$D = 4$时，采用s_1、s_2、s_3还原原始数据时，误差E_ε只剩一个成分，即

$$X - \hat{X} = s_4 u_4 v_4^{\mathrm{T}} = X v_4 \otimes v_4 \tag{16.17}$$

如果采用全部成分还原原始数据，请大家自行计算误差矩阵是否为O矩阵。

Bk4_Ch16_01.py中Bk4_Ch16_01_F绘制本节数据还原和误差热图。

在Bk4_Ch16_01.py基础上，我们用Streamlit做了一个App，用不同数量成分还原鸢尾花原始数据矩阵$\boldsymbol{X}$。请大家参考Streamlit_Bk4_Ch16_01.py。

鸢尾花照片

我们在本书第1章见过图16.15 (a)所示的这幅鸢尾花照片，这张黑白照片本身就是数据矩阵。对这个数据矩阵进行奇异值分解，并依照本节介绍的数据还原方法用不同**主成分** (Principal Component, PC)还原原始图片。

图16.15　还原原始图片

这个主成分对应的投影方向就是本节介绍的规范正交基向量$\boldsymbol{v}_1$、$\boldsymbol{v}_2$、$\boldsymbol{v}_3$等。图16.15 (b) 和图16.15 (c) 所示为分别采用一个和两个主成分还原原始图片，我们还很难从图片中看到鸢尾花的踪影。从向量空间角度来说，图16.15 (b) 所示图片的数据的秩为1，维度也是1；图16.15 (c) 所示图片的数据的秩为2，维度也是2。图16.15 (d) 所示则是采用前16个主成分还原原始图片，图片中已经明显看到了鸢尾花的样子，而这幅图片的数据量却小于原图像的1%。实践中，人脸识别采用的就是类似技术。

鸢尾花书《数据有道》还会采用图16.15这个例子深入探讨主成分分析。

16.7 正交投影：数据正交化

本书之前第10章介绍过，下式相当于数据矩阵$\boldsymbol{X}$向规范正交基 $\boldsymbol{V} = [\boldsymbol{v}_1, \boldsymbol{v}_2, \cdots, \boldsymbol{v}_D]$ 构成的D维空间投影，即

$$\boldsymbol{Z} = \boldsymbol{X}\boldsymbol{V} \tag{16.18}$$

如图16.16所示，乘积结果$\boldsymbol{Z}$代表$\boldsymbol{X}$在新的规范正交基 $[\boldsymbol{v}_1, \boldsymbol{v}_2, \cdots, \boldsymbol{v}_D]$ 下的坐标。本章介绍的SVD分解恰好帮我们找到了一个规范正交基$\boldsymbol{V}$。本节聊聊投影结果$\boldsymbol{Z}$的性质。

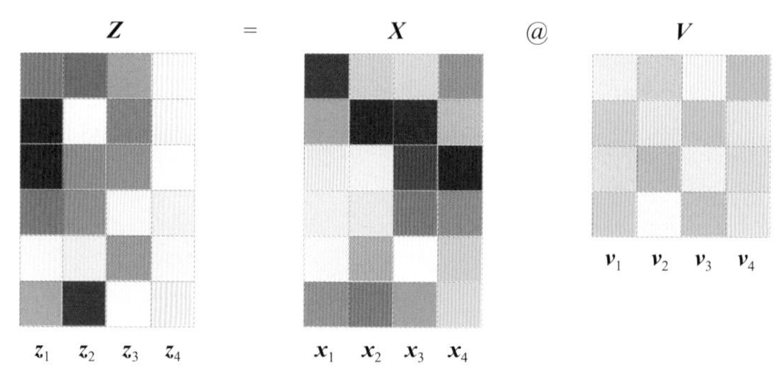

图16.16　$\boldsymbol{X}$向规范正交基$\boldsymbol{V}$投影

由于$\boldsymbol{X} = \boldsymbol{U}\boldsymbol{S}\boldsymbol{V}^{\mathrm{T}}$，代入(16.18)得到

$$\boldsymbol{Z} = \boldsymbol{U}\boldsymbol{S}\boldsymbol{V}^{\mathrm{T}}\boldsymbol{V} = \boldsymbol{U}\boldsymbol{S} = \begin{bmatrix} \boldsymbol{u}_1 & \boldsymbol{u}_2 & \cdots & \boldsymbol{u}_D \end{bmatrix} \begin{bmatrix} s_1 & & & \\ & s_2 & & \\ & & \ddots & \\ & & & s_D \end{bmatrix} = \begin{bmatrix} s_1\boldsymbol{u}_1 & s_2\boldsymbol{u}_2 & \cdots & s_D\boldsymbol{u}_D \end{bmatrix} \tag{16.19}$$

即

$$\underbrace{\begin{bmatrix} \boldsymbol{z}_1 & \boldsymbol{z}_2 & \cdots & \boldsymbol{z}_D \end{bmatrix}}_{\boldsymbol{Z}} = \underbrace{\begin{bmatrix} s_1\boldsymbol{u}_1 & s_2\boldsymbol{u}_2 & \cdots & s_D\boldsymbol{u}_D \end{bmatrix}}_{\boldsymbol{US}} \tag{16.20}$$

如图16.17所示，式 (16.20) 给了我们计算$\boldsymbol{Z}$的第二条路径。换句话说，$\boldsymbol{u}_j$实际上就是“单位化”的投影坐标，s_j是$\boldsymbol{z}_j$向量的模，即 $\|\boldsymbol{X}\boldsymbol{v}_j\| = \|\boldsymbol{z}_j\| = \|s_j\boldsymbol{u}_j\| = s_j\|\boldsymbol{u}_j\| = s_j$。

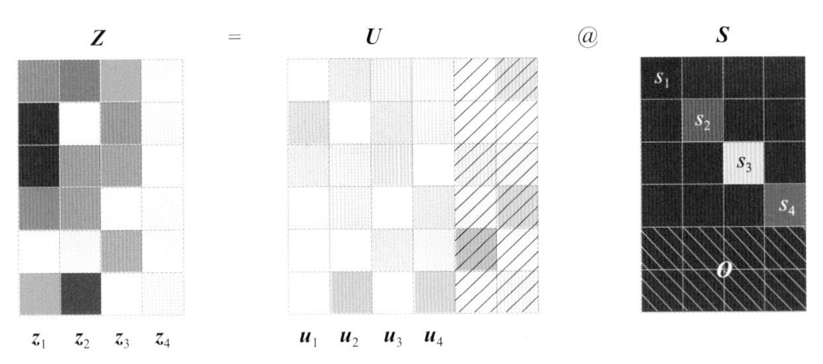

图16.17 第二条计算$\boldsymbol{Z}$的路径

格拉姆矩阵

对$\boldsymbol{Z}$求格拉姆矩阵，有

$$\boldsymbol{Z}^{\mathrm{T}}\boldsymbol{Z}=\begin{bmatrix}\boldsymbol{z}_1{}^{\mathrm{T}}\\ \boldsymbol{z}_2{}^{\mathrm{T}}\\ \vdots\\ \boldsymbol{z}_D{}^{\mathrm{T}}\end{bmatrix}\begin{bmatrix}\boldsymbol{z}_1 & \boldsymbol{z}_2 & \cdots & \boldsymbol{z}_D\end{bmatrix}=\begin{bmatrix}\boldsymbol{z}_1{}^{\mathrm{T}}\boldsymbol{z}_1 & \boldsymbol{z}_1{}^{\mathrm{T}}\boldsymbol{z}_2 & \cdots & \boldsymbol{z}_1{}^{\mathrm{T}}\boldsymbol{z}_D\\ \boldsymbol{z}_2{}^{\mathrm{T}}\boldsymbol{z}_1 & \boldsymbol{z}_2{}^{\mathrm{T}}\boldsymbol{z}_2 & \cdots & \boldsymbol{z}_2{}^{\mathrm{T}}\boldsymbol{z}_D\\ \vdots & \vdots & \ddots & \vdots\\ \boldsymbol{z}_D{}^{\mathrm{T}}\boldsymbol{z}_1 & \boldsymbol{z}_D{}^{\mathrm{T}}\boldsymbol{z}_2 & \cdots & \boldsymbol{z}_D{}^{\mathrm{T}}\boldsymbol{z}_D\end{bmatrix} \tag{16.21}$$

请大家将上式 (16.21) 写成向量内积形式。

将式 (16.19) 代入式 (16.21)，得到

$$\boldsymbol{Z}^{\mathrm{T}}\boldsymbol{Z}=(\boldsymbol{U}\boldsymbol{S})^{\mathrm{T}}\boldsymbol{U}\boldsymbol{S}=\boldsymbol{S}^{\mathrm{T}}\underbrace{\boldsymbol{U}^{\mathrm{T}}\boldsymbol{U}}_{\boldsymbol{I}}\boldsymbol{S}=\begin{bmatrix}s_1^2 & & & \\ & s_2^2 & & \\ & & \ddots & \\ & & & s_D^2\end{bmatrix} \tag{16.22}$$

如图16.18所示，发现$\boldsymbol{Z}$的格拉姆矩阵为对角阵，也就是说$\boldsymbol{Z}$的列向量两两正交，即

$$\boldsymbol{z}_i{}^{\mathrm{T}}\boldsymbol{z}_j=\boldsymbol{z}_j{}^{\mathrm{T}}\boldsymbol{z}_i=\boldsymbol{z}_i\cdot\boldsymbol{z}_j=\boldsymbol{z}_j\cdot\boldsymbol{z}_i=\left\langle\boldsymbol{z}_i,\boldsymbol{z}_j\right\rangle=\left\langle\boldsymbol{z}_j,\boldsymbol{z}_i\right\rangle=0,\quad i\neq j \tag{16.23}$$

回看图16.16，$\boldsymbol{X}\to\boldsymbol{Z}$的过程就是**正交化** (orthogonalization)。也请大家回顾本书第10章相关内容，特别是“二次投影 + 层层叠加”。

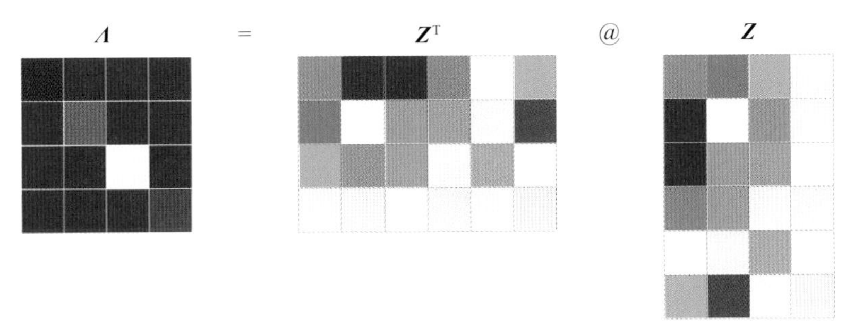

图16.18 $\boldsymbol{Z}$的格拉姆矩阵

图16.19所示的四幅图最能概括本章的核心内容。奇异值分解的四种不同类型都有特殊意义，都有不同应用场合。

图16.19　总结本章重要内容的四幅图

再次强调，矩阵分解的内核还是矩阵乘法。相信大家已经在本章奇异值分解中看到了矩阵乘法的不同视角、分块矩阵乘法等数学工具的应用。此外，张量积和正交投影这两个工具在解释奇异值分解上有立竿见影的效果。

本章留了个悬念，奇异值分解中奇异值的几何内涵到底是什么？我们将在本书第18章回答这个问题。在那里，大家会用优化视角一睹奇异值分解的几何本质。

本章虽然是矩阵分解板块的最后一章，但是本书有关矩阵分解的故事远没有结束。本书后续会从优化角度、数据角度、空间角度、应用角度一次次回顾这些线性代数的有力武器。

05 Section 05
微积分

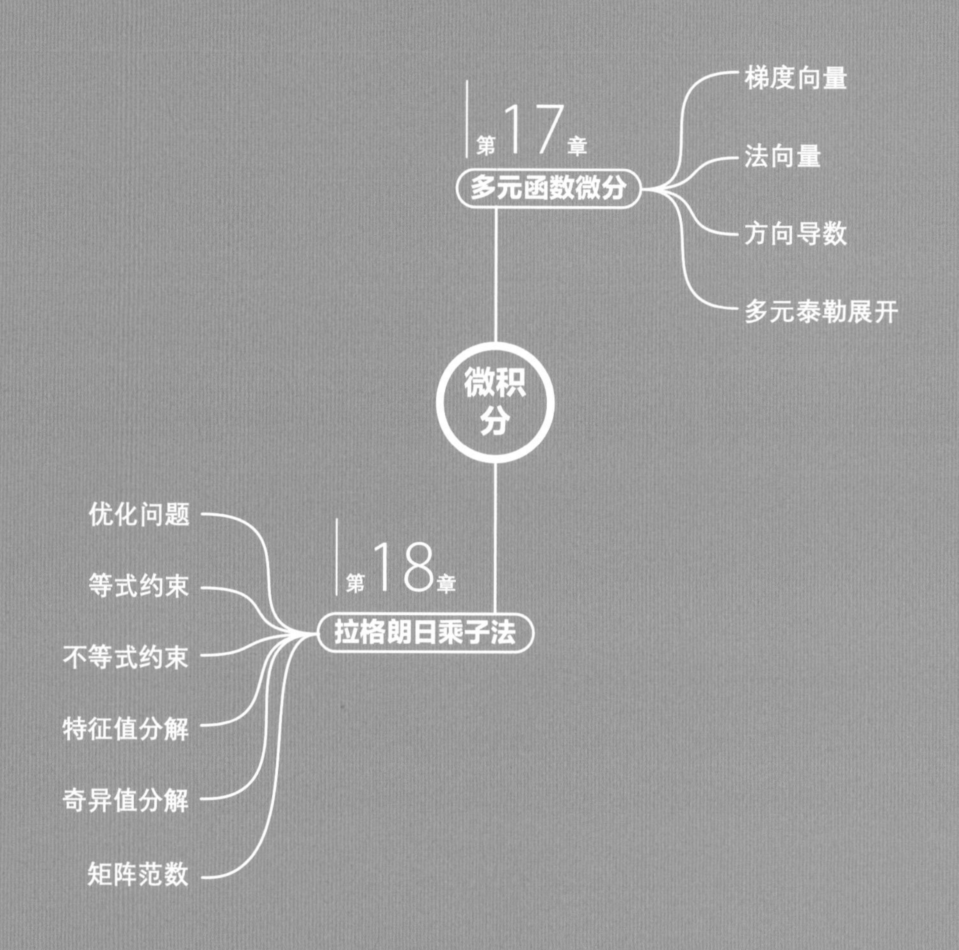

梯度向量
第17章
多元函数微分
法向量
方向导数
多元泰勒展开
微积分
优化问题
等式约束
第18章
拉格朗日乘子法
不等式约束
特征值分解
奇异值分解
矩阵范数

学习地图 | 第5版块

17 Derivatives of Multivariable Functions

多元函数微分

将偏微分延伸到高维和任意方向

数学的终极目标是人类精神的荣誉。

The object of mathematics is the honor of the human spirit.

—— 卡尔·雅可比 (Carl Jacobi) | 普鲁士数学家 | 1804—1851

- `numpy.meshgrid()` 获得网格数据
- `numpy.multiply()` 向量或矩阵逐项乘积
- `numpy.roots()` 多项式求根
- `numpy.sqrt()` 平方根
- `sympy.abc import x` 定义符号变量x
- `sympy.diff()` 求解符号导数和偏导解析式
- `sympy.Eq()` 定义符号等式
- `sympy.evalf()` 将符号解析式中的未知量替换为具体数值
- `sympy.plot_implicit()` 绘制隐函数方程
- `sympy.symbols()` 定义符号变量

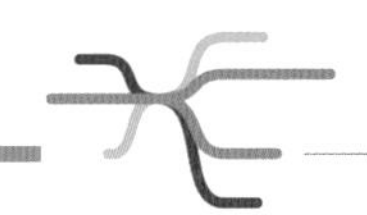

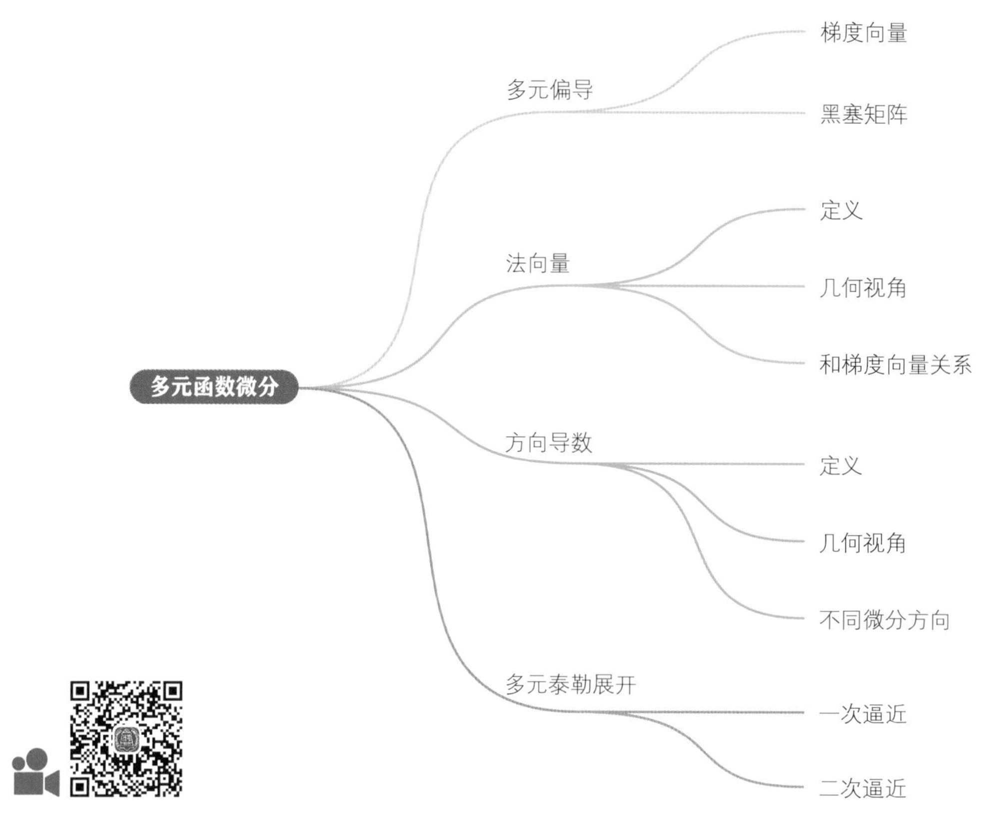

17.1 偏导：特定方向的变化率

回顾偏导

一个多变量的函数的偏导数是函数关于其中一个变量的导数，而保持其他变量恒定。通俗地说，偏导数关注曲面某个特定方向上的变化率。换个角度讲，一元函数导数这个工具改造成偏导数后，可以用在多元函数上。

鸢尾花书《数学要素》一册第16章讲过偏导数 (partial derivative) 的相关内容。

下面以二元函数为例回顾偏导数定义。设$f(x_1, x_2)$ 是定义在平面 $\mathbb{R}^2$ 上的二元函数，$f(x_1, x_2)$ 在点 (a, b) 的某一邻域内有定义。

图17.1 (a)所示的网格面为 $f(x_1, x_2)$ 的函数曲面，平行于x_1y平面在$x_2 = b$切一刀得到浅蓝色剖面，偏导$f_{x_1}(a,b)$就是浅蓝色剖面在 (a, b) 一点的切线斜率。

同理，如图17.1 (b) 所示，平行于x_2y平面在$x_1 = a$切一刀，偏导$f_{x_2}(a,b)$就是浅蓝色剖面在 (a, b) 一点的切线斜率。

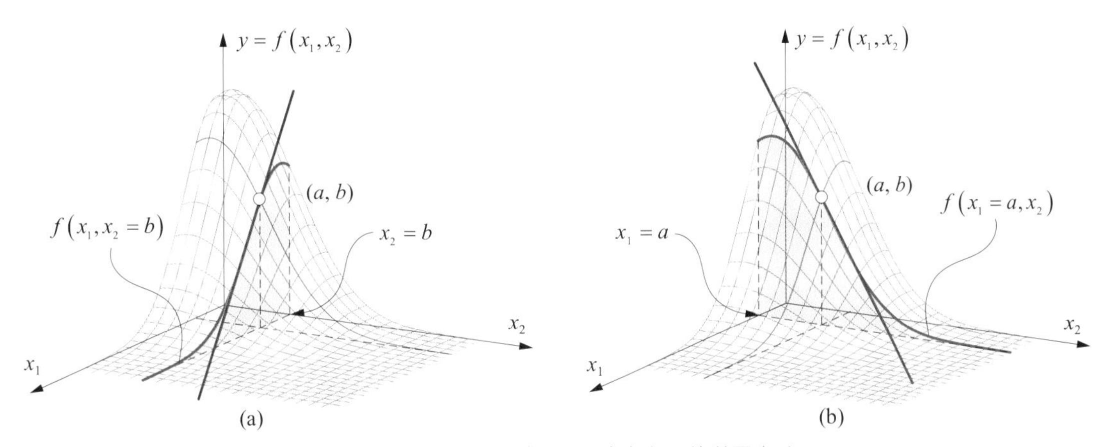

图17.1　$f(x_1, x_2)$ 偏导定义 (图片来自《数学要素》)

向量形式

为了方便表达和运算，我们可以把上述二元函数在x_1和x_2方向上的偏导写成列向量形式，有

$$\frac{\partial f(\boldsymbol{x})}{\partial \boldsymbol{x}} = \begin{bmatrix} \dfrac{\partial f(\boldsymbol{x})}{\partial x_1} \\ \dfrac{\partial f(\boldsymbol{x})}{\partial x_2} \end{bmatrix} \tag{17.1}$$

其中：$\boldsymbol{x}$为列向量，$\boldsymbol{x} = [x_1, x_2]^{\mathrm{T}}$。

一次函数

给定多元一次函数$f(\boldsymbol{x})$为

$$f(\boldsymbol{x}) = \boldsymbol{w}^{\mathrm{T}}\boldsymbol{x} + b = \boldsymbol{x}^{\mathrm{T}}\boldsymbol{w} + b \tag{17.2}$$

其中：$\boldsymbol{x}$和$\boldsymbol{w}$均为列向量，有

$$\boldsymbol{w} = \begin{bmatrix} w_1 \\ w_2 \\ \vdots \\ w_D \end{bmatrix}, \quad \boldsymbol{x} = \begin{bmatrix} x_1 \\ x_2 \\ \vdots \\ x_D \end{bmatrix} \tag{17.3}$$

式 (17.2) 展开即可得到大家熟悉的一次函数形式，即

$$f(\boldsymbol{x}) = w_1x_1 + w_2x_2 + \cdots w_Dx_D + b \tag{17.4}$$

从空间角度来看，当$b = 0$时，式 (17.4) 代表的超平面通过原点，可以看做是向量空间；当$b \neq 0$时，超平面不过原点，式 (17.4) 可以看做仿射空间。

式 (17.2) 的多元一次函数$f(\boldsymbol{x})$ 对$\boldsymbol{x}$求一阶偏导数，并写成列向量形式，有

$$\frac{\partial f(\boldsymbol{x})}{\partial \boldsymbol{x}} = \begin{bmatrix} \frac{\partial f(\boldsymbol{x})}{\partial x_1} \\ \frac{\partial f(\boldsymbol{x})}{\partial x_2} \\ \vdots \\ \frac{\partial f(\boldsymbol{x})}{\partial x_D} \end{bmatrix} = \begin{bmatrix} w_1 \\ w_2 \\ \vdots \\ w_D \end{bmatrix} = \boldsymbol{w} \tag{17.5}$$

本章后文会给式 (17.5) 起一个新的名字——**梯度向量** (gradient vector)。另外，请大家注意以下等价关系，即

$$\frac{\partial(\boldsymbol{w}^{\mathrm{T}}\boldsymbol{x})}{\partial \boldsymbol{x}} = \frac{\partial(\boldsymbol{x}^{\mathrm{T}}\boldsymbol{w})}{\partial \boldsymbol{x}} = \frac{\partial(\boldsymbol{w}\cdot\boldsymbol{x})}{\partial \boldsymbol{x}} = \frac{\partial(\boldsymbol{x}\cdot\boldsymbol{w})}{\partial \boldsymbol{x}} = \frac{\partial\langle \boldsymbol{w},\boldsymbol{x}\rangle}{\partial \boldsymbol{x}} = \boldsymbol{w} \tag{17.6}$$

二次函数

给定二次函数

$$f(\boldsymbol{x}) = \boldsymbol{x}^{\mathrm{T}}\boldsymbol{x} = x_1^2 + x_2^2 + \cdots + x_D^2 \tag{17.7}$$

从几何角度来看，式 (17.7)是多元空间的正圆抛物面。特别地，$f(\boldsymbol{x}) = \boldsymbol{x}^{\mathrm{T}}\boldsymbol{x} = c$ ($c > 0$) 时，式 (17.7) 代表D维正球体。

式 (17.7) 对向量$\boldsymbol{x}$求一阶偏导，有

$$\frac{\partial f(\boldsymbol{x})}{\partial \boldsymbol{x}} = \begin{bmatrix} \frac{\partial f(\boldsymbol{x})}{\partial x_1} \\ \frac{\partial f(\boldsymbol{x})}{\partial x_2} \\ \vdots \\ \frac{\partial f(\boldsymbol{x})}{\partial x_D} \end{bmatrix} = \begin{bmatrix} 2x_1 \\ 2x_2 \\ \vdots \\ 2x_D \end{bmatrix} = 2\boldsymbol{x} \tag{17.8}$$

类比之下，$f(\boldsymbol{x}) = \boldsymbol{x}^{\mathrm{T}}\boldsymbol{x}$相当于$f(x) = x^2$。而式 (17.8) 相当于$f(x)$ 的一阶导数$f'(x) = 2x$。

式 (17.8) 等价于

$$\frac{\partial(\boldsymbol{x}^{\mathrm{T}}\boldsymbol{x})}{\partial \boldsymbol{x}} = \frac{\partial(\boldsymbol{x}\cdot\boldsymbol{x})}{\partial \boldsymbol{x}} = \frac{\partial\langle \boldsymbol{x},\boldsymbol{x}\rangle}{\partial \boldsymbol{x}} = \frac{\partial\left(\|\boldsymbol{x}\|_2^2\right)}{\partial \boldsymbol{x}} = 2\boldsymbol{x} \tag{17.9}$$

二次型

给定

$$f(\boldsymbol{x}) = \boldsymbol{x}^{\mathrm{T}}\boldsymbol{Q}\boldsymbol{x} \tag{17.10}$$

式 (17.10) 对$\boldsymbol{x}$求一阶偏导，有

$$\frac{\partial\left(\boldsymbol{x}^{\mathrm{T}}\boldsymbol{Q}\boldsymbol{x}\right)}{\partial\boldsymbol{x}}=\left(\boldsymbol{Q}+\boldsymbol{Q}^{\mathrm{T}}\right)\boldsymbol{x} \tag{17.11}$$

如果$\boldsymbol{Q}$为对称矩阵，则式 (17.10) 对$\boldsymbol{x}$的一阶偏导数可以写成

注意：$\boldsymbol{Q}$为常数方阵。

$$\frac{\partial\left(\boldsymbol{x}^{\mathrm{T}}\boldsymbol{Q}\boldsymbol{x}\right)}{\partial\boldsymbol{x}}=2\boldsymbol{Q}\boldsymbol{x} \tag{17.12}$$

假设$\boldsymbol{Q}$为对称矩阵，给定二次函数

$$f\left(\boldsymbol{x}\right)=\frac{1}{2}\boldsymbol{x}^{\mathrm{T}}\boldsymbol{Q}\boldsymbol{x}+\boldsymbol{w}^{\mathrm{T}}\boldsymbol{x}+b \tag{17.13}$$

式 (17.13) 对$\boldsymbol{x}$求一阶偏导，有

$$\frac{\partial f\left(\boldsymbol{x}\right)}{\partial\boldsymbol{x}}=\boldsymbol{Q}\boldsymbol{x}+\boldsymbol{w} \tag{17.14}$$

举个形似式 (17.13) 的例子，有

$$f\left(\boldsymbol{x}\right)=\frac{1}{2}\boldsymbol{x}^{\mathrm{T}}\underbrace{\begin{bmatrix}1 & 2\\ 2 & 3\end{bmatrix}}_{Q}\boldsymbol{x}+\underbrace{\begin{bmatrix}4\\ 5\end{bmatrix}}_{w}^{\mathrm{T}}\boldsymbol{x}+6 \tag{17.15}$$

式 (17.15) 向量$\boldsymbol{x}$求一阶偏导，有

$$\frac{\partial f\left(\boldsymbol{x}\right)}{\partial\boldsymbol{x}}=\begin{bmatrix}1 & 2\\ 2 & 3\end{bmatrix}\boldsymbol{x}+\begin{bmatrix}4\\ 5\end{bmatrix} \tag{17.16}$$

如下形式函数对向量$\boldsymbol{x}$求一阶偏导，有

$$\frac{\partial\left(\left(\boldsymbol{x}-\boldsymbol{c}\right)^{\mathrm{T}}\boldsymbol{Q}\left(\boldsymbol{x}-\boldsymbol{c}\right)\right)}{\partial\boldsymbol{x}}=2\boldsymbol{Q}\left(\boldsymbol{x}-\boldsymbol{c}\right) \tag{17.17}$$

其中：$\boldsymbol{Q}$为对称矩阵。

二阶偏导：黑塞矩阵

黑塞矩阵 (Hessian matrix) 是一个多元函数的二阶偏导数构成的方阵，黑塞矩阵描述了函数的局部曲率。黑塞矩阵由德国数学家**奥托·黑塞** (Otto Hesse) 引入并以其名字命名。

假设有一实值函数$f(\boldsymbol{x})$，如果它的所有二阶偏导数都存在并在定义域内连续，那么$f(\boldsymbol{x})$ 的黑塞矩阵$\boldsymbol{H}$为

$$
\boldsymbol{H} = \frac{\partial^2 f}{\partial \boldsymbol{x} \partial \boldsymbol{x}^{\mathrm{T}}} = \nabla^2 f(\boldsymbol{x}) = \begin{bmatrix} \frac{\partial^2 f}{\partial x_1^2} & \frac{\partial^2 f}{\partial x_1 \partial x_2} & \cdots & \frac{\partial^2 f}{\partial x_1 \partial x_D} \\ \frac{\partial^2 f}{\partial x_2 \partial x_1} & \frac{\partial^2 f}{\partial x_2^2} & \cdots & \frac{\partial^2 f}{\partial x_2 \partial x_D} \\ \vdots & \vdots & \ddots & \vdots \\ \frac{\partial^2 f}{\partial x_D \partial x_1} & \frac{\partial^2 f}{\partial x_D \partial x_2} & \cdots & \frac{\partial^2 f}{\partial x_D^2} \end{bmatrix} \tag{17.18}
$$

注意：$\underbrace{\frac{\partial^2 f}{\partial x_1 \partial x_2}}_{x_1 \to x_2} = \frac{\partial}{\partial x_2}\left(\frac{\partial f}{\partial x_1}\right)$代表先对$x_1$、后对$x_2$的二阶混合偏导。

式 (17.10) 中给定二次函数对向量$\boldsymbol{x}$求二阶偏导，获得黑塞矩阵，即

$$
\boldsymbol{H} = \frac{\partial^2 \left(\boldsymbol{x}^{\mathrm{T}} \boldsymbol{Q} \boldsymbol{x}\right)}{\partial \boldsymbol{x} \partial \boldsymbol{x}^{\mathrm{T}}} = \boldsymbol{Q} + \boldsymbol{Q}^{\mathrm{T}} \tag{17.19}
$$

如果$\boldsymbol{Q}$为对称，则式 (17.19) 中的黑塞矩阵为

$$
\boldsymbol{H} = \frac{\partial^2 \left(\boldsymbol{x}^{\mathrm{T}} \boldsymbol{Q} \boldsymbol{x}\right)}{\partial \boldsymbol{x} \partial \boldsymbol{x}^{\mathrm{T}}} = 2\boldsymbol{Q} \tag{17.20}
$$

以式 (17.15) 为例，这个二元函数的黑塞矩阵为

$$
\boldsymbol{H} = \frac{\partial^2 f}{\partial \boldsymbol{x} \partial \boldsymbol{x}^{\mathrm{T}}} = \begin{bmatrix} \frac{\partial^2 f}{\partial x_1^2} & \underbrace{\frac{\partial^2 f}{\partial x_1 \partial x_2}}_{x_1 \to x_2} \\ \underbrace{\frac{\partial^2 f}{\partial x_2 \partial x_1}}_{x_2 \to x_1} & \frac{\partial^2 f}{\partial x_2^2} \end{bmatrix} = \begin{bmatrix} 1 & 2 \\ 2 & 3 \end{bmatrix} \tag{17.21}
$$

本书后续会在优化问题中用到黑塞矩阵判断极值点。本节的内容可能会显得单调。本章后续将依托几何视角帮助大家理解本节内容。

17.2 梯度向量：上山方向

我们给上节讨论的一阶偏导数起个新名字——**梯度向量** (gradient vector)。函数$f(\boldsymbol{x})$ 的梯度向量定义为

$$
\operatorname{grad} f(\boldsymbol{x}) = \nabla f(\boldsymbol{x}) = \begin{bmatrix} \frac{\partial f}{\partial x_1} \\ \frac{\partial f}{\partial x_2} \\ \vdots \\ \frac{\partial f}{\partial x_D} \end{bmatrix} \tag{17.22}
$$

梯度向量可以使用grad()作为运算符，也常使用**倒三角微分算子**∇，∇也叫**Nabla算子**(Nabla symbol)。

几何视角

从几何视角来看梯度向量，如图17.2所示，在坡面P点处放置一个小球，轻轻松开手的一瞬间，小球沿着坡面最陡峭方向 (绿色箭头) 滚下。瞬间滚动方向在平面上的投影方向便是**梯度下降方向** (direction of gradient descent)，也称“下山”方向。

数学中，下山方向的反方向即梯度向量的方向，也叫做“上山”方向。

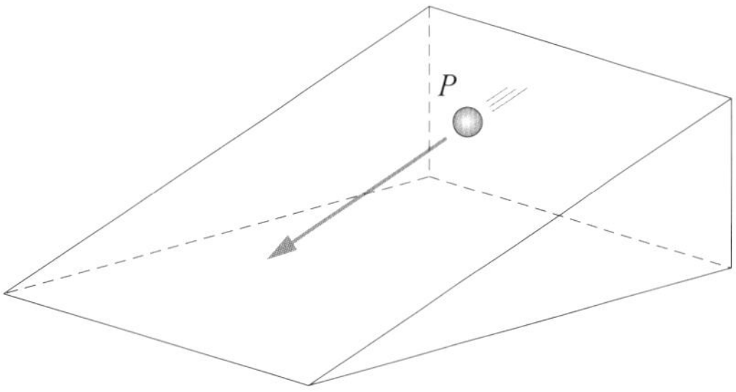

图17.2　梯度方向原理

二元函数

以二元函数为例，$f(x_1, x_2)$ 某一点P处梯度向量为

$$\nabla f(\boldsymbol{x}_P) = \text{grad}\, f(\boldsymbol{x}_P) = \begin{bmatrix} \dfrac{\partial f(\boldsymbol{x})}{\partial x_1} \\ \dfrac{\partial f(\boldsymbol{x})}{\partial x_2} \end{bmatrix}_{\boldsymbol{x}_P} \tag{17.23}$$

P处于不同点时，可以得到**梯度向量场** (gradient vector field)。图17.3所示为某个函数梯度向量的分布。大家容易发现，梯度向量垂直于所在位置的等高线。某点梯度向量长度越长，即向量模越大，说明该处越陡峭。相反地，如果梯度向量模越小，说明该点越平坦。特殊情况是，梯度向量为$\boldsymbol{0}$向量时，这一点便是驻点，该点的切平面平行于水平面。

通俗地讲，把图17.3看成一幅地图，某点梯度向量指向的方向就是该点最陡峭的上山方向。梯度向量的垂直方向就是该点等高线切线。沿着等高线规划的路径运动，高度不变。

下面我们来看三个例子。

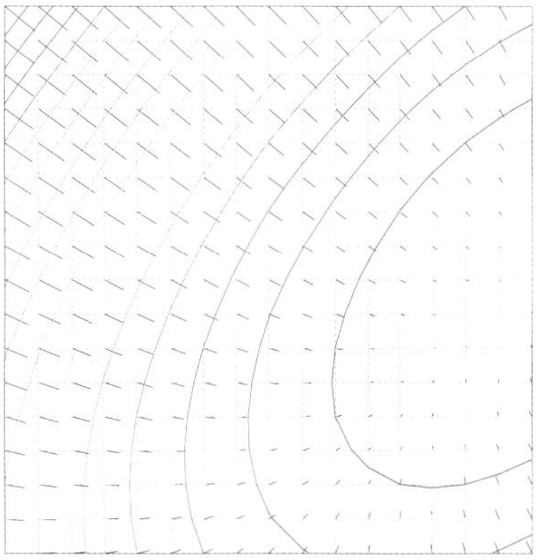

图17.3　梯度向量场

第一个例子：一次函数

给定二元一次函数$f(x_1, x_2)$为

$$f(x_1, x_2) = x_1 + x_2 \tag{17.24}$$

如图17.4 (a) 所示，这个函数在三维空间的形状是个平面。这个平面通过原点，可以看做向量空间。

式 (17.24) 函数$f(\boldsymbol{x})$的梯度向量为

$$\nabla f(\boldsymbol{x}) = \begin{bmatrix} \dfrac{\partial f}{\partial x_1} \\ \dfrac{\partial f}{\partial x_2} \end{bmatrix} = \begin{bmatrix} 1 \\ 1 \end{bmatrix} \tag{17.25}$$

本书第19章会专门讲解直线、平面和超平面。

观察式 (17.25)，容易发现二元一次函数梯度向量的方向和大小不随位置改变，具体如图17.4 (b) 所示。不存在任何约束条件的话，这个平面不存在任何极值点。沿着梯度向量方向运动，函数值增大，即上山。

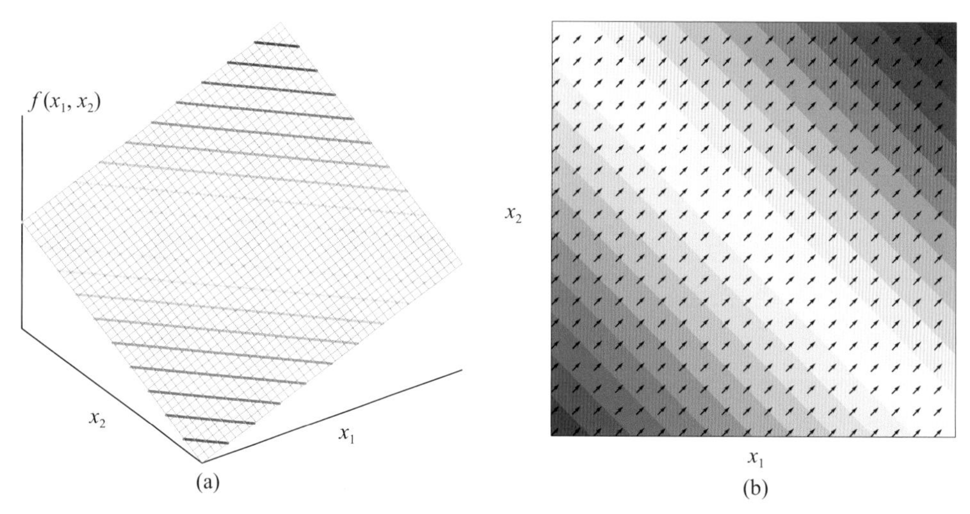

图17.4　平面的梯度向量场

第二个例子：二次函数

$f(x_1, x_2)$ 为二元二次函数，具体为

$$f\left(x_1,x_2\right)=x_1^2+x_2^2 \tag{17.26}$$

图17.5 (a) 告诉我们这个二元二次函数的图像是个开口朝上的正圆抛物面，显然曲面存在最小值点，位于 (0, 0)。

式 (17.26) 函数$f(\boldsymbol{x})$ 的梯度向量定义为

$$\nabla f\left(\boldsymbol{x}\right)=\begin{bmatrix}\dfrac{\partial f}{\partial x_1}\\ \dfrac{\partial f}{\partial x_2}\end{bmatrix}=\begin{bmatrix}2x_1\\ 2x_2\end{bmatrix} \tag{17.27}$$

观察图17.5 (b)，容易发现越靠近 (0, 0)，也就是最小值点附近，曲面梯度向量的模越小。在 (0, 0) 处，梯度向量为$\boldsymbol{0}$。也就是说，该点处 $f(x_1, x_2)$ 对x_1和x_2的偏导数都为0。显然$\boldsymbol{0}$是函数的最小值点。图17.5 (b) 中不同点处的梯度向量均垂直于等高线，指向背离最小值点，即上山方向。离$\boldsymbol{0}$越远，梯度向量模越大，曲面坡度越陡峭。

如果我们现在处于曲面上某一点，沿着下山方向一步步行走，最终我们会到达最小值点处。这个思路就是基于梯度的优化方法。当然，我们需要制定一个下山的策略。比如，下山的步伐怎么确定？路径怎么规划？怎么判定是否到达极值点？不同的基于梯度的优化方法在具体下山策略上会有差别。这些内容，我们会在鸢尾花书后续分册中进行讨论。

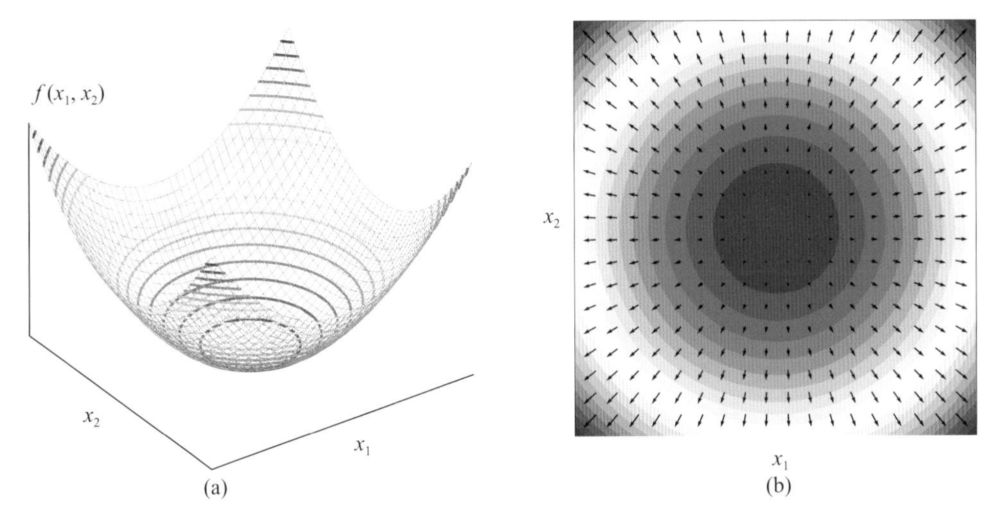

图17.5　正圆抛物面的向量场

第三个例子：复合函数

给定$f(x_1, x_2)$ 函数为

$$f(x_1, x_2) = x_1 \exp\left(-\left(x_1^2 + x_2^2\right)\right) \tag{17.28}$$

图17.6 (a) 所示为函数曲面，它存在一个最大值点和一个最小值点。
函数$f(\boldsymbol{x})$ 的梯度向量定义为

$$\nabla f(\boldsymbol{x}) = \begin{bmatrix} \dfrac{\partial f}{\partial x_1} \\ \dfrac{\partial f}{\partial x_2} \end{bmatrix} = \begin{bmatrix} -2x_1^2 \exp\left(-\left(x_1^2 + x_2^2\right)\right) + \exp\left(-\left(x_1^2 + x_2^2\right)\right) \\ -2x_1 x_2 \exp\left(-\left(x_1^2 + x_2^2\right)\right) \end{bmatrix} \tag{17.29}$$

图17.6 (b) 中，最大值点附近，梯度向量均指向最大值点。最小值点附近，梯度向量均背离最小值点。在最大值点和最小值点处，梯度向量都是$\boldsymbol{0}$向量。

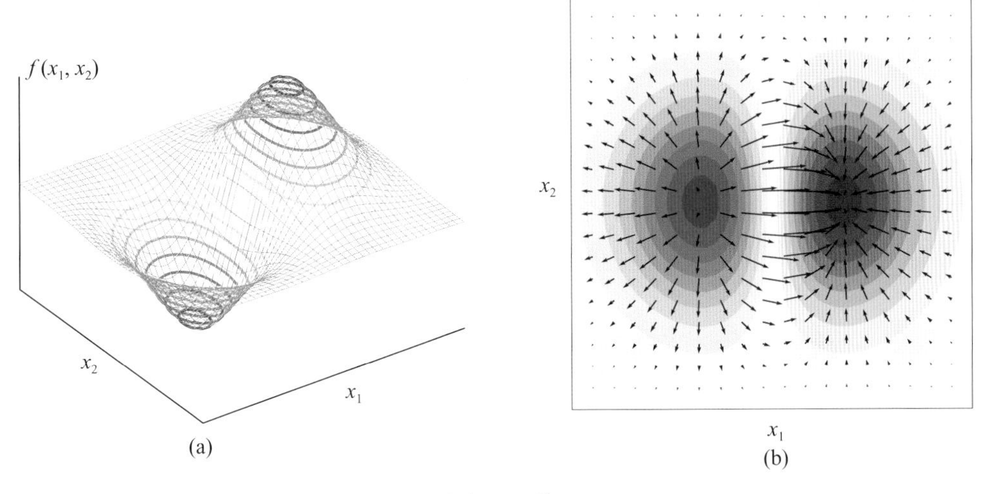

图17.6　$x_1 \exp\left(-\left(x_1^2 + x_2^2\right)\right)$ 的梯度向量场

请大家修改Bk4_Ch17_01.py并绘制图17.4～图17.6。

在Bk4_Ch17_01.py的基础上，我们用Streamlit和Plotly制作了一个App，用来交互可视化图17.6两幅图像。请大家参考Streamlit_Bk4_Ch17_01.py。

17.3 法向量：垂直于切平面

对于$y = f(\boldsymbol{x})$ 函数，我们可以把它看做是等式 $f(\boldsymbol{x}) - y = 0$。定义$F(\boldsymbol{x}, y)$ 为

$$F(\boldsymbol{x}, y) = f(\boldsymbol{x}) - y \tag{17.30}$$

函数$F(\boldsymbol{x}, y)$ 的梯度向量为

$$\nabla F(\boldsymbol{x}, y) = \begin{bmatrix} \nabla f(\boldsymbol{x}) \\ -1 \end{bmatrix} \tag{17.31}$$

这个梯度向量就是$f(\boldsymbol{x})$ 在点$\boldsymbol{x}$处曲面的法向量$\boldsymbol{n}$，即有

$$\boldsymbol{n} = \begin{bmatrix} \nabla f(\boldsymbol{x}) \\ -1 \end{bmatrix} \tag{17.32}$$

如图17.7所示，以二元函数$f(\boldsymbol{x})$为例，$\boldsymbol{n}$向水平面投影得到梯度向量 $\nabla f(\boldsymbol{x})$。

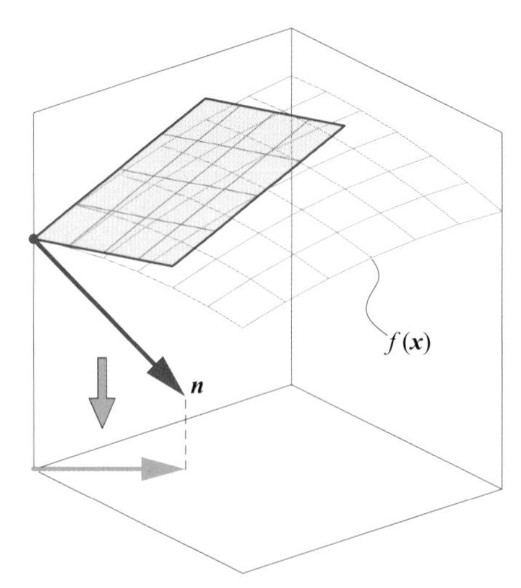

图17.7　$\boldsymbol{n}$向水平面投影得到梯度向量

图17.8左图所示为某个二元函数$f(\boldsymbol{x})$ 曲面上不同点处的法向量，这些法向量向x_1x_2平面投影便可以得到$f(\boldsymbol{x})$ 的梯度向量，具体如图17.8右图所示。这个视角非常重要，本书第21章还会继续用到。

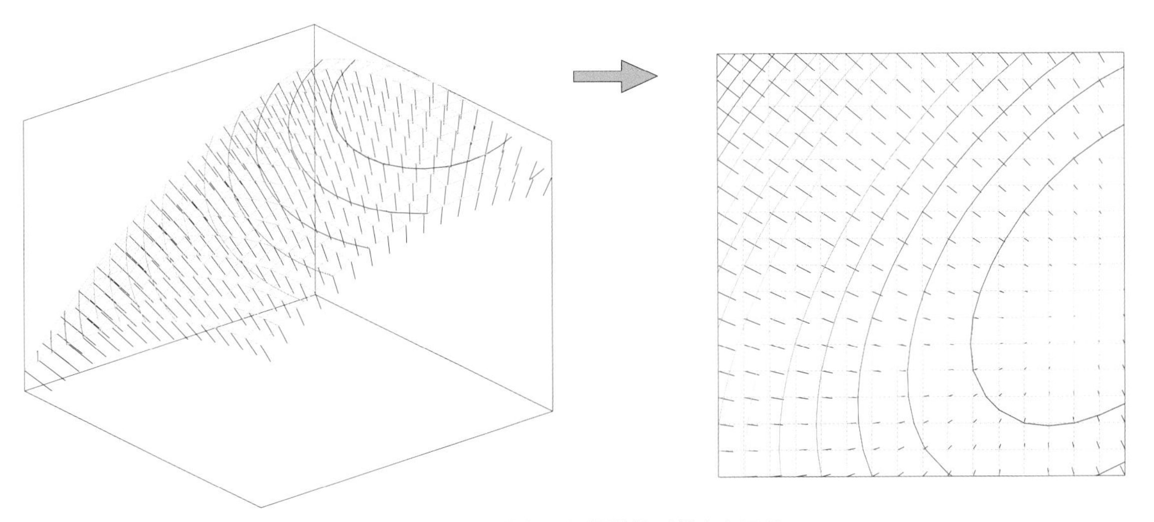

图17.8　曲面法向量场投影得到梯度向量场

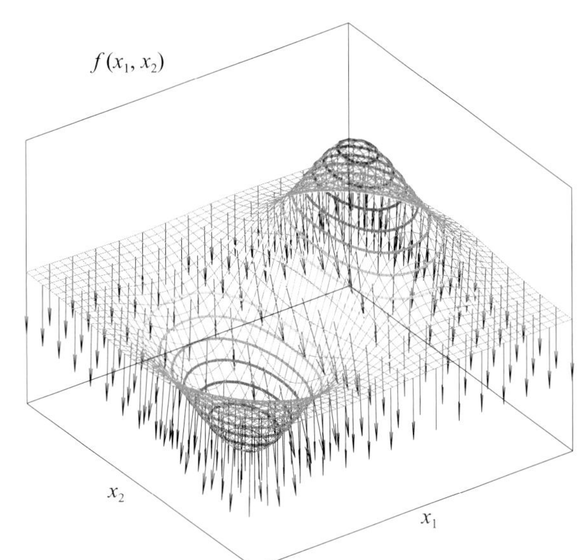

图17.9　$x_1 \exp\left(-\left(x_1^2 + x_2^2\right)\right)$的法向量场

图17.9给出的是式 (17.28) 中函数在不同点处的法向量，这些向量朝水平面投影便得到图17.6 (b)所示图像。曲面越陡峭，法向量在水平面投影的分量就越多。举个极端例子，曲面某点处切面垂直于水平面，即坡度为90°，则它的法线平行于水平面。特别地，在极值点处，曲面的法向量垂直于水平面，因此在水平面的投影为零向量$\boldsymbol{0}$。觉得图17.9不容易看的话，请大家参考图17.10。图17.10两个子图中曲线上的向量实际上是法向量的反方向。因此，在水平面上的投影是“下山”方向。

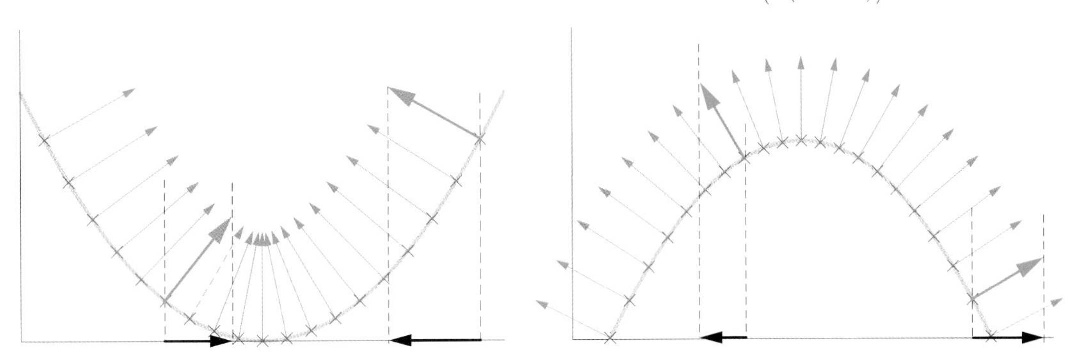

图17.10　曲线法向量 (反方向) 在水平面上投影

Bk4_Ch17_02.py绘制图17.9。

17.4 方向性微分：函数任意方向的变化率

鸢尾花书《数学要素》一册中提到过，光滑曲面 $f(x_1, x_2)$ 某点的切线有无数条，如图17.11所示。而偏导数仅仅分析了其中两条切线的变化率，它们分别沿着x_1和x_2轴方向。

本节将介绍一个全新的数学工具——**方向性微分** (directional derivative)，它可以分析光滑曲面某点处不同方向切线的变化率。

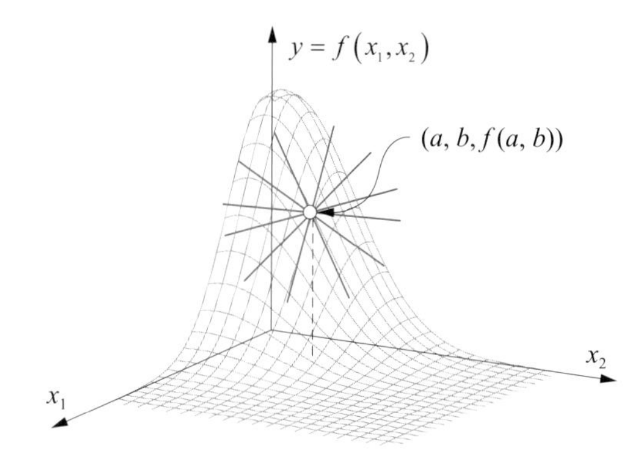

图17.11　光滑曲面 $f(x_1, x_2)$ 某点的切线有无数条

以二元函数为例

二元函数 $f(x_1, x_2)$ 写作 $f(\boldsymbol{x})$，有

$$f(\boldsymbol{x}) = f(x_1, x_2) \tag{17.33}$$

在P (x_1, x_2) 点处，任意偏离P点微小移动 $(\Delta x_1, \Delta x_2)$ 可能导致 $f(\boldsymbol{x})$ 的大小发生变化，函数值变化具体为

$$\Delta f = f(\boldsymbol{x} + \Delta\boldsymbol{x}) - f(\boldsymbol{x}) = f(x_1 + \Delta x_1, x_2 + \Delta x_2) - f(x_1, x_2) \tag{17.34}$$

如图17.12所示，曲面从P点移动到Q点高度的变化就是式 (17.34) 中的 Δf。

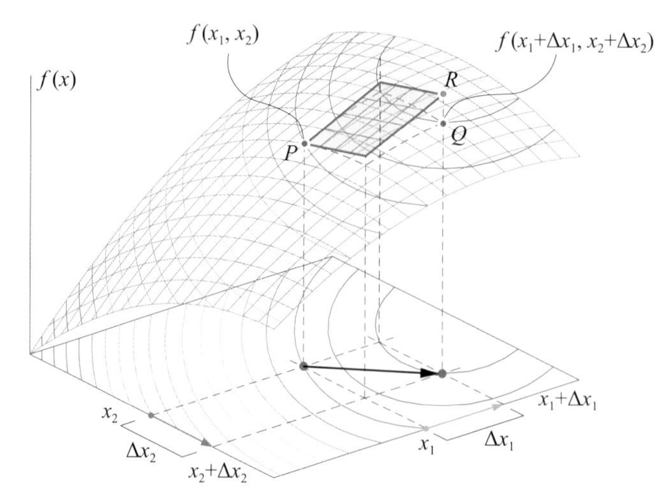

图17.12　曲面从P点移动到Q点对应位置变化

用一阶偏微分近似求解 Δf，有

$$\begin{aligned}\Delta f &= f(\boldsymbol{x}+\Delta\boldsymbol{x})-f(\boldsymbol{x})\\ &= \underbrace{f(x_1+\Delta x_1, x_2+\Delta x_2)}_{Q}-\underbrace{f(x_1, x_2)}_{P} \approx \frac{\partial f(\boldsymbol{x})}{\partial x_1}\Delta x_1+\frac{\partial f(\boldsymbol{x})}{\partial x_2}\Delta x_2\end{aligned} \tag{17.35}$$

式 (17.35) 便是鸢尾花书《数学要素》一册讲过的二元函数泰勒一阶展开。如图17.12所示，式 (17.35) 相当于用二元一次函数斜面 (浅蓝色背景) 近似函数曲面，即

$$\underbrace{f(x_1+\Delta x_1, x_2+\Delta x_2)}_{Q} \approx \underbrace{f(x_1, x_2)+\frac{\partial f(\boldsymbol{x})}{\partial x_1}\Delta x_1+\frac{\partial f(\boldsymbol{x})}{\partial x_2}\Delta x_2}_{R} \tag{17.36}$$

式 (17.36) 左侧代表Q点高度，右侧代表R点高度。两者之差就是估算误差。

几何视角

图17.13所示为图17.12的局部放大图，这张图更清晰地展示估算过程。

在 $P(x_1, x_2)$ 点处，二元函数曲面的高度为$f(x_1, x_2)$。沿着蓝色斜面从P点运动到R点，我们把高度变化分成两步阶梯来看。沿着x_1方向上移动 Δx_1带来的高度变化为 $\left.\frac{\partial f(\boldsymbol{x})}{\partial x_1}\right|_P \Delta x_1$。类似地，在$x_2$方向上移动 Δx_2带来的高度变化为 $\left.\frac{\partial f(\boldsymbol{x})}{\partial x_2}\right|_P \Delta x_2$。两个高度变化之和便是对 Δf的一阶逼近。

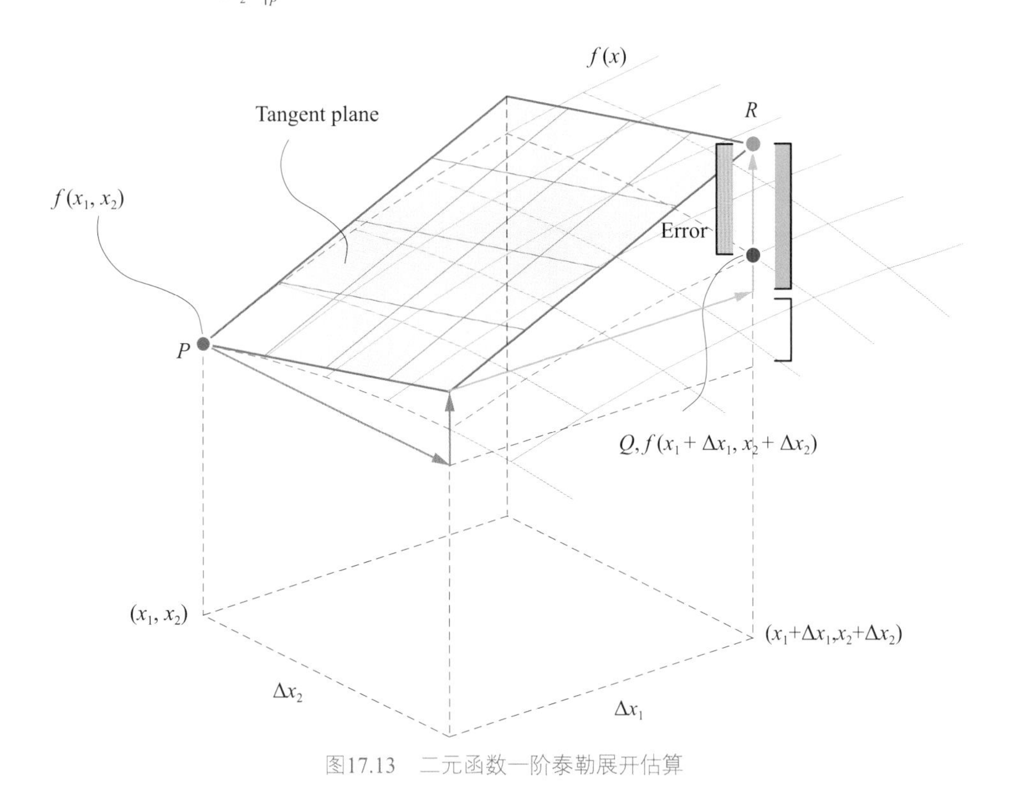

图17.13　二元函数一阶泰勒展开估算

式 (17.35) 可以写成两个向量内积的关系，即

$$\Delta f \approx \begin{bmatrix} \Delta x_1 \\ \Delta x_2 \end{bmatrix} \cdot \begin{bmatrix} \dfrac{\partial f(\boldsymbol{x})}{\partial x_1} \\ \dfrac{\partial f(\boldsymbol{x})}{\partial x_2} \end{bmatrix} = \begin{bmatrix} \Delta x_1 \\ \Delta x_2 \end{bmatrix}^{\mathrm{T}} \begin{bmatrix} \dfrac{\partial f(\boldsymbol{x})}{\partial x_1} \\ \dfrac{\partial f(\boldsymbol{x})}{\partial x_2} \end{bmatrix} \tag{17.37}$$

换个角度，向量 $[\Delta x_1, \Delta x_2]^{\mathrm{T}}$ 决定了P点微分方向，如图17.14所示。

也就是说，有了向量 $[\Delta x_1, \Delta x_2]^{\mathrm{T}}$，我们可以量化二元函数 $f(x_1, x_2)$ 在任意方向的函数变化以及变化率。

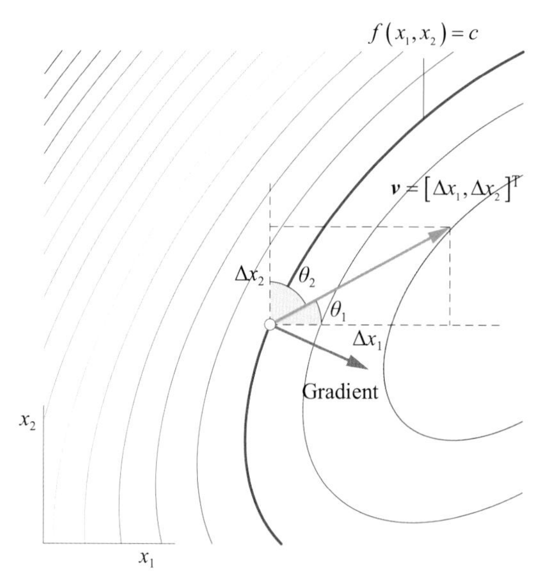

图17.14　x_1x_2平面上的方向微分

单位向量

在x_1x_2平面上，给定一个方向，用单位向量 $\boldsymbol{v}$ 表示为

$$\boldsymbol{v} = \begin{bmatrix} v_1 \\ v_2 \end{bmatrix} \tag{17.38}$$

令单位向量$\boldsymbol{v}$为

$$\boldsymbol{v} = \begin{bmatrix} \cos\theta_1 \\ \cos\theta_2 \end{bmatrix} \tag{17.39}$$

图17.14所示给出了θ_1和θ_2的角度定义。我们可以这样理解单位向量$\boldsymbol{v}$，模为1代表“一步”，$\boldsymbol{v}$的方向代表运动方向。也就是说，单位向量$\boldsymbol{v}$确定了朝哪个方向运动一步。

对于上述二元函数，定义方向性微分为

$$\nabla_{\boldsymbol{v}} f(\boldsymbol{x}) = \boldsymbol{v} \cdot \nabla f(\boldsymbol{x}) = \boldsymbol{v}^{\mathrm{T}} \nabla f(\boldsymbol{x}) = \langle \boldsymbol{v}, \nabla f(\boldsymbol{x}) \rangle \tag{17.40}$$

展开得到方向导数和偏导之间关系为

$$\nabla_{v} f(\boldsymbol{x})=\frac{\partial f(\boldsymbol{x})}{\partial x_{1}} \cos \theta_{1}+\frac{\partial f(\boldsymbol{x})}{\partial x_{2}} \cos \theta_{2}=\left[\begin{array}{l}\cos \theta_{1} \\ \cos \theta_{2}\end{array}\right]^{\mathrm{T}}\left[\begin{array}{c}\frac{\partial f(\boldsymbol{x})}{\partial x_{1}} \\ \frac{\partial f(\boldsymbol{x})}{\partial x_{2}}\end{array}\right] \tag{17.41}$$

式 (17.40) 也适用于多元函数。

不同方向

根据向量内积法则，式 (17.40) 可以写成

$$\begin{aligned}\nabla_{v} f(\boldsymbol{x}) & =\nabla f(\boldsymbol{x}) \cdot \boldsymbol{v} \\ & =\|\nabla f(\boldsymbol{x})\| \cdot\|\boldsymbol{v}\| \cos (\theta) \\ & =\|\nabla f(\boldsymbol{x})\| \cos (\theta)\end{aligned} \tag{17.42}$$

其中：$\boldsymbol{v}$为单位向量；θ为 $\nabla f(\boldsymbol{x})$ 与$\boldsymbol{v}$之间的相对夹角。

图17.15所示为x_1x_2平面上六种不同方向的导数情况。

如图17.15 (a) 和图17.15 (b) 所示，若$\theta = 90°$，方向导数垂直于梯度向量，式 (17.42) 为0。这说明沿着等高线运动，函数值不会有任何变化。

如图17.15 (c)所示，若$\theta = 180°$，式 (17.42) 取得最小值。此时，$\boldsymbol{v}$方向为梯度向量反方向，即下山方向。沿着$\boldsymbol{v}$运动瞬间，函数值减小最快。

如图17.15 (d)所示，$\theta = 0°$，式 (17.42) 取得最大值。方向导数和梯度向量同向，对应该点处函数值增大最快的方向，即上山方向。

当θ为锐角时，式 (17.42) 大于0。沿着$\boldsymbol{v}$运动瞬间，函数变化值大于0，如图17.15 (e)所示。当θ为钝角时，式 (17.42) 小于0。沿着$\boldsymbol{v}$运动瞬间，函数变化值小于0，如图17.15 (f)所示。

特别地，$\boldsymbol{v} = [1, 0]^{\mathrm{T}}$对应$f(x_1, x_2)$ 对x_1偏导。$\boldsymbol{v} = [0, 1]^{\mathrm{T}}$对应$f(x_1, x_2)$ 对x_2偏导。可见，方向性微分比偏导更灵活。

方向导数可以用于研究多元函数在某一特定方向的函数变化率，机器学习和深度学习的很多算法在求解优化问题时都会用到方向导数这个重要的数学工具。

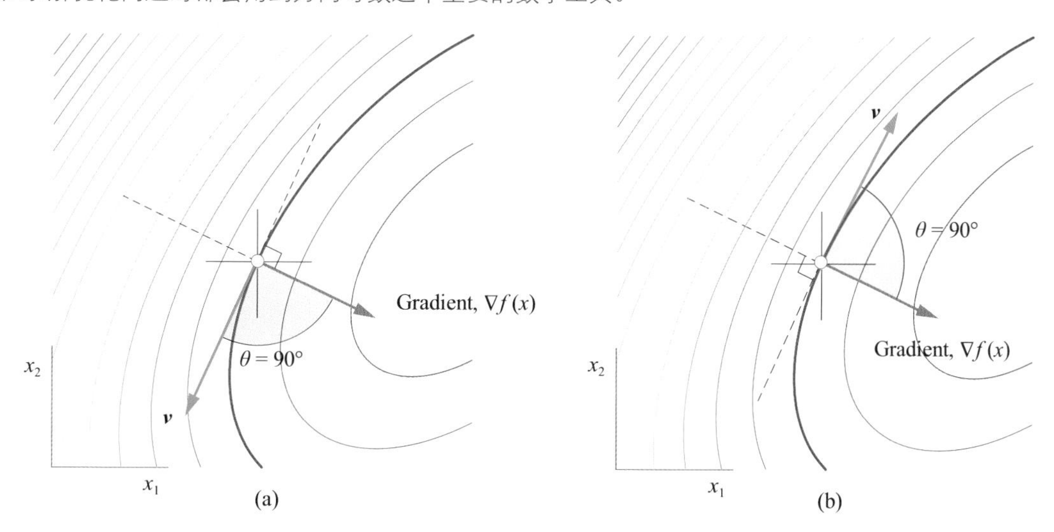

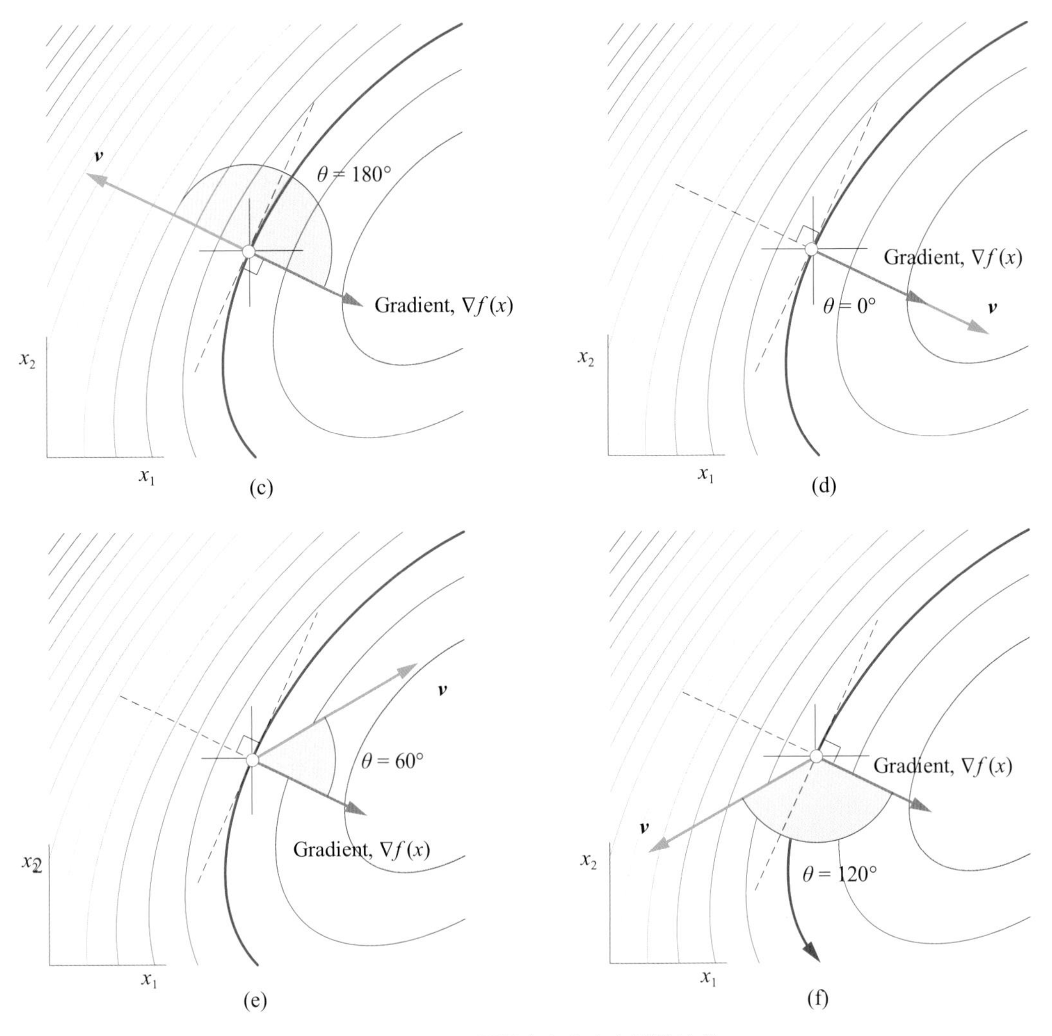

图17.15　x_1x_2平面上六种方向导数情况

17.5 泰勒展开：一元到多元

鸢尾花书《数学要素》一册第17章介绍了**泰勒展开** (Taylor series expansion)。本节将一元泰勒展开扩展到多元函数。

一元函数泰勒展开

一元函数$f(x)$ 在展开点$x = a$处的泰勒展开形式为

$$
\begin{aligned}
f(x) &= \sum_{n=0}^{\infty} \frac{f^{(n)}(a)}{n!}(x-a)^n \\
&= \underbrace{f(a)}_{\text{Constant}} + \underbrace{\frac{f'(a)}{1!}(x-a)}_{\text{Linear}} + \underbrace{\frac{f''(a)}{2!}(x-a)^2}_{\text{Quadratic}} + \underbrace{\frac{f'''(a)}{3!}(x-a)^3}_{\text{Cubic}} + \cdots
\end{aligned} \tag{17.43}
$$

式 (17.43) 保留“常数 + 一阶导数”两个成分就是线性逼近，即

$$
f(x) \approx \underbrace{f(a)}_{\text{Constant}} + \underbrace{\frac{f'(a)}{1!}(x-a)}_{\text{Linear}} \tag{17.44}
$$

我们在《数学要素》一册第17章中讲过，如图17.16所示，从几何角度看，二元函数的泰勒展开相当于，水平面、斜面、二次曲面、三次曲面等多项式曲面叠加。

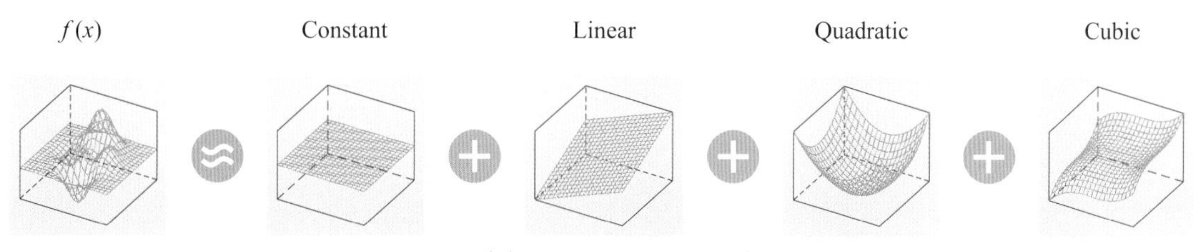

图17.16　二元函数泰勒展开原理 (来自《数学要素》一册)

线性逼近

更一般情况下，对于多元函数$f(\boldsymbol{x})$，当$\boldsymbol{x}$足够靠近展开点$\boldsymbol{x}_P$时，$f(\boldsymbol{x})$ 的函数值可以用泰勒一阶展开逼近为

$$
\begin{aligned}
f(\boldsymbol{x}) &\approx f(\boldsymbol{x}_P) + \nabla f(\boldsymbol{x}_P)^{\mathrm{T}}(\boldsymbol{x}-\boldsymbol{x}_P) \\
&= f(\boldsymbol{x}_P) + \nabla f(\boldsymbol{x}_P)^{\mathrm{T}} \Delta \boldsymbol{x}
\end{aligned} \tag{17.45}
$$

其中：$\boldsymbol{x}_P$为**泰勒级数展开点** (expansion point of Taylor series)；$\nabla f(\boldsymbol{x}_P)$为多元函数$f(\boldsymbol{x})$ 在$\boldsymbol{x}_P$处梯度向量。

图17.17所示比较了一元函数和二元函数线性逼近。一元线性逼近是用切线逼近曲线，二元线性逼近是用切面逼近曲面。

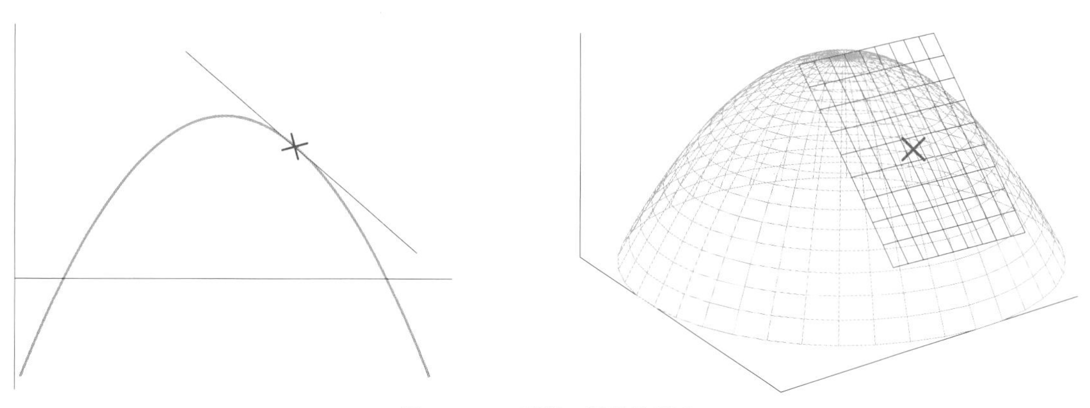

图17.17　一元到二元线性逼近

二次逼近

多元函数$f(\boldsymbol{x})$ 泰勒二阶级数展开式对应的矩阵运算为

$$\begin{aligned} f(\boldsymbol{x}) &\approx f(\boldsymbol{x}_P)+\nabla f(\boldsymbol{x}_P)^{\mathrm{T}}(\boldsymbol{x}-\boldsymbol{x}_P)+\frac{1}{2}(\boldsymbol{x}-\boldsymbol{x}_P)^{\mathrm{T}}\nabla^2 f(\boldsymbol{x}_P)(\boldsymbol{x}-\boldsymbol{x}_P) \\ &= f(\boldsymbol{x}_P)+\nabla f(\boldsymbol{x}_P)^{\mathrm{T}}\Delta\boldsymbol{x}+\frac{1}{2}\Delta\boldsymbol{x}^{\mathrm{T}}\nabla^2 f(\boldsymbol{x}_P)\Delta\boldsymbol{x} \\ &= f(\boldsymbol{x}_P)+\nabla f(\boldsymbol{x}_P)^{\mathrm{T}}\Delta\boldsymbol{x}+\frac{1}{2}\Delta\boldsymbol{x}^{\mathrm{T}}\boldsymbol{H}\Delta\boldsymbol{x} \end{aligned} \tag{17.46}$$

式 (17.46) 就是二次逼近。其中，$\boldsymbol{H}$为黑塞矩阵。

二次曲面

本章最后讨论二次曲面在某点的切面，即一次逼近。采用圆锥曲线一般式，令 $y=f(x_1, x_2)$，有

$$y=f(x_1,x_2)=Ax_1^2+Bx_1x_2+Cx_2^2+Dx_1+Ex_2+F \tag{17.47}$$

$y=f(x_1, x_2)$ 写成矩阵运算式为

$$y=f(x_1,x_2)=\frac{1}{2}\begin{bmatrix} x_1 \\ x_2 \end{bmatrix}^{\mathrm{T}}\begin{bmatrix} 2A & B \\ B & 2C \end{bmatrix}\begin{bmatrix} x_1 \\ x_2 \end{bmatrix}+\begin{bmatrix} D \\ E \end{bmatrix}^{\mathrm{T}}\begin{bmatrix} x_1 \\ x_2 \end{bmatrix}+F \tag{17.48}$$

构造函数 $F(x_1, x_2, y)$，有

$$F(x_1,x_2,y)=Ax_1^2+Bx_1x_2+Cx_2^2+Dx_1+Ex_2+F-y \tag{17.49}$$

在三维空间中一点 $P\ (p_1, p_2, p_y)$，$F(x_1, x_2, y)$ 曲面法向量$\boldsymbol{n}_p$通过下式得到，即

$$\boldsymbol{n}_P=\left.\begin{bmatrix} \dfrac{\partial F}{\partial x_1} \\ \dfrac{\partial F}{\partial x_2} \\ \dfrac{\partial F}{\partial y} \end{bmatrix}\right|_{(p_1,p_2,p_y)}=\begin{bmatrix} 2Ap_1+Bp_2+D \\ Bp_1+2Cp_2+E \\ -1 \end{bmatrix} \tag{17.50}$$

切面上任意一点 (x_1, x_2, y) 与切点P构成向量$\boldsymbol{p}$，有

$$\boldsymbol{p}=\begin{bmatrix} x_1-p_1 \\ x_2-p_2 \\ y-p_y \end{bmatrix} \tag{17.51}$$

$\boldsymbol{p}$ 垂直于 $\boldsymbol{n}_p$，因此两者向量内积为0，得到

$$(2Ap_1+Bp_2+D)(x_1-p_1)+(Bp_1+2Cp_2+E)(x_2-p_2)-y+p_y=0 \tag{17.52}$$

整理得到切面解析式 $t(x_1, x_2)$，有

$$t(x_1,x_2)=(2Ap_1+Bp_2+D)(x_1-p_1)+(Bp_1+2Cp_2+E)(x_2-p_2)+p_y \tag{17.53}$$

另外，以上切面解析式就是P点的泰勒一次逼近，即

$$t(x_1,x_2)=f(p_1,p_2)+\nabla f(p_1,p_2)^{\mathrm{T}}\begin{bmatrix} x_1-p_1 \\ x_2-p_2 \end{bmatrix} \tag{17.54}$$

$y = f(x_1, x_2)$ 在P点的梯度向量为

$$\nabla f(p_1,p_2)=\begin{bmatrix} 2A & B \\ B & 2C \end{bmatrix}\begin{bmatrix} p_1 \\ p_2 \end{bmatrix}+\begin{bmatrix} D \\ E \end{bmatrix}=\begin{bmatrix} 2Ap_1+Bp_2+D \\ Bp_1+2Cp_2+E \end{bmatrix} \tag{17.55}$$

将式 (17.55) 代入式 (17.54)，同样可以得到式 (17.53) 的结果。

举个例子

给定二元函数 $y = f(x_1, x_2)$为

$$y=f(x_1,x_2)=-4x_1^2-4x_2^2 \tag{17.56}$$

将A点坐标 (0, −1.5, −9) 带入式 (17.53)，得到曲面A点处切面解析式，具体为

$$t(x_1,x_2)=12x_2+9 \tag{17.57}$$

图17.18 (a) 所示为二次曲面和曲面上A点 (0, −1.5, −9) 的切面。图17.18 (b) 所示为B点 (−1.5, 0, −9) 的曲面切面。请大家自行计算曲面B点处的切面解析式。

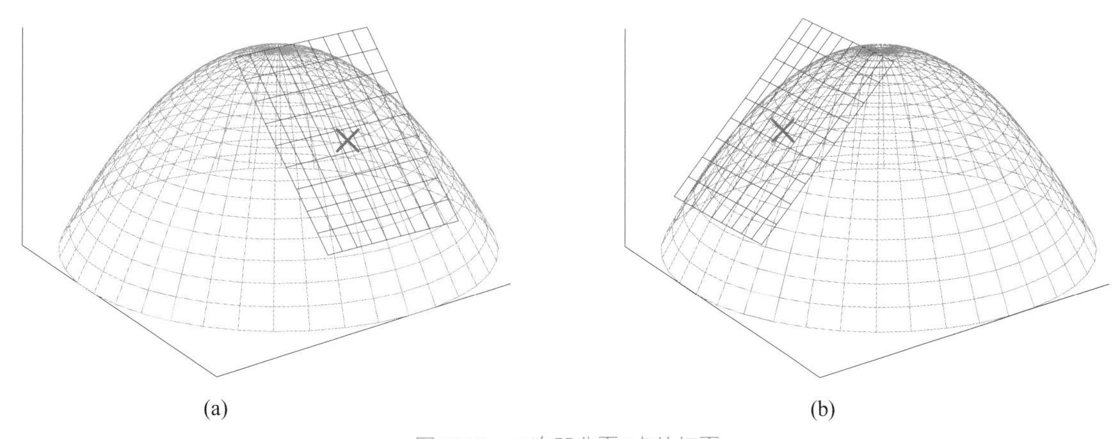

(a)　　　　(b)

图17.18　二次凹曲面A点处切面

Bk4_Ch17_03.py绘制图17.18。

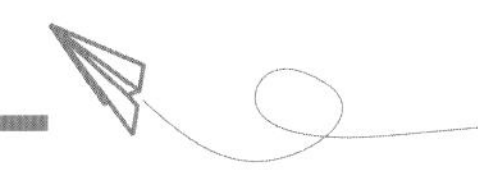

本章将一元函数导数和微分工具推广到了多元函数，并介绍了几个重要数学工具——梯度向量、黑塞矩阵、法向量、方向导数、一次泰勒逼近、二次泰勒逼近。本书后续将利用这些数学工具分析解决各种数学问题。照例四幅图，如17.19所示。

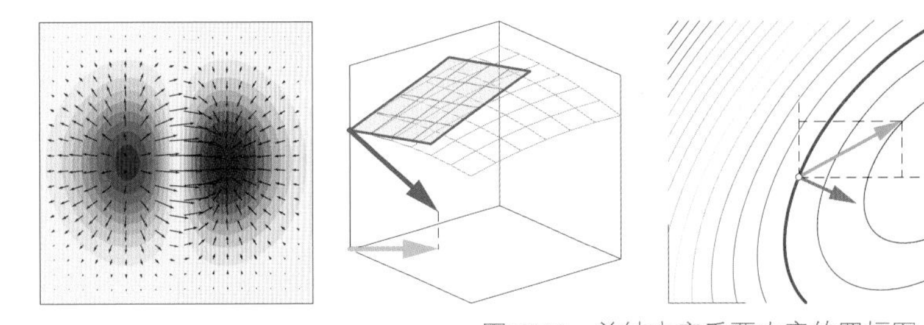
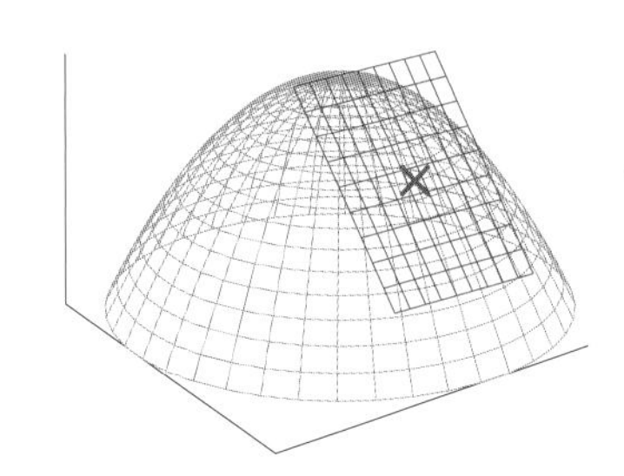

图17.19　总结本章重要内容的四幅图

本章仅仅讨论了本书后续将会用到的矩阵微分法则。大家如果对这个话题感兴趣的话，推荐大家参考*The Matrix Cookbook*一书。下载地址如下：

https://www.math.uwaterloo.ca/~hwolkowi/matrixcookbook.pdf

18 Lagrange Multiplier 拉格朗日乘子法

把有约束优化问题转化为无约束优化问题

伟大的事情是由一系列小事情聚集在一起实现的。

Great things are done by a series of small things brought together.

—— 文森特·梵高 (Vincent van Gogh) | 荷兰后印象派画家 | 1853—1890

- `numpy.linalg.eig()` 特征值分解
- `numpy.linalg.svd()` 奇异值分解
- `sklearn.decomposition.PCA()` 主成分分析函数

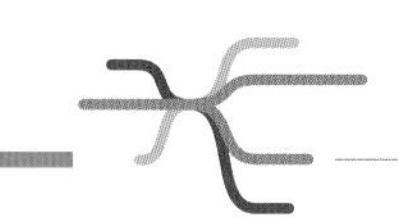

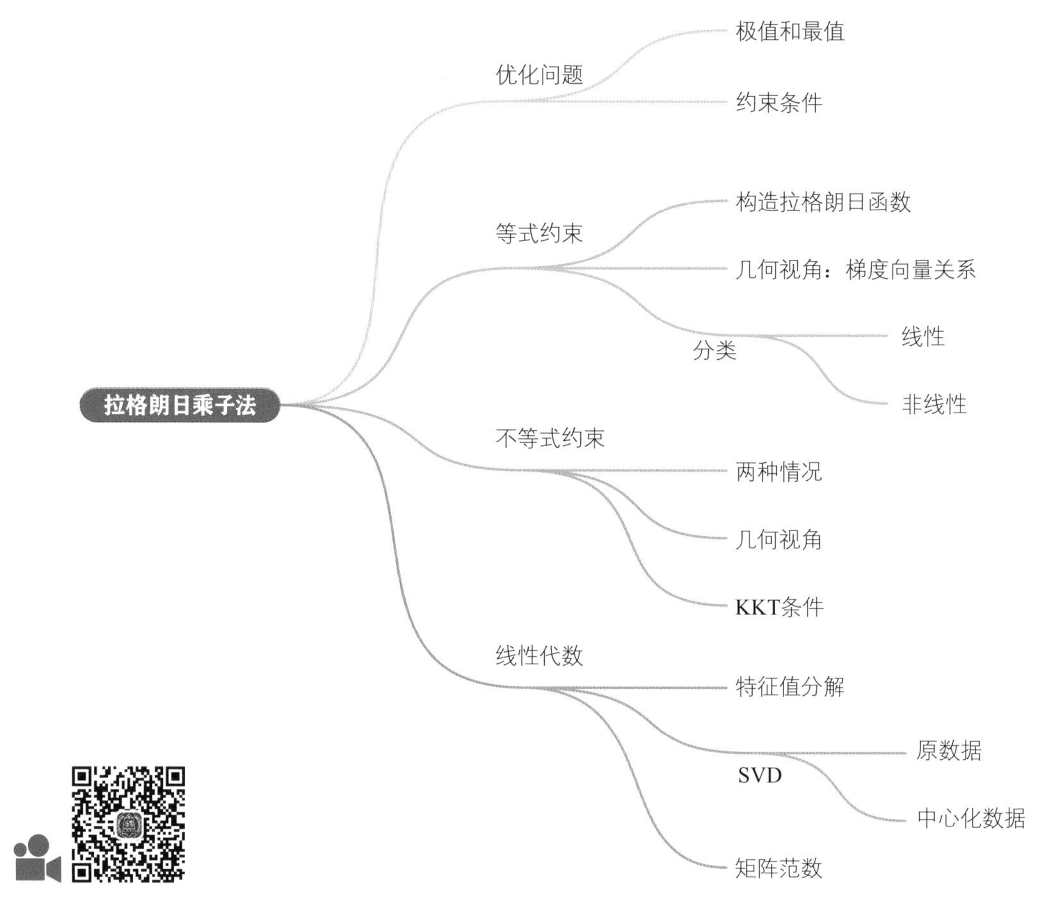

18.1 回顾优化问题

鸢尾花书《数学要素》一册第19章专门讲解过优化问题入门内容，本节稍做回顾。

极值、最值

优化问题好比在一定区域范围内，徒步寻找山谷或山峰。图18.1中，优化问题的目标函数$f(x)$ 就是海拔，优化变量是水平位置x。

极值 (extrema或local extrema) 是**极大值**和**极小值**的统称。通俗地讲，极值是搜索区域内所有的山峰和山谷，即图18.1中A、B、C、D、E和F这六个点横坐标x值对应极值点。

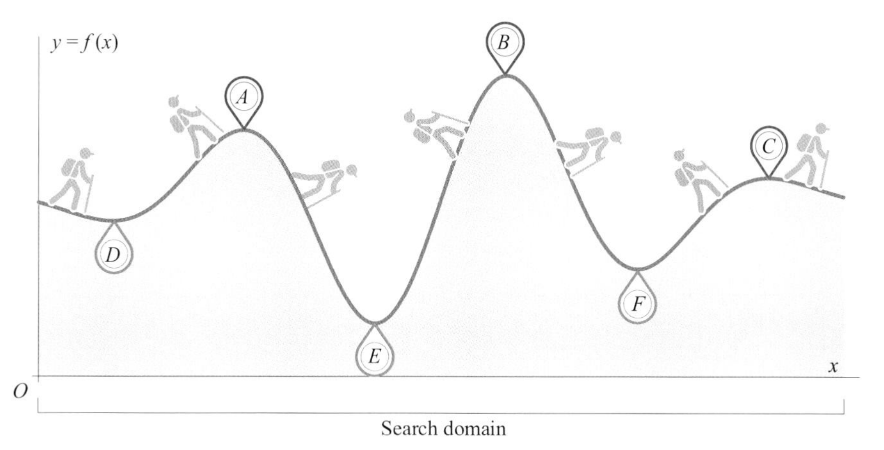

图18.1　爬上寻找山谷和山峰（图片来自《数学要素》）

如果某个极值是整个指定搜索区域内的极大值或极小值，这个极值又叫做**最大值** (maximum或global maximum) 或者**最小值** (minimum或global minimum)。最大值和最小值统称**最值** (global extrema)。

图18.1搜索域内有三座山峰 (A、B和C)，即搜索域极大值。而B是最高的山峰，因此B叫全局最大值，简称最大值，即站在B点一览众山小。E是最深的山谷，因此E是全局最小值，简称最小值。

一般情况下，标准优化问题都是最小化优化问题。最大化优化问题的目标函数取个负号便可以转化为最小化优化问题。

含约束最小化优化问题

结合约束条件，完整最小化优化问题形式为

$$
\begin{aligned}
& \underset{x}{\arg\min}\ f(\boldsymbol{x}) \\
& \text{subject to: } \boldsymbol{l} \leqslant \boldsymbol{x} \leqslant \boldsymbol{u} \\
& \qquad\qquad\quad \boldsymbol{A}\boldsymbol{x} \leqslant \boldsymbol{b} \\
& \qquad\qquad\quad \boldsymbol{A}_{\text{eq}}\boldsymbol{x} = \boldsymbol{b}_{\text{eq}} \\
& \qquad\qquad\quad c(\boldsymbol{x}) \leqslant 0 \\
& \qquad\qquad\quad c_{\text{eq}}(\boldsymbol{x}) = 0
\end{aligned}
\tag{18.1}
$$

式 (18.1) 中，约束条件分为五类，按先后顺序：① **上下界** (lower and upper bounds)；② **线性不等式** (linear inequalities)；③ **线性等式** (linear equalities)；④ **非线性不等式** (nonlinear inequalities)；⑤ **非线性等式** (nonlinear equalities)。

当约束条件存在时，如图18.2所示，最值可能出现在搜索区域内部或约束边界上。本章介绍的拉格朗日乘子法就是一种能够把有约束优化问题转化成无约束优化问题的方法。

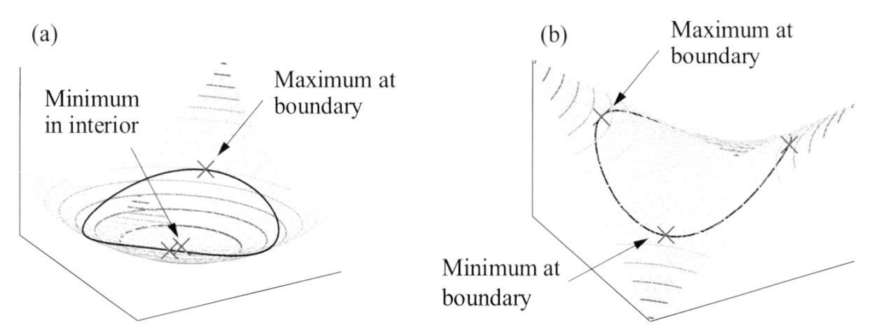

图18.2　最值和约束关系

《数学要素》一册还讲了如何利用导数和偏导数等数学工具求解一元和多元函数极值，本节不再赘述。有必要的话，大家可以在学习本章之前先翻翻《数学要素》一册的相关内容。

18.2 等式约束条件

拉格朗日乘子法 (method of Lagrange multiplier) 把有约束的优化问题转化为无约束的优化问题。拉格朗日乘子法是以18世纪法国著名数学家**约瑟夫·拉格朗日** (Joseph Lagrange) 命名的。本章后续将主要从几何和数据视角来帮助大家理解拉格朗日乘子法。

拉格朗日函数

给定含等式约束优化问题

$$\begin{aligned}&\arg\min_{\boldsymbol{x}} f(\boldsymbol{x})\\&\text{subject to: } h(\boldsymbol{x})=0\end{aligned} \tag{18.2}$$

其中：$f(\boldsymbol{x})$ 和 $h(\boldsymbol{x})$ 为连续函数；$h(\boldsymbol{x}) = 0$ 为等式约束条件。

构造**拉格朗日函数** (Lagrangian function) $L(\boldsymbol{x}, \lambda)$，有

$$L(\boldsymbol{x},\lambda)=f(\boldsymbol{x})+\lambda h(\boldsymbol{x}) \tag{18.3}$$

其中：λ为**拉格朗日乘子** (Lagrange multiplier)或拉格朗日乘数。式 (18.3) 中，λ前的符号也可以为负号，不影响结果。本书正负号均有采用。

通过λ，式 (18.2) 这个含等式约束优化问题便转化为一个无约束优化问题，有

$$\begin{cases}\arg\min\limits_{\boldsymbol{x}} f(\boldsymbol{x})\\ \text{subject to: } h(\boldsymbol{x})=0\end{cases} \Rightarrow \arg\min_{\boldsymbol{x}} L(\boldsymbol{x},\lambda) \tag{18.4}$$

$L(\boldsymbol{x}, \lambda)$ 对$\boldsymbol{x}$和λ偏导都存在的情况下，最优解的必要 (不是充分) 条件为一阶偏导数都零，即

$$\begin{cases}\nabla_{\boldsymbol{x}} L(\boldsymbol{x},\lambda)=\dfrac{\partial L(\boldsymbol{x},\lambda)}{\partial \boldsymbol{x}}=\nabla f(\boldsymbol{x})+\lambda\nabla h(\boldsymbol{x})=\boldsymbol{0}\\ \nabla_{\lambda} L(\boldsymbol{x},\lambda)=\dfrac{\partial L(\boldsymbol{x},\lambda)}{\partial \lambda}=h(\boldsymbol{x})=0\end{cases} \tag{18.5}$$

再次强调：式 (18.5) 存在一个重要前提，假定$f(\boldsymbol{x})$ 和 $h(\boldsymbol{x})$ 在$\boldsymbol{x}$的某一邻域内均有连续一阶偏导。

式 (18.5) 中两式合并为

$$\nabla_{\boldsymbol{x},\lambda} L(\boldsymbol{x},\lambda)=\boldsymbol{0} \tag{18.6}$$

求解式 (18.6) 得到驻点$\boldsymbol{x}$，然后进一步判断驻点是极大值、极小值还是鞍点。

对于大部分读者来说，理解拉格朗日乘子法最大的障碍在于

$$\nabla f(\boldsymbol{x})+\lambda\nabla h(\boldsymbol{x})=\boldsymbol{0} \tag{18.7}$$

下面结合具体图形解释式 (18.7) 含义。

梯度向量方向

式 (18.7) 变形得到

$$\nabla f\left(\boldsymbol{x}\right)=-\lambda\nabla h\left(\boldsymbol{x}\right) \tag{18.8}$$

式 (18.8) 等式隐含着一条重要信息，即$f(\boldsymbol{x})$ 和$h(\boldsymbol{x})$ 在驻点$\boldsymbol{x}$处梯度同向或者反向。

图18.3中彩色等高线展示了目标函数 $f(\boldsymbol{x})$ 变化趋势，暖色系对应较大函数值，冷色系对应较小函数值。图18.3中黑色直线对应$h(\boldsymbol{x})$，即线性约束条件。换句话说，变量$\boldsymbol{x}$取值范围限定在图18.3所示的黑色直线上。

图18.3中，等高线和黑色直线可以相交，甚至相切。相交意味着，交点处，沿着黑色直线稍微移动，函数值可能增大，也可能减小。这说明，交点处既不是最大值，也不是最小值。

然而，相切说明，在切线处，沿着黑色直线稍微移动，函数值有可能只朝着一个方向变动，即要么增大、要么减小。也就是说切点可能对应极值点，除非切点为驻点。

如果黑色直线与等高线相切，则切点处$f(\boldsymbol{x})$ 和$h(\boldsymbol{x})$ 梯度向量平行 (同向或反向)。这就是梯度向量的意义。

这种几何直觉就是理解梯度向量的“利器”。若梯度$\nabla f(\boldsymbol{x})$ 与梯度$\nabla h(\boldsymbol{x})$ 反向，则λ为正值，如图18.3 (a) 所示。如果梯度$\nabla f(\boldsymbol{x})$ 与梯度$\nabla h(\boldsymbol{x})$正向，则λ为负值，如图18.3 (b) 所示。简单来说，$h(\boldsymbol{x})=0$约束下$f(\boldsymbol{x})$ 取得极值时，某点处梯度$\nabla f(\boldsymbol{x})$ 与梯度$\nabla h(\boldsymbol{x})$平行。

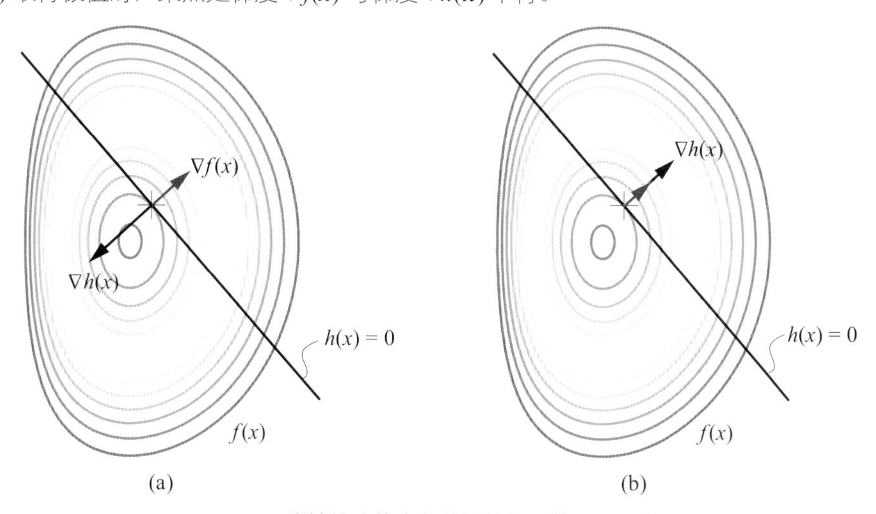

图18.3　线性等式约束条件拉格朗日算子几何意义

梯度平行

图18.4所示是图18.3 (a) 的局部视图，我们借助它进一步展示梯度平行的几何意义。

先看图18.4中的A点，A点是黑色直线和某条等高线的切点。A点处，梯度$\nabla f(\boldsymbol{x})$与梯度$\nabla h(\boldsymbol{x})$反向。梯度$\nabla f(\boldsymbol{x})$方向为函数$f(\boldsymbol{x})$ 的上山方向，梯度下降方向$-\nabla f(\boldsymbol{x})$为函数$f(\boldsymbol{x})$ 的下山方向。

A点处，$f(\boldsymbol{x})$ 在$\boldsymbol{x}$点处切线就是$h(\boldsymbol{x})$，该切线垂直于$\nabla h(\boldsymbol{x})$，也垂直于梯度$\nabla f(\boldsymbol{x})$。显然，A点处，$\nabla f(\boldsymbol{x})$在$h(\boldsymbol{x})$ 方向上的标量投影为0。

如图18.4所示，若沿着$h(\boldsymbol{x})=0$ 黑色直线向左或者向右偏离A，$f(\boldsymbol{x})$都会增大 (对应等高线颜色从冷色系变为暖色系)，因此A点在$h(\boldsymbol{x})=0$ 的等式约束条件下为极小值点。根据目标函数曲面特征，我们可以进一步确定该极小值点为最小值点。

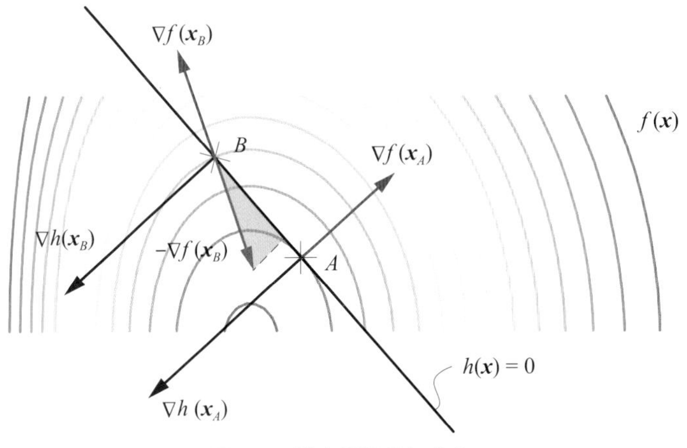

图18.4　梯度平行几何意义

再来看图18.4中的B点，B点是黑色直线和某条等高线交点。同样找到$f(\boldsymbol{x})$ 梯度负方向 $-\nabla f(\boldsymbol{x})$，即$f(\boldsymbol{x})$ 的下山方向；容易发现 $-\nabla f(\boldsymbol{x})$在 $h(\boldsymbol{x})$ 方向，即在$f(\boldsymbol{x})$ 减小方向存在投影分量。这说明，在B点沿着$h(\boldsymbol{x})$ 向右下方行走，$f(\boldsymbol{x})$ 进一步减小。因此，B点不是极值点。

注意：本节没有使用“最值”这一说法，这是因为对于多极值曲面，曲面和线性约束条件可能存在多个“切点”，可能对应若干个“极值”。

非线性等式约束条件

上述分析思路也同样适用于非线性等式约束条件。请大家用“交点 + 切点”和“梯度向量投影”两个视角自行分析图18.5所示的两幅子图。

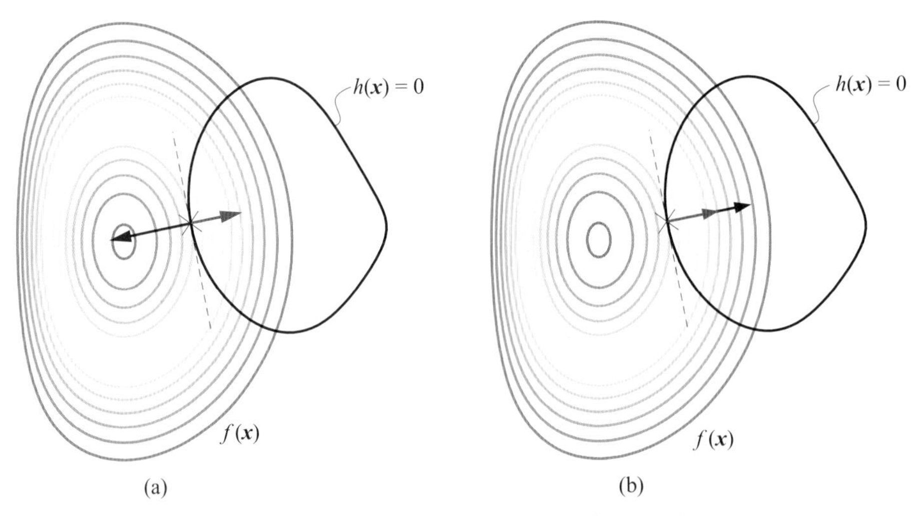

图18.5　非线性等式约束条件拉格朗日算子几何意义

进一步判断

用拉格朗日乘子计算出来的驻点到底是极大值、极小值还是鞍点，还需要进一步判断。

图18.6所示给出了四种极值常见情况。如图18.6 (a) 所示，$f(\boldsymbol{x})$ 自身为凹函数，$f(\boldsymbol{x})$ 等高线图与$h(\boldsymbol{x}) = 0$相切于A点和B点。在$h(\boldsymbol{x}) = 0$的约束条件下，$f(\boldsymbol{x})$ 在A点取得极大值，在B点取得极小值。进一步判断，A为最大值点，B为最小值点。

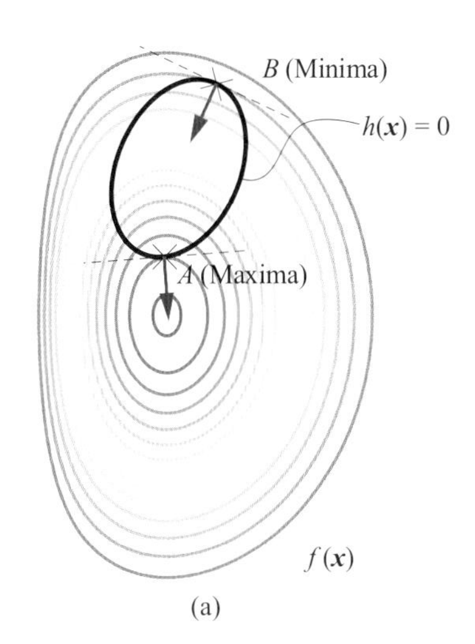

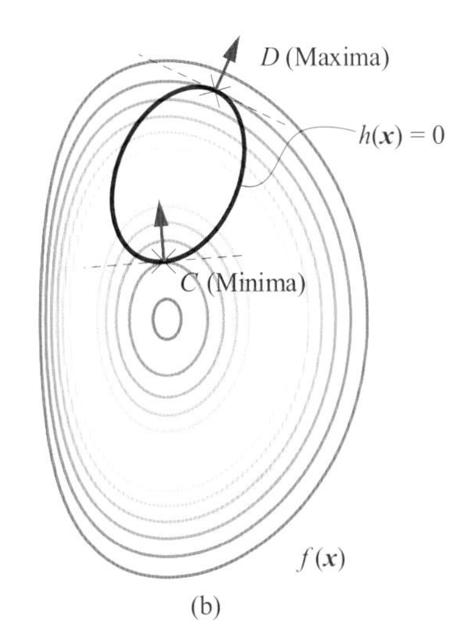

图18.6　四种极值情况

而在图18.6 (b)中，$f(\boldsymbol{x})$ 自身为凸函数，$f(\boldsymbol{x})$ 等高线图与$h(\boldsymbol{x}) = 0$相切于C点和D点；在$h(\boldsymbol{x}) = 0$的约束条件下，$f(\boldsymbol{x})$ 在C点取得极小值，在D点取得极大值。进一步判断，C为最小值点，D为最大值点。

这里请大家注意：如果 $h(\boldsymbol{x}) = 0$ 为等式约束，则不需要关注$h(\boldsymbol{x})$ 自身函数值的变化趋势。但是，不等式约束$g(\boldsymbol{x}) \le 0$就必须考虑$g(\boldsymbol{x})$ 函数自身的变化趋势，本章后续将讨论这个话题。

说个题外话，天文中的**拉格朗日点** (Lagrangian point) 很可能比本章介绍的拉格朗日乘子法更出名。

两个天体环绕运行，比如太阳—地球 (日—地)、地球—月亮 (地—月)，在空间中可以找到满足两个天体引力平衡的五个点，如图18.7所示的$L_1 \sim L_5$。这五个点叫做拉格朗日点。欧拉于1767年推算出前三个拉格朗日点，拉格朗日于1772年推导证明了剩下两个。

在$L_1 \sim L_5$这五个点任意一点放置质量可以忽略不计的第三个天体，使其和另外两个天体以相同模式运转，这就是所谓的**三体问题** (three-body problem)。

实际情况下，第三天体不可能在拉格朗日点保持相对静止；人造卫星一般会围绕拉格朗日点附近运转，完成观测或中继等任务，以节省大量燃料。

嫦娥二号完成探月任务后，专门飞往“日—地”拉格朗日L_2点进行科学探测。我国探月时用到的鹊桥中继星就是绕“地—月”拉格朗日L_2点运转。詹姆斯·韦伯空间望远镜绕“日—地”拉格朗日L_2点运转。

之所以聊到这个话题是因为图18.7所示的拉格朗日点、引力场等高线图和驻点、极值、梯度向量场这些概念都有密切的关系。

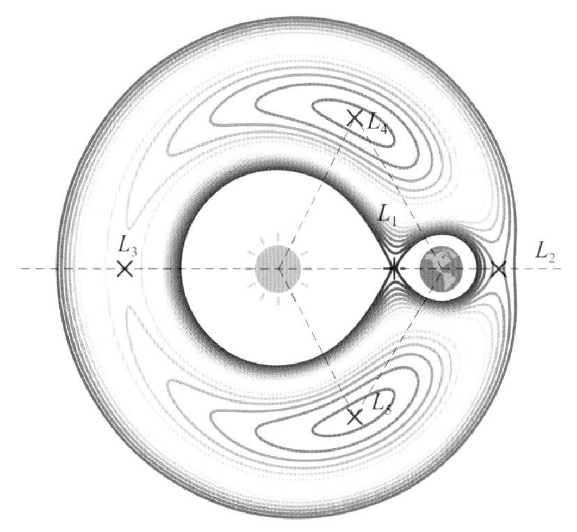

图18.7　五个拉格朗日点

18.3 线性等式约束

下面用一个简单例子来解释上一节介绍的等式约束优化问题。

给定一个优化问题为

$$\begin{aligned}&\arg\min_{\boldsymbol{x}} f(\boldsymbol{x}) = x_1^2 + x_2^2\\&\text{subject to: } h(\boldsymbol{x}) = x_1 + x_2 - 1 = 0\end{aligned} \tag{18.9}$$

这是一个二次规划问题，含一个线性等式约束条件$h(\boldsymbol{x}) = 0$。

利用矩阵运算，式 (18.9) 可以写成

$$\begin{aligned}&\arg\min_{\boldsymbol{x}} f(\boldsymbol{x}) = \boldsymbol{x}^{\mathrm{T}}\boldsymbol{x} = \|\boldsymbol{x}\|_2^2\\&\text{subject to: } h(\boldsymbol{x}) = \begin{bmatrix}1\\1\end{bmatrix}^{\mathrm{T}}\boldsymbol{x} - 1 = 0\end{aligned} \tag{18.10}$$

根据上一章内容，请大家自行计算两个函数的梯度向量。

图18.8所示为$h(x)$ 的梯度向量场。观察图像，我们发现$h(x) = 0$对应一条直线，直线上不同点处的梯度向量均垂直于该直线。

如图18.9所示，在x_1x_2平面上，目标函数$f(\boldsymbol{x})$ 的等高线是一组同心圆。等式约束条件 $x_1 + x_2 - 1 = 0$ 对应图中黑色直线。优化解只能在$x_1 + x_2 - 1 = 0$限定的直线上选取。

图18.9中，黄色箭头代表$h(\boldsymbol{x})$ 梯度方向，图中的黑色箭头是$f(\boldsymbol{x})$ 的梯度向量场。当同心圆和等式约束相切于A点时，$f(\boldsymbol{x})$ 取得最小值。显然，A点处$f(\boldsymbol{x})$ 与$h(\boldsymbol{x})$ 梯度方向一致，或称平行。

黑色直线 ($h(\boldsymbol{x}) = 0$) 上任何偏离A点位置的变化都会导致目标函数$f(\boldsymbol{x})$ 增大。

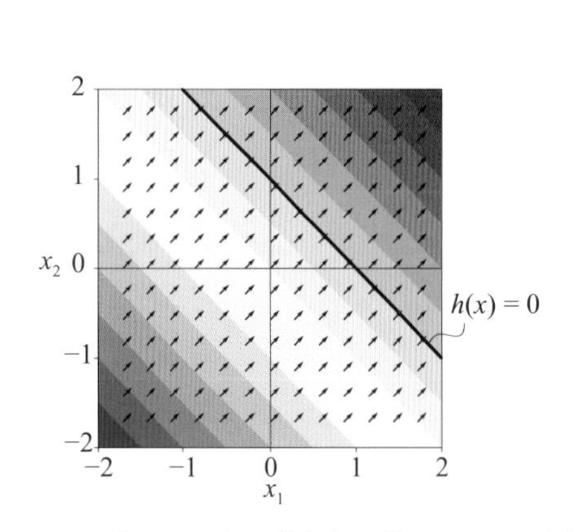

图18.8　$h(x)$ 梯度向量场

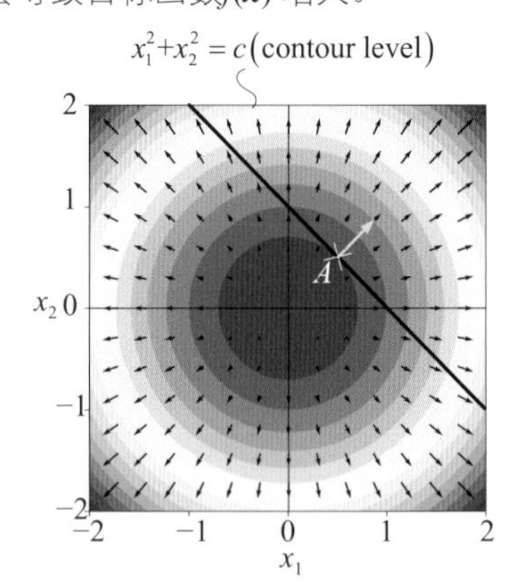

图18.9　拉格朗日算子求解二次规划，极值点A处$f(x)$ 和 $h(x)$ 梯度同向，λ小于0

拉格朗日函数

构造拉格朗日函数$L(\boldsymbol{x}, \lambda)$，有

$$L(\boldsymbol{x},\lambda) = x_1^2 + x_2^2 + \lambda(x_1 + x_2 - 1) \tag{18.11}$$

构造下列偏导为0的等式组并求解 (x_1, x_2, λ)，有

$$
\begin{cases}
\dfrac{\partial L(\boldsymbol{x},\lambda)}{\partial x_1} = 2x_1 + \lambda = 0 \\
\dfrac{\partial L(\boldsymbol{x},\lambda)}{\partial x_2} = 2x_2 + \lambda = 0 \\
\dfrac{\partial L(\boldsymbol{x},\lambda)}{\partial \lambda} = x_1 + x_2 - 1 = 0
\end{cases}
\Rightarrow
\begin{cases}
x_1 = \dfrac{1}{2} \\
x_2 = \dfrac{1}{2} \\
\lambda = -1
\end{cases}
\tag{18.12}
$$

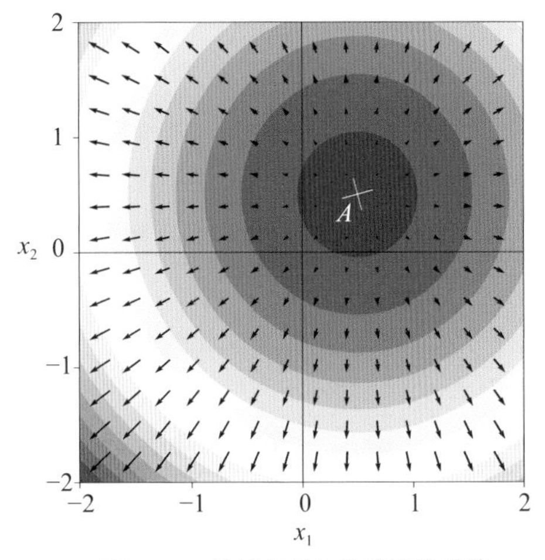

图18.10 拉格朗日函数平面等高线

其中：λ为负值。这说明在优化解处，梯度$\nabla f(\boldsymbol{x})$与梯度$\nabla h(\boldsymbol{x})$同向。

将$\lambda = -1$代回式 (18.11) 得到如图18.10所示的拉格朗日函数$L(\boldsymbol{x}, \lambda = -1)$ 平面等高线。在图18.10中我们发现$L(\boldsymbol{x}, \lambda = -1)$ 最小值位置就是式 (18.12) 的优化解。

从图像角度，我们将图18.9这个含有线性等式约束的优化问题转化成图18.10这个无约束优化问题。

另外一种记法

前文提过，很多文献λ前采用负号，拉格朗日函数$L(\boldsymbol{x}, \lambda)$ 则为

$$
L(\boldsymbol{x},\lambda) = f(\boldsymbol{x}) - \lambda h(\boldsymbol{x}) \tag{18.13}
$$

$L(\boldsymbol{x}, \lambda)$ 对$\boldsymbol{x}$和λ偏导为0对应等式组为

$$
\begin{cases}
\nabla_{\boldsymbol{x}} L(\boldsymbol{x},\lambda) = \dfrac{\partial L(\boldsymbol{x},\lambda)}{\partial \boldsymbol{x}} = \nabla f(\boldsymbol{x}) - \lambda \nabla h(\boldsymbol{x}) = \boldsymbol{0} \\
\nabla_{\lambda} L(\boldsymbol{x},\lambda) = \dfrac{\partial L(\boldsymbol{x},\lambda)}{\partial \lambda} = h(\boldsymbol{x}) = 0
\end{cases}
\tag{18.14}
$$

这种拉格朗日函数构造，若梯度$\nabla f(\boldsymbol{x})$与梯度$\nabla h(\boldsymbol{x})$同向，则λ为正值。如果梯度$\nabla f(\boldsymbol{x})$与梯度$\nabla h(\boldsymbol{x})$反向，则λ为负值。不管λ是正还是负，都不会影响结果。本章后续也会使用式 (18.13) 这种形式。

18.4 非线性等式约束

本节再看一个线性规划问题实例，它的约束条件为非线性等式约束，即

$$
\begin{aligned}
&\arg\min_{\boldsymbol{x}} f(\boldsymbol{x}) = x_1 + x_2 \\
&\text{subject to: } h(\boldsymbol{x}) = x_1^2 + x_2^2 - 1 = 0
\end{aligned}
\tag{18.15}
$$

图18.11所示为$f(\boldsymbol{x})$ 和$h(\boldsymbol{x}) = 0$的梯度向量场。请大家自己根据图18.11所示梯度向量之间的关系，判断式 (18.15) 的极大值和极小值位置。

拉格朗日函数

构造拉格朗日函数$L(\boldsymbol{x}, \lambda)$为

$$L(\boldsymbol{x},\lambda)=x_1+x_2+\lambda\left(x_1^2+x_2^2-1\right) \tag{18.16}$$

根据偏导为0构造等式组

$$\begin{cases}\dfrac{\partial L(\boldsymbol{x},\lambda)}{\partial x_1}=1+2x_1\lambda=0\\ \dfrac{\partial L(\boldsymbol{x},\lambda)}{\partial x_2}=1+2x_2\lambda=0\\ \dfrac{\partial L(\boldsymbol{x},\lambda)}{\partial \lambda}=x_1^2+x_2^2-1=0\end{cases} \Rightarrow \begin{cases}x_1=-\dfrac{1}{2\lambda}\\ x_2=-\dfrac{1}{2\lambda}\\ x_1^2+x_2^2-1=0\end{cases} \tag{18.17}$$

根据上述等式组构造λ等式，并求解λ，有

$$\left(\frac{1}{2\lambda}\right)^2+\left(\frac{1}{2\lambda}\right)^2-1=0 \quad\Rightarrow\quad \lambda=\pm\frac{\sqrt{2}}{2} \tag{18.18}$$

λ取正值时获得最小值，有

$$\begin{cases}x_1=-\dfrac{\sqrt{2}}{2}\\ x_2=-\dfrac{\sqrt{2}}{2}\\ \lambda=\dfrac{\sqrt{2}}{2}\end{cases} \tag{18.19}$$

λ取负值时获得最大值。

图18.12所示为拉格朗日函数$L(\boldsymbol{x},\ \lambda=\sqrt{2}/2)$对应的平面等高线图。同样，利用拉格朗日乘子法，我们将如图18.11所示的含有非线性等式约束的优化问题，转化成了如图18.12所示的无约束优化问题。

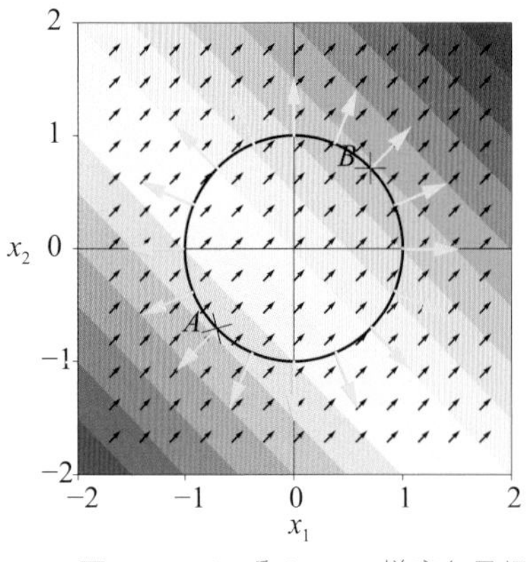

图18.11　$f(x)$ 和$h(x)=0$梯度向量场

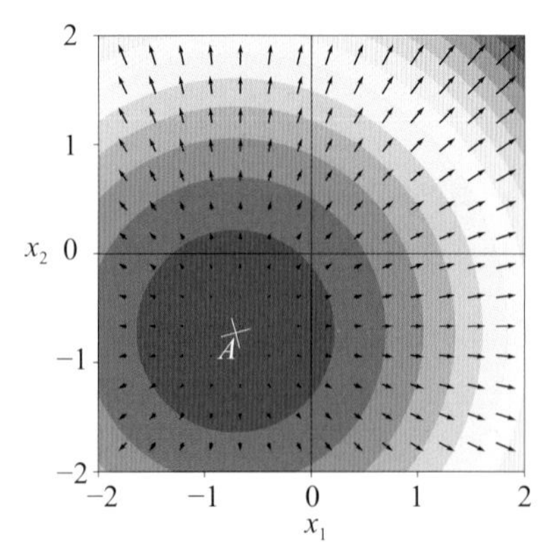

图18.12　拉格朗日函数等高线

18.5 不等式约束

本节介绍如何用KKT (Karush-Kuhn-Tucker) 条件将本章前文介绍的拉格朗日乘子法推广到不等式约束问题。

给定不等式约束优化问题

$$\begin{aligned}&\arg\min_{x} f(\boldsymbol{x})\\&\text{subject to: } g(\boldsymbol{x})\leqslant 0\end{aligned} \tag{18.20}$$

其中：$f(\boldsymbol{x})$ 和 $g(\boldsymbol{x})$ 为连续函数。

几何视角

如图18.13所示，黑色曲线和图18.5一样，代表等式情况，即$g(\boldsymbol{x}) = 0$。图18.13中浅蓝色区域代表$g(\boldsymbol{x}) < 0$情况。

优化解$\boldsymbol{x}$出现的位置有两种情况：第一种情况，$\boldsymbol{x}$出现在边界上 (黑色线)，约束条件有效，如图18.13 (a)所示；第二种情况，优化解$\boldsymbol{x}$出现在不等式区域内 (浅蓝色背景)，约束条件无效，如图18.13 (b)所示。

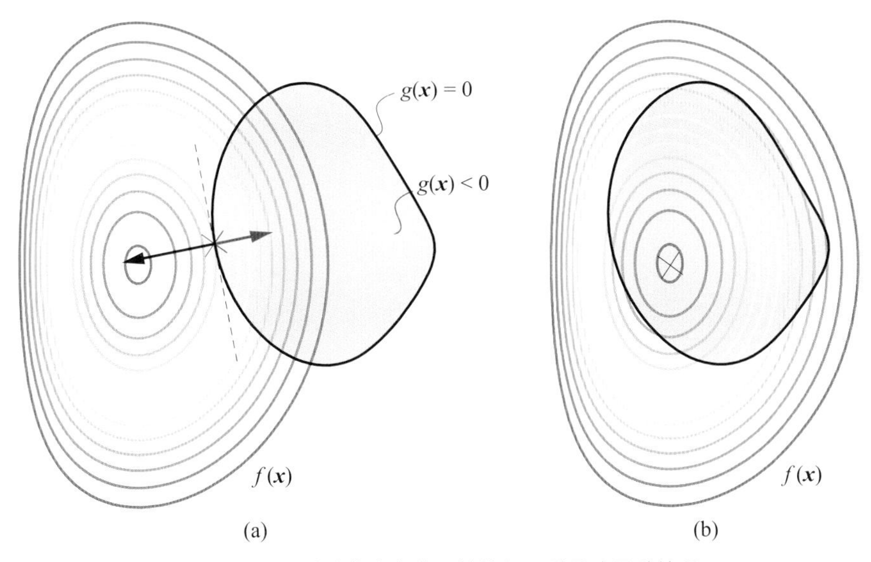

图18.13　不等式约束条件下拉格朗日乘子法两种情况

在图18.13(a) 中，第一种情况等价于图18.5讨论的情况，即$g(\boldsymbol{x}) = 0$ 成立。

在图18.13(b) 中，优化解$\boldsymbol{x}$出现在$g(\boldsymbol{x}) < 0$ 蓝色区域内。对于凸函数，如果在优化解的邻域内$f(\boldsymbol{x})$有连续的一阶偏导数，可以直接通过$\nabla f(\boldsymbol{x}) = 0$获得优化解，此时$\lambda$为0。这种情况下，有约束优化问题直接变成了无约束问题。

结合上述两种情况，$\lambda g(\boldsymbol{x}) = 0$ 恒成立。也就是说，要么$g(\boldsymbol{x}) = 0$ (见图18.13(a))，要么$\lambda = 0$ (见图18.13(b))。

判断极值点性质

进一步讨论图18.13 (a) 对应的情况。如图18.14所示，不等式内部区域$g(\boldsymbol{x}) < 0$，边界$g(\boldsymbol{x}) = 0$。而黑色边界外，$g(\boldsymbol{x}) > 0$。因此，在黑色边界$g(\boldsymbol{x}) = 0$ 上，梯度向量指向区域外部。

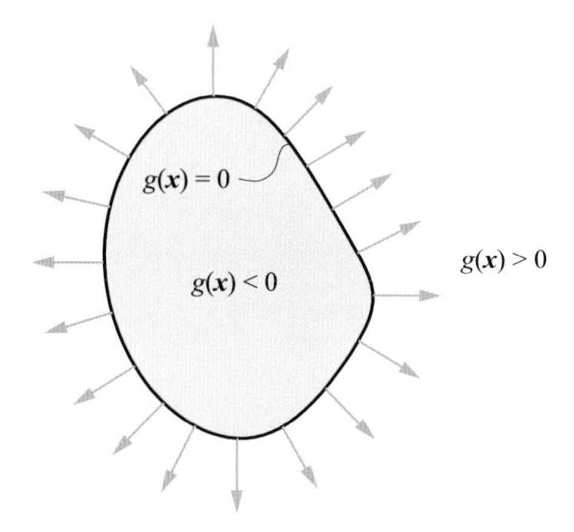

图18.14　不等式约束梯度方向

图18.15所示为 $\nabla f(\boldsymbol{x})$ 与梯度 $\nabla g(\boldsymbol{x})$ 反向和同向两种情况。

在图18.15 (a) 中，A点处，$f(\boldsymbol{x})$ 梯度 $\nabla f(\boldsymbol{x})$ 是黑色箭头，指向右上方。而A点处，$g(\boldsymbol{x})$ 梯度 $\nabla g(\boldsymbol{x})$是橙色箭头，与$\nabla f(\boldsymbol{x})$同向。A点为$g(\boldsymbol{x}) \leqslant 0$ 不等式条件约束下 $f(\boldsymbol{x})$ 的极大值。

在图18.15(b)中，B点处，$\nabla f(\boldsymbol{x})$与$\nabla g(\boldsymbol{x})$方向相反，也就是$\lambda > 0$。B点是$g(\boldsymbol{x}) \leqslant 0$ 不等式条件约束下 $f(\boldsymbol{x})$ 的极小值。

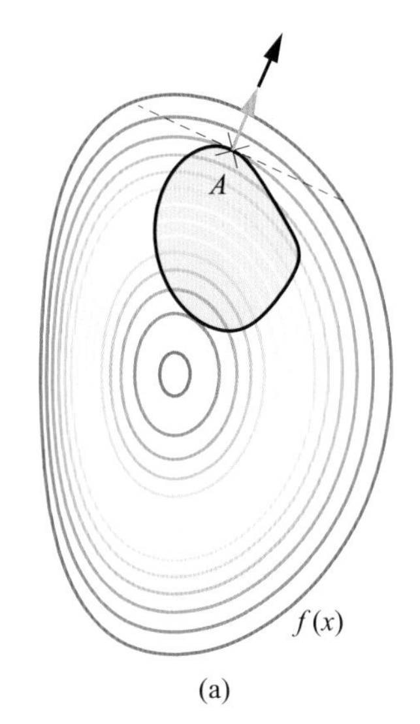

(a)

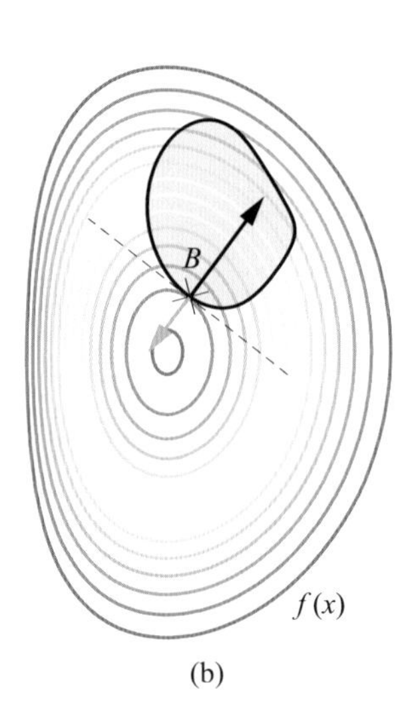

(b)

图18.15　梯度向量同方向和反方向

KKT条件

结合以上讨论对于$g(\boldsymbol{x}) \leqslant 0$不等式条件约束下$f(\boldsymbol{x})$的最小值问题，构造如下拉格朗日函数 $L(\boldsymbol{x}, \lambda)$：

$$L(\boldsymbol{x},\lambda) = f(\boldsymbol{x}) + \lambda g(\boldsymbol{x}) \tag{18.21}$$

极小点$\boldsymbol{x}$出现位置满足以下条件，即

$$\begin{cases} \nabla f(\boldsymbol{x}) + \lambda \nabla g(\boldsymbol{x}) = 0 \\ g(\boldsymbol{x}) \leqslant 0 \\ \lambda \geqslant 0 \\ \lambda g(\boldsymbol{x}) = 0 \end{cases} \tag{18.22}$$

以上这些条件合称KKT条件。

合并两类约束条件

在不等式约束 $g(\boldsymbol{x})\leqslant 0$ 及等式约束$h(\boldsymbol{x}) = 0$条件下，构造最小化$f(\boldsymbol{x})$ 优化问题

$$\begin{aligned}&\arg\min_{\boldsymbol{x}} f(\boldsymbol{x})\\&\text{subject to: } g(\boldsymbol{x})\leqslant 0,\ h(\boldsymbol{x})=0\end{aligned} \tag{18.23}$$

构造拉格朗日函数

$$L(\boldsymbol{x},\lambda)=f(\boldsymbol{x})+\lambda_h h(\boldsymbol{x})+\lambda_g g(\boldsymbol{x}) \tag{18.24}$$

KKT条件为

$$\begin{cases}\nabla f(\boldsymbol{x})+\lambda_h\nabla h(\boldsymbol{x})+\lambda_g\nabla g(\boldsymbol{x})=0\\h(\boldsymbol{x})=0\\g(\boldsymbol{x})\leqslant 0\\\lambda_g\geqslant 0\\\lambda_g g(\boldsymbol{x})=0\end{cases} \tag{18.25}$$

多个约束条件

有以上讨论，把式 (18.25) 推广到多个等式约束和多个不等式约束的情况。
对于如下优化问题，即

$$\begin{aligned}&\arg\min_{\boldsymbol{x}} f(\boldsymbol{x})\\&\text{subject to: }\begin{cases}h_i(\boldsymbol{x})=0, & i=1,\cdots,n\\g_j(\boldsymbol{x})\leqslant 0, & j=1,\cdots,m\end{cases}\end{aligned} \tag{18.26}$$

构造如下拉格朗日函数

$$L(\boldsymbol{x},\lambda)=f(\boldsymbol{x})+\sum\lambda_{h,i}h_i(\boldsymbol{x})+\sum\lambda_{g,j}g_j(\boldsymbol{x}) \tag{18.27}$$

式 (18.27) 对应的KKT条件为

$$\begin{cases}\nabla_{x,\lambda}L(\boldsymbol{x},\lambda)=0\\h_i(\boldsymbol{x})=0\\g_j(\boldsymbol{x})\leqslant 0\\\lambda_{g,j}\geqslant 0\\\lambda_{g,j}g_j(\boldsymbol{x})=0, \quad \forall j\end{cases} \tag{18.28}$$

18.6 再谈特征值分解：优化视角

这一节介绍一些线性代数中会遇到的含约束优化问题。利用拉格朗日乘子法，它们最终都可以用特征值分解进行求解。

第一个优化问题

给定如下优化问题，即

$$\begin{aligned}&\underset{v}{\arg\max}\ \boldsymbol{v}^{\mathrm{T}}\boldsymbol{A}\boldsymbol{v}\\&\text{subject to: } \boldsymbol{v}^{\mathrm{T}}\boldsymbol{v}=1\end{aligned} \tag{18.29}$$

其中：$\boldsymbol{A}$为对称矩阵；列向量$\boldsymbol{v}$为优化变量。优化问题的等式约束条件是$\boldsymbol{v}$为单位向量。

构造拉格朗日函数

$$L(\boldsymbol{v},\lambda)=\boldsymbol{v}^{\mathrm{T}}\boldsymbol{A}\boldsymbol{v}-\lambda\left(\boldsymbol{v}^{\mathrm{T}}\boldsymbol{v}-1\right) \tag{18.30}$$

注意：为了满足特征值分解常用记法，式 (18.30) 中λ前采用负号。

$L(\boldsymbol{v},\lambda)$ 对$\boldsymbol{v}$偏导为$\boldsymbol{0}$，得到等式

$$\frac{\partial L(\boldsymbol{v},\lambda)}{\partial \boldsymbol{v}}=2\boldsymbol{A}\boldsymbol{v}-2\lambda\boldsymbol{v}=\boldsymbol{0} \tag{18.31}$$

整理得到

$$\boldsymbol{A}\boldsymbol{v}=\lambda\boldsymbol{v} \tag{18.32}$$

最大化问题中，最优解为λ_{max}，特征向量$\boldsymbol{v}$对应矩阵$\boldsymbol{A}$的最大特征值λ_{max}。

如果是最小化问题，即

$$\begin{aligned}&\underset{v}{\arg\min}\ \boldsymbol{v}^{\mathrm{T}}\boldsymbol{A}\boldsymbol{v}\\&\text{subject to: } \boldsymbol{v}^{\mathrm{T}}\boldsymbol{v}=1\end{aligned} \tag{18.33}$$

最优解特征向量$\boldsymbol{v}$对应矩阵$\boldsymbol{A}$的最小特征值λ_{min}。

此外，式 (18.29) 约束条件也可以写成

$$\|\boldsymbol{v}\|_2=1,\quad \|\boldsymbol{v}\|_2^2=1 \tag{18.34}$$

第二个优化问题

给定如下优化问题，即

$$\underset{x \neq 0}{\arg\max} \ \frac{\boldsymbol{x}^{\mathrm{T}} \boldsymbol{A} \boldsymbol{x}}{\boldsymbol{x}^{\mathrm{T}} \boldsymbol{x}} \tag{18.35}$$

其中：$\boldsymbol{A}$为已知数据矩阵；$\boldsymbol{x}$为优化变量。注意，$\boldsymbol{x}^{\mathrm{T}}\boldsymbol{x}$在分母上，因此$\boldsymbol{x}$不能为零向量。这就是本书第14章所讲的瑞利商。上述优化问题等价于式 (18.29)。本书前文多次强调过，上式分子、分母都是标量。

类似于式 (18.35)，最小化优化问题为

$$\underset{x \neq 0}{\arg\min} \ \frac{\boldsymbol{x}^{\mathrm{T}} \boldsymbol{A} \boldsymbol{x}}{\boldsymbol{x}^{\mathrm{T}} \boldsymbol{x}} \tag{18.36}$$

式 (18.36) 等价于式 (18.33)。

第三个优化问题

给定优化问题

$$\begin{aligned} & \underset{v}{\arg\max} \ \boldsymbol{v}^{\mathrm{T}} \boldsymbol{A} \boldsymbol{v} \\ & \text{subject to: } \boldsymbol{v}^{\mathrm{T}} \boldsymbol{B} \boldsymbol{v} = 1 \end{aligned} \tag{18.37}$$

构造拉格朗日函数

$$L(\boldsymbol{v}, \lambda) = \boldsymbol{v}^{\mathrm{T}} \boldsymbol{A} \boldsymbol{v} - \lambda \left(\boldsymbol{v}^{\mathrm{T}} \boldsymbol{B} \boldsymbol{v} - 1 \right) \tag{18.38}$$

$L(\boldsymbol{v}, \lambda)$ 对$\boldsymbol{v}$偏导为0，得到等式

$$\frac{\partial L(\boldsymbol{v}, \lambda)}{\partial \boldsymbol{v}} = 2\boldsymbol{A}\boldsymbol{v} - 2\lambda \boldsymbol{B}\boldsymbol{v} = 0 \tag{18.39}$$

整理得到

$$\boldsymbol{A}\boldsymbol{v} = \lambda \boldsymbol{B}\boldsymbol{v} \tag{18.40}$$

如果$\boldsymbol{B}$可逆，式 (18.40) 相当于对$\boldsymbol{B}^{-1}\boldsymbol{A}$进行特征值分解。特别地，当$\boldsymbol{B} = \boldsymbol{I}$时对应式 (18.32)。

第四个优化问题

给定优化问题为

$$\underset{x \neq 0}{\arg\max} \ \frac{\boldsymbol{x}^{\mathrm{T}} \boldsymbol{A} \boldsymbol{x}}{\boldsymbol{x}^{\mathrm{T}} \boldsymbol{B} \boldsymbol{x}} \tag{18.41}$$

式 (18.41) 实际上是瑞利商的一般式，也叫广义瑞利商 (generalized Rayleigh quotient)。这个优化问题等价于式 (18.37)。一般情况下，矩阵$\boldsymbol{B}$为正定，这样$\boldsymbol{x} \neq \boldsymbol{0}$时，$\boldsymbol{x}^{\mathrm{T}} \boldsymbol{B} \boldsymbol{x} > 0$。

令

$$\boldsymbol{x} = \boldsymbol{B}^{\frac{-1}{2}} \boldsymbol{y} \tag{18.42}$$

代入式 (18.41) 中的目标函数，得到

$$\frac{\left(\boldsymbol{B}^{\frac{-1}{2}}\boldsymbol{y}\right)^{\mathrm{T}}\boldsymbol{A}\left(\boldsymbol{B}^{\frac{-1}{2}}\boldsymbol{y}\right)}{\left(\boldsymbol{B}^{\frac{-1}{2}}\boldsymbol{y}\right)^{\mathrm{T}}\boldsymbol{B}\left(\boldsymbol{B}^{\frac{-1}{2}}\boldsymbol{y}\right)}=\frac{\boldsymbol{y}^{\mathrm{T}}\boldsymbol{B}^{\frac{-1}{2}\mathrm{T}}\boldsymbol{A}\boldsymbol{B}^{\frac{-1}{2}}\boldsymbol{y}}{\boldsymbol{y}^{\mathrm{T}}\boldsymbol{y}} \tag{18.43}$$

写成上式的目的是将其调整为常见的瑞利商形式。也请大家参考《可视之美》有关瑞利商的可视化方案。如果$\boldsymbol{B}$为正定矩阵，则$\boldsymbol{B}$的特征值分解可以写成

$$\boldsymbol{B}=\boldsymbol{V}\boldsymbol{\Lambda}\boldsymbol{V}^{\mathrm{T}} \tag{18.44}$$

而$\boldsymbol{B}^{\frac{-1}{2}}$为

$$\boldsymbol{B}^{\frac{-1}{2}}=\boldsymbol{V}\boldsymbol{\Lambda}^{\frac{-1}{2}}\boldsymbol{V}^{\mathrm{T}} \tag{18.45}$$

请大家自己将式 (18.45) 代入式 (18.43)，并完成推导。

第五个优化问题

给定优化问题

$$\begin{aligned}&\underset{\boldsymbol{v}}{\arg\min}\ \ \|\boldsymbol{A}\boldsymbol{v}\|\\&\text{subject to:}\ \ \|\boldsymbol{v}\|=1\end{aligned} \tag{18.46}$$

式 (18.46) 也等价于

$$\begin{aligned}&\underset{\boldsymbol{v}}{\arg\min}\ \ \boldsymbol{v}^{\mathrm{T}}\boldsymbol{A}^{\mathrm{T}}\boldsymbol{A}\boldsymbol{v}\\&\text{subject to:}\ \ \boldsymbol{v}^{\mathrm{T}}\boldsymbol{v}=1\end{aligned} \tag{18.47}$$

式 (18.46) 还等价于

$$\underset{\boldsymbol{x}\neq\boldsymbol{0}}{\arg\min}\left(\frac{\|\boldsymbol{A}\boldsymbol{x}\|}{\|\boldsymbol{x}\|}\right)^2=\frac{\boldsymbol{x}^{\mathrm{T}}\boldsymbol{A}^{\mathrm{T}}\boldsymbol{A}\boldsymbol{x}}{\boldsymbol{x}^{\mathrm{T}}\boldsymbol{x}} \tag{18.48}$$

注意：$\boldsymbol{x}$不能是零向量$\boldsymbol{0}$。

式 (18.4w5) 也等价于

$$\underset{\boldsymbol{x}\neq\boldsymbol{0}}{\arg\min}\frac{\|\boldsymbol{A}\boldsymbol{x}\|}{\|\boldsymbol{x}\|} \tag{18.49}$$

式 (18.49) 中，对$\boldsymbol{A}$是否为对称矩阵没有限制，因为$\boldsymbol{A}^{\mathrm{T}}\boldsymbol{A}$为对称矩阵。对$\boldsymbol{A}^{\mathrm{T}}\boldsymbol{A}$进行特征值分解，便可以解决这个优化问题。这个优化问题实际上就是我们本章后文要讨论的SVD分解的优化视角。

18.7 再谈SVD：优化视角

本节从优化视角再讨论SVD分解。

从投影说起

如图18.16所示，数据矩阵$\boldsymbol{X}$中任意行向量$\boldsymbol{x}^{(i)}$在$\boldsymbol{v}$上投影，得到标量投影结果为$y^{(i)}$：

$$\boldsymbol{x}^{(i)}\boldsymbol{v} = y^{(i)} \tag{18.50}$$

其中：$\boldsymbol{v}$为单位向量。

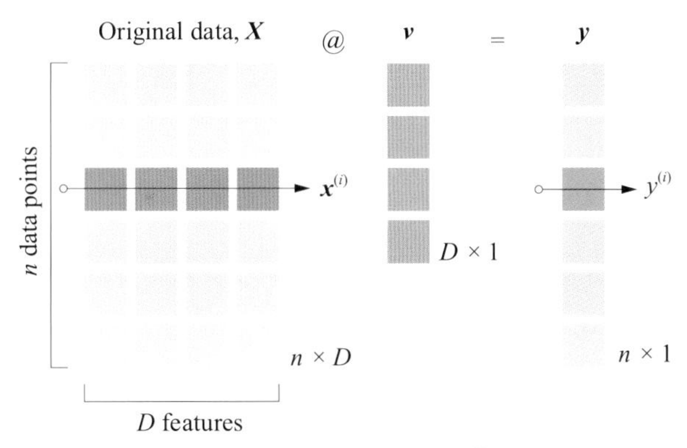

图18.16　数据矩阵$\boldsymbol{X}$中任意行向量$\boldsymbol{x}^{(i)}$在$\boldsymbol{v}$上投影

如图18.17所示，$y^{(i)}$就是$\boldsymbol{x}^{(i)}$在$\boldsymbol{v}$上的坐标，$h^{(i)}$为$\boldsymbol{x}^{(i)}$到$\boldsymbol{v}$的距离。

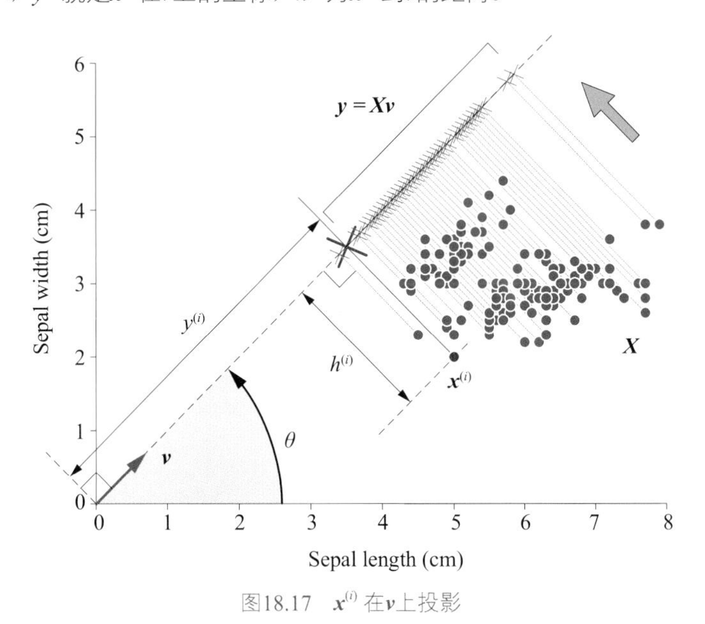

图18.17　$\boldsymbol{x}^{(i)}$在$\boldsymbol{v}$上投影

整个数据矩阵$\boldsymbol{X}$在$\boldsymbol{v}$上投影得到向量$\boldsymbol{y}$，有

$$\boldsymbol{X}\boldsymbol{v} = \boldsymbol{y} \tag{18.51}$$

数据矩阵$\boldsymbol{X}$对应图18.17中的圆点 ●，$\boldsymbol{y}$对应图18.17中的叉 ×。

构造优化问题

从优化问题角度，SVD分解等价于最大化$y^{(i)}$平方和，即

$$\max_{\boldsymbol{v}} \sum_{i=1}^{n} \left(y^{(i)} \right)^2 \tag{18.52}$$

式 (18.52) 相当于，最小化$h^{(i)}$平方和

$$\min \sum_{i=1}^{n} \left(h^{(i)} \right)^2 \tag{18.53}$$

而下面几个式子等价，即

$$\sum_{i=1}^{n} \left(y^{(i)} \right)^2 = \|\boldsymbol{y}\|_2^2 = \boldsymbol{y}^{\mathrm{T}} \boldsymbol{y} = (\boldsymbol{X}\boldsymbol{v})^{\mathrm{T}} (\boldsymbol{X}\boldsymbol{v}) = \boldsymbol{v}^{\mathrm{T}} \underbrace{\boldsymbol{X}^{\mathrm{T}} \boldsymbol{X}}_{\boldsymbol{G}} \boldsymbol{v} \tag{18.54}$$

这里大家是否看到了式 (18.48) 的影子。

构造如下优化问题，即

$$\begin{gathered} \boldsymbol{v}_1 = \arg\max_{\boldsymbol{v}} \ \boldsymbol{v}^{\mathrm{T}} \boldsymbol{X}^{\mathrm{T}} \boldsymbol{X} \boldsymbol{v} \\ \text{subject to: } \boldsymbol{v}^{\mathrm{T}} \boldsymbol{v} = 1 \end{gathered} \tag{18.55}$$

其中：$\boldsymbol{X}$为已知数据矩阵；$\boldsymbol{v}$为优化变量。

式 (18.55) 等价于

$$\boldsymbol{v}_1 = \arg\max_{\boldsymbol{v}} \ \frac{\boldsymbol{v}^{\mathrm{T}} \boldsymbol{X}^{\mathrm{T}} \boldsymbol{X} \boldsymbol{v}}{\boldsymbol{v}^{\mathrm{T}} \boldsymbol{v}} \tag{18.56}$$

利用L^2范数，式 (18.55) 还等价于

$$\begin{gathered} \boldsymbol{v}_1 = \arg\max_{\boldsymbol{v}} \ \|\boldsymbol{X}\boldsymbol{v}\| \\ \text{subject to: } \|\boldsymbol{v}\| = 1 \end{gathered} \tag{18.57}$$

式 (18.55) 也等价于

$$\arg\max_{\boldsymbol{x} \neq \boldsymbol{0}} \ \frac{\|\boldsymbol{X}\boldsymbol{x}\|}{\|\boldsymbol{x}\|} \tag{18.58}$$

其中：$\boldsymbol{x}$为优化变量。

对$\boldsymbol{X}$进行奇异值分解得到的最大奇异值s_1满足

$$s_1 = \|\boldsymbol{X}\boldsymbol{v}_1\| = \|\boldsymbol{y}_1\|_2 = \sqrt{\sum_{i=1}^{n} \left(y_1^{(i)} \right)^2} \tag{18.59}$$

其中：$\boldsymbol{X}\boldsymbol{v}_1 = \boldsymbol{y}_1$。也就是说，奇异值$s_1$代表$\boldsymbol{X}$行向量在$\boldsymbol{v}$方向上投影结果$\boldsymbol{y}$的模的最大值。

格拉姆矩阵$\boldsymbol{X}^{\mathrm{T}}\boldsymbol{X}$的最大特征值$\lambda_1$满足

$$\lambda_1 = s_1^2 = \left\|\boldsymbol{X}\boldsymbol{v}_1\right\|_2^2 = \left\|\boldsymbol{y}_1\right\|_2^2 = \sum_{i=1}^{n}\left(y_1^{(i)}\right)^2 \tag{18.60}$$

请大家格外注意理解这个优化视角，它阐释了奇异值分解的核心内容。

顺序求解其他右奇异向量

确定第一右奇异向量$\boldsymbol{v}_1$之后，我们可以依次构造类似如下优化问题，求解其他右奇异向量，即

$$\begin{aligned} \boldsymbol{v}_2 = \arg\max_{\boldsymbol{v}} & \ \left\|\boldsymbol{X}\boldsymbol{v}\right\| \\ \text{subject to: } & \left\|\boldsymbol{v}\right\| = 1,\ \boldsymbol{v} \perp \boldsymbol{v}_1 \end{aligned} \tag{18.61}$$

式 (18.61) 等价于

$$\begin{aligned} \boldsymbol{v}_2 = \arg\max_{\boldsymbol{v}} & \ \boldsymbol{v}^{\mathrm{T}}\boldsymbol{X}^{\mathrm{T}}\boldsymbol{X}\boldsymbol{v} \\ \text{subject to: } & \left\|\boldsymbol{v}\right\| = 1,\ \boldsymbol{v} \perp \boldsymbol{v}_1 \end{aligned} \tag{18.62}$$

中心化数据

数据矩阵$\boldsymbol{X}$中每一列数据$\boldsymbol{x}_j$分别减去本列均值可以得到中心化数据$\boldsymbol{X}_c$。利用广播原则，$\boldsymbol{X}$减去行向量E($\boldsymbol{X}$) 得到$\boldsymbol{X}_c$，有

$$\boldsymbol{X}_c = \boldsymbol{X} - \mathrm{E}\left(\boldsymbol{X}\right) \tag{18.63}$$

特别强调：SVD分解中心化数据$\boldsymbol{X}_c$得到的结果一般不同于SVD分解原数据矩阵$\boldsymbol{X}$。

如图18.18所示，中心化数据$\boldsymbol{X}_c$在$\boldsymbol{v}$上投影得到向量$\boldsymbol{y}_c$，有

$$\boldsymbol{X}_c\boldsymbol{v} = \boldsymbol{y}_c \tag{18.64}$$

图18.18对应的优化问题为

$$\begin{aligned} \boldsymbol{v}_{c\_1} = \arg\max_{\boldsymbol{v}} & \ \left\|\boldsymbol{X}_c\boldsymbol{v}\right\| \\ \text{subject to: } & \left\|\boldsymbol{v}\right\| = 1 \end{aligned} \tag{18.65}$$

$\boldsymbol{X}_c$的最大奇异值s_{c_1}为

$$s_{c\_1} = \left\|\boldsymbol{X}_c\boldsymbol{v}_{c\_1}\right\| \tag{18.66}$$

也就是说，s_{c_1}的平方为$\boldsymbol{X}_c$所有点在$\boldsymbol{v}_{c_1}$方向上标量投影平方值之和的最大值，即

$$\begin{aligned} s_1^2 &= \left\|\boldsymbol{X}_c\boldsymbol{v}_{c\_1}\right\|_2^2 = \sum_{i=1}^{n}\left(y_c^{(i)}\right)^2 = \left\|\boldsymbol{y}_c\right\|_2^2 = \boldsymbol{y}_c^{\mathrm{T}}\boldsymbol{y}_c \\ &= \left(\boldsymbol{X}_c\boldsymbol{v}_{c\_1}\right)^{\mathrm{T}}\left(\boldsymbol{X}_c\boldsymbol{v}_{c\_1}\right) = \boldsymbol{v}_{c\_1}^{\mathrm{T}}\underbrace{\boldsymbol{X}_c^{\mathrm{T}}\boldsymbol{X}_c}_{(n-1)\boldsymbol{\Sigma}}\boldsymbol{v}_{c\_1} = (n-1)\boldsymbol{v}_{c\_1}^{\mathrm{T}}\boldsymbol{\Sigma}\boldsymbol{v}_{c\_1} \end{aligned} \tag{18.67}$$

相信大家已经注意到式 (18.67) 中的协方差矩阵。大家可能会对式 (18.67) 感到困惑，SVD分解怎么和协方差矩阵$\boldsymbol{\Sigma}$扯到一起了呢？这是本书最后三章要回答的问题。

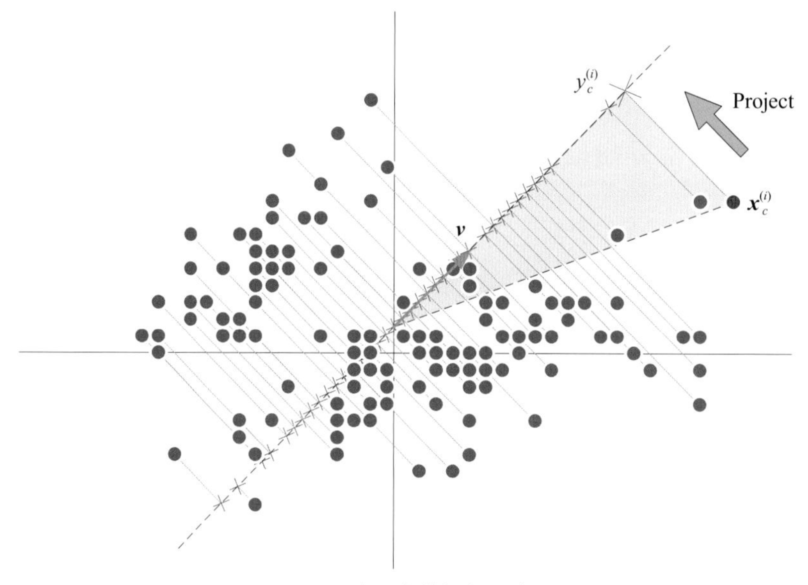

图18.18　中心化数据在$\boldsymbol{v}$上投影

18.8 矩阵范数：矩阵 → 标量，矩阵“大小”

有了上一节的优化视角，本节要介绍几种机器学习算法中常用的**矩阵范数** (matrix norm)。矩阵范数相当于向量范数的推广。本书第3章讲过向量范数代表某种“距离”，计算向量范数是某种“向量 → 标量”的映射。

类似于向量范数，矩阵范数也是某种基于特定规则的“矩阵 → 标量”映射。矩阵范数也从不同角度度量了矩阵的“大小”。

矩阵p-范数

形状为$m \times n$矩阵$\boldsymbol{A}$的p-范数定义为

$$\|\boldsymbol{A}\|_p = \max_{\boldsymbol{x} \neq 0} \frac{\|\boldsymbol{A}\boldsymbol{x}\|_p}{\|\boldsymbol{x}\|_p} \tag{18.68}$$

大家是否已经看到类似于式 (18.49) 的形式。

本节内容以矩阵$\boldsymbol{A}$为例，有

$$\boldsymbol{A}_{m \times n} = \begin{bmatrix} 0 & 1 \\ 1 & 1 \\ 1 & 0 \end{bmatrix}_{3 \times 2} \tag{18.69}$$

矩阵1-范数

矩阵A的1-范数，也叫**列元素绝对值之和最大范数** (maximum absolute column sum norm)，具体定义为

$$\|A\|_1 = \max_{1 \leqslant j \leqslant n} \sum_{i=1}^{m} |a_{i,j}| \tag{18.70}$$

式 (18.69) 给出的矩阵A有2列，先计算每一列元素绝对值之和，然后再取出其中的最大值。这个最大值就是矩阵A的1-范数，即

$$\|A\|_1 = \max(0+1+1, 1+1+0) = \max(2,2) = 2 \tag{18.71}$$

矩阵∞-范数

矩阵A的∞-范数，也叫**行元素绝对值之和最大范数** (maximum absolute row sum norm)，具体定义为

$$\|A\|_\infty = \max_{1 \leqslant i \leqslant m} \sum_{j=1}^{n} |a_{i,j}| \tag{18.72}$$

式 (18.69) 给出的矩阵A有3行，先计算每一行元素绝对值之和，然后再取出其中的最大值。这个最大值就是矩阵A的∞-范数，即

$$\|A\|_\infty = \max(0+1, 1+1, 1+0) = \max(1,2,1) = 2 \tag{18.73}$$

矩阵2-范数

矩阵A的2-范数就要用式 (18.49) 这个优化问题。矩阵A的2-范数具体定义为

$$\|A\|_2 = \max_{x \neq 0} \frac{\|Ax\|}{\|x\|} = s_1 = \sqrt{\lambda_1} \tag{18.74}$$

根据本章前文所讲，$\|A\|_2$对应A奇异值分解中的最大奇异值$s_1 = \sqrt{3}$。本书第11章手算过矩阵A的奇异值分解。

$\|A\|_2$也是A的格拉姆矩阵$A^{\mathrm{T}}A$特征值分解中最大特征值的平方根，即$\sqrt{\lambda_1} = \sqrt{3}$。

矩阵F-范数

本节介绍的最后一个范数叫**弗罗贝尼乌斯范数** (Frobenius norm)，简称F-范数，对应定义为

$$\|A\|_F = \sqrt{\sum_{i=1}^{m} \sum_{j=1}^{n} |a_{i,j}|^2} \tag{18.75}$$

矩阵A的F-范数就是矩阵所有元素的平方和，再开方。

式 (18.69) 给出的矩阵A有6个元素，计算它们的平方和、再开方，就是A的F-范数，有

$$\|\boldsymbol{A}\|_F = \sqrt{0^2 + 1^2 + 1^2 + 1^2 + 1^2 + 0^2} = \sqrt{4} = 2 \tag{18.76}$$

本书第5章介绍过矩阵$\boldsymbol{A}$的所有元素平方和就是$\boldsymbol{A}$的格拉姆矩阵的迹，即

$$\|\boldsymbol{A}\|_F = \sqrt{\sum_{i=1}^{m}\sum_{j=1}^{n}\left|a_{i,j}\right|^2} = \sqrt{\operatorname{tr}\left(\boldsymbol{A}^T\boldsymbol{A}\right)} \tag{18.77}$$

根据本书第13章介绍过矩阵的迹等于其特征值之和，这样我们又得到了F-范数另一个计算方法，即

$$\|\boldsymbol{A}\|_F = \sqrt{\sum_{i=1}^{m}\sum_{j=1}^{n}\left|a_{i,j}\right|^2} = \sqrt{\operatorname{tr}\left(\boldsymbol{A}^T\boldsymbol{A}\right)} = \sqrt{\sum_{i=1}^{n}\lambda_i} \tag{18.78}$$

其中：$\sum_{i=1}^{n}\lambda_i$ 为 $\boldsymbol{A}^T\boldsymbol{A}$ 的特征值之和。$\boldsymbol{A}$的形状为$m \times n$，因此 $\boldsymbol{A}^T\boldsymbol{A}$ 的形状为$n \times n$。所以，$\boldsymbol{A}^T\boldsymbol{A}$ 有n个特征值。一些教材会把 $\sum_{i=1}^{n}\lambda_i$ 求和上限写成min(m, n)，即

$$\|\boldsymbol{A}\|_F = \sqrt{\sum_{i=1}^{\min(m,n)}\lambda_i} \tag{18.79}$$

这是因为格拉姆矩阵 $\boldsymbol{A}^T\boldsymbol{A}$ 的非0特征值最多就有min(m, n)个。如果$\boldsymbol{A}$非满秩，则非0特征值更少。

式 (18.69) 给出矩阵$\boldsymbol{A}$的格拉姆矩阵 $\boldsymbol{A}^T\boldsymbol{A}$ 有两个特征值1和3，由此计算$\boldsymbol{A}$的F-范数为

$$\|\boldsymbol{A}\|_F = \sqrt{1+3} = \sqrt{4} = 2 \tag{18.80}$$

由于 $\boldsymbol{A}^T\boldsymbol{A}$ 的特征值和$\boldsymbol{A}$的奇异值存在等式关系 $\lambda_i = s_i^2$，因此式 (18.78) 还可以写成

$$\|\boldsymbol{A}\|_F = \sqrt{\sum_{i=1}^{m}\sum_{j=1}^{n}\left|a_{i,j}\right|^2} = \sqrt{\operatorname{tr}\left(\boldsymbol{A}^T\boldsymbol{A}\right)} = \sqrt{\sum_{i=1}^{n}\lambda_i} = \sqrt{\sum_{i=1}^{n}s_i^2} \tag{18.81}$$

对比式 (18.74) 和式 (18.81)，显然矩阵$\boldsymbol{A}$的2-范数不大于F-范数，即

$$\|\boldsymbol{A}\|_2 \leqslant \|\boldsymbol{A}\|_F \tag{18.82}$$

矩阵F-范数实际上提供了理解SVD和PCA的一个全新视角；鸢尾花书系列《机器学习》将介绍这个视角。

18.9 再谈数据正交投影：优化视角

本章最后从优化视角再谈谈数据正交投影。

正交投影

鸢尾花数据集的前两列构造了数据矩阵$\boldsymbol{X}_{150\times 2}$。给定规范正交基 $\boldsymbol{V}=[\boldsymbol{v}_1, \boldsymbol{v}_2]$，$\boldsymbol{v}_1$与横轴正方向的夹角为$\theta$。

如图18.19所示，$\boldsymbol{X}$在$\boldsymbol{v}_1$方向的标量投影结果为$\boldsymbol{y}_1 = \boldsymbol{X}\boldsymbol{v}_1$。$\boldsymbol{y}_1$为行数为150的列向量，$\boldsymbol{y}_1$相当于$\boldsymbol{X}$在$\boldsymbol{v}_1$方向的坐标。

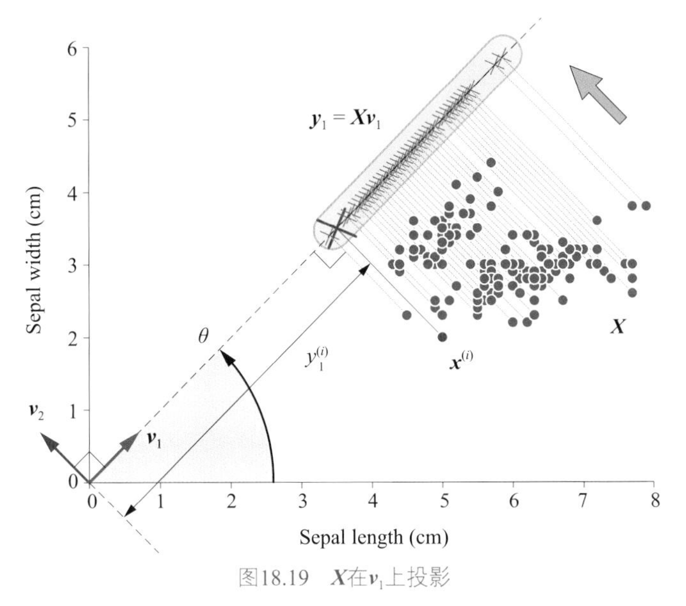

图18.19　$\boldsymbol{X}$在$\boldsymbol{v}_1$上投影

如图18.20所示，$\boldsymbol{X}$在$\boldsymbol{v}_2$方向的标量投影结果为$\boldsymbol{y}_2 = \boldsymbol{X}\boldsymbol{v}_2$，$\boldsymbol{y}_2$则是$\boldsymbol{X}$在$\boldsymbol{v}_2$方向的坐标。

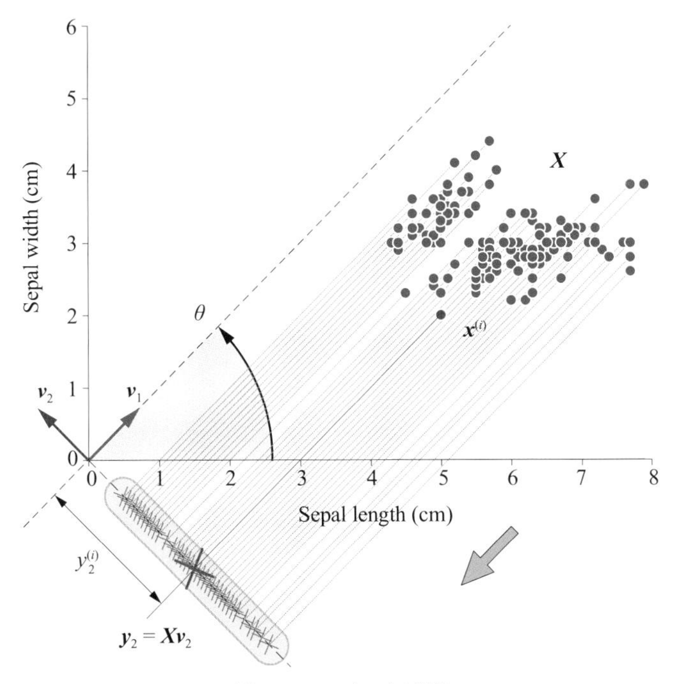

图18.20　$\boldsymbol{X}$在$\boldsymbol{v}_2$上投影

向量特征、向量之间关系

作为列向量，$\boldsymbol{y}_1$和$\boldsymbol{y}_2$各自有其模（$\|\boldsymbol{y}_1\|$、$\|\boldsymbol{y}_2\|$），即向量长度。以$\boldsymbol{y}_1$为例，$\|\boldsymbol{y}_1\|^2$写成

$$\|\boldsymbol{y}_1\|_2^2 = \boldsymbol{y}_1^{\mathrm{T}}\boldsymbol{y}_1 = \left(\boldsymbol{X}\boldsymbol{v}_1\right)^{\mathrm{T}}\boldsymbol{X}\boldsymbol{v}_1 = \boldsymbol{v}_1^{\mathrm{T}}\underbrace{\boldsymbol{X}^{\mathrm{T}}\boldsymbol{X}}_{\boldsymbol{G}}\boldsymbol{v}_1 = \boldsymbol{v}_1^{\mathrm{T}}\boldsymbol{G}\boldsymbol{v}_1 \tag{18.83}$$

$\boldsymbol{y}_1$和$\boldsymbol{y}_2$的向量内积 ($<\boldsymbol{y}_1, \boldsymbol{y}_2>$)、夹角 (angle($\boldsymbol{y}_1, \boldsymbol{y}_2$))、夹角的余弦值 (cos($\boldsymbol{y}_1, \boldsymbol{y}_2$)) 可以用来度量$\boldsymbol{y}_1$和$\boldsymbol{y}_2$之间的关系，即

$$\langle \boldsymbol{y}_1, \boldsymbol{y}_2 \rangle = \boldsymbol{y}_1 \cdot \boldsymbol{y}_2 = \boldsymbol{y}_1^{\mathrm{T}} \boldsymbol{y}_2, \quad \cos(\boldsymbol{y}_1, \boldsymbol{y}_2) = \frac{\boldsymbol{y}_1 \cdot \boldsymbol{y}_2}{\|\boldsymbol{y}_1\| \|\boldsymbol{y}_2\|}, \quad \mathrm{angle}(\boldsymbol{y}_1, \boldsymbol{y}_2) = \arccos\left(\frac{\boldsymbol{y}_1 \cdot \boldsymbol{y}_2}{\|\boldsymbol{y}_1\| \|\boldsymbol{y}_2\|}\right) \tag{18.84}$$

观察图18.19和图18.20，不难发现$\boldsymbol{y}_1$和$\boldsymbol{y}_2$两个列向量随θ变化。也就是说，上述几个量值都会随着θ变化。有了变化，就会有最大值、最小值，这就进入了优化视角。

进一步，将$\boldsymbol{y}_1$和$\boldsymbol{y}_2$写成 $\boldsymbol{Y} = [\boldsymbol{y}_1, \boldsymbol{y}_2] = \boldsymbol{X}\boldsymbol{V}$，$\boldsymbol{Y}$的格拉姆矩阵可以写成

$$\boldsymbol{G}_Y = \boldsymbol{Y}^{\mathrm{T}} \boldsymbol{Y} = (\boldsymbol{X}\boldsymbol{V})^{\mathrm{T}} \boldsymbol{X}\boldsymbol{V} = \boldsymbol{V}^{\mathrm{T}} \underbrace{\boldsymbol{X}^{\mathrm{T}} \boldsymbol{X}}_{\boldsymbol{G}_X} \boldsymbol{V} = \boldsymbol{V}^{\mathrm{T}} \boldsymbol{G}_X \boldsymbol{V} \tag{18.85}$$

将 $\boldsymbol{V} = [\boldsymbol{v}_1, \boldsymbol{v}_2]$ 代入式 (18.85)，展开得到

$$\boldsymbol{G}_Y = \boldsymbol{V}^{\mathrm{T}} \boldsymbol{G}_X \boldsymbol{V} = \begin{bmatrix} \boldsymbol{v}_1^{\mathrm{T}} \\ \boldsymbol{v}_2^{\mathrm{T}} \end{bmatrix} \boldsymbol{G}_X \begin{bmatrix} \boldsymbol{v}_1 & \boldsymbol{v}_2 \end{bmatrix} = \begin{bmatrix} \boldsymbol{v}_1^{\mathrm{T}} \boldsymbol{G}_X \boldsymbol{v}_1 & \boldsymbol{v}_1^{\mathrm{T}} \boldsymbol{G}_X \boldsymbol{v}_2 \\ \boldsymbol{v}_2^{\mathrm{T}} \boldsymbol{G}_X \boldsymbol{v}_1 & \boldsymbol{v}_2^{\mathrm{T}} \boldsymbol{G}_X \boldsymbol{v}_2 \end{bmatrix} \tag{18.86}$$

这个格拉姆矩阵集成了$\boldsymbol{y}_1$和$\boldsymbol{y}_2$的各自长度 (模)、相互关系 (向量相对夹角) 两方面信息。

统计视角

从统计视角来看，如图18.21所示，数据矩阵$\boldsymbol{X}$在规范正交基 $[\boldsymbol{v}_1, \boldsymbol{v}_2]$ 投影的结果为$\boldsymbol{y}_1$和$\boldsymbol{y}_2$，它们无非就是两列各自含有150个样本数据的集合。

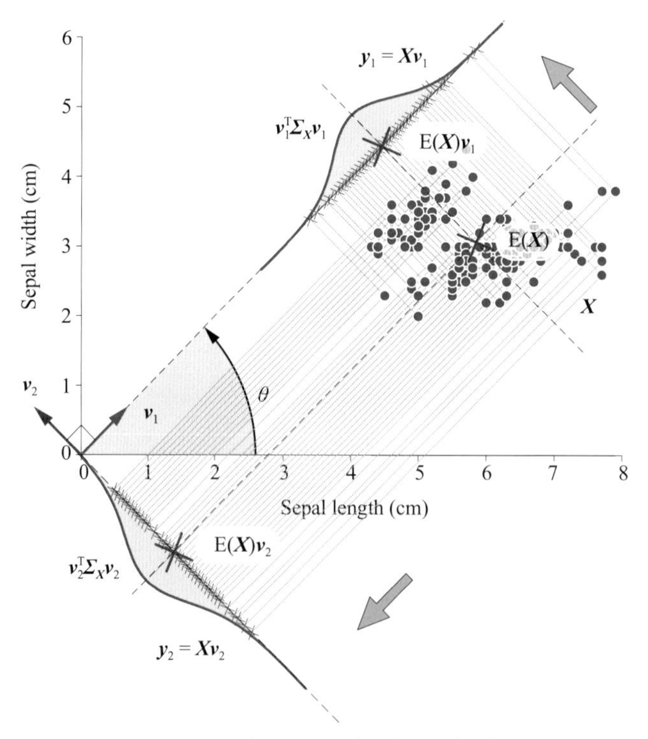

图18.21 $\boldsymbol{X}$在 $[\boldsymbol{v}_1, \boldsymbol{v}_2]$ 上投影，统计视角

$\boldsymbol{y}_1$和$\boldsymbol{y}_2$肯定都有自己的统计量，如均值 (E($\boldsymbol{y}_1$)、E($\boldsymbol{y}_2$))、方差 (var($\boldsymbol{y}_1$)、var($\boldsymbol{y}_2$))、标准差 (std($\boldsymbol{y}_1$)、std($\boldsymbol{y}_2$))。而$\boldsymbol{y}_1$和$\boldsymbol{y}_2$之间也存在协方差 (cov($\boldsymbol{y}_1, \boldsymbol{y}_2$))、相关性系数 (corr($\boldsymbol{y}_1, \boldsymbol{y}_2$)) 这两个重要的统计量。

而上述统计度量值同样随着θ变化。图18.22和图18.23展示了一系列重要统计运算。

$\boldsymbol{y}_1$和$\boldsymbol{y}_2$均值 (期望值) $\mathrm{E}(\boldsymbol{y}_1)$ 和 $\mathrm{E}(\boldsymbol{y}_2)$ 为

$$\mathrm{E}(\boldsymbol{y}_1) = \mathrm{E}(\boldsymbol{X}\boldsymbol{v}_1) = \mathrm{E}(\boldsymbol{X})\boldsymbol{v}_1, \quad \mathrm{E}(\boldsymbol{y}_2) = \mathrm{E}(\boldsymbol{X}\boldsymbol{v}_2) = \mathrm{E}(\boldsymbol{X})\boldsymbol{v}_2 \tag{18.87}$$

这相当于数据质心 $\mathrm{E}(\boldsymbol{X}) = [\mathrm{E}(\boldsymbol{x}_1), \mathrm{E}(\boldsymbol{x}_2)]$ 分别向$\boldsymbol{v}_1$和$\boldsymbol{v}_2$投影。

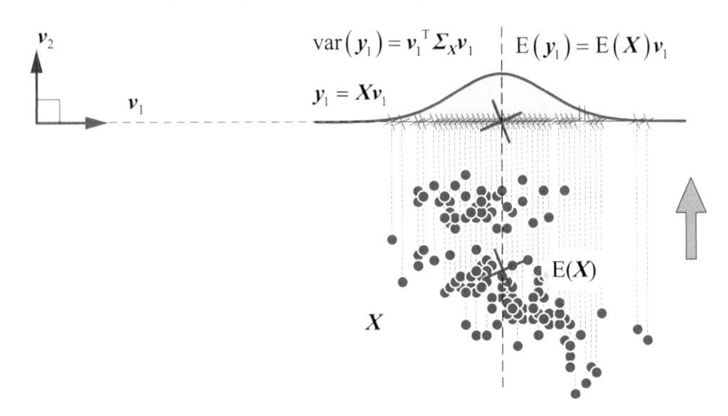

图18.22　$\boldsymbol{y}_1$的统计特征

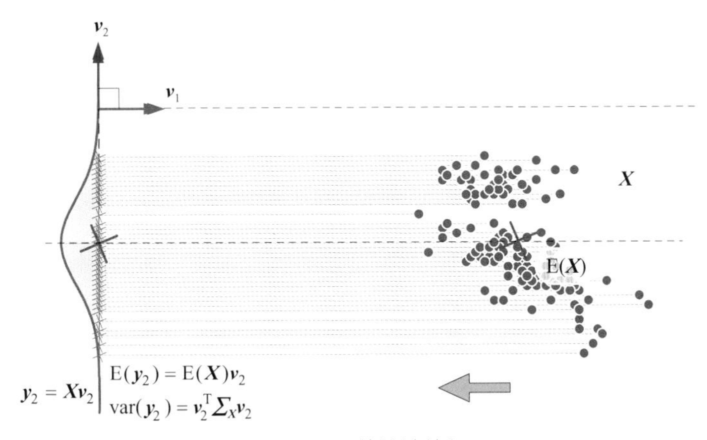

图18.23　$\boldsymbol{y}_2$的统计特征

$\boldsymbol{y}_1$和$\boldsymbol{y}_2$的方差$\mathrm{var}(\boldsymbol{y}_1)$ 和$\mathrm{var}(\boldsymbol{y}_2)$ 分别为

$$\mathrm{var}(\boldsymbol{y}_1) = \boldsymbol{v}_1^{\mathrm{T}}\boldsymbol{\Sigma}_X\boldsymbol{v}_1, \quad \mathrm{var}(\boldsymbol{y}_2) = \boldsymbol{v}_2^{\mathrm{T}}\boldsymbol{\Sigma}_X\boldsymbol{v}_2 \tag{18.88}$$

其中：$\boldsymbol{\Sigma}_X$为数据矩阵$\boldsymbol{X}$的协方差矩阵。

$\boldsymbol{y}_1$和$\boldsymbol{y}_2$的协方差分别为

$$\mathrm{cov}(\boldsymbol{y}_1, \boldsymbol{y}_2) = \boldsymbol{v}_1^{\mathrm{T}}\boldsymbol{\Sigma}_X\boldsymbol{v}_2 = \mathrm{cov}(\boldsymbol{y}_2, \boldsymbol{y}_1) = \boldsymbol{v}_2^{\mathrm{T}}\boldsymbol{\Sigma}_X\boldsymbol{v}_1 \tag{18.89}$$

特别地，将$\boldsymbol{y}_1$和$\boldsymbol{y}_2$写成 $\boldsymbol{Y} = [\boldsymbol{y}_1, \boldsymbol{y}_2]$，$\boldsymbol{Y}$的协方差矩阵可以写成

$$\boldsymbol{\Sigma}_Y = \begin{bmatrix} \mathrm{var}(\boldsymbol{y}_1) & \mathrm{cov}(\boldsymbol{y}_1, \boldsymbol{y}_2) \\ \mathrm{cov}(\boldsymbol{y}_2, \boldsymbol{y}_1) & \mathrm{var}(\boldsymbol{y}_2) \end{bmatrix} = \begin{bmatrix} \boldsymbol{v}_1^{\mathrm{T}}\boldsymbol{\Sigma}_X\boldsymbol{v}_1 & \boldsymbol{v}_1^{\mathrm{T}}\boldsymbol{\Sigma}_X\boldsymbol{v}_2 \\ \boldsymbol{v}_2^{\mathrm{T}}\boldsymbol{\Sigma}_X\boldsymbol{v}_1 & \boldsymbol{v}_2^{\mathrm{T}}\boldsymbol{\Sigma}_X\boldsymbol{v}_2 \end{bmatrix} = \begin{bmatrix} \boldsymbol{v}_1^{\mathrm{T}} \\ \boldsymbol{v}_2^{\mathrm{T}} \end{bmatrix} \boldsymbol{\Sigma}_X \begin{bmatrix} \boldsymbol{v}_1 & \boldsymbol{v}_2 \end{bmatrix} = \boldsymbol{V}^{\mathrm{T}}\boldsymbol{\Sigma}_X\boldsymbol{V} \tag{18.90}$$

比较式 (18.86) 和式 (18.90)，我们发现协方差矩阵和格拉姆矩阵存在大量相似性。本书最后三章和《统计至简》一册还会继续深入讨论这一话题。

优化视角、连续变化

下面，我们用图18.24这幅图展示本节前文介绍的有关$\boldsymbol{y}_1$和$\boldsymbol{y}_2$各种量化指标随θ的变化。大家可能已经发现，图中部分曲线好像是三角函数，这难道是个巧合？《统计至简》将回答这个问题。

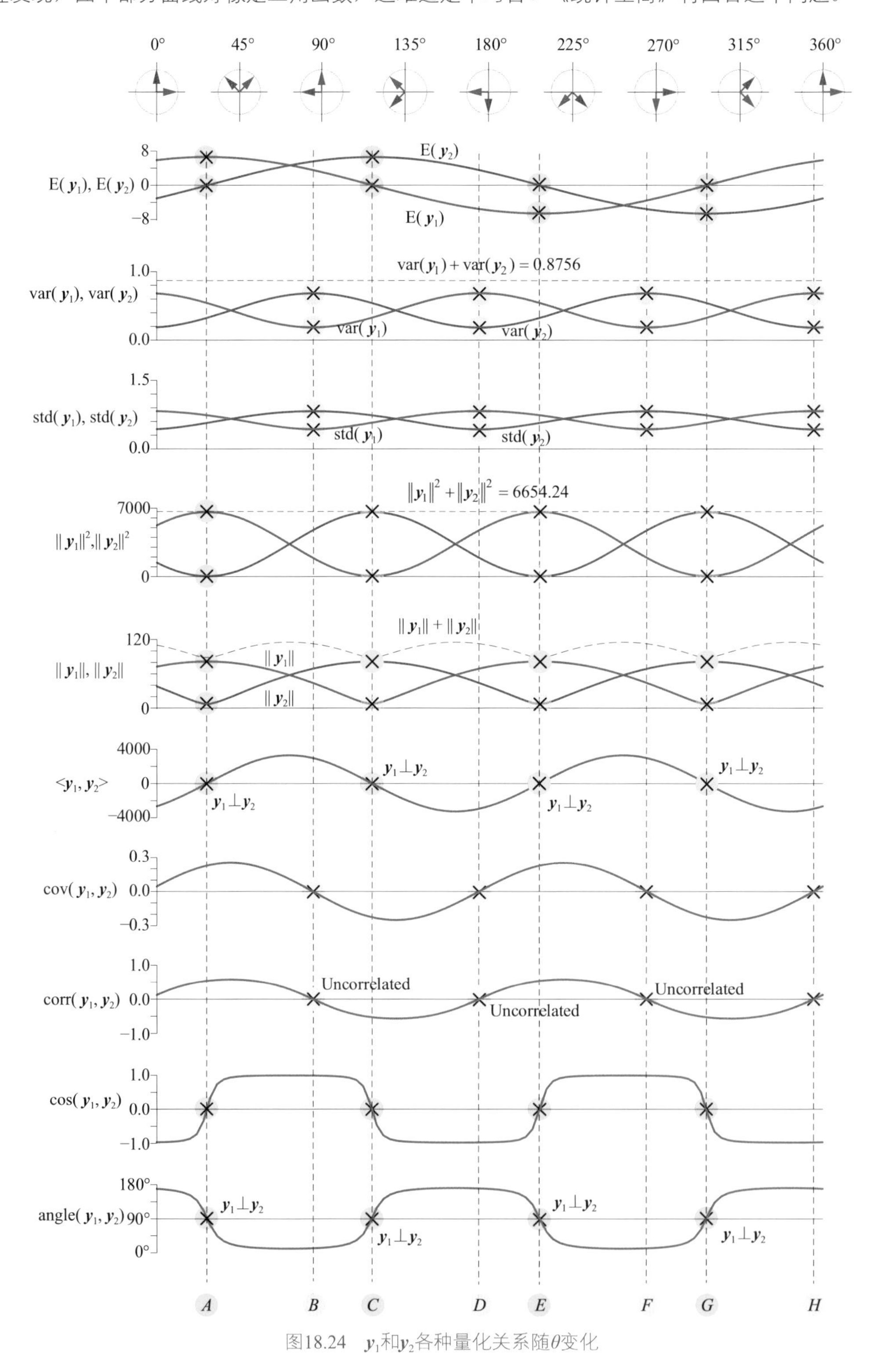

图18.24　$\boldsymbol{y}_1$和$\boldsymbol{y}_2$各种量化关系随θ变化

请大家注意图18.24中两组θ的位置A、C、E、G和B、D、F、H。

当θ位于A、C、E、G时，$\|\boldsymbol{y}_1\|^2$和$\|\boldsymbol{y}_2\|^2$取得极值，这四个位置对应$\boldsymbol{y}_1$和$\boldsymbol{y}_2$垂直，即$\boldsymbol{y}_1 \perp \boldsymbol{y}_2$。

特别值得注意的是，不管θ怎么变，$\|\boldsymbol{y}_1\|^2$和$\|\boldsymbol{y}_2\|^2$之和为定值，即

$$\|\boldsymbol{y}_1\|_2^2 + \|\boldsymbol{y}_2\|_2^2 = \boldsymbol{y}_1^{\mathrm{T}}\boldsymbol{y}_1 + \boldsymbol{y}_2^{\mathrm{T}}\boldsymbol{y}_2 = 6654.24 = \|\boldsymbol{x}_1\|_2^2 + \|\boldsymbol{x}_2\|_2^2 = \boldsymbol{x}_1^{\mathrm{T}}\boldsymbol{x}_1 + \boldsymbol{x}_2^{\mathrm{T}}\boldsymbol{x}_2 \tag{18.91}$$

这是因为矩阵迹的重要性质——$\mathrm{tr}(\boldsymbol{AB}) = \mathrm{tr}(\boldsymbol{BA})$，即

$$\mathrm{tr}\left(\boldsymbol{G}_Y\right) = \mathrm{tr}\left(\boldsymbol{V}^{\mathrm{T}}\boldsymbol{G}_X\boldsymbol{V}\right) = \mathrm{tr}\left(\left(\boldsymbol{V}^{\mathrm{T}}\boldsymbol{G}_X\right)\boldsymbol{V}\right) = \mathrm{tr}\left(\underbrace{\boldsymbol{V}\boldsymbol{V}^{\mathrm{T}}}_{\boldsymbol{I}}\boldsymbol{G}_X\right) = \mathrm{tr}\left(\boldsymbol{G}_X\right) \tag{18.92}$$

$\boldsymbol{G}_Y$的迹为

$$\mathrm{tr}\left(\underbrace{\begin{bmatrix} \boldsymbol{y}_1^{\mathrm{T}}\boldsymbol{y}_1 & \boldsymbol{y}_1^{\mathrm{T}}\boldsymbol{y}_2 \\ \boldsymbol{y}_2^{\mathrm{T}}\boldsymbol{y}_1 & \boldsymbol{y}_2^{\mathrm{T}}\boldsymbol{y}_2 \end{bmatrix}}_{\boldsymbol{G}_Y}\right) = \boldsymbol{y}_1^{\mathrm{T}}\boldsymbol{y}_1 + \boldsymbol{y}_2^{\mathrm{T}}\boldsymbol{y}_2 = \|\boldsymbol{y}_1\|_2^2 + \|\boldsymbol{y}_2\|_2^2 \tag{18.93}$$

而$\boldsymbol{G}_X$的迹为

$$\mathrm{tr}\left(\underbrace{\begin{bmatrix} \boldsymbol{x}_1^{\mathrm{T}}\boldsymbol{x}_1 & \boldsymbol{x}_1^{\mathrm{T}}\boldsymbol{x}_2 \\ \boldsymbol{x}_2^{\mathrm{T}}\boldsymbol{x}_1 & \boldsymbol{x}_2^{\mathrm{T}}\boldsymbol{x}_2 \end{bmatrix}}_{\boldsymbol{G}_X}\right) = \boldsymbol{x}_1^{\mathrm{T}}\boldsymbol{x}_1 + \boldsymbol{x}_2^{\mathrm{T}}\boldsymbol{x}_2 = \|\boldsymbol{x}_1\|_2^2 + \|\boldsymbol{x}_2\|_2^2 \tag{18.94}$$

特别地，如果式(18.92)中$\boldsymbol{V}$来自特征值分解，则式(18.93)等于$\boldsymbol{G}_X$的两个特征值之和，即

$$\boldsymbol{y}_1^{\mathrm{T}}\boldsymbol{y}_1 + \boldsymbol{y}_2^{\mathrm{T}}\boldsymbol{y}_2 = \boldsymbol{x}_1^{\mathrm{T}}\boldsymbol{x}_1 + \boldsymbol{x}_2^{\mathrm{T}}\boldsymbol{x}_2 = \lambda_1 + \lambda_2 \tag{18.95}$$

当θ位于B、D、F、H时，$\mathrm{var}(\boldsymbol{y}_1)$和$\mathrm{var}(\boldsymbol{y}_2)$取得极值，对应的$\boldsymbol{y}_1$和$\boldsymbol{y}_2$线性无关，即相关性系数为0，不同于$\boldsymbol{y}_1 \perp \boldsymbol{y}_2$。

同样值得注意的是，不管θ怎么变，$\mathrm{var}(\boldsymbol{y}_1)$和$\mathrm{var}(\boldsymbol{y}_2)$之和为定值，即

$$\mathrm{var}\left(\boldsymbol{y}_1\right) + \mathrm{var}\left(\boldsymbol{y}_2\right) = 0.8756 \tag{18.96}$$

利用迹运算，同样得出类似结论即

$$\mathrm{tr}\left(\boldsymbol{\Sigma}_Y\right) = \mathrm{tr}\left(\boldsymbol{V}^{\mathrm{T}}\boldsymbol{\Sigma}_X\boldsymbol{V}\right) = \mathrm{tr}\left(\left(\boldsymbol{V}^{\mathrm{T}}\boldsymbol{\Sigma}_X\right)\boldsymbol{V}\right) = \mathrm{tr}\left(\underbrace{\boldsymbol{V}\boldsymbol{V}^{\mathrm{T}}}_{\boldsymbol{I}}\boldsymbol{\Sigma}_X\right) = \mathrm{tr}\left(\boldsymbol{\Sigma}_X\right) \tag{18.97}$$

$\boldsymbol{\Sigma}_Y$的迹为

$$\mathrm{tr}\left(\underbrace{\begin{bmatrix} \mathrm{var}\left(\boldsymbol{y}_1\right) & \mathrm{cov}\left(\boldsymbol{y}_1, \boldsymbol{y}_2\right) \\ \mathrm{cov}\left(\boldsymbol{y}_2, \boldsymbol{y}_1\right) & \mathrm{var}\left(\boldsymbol{y}_2\right) \end{bmatrix}}_{\boldsymbol{\Sigma}_Y}\right) = \mathrm{var}\left(\boldsymbol{y}_1\right) + \mathrm{var}\left(\boldsymbol{y}_2\right) \tag{18.98}$$

而$\boldsymbol{\Sigma}_X$的迹为

$$\operatorname{tr}\left(\underbrace{\begin{bmatrix} \operatorname{var}(\boldsymbol{x}_1) & \operatorname{cov}(\boldsymbol{x}_1,\boldsymbol{x}_2) \\ \operatorname{cov}(\boldsymbol{x}_2,\boldsymbol{x}_1) & \operatorname{var}(\boldsymbol{x}_2) \end{bmatrix}}_{\boldsymbol{\Sigma}_X}\right) = \operatorname{var}(\boldsymbol{x}_1) + \operatorname{var}(\boldsymbol{x}_2) \tag{18.99}$$

也就是说

$$\operatorname{var}(\boldsymbol{y}_1) + \operatorname{var}(\boldsymbol{y}_2) = \operatorname{var}(\boldsymbol{x}_1) + \operatorname{var}(\boldsymbol{x}_2) = 0.8756 \tag{18.100}$$

这一点非常重要，大家将会在主成分分析中看到它的应用。

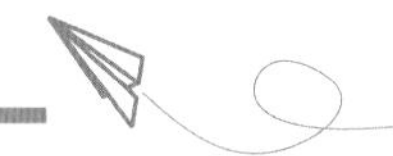

约束条件影响优化问题解的位置。拉格朗日乘子法可以把有约束优化问题转化为无约束优化问题。本章分别从等式约束和不等式约束两方面来展开。需要大家格外注意的是如何利用梯度向量理解拉格朗日乘子法；此外，对于不等式约束，KKT条件中每个式子背后的数学思想是什么？

本章又从优化视角深入讨论了特征值分解、SVD分解。请大家特别注意，SVD分解中，分解对象可以分别为原始数据矩阵、中心化数据矩阵，甚至是Z分数。它们的SVD分解结果有着很大差异。本书最后还会深入探讨，请大家留意。

本章最后从优化视角回顾了数据正交投影，建立了向量和统计描述之间的关系，这是本书最后四章要涉及的话题。

四个重点，如图18.25所示。

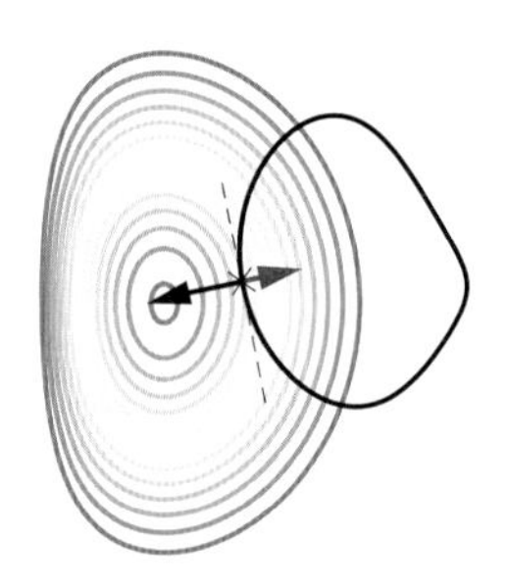
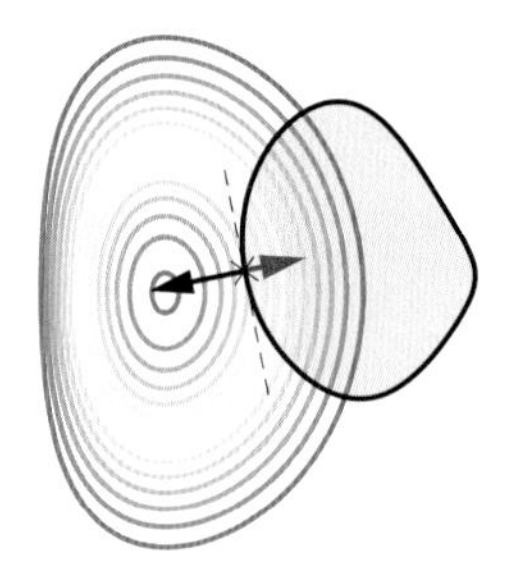
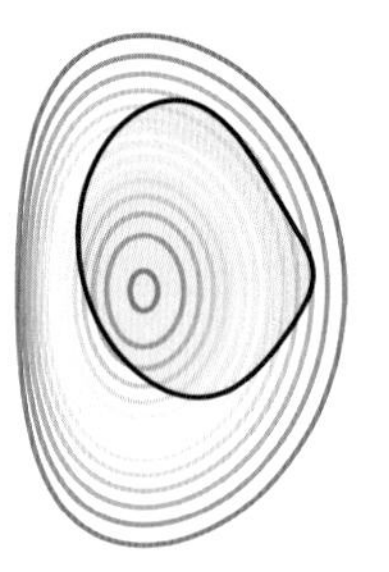
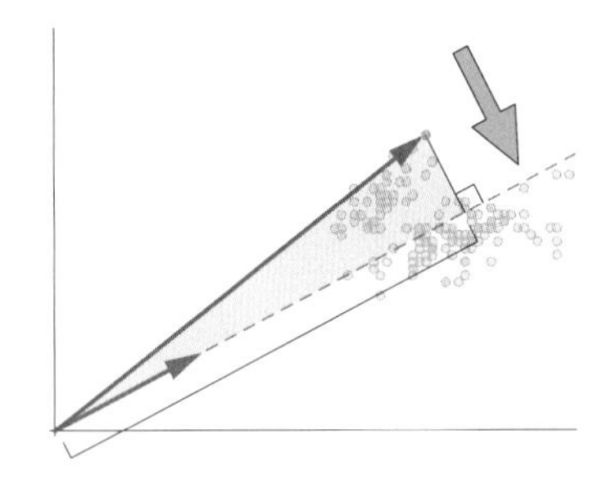

图18.25　总结本章重要内容的四幅图

06 Section 06 空间几何

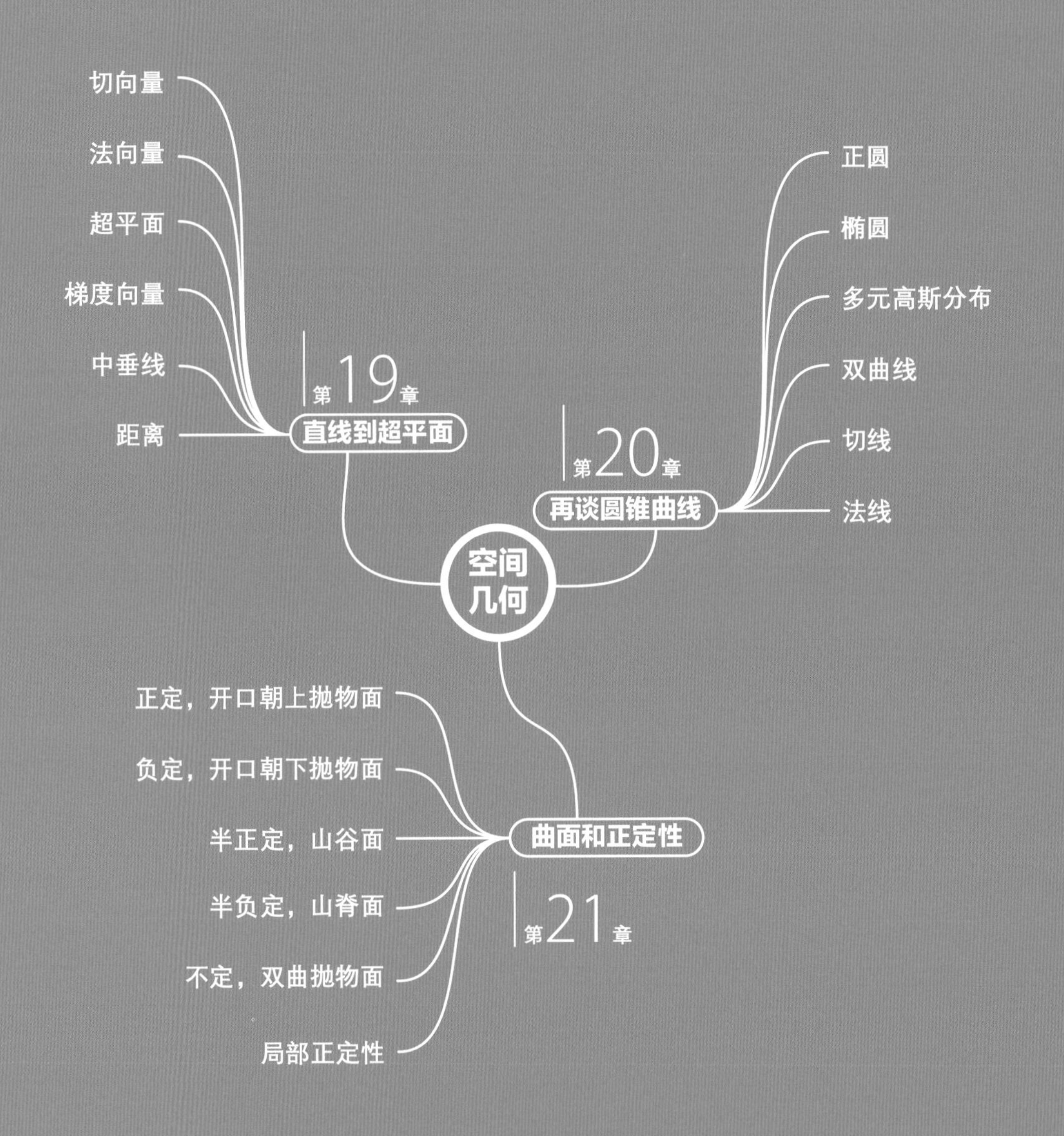

切向量
法向量
超平面
梯度向量
中垂线
距离
第19章
直线到超平面
正圆
椭圆
多元高斯分布
双曲线
切线
法线
第20章
再谈圆锥曲线
空间几何
正定，开口朝上抛物面
负定，开口朝下抛物面
半正定，山谷面
半负定，山脊面
不定，双曲抛物面
局部正定性
曲面和正定性
第21章

学习地图 | 第6版块

19 From Lines to Hyperplanes 直线到超平面

用线性代数工具分析直线、平面和超平面

古人说，算数和几何是数学的双翼。而我认为，算术和几何是任何量化科学的基础和精髓。不仅如此，它们还是压顶石。任何科学的结果都需要用数字或者几何图形来表达。将结果转化为数字，需要借助算术；将结果转化为图形，需要借助几何。

An ancient writer said that arithmetic and geometry are the wings of mathematics; I believe one can say without speaking metaphorically that these two sciences are the foundation and essence of all the sciences which deal with quantity. Not only are they the foundation, they are also, as it were, the capstones; for, whenever a result has been arrived at, in order to use that result, it is necessary to translate it into numbers or into lines; to translate it into numbers requires the aid of arithmetic, to translate it into lines necessitates the use of geometry.

—— 约瑟夫·拉格朗日 (Joseph Lagrange) | 法国籍意大利裔数学家和天文学家 | 1736 —1813

- `matplotlib.pyplot.contour()` 绘制等高线图
- `matplotlib.pyplot.quiver()` 绘制箭头图
- `numpy.meshgrid()` 产生网格化数据
- `numpy.ones_like()` 用来生成和输入矩阵形状相同的全1矩阵
- `subs()` 完成符号代数式中替换
- `sympy.abc import x` 定义符号变量x
- `sympy.diff()` 求解符号函数导数和偏导解析式
- `sympy.evalf()` 将符号解析式中未知量替换为具体数值
- `sympy.lambdify()` 将符号表达式转化为函数
- `sympy.plot_implicit()` 绘制隐函数方程
- `sympy.simplify()` 简化代数式
- `sympy.symbols()` 定义符号变量

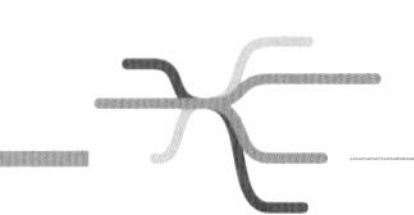

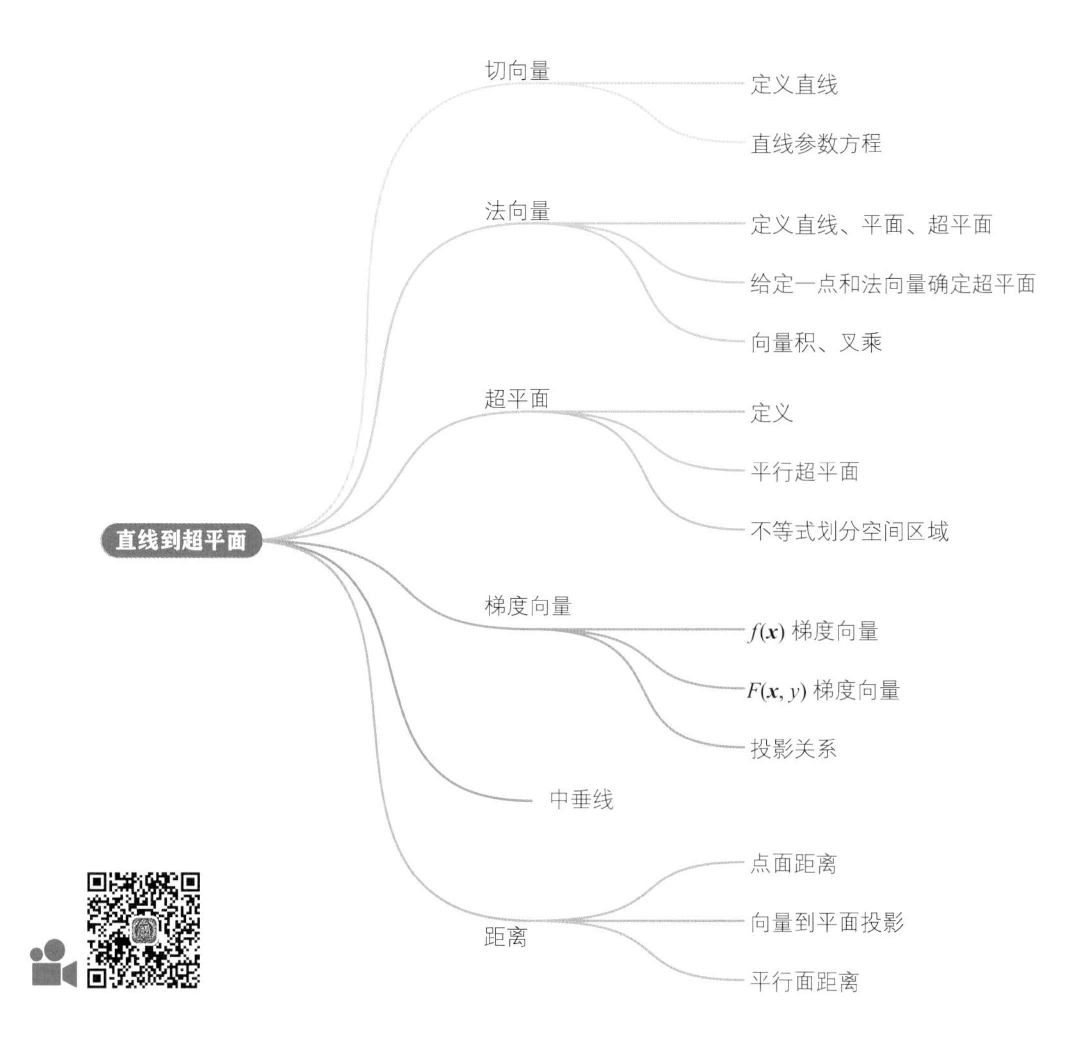

19.1 切向量：可以用来定义直线

至此，我们已经掌握大量的线性代数运算工具。向量天然具备几何属性，这使得线性代数与几何之间的联系显而易见。本书前文利用几何视角帮助我们可视化重要的线性代数工具，让众多枯燥的概念和运算变得栩栩如生。

鸢尾花书《数学要素》一册介绍了大量的平面解析几何、立体几何知识，而线性代数工具可以将这些知识从二维、三维延伸到更高维度，如将直线的概念延伸到超平面，再如将椭圆扩展到椭球。包括本章在内的接下来三章则利用线性代数工具讲解数据科学以及机器学习中常见的几何知识。

切向量

如图19.1 (a) 所示，直线上任意一点的**切向量** (tangent vector) 与直线重合。

图19.1 (b) 中，曲线上任意一点处的切向量是曲线该点处切线方向上的向量。

如图19.1 (c) 所示，三维空间平面上某点处的切线有无数条，它们都在同一个平面内。

同样，如图19.1 (d) 所示，光滑曲面某点的切线有无数条，这些切线都在曲面上该点切平面内。也可以说，这些切线构造该切平面。换个角度思考，有了切平面内的任意两个向量，若两者不平行，就可以确定切平面。

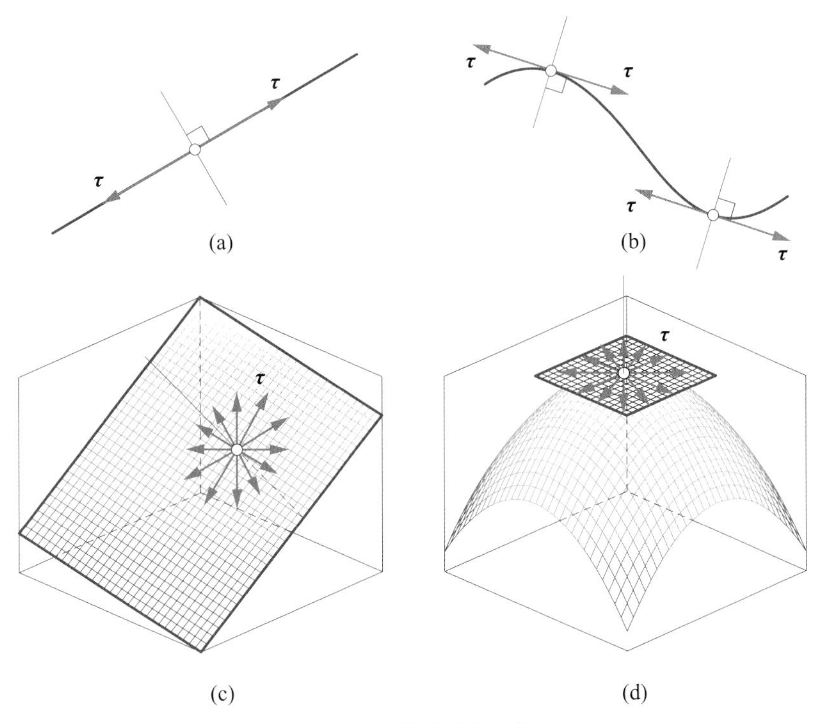

图19.1 直线、平面和光滑曲面切向量

本书一般用$\boldsymbol{\tau}$代表切向量。**单位切向量** (unit tangent vector) $\hat{\boldsymbol{\tau}}$ 通过向量$\boldsymbol{\tau}$单位化获得，即

$$\hat{\boldsymbol{\tau}} = \frac{\boldsymbol{\tau}}{\|\boldsymbol{\tau}\|} \tag{19.1}$$

单位切向量 $\hat{\boldsymbol{\tau}}$ 的模为1。

描述平面直线

切向量可以用于描述直线。给定空间一点$\boldsymbol{c}$和直线的切向量$\boldsymbol{\tau}$便可以确定一条直线，即

$$\boldsymbol{x} = k\boldsymbol{\tau} + \boldsymbol{c} \tag{19.2}$$

其中：k为任意实数，相当于缩放系数。

从几何角度思考，式 (19.2) 实际上是前文介绍的“缩放 (k) + 平移 ($\boldsymbol{c}$)”。

从空间角度来看，$k\boldsymbol{\tau}$通过原点，$k\boldsymbol{\tau}$等价于向量空间 span($\boldsymbol{\tau}$)。而$k\boldsymbol{\tau} + \boldsymbol{c}$则是仿射空间，$\boldsymbol{c} \neq 0$时，$k\boldsymbol{\tau} + \boldsymbol{c}$不过原点。

举个例子，用切向量描述平面上的直线

$$\begin{bmatrix} x_1 \\ x_2 \end{bmatrix} = k \begin{bmatrix} \tau_1 \\ \tau_2 \end{bmatrix} + \begin{bmatrix} c_1 \\ c_2 \end{bmatrix} \tag{19.3}$$

当$\boldsymbol{c} = \boldsymbol{0}$时，如图19.2 (a) 所示，这条穿越原点、切向量为$\boldsymbol{\tau} = [4, 3]^{\mathrm{T}}$的直线可以写作

$$\begin{bmatrix} x_1 \\ x_2 \end{bmatrix} = k \begin{bmatrix} 4 \\ 3 \end{bmatrix} \tag{19.4}$$

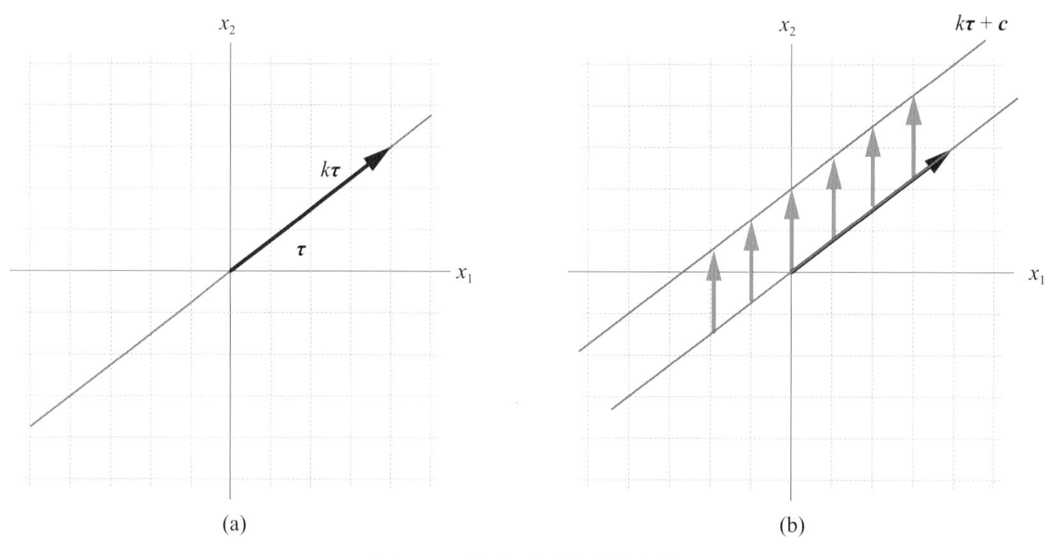

图19.2　用切向量定义平面直线

如图19.1 (b) 所示，式 (19.4) 直线向上平移$\boldsymbol{c} = [0, 2]^{\mathrm{T}}$，得到直线

$$\begin{bmatrix} x_1 \\ x_2 \end{bmatrix} = k \begin{bmatrix} 4 \\ 3 \end{bmatrix} + \begin{bmatrix} 0 \\ 2 \end{bmatrix} \tag{19.5}$$

将式 (19.5) 展开得到平面直线的参数方程为

$$\begin{cases} x_1 = 4k \\ x_2 = 3k + 2 \end{cases} \tag{19.6}$$

用式 (19.3) 这种方式定义平面直线的好处是，切向量可以指向任意方向，如水平方向 $[2, 0]^{\mathrm{T}}$、竖直方向 $[0, -1]^{\mathrm{T}}$。

描述三维空间直线

类似地，如图19.3所示，给定切向量和直线通过的一点$\boldsymbol{c}$，便可以定义一条三维空间直线，即

$$\begin{bmatrix} x_1 \\ x_2 \\ x_3 \end{bmatrix} = k \begin{bmatrix} \tau_1 \\ \tau_2 \\ \tau_3 \end{bmatrix} + \begin{bmatrix} c_1 \\ c_3 \\ c_3 \end{bmatrix} \tag{19.7}$$

将式 (19.7) 展开便得到三维空间直线的参数方程为

$$\begin{cases} x_1 = k\tau_1 + c_1 \\ x_2 = k\tau_2 + c_2 \\ x_3 = k\tau_3 + c_3 \end{cases} \tag{19.8}$$

上述直线定义方式可以很容易推广到高维。图19.3这幅图还告诉我们，从几何角度来看，一维向量空间就是一条过原点的直线；一维仿射空间就是一条未必过原点的直线。

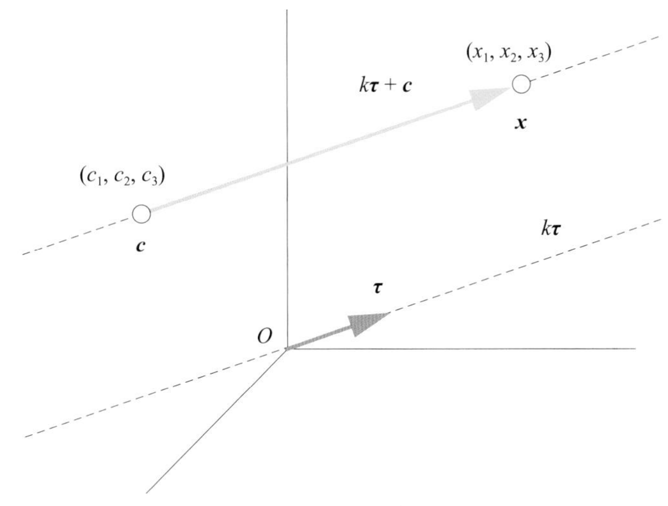

图19.3　空间直线定义

19.2 法向量：定义直线、平面、超平面

鸢尾花书常用法向量定义直线、平面，甚至**超平面** (hyperplane)。

直线的**法向量** (normal vector) 为垂直于直线的非零向量，如图19.4 (a) 所示。

如图19.4 (b) 所示，光滑曲线某点的法向量垂直于曲线该点切线。

如图19.4 (c) 所示，**平面法向量** (a normal line to a surface) 垂直于平面内的任意直线。

光滑连续曲面某点法向量为曲面该点处**切平面** (tangent plane) 的法向量，如图19.4 (d) 所示。

本章用$\boldsymbol{n}$或$\boldsymbol{w}$代表法向量。非零法向量$\boldsymbol{n}$的**单位法向量** (unit normal vector) $\hat{\boldsymbol{n}}$通过单位化获得，即

$$\hat{\boldsymbol{n}} = \frac{\boldsymbol{n}}{\|\boldsymbol{n}\|} \tag{19.9}$$

同样，单位法向量 $\hat{\boldsymbol{n}}$ 的模为1。

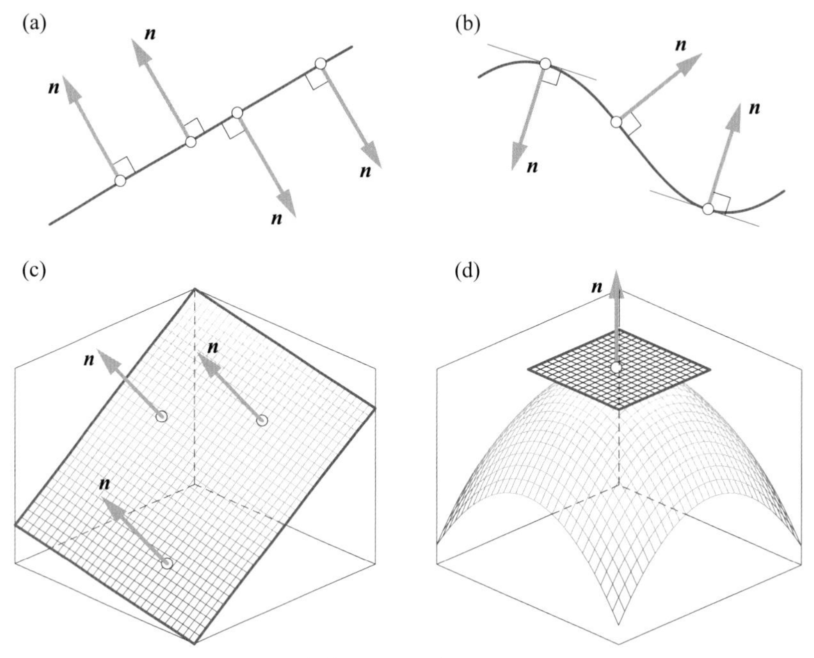

图19.4　直线、平面和光滑曲面法向量

描述三维空间平面

如图19.5所示，过空间一点与已知直线相垂直的平面唯一。从向量视角来看，给定平面上一点和平面法向量$\boldsymbol{n}$，可以确定一个平面。

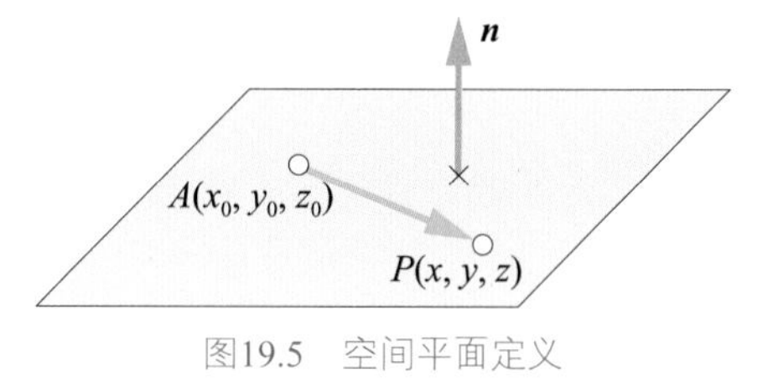

图19.5　空间平面定义

举两个例子

三维空间内某个平面通过点A (1, 2, 3) 且垂直于法向量$\boldsymbol{n} = [3, 2, 1]^{\mathrm{T}}$。

为了确定该平面解析式，定义平面上任意一点P (x_1, x_2, x_3)，点A与P确定的向量垂直于法向量$\boldsymbol{n}$，所以有

$$\boldsymbol{n} \cdot \overrightarrow{AP} = \begin{bmatrix} 3 \\ 2 \\ 1 \end{bmatrix} \cdot \begin{bmatrix} x_1 - 1 \\ x_2 - 2 \\ x_3 - 3 \end{bmatrix} = 0 \tag{19.10}$$

整理式 (19.10) 得到平面的解析式为

$$3x_1 + 2x_2 + x_3 - 10 = 0 \tag{19.11}$$

再举个例子，求通过三个点P_1 (3, 1, 2)，P_2 (1, 2, 3)，P_3 (4, −1, 1) 的平面解析式。

$\boldsymbol{a}$是起点为P_1终点为P_2的向量，$\boldsymbol{b}$是起点为P_1终点为P_3的向量。用列向量来写，$\boldsymbol{a}$和$\boldsymbol{b}$分别为

$$\boldsymbol{a} = \begin{bmatrix} -2 \\ 1 \\ 1 \end{bmatrix}, \quad \boldsymbol{b} = \begin{bmatrix} 1 \\ -2 \\ -1 \end{bmatrix} \tag{19.12}$$

向量$\boldsymbol{a}$和$\boldsymbol{b}$的向量积，即$\boldsymbol{a} \times \boldsymbol{b}$的结果为

$$\boldsymbol{a} \times \boldsymbol{b} = \begin{bmatrix} 1 \\ -1 \\ 3 \end{bmatrix} \tag{19.13}$$

如图19.6所示，$\boldsymbol{a} \times \boldsymbol{b}$便是平面法向量$\boldsymbol{n}$。

有了法向量$\boldsymbol{n}$，仅仅需要平面任意一点便可以确定平面解析式。利用P_1和法向量$\boldsymbol{n}$可以得到平面解析式

$$x_1 - x_2 + 3x_3 - 8 = 0 \tag{19.14}$$

P_1 (3, 1, 2)，P_2 (1, 2, 3)，P_3 (4, −1, 1) 三点都在这个平面上，请大家自行验证。

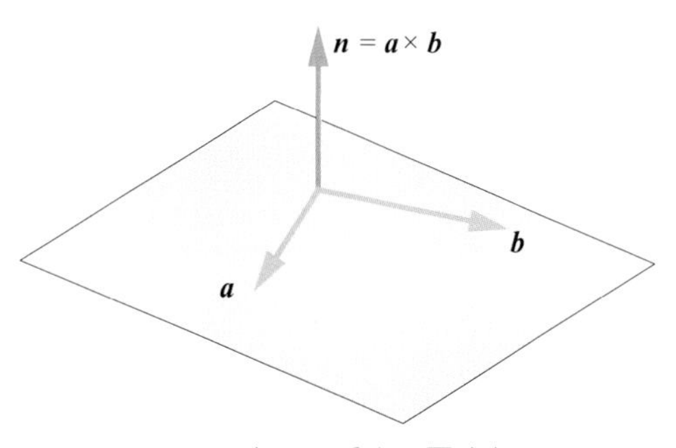

图19.6　向量叉乘为平面法向量

19.3 超平面：一维直线和二维平面的推广

本节将上一节的平面扩展到多维空间中的超平面。

超平面

D维**超平面**的定义为

$$\boldsymbol{w}^{\mathrm{T}} \boldsymbol{x} + b = 0 \tag{19.15}$$

注意：式 (19.15) 中，列向量$\boldsymbol{w}$和$\boldsymbol{x}$行数均为D。

其中

$$\boldsymbol{w} = \begin{bmatrix} w_1 \\ w_2 \\ \vdots \\ w_D \end{bmatrix}, \quad \boldsymbol{x} = \begin{bmatrix} x_1 \\ x_2 \\ \vdots \\ x_D \end{bmatrix} \tag{19.16}$$

其中：$\boldsymbol{w}$为超平面法向量，形式为列向量。$D > 3$对应超平面，超平面是直线、平面推广到多维空间得到的数学概念。

式 (19.15) 也可以通过内积方式表达，即

$$\boldsymbol{w} \cdot \boldsymbol{x} + b = 0 \tag{19.17}$$

展开式 (19.15) 得到

$$w_1 x_1 + w_2 x_2 + \cdots + w_D x_D + b = 0 \tag{19.18}$$

$D = 2$

特别地，$D = 2$时，对应的平面直线解析式为

$$w_1x_1 + w_2x_2 + b = 0 \tag{19.19}$$

式 (19.19) 不止表达类似于一次函数的直线。$w_1 = 0$时，式 (19.19) 表达平行于横轴的直线，类似于常数函数直线，如图19.7 (b)所示。$w_2 = 0$时，式 (19.19) 为垂直横轴直线，这显然不是函数图像，如图19.7 (c)所示。二维直角坐标系中，法向量$\boldsymbol{w}$垂直于直线。

$D = 3$

$D = 3$时，式 (19.17) 对应的三维空间平面为

$$w_1x_1 + w_2x_2 + w_3x_3 + b = 0 \tag{19.20}$$

图19.7所示为上述几种几何图形。空间中，如图19.7 (d)所示，法向量$\boldsymbol{w}$垂直于平面或超平面。

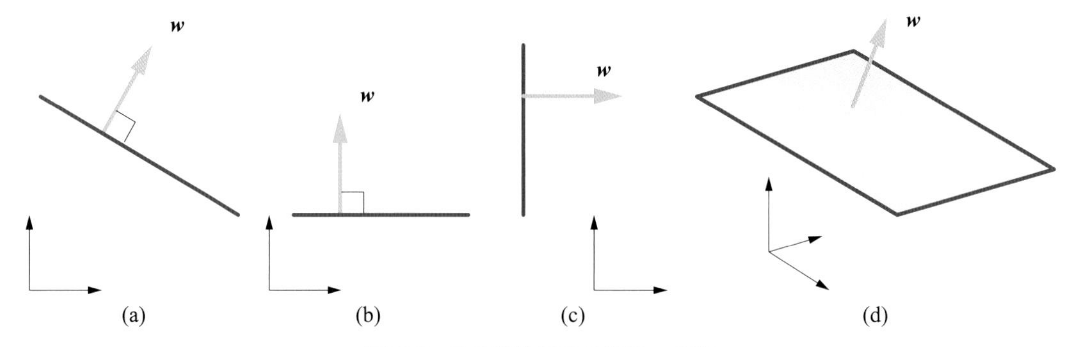

图19.7　几种特殊形态的直线、平面

超平面关系

如果两个超平面平行，则法向量平行。如果两个超平面垂直，则法向量垂直，即内积为0。

式 (19.19) 中b取不同值时，代表一系列平行直线，如图19.8 (a) 所示。

而式 (19.20) 中b取不同值时则获得一系列平行平面，如图19.8 (b) 所示。

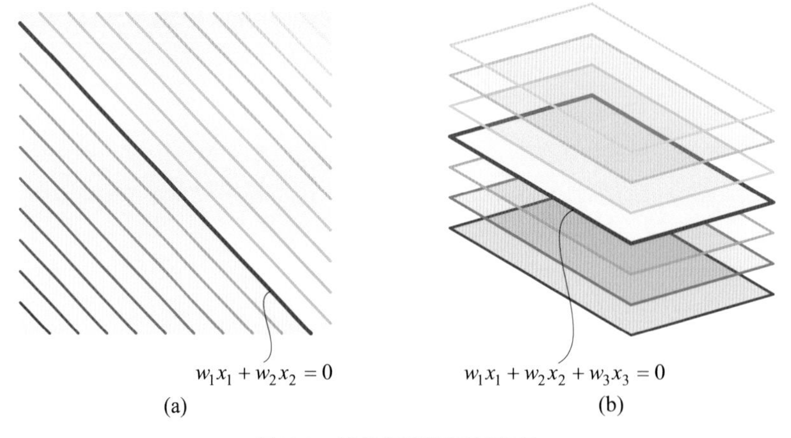

图19.8　平行直线和平行平面

划定区域

此外，某个确定的超平面解析式$\boldsymbol{w}^{\mathrm{T}}\boldsymbol{x} + b = 0$可以划分空间区域。这一点在机器学习算法中非常重要。我们在鸢尾花书《数学要素》一册第6章讲解不等式时探讨过这一话题。

图19.9 (a) 中，$w_1x_1 + w_2x_2 = 0$将平面划分为$w_1x_1 + w_2x_2 > 0$和$w_1x_1 + w_2x_2 < 0$两个区域。图19.9 (b) 中，$w_1x_1 + w_2x_2 + w_3x_3 = 0$将空间划分为$w_1x_1 + w_2x_2 + w_3x_3 > 0$和$w_1x_1 + w_2x_2 + w_3x_3 < 0$两个区域。

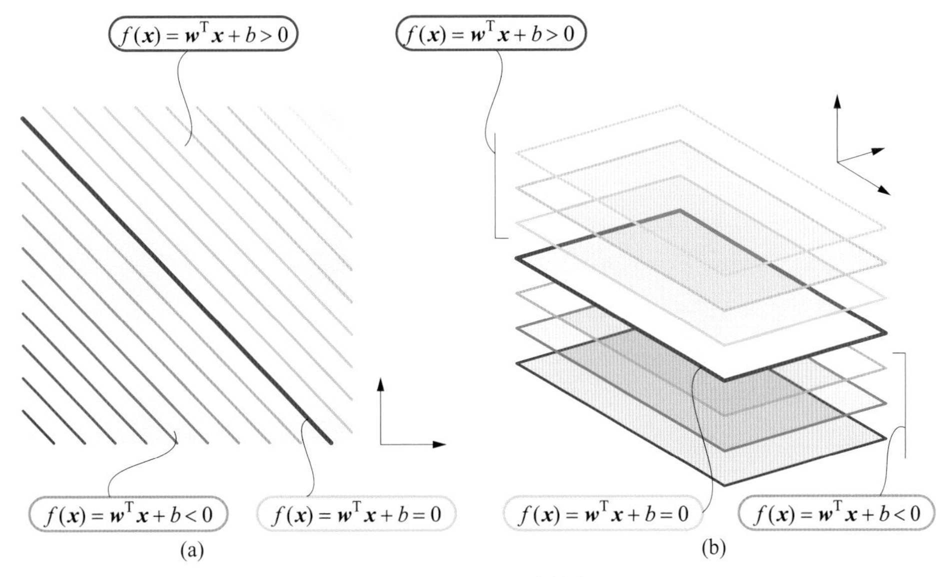

图19.9　超平面分割空间

定义多元一次函数

$$f(\boldsymbol{x}) = \boldsymbol{w}^{\mathrm{T}}\boldsymbol{x} + b \tag{19.21}$$

超平面“上方”的数据点满足

$$f(\boldsymbol{x}) = \boldsymbol{w}^{\mathrm{T}}\boldsymbol{x} + b > 0 \tag{19.22}$$

展开式 (19.22) 得到

$$w_1x_1 + w_2x_2 + \cdots + w_Dx_D + b > 0 \tag{19.23}$$

超平面“下方”的数据点满足

$$f(\boldsymbol{x}) = \boldsymbol{w}^{\mathrm{T}}\boldsymbol{x} + b < 0 \tag{19.24}$$

展开式 (19.24) 得到

$$w_1x_1 + w_2x_2 + \cdots + w_Dx_D + b < 0 \tag{19.25}$$

注意：这里所说的“上方”和“下方”仅仅是方便大家理解。更准确地说，以式 (19.15) 中以$f(\boldsymbol{x}) = 0$为基准，“上方”对应$f(\boldsymbol{x}) > 0$，“下方”对应$f(\boldsymbol{x}) < 0$。

在机器学习中，类似图19.9中起到划分空间作用的超平面，常常被称为**决策平面** (decision surface) 或**决策边界** (decision boundary)。实际应用时，决策平面、决策边界可以是线性的，也可以是非线性的。

19.4 平面与梯度向量

本节将超平面和函数联系在一起，并用梯度向量来进一步分析超平面。

构造多元一次函数

$$f(\boldsymbol{x}) = \boldsymbol{w}^{\mathrm{T}}\boldsymbol{x} + b \tag{19.26}$$

$f(\boldsymbol{x}) = 0$ 对应的便是式 (19.15) 所示超平面的解析式。$f(\boldsymbol{x}) = c$时，相当于式 (19.15) 所示超平面平行移动。

$f(\boldsymbol{x})$ 函数的梯度向量为

$$\nabla f(\boldsymbol{x}) = \begin{bmatrix} \dfrac{\partial f}{\partial x_1} \\ \dfrac{\partial f}{\partial x_2} \\ \vdots \\ \dfrac{\partial f}{\partial x_D} \end{bmatrix} = \boldsymbol{w} \tag{19.27}$$

相信大家已经发现$f(\boldsymbol{x})$ 函数的梯度向量$\boldsymbol{w}$便是式 (19.15) 给出的超平面的法向量。

构造新函数

令$y = f(\boldsymbol{x})$，构造 $D + 1$元函数$F(\boldsymbol{x}, y)$

$$F(\boldsymbol{x}, y) = \boldsymbol{w}^{\mathrm{T}}\boldsymbol{x} + b - y \tag{19.28}$$

$F(\boldsymbol{x}, y) = 0$ 相当于降维，得到式 (19.26)。

$F(\boldsymbol{x}, y)$ 函数的梯度向量为

$$\nabla F(\boldsymbol{x}, y) = \begin{bmatrix} \dfrac{\partial F}{\partial x_1} \\ \dfrac{\partial F}{\partial x_2} \\ \vdots \\ \dfrac{\partial F}{\partial x_D} \\ \dfrac{\partial F}{\partial y} \end{bmatrix} = \begin{bmatrix} w_1 \\ w_2 \\ \vdots \\ w_D \\ -1 \end{bmatrix} = \begin{bmatrix} \boldsymbol{w} \\ -1 \end{bmatrix}_{(D+1)\times 1} \tag{19.29}$$

容易发现，式 (19.29) 和式 (19.27) 的梯度向量之间存在投影关系，即

$$\nabla f\left(\boldsymbol{x}\right)=\left[\boldsymbol{I}_{D\times D} \quad \boldsymbol{0}_{D\times 1}\right]_{D\times(D+1)}\nabla F\left(\boldsymbol{x},y\right) \tag{19.30}$$

展开式 (19.30) 得到

$$\nabla f\left(\boldsymbol{x}\right)=\left[\boldsymbol{I} \quad \boldsymbol{0}\right]\begin{bmatrix}\boldsymbol{w}\\-1\end{bmatrix}=\boldsymbol{w}_{D\times 1} \tag{19.31}$$

式 (19.31) 相当于从$D+1$维空间降维到D维空间。图19.10所示为三维空间平面法向量$\boldsymbol{n}=\nabla F\left(\boldsymbol{x},y\right)$和梯度向量$\nabla f\left(\boldsymbol{x}\right)$之间的关系。

上述投影关系对于理解很多机器学习算法至关重要，下面我用几个三维平面展开讲解上述关系。

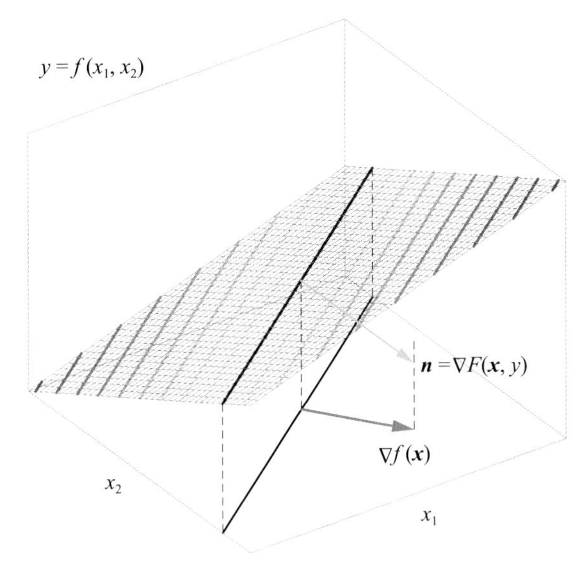

图19.10　平面法向量和梯度向量的关系

第一个例子

图19.11 (a) 所示的平面垂直于x_1y平面，具体解析式为

$$f\left(x_1,x_2\right)=x_1 \tag{19.32}$$

二元函数$f(x_1, x_2)$ 的梯度向量为

$$\nabla f(\boldsymbol{x})=\begin{bmatrix}\dfrac{\partial f(\boldsymbol{x})}{\partial x_1}\\\dfrac{\partial f(\boldsymbol{x})}{\partial x_2}\end{bmatrix}=\begin{bmatrix}1\\0\end{bmatrix} \tag{19.33}$$

如图19.11 (b) 所示，发现梯度向量平行于x_1轴，方向为x_1正方向，向量的方向和大小不随位置变化。沿着梯度方向运动，$f(x_1, x_2)$ 不断增大。$f(x_1, x_2)$ 等高线相互平行，梯度向量与函数等高线垂直。

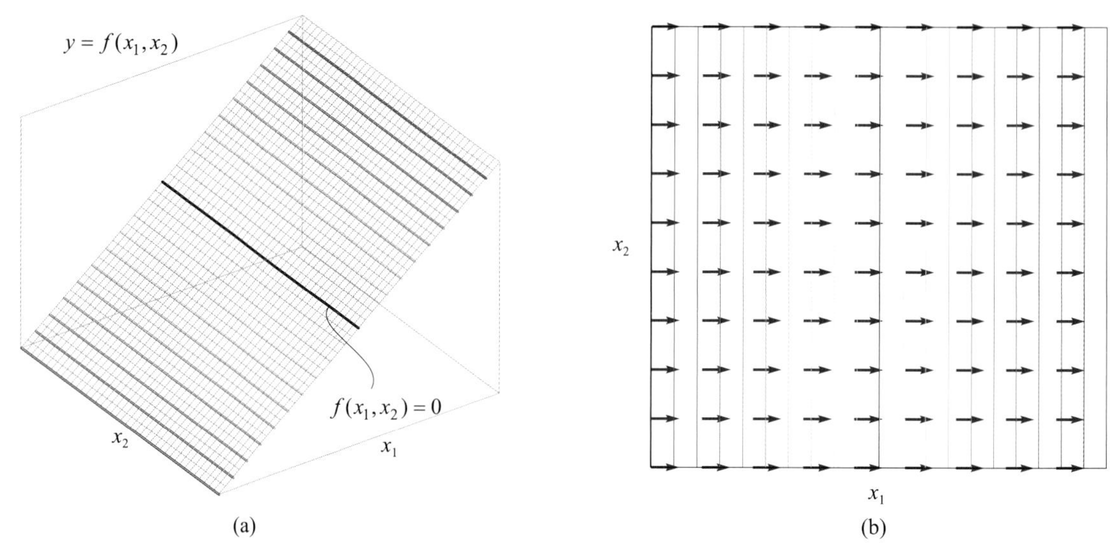

图19.11　垂直于x_1y平面，梯度向量朝向x_1正方向

构造三元函数 $F(x_1, x_2, y)$

$$F\left(x_1, x_2, y\right) = x_1 - y \tag{19.34}$$

$F(x_1, x_2, y)$ 的梯度向量为

$$\nabla F\left(\boldsymbol{x}, y\right) = \begin{bmatrix} \dfrac{\partial F}{\partial x_1} \\ \dfrac{\partial F}{\partial x_2} \\ \dfrac{\partial F}{\partial y} \end{bmatrix} = \begin{bmatrix} 1 \\ 0 \\ -1 \end{bmatrix} \tag{19.35}$$

$\nabla F(\boldsymbol{x}, y)$ 是图19.11 (a) 所示三维平面的法向量。$\nabla F(\boldsymbol{x}, y)$ 向x_1x_2平面投影得到 $\nabla f(\boldsymbol{x})$，即

$$\nabla f(\boldsymbol{x}) = \begin{bmatrix} 1 & 0 & 0 \\ 0 & 1 & 0 \end{bmatrix} \nabla F\left(\boldsymbol{x}, y\right) = \begin{bmatrix} 1 & 0 & 0 \\ 0 & 1 & 0 \end{bmatrix} \begin{bmatrix} 1 \\ 0 \\ -1 \end{bmatrix} = \begin{bmatrix} 1 \\ 0 \end{bmatrix} \tag{19.36}$$

图19.11 (b) 所示等高线则对应一系列垂直于横轴的直线，它们可以写成

$$x_1 + b = 0 \tag{19.37}$$

第二个例子

再举个例子，图19.12 (a) 对应二元函数 $f(x_1, x_2)$ 的解析式为

$$f\left(x_1, x_2\right) = -x_1 \tag{19.38}$$

$f(x_1, x_2)$ 的梯度向量为

$$\nabla f(\boldsymbol{x}) = \begin{bmatrix} \dfrac{\partial f(\boldsymbol{x})}{\partial x_1} \\ \dfrac{\partial f(\boldsymbol{x})}{\partial x_2} \end{bmatrix} = \begin{bmatrix} -1 \\ 0 \end{bmatrix} \tag{19.39}$$

图19.12 (b) 告诉我们，$f(x_1, x_2)$ 的梯度向量同样平行于x_1轴，方向为x_1负方向，向量方向和大小也不随位置发生变化。

类似于式 (19.34)，请大家自行构造三元函数 $F(x_1, x_2, y)$，并计算它的梯度向量 $\nabla F(\boldsymbol{x}, y)$，分析 $\nabla F(\boldsymbol{x}, y)$ 与式 (19.39) 的关系。

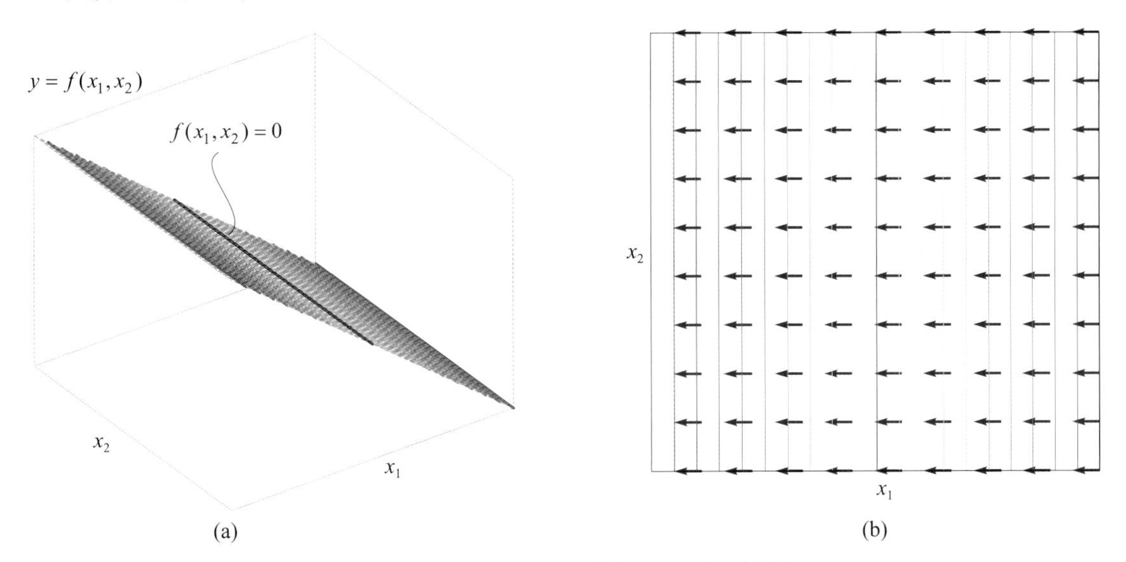

图19.12　垂直于x_1y平面，梯度向量朝向x_1负方向

第三个例子

图19.13展示的平面解析式 $f(x_1, x_2)$ 为

$$f(x_1, x_2) = x_2 \tag{19.40}$$

$f(x_1, x_2)$ 的梯度向量为

$$\nabla f(\boldsymbol{x}) = \begin{bmatrix} \dfrac{\partial f(\boldsymbol{x})}{\partial x_1} \\ \dfrac{\partial f(\boldsymbol{x})}{\partial x_2} \end{bmatrix} = \begin{bmatrix} 0 \\ 1 \end{bmatrix} \tag{19.41}$$

如图19.13 (b) 所示，$f(x_1, x_2)$ 的梯度向量平行于x_2轴，方向朝向x_2正方向。

也请大家构造其三元函数 $F(x_1, x_2, y)$，同时计算它的梯度向量 $\nabla F(\boldsymbol{x}, y)$。

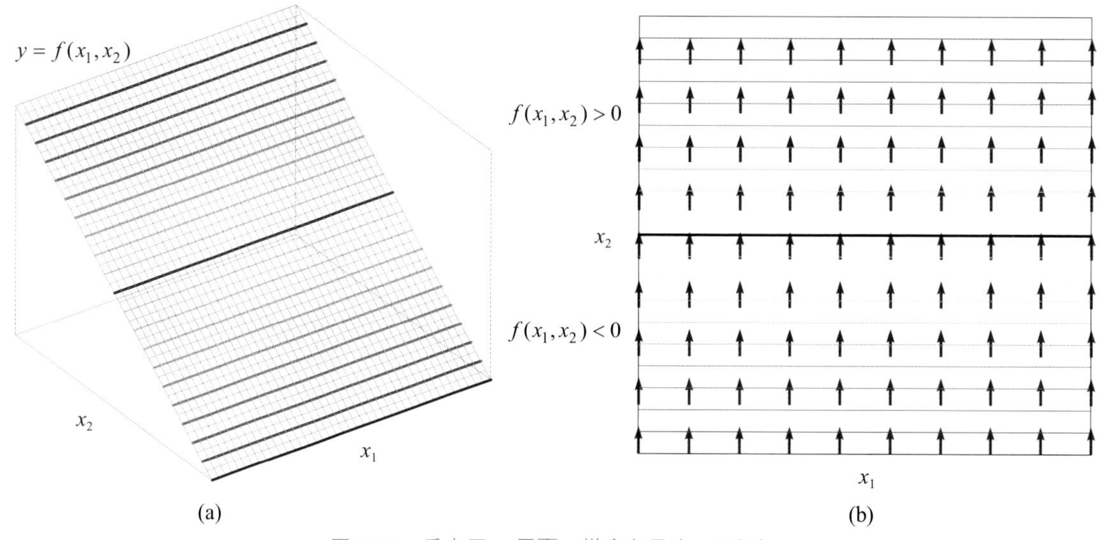

图19.13　垂直于x_2y平面，梯度向量为x_2正方向

第四个例子

最后一个例子，图19.14 (a) 所示平面的解析式为

$$f\left(x_1, x_2\right) = x_1 + x_2 \tag{19.42}$$

$f(x_1, x_2)$ 的梯度也是一个固定向量，具体为

$$\nabla f(\boldsymbol{x}) = \begin{bmatrix} \dfrac{\partial f(\boldsymbol{x})}{\partial x_1} \\ \dfrac{\partial f(\boldsymbol{x})}{\partial x_2} \end{bmatrix} = \begin{bmatrix} 1 \\ 1 \end{bmatrix} \tag{19.43}$$

本节回答了鸢尾花书《数学要素》一册第13章有关梯度向量的问题。

如图19.14所示，梯度向量与x_1轴正方向夹角为45°，指向右上方。沿着此梯度方向运动，$f(x_1, x_2)$ 不断增大。请大家按照上述思路分析图19.14所示的平面。

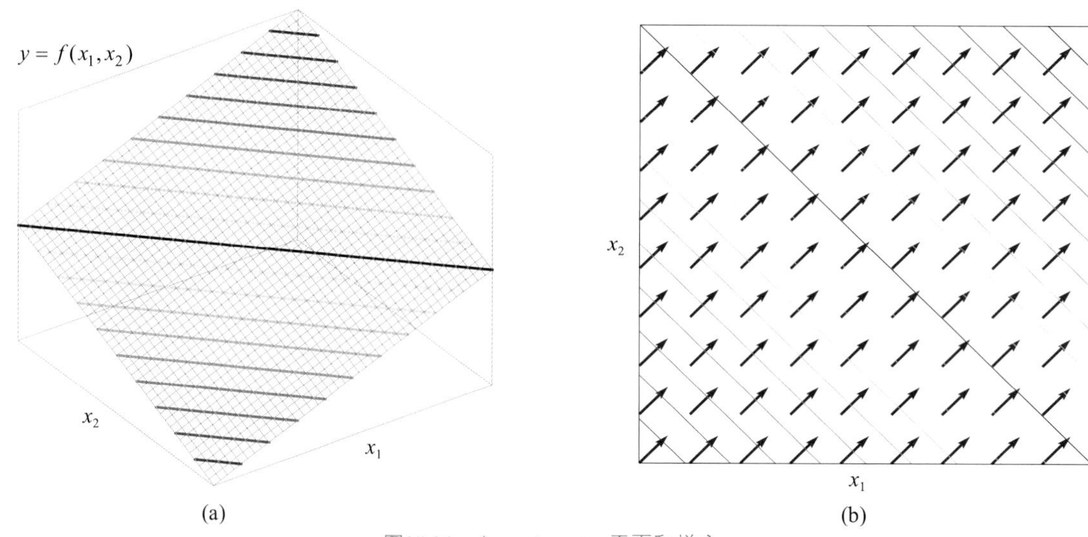

图19.14　$f(x_1, x_2) = x_1 + x_2$平面和梯度

请读者自行修改Bk4_Ch19_01.py，并绘制图19.11～图19.14几幅图像。

19.5 中垂线：用向量求解析式

两点构成一条线段，**中垂线** (perpendicular bisector) 通过线段中点，且垂直该线段。本节介绍如何利用向量求解中垂线解析式。

如图19.15所示，$\boldsymbol{x}$代表中垂线上任意一点，中垂线通过$\boldsymbol{\mu}_1$和$\boldsymbol{\mu}_2$中点$(\boldsymbol{\mu}_2+\boldsymbol{\mu}_1)/2$。

鸢尾花书《数学要素》一册第7章介绍过中垂线，请大家回顾。

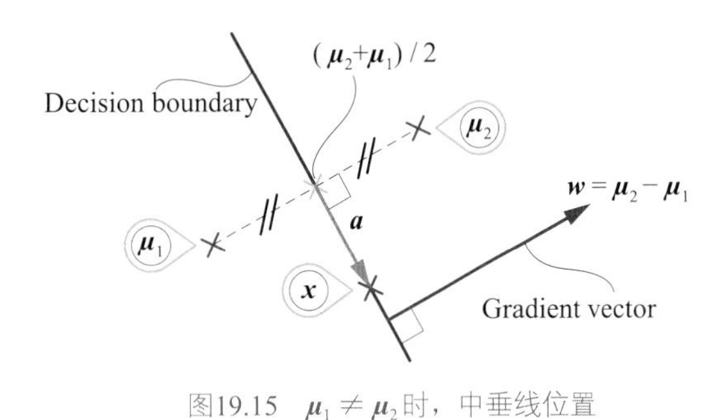

图19.15　$\boldsymbol{\mu}_1 \neq \boldsymbol{\mu}_2$时，中垂线位置

$\boldsymbol{a}$为$\boldsymbol{x}$和中点 $(\boldsymbol{\mu}_2+\boldsymbol{\mu}_1)/2$ 构成的向量，有

$$\boldsymbol{a}=\boldsymbol{x}-\frac{1}{2}(\boldsymbol{\mu}_2+\boldsymbol{\mu}_1) \tag{19.44}$$

$(\boldsymbol{\mu}_2-\boldsymbol{\mu}_1)$ 为中垂线法向量，它垂直于$\boldsymbol{a}$，所以下式成立，即

$$(\boldsymbol{\mu}_2-\boldsymbol{\mu}_1)\cdot\boldsymbol{a}=(\boldsymbol{\mu}_2-\boldsymbol{\mu}_1)^{\mathrm{T}}\boldsymbol{a}=0 \tag{19.45}$$

将式 (19.44) 代入式 (19.45)，得到

$$(\boldsymbol{\mu}_2-\boldsymbol{\mu}_1)^{\mathrm{T}}\left[\boldsymbol{x}-\frac{1}{2}(\boldsymbol{\mu}_2+\boldsymbol{\mu}_1)\right]=0 \tag{19.46}$$

展开得到中垂线解析式为

$$\underbrace{(\boldsymbol{\mu}_2-\boldsymbol{\mu}_1)^{\mathrm{T}}}_{\text{Norm vector}}\boldsymbol{x}\underbrace{-\frac{1}{2}(\boldsymbol{\mu}_2-\boldsymbol{\mu}_1)^{\mathrm{T}}(\boldsymbol{\mu}_2+\boldsymbol{\mu}_1)}_{\text{Constant}}=0 \tag{19.47}$$

注意：式 (19.47)中$(\boldsymbol{\mu}_2-\boldsymbol{\mu}_1)^{\mathrm{T}}$不能消去。这就是本书第5章介绍的矩阵乘法不满足消去律，即$\boldsymbol{AB}=\boldsymbol{AC}$或$\boldsymbol{BA}=\boldsymbol{CA}$，即便$\boldsymbol{A}$不是零矩阵$\boldsymbol{O}$，也不能得到$\boldsymbol{B}=\boldsymbol{C}$。$\boldsymbol{AB}=\boldsymbol{AC}$能得到$\boldsymbol{A}(\boldsymbol{B}-\boldsymbol{C})=\boldsymbol{O}$；而$\boldsymbol{BA}=\boldsymbol{CA}$能得到 $(\boldsymbol{B}-\boldsymbol{C})\boldsymbol{A}=\boldsymbol{O}$。对于$\boldsymbol{AB}=\boldsymbol{AC}$，能否进一步消去$\boldsymbol{A}$，还要看$\boldsymbol{A}$是否可逆。

举个例子

平面上一条直线为 (1, 2) 和 (3, 4) 两点的中垂线，容易知道这条直线的法向量为

$$
\boldsymbol{w}=\begin{bmatrix}3\\4\end{bmatrix}-\begin{bmatrix}1\\2\end{bmatrix}=\begin{bmatrix}2\\2\end{bmatrix} \tag{19.48}
$$

中垂线通过 (1, 2) 和 (3, 4) 两点的中点 (2, 3)。这样有了法向量和直线上一点，就可以构造如下等式，即

$$
\begin{bmatrix}2\\2\end{bmatrix}^{\mathrm{T}}\begin{bmatrix}x_1-2\\x_2-3\end{bmatrix}=0 \tag{19.49}
$$

整理得到中垂线的解析式为

$$
x_1+x_2-5=0 \tag{19.50}
$$

通俗地讲，机器学习中的聚类分析 (cluster analysis) 就是“物以类聚，人以群分”，根据样本的特征，将其分成若干类。*K*均值聚类 (*K*-means clustering) 是最基本的聚类算法之一。

*K*均值聚类的每一簇样本数据用簇质心 (cluster centroid) 来描述。二聚类问题就是把样本数据分成两类。假设两类样本的簇质心分别为$\boldsymbol{\mu}_1$ 和 $\boldsymbol{\mu}_2$。以欧氏距离为距离度量，距离质心$\boldsymbol{\mu}_1$更近的点，被划分为C_1簇；而距离质心$\boldsymbol{\mu}_2$更近的点，被划分为C_2簇。

将鸢尾花数据的标签去掉，用其第一、二特征，即花萼长度、花萼宽度作为依据，用*K*均值聚类把样本数据分为三类。图19.16中红色 × 代表簇质心，红色线就是决策边界。大家可能已经发现，每一段决策边界都是两个簇质心连线的中垂线。

本系列《机器学习》一册将展开讲解*K*均值聚类。

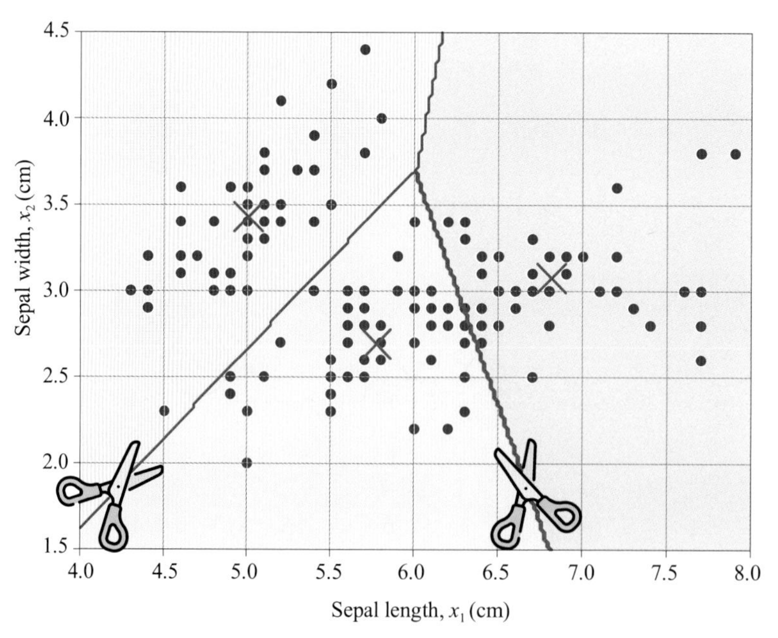

图19.16　*K*均值算法聚类鸢尾花数据

19.6 用向量计算距离

本节要介绍两个重要距离——点面距离，平行面距离。这两个距离实际上是本书第9章点线距离的推广。不同的是，第9章的直线、平面都过原点，而本节的直线、平面、超平面未必过原点。本节内容对于理解很多机器学习算法特别重要，请大家务必认真对待。建议大家跟着本节思路一起推导公式。

点面距离

如图19.17所示，直线、平面或超平面上任一点为$\boldsymbol{x}$，满足

$$\boldsymbol{w}^{\mathrm{T}}\boldsymbol{x}+b=0 \tag{19.51}$$

下面讲解如何用线性代数工具计算图19.17中超平面外一点$\boldsymbol{q}$到式 (19.51) 的距离。

整理式 (19.51) 得到

$$\boldsymbol{w}^{\mathrm{T}}\boldsymbol{x}=-b \tag{19.52}$$

直线、平面或超平面上取任意一点$\boldsymbol{x}$，$\boldsymbol{q}$和$\boldsymbol{x}$构造的向量为$\boldsymbol{a}$，有

$$\boldsymbol{a}=\boldsymbol{q}-\boldsymbol{x} \tag{19.53}$$

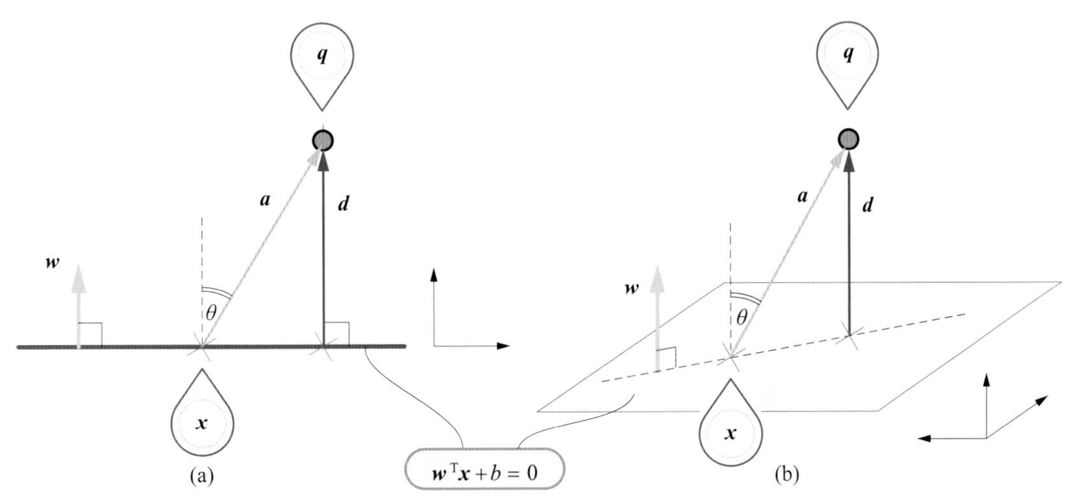

图19.17　直线外一点到直线距离，和平面外一点到平面距离

向量$\boldsymbol{a}$向梯度向量$\boldsymbol{w}$方向向量投影，可以得到向量$\boldsymbol{d}$

$$\boldsymbol{d}=\|\boldsymbol{a}\|\cos\theta\frac{\boldsymbol{w}}{\|\boldsymbol{w}\|}=\|\boldsymbol{a}\|\frac{\boldsymbol{w}^{\mathrm{T}}\boldsymbol{a}}{\|\boldsymbol{a}\|\|\boldsymbol{w}\|}\frac{\boldsymbol{w}}{\|\boldsymbol{w}\|}=\frac{\boldsymbol{w}^{\mathrm{T}}\boldsymbol{a}}{\|\boldsymbol{w}\|^{2}}\boldsymbol{w} \tag{19.54}$$

向量$\boldsymbol{d}$的模便是超平面外一点$\boldsymbol{q}$到超平面的距离d，即

$$d = \|\boldsymbol{d}\| = \frac{\|\boldsymbol{w}^{\mathrm{T}}\boldsymbol{a}\boldsymbol{w}\|}{\|\boldsymbol{w}\|^2} = \frac{\overbrace{|\boldsymbol{w}^{\mathrm{T}}\boldsymbol{a}|}^{\text{abs()}}\overbrace{\|\boldsymbol{w}\|}^{\text{norm()}}}{\|\boldsymbol{w}\|^2} = \frac{|\boldsymbol{w}^{\mathrm{T}}\boldsymbol{a}|}{\|\boldsymbol{w}\|} = \frac{|\boldsymbol{w}\cdot\boldsymbol{a}|}{\|\boldsymbol{w}\|} \tag{19.55}$$

考虑到$\boldsymbol{w}^{\mathrm{T}}\boldsymbol{a}$结果为标量，因此式 (19.55) 的分子仅用绝对值。

将式 (19.53) 代入式 (19.55)，整理得到

$$d = \frac{|\boldsymbol{w}^{\mathrm{T}}(\boldsymbol{q}-\boldsymbol{x})|}{\|\boldsymbol{w}\|} = \frac{|\boldsymbol{w}^{\mathrm{T}}\boldsymbol{q}-\boldsymbol{w}^{\mathrm{T}}\boldsymbol{x}|}{\|\boldsymbol{w}\|} = \frac{|\boldsymbol{w}\cdot\boldsymbol{q}-\boldsymbol{w}\cdot\boldsymbol{x}|}{\|\boldsymbol{w}\|} \tag{19.56}$$

将式 (19.52) 代入式 (19.56) 得到

$$d = \frac{|\boldsymbol{w}^{\mathrm{T}}(\boldsymbol{q}-\boldsymbol{x})|}{\|\boldsymbol{w}\|} = \frac{|\boldsymbol{w}^{\mathrm{T}}\boldsymbol{q}+b|}{\|\boldsymbol{w}\|} = \frac{|\boldsymbol{w}\cdot\boldsymbol{q}+b|}{\|\boldsymbol{w}\|} \tag{19.57}$$

鸢尾花书《数学要素》一册第7章介绍过，距离可以有“正负”。将式 (19.57) 分子的绝对值符号去掉得到含有正负的距离为

$$d = \frac{\boldsymbol{w}^{\mathrm{T}}\boldsymbol{q}+b}{\|\boldsymbol{w}\|} = \frac{\boldsymbol{w}\cdot\boldsymbol{q}+b}{\|\boldsymbol{w}\|} \tag{19.58}$$

配合前文介绍的内容，$d > 0$时，$\boldsymbol{q}$在超平面$\boldsymbol{w}^{\mathrm{T}}\boldsymbol{x}+b=0$ “上方”；$d < 0$时，$\boldsymbol{q}$在超平面$\boldsymbol{w}^{\mathrm{T}}\boldsymbol{x}+b=0$ “下方”；$d=0$时，$\boldsymbol{q}$在超平面$\boldsymbol{w}^{\mathrm{T}}\boldsymbol{x}+b=0$内。

正交投影点坐标

下面求解点$\boldsymbol{q}$在超平面上的正交投影点$\boldsymbol{x}_q$的坐标。

如图19.18所示，$\boldsymbol{x}_q$在超平面上，因此下式成立，即

$$\boldsymbol{w}^{\mathrm{T}}\boldsymbol{x}_q + b = 0 \tag{19.59}$$

此外，$\boldsymbol{w}$平行于$\boldsymbol{x}_q-\boldsymbol{q}$，由此可以构造第二个等式，即

$$\boldsymbol{x}_q - \boldsymbol{q} = k\boldsymbol{w} \tag{19.60}$$

k为任意非零实数。整理式 (19.60)，$\boldsymbol{x}_q$为

$$\boldsymbol{x}_q = k\boldsymbol{w} + \boldsymbol{q} \tag{19.61}$$

将式 (19.61) 代入式 (19.59)，得到

$$\boldsymbol{w}^{\mathrm{T}}(k\boldsymbol{w}+\boldsymbol{q}) + b = 0 \tag{19.62}$$

整理式 (19.62) 得到k为

$$k = -\frac{(\boldsymbol{w}^{\mathrm{T}}\boldsymbol{q}+b)}{\boldsymbol{w}^{\mathrm{T}}\boldsymbol{w}} \tag{19.63}$$

将式 (19.63) 代入式 (19.61)，得到正交投影点为$\boldsymbol{x}_q$

$$\boldsymbol{x}_q = \boldsymbol{q} - \frac{\left(\boldsymbol{w}^{\mathrm{T}}\boldsymbol{q} + b\right)}{\boldsymbol{w}^{\mathrm{T}}\boldsymbol{w}}\boldsymbol{w} \tag{19.64}$$

注意：式 (19.64) 分母为 $\boldsymbol{w}^{\mathrm{T}}\boldsymbol{w}$ 标量，不能消去其中的$\boldsymbol{w}$。

向量在过原点平面内投影

同样利用上述投影思路，可以计算如图19.19所示的向量$\boldsymbol{q}$在平面H ($\boldsymbol{w}^{\mathrm{T}}\boldsymbol{x} = 0$) 的投影，有

$$\mathrm{proj}_H\left(\boldsymbol{q}\right) = \boldsymbol{q} - \mathrm{proj}_{\boldsymbol{w}}\left(\boldsymbol{q}\right) = \boldsymbol{q} - \frac{\boldsymbol{w}^{\mathrm{T}}\boldsymbol{q}}{\boldsymbol{w}^{\mathrm{T}}\boldsymbol{w}}\boldsymbol{w} \tag{19.65}$$

比较式 (19.64) 和式 (19.65)，可以发现式 (19.65) 就是式 (19.64) 中$b = 0$的特殊情况。$\mathrm{proj}_H(\boldsymbol{q})$与$\mathrm{proj}_{\boldsymbol{w}}(\boldsymbol{q})$正交。这也不难理解，平面$\boldsymbol{w}^{\mathrm{T}}\boldsymbol{x} = 0$ 通过原点 $\boldsymbol{0}$，即$b = 0$。从向量空间角度看，span($\boldsymbol{w}$) 是一维空间，span($\boldsymbol{w}$) 和H互为正交补。

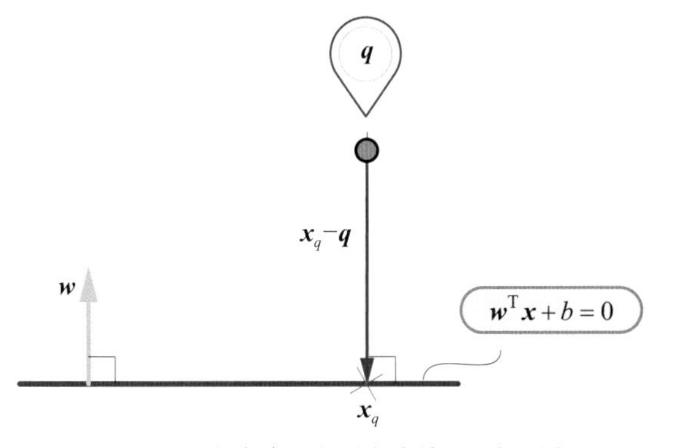

图19.18　直线外一点到直线的正交投影点

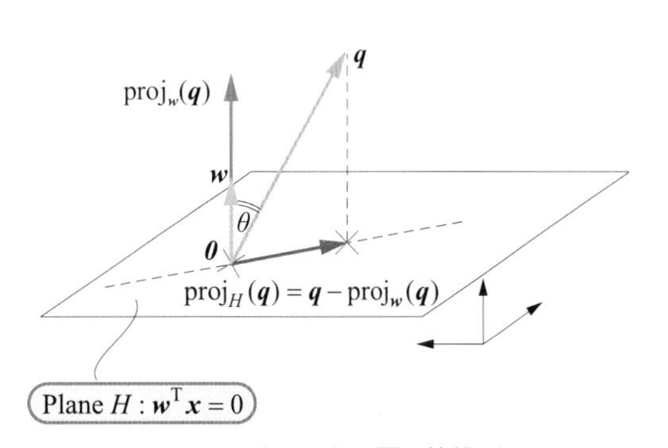

图19.19　向量$\boldsymbol{q}$在平面H的投影

平行面距离

给定两个相互平行超平面的解析式分别为

$$\begin{cases} \boldsymbol{w}^{\mathrm{T}}\boldsymbol{x} + b_1 = 0 \\ \boldsymbol{w}^{\mathrm{T}}\boldsymbol{x} + b_2 = 0 \end{cases} \tag{19.66}$$

如图19.20所示，A和B分别位于这两个超平面上，A点坐标为$\boldsymbol{x}_A$，B点坐标为$\boldsymbol{x}_B$。构造等式

$$\begin{cases} \boldsymbol{w}^{\mathrm{T}}\boldsymbol{x}_A + b_1 = 0 \\ \boldsymbol{w}^{\mathrm{T}}\boldsymbol{x}_B + b_2 = 0 \end{cases} \Rightarrow \begin{cases} \boldsymbol{w}^{\mathrm{T}}\boldsymbol{x}_A = -b_1 \\ \boldsymbol{w}^{\mathrm{T}}\boldsymbol{x}_B = -b_2 \end{cases} \tag{19.67}$$

构造向量$\boldsymbol{a}$起点为B，终点为A，有

$$\boldsymbol{a} = \boldsymbol{x}_A - \boldsymbol{x}_B \tag{19.68}$$

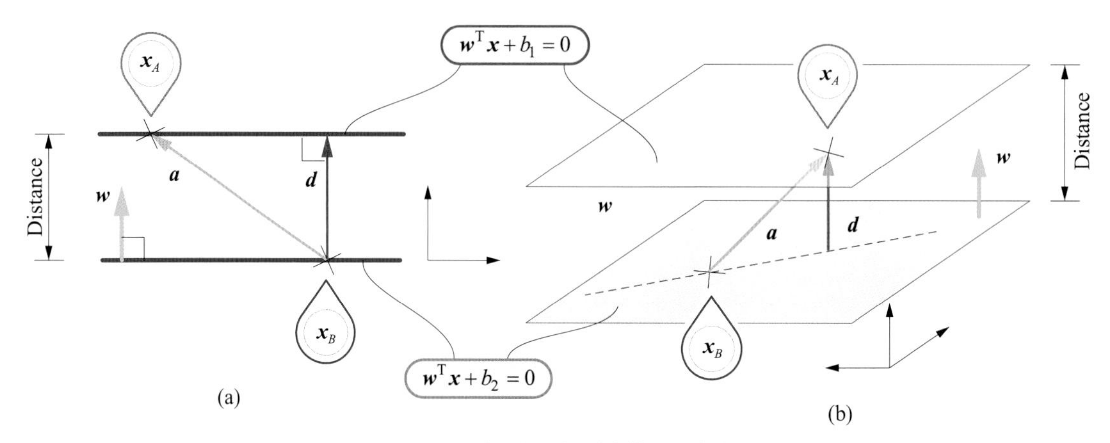

图19.20　利用向量投影计算间隔宽度

根据式 (19.55)，向量$\boldsymbol{a}$在向量$\boldsymbol{w}$上的投影就是我们要求的两个平行面之间距离，有

$$\frac{\left|\boldsymbol{w}^{\mathrm{T}}\boldsymbol{a}\right|}{\|\boldsymbol{w}\|}=\frac{\left|\boldsymbol{w}\cdot\boldsymbol{a}\right|}{\|\boldsymbol{w}\|}=\frac{\left|\boldsymbol{w}^{\mathrm{T}}\left(\boldsymbol{x}_A-\boldsymbol{x}_B\right)\right|}{\|\boldsymbol{w}\|}=\frac{\left|-b_1-\left(-b_2\right)\right|}{\|\boldsymbol{w}\|}=\frac{\left|b_2-b_1\right|}{\|\boldsymbol{w}\|} \tag{19.69}$$

如果去掉式 (19.69) 分子中的绝对值，我们可以根据距离的正负，判断两个平面的“上下”关系。

相比本书之前的内容，本章内容很特殊。本章之前在讲解线性代数工具时，我们利用几何视角观察了数学工具背后的思想。而本章正好相反，本章讲解的是几何知识，采用的是线性代数工具。

有向量的地方，就有几何！

本章内容告诉我们，这句话反过来也正确：有几何的地方，就有向量！

本书讲解的几何知识对于很多机器学习、数据科学算法非常重要。鸢尾花书在讲到具体算法时，会提醒大家其中用到了本章和下两章介绍的对应的几何知识。四个重点如图19.21所示。

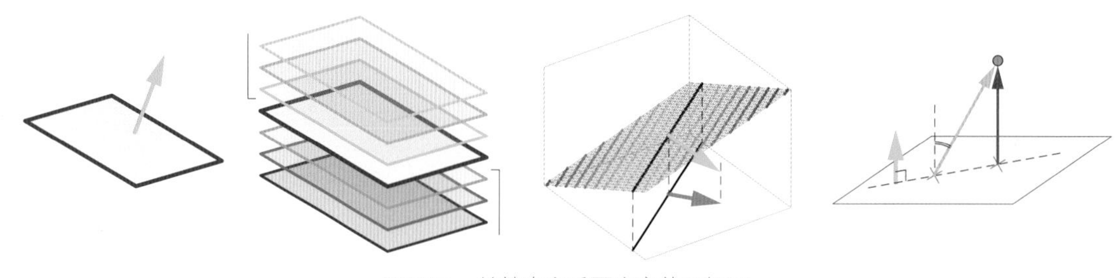

图19.21　总结本章重要内容的四幅图

20 Revisit Conic Sections 再谈圆锥曲线

从矩阵运算和几何变换视角

滴水穿石，靠的不是力量，而是持之以恒。

Dripping water hollows out stone, not through force but through persistence.

—— 奥维德 (Ovid) | 古罗马诗人 | 43 B.C. — 17/18 A.D.

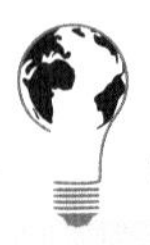

- `matplotlib.pyplot.contour()` 绘制等高线图
- `numpy.cos()` 计算余弦值
- `numpy.linalg.eig()` 特征值分解
- `numpy.linalg.inv()` 矩阵求逆
- `numpy.sin()` 计算正弦值
- `numpy.tan()` 计算正切值

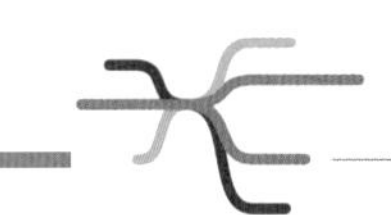

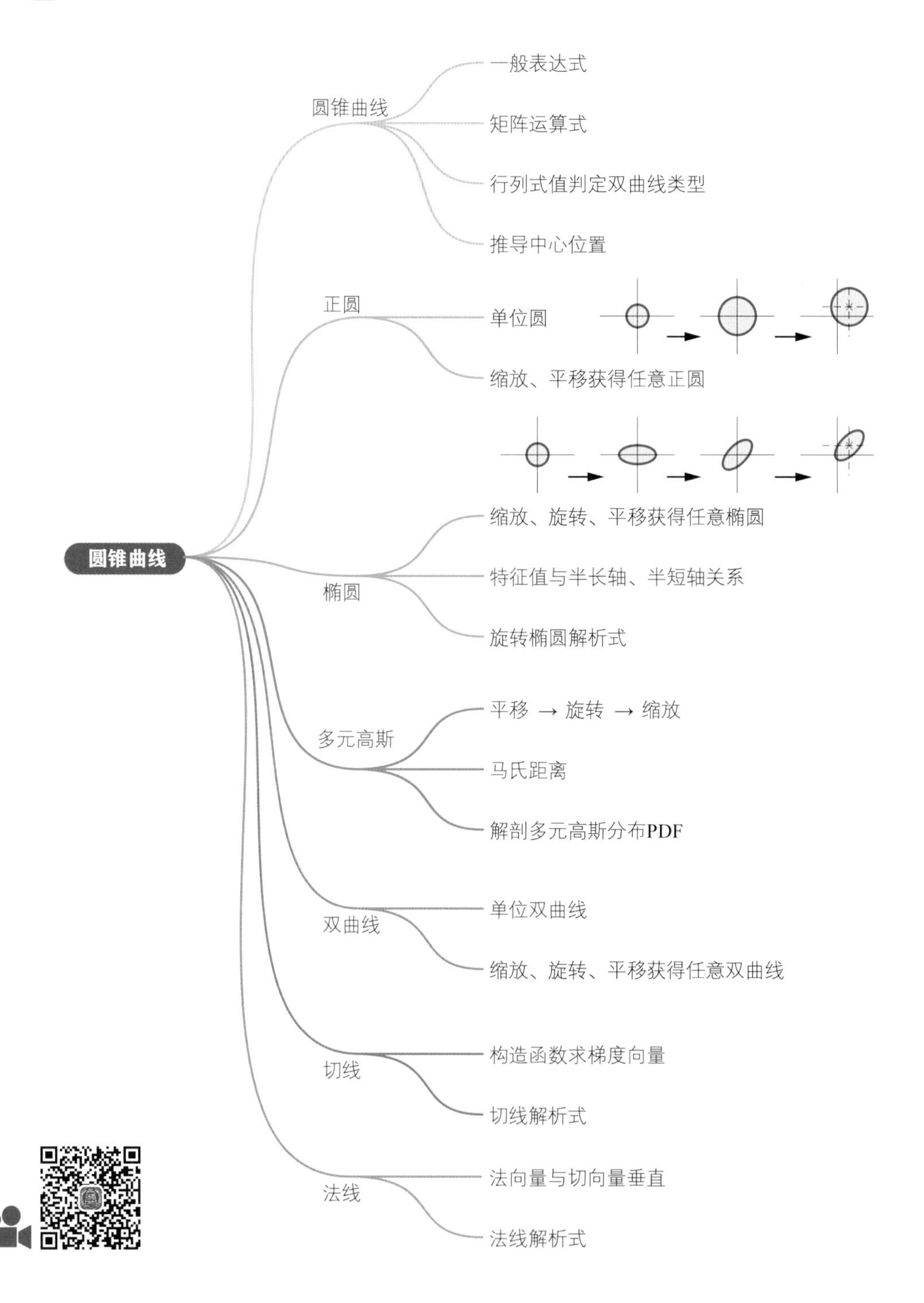
圆锥曲线
圆锥曲线
一般表达式
矩阵运算式
行列式值判定双曲线类型
推导中心位置
正圆
单位圆
缩放、平移获得任意正圆
缩放、旋转、平移获得任意椭圆
椭圆
特征值与半长轴、半短轴关系
旋转椭圆解析式
多元高斯
平移 → 旋转 → 缩放
马氏距离
解剖多元高斯分布PDF
双曲线
单位双曲线
缩放、旋转、平移获得任意双曲线
切线
构造函数求梯度向量
切线解析式
法线
法向量与切向量垂直
法线解析式

20.1 无处不在的圆锥曲线

本套丛书每一册几乎都离不开圆锥曲线这个话题。

《数学要素》一册第8、9章详细介绍过圆锥曲线的相关性质，《统计至简》一册会讨论圆锥曲线和高斯分布之间千丝万缕的联系。同时我们也看到条件概率、回归分析和主成分分析中，圆锥曲线扮演着重要角色。《机器学习》一册介绍的很多算法中，决策边界就是圆锥曲线。

利用本书前文讲解的线性代数工具，本章将从矩阵运算和几何变换角度探讨圆锥曲线。这个视角将帮助大家更加深刻理解圆锥曲线在概率统计、数据学科和机器学习中的重要作用。

一般表达式

圆锥曲线一般表达式为

$$Ax_1^2 + Bx_1x_2 + Cx_2^2 + Dx_1 + Ex_2 + F = 0 \tag{20.1}$$

把式 (20.1) 写成矩阵运算式为

$$\frac{1}{2}\begin{bmatrix} x_1 \\ x_2 \end{bmatrix}^{\mathrm{T}} \begin{bmatrix} 2A & B \\ B & 2C \end{bmatrix} \begin{bmatrix} x_1 \\ x_2 \end{bmatrix} + \begin{bmatrix} D \\ E \end{bmatrix}^{\mathrm{T}} \begin{bmatrix} x_1 \\ x_2 \end{bmatrix} + F = 0 \tag{20.2}$$

式 (20.2) 进一步写成

$$\frac{1}{2}\boldsymbol{x}^{\mathrm{T}}\boldsymbol{Q}\boldsymbol{x} + \boldsymbol{w}^{\mathrm{T}}\boldsymbol{x} + F = 0 \tag{20.3}$$

其中

$$\boldsymbol{Q} = \begin{bmatrix} 2A & B \\ B & 2C \end{bmatrix}, \quad \boldsymbol{w} = \begin{bmatrix} D \\ E \end{bmatrix} \tag{20.4}$$

矩阵$\boldsymbol{Q}$的行列式值为

$$\det \boldsymbol{Q} = \det\begin{bmatrix} 2A & B \\ B & 2C \end{bmatrix} = 4AC - B^2 \tag{20.5}$$

矩阵$\boldsymbol{Q}$的行列式值决定了圆锥曲线的形状，具体如下。

- $4AC - B^2 > 0$ 时，上式为**椭圆** (ellipse)；特别地，当 $A = C$ 且 $B = 0$ ，解析式为**正圆** (circle)；
- $4AC - B^2 = 0$ 时，解析式为**抛物线** (parabola)；
- $4AC - B^2 < 0$ 时，解析式为**双曲线** (hyperbola)。

这回答了鸢尾花书《数学要素》一册中提出的一个问题——为什么用$4AC - B^2$判断圆锥曲线的形状。

中心

当 $4AC - B^2$不等于0时，圆锥曲线中椭圆、正圆和双曲线这三类曲线存在中心。依照式 (20.2) 构造二元函数 $f(x_1, x_2)$，有

$$f(x_1,x_2)=\frac{1}{2}\begin{bmatrix}x_1\\x_2\end{bmatrix}^{\mathrm{T}}\begin{bmatrix}2A & B\\B & 2C\end{bmatrix}\begin{bmatrix}x_1\\x_2\end{bmatrix}+\begin{bmatrix}D\\E\end{bmatrix}^{\mathrm{T}}\begin{bmatrix}x_1\\x_2\end{bmatrix}+F \tag{20.6}$$

下面介绍如何求解圆锥曲线中心。

$f(x_1, x_2)$ 对 $[x_1, x_2]^{\mathrm{T}}$ 的一阶导数为 $[0, 0]^{\mathrm{T}}$ 时，也就是梯度向量为$\boldsymbol{0}$时，(x_1, x_2) 为 $f(x_1, x_2)$ 的驻点，有

$$\frac{\partial f}{\partial \boldsymbol{x}}=\begin{bmatrix}\dfrac{\partial f}{\partial x_1}\\ \dfrac{\partial f}{\partial x_2}\end{bmatrix}=\begin{bmatrix}0\\0\end{bmatrix} \tag{20.7}$$

这个驻点就是圆锥曲线的中心。推导圆锥曲线的中心位置为

$$\begin{bmatrix}2A & B\\B & 2C\end{bmatrix}\begin{bmatrix}x_1\\x_2\end{bmatrix}+\begin{bmatrix}D\\E\end{bmatrix}=\boldsymbol{0} \Rightarrow \begin{bmatrix}x_1\\x_2\end{bmatrix}=-\begin{bmatrix}2A & B\\B & 2C\end{bmatrix}^{-1}\begin{bmatrix}D\\E\end{bmatrix} \tag{20.8}$$

回忆2 × 2方阵的逆，有

$$\begin{bmatrix}2A & B\\B & 2C\end{bmatrix}^{-1}=\frac{1}{\underbrace{4AC-B^2}_{\text{Determinant}}}\begin{bmatrix}2C & -B\\-B & 2A\end{bmatrix} \tag{20.9}$$

将式 (20.9) 代入式 (20.8)，得到圆锥曲线中心$\boldsymbol{c}$的坐标为

$$\begin{bmatrix}c_1\\c_2\end{bmatrix}=\frac{1}{B^2-4AC}\begin{bmatrix}2CD-BE\\2AE-BD\end{bmatrix} \tag{20.10}$$

大家通过式 (20.10) 也知道了，为什么对于椭圆、正圆和双曲线，会要求$4AC-B^2$不等于0。

20.2 正圆：从单位圆到任意正圆

单位圆

在平面上，圆心位于原点且半径为1的正圆叫做**单位圆** (unit circle)，解析式可以写成

$$\boldsymbol{x}^{\mathrm{T}}\boldsymbol{x}-1=0 \tag{20.11}$$

其中$\boldsymbol{x}$为

$$\boldsymbol{x}=\begin{bmatrix}x_1\\x_2\end{bmatrix} \tag{20.12}$$

展开式 (20.11) 得到

$$\begin{bmatrix} x_1 & x_2 \end{bmatrix} \begin{bmatrix} x_1 \\ x_2 \end{bmatrix} - 1 = x_1^2 + x_2^2 - 1 = 0 \tag{20.13}$$

当然，式 (20.11) 可以用L^2范数、向量内积等方式表达单位圆，比如

$$\begin{aligned} &\|\boldsymbol{x}\|_2 - 1 = 0 \\ &\|\boldsymbol{x}\|_2^2 - 1 = 0 \\ &\boldsymbol{x} \cdot \boldsymbol{x} - 1 = 0 \\ &\langle \boldsymbol{x}, \boldsymbol{x} \rangle - 1 = 0 \end{aligned} \tag{20.14}$$

其中：$\|\boldsymbol{x}\|_2 - 1 = 0$ 可以写成$\|\boldsymbol{x} - \boldsymbol{0}\|_2 - 1 = 0$，代表$\boldsymbol{x}$距离原点$\boldsymbol{0}$的$L^2$范数 (欧几里得距离) 为1。

缩放

圆心位于原点且半径为r的正圆解析式为

$$\boldsymbol{x}^{\mathrm{T}} \boldsymbol{x} - r^2 = 0 \tag{20.15}$$

式 (20.15) 相当于

$$\boldsymbol{x}^{\mathrm{T}} \begin{bmatrix} 1/r^2 & 0 \\ 0 & 1/r^2 \end{bmatrix} \boldsymbol{x} - 1 = 0 \tag{20.16}$$

将式 (20.16) 写成

$$\boldsymbol{x}^{\mathrm{T}} \underbrace{\begin{bmatrix} 1/r & 0 \\ 0 & 1/r \end{bmatrix}}_{S^{-1}} \underbrace{\begin{bmatrix} 1/r & 0 \\ 0 & 1/r \end{bmatrix}}_{S^{-1}} \boldsymbol{x} - 1 = 0 \tag{20.17}$$

令矩阵$\boldsymbol{S}$为

$$\boldsymbol{S} = \begin{bmatrix} r & 0 \\ 0 & r \end{bmatrix} \tag{20.18}$$

由于$\boldsymbol{S}$为对角方阵，因此式 (20.17) 可以进一步整理为

$$\boldsymbol{x}^{\mathrm{T}} \boldsymbol{S}^{-1} \boldsymbol{S}^{-1} \boldsymbol{x} - 1 = \left(\boldsymbol{S}^{-1} \boldsymbol{x}\right)^{\mathrm{T}} \boldsymbol{S}^{-1} \boldsymbol{x} - 1 = 0 \tag{20.19}$$

从几何变换视角来观察，相信大家已经在式 (20.19) 中看到了$\boldsymbol{S}$起到的缩放作用。

缩放 + 平移

圆心位于 $\boldsymbol{c} = [c_1, c_2]^{\mathrm{T}}$ 且半径为r的正圆解析式为

$$\left(\boldsymbol{x} - \boldsymbol{c}\right)^{\mathrm{T}} \begin{bmatrix} 1/r^2 & 0 \\ 0 & 1/r^2 \end{bmatrix} \left(\boldsymbol{x} - \boldsymbol{c}\right) - 1 = 0 \tag{20.20}$$

式 (20.20) 也可以写成

$$\begin{aligned}
&(\boldsymbol{x}-\boldsymbol{c})^{\mathrm{T}}(\boldsymbol{x}-\boldsymbol{c})-r^2=0 \\
&\|\boldsymbol{x}-\boldsymbol{c}\|_2-r=0 \\
&\|\boldsymbol{x}-\boldsymbol{c}\|_2^2-r^2=0 \\
&(\boldsymbol{x}-\boldsymbol{c})\cdot(\boldsymbol{x}-\boldsymbol{c})-r^2=0 \\
&\langle(\boldsymbol{x}-\boldsymbol{c}),(\boldsymbol{x}-\boldsymbol{c})\rangle-r^2=0
\end{aligned} \tag{20.21}$$

不同参考资料中圆锥曲线的表达各有不同。本节不厌其烦地罗列圆锥曲线各种形式的解析式，目的只有一个，就是想让大家知道这些表达的等价关系，从而对它们不再感到陌生、畏惧。

此外，本书前文一直强调，看到矩阵乘法结果为标量时，要考虑是否能将其写成范数，并从距离角度理解。

为了让大家看到我们熟悉的正圆解析式，进一步展开整理得到

$$\begin{aligned}
(\boldsymbol{x}-\boldsymbol{c})^{\mathrm{T}}\begin{bmatrix}1/r^2 & 0\\ 0 & 1/r^2\end{bmatrix}(\boldsymbol{x}-\boldsymbol{c}) &= \left(\begin{bmatrix}x_1\\ x_2\end{bmatrix}-\begin{bmatrix}c_1\\ c_2\end{bmatrix}\right)^{\mathrm{T}}\begin{bmatrix}1/r^2 & 0\\ 0 & 1/r^2\end{bmatrix}\left(\begin{bmatrix}x_1\\ x_2\end{bmatrix}-\begin{bmatrix}c_1\\ c_2\end{bmatrix}\right) \\
&= \begin{bmatrix}x_1-c_1 & x_2-c_2\end{bmatrix}\begin{bmatrix}1/r^2 & 0\\ 0 & 1/r^2\end{bmatrix}\begin{bmatrix}x_1-c_1\\ x_2-c_2\end{bmatrix} \\
&= \frac{(x_1-c_1)^2}{r^2}+\frac{(x_1-c_2)^2}{r^2}=1
\end{aligned} \tag{20.22}$$

从单位圆到一般正圆

在式 (20.20) 中，大家应该看到了平移。

下面探讨圆心位于原点的单位圆如何一步步经过几何变换得到式 (20.22) 中对应的圆心位于 $\boldsymbol{c}=[c_1, c_2]^{\mathrm{T}}$ 且半径为r的正圆。

平面内，单位圆解析式写成

$$\boldsymbol{z}^{\mathrm{T}}\boldsymbol{z}-1=0 \tag{20.23}$$

$\boldsymbol{z}$通过先等比例缩放，再平移得到$\boldsymbol{x}$，有

$$\boldsymbol{x}=\underbrace{\begin{bmatrix}r & 0\\ 0 & r\end{bmatrix}}_{\text{Scale}}\boldsymbol{z}+\underbrace{\boldsymbol{c}}_{\text{Translate}} \tag{20.24}$$

整理式 (20.24)，$\boldsymbol{z}$可以写作

$$\boldsymbol{z}=\begin{bmatrix}r & 0\\ 0 & r\end{bmatrix}^{-1}(\boldsymbol{x}-\boldsymbol{c}) \tag{20.25}$$

将式 (20.25) 代入式 (20.23)，得到

$$\left(\begin{bmatrix}r & 0\\ 0 & r\end{bmatrix}^{-1}(\boldsymbol{x}-\boldsymbol{c})\right)^{\mathrm{T}}\left(\begin{bmatrix}r & 0\\ 0 & r\end{bmatrix}^{-1}(\boldsymbol{x}-\boldsymbol{c})\right)-1=0 \tag{20.26}$$

整理式 (20.26)，有

$$(\boldsymbol{x}-\boldsymbol{c})^{\mathrm{T}}\begin{bmatrix}1/r & 0\\ 0 & 1/r\end{bmatrix}\begin{bmatrix}1/r & 0\\ 0 & 1/r\end{bmatrix}(\boldsymbol{x}-\boldsymbol{c})-1=0 \tag{20.27}$$

即

$$(\boldsymbol{x}-\boldsymbol{c})^{\mathrm{T}}\begin{bmatrix}1/r^2 & 0\\ 0 & 1/r^2\end{bmatrix}(\boldsymbol{x}-\boldsymbol{c})-1=0 \tag{20.28}$$

可以发现式 (20.28) 和式 (20.20) 完全一致。也就是说，如图20.1所示，单位圆可以通过“缩放 + 平移”，得到圆心位于$\boldsymbol{c}$且半径为r的圆。

沿着这一思路，下一节我们讨论如何通过几何变换一步步将单位圆转换成任意旋转椭圆。

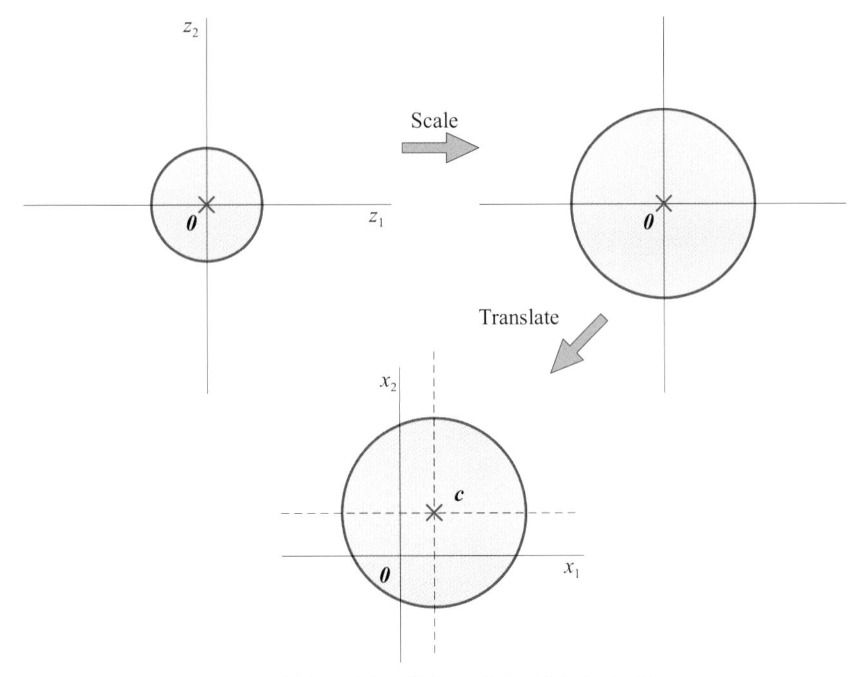

图20.1　单位圆变换得到圆心位于$\boldsymbol{c}$半径为r的正圆

20.3 单位圆到旋转椭圆：缩放 → 旋转 → 平移

这一节介绍如何利用“缩放 → 旋转 → 平移”几何变换，将单位圆变成中心位于任何位置的旋转椭圆。

利用上一节式 (20.23) 给出单位圆解析式中的$\boldsymbol{z}$，对$\boldsymbol{z}$先用$\boldsymbol{S}$缩放，再通过$\boldsymbol{R}$逆时针旋转θ，最后平移$\boldsymbol{c}$，得到$\boldsymbol{x}$，有

$$\underbrace{\boldsymbol{R}}_{\text{Rotate}}\underbrace{\boldsymbol{S}}_{\text{Scale}}\boldsymbol{z}+\underbrace{\boldsymbol{c}}_{\text{Translate}}=\boldsymbol{x} \tag{20.29}$$

其中

$$\boldsymbol{R}=\underbrace{\begin{bmatrix}\cos\theta & -\sin\theta\\ \sin\theta & \cos\theta\end{bmatrix}}_{\text{Rotate}},\quad \boldsymbol{S}=\underbrace{\begin{bmatrix}a & 0\\ 0 & b\end{bmatrix}}_{\text{Scale}},\quad \boldsymbol{c}=\underbrace{\begin{bmatrix}c_1\\ c_2\end{bmatrix}}_{\text{Translate}} \tag{20.30}$$

如果$a > b > 0$，则a、b分别为椭圆的半长轴、半短轴长度。

从向量空间角度来看，式 (20.29) 代表仿射变换；当$\boldsymbol{c} = \boldsymbol{0}$时，不存在平移，式 (20.29) 代表线性变换。

将式 (20.30) 代入式 (20.29)，得到

$$\underbrace{\begin{bmatrix}\cos\theta & -\sin\theta\\ \sin\theta & \cos\theta\end{bmatrix}}_{\text{Rotate}}\underbrace{\begin{bmatrix}a & 0\\ 0 & b\end{bmatrix}}_{\text{Scale}}\begin{bmatrix}z_1\\ z_2\end{bmatrix}+\underbrace{\begin{bmatrix}c_1\\ c_2\end{bmatrix}}_{\text{Translate}}=\begin{bmatrix}x_1\\ x_2\end{bmatrix} \tag{20.31}$$

对这些几何变换感到陌生的读者，请回顾本书第8章相关内容。

图20.2所示为从单位圆经过“缩放 → 旋转 → 平移”几何变换得到中心位于$\boldsymbol{c}$的旋转椭圆的过程。

再次强调：单位圆默认圆心位于原点，半径为1。此外，请大家从欧氏距离、等距线、L^2范数等视角正确理解正圆。

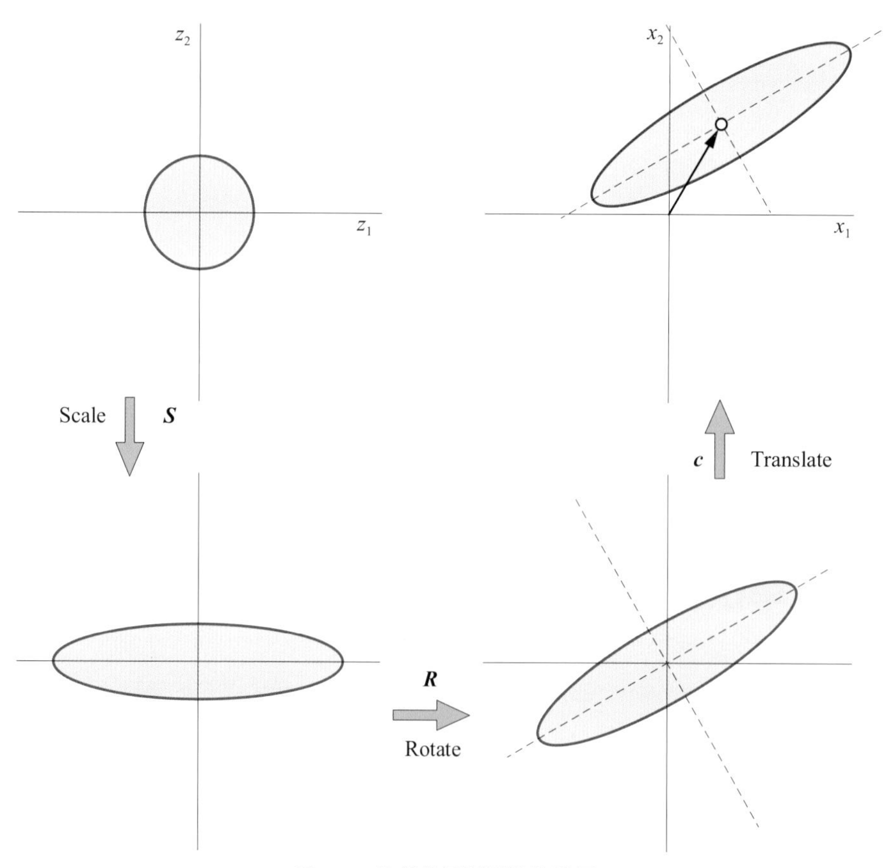

图20.2　从单位圆得到旋转椭圆

整理式 (20.29)，得到z的解析式为

$$z = S^{-1} R^{-1} (x - c) \tag{20.32}$$

R为正交矩阵，所以

$$R^{-1} = R^{\mathrm{T}} \tag{20.33}$$

式 (20.32) 写成

$$z = S^{-1} R^{\mathrm{T}} (x - c) \tag{20.34}$$

反方向来看图20.2，中心位于任何位置的旋转椭圆可以通过“平移 → 旋转 → 缩放”变成单位圆。

将式 (20.34) 代入式 (20.23) 的正圆解析式，得到

$$\left(S^{-1} R^{\mathrm{T}} (x - c)\right)^{\mathrm{T}} \left(S^{-1} R^{\mathrm{T}} (x - c)\right) - 1 = 0 \tag{20.35}$$

进一步整理，得到旋转椭圆解析式为

$$(x - c)^{\mathrm{T}} R S^{-2} R^{\mathrm{T}} (x - c) - 1 = 0 \tag{20.36}$$

令

$$Q = R S^{-2} R^{\mathrm{T}} = R \begin{bmatrix} a^{-2} & \\ & b^{-2} \end{bmatrix} R^{\mathrm{T}} \tag{20.37}$$

特征值分解

对Q进行特征值分解，得到

$$Q = R \begin{bmatrix} \lambda_1 & \\ & \lambda_2 \end{bmatrix} R^{\mathrm{T}} \tag{20.38}$$

比较式 (20.37) 和式 (20.38)，得出特征值矩阵与缩放矩阵的关系为

$$\begin{bmatrix} \lambda_1 & \\ & \lambda_2 \end{bmatrix} = \begin{bmatrix} a^{-2} & \\ & b^{-2} \end{bmatrix} \tag{20.39}$$

即

$$a = \frac{1}{\sqrt{\lambda_1}}, \quad b = \frac{1}{\sqrt{\lambda_2}} \tag{20.40}$$

其中：$\lambda_2 > \lambda_1 > 0$。

这样，便得到椭圆半长轴和半短轴长度与矩阵Q特征值之间的关系。前文说过，如果$a > b > 0$，则椭圆的半长轴长度为a，半短轴长度为b。而a/b的比值为

$$\frac{a}{b} = \frac{\sqrt{\lambda_2}}{\sqrt{\lambda_1}} \tag{20.41}$$

我们在本书第14章也讨论过如何用解特征值分解获得椭圆的半长轴和半短轴。此外第14章还比较了“缩放＋旋转”和“缩放＋剪切”这两种几何变换路线。

只考虑旋转

表20.1中给出了一系列不同旋转角度椭圆解析式和对应$\boldsymbol{Q}$的特征值分解。表20.1中不同椭圆半长轴和半短轴的长度保持一致，唯一变化的就是旋转角度。大家如果对几个不同$\boldsymbol{Q}$进行特征值分解，容易发现它们的特征值完全相同，也就是椭圆的半长轴、半短轴长度一致。

表20.1　旋转椭圆解析式、$\boldsymbol{Q}$的特征值分解

旋转角度	椭圆解析式 (最多保留小数点后4位)	对$\boldsymbol{Q}$特征值分解 (最多保留小数点后4位)	图像
$\theta = 0°\ (0)$	$\boldsymbol{x}^{\mathrm{T}}\begin{bmatrix}0.25 & 0\\ 0 & 1\end{bmatrix}\boldsymbol{x}-1=0$	$\begin{bmatrix}0.25 & 0\\ 0 & 1\end{bmatrix}=\begin{bmatrix}1 & 0\\ 0 & 1\end{bmatrix}\begin{bmatrix}0.25 & 0\\ 0 & 1\end{bmatrix}\begin{bmatrix}1 & 0\\ 0 & 1\end{bmatrix}$	
$\theta = 15°\ (\pi/12)$	$\boldsymbol{x}^{\mathrm{T}}\begin{bmatrix}0.3002 & -0.1875\\ -0.1875 & 0.9498\end{bmatrix}\boldsymbol{x}-1=0$	$\begin{bmatrix}0.3002 & -0.1875\\ -0.1875 & 0.9498\end{bmatrix}=\begin{bmatrix}0.9659 & -0.2588\\ 0.2588 & 0.9659\end{bmatrix}\begin{bmatrix}0.25 & 0\\ 0 & 1\end{bmatrix}\begin{bmatrix}0.9659 & 0.2588\\ -0.2588 & 0.9659\end{bmatrix}$	
$\theta = 30°\ (\pi/6)$	$\boldsymbol{x}^{\mathrm{T}}\begin{bmatrix}0.4375 & -0.3248\\ -0.3248 & 0.8125\end{bmatrix}\boldsymbol{x}-1=0$	$\begin{bmatrix}0.4375 & -0.3248\\ -0.3248 & 0.8125\end{bmatrix}=\begin{bmatrix}0.8660 & -0.5000\\ 0.5000 & 0.8660\end{bmatrix}\begin{bmatrix}0.25 & 0\\ 0 & 1\end{bmatrix}\begin{bmatrix}0.8660 & 0.5000\\ -0.5000 & 0.8660\end{bmatrix}$	
$\theta = 45°\ (\pi/4)$	$\boldsymbol{x}^{\mathrm{T}}\begin{bmatrix}0.6250 & -0.3750\\ -0.3750 & 0.6250\end{bmatrix}\boldsymbol{x}-1=0$	$\begin{bmatrix}0.6250 & -0.3750\\ -0.3750 & 0.6250\end{bmatrix}=\begin{bmatrix}0.7071 & -0.7071\\ 0.7071 & 0.7071\end{bmatrix}\begin{bmatrix}0.25 & 0\\ 0 & 1\end{bmatrix}\begin{bmatrix}0.7071 & 0.7071\\ -0.7071 & 0.7071\end{bmatrix}$	
$\theta = 60°\ (\pi/3)$	$\boldsymbol{x}^{\mathrm{T}}\begin{bmatrix}0.8125 & -0.3248\\ -0.3248 & 0.4375\end{bmatrix}\boldsymbol{x}-1=0$	$\begin{bmatrix}0.8125 & -0.3248\\ -0.3248 & 0.4375\end{bmatrix}=\begin{bmatrix}0.5000 & -0.8660\\ 0.8660 & 0.5000\end{bmatrix}\begin{bmatrix}0.25 & 0\\ 0 & 1\end{bmatrix}\begin{bmatrix}0.5000 & 0.8660\\ -0.8660 & 0.5000\end{bmatrix}$	
$\theta = 90°\ (\pi/2)$	$\boldsymbol{x}^{\mathrm{T}}\begin{bmatrix}1 & 0\\ 0 & 0.25\end{bmatrix}\boldsymbol{x}-1=0$	$\begin{bmatrix}1 & 0\\ 0 & 0.25\end{bmatrix}=\begin{bmatrix}0 & -1\\ 1 & 0\end{bmatrix}\begin{bmatrix}0.25 & 0\\ 0 & 1\end{bmatrix}\begin{bmatrix}0 & 1\\ -1 & 0\end{bmatrix}$	
$\theta = 120°\ (2\pi/3)$	$\boldsymbol{x}^{\mathrm{T}}\begin{bmatrix}0.8125 & 0.3248\\ 0.3248 & 0.4375\end{bmatrix}\boldsymbol{x}-1=0$	$\begin{bmatrix}0.8125 & 0.3248\\ 0.3248 & 0.4375\end{bmatrix}=\begin{bmatrix}-0.5000 & -0.8660\\ 0.8660 & -0.5000\end{bmatrix}\begin{bmatrix}0.25 & 0\\ 0 & 1\end{bmatrix}\begin{bmatrix}-0.5000 & 0.8660\\ -0.8660 & -0.5000\end{bmatrix}$	
$\theta = 145°\ (3\pi/4)$	$\boldsymbol{x}^{\mathrm{T}}\begin{bmatrix}0.4967 & 0.3524\\ 0.3524 & 0.7533\end{bmatrix}\boldsymbol{x}-1=0$	$\begin{bmatrix}0.4967 & 0.3524\\ 0.3524 & 0.7533\end{bmatrix}=\begin{bmatrix}-0.8192 & -0.5736\\ 0.5736 & -0.8192\end{bmatrix}\begin{bmatrix}0.25 & 0\\ 0 & 1\end{bmatrix}\begin{bmatrix}-0.8192 & 0.5736\\ -0.5736 & -0.8192\end{bmatrix}$	

图20.3所示为单位圆经过几何变换获得中心位于 (2, 1) 的几个不同旋转角度椭圆的示例。

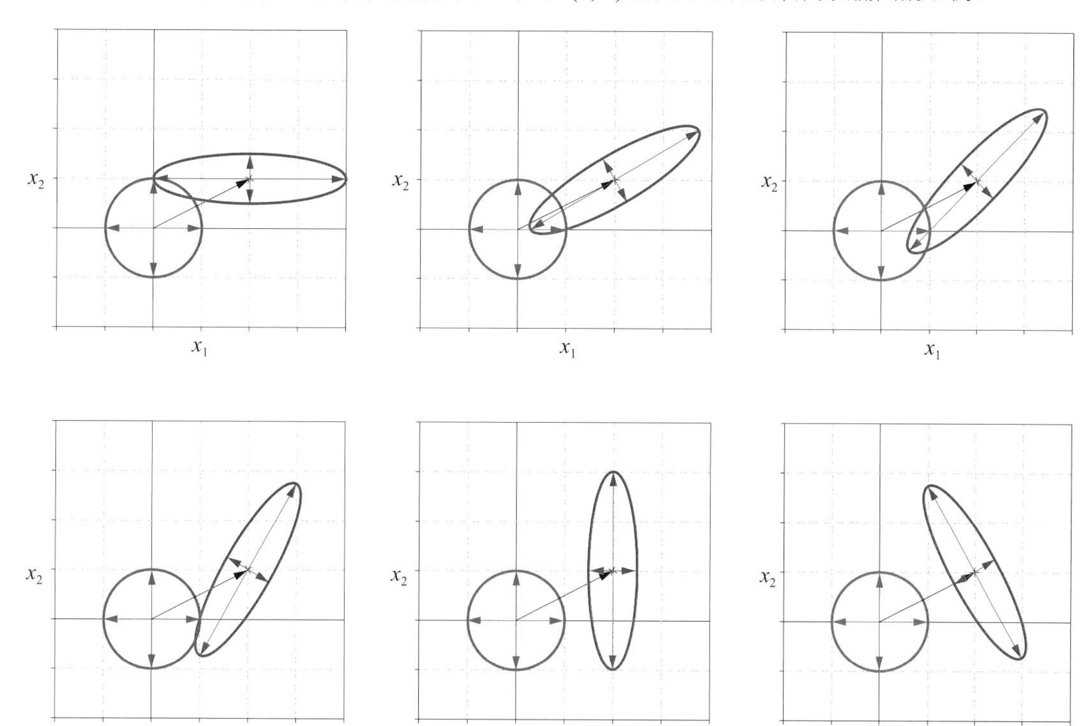

图20.3　通过单位圆获得几个不同的旋转椭圆

Bk4_Ch20_01.py绘制图20.3。

一般解析式

为了方便整理旋转椭圆解析式，省略式 (20.34) 的平移项$\boldsymbol{c}$，将式 (20.34) 展开得到

$$
\begin{aligned}
\begin{bmatrix} z_1 \\ z_2 \end{bmatrix} &= \boldsymbol{S}^{-1}\boldsymbol{R}^{\mathrm{T}}\begin{bmatrix} x_1 \\ x_2 \end{bmatrix} = \begin{bmatrix} a & 0 \\ 0 & b \end{bmatrix}^{-1}\begin{bmatrix} \cos\theta & -\sin\theta \\ \sin\theta & \cos\theta \end{bmatrix}^{\mathrm{T}}\begin{bmatrix} x_1 \\ x_2 \end{bmatrix} \\
&= \begin{bmatrix} 1/a & 0 \\ 0 & 1/b \end{bmatrix}\begin{bmatrix} \cos\theta & \sin\theta \\ -\sin\theta & \cos\theta \end{bmatrix}\begin{bmatrix} x_1 \\ x_2 \end{bmatrix} \\
&= \begin{bmatrix} \dfrac{\cos\theta}{a}x_1 + \dfrac{\sin\theta}{a}x_2 \\ -\dfrac{\sin\theta}{b}x_1 + \dfrac{\cos\theta}{b}x_2 \end{bmatrix}
\end{aligned}
\tag{20.42}
$$

将式 (20.42) 代入式 (20.23)，整理得到旋转椭圆解析式为

$$
\frac{\left[x_1\cos\theta + x_2\sin\theta\right]^2}{a^2} + \frac{\left[x_1\sin\theta - x_2\cos\theta\right]^2}{b^2} = 1 \tag{20.43}
$$

式 (20.43) 与《数学要素》一册第8章给出的旋转椭圆解析式完全一致。

对比式 (20.36) 和式 (20.43)，相信大家已经体会到用矩阵运算表达椭圆解析式极为简洁。式 (20.43) 还仅仅是在二维平面上中心位于原点的椭圆解析式，当中心不在原点，或者维度升高时，式 (20.43) 这种解析式显然不能胜任描述复杂的椭圆或椭球。更重要的是，借助特征值分解等线性代数工具，式 (20.36) 让我们能够分析椭圆或者椭球的几何特点，如中心位置、长短轴长度、旋转等。

20.4 多元高斯分布：矩阵分解、几何变换、距离

本节介绍如何用上一节介绍的“平移 → 旋转 → 缩放”解剖多元高斯分布。

多元高斯分布

多元高斯分布的**概率密度函数** (Probability Density Function, PDF) 解析式为

$$f_{\chi}(\boldsymbol{x})=\frac{\exp\left(-\frac{1}{2}\overbrace{(\boldsymbol{x}-\boldsymbol{\mu})^{\mathrm{T}}\boldsymbol{\Sigma}^{-1}(\boldsymbol{x}-\boldsymbol{\mu})}^{\text{Ellipse}}\right)}{(2\pi)^{\frac{D}{2}}|\boldsymbol{\Sigma}|^{\frac{1}{2}}} \tag{20.44}$$

注意：式中希腊字母χ代表D维随机变量构成的列向量，$\chi=[X_1, X_2, \cdots, X_D]^{\mathrm{T}}$。

相信大家已经在式 (20.44) 的分子中看到了旋转椭圆解析式$(\boldsymbol{x}-\boldsymbol{\mu})^{\mathrm{T}}\boldsymbol{\Sigma}^{-1}(\boldsymbol{x}-\boldsymbol{\mu})$。这就是为什么很多机器学习算法能够和以椭圆为代表的圆锥曲线扯上关系，因为这些算法中都含有多元高斯分布的成分。

鸢尾花书会用椭圆等高线描述式 (20.44)。式 (20.44) 中$\boldsymbol{\Sigma}$的不同形态还会影响到椭圆的形状，如图20.4所示。实际上多元高斯分布PDF等高线是多维空间层层包裹的多维椭球面，为了方便展示，我们选择了椭圆这个可视化方案。鸢尾花书《可视之美》专门介绍过三元高斯分布的可视化方案，请大家参考。

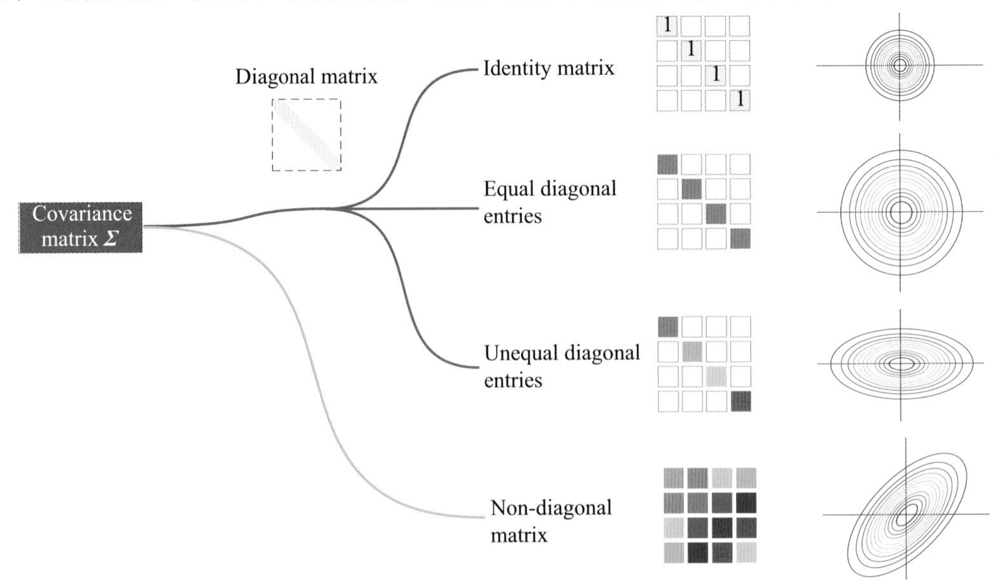

图20.4 协方差矩阵的形态影响高斯密度函数形状

特征值分解协方差矩阵

协方差矩阵$\boldsymbol{\Sigma}$为对称矩阵，对$\boldsymbol{\Sigma}$进行特征值分解得到

$$\boldsymbol{\Sigma} = \boldsymbol{V}\boldsymbol{\Lambda}\boldsymbol{V}^{\mathrm{T}} \tag{20.45}$$

其中：$\boldsymbol{V}$为正交矩阵。通过式 (20.45) 可以得到对协方差矩阵的逆$\boldsymbol{\Sigma}^{-1}$的特征值分解，即

$$\boldsymbol{\Sigma}^{-1} = \left(\boldsymbol{V}\boldsymbol{\Lambda}\boldsymbol{V}^{\mathrm{T}}\right)^{-1} = \left(\boldsymbol{V}^{\mathrm{T}}\right)^{-1}\boldsymbol{\Lambda}^{-1}\boldsymbol{V}^{-1} = \boldsymbol{V}\boldsymbol{\Lambda}^{-1}\boldsymbol{V}^{\mathrm{T}} \tag{20.46}$$

进一步，将式 (20.46) 代入式 (20.44) 中的椭圆解析式，并整理得到

$$\begin{aligned}(\boldsymbol{x}-\boldsymbol{\mu})^{\mathrm{T}}\boldsymbol{V}\boldsymbol{\Lambda}^{-1}\boldsymbol{V}^{\mathrm{T}}(\boldsymbol{x}-\boldsymbol{\mu}) &= (\boldsymbol{x}-\boldsymbol{\mu})^{\mathrm{T}}\boldsymbol{V}\boldsymbol{\Lambda}^{\frac{-1}{2}}\boldsymbol{\Lambda}^{\frac{-1}{2}}\boldsymbol{V}^{\mathrm{T}}(\boldsymbol{x}-\boldsymbol{\mu}) \\ &= \left[\boldsymbol{\Lambda}^{\frac{-1}{2}}\boldsymbol{V}^{\mathrm{T}}(\boldsymbol{x}-\boldsymbol{\mu})\right]^{\mathrm{T}}\boldsymbol{\Lambda}^{\frac{-1}{2}}\boldsymbol{V}^{\mathrm{T}}(\boldsymbol{x}-\boldsymbol{\mu})\end{aligned} \tag{20.47}$$

也就是说，$(\boldsymbol{x}-\boldsymbol{\mu})^{\mathrm{T}}\boldsymbol{\Sigma}^{-1}(\boldsymbol{x}-\boldsymbol{\mu})$可以拆成$\boldsymbol{\Lambda}^{\frac{-1}{2}}\boldsymbol{V}^{\mathrm{T}}(\boldsymbol{x}-\boldsymbol{\mu})$的“平方”。

平移 → 旋转 → 缩放

大家应该对图20.5所示这四幅子图并不陌生，我们在本书第8章用它们解释过常见几何变换。下面，我们再聊聊它们与多元高斯分布的联系。从几何视角来看，式 (20.47) 中，$\boldsymbol{\Lambda}^{\frac{-1}{2}}\boldsymbol{V}^{\mathrm{T}}(\boldsymbol{x}-\boldsymbol{\mu})$代表中心在$\boldsymbol{\mu}$的旋转椭圆，通过“平移 → 旋转 → 缩放”转换成单位圆的过程。

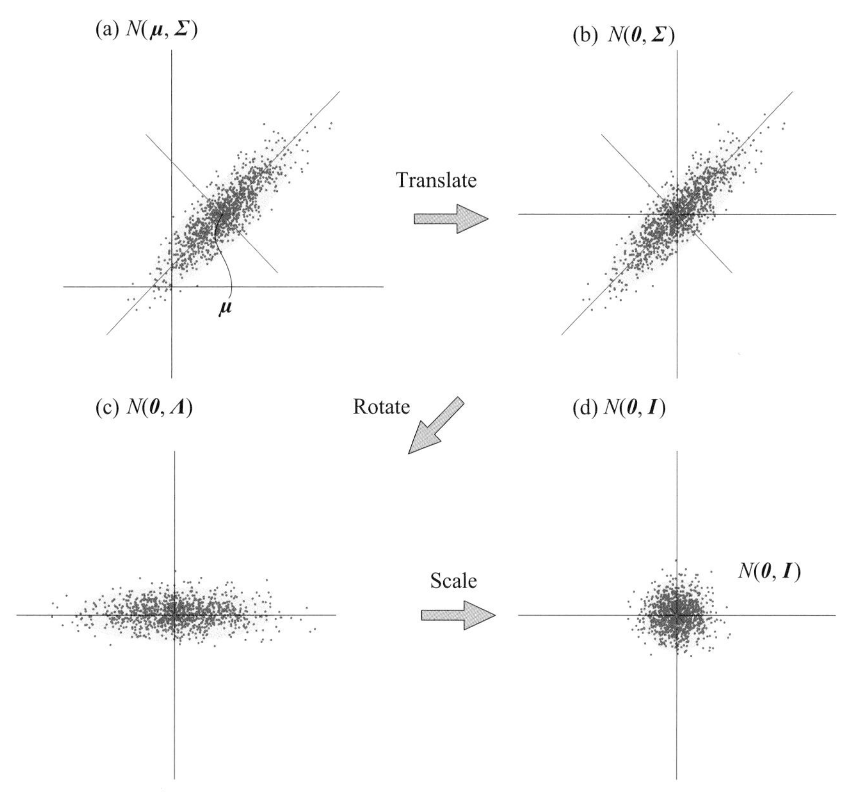

图20.5 平移 → 旋转 → 缩放

从统计视角来思考，图20.5 (a) 中旋转椭圆代表多元高斯分布$N(\boldsymbol{\mu}, \boldsymbol{\Sigma})$，随机数质心位于$\boldsymbol{\mu}$，椭圆形状描述了协方差矩阵$\boldsymbol{\Sigma}$。图20.5 (a) 中的散点是服从$N(\boldsymbol{\mu}, \boldsymbol{\Sigma})$ 的随机数。

图20.5 (a) 中散点经过平移得到$\boldsymbol{x}_c = \boldsymbol{x} - \boldsymbol{\mu}$，这是一个去均值过程(中心化过程)。图20.5 (b) 中旋转椭圆代表多元高斯分布$N(\boldsymbol{0}, \boldsymbol{\Sigma})$。随机数质心平移到原点。

图20.5 (b) 中椭圆旋转之后得到图20.5 (c) 中的正椭圆，对应

$$\boldsymbol{y} = \boldsymbol{V}^{\mathrm{T}} \boldsymbol{x}_c = \boldsymbol{V}^{\mathrm{T}} \left(\boldsymbol{x} - \boldsymbol{\mu}\right) \tag{20.48}$$

正椭圆的半长轴、半短轴长度蕴含在特征值矩阵$\boldsymbol{\Lambda}$中。图20.5 (c) 中随机数服从$N(\boldsymbol{0}, \boldsymbol{\Lambda})$。

最后一步是缩放，从图20.5(c) 到图20.5 (d)，对应

$$\boldsymbol{z} = \boldsymbol{\Lambda}^{\frac{-1}{2}} \boldsymbol{y} = \boldsymbol{\Lambda}^{\frac{-1}{2}} \boldsymbol{V}^{\mathrm{T}} \left(\boldsymbol{x} - \boldsymbol{\mu}\right) \tag{20.49}$$

图20.5 (d) 中的单位圆则代表多元高斯分布$N(\boldsymbol{0}, \boldsymbol{I})$。

利用向量$\boldsymbol{z}$，多元高斯分布PDF可以写成

$$f_{\chi}\left(\boldsymbol{x}\right) = \frac{\exp\left(-\frac{1}{2}\boldsymbol{z}^{\mathrm{T}}\boldsymbol{z}\right)}{\left(2\pi\right)^{\frac{D}{2}} \left|\boldsymbol{\Sigma}\right|^{\frac{1}{2}}} = \frac{\exp\left(-\frac{1}{2}\left\|\boldsymbol{z}\right\|_2^2\right)}{\left(2\pi\right)^{\frac{D}{2}} \left|\boldsymbol{\Sigma}\right|^{\frac{1}{2}}} \tag{20.50}$$

$\boldsymbol{z}$的模 $\|\boldsymbol{z}\|$ 实际上代表“整体”Z分数。

类比的话，一元高斯分布的概率密度函数可以写成

$$f\left(x\right) = \frac{\exp\left(-\frac{1}{2}\left(\frac{x-\mu}{\sigma}\right)^2\right)}{\left(2\pi\right)^{\frac{1}{2}} \sigma} = \frac{\exp\left(-\frac{1}{2}z^2\right)}{\left(2\pi\right)^{\frac{1}{2}} \left(\sigma^2\right)^{\frac{1}{2}}} \tag{20.51}$$

大家应该更容易在式 (20.51) 的分子中看到Z分数的平方。

反向来看，$\boldsymbol{x} = \boldsymbol{V}\boldsymbol{\Lambda}^{\frac{1}{2}}\boldsymbol{z} + \boldsymbol{\mu}$ 表示通过“缩放 → 旋转 → 平移”把单位圆转换成中心在$\boldsymbol{\mu}$的旋转椭圆，也就是把$N(\boldsymbol{0}, \boldsymbol{I})$ 转换成$N(\boldsymbol{\mu}, \boldsymbol{\Sigma})$。从数据角度来看，我们可以通过“缩放 → 旋转 → 平移”，把服从$N(\boldsymbol{0}, \boldsymbol{I})$ 的随机数转化为服从$N(\boldsymbol{\mu}, \boldsymbol{\Sigma})$ 的随机数。

欧氏距离 → 马氏距离

本书前文反复提到，看到$\left(\boldsymbol{x} - \boldsymbol{\mu}\right)^{\mathrm{T}} \boldsymbol{\Sigma}^{-1} \left(\boldsymbol{x} - \boldsymbol{\mu}\right)$这种二次型，就要考虑它是否代表某种距离。将$\left(\boldsymbol{x} - \boldsymbol{\mu}\right)^{\mathrm{T}} \boldsymbol{\Sigma}^{-1} \left(\boldsymbol{x} - \boldsymbol{\mu}\right)$写成$L^2$范数平方的形式，有

$$\begin{aligned}\left(\boldsymbol{x} - \boldsymbol{\mu}\right)^{\mathrm{T}} \boldsymbol{\Sigma}^{-1} \left(\boldsymbol{x} - \boldsymbol{\mu}\right) &= \left[\boldsymbol{\Lambda}^{\frac{-1}{2}} \boldsymbol{V}^{\mathrm{T}} \left(\boldsymbol{x} - \boldsymbol{\mu}\right)\right]^{\mathrm{T}} \boldsymbol{\Lambda}^{\frac{-1}{2}} \boldsymbol{V}^{\mathrm{T}} \left(\boldsymbol{x} - \boldsymbol{\mu}\right) \\ &= \left\|\boldsymbol{\Lambda}^{\frac{-1}{2}} \boldsymbol{V}^{\mathrm{T}} \left(\boldsymbol{x} - \boldsymbol{\mu}\right)\right\|_2^2 \\ &= \left\|\boldsymbol{z}\right\|_2^2\end{aligned} \tag{20.52}$$

也就是说，$(\boldsymbol{x}-\boldsymbol{\mu})^{\mathrm{T}}\boldsymbol{\Sigma}^{-1}(\boldsymbol{x}-\boldsymbol{\mu})$开方得到

$$d=\sqrt{(\boldsymbol{x}-\boldsymbol{\mu})^{\mathrm{T}}\boldsymbol{\Sigma}^{-1}(\boldsymbol{x}-\boldsymbol{\mu})}=\left\|\boldsymbol{\Lambda}^{\frac{-1}{2}}\boldsymbol{V}^{\mathrm{T}}(\boldsymbol{x}-\boldsymbol{\mu})\right\|=\|\boldsymbol{z}\| \tag{20.53}$$

式 (20.53) 就是大名鼎鼎的马氏距离。马氏距离，也叫**马哈距离** (Mahal distance)，全称为**马哈拉诺比斯距离** (Mahalanobis distance)。

马氏距离是机器学习中重要的距离度量。马氏距离的独特之处在于，它通过引入协方差矩阵在计算距离时考虑了数据的分布。此外，马氏距离为**无量纲量** (unitless或dimensionless)，它将各个特征数据标准化。也就是说，马氏距离可以看作是多元数据的Z分数。比如quantity，马氏距离为2，quantity意味着某点距离数据质心的距离为2倍标准差。

比对来看，$(\boldsymbol{x}-\boldsymbol{\mu})^{\mathrm{T}}(\boldsymbol{x}-\boldsymbol{\mu})$代表$\boldsymbol{x}$和$\boldsymbol{\mu}$两点之间欧氏距离平方。$\sqrt{(\boldsymbol{x}-\boldsymbol{\mu})^{\mathrm{T}}(\boldsymbol{x}-\boldsymbol{\mu})}=\|\boldsymbol{x}-\boldsymbol{\mu}\|$代表欧氏距离。

在鸢尾花书《数学要素》一册第7章中，我们知道，地理上的相近，不代表关系的紧密。正如，相隔万里的好友，近在咫尺的路人。马氏距离就是考虑了样本数据“亲疏关系”的距离度量。

马氏距离：以鸢尾花为例

为了让大家更好地理解马氏距离，下面我们以鸢尾花数据为例展开讲解。

这里我们使用鸢尾花花萼长度、花瓣长度两个特征。为了方便，令花萼长度为x_1，花瓣长度为x_2。二元数据质心所在位置为

$$\boldsymbol{\mu}=\begin{bmatrix}5.843\\3.758\end{bmatrix} \tag{20.54}$$

图20.6中的散点代表鸢尾花样本数据。图20.6对比了欧氏距离和马氏距离。

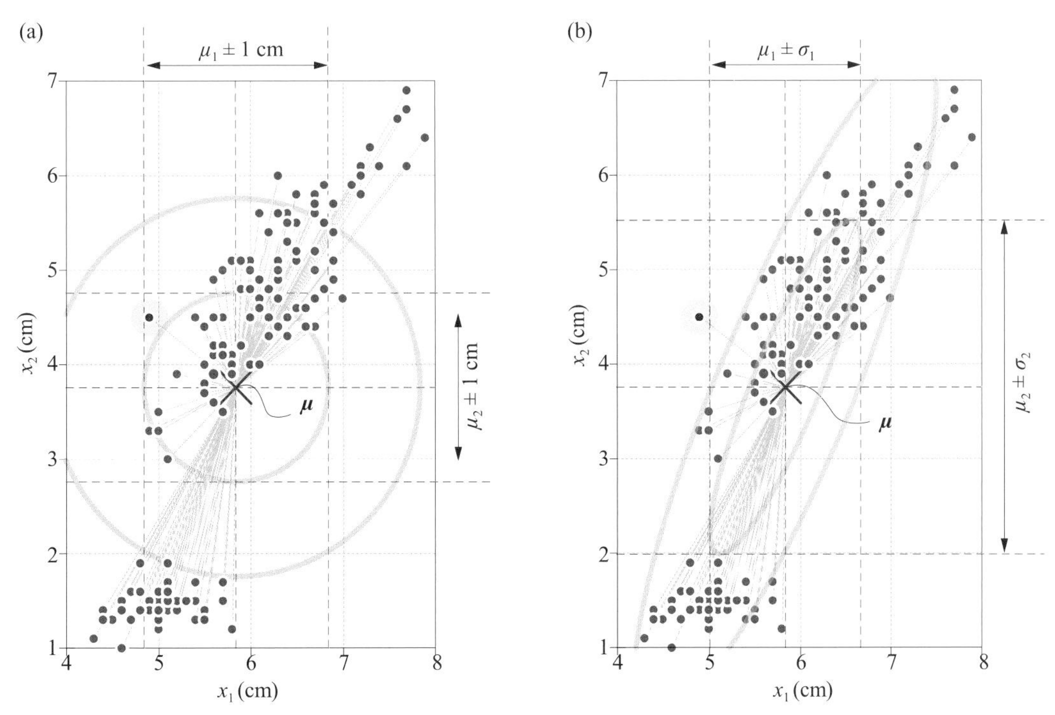

图20.6　欧氏距离和马氏距离

平面上任意一个鸢尾花样本点$\boldsymbol{x}$到质心$\boldsymbol{\mu}$的欧氏距离为

$$d=\sqrt{(\boldsymbol{x}-\boldsymbol{\mu})^{\mathrm{T}}(\boldsymbol{x}-\boldsymbol{\mu})}=\sqrt{\left(\begin{bmatrix}x_1\\x_2\end{bmatrix}-\begin{bmatrix}5.843\\3.758\end{bmatrix}\right)^{\mathrm{T}}\left(\begin{bmatrix}x_1\\x_2\end{bmatrix}-\begin{bmatrix}5.843\\3.758\end{bmatrix}\right)}$$
$$=\sqrt{(x_1-5.843)^2+(x_2-3.758)^2} \tag{20.55}$$

图20.6 (a) 所示的两个同心圆距离质心$\boldsymbol{\mu}$为1 cm和2 cm。欧氏距离显然没有考虑数据之间的亲疏关系。举个例子，图20.6 (a) 中红色点 ● 距离质心的欧氏距离略大于1 cm。但是对于整体样本数据，● 显得鹤立鸡群，格格不入。

图20.6中鸢尾花数据的协方差矩阵$\boldsymbol{\Sigma}$为

$$\boldsymbol{\Sigma}=\begin{bmatrix}0.685 & 1.274\\1.274 & 3.116\end{bmatrix} \tag{20.56}$$

协方差的逆$\boldsymbol{\Sigma}^{-1}$为

$$\boldsymbol{\Sigma}^{-1}=\begin{bmatrix}6.075 & -2.484\\-2.484 & 1.336\end{bmatrix} \tag{20.57}$$

代入具体值，图20.6 (b) 的马氏距离解析式为

$$d=\sqrt{(\boldsymbol{x}-\boldsymbol{\mu})^{\mathrm{T}}\begin{bmatrix}6.075 & -2.484\\-2.484 & 1.336\end{bmatrix}(\boldsymbol{x}-\boldsymbol{\mu})}$$
$$=\sqrt{\left(\begin{bmatrix}x_1\\x_2\end{bmatrix}-\begin{bmatrix}5.843\\3.758\end{bmatrix}\right)^{\mathrm{T}}\begin{bmatrix}6.075 & -2.484\\-2.484 & 1.336\end{bmatrix}\left(\begin{bmatrix}x_1\\x_2\end{bmatrix}-\begin{bmatrix}5.843\\3.758\end{bmatrix}\right)}$$
$$=\sqrt{6.08x_1^2-4.97x_1x_2+1.34x_2^2-52.32x_1+18.99x_2+117.21} \tag{20.58}$$

图20.6 (b) 中两个椭圆就是马氏距离$d = 1$和$d = 2$时对应的等高线。再次强调，马氏距离没有单位，它相当于Z分数。准确地说，马氏距离的单位是“标准差”。

再看图20.6 (b) 中的红色点●，它的马氏距离远大于2。也就是说，考虑整体数据分布的亲疏情况，红色点 ● 离样本数据“远得多”。显然，相比欧氏距离，在度量数据之间亲疏关系上，马氏距离更胜任。

我们可以用scipy.spatial.distance.mahalanobis() 函数计算马氏距离，Scikit-Learn库中也有计算马氏距离的函数。

鸢尾花书会在《统计至简》一册中有一章专门讲解马氏距离，我们会继续鸢尾花这个例子。在《数据有道》一册，我们还会用马氏距离判断离群点。

高斯函数

将式 (20.53) 中的马氏距离d代入多元高斯分布概率密度函数，得到

$$f_{\chi}(\boldsymbol{x})=\frac{\exp\left(-\dfrac{1}{2}d^2\right)}{(2\pi)^{\frac{D}{2}}|\boldsymbol{\Sigma}|^{\frac{1}{2}}} \tag{20.59}$$

式 (20.59) 中，我们看到高斯函数把“距离度量”转化成“亲近度”。如图20.7所示，从几何角度来看，这是一个二次曲面到高斯函数曲面的转换。

从统计角度来看，距离中心$\boldsymbol{\mu}$越远，对应的概率越小。概率密度值可以无限接近于0，但是不为0，这说明虽然是小概率事件，但是“万事皆可能”。强调一下，概率密度不同于概率值，概率密度函数积分或多重积分之后可以得到概率值。

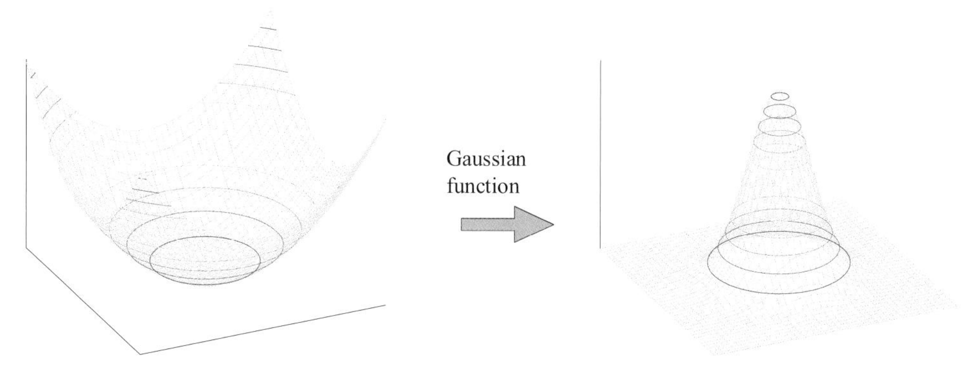

图20.7　“距离度量”转化成“亲近度”

分母：行列式值

从体积角度来看，“平移 → 旋转 → 缩放”这一系列几何变换带来的面积/体积缩放系数与式 (20.59) 分母中的 $|\boldsymbol{\Sigma}|^{\frac{1}{2}}$ 有直接关系。

把系数 $|\boldsymbol{\Sigma}|^{\frac{1}{2}}$ 从 分母移到分子可以写成 $|\boldsymbol{\Sigma}|^{\frac{-1}{2}}$。而$\boldsymbol{\Sigma}^{\frac{-1}{2}}$ 相当于

$$\boldsymbol{\Sigma}^{\frac{-1}{2}} \sim \boldsymbol{\Lambda}^{\frac{-1}{2}}\boldsymbol{V}^{\mathrm{T}}\left(\boldsymbol{x}-\boldsymbol{\mu}\right) \tag{20.60}$$

本书第5章和第14章都强调过，$\boldsymbol{A}\boldsymbol{A}^{\mathrm{T}} = \boldsymbol{B}\boldsymbol{B}^{\mathrm{T}}$不能推导得到$\boldsymbol{A} = \boldsymbol{B}$。

$|\boldsymbol{\Sigma}|^{\frac{-1}{2}}$ 开根号的原因很容易理解，$\boldsymbol{\Sigma}^{-1}$中有“两份”上述“平移 → 旋转 → 缩放”几何变换，因此 $\left|\boldsymbol{\Sigma}^{-1}\right|$ 代表缩放比例的平方。

> 注意：协方差矩阵$\boldsymbol{\Sigma}$真正起到缩放的成分是特征值矩阵$\boldsymbol{\Lambda}$，即$|\boldsymbol{\Sigma}| = |\boldsymbol{\Lambda}|$。强调一下，| ● | 这个运算符是求行列式值，不是绝对值。行列式值完成“矩阵 → 标量”的运算，这个标量结果和面积/体积缩放系数直接相关。

从统计角度来看，对比式 (20.44) 和式 (20.51)，$|\boldsymbol{\Sigma}|$ 相当于整体方差。

分母：体积归一化

如图20.8所示，从几何角度来看，式 (20.44) 分母中 $(2\pi)^{\frac{D}{2}}$ 一项起到了归一化作用，主要是为了保证概率密度函数曲面和整个水平面包裹的体积为1，即概率为1。

同理，式 (20.51) 分母中 $(2\pi)^{\frac{1}{2}}$ 用来保证$f(x)$ 与整条横轴围成图像的面积为1。

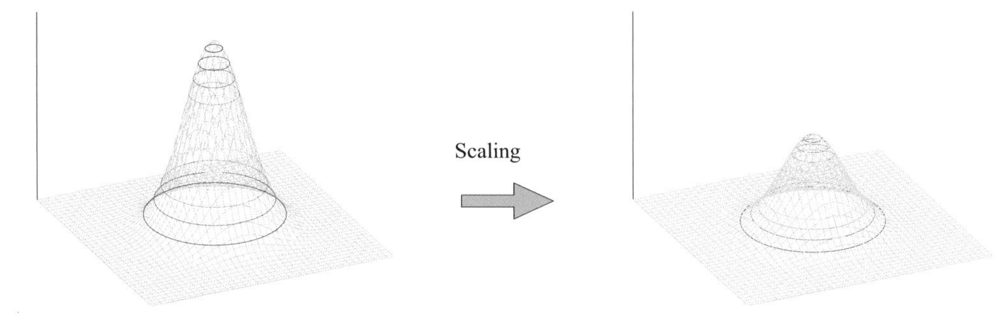

图20.8　体积归一化

再次强调，概率密度经过积分或多重积分可以得到概率。鸢尾花书《数学要素》一册第18章介绍过一元高斯函数积分、二元高斯函数“偏积分”和二重积分，建议大家适当进行回顾。

解剖多元高斯分布PDF

有了以上分析，理解、记忆多元高斯分布的概率密度函数解析式，就变得容易了，可以遵照

$$
\begin{aligned}
d = \sqrt{(\boldsymbol{x}-\boldsymbol{\mu})^{\mathrm{T}} \boldsymbol{\Sigma}^{-1} (\boldsymbol{x}-\boldsymbol{\mu})} \quad & \text{Mahal distance} \\
\|\boldsymbol{z}\| \quad & \text{z-score} \\
\boldsymbol{z} = \boldsymbol{\Lambda}^{\frac{-1}{2}} \boldsymbol{V}^{\mathrm{T}} (\boldsymbol{x}-\boldsymbol{\mu}) \quad & \text{Translate} \rightarrow \text{rotate} \rightarrow \text{scale} \\
\left[\boldsymbol{\Lambda}^{\frac{-1}{2}} \boldsymbol{V}^{\mathrm{T}} (\boldsymbol{x}-\boldsymbol{\mu})\right]^{\mathrm{T}} \boldsymbol{\Lambda}^{\frac{-1}{2}} \boldsymbol{V}^{\mathrm{T}} (\boldsymbol{x}-\boldsymbol{\mu}) \quad & \text{Eigen decomposition} \\
(\boldsymbol{x}-\boldsymbol{\mu})^{\mathrm{T}} \boldsymbol{\Sigma}^{-1} (\boldsymbol{x}-\boldsymbol{\mu}) \quad & \text{Ellipse/ellipsoid} \\
f_{\boldsymbol{\chi}}(\boldsymbol{x}) = \frac{\exp\left(-\frac{1}{2}(\boldsymbol{x}-\boldsymbol{\mu})^{\mathrm{T}} \boldsymbol{\Sigma}^{-1} (\boldsymbol{x}-\boldsymbol{\mu})\right)}{(2\pi)^{\frac{D}{2}} |\boldsymbol{\Sigma}|^{\frac{1}{2}}} &
\end{aligned}
\tag{20.61}
$$

Distance → similarity

Normalization
Multivariable calculus

Scaling
Eigenvalues

有关多元高斯分布的故事才刚刚开始，鸢尾花书《统计至简》一册中多元高斯分布会占据大半江山。

我们用Streamlit和Plotly绘制二元高斯分布概率密度函数曲面、平面等高线，大家可以调节均方差、相关性系数来观察图像变化。请参考Streamlit_Bk4_Ch20_04.py。

20.5 从单位双曲线到旋转双曲线

本节讲解如何把单位双曲线变换得到任意双曲线。平面上，**单位双曲线** (unit hyperbola) 定义为

$$
\boldsymbol{z}^{\mathrm{T}}\begin{bmatrix}1 & 0\\ 0 & -1\end{bmatrix}\boldsymbol{z}-1=0 \tag{20.62}
$$

对单位双曲线感到陌生的读者请参阅鸢尾花书《数学要素》一册第9章。同时也建议大家回顾这章中讲解的双曲函数。

展开式 (20.62) 得到

$$
z_1^2 - z_2^2 = 1 \tag{20.63}
$$

与前文思路完全一致，首先对$\boldsymbol{z}$通过$\boldsymbol{S}$缩放，再通过$\boldsymbol{R}$逆时针旋转θ，最后平移$\boldsymbol{c}$，有

$$
\underbrace{\boldsymbol{R}}_{\text{Rotate}}\underbrace{\boldsymbol{S}}_{\text{Scale}}\boldsymbol{z}+\underbrace{\boldsymbol{c}}_{\text{Translate}}=\boldsymbol{x} \tag{20.64}
$$

同样展开可以得到

$$
\underbrace{\begin{bmatrix}\cos\theta & -\sin\theta\\ \sin\theta & \cos\theta\end{bmatrix}}_{\text{Rotate}}\underbrace{\begin{bmatrix}a & 0\\ 0 & b\end{bmatrix}}_{\text{Scale}}\begin{bmatrix}z_1\\ z_2\end{bmatrix}+\underbrace{\begin{bmatrix}c_1\\ c_2\end{bmatrix}}_{\text{Translate}}=\begin{bmatrix}x_1\\ x_2\end{bmatrix} \tag{20.65}
$$

后续推导与上一节完全一致，我们可以得到任意双曲线的解析式。鉴于我们已经放弃以代数解析式表达复杂的圆锥曲线，因此不建议大家展开推导。图20.9所示为通过单位双曲线旋转得到的一系列双曲线。图20.9中蓝色和红色双曲线仅仅存在旋转关系，没有经过缩放和平移操作。

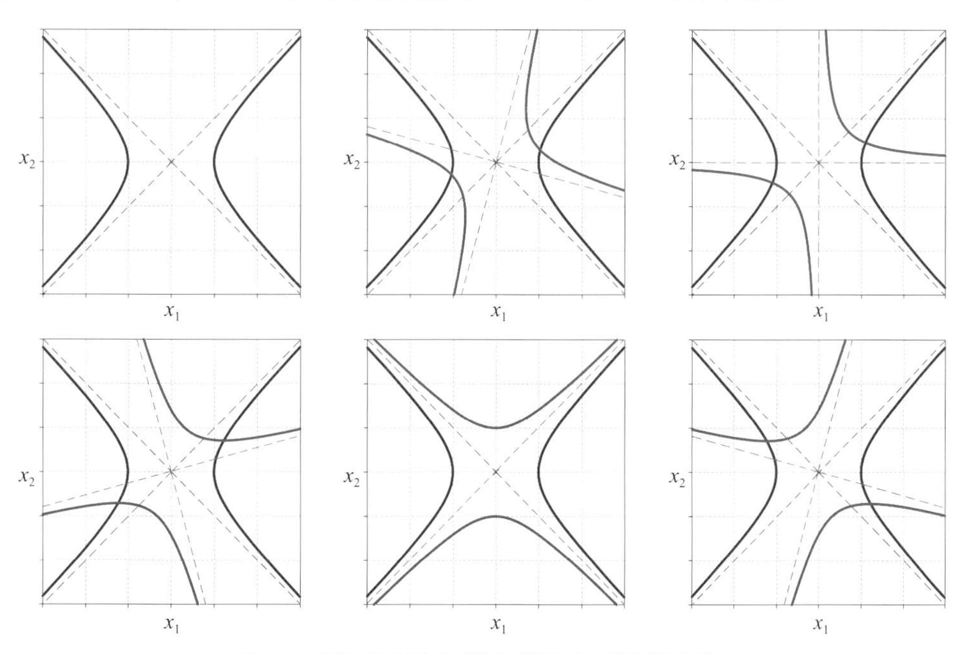

图20.9　通过单位双曲线旋转得到的一系列双曲线

请大家自行修改Bk4_Ch20_02.py参数绘制不同几何变换条件下的双曲线。

20.6 切线：构造函数，求梯度向量

本节探讨如何求解圆锥曲线切线的解析式。

椭圆

首先以椭圆为例求解其切线解析式。标准椭圆的解析式为

$$\frac{x_1^2}{a^2}+\frac{x_2^2}{b^2}=1 \tag{20.66}$$

先构造一个二元函数$f(x_1, x_2)$为

$$f(x_1,x_2)=\frac{x_1^2}{a^2}+\frac{x_2^2}{b^2} \tag{20.67}$$

如图20.10所示，椭圆上点$P(p_1, p_2)$处$f(x_1, x_2)$的梯度，即法向量$\boldsymbol{n}$为

$$\boldsymbol{n}=\nabla f(\boldsymbol{x})\Big|_{(p_1,p_2)}=\begin{bmatrix}\dfrac{\partial f}{\partial x_1}\\ \dfrac{\partial f}{\partial x_2}\end{bmatrix}\Bigg|_{(p_1,p_2)}=\begin{bmatrix}\dfrac{2p_1}{a^2}\\ \dfrac{2p_2}{b^2}\end{bmatrix} \tag{20.68}$$

如图20.10所示，切线上任意一点和点P构成的向量垂直于法向量$\boldsymbol{n}$，因此两者内积为0，即

$$\begin{bmatrix}\dfrac{2p_1}{a^2}\\ \dfrac{2p_2}{b^2}\end{bmatrix}\cdot\begin{bmatrix}x_1-p_1\\ x_2-p_2\end{bmatrix}=\frac{2p_1}{a^2}(x_1-p_1)+\frac{2p_2}{b^2}(x_2-p_2)=0 \tag{20.69}$$

整理式(20.69)，得到$P(p_1, p_2)$点处椭圆切线解析式为

$$\frac{p_1}{a^2}x_1+\frac{p_2}{b^2}x_2=\frac{p_1^2}{a^2}+\frac{p_2^2}{b^2} \tag{20.70}$$

图20.11所示为某个给定椭圆上不同点处的切线。

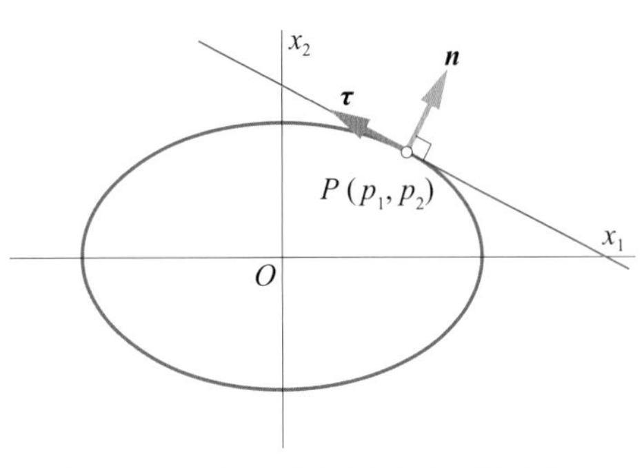

图20.10　椭圆上点P处切向量和法向量

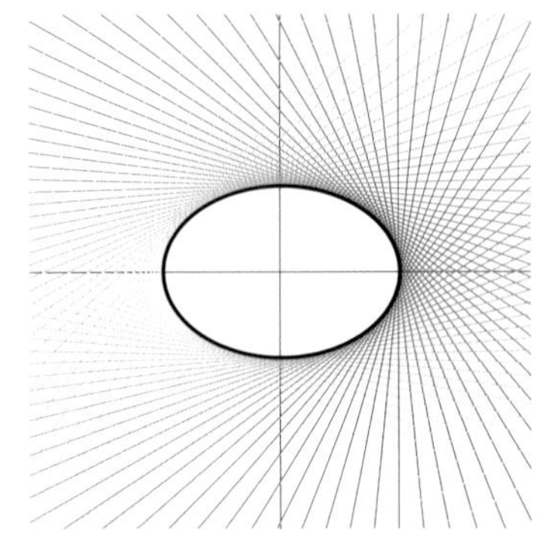

图20.11　椭圆切线分布

正圆

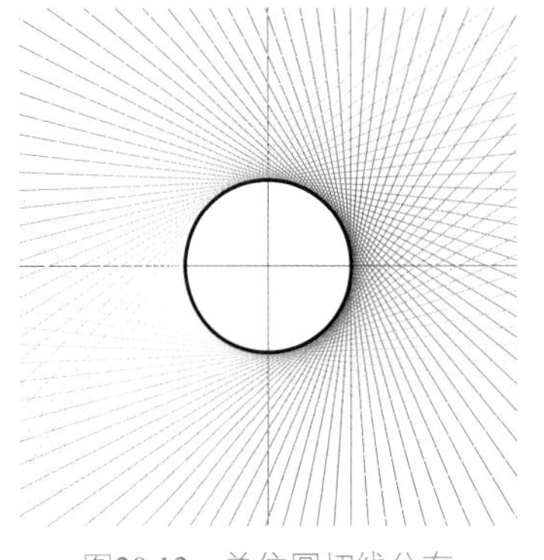

图20.12 单位圆切线分布

正圆是椭圆的特殊形式，将$a = b = r$代入上式，可以获得圆心位于原点的正圆上$P(p_1, p_2)$点的切线解析式为

$$p_1x_1 + p_2x_2 = p_1^2 + p_2^2 = r^2 \tag{20.71}$$

图20.12所示为中心位于原点的单位圆不同点上的切线。

双曲线

用同样的方法可以求解标准双曲线的切线。焦点位于横轴的标准双曲线解析式写作

$$\frac{x_1^2}{a^2} - \frac{x_2^2}{b^2} = 1 \tag{20.72}$$

类似地，先构造一个二元函数$f(x_1, x_2)$为

$$f(x_1, x_2) = \frac{x_1^2}{a^2} - \frac{x_2^2}{b^2} \tag{20.73}$$

如图20.13所示，双曲线上$P(p_1, p_2)$点处函数$f(x_1, x_2)$的梯度，即法向量$\boldsymbol{n}$为

$$\boldsymbol{n} = \nabla f(\boldsymbol{x})\Big|_{(p_1, p_2)} = \begin{bmatrix} \dfrac{\partial f}{\partial x_1} \\ \dfrac{\partial f}{\partial x_2} \end{bmatrix}\Bigg|_{(p_1, p_2)} = \begin{bmatrix} \dfrac{2p_1}{a^2} \\ -\dfrac{2p_2}{b^2} \end{bmatrix} \tag{20.74}$$

如图20.13所示，切线上任意一点与点P构成的向量垂直于法向量$\boldsymbol{n}$，通过内积为0得到

$$\begin{bmatrix} \dfrac{2p_1}{a^2} \\ -\dfrac{2p_2}{b^2} \end{bmatrix} \cdot \begin{bmatrix} x_1 - p_1 \\ x_2 - p_2 \end{bmatrix} = \frac{2p_1}{a^2}(x_1 - p_1) - \frac{2p_2}{b^2}(x_2 - p_2) = 0 \tag{20.75}$$

整理式(20.75)，得到双曲线上$P(p_1, p_2)$点处的切线解析式为

$$\frac{p_1}{a^2}x_1 - \frac{p_2}{b^2}x_2 = \frac{p_1^2}{a^2} - \frac{p_2^2}{b^2} \tag{20.76}$$

图20.14所示展示了单位双曲线不同点处的切线。

“鸢尾花书”《统计至简》一册会用到本节数学工具，探讨马氏距离。

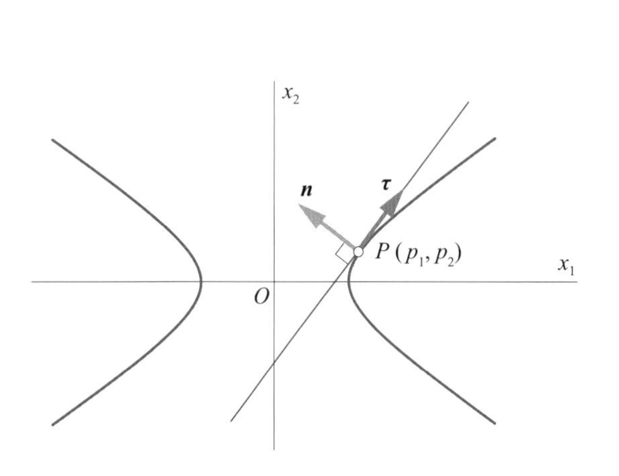

图20.13　双曲线上点P处切向量和法向量

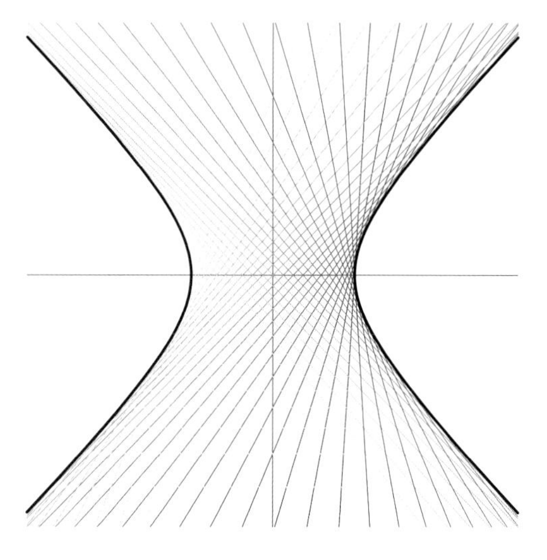

图20.14　双曲线左右两侧切线分布

圆锥曲线一般式

本章前文给出了圆锥曲线常见的一般表达式，同样据此构造一个二元函数$f(x_1, x_2)$，有

$$f\left(x_1, x_2\right) = Ax_1^2 + Bx_1x_2 + Cx_2^2 + Dx_1 + Ex_2 + F \tag{20.77}$$

圆锥曲线任意一点$P\ (p_1, p_2)$处二元函数$f(x_1, x_2)$的梯度，即法向量$\boldsymbol{n}$为

$$\boldsymbol{n} = \nabla f\left(\boldsymbol{x}\right)\Big|_{(p_1,p_2)} = \begin{bmatrix} \dfrac{\partial f}{\partial x_1} \\ \dfrac{\partial f}{\partial x_2} \end{bmatrix}\Bigg|_{(p_1,p_2)} = \begin{bmatrix} 2Ap_1 + Bp_2 + D \\ Bp_1 + 2Cp_2 + E \end{bmatrix} \tag{20.78}$$

切线上任意一点与点P构成的向量垂直于法向量$\boldsymbol{n}$，因此两者向量内积为0，有

$$\begin{bmatrix} 2Ap_1 + Bp_2 + D \\ Bp_1 + 2Cp_2 + E \end{bmatrix} \cdot \begin{bmatrix} x_1 - p_1 \\ x_2 - p_2 \end{bmatrix} = 0 \tag{20.79}$$

即

$$\left(2Ap_1 + Bp_2 + D\right)\left(x_1 - p_1\right) + \left(Bp_1 + 2Cp_2 + E\right)\left(x_2 - p_2\right) = 0 \tag{20.80}$$

整理得到圆锥曲线任意一点$P\ (p_1, p_2)$处的切线解析式为

$$\left(2Ap_1 + Bp_2 + D\right)x_1 + \left(Bp_1 + 2Cp_2 + E\right)x_2 = 2Ap_1^2 + 2Bp_1p_2 + 2Cp_2^2 + Dp_1 + Ep_2 \tag{20.81}$$

Bk4_Ch20_03.py绘制图20.11，请大家修改代码自行绘制本节和下一节其他图像。

20.7 法线：法向量垂直于切向量

椭圆

式 (20.67) 所示标准椭圆上点$P(p_1,p_2)$处的切向量$\boldsymbol{\tau}$为

$$\boldsymbol{\tau}=\begin{bmatrix}\dfrac{\partial f}{\partial x_2}\\-\dfrac{\partial f}{\partial x_1}\end{bmatrix}\Bigg|_{(p_1,p_2)}=\begin{bmatrix}\dfrac{2p_2}{b^2}\\-\dfrac{2p_1}{a^2}\end{bmatrix} \tag{20.82}$$

点$P(p_1,p_2)$处切向量$\boldsymbol{\tau}$显然垂直于其法向量$\boldsymbol{n}$。
椭圆上$P(p_1,p_2)$点处法线解析式为

$$\begin{bmatrix}\dfrac{2p_2}{b^2}\\-\dfrac{2p_1}{a^2}\end{bmatrix}\cdot\begin{bmatrix}x_1-p_1\\x_2-p_2\end{bmatrix}=\frac{2p_2}{b^2}(x_1-p_1)-\frac{2p_1}{a^2}(x_2-p_2)=0 \tag{20.83}$$

整理得到

$$\frac{p_2}{b^2}x_1-\frac{p_1}{a^2}x_2=\frac{p_1p_2}{b^2}-\frac{p_1p_2}{a^2} \tag{20.84}$$

图20.15所示为椭圆法线的分布情况。

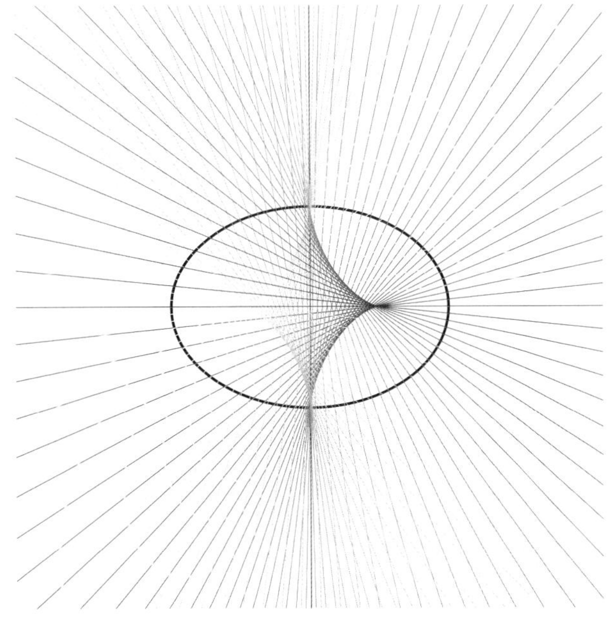

图20.15　椭圆法线分布

圆锥曲线一般式

下面推导一般圆锥曲线的法线。式 (20.77) 圆锥曲线解析式上P点处的切向量$\boldsymbol{\tau}$为

$$\boldsymbol{\tau}=\begin{bmatrix}\dfrac{\partial f}{\partial x_2}\\ -\dfrac{\partial f}{\partial x_1}\end{bmatrix}_{(p_1,p_2)}=\begin{bmatrix}Bp_1+2Cp_2+E\\ -\left(2Ap_1+Bp_2+D\right)\end{bmatrix}\tag{20.85}$$

得到过P点的圆锥曲线法线直线方程为

$$\begin{bmatrix}Bp_1+2Cp_2+E\\ -\left(2Ap_1+Bp_2+D\right)\end{bmatrix}\cdot\begin{bmatrix}x_1-p_1\\ x_2-p_2\end{bmatrix}=0\tag{20.86}$$

整理得到法线解析式为

$$\left(Bp_1+2Cp_2+E\right)x_1-\left(2Ap_1+Bp_2+D\right)x_2=B\left(p_1^2-p_2^2\right)+\left(2C-2A\right)p_1p_2+Ep_1-Dp_2\tag{20.87}$$

图20.16所示的这幅图最能总结本章的核心内容。它虽然是四幅子图，却代表着一个连贯的几何变换操作。不管是从旋转椭圆到单位圆，还是从单位圆到旋转椭圆，请大家务必记住每步几何变换对应的线性代数运算。

理解这些几何变换，对理解协方差矩阵、多元高斯分布、主成分分析和很多机器学习算法有着至关重要的作用。

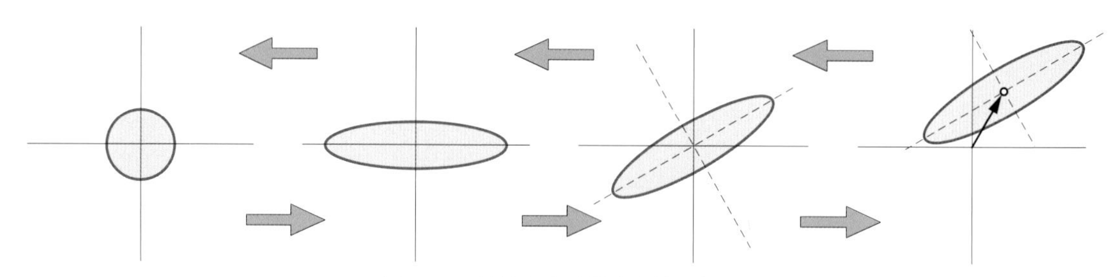

图20.16　总结本章重要内容的四幅图

本章利用矩阵分解、几何视角解剖了多元高斯分布的概率密度函数。请大家特别注意理解“平移 → 旋转 → 缩放”这三步几何操作，以及马氏距离的意义。

21 Surfaces and Positive Definiteness 曲面和正定性

代数、微积分、几何、线性代数的结合体

神，几何化一切。

God ever geometrizes.

—— 柏拉图 (Plato) | 古希腊哲学家 | 424/423 B.C. — 348/347 B.C.

- `matplotlib.pyplot.contour()` 绘制等高线线图
- `matplotlib.pyplot.contourf()` 绘制填充等高线图
- `matplotlib.pyplot.scatter()` 绘制散点图
- `numpy.arange()` 在指定区间内返回均匀间隔的数组
- `numpy.array()` 创建array数据类型
- `numpy.cos()` 余弦函数
- `numpy.linalg.cholesky()` Cholesky分解函数
- `numpy.linspace()` 产生连续均匀间隔数组
- `numpy.meshgrid()` 生成网格化数据
- `numpy.multiply()` 向量或矩阵逐项乘积
- `numpy.roots()` 多项式求根
- `numpy.sin()` 正弦函数
- `numpy.sqrt()` 计算平方根
- `sympy.abc import x` 定义符号变量x
- `sympy.diff()` 求解符号导数和偏导解析式
- `sympy.Eq()` 定义符号等式
- `sympy.evalf()` 将符号解析式中的未知量替换为具体数值
- `sympy.plot_implicit()` 绘制隐函数方程
- `sympy.symbols()` 定义符号变量

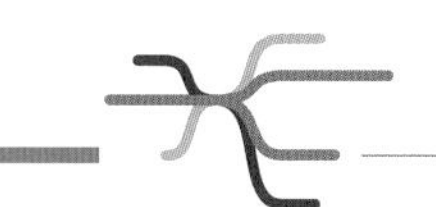

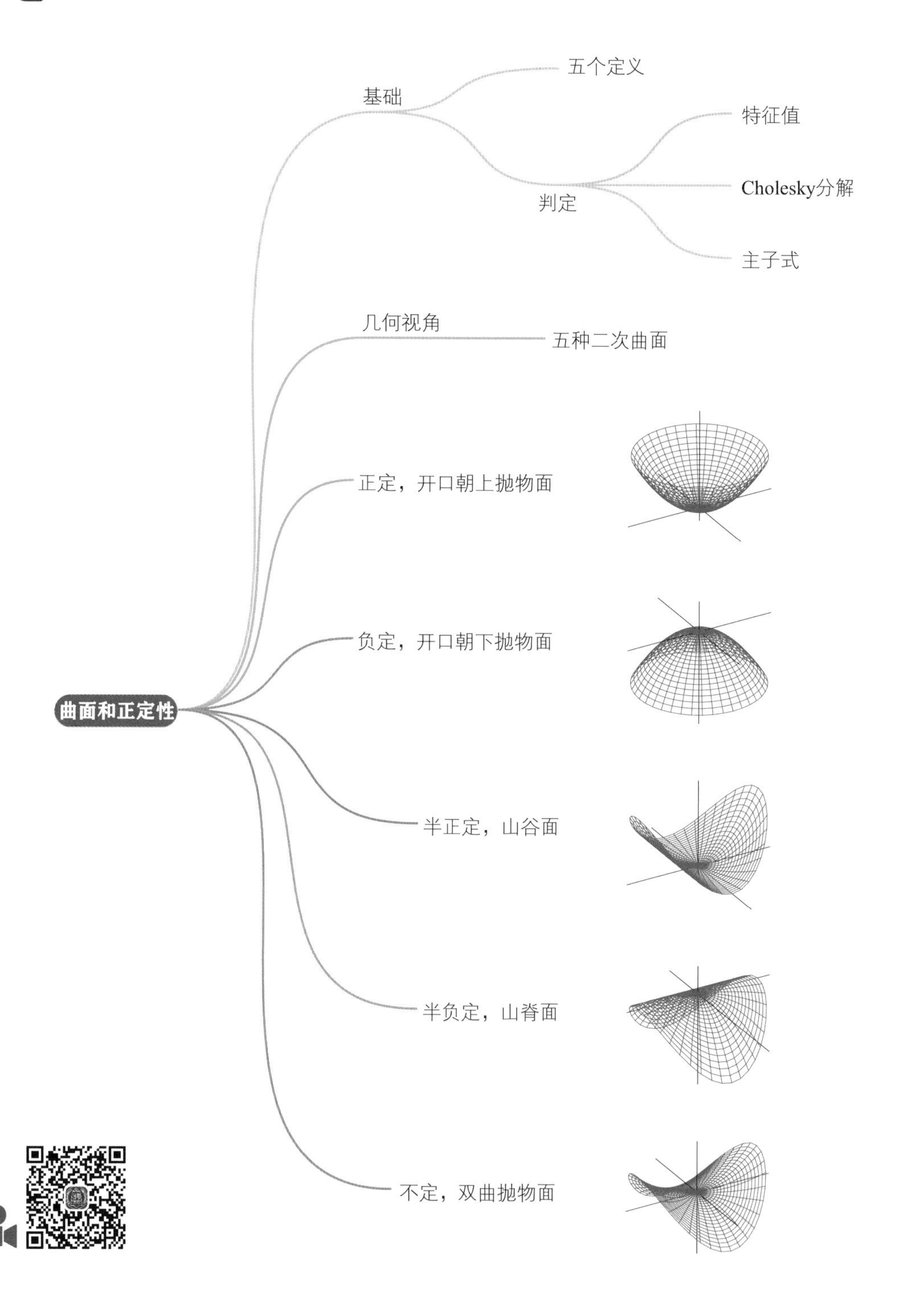

曲面和正定性
基础
五个定义
判定
特征值
Cholesky分解
主子式
几何视角
五种二次曲面
正定，开口朝上抛物面
负定，开口朝下抛物面
半正定，山谷面
半负定，山脊面
不定，双曲抛物面

21.1 正定性

正定性 (positive definiteness) 是优化问题中经常出现的线性代数概念。本章结合**二次曲面** (quadratic surface)，和大家聊一聊正定性及其应用。请大家回顾鸢尾花书《可视之美》介绍的各种三元二次型的可视化方案。

五个定义

矩阵正定性分为如下五种情况。

当$\boldsymbol{x} \neq \boldsymbol{0}$ ($\boldsymbol{x}$为非零列向量) 时，如果满足

$$\boldsymbol{x}^{\mathrm{T}} \boldsymbol{A} \boldsymbol{x} > 0 \tag{21.1}$$

则矩阵$\boldsymbol{A}$为**正定矩阵** (positive definite matrix)。

当$\boldsymbol{x} \neq \boldsymbol{0}$时，如果满足

$$\boldsymbol{x}^{\mathrm{T}} \boldsymbol{A} \boldsymbol{x} \geqslant 0 \tag{21.2}$$

则矩阵$\boldsymbol{A}$为**半正定矩阵** (positive semi-definite matrix)。可以这样理解，半正定矩阵集合包含正定矩阵集合。

当$\boldsymbol{x} \neq \boldsymbol{0}$时，如果满足

$$\boldsymbol{x}^{\mathrm{T}} \boldsymbol{A} \boldsymbol{x} < 0 \tag{21.3}$$

则矩阵$\boldsymbol{A}$为**负定矩阵** (negative definite matrix)。

当$\boldsymbol{x} \neq \boldsymbol{0}$时，如果满足

$$\boldsymbol{x}^{\mathrm{T}} \boldsymbol{A} \boldsymbol{x} \leqslant 0 \tag{21.4}$$

则矩阵$\boldsymbol{A}$为**半负定矩阵** (negative semi-definite matrix)。

当矩阵$\boldsymbol{A}$不属于以上任何一种情况时，$\boldsymbol{A}$为**不定矩阵** (indefinite matrix)。

判定正定矩阵

判断矩阵是否为正定矩阵，本书主要采用以下两种方法。

- 若矩阵为对称矩阵，并且所有特征值为正，则矩阵为正定矩阵；
- 若矩阵可以进行Cholesky分解，则矩阵为正定矩阵。

Bk4_Ch21_01.py介绍如何使用Cholesky分解判定矩阵是否为正定矩阵。

Cholesky分解

如果矩阵$\boldsymbol{A}$为正定矩阵，对$\boldsymbol{A}$进行Cholesky分解，可以得到

$$\boldsymbol{A} = \boldsymbol{R}^{\mathrm{T}} \boldsymbol{R} \tag{21.5}$$

利用式 (21.5)，将$\boldsymbol{x}^{\mathrm{T}}\boldsymbol{A}\boldsymbol{x}$写成

$$\boldsymbol{x}^{\mathrm{T}}\boldsymbol{A}\boldsymbol{x}=\boldsymbol{x}^{\mathrm{T}}\boldsymbol{R}^{\mathrm{T}}\boldsymbol{R}\boldsymbol{x}=(\boldsymbol{R}\boldsymbol{x})^{\mathrm{T}}\boldsymbol{R}\boldsymbol{x}=\|\boldsymbol{R}\boldsymbol{x}\|^{2} \tag{21.6}$$

$\boldsymbol{R}$中列向量线性无关，若$\boldsymbol{x}$为非零向量，则$\boldsymbol{R}\boldsymbol{x}\neq\boldsymbol{0}$，因此$\boldsymbol{x}^{\mathrm{T}}\boldsymbol{A}\boldsymbol{x}>0$。

特征值分解

对称矩阵$\boldsymbol{A}$进行特征值分解得到

$$\boldsymbol{A}=\boldsymbol{V}\boldsymbol{\Lambda}\boldsymbol{V}^{\mathrm{T}} \tag{21.7}$$

将式 (21.7) 代入$\boldsymbol{x}^{\mathrm{T}}\boldsymbol{A}\boldsymbol{x}$，得到

$$\begin{aligned}\boldsymbol{x}^{\mathrm{T}}\boldsymbol{A}\boldsymbol{x}&=\boldsymbol{x}^{\mathrm{T}}\boldsymbol{V}\boldsymbol{\Lambda}\boldsymbol{V}^{\mathrm{T}}\boldsymbol{x}\\&=\Big(\underbrace{\boldsymbol{V}^{\mathrm{T}}\boldsymbol{x}}_{z}\Big)^{\mathrm{T}}\boldsymbol{\Lambda}\Big(\underbrace{\boldsymbol{V}^{\mathrm{T}}\boldsymbol{x}}_{z}\Big)\end{aligned} \tag{21.8}$$

令

$$\boldsymbol{z}=\boldsymbol{V}^{\mathrm{T}}\boldsymbol{x} \tag{21.9}$$

式 (21.8) 可以写成

$$\begin{aligned}\boldsymbol{x}^{\mathrm{T}}\boldsymbol{A}\boldsymbol{x}&=\boldsymbol{z}^{\mathrm{T}}\boldsymbol{\Lambda}\boldsymbol{z}\\&=\lambda_1 z_1^2+\lambda_2 z_2^2+\cdots+\lambda_D z_D^2=\sum_{j=1}^{D}\lambda_j z_j^2\end{aligned} \tag{21.10}$$

当式 (21.10) 中特征值均为正数时，除非z_1、z_2、…、z_D均为0 (即$\boldsymbol{z}$为零向量)，否则上式大于0。

若$\boldsymbol{A}$的特征值均为负值，则矩阵$\boldsymbol{A}$为负定矩阵。若矩阵$\boldsymbol{A}$的特征值为正值或0，则$\boldsymbol{A}$为半正定矩阵。若矩阵特征值为负值或0，则矩阵$\boldsymbol{A}$为半负定矩阵。

格拉姆矩阵

给定数据矩阵$\boldsymbol{X}$，它的格拉姆矩阵为$\boldsymbol{G}=\boldsymbol{X}^{\mathrm{T}}\boldsymbol{X}$。格拉姆矩阵至少都是半正定矩阵。

将$\boldsymbol{x}^{\mathrm{T}}\boldsymbol{G}\boldsymbol{x}$写成

$$\boldsymbol{x}^{\mathrm{T}}\boldsymbol{G}\boldsymbol{x}=\boldsymbol{x}^{\mathrm{T}}\boldsymbol{X}^{\mathrm{T}}\boldsymbol{X}\boldsymbol{x}=\|\boldsymbol{X}\boldsymbol{x}\|^{2}\geqslant 0 \tag{21.11}$$

特别地，当$\boldsymbol{X}$满秩时，$\boldsymbol{x}$为非零向量，则$\boldsymbol{X}\boldsymbol{x}\neq\boldsymbol{0}$，因此$\boldsymbol{x}^{\mathrm{T}}\boldsymbol{G}\boldsymbol{x}>0$。也就是说，当$\boldsymbol{X}$满秩时，格拉姆矩阵$\boldsymbol{G}=\boldsymbol{X}^{\mathrm{T}}\boldsymbol{X}$为正定矩阵。

这一节介绍了正定性的相关性质，但是想要直观理解这个概念，还需要借助几何视角。

21.2 几何视角看正定性

给定2 × 2 对称矩阵$\boldsymbol{A}$为

$$\boldsymbol{A}=\begin{bmatrix} a & b \\ b & c \end{bmatrix} \tag{21.12}$$

构造二元函数 $y=f(x_1,x_2)$，有

$$y=f\left(x_1,x_2\right)=\boldsymbol{x}^{\mathrm{T}}\boldsymbol{A}\boldsymbol{x}=\begin{bmatrix} x_1 & x_2 \end{bmatrix}\begin{bmatrix} a & b \\ b & c \end{bmatrix}\begin{bmatrix} x_1 \\ x_2 \end{bmatrix}=ax_1^2+2bx_1x_2+cx_2^2 \tag{21.13}$$

在三维正交空间中，当矩阵$\boldsymbol{A}_{2\times2}$正定性不同时，$y=f(x_1,x_2)$ 对应曲面展现出以下不同的形状。

◀当$\boldsymbol{A}_{2\times2}$为正定矩阵时，$y=f(x_1,x_2)$ 为开口向上抛物面；
◀当$\boldsymbol{A}_{2\times2}$为半正定矩阵时，$y=f(x_1,x_2)$ 为山谷面；
◀当$\boldsymbol{A}_{2\times2}$为负定矩阵时，$y=f(x_1,x_2)$ 为开口向下抛物面；
◀当$\boldsymbol{A}_{2\times2}$为半负定矩阵时，$y=f(x_1,x_2)$ 为山脊面；
◀当$\boldsymbol{A}_{2\times2}$不定时，$y=f(x_1,x_2)$ 为马鞍面，也叫做双曲抛物面。

表21.1总结了矩阵$\boldsymbol{A}$不同正定性条件下对应的曲面形状。本章以下六节就按表中形状顺序展开的。

表21.1　正定性的几何意义

$\boldsymbol{A}_{D\times D}$	特征值	形状
$\boldsymbol{A}_{D\times D}$为正定矩阵 $\boldsymbol{x}^{\mathrm{T}}\boldsymbol{A}\boldsymbol{x}>0,\boldsymbol{x}\neq\boldsymbol{0}$	D个特征值均为正值	
$\boldsymbol{A}_{D\times D}$为半正定矩阵，秩为$r$ $\boldsymbol{x}^{\mathrm{T}}\boldsymbol{A}\boldsymbol{x}\geqslant 0,\boldsymbol{x}\neq\boldsymbol{0}$	r个正特征值，$D-r$个特征值为0	
$\boldsymbol{A}_{D\times D}$为负定矩阵 $\boldsymbol{x}^{\mathrm{T}}\boldsymbol{A}\boldsymbol{x}<0$	D个特征值均为负值	
$\boldsymbol{A}_{D\times D}$为半负定矩阵，秩为$r$ $\boldsymbol{x}^{\mathrm{T}}\boldsymbol{A}\boldsymbol{x}\leqslant 0$	r个负特征值，$D-r$个特征值为0	
$\boldsymbol{A}_{D\times D}$为不定矩阵	特征值符号正负不定	

21.3 开口朝上抛物面：正定

正圆

先来看一个单位矩阵的例子。若矩阵$\boldsymbol{A}$为2 × 2单位矩阵，令

$$\boldsymbol{A}=\begin{bmatrix}1 & 0\\ 0 & 1\end{bmatrix} \tag{21.14}$$

单位矩阵显然是正定矩阵。构造二元函数 $y=f(x_1,x_2)$，有

$$y=f\left(x_1,x_2\right)=\boldsymbol{x}^{\mathrm{T}}\boldsymbol{A}\boldsymbol{x}=\begin{bmatrix}x_1 & x_2\end{bmatrix}\begin{bmatrix}1 & 0\\ 0 & 1\end{bmatrix}\begin{bmatrix}x_1\\ x_2\end{bmatrix}=x_1^2+x_2^2 \tag{21.15}$$

观察式 (21.15)，容易发现只有当$x_1=0$且$x_2=0$时，即$\boldsymbol{x}=\boldsymbol{0}$时，$y=f(x_1,x_2)=0$。

容易求得$\boldsymbol{A}$的特征值分别为$\lambda_1=1$和$\lambda_2=1$，对应特征向量分别为

$$\boldsymbol{v}_1=\begin{bmatrix}1\\ 0\end{bmatrix},\quad \boldsymbol{v}_2=\begin{bmatrix}0\\ 1\end{bmatrix} \tag{21.16}$$

计算矩阵$\boldsymbol{A}$的秩，$\mathrm{rank}(\boldsymbol{A})=2$。

图21.1 (a) 所示为$y=f(x_1,x_2)$ 曲面。在该曲面边缘A、B和C放置小球，小球都会朝着曲面最低点滚动。

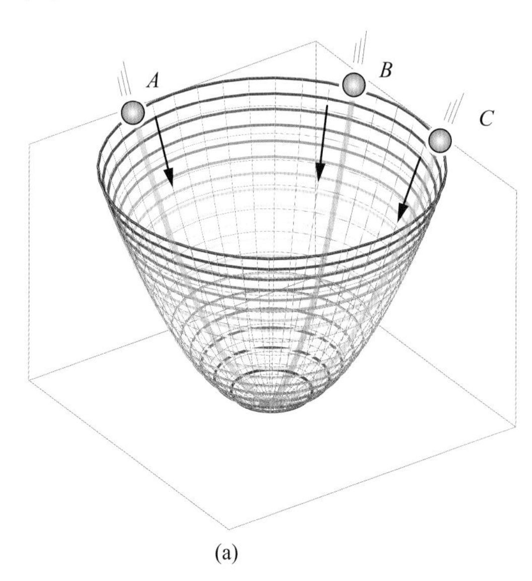

(a)

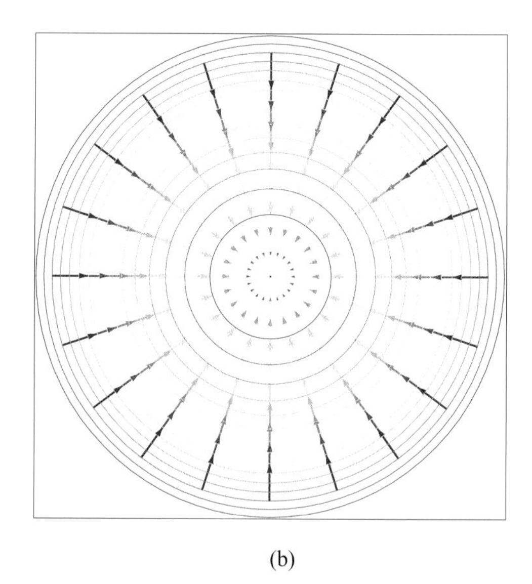

(b)

图21.1　正定矩阵曲面和梯度下降，正圆抛物面，箭头指向下山方向

式 (21.15) 的梯度向量为

$$\nabla f\left(\boldsymbol{x}\right)=\begin{bmatrix}2x_1\\ 2x_2\end{bmatrix} \tag{21.17}$$

而式 (21.15) 的梯度下降向量就是式 (21.17) 中的梯度向量反向，有

$$-\nabla f(\boldsymbol{x})=\begin{bmatrix}-2x_1\\-2x_2\end{bmatrix} \tag{21.18}$$

图21.1 (b) 展示的$f(x_1, x_2)$ 平面等高线为正圆。图21.1 (b) 还给出不同位置的梯度下降向量，即指向下山方向，梯度向量的反方向。在本章中，除了最后一节外，平面等高线中的向量场都是梯度下降向量。

如图21.1 (b) 所示，梯度下降向量均指向最小值点。此外，梯度下降向量方向垂直于所在等高线。梯度下降向量的长度代表坡度的陡峭程度。向量长度越大，坡度越陡，该方向上函数值变化率越大。当梯度下降向量的长度为0时，对应点为驻点。

梯度下降向量为零向量$\boldsymbol{0}$的点，就是$y = f(x_1, x_2)$ 两个偏导均为0的点。鸢尾花书《数学要素》一册介绍过，(0, 0) 这个点叫做驻点。通过图21.1，很容易判断 (0, 0) 就是二元函数的最小值点。

再次强调：图21.1给出的是梯度下降向量 (下山方向)，方向与梯度向量 (上山方向) 正好相反。沿着梯度下降向量方向移动，函数值减小；沿着梯度向量方向移动，函数值增大。

正椭圆

再看一个2 × 2正定矩阵例子。矩阵$\boldsymbol{A}$的具体值为

$$\boldsymbol{A}=\begin{bmatrix}1 & 0\\0 & 2\end{bmatrix} \tag{21.19}$$

同样，构造二元函数 $y = f(x_1, x_2)$，具体为

$$y=f(x_1,x_2)=\boldsymbol{x}^{\mathrm{T}}\boldsymbol{A}\boldsymbol{x}=\begin{bmatrix}x_1 & x_2\end{bmatrix}\begin{bmatrix}1 & 0\\0 & 2\end{bmatrix}\begin{bmatrix}x_1\\x_2\end{bmatrix}=x_1^2+2x_2^2 \tag{21.20}$$

只有$x_1 = 0$且$x_2 = 0$时，$y = f(x_1, x_2) = 0$。图21.2所示为式 (21.20) 对应的开口向上正椭圆抛物面，函数等高线为一系列正椭圆。

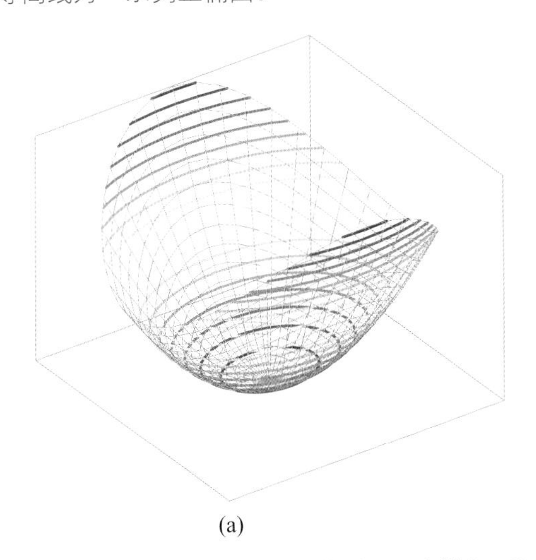
(a)

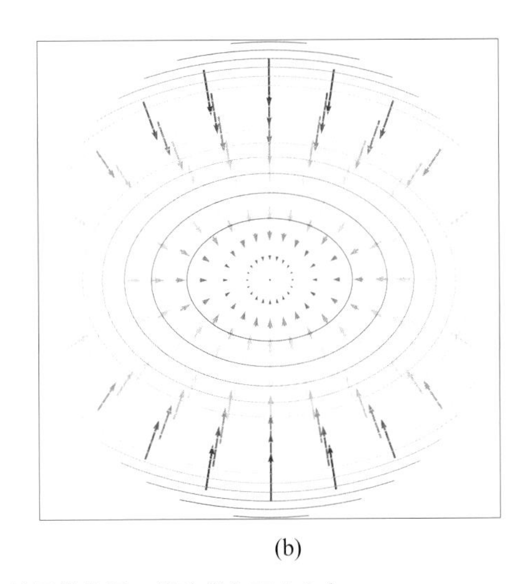
(b)

图21.2　正定矩阵曲面和梯度下降，正椭圆抛物面，箭头指向下山方向

容易求得$\boldsymbol{A}$的特征值分别为$\lambda_1 = 1$和$\lambda_2 = 2$，对应特征向量分别为

$$\boldsymbol{v}_1 = \begin{bmatrix} 1 \\ 0 \end{bmatrix}, \quad \boldsymbol{v}_2 = \begin{bmatrix} 0 \\ 1 \end{bmatrix} \tag{21.21}$$

式 (21.20) 的梯度向量为

$$\nabla f(\boldsymbol{x}) = \begin{bmatrix} \dfrac{\partial f}{\partial x_1} \\ \dfrac{\partial f}{\partial x_2} \end{bmatrix} = \begin{bmatrix} 2x_1 \\ 4x_2 \end{bmatrix} \tag{21.22}$$

梯度向量为$\boldsymbol{0}$的点 (0, 0) 是式 (21.20) 函数的最小值点。

旋转椭圆

本节前两个例子对应曲面的等高线分别是正圆和正椭圆，下面再看一个旋转椭圆情况。$\boldsymbol{A}$矩阵具体为

$$\boldsymbol{A} = \begin{bmatrix} 1.5 & 0.5 \\ 0.5 & 1.5 \end{bmatrix} \tag{21.23}$$

构造函数 $y = f(x_1, x_2)$为

$$y = f(x_1, x_2) = \boldsymbol{x}^{\mathrm{T}} \boldsymbol{A} \boldsymbol{x} = \begin{bmatrix} x_1 & x_2 \end{bmatrix} \begin{bmatrix} 1.5 & 0.5 \\ 0.5 & 1.5 \end{bmatrix} \begin{bmatrix} x_1 \\ x_2 \end{bmatrix} = 1.5x_1^2 + x_1 x_2 + 1.5x_2^2 \tag{21.24}$$

同样，只有当$x_1 = 0$且$x_2 = 0$时，$y = f(x_1, x_2) = 0$。
经过计算得到$\boldsymbol{A}$的特征值也是$\lambda_1 = 1$和$\lambda_2 = 2$；这两个特征值对应的特征向量分别为

$$\boldsymbol{v}_1 = \begin{bmatrix} -\dfrac{\sqrt{2}}{2} \\ \dfrac{\sqrt{2}}{2} \end{bmatrix}, \quad \boldsymbol{v}_2 = \begin{bmatrix} \dfrac{\sqrt{2}}{2} \\ \dfrac{\sqrt{2}}{2} \end{bmatrix} \tag{21.25}$$

式 (21.24) 的梯度向量为

$$\nabla f(\boldsymbol{x}) = \begin{bmatrix} \dfrac{\partial f}{\partial x_1} \\ \dfrac{\partial f}{\partial x_2} \end{bmatrix} = \begin{bmatrix} 3x_1 + x_2 \\ x_1 + 3x_2 \end{bmatrix} \tag{21.26}$$

$y = f(x_1, x_2)$ 曲面对应的图像如图21.3所示。图21.2和图21.3两个椭圆唯一的差别就是旋转角度。根据前文所学，我们知道这两组椭圆半长轴和半短轴的比例关系为 $\sqrt{\lambda_2}/\sqrt{\lambda_1}$，即 $\sqrt{2}/1$。

Bk4_Ch21_02.py绘制图21.1～图21.3，此外请大家修改代码并绘制本章其他图像。

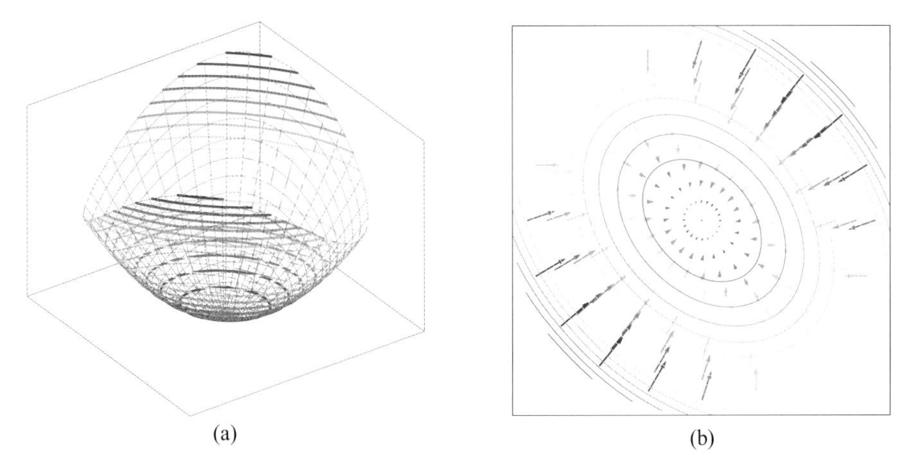
(a) (b)

图21.3　正定矩阵曲面和梯度下降，开口向上旋转椭圆抛物面，箭头指向下山方向

21.4 山谷面：半正定

下面我们介绍半正定矩阵的情况。举个例子，矩阵$\boldsymbol{A}$取值为

$$\boldsymbol{A}=\begin{bmatrix}1 & 0\\ 0 & 0\end{bmatrix} \tag{21.27}$$

容易判定rank($\boldsymbol{A}$) = 1。构造二元函数 $y=f(x_1, x_2)$为

$$y=f\left(x_1,x_2\right)=\boldsymbol{x}^{\mathrm{T}}\boldsymbol{A}\boldsymbol{x}=\begin{bmatrix}x_1 & x_2\end{bmatrix}\begin{bmatrix}1 & 0\\ 0 & 0\end{bmatrix}\begin{bmatrix}x_1\\ x_2\end{bmatrix}=x_1^2 \tag{21.28}$$

当$x_1=0$时，不管x_2取任何值，上式为0。

图21.4展示了$y=f(x_1, x_2)$ 对应的曲面。观察图21.4容易发现，除了纵轴以外，在任意点处放置一个小球，小球都会滚动到谷底。

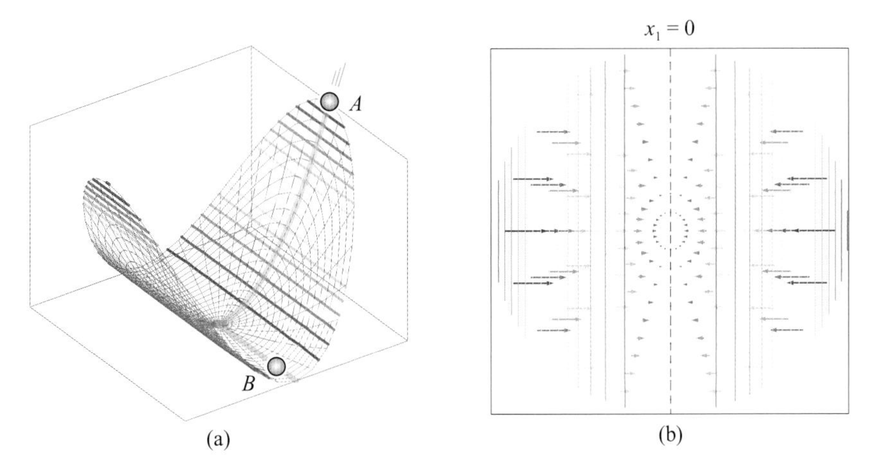

(a) (b)

图21.4　半正定矩阵对应曲面，箭头指向下山方向

式 (21.28) 的梯度向量为

$$\nabla f(\boldsymbol{x}) = \begin{bmatrix} \dfrac{\partial f}{\partial x_1} \\ \dfrac{\partial f}{\partial x_2} \end{bmatrix} = \begin{bmatrix} 2x_1 \\ 0 \end{bmatrix} \tag{21.29}$$

谷底位置对应一条直线，这条直线上每一点处的梯度向量均为$\boldsymbol{0}$，它们都是函数$y = f(x_1, x_2)$ 的极小值。

旋转山谷面

下式中矩阵$\boldsymbol{A}$也是半正定矩阵，即

$$\boldsymbol{A} = \begin{bmatrix} 0.5 & -0.5 \\ -0.5 & 0.5 \end{bmatrix} \tag{21.30}$$

构造函数 $y = f(x_1, x_2)$，有

$$y = f(x_1, x_2) = \boldsymbol{x}^{\mathrm{T}} \boldsymbol{A} \boldsymbol{x} = \begin{bmatrix} x_1 & x_2 \end{bmatrix} \begin{bmatrix} 0.5 & -0.5 \\ -0.5 & 0.5 \end{bmatrix} \begin{bmatrix} x_1 \\ x_2 \end{bmatrix} = 0.5x_1^2 - x_1x_2 + 0.5x_2^2 \tag{21.31}$$

将式 (21.31) 配方得到

$$f(x_1, x_2) = 0.5x_1^2 - x_1x_2 + 0.5x_2^2 = \frac{1}{2}(x_1 - x_2)^2 \tag{21.32}$$

容易发现，任何满足 $x_1 = x_2$的点，都会使得$y = f(x_1, x_2)$ 为0。

式 (21.31) 中矩阵$\boldsymbol{A}$特征值为$\lambda_1 = 0$和$\lambda_2 = 1$，对应特征向量为

$$\boldsymbol{v}_1 = \begin{bmatrix} -\dfrac{\sqrt{2}}{2} \\ -\dfrac{\sqrt{2}}{2} \end{bmatrix}, \quad \boldsymbol{v}_2 = \begin{bmatrix} -\dfrac{\sqrt{2}}{2} \\ \dfrac{\sqrt{2}}{2} \end{bmatrix} \tag{21.33}$$

图21.5所示为式 (21.31) 对应的旋转山谷面。同样，小球沿图21.5中$\boldsymbol{v}_1$ (特征值为0对应特征向量) 方向运动，函数值没有任何变化。这条直线上的点都是式 (21.32) 二元函数的极小值点。

式 (21.32) 梯度向量为

$$\nabla f(\boldsymbol{x}) = \begin{bmatrix} \dfrac{\partial f}{\partial x_1} \\ \dfrac{\partial f}{\partial x_2} \end{bmatrix} = \begin{bmatrix} x_1 - x_2 \\ -x_1 + x_2 \end{bmatrix} \tag{21.34}$$

观察图21.5 (b)，容易发现梯度下降向量的长度各有不同，但是它们相互平行，且都垂直于等高线，指向函数减小方向，即下山方向。

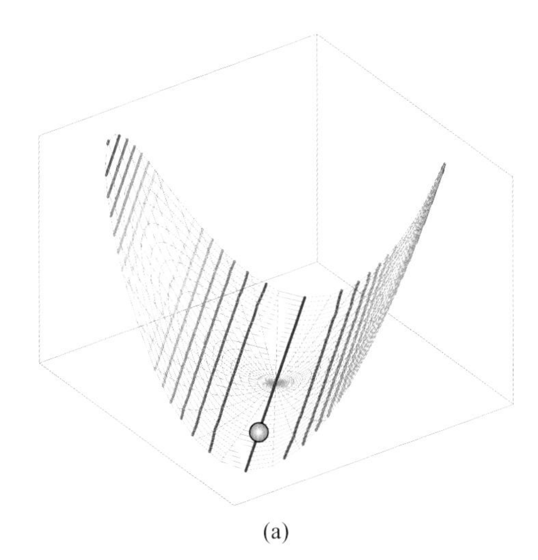

(a)

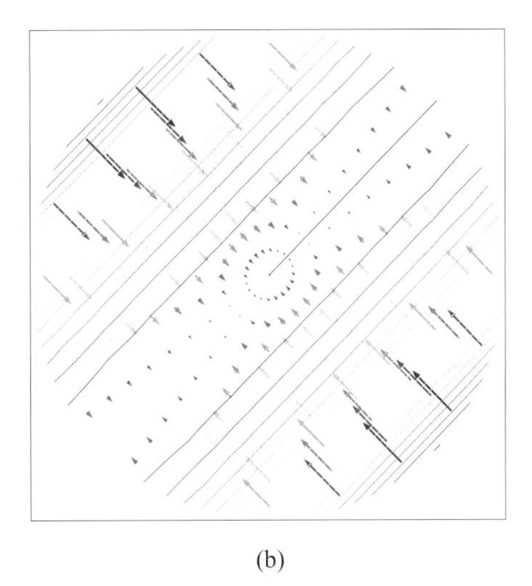

(b)

图21.5　旋转山谷面，箭头指向下山方向

21.5 开口朝下抛物面：负定

最简单的负定矩阵是单位矩阵取负，即$-\boldsymbol{I}$。$-\boldsymbol{I}$的特征值都为-1。

下面也用2 × 2矩阵讨论负定。设$\boldsymbol{A}$为负定矩阵，且

$$\boldsymbol{A}=\begin{bmatrix}-1 & 0\\ 0 & -2\end{bmatrix} \tag{21.35}$$

构造二元函数$y=f(x_1,x_2)$，有

$$y=f\left(x_1,x_2\right)=\boldsymbol{x}^{\mathrm{T}}\boldsymbol{A}\boldsymbol{x}=\begin{bmatrix}x_1 & x_2\end{bmatrix}\begin{bmatrix}-1 & 0\\ 0 & -2\end{bmatrix}\begin{bmatrix}x_1\\ x_2\end{bmatrix}=-x_1^2-2x_2^2 \tag{21.36}$$

观察式 (21.36)，容易发现只有当$x_1=0$且$x_2=0$时，$y=f(x_1,x_2)=0$。

很容易求得$\boldsymbol{A}$特征值分别为$\lambda_1=-2$和$\lambda_2=-1$，对应特征向量分别为

$$\boldsymbol{v}_1=\begin{bmatrix}0\\ 1\end{bmatrix},\quad \boldsymbol{v}_2=\begin{bmatrix}1\\ 0\end{bmatrix} \tag{21.37}$$

图21.6所示为负定矩阵对应曲面，容易发现$y=f(x_1,x_2)$ 对应的曲面为凹面。在曲面最大值处放置一个小球，小球处于不稳定平衡状态。受到轻微扰动后，小球沿着任意方向运动，都会下落。

式 (21.36) 中$y=f(x_1,x_2)$ 的梯度向量为

$$\nabla f\left(\boldsymbol{x}\right)=\begin{bmatrix}\dfrac{\partial f}{\partial x_1}\\ \dfrac{\partial f}{\partial x_2}\end{bmatrix}=\begin{bmatrix}-2x_1\\ -4x_2\end{bmatrix} \tag{21.38}$$

如图21.6所示，梯度下降向量的指向均背离最大值点。

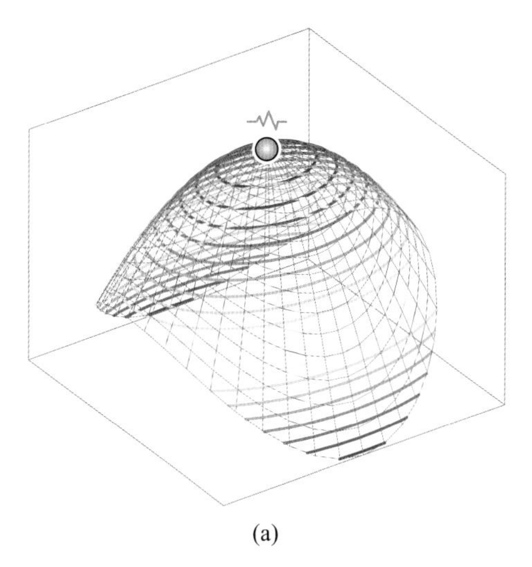

(a)

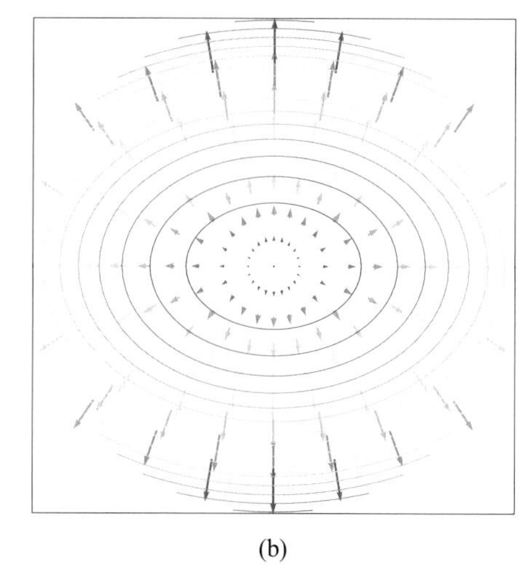

(b)

图21.6　负定矩阵对应曲面，箭头指向下山方向

21.6 山脊面：半负定

下面看一个半负定矩阵的例子，矩阵$\boldsymbol{A}$取值为

$$\boldsymbol{A}=\begin{bmatrix}0 & 0\\0 & -1\end{bmatrix} \tag{21.39}$$

构造 $y=f(x_1,x_2)$，有

$$y=f\left(x_1,x_2\right)=\boldsymbol{x}^{\mathrm{T}}\boldsymbol{A}\boldsymbol{x}=\begin{bmatrix}x_1 & x_2\end{bmatrix}\begin{bmatrix}0 & 0\\0 & -1\end{bmatrix}\begin{bmatrix}x_1\\x_2\end{bmatrix}=-x_2^2 \tag{21.40}$$

当$x_2=0$，x_1为任意值时，上式均为0。矩阵$\boldsymbol{A}$的秩为1，$\operatorname{rank}(\boldsymbol{A})=1$。

图21.7所示为半负定矩阵对应的山脊面，发现曲面有无数个极大值。在任意极大值 (山脊) 处放置一个小球，受到扰动后，小球会沿着曲面滚下。然而，沿着山脊方向运动，函数值没有任何变化。

式 (21.40) 的梯度向量为

$$\nabla f\left(\boldsymbol{x}\right)=\begin{bmatrix}\dfrac{\partial f}{\partial x_1}\\\dfrac{\partial f}{\partial x_2}\end{bmatrix}=\begin{bmatrix}0\\-2x_2\end{bmatrix} \tag{21.41}$$

图21.7 (b) 中梯度下降方向平行于纵轴，指向函数值减小方向。

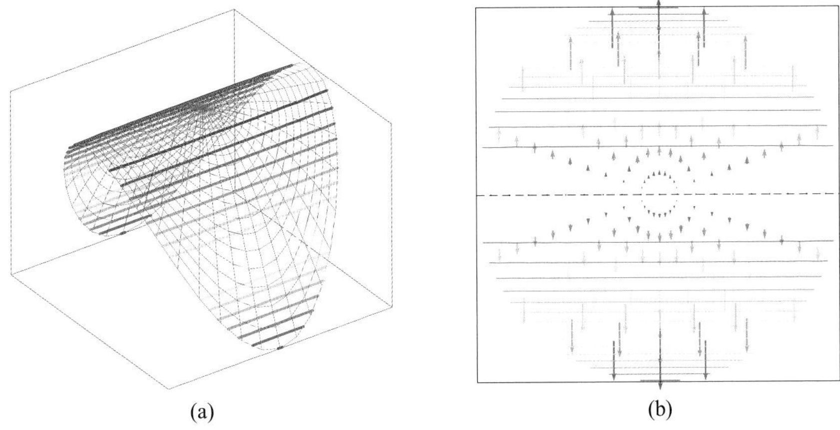

(a) (b)

图21.7　半负定矩阵对应山脊面，箭头指向下山方向

21.7 双曲抛物面：不定

本节最后介绍不定矩阵情况。举个例子，$\boldsymbol{A}$为

$$\boldsymbol{A}=\begin{bmatrix}1 & 0\\ 0 & -1\end{bmatrix} \tag{21.42}$$

构造函数 $y=f(x_1,x_2)$，有

$$y=f\left(x_1,x_2\right)=\boldsymbol{x}^{\mathrm{T}}\boldsymbol{A}\boldsymbol{x}=\begin{bmatrix}x_1 & x_2\end{bmatrix}\begin{bmatrix}1 & 0\\ 0 & -1\end{bmatrix}\begin{bmatrix}x_1\\ x_2\end{bmatrix}=x_1^2-x_2^2 \tag{21.43}$$

求得矩阵$\boldsymbol{A}$对应的特征值为$\lambda_1=-1$和$\lambda_2=1$，对应特征向量为

$$\boldsymbol{v}_1=\begin{bmatrix}0\\ 1\end{bmatrix},\quad \boldsymbol{v}_2=\begin{bmatrix}1\\ 0\end{bmatrix} \tag{21.44}$$

图21.8所示为$y=f(x_1,x_2)$ 对应曲面。

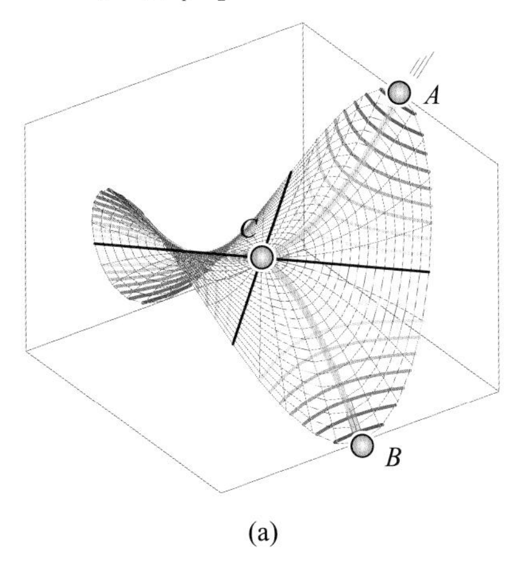

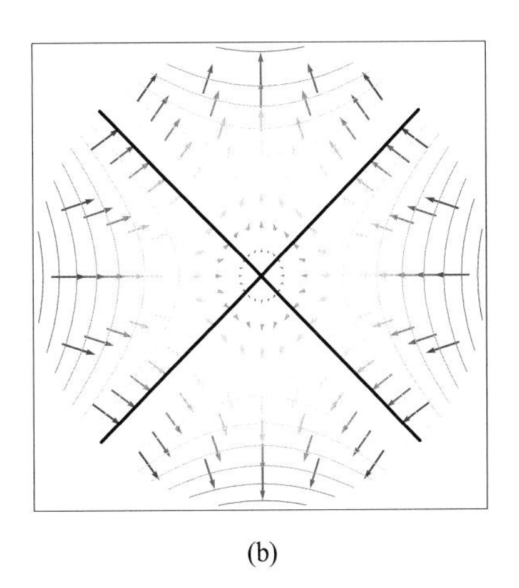

(a) (b)

图21.8　不定矩阵对应曲面，马鞍面，箭头指向下山方向

当$y\neq 0$时，曲面对应等高线为双曲线。当$y=0$时，曲面对应等高线是两条在x_1x_2平面内直线 (见图21.8 (a) 中的黑色直线)，它们是双曲线渐近线。

图21.8告诉我们，在曲面边缘不同位置放置小球会有完全不同的运动方向。在*A*点处松手，小球会向着中心方向滚动，*B*点处松手小球会朝远离中心方向滚动。

$y=f(x_1,x_2)$ 的梯度向量为

$$\nabla f(\boldsymbol{x})=\begin{bmatrix}\dfrac{\partial f}{\partial x_1}\\\dfrac{\partial f}{\partial x_2}\end{bmatrix}=\begin{bmatrix}2x_1\\-2x_2\end{bmatrix} \tag{21.45}$$

图21.8所示马鞍面的中心*C*既不是极小值点，也不是极大值点；图21.8中马鞍面的中心点叫做**鞍点** (saddle point)。另外，沿着图21.8中的黑色轨道运动，小球的高度没有任何变化。

旋转双曲抛物面

图21.8中马鞍面顺时针旋转45°得到图21.9所示的曲面。图21.9所示曲面对应的矩阵$\boldsymbol{A}$为

$$\boldsymbol{A}=\begin{bmatrix}0&-1\\-1&0\end{bmatrix} \tag{21.46}$$

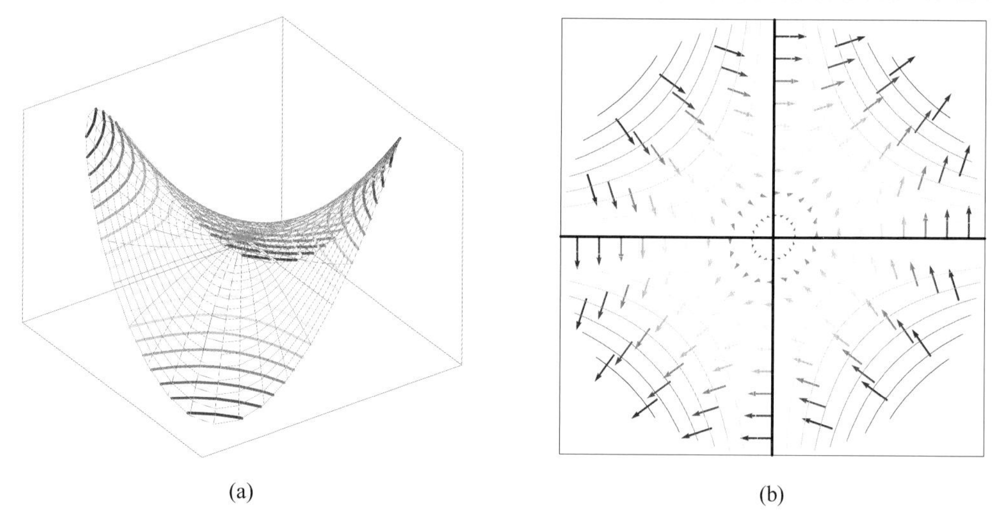

(a) (b)

图21.9 不定矩阵对应曲面，旋转马鞍面，箭头指向下山方向

构造二元函数 $y=f(x_1,x_2)$，有

$$y=f(x_1,x_2)=\boldsymbol{x}^{\mathrm{T}}\boldsymbol{A}\boldsymbol{x}=\begin{bmatrix}x_1&x_2\end{bmatrix}\begin{bmatrix}0&-1\\-1&0\end{bmatrix}\begin{bmatrix}x_1\\x_2\end{bmatrix}=-2x_1x_2 \tag{21.47}$$

在$y=f(x_1,x_2)$ 为非零定值时，式 (21.47) 相当于反比例函数。

式 (21.47) 的梯度向量为

$$\nabla f\left(\boldsymbol{x}\right)=\begin{bmatrix}\dfrac{\partial f}{\partial x_1}\\ \dfrac{\partial f}{\partial x_2}\end{bmatrix}=\begin{bmatrix}-2x_2\\ -2x_1\end{bmatrix} \tag{21.48}$$

请大家自行分析图21.9所示的两幅图。

在Bk4_Ch21_02.py的基础上，我们用Streamlit和Plotly制作了一个App，可以调节参数a、b、c观察图像变化。App还显示了矩阵的特征值分解结果。请参考Streamlit_Bk4_Ch21_02.py。

21.8 多极值曲面：局部正定性

判定二元函数极值点

鸢尾花书在《数学要素》一册中介绍过如何判定二元函数$y = f(x_1, x_2)$ 的极值。对于$y = f(x_1, x_2)$，一阶偏导数 $f_{x_1}(x_1, x_2) = 0$和 $f_{x_2}(x_1, x_2) = 0$同时成立的点 (x_1, x_2) 为二元函数 $f(x_1, x_2)$ 的驻点。如图21.10所示，驻点可以是极大值、极小值或鞍点。

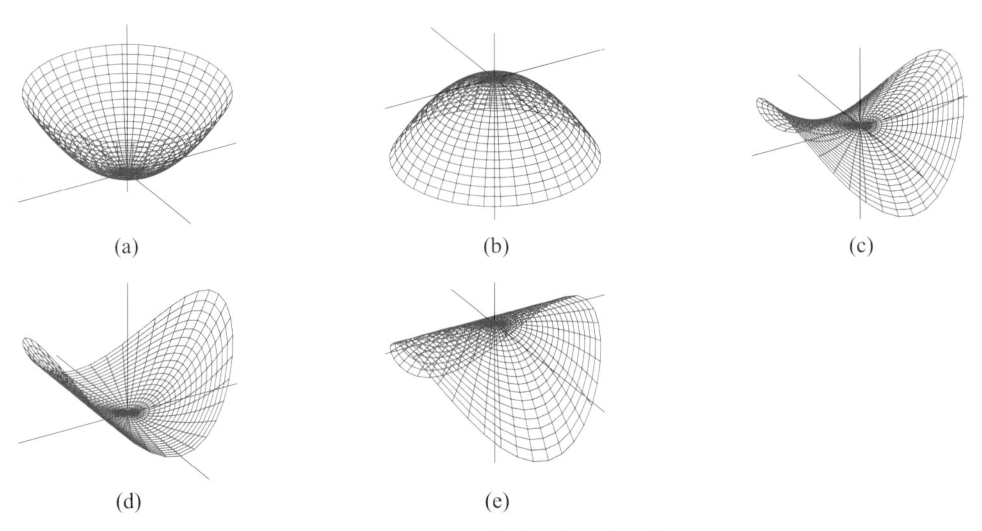

图21.10　二元函数驻点的五种情况

当时，我们介绍过为了进一步判定驻点到底是极大值、极小值或是鞍点，需要知道二元函数$f(x_1, x_2)$ 的二阶偏导。如果$f(x_1, x_2)$ 在 (a, b) 邻域内连续，且$f(x_1, x_2)$ 二阶偏导连续。令

$$A=f_{x_1x_1},\quad B=f_{x_1x_2},\quad C=f_{x_2x_2} \tag{21.49}$$

$f(a, b)$ 是否为极值点可以通过以下条件判断。

a) $AC - B^2 > 0$存在极值，且当$A < 0$时有极大值，$A > 0$时有极小值；
b) $AC - B^2 < 0$没有极值；
c) $AC - B^2 = 0$，可能有极值，也可能没有极值，需要进一步讨论。

当时我们留了一个问题，$AC - B^2$这个表达值的含义到底是什么？本节就来回答这个问题。

式 (21.13) 中函数的**黑塞矩阵** (Hessian matrix) 为

$$\boldsymbol{H} = \frac{\partial^2 \left(\boldsymbol{x}^{\mathrm{T}} \boldsymbol{A} \boldsymbol{x}\right)}{\partial \boldsymbol{x} \partial \boldsymbol{x}^{\mathrm{T}}} = 2\boldsymbol{A} = 2\begin{bmatrix} a & b \\ b & c \end{bmatrix} \tag{21.50}$$

注意：式 (21.50) 中$\boldsymbol{A}$为对称矩阵。

$\boldsymbol{A}$的行列式值为

$$|\boldsymbol{A}| = ac - b^2 \tag{21.51}$$

相信大家已经在上式中看到了和$AC - B^2$一样的形式。

对于二元函数，$\boldsymbol{A}$的形状为2 × 2。$\boldsymbol{A}$为正定或负定时，$\boldsymbol{A}$的两个特征值同号，因此$\boldsymbol{A}$的行列式值都大于0。而a的正负则决定了开口方向，也就是决定了$\boldsymbol{A}$是正定还是负定，因此决定了极大值或极小值。

再进一步，a实际上是$\boldsymbol{A}$的一阶主子式，即矩阵$\boldsymbol{A}$的第一行、第一列元素构成矩阵的行列式值。这实际上引出了判断正定的第三个方法——$\boldsymbol{A}$正定的充分必要条件为$\boldsymbol{A}$的顺序主子式全大于零。

举个例子

继续采用鸢尾花书《数学要素》一册中反复出现的多极值曲面的例子。

图21.11所示为曲面平面等高线。图21.11中，深绿色线代表$f_{x_1}(x_1, x_2) = 0$，深蓝色线代表$f_{x_2}(x_1, x_2) = 0$。两个颜色线交点标记为 ×。也就是说，图中 × 对应的位置为梯度向量为$\boldsymbol{0}$。

观察图21.11中的等高线不难发现，I、II、III点为极大值点，其中I为最大值点；IV、V、VI为极小值点，其中IV为最小值点；VII、VIII、IX是鞍点。

图21.12给出的是二元函数的梯度向量图 (与梯度下降向量方向相反)。极大值点处，梯度向量 (上山方向) 汇聚；极小值点处，梯度向量发散。这一点很好理解，在极大值点附近，朝着极大值走就是上山；相反，在极小值点附近，背离极小值走则对应上山，朝着极小值走则是下山。

而鞍点处，有些梯度向量指向鞍点，有些梯度向量背离鞍点。也就是说，鞍点处，既可以下山，也可以上山。

图21.13所示为二元函数黑塞矩阵行列式值对应的等高线图，阴影圈出来的六个点对应行列式值为正，因此它们是要考察的极值点。图21.13中虚线为行列式值为0对应的位置。

根据图21.14所示一阶主子式对应的等高线，通过一阶主子式值的正负，即$f_{x_1x_1}$的正负，可以进一步判定极值点为极大值或极小值点，最终得出的结论与图21.11一致。

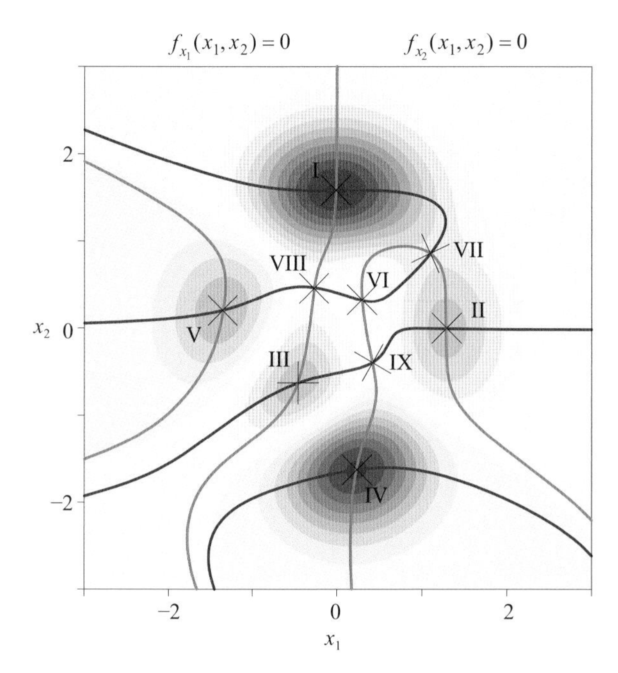

图21.11 $f_{x_1}(x_1, x_2) = 0$和$f_{x_2}(x_1, x_2) = 0$同时投影在$f(x_1, x_2)$ 曲面填充等高线 (来自鸢尾花书《数学要素》一册)

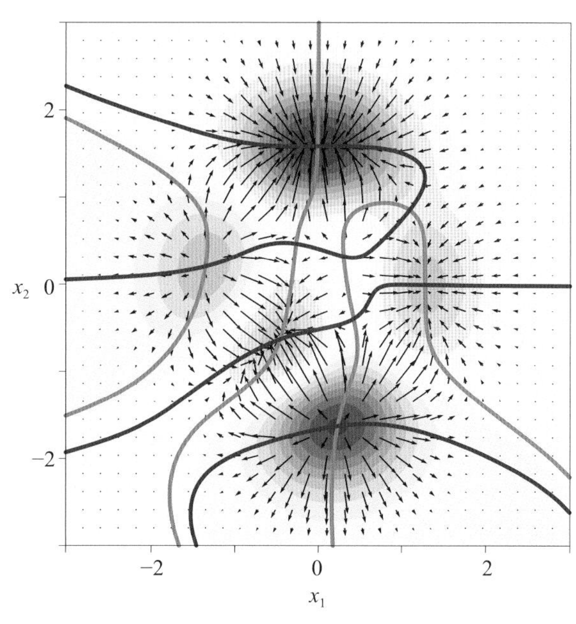

图21.12 $f(x_1, x_2)$ 梯度向量图，箭头指向上山方向，即梯度向量方向

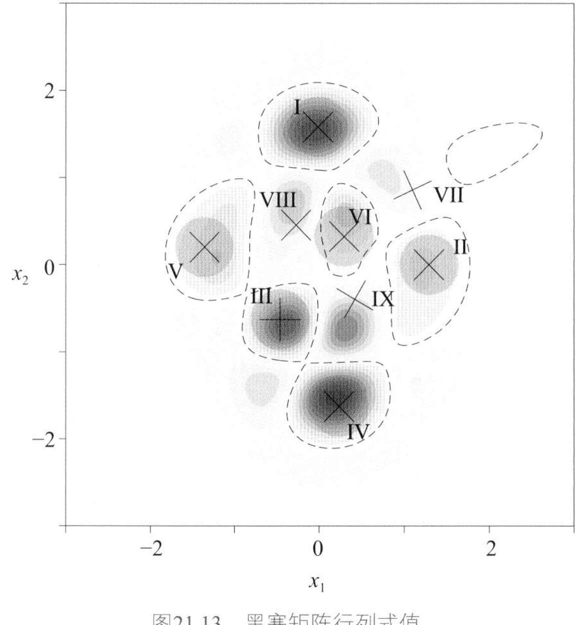

图21.13 黑塞矩阵行列式值

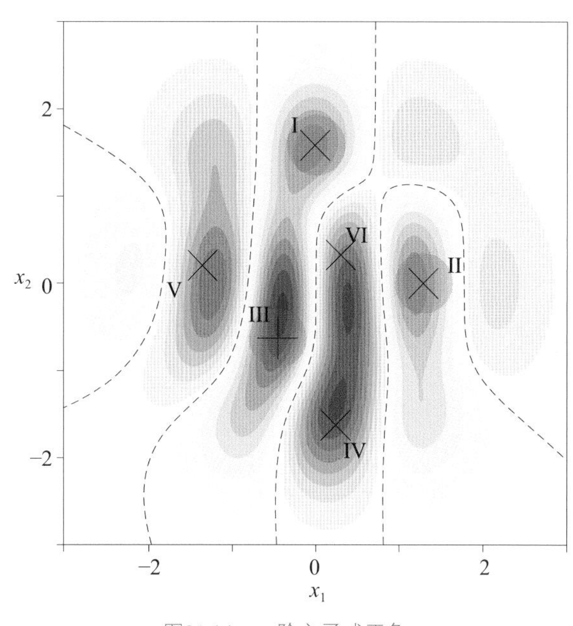

图21.14 一阶主子式正负

更一般情况

对于多元函数$f(\boldsymbol{x})$，利用本书第17章介绍的二次逼近$f(\boldsymbol{x})$ 可以写成

$$
\begin{aligned}
f(\boldsymbol{x}) &\approx f(\boldsymbol{x}_P)+\nabla f(\boldsymbol{x}_P)^{\mathrm{T}}\left(\boldsymbol{x}-\boldsymbol{x}_P\right)+\frac{1}{2}\left(\boldsymbol{x}-\boldsymbol{x}_P\right)^{\mathrm{T}}\nabla^2 f(\boldsymbol{x}_P)\left(\boldsymbol{x}-\boldsymbol{x}_P\right)\\
&= f(\boldsymbol{x}_P)+\nabla f(\boldsymbol{x}_P)^{\mathrm{T}}\Delta\boldsymbol{x}+\frac{1}{2}\Delta\boldsymbol{x}^{\mathrm{T}}\nabla^2 f(\boldsymbol{x}_P)\Delta\boldsymbol{x}\\
&= f(\boldsymbol{x}_P)+\nabla f(\boldsymbol{x}_P)^{\mathrm{T}}\Delta\boldsymbol{x}+\frac{1}{2}\Delta\boldsymbol{x}^{\mathrm{T}}\boldsymbol{H}\Delta\boldsymbol{x}
\end{aligned}
\tag{21.52}
$$

其中：$\boldsymbol{x}_P$为展开点。

假设$\boldsymbol{x}_P$处存在梯度向量，且梯度向量为$\boldsymbol{0}$。

当$\boldsymbol{x}\to\boldsymbol{x}_P$时，$\nabla f(\boldsymbol{x}_P)^{\mathrm{T}}\Delta\boldsymbol{x}\to 0$。但是如果在$\boldsymbol{x}_P$点处黑塞矩阵$\boldsymbol{H}$为正定，则$\frac{1}{2}\Delta\boldsymbol{x}^{\mathrm{T}}\boldsymbol{H}\Delta\boldsymbol{x}$为正。这意味着

$$
f(\boldsymbol{x}_P)+\underbrace{\nabla f(\boldsymbol{x}_P)^{\mathrm{T}}\Delta\boldsymbol{x}}_{\to 0}+\underbrace{\frac{1}{2}\Delta\boldsymbol{x}^{\mathrm{T}}\boldsymbol{H}\Delta\boldsymbol{x}}_{+}>f(\boldsymbol{x}_P)
\tag{21.53}
$$

这种情况称$\boldsymbol{x}_P$局部正定，对应的$\boldsymbol{x}_P$为极小值点。这个判断也适用于半正定情况，不过注意要将上式的$>$改为$\geqslant$。

同理，如果在$\boldsymbol{x}_P$点处黑塞矩阵$\boldsymbol{H}$为负定，则$\frac{1}{2}\Delta\boldsymbol{x}^{\mathrm{T}}\boldsymbol{H}\Delta\boldsymbol{x}$为负，因此

$$
f(\boldsymbol{x})=f(\boldsymbol{x}_P)+\underbrace{\nabla f(\boldsymbol{x}_P)^{\mathrm{T}}\Delta\boldsymbol{x}}_{\to 0}+\underbrace{\frac{1}{2}\Delta\boldsymbol{x}^{\mathrm{T}}\boldsymbol{H}\Delta\boldsymbol{x}}_{-}<f(\boldsymbol{x}_P)
\tag{21.54}
$$

我们称$\boldsymbol{x}_P$局部负定，对应的$\boldsymbol{x}_P$为极大值点。这个判断也适用于半负定情况，同样要将上式的$<$改为$\leqslant$。

我们用Streamlit和Plotly制作了一个App可视化多极值曲面。这个App采用三种可视化方案：① 3D曲面；② 平面等高线 + 箭头图；③ 平面等高线 + 水流图。水流图相当于将梯度向量连起来，形似水流。注意，水流图中，水流汇聚点为极大值。大家思考应该如何修改代码，让水流汇聚点为极小值点。请参考Streamlit_Bk4_Ch21_03.py。

本章把曲面、梯度向量、正定性、极值这几个重要的概念有机地联系起来。本章给出的各种例子告诉我们几何视角是学习线性代数的捷径。

请大家再次回顾图21.15给出的五种情况，并将正定性、极值 (最值) 对号入座。相信大家学完本章之后，会觉得正定性变得极其容易理解。

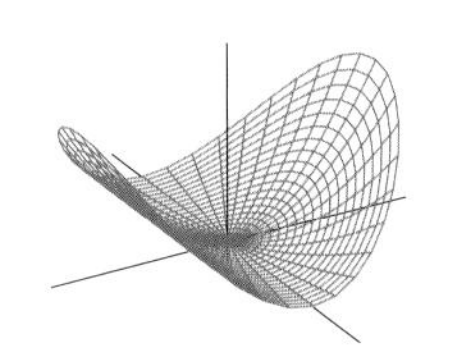
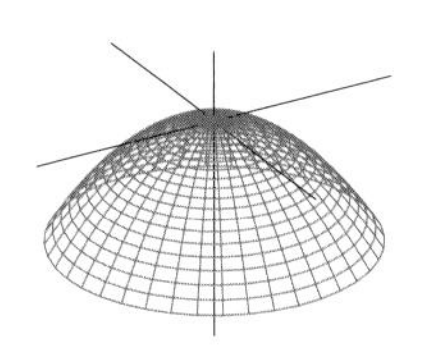
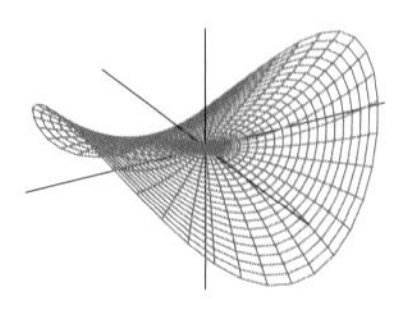
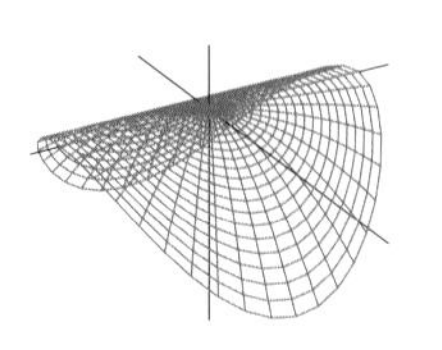
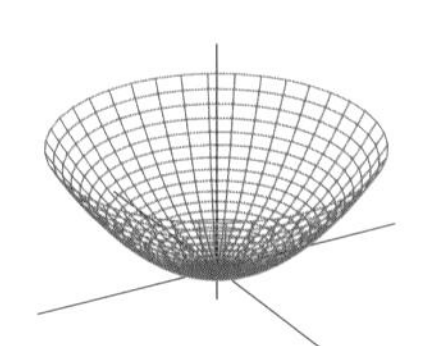

图21.15　总结本章重要内容的五幅图

Section 07 数据

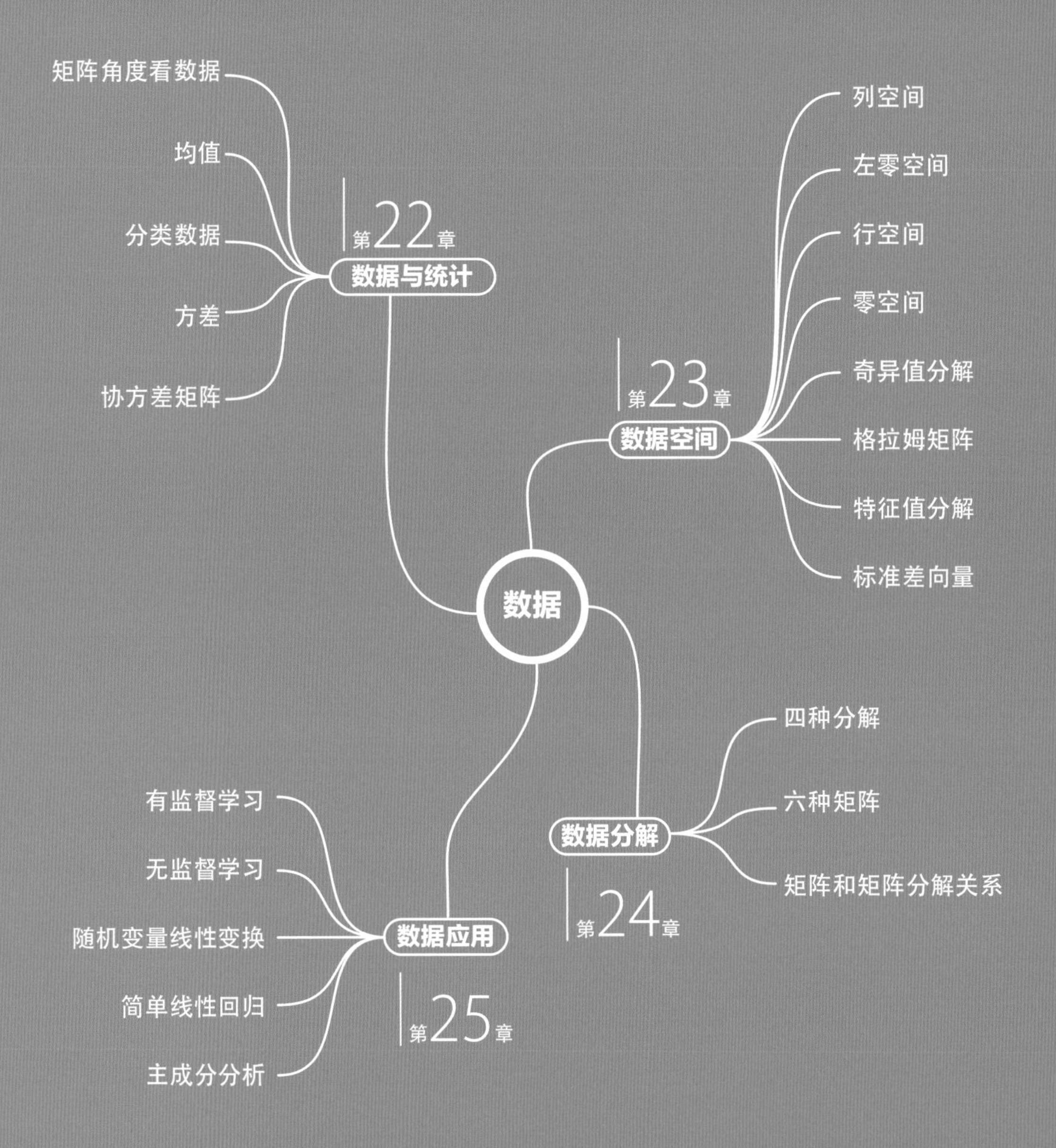

矩阵角度看数据
均值
分类数据
方差
协方差矩阵
第22章
数据与统计
列空间
左零空间
行空间
零空间
奇异值分解
格拉姆矩阵
特征值分解
标准差向量
第23章
数据空间
数据
四种分解
六种矩阵
矩阵和矩阵分解关系
数据分解
第24章
有监督学习
无监督学习
随机变量线性变换
简单线性回归
主成分分析
数据应用
第25章

学习地图 | 第7版块

22 Statistics Meets Linear Algebra 数据与统计

有数据的地方，必有矩阵，亦必有统计

毫无争议的是，人类无法准确地判断事物的真伪，我们能做就是遵循更大的可能性。

It is truth very certain that, when it is not in one's power to determine what is true, we ought to follow what is more probable.

—— 勒内・笛卡儿 (René Descartes) | 法国哲学家、数学家、物理学家 | 1596 — 1650

- ◀ `numpy.linalg.norm()` 计算范数
- ◀ `numpy.ones()` 创建全 1 向量或全 1 矩阵
- ◀ `seaborn.heatmap()` 绘制热图
- ◀ `seaborn.kdeplot()` 绘制核密度估计曲线

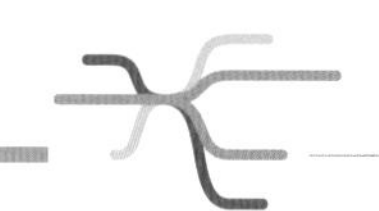

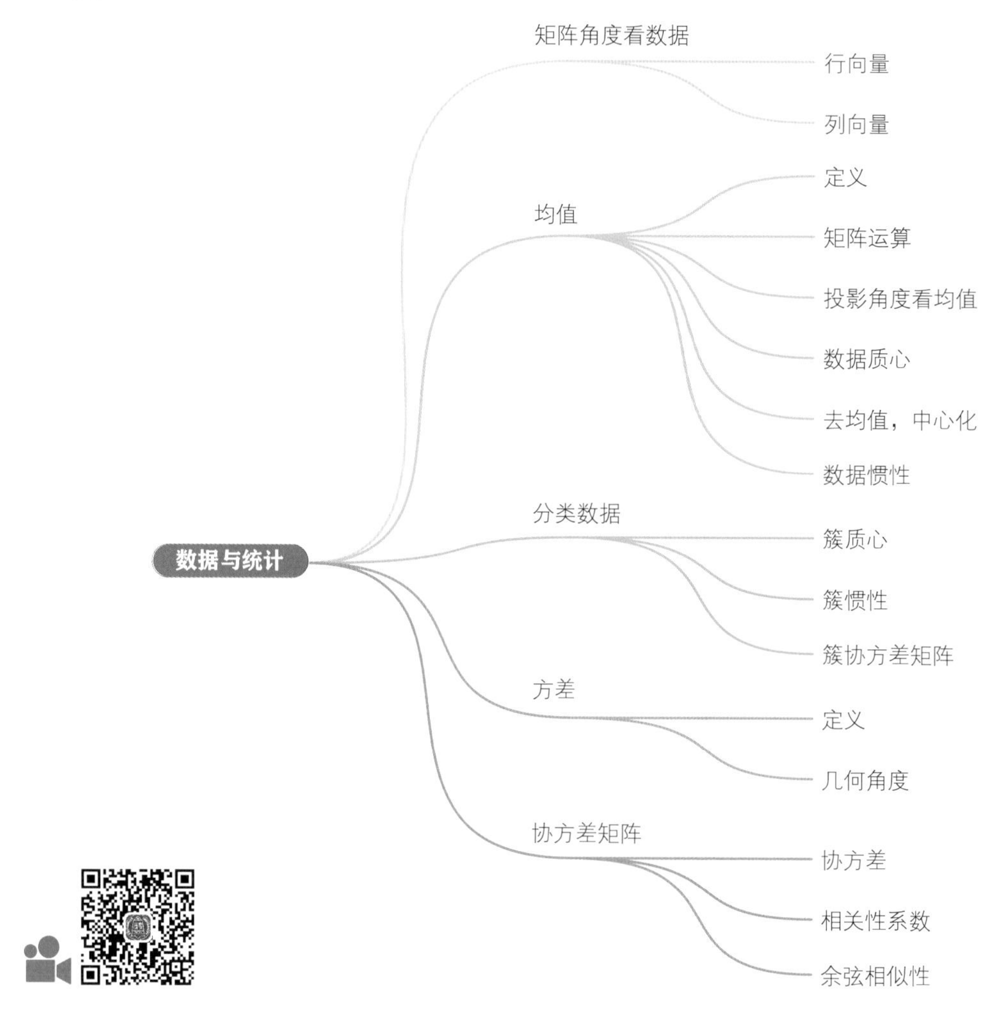

22.1 统计 + 线性代数：以鸢尾花数据为例

本章大部分内容以鸢尾花数据为例，从线性代数运算视角讲解均值、方差、协方差、相关性系数、协方差矩阵、相关性系数矩阵等统计相关知识点。

鸢尾花数据集

回顾鸢尾花数据集，不考虑鸢尾花品种，数据矩阵$\boldsymbol{X}$的形状为150 × 4，即150行、4列。

鸢尾花数据集共有四个特征——花萼长度、花萼宽度、花瓣长度和花瓣宽度。这些特征依次对应$\boldsymbol{X}$的四列。图22.1所示为用热图可视化鸢尾花数据集。数据的每一行代表一朵花，每一列代表一个特征上的所有数据。

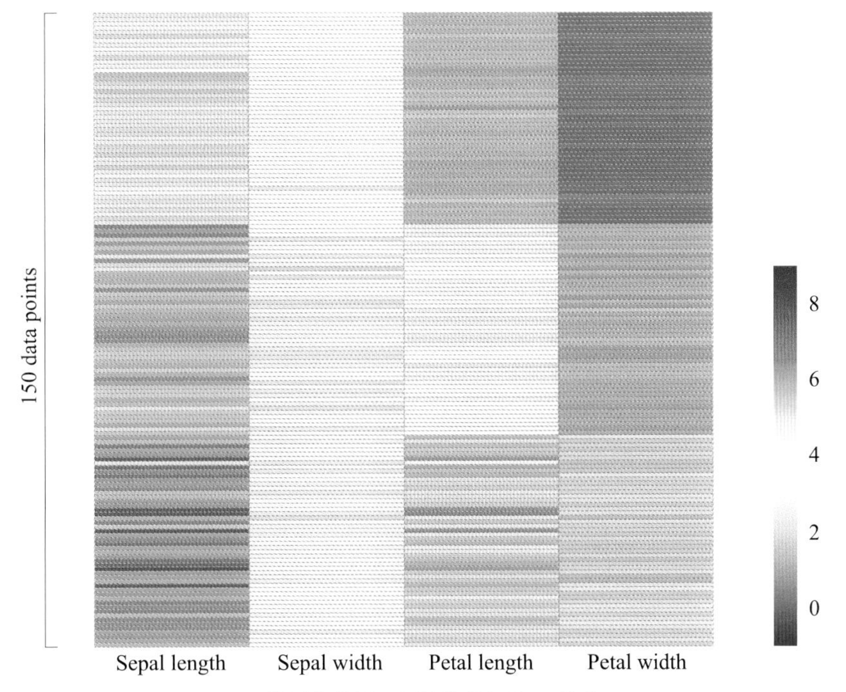

图22.1　鸢尾花数据，原始数据矩阵$\boldsymbol{X}$(单位：cm)

Bk4_Ch22_01.py中Bk4_Ch22_01_A部分绘制图22.1。

22.2 均值：线性代数视角

从样本数据矩阵$\boldsymbol{X}$中，取出任意一列列向量$\boldsymbol{x}_j$。$\boldsymbol{x}_j$代表着第j特征的所有样本数据构成的列向量，即

$$\boldsymbol{x}_j = \begin{bmatrix} x_{1,j} \\ x_{2,j} \\ \vdots \\ x_{n,j} \end{bmatrix} \tag{22.1}$$

列向量$\boldsymbol{x}_j$对应随机变量X_j。

通过样本数据估算随机变量X_j的期望值 (均值) $\mathrm{E}(X_j)$，有

$$\mathrm{E}\left(X_j\right) = \mu_j = \frac{x_{1,j} + x_{2,j} + \cdots + x_{n,j}}{n} = \frac{1}{n}\sum_{i=1}^{n} x_{i,j} \tag{22.2}$$

注意：式 (22.2) 中$1/n$为权重。计算均值时，式 (22.2) 中每个数据点为等概率。我们以后还会遇到加权平均值 (weighted average)，也就是说计算均值时不同的数据点权重不同的情况。

本书中，$\mathrm{E}(X_j)$ 等价于$\mathrm{E}(\boldsymbol{x}_j)$。$\mathrm{E}(\boldsymbol{x}_j)$ 对应的线性代数运算为

$$\mathrm{E}\left(\boldsymbol{x}_j\right)=\mathrm{E}\left(X_j\right)=\mu_j=\frac{\boldsymbol{x}_j^{\mathrm{T}}\boldsymbol{1}}{n}=\frac{\boldsymbol{1}^{\mathrm{T}}\boldsymbol{x}_j}{n}=\frac{\boldsymbol{x}_j\cdot\boldsymbol{1}}{n}=\frac{\boldsymbol{1}\cdot\boldsymbol{x}_j}{n}=\frac{1}{n}\sum_{i=1}^{n}x_{i,j} \tag{22.3}$$

其中：$\boldsymbol{1}$为全1列向量，行数与$\boldsymbol{x}_j$一致。

式 (22.3) 左乘n可以得到等式

$$n\mu_j=n\mathrm{E}\left(\boldsymbol{x}_j\right)=\boldsymbol{x}_j^{\mathrm{T}}\boldsymbol{1}=\boldsymbol{1}^{\mathrm{T}}\boldsymbol{x}_j=\boldsymbol{x}_j\cdot\boldsymbol{1}=\boldsymbol{1}\cdot\boldsymbol{x}_j \tag{22.4}$$

图22.2所示为计算$\mathrm{E}(\boldsymbol{x}_j)$ 对应的矩阵运算示意图。

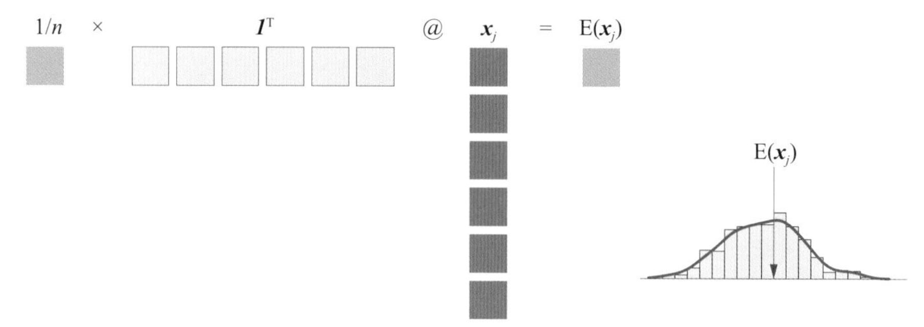

图22.2　计算$\boldsymbol{x}_j$期望值/均值

利用矩阵运算分别得到鸢尾花的四个特征的期望值为

$$\begin{cases}\mathrm{E}\left(\boldsymbol{x}_1\right)=\mu_1=\underbrace{5.843}_{\text{Sepal length}}\\ \mathrm{E}\left(\boldsymbol{x}_2\right)=\mu_2=\underbrace{3.057}_{\text{Sepal width}}\\ \mathrm{E}\left(\boldsymbol{x}_3\right)=\mu_3=\underbrace{3.758}_{\text{Petal length}}\\ \mathrm{E}\left(\boldsymbol{x}_4\right)=\mu_4=\underbrace{1.199}_{\text{Petal width}}\end{cases} \tag{22.5}$$

向量视角

下面我们聊一聊解释$\mathrm{E}(\boldsymbol{x}_j)$ 的有趣角度——投影。

如图22.3所示，$\mathrm{E}(\boldsymbol{x}_j)$ 是一个标量，而向量$\mathrm{E}(\boldsymbol{x}_j)\boldsymbol{1}$相当于向量$\boldsymbol{x}_j$在$\boldsymbol{1}$方向上投影的向量投影结果，即

$$\mathrm{E}\left(\boldsymbol{x}_j\right)\boldsymbol{1}=\mathrm{proj}_{\boldsymbol{1}}\left(\boldsymbol{x}_j\right)=\frac{\boldsymbol{x}_j^{\mathrm{T}}\boldsymbol{1}}{\boldsymbol{1}^{\mathrm{T}}\boldsymbol{1}}\boldsymbol{1}=\frac{\boldsymbol{x}_j^{\mathrm{T}}\boldsymbol{1}}{n}\boldsymbol{1} \tag{22.6}$$

再次注意：$\mathrm{E}(\boldsymbol{x}_j)$ 为标量；$\mathrm{E}(\boldsymbol{x}_j)\boldsymbol{1}$为向量，与$\boldsymbol{1}$平行。

图22.3中，$\boldsymbol{1}$方向上解释了$\boldsymbol{x}_j$中$\mathrm{E}(\boldsymbol{x}_j)\boldsymbol{1}$这部分分量，没有被解释的向量分量为

$$\boldsymbol{x}_j-\mathrm{proj}_{\boldsymbol{1}}\left(\boldsymbol{x}_j\right)=\boldsymbol{x}_j-\mathrm{E}\left(\boldsymbol{x}_j\right)\boldsymbol{1} \tag{22.7}$$

式 (22.7) 这部分垂直于$\boldsymbol{1}$，也就是说

$$\boldsymbol{1}^{\mathrm{T}}\left(\boldsymbol{x}_j-\operatorname{proj}_{\boldsymbol{1}}\left(\boldsymbol{x}_j\right)\right)=\boldsymbol{1}^{\mathrm{T}}\left(\boldsymbol{x}_j-\frac{\overbrace{\boldsymbol{x}_j^{\mathrm{T}}\boldsymbol{1}}^{\text{Scalar}}}{n}\boldsymbol{1}\right)=\boldsymbol{1}^{\mathrm{T}}\boldsymbol{x}_j-\frac{\boldsymbol{x}_j^{\mathrm{T}}\boldsymbol{1}}{n}\underbrace{\boldsymbol{1}^{\mathrm{T}}\boldsymbol{1}}_{n}=\boldsymbol{1}^{\mathrm{T}}\boldsymbol{x}_j-\boldsymbol{x}_j^{\mathrm{T}}\boldsymbol{1}=0 \tag{22.8}$$

注意：式 (22.8) 中$\boldsymbol{x}_j^{\mathrm{T}}\boldsymbol{1}$为标量，因此$\boldsymbol{1}^{\mathrm{T}}\left(\boldsymbol{x}_j^{\mathrm{T}}\boldsymbol{1}\right)\boldsymbol{1}=\left(\boldsymbol{x}_j^{\mathrm{T}}\boldsymbol{1}\right)\boldsymbol{1}^{\mathrm{T}}\boldsymbol{1}$。均值作为一个统计量，它能解释列向量$\boldsymbol{x}_j$的 一部分特征。$\boldsymbol{x}_j-\mathrm{E}(\boldsymbol{x}_j)\boldsymbol{1}$将在标准差 (方差平方根) 中加以解释。

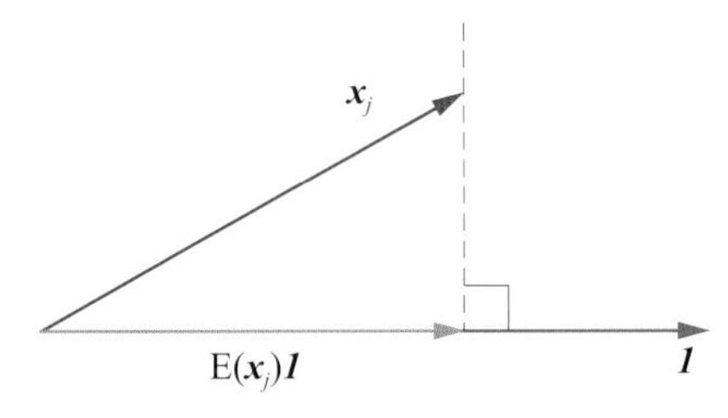

图22.3　投影角度看期望值

两个极端例子

如果$\boldsymbol{x}_j$所有元素均相同，如全部为k，那么$\boldsymbol{x}_j$可以写成

$$\boldsymbol{x}_j=\begin{bmatrix}k\\k\\\vdots\\k\end{bmatrix}=k\begin{bmatrix}1\\1\\\vdots\\1\end{bmatrix}=k\boldsymbol{1} \tag{22.9}$$

这种情况下，$\boldsymbol{x}_j$与$\boldsymbol{1}$共线。

再举个相反的例子，如果$\boldsymbol{x}_j$与$\boldsymbol{1}$垂直，即有

$$\boldsymbol{1}^{\mathrm{T}}\boldsymbol{x}_j=0 \tag{22.10}$$

也就是意味着$\mathrm{E}(\boldsymbol{x}_j)=0$。也就是说，$\boldsymbol{x}_j$在$\boldsymbol{1}$方向的标量投影为0。

对于最小二乘法线性回归，$\boldsymbol{x}_j-\mathrm{E}(\boldsymbol{x}_j)\boldsymbol{1}$垂直于$\boldsymbol{1}$这一结论格外重要。鸢尾花书《数据有道》一册将深入讨论如何用向量视角解释最小二乘法线性回归。

22.3 质心：均值排列成向量

上一节，我们探讨了一个特征的均值，本节将要介绍数据矩阵$\boldsymbol{X}$的每列特征均值构成的向量，我们管这个向量叫做数据的**质心** (centroid)。图22.4所示为平面上数据$\boldsymbol{X}$的质心位置。

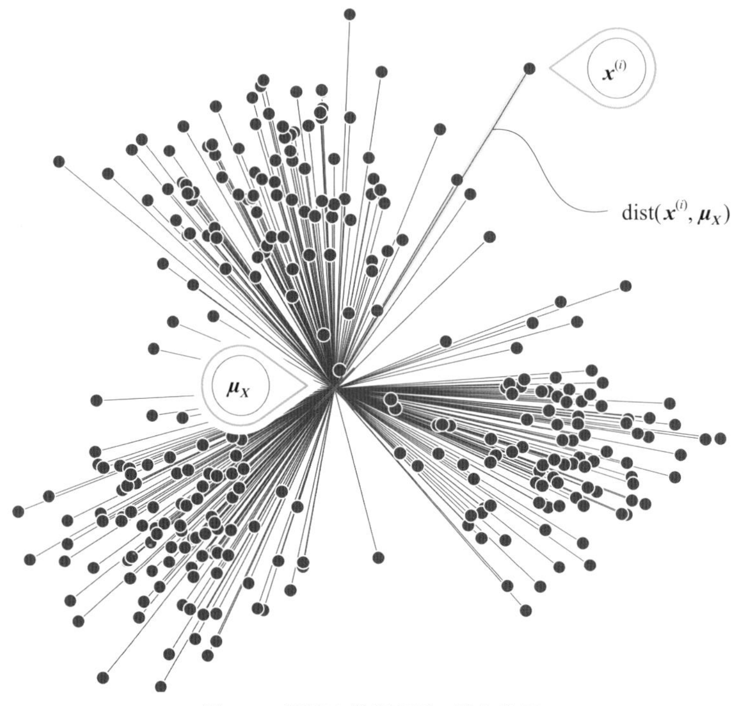

图22.4　平面上数据矩阵$\boldsymbol{X}$质心位置

列向量

$\boldsymbol{X}$样本数据的质心$\boldsymbol{\mu}_X$定义为

$$\boldsymbol{\mu}_X = \begin{bmatrix} \mu_1 \\ \mu_2 \\ \vdots \\ \mu_D \end{bmatrix} = \begin{bmatrix} \mathrm{E}(\boldsymbol{x}_1) \\ \mathrm{E}(\boldsymbol{x}_2) \\ \vdots \\ \mathrm{E}(\boldsymbol{x}_D) \end{bmatrix} \tag{22.11}$$

注意：为了方便运算，$\boldsymbol{\mu}_X$被定义为列向量。

比如，在多元高斯分布中，我们会用到列向量$\boldsymbol{\mu}_X$。比如，多元高斯分布的概率密度函数为

$$f_X(\boldsymbol{x}) = \frac{\exp\left(-\frac{1}{2}(\boldsymbol{x}-\boldsymbol{\mu}_X)^{\mathrm{T}} \boldsymbol{\Sigma}^{-1} (\boldsymbol{x}-\boldsymbol{\mu}_X)\right)}{(2\pi)^{\frac{D}{2}} |\boldsymbol{\Sigma}|^{\frac{1}{2}}} \tag{22.12}$$

式 (22.12) 中，从几何角度来看，$\boldsymbol{x}-\boldsymbol{\mu}_X$相当于“平移”，$\boldsymbol{\Sigma}^{-1}$则提供了“缩放 + 旋转”。对这部分内容感到生疏的读者，请回顾本书第20章相关内容。

前文介绍过，$\boldsymbol{\mu}_X$可以通过矩阵运算获得，即

$$\boldsymbol{\mu}_X = \begin{bmatrix} \mu_1 \\ \mu_2 \\ \vdots \\ \mu_D \end{bmatrix} = \frac{(\boldsymbol{1}^{\mathrm{T}}\boldsymbol{X})^{\mathrm{T}}}{n} = \frac{\boldsymbol{X}^{\mathrm{T}}\boldsymbol{1}}{n} \tag{22.13}$$

其中：样本数据矩阵$\boldsymbol{X}$为n行、D列矩阵，即有n个样本，D个特征。

整理式 (22.13) 得到两个等式

$$\begin{cases} \boldsymbol{X}^{\mathrm{T}} \boldsymbol{1} = n\boldsymbol{\mu}_X \\ \boldsymbol{1}^{\mathrm{T}} \boldsymbol{X} = n\left(\boldsymbol{\mu}_X\right)^{\mathrm{T}} \end{cases} \tag{22.14}$$

举个例子，鸢尾花数据质心位置为

$$\boldsymbol{\mu}_X = \begin{bmatrix} 5.843 \\ 3.057 \\ 3.758 \\ 1.199 \end{bmatrix} \tag{22.15}$$

本书第5章介绍过上述内容。

行向量

为了区分，丛书特别定义 $\mathrm{E}(\boldsymbol{X})$ 为行向量，即

$$\begin{aligned} \mathrm{E}(\boldsymbol{X}) &= \left[\mathrm{E}(\boldsymbol{x}_1) \quad \mathrm{E}(\boldsymbol{x}_2) \quad \cdots \quad \mathrm{E}(\boldsymbol{x}_D)\right] \\ &= \left[\mu_1 \quad \mu_2 \quad \cdots \quad \mu_D\right] \\ &= \left(\boldsymbol{\mu}_X\right)^{\mathrm{T}} = \frac{\boldsymbol{1}^{\mathrm{T}} \boldsymbol{X}}{n} \end{aligned} \tag{22.16}$$

整理式 (22.16)，可以得到

$$\boldsymbol{1}^{\mathrm{T}} \boldsymbol{X} = n\mathrm{E}(\boldsymbol{X}) \tag{22.17}$$

图22.5所示为计算质心的示意图，以及$\mathrm{E}(\boldsymbol{X})$和$\boldsymbol{\mu}_X$之间的关系。

$\mathrm{E}(\boldsymbol{X})$ 一般用在与数据矩阵$\boldsymbol{X}$相关的计算中，如中心化 (去均值) $\boldsymbol{X} - \mathrm{E}(\boldsymbol{X})$。$\boldsymbol{X} - \mathrm{E}(\boldsymbol{X})$ 用到了本书第4章介绍的“广播原则”。

注意：鸢尾花书中，$\mathrm{E}(\chi)$ 仍然为列向量。χ代表X_1、X_2、⋯ 等随机变量构成的列向量。E(●) 为求期望值运算符，作用于列向量χ，结果还是列向量。而$\boldsymbol{X}$的每一列代表一个随机变量，E(●) 作用于数据矩阵$\boldsymbol{X}$时，$\mathrm{E}(\boldsymbol{X})$ 为行向量。

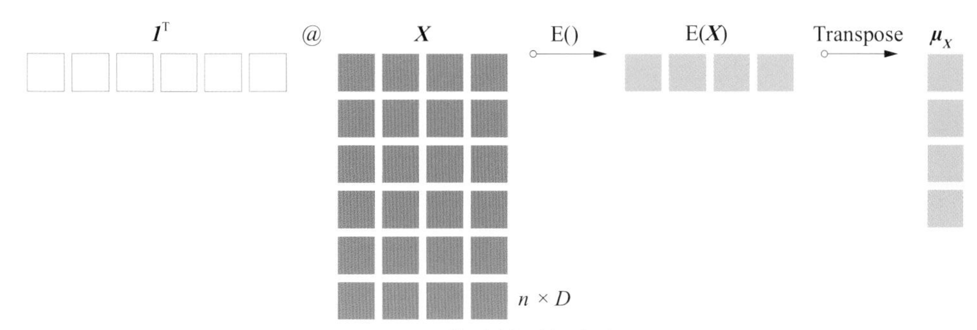

图22.5　计算$\boldsymbol{X}$样本数据的质心$\boldsymbol{\mu}_X$

22.4 中心化：平移

中心化、去均值

数据矩阵$\boldsymbol{X}$中第j列特征数据$\boldsymbol{x}_j$减去其均值μ_j，对应的矩阵运算为

$$\boldsymbol{x}_j - \boldsymbol{1}\mu_j = \boldsymbol{x}_j - \frac{1}{n}\boldsymbol{1}\boldsymbol{1}^{\mathrm{T}}\boldsymbol{x}_j = \underbrace{\left(\boldsymbol{I} - \frac{1}{n}\boldsymbol{1}\boldsymbol{1}^{\mathrm{T}}\right)}_{\boldsymbol{M}}\boldsymbol{x}_j \tag{22.18}$$

上式没有使用“广播原则”。其中：$\boldsymbol{1}\boldsymbol{1}^{\mathrm{T}}$为全1列向量与其转置的乘积，结果为方阵。

而数据矩阵$\boldsymbol{X}$中每一列数据$\boldsymbol{x}_j$分别减去对应本列均值μ_j得到$\boldsymbol{X}_c$，对应矩阵运算为

$$\boldsymbol{X}_c = \boldsymbol{X} - \boldsymbol{1}\left(\frac{\boldsymbol{X}^{\mathrm{T}}\boldsymbol{1}}{n}\right)^{\mathrm{T}} = \boldsymbol{X} - \frac{1}{n}\boldsymbol{1}\boldsymbol{1}^{\mathrm{T}}\boldsymbol{X} = \underbrace{\left(\boldsymbol{I} - \frac{1}{n}\boldsymbol{1}\boldsymbol{1}^{\mathrm{T}}\right)}_{\boldsymbol{M}}\boldsymbol{X} \tag{22.19}$$

我们管这个运算叫做数据**中心化** (centralize)，也叫**去均值** (demean)。

令

$$\boldsymbol{M} = \boldsymbol{I} - \frac{1}{n}\boldsymbol{1}\boldsymbol{1}^{\mathrm{T}} \tag{22.20}$$

本章后文称$\boldsymbol{M}$为中心化矩阵，或去均值矩阵。

为了方便，我们一般利用广播原则来中心化$\boldsymbol{X}$，即$\boldsymbol{X}$减去行向量$\mathrm{E}(\boldsymbol{X})$ 得到$\boldsymbol{X}_c$，有

$$\boldsymbol{X}_c = \boldsymbol{X} - \mathrm{E}(\boldsymbol{X}) \tag{22.21}$$

中心化后，数据$\boldsymbol{X}_c$的质心位于原点$\boldsymbol{0}$。

中心化矩阵

我们在式 (22.18) 和式 (22.19) 都看到了中心化矩阵$\boldsymbol{M}$，下面我们简单分析一下这个特殊矩阵。

将$\boldsymbol{M}$展开得到

$$\boldsymbol{M} = \boldsymbol{I} - \frac{1}{n}\boldsymbol{1}\boldsymbol{1}^{\mathrm{T}} = \begin{bmatrix} 1 & & & \\ & 1 & & \\ & & \ddots & \\ & & & 1 \end{bmatrix} - \begin{bmatrix} 1/n & 1/n & \cdots & 1/n \\ 1/n & 1/n & \cdots & 1/n \\ \vdots & \vdots & \ddots & \vdots \\ 1/n & 1/n & \cdots & 1/n \end{bmatrix} = \begin{bmatrix} 1-1/n & -1/n & \cdots & -1/n \\ -1/n & 1-1/n & \cdots & -1/n \\ \vdots & \vdots & \ddots & \vdots \\ -1/n & -1/n & \cdots & 1-1/n \end{bmatrix} \tag{22.22}$$

矩阵$\boldsymbol{M}$为对称矩阵，$\boldsymbol{M}$的主对角线元素为$1 - 1/n$，剩余元素为$-1/n$。

矩阵$\boldsymbol{M}$为幂等矩阵，即满足

$$\boldsymbol{M}\boldsymbol{M} = \boldsymbol{M} \tag{22.23}$$

将式 (22.20) 代入式 (22.23)，展开整理得

$$
\begin{aligned}
\boldsymbol{MM} &= \left(\boldsymbol{I}-\frac{1}{n}\boldsymbol{1}\boldsymbol{1}^{\mathrm{T}}\right)\left(\boldsymbol{I}-\frac{1}{n}\boldsymbol{1}\boldsymbol{1}^{\mathrm{T}}\right) = \boldsymbol{II}-\frac{1}{n}\boldsymbol{1}\boldsymbol{1}^{\mathrm{T}}\boldsymbol{I}-\boldsymbol{I}\frac{1}{n}\boldsymbol{1}\boldsymbol{1}^{\mathrm{T}}+\frac{1}{n}\boldsymbol{1}\boldsymbol{1}^{\mathrm{T}}\frac{1}{n}\boldsymbol{1}\boldsymbol{1}^{\mathrm{T}} \\
&= \boldsymbol{I}-\frac{2}{n}\boldsymbol{1}\boldsymbol{1}^{\mathrm{T}}+\frac{1}{n}\boldsymbol{1}\boldsymbol{1}^{\mathrm{T}} = \boldsymbol{I}-\frac{1}{n}\boldsymbol{1}\boldsymbol{1}^{\mathrm{T}} = \boldsymbol{M}
\end{aligned}
\tag{22.24}
$$

我们在后文还会用到$\boldsymbol{M}$这个中心化矩阵。

式 (22.24) 中所有全1列向量$\boldsymbol{1}$等长，形状均为$n \times 1$。因此$\boldsymbol{1}\boldsymbol{1}^{\mathrm{T}}$的结果为$n \times n$方阵，矩阵中每个元素都是1。而$\boldsymbol{1}^{\mathrm{T}}\boldsymbol{1}$结果为标量$n$。我们也会在很多运算中看到$\boldsymbol{1}\boldsymbol{1}^{\mathrm{T}}$中两个$\boldsymbol{1}$长度不同。此时，$\boldsymbol{1}\boldsymbol{1}^{\mathrm{T}}$的结果为长方阵。此外，式 (22.24) 中两个单位矩阵$\boldsymbol{I}$也都是$n \times n$方阵。大家遇到单位矩阵时要注意其形状，如$\boldsymbol{I}\boldsymbol{A}_{m\times n}\boldsymbol{I} = \boldsymbol{A}_{m\times n}$这个等式左右的单位矩阵形状明显不同，左边$\boldsymbol{I}$形状为$m \times m$，右边$\boldsymbol{I}$形状为$n \times n$。

标准化：平移 + 缩放

在中心化的基础上，我们可以进一步对$\boldsymbol{X}_c$进行**标准化** (standardization或z-score normalization)。计算过程为：对原始数据先去均值，然后每一列再除以对应标准差。对应的矩阵运算为

$$
\boldsymbol{Z}_X = \boldsymbol{X}_c\boldsymbol{S}^{-1} = \left(\boldsymbol{X}-\mathrm{E}\left(\boldsymbol{X}\right)\right)\boldsymbol{S}^{-1} \tag{22.25}
$$

其中，缩放矩阵$\boldsymbol{S}$为

$$
\boldsymbol{S} = \mathrm{diag}\left(\mathrm{diag}\left(\boldsymbol{\Sigma}\right)\right)^{\frac{1}{2}} = \begin{bmatrix} \sigma_1 & 0 & \cdots & 0 \\ 0 & \sigma_2 & \cdots & 0 \\ \vdots & \vdots & \ddots & \vdots \\ 0 & 0 & \cdots & \sigma_D \end{bmatrix} \tag{22.26}
$$

其中：里层diag() 提取对角线元素，结果为向量；外层diag() 将向量扩展成对角方阵。

式 (22.25) 处理得到的数值实际上是原始数据的**Z分数** (z-score)，含义是距离均值若干倍的标准差偏移。比如说，标准化得到的数值为3，也就是说这个数据距离均值3倍标准差偏移。数值的正负表达偏移的方向。

注意：数据标准化过程也是一个“去单位化”过程。去单位数值有利于联系、比较单位不同、取值范围差异较大的样本数据。此外，本章不会区分总体标准差和样本标准差记号。

惯性

数据**惯性** (inertia) 可以用于描述样本数据的紧密程度，惯性实际上就是**总离差平方和** (Sum of Squares for Deviations, SSD)，定义为

$$
\mathrm{SSD}\left(\boldsymbol{X}\right) = \sum_{i=1}^{n}\mathrm{dist}\left(\boldsymbol{x}^{(i)},\mathrm{E}\left(\boldsymbol{X}\right)\right)^2 = \sum_{i=1}^{n}\left\|\boldsymbol{x}^{(i)}-\mathrm{E}\left(\boldsymbol{X}\right)\right\|_2^2 = \sum_{i=1}^{n}\left\|\boldsymbol{x}^{(i)\mathrm{T}}-\boldsymbol{\mu}_X\right\|_2^2 \tag{22.27}
$$

如图22.4所示，SSD相当于样本点和质心E($\boldsymbol{X}$) 欧氏距离的平方和。

式 (22.27) 相当于中心化数据$\boldsymbol{X}_c$每个行向量和自身求内积后，再求和。用迹 trace() 可以方便得到SSD的结果，有

$$\text{SSD}(\boldsymbol{X}) = \text{trace}\left(\boldsymbol{X}_c^{\text{T}}\boldsymbol{X}_c\right) = \text{trace}\left(\left(\boldsymbol{X} - \text{E}(\boldsymbol{X})\right)^{\text{T}}\left(\boldsymbol{X} - \text{E}(\boldsymbol{X})\right)\right) \tag{22.28}$$

Bk4_Ch22_01.py中Bk4_Ch22_01_B部分绘制图22.6并计算SSD。请大家根据本节代码自行计算并绘制标准化鸢尾花数据热图。

22.5 分类数据：加标签

大家都清楚鸢尾花样本数据有三类标签，定义为C_1、C_2、C_3，具体如图22.6所示。

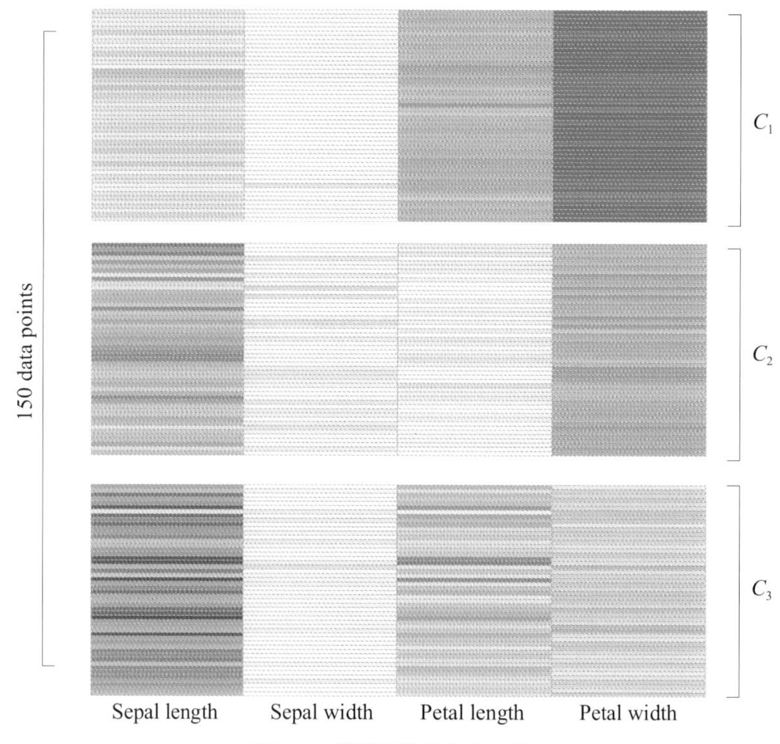

图22.6　鸢尾花数据分为三类

簇质心

类似于$\boldsymbol{\mu}_X$，任意一类标签为C_k样本数据的簇质心$\boldsymbol{\mu}_k$定义为

$$\boldsymbol{\mu}_k = \frac{1}{\text{count}(C_k)} \sum_{i \in C_k} \boldsymbol{x}^{(i)\text{T}} \tag{22.29}$$

式 (22.29) 看上去复杂，道理其实很简单。

翻译一下，对于属于某个标签C_k的所有样本数据$\boldsymbol{x}^{(i)}$ ($i \in C_k$)，求其各个特征平均值，构造成一个新的列向量$\boldsymbol{\mu}_k$。图22.7所示为样本数据质心$\boldsymbol{\mu}_X$与三个不同标签数据各自的簇质心$\boldsymbol{\mu}_1$、$\boldsymbol{\mu}_2$和$\boldsymbol{\mu}_3$之间的关系。

注意：$\boldsymbol{x}^{(i)}$为行向量，而$\boldsymbol{\mu}_k$为列向量。这就是为什么式 (22.29) 存在转置运算。

图22.7　样本数据质心$\boldsymbol{\mu}_X$与三类数据各自的质心$\boldsymbol{\mu}_1$、$\boldsymbol{\mu}_2$和$\boldsymbol{\mu}_3$

举个例子

假设样本数据中只有第2、5、6和9四个数据点标签为C_1，它们构成了原始数据的一个子集：$\{(\boldsymbol{x}^{(2)}, y^{(2)} = C_1), (\boldsymbol{x}^{(5)}, y^{(5)} = C_1), (\boldsymbol{x}^{(6)}, y^{(6)} = C_1), (\boldsymbol{x}^{(9)}, y^{(9)} = C_1)\}$。

数据点有两个特征值，具体坐标值为

$$\boldsymbol{x}^{(2)} = \begin{bmatrix} 2 & 3 \end{bmatrix}, \quad \boldsymbol{x}^{(5)} = \begin{bmatrix} 3 & 1 \end{bmatrix}, \quad \boldsymbol{x}^{(6)} = \begin{bmatrix} -2 & 2 \end{bmatrix}, \quad \boldsymbol{x}^{(9)} = \begin{bmatrix} 1 & 6 \end{bmatrix} \tag{22.30}$$

则标签为C_1簇质心位置为 $[1, 3]^{\mathrm{T}}$，具体运算过程为

$$\begin{aligned} \boldsymbol{\mu}_{C1} &= \frac{1}{\operatorname{count}(C_1)} \left(\sum_{i \in C_1} \boldsymbol{x}^{(i)} \right)^T = \frac{1}{\operatorname{count}(C_1)} \left(\boldsymbol{x}^{(2)} t + \boldsymbol{x}^{(5)} + \boldsymbol{x}^{(6)} + \boldsymbol{x}^{(9)} \right)^T \\ &= \frac{1}{4} \left(\begin{bmatrix} 2 & 3 \end{bmatrix}^{\mathrm{T}} + \begin{bmatrix} 3 & 1 \end{bmatrix}^{\mathrm{T}} + \begin{bmatrix} -2 & 2 \end{bmatrix}^{\mathrm{T}} + \begin{bmatrix} 1 & 6 \end{bmatrix}^{\mathrm{T}} \right) = \begin{bmatrix} 1 \\ 3 \end{bmatrix} \end{aligned} \tag{22.31}$$

以鸢尾花数据为例，计算簇质心就是对图22.6所示三组标签不同样本数据分别计算质心。图22.8所示不同颜色的 × 代表不同标签鸢尾花的簇质心位置。

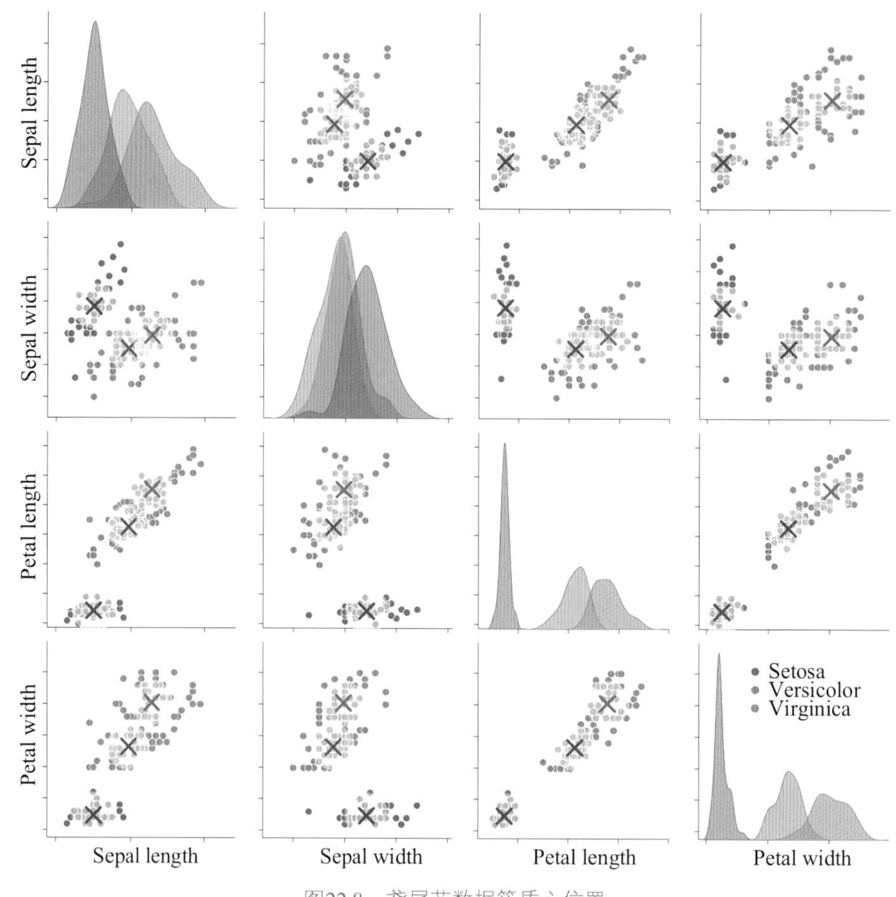

图22.8 鸢尾花数据簇质心位置

22.6 方差：均值向量没有解释的部分

对于总体来说，随机变量X方差的计算式为

$$\operatorname{var}(X)=\frac{1}{n}\sum_{i=1}^{n}\left(x_i-\mathrm{E}(X)\right)^2 \tag{22.32}$$

注意：式 (22.32) 有一个假设前提——X为有n个等概率值$1/n$的平均分布。否则，我们要把$1/n$替换成具体的概率值p_i。不做特殊说明时，本书默认总体或样本取值都为等概率。

对于样本来说，随机变量X的方差可以用连续分布的样本来估计，即

$$\operatorname{var}(X)=\frac{1}{n-1}\sum_{i=1}^{n}\left(x_i-\mathrm{E}(X)\right)^2 \tag{22.33}$$

对于数据矩阵$\boldsymbol{X}$而言，第j列数据$\boldsymbol{x}_j$的方差有几种不同的表达方式，即

$$\operatorname{var}(X_j)=\operatorname{var}(\boldsymbol{x}_j)=\sigma_j^2=\sigma_{j,j} \tag{22.34}$$

中心化矩阵

利用中心化矩阵$\boldsymbol{M}$，$\sum_{i=1}^{n}\left(x_i-\mathrm{E}(X)\right)^2$可以写成

$$\sum_{i=1}^{n}\left(x_i-\mathrm{E}(X)\right)^2=\left(\boldsymbol{M}\boldsymbol{x}\right)^{\mathrm{T}}\boldsymbol{M}\boldsymbol{x}=\boldsymbol{x}^{\mathrm{T}}\boldsymbol{M}^{\mathrm{T}}\boldsymbol{M}\boldsymbol{x}=\boldsymbol{x}^{\mathrm{T}}\boldsymbol{M}\boldsymbol{x} \tag{22.35}$$

此外，利用向量范数，$\sum_{i=1}^{n}\left(x_i-\mathrm{E}(X)\right)^2$还可以写成

$$\sum_{i=1}^{n}\left(x_i-\mathrm{E}(X)\right)^2=\left(\boldsymbol{x}-\mathrm{E}(\boldsymbol{x})\right)^{\mathrm{T}}\left(\boldsymbol{x}-\mathrm{E}(\boldsymbol{x})\right)=\left\|\boldsymbol{x}-\mathrm{E}(\boldsymbol{x})\right\|_2^2 \tag{22.36}$$

上式也用到了“广播原则”。

向量视角

图22.9中，$\boldsymbol{x}$在$\boldsymbol{1}$方向上向量投影为$\mathrm{E}(\boldsymbol{x})\boldsymbol{1}$。相当于$\boldsymbol{x}$被分解成$\mathrm{E}(\boldsymbol{x})\boldsymbol{1}$和$\boldsymbol{x}-\mathrm{E}(\boldsymbol{x})\boldsymbol{1}$两个向量分量。$\mathrm{E}(\boldsymbol{x})\boldsymbol{1}$与$\boldsymbol{1}$平行，而$\boldsymbol{x}-\mathrm{E}(\boldsymbol{x})\boldsymbol{1}$与$\boldsymbol{1}$垂直。而向量$\boldsymbol{x}-\mathrm{E}(\boldsymbol{x})\boldsymbol{1}$的模的平方就是式 (22.36)，即

$$\left\|\boldsymbol{x}-\mathrm{E}(\boldsymbol{x})\boldsymbol{1}\right\|_2^2=\sum_{i=1}^{n}\left(x_i-\mathrm{E}(X)\right)^2 \tag{22.37}$$

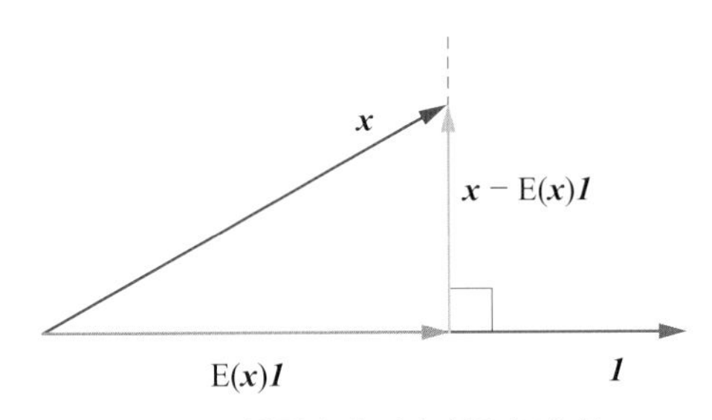

图22.9　投影角度看方差和标准差

鸢尾花数据

计算鸢尾花数据$\boldsymbol{X}$每一列的标准差，以向量方式表达为

$$\boldsymbol{\sigma}_X=\begin{bmatrix}\underbrace{0.825}_{\text{Sepal length}} & \underbrace{0.434}_{\text{Sepal width}} & \underbrace{1.759}_{\text{Petal length}} & \underbrace{0.759}_{\text{Petal width}}\end{bmatrix}^{\mathrm{T}} \tag{22.38}$$

显而易见，$\boldsymbol{X}$的第三个特征，也就是花瓣长度X_3对应的标准差最大。图22.10所示为KDE估计得到的鸢尾花四个特征的分布图。

KDE是核密度估计 (Kernel Density Estimation, KDE)，采用核函数拟合样本数据点，用于模拟样本数据在某一个特征上的分布情况。这是鸢尾花书《统计至简》一册要讲解的话题。

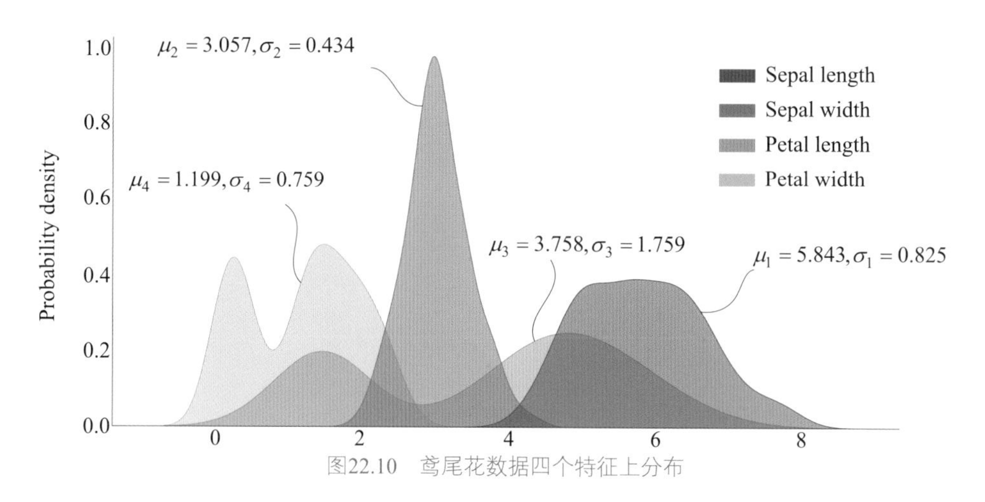

图22.10　鸢尾花数据四个特征上分布

Bk4_Ch22_01.py中Bk4_Ch22_01_C部分绘制图22.10。

22.7 协方差和相关性系数

协方差

不考虑样本和总体的区别，列向量数据$\boldsymbol{x}$和$\boldsymbol{y}$的协方差 $\text{cov}(\boldsymbol{x}, \boldsymbol{y})$ 可以通过下式获得，即

$$\begin{aligned}\text{cov}(\boldsymbol{x}, \boldsymbol{y}) &= \frac{\left(\boldsymbol{x}-\text{E}(\boldsymbol{x})\boldsymbol{1}\right)^{\text{T}}\left(\boldsymbol{y}-\text{E}(\boldsymbol{y})\boldsymbol{1}\right)}{n} = \frac{n\boldsymbol{x}^{\text{T}}\boldsymbol{y}-\boldsymbol{x}^{\text{T}}\boldsymbol{1}\boldsymbol{y}^{\text{T}}\boldsymbol{1}}{n^2} \\ &= \frac{\sum_{i=1}^{n}\left(x_i-\text{E}(X)\right)\left(y_i-\text{E}(Y)\right)}{n} = \frac{n\left(\sum_{i=1}^{n}x_i y_i\right)-\left(\sum_{i=1}^{n}x_i\right)\left(\sum_{i=1}^{n}y_i\right)}{n^2}\end{aligned} \tag{22.39}$$

注意：式 (22.39) 同样有假设前提，即随机变量 (X, Y) 取到 (x_i, y_i) 的概率均为$1/n$。

对于数据矩阵$\boldsymbol{X}$，列向量$\boldsymbol{x}_i$和$\boldsymbol{x}_j$的协方差有几种不同表达方式，即

$$\text{cov}\left(X_i, X_j\right) = \text{cov}\left(\boldsymbol{x}_i, \boldsymbol{x}_j\right) = \rho_{i,j}\sigma_i\sigma_j = \sigma_{i,j} \tag{22.40}$$

中心化矩阵

利用中心化矩阵$\boldsymbol{M}$，$\sum_{i=1}^{n}\left(x_i-\text{E}(X)\right)\left(y_i-\text{E}(Y)\right)$可以写成

$$\sum_{i=1}^{n}\left(x_i-\mathrm{E}(X)\right)\left(y_i-\mathrm{E}(Y)\right)=(\boldsymbol{M}\boldsymbol{x})^{\mathrm{T}}\boldsymbol{M}\boldsymbol{y}=\boldsymbol{x}^{\mathrm{T}}\boldsymbol{M}^{\mathrm{T}}\boldsymbol{M}\boldsymbol{y}=\boldsymbol{x}^{\mathrm{T}}\boldsymbol{M}\boldsymbol{y} \tag{22.41}$$

联合式 (22.35) 和式 (22.41)，下式成立，即

$$\begin{bmatrix} \sum_{i=1}^{n}\left(x_i-\mathrm{E}(X)\right)^2 & \sum_{i=1}^{n}\left(x_i-\mathrm{E}(X)\right)\left(y_i-\mathrm{E}(Y)\right) \\ \sum_{i=1}^{n}\left(y_i-\mathrm{E}(Y)\right)\left(x_i-\mathrm{E}(X)\right) & \sum_{i=1}^{n}\left(y_i-\mathrm{E}(Y)\right)^2 \end{bmatrix}=\begin{bmatrix} \boldsymbol{x}^{\mathrm{T}}\boldsymbol{M}\boldsymbol{x} & \boldsymbol{x}^{\mathrm{T}}\boldsymbol{M}\boldsymbol{y} \\ \boldsymbol{y}^{\mathrm{T}}\boldsymbol{M}\boldsymbol{x} & \boldsymbol{y}^{\mathrm{T}}\boldsymbol{M}\boldsymbol{y} \end{bmatrix}=\begin{bmatrix} \boldsymbol{x}^{\mathrm{T}} \\ \boldsymbol{y}^{\mathrm{T}} \end{bmatrix}\boldsymbol{M}\begin{bmatrix} \boldsymbol{x} & \boldsymbol{y} \end{bmatrix} \tag{22.42}$$

式 (22.42) 中，协方差矩阵已经呼之欲出。

相关性系数

随机变量X和Y相关性系数的定义为

$$\rho_{X,Y}=\operatorname{corr}(X,Y)=\frac{\operatorname{cov}(X,Y)}{\sqrt{\operatorname{var}(X)\operatorname{var}(Y)}}=\frac{\operatorname{cov}(X,Y)}{\sigma_X\sigma_Y} \tag{22.43}$$

相关性系数可以看作是随机变量Z分数的协方差。

用向量内积形式来写，列向量数据$\boldsymbol{x}$和$\boldsymbol{y}$相关性系数 $\operatorname{corr}(\boldsymbol{x},\boldsymbol{y})$ 计算式为

$$\operatorname{corr}(\boldsymbol{x},\boldsymbol{y})=\frac{\left(\boldsymbol{x}-\mathrm{E}(\boldsymbol{x})\right)\cdot\left(\boldsymbol{y}-\mathrm{E}(\boldsymbol{y})\right)}{\left\|\boldsymbol{x}-\mathrm{E}(\boldsymbol{x})\right\|\left\|\boldsymbol{y}-\mathrm{E}(\boldsymbol{y})\right\|}=\left(\frac{\boldsymbol{x}-\mathrm{E}(\boldsymbol{x})}{\left\|\boldsymbol{x}-\mathrm{E}(\boldsymbol{x})\right\|}\right)\cdot\left(\frac{\boldsymbol{y}-\mathrm{E}(\boldsymbol{y})}{\left\|\boldsymbol{y}-\mathrm{E}(\boldsymbol{y})\right\|}\right) \tag{22.44}$$

相信大家已经在式 (22.44) 中看到"平移"和"缩放"两步几何操作。式 (22.44) 把线性相关系数和向量内积联系起来。本书第2章介绍的**余弦相似度** (cosine similarity) 也是通过两个向量的夹角余弦值来度量它们之间的相似性，即

$$\text{cosine similarity}=\cos\theta=\frac{\boldsymbol{x}\cdot\boldsymbol{y}}{\|\boldsymbol{x}\|\|\boldsymbol{y}\|} \tag{22.45}$$

大家已经发现上两式在形式上高度相似。

向量内积、协方差

实际上，向量内积和协方差的相似之处有更多。比如，向量内积和协方差都满足交换律

$$\begin{gathered}\boldsymbol{x}\cdot\boldsymbol{y}=\boldsymbol{y}\cdot\boldsymbol{x}\\ \operatorname{cov}(X,Y)=\operatorname{cov}(Y,X)\end{gathered} \tag{22.46}$$

向量的模类似于标准差，有

$$\begin{gathered}\|\boldsymbol{x}\|=\sqrt{\boldsymbol{x}\cdot\boldsymbol{x}}\\ \sigma_X=\sqrt{\operatorname{var}(X)}=\sqrt{\operatorname{cov}(X,X)}\end{gathered} \tag{22.47}$$

向量之间夹角的余弦值类似于线性相关性系数，即

$$\begin{aligned}&\cos\theta=\frac{\boldsymbol{x}\cdot\boldsymbol{y}}{\|\boldsymbol{x}\|\|\boldsymbol{y}\|}\\&\rho_{X,Y}=\operatorname{corr}(X,Y)=\frac{\operatorname{cov}(X,Y)}{\sigma_X\sigma_Y}=\frac{\mathrm{E}\left((X-\mu_X)(Y-\mu_Y)\right)}{\sigma_X\sigma_Y}\end{aligned}\tag{22.48}$$

式 (22.48) 可以分别整理成

$$\begin{aligned}\boldsymbol{x}\cdot\boldsymbol{y}&=\cos\theta\|\boldsymbol{x}\|\|\boldsymbol{y}\|\\\operatorname{cov}(X,Y)&=\rho_{X,Y}\sigma_X\sigma_Y\end{aligned}\tag{22.49}$$

此外，余弦定理可以用在向量内积和协方差上，即有

$$\begin{aligned}&\|\boldsymbol{x}+\boldsymbol{y}\|^2=\|\boldsymbol{x}\|^2+\|\boldsymbol{y}\|^2+2\|\boldsymbol{x}\|\|\boldsymbol{y}\|\cos\theta\\&\operatorname{var}(X+Y)=\operatorname{var}(X)+\operatorname{var}(Y)+2\operatorname{cov}(X,Y)\\&\sigma_{X+Y}^2=\sigma_X^2+\sigma_Y^2+2\rho_{X,Y}\sigma_X\sigma_Y\\&\operatorname{var}(aX+bY)=a^2\operatorname{var}(X)+b^2\operatorname{var}(Y)+2ab\operatorname{cov}(X,Y)\end{aligned}\tag{22.50}$$

值得注意的是：统计中的方差和协方差运算都存在“中心化”，即去均值。也就是说，从几何角度来看，方差和协方差运算中都默认将“向量”起点移动到质心。

余弦的取值范围为 [−1, 1]，线性相关系数的取值范围也是 [−1, 1]。图22.11所示为余弦相似度与夹角θ的关系。

有了这种类比，下一章，我们将创造“标准差向量”，用向量视角解释质心、标准差、方差、协方差、协方差矩阵等统计描述。

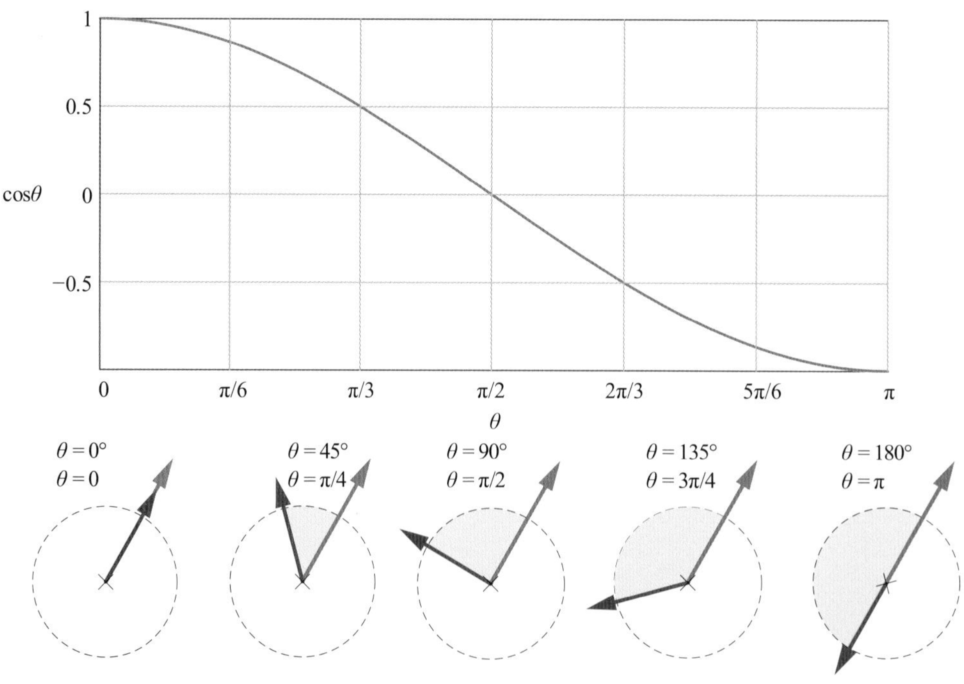

图22.11　余弦相似度

22.8 协方差矩阵和相关性系数矩阵

协方差矩阵

对于矩阵$\boldsymbol{X} = [\boldsymbol{x}_1, \boldsymbol{x}_2, \cdots, \boldsymbol{x}_D]$每两个列向量数据之间的协方差，可以构造得到**协方差矩阵**(covariance matrix)，有

$$\boldsymbol{\Sigma} = \begin{bmatrix} \operatorname{cov}(\boldsymbol{x}_1, \boldsymbol{x}_1) & \operatorname{cov}(\boldsymbol{x}_1, \boldsymbol{x}_2) & \cdots & \operatorname{cov}(\boldsymbol{x}_1, \boldsymbol{x}_D) \\ \operatorname{cov}(\boldsymbol{x}_2, \boldsymbol{x}_1) & \operatorname{cov}(\boldsymbol{x}_2, \boldsymbol{x}_2) & \cdots & \operatorname{cov}(\boldsymbol{x}_2, \boldsymbol{x}_D) \\ \vdots & \vdots & \ddots & \vdots \\ \operatorname{cov}(\boldsymbol{x}_D, \boldsymbol{x}_1) & \operatorname{cov}(\boldsymbol{x}_D, \boldsymbol{x}_2) & \cdots & \operatorname{cov}(\boldsymbol{x}_D, \boldsymbol{x}_D) \end{bmatrix} = \begin{bmatrix} \sigma_{1,1} & \sigma_{1,2} & \cdots & \sigma_{1,D} \\ \sigma_{2,1} & \sigma_{2,2} & \cdots & \sigma_{2,D} \\ \vdots & \vdots & \ddots & \vdots \\ \sigma_{D,1} & \sigma_{D,2} & \cdots & \sigma_{D,D} \end{bmatrix} \tag{22.51}$$

很明显，协方差矩阵是对称矩阵。协方差矩阵又叫方差-协方差矩阵，这是因为$\boldsymbol{\Sigma}$的对角线元素均为方差，其余元素为协方差。

样本协方差矩阵$\boldsymbol{\Sigma}$可以用数据矩阵$\boldsymbol{X}$计算得到，即

$$\boldsymbol{\Sigma} = \frac{\left(\underbrace{\boldsymbol{X} - \mathrm{E}(\boldsymbol{X})}_{\text{Centered}}\right)^{\mathrm{T}} \left(\underbrace{\boldsymbol{X} - \mathrm{E}(\boldsymbol{X})}_{\text{Centered}}\right)}{n-1} \tag{22.52}$$

对于总体，分母则改为n。特别地，如果n足够大，则n和$n-1$对计算结果的影响可以忽略不计。

用中心化数据$\boldsymbol{X}_c$代替$\boldsymbol{X} - \mathrm{E}(\boldsymbol{X})$，式 (22.52) 可以写成

$$\boldsymbol{\Sigma} = \frac{\overbrace{\boldsymbol{X}_c^{\mathrm{T}} \boldsymbol{X}_c}^{\text{Gram matrix}}}{n-1} \tag{22.53}$$

相信大家已经在式 (22.53) 中看到了格拉姆矩阵。这也就是说，协方差矩阵$\boldsymbol{\Sigma}$在某种程度上就是$\boldsymbol{X}_c$的格拉姆矩阵。

特征值分解

由于协方差矩阵为对称矩阵，因此对$\boldsymbol{\Sigma}$进行特征值分解，得到

$$\boldsymbol{\Sigma} = \boldsymbol{V} \boldsymbol{\Lambda} \boldsymbol{V}^{\mathrm{T}} \tag{22.54}$$

不知道大家是否立刻想到本书第20章介绍的二次型，将$\boldsymbol{\Sigma}$写成二次型 $\boldsymbol{x}^{\mathrm{T}} \boldsymbol{\Sigma} \boldsymbol{x}$。将式 (22.54) 代入 $\boldsymbol{x}^{\mathrm{T}} \boldsymbol{\Sigma} \boldsymbol{x}$，得到

$$\begin{aligned} \boldsymbol{x}^{\mathrm{T}} \boldsymbol{\Sigma} \boldsymbol{x} = \boldsymbol{x}^{\mathrm{T}} \boldsymbol{V} \boldsymbol{\Lambda} \boldsymbol{V}^{\mathrm{T}} \boldsymbol{x} &= \left(\underbrace{\boldsymbol{V}^{\mathrm{T}} \boldsymbol{x}}_{\boldsymbol{y}}\right)^{\mathrm{T}} \boldsymbol{\Lambda} \left(\underbrace{\boldsymbol{V}^{\mathrm{T}} \boldsymbol{x}}_{\boldsymbol{y}}\right) = \boldsymbol{y}^{\mathrm{T}} \boldsymbol{\Lambda} \boldsymbol{y} \\ &= \lambda_1 y_1^2 + \lambda_2 y_2^2 + \cdots + \lambda_D y_D^2 = \sum_{j=1}^{D} \lambda_j y_j^2 \end{aligned} \tag{22.55}$$

从几何角度来看，$\boldsymbol{y}^{\mathrm{T}}\boldsymbol{\Lambda}\boldsymbol{y}$ 就是正椭球，这意味着 $\boldsymbol{x}^{\mathrm{T}}\boldsymbol{\Sigma}\boldsymbol{x}$ 为旋转椭球。

特别地，当$D=2$时，$\boldsymbol{x}^{\mathrm{T}}\boldsymbol{\Sigma}\boldsymbol{x}$ 代表旋转椭圆，即

$$\boldsymbol{x}^{\mathrm{T}}\boldsymbol{\Sigma}\boldsymbol{x}=\begin{bmatrix}x_1 & x_2\end{bmatrix}\begin{bmatrix}\sigma_{1,1} & \sigma_{1,2}\\ \sigma_{2,1} & \sigma_{2,2}\end{bmatrix}\begin{bmatrix}x_1\\ x_2\end{bmatrix}=\sigma_{1,1}x_1^2+\left(\sigma_{1,2}+\sigma_{2,1}\right)x_1x_2+\sigma_{2,2}x_2^2 \tag{22.56}$$

$\boldsymbol{y}^{\mathrm{T}}\boldsymbol{\Lambda}\boldsymbol{y}$ 为正椭圆，有

$$\boldsymbol{y}^{\mathrm{T}}\boldsymbol{\Lambda}\boldsymbol{y}=\begin{bmatrix}y_1 & y_2\end{bmatrix}\begin{bmatrix}\lambda_1 & 0\\ 0 & \lambda_2\end{bmatrix}\begin{bmatrix}y_1\\ y_2\end{bmatrix}=\lambda_1y_1^2+\lambda_2y_2^2 \tag{22.57}$$

如图22.12所示正是式 (22.54) 中的$\boldsymbol{V}$完成正椭圆到旋转椭圆的“旋转”。如果大家对于几何变换细节感到陌生的话，请回顾本书第14章、20章相关内容。

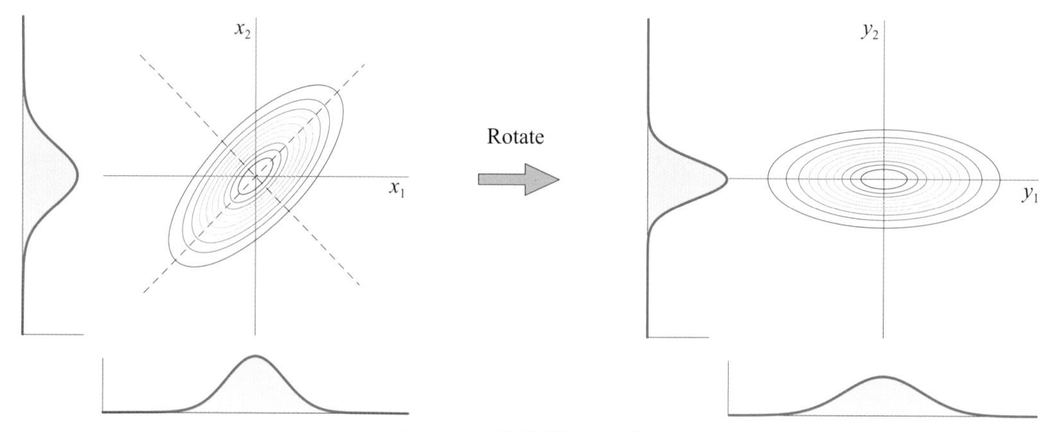

图22.12　旋转椭圆到正椭圆

相关性系数矩阵

相关性系数矩阵 (correlation matrix) $\boldsymbol{P}$定义为

$$\boldsymbol{P}=\begin{bmatrix}1 & \rho_{1,2} & \cdots & \rho_{1,D}\\ \rho_{1,2} & 1 & \cdots & \rho_{2,D}\\ \vdots & \vdots & \ddots & \vdots\\ \rho_{1,D} & \rho_{2,D} & \cdots & 1\end{bmatrix} \tag{22.58}$$

$\boldsymbol{P}$和$\boldsymbol{\Sigma}$的关系为

$$\boldsymbol{\Sigma}=\boldsymbol{SPS} \tag{22.59}$$

$\boldsymbol{S}$就是式 (22.26) 定义的缩放矩阵，且$\boldsymbol{S}$是个对角方阵。

再进一步，式 (22.58) 可以写成

$$\boldsymbol{P}=\frac{\left(\underbrace{\left(\boldsymbol{X}-\mathrm{E}\left(\boldsymbol{X}\right)\right)\boldsymbol{S}^{-1}}_{\text{Translate + Scale}}\right)^{\mathrm{T}}\left(\underbrace{\left(\boldsymbol{X}-\mathrm{E}\left(\boldsymbol{X}\right)\right)\boldsymbol{S}^{-1}}_{\text{Translate + Scale}}\right)}{n-1} \tag{22.60}$$

我们可以在式 (22.60) 中看到“平移”“缩放”两步操作。

同时，我们在式 (22.60) 中看到了式 (22.25) 定义的Z分数矩阵$\boldsymbol{Z}_X$。因此，式 (22.60) 可以写成

$$\boldsymbol{P}=\frac{\boldsymbol{Z}_X^{\mathrm{T}}\boldsymbol{Z}_X}{n-1} \tag{22.61}$$

相关性系数矩阵$\boldsymbol{P}$可以看做$\boldsymbol{Z}_X$的协方差矩阵。也就是说，$\boldsymbol{P}$相当于$\boldsymbol{Z}_X$的格拉姆矩阵。准确地说，$\boldsymbol{Z}_X$的格拉姆矩阵为$\boldsymbol{Z}_X^{\mathrm{T}}\boldsymbol{Z}_X=(n-1)\boldsymbol{P}$。

鸢尾花数据集

对于鸢尾花数据，它的协方差矩阵$\boldsymbol{\Sigma}$为

$$\boldsymbol{\Sigma}=\begin{bmatrix} 0.686 & -0.042 & 1.274 & 0.516 \\ -0.042 & 0.190 & -0.330 & -0.122 \\ 1.274 & -0.330 & 3.116 & 1.296 \\ \underbrace{0.516}_{\text{Sepal length}} & \underbrace{-0.122}_{\text{Sepal width}} & \underbrace{1.296}_{\text{Petal length}} & \underbrace{0.581}_{\text{Petal width}} \end{bmatrix}\begin{matrix}\leftarrow \text{Sepal length}\\ \leftarrow \text{Sepal width}\\ \leftarrow \text{Petal length}\\ \leftarrow \text{Petal width}\end{matrix} \tag{22.62}$$

鸢尾花数据的相关性系数矩阵$\boldsymbol{P}$为

$$\boldsymbol{P}=\begin{bmatrix} 1.000 & -0.118 & 0.872 & 0.818 \\ -0.118 & 1.000 & -0.428 & -0.366 \\ 0.872 & -0.428 & 1.000 & 0.963 \\ \underbrace{0.818}_{\text{Sepal length}} & \underbrace{-0.366}_{\text{Sepal width}} & \underbrace{0.963}_{\text{Petal length}} & \underbrace{1.000}_{\text{Petal width}} \end{bmatrix}\begin{matrix}\leftarrow \text{Sepal length}\\ \leftarrow \text{Sepal width}\\ \leftarrow \text{Petal length}\\ \leftarrow \text{Petal width}\end{matrix} \tag{22.63}$$

图22.13所示为$\boldsymbol{\Sigma}$和$\boldsymbol{P}$的热图。观察相关性系数矩阵$\boldsymbol{P}$，可以发现花萼长度与花萼宽度线性负相关，花瓣长度与花萼宽度线性负相关，花瓣宽度与花萼宽度线性负相关。当然，鸢尾花数据集样本数量有限，通过样本数据得出的结论还不足以推而广之。

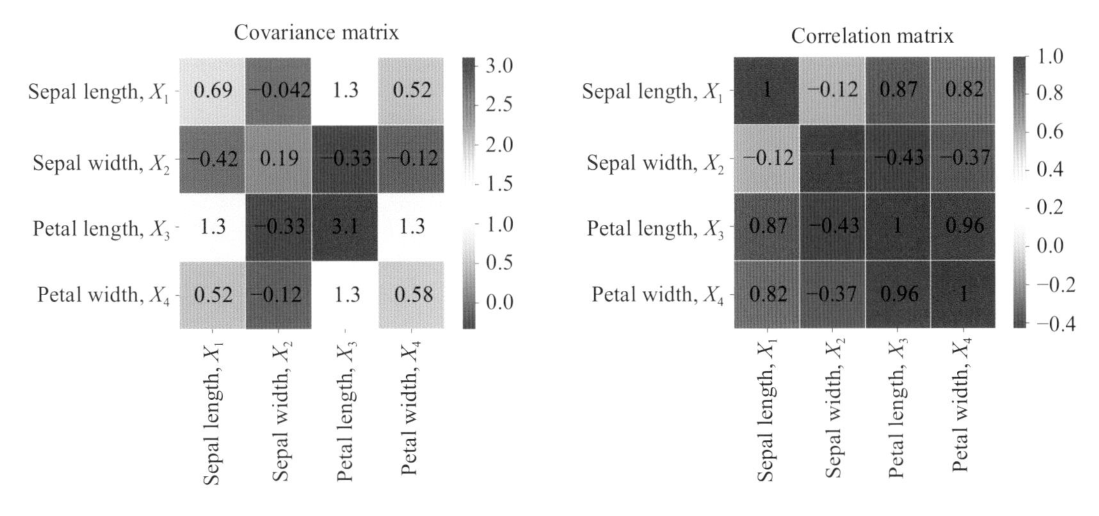

图22.13　协方差矩阵和相关性系数矩阵热图

鸢尾花书《统计至简》一册会建立协方差矩阵与椭圆的密切关系。图22.14便来自《统计至简》

一册，图中我们可以通过椭圆的大小和旋转角度了解不同特征标准差，以及不同特征之间的相关性等重要信息。

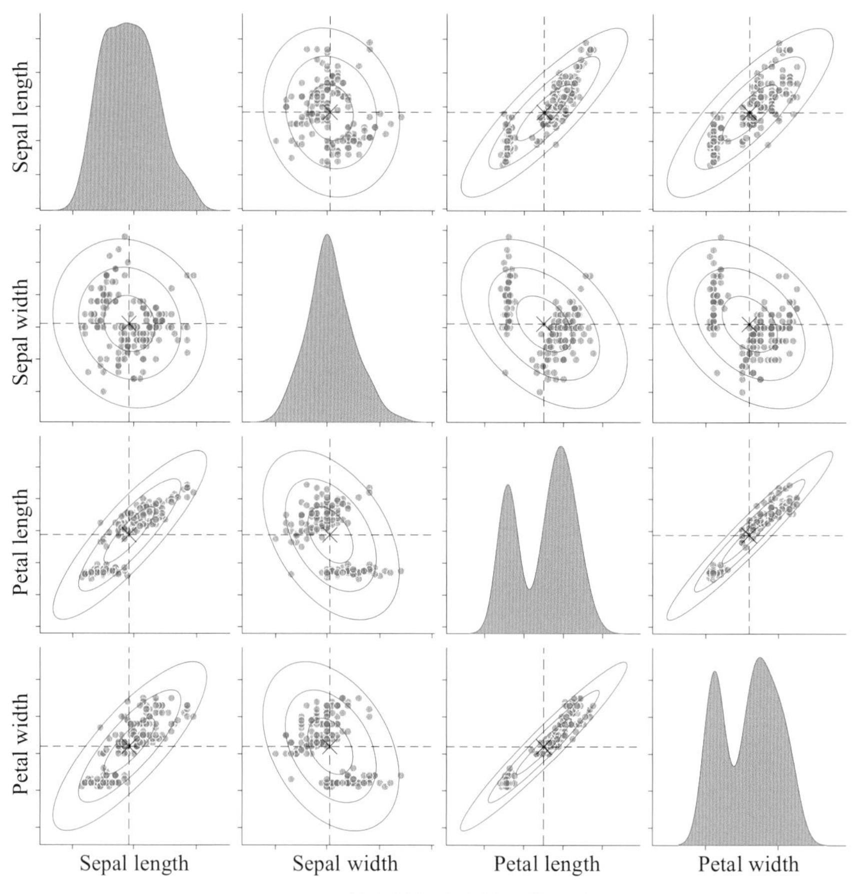

图22.14　协方差矩阵和椭圆的关系

如前文所述，鸢尾花数据分为三类。标签为C_k的样本数据也对应自身的协方差矩阵$\boldsymbol{\Sigma}_k$ (见图22.15)和相关性系数矩阵$\boldsymbol{P}_k$ (见图22.16)。图22.17也是来自鸢尾花书《统计至简》一册，图22.17中绘制椭圆时考虑了鸢尾花分类。这些旋转椭圆的中心就是簇质心，椭圆本身代表簇协方差矩阵。

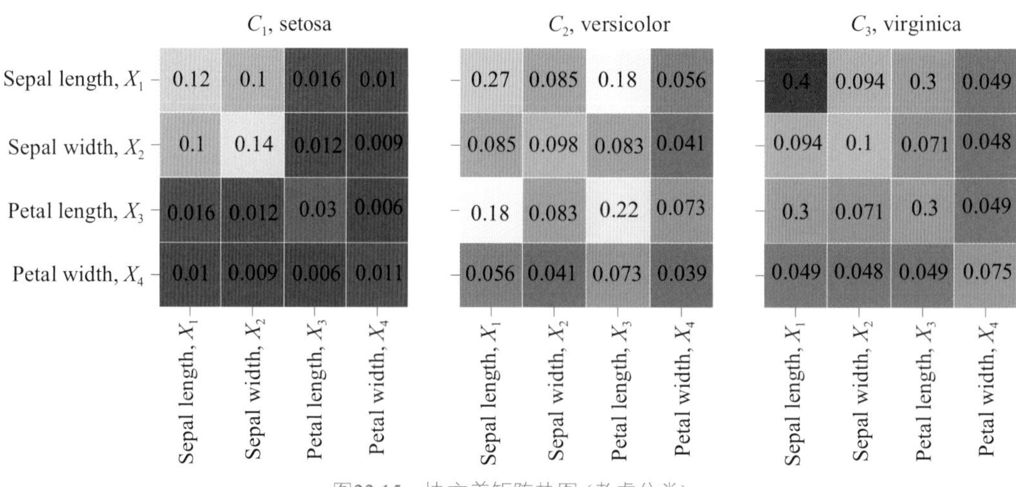

图22.15　协方差矩阵热图 (考虑分类)

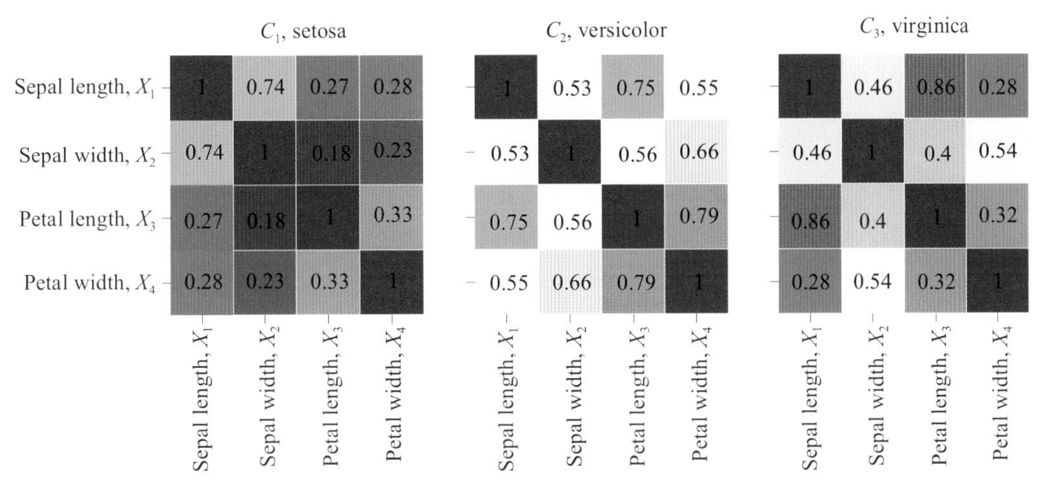

图22.16　相关性系数矩阵热图 (考虑分类)

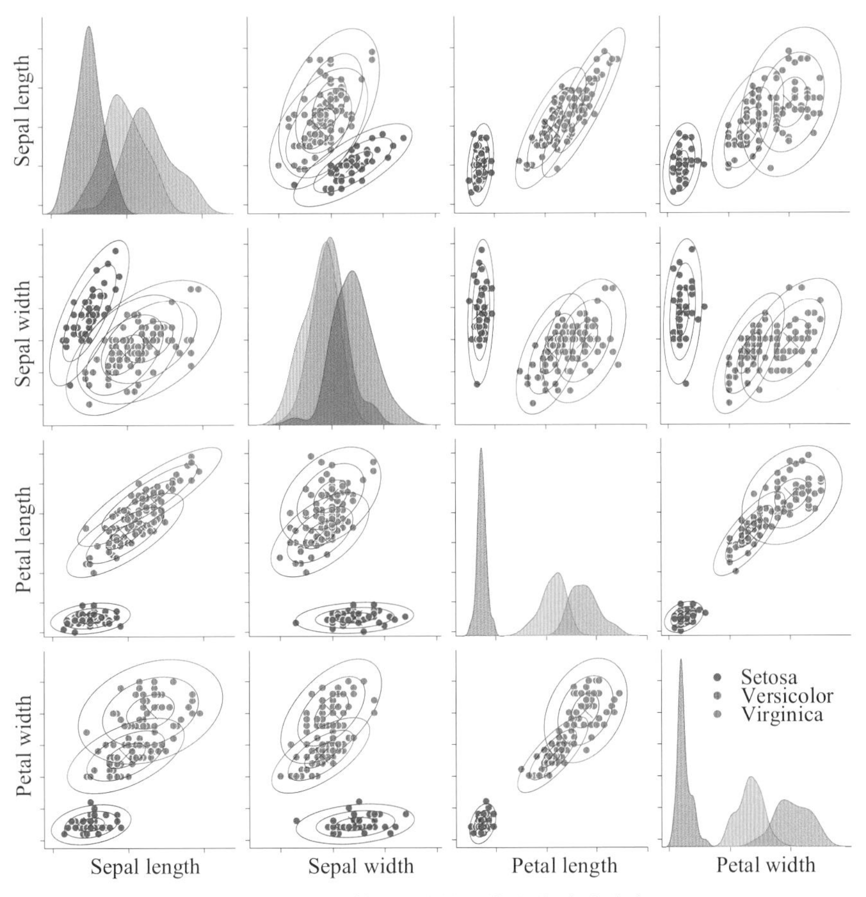

图22.17　协方差矩阵和椭圆的关系 (考虑分类)

Bk4_Ch22_01.py中Bk4_Ch22_01_D部分绘制图22.13～图22.16这几幅热图。

本章从线性代数运算视角回顾、梳理了统计学中的一些重要的概念。希望大家学完本章后，能够轻松建立数据、矩阵、向量、统计之间的联系。重点四图如22.18所示。

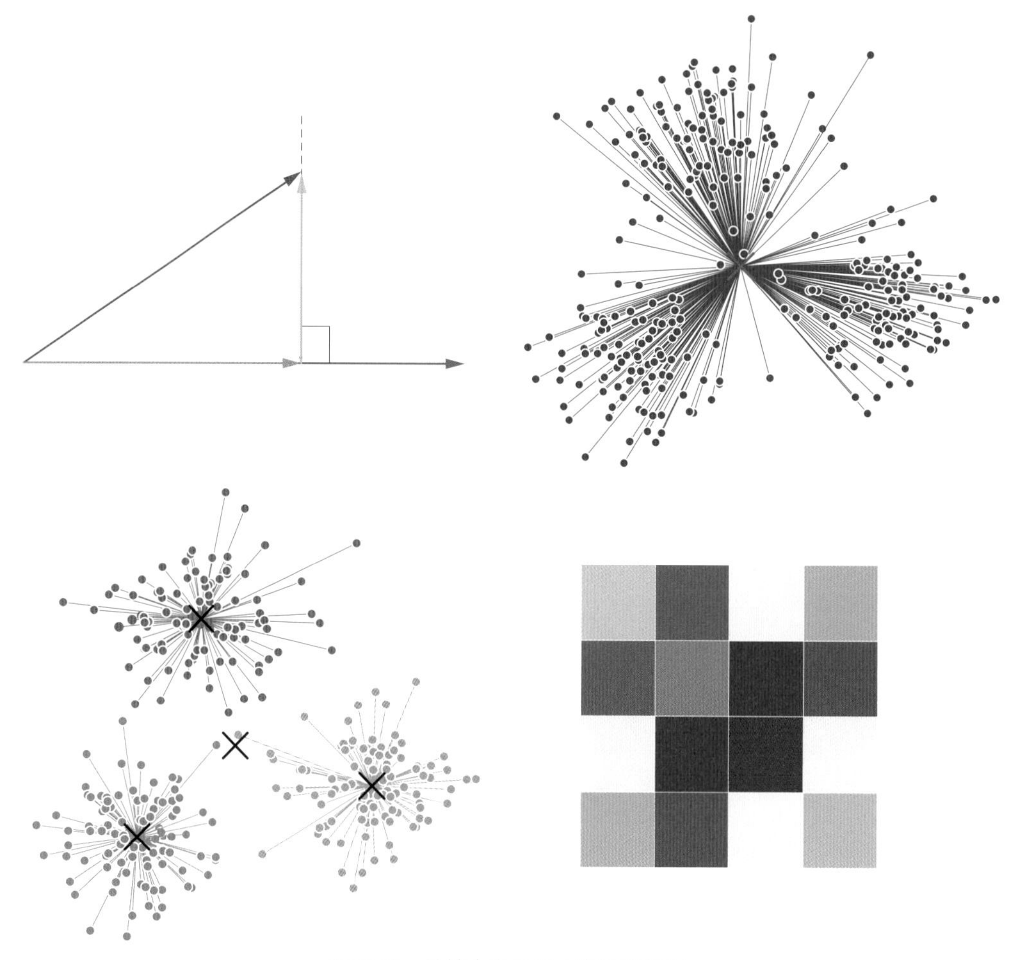

图22.18 总结本章重要内容的四幅图

本章介绍了两种和原始数据$\boldsymbol{X}$形状相同的数据矩阵——中心化数据矩阵$\boldsymbol{X}_c$、标准化数据矩阵$\boldsymbol{Z}_X$。请大家注意它们三者区分和联系，并且能从几何变换视角理解运算过程。

质心和协方差矩阵在后续众多数据科学、机器学习算法中扮演着重要角色。此外，请大家务必注意协方差矩阵与椭圆之间的千丝万缕的联系。鸢尾花书《统计至简》一册将从不同角度讲解如何利用椭圆更好地理解高斯分布、条件概率、线性回归、主成分分析等数学工具。

下一章起我们将正式进入本书收官之旅——数据三部曲。

推荐大家阅读多元统计方面的一本经典书籍，即Richard A. Johnson与Dean W. Wichern合著的*Applied Multivariate Statical Analysis*。清华大学出版社翻译出版了这部作品，书名为《实用多元统计分析》。

23 Four Vector Spaces 数据空间

用SVD分解寻找数据矩阵的四个空间

智慧的真正标志不是知识，而是想象力。

The true sign of intelligence is not knowledge but imagination.

—— 阿尔伯特·爱因斯坦 (Albert Einstein) | 理论物理学家 | 1879 — 1955

- `numpy.cov()` 计算协方差矩阵
- `numpy.corr()` 计算相关性系数矩阵
- `numpy.diag()` 如果A为方阵，`numpy.diag(A)` 函数提取对角线元素，以向量形式输出结果；如果a为向量，则 `numpy.diag(a)` 函数将向量展开成方阵，方阵对角线元素为a向量元素
- `numpy.linalg.eig()` 特征值分解
- `numpy.linalg.inv()` 计算逆矩阵
- `numpy.linalg.norm()` 计算范数
- `seaborn.heatmap()` 绘制热图

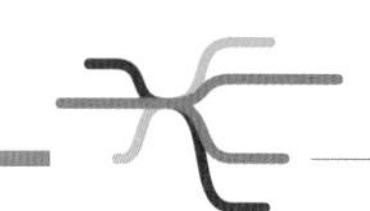

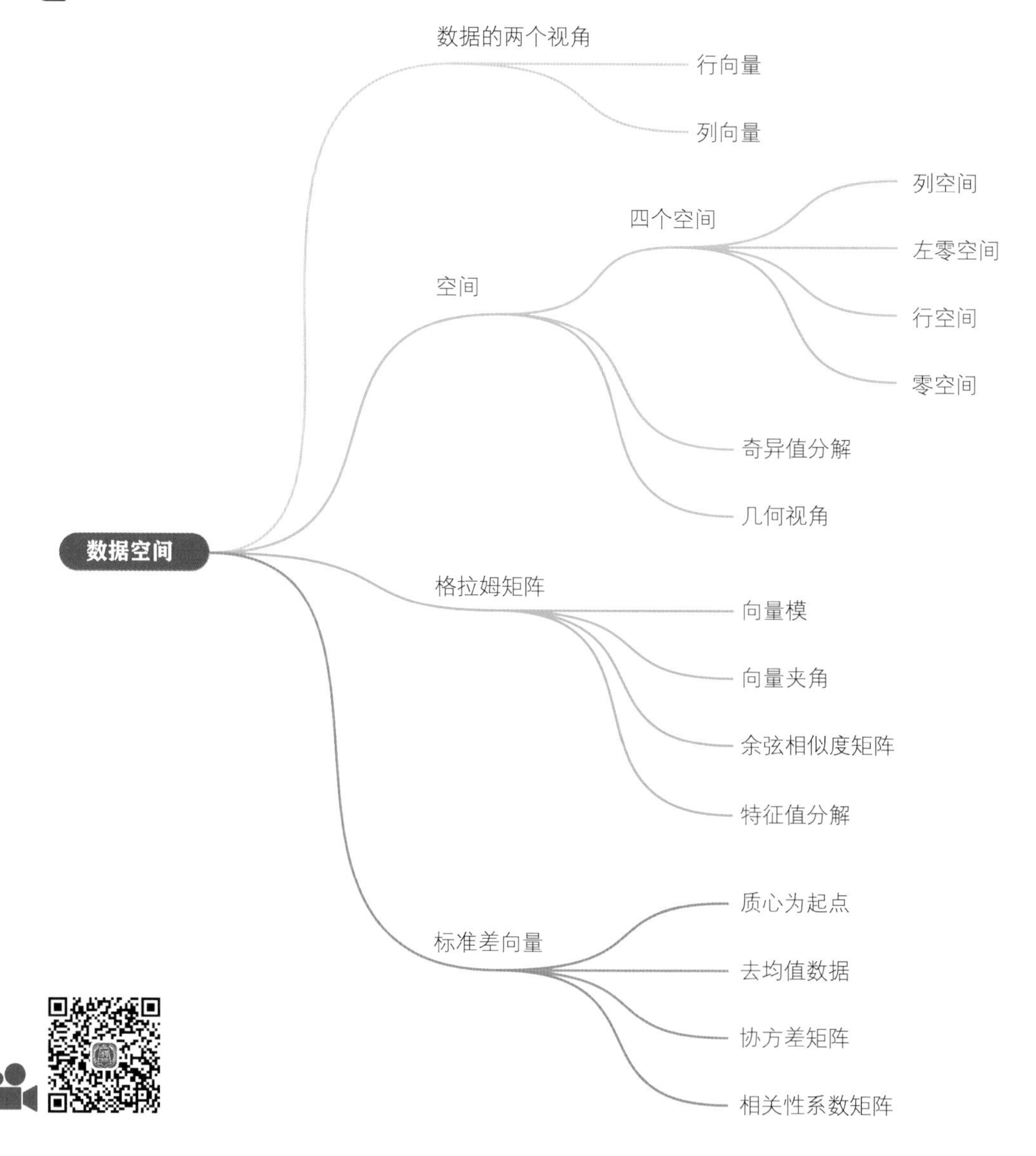

23.1 从数据矩阵X说起

本书最后三章叫“数据三部曲”，一方面，这三章从数据、空间、几何角度总结了全书前文的核心内容，另外一方面，这三章介绍了这些数学工具在数据科学和机器学习领域的应用。

毫不夸张地说，没有线性代数就没有现代计算，大家将会在鸢尾花书《数据有道》和《机器学习》两册书的每个角落看到矩阵运算。

“多重视角”仍然是这三章的特色。线性代数中向量、空间、投影、矩阵、矩阵分解等数学工具天然地弥合了代数、几何、数据之间的鸿沟。

本章是“数据三部曲”的第一章，将以数据矩阵为切入点，主要通过奇异值分解与大家探讨四个重要的空间定义和用途。

数据矩阵

数据矩阵 (data matrix) 不过就是以表格形式存储的数据。

除了表格功能，矩阵更重要的功能是——**线性映射** (linear mapping)。而矩阵乘法是线性映射的核心。矩阵分解不过是矩阵连乘，将一个复杂的几何变换拆解成容易理解的成分，比如缩放、旋转、投影、剪切等。

本书最开始便介绍过，数据矩阵可以从两个角度观察。数据矩阵$\boldsymbol{X}$的每一行是一个行向量，代表一个样本观察值；$\boldsymbol{X}$的每一列为一个列向量，代表某个特征上的样本数据。

行向量

回顾前文，为了区分数据矩阵中的行向量和列向量，本书中数据矩阵的行向量序号采用上标加括号的记法，比如

$$\boldsymbol{X}_{n\times D}=\begin{bmatrix}\boldsymbol{x}^{(1)}\\ \boldsymbol{x}^{(2)}\\ \vdots\\ \boldsymbol{x}^{(n)}\end{bmatrix} \tag{23.1}$$

其中，第i行行向量的D个元素为

$$\boldsymbol{x}^{(i)}=\begin{bmatrix}x_{i,1} & x_{i,2} & \cdots & x_{i,D}\end{bmatrix} \tag{23.2}$$

图23.1所示为从行向量角度观察数据矩阵，每一个行向量$\boldsymbol{x}^{(i)}$代表坐标系中的一个点。所有数据散点构成坐标系中的“云”。

实际上，行向量也是具有方向和大小的向量，也可以看成是箭头，因此也有自己的空间。这是本书马上要探讨的内容。

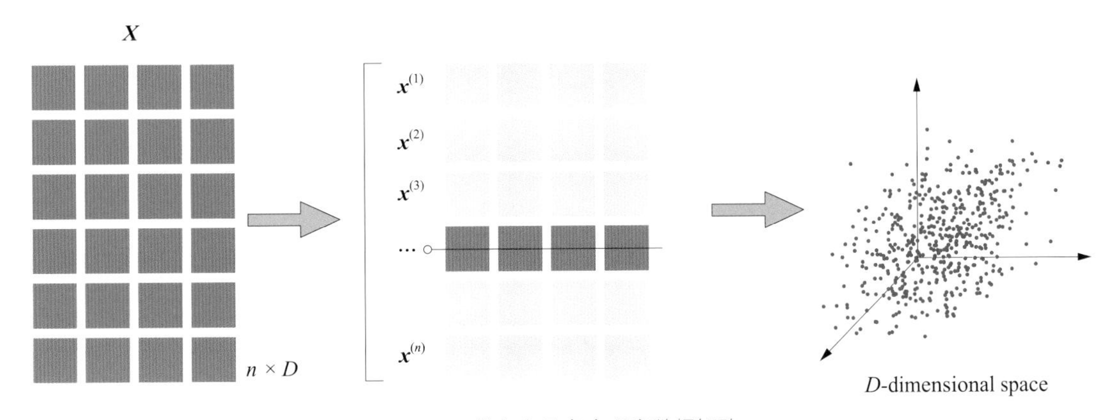

图23.1　从行向量角度观察数据矩阵

列向量

数据矩阵的列向量序号采用下标记法，比如

$$\boldsymbol{X}_{n\times D}=\begin{bmatrix}\boldsymbol{x}_1 & \boldsymbol{x}_2 & \cdots & \boldsymbol{x}_D\end{bmatrix} \tag{23.3}$$

其中，第j列列向量的n个元素为

$$\boldsymbol{x}_j=\begin{bmatrix}x_{1,j}\\ x_{2,j}\\ \vdots\\ x_{n,j}\end{bmatrix} \tag{23.4}$$

如图23.2所示，从几何角度，数据矩阵$\boldsymbol{X}$的所有列向量 (蓝色箭头) 的起始点均在原点$\boldsymbol{0}$。$[\boldsymbol{x}_1, \boldsymbol{x}_1, \cdots, \boldsymbol{x}_D]$ 这些向量的长度和方向信息均包含在格拉姆矩阵$\boldsymbol{G}=\boldsymbol{X}^{\mathrm{T}}\boldsymbol{X}$之中。

向量长度的表现形式为向量的模，即L^2范数。

向量方向是两两向量之间的相对夹角。更具体地说，是两两向量夹角的余弦值。

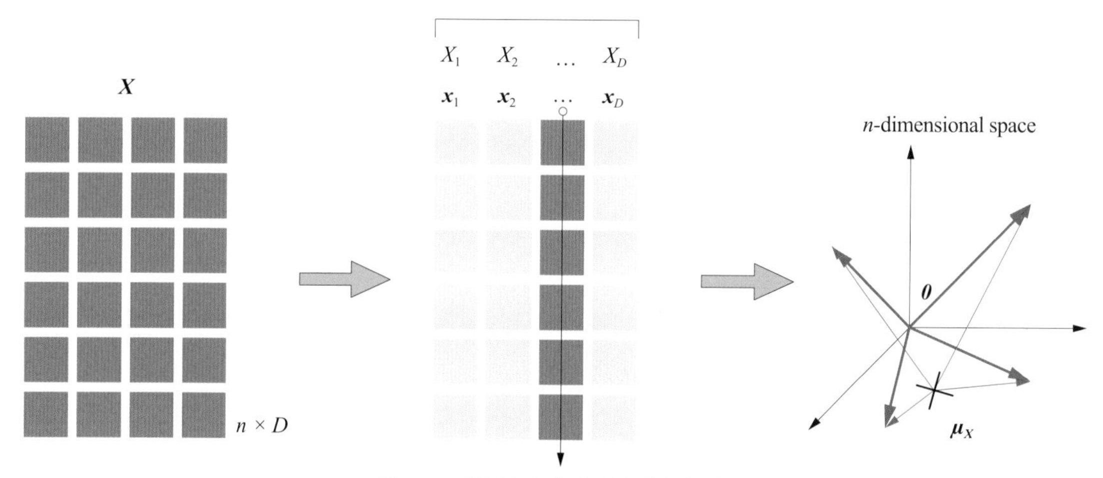

图23.2　从列向量角度观察数据矩阵

如果将图23.2所示的向量起点移动到数据质心$\boldsymbol{\mu}_X$ (即E($\boldsymbol{X}$) 的转置)，这时向量 (红色箭头) 的长度可以看作是标准差 (的若干倍)，而向量之间夹角为随机变量之间的线性相关系数。

从统计角度来看，将向量起点移动到$\boldsymbol{\mu}_X$实际上就是数据矩阵$\boldsymbol{X}$去均值，即中心化，对应运算为$\boldsymbol{X}_c=\boldsymbol{X}-\mathrm{E}(\boldsymbol{X})$。本章后文还将深入介绍这一重要视角。

协方差矩阵$\boldsymbol{\Sigma}$相当于是$\boldsymbol{X}_c$的格拉姆矩阵。准确来说，对于样本数据，$\boldsymbol{X}_c^{\mathrm{T}}\boldsymbol{X}_c=(n-1)\boldsymbol{\Sigma}$。协方差矩阵$\boldsymbol{\Sigma}$包含了样本标准差和线性相关系数等信息。

区分符号

现在有必要再次强调鸢尾花书的容易混淆的代数、线性代数和概率统计符号。

粗体、斜体、小写$\boldsymbol{x}$为列向量。从概率统计的角度，$\boldsymbol{x}$可以代表随机变量X采样得到的样本数据，偶尔也代表X总体数据。随机变量X样本数据集合为$X=\left\{x^{(1)},x^{(2)},\cdots,x^{(n)}\right\}$。

粗体、斜体、小写、加下标序号的$\boldsymbol{x}_1$为列向量，下角标仅仅是序号，以便于与$\boldsymbol{x}_1$、$\boldsymbol{x}_2$、$\boldsymbol{x}_j$、$\boldsymbol{x}_D$等进行区分。从概率统计的角度，$\boldsymbol{x}_1$可以代表随机变量X_1中的样本数据，也可以表达X_1总体数据。

行向量$\boldsymbol{x}^{(1)}$代表一个具有多个特征的样本点。

从代数角度，斜体、小写、非粗体x_1代表变量，下角标代表变量序号。这种记法常用在函数解析式中，如线性回归解析式$y = x_1 + x_2$。

$x^{(1)}$代表变量x的一个取值，或代表随机变量X的一个取值。

而$x_1^{(1)}$代表变量x_1的一个取值，或代表随机变量X_1的一个取值，如$X_1 = \left\{x_1^{(1)}, x_1^{(2)}, ..., x_1^{(n)}\right\}$。

粗体、斜体、大写$\boldsymbol{X}$则专门用于表达多行、多列的数据矩阵，$\boldsymbol{X} = [\boldsymbol{x}_1, \boldsymbol{x}_2, \cdots, \boldsymbol{x}_D]$。数据矩阵$\boldsymbol{X}$中第$i$行、第$j$列元素则记作$x_{i,j}$。多元线性回归中，$\boldsymbol{X}$也叫**设计矩阵** (design matrix)。

我们还会用粗体、斜体、小写希腊字母$\boldsymbol{\chi}$ (chi，读作/ˈkaɪ/) 代表D维随机变量构成的列向量，$\boldsymbol{\chi} = [X_1, X_2, \cdots, X_D]^{\mathrm{T}}$。希腊字母$\boldsymbol{\chi}$主要用在多元概率统计中。

23.2 向量空间：从SVD分解角度理解

这一节介绍$\boldsymbol{X}$的列向量和行向量张成的四个空间以及它们之间关系。

列向量：列空间、左零空间

由$\boldsymbol{X}$的**列向量**$\boldsymbol{x}_1, \boldsymbol{x}_2, \cdots, \boldsymbol{x}_j, \cdots, \boldsymbol{x}_D$张成的子空间 span($\boldsymbol{x}_1, \boldsymbol{x}_2, \cdots, \boldsymbol{x}_D$) 为$\boldsymbol{X}$的**列空间** (column space)，记作$C(\boldsymbol{X})$。很多书上也将**列空间**记作Col($\boldsymbol{X}$)，或Col$\boldsymbol{X}$。

与$C(\boldsymbol{X})$ 相对应的是**左零空间** (left null space)，记作Null($\boldsymbol{X}^{\mathrm{T}}$)。$C(\boldsymbol{X})$ 和Null($\boldsymbol{X}^{\mathrm{T}}$) 构成了$\mathbb{R}^n$。$\boldsymbol{X}$的**列向量**元素个数为$n$，因此需要匹配空间$\mathbb{R}^n$，才能“装下”$\boldsymbol{X}$的**列向量**。

而$C(\boldsymbol{X})$ 和Null($\boldsymbol{X}^{\mathrm{T}}$) 分别都是$\mathbb{R}^n$的子空间，两者的维度之和为$n$，即$\dim(C(\boldsymbol{X})) + \dim(\mathrm{Null}(\boldsymbol{X}^{\mathrm{T}})) = n$。

$C(\boldsymbol{X})$ 与 Null($\boldsymbol{X}^{\mathrm{T}}$) 互为**正交补** (orthogonal complement)，即

$$C\left(\boldsymbol{X}\right)^{\perp} = \mathrm{Null}\left(\boldsymbol{X}^{\mathrm{T}}\right) \tag{23.5}$$

行向量：行空间、零空间

由$\boldsymbol{X}$的**行向量**$\boldsymbol{x}^{(1)}, \boldsymbol{x}^{(2)}, \cdots, \boldsymbol{x}^{(j)}, \cdots, \boldsymbol{x}^{(n)}$张成的子空间 span($\boldsymbol{x}^{(1)}, \boldsymbol{x}^{(2)}, \cdots, \boldsymbol{x}^{(n)}$) 为$\boldsymbol{X}$的**行空间** (row space)，记作$R(\boldsymbol{X})$。很多书上也将行空间记作Row($\boldsymbol{X}$) 或Row$\boldsymbol{X}$。

与$R(\boldsymbol{X})$ 相对应的是**零空间** (null space)，也叫**右零空间** (right null space)，记作Null($\boldsymbol{X}$)。

$\boldsymbol{X}$的**行向量**元素数量为D，空间$\mathbb{R}^D$才能“装下”$\boldsymbol{X}$的**行向量**。$R(\boldsymbol{X})$ 与Null($\boldsymbol{X}$) 构成了$\mathbb{R}^D$。$R(\boldsymbol{X})$ 与Null($\boldsymbol{X}$) 分别都是$\mathbb{R}^D$的子空间。

$R(\boldsymbol{X})$ 与 Null($\boldsymbol{X}$) 互为正交补，即

$$R\left(\boldsymbol{X}\right)^{\perp} = \mathrm{Null}\left(\boldsymbol{X}\right) \tag{23.6}$$

$R(\boldsymbol{X})$的维度为$\dim(R(\boldsymbol{X})) = \mathrm{rank}(\boldsymbol{X})$。$R(\boldsymbol{X})$ 与 Null($\boldsymbol{X}$) 的维度之和为D，即$\dim(R(\boldsymbol{X})) + \dim(\mathrm{Null}(\boldsymbol{X})) = D$。也就是说，只有$\boldsymbol{X}$非满秩时，Null($\boldsymbol{X}$) 维数才不为0。

怎么理解这四个空间？

相信大家读完本节前文这四个空间定义已经晕头转向，云里雾里不知所云。

的确，这四个空间的定义让很多人望而却步。很多线性代数教材多是从线性方程组$\boldsymbol{A}\boldsymbol{x} = \boldsymbol{b}$角度讲解这四个空间，而作者认为这个视角并没有降低理解这四个空间的难度。

下面，我们从数据和几何两个角度来理解这四个空间，并且介绍如何将它们与本书前文介绍的向量内积、格拉姆矩阵、向量空间、子空间、秩、特征值分解、SVD分解、数据质心、协方差矩阵等线性代数概念联系起来。

从完全型SVD分解说起

对“细长”矩阵$\boldsymbol{X}$进行完全型SVD分解，得到等式

$$\boldsymbol{X} = \boldsymbol{U}\boldsymbol{S}\boldsymbol{V}^{\mathrm{T}} \tag{23.7}$$

图23.3所示为$\boldsymbol{X}$完全型SVD分解示意图。

请大家注意几个矩阵形状。完全型SVD分解中，$\boldsymbol{X}$和$\boldsymbol{S}$一般为细高型，$\boldsymbol{U}$和$\boldsymbol{V}$为方阵。

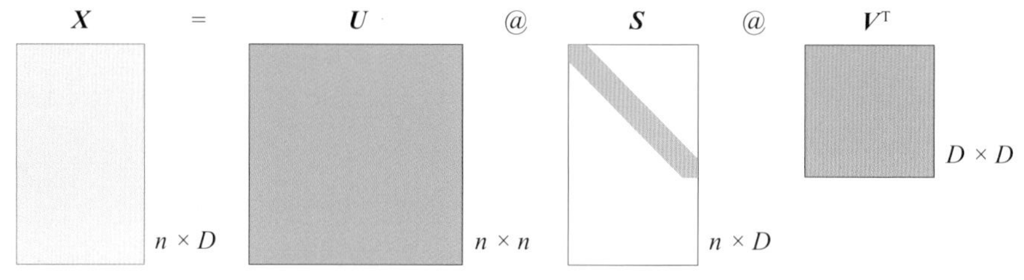

图23.3　$\boldsymbol{X}$进行完全型SVD分解

根据前文所学，大家应该很清楚$\boldsymbol{U}$为$n \times n$正交矩阵，也就是说$\boldsymbol{U}$的列向量$[\boldsymbol{u}_1, \boldsymbol{u}_2, \cdots, \boldsymbol{u}_n]$的特点是两两正交(向量内积为0)，且向量模均为1。

$[\boldsymbol{u}_1, \boldsymbol{u}_2, \cdots, \boldsymbol{u}_n]$为张成$\mathbb{R}^n$空间的一组规范正交基。

同理，$\boldsymbol{V}$为$D \times D$正交矩阵，因此$\boldsymbol{V} = [\boldsymbol{v}_1, \boldsymbol{v}_2, \cdots, \boldsymbol{v}_D]$是张成$\mathbb{R}^D$空间的一组规范正交基。

如图23.4所示，$\boldsymbol{U}$和$\boldsymbol{V}$之间的联系为$\boldsymbol{U}\boldsymbol{S} = \boldsymbol{X}\boldsymbol{V}$。

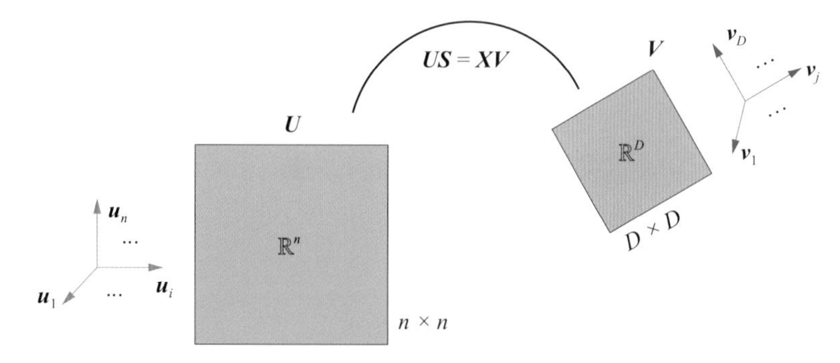

图23.4　对于矩阵$\boldsymbol{X}$来说，$\mathbb{R}^n$空间和$\mathbb{R}^D$空间关系

另外，对“粗短”$\boldsymbol{X}^{\mathrm{T}}$矩阵进行完全型SVD分解，就是对式(23.7)转置，有

$$X^{\mathrm{T}}=\left(USV^{\mathrm{T}}\right)^{\mathrm{T}}=VS^{\mathrm{T}}U^{\mathrm{T}} \tag{23.8}$$

图23.5所示为X^{T}进行完全型SVD分解的示意图。后面，我们会用到这一分解。

注意：对于完全型SVD分解，奇异值矩阵S虽然是对角阵，但不是方阵，因此$S^{\mathrm{T}} \neq S$。

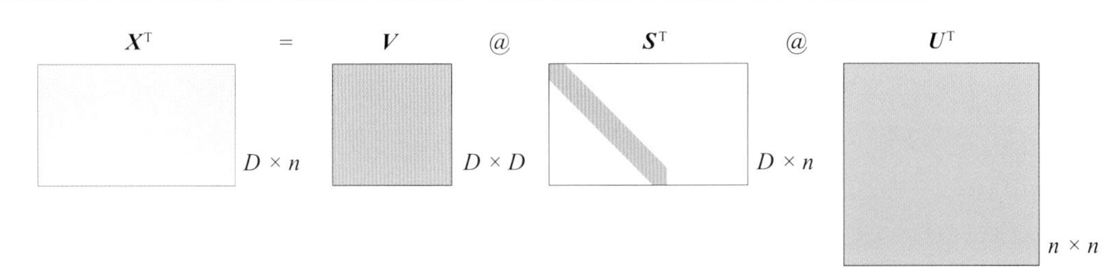

图23.5　X^{T}进行完全型SVD分解

23.3 紧凑型SVD分解：剔除零空间

紧凑型SVD分解

在讲解奇异值分解时，我们特别介绍了紧凑型SVD分解。紧凑型SVD分解对应的情况为$\mathrm{rank}(X) = r < D$。奇异值矩阵S可以分成四个子块，即

$$S=\begin{bmatrix} S_{r\times r} & O \\ O & O \end{bmatrix} \tag{23.9}$$

其中：矩阵$S_{r\times r}$的对角线元素为非0奇异值。

图23.6所示为X进行紧凑型SVD分解的示意图。本书第16章介绍过，分块矩阵乘法中，图23.6中阴影部分对应的分块矩阵可以全部消去。

正交矩阵U保留 $[u_1, \cdots, u_r]$ 子块，消去 $[u_{r+1}, \cdots, u_n]$。

正交矩阵V保留 $[v_1, \cdots, v_r]$ 子块，消去 $[v_{r+1}, \cdots, v_D]$。

$[u_1, \cdots, u_r]$ 是X的**列空间** $C(X)$ 基底，而 $[v_1, \cdots, v_r]$ 是X的**行空间** $R(X)$ 基底。

注意：图23.6中V存在转置运算。

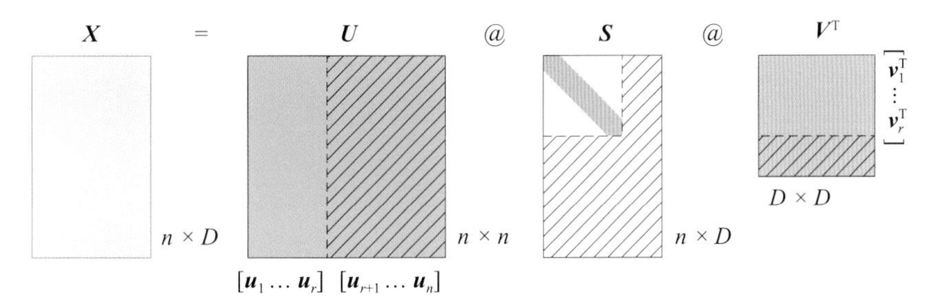

图23.6　X进行紧凑型SVD分解

实际上，$\boldsymbol{U}$和$\boldsymbol{V}$矩阵中消去的子块和上一节说到的**零空间**有直接联系。我们先给出图23.7这幅图，稍后展开讲解。

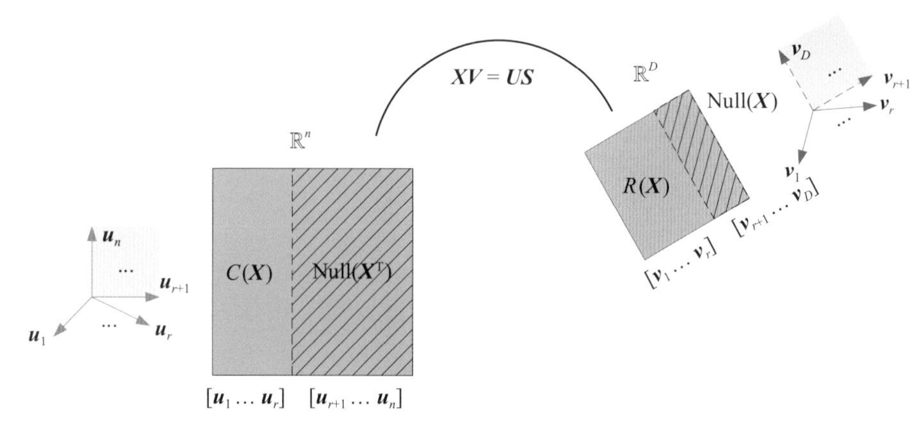

图23.7　$\mathbb{R}^n$ 空间和 $\mathbb{R}^D$ 空间关系 (考虑**列空间**、**左零空间**、**行空间**、**零空间**)

列空间，左零空间

$[\boldsymbol{u}_1, \cdots, \boldsymbol{u}_r]$ 是$\boldsymbol{X}$的**列空间** $C(\boldsymbol{X})$ 基底，而 $[\boldsymbol{u}_{r+1}, \cdots, \boldsymbol{u}_n]$ 是**左零空间** $\text{Null}(\boldsymbol{X}^\text{T})$ 基底。

如图23.8所示，将$\boldsymbol{S}^\text{T}$左右分块，右侧分块矩阵为$\boldsymbol{O}$矩阵。$\boldsymbol{X}^\text{T}$向**左零空间** $\text{Null}(\boldsymbol{X}^\text{T})$ $[\boldsymbol{u}_{r+1}, \cdots, \boldsymbol{u}_n]$ 投影的结果为全0矩阵$\boldsymbol{O}$。

通俗地说，$\mathbb{R}^n$ 用于装$\boldsymbol{X}$的**列向量**，绝对“杀鸡用牛刀”。$[\boldsymbol{u}_1, \cdots, \boldsymbol{u}_r]$ 张起的子空间就“刚刚好”够装下$\boldsymbol{X}$的**列向量**，而 $\mathbb{R}^n$ 中没有被用到的部分就是 $[\boldsymbol{u}_{r+1}, \cdots, \boldsymbol{u}_n]$ 张起的**左零空间** $\text{Null}(\boldsymbol{X}^\text{T})$。

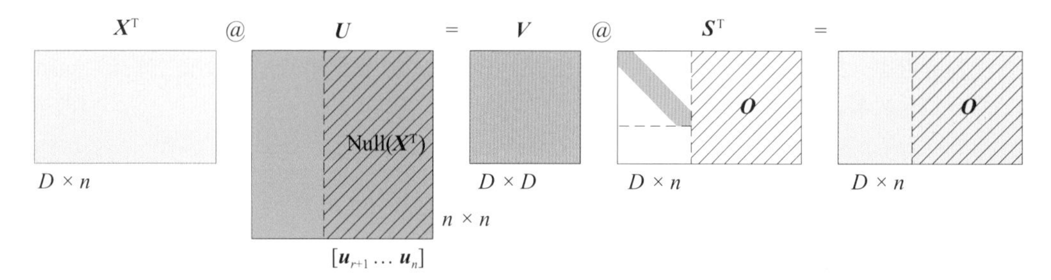

图23.8　$\boldsymbol{X}^\text{T}$向$\text{Null}(\boldsymbol{X}^\text{T})$ $[\boldsymbol{u}_{r+1}, \boldsymbol{u}_2, \cdots, \boldsymbol{u}_n]$ 投影的结果为$\boldsymbol{O}$

这就是为什么$\text{Null}(\boldsymbol{X}^\text{T})$ 被称为**左“零”空间**的原因，因为投影结果为零矩阵。而且，我们也同时在图23.8投影运算中的$\boldsymbol{X}^\text{T}$看到了“转置”，这就解释了为什么**列空间** $C(\boldsymbol{X})$ 对应 $\text{Null}(\boldsymbol{X}^\text{T})$。

多说一句，式 (23.8) 可以写成

$$\boldsymbol{X}^\text{T}\boldsymbol{U} = \boldsymbol{V}\boldsymbol{S}^\text{T} \tag{23.10}$$

式 (23.10) 的正交投影中，矩阵$\boldsymbol{X}^\text{T}$对应的投影矩阵是$\boldsymbol{U}$，$\boldsymbol{X}^\text{T}$的每一行代表一个散点，对应$\boldsymbol{X}$的**列向量**。相信大家已经在这句话中看到**列空间** $C(\boldsymbol{X})$ 和 $\text{Null}(\boldsymbol{X}^\text{T})$ 中“**列**”和“$\boldsymbol{X}^\text{T}$”这两个字眼！

行空间，零空间

而 $[\boldsymbol{v}_1, \cdots, \boldsymbol{v}_r]$ 是$\boldsymbol{X}$的**行空间** $R(\boldsymbol{X})$ 基底，$[\boldsymbol{v}_{r+1}, \cdots, \boldsymbol{v}_D]$ 是**零空间** $\text{Null}(\boldsymbol{X})$ 的基底。

通俗地说，$\mathbb{R}^D$ 用于装$\boldsymbol{X}$的**行向量**，可能大材小用，也可能大小合适。$[\boldsymbol{v}_1, \cdots, \boldsymbol{v}_r]$ 张起的子空间就

刚刚好够装下$\boldsymbol{X}$的**行向量**。剩余的部分就是 $[\boldsymbol{v}_{r+1}, \cdots, \boldsymbol{v}_D]$ 张起的**零空间** Null($\boldsymbol{X}$)。rank($\boldsymbol{X}$) = r = D时，$\mathbb{R}^D$ 装$\boldsymbol{X}$的**行向量**后没有任何余量。

我们也用正交投影视角来看，将式 (23.8) 写成

$$\boldsymbol{XV} = \boldsymbol{US} \tag{23.11}$$

矩阵$\boldsymbol{X}$对应的投影矩阵是$\boldsymbol{V}$，$\boldsymbol{X}$的每一行代表一个散点，对应$\boldsymbol{X}$的**行向量**。如图23.9所示，将$\boldsymbol{S}$左右分块，右侧分块矩阵为$\boldsymbol{O}$矩阵。$\boldsymbol{X}$向Null($\boldsymbol{X}$) 投影的结果为$\boldsymbol{Z}$的右侧零矩阵$\boldsymbol{O}$。

图23.9解释了为什么Null($\boldsymbol{X}$) 被称为“零”空间，而**行空间** $R(\boldsymbol{X})$ 对应**零空间** Null($\boldsymbol{X}$)。

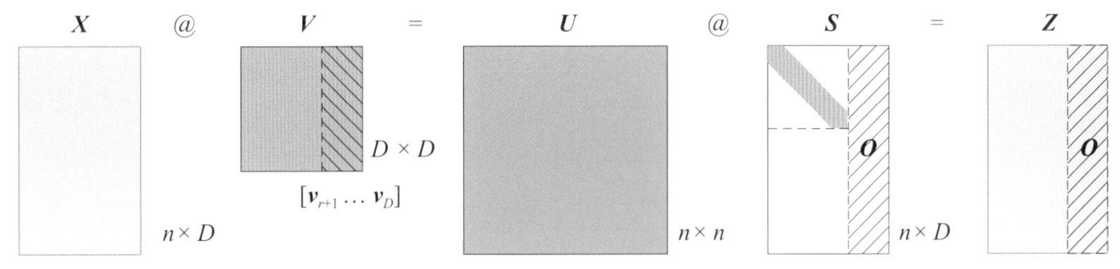

图23.9　$\boldsymbol{X}$向Null($\boldsymbol{X}$) 投影的结果为$\boldsymbol{O}$

复盘一下

$\boldsymbol{U}$是正交矩阵，即 $[\boldsymbol{u}_1, \boldsymbol{u}_2, \cdots, \boldsymbol{u}_n]$ 中列向量两两垂直。基底 $[\boldsymbol{u}_1, \boldsymbol{u}_2, \cdots, \boldsymbol{u}_n]$ 张起了 $\mathbb{R}^n$。

将 $[\boldsymbol{u}_1, \boldsymbol{u}_2, \cdots, \boldsymbol{u}_n]$ 划分成两块—— $C(\boldsymbol{X}) = [\boldsymbol{u}_1, \cdots, \boldsymbol{u}_r]$和Null($\boldsymbol{X}^{\mathrm{T}}$) = $[\boldsymbol{u}_{r+1}, \cdots, \boldsymbol{u}_n]$。**列空间** $C(\boldsymbol{X})$ 与**左零空间**Null($\boldsymbol{X}^{\mathrm{T}}$) 互为正交补。

“正交”两字，来自 $[\boldsymbol{u}_1, \boldsymbol{u}_2, \cdots, \boldsymbol{u}_n]$ 中列向量两两垂直。“补”字，可以理解为“补齐”，也就是说 $C(\boldsymbol{X})$ 和 Null($\boldsymbol{X}^{\mathrm{T}}$) 补齐了 $\mathbb{R}^n$。

同理，将 $\boldsymbol{V} = [\boldsymbol{v}_1, \boldsymbol{v}_2, \cdots, \boldsymbol{v}_D]$ 划分成两块—— $R(\boldsymbol{X}) = [\boldsymbol{v}_1, \cdots, \boldsymbol{v}_r]$和Null($\boldsymbol{X}$) = $[\boldsymbol{v}_{r+1}, \cdots, \boldsymbol{v}_D]$；而**行空间** $R(\boldsymbol{X})$ 和**零空间**Null($\boldsymbol{X}$) 互为正交补，两者“补齐”得到 $\mathbb{R}^D$。

在图23.7的基础上，考虑这两对正交关系，加上 $\mathbb{R}^n$ 空间和 $\mathbb{R}^D$ 空间，我们用图23.10所示的空间关系可视化这六个空间。图中加阴影的部分对应**左零空间**和**零空间**。

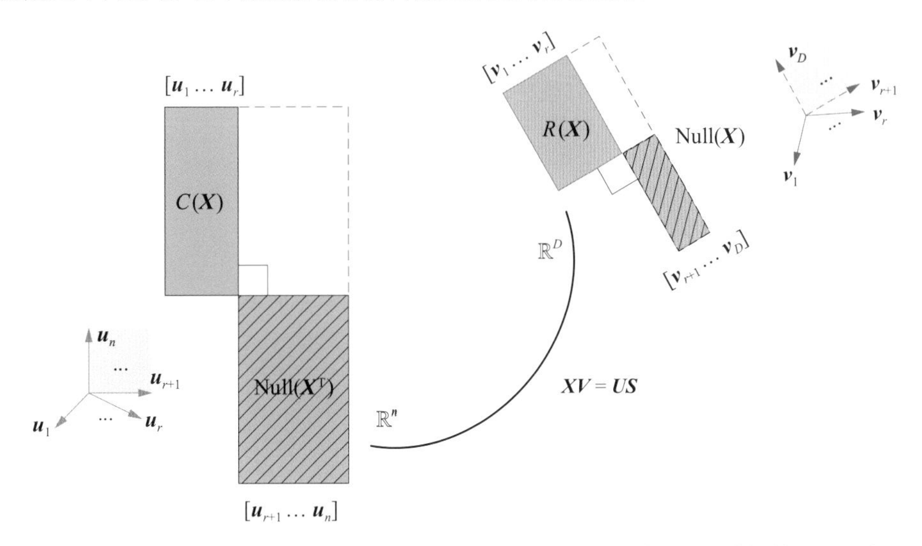

图23.10　$\mathbb{R}^n$ 空间和 $\mathbb{R}^D$ 空间关系 (考虑**列空间**、**左零空间**、**行空间**、**零空间**的正交关系)

四个空间：因X而生

特别强调，$\mathbb{R}^n$空间和$\mathbb{R}^D$空间是“永恒”存在的，是“铁打的庙”。但是，能张成这两个空间的规范正交基有无数组，都是“流水的和尚”。

$[\boldsymbol{u}_1, \cdots, \boldsymbol{u}_n]$，即$C(\boldsymbol{X}) + \text{Null}(\boldsymbol{X}^\text{T})$，是张成$\mathbb{R}^n$空间无数组规范正交基中的一组。

$[\boldsymbol{v}_1, \cdots, \boldsymbol{v}_D]$，即$R(\boldsymbol{X}) + \text{Null}(\boldsymbol{X})$，是张成$\mathbb{R}^D$空间无数组规范正交基中的一组。

值得强调的是，在矩阵$\boldsymbol{X}$眼中，$C(\boldsymbol{X})$、$\text{Null}(\boldsymbol{X}^\text{T})$、$R(\boldsymbol{X})$和$\text{Null}(\boldsymbol{X})$这四个空间是独一无二的存在，因为它们都是为矩阵$\boldsymbol{X}$而生的！

也就是说，数据矩阵$\boldsymbol{X}$稍有变化，不管是元素，还是形状变化，这四个空间就会随之变化。

而获得这四个空间最便捷的方法就是堪称宇宙第一矩阵分解的奇异值分解。

怎么记忆？

如果大家还是分不清这四个空间，我还有一个小技巧！

大家只需要记住$\boldsymbol{XV} = \boldsymbol{US}$这个式子。

$\boldsymbol{U}$和$\boldsymbol{X}$等长，即**列向量**行数相等，因此$\boldsymbol{U}$一定包含**列空间**。

$\boldsymbol{U}$在矩阵乘积$\boldsymbol{US}$左边，因此包含**“左”零空间**。

$\boldsymbol{V}$和$\boldsymbol{X}$等宽，即**行向量**列数相等，且$\boldsymbol{XV}$中的$\boldsymbol{V}$是$\boldsymbol{X}$**行向量**的投影方向，因此$\boldsymbol{V}$包含**行空间**。

$\boldsymbol{V}$在矩阵乘积$\boldsymbol{XV}$右边，因此包含**“右”零空间**。而**右零空间**，就简称**零空间**。因为**右零空间**最常用，所以独占了**“零空间”**这个更简洁的头衔。

问题来了，要是记不住$\boldsymbol{XV} = \boldsymbol{US}$，怎么办？

就一句话——“我们永远15岁”！

$\boldsymbol{US}$代表“我们”，$\boldsymbol{XV}$是罗马数字的15。

23.4 几何视角说空间

下面我们用具体数值从几何视角再强化理解上节介绍的几个空间。

举个例子

给定矩阵$\boldsymbol{X}$为

$$\boldsymbol{X} = \begin{bmatrix} 1 & -1 \\ -\sqrt{3} & \sqrt{3} \\ 2 & -2 \end{bmatrix} \tag{23.12}$$

一眼就能看出来，$\boldsymbol{X}$的两个**列向量**线性相关，因为

$$\boldsymbol{x}_1 = -\boldsymbol{x}_2 \tag{23.13}$$

也就是说$\boldsymbol{X}$的秩为1，即$\text{rank}(\boldsymbol{X}) = r = 1$。

列向量

为了可视化$\boldsymbol{x}_1$和$\boldsymbol{x}_2$这两个**列向量**，我们需要三维直角坐标系 $\mathbb{R}^3$，如图23.11 (a) 所示。

通俗地说，$\mathbb{R}^3$ 才能装下长度为3的**列向量**$\boldsymbol{x}_1$和$\boldsymbol{x}_2$。

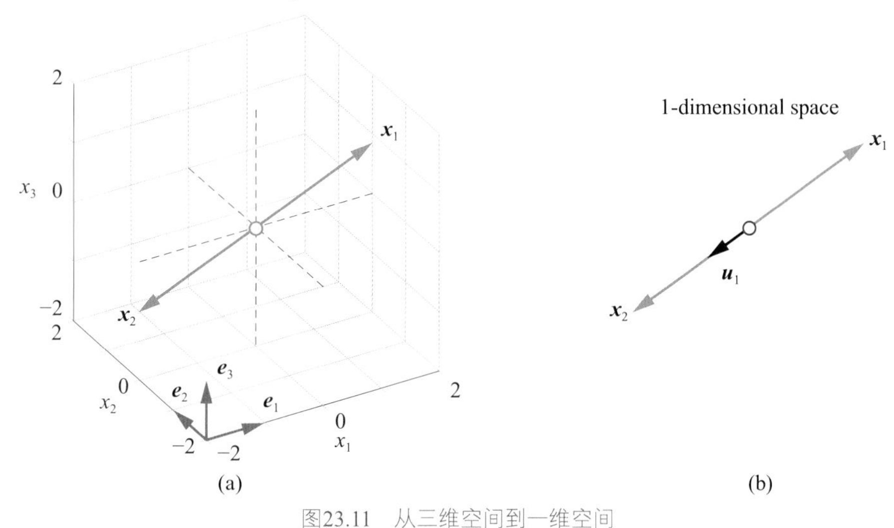

图23.11　从三维空间到一维空间

但是我们发现，实际上，图23.11 (b) 告诉我们有了$\boldsymbol{u}_1$这个单位向量，我们就可以把$\boldsymbol{x}_1$和$\boldsymbol{x}_2$写成

$$\boldsymbol{x}_1 = a\boldsymbol{u}_1,\quad \boldsymbol{x}_2 = b\boldsymbol{u}_1 \tag{23.14}$$

也就是说，$\mathbb{R}^3$ 中的一维子空间span($\boldsymbol{u}_1$) 就足够装下$\boldsymbol{x}_1$和$\boldsymbol{x}_2$，这就是为什么rank($\boldsymbol{X}$) = 1。

那么问题来了，我们如何找到$\boldsymbol{u}_1$这个单位向量呢？

根据前文所学，我们知道有至少有两种办法：① SVD分解；② 特征值分解。

SVD分解

对$\boldsymbol{X}$进行SVD分解得到

$$\boldsymbol{X} = \begin{bmatrix} 1 & -1 \\ -\sqrt{3} & \sqrt{3} \\ 2 & -2 \end{bmatrix} = \underbrace{\begin{bmatrix} -0.3536 & -0.9297 & 0.1034 \\ 0.6124 & -0.1465 & 0.7769 \\ -0.7071 & 0.3380 & 0.6211 \end{bmatrix}}_{U} \underbrace{\begin{bmatrix} 4 & 0 \\ 0 & 0 \\ 0 & 0 \end{bmatrix}}_{S} \left(\underbrace{\begin{bmatrix} -0.7071 & -0.7071 \\ 0.7071 & -0.7071 \end{bmatrix}}_{V} \right)^{\mathrm{T}} \tag{23.15}$$

其中：矩阵$\boldsymbol{U}$的第一**列向量**就是我们要找的$\boldsymbol{u}_1$，而这个$\boldsymbol{u}_1$便独立张成**列空间**$C(\boldsymbol{X})$。

也就是说，$C(\boldsymbol{X})$ 对应 $\boldsymbol{X} = [\boldsymbol{x}_1, \boldsymbol{x}_2]$ 线性无关的成分。

顺藤摸瓜，有意思的是完全型SVD分解中，我们顺路还得到了$\boldsymbol{u}_2$和$\boldsymbol{u}_3$，基底 $[\boldsymbol{u}_2, \boldsymbol{u}_3]$ 张起了**左零空间**Null($\boldsymbol{X}^{\mathrm{T}}$)。

而规范正交基 $[\boldsymbol{u}_1, \boldsymbol{u}_2, \boldsymbol{u}_3]$ 则是张成 $\mathbb{R}^3$ 无数规范正交基中的一个。$[\boldsymbol{u}_1, \boldsymbol{u}_2, \boldsymbol{u}_3]$ 这个独特存在全依靠矩阵$\boldsymbol{X}$。

而 $[\boldsymbol{u}_1]$ 和 $[\boldsymbol{u}_2, \boldsymbol{u}_3]$ 补齐得到 $\mathbb{R}^3$。显然，$\boldsymbol{u}_1$垂直于$\boldsymbol{u}_2$和$\boldsymbol{u}_3$张成的平面 span($\boldsymbol{u}_2$, $\boldsymbol{u}_3$)。如图23.12所示，$[\boldsymbol{u}_1]$ 和 $[\boldsymbol{u}_2, \boldsymbol{u}_3]$ 互为正交补。

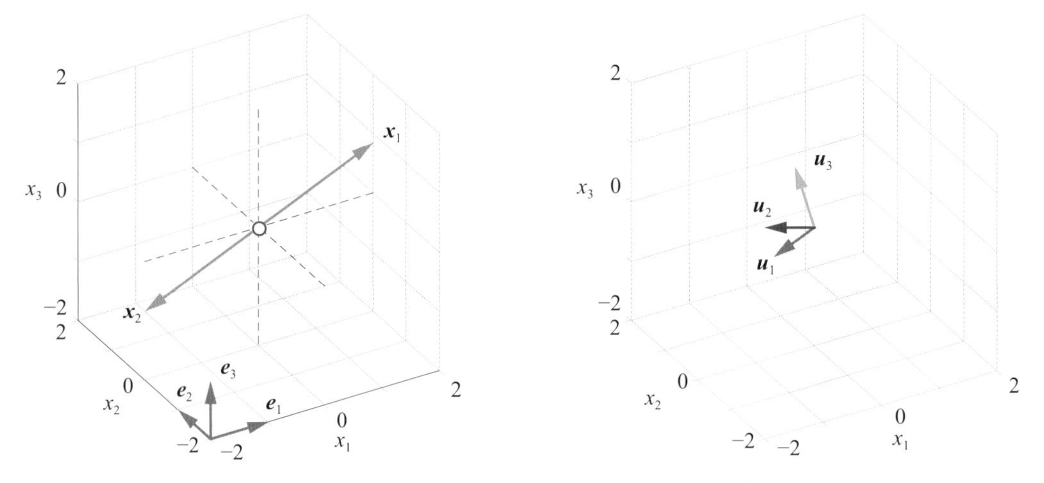

图23.12　矩阵X的**列空间**$C(X)$ 和**左零空间**Null(X^T)

投影

把**列向量**x_1投影到 $U = [u_1, u_2, u_3]$ 中得到

$$x_1^T U = \begin{bmatrix} 1 & -\sqrt{3} & 2 \end{bmatrix} \left[\underbrace{\begin{bmatrix} -0.3536 \\ 0.6124 \\ -0.7071 \end{bmatrix}}_{u_1} \underbrace{\begin{bmatrix} -0.9297 \\ -0.1465 \\ 0.3380 \end{bmatrix}}_{u_2} \underbrace{\begin{bmatrix} 0.1034 \\ 0.7769 \\ 0.6211 \end{bmatrix}}_{u_3} \right] = \begin{bmatrix} -2.8284 & 0 & 0 \end{bmatrix} \tag{23.16}$$

也就是说，x_1在 $[u_1, u_2, u_3]$ 这个标准正交基中的坐标为 (−2.8284, 0, 0)。

大家可以看到x_1在u_2和u_3上的投影结果均为0，这就是u_2和u_3上构成**左零空间**Null(X^T)的原因。

式 (23.16) 中的x_1转置运算也解释了Null(X^T) 括号里面为什么是X^T。

同理，把x_2投影到 $\{u_1, u_2, u_3\}$ 中得到x_1在 $\{u_1, u_2, u_3\}$ 的坐标为 (2.8284, 0, 0)，对应矩阵运算具体为

$$x_2^T U = \begin{bmatrix} -1 & \sqrt{3} & -2 \end{bmatrix} \left[\underbrace{\begin{bmatrix} -0.3536 \\ 0.6124 \\ -0.7071 \end{bmatrix}}_{u_1} \underbrace{\begin{bmatrix} -0.9297 \\ -0.1465 \\ 0.3380 \end{bmatrix}}_{u_2} \underbrace{\begin{bmatrix} 0.1034 \\ 0.7769 \\ 0.6211 \end{bmatrix}}_{u_3} \right] = \begin{bmatrix} 2.8284 & 0 & 0 \end{bmatrix} \tag{23.17}$$

特征值分解

当然，我们也可以用特征值分解得到U。首先计算格拉姆矩阵XX^T

$$XX^T = \begin{bmatrix} 1 & -1 \\ -\sqrt{3} & \sqrt{3} \\ 2 & -2 \end{bmatrix} \begin{bmatrix} 1 & -1 \\ -\sqrt{3} & \sqrt{3} \\ 2 & -2 \end{bmatrix}^T = \begin{bmatrix} 2 & -3.4641 & 4 \\ -3.4641 & 6 & -6.9282 \\ 4 & -6.9282 & 8 \end{bmatrix} \tag{23.18}$$

对XX^T特征值分解可以得到U，即

$$XX^{\mathrm{T}} = \begin{bmatrix} 2 & -3.4641 & 4 \\ -3.4641 & 6 & -6.9282 \\ 4 & -6.9282 & 8 \end{bmatrix}$$

$$= \underbrace{\begin{bmatrix} -0.3536 & -0.9297 & 0.1034 \\ 0.6124 & -0.1465 & 0.7769 \\ -0.7071 & 0.3380 & 0.6211 \end{bmatrix}}_{U} \begin{bmatrix} 16 & 0 & 0 \\ 0 & 0 & 0 \\ 0 & 0 & 0 \end{bmatrix} \underbrace{\begin{bmatrix} -0.3536 & 0.6124 & -0.7071 \\ -0.9297 & -0.1465 & 0.3380 \\ 0.1034 & 0.7769 & 0.6211 \end{bmatrix}}_{U^{\mathrm{T}}} \tag{23.19}$$

图23.13所示为矩阵$\boldsymbol{X}$的**列空间**$C(\boldsymbol{X})$ 和**左零空间**$\mathrm{Null}(\boldsymbol{X}^{\mathrm{T}})$ 之间的关系。

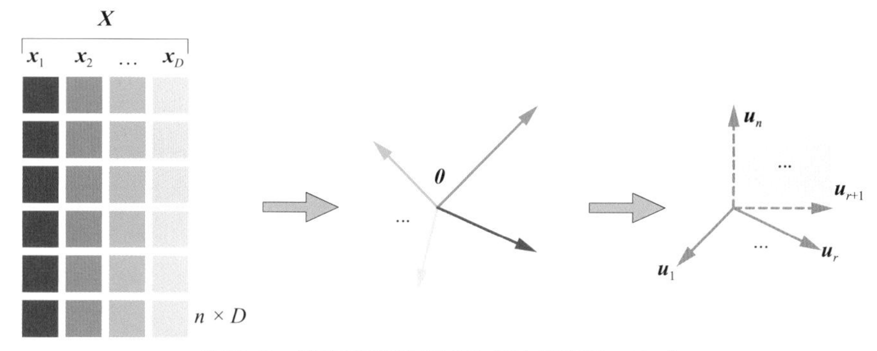

图23.13 矩阵$\boldsymbol{X}$的**列空间**$C(\boldsymbol{X})$ 和**左零空间**$\mathrm{Null}(\boldsymbol{X}^{\mathrm{T}})$

行向量

下面，我们介绍一下$\boldsymbol{X}$矩阵的**行向量**。

很明显$\boldsymbol{X}$的三个**行向量**也是线性相关，有

$$\boldsymbol{x}^{(1)} = \begin{bmatrix} 1 & -1 \end{bmatrix}, \quad \boldsymbol{x}^{(2)} = \begin{bmatrix} -\sqrt{3} & \sqrt{3} \end{bmatrix}, \quad \boldsymbol{x}^{(3)} = \begin{bmatrix} 2 & -2 \end{bmatrix} \tag{23.20}$$

如图23.14 (a) 所示，为了装下**行向量**$\boldsymbol{x}^{(1)}$、$\boldsymbol{x}^{(2)}$和$\boldsymbol{x}^{(3)}$，我们需要二维直角坐标系 $\mathbb{R}^2$ 。而图23.14 (b) 告诉我们，用$\boldsymbol{v}_1$这个单位向量就足以描述$\boldsymbol{x}^{(1)}$、$\boldsymbol{x}^{(2)}$和$\boldsymbol{x}^{(3)}$，因为$\boldsymbol{x}^{(1)}$、$\boldsymbol{x}^{(2)}$和$\boldsymbol{x}^{(3)}$可以写成

$$\boldsymbol{x}^{(1)} = a\boldsymbol{v}_1^{\mathrm{T}}, \quad \boldsymbol{x}^{(2)} = b\boldsymbol{v}_1^{\mathrm{T}}, \quad \boldsymbol{x}^{(3)} = c\boldsymbol{v}_1^{\mathrm{T}} \tag{23.21}$$

通俗地说，$\mathbb{R}^2$ 中的一维子空间$\mathrm{span}(\boldsymbol{v}_1)$ 就足够装下$\boldsymbol{X}$的三个**行向量**。

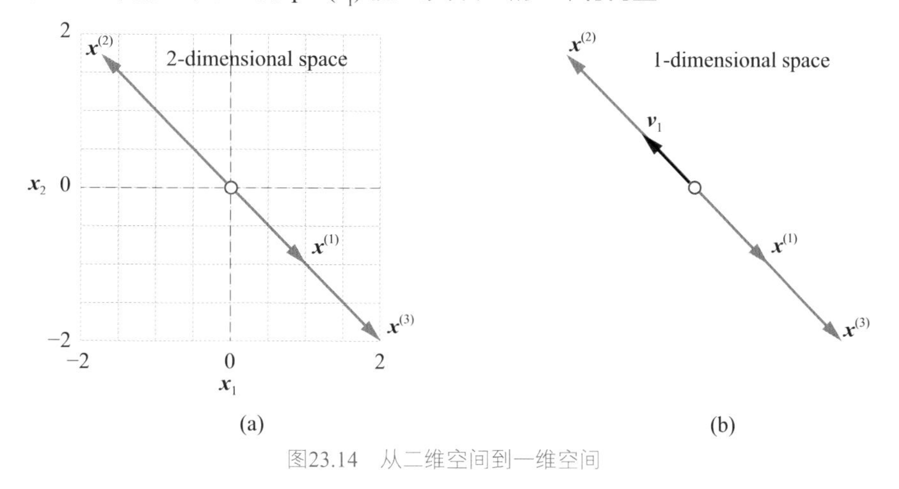

图23.14 从二维空间到一维空间

式 (23.15) 给出的SVD分解结果已经帮我们找到了$\boldsymbol{v}_1$。拔出萝卜带出泥，我们也可以计算得到$\boldsymbol{v}_2$。$\boldsymbol{v}_1$张成**行空间**$R(\boldsymbol{X}) = \text{span}(\boldsymbol{v}_1)$，$\boldsymbol{v}_2$张成**零空间**$\text{Null}(\boldsymbol{X}) = \text{span}(\boldsymbol{v}_2)$。

而规范正交基 $[\boldsymbol{v}_1, \boldsymbol{v}_2]$ 则是张成 $\mathbb{R}^2$ 无数规范正交基中的一个。$[\boldsymbol{v}_1, \boldsymbol{v}_2]$ 是因$\boldsymbol{X}$而来。

如图23.15 (b) 所示，显然 $R(\boldsymbol{X}) = \text{span}(\boldsymbol{v}_1)$ 垂直于 $\text{Null}(\boldsymbol{X}) = \text{span}(\boldsymbol{v}_2)$，即互为正交补。

特别注意：大家不要留下错误印象，认为$\boldsymbol{x}_1$或$\boldsymbol{x}^{(1)}$就一定与$\boldsymbol{u}_1$或$\boldsymbol{v}_1$的方向重合。一般情况这种重合关系不存在，本例中产生重合的原因是$\text{rank}(\boldsymbol{X}) = 1$。

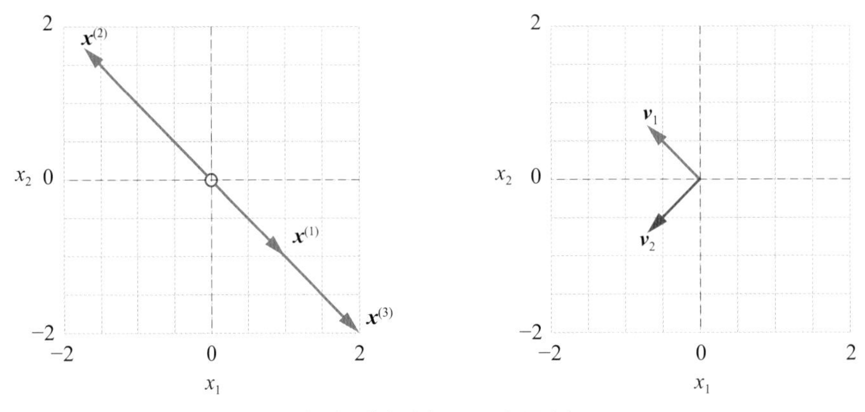

图23.15　矩阵$\boldsymbol{X}$的**行空间**$R(\boldsymbol{X})$ 和**零空间**$\text{Null}(\boldsymbol{X})$

把**行向量**$\boldsymbol{x}^{(1)}$投影到 $[\boldsymbol{v}_1, \boldsymbol{v}_2]$ 中得到

$$\boldsymbol{x}^{(1)}\boldsymbol{V} = \begin{bmatrix} 1 & -1 \end{bmatrix} \left[\underbrace{\begin{bmatrix} -0.7071 \\ 0.7071 \end{bmatrix}}_{\boldsymbol{v}_1} \underbrace{\begin{bmatrix} -0.7071 \\ -0.7071 \end{bmatrix}}_{\boldsymbol{v}_2} \right] = \begin{bmatrix} -1.4142 & 0 \end{bmatrix} \tag{23.22}$$

也就是说，$\boldsymbol{x}^{(1)}$ 在 $[\boldsymbol{v}_1, \boldsymbol{v}_2]$ 这个规范正交基中的坐标为 (−1.4142, 0)。请大家自己计算$\boldsymbol{x}^{(2)}$和$\boldsymbol{x}^{(3)}$投影到 $[\boldsymbol{v}_1, \boldsymbol{v}_2]$ 的结果。

总结来说，$\text{Null}(\boldsymbol{X})$ 为$\boldsymbol{X}$的**零空间**是因为$\boldsymbol{X}$投影到这个空间的结果都是0。而$\text{Null}(\boldsymbol{X}^{\text{T}})$ 为$\boldsymbol{X}$的**左零空间**是因为$\boldsymbol{X}^{\text{T}}$投影到这个空间的结果都是0。

特征值分解

下面，我们再用特征值分解求解$\boldsymbol{V}$。也是先计算格拉姆矩阵$\boldsymbol{X}^{\text{T}}\boldsymbol{X}$

$$\boldsymbol{X}^{\text{T}}\boldsymbol{X} = \begin{bmatrix} 1 & -1 \\ -\sqrt{3} & \sqrt{3} \\ 2 & -2 \end{bmatrix}^{\text{T}} \begin{bmatrix} 1 & -1 \\ -\sqrt{3} & \sqrt{3} \\ 2 & -2 \end{bmatrix} = \begin{bmatrix} 8 & -8 \\ -8 & 8 \end{bmatrix} \tag{23.23}$$

对$\boldsymbol{X}^{\text{T}}\boldsymbol{X}$进行特征值分解，便得到$\boldsymbol{V}$，即

$$\boldsymbol{X}^{\text{T}}\boldsymbol{X} = \begin{bmatrix} 8 & -8 \\ -8 & 8 \end{bmatrix} = \underbrace{\begin{bmatrix} -0.7071 & -0.7071 \\ 0.7071 & -0.7071 \end{bmatrix}}_{\boldsymbol{V}} \begin{bmatrix} 16 & 0 \\ 0 & 0 \end{bmatrix} \underbrace{\begin{bmatrix} -0.7071 & 0.7071 \\ -0.7071 & -0.7071 \end{bmatrix}}_{\boldsymbol{V}^{\text{T}}} \tag{23.24}$$

图23.16所示为矩阵$\boldsymbol{X}$的**行空间**$R(\boldsymbol{X})$与**零空间**Null($\boldsymbol{X}$)之间的关系。

此外，值得大家注意的是，比较式(23.19)和式(23.24)，大家容易发现，两个特征值分解都得到了16这个特征值。为什么会出现这种情况？下一节内容将给出答案。

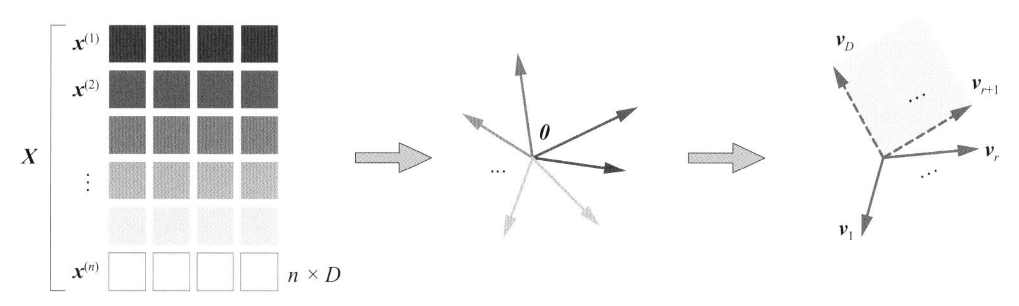

图23.16　矩阵$\boldsymbol{X}$的**行空间**$R(\boldsymbol{X})$和**零空间**Null($\boldsymbol{X}$)

通过以上分析，希望大家能从几何角度理解六个空间之间的关系。此外，大家也看到奇异值分解的强大之处——任何实数矩阵都可以进行奇异值分解。

23.5 格拉姆矩阵：向量模、夹角余弦值的集合体

我们可以把矩阵$\boldsymbol{X}$的每一行或每一列分别视为向量。而对于一个向量而言，最能概括它的性质的基本信息莫过于——长度和方向。

向量长度不难确定，向量的模(L^2范数)就是向量长度。

然而，向量的方向该怎么量化？我们目前接触到几何形体定位最常用的手段是平面或三维直角坐标系，直角坐标系在量化位置、长度、方向上具有天然优势。

但是对于图23.17所示的向量，随着维度不断升高，直角坐标系显得有点力有不逮。

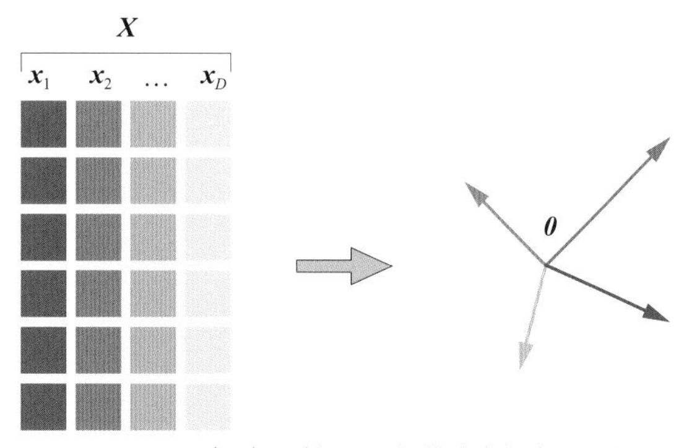

图23.17　矩阵$\boldsymbol{X}$列向量几何化为空间向量

极坐标系

于是，我们想到利用极坐标量化方向。

如图23.18所示，极坐标中定位需要长度和角度，恰巧对应向量的两个重要的元素。唯一的问题是，极坐标系中量化向量和极轴的夹角，即绝对角度。我们接触最多的是向量两两夹角，即相对角度值。

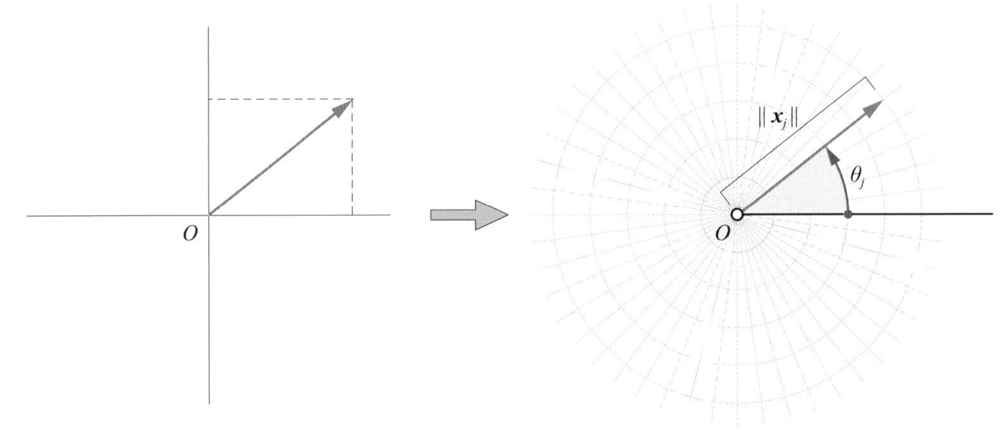

图23.18　从平面直角坐标系到极坐标系 (图片参考《数学要素》)

此外，向量两两夹角数量也是个问题。数据矩阵X有D个列向量，这意味着我们可以得到D个向量模，以及$D(D-1)/2$ (C_D^2) 个向量两两夹角余弦值。按照怎样规则保存这些结果？我们反复提到的格拉姆矩阵就是解决方案。而且，本书第12章介绍的Cholesky分解则可以帮我们找到这些向量的“绝对位置”。

长度、相对夹角

给定一个$n \times D$数据矩阵X，形状细高，也就是$n > D$，它的格拉姆矩阵G为

$$G = X^{\mathrm{T}} X \tag{23.25}$$

如图23.19所示，G为对称方阵，形状为 $D \times D$。

用向量内积来表达G，有

$$G = \begin{bmatrix} \langle x_1, x_1 \rangle & \langle x_1, x_2 \rangle & \cdots & \langle x_1, x_D \rangle \\ \langle x_2, x_1 \rangle & \langle x_2, x_2 \rangle & \cdots & \langle x_2, x_D \rangle \\ \vdots & \vdots & \ddots & \vdots \\ \langle x_D, x_1 \rangle & \langle x_D, x_2 \rangle & \cdots & \langle x_D, x_D \rangle \end{bmatrix} = \begin{bmatrix} \|x_1\|\|x_1\|\cos\theta_{1,1} & \|x_1\|\|x_2\|\cos\theta_{2,1} & \cdots & \|x_1\|\|x_D\|\cos\theta_{1,D} \\ \|x_2\|\|x_1\|\cos\theta_{1,2} & \|x_2\|\|x_2\|\cos\theta_{2,2} & \cdots & \|x_2\|\|x_D\|\cos\theta_{2,D} \\ \vdots & \vdots & \ddots & \vdots \\ \|x_D\|\|x_1\|\cos\theta_{1,D} & \|x_D\|\|x_2\|\cos\theta_{2,D} & \cdots & \|x_D\|\|x_D\|\cos\theta_{D,D} \end{bmatrix} \tag{23.26}$$

可以发现，$G = X^{\mathrm{T}}X$包含的信息有两方面：X列向量的模、列向量两两夹角的余弦值。

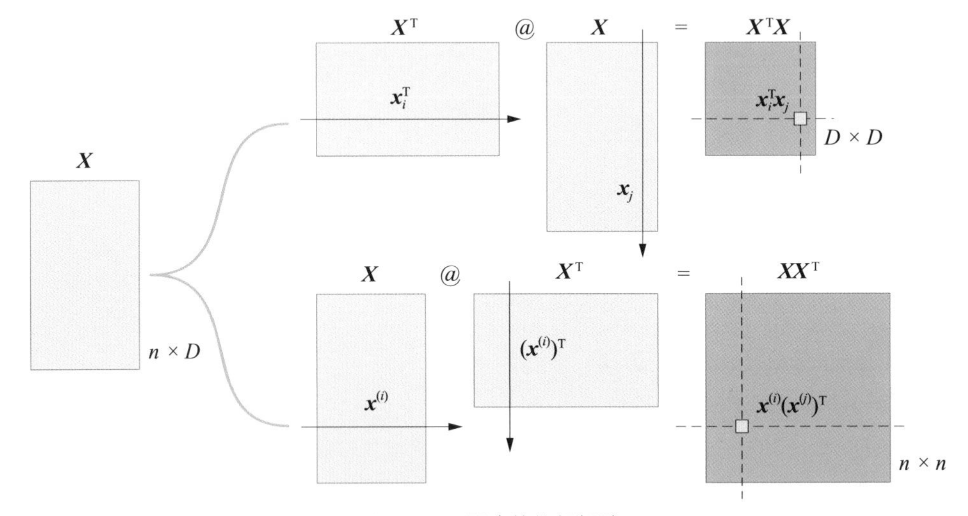

图23.19　两个格拉姆矩阵

而余弦相似度矩阵$\boldsymbol{C}$则进一步减小了信息量，只关注列向量夹角的余弦值，即

$$\boldsymbol{C}=\begin{bmatrix}\frac{\boldsymbol{x}_1\cdot\boldsymbol{x}_1}{\|\boldsymbol{x}_1\|\|\boldsymbol{x}_1\|} & \frac{\boldsymbol{x}_1\cdot\boldsymbol{x}_2}{\|\boldsymbol{x}_1\|\|\boldsymbol{x}_2\|} & \cdots & \frac{\boldsymbol{x}_1\cdot\boldsymbol{x}_D}{\|\boldsymbol{x}_1\|\|\boldsymbol{x}_D\|}\\ \frac{\boldsymbol{x}_2\cdot\boldsymbol{x}_1}{\|\boldsymbol{x}_2\|\|\boldsymbol{x}_1\|} & \frac{\boldsymbol{x}_2\cdot\boldsymbol{x}_2}{\|\boldsymbol{x}_2\|\|\boldsymbol{x}_2\|} & \cdots & \frac{\boldsymbol{x}_2\cdot\boldsymbol{x}_D}{\|\boldsymbol{x}_2\|\|\boldsymbol{x}_D\|}\\ \vdots & \vdots & \ddots & \vdots\\ \frac{\boldsymbol{x}_D\cdot\boldsymbol{x}_1}{\|\boldsymbol{x}_D\|\|\boldsymbol{x}_1\|} & \frac{\boldsymbol{x}_D\cdot\boldsymbol{x}_2}{\|\boldsymbol{x}_D\|\|\boldsymbol{x}_2\|} & \cdots & \frac{\boldsymbol{x}_D\cdot\boldsymbol{x}_D}{\|\boldsymbol{x}_D\|\|\boldsymbol{x}_D\|}\end{bmatrix}=\begin{bmatrix}1 & \cos\theta_{2,1} & \cdots & \cos\theta_{1,D}\\ \cos\theta_{1,2} & 1 & \cdots & \cos\theta_{2,D}\\ \vdots & \vdots & \ddots & \vdots\\ \cos\theta_{1,D} & \cos\theta_{2,D} & \cdots & 1\end{bmatrix} \tag{23.27}$$

计算$\boldsymbol{X}^{\mathrm{T}}$的格拉姆矩阵，并定义其为$\boldsymbol{H}$，有

$$\boldsymbol{H}=\boldsymbol{X}\boldsymbol{X}^{\mathrm{T}} \tag{23.28}$$

如图23.19所示，$\boldsymbol{H}$为对称方阵，形状为 $n\times n$。
用向量内积来表达$\boldsymbol{H}$，有

$$\boldsymbol{H}=\begin{bmatrix}\left\langle\boldsymbol{x}^{(1)},\boldsymbol{x}^{(1)}\right\rangle & \left\langle\boldsymbol{x}^{(1)},\boldsymbol{x}^{(2)}\right\rangle & \cdots & \left\langle\boldsymbol{x}^{(1)},\boldsymbol{x}^{(n)}\right\rangle\\ \left\langle\boldsymbol{x}^{(2)},\boldsymbol{x}^{(1)}\right\rangle & \left\langle\boldsymbol{x}^{(2)},\boldsymbol{x}^{(2)}\right\rangle & \cdots & \left\langle\boldsymbol{x}^{(2)},\boldsymbol{x}^{(n)}\right\rangle\\ \vdots & \vdots & \ddots & \vdots\\ \left\langle\boldsymbol{x}^{(n)},\boldsymbol{x}^{(1)}\right\rangle & \left\langle\boldsymbol{x}^{(n)},\boldsymbol{x}^{(2)}\right\rangle & \cdots & \left\langle\boldsymbol{x}^{(n)},\boldsymbol{x}^{(n)}\right\rangle\end{bmatrix} \tag{23.29}$$

$\boldsymbol{H}=\boldsymbol{X}\boldsymbol{X}^{\mathrm{T}}$也包含两方面的信息：$\boldsymbol{X}$行向量的模、行向量之间两两夹角的余弦值。

特征值分解

下面用特征值分解找到$\boldsymbol{X}^{\mathrm{T}}\boldsymbol{X}$和$\boldsymbol{X}\boldsymbol{X}^{\mathrm{T}}$之间的联系。
先对$\boldsymbol{G}=\boldsymbol{X}^{\mathrm{T}}\boldsymbol{X}$进行特征值分解，得到

$$\boldsymbol{G}=\boldsymbol{V}\boldsymbol{\Lambda}\boldsymbol{V}^{\mathrm{T}} \tag{23.30}$$

假设λ_G为$\boldsymbol{G}$的一个特征值，对应的特征向量为$\boldsymbol{v}$，由此可以得到等式

$$\boldsymbol{G}\boldsymbol{v}=\lambda_G\boldsymbol{v} \tag{23.31}$$

即

$$\boldsymbol{X}^{\mathrm{T}}\boldsymbol{X}\boldsymbol{v}=\lambda_G\boldsymbol{v} \tag{23.32}$$

然后对$\boldsymbol{H}$特征值分解，有

$$\boldsymbol{H}=\boldsymbol{U}\boldsymbol{D}\boldsymbol{U}^{\mathrm{T}} \tag{23.33}$$

其中：$\boldsymbol{U}$为特征向量矩阵；$\boldsymbol{D}$为特征值对角阵。
假设λ_H为$\boldsymbol{H}$的一个特征值，对应特征向量为$\boldsymbol{u}$，构造等式

$$\boldsymbol{H}\boldsymbol{u}=\lambda_H\boldsymbol{u} \tag{23.34}$$

即

$$XX^{\mathrm{T}}\boldsymbol{u}=\lambda_H\boldsymbol{u} \tag{23.35}$$

式 (23.32) 左右乘以X，得到

$$XX^{\mathrm{T}}\underbrace{X\boldsymbol{v}}_{\boldsymbol{u}}=\lambda_G\underbrace{X\boldsymbol{v}}_{\boldsymbol{u}} \tag{23.36}$$

比较式 (23.35) 和式 (23.36)，可以发现X^TX和XX^T特征值分解得到的非零特征值存在等价关系。这就回答了为什么式 (23.19) 和式 (23.24) 都有16这个特征值这个问题。其实，我们在本书第16章也谈过这一现象。注意，如果$n>D$，则H比G的特征值多，H有大量的特征值为0。

23.6 标准差向量：以数据质心为起点

协方差矩阵可以看成是特殊的格拉姆矩阵，协方差矩阵也是一个“向量模”“向量间夹角”信息的集合体。

对于形状为 $n\times D$ 的样本数据矩阵X，它的协方差矩阵Σ可以通过下式计算得到，即

$$\Sigma=\frac{\left(\underbrace{X-\mathrm{E}(X)}_{\text{Centered}}\right)^{\mathrm{T}}\left(\underbrace{X-\mathrm{E}(X)}_{\text{Centered}}\right)}{n-1}=\frac{X_c^{\mathrm{T}}X_c}{n-1} \tag{23.37}$$

其中：分母上，$n-1$仅仅起到取平均作用。X_c的格拉姆矩阵为

$$X_c^{\mathrm{T}}X_c=(n-1)\Sigma \tag{23.38}$$

如图23.20所示，X列向量的向量起点为$\boldsymbol{0}$。而去均值获得X_c过程，相当于把列向量起点移动到质心E(X)，有

$$X_c=X-\mathrm{E}(X) \tag{23.39}$$

将X_c列向量的起点也平移到$\boldsymbol{0}$，和X列向量起点对齐。图23.21所示比较了X和X_c列向量，显然去均值之后，向量的长度和向量之间的夹角都发生了变化。有一种特例是，当质心 E(X) 本身就在$\boldsymbol{0}$时，这样$X=X_c$。

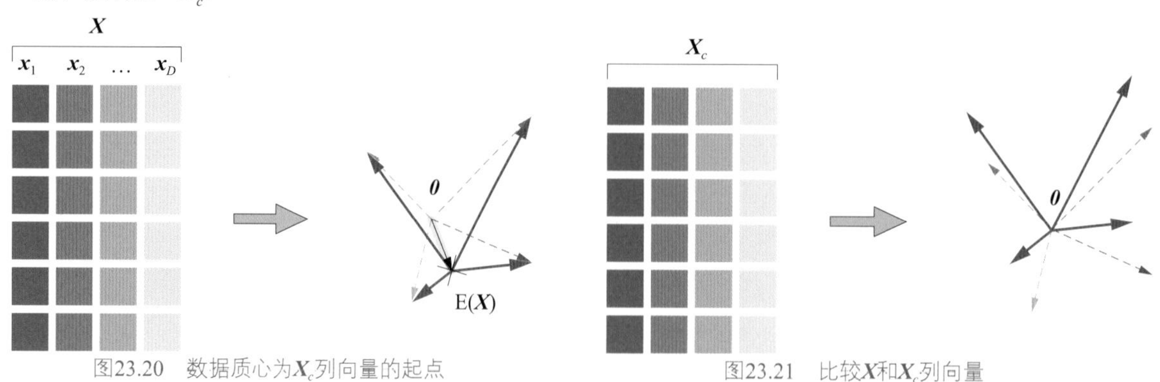

图23.20　数据质心为X_c列向量的起点

图23.21　比较X和X_c列向量

在数据科学和机器学习应用中，最常见的三大类数据矩阵是：① 原始数据矩阵$\boldsymbol{X}$；② 中心化数据矩阵$\boldsymbol{X}_c$；③ 标准化数据矩阵$\boldsymbol{Z}_{\boldsymbol{X}}$ (Z分数)。

根据本章前文介绍，数据矩阵$\boldsymbol{X}$有四个空间；显然，中心化数据矩阵$\boldsymbol{X}_c$也有自己的四个空间。那么大家立刻会想到，标准化数据矩阵$\boldsymbol{Z}_{\boldsymbol{X}}$，肯定也有对应的四个空间。

也就是说，如果用SVD分解$\boldsymbol{X}$、$\boldsymbol{X}_c$、$\boldsymbol{Z}_{\boldsymbol{X}}$这三个数据矩阵，会得到不同的结果。下一章则通过各种矩阵分解帮我们分析这三大类数据特点和区别。

标准差向量

整理式 (23.37) 得到$\boldsymbol{X}_c^{\mathrm{T}}\boldsymbol{X}_c$

$$\boldsymbol{X}_c^{\mathrm{T}}\boldsymbol{X}_c=(n-1)\boldsymbol{\Sigma}=(n-1)\begin{bmatrix}\sigma_1^2 & \rho_{1,2}\sigma_1\sigma_2 & \cdots & \rho_{1,D}\sigma_1\sigma_D\\ \rho_{1,2}\sigma_1\sigma_2 & \sigma_2^2 & \cdots & \rho_{2,D}\sigma_2\sigma_D\\ \vdots & \vdots & \ddots & \vdots\\ \rho_{1,D}\sigma_1\sigma_D & \rho_{2,D}\sigma_2\sigma_D & \cdots & \sigma_D^2\end{bmatrix} \tag{23.40}$$

对比式 (23.26) 和式 (23.40)，我们可以把标准差σ_j也看作是向量$\boldsymbol{\sigma}_j$，我们给它起个名字叫“标准差向量”。

标准差向量$\boldsymbol{\sigma}_j$之间的夹角的余弦值便是相关性系数。这样式 (23.40) 可以写成

$$\boldsymbol{\Sigma}=\begin{bmatrix}\langle\boldsymbol{\sigma}_1,\boldsymbol{\sigma}_1\rangle & \langle\boldsymbol{\sigma}_1,\boldsymbol{\sigma}_2\rangle & \cdots & \langle\boldsymbol{\sigma}_1,\boldsymbol{\sigma}_D\rangle\\ \langle\boldsymbol{\sigma}_2,\boldsymbol{\sigma}_1\rangle & \langle\boldsymbol{\sigma}_2,\boldsymbol{\sigma}_2\rangle & \cdots & \langle\boldsymbol{\sigma}_2,\boldsymbol{\sigma}_D\rangle\\ \vdots & \vdots & \ddots & \vdots\\ \langle\boldsymbol{\sigma}_D,\boldsymbol{\sigma}_1\rangle & \langle\boldsymbol{\sigma}_D,\boldsymbol{\sigma}_2\rangle & \cdots & \langle\boldsymbol{\sigma}_D,\boldsymbol{\sigma}_D\rangle\end{bmatrix}=\begin{bmatrix}\|\boldsymbol{\sigma}_1\|\|\boldsymbol{\sigma}_1\|\cos\phi_{1,1} & \|\boldsymbol{\sigma}_1\|\|\boldsymbol{\sigma}_2\|\cos\phi_{2,1} & \cdots & \|\boldsymbol{\sigma}_1\|\|\boldsymbol{\sigma}_D\|\cos\phi_{1,D}\\ \|\boldsymbol{\sigma}_2\|\|\boldsymbol{\sigma}_1\|\cos\phi_{1,2} & \|\boldsymbol{\sigma}_2\|\|\boldsymbol{\sigma}_2\|\cos\phi_{2,2} & \cdots & \|\boldsymbol{\sigma}_2\|\|\boldsymbol{\sigma}_D\|\cos\phi_{2,D}\\ \vdots & \vdots & \ddots & \vdots\\ \|\boldsymbol{\sigma}_D\|\|\boldsymbol{\sigma}_1\|\cos\phi_{1,D} & \|\boldsymbol{\sigma}_D\|\|\boldsymbol{\sigma}_2\|\cos\phi_{2,D} & \cdots & \|\boldsymbol{\sigma}_D\|\|\boldsymbol{\sigma}_D\|\cos\phi_{D,D}\end{bmatrix} \tag{23.41}$$

如果两个随机变量线性相关，则对应标准差向量平行；如果两个随机变量线性无关，则对应的标准差向量正交。

图23.22所示比较了余弦相似度和相关性系数。

相关性系数和余弦相似性都描述了两个“相似程度”，也就是靠近的程度；两者取值范围都是[−1, 1]。越靠近1，说明越相似，向量越贴近；越靠近−1，说明越不同，向量越背离。

不同的是，相关性系数量化“标准差向量”$\boldsymbol{\sigma}_j$之间的相似，余弦相似性量化数据矩阵$\boldsymbol{X}$列向量$\boldsymbol{x}_j$之间的相似。$\boldsymbol{x}_j$向量的起点为原点$\boldsymbol{0}$，$\boldsymbol{\sigma}_j$向量起点为数据质心。

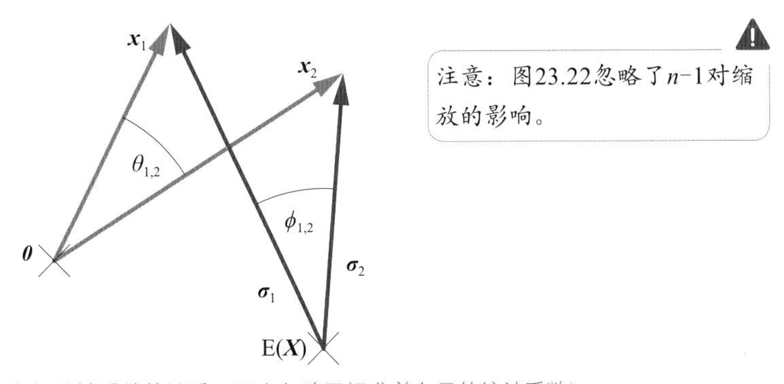

图23.22　余弦相似度和相关性系数的关系（图中忽略了标准差向量的缩放系数）

大家可能想要知道$\boldsymbol{x}_j$向量和$\boldsymbol{\sigma}_j$向量到底是什么？它们的具体坐标值又如何？我们下一章再回答这个问题。

相关性系数

类似于余弦相似度矩阵$\boldsymbol{C}$，相关性系数矩阵$\boldsymbol{P}$仅仅含有标准差向量夹角 (即相关性系数) 这一层信息，即

$$\boldsymbol{P}=\begin{bmatrix}\frac{\boldsymbol{\sigma}_1\cdot\boldsymbol{\sigma}_1}{\|\boldsymbol{\sigma}_1\|\|\boldsymbol{\sigma}_1\|} & \frac{\boldsymbol{\sigma}_1\cdot\boldsymbol{\sigma}_2}{\|\boldsymbol{\sigma}_1\|\|\boldsymbol{\sigma}_2\|} & \cdots & \frac{\boldsymbol{\sigma}_1\cdot\boldsymbol{\sigma}_D}{\|\boldsymbol{\sigma}_1\|\|\boldsymbol{\sigma}_D\|} \\ \frac{\boldsymbol{\sigma}_2\cdot\boldsymbol{\sigma}_1}{\|\boldsymbol{\sigma}_2\|\|\boldsymbol{\sigma}_1\|} & \frac{\boldsymbol{\sigma}_2\cdot\boldsymbol{\sigma}_2}{\|\boldsymbol{\sigma}_2\|\|\boldsymbol{\sigma}_2\|} & \cdots & \frac{\boldsymbol{\sigma}_2\cdot\boldsymbol{\sigma}_D}{\|\boldsymbol{\sigma}_2\|\|\boldsymbol{\sigma}_D\|} \\ \vdots & \vdots & \ddots & \vdots \\ \frac{\boldsymbol{\sigma}_D\cdot\boldsymbol{\sigma}_1}{\|\boldsymbol{\sigma}_D\|\|\boldsymbol{\sigma}_1\|} & \frac{\boldsymbol{\sigma}_D\cdot\boldsymbol{\sigma}_2}{\|\boldsymbol{\sigma}_D\|\|\boldsymbol{\sigma}_2\|} & \cdots & \frac{\boldsymbol{\sigma}_D\cdot\boldsymbol{\sigma}_D}{\|\boldsymbol{\sigma}_D\|\|\boldsymbol{\sigma}_D\|}\end{bmatrix}=\begin{bmatrix}1 & \cos\phi_{2,1} & \cdots & \cos\phi_{1,D} \\ \cos\phi_{1,2} & 1 & \cdots & \cos\phi_{2,D} \\ \vdots & \vdots & \ddots & \vdots \\ \cos\phi_{1,D} & \cos\phi_{2,D} & \cdots & 1\end{bmatrix} \tag{23.42}$$

如图23.23所示，以二元随机数为例，相关性系数可以通过散点、二元高斯分布PDF曲面、PDF等高线、椭圆等表达。有了本节内容，在众多可视化方案基础上，相关性系数又多了一层几何表达。鸢尾花书《统计至简》一册将讲解随机数、二元高斯分布、概率密度函数PDF等概念。此外，在《统计至简》一册中大家会看到无处不在的椭圆。

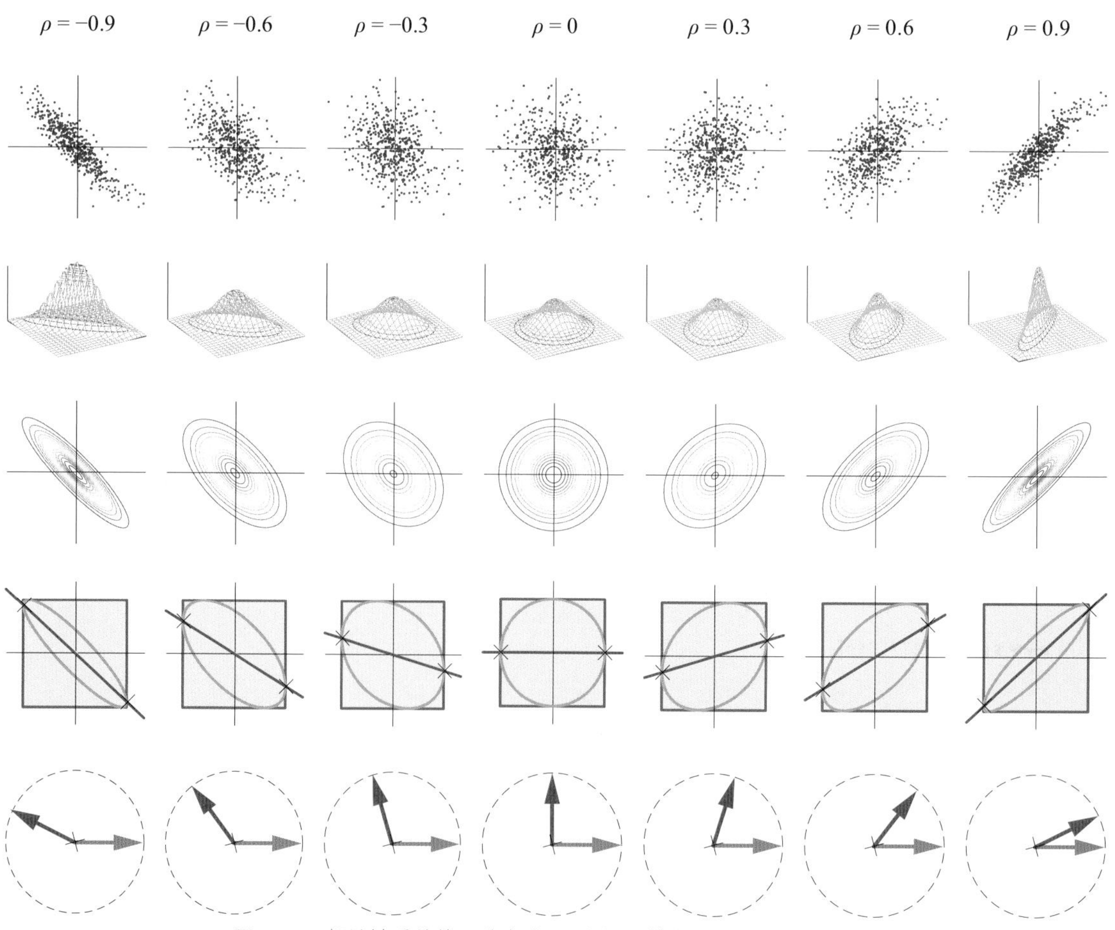

图23.23　相关性系数的几种表达 (图中标准差相等，质心位于原点)

23.7 白话说空间：以鸢尾花数据为例

本章最后一节，我们尝试尽量用大白话把本章之前讲解的四个空间说清楚。本节用的数据是鸢尾花数据的前两列，即$\boldsymbol{X}_{150\times 2}=[\boldsymbol{x}_1, \boldsymbol{x}_2]$。

标准正交基

矩阵$\boldsymbol{X}$有150行、2列，有150个行向量，它们就是图23.24中灰色带箭头的线段。为了装下这150个行向量，我们自然而然地想到了$[\boldsymbol{e}_1, \boldsymbol{e}_2]$——平面$\mathbb{R}^2$的标准正交基。

图23.24中散点横坐标就对应$\boldsymbol{X}$的第一列向量$\boldsymbol{x}_1$，纵坐标对应$\boldsymbol{X}$的第二列向量$\boldsymbol{x}_2$。

本书第7章讲过，$[\boldsymbol{e}_1, \boldsymbol{e}_2]$表示平面$\mathbb{R}^2$最为自然，因此它叫做标准正交基。

大家知道，一维空间是相当于一条过原点的直线，显然图23.24的散点不在一条过原点的直线上。也就是说，要想装下$\boldsymbol{X}$的行向量至少需要一个二维空间。因此$[\boldsymbol{e}_1, \boldsymbol{e}_2]$对于图23.24所示的向量来说，大小正好，没有任何富余。

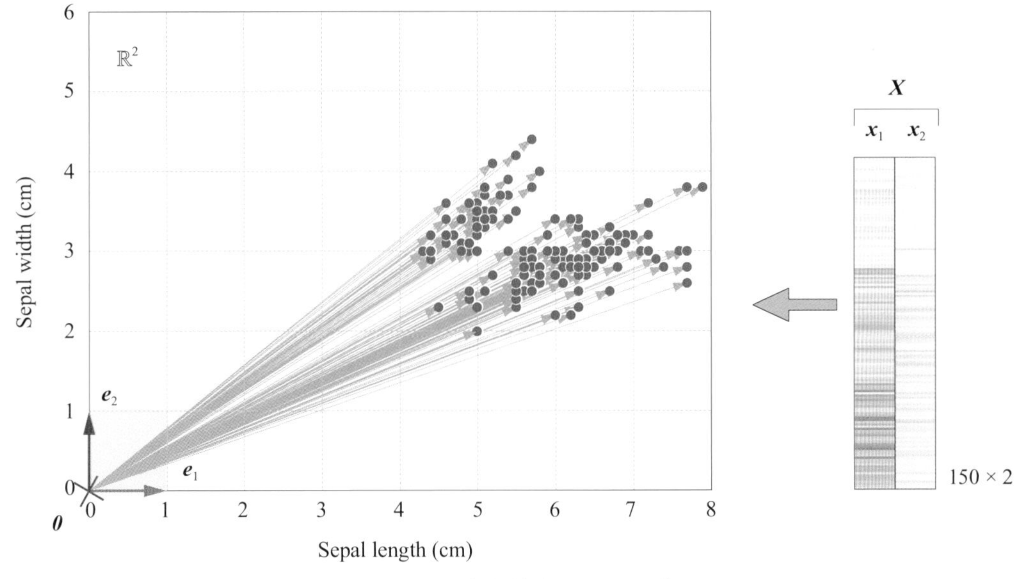

图23.24　找一个能够装下$\boldsymbol{X}$行向量的空间

行空间、零空间

根据本章前文所学，为了计算$\boldsymbol{X}$的**行空间、零空间**，我们可以首先计算格拉姆矩阵 (见图23.25)，然后对$\boldsymbol{X}^{\mathrm{T}}\boldsymbol{X}$特征值分解，即

$$\boldsymbol{G}=\boldsymbol{X}^{\mathrm{T}}\boldsymbol{X}=\begin{bmatrix}5223.85 & 2673.43\\ 2673.43 & 1430.40\end{bmatrix}=\underbrace{\begin{bmatrix}0.888 & -0.459\\ 0.459 & 0.888\end{bmatrix}}_{\boldsymbol{V}}\underbrace{\begin{bmatrix}6605.05 & \\ & 49.20\end{bmatrix}}_{\boldsymbol{\Lambda}}\underbrace{\begin{bmatrix}0.888 & 0.459\\ -0.459 & 0.888\end{bmatrix}}_{\boldsymbol{V}^{\mathrm{T}}} \tag{23.43}$$

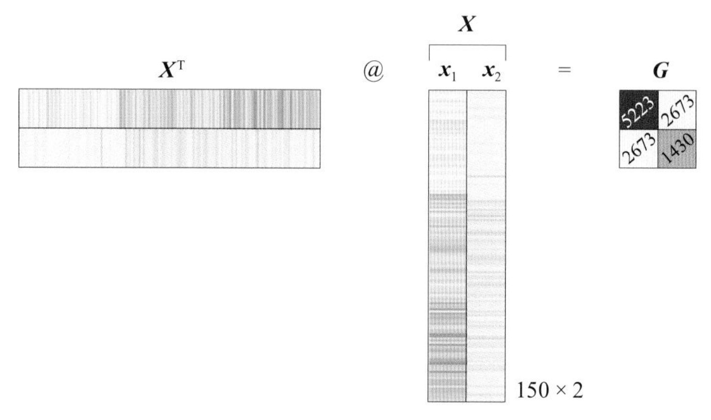

图23.25　计算格拉姆矩阵X^TX

可以张起 $\mathbb{R}^2$ 的规范正交基有无数个，式 (23.43) 中的$V = [v_1, v_2]$ 只是其中一个。$[v_1, v_2]$ 在平面上的网格如图23.26所示。X在这个 $[v_1, v_2]$ 坐标系中有全新的坐标点。请大家自己回忆怎么计算新的坐标点。

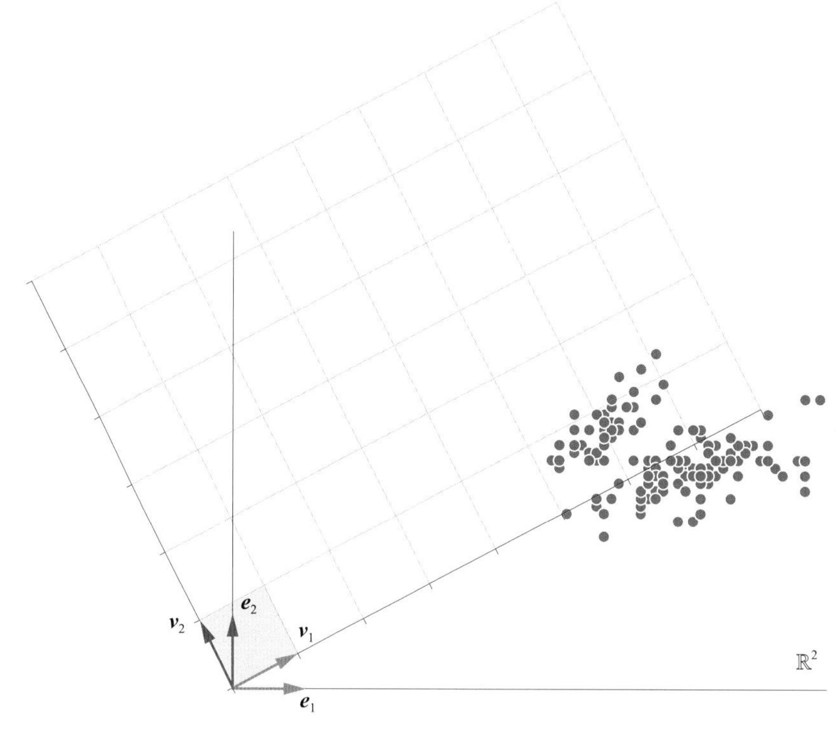

图23.26　规范正交基 $[v_1, v_2]$

大家可能会问，之前我们已经在 $[e_1, e_2]$ 这个坐标系中“自然地”描绘了数据矩阵X，为何还要劳神费力地寻找 $[v_1, v_2]$呢？

这是因为对X来说，$[v_1, v_2]$ 可谓是“量身打造”的！下面，我们看看 $[v_1, v_2]$ 有何特殊之处。

如图23.27所示，X向v_1投影的结果为$y_1 = Xv_1$。X是图中的蓝色点 ●，y_1为图中的蓝色叉 × 在 span(v_1) 上的坐标值。蓝色叉 × 距离原点欧氏距离的平方和对应式 (23.43) 中的特征值$\lambda_1 = 6605.05$。

利用本书第18章介绍的优化视角来观察，给定平面内任意单位向量v，$\|Xv\|_2^2$ 的最大值就是λ_1，而$\|Xv\|_2$ 能取得的最大值就是$\sqrt{\lambda_1}$，对应X的最大奇异值，即$s_1 = \sqrt{\lambda_1}$。

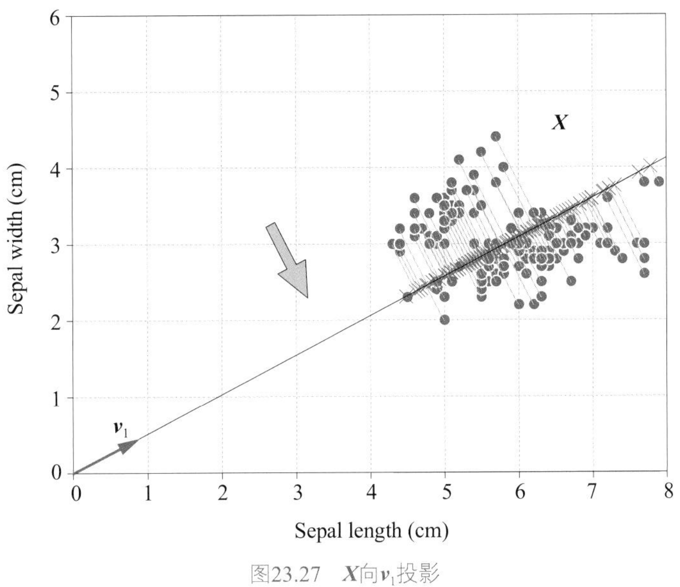

图23.27　$\boldsymbol{X}$向$\boldsymbol{v}_1$投影

反之，如图23.28所示，$\boldsymbol{X}$向$\boldsymbol{v}_2$投影的结果为$\boldsymbol{y}_2 = \boldsymbol{X}\boldsymbol{v}_2$。给定平面内任意单位向量$\boldsymbol{v}$，$\|\boldsymbol{X}\boldsymbol{v}\|_2^2$的最小值就是$\lambda_2$。

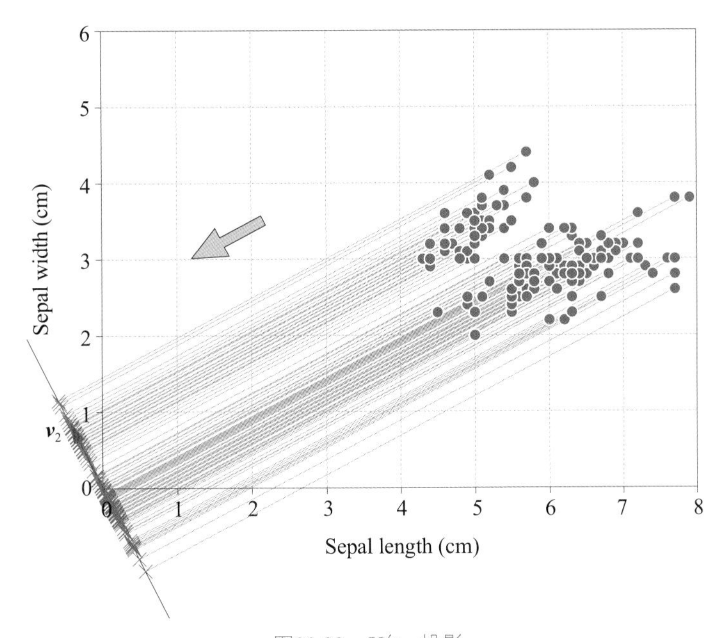

图23.28　$\boldsymbol{X}$向$\boldsymbol{v}_2$投影

基底 $[\boldsymbol{v}_1, \boldsymbol{v}_2]$ 对于$\boldsymbol{X}$来说，也显得“捉襟见肘”，维度不能再进一步减小。

如果$\boldsymbol{X}$非列满秩，则$\boldsymbol{V}$就会出现“富余”，这个富余就是零空间。

比如，$\boldsymbol{X}_1 = \boldsymbol{X}\boldsymbol{v}_1 \otimes \boldsymbol{v}_1$ 就是图23.27中蓝色叉 × 在 $\mathbb{R}^2$ 中的坐标。蓝色叉 × 显然都在一条过原点的直线上。$\boldsymbol{X}_1$的秩为1也印证了这一点。对于$\boldsymbol{X}_1$来说，span($\boldsymbol{v}_1$) 足够装下$\boldsymbol{X}_1$，余富的span($\boldsymbol{v}_2$) 就是$\boldsymbol{X}_1$的零空间。很明显，$\boldsymbol{X}_1$在span($\boldsymbol{v}_2$) 投影为零向量$\boldsymbol{0}$。感兴趣的话，大家可以自己计算$\boldsymbol{X}_1$的特征值，它的一个特征值是$\lambda_1 = 6605.05$，另一个特征值为0。

列空间、左零空间

矩阵$\boldsymbol{X}$有两个列向量$\boldsymbol{x}_1$和$\boldsymbol{x}_2$，$\boldsymbol{x}_1$和$\boldsymbol{x}_2$的行数都是150。为了装下$\boldsymbol{x}_1$和$\boldsymbol{x}_2$，我们自然想到$\mathbb{R}^{150}$。但是$\mathbb{R}^{150}$对于矩阵$\boldsymbol{X}$来说简直就是“高射炮打蚊子”，小题大做！

下面解释原因。

为了计算矩阵$\boldsymbol{X}$的**列空间、左零空间**，我们首先计算格拉姆矩阵$\boldsymbol{X}\boldsymbol{X}^{\mathrm{T}}$，计算过程如图23.29所示。格拉姆矩阵$\boldsymbol{X}\boldsymbol{X}^{\mathrm{T}}$形状为150 × 150。格拉姆矩阵$\boldsymbol{X}\boldsymbol{X}^{\mathrm{T}}$看着很大，实际上它的秩只有2。也就是说，$\boldsymbol{X}\boldsymbol{X}^{\mathrm{T}}$所有150个列向量都可以用两个列向量的线性组合来表达。

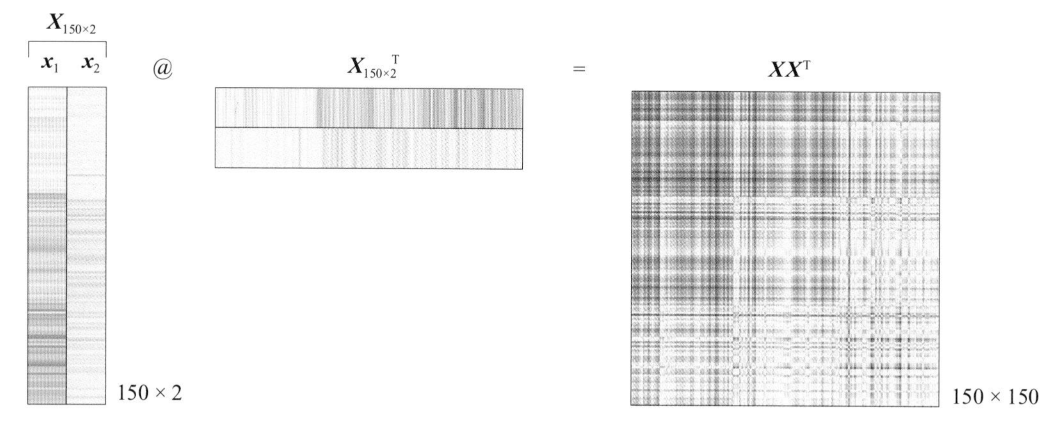

图23.29　计算格拉姆矩阵$\boldsymbol{X}\boldsymbol{X}^{\mathrm{T}}$

对$\boldsymbol{X}\boldsymbol{X}^{\mathrm{T}}$进行特征值分解得到的特征向量构成的矩阵$\boldsymbol{U}$如图23.30所示。$\boldsymbol{U}$的形状也是150 × 150。$\boldsymbol{U}$是$\mathbb{R}^{150}$中无数个规范正交阵中的一个。

$\boldsymbol{X}\boldsymbol{X}^{\mathrm{T}}$的非零特征值就是式 (23.43) 中的两个特征值，剩余的特征值都为0。也就是说，$\boldsymbol{U}$的前两列$[\boldsymbol{u}_1, \boldsymbol{u}_2]$就是我们要找的列空间，$[\boldsymbol{u}_1, \boldsymbol{u}_2]$正好可以装下$\boldsymbol{X}$。剩余的148列构成左零空间Null($\boldsymbol{X}^{\mathrm{T}}$)。也就是说，想要装下$\boldsymbol{X}$的列向量，$\mathbb{R}^{150}$绰绰有余。

请大家用同样的思路分析$\boldsymbol{X}_c$、$\boldsymbol{Z}_{\boldsymbol{X}}$。

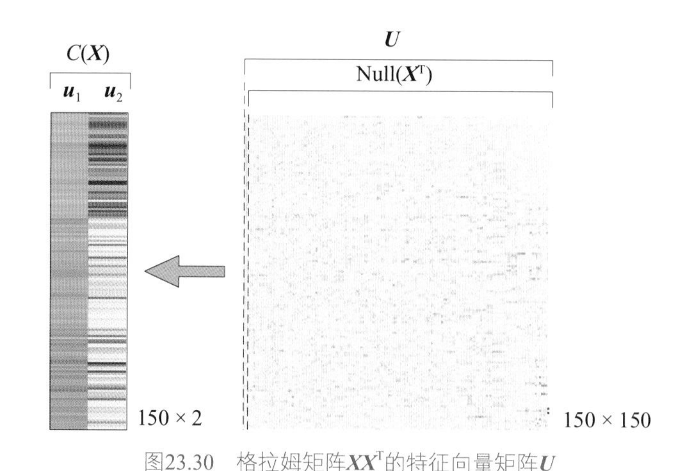

图23.30　格拉姆矩阵$\boldsymbol{X}\boldsymbol{X}^{\mathrm{T}}$的特征向量矩阵$\boldsymbol{U}$

有数据的地方，必有矩阵！
有矩阵的地方，更有向量！
有向量的地方，就有几何！
有几何的地方，皆有空间！

本书最后三章开启了一场特殊的旅行——“数据三部曲”。这三章梳理总结本书前文的核心内容，同时展望这些数学工具的应用。本章作为“数据三部曲”的第一部，主要通过数据矩阵奇异值分解介绍了四个空间。

图23.31所示虽然是一幅图，但是其中有四幅子图，它们最能总结本章的核心内容——四个空间。强烈建议大家自行脑补图中缺失的各种符号，以及它们的意义。

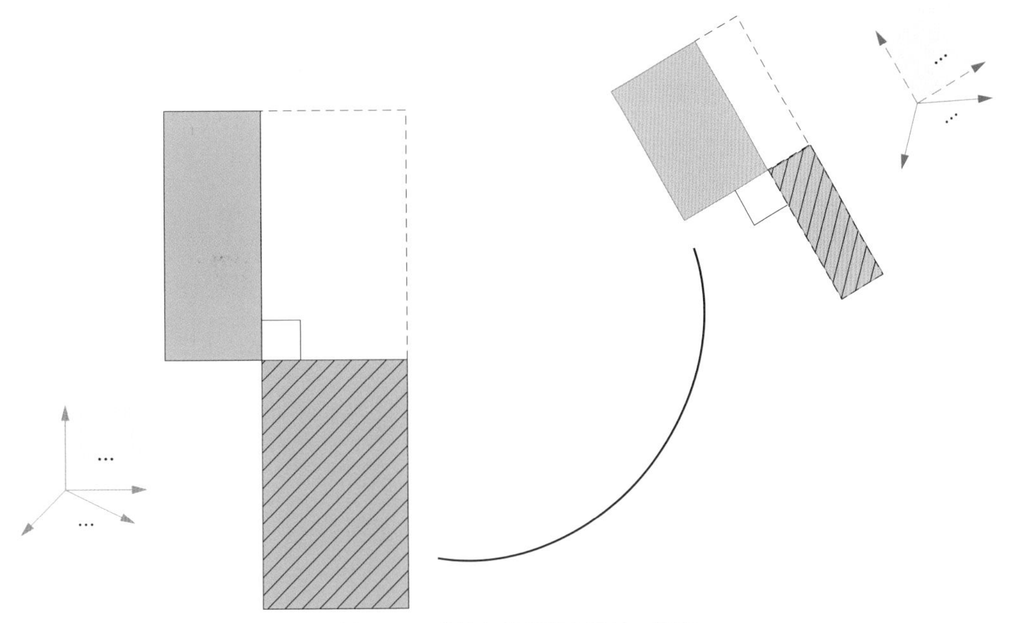

图23.31　总结本章重要内容的一组图

此外，本书还引出了中心化数据、标准化数据，并创造了“标准差向量”这个概念。格拉姆矩阵是原始数据矩阵列向量长度和两两角度信息的集合体，协方差矩阵则是标准差向量长度和两两角度的结合体。这种类比有助于我们理解线性代数工具在多元统计领域中的应用。

推荐大家阅读MIT数学教授Gilbert Strang的*Linear Algebra and Learning from Data*一书。这本书可谓线性代数工具的弹药库，从知识体系上给了作者很多启发。图书目前没有免费电子版图书，该书的专属网站提供样章和勘误等资源：

https://math.mit.edu/~gs/learningfromdata/

24 Data Matrix Decomposition
数据分解
从几何、空间、优化、统计视角解读

你不能教任何人任何东西，你只能帮助他在自己身上发现它。

You cannot teach a man anything; you can only help him discover it in himself.

—— 伽利略·伽利莱 (Galileo Galilei) | 意大利物理学家、数学家及哲学家 | 1564 — 1642

- numpy.average() 计算平均值
- numpy.corrcoef() 计算数据的相关性系数
- numpy.cov() 计算协方差矩阵
- numpy.diag() 如果A为方阵，numpy.diag(A) 函数提取对角线元素，以向量形式输出结果；如果a为向量，则 numpy.diag(a) 函数将向量展开成方阵，方阵对角线元素为a向量元素
- numpy.linalg.cholesky() Cholesky分解
- numpy.linalg.eig() 特征值分解
- numpy.linalg.inv() 矩阵求逆
- numpy.linalg.norm() 计算范数
- numpy.linalg.svd() 奇异值分解
- numpy.ones() 创建全1向量或矩阵
- numpy.sqrt() 计算平方根

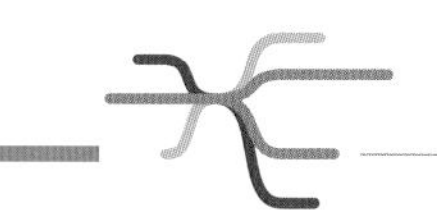

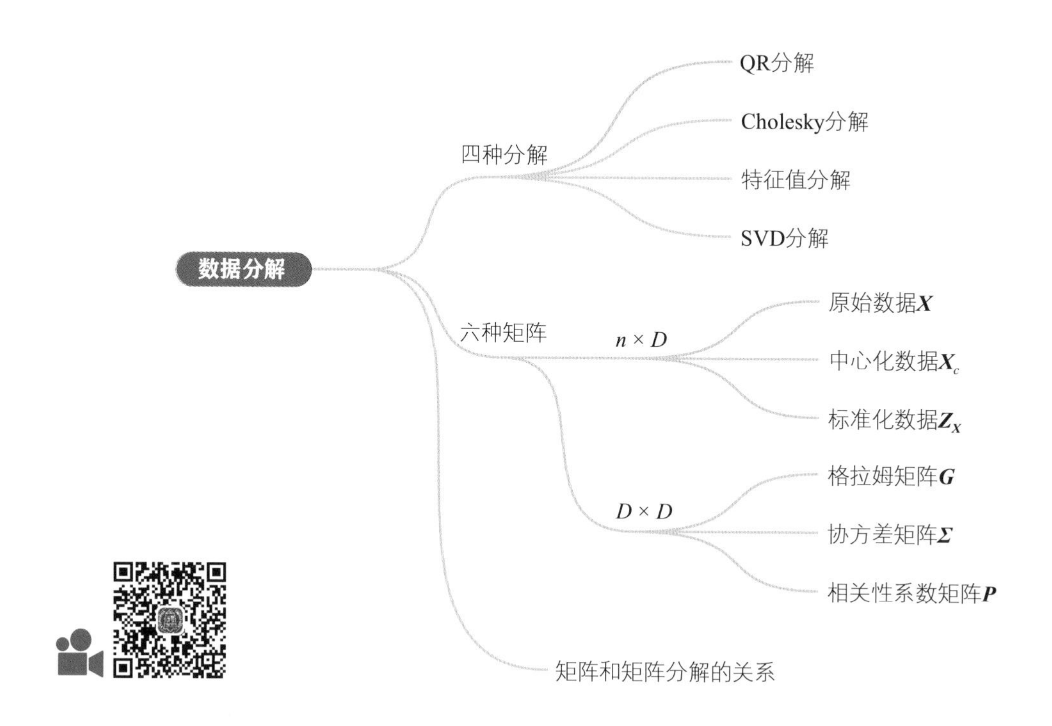

24.1 为什么要分解矩阵?

QR分解、Cholesky分解、特征值分解、SVD分解，这四种常用的分解的目的是什么？

它们分解的对象是什么？有何限制？

分解结果是什么？有何特殊性质？

矩阵分解之间有哪些区别和联系？

灵魂拷问来了——我们到底为什么要分解矩阵？

大家可能会反问，前文学都学完了，现在才问是不是太晚了？

一点也不晚！矩阵分解是线性代数的核心中的核心，现在正是结合数据、几何、空间、优化、统计等视角总结这四种矩阵分解的最佳时机。

总结和比较

表24.1比较四种常用矩阵分解，请大家快速浏览这个表格，然后开始本章的学习。也请大家在完成本章内容学习后，回头仔细再看一遍表格内容。如果对任何矩阵分解细节感到生疏的话，请翻看本书前文对应内容。

再次强调，准确来说，表 24.1中$\boldsymbol{V}$和$\boldsymbol{U}$是正交矩阵且行列式为1时，$\boldsymbol{V}$和$\boldsymbol{U}$才是旋转矩阵，对应的几何操作才是纯粹的旋转。

表24.1　四种常用矩阵分解

矩阵分解	QR分解	Cholesky分解	特征值分解	SVD分解
前提	任何实数矩阵都可以QR分解	正定矩阵才能Cholesky分解	可对角化矩阵才能进行特征值分解	任何实数矩阵都可以SVD分解
示意图	$\boldsymbol{A}$ = $\boldsymbol{Q}$ @ $\boldsymbol{R}$	$\boldsymbol{A}$ = $\boldsymbol{R}^{\mathrm{T}}$ @ $\boldsymbol{R}$	$\boldsymbol{A}$ = $\boldsymbol{V}$ @ $\boldsymbol{\Lambda}$ @ $\boldsymbol{V}^{-1}$	$\boldsymbol{A}$ = $\boldsymbol{U}$ @ $\boldsymbol{S}$ @ $\boldsymbol{V}^{\mathrm{T}}$
公式	$\boldsymbol{A}=\boldsymbol{QR}$	$\boldsymbol{A}=\boldsymbol{R}^{\mathrm{T}}\boldsymbol{R}$ $\boldsymbol{A}=\boldsymbol{LL}^{\mathrm{T}}$	$\boldsymbol{A}=\boldsymbol{V\Lambda V}^{-1}$ $\boldsymbol{A}=\boldsymbol{V\Lambda V}^{\mathrm{T}}$ ($\boldsymbol{A}$为对称方阵时，其特征值分解又叫谱分解)	$\boldsymbol{A}=\boldsymbol{USV}^{\mathrm{T}}$ (注意$\boldsymbol{V}$的转置运算)
结果	$\boldsymbol{Q}$是正交矩阵（完全型分解），意味着$\boldsymbol{Q}$是规范正交基 $\boldsymbol{R}$是上三角矩阵	$\boldsymbol{L}$为下三角方阵 $\boldsymbol{R}$为上三角方阵	$\boldsymbol{\Lambda}$为对角方阵，对角线元素为特征值 $\boldsymbol{V}$列向量为特征向量 如果$\boldsymbol{A}$为对称方阵，$\boldsymbol{V}$为正交矩阵，即满足$\boldsymbol{V}^{\mathrm{T}}\boldsymbol{V}=\boldsymbol{VV}^{\mathrm{T}}=\boldsymbol{I}$	$\boldsymbol{U}$为正交矩阵（完全型分解），它的列向量为左奇异向量 $\boldsymbol{S}$主对角线元素为奇异值 $\boldsymbol{V}$为正交矩阵（完全型分解），它的列向量为右奇异向量 $\boldsymbol{U}$和$\boldsymbol{V}$都是规范正交基
几何视角	$\boldsymbol{Q}$代表旋转	写成$\boldsymbol{LDL}^{\mathrm{T}}$形式（$\boldsymbol{L}$主对角线元素为1） $\boldsymbol{L}$代表剪切 $\boldsymbol{D}$代表缩放	$\boldsymbol{V}$代表旋转 $\boldsymbol{\Lambda}$代表缩放	$\boldsymbol{U}$代表旋转 $\boldsymbol{S}$代表缩放 $\boldsymbol{V}$代表旋转
结果唯一	$\boldsymbol{A}$列满秩，且$\boldsymbol{R}$的对角元素为正实数的情况下结果唯一	当限定$\boldsymbol{R}$的对角元素为正时，分解结果唯一	矩阵$\boldsymbol{V}$不唯一 本书的特征向量都是单位向量，特征向量一般差在正负符号上	矩阵$\boldsymbol{U}$和$\boldsymbol{V}$不唯一 本书左奇异向量、右奇异向量都是列向量
特殊类型	完全型($\boldsymbol{Q}$是正交矩阵) 经济型（$\boldsymbol{Q}$是规范正交基，但不是正交矩阵）	正定矩阵 埃尔米特矩阵（不在本书讨论范围）	对称矩阵 正规矩阵（不在本书讨论范围之内）	完全型 经济型 缩略型 截断型
向量空间	$\boldsymbol{Q}$的列向量为规范正交基，$\boldsymbol{Q}$的第一列向量$\boldsymbol{q}_1$是$\boldsymbol{A}$的第一列向量$\boldsymbol{a}_1$的单位化 $\boldsymbol{R}$的列向量相当于坐标值	如果$\boldsymbol{A}=\boldsymbol{X}^{\mathrm{T}}\boldsymbol{X}$(即Gram矩阵)正定，对$\boldsymbol{A}$进行Cholesky分解得到上三角矩阵$\boldsymbol{R}$，$\boldsymbol{R}$的列向量可以代表$\boldsymbol{X}$列向量	如果$\boldsymbol{A}$为对称方阵，$\boldsymbol{V}$为规范正交基 如果$\boldsymbol{A}=\boldsymbol{X}^{\mathrm{T}}\boldsymbol{X}$且$\boldsymbol{X}$列满秩，$\boldsymbol{V}$是$\boldsymbol{X}$的行空间$R(\boldsymbol{X})$	完全型SVD分解获得四个空间：列空间$C(\boldsymbol{X})$和左零空间Null($\boldsymbol{X}^{\mathrm{T}}$)，行空间$R(\boldsymbol{X})$和零空间Null($\boldsymbol{X}$) 完全型SVD分解相当于一次性完成两个特征值分解
优化视角			$\arg\max_{\boldsymbol{v}} \boldsymbol{v}^{\mathrm{T}}\boldsymbol{A}\boldsymbol{v}$ subject to: $\boldsymbol{v}^{\mathrm{T}}\boldsymbol{v}=1$　或 $\arg\max_{\boldsymbol{x}\neq\boldsymbol{0}} \dfrac{\boldsymbol{x}^{\mathrm{T}}\boldsymbol{A}\boldsymbol{x}}{\boldsymbol{x}^{\mathrm{T}}\boldsymbol{x}}$	$\arg\min_{\boldsymbol{v}} \lVert\boldsymbol{A}\boldsymbol{v}\rVert$ subject to: $\lVert\boldsymbol{v}\rVert=1$　或 $\arg\min_{\boldsymbol{x}\neq\boldsymbol{0}} \dfrac{\lVert\boldsymbol{A}\boldsymbol{x}\rVert}{\lVert\boldsymbol{x}\rVert}$
Numpy函数	numpy.linalg.qr()	numpy.linalg.cholesky()	numpy.linalg.eig()	numpy.linalg.svd()

续表

矩阵分解	QR分解	Cholesky分解	特征值分解	SVD分解
本章分解对象	原始数据矩阵$\boldsymbol{X}$	格拉姆矩阵$\boldsymbol{G}$ ($\boldsymbol{X}^{\mathrm{T}}\boldsymbol{X}$) 协方差矩阵$\boldsymbol{\Sigma}$ 相关性系数矩阵$\boldsymbol{P}$	格拉姆矩阵$\boldsymbol{G}$ ($\boldsymbol{X}^{\mathrm{T}}\boldsymbol{X}$) 协方差矩阵$\boldsymbol{\Sigma}$ 相关性系数矩阵$\boldsymbol{P}$	原始数据矩阵$\boldsymbol{X}$ 中心化数据矩阵$\boldsymbol{X}_c$ 标准化数据矩阵$\boldsymbol{Z}_X$
鸢尾花书主要应用	解线性方程组 最小二乘回归 施密特正交化	蒙特卡罗模拟，产生满足特定协方差矩阵要求的随机数 判断正定性	马尔科夫过程 主成分分析 瑞利商 矩阵范数	求解伪逆矩阵 矩阵范数 最小二乘回归 主成分分析 图像压缩

谱分解 ⊂ 特征值分解 ⊂ 奇异值分解

图24.1所示的文氏图为奇异值分解、特征值分解、谱分解之间的集合关系。

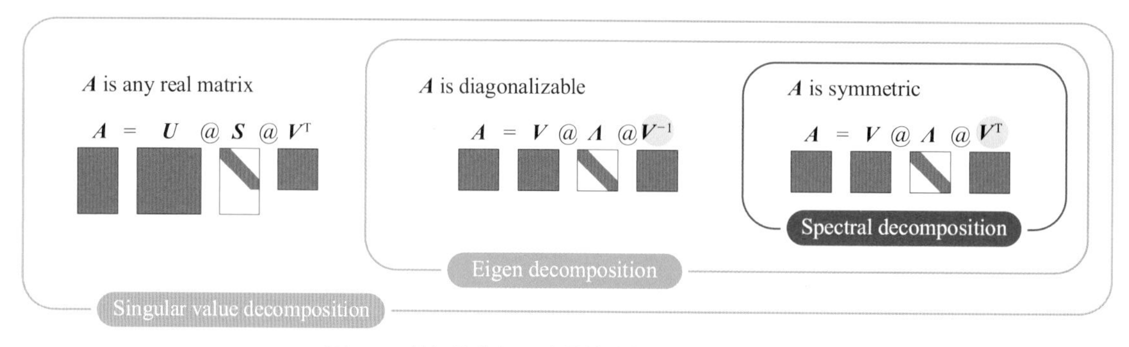

图24.1　特征值分解、奇异值分解之间的从属关系

SVD分解的对象是一切实数矩阵。特征值分解可以看作是特殊的SVD分解。特征值分解的对象是可对角化矩阵。如果SVD分解的对象也是可对角化矩阵，则其结果等价于特征值分解。注意，可对角化矩阵是特殊的方阵。

特别地，对称矩阵的特征值分解叫谱分解。格拉姆矩阵都是对称矩阵，因此格拉姆矩阵的特征值分解都是谱分解。谱分解得到的$\boldsymbol{V}$是正交矩阵，正交矩阵是“天然”的规范正交基。从几何角度来看，正交矩阵的作用是“旋转”。本书第15章提过，更准确地说，正交矩阵的几何操作是“旋转+镜像”。只有正交矩阵的行列式值为1，正交矩阵的作用才是纯粹“旋转”。

对于$\boldsymbol{A}\boldsymbol{x} = \boldsymbol{b}$，对$\boldsymbol{A}$奇异值分解得到$\boldsymbol{A} = \boldsymbol{U}\boldsymbol{S}\boldsymbol{V}^{\mathrm{T}}$，$\boldsymbol{x} = \boldsymbol{V}\boldsymbol{S}^{-1}\boldsymbol{U}^{\mathrm{T}}\boldsymbol{b}$。$\boldsymbol{V}\boldsymbol{S}^{-1}\boldsymbol{U}^{\mathrm{T}}$就是$\boldsymbol{A}$的摩尔-彭若斯广义逆(Moore-Penrose inverse)。注意，$\boldsymbol{S}^{-1}$的主对角线非零元素为$\boldsymbol{S}$的非零奇异值倒数，$\boldsymbol{S}^{-1}$其余对角线元素均为0。本书第5章提到过，numpy.linalg.pinv() 计算摩尔-彭若斯广义逆时，便使用奇异值分解。这还告诉我们，SVD分解可以用来求解最小二乘回归问题。

分解对象：数据矩阵，衍生矩阵

本章用的数据还是大家再熟悉不过的鸢尾花数据集。

快速回顾一下，如图24.2所示，鸢尾花数据矩阵$\boldsymbol{X}$的每一列分别代表鸢尾花的不同特征——花萼长度 (第1列，列向量$\boldsymbol{x}_1$)、花萼宽度 (第2列，列向量$\boldsymbol{x}_2$)、花瓣长度 (第3列，列向量$\boldsymbol{x}_3$) 和花瓣宽度 (第4列，列向量$\boldsymbol{x}_4$)。矩阵$\boldsymbol{X}$的每一行代表一朵花的样本数据，每一行数据也是一个向量——行向量。注意，图24.2不考虑鸢尾花分类。本书第15章提过，更准确地说，正交矩阵的几何操作是“旋转 + 镜像”。只有正交矩阵的行列式值为1，正交矩阵的作用才是纯粹“旋转”。

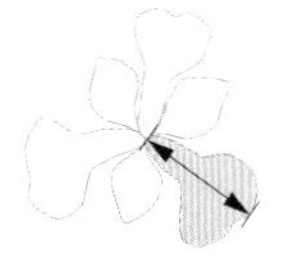
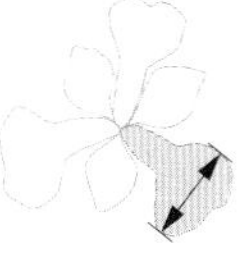
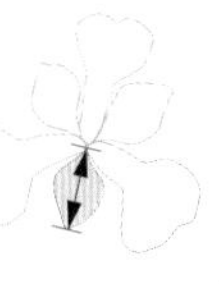

Index	Sepal length	Sepal width	Petal length	Petal width
1	5.1	3.5	1.4	0.2
2	4.9	3	1.4	0.2
3	4.7	3.2	1.3	0.2
4	4.6	3.1	1.5	0.2
5	5	3.6	1.4	0.2
...	...	...	...	...
150	5.9	3	5.1	1.8

Row vector, $\boldsymbol{x}^{(i)}$

Column vector, $\boldsymbol{x}_1$

图24.2　鸢尾花数据集行、列含义

图24.3所示为本章矩阵的分解对象，它们都衍生自鸢尾花数据矩阵$\boldsymbol{X}$。$\boldsymbol{X}$为细高长方形矩阵，形状为$n \times D$。与本书第10章鸢尾花数据矩阵热图相比，图24.3中$\boldsymbol{X}$的热图采用不同范围色谱。

格拉姆矩阵$\boldsymbol{G}$来自数据矩阵$\boldsymbol{X}$，两者关系为$\boldsymbol{G} = \boldsymbol{X}^{\mathrm{T}}\boldsymbol{X}$。格拉姆矩阵$\boldsymbol{G}$为对称矩阵。一般$\boldsymbol{G}$为半正定，只有$\boldsymbol{X}$满秩时，$\boldsymbol{G}$才正定。

上一章提到，格拉姆矩阵$\boldsymbol{G}$含有$\boldsymbol{X}$列向量模、向量夹角两类重要信息。对于细高的长方形矩阵$\boldsymbol{X}$，第二个格拉姆矩阵$\boldsymbol{X}\boldsymbol{X}^{\mathrm{T}}$不常用。

而余弦相似度矩阵$\boldsymbol{C}$仅有$\boldsymbol{X}$列向量两两夹角信息。余弦相似度矩阵$\boldsymbol{C}$也是对称矩阵。余弦相似度的取值为 [−1, 1]，因此不同余弦相似度具有可比性。这一点类似于统计中的相关性系数。对$\boldsymbol{X}$列向量先进行单位化，再求其格拉姆矩阵，得到的就是$\boldsymbol{C}$。

> 值得注意的是：鸢尾花书定义$\mathrm{E}(\boldsymbol{X})$为行向量，$\mathrm{E}(\boldsymbol{X})$的转置为列向量$\boldsymbol{\mu}_X$。

在统计视角下，$\boldsymbol{X}$的两个重要信息——质心$\mathrm{E}(\boldsymbol{X})$ ($\boldsymbol{\mu}_X$)、协方差矩阵$\boldsymbol{\Sigma}_X$ (常简写为$\boldsymbol{\Sigma}$)。$\mathrm{E}(\boldsymbol{X})$ 对应数据质心位置，$\boldsymbol{\Sigma}_X$描述数据分布。注意：质心$\mathrm{E}(\boldsymbol{X})$、协方差矩阵$\boldsymbol{\Sigma}_X$仅仅是描述数据矩阵$\boldsymbol{X}$的统计工具而已，不代表$\boldsymbol{X}$服从多元高斯分布$N(\boldsymbol{\mu}, \boldsymbol{\Sigma}_X)$。

本章要用到两个与原始数据矩阵形状相同的矩阵——中心化数据矩阵$\boldsymbol{X}_c$、标准化数据矩阵$\boldsymbol{Z}_X$。$\boldsymbol{X}$、$\boldsymbol{X}_c$、$\boldsymbol{Z}_X$的形状均为$n \times D$。

$\boldsymbol{X}$每一列数据分别减去自己的均值便得到中心化数据$\boldsymbol{X}_c$，即$\boldsymbol{X}_c = \boldsymbol{X} - \mathrm{E}(\boldsymbol{X})$。这个式子用到了广播原则。请大家回顾本书第22章有关如何用矩阵运算计算$\boldsymbol{X}_c$。

从几何视角，对于$\boldsymbol{X}$来说，它的数据质心位于$\boldsymbol{\mu}_X$；而$\boldsymbol{X}_c$的质心位于$\boldsymbol{0}$。换个角度来看，$\boldsymbol{X}$的列向量起点位于原点；而$\boldsymbol{X}_c$列向量的起点相当于移动到了质心，向量终点不动。

标准化数据$\boldsymbol{Z}_X$实际上就是$\boldsymbol{X}$的Z分数。几何视角，从$\boldsymbol{X}$到$\boldsymbol{Z}_X$经过了平移、缩放两步操作。

> 注意：上一章创造了一个概念——标准差向量。标准差向量的模对应标准差大小，两个标准差向量的夹角余弦值对应相关性系数。

协方差矩阵$\boldsymbol{\Sigma}_X$可以视为$\boldsymbol{X}_c$的格拉姆矩阵。值得注意的是，计算$\boldsymbol{\Sigma}_X$时使用了缩放系数$1/n$ (总体) 或$1/(n-1)$ (样本)。

协方差矩阵$\boldsymbol{\Sigma}$包含两类信息——标准差向量的模 (标准差)、标准差向量两两夹角 (相关性系数)。

相关性系数矩阵$\boldsymbol{P}$仅仅含有标准差向量夹角 (相关性系数) 信息。相关性系数矩阵$\boldsymbol{P}$类似于余弦相似度矩阵$\boldsymbol{C}$。

类似协方差矩阵$\boldsymbol{\Sigma}$，计算相关性系数矩阵$\boldsymbol{P}$也使用了缩放系数$1/n$ (总体) 或$1/(n-1)$ (样本)。相关性系数矩阵$\boldsymbol{P}$就是标准化数据$\boldsymbol{Z}_X$的协方差矩阵。

$\boldsymbol{G}$、$\boldsymbol{C}$、$\boldsymbol{\Sigma}$、$\boldsymbol{P}$的形状均为$D \times D$。

如果大家对这部分内容感到陌生，请回顾本书第22章对应内容。大家必须对矩阵分解的对象有充分的认识，才能开始本章后续内容学习。

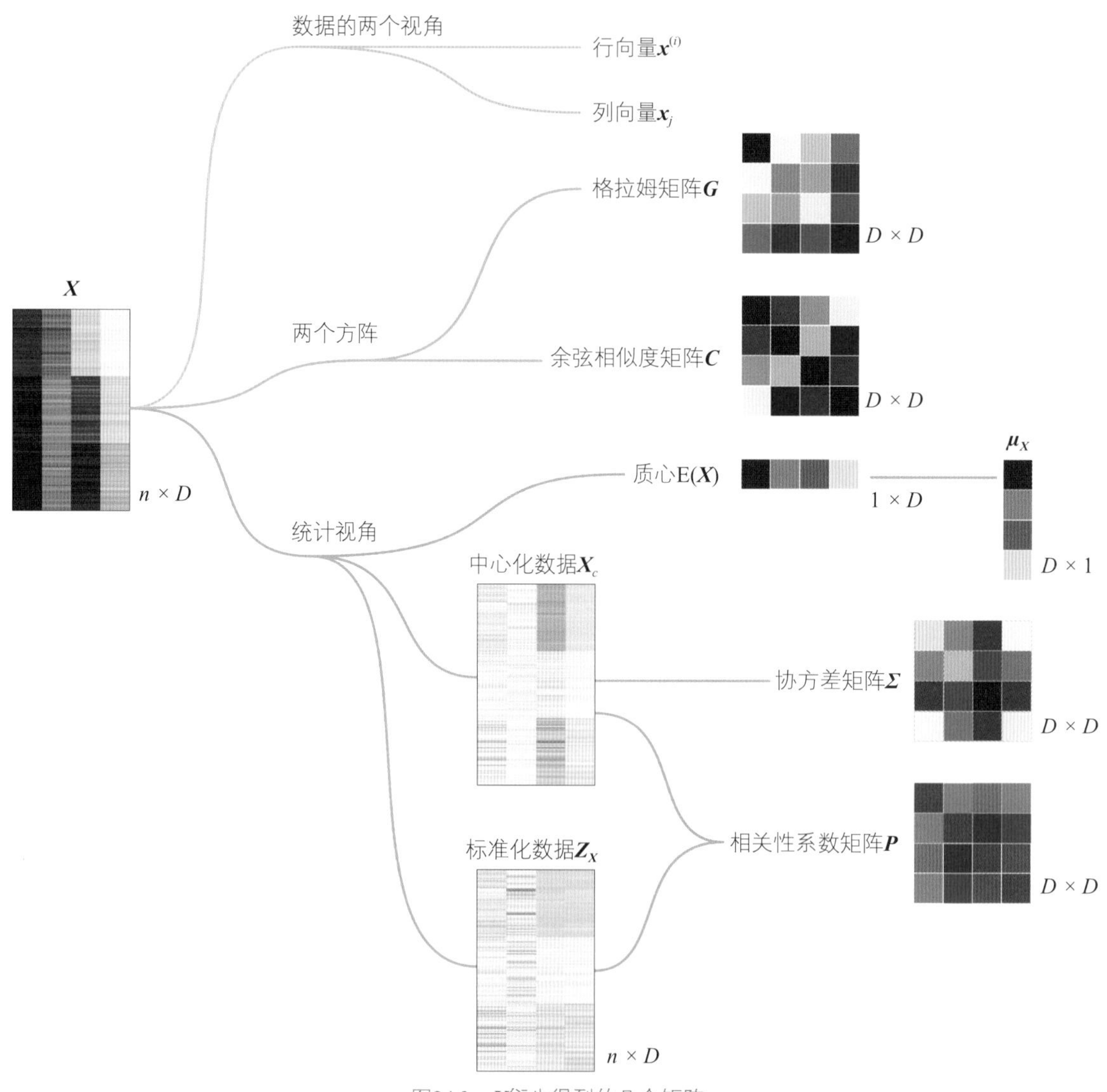

图24.3　$\boldsymbol{X}$衍生得到的几个矩阵

矩阵 + 矩阵分解

搭配六种不同矩阵 ($\boldsymbol{X}$、$\boldsymbol{X}_c$、$\boldsymbol{Z}_X$、$\boldsymbol{G}$、$\boldsymbol{\Sigma}$、$\boldsymbol{P}$) 和三种矩阵分解 (Cholesky分解、特征值分解、SVD分解)，会碰撞出什么？

表24.2给出了答案。本章后续内容将主要以表格中的内容展开。

表24.2 矩阵和矩阵分解之间的关系

对象		Cholesky分解	特征值分解	SVD分解
$n \times D$	$\boldsymbol{X}$	不适用	不适用	$\boldsymbol{X} = \boldsymbol{U}_X \boldsymbol{S}_X \boldsymbol{V}_X^{\mathrm{T}}$
	$\boldsymbol{X}_c = \boldsymbol{X} - \mathrm{E}(\boldsymbol{X})$	不适用	不适用	$\boldsymbol{X}_c = \boldsymbol{U}_c \boldsymbol{S}_c \boldsymbol{V}_c^{\mathrm{T}}$
	$\boldsymbol{Z}_X = \left(\boldsymbol{X} - \mathrm{E}(\boldsymbol{X})\right)\boldsymbol{D}^{-1}$ $\boldsymbol{D} = \mathrm{diag}\left(\mathrm{diag}(\boldsymbol{\Sigma})\right)^{\frac{1}{2}}$	不适用	不适用	$\boldsymbol{Z}_X = \boldsymbol{U}_Z \boldsymbol{S}_Z \boldsymbol{V}_Z^{\mathrm{T}}$
$D \times D$	$\boldsymbol{G} = \boldsymbol{X}^{\mathrm{T}}\boldsymbol{X}$	正定矩阵为前提 $\boldsymbol{G} = \boldsymbol{R}_X^{\mathrm{T}} \boldsymbol{R}_X$	$\boldsymbol{G} = \boldsymbol{V}_X \boldsymbol{\Lambda}_X \boldsymbol{V}_X^{\mathrm{T}} = \boldsymbol{V}_X \boldsymbol{S}_X^{\mathrm{T}} \boldsymbol{S}_X \boldsymbol{V}_X^{\mathrm{T}}$ $\boldsymbol{S}_X$来自于$\boldsymbol{X}$的SVD分解	$\boldsymbol{G} = \boldsymbol{V}_X \boldsymbol{\Lambda}_X \boldsymbol{V}_X^{\mathrm{T}}$
	样本：$\boldsymbol{\Sigma} = \dfrac{\left(\boldsymbol{X} - \mathrm{E}(\boldsymbol{X})\right)^{\mathrm{T}}\left(\boldsymbol{X} - \mathrm{E}(\boldsymbol{X})\right)}{n-1} = \dfrac{\boldsymbol{X}_c^{\mathrm{T}}\boldsymbol{X}_c}{n-1}$ 总体：$\boldsymbol{\Sigma} = \dfrac{\left(\boldsymbol{X} - \mathrm{E}(\boldsymbol{X})\right)^{\mathrm{T}}\left(\boldsymbol{X} - \mathrm{E}(\boldsymbol{X})\right)}{n} = \dfrac{\boldsymbol{X}_c^{\mathrm{T}}\boldsymbol{X}_c}{n}$	正定矩阵为前提 $\boldsymbol{\Sigma} = \boldsymbol{R}_c^{\mathrm{T}} \boldsymbol{R}_c$	样本：$\boldsymbol{\Sigma} = \boldsymbol{V}_c \boldsymbol{\Lambda}_c \boldsymbol{V}_c^{\mathrm{T}}$ $= \boldsymbol{V}_c \boldsymbol{S}_c^{\mathrm{T}} \boldsymbol{S}_c/(n-1) \boldsymbol{V}_c^{\mathrm{T}}$ 总体：$\boldsymbol{\Sigma} = \boldsymbol{V}_c \boldsymbol{\Lambda}_c \boldsymbol{V}_c^{\mathrm{T}}$ $= \boldsymbol{V}_c \boldsymbol{S}_c^{\mathrm{T}} \boldsymbol{S}_c/n \boldsymbol{V}_c^{\mathrm{T}}$ $\boldsymbol{S}_c$来自于$\boldsymbol{X}_c$的SVD分解	$\boldsymbol{\Sigma} = \boldsymbol{V}_c \boldsymbol{\Lambda}_c \boldsymbol{V}_c^{\mathrm{T}}$
	$\boldsymbol{P} = \boldsymbol{D}^{-1}\boldsymbol{\Sigma}\boldsymbol{D}^{-1}$ $\boldsymbol{D} = \mathrm{diag}\left(\mathrm{diag}(\boldsymbol{\Sigma})\right)^{\frac{1}{2}}$	正定矩阵为前提 $\boldsymbol{\Sigma} = \boldsymbol{R}_Z^{\mathrm{T}} \boldsymbol{R}_Z$	样本：$\boldsymbol{P} = \boldsymbol{V}_Z \boldsymbol{\Lambda}_Z \boldsymbol{V}_Z^{\mathrm{T}}$ $= \boldsymbol{V}_Z \boldsymbol{S}_Z^{\mathrm{T}} \boldsymbol{S}_Z/(n-1) \boldsymbol{V}_Z^{\mathrm{T}}$ 总体：$\boldsymbol{P} = \boldsymbol{V}_Z \boldsymbol{\Lambda}_Z \boldsymbol{V}_Z^{\mathrm{T}}$ $= \boldsymbol{V}_Z \boldsymbol{S}_Z^{\mathrm{T}} \boldsymbol{S}_Z/n \boldsymbol{V}_Z^{\mathrm{T}}$ $\boldsymbol{S}_Z$来自于$\boldsymbol{Z}_X$的SVD分解	$\boldsymbol{P} = \boldsymbol{V}_Z \boldsymbol{\Lambda}_Z \boldsymbol{V}_Z^{\mathrm{T}}$

Bk4_Ch24_01.py中Bk4_Ch24_01_A部分计算得到图24.3所有矩阵，请读者根据前文所学自行绘制本章所有热图。

24.2 QR分解：获得正交系

QR分解不是本章的重点，我们仅仅蜻蜓点水回顾一下。

如图24.4所示，对矩阵$\boldsymbol{X}$进行缩略型QR分解，得到$\boldsymbol{Q}$和$\boldsymbol{R}$。$\boldsymbol{Q}$和$\boldsymbol{X}$形状相同，是正交矩阵的一部分，也就是说$\boldsymbol{Q}$的列向量 $[\boldsymbol{q}_1, \boldsymbol{q}_2, \boldsymbol{q}_3, \boldsymbol{q}_4]$ 是规范正交基。$[\boldsymbol{q}_1, \boldsymbol{q}_2, \boldsymbol{q}_3, \boldsymbol{q}_4]$ 相当于 $[\boldsymbol{x}_1, \boldsymbol{x}_2, \boldsymbol{x}_3, \boldsymbol{x}_4]$ 正交化的结果。

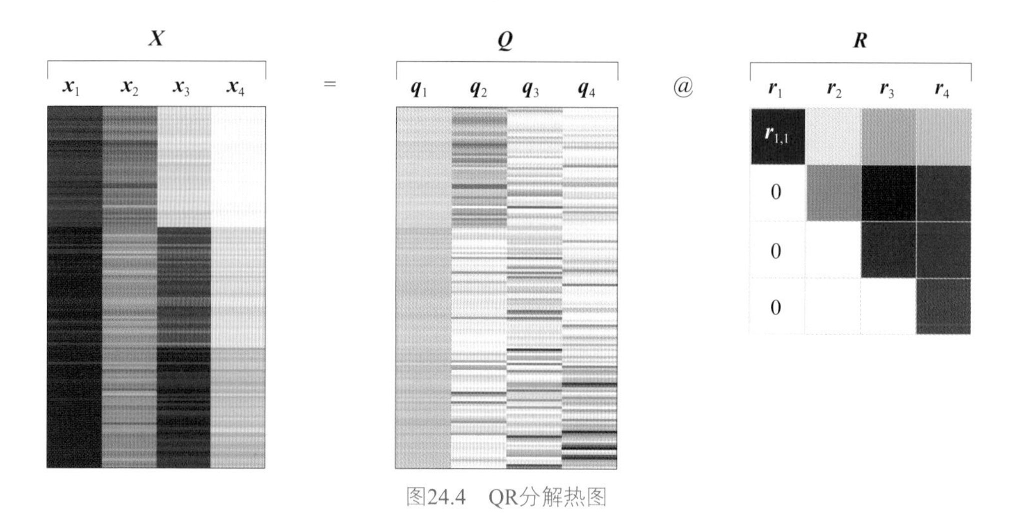

图24.4 QR分解热图

如图24.5所示，从空间角度来讲，如果$\boldsymbol{x}_1$、$\boldsymbol{x}_2$、$\boldsymbol{x}_3$、$\boldsymbol{x}_4$线性无关，则$\text{span}(\boldsymbol{x}_1, \boldsymbol{x}_2, \boldsymbol{x}_3, \boldsymbol{x}_4) = \text{span}(\boldsymbol{q}_1, \boldsymbol{q}_2, \boldsymbol{q}_3, \boldsymbol{q}_4)$。

请大家特别关注如下关系，即

$$\boldsymbol{x}_1 = r_{1,1}\boldsymbol{q}_1 \tag{24.1}$$

也就是说$\boldsymbol{x}_1$和$\boldsymbol{q}_1$平行。$r_{1,1}$的正负决定了$\boldsymbol{x}_1$和$\boldsymbol{q}_1$可以同向或反向。通过QR分解完成正交化相当于“顺藤”($\boldsymbol{x}_1 \rightarrow \boldsymbol{x}_2 \rightarrow \boldsymbol{x}_3 \rightarrow \boldsymbol{x}_4$)“摸瓜”($\boldsymbol{q}_1 \rightarrow \boldsymbol{q}_2 \rightarrow \boldsymbol{q}_3 \rightarrow \boldsymbol{q}_4$)。$(r_{1,1}, 0, 0, 0)$是$\boldsymbol{x}_1$在基底$[\boldsymbol{q}_1, \boldsymbol{q}_2, \boldsymbol{q}_3, \boldsymbol{q}_4]$的坐标。此外请大家注意，QR分解与**格拉姆–施密特正交化** (Gram–Schmidt process) 之间的联系。

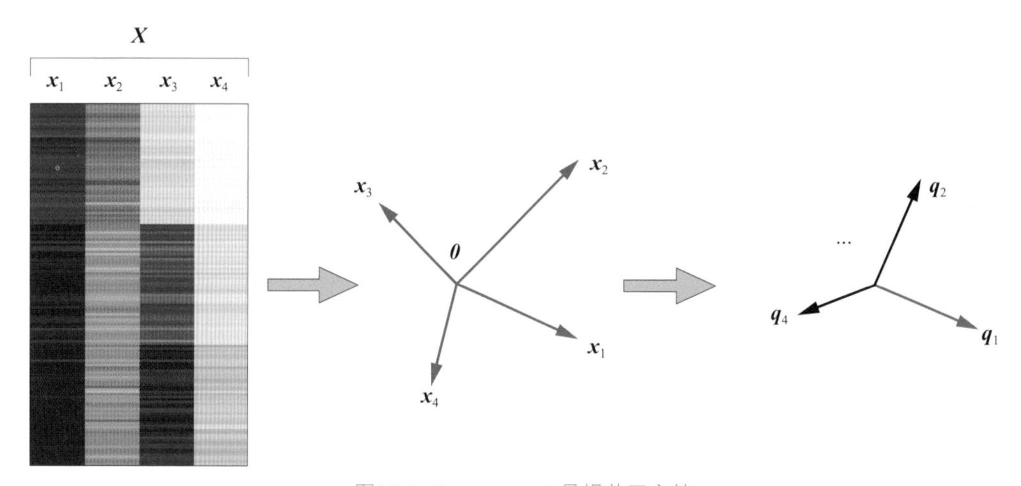

图24.5 $[\boldsymbol{q}_1, \boldsymbol{q}_2, \boldsymbol{q}_3, \boldsymbol{q}_4]$是规范正交基

Bk4_Ch24_01.py中Bk4_Ch24_01_B部分完成矩阵$\boldsymbol{X}$的QR分解。

24.3 Cholesky分解：找到列向量的坐标

格拉姆矩阵

数据矩阵$\boldsymbol{X}$的每一列可以看作是一个向量，而Cholesky分解能够找到它们的坐标。

注意：这里存在一个前提——$\boldsymbol{X}$列满秩。只有这样$\boldsymbol{X}$的格拉姆矩阵$\boldsymbol{G}$才正定，才能进行Cholesky分解。

假设$\boldsymbol{G}$正定，对$\boldsymbol{G}$进行Cholesky分解，有

$$\boldsymbol{G} = \boldsymbol{R}^{\mathrm{T}}\boldsymbol{R} \tag{24.2}$$

其中：$\boldsymbol{R}$为上三角矩阵。式 (24.2) 中的$\boldsymbol{R}$不同于上一节QR分解的$\boldsymbol{R}$。

如图24.6所示，将 $\boldsymbol{R}$写成 $[\boldsymbol{r}_1, \boldsymbol{r}_2, \cdots, \boldsymbol{r}_D]$，式 (24.2) 可以写成向量标量积形式，并建立它们与 $[\boldsymbol{x}_1, \boldsymbol{x}_2, \cdots, \boldsymbol{x}_D]$ 的联系，即有

$$\begin{aligned}
\boldsymbol{G} = \boldsymbol{R}^{\mathrm{T}}\boldsymbol{R} &= \begin{bmatrix} \langle \boldsymbol{r}_1,\boldsymbol{r}_1\rangle & \langle \boldsymbol{r}_1,\boldsymbol{r}_2\rangle & \cdots & \langle \boldsymbol{r}_1,\boldsymbol{r}_D\rangle \\ \langle \boldsymbol{r}_2,\boldsymbol{r}_1\rangle & \langle \boldsymbol{r}_2,\boldsymbol{r}_2\rangle & \cdots & \langle \boldsymbol{r}_2,\boldsymbol{r}_D\rangle \\ \vdots & \vdots & \ddots & \vdots \\ \langle \boldsymbol{r}_D,\boldsymbol{r}_1\rangle & \langle \boldsymbol{r}_D,\boldsymbol{r}_2\rangle & \cdots & \langle \boldsymbol{r}_D,\boldsymbol{r}_D\rangle \end{bmatrix} = \begin{bmatrix} \langle \boldsymbol{x}_1,\boldsymbol{x}_1\rangle & \langle \boldsymbol{x}_1,\boldsymbol{x}_2\rangle & \cdots & \langle \boldsymbol{x}_1,\boldsymbol{x}_D\rangle \\ \langle \boldsymbol{x}_2,\boldsymbol{x}_1\rangle & \langle \boldsymbol{x}_2,\boldsymbol{x}_2\rangle & \cdots & \langle \boldsymbol{x}_2,\boldsymbol{x}_D\rangle \\ \vdots & \vdots & \ddots & \vdots \\ \langle \boldsymbol{x}_D,\boldsymbol{x}_1\rangle & \langle \boldsymbol{x}_D,\boldsymbol{x}_2\rangle & \cdots & \langle \boldsymbol{x}_D,\boldsymbol{x}_D\rangle \end{bmatrix} \\
&= \begin{bmatrix} \|\boldsymbol{r}_1\|\|\boldsymbol{r}_1\|\cos\theta_{1,1} & \|\boldsymbol{r}_1\|\|\boldsymbol{r}_2\|\cos\theta_{2,1} & \cdots & \|\boldsymbol{r}_1\|\|\boldsymbol{r}_D\|\cos\theta_{1,D} \\ \|\boldsymbol{r}_2\|\|\boldsymbol{r}_1\|\cos\theta_{1,2} & \|\boldsymbol{r}_2\|\|\boldsymbol{r}_2\|\cos\theta_{2,2} & \cdots & \|\boldsymbol{r}_2\|\|\boldsymbol{r}_D\|\cos\theta_{2,D} \\ \vdots & \vdots & \ddots & \vdots \\ \|\boldsymbol{r}_D\|\|\boldsymbol{r}_1\|\cos\theta_{1,D} & \|\boldsymbol{r}_D\|\|\boldsymbol{r}_2\|\cos\theta_{2,D} & \cdots & \|\boldsymbol{r}_D\|\|\boldsymbol{r}_D\|\cos\theta_{D,D} \end{bmatrix} \\
&= \begin{bmatrix} \|\boldsymbol{x}_1\|\|\boldsymbol{x}_1\|\cos\theta_{1,1} & \|\boldsymbol{x}_1\|\|\boldsymbol{x}_2\|\cos\theta_{2,1} & \cdots & \|\boldsymbol{x}_1\|\|\boldsymbol{x}_D\|\cos\theta_{1,D} \\ \|\boldsymbol{x}_2\|\|\boldsymbol{x}_1\|\cos\theta_{1,2} & \|\boldsymbol{x}_2\|\|\boldsymbol{x}_2\|\cos\theta_{2,2} & \cdots & \|\boldsymbol{x}_2\|\|\boldsymbol{x}_D\|\cos\theta_{2,D} \\ \vdots & \vdots & \ddots & \vdots \\ \|\boldsymbol{x}_D\|\|\boldsymbol{x}_1\|\cos\theta_{1,D} & \|\boldsymbol{x}_D\|\|\boldsymbol{x}_2\|\cos\theta_{2,D} & \cdots & \|\boldsymbol{x}_D\|\|\boldsymbol{x}_D\|\cos\theta_{D,D} \end{bmatrix}
\end{aligned} \tag{24.3}$$

$[\boldsymbol{r}_1, \boldsymbol{r}_2, \cdots, \boldsymbol{r}_D]$ 每个列向量的模分别等于 $[\boldsymbol{x}_1, \boldsymbol{x}_2, \cdots, \boldsymbol{x}_D]$ 列向量的模；$[\boldsymbol{r}_1, \boldsymbol{r}_2, \cdots, \boldsymbol{r}_D]$ 中两两向量夹角等于 $[\boldsymbol{x}_1, \boldsymbol{x}_2, \cdots, \boldsymbol{x}_D]$ 中对应的列向量夹角。注意，$\cos\theta_{i,j} = \cos\theta_{j,i}$。

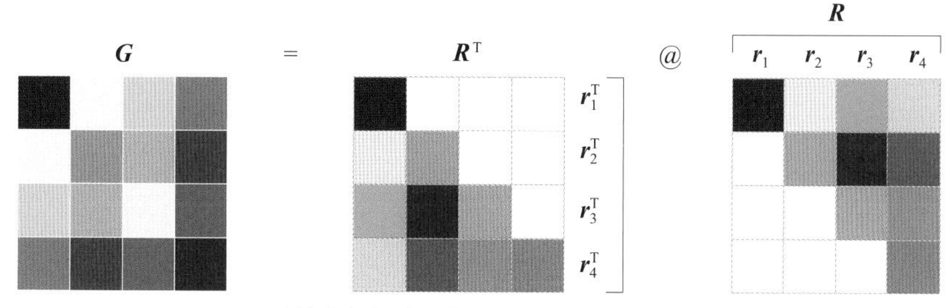

图24.6　对格拉姆矩阵$\boldsymbol{G}$进行Cholesky分解矩阵运算热图

换个角度来看，$\boldsymbol{X}$的形状为$n \times D$，如150 × 4。$\boldsymbol{X}$的4个列向量为150维，“装下”这些列向量我们自然先考虑$\mathbb{R}^{150}$空间。而$\boldsymbol{R}$的形状为4 × 4，用$\mathbb{R}^4$空间装下$\boldsymbol{R}$列向量刚刚好。“刚刚好”是因为$\boldsymbol{R}$满秩。也就是说，我们用$\mathbb{R}^4$空间中的$[\boldsymbol{r}_1, \boldsymbol{r}_2, \boldsymbol{r}_3, \boldsymbol{r}_4]$来“代表”$\mathbb{R}^{150}$空间中的$[\boldsymbol{x}_1, \boldsymbol{x}_2, \boldsymbol{x}_3, \boldsymbol{x}_4]$。显然，$\boldsymbol{R}$远比$\boldsymbol{X}$“小巧”得多，如图24.7所示。

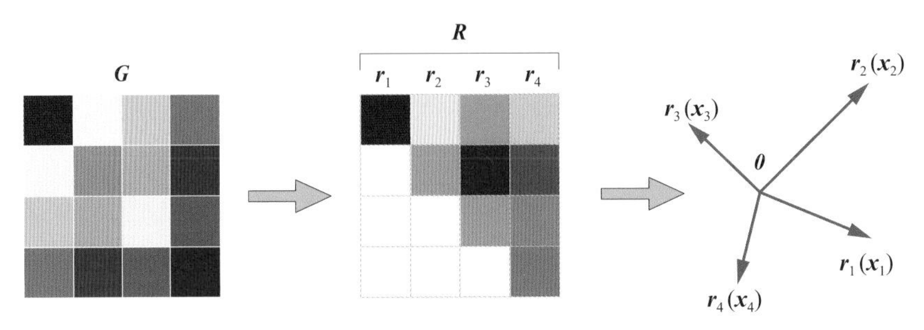

图24.7　$[\boldsymbol{x}_1, \boldsymbol{x}_2, \boldsymbol{x}_3, \boldsymbol{x}_4]$和$[\boldsymbol{r}_1, \boldsymbol{r}_2, \boldsymbol{r}_3, \boldsymbol{r}_4]$“等价”

协方差矩阵

类似地，对协方差矩阵$\boldsymbol{\Sigma}$进行Cholesky分解，具体如图24.8所示。将$\boldsymbol{R}_{\Sigma}$写成“标准差向量”$[\boldsymbol{\sigma}_1, \boldsymbol{\sigma}_2, \cdots, \boldsymbol{\sigma}_D]$，整理得到

$$\boldsymbol{\Sigma} = \boldsymbol{R}_{\Sigma}{}^{\mathrm{T}}\boldsymbol{R}_{\Sigma} = \begin{bmatrix} \langle \boldsymbol{\sigma}_1,\boldsymbol{\sigma}_1 \rangle & \langle \boldsymbol{\sigma}_1,\boldsymbol{\sigma}_2 \rangle & \cdots & \langle \boldsymbol{\sigma}_1,\boldsymbol{\sigma}_D \rangle \\ \langle \boldsymbol{\sigma}_2,\boldsymbol{\sigma}_1 \rangle & \langle \boldsymbol{\sigma}_2,\boldsymbol{\sigma}_2 \rangle & \cdots & \langle \boldsymbol{\sigma}_2,\boldsymbol{\sigma}_D \rangle \\ \vdots & \vdots & \ddots & \vdots \\ \langle \boldsymbol{\sigma}_D,\boldsymbol{\sigma}_1 \rangle & \langle \boldsymbol{\sigma}_D,\boldsymbol{\sigma}_2 \rangle & \cdots & \langle \boldsymbol{\sigma}_D,\boldsymbol{\sigma}_D \rangle \end{bmatrix} = \begin{bmatrix} \mathrm{cov}(X_1,X_1) & \mathrm{cov}(X_1,X_2) & \cdots & \mathrm{cov}(X_1,X_D) \\ \mathrm{cov}(X_2,X_1) & \mathrm{cov}(X_2,X_2) & \cdots & \mathrm{cov}(X_2,X_D) \\ \vdots & \vdots & \ddots & \vdots \\ \mathrm{cov}(X_D,X_1) & \mathrm{cov}(X_D,X_2) & \cdots & \mathrm{cov}(X_D,X_D) \end{bmatrix} \tag{24.4}$$

当然，我们也可以对线性相关系数矩阵$\boldsymbol{P}$进行Cholesky分解。

$\boldsymbol{R}_{\Sigma}$将会用在蒙特卡洛模拟中，用于生成满足协方差矩阵$\boldsymbol{\Sigma}$要求的随机数组，这是鸢尾花书《统计至简》一册要讨论的内容。

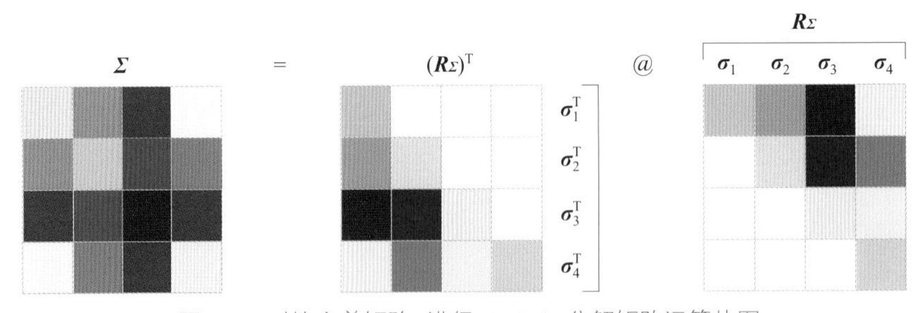

图24.8　对协方差矩阵$\boldsymbol{\Sigma}$进行Cholesky分解矩阵运算热图

向量$\boldsymbol{\sigma}_1, \boldsymbol{\sigma}_2, \cdots, \boldsymbol{\sigma}_D$的模分别对应$\boldsymbol{x}_1\,(X_1), \boldsymbol{x}_2\,(X_2), \cdots, \boldsymbol{x}_D\,(X_D)$的标准差，向量$\boldsymbol{\sigma}_1, \boldsymbol{\sigma}_2, \cdots, \boldsymbol{\sigma}_D$两两夹角的余弦值对应$\boldsymbol{x}_1\,(X_1), \boldsymbol{x}_2\,(X_2), \cdots, \boldsymbol{x}_D\,(X_D)$的两两线性相关系数。也就是说，协方差矩阵$\boldsymbol{\Sigma}$集成了标准差和线性相关系数这两类信息。

如图24.9所示，$[\boldsymbol{\sigma}_1, \boldsymbol{\sigma}_2, \cdots, \boldsymbol{\sigma}_D]$相当于以数据$\boldsymbol{X}$质心为中心的一组非正交基。数据$\boldsymbol{X}$的很多统计学运算和分析都是依托这个空间完成的。

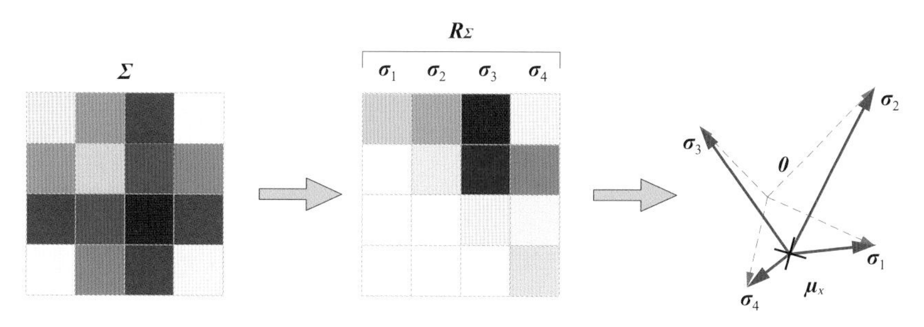

图24.9 $[\sigma_1, \sigma_2, \cdots, \sigma_D]$ 相当于以X质心为中心张成一个空间

Bk4_Ch24_01.py中Bk4_Ch24_01_C部分完成对格拉姆矩阵G和协方差矩阵Σ的Cholesky分解。

24.4 特征值分解：获得行空间和零空间

本节要进行三个特征值分解，为了区分，我们在分解结果中加了下角标。

格拉姆矩阵

图24.10所示为格拉姆矩阵$G = X^{\mathrm{T}}X$进行特征值分解。因为G为对称矩阵，所以V_X为正交矩阵，即满足$V_X^{-1} = V_X^{\mathrm{T}}$。从而，$G$的特征值分解可以写成$G = V_X \Lambda_X V_X^{\mathrm{T}}$。

根据上一章内容，V_X的列向量 $[v_{X\_1}, v_{X\_2}, \cdots, v_{X\_D}]$ 是一组规范正交基。$[v_{X\_1}, v_{X\_2}, \cdots, v_{X\_D}]$ 张成 $\mathbb{R}^D$ 空间，它是矩阵X的行空间和零空间的合体。零空间的维数取决于G的秩。

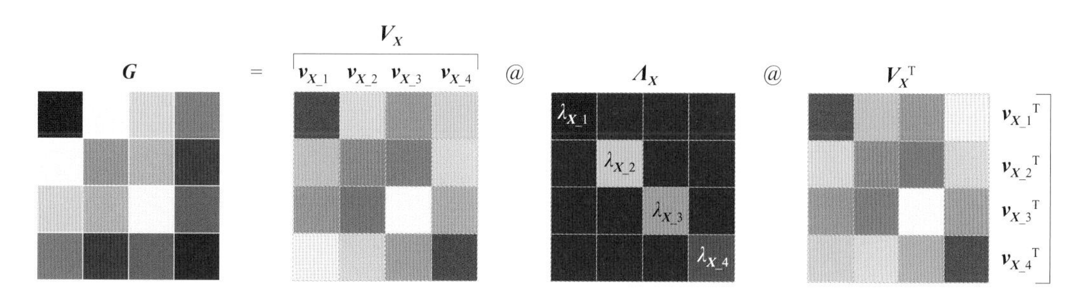

图24.10 对格拉姆矩阵进行特征值分解

如图24.11所示，从X到V_X相当于对X的行向量正交化。根据前文所学，大家思考下列几个问题：X投影到v_{X_1}的结果怎么计算？X投影到V_X的结果又怎么计算？投影结果有怎样性质？

值得注意的是，本章矩阵X为鸢尾花数据，每一列数据单位都是厘米 (cm)。格拉姆矩阵G中数值的单位为平方厘米 (cm²)。V_X中每一列都是单位向量，仅仅表达方向，不含有单位。而特征值λ_X的单位为平方厘米 (cm²)。从几何角度来看，特征值含有椭圆 (椭球) 的大小形状信息，而V仅仅提供空间旋转操作。

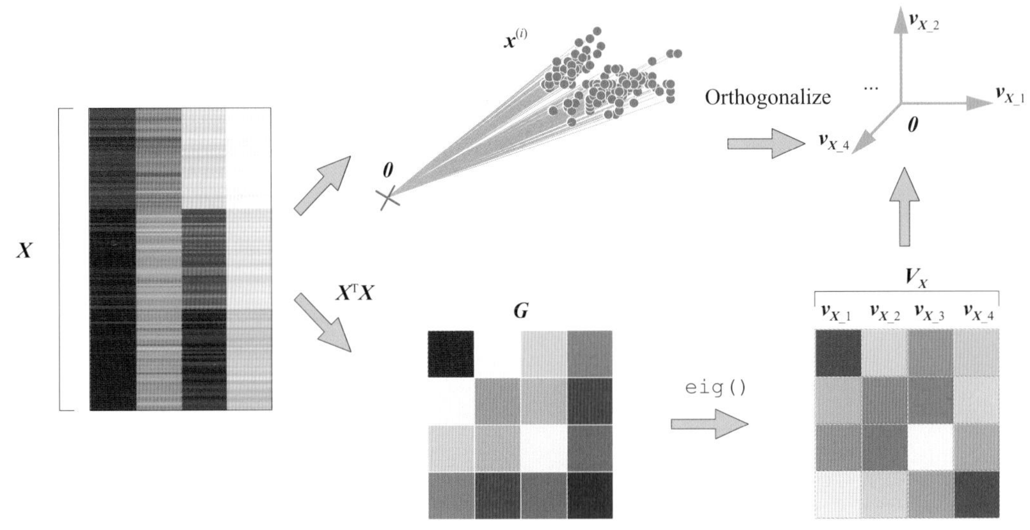

图24.11　特征值分解$\boldsymbol{G}$获得规范正交基

优化视角

本书第18章讲过，获得规范正交基 $[\boldsymbol{v}_{X\_1}, \boldsymbol{v}_{X\_2}, \cdots, \boldsymbol{v}_{X\_D}]$ 有着特定的优化目标。下面，我们简要回顾一下。

矩阵$\boldsymbol{X}$在$\boldsymbol{v}$方向投影得到$\boldsymbol{y}$，有

$$\boldsymbol{X}\boldsymbol{v} = \boldsymbol{y} \tag{24.5}$$

而$\boldsymbol{v}^{\mathrm{T}}\boldsymbol{G}\boldsymbol{v}$可以写成

$$\boldsymbol{v}^{\mathrm{T}}\boldsymbol{G}\boldsymbol{v} = \boldsymbol{v}^{\mathrm{T}}\boldsymbol{X}^{\mathrm{T}}\boldsymbol{X}\boldsymbol{v} = \left(\boldsymbol{X}\boldsymbol{v}\right)^{\mathrm{T}}\boldsymbol{X}\boldsymbol{v} = \boldsymbol{y}^{\mathrm{T}}\boldsymbol{y} = \left\|\boldsymbol{y}\right\|_2^2 \tag{24.6}$$

这就是特征值分解格拉姆矩阵对应的优化问题——找到一个单位向量$\boldsymbol{v}$，使得$\boldsymbol{X}$在$\boldsymbol{v}$上投影结果$\boldsymbol{y}$的模最大。这个$\boldsymbol{v}$就是$\boldsymbol{v}_{X_1}$，对应$\boldsymbol{y}$的模的最大值为$\sqrt{\lambda_{X_1}}$。

而$\boldsymbol{y}$的模的平方$\left\|\boldsymbol{y}\right\|_2^2$就是$\boldsymbol{y}$中所有坐标点距离原点的欧氏距离平方和。

解决这个优化问题采用的方法可以是本书第14章讲的瑞利商，也可以是第18章讲的拉格朗日乘子法。两者在本质上是一致的。

有了$\boldsymbol{v}_{X_1}$，寻找$\boldsymbol{v}_{X_2}$时，首先让$\boldsymbol{v}_{X_2}$垂直于$\boldsymbol{v}_{X_1}$ (约束条件)，且$\boldsymbol{X}$在$\boldsymbol{v}_{X_2}$上投影结果$\boldsymbol{y}$的模最大。以此类推得到所有特征向量、特征值。

特征值

前文介绍过，特征值分解得到的特征值之和，等于原矩阵对角线元素之和，即

$$\lambda_{X\_1} + \lambda_{X\_2} + \lambda_{X\_3} + \lambda_{X\_4} = \operatorname{sum}\left(\operatorname{diag}\left(\boldsymbol{G}\right)\right) = \left\|\boldsymbol{x}_1\right\|_2^2 + \left\|\boldsymbol{x}_2\right\|_2^2 + \left\|\boldsymbol{x}_3\right\|_2^2 + \left\|\boldsymbol{x}_4\right\|_2^2 \tag{24.7}$$

协方差矩阵

第二个例子是对协方差矩阵$\boldsymbol{\Sigma}$进行特征值分解。图24.12所示为对应热图。下角标用“c”的原因是对协方差矩阵特征值的分解结果与中心化 (去均值) 矩阵$\boldsymbol{X}_c$直接相关。

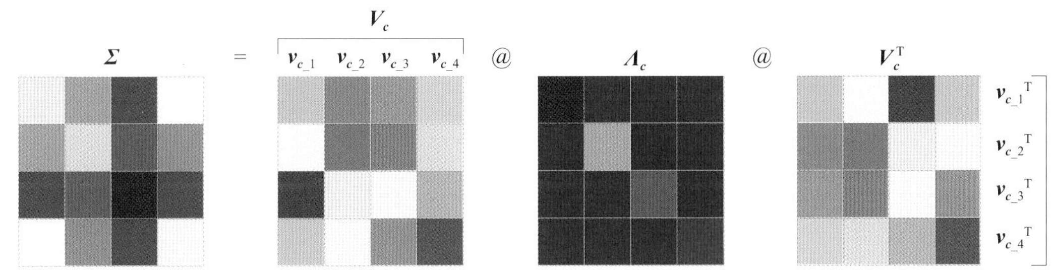

图24.12 对协方差矩阵进行特征值分解

前文提到过，$\boldsymbol{\Sigma}$囊括标准差向量 $[\boldsymbol{\sigma}_1, \boldsymbol{\sigma}_2, \boldsymbol{\sigma}_3, \boldsymbol{\sigma}_4]$ 所有信息——模 (标准差) 和夹角余弦值 (线性相关系数)。对$\boldsymbol{\Sigma}$特征值分解得到的特征向量矩阵 $[\boldsymbol{v}_{c\_1}, \boldsymbol{v}_{c\_2}, \boldsymbol{v}_{c\_3}, \boldsymbol{v}_{c\_4}]$ 也是一组规范正交基，它显然不同于 $[\boldsymbol{v}_{X\_1}, \boldsymbol{v}_{X\_2}, \cdots, \boldsymbol{v}_{X\_D}]$。

请大家思考一个问题，$\boldsymbol{X}$和$\boldsymbol{X}_c$分别向 $[\boldsymbol{v}_{c\_1}, \boldsymbol{v}_{c\_2}, \boldsymbol{v}_{c\_3}, \boldsymbol{v}_{c\_4}]$ 和 $[\boldsymbol{v}_{X\_1}, \boldsymbol{v}_{X\_2}, \cdots, \boldsymbol{v}_{X\_D}]$ 投影产生的四种结果有怎样的差别？

优化视角

采用和本节前文一样的优化角度分析协方差矩阵的特征值分解。

中心化数据矩阵$\boldsymbol{X}_c$向$\boldsymbol{v}$投影得到$\boldsymbol{y}_c$，有

$$\boldsymbol{X}_c \boldsymbol{v} = \boldsymbol{y}_c \tag{24.8}$$

而$\boldsymbol{v}^{\mathrm{T}}\boldsymbol{\Sigma}\boldsymbol{v}$可以写成

$$\boldsymbol{v}^{\mathrm{T}}(n-1)\boldsymbol{\Sigma}\boldsymbol{v} = \boldsymbol{v}^{\mathrm{T}}\boldsymbol{X}_c^{\mathrm{T}}\boldsymbol{X}_c\boldsymbol{v} = (\boldsymbol{X}_c\boldsymbol{v})^{\mathrm{T}}\boldsymbol{X}_c\boldsymbol{v} = \boldsymbol{y}_c^{\mathrm{T}}\boldsymbol{y}_c = \|\boldsymbol{y}_c\|_2^2 = (n-1)\operatorname{var}(\boldsymbol{y}_c) \tag{24.9}$$

式 (24.9) 告诉我们，对协方差矩阵特征值分解，就是要找到一个单位向量$\boldsymbol{v}$，使得中心化数据$\boldsymbol{X}_c$在$\boldsymbol{v}$上投影结果$\boldsymbol{y}_c$的方差最大。我们要找的这个$\boldsymbol{v}$就是图24.12中的$\boldsymbol{v}_{c_1}$，对应的特征值为 λ_{c_1}。

再次注意单位问题，对于鸢尾花数据，协方差矩阵中的数值单位都是平方厘米 (cm^2)。其特征值λ_c的单位也是平方厘米 (cm^2)，而$\boldsymbol{v}_c$是无单位的。

大家可能会问，式 (24.9) 是如何把协方差矩阵与$\boldsymbol{y}$的方差联系起来的？这是我们下一章要探讨的内容。

$\boldsymbol{\Sigma}$的特征值之和，等于$\boldsymbol{X}$的每列数据方差之和，即

$$\lambda_{\Sigma\_1} + \lambda_{\Sigma\_2} + \lambda_{\Sigma\_3} + \lambda_{\Sigma\_4} = \operatorname{diag}(\boldsymbol{\Sigma}) = \sigma_1^2 + \sigma_2^2 + \sigma_3^2 + \sigma_4^2 \tag{24.10}$$

显然 λ_{Σ_1} 在式 (24.10) 中占比最大。也就是说，对$\boldsymbol{\Sigma}$特征值分解得到第一特征向量$\boldsymbol{v}_{c_1}$，相较其他所有可能的单位向量，解释了$\boldsymbol{\Sigma}$中最多的方差成分。

每个特征值占特征值总和的比例是主成分分析中重要的一项分析指标，这是鸢尾花书《数据有道》一册要介绍的内容。

相关性系数矩阵

本节的第三个例子是对相关性系数矩阵$\boldsymbol{P}$进行特征值分解，图24.13所示为对应热图。相关性系数矩阵$\boldsymbol{P}$可以视为$\boldsymbol{Z}_X$($\boldsymbol{X}$的Z分数矩阵) 的协方差矩阵。

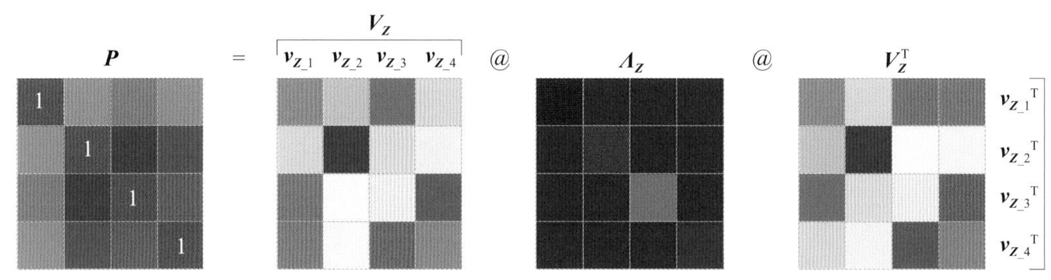

图24.13　对相关性系数矩阵进行特征值分解

矩阵$\boldsymbol{Z}_X$的特点是，每列均值都是0。由于$\boldsymbol{Z}_X$已经标准化，因此每列的均方差为1。

从相关性系数矩阵$\boldsymbol{P}$的对角线元素也可以看出来，$\boldsymbol{Z}_X$每个特征贡献的方差均为1。

注意：数据矩阵$\boldsymbol{Z}_X$和相关性系数矩阵$\boldsymbol{P}$都已经“去单位化”。比如，$\boldsymbol{P}$中对角线上的1没有单位；因为数据标准化的过程中，单位已经消去。

对$\boldsymbol{P}$的特征向量矩阵 $[\boldsymbol{v}_{Z\_1}, \boldsymbol{v}_{Z\_2}, \boldsymbol{v}_{Z\_3}, \boldsymbol{v}_{Z\_4}]$ 也是一组规范正交基。一般情况，$[\boldsymbol{v}_{Z\_1}, \boldsymbol{v}_{Z\_2}, \boldsymbol{v}_{Z\_3}, \boldsymbol{v}_{Z\_4}]$ 不同于 $[\boldsymbol{v}_{c\_1}, \boldsymbol{v}_{c\_2}, \boldsymbol{v}_{c\_3}, \boldsymbol{v}_{c\_4}]$。

利用对相关性系数矩阵特征值分解进行主成分分析也是常见的技术路线。这种技术路线可以解决$\boldsymbol{X}$中某些特征的方差异常 (过大或过小) 的问题。

Bk4_Ch24_01.py中Bk4_Ch24_01_D部分完成本节介绍的三个特征值分解。

24.5 SVD分解：获得四个空间

SVD分解可谓矩阵分解之集大成者，本书前文花了很多笔墨从各个角度探讨SVD分解。本节对比鸢尾花原始数据矩阵$\boldsymbol{X}$、中心化矩阵$\boldsymbol{X}_c$、标准化矩阵$\boldsymbol{Z}_X$等三个矩阵的SVD分解。

原始数据矩阵

图24.14所示为矩阵$\boldsymbol{X}$进行SVD分解的矩阵运算热图。图24.14中的正交矩阵$\boldsymbol{V}_X$实际上与图 24.10中的$\boldsymbol{V}_X$等价，某些向量的正负号可能存在反号的情况。图24.14中矩阵$\boldsymbol{U}_X$也可以通过对$\boldsymbol{X}\boldsymbol{X}^{\mathrm{T}}$特征值的分解得到。

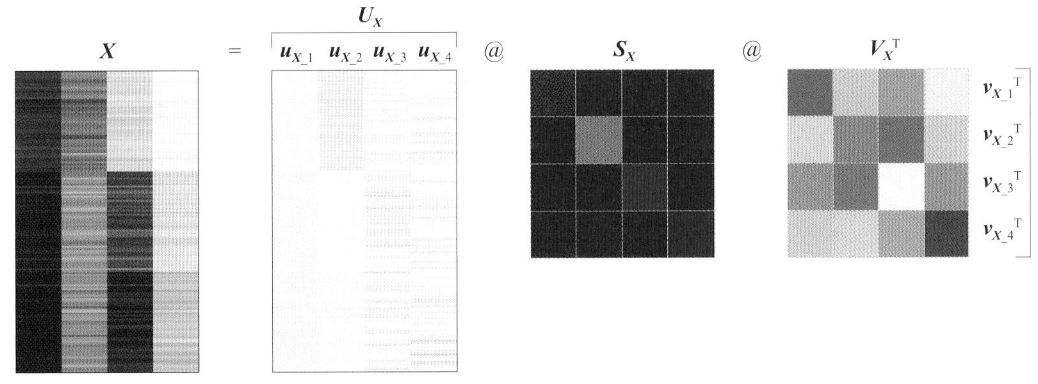

图24.14　对矩阵$\boldsymbol{X}$进行SVD分解

前文提到多次，SVD分解的结果包含了两个特征值分解结果。此外，SVD分解不丢失原始数据$\boldsymbol{X}$的任何信息，截断型除外。从某种程度上说，SVD分解包含了特征值分解，比特征值分解更“高阶”。

另外，请大家注意图24.14中的奇异值和图24.10中的特征值之间的关系，即

$$\boldsymbol{S}_X^{\ 2} = \boldsymbol{\Lambda}_X \tag{24.11}$$

中心化数据

图24.15所示为中心化数据矩阵$\boldsymbol{X}_c$进行SVD分解的矩阵运算热图。图24.15中的正交矩阵$\boldsymbol{V}_c$与图24.12中的$\boldsymbol{V}_c$等价，两者若干位置列向量也可能存在符号相反的情况。

有些读者可能会问，既然$\boldsymbol{V}_c$也是规范正交基，那么将原始数据$\boldsymbol{X}$在$\boldsymbol{V}_c$上投影结果的质心在哪里？投影结果的协方差矩阵又如何？下一章会给大家一些理论基础，鸢尾花书《统计至简》一册会专门回答这个问题。

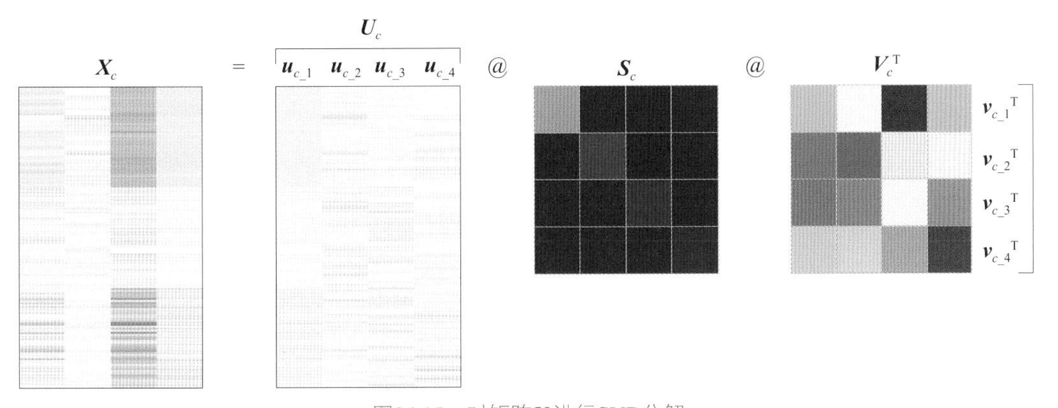

图24.15　对矩阵$\boldsymbol{X}_c$进行SVD分解

标准化数据

图24.16所示为标准化数据矩阵$\boldsymbol{Z}_X$进行SVD分解矩阵运算热图。图24.16中的$\boldsymbol{V}_Z$与图24.13中的$\boldsymbol{V}_Z$等价，两者某些列向量也可能存在符号相反的情况。也请大家思考，原始数据$\boldsymbol{X}$在$\boldsymbol{V}_Z$上投影会有怎样的结果？

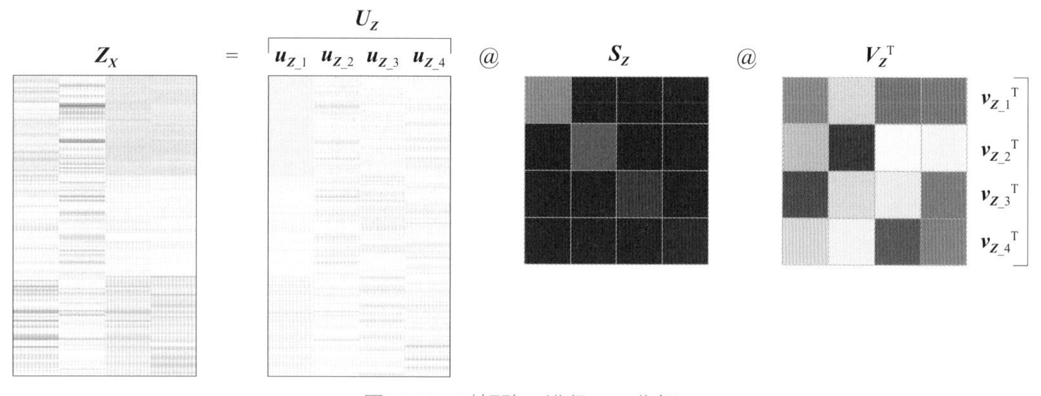

图24.16　对矩阵$\boldsymbol{Z}_X$进行SVD分解

Bk4_Ch24_01.py中Bk4_Ch24_01_E部分完成本节三个SVD分解运算。

本章最后用一幅图总结本章和上一章内容。

图24.17所示的这幅图是本书中非常重要的几幅图之一，这幅图总结了整本书中与数据矩阵$\boldsymbol{X}$有关的向量、矩阵、矩阵分解、空间等概念。

这幅图的数据分为两个部分：第一部分以$\boldsymbol{X}$为核心，向量以$\boldsymbol{0}$为起点；第二部分是统计视角，以去均值数据$\boldsymbol{X}_c$为核心，向量以质心为起点。

下面，我们介绍一下图24.17中的关键细节。

$\boldsymbol{X}$为细高型矩阵，形状为$n \times D$，样本数n一般远大于特征数D。对$\boldsymbol{X}$进行SVD分解可以得到四个空间。

行空间$R(\boldsymbol{X})$“刚刚好”装下$\boldsymbol{X}$的行向量。而$\mathbb{R}^D$装下$\boldsymbol{X}$行向量后则可能略有富余，多余的部分就是零空间Null($\boldsymbol{X}$)。零空间维数大于0的前提是$\boldsymbol{X}$非满秩。

同理，列空间$C(\boldsymbol{X})$正好装下$\boldsymbol{X}$的列向量，没有富余。而$\mathbb{R}^n$装$\boldsymbol{X}$的列向量则“绰绰有余”，“有余”的部分就是左零空间Null($\boldsymbol{X}^{\mathrm{T}}$)。

格拉姆矩阵$\boldsymbol{G}$含有$\boldsymbol{X}$列向量模、向量夹角两类重要信息。余弦相似度矩阵$\boldsymbol{C}$仅仅含有向量夹角信息。对格拉姆矩阵$\boldsymbol{G}$进行特征值分解只能获得两个空间。

对格拉姆矩阵$\boldsymbol{G}$进行Cholesky分解得到的上三角矩阵$\boldsymbol{R}$可以“代表”$\boldsymbol{X}$的列向量坐标。

> 反复强调：只有正定矩阵才能进行Cholesky分解。

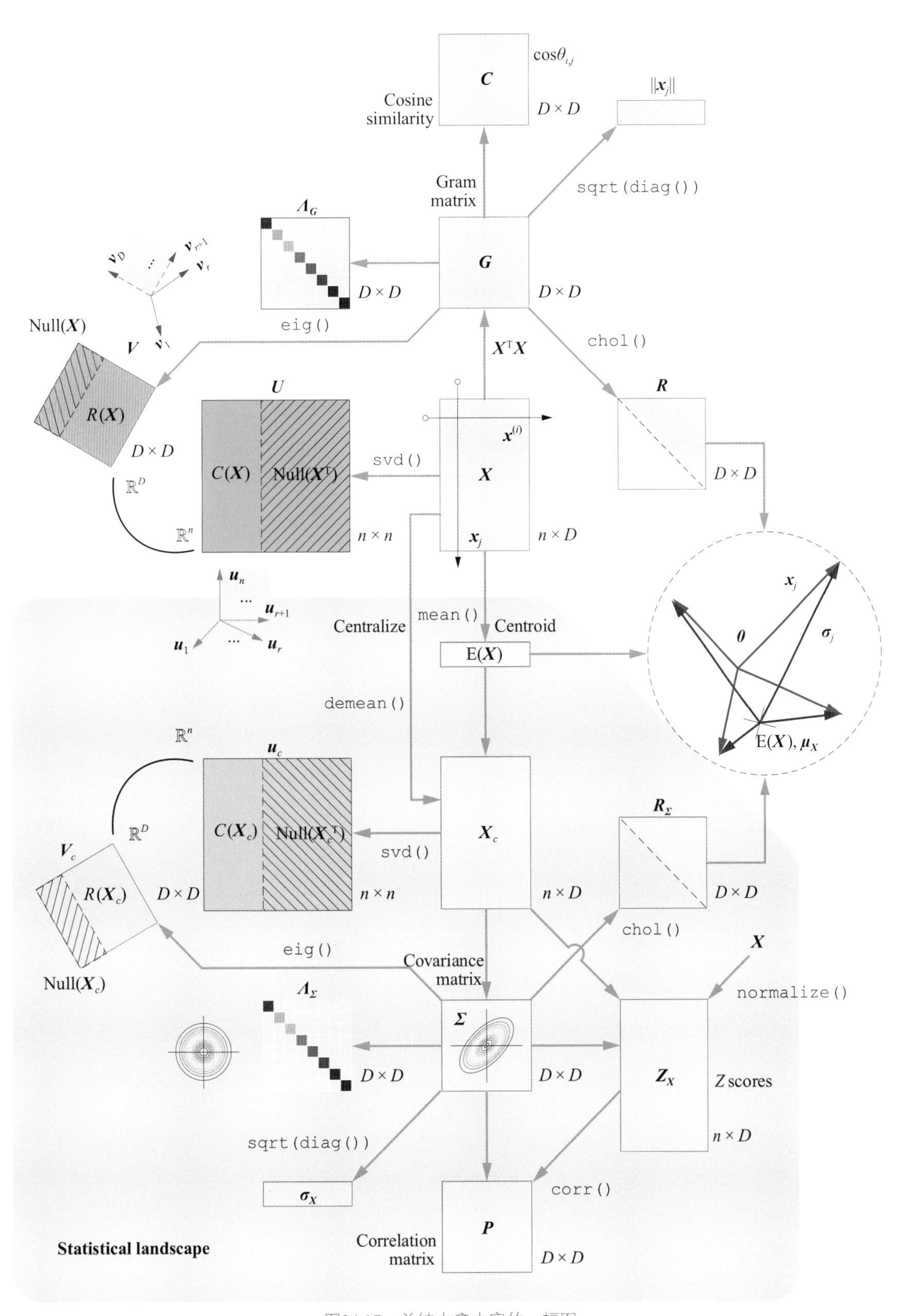

图24.17　总结本章内容的一幅图

在统计视角下，$\boldsymbol{X}$有两个重要信息——质心、协方差矩阵。质心确定数据的中心位置，协方差矩阵描述数据分布。协方差矩阵$\boldsymbol{\Sigma}$同样含有“标准差向量”的模 (标准差大小)、向量夹角 (余弦值为相关性系数) 两类重要信息。相关性系数矩阵$\boldsymbol{P}$仅仅含有向量夹角 (相关性系数) 信息。

值得格外注意的是：质心和协方差是多元高斯分布的两个参数，因此需要大家注意协方差矩阵与椭圆的联系。对这部分内容生疏的读者，请参考本书第14章相关内容。

$\boldsymbol{X}_c$是中心化数据矩阵，即每一列数据都去均值。$\boldsymbol{Z}_{\boldsymbol{X}}$是标准化数据矩阵，即$\boldsymbol{X}$的$Z$分数。在几何视角下，$\boldsymbol{X}$到$\boldsymbol{X}_c$相当于质心“平移”，$\boldsymbol{X}$到标准化数据$\boldsymbol{Z}_{\boldsymbol{X}}$相当于“平移 + 缩放”。

协方差矩阵$\boldsymbol{\Sigma}$相当于$\boldsymbol{X}_c$的格拉姆矩阵。相关性系数矩阵$\boldsymbol{P}$相当于$\boldsymbol{Z}_{\boldsymbol{X}}$的格拉姆矩阵。此外，注意样本数据缩放系数 $(n - 1)$。

$\boldsymbol{X}_c$进行SVD分解也得到四个空间。这四个空间因$\boldsymbol{X}_c$而生，一般情况不同于$\boldsymbol{X}$的四个空间。

此外，请大家格外注意不同矩阵的单位！以鸢尾花数据为例，$\boldsymbol{X}$每一列数据的单位恰好都是cm，$\boldsymbol{X}_c$的单位也都是cm，而$\boldsymbol{Z}_{\boldsymbol{X}}$没有单位 (或者说，单位是标准差)；$\boldsymbol{G}$的单位是$\text{cm}^2$，$\boldsymbol{\Sigma}$的单位也是$\text{cm}^2$，$\boldsymbol{P}$和$\boldsymbol{C}$没有单位。

但是多数时候数据矩阵列向量的特征比较丰富，如高度、质量、时间、温度、密度、百分比、股价、收益率、GDP等。它们的数值单位不同、取值范围不同、均方差不同，为了保证可比性，我们需要标准化处理原始数据。

25 Selected Use Cases of Data
数据应用

将线性代数工具用于数据科学和机器学习实践

> 琴弦的低吟浅唱中易闻几何；
> 天体的星罗棋布上足见音律。
> ***There is geometry in the humming of the strings. There is music in the spacing of the spheres.***
> —— 毕达哥拉斯 (Pythagoras) | 古希腊哲学家、数学家和音乐理论家 | 570 B.C. — 495 B.C.

- ◀ `statsmodels.api.add_constant()` 线性回归增加一列常数1
- ◀ `statsmodels.api.OLS()` 最小二乘法函数
- ◀ `numpy.linalg.eig()` 特征值分解
- ◀ `numpy.linalg.svd()` 奇异值分解
- ◀ `sklearn.decomposition.PCA()` 主成分分析函数

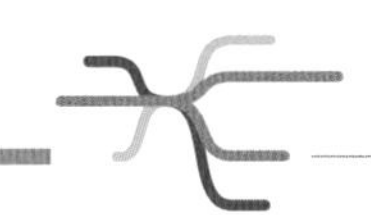

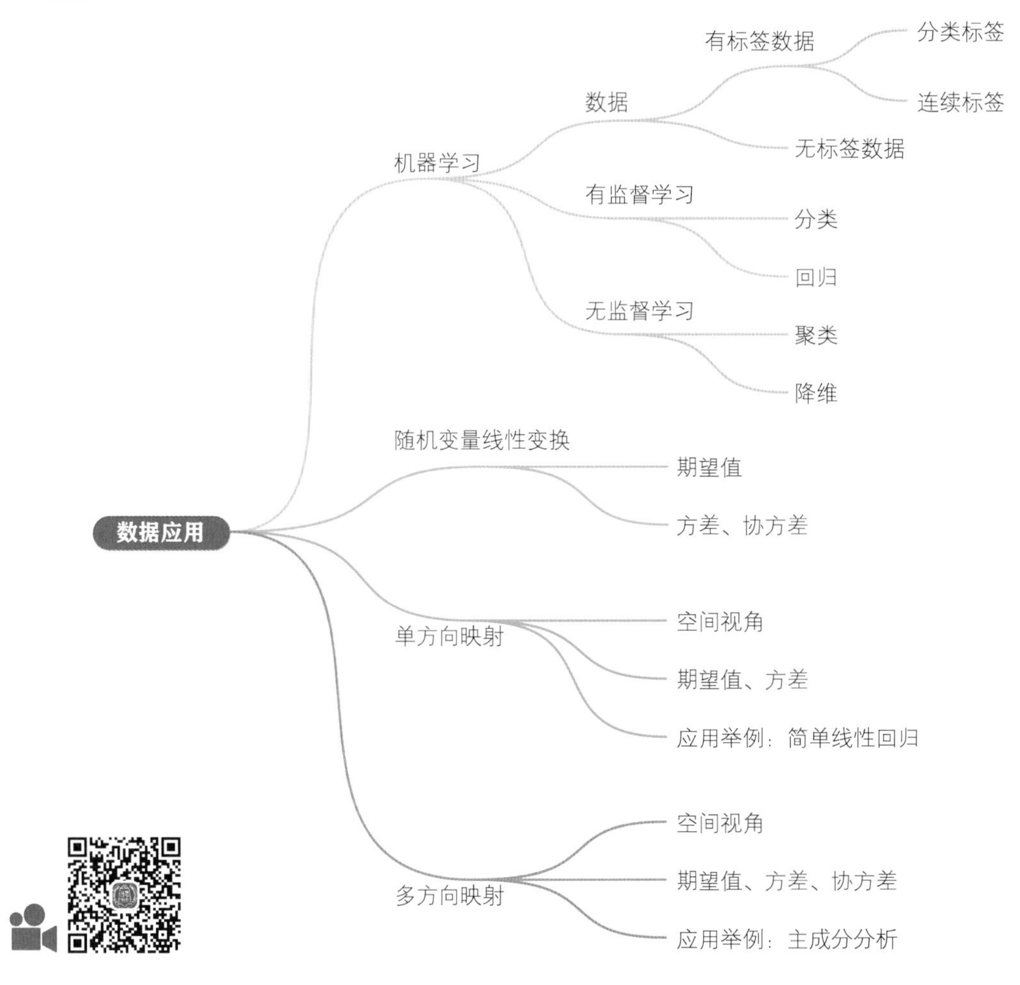

25.1 从线性代数到机器学习

本书第23章和24章，即“数据三部曲”前两章，分别从空间、矩阵分解两个角度总结了本书之前介绍的重要线性代数工具。我们寻找向量空间、完成矩阵分解，并不仅仅是因为它们有趣。实际上，本书中介绍的线性代数工具有助于我们用样本数据搭建数据科学、机器学习模型。

在前两章的基础上，本章一方面引出与《统计至简》有关的多元统计内容，另一方面预告本书线性代数工具在《数据有道》和《机器学习》中的几个应用场景。

机器学习

本章首先聊一聊，什么是机器学习？

根据维基百科的定义，机器学习算法是一类从数据中自动分析获得规律，并利用规律对未知数据进行预测的算法。

机器学习处理的问题有下列特征：① 基于数据，模型需要通过样本数据训练；② 黑箱或复杂系统，难以找到**控制方程** (governing equations)。控制方程指的是能够比较准确、完整描述某一现象或规律的数学方程，如用$y = ax^2 + bx + c$描述抛物线轨迹。

而机器学习处理的数据通常为多特征数据，这就是任何机器学习算法都离不开线性代数工具的原因。

有标签数据、无标签数据

根据输出值有无标签，如图25.1所示，数据可以分为**有标签数据** (labelled data) 和**无标签数据** (unlabelled data)。

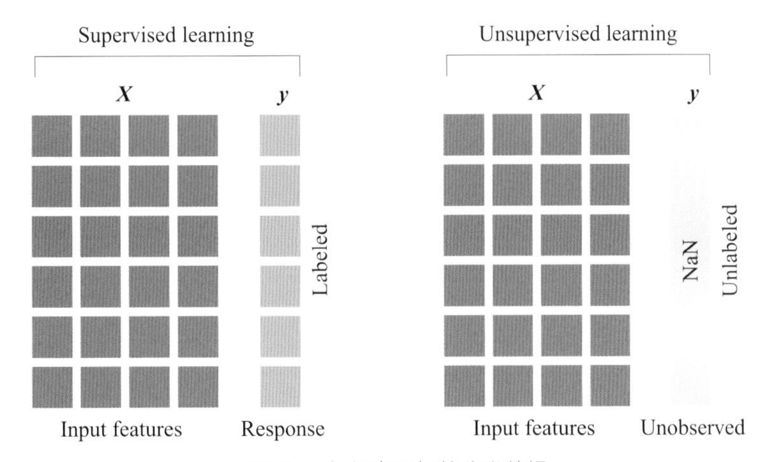

图25.1 根据有无标签分类数据

显然，鸢尾花数据集是有标签数据，因为数据的每一行代表一朵花，而每一朵花都对应一个特定的鸢尾花类别 (图25.2最后一列)，这个类别就是标签。

Index	Sepal length X_1	Sepal width X_2	Petal length X_3	Petal width X_4	Species Y
1	5.1	3.5	1.4	0.2	Setosa C_1
2	4.9	3	1.4	0.2	
3	4.7	3.2	1.3	0.2	
...	...	...	...	...	
49	5.3	3.7	1.5	0.2	
50	5	3.3	1.4	0.2	
51	7	3.2	4.7	1.4	Versicolor C_2
52	6.4	3.2	4.5	1.5	
53	6.9	3.1	4.9	1.5	
...	...	...	...	...	
99	5.1	2.5	3	1.1	
100	5.7	2.8	4.1	1.3	
101	6.3	3.3	6	2.5	Virginica C_3
102	5.8	2.7	5.1	1.9	
103	7.1	3	5.9	2.1	
...	...	...	...	...	
149	6.2	3.4	5.4	2.3	
150	5.9	3	5.1	1.8	

图25.2 鸢尾花数据表格 (单位：cm)

很多场景下，样本数据并没有标签。举个例子，图25.3所示为2020年度中9支股票的每个营业日股价数据。图25.3中数据共有253行，每行代表一个日期几只股票的股价水平。

列方向来看，表格共有10列，第1列为营业日日期，其余9列每列为股价数据。从**时间序列** (timeseries) 角度来看，图25.3中从第一列时间点起到一个时间先后排序作用。图25.3中的数据显然没有类似于图25.2的标签。鸢尾花书《数据有道》一册将专门讲解时间序列。

此外，本书很多应用场景中，我们并不考虑鸢尾花数据的标签；也就是说，我们将鸢尾花标签一列删除，得到无标签数据矩阵$\boldsymbol{X}_{150\times 4}$。

Date	TSLA	TSM	COST	NVDA	FB	AMZN	AAPL	NFLX	GOOGL
2-Jan-2020	86.05	58.26	281.10	239.51	209.78	1898.01	74.33	329.81	1368.68
3-Jan-2020	88.60	56.34	281.33	235.68	208.67	1874.97	73.61	325.90	1361.52
6-Jan-2020	90.31	55.69	281.41	236.67	212.60	1902.88	74.20	335.83	1397.81
7-Jan-2020	93.81	56.60	280.97	239.53	213.06	1906.86	73.85	330.75	1395.11
8-Jan-2020	**98.43**	**57.01**	**284.19**	**239.98**	**215.22**	**1891.97**	**75.04**	**339.26**	**1405.04**
9-Jan-2020	96.27	57.48	288.75	242.62	218.30	1901.05	76.63	335.66	1419.79
...	...	...	...	...	...	...	...	...	...
30-Dec-2020	694.78	108.49	373.71	525.83	271.87	3285.85	133.52	524.59	1736.25
31-Dec-2020	705.67	108.63	376.04	522.20	273.16	3256.93	132.49	540.73	1752.64

图25.3　股票收盘股价数据

有标签数据：分类、连续

有标签数据中，标签数值可以是**分类** (categorical)，也可以是**连续** (continuous)。

分类标签很好理解，如鸢尾花数据的标签有三类setosa、virginica、versicolor。它们可以用数字0、1、2来表示。

而有些数据的标签是连续的。鸢尾花书《数学要素》一册中鸡兔同笼的回归问题中，鸡兔数量就是个好例子。横轴鸡的数量是回归问题的自变量；纵轴的兔子数量是因变量，就是连续标签。

再举个例子，用图25.3中9只股价来构造一个投资组合，目标是跟踪标普500涨跌；这时，标普500同时期的数据就是连续标签，显然这个标签对应的数据为连续数值。

有监督学习、无监督学习

根据数据是否有标签，机器学习可以分为以下两大类

- **有监督学习** (supervised learning) 训练有标签值样本数据并得到模型，通过模型对新样本数据标签进行标签推断。
- **无监督学习** (unsupervised learning) 训练没有标签值的数据，并发现样本数据的结构。

四大类

如图25.4所示，根据标签类型，机器学习还可进一步细分成四大类问题。

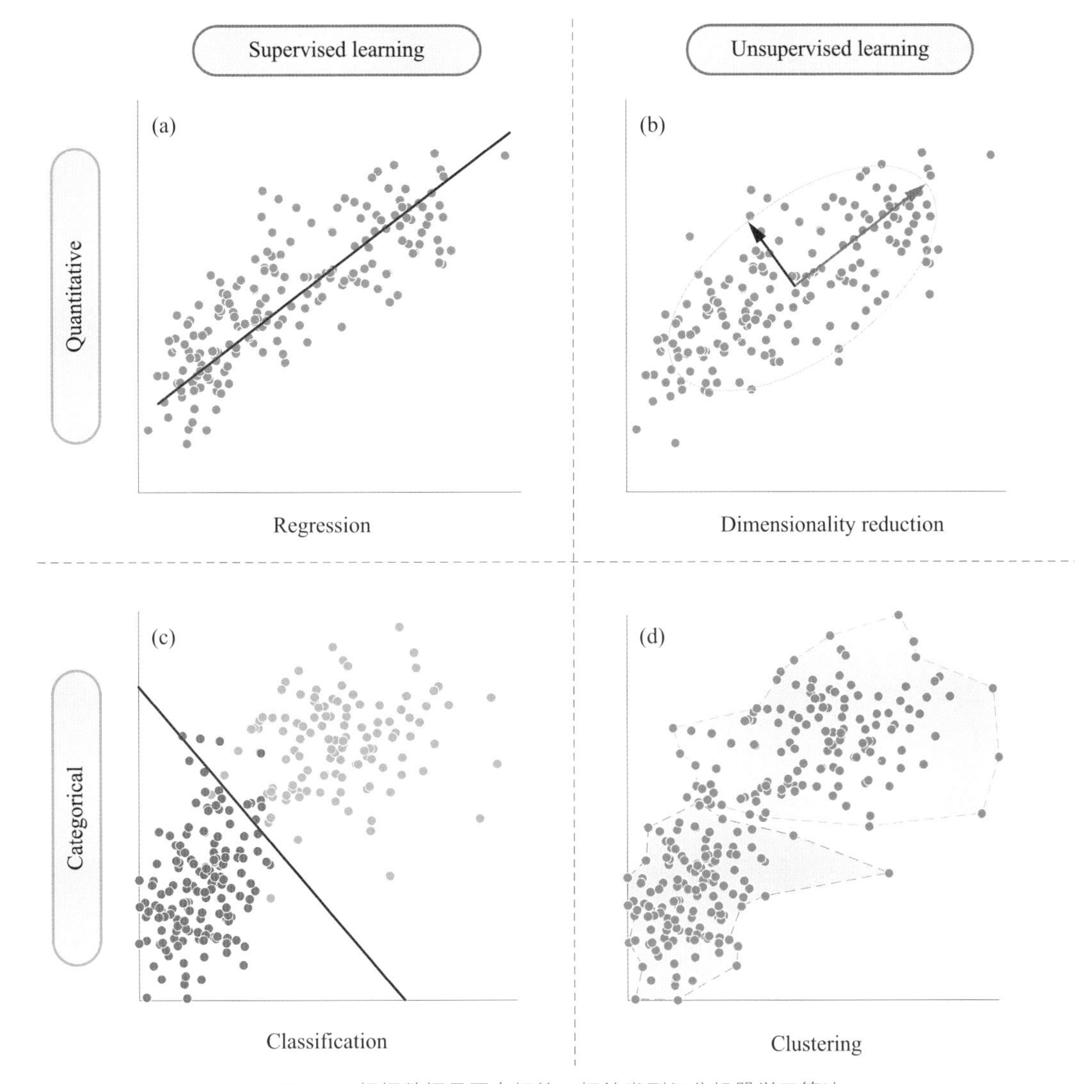

图25.4　根据数据是否有标签、标签类型细分机器学习算法

有监督学习中，如果标签为连续数据，则对应的问题为**回归** (regression)，如图25.4 (a)所示。如果标签为分类数据，对应的问题则是**分类** (classification)，如图25.4 (c)所示。

无监督学习中，样本数据没有标签。如果目标是寻找规律、简化数据，则这类问题叫做**降维** (dimensionality reduction)，比如主成分分析目的之一就是找到数据中占据主导地位的成分，如图25.4 (b)所示。如果模型的目标是根据数据特征将样本数据分成不同的组别，这种问题叫做**聚类** (clustering)，如图25.4 (d)所示。

实际上，数据科学和机器学习本来不分家，但是为了方便大家学习，作者根据图25.4所示的规律将内容分成《数据有道》和《机器学习》两册重点介绍。

《数据有道》主要解决图25.4 (a) 和 图25.4(b) 两图对应的回归以及降维问题。

《机器学习》则关注图25.4 (c) 和 图25.4(d) 所示的分类和聚类问题，难度有所提高。

鸢尾花书《数学要素》《矩阵力量》《统计至简》这三册为《数据有道》和《机器学习》提供了数学工具。特别地，本册《矩阵力量》提供的线性代数工具，是所有数学工具从一元到多元的推手，如多元微积分、多元概率统计、多元优化等。

本章下文就试图把几何、线性代数、概率统计、机器学习应用这几个元素串起来，让大家领略线性代数工具无处不在的力量。

25.2 从随机变量的线性变换说起

本节将随机变量的线性变换与向量的仿射变换联系起来。这一节内容相对来说有一定难度，但是极其重要。本节是多元统计的理论基础。

鸢尾花书《统计至简》一册还会深入探讨本节内容。

线性变换

如果X为一个随机变量，对X进行函数变换，可以得到其他的随机变量Y为

$$Y = h(X) \tag{25.1}$$

特别地，如果$h()$为线性函数，则X到Y进行的就是线性变换，比如

$$Y = h(X) = aX + b \tag{25.2}$$

其中：a和b为常数。这相当于几何中的缩放、平移两步操作。在线性代数中，上式相当于仿射变换。

式 (25.2) 中，Y的期望和X的期望之间的关系为

$$\mathrm{E}(Y) = a\mathrm{E}(X) + b \tag{25.3}$$

式 (25.2) 中，Y和X方差之间关系为

$$\mathrm{var}(Y) = \mathrm{var}(aX + b) = a^2\,\mathrm{var}(X) \tag{25.4}$$

二元随机变量

如果Y和二元随机变量 (X_1, X_2) 存在关系

$$Y = aX_1 + bX_2 \tag{25.5}$$

则式 (25.5) 可以写成

$$Y = \begin{bmatrix} a & b \end{bmatrix} \begin{bmatrix} X_1 \\ X_2 \end{bmatrix} \tag{25.6}$$

相信大家已经在式 (25.6) 中看到了本书反复讨论的线性映射关系。

Y和二元随机变量 (X_1, X_2) 期望值之间存在关系

$$\mathrm{E}(Y) = \mathrm{E}(aX_1 + bX_2) = a\mathrm{E}(X_1) + b\mathrm{E}(X_2) \tag{25.7}$$

式 (25.7) 可以写成矩阵运算形式，有

$$\mathrm{E}(Y) = \begin{bmatrix} a & b \end{bmatrix} \begin{bmatrix} \mathrm{E}(X_1) \\ \mathrm{E}(X_2) \end{bmatrix} \tag{25.8}$$

Y和二元随机变量 (X_1, X_2) 的方差、协方差存在关系

$$\operatorname{var}(Y)=\operatorname{var}(aX_1+bX_2)=a^2\operatorname{var}(X_1)+b^2\operatorname{var}(X_2)+2ab\operatorname{cov}(X_1,X_2) \tag{25.9}$$

式 (25.9) 可以写成

$$\operatorname{var}(Y)=\begin{bmatrix}a & b\end{bmatrix}\underbrace{\begin{bmatrix}\operatorname{var}(X_1) & \operatorname{cov}(X_1,X_2)\\ \operatorname{cov}(X_1,X_2) & \operatorname{var}(X_2)\end{bmatrix}}_{\boldsymbol{\Sigma}}\begin{bmatrix}a\\ b\end{bmatrix} \tag{25.10}$$

相信大家已经在式 (25.10) 中看到了协方差矩阵

$$\boldsymbol{\Sigma}=\begin{bmatrix}\operatorname{var}(X_1) & \operatorname{cov}(X_1,X_2)\\ \operatorname{cov}(X_1,X_2) & \operatorname{var}(X_2)\end{bmatrix} \tag{25.11}$$

也就是说，式 (25.10) 可以写成

$$\operatorname{var}(Y)=\begin{bmatrix}a & b\end{bmatrix}\boldsymbol{\Sigma}\begin{bmatrix}a\\ b\end{bmatrix} \tag{25.12}$$

D维随机变量

如果D维随机变量$\boldsymbol{\zeta}=[Z_1, Z_2, \cdots, Z_D]^{\mathrm{T}}$ 服从多元高斯分布$N(\boldsymbol{0}, \boldsymbol{I})$，即均值为$\boldsymbol{0}$，协方差矩阵为单位矩阵，即

$$\boldsymbol{\zeta}=\begin{bmatrix}Z_1\\ Z_2\\ \vdots\\ Z_D\end{bmatrix},\quad \boldsymbol{\mu}_{\zeta}=\mathrm{E}(\boldsymbol{\zeta})=\boldsymbol{0}=\begin{bmatrix}0\\ 0\\ \vdots\\ 0\end{bmatrix},\quad \operatorname{var}(\boldsymbol{\zeta})=\boldsymbol{I}_{D\times D}=\begin{bmatrix}1 & & & \\ & 1 & & \\ & & \ddots & \\ & & & 1\end{bmatrix} \tag{25.13}$$

其中：希腊字母$\boldsymbol{\zeta}$读作zeta。

而D维随机变量$\boldsymbol{\chi}=[X_1, X_2, \cdots, X_D]^{\mathrm{T}}$ 和$\boldsymbol{\zeta}$存在线性关系

$$\boldsymbol{\chi}=\begin{bmatrix}X_1\\ X_2\\ \vdots\\ X_D\end{bmatrix}=\boldsymbol{V}^{\mathrm{T}}\boldsymbol{\zeta}+\boldsymbol{\mu}=\boldsymbol{V}^{\mathrm{T}}\begin{bmatrix}Z_1\\ Z_2\\ \vdots\\ Z_D\end{bmatrix}+\begin{bmatrix}\mu_1\\ \mu_2\\ \vdots\\ \mu_D\end{bmatrix} \tag{25.14}$$

注意：$\boldsymbol{\chi}$为列向量，列向量元素个数为D，即D行。

$\boldsymbol{\chi}$的期望值 (即质心) 为

$$\boldsymbol{\mu}_{\chi}=\mathrm{E}(\boldsymbol{\chi})=\boldsymbol{\mu} \tag{25.15}$$

注意：我们在此约定E($\boldsymbol{\chi}$) 为列向量。求期望值运算符E(●) 作用于随机变量列向量$\boldsymbol{\chi}$，结果还是列向量。而E($\boldsymbol{X}$) 代表E(●) 作用于数据矩阵$\boldsymbol{X}$。$\boldsymbol{X}$的每一列代表一个随机变量，因此E($\boldsymbol{X}$) 为行向量。

$\boldsymbol{\chi}$的协方差为

$$\begin{aligned}\operatorname{var}(\boldsymbol{\chi}) &= \boldsymbol{\Sigma}_{\chi} = \operatorname{cov}(\boldsymbol{\chi}, \boldsymbol{\chi}) \\ &= \mathrm{E}\left(\left(\boldsymbol{\chi}-\mathrm{E}(\boldsymbol{\chi})\right)\left(\boldsymbol{\chi}-\mathrm{E}(\boldsymbol{\chi})\right)^{\mathrm{T}}\right) \\ &= \frac{\left(\boldsymbol{\chi}-\boldsymbol{\mu}_{\chi}\right)\left(\boldsymbol{\chi}-\boldsymbol{\mu}_{\chi}\right)^{\mathrm{T}}}{n} = \boldsymbol{V}^{\mathrm{T}} \frac{\boldsymbol{\zeta}\boldsymbol{\zeta}^{\mathrm{T}}}{n} \boldsymbol{V} = \boldsymbol{V}^{\mathrm{T}} \boldsymbol{I}_{D\times D} \boldsymbol{V} = \boldsymbol{V}^{\mathrm{T}} \boldsymbol{V}\end{aligned} \tag{25.16}$$

也就是说$\boldsymbol{\chi}$服从$N(\boldsymbol{\mu}, \boldsymbol{V}^{\mathrm{T}}\boldsymbol{V})$。

注意，式 (25.16) 计算总体方差，因此分母为n。此外注意$\boldsymbol{\zeta}\boldsymbol{\zeta}^{\mathrm{T}}$转置^{T}所在位置，有别于本书前文计算数据矩阵$\boldsymbol{X}$的协方差矩阵时遇到的$\boldsymbol{X}^{\mathrm{T}}\boldsymbol{X}$。

如果$\boldsymbol{\chi}$和$\boldsymbol{\gamma} = [Y_1, Y_2, \cdots, Y_D]^{\mathrm{T}}$满足线性映射关系

$$\boldsymbol{\gamma} = \boldsymbol{A}\boldsymbol{\chi} \tag{25.17}$$

则$\boldsymbol{\gamma}$的期望值 (即质心) 为

$$\boldsymbol{\mu}_{\gamma} = \mathrm{E}(\boldsymbol{\gamma}) = \boldsymbol{A}\boldsymbol{\mu} \tag{25.18}$$

$\boldsymbol{\gamma}$的协方差为

$$\operatorname{var}(\boldsymbol{\gamma}) = \boldsymbol{\Sigma}_{\gamma} = \boldsymbol{A}\boldsymbol{\Sigma}_{\chi}\boldsymbol{A}^{\mathrm{T}} \tag{25.19}$$

也就是说$\boldsymbol{\gamma}$服从$N(\boldsymbol{A}\boldsymbol{\mu}, \boldsymbol{A}\boldsymbol{\Sigma}_{\chi}\boldsymbol{A}^{\mathrm{T}})$。

相信很多读者对本节内容已经感到云里雾里，下面几节我们展开讲解本节内容。

25.3 单方向映射

随机变量视角

D个随机变量X_1、$X_2 \cdots X_D$通过如下组合构造随机变量Y，即

$$Y = v_1 X_1 + v_2 X_2 + \cdots + v_D X_D \tag{25.20}$$

还是用本书前文的例子，制作八宝粥时，用到如下八种谷物——大米 (X_1)、小米 (X_2)、糯米 (X_3)、紫米 (X_4)、绿豆 (X_5)、红枣 (X_6)、花生 (X_7)、莲子 (X_8)。v_1、v_2、$\cdots$ 、v_D相当于八种谷物的配比。

向量视角

从向量角度看式 (25.20)，有

$$\hat{\boldsymbol{y}} = v_1\boldsymbol{x}_1 + v_2\boldsymbol{x}_2 + \cdots + v_D\boldsymbol{x}_D \tag{25.21}$$

式 (25.21) 中 $\hat{\boldsymbol{y}}$ 头上“戴帽子”是为了呼应下一节的线性回归，避免混淆。如图25.5所示，式 (25.21) 就是线性组合。

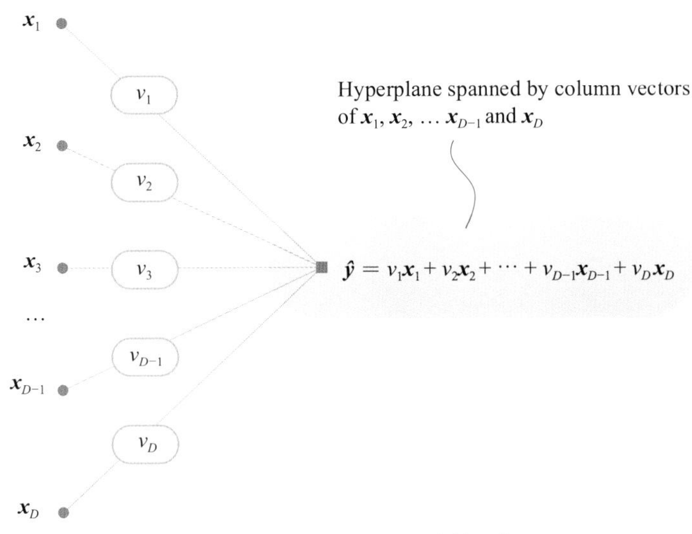

图25.5　$\boldsymbol{x}_1$、$\boldsymbol{x}_2$、…、$\boldsymbol{x}_D$线性组合

令$\boldsymbol{X} = [\boldsymbol{x}_1, \boldsymbol{x}_2, \cdots, \boldsymbol{x}_D]$，相当于$\boldsymbol{X}$向$\boldsymbol{v}$进行向量映射，得到列向量$\hat{\boldsymbol{y}}$为

$$\hat{\boldsymbol{y}} = \begin{bmatrix} \boldsymbol{x}_1 & \boldsymbol{x}_2 & \cdots & \boldsymbol{x}_D \end{bmatrix} \begin{bmatrix} v_1 \\ v_2 \\ \vdots \\ v_D \end{bmatrix} = \begin{bmatrix} \boldsymbol{x}_1 & \boldsymbol{x}_2 & \cdots & \boldsymbol{x}_D \end{bmatrix} \boldsymbol{v} = \boldsymbol{X}\boldsymbol{v} \tag{25.22}$$

特别地，如果$\boldsymbol{v}$为单位向量，则式 (25.22) 代表正交投影。

空间视角

如图25.6所示，从空间角度，$\mathrm{span}(\boldsymbol{x}_1, \boldsymbol{x}_2, \cdots, \boldsymbol{x}_D)$ 张成超平面H，而$\hat{\boldsymbol{y}}$在超平面H中。$\hat{\boldsymbol{y}}$的坐标就是$(v_1, v_2, \cdots, v_D)$。

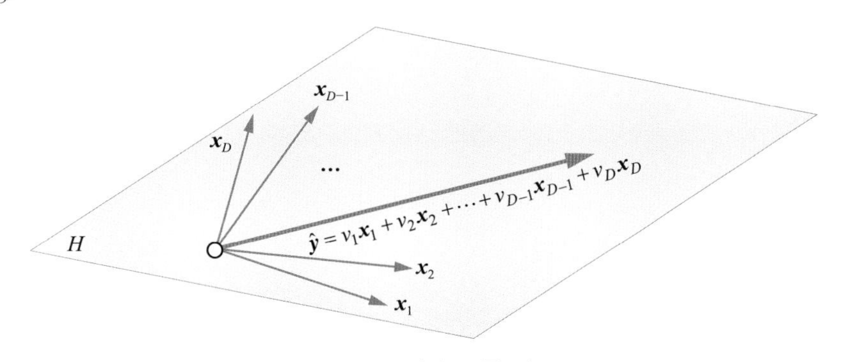

图25.6　$\hat{y}$在超平面H中

行向量视角

请大家回忆本书第10章讲过的用张量积完成“二次投影”。

本章前文说的是列向量视角，我们下面再看看行向量视角。数据矩阵$\boldsymbol{X}$中的每一行对应行向量$\boldsymbol{x}^{(i)}$，$\boldsymbol{x}^{(i)}\boldsymbol{v}=\hat{y}^{(i)}$相当于$D$维坐标映射到span($\boldsymbol{v}$) 得到一个点。

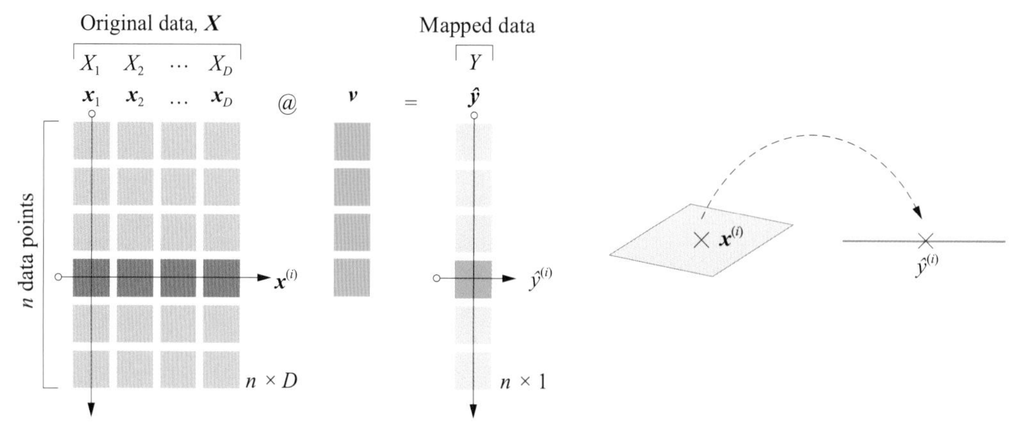

图25.7 数据矩阵$\boldsymbol{X}$向$\boldsymbol{v}$映射的行向量视角

期望值

下面用具体数据举例说明如何计算$\hat{\boldsymbol{y}}$的期望值。图25.8所示热图对应数据矩阵$\boldsymbol{X}$向$\boldsymbol{v}$映射的运算过程。

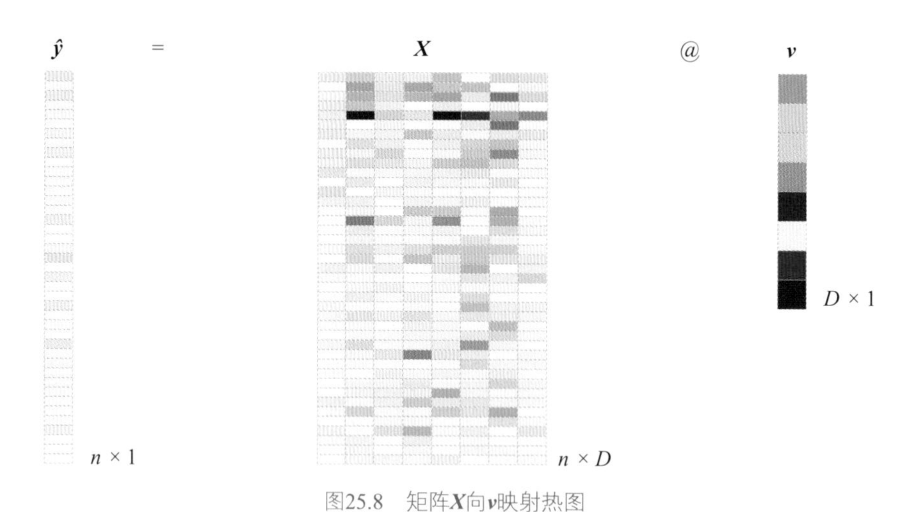

图25.8 矩阵$\boldsymbol{X}$向$\boldsymbol{v}$映射热图

根据上一节内容，列向量$\hat{\boldsymbol{y}}$期望值E($\boldsymbol{y}$) 和矩阵$\boldsymbol{X}$期望值E($\boldsymbol{X}$) 的关系为

$$\mathrm{E}\left(\hat{\boldsymbol{y}}\right)=\mathrm{E}\left(\boldsymbol{X}\boldsymbol{v}\right)=\mathrm{E}\left(\boldsymbol{X}\right)\boldsymbol{v} \tag{25.23}$$

其中：E($\boldsymbol{X}$) 为行向量。有

$$\mathrm{E}\left(\boldsymbol{X}\right)=\left[\mathrm{E}\left(\boldsymbol{x}_1\right)\quad \mathrm{E}\left(\boldsymbol{x}_2\right)\quad \cdots\quad \mathrm{E}\left(\boldsymbol{x}_D\right)\right] \tag{25.24}$$

计算 $\mathrm{E}(\hat{\boldsymbol{y}})$ 过程的热图如图25.9所示。

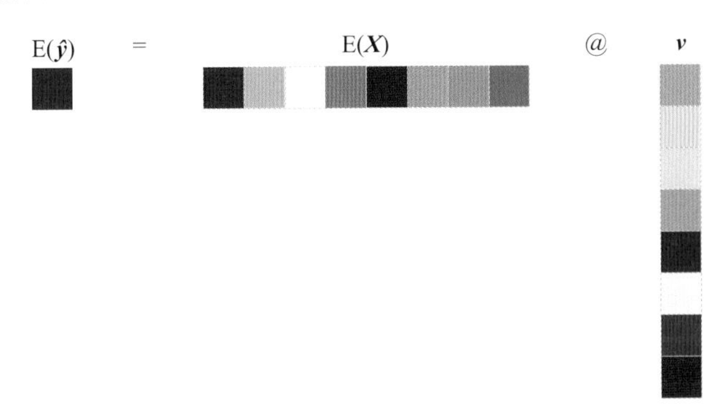

图25.9　计算$\mathrm{E}(\hat{\boldsymbol{y}})$ 矩阵运算热图

方差

方差$\mathrm{var}(\hat{\boldsymbol{y}})$ 和数据矩阵$\boldsymbol{X}$协方差矩阵$\boldsymbol{\Sigma}_X$的关系为

$$\begin{aligned}\mathrm{var}(\hat{\boldsymbol{y}}) &= \frac{\left(\hat{\boldsymbol{y}}-\mathrm{E}(\hat{\boldsymbol{y}})\right)^{\mathrm{T}}\left(\hat{\boldsymbol{y}}-\mathrm{E}(\hat{\boldsymbol{y}})\right)}{n-1} \\ &= \frac{\left(\boldsymbol{X}\boldsymbol{v}-\mathrm{E}(\boldsymbol{X})\boldsymbol{v}\right)^{\mathrm{T}}\left(\boldsymbol{X}\boldsymbol{v}-\mathrm{E}(\boldsymbol{X})\boldsymbol{v}\right)}{n-1} \\ &= \boldsymbol{v}^{\mathrm{T}}\underbrace{\frac{\left(\boldsymbol{X}-\mathrm{E}(\boldsymbol{X})\right)^{\mathrm{T}}\left(\boldsymbol{X}-\mathrm{E}(\boldsymbol{X})\right)}{n-1}}_{\boldsymbol{\Sigma}_X}\boldsymbol{v} \\ &= \boldsymbol{v}^{\mathrm{T}}\boldsymbol{\Sigma}_X\boldsymbol{v}\end{aligned} \tag{25.25}$$

图25.10所示为计算$\mathrm{var}(\hat{\boldsymbol{y}})$ 矩阵对应的热图。

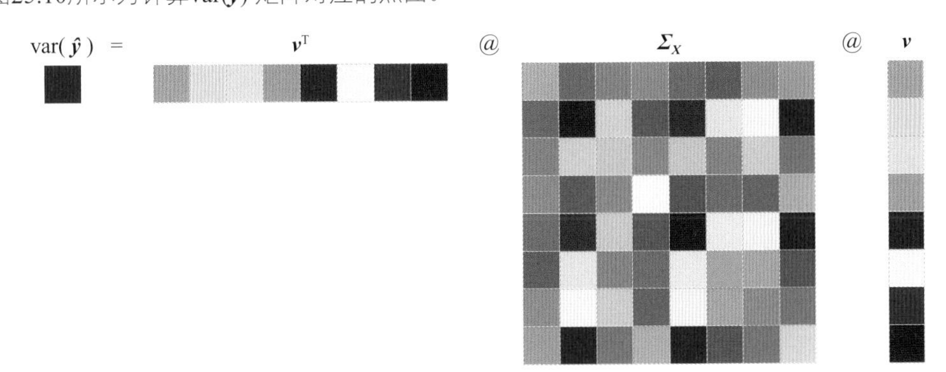

图25.10　计算$\mathrm{var}(\hat{\boldsymbol{y}})$ 矩阵运算热图

几何视角

图25.11所示为几何视角下的上述映射过程。注意，图25.11假设样本数据矩阵$\boldsymbol{X}$服从二元高斯分布$N(\boldsymbol{\mu}_X, \boldsymbol{\Sigma})$，因此我们用椭圆表示它的分布。

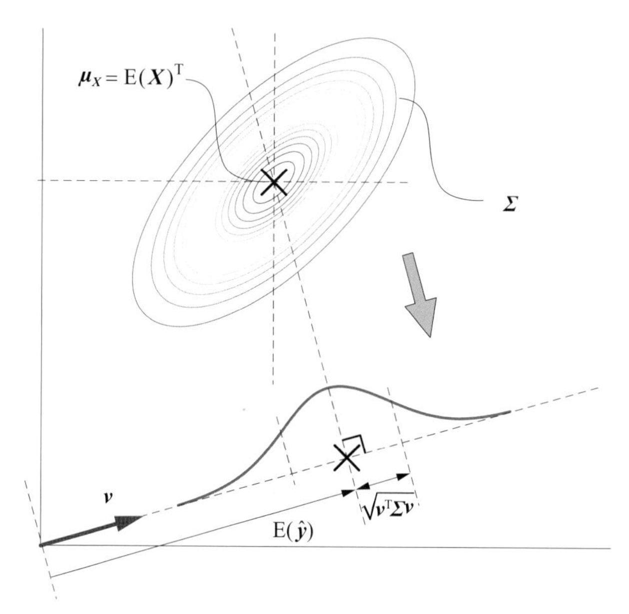

图25.11 服从二元高斯分布的数据矩阵$\boldsymbol{X}$向$\boldsymbol{v}$映射得到$\hat{\boldsymbol{y}}$

25.4 线性回归

线性回归 (linear regression) 是最为常用的回归算法。这种模型利用线性关系建立因变量与一个或多个自变量之间的联系。

简单线性回归 (Simple Linear Regression, SLR) 为一元线性回归模型，是指模型中只含有一个自变量 (x) 和一个因变量 (y)，即$y = b_0 + b_1x_1 + \varepsilon$。

多元线性回归 (multivariate regression) 模型则引入多个自变量 ($x_1, x_2, \cdots, x_D$)，即回归分析中引入多个因子解释因变量 (y)。多元线性回归模型的数学表达式为

$$y = b_0 + b_1x_1 + b_2x_2 + \cdots + b_Dx_D + \varepsilon \tag{25.26}$$

其中：b_0为截距项；$b_1, b_2, \cdots, b_D$为自变量系数；ε为残差项；D为自变量个数。

用向量代表具体值，式 (25.26) 可以写成：

$$\boldsymbol{y} = \underbrace{b_0\boldsymbol{1} + b_1\boldsymbol{x}_1 + b_2\boldsymbol{x}_2 + \cdots + b_D\boldsymbol{x}_D}_{\hat{\boldsymbol{y}}} + \boldsymbol{\varepsilon} \tag{25.27}$$

⚠ 注意：全$\boldsymbol{1}$列向量也代表一个方向。而$\boldsymbol{y}$代表监督学习中的连续标签。

换一种方式表达式 (25.27)，有

$$\boldsymbol{y} = \underbrace{\boldsymbol{Xb}}_{\hat{\boldsymbol{y}}} + \boldsymbol{\varepsilon} \tag{25.28}$$

其中

$$\boldsymbol{X}_{n\times(D+1)}=\begin{bmatrix}\boldsymbol{1} & \boldsymbol{x}_1 & \boldsymbol{x}_2 & \cdots & \boldsymbol{x}_D\end{bmatrix}=\begin{bmatrix}1 & x_{1,1} & \cdots & x_{1,D}\\ 1 & x_{2,1} & \cdots & x_{2,D}\\ \vdots & \vdots & \ddots & \vdots\\ 1 & x_{n,1} & \cdots & x_{n,D}\end{bmatrix}_{n\times(D+1)},\quad \boldsymbol{y}=\begin{bmatrix}y_1\\ y_2\\ \vdots\\ y_n\end{bmatrix},\quad \boldsymbol{b}=\begin{bmatrix}b_0\\ b_1\\ \vdots\\ b_D\end{bmatrix},\quad \boldsymbol{\varepsilon}=\begin{bmatrix}\varepsilon^{(1)}\\ \varepsilon^{(2)}\\ \vdots\\ \varepsilon^{(n)}\end{bmatrix} \tag{25.29}$$

注意：式 (25.29) 中设计矩阵$\boldsymbol{X}$包含全$\boldsymbol{1}$列向量，也就是说这个$\boldsymbol{X}$有$D+1$列。

线性组合

图25.12所示为多元OLS线性回归数据关系，图中$\boldsymbol{y}$就是连续标签构成的列向量。

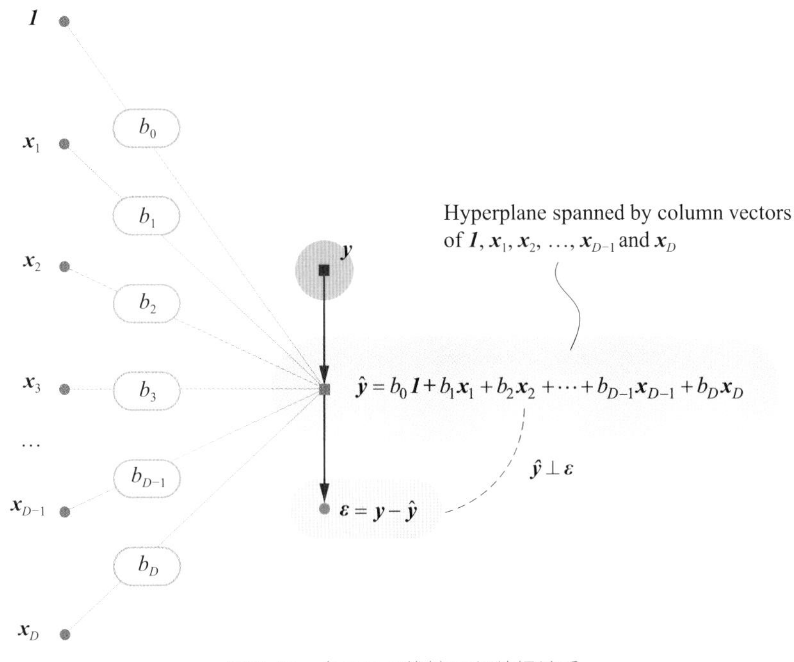

图25.12　多元OLS线性回归数据关系

投影视角

预测值构成的列向量$\hat{\boldsymbol{y}}$，通过下式计算得到，即

$$\hat{\boldsymbol{y}}=\boldsymbol{X}\boldsymbol{b} \tag{25.30}$$

注意：这里我们用了“戴帽子”的$\hat{\boldsymbol{y}}$，它代表对$\boldsymbol{y}$的估计。$\boldsymbol{y}$和$\hat{\boldsymbol{y}}$形状相同，两者之差为残差。

预测值向量$\hat{\boldsymbol{y}}$是自变量向量$\boldsymbol{1}, \boldsymbol{x}_1, \boldsymbol{x}_2, \cdots, \boldsymbol{x}_D$的线性组合。从空间角度来看，$[\boldsymbol{1}, \boldsymbol{x}_1, \boldsymbol{x}_2, \cdots, \boldsymbol{x}_D]$ 构成一个超平面$H=\text{span}(\boldsymbol{1}, \boldsymbol{x}_1, \boldsymbol{x}_2, \cdots, \boldsymbol{x}_D)$。$\hat{\boldsymbol{y}}$是$\boldsymbol{y}$在超平面$H$上的投影。

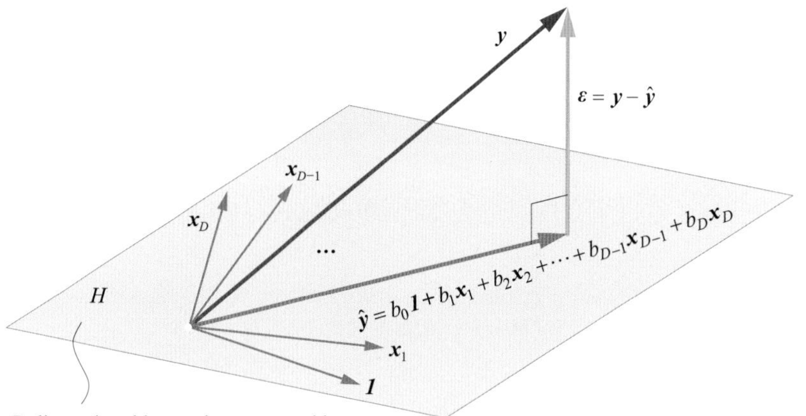

图25.13　几何角度解释多元OLS线性回归

而$\boldsymbol{y}$和$\hat{\boldsymbol{y}}$的差对应残差项$\boldsymbol{\varepsilon}$为

$$\boldsymbol{\varepsilon} = \boldsymbol{y} - \hat{\boldsymbol{y}} = \boldsymbol{y} - \boldsymbol{X}\boldsymbol{b} \tag{25.31}$$

如图25.13所示，残差向量$\boldsymbol{\varepsilon}$垂直于 $\text{span}(\boldsymbol{1}, \boldsymbol{x}_1, \boldsymbol{x}_2, \cdots, \boldsymbol{x}_D)$，即有

$$\boldsymbol{\varepsilon} \perp \boldsymbol{X} \quad \Rightarrow \quad \boldsymbol{X}^{\mathrm{T}}\boldsymbol{\varepsilon} = \boldsymbol{0} \tag{25.32}$$

将式 (25.31) 代入式 (25.32) 得到

$$\boldsymbol{X}^{\mathrm{T}}\left(\boldsymbol{y} - \boldsymbol{X}\boldsymbol{b}\right) = \boldsymbol{0} \quad \Rightarrow \quad \boldsymbol{X}^{\mathrm{T}}\boldsymbol{X}\boldsymbol{b} = \boldsymbol{X}^{\mathrm{T}}\boldsymbol{y} \tag{25.33}$$

求解得到$\boldsymbol{b}$为

$$\boldsymbol{b} = \left(\boldsymbol{X}^{\mathrm{T}}\boldsymbol{X}\right)^{-1}\boldsymbol{X}^{\mathrm{T}}\boldsymbol{y} \tag{25.34}$$

本书中，我们已经不止一起提到式 (25.34)。请大家注意从数据、向量、几何、空间、优化等视角理解式 (25.34)。还请大家注意，只有$\boldsymbol{X}$为列满秩时，$\boldsymbol{X}^{\mathrm{T}}\boldsymbol{X}$才存在逆。

QR分解

利用QR分解结果求解$\boldsymbol{b}$。把$\boldsymbol{X} = \boldsymbol{Q}\boldsymbol{R}$代入式 (25.34) 得到

$$\begin{aligned}\boldsymbol{b} &= \left(\left(\boldsymbol{Q}\boldsymbol{R}\right)^{\mathrm{T}}\boldsymbol{Q}\boldsymbol{R}\right)^{-1}\left(\boldsymbol{Q}\boldsymbol{R}\right)^{\mathrm{T}}\boldsymbol{y} = \left(\boldsymbol{R}^{\mathrm{T}}\underbrace{\boldsymbol{Q}^{\mathrm{T}}\boldsymbol{Q}}_{\boldsymbol{I}}\boldsymbol{R}\right)^{-1}\boldsymbol{R}^{\mathrm{T}}\boldsymbol{Q}^{\mathrm{T}}\boldsymbol{y} \\ &= \boldsymbol{R}^{-1}\underbrace{\left(\boldsymbol{R}^{\mathrm{T}}\right)^{-1}\boldsymbol{R}^{\mathrm{T}}}_{\boldsymbol{I}}\boldsymbol{Q}^{\mathrm{T}}\boldsymbol{y} = \boldsymbol{R}^{-1}\boldsymbol{Q}^{\mathrm{T}}\boldsymbol{y}\end{aligned} \tag{25.35}$$

奇异值分解

类似地，利用SVD分解结果，$\boldsymbol{X} = \boldsymbol{U}\boldsymbol{S}\boldsymbol{V}^{\mathrm{T}}$，$\boldsymbol{b}$可以整理为

$$
\begin{aligned}
\boldsymbol{b} &= \left(\left(\boldsymbol{U}\boldsymbol{S}\boldsymbol{V}^{\mathrm{T}}\right)^{\mathrm{T}}\boldsymbol{U}\boldsymbol{S}\boldsymbol{V}^{\mathrm{T}}\right)^{-1}\left(\boldsymbol{U}\boldsymbol{S}\boldsymbol{V}^{\mathrm{T}}\right)^{\mathrm{T}}\boldsymbol{y} = \left(\left(\boldsymbol{S}\boldsymbol{V}^{\mathrm{T}}\right)^{\mathrm{T}}\underbrace{\boldsymbol{U}^{\mathrm{T}}\boldsymbol{U}}_{\boldsymbol{I}}\boldsymbol{S}\boldsymbol{V}^{\mathrm{T}}\right)^{-1}\left(\boldsymbol{S}\boldsymbol{V}^{\mathrm{T}}\right)^{\mathrm{T}}\boldsymbol{U}^{\mathrm{T}}\boldsymbol{y} \\
&= \left(\left(\boldsymbol{S}\boldsymbol{V}^{\mathrm{T}}\right)^{\mathrm{T}}\boldsymbol{S}\boldsymbol{V}^{\mathrm{T}}\right)^{-1}\left(\boldsymbol{S}\boldsymbol{V}^{\mathrm{T}}\right)^{\mathrm{T}}\boldsymbol{U}^{\mathrm{T}}\boldsymbol{y} \\
&= \left(\boldsymbol{S}\boldsymbol{V}^{\mathrm{T}}\right)^{-1}\underbrace{\left(\left(\boldsymbol{S}\boldsymbol{V}^{\mathrm{T}}\right)^{\mathrm{T}}\right)^{-1}\left(\boldsymbol{S}\boldsymbol{V}^{\mathrm{T}}\right)^{\mathrm{T}}}_{\boldsymbol{I}}\boldsymbol{U}^{\mathrm{T}}\boldsymbol{y} = \left(\boldsymbol{S}\boldsymbol{V}^{\mathrm{T}}\right)^{-1}\boldsymbol{U}^{\mathrm{T}}\boldsymbol{y}
\end{aligned} \tag{25.36}
$$

也就是说，对比SVD分解 ($\boldsymbol{X} = \boldsymbol{U}\boldsymbol{S}\boldsymbol{V}^{\mathrm{T}}$) 和QR分解 ($\boldsymbol{X} = \boldsymbol{Q}\boldsymbol{R}$)，$\boldsymbol{U}$可以视为$\boldsymbol{Q}$，因为两者都是正交矩阵；而$\boldsymbol{S}\boldsymbol{V}^{\mathrm{T}}$可以视为$\boldsymbol{R}$。实际上，我们不需要大费周章，直接将QR完全分解或SVD完全分解结果代入$\boldsymbol{y} = \boldsymbol{X}\boldsymbol{b}$等式，整理之后便可以求得$\boldsymbol{b}$。

虽然$\boldsymbol{U}$和$\boldsymbol{Q}$都是正交矩阵，两者从本质上是不同的。请大家自行回忆上一章内容，对比两种分解。

优化视角

下面以本节多元线性回归为例，介绍如何利用**最小二乘法** (Ordinary Least Squares, OLS)，即最小化误差的平方和，寻找最佳参数$\boldsymbol{b}$。

残差项平方和可以写成

$$
\sum_{i=1}^{n}\varepsilon_i^2 = \boldsymbol{\varepsilon}^{\mathrm{T}}\boldsymbol{\varepsilon} \tag{25.37}
$$

将式 (25.31) 代入式 (25.37)，展开得到

$$
\sum_{i=1}^{n}\varepsilon_i^2 = \left(\boldsymbol{y}-\boldsymbol{X}\boldsymbol{b}\right)^{\mathrm{T}}\left(\boldsymbol{y}-\boldsymbol{X}\boldsymbol{b}\right) = \left(\boldsymbol{y}^{\mathrm{T}}-\boldsymbol{b}^{\mathrm{T}}\boldsymbol{X}^{\mathrm{T}}\right)\left(\boldsymbol{y}-\boldsymbol{X}\boldsymbol{b}\right) = \boldsymbol{y}^{\mathrm{T}}\boldsymbol{y}-\boldsymbol{y}^{\mathrm{T}}\boldsymbol{X}\boldsymbol{b}-\boldsymbol{b}^{\mathrm{T}}\boldsymbol{X}^{\mathrm{T}}\boldsymbol{y}+\boldsymbol{b}^{\mathrm{T}}\boldsymbol{X}^{\mathrm{T}}\boldsymbol{X}\boldsymbol{b} \tag{25.38}
$$

式 (25.38) 中，$\boldsymbol{y}^{\mathrm{T}}\boldsymbol{X}\boldsymbol{b}$和$\boldsymbol{b}^{\mathrm{T}}\boldsymbol{X}^{\mathrm{T}}\boldsymbol{y}$都是标量，转置不影响结果，即

$$
\boldsymbol{b}^{\mathrm{T}}\boldsymbol{X}^{\mathrm{T}}\boldsymbol{y} = \left(\boldsymbol{b}^{\mathrm{T}}\boldsymbol{X}^{\mathrm{T}}\boldsymbol{y}\right)^{\mathrm{T}} = \boldsymbol{y}^{\mathrm{T}}\boldsymbol{X}\boldsymbol{b} \tag{25.39}
$$

因此式 (25.38) 可以写成

$$
\sum_{i=1}^{n}\varepsilon_i^2 = \boldsymbol{y}^{\mathrm{T}}\boldsymbol{y}-2\boldsymbol{y}^{\mathrm{T}}\boldsymbol{X}\boldsymbol{b}+\boldsymbol{b}^{\mathrm{T}}\boldsymbol{X}^{\mathrm{T}}\boldsymbol{X}\boldsymbol{b} \tag{25.40}
$$

构造最小化问题，令目标函数$f(\boldsymbol{b})$为

$$
f\left(\boldsymbol{b}\right) = \boldsymbol{y}^{\mathrm{T}}\boldsymbol{y}-2\boldsymbol{y}^{\mathrm{T}}\boldsymbol{X}\boldsymbol{b}+\boldsymbol{b}^{\mathrm{T}}\boldsymbol{X}^{\mathrm{T}}\boldsymbol{X}\boldsymbol{b} \tag{25.41}
$$

$f(\boldsymbol{b})$ 对向量$\boldsymbol{b}$求一阶偏导为$\boldsymbol{0}$得到

$$
\frac{\partial f\left(\boldsymbol{b}\right)}{\partial \boldsymbol{b}} = -2\boldsymbol{X}^{\mathrm{T}}\boldsymbol{y}+2\boldsymbol{X}^{\mathrm{T}}\boldsymbol{X}\boldsymbol{b} = \boldsymbol{0} \tag{25.42}
$$

整理式 (25.42)，得到

$$
\boldsymbol{X}^{\mathrm{T}}\boldsymbol{X}\boldsymbol{b} = \boldsymbol{X}^{\mathrm{T}}\boldsymbol{y} \tag{25.43}
$$

通过优化视角，我们也得到了式 (25.33)。

此外，$f(\boldsymbol{b})$ 对向量$\boldsymbol{b}$求二阶偏导得到黑塞矩阵，有

$$\frac{\partial^2 f(\boldsymbol{b})}{\partial \boldsymbol{b} \partial \boldsymbol{b}^{\mathrm{T}}} = 2\boldsymbol{X}^{\mathrm{T}}\boldsymbol{X} \tag{25.44}$$

如果$\boldsymbol{X}$列满秩，它的格拉姆矩阵$\boldsymbol{X}^{\mathrm{T}}\boldsymbol{X}$正定。因此，满足式 (25.43) 的驻点$\boldsymbol{b}$为极小值点。进一步，$f(\boldsymbol{b})$ 为二次型，可以判定$\boldsymbol{b}$为最小值点。

鸢尾花书《统计至简》一册将介绍多元线性回归和条件概率之间关系。

25.5 多方向映射

矩阵$\boldsymbol{X}$向$\boldsymbol{v}_1$和$\boldsymbol{v}_2$两个不同方向的投影分别为

$$\boldsymbol{y}_1 = \begin{bmatrix} \boldsymbol{x}_1 & \boldsymbol{x}_2 & \cdots & \boldsymbol{x}_D \end{bmatrix} \begin{bmatrix} v_{1,1} \\ v_{2,1} \\ \vdots \\ v_{D,1} \end{bmatrix} = \boldsymbol{X}\boldsymbol{v}_1, \quad \boldsymbol{y}_2 = \begin{bmatrix} \boldsymbol{x}_1 & \boldsymbol{x}_2 & \cdots & \boldsymbol{x}_D \end{bmatrix} \begin{bmatrix} v_{1,2} \\ v_{2,2} \\ \vdots \\ v_{D,2} \end{bmatrix} = \boldsymbol{X}\boldsymbol{v}_2 \tag{25.45}$$

还是引用八宝粥的例子，式 (25.45) 相当于两个不同配方的八宝粥。

合并式 (25.45) 两个等式，得到

$$\begin{aligned} \boldsymbol{Y}_{n\times 2} &= \begin{bmatrix} \boldsymbol{y}_1 & \boldsymbol{y}_2 \end{bmatrix} = \begin{bmatrix} \boldsymbol{x}_1 & \boldsymbol{x}_2 & \cdots & \boldsymbol{x}_D \end{bmatrix} \begin{bmatrix} \boldsymbol{v}_1 & \boldsymbol{v}_2 \end{bmatrix} \\ &= \boldsymbol{X}_{n\times D} \boldsymbol{V}_{D\times 2} \end{aligned} \tag{25.46}$$

图25.14所示为上述矩阵运算示意图。请大家自行从向量空间视角分析式 (25.46)。

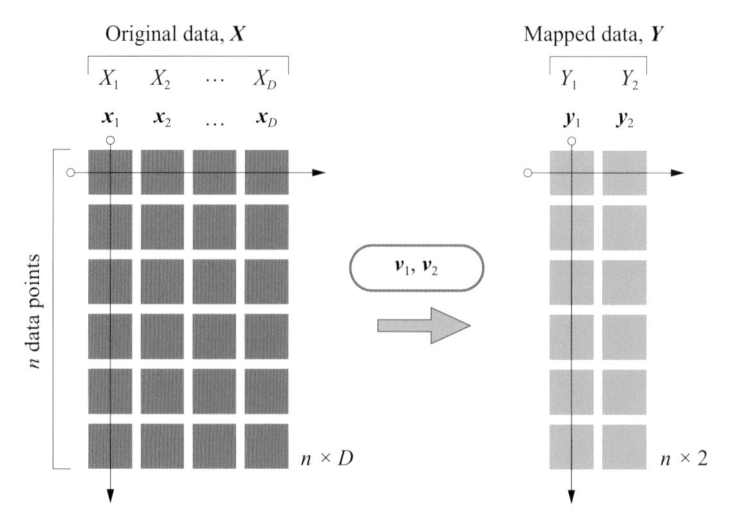

图25.14 数据朝两个方向映射

图25.15所示为数据$\boldsymbol{X}$朝两个方向映射对应的运算热图。

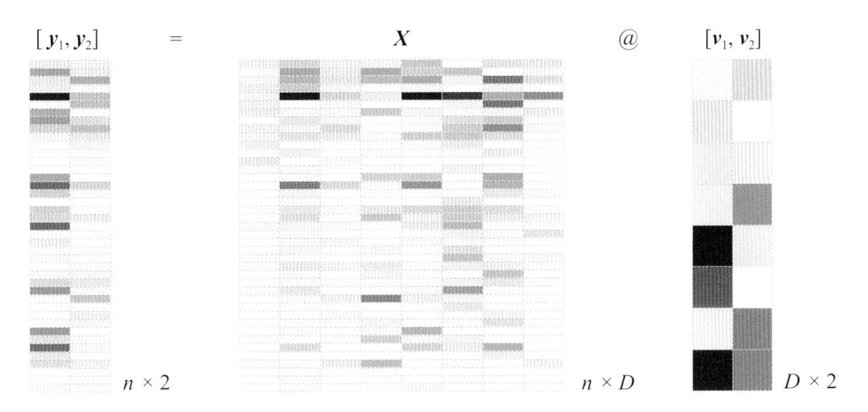

图25.15　数据$\boldsymbol{X}$朝两个方向映射对应的运算热图

期望值

期望值 $[\mathrm{E}(\boldsymbol{y}_1), \mathrm{E}(\boldsymbol{y}_2)]$ 和期望值向量$\mathrm{E}(\boldsymbol{X})$ 的关系为

$$\begin{bmatrix} \mathrm{E}(\boldsymbol{y}_1) & \mathrm{E}(\boldsymbol{y}_2) \end{bmatrix} = \begin{bmatrix} \mathrm{E}(\boldsymbol{X})\boldsymbol{v}_1 & \mathrm{E}(\boldsymbol{X})\boldsymbol{v}_2 \end{bmatrix} = \mathrm{E}(\boldsymbol{X})\boldsymbol{V} \tag{25.47}$$

比较式 (25.18) 和式 (25.47)，两个等式不同点在于转置。式 (25.18) 中随机变量向量为列向量，而式 (25.47) 中 $\mathrm{E}(\boldsymbol{X})$ 为行向量。

图25.16所示为计算期望值向量 $[\mathrm{E}(\boldsymbol{y}_1), \mathrm{E}(\boldsymbol{y}_2)]$ 的热图。

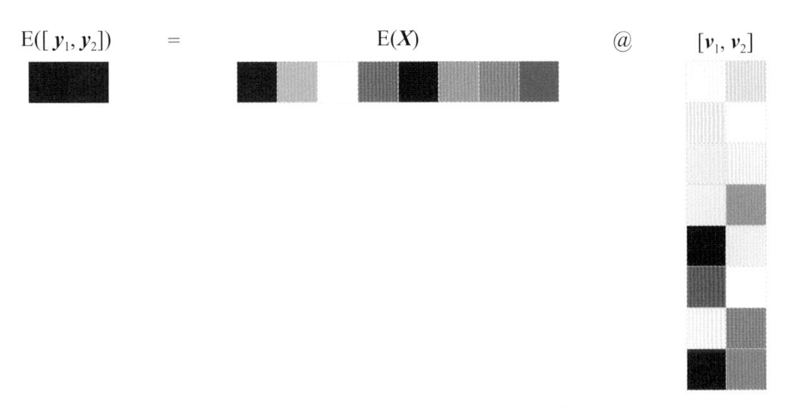

图25.16　计算期望值 $[\mathrm{E}(\boldsymbol{y}_1), \mathrm{E}(\boldsymbol{y}_2)]$ 矩阵运算热图

协方差

如图25.17所示，$[\boldsymbol{y}_1, \boldsymbol{y}_2]$ 的协方差为

$$\boldsymbol{\Sigma}_Y = \begin{bmatrix} \sigma_{Y1}^2 & \rho_{Y1,Y2}\sigma_{Y1}\sigma_{Y2} \\ \rho_{Y1,Y2}\sigma_{Y1}\sigma_{Y2} & \sigma_{Y2}^2 \end{bmatrix} = \begin{bmatrix} \boldsymbol{v}_1^{\mathrm{T}} \\ \boldsymbol{v}_2^{\mathrm{T}} \end{bmatrix} \boldsymbol{\Sigma}_X \begin{bmatrix} \boldsymbol{v}_1 & \boldsymbol{v}_2 \end{bmatrix} = \boldsymbol{V}^{\mathrm{T}}\boldsymbol{\Sigma}_X\boldsymbol{V} \tag{25.48}$$

式 (25.19) 和式 (25.48) 也差在转置运算。注意，式 (25.48) 中$\boldsymbol{V}$并非方阵。这部分内容将是《统计至简》的重要话题之一。

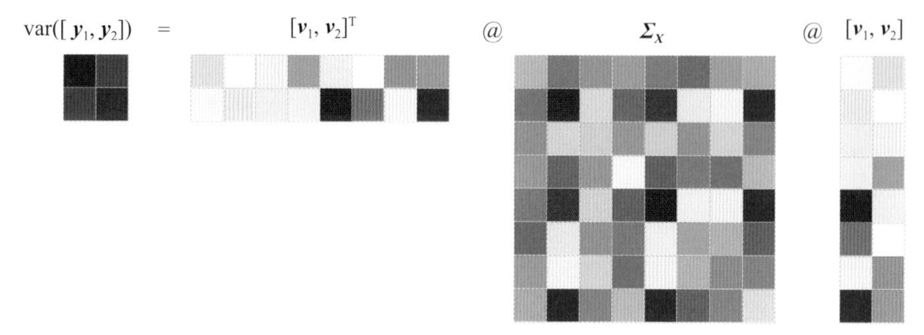

图25.17　计算 [y_1, y_2] 协方差矩阵运算热图

25.6 主成分分析

主成分分析 (principal component analysis, PCA) 最初由**卡尔·皮尔逊** (Karl Pearson) 在1901年提出。主成分分析就是多方向映射。

通过线性变换，PCA将多维数据投影到一个新的正交坐标系，把原始数据中的最大方差成分提取出来。PCA也是数据降维的重要方法之一。

如图25.18所示，PCA的一般步骤如下。

- 对原始数据$\boldsymbol{X}_{n\times D}$作**标准化** (standardization) 处理，得到Z分数$\boldsymbol{Z}_X$；
- 计算Z分数$\boldsymbol{X}_z$协方差矩阵，即原始数据$\boldsymbol{X}$的相关性系数矩阵$\boldsymbol{P}$；
- 计算$\boldsymbol{P}$特征值λ_i与特征向量矩阵$\boldsymbol{V}_{D\times D}$；
- 对特征值λ_i从大到小排序，选择其中特征值最大的p个特征向量作为主成分方向；
- 将标准化数据投影到规范正交基 [$\boldsymbol{v}_1, \boldsymbol{v}_2, \cdots, \boldsymbol{v}_p$] 构建的新空间中，得到$\boldsymbol{Y}_{n\times p}$。

上述PCA流程仅仅是几种技术路线之一，本节最后会列出六种常用的PCA技术路线。

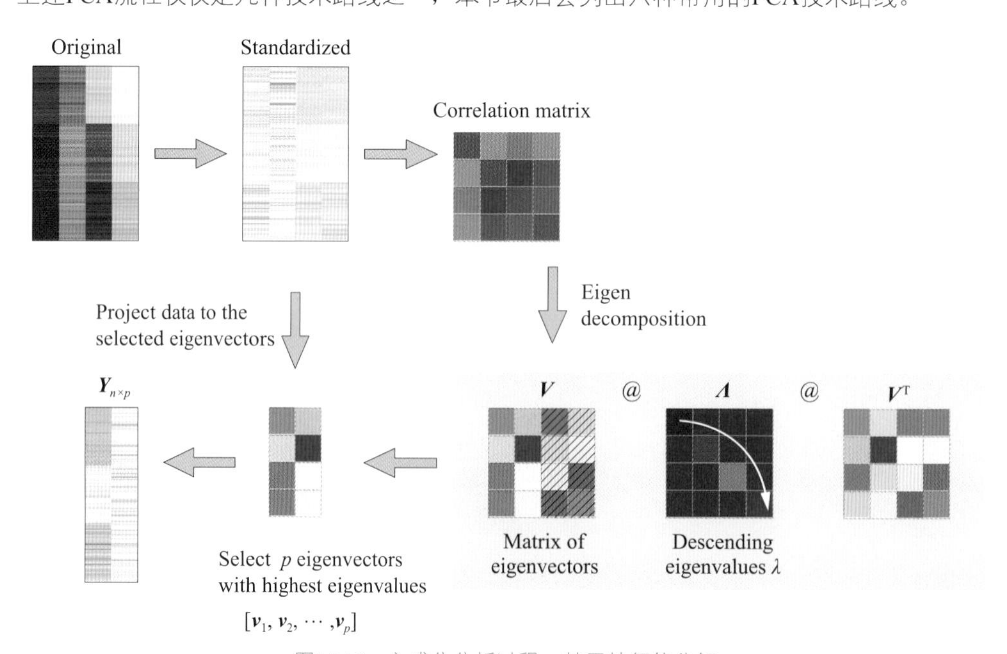

图25.18　主成分分析过程，基于特征值分解

数据标准化中包括去均值，这样新数据中每个特征的均值为0，这相当于把数据的质心移到原点。而标准化还包括用均方差完成“缩放”，以防止不同特征上的方差差异过大。

原始数据各个特征方差差别不大时，不需要对$\boldsymbol{X}$标准化，只需要中心化获得$\boldsymbol{X}_c$即可。

作为重要的降维工具，PCA可以显著减少数据的维数，同时保留数据中对方差贡献最大的成分。另外对于多维数据，PCA可以作为一种数据可视化的工具。PCA结果还可以用于构造回归模型。鸢尾花书《数据有道》一册将深入介绍这些话题。

线性组合

如图25.19所示，主成分分析过程本质上上也是线性组合，即$\boldsymbol{X}_{n\times D}$ ($\boldsymbol{X}_c$或$\boldsymbol{Z}_X$) 线性组合得到$\boldsymbol{Y}_{n\times D}$列向量，并选取结果中1～$p$列列向量作为主成分。

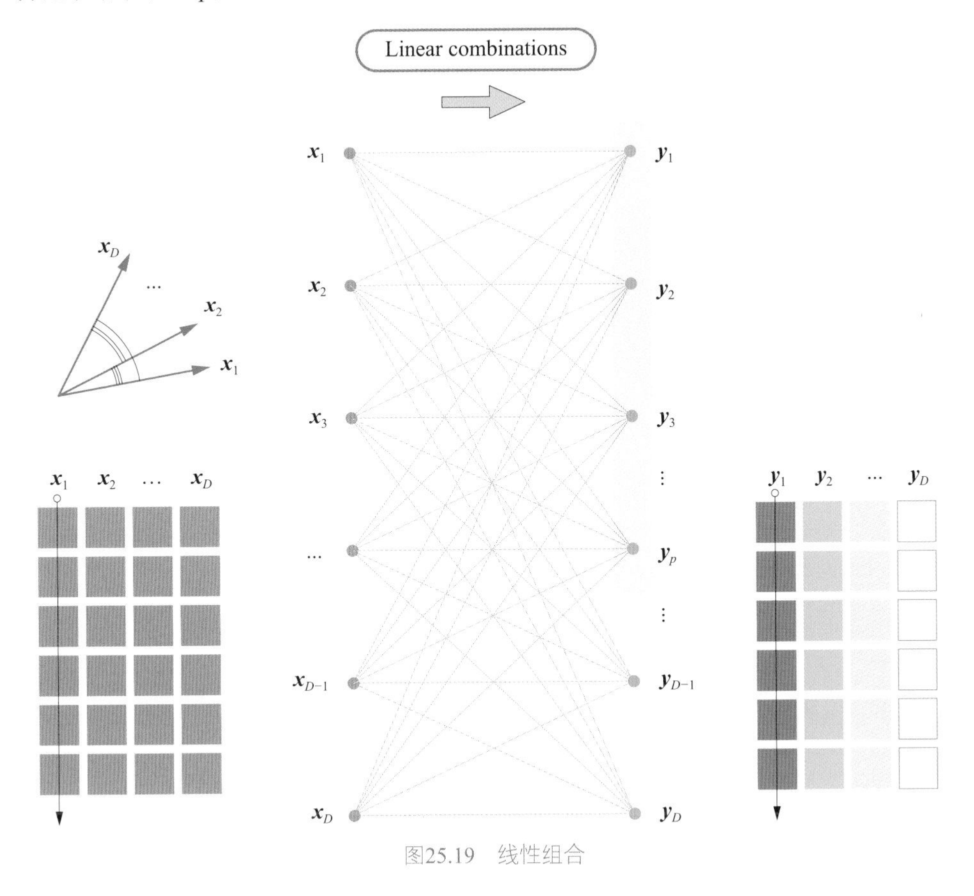

图25.19　线性组合

六条技术路线

表25.1总结了PCA六条主要技术路线，其中用到了奇异值分解、特征值分解两种矩阵分解工具。矩阵分解的对象对应六种不同矩阵，这六种矩阵都衍生自原始数据矩阵$\boldsymbol{X}$。

表25.1还通过字母下标告诉我们，这六条技术路线本质上就是三种路线。比如，对原始数据$\boldsymbol{X}$进行奇异值分解，等价于对其格拉姆矩阵$\boldsymbol{G}$的特征值分解。

我们将在《数据有道》一册探讨这六条技术路线的区别和联系。

表25.1 六条PCA技术路线

对象	方法	结果
原始数据矩阵$\boldsymbol{X}$	奇异值分解	$\boldsymbol{X}=\boldsymbol{U}_X\boldsymbol{S}_X\boldsymbol{V}_X^{\mathrm{T}}$
格拉姆矩阵$\boldsymbol{G}=\boldsymbol{X}^{\mathrm{T}}\boldsymbol{X}$	特征值分解	$\boldsymbol{G}=\boldsymbol{V}_X\boldsymbol{\Lambda}_X\boldsymbol{V}_X^{\mathrm{T}}$
中心化数据矩阵$\boldsymbol{X}_c=\boldsymbol{X}-\mathrm{E}(\boldsymbol{X})$	奇异值分解	$\boldsymbol{X}_c=\boldsymbol{U}_c\boldsymbol{S}_c\boldsymbol{V}_c^{\mathrm{T}}$
协方差矩阵$\boldsymbol{\Sigma}=\dfrac{\left(\boldsymbol{X}-\mathrm{E}(\boldsymbol{X})\right)^{\mathrm{T}}\left(\boldsymbol{X}-\mathrm{E}(\boldsymbol{X})\right)}{n-1}$	特征值分解	$\boldsymbol{\Sigma}=\boldsymbol{V}_c\boldsymbol{\Lambda}_c\boldsymbol{V}_c^{\mathrm{T}}$
标准化数据 (Z分数) $\boldsymbol{Z}_X=\left(\boldsymbol{X}-\mathrm{E}(\boldsymbol{X})\right)\boldsymbol{D}^{-1}$, $\boldsymbol{D}=\mathrm{diag}\left(\mathrm{diag}(\boldsymbol{\Sigma})\right)^{\frac{1}{2}}$	奇异值分解	$\boldsymbol{Z}_X=\boldsymbol{U}_Z\boldsymbol{S}_Z\boldsymbol{V}_Z^{\mathrm{T}}$
相关性系数矩阵 $\boldsymbol{P}=\boldsymbol{D}^{-1}\boldsymbol{\Sigma}\boldsymbol{D}^{-1}$, $\boldsymbol{D}=\mathrm{diag}\left(\mathrm{diag}(\boldsymbol{\Sigma})\right)^{\frac{1}{2}}$	特征值分解	$\boldsymbol{P}=\boldsymbol{V}_Z\boldsymbol{\Lambda}_Z\boldsymbol{V}_Z^{\mathrm{T}}$

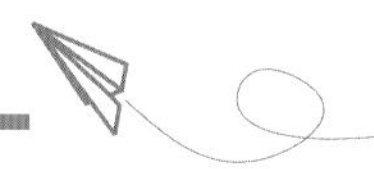

本章是“数据三部曲”的最后一章，也是本书的最后一章。

通过这一章内容，作者希望能给大家提供一个更广的视角，让大家看到代数、线性代数、几何、概率统计、微积分、优化问题之间的联系，同时展望线性代数工具在数据科学、机器学习领域的应用。

作者希望大家读完本册后，能对线性代数的印象有彻底的改观。

向量、矩阵、矩阵乘法、矩阵分解、向量空间等不再是不知所云的线性代数概念，它们是解决实际问题无坚不摧的刀枪剑戟。

总有一天，我们会忘记线性代数的细枝末节；但是，那一天到来时，希望我们还能记得这几句话：

有数据的地方，必有矩阵！
有矩阵的地方，更有向量！
有向量的地方，就有几何！
有几何的地方，皆有空间！
有数据的地方，定有统计！

让我们在《统计至简》一册不见不散！

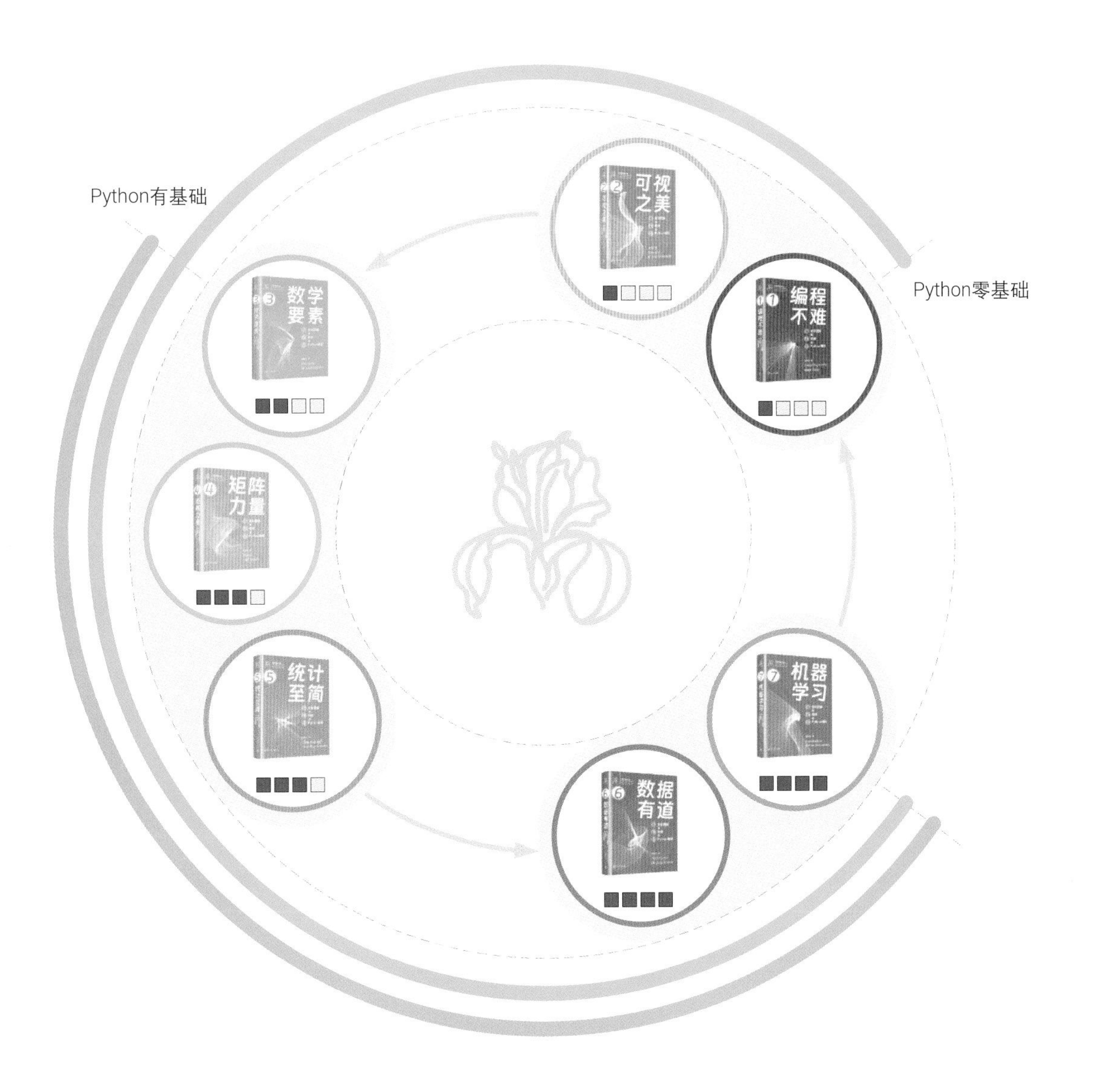

Python有基础
Python零基础
可视
之美
数学
要素
编程
不难
矩阵
力量
统计
至简
机器
学习
数据
有道